Windows Server 2012 R2网络管理与架站

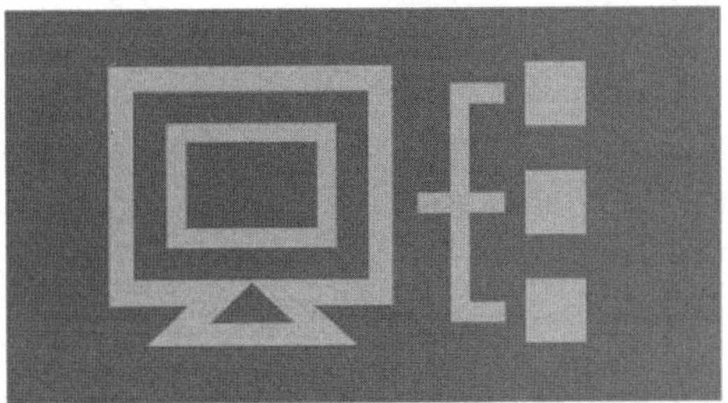

戴有炜　编著

U0336742

清華大學出版社
北　京

内容简介

本书由知名的微软系统工程师资深顾问戴有炜先生倾力编著，是他最新改版升级的 Windows Server 2012 R2 三卷力作中的网络管理与架站篇。

书中延续了作者一贯的写作风格：大量的系统配置实例兼具理论，完整清晰的操作过程，以简单易懂的文字进行描述，内容丰富且图文并茂。本书共分 12 章，内容包括 Windows Server 2012 R2 网络的基本概念、利用 DHCP 自动分配 IP 地址、解析 DNS 主机名、IIS 网站的架设、PKI 与 SSL 网站、Web Farm 与网络负载均衡（NLB）、FTP 服务器的搭建、路由器与网桥的配置、网络地址转换（NAT）、虚拟专用网（VPN）、通过 DirectAccess 直接访问内部网络资源以及 RADIUS 服务器的搭建。

本书既适合广大初、中级网络技术人员学习，也适合网络管理和维护人员参考，也可作为高等院校相关专业和技术培训班的教学用书，还可作为微软认证考试的参考用书。

本书为碁峰资讯股份有限公司授权出版发行的中文简体字版本。
北京市版权局著作权合同登记号　图字：01-2016-2271

本书封面贴有清华大学出版社防伪标签，无标签者不得销售。
版权所有，侵权必究。侵权举报电话：010-62782989 13701121933

图书在版编目（CIP）数据

Windows Server 2012 R2 网络管理与架站 / 戴有炜编著.—北京：清华大学出版社，2017（2020.9重印）
ISBN 978-7-302-45788-6

Ⅰ.①W… Ⅱ.①戴… Ⅲ.①Windows 操作系统－网络服务器 Ⅳ.①TP316.86

中国版本图书馆 CIP 数据核字（2016）第 288081 号

责任编辑：夏毓彦
封面设计：王　翔
责任校对：闫秀华
责任印制：宋　林
出版发行：清华大学出版社
　网　址：http://www.tup.com.cn，http://www.wqbook.com
　地　址：北京清华大学学研大厦 A 座　邮　编：100084
　社 总 机：010-62770175　邮　购：010-62786544
　投稿与读者服务：010-62776969，c-service@tup.tsinghua.edu.cn
　质 量 反 馈：010-62772015，zhiliang@tup.tsinghua.edu.cn
印 装 者：三河市铭诚印务有限公司
经　销：全国新华书店
开　本：190mm×260mm　印　张：40.5　字　数：1048 千字
版　次：2017 年 1 月第 1 版　印　次：2020 年 9 月第 5 次印刷
定　价：99.00 元

产品编号：069425-01

序

首先要感谢读者长久以来的支持与爱护！这一系列书籍仍然采用我一贯的编写风格，也就是完全站在读者立场来思考，并且以实用的观点来编写这几本Windows Server 2012 R2书籍。我花费了相当多时间不断地测试与验证书中所述内容，并融合多年的教学经验，以最容易了解的方式将其写到书内，希望能够帮助读者快速学会Windows Server 2012 R2。

本套书的宗旨是希望读者通过书中完整与清楚的实务操作充分了解Windows Server 2012 R2，进而能够轻松地控管Windows Server 2012 R2的网络环境，因此书中不但理论解说清楚，而且范例充足。对需要参加微软认证考试的读者来说，这套书更是不可或缺的实务参考书籍。

学习网络操作系统，首重实践，只有实际演练书中所介绍的各项技术，才能充分了解与掌控它，因此建议读者利用Windows Server 2012 R2 Hyper-V等提供虚拟技术的软件配置书中的网络测试环境。

本套书分为《Windows Server 2012 R2系统配置指南》《Windows Server 2012 R2网络管理与架站》《Windows Server 2012 R2 Active Directory配置指南》3本，内容丰富翔实，相信这几本书不会辜负读者的期望，在学习Windows Server 2012 R2时能给予读者最大的帮助。

感谢所有让这套书能够顺利出版的朋友们，他们在给予宝贵意见、帮助版面编排、支持技术校稿、出借测试设备以及提供软件资源等方面提供了很大帮助。

戴有炜

目　录

第 1 章　Windows Server 2012 R2 网络的基本概念

Windows Server 2012 R2提供了各种不同的网络解决方案，让企业可以利用它来建构各种不同的网络环境。我们先通过本章来介绍Windows Server 2012 R2的网络功能与不可或缺的TCP/IP通信协议，包含IPv4与IPv6。

- Windows Server 2012 R2的网络功能
- TCP/IP通信协议简介
- IPv6的基本概念
- Windows Server 2012 R2的管理工具

1.1 Windows Server 2012 R2的网络功能

Windows Server 2012 R2支持多种不同的网络技术与服务，让IT人员更容易搭建各种不同架构的网络，例如可以通过它们来提供以下的网络环境。

- **企业内部网络**（Intranet）：就是一般公司内部的私有局域网（Local Area Network，LAN）。通过企业内部网络，用户可以将文件、打印机等资源共享给其他网络用户来访问。由于Internet的蓬勃发展，因此一般企业内部网络会搭建各种与Internet技术有关的应用程序、服务，例如通过浏览器来访问资源、通过电子邮件来传递信息等。
- **因特网**（Internet）：通过因特网，让公司网络与全世界提供Internet服务的网络连接在一起。用户可以通过浏览器来访问Internet资源、通过电子邮件来传递信息，更为企业提供一个电子商业服务的网络环境。
- **企业外部网络**（Extranet）：企业可以将其局域网络与客户、供应商、合作伙伴的网络通过Internet技术连接成**企业外部网络**，以便相互共享资源。
- **远程访问**：它让用户、系统管理员等可以通过远程访问技术来连接、访问或管理公司内部局域网。企业内两个位于不同地点的局域网，也可以通过**虚拟专用网**（VPN）连接在一起，以便相互访问对方网络内的资源。

Windows Server 2012 R2提供了各种不同的技术和服务，例如：

- 同时支持IPv4与IPv6
- DHCP服务器、DNS服务器、WINS服务器
- PKI（Public Key Infrastructure）与IPsec（Internet Protocol Security）
- 路由和远程访问、RADIUS服务器、DirectAccess和网络访问保护（NAP）
- 路由器、NAT与虚拟专用网（VPN）
- Quality of Service（QoS）
- Windows防火墙、802.1X无线网络、远程桌面服务、Windows部署服务
- IIS网站、SSL网站、FTP服务器、SSL FTP服务器
- Windows Server Update Services（WSUS）
- 网络负载平衡（Network Load Balancing）与Web Farm

1.2 TCP/IP通信协议简介

TCP/IP通信协议是目前最完整、支持最广泛的通信协议，它可以让不同网络架构、不同操作系统的计算机之间相互通信，例如Windows Server 2012 R2、Windows 8、Linux主机等。它也是Internet的标准通信协议，更是Active Directory Domain Services（AD DS）所必须采用

的通信协议。

在TCP/IP网络上，每一台连接在网络上的计算机（与部分设备）被称为是一台**主机**（host），而主机与主机之间的通信涉及“IP地址”“子网掩码”与“默认网关”三个基本要素。

1.2.1 IP地址

每一台主机都有一个唯一的IP地址（其功能就好像是你家的门牌号码），IP地址不但可被用来识别每一台主机，其中也包含着在网络间传送数据的路由信息。

IP地址占用32个位（bit），一般是以4个十进制数来表示，每一个数字称为一个octet。octet与octet之间以点（dot）隔开，例如192.168.1.31。

> **附注**
>
> 此处所介绍的IP地址为目前使用最广泛的IPv4，它共占用32个位。Windows Server 2012 R2也支持新版的IPv6（相关说明请参考章节1.3）。

这个32位的IP地址内包含了**网络标识符**与**主机标识符**两部分。

- **网络标识符**：每一个网络都有一个唯一的网络标识符，换句话说，位于相同网络内的每一台主机都拥有相同的网络标识符。
- **主机标识符**：相同网络内的每一台主机都有一个唯一的主机标识符。

若此网络直接通过路由器来连接因特网，则需要为此网络申请一个网络标识符，整个网络内所有主机都使用这个相同的网络标识符，然后再赋予此网络内每一台主机一个唯一的主机标识符，如此一来网络上每一台主机都会有一个唯一的IP地址（网络标识符 + 主机标识符）。你可以向ISP（Internet服务提供商）申请网络标识符。

若此网络并未通过路由器来连接Internet的话，则你可以自行选择任何一个可用的网络标识符，不用申请，但是网络内各主机的IP地址不可相同。

1.2.2 IP分类

传统的IP地址被分为A、B、C、D、E 5个类别，其中只有A、B、C三个类别的IP地址可供一般主机来使用（参见表1-2-1），每种类别所支持的IP数量都不相同，以便满足各种不同规模的网络需求。D、E类是特殊用途的IP地址。IP地址共占用4个字节，表中将其以W.X.Y.Z形式来加以说明。

表 1-2-1

Class	网络标识符	主机标识符	W 值可为	可支持的网络数量	每个网络可支持的主机数量
A	W	X.Y.Z	1~126	126	16 777 214
B	W.X	Y.Z	128~191	16 384	65 534
C	W.X.Y	Z	192~223	2 097 152	254
D			224~239		
E			240~254		

- A类的网络标识符占用一个字节（W），W的范围为1~126，它共可提供126个A类的网络标识符。主机标识符共占用X、Y、Z三个字节（24个位），此24个位可支持$2^{24}-2=16\ 777\ 216-2=16\ 777\ 214$台主机（减2的原因后面详细介绍）。
- B类的网络标识符占用两个字节（W、X），W的范围为128~191，它共可提供（191－128＋1）×256＝16 384个B类的网络。主机标识符共占用Y、Z两个字节，因此每个网络可支持$2^{16}-2=65\ 536-2=65\ 534$台主机。
- C类的网络标识符占用三个字节（W、X、Y），W的范围为192~223，它共可提供（223－192＋1）×256×256 ＝2 097 152个C类的网络。主机标识符只占用一个字节（Z），因此每个网络可支持$2^{8}-2=254$台主机。
- D类是**多播**（multicast或译为**多点广播**、**群播**）所使用的组标识符（group ID），这个组内包含着多台主机。其W的范围为224~239。
- E类保留给特殊用途或实验用途，其W的范围为240~254。

在设置主机的IP地址时请注意以下的事项。

- **网络标识符不可以是127**：它是供**环回测试**（loopback test）使用的，可用来检查网卡与驱动程序是否正常工作。虽然你不可以将它指派给主机使用，不过一般来说127.0.0.1这个IP地址用来代表主机本身。
- **每一个网络的第1个IP地址代表网络本身、最后一个IP地址代表广播地址，因此实际可分配给主机的IP地址将减少2 个**：例如所申请的网络标识符为203.3.6，它共有203.3.6.0~203.3.6.255的256个IP地址，但203.3.6.0是用来代表此网络（我们一般会说其网络标识符为4个字节的203.3.6.0）；而203.3.6.255是保留给广播用的（255代表广播），例如发送消息到203.3.6.255这个地址，表示将消息广播给网络标识符为203.3.6.0网络内的所有主机。

图1-2-1所示为C类的网络示例，其网络标识符为192.168.1.0，图中5台主机的主机标识符分别为1、2、3、21与22。

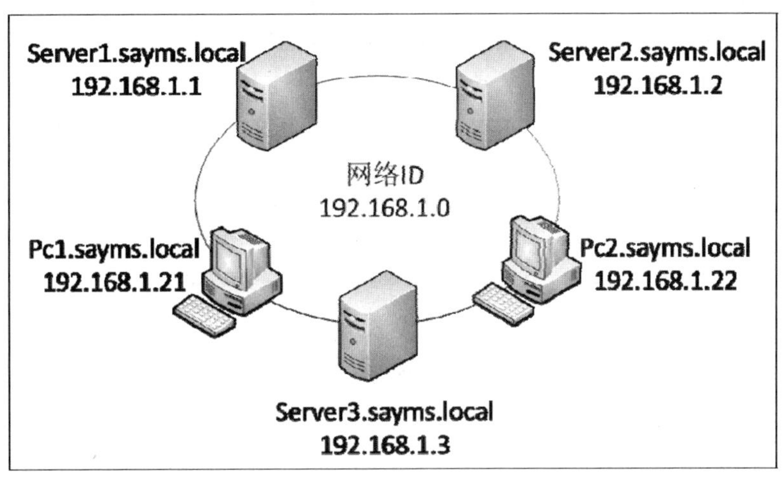

图 1-2-1

1.2.3 子网掩码

子网掩码也占用32个位，当IP网络上两台主机在相互通信时，它们利用子网掩码来得知双方的网络标识符，进而明确彼此是否在相同网络内。

表 1-2-2所示为各类IP地址默认的子网掩码值，其中为1的位用来标识网络标识符，为0的位是用来标识主机标识符，例如某台主机的IP地址为192.168.1.3，其二进制值为11000000.10101000.00000001.00000011，而子网掩码为255.255.255.0，其二进制值为11111111.11111111.11111111.00000000，计算其网络标识符的原则是：将IP地址与子网掩码两个值中相对应的位，执行AND逻辑运算（参见图1-2-2），所得出来的结果192.168.1.0就是网络标识符。

表 1-2-2

类	默认子网掩码（二进制）	默认子网掩码（十进制）
A	11111111 00000000 00000000 00000000	255.0.0.0
B	11111111 11111111 00000000 00000000	255.255.0.0
C	11111111 11111111 11111111 00000000	255.255.255.0

192.168.1.3 →	11000000	10101000	00000001	00000011
255.255.255.0 →	11111111	11111111	11111111	00000000
AND后的结果 →	11000000	10101000	00000001	00000000
	(192)	(168)	(1)	(0)

图 1-2-2

若A主机的IP地址为192.168.1.3，子网掩码为255.255.255.0，B主机的IP地址为192.168.1.5，子网掩码为255.255.255.0，则A主机与B主机的网络标识符都是192.168.1.0，表示它们是在同一个网络内，因此可直接相互通信，不需要借助于路由器（详见第8章）。

> **注意**
>
> 前面所叙述的A、B、C类为类别式的划分方式，不过目前普遍采用的是无类别的CIDR（Classless Inter-Domain Routing）划分方式，这种方式在表示IP地址与子网掩码时有所不同。例如网络标识符为192.168.1.0、子网掩码为255.255.255.0，一般我们会利用192.168.1.0/24来表示此网络，其中的24代表子网掩码中位值为1的数量为24个；同理如果网络标识符为10.120.0.0、子网掩码为255.255.0.0，那么一般我们会利用10.120.0.0/16来表示此网络。

1.2.4 默认网关

主机A若要与同一个网络内的主机B通信（网络标识符相同），则可以直接将数据发送到主机B；若要与不同网络内的主机C通信（网络标识符不同），则需要将数据转发给路由器，再由路由器负责发送给主机C。一般主机要通过路由器来发送数据，只要事先将其**默认网关**指定到路由器的IP地址即可。

以图1-2-3来说，图中甲、乙两个网络是通过路由器来连接的。当甲网络的主机A欲与乙网络的主机C通信时，由于主机A的IP地址为192.168.1.1、子网掩码为255.255.255.0、网络标识符为192.168.1.0，而主机C的IP地址为192.168.2.10、子网掩码为255.255.255.0、网络标识符为192.168.2.0，故主机A可以判断出主机C位于不同的子网内，因此会将数据转发给其默认网关，也就是IP地址为192.168.1.254的路由器，然后再由路由器负责将其发送到主机C。

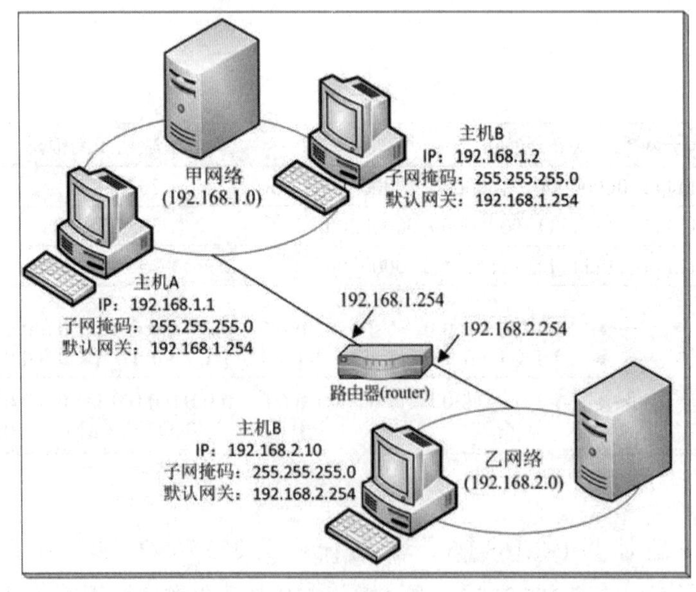

图 1-2-3

1.2.5 私有IP的使用

前面提到IP类别中的A、B、C类是可供主机使用的IP地址。在这些IP地址中，有一些被归类为**私有IP**（private IP）（参见表 1-2-3），各公司可以自行选用适合的私有IP，而且不需要申请，因此可以节省网络建设的成本。

表 1-2-3

网络标识符	子网掩码	IP地址范围
10.0.0.0	255.0.0.0	10.0.0.1 ~ 10.255.255.254
172.16.0.0	255.240.0.0	172.16.0.1 ~ 172.31.255.254
192.168.0.0	255.255.0.0	192.168.0.1 ~ 192.168.255.254

不过私有IP只能够在公司内部的局域网使用，虽然它可以让内部计算机相互通信，但是无法“直接”与外部计算机通信。使用私有IP的计算机若要对外上网、收发电子邮件，则需要通过具备Network Address Translation（NAT）功能的设备，例如IP共享设备、宽带路由器等。

其他不属于私有IP的地址被称为**公有IP**（public IP），例如140.115.8.1。由于使用公有IP的计算机可以通过路由器来直接对外通信，因此在这些计算机上可以搭建商业网站，让外部用户直接来连接此商业网站。这些公有IP必须事先申请。

如果Windows Server 2012 R2计算机的IP地址设置是采用自动获取的方式，但却因故无法取得IP地址，那么此时该计算机会通过Automatic Private IP Addressing（APIPA）的机制来为自己设置一个网络标识符为169.254.0.0的临时IP地址，例如169.254.49.31，不过此时只能够利用它来与同一个网络内的IP地址也就是169.254.0.0格式的计算机通信。

1.3 IPv6的基本概念

前面所介绍的IP地址等概念是属于IPv4的规范，在20世纪末业界曾经担心IPv4地址可能会不够使用，虽然后来利用无类别式寻址（classless addressing）、NAT（Network Address Translation）等技术暂时解决了问题，然而提供更多地址、效率更好、安全性更佳的新版本通信协议IPv6正逐渐被采用。

1.3.1 IPv6地址的语法

IPv4地址一共占用32个位，它被分为4个区块，每个区块占用8个位，区块之间利用句点（.）隔开，然后以十进制来表示每个区块内的数值，例如192.168.1.31。

IPv6地址则是占用128个位，它被分为8个区块，每个区块占用16个位，区块之间利用冒号（:）隔开，然后以十六进制来表示每个区块内的数值。由于每个区块占用16个位，因此每个区块共有4个十六进制的数值，举例来说，假设IPv6地址的二进制表示法为（128位）：

0010000000000001 0000000000000000 0100000100110110 1110001110001100 0001010011011001

0001001000100101 0011111101010111 1111011101011001

则其IPv6地址的十六进制表示法为（参考图1-3-1）：

2001:0000:4136:E38C:14D9:1225:3F57:F759

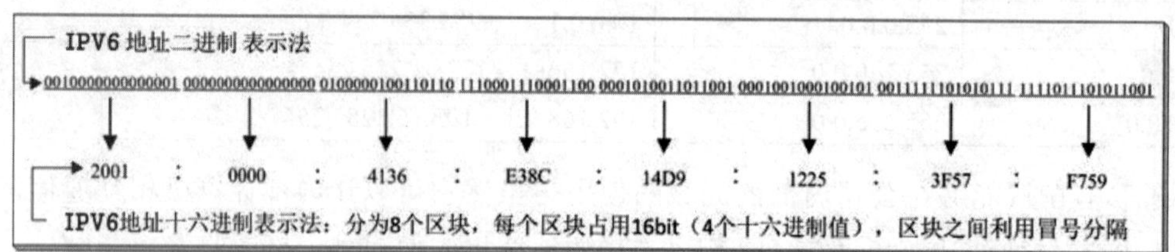

图 1-3-1

1. 前导 0 可以省略

为了简化IPv6地址的表示方式，可以省略某些数字为0的部分，例如图1-3-2中的21DA:00D4:0000:E38C:03AC:1225:F570:F759可以被改写为21DA:D4:0:E38C:3AC:1225:F570:F759，其中的00D4被改写为D4、0000被改写为0、03AC被改写为3AC。

注意：区块中只有靠左边的0可以被省略，而靠右边或中间的0不可以省略，例如F570不可以改写为F57。

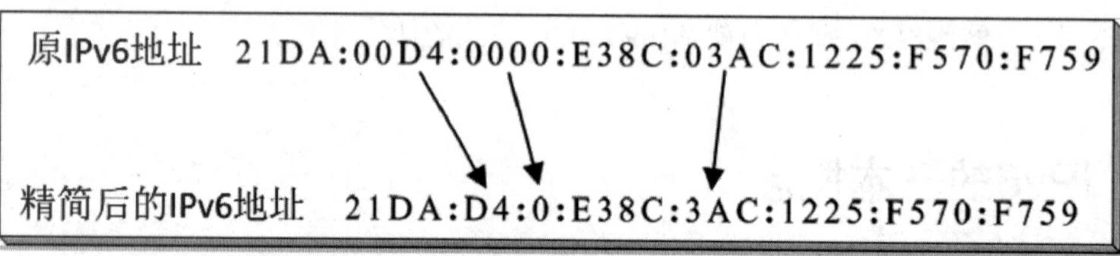

图 1-3-2

2. 连续的 0 区块可以缩写

如果有连续数个区块都是0，那么可以改用双冒号（::）来代表这些连续区块，例如图1-3-3中的FE80:0:0:0:10DF:D9F4:DE2D:369B可以被缩写为FE80::10DF:D9F4:DE2D:369B。

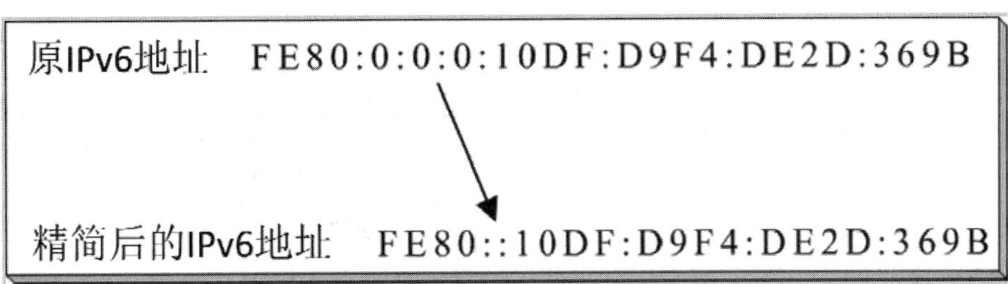

图 1-3-3

此范例将其中连续3个为0的区块改用双冒号来表示。注意在一个IPv6地址中，这种缩写方式只能够使用一次，例如图1-3-4的地址FE80:0:0:0:10DF:0:0:369B中有两个连续0区块（0:0:0与0:0），你可以将其中的0:0:0或0:0缩写，也就是此地址可用以下方式来表示：

FE80::10DF:0:0:369B 或 FE80:0:0:0:10DF::369B

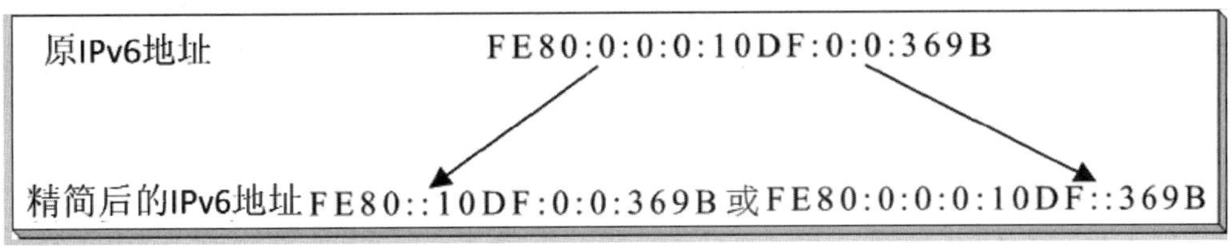

图 1-3-4

但是不可以同时将0:0:0与0:0都缩写，也就是此地址不可写成FE80::10DF::369B，因为如此将无法判断其中两个双冒号（::）各自代表着多少个0区块。

3. IPv6 的前缀（prefix）

前缀是IPv6地址的一部分，用来表示IP地址中某些位是固定的值，或用来反映其所代表的子网，其前缀的表示方式与IPv4的CIDR表示方式相同。IPv6前缀的表示法为**“地址/前缀长度”**，例如21DA:D3:0:2F3B::/64就是一个IPv6地址的前缀表示法，它表示IPv6地址中最左边64个位固定为21DA:D3:0:2F3B。IPv4内所使用的子网掩码，在IPv6内已经不支持。

1.3.2 IPv6地址的分类

IPv6支持3种类型的地址，它们分别是**unicast地址**（单播地址）、**multicast地址**（多播地址）与**anycast地址**（任播地址）。表1-3-1列出了IPv4地址与其所相对应的IPv6地址。

表 1-3-1

IPv4地址	IPv6地址
划分Internet地址类别	不分类别
Public IP地址	Global unicast地址

（续表）

IPv4地址	IPv6地址
Private IP地址（10.0.0.0/8、172.16.0.0/12与192.168.0.0/16）	Site-local地址（FEC0::/10）或Unique Local IPv6 Unicast地址（FD00::/8）
APIPA自动设置的IP地址（169.254.0.0/16）	Link-local地址（FE80::/64）
Loopback地址为127.0.0.1	Loopback地址为::1
未指定地址为0.0.0.0	未指定地址为::
广播地址	不支持广播
多播地址（224.0.0.0/4）	IPv6多播地址（FF00::/8）

1. Unicast 地址（单播地址）

Unicast地址用来代表单一网络接口，例如每一块网卡可以有一个unicast地址。当数据包的目的地址是unicast地址时，该数据包将被发送到拥有此unicast地址的网络接口（节点）。IPv6的unicast地址包含以下几种类型。

- Global unicast 地址。
- Link-local地址。
- Site-local地址。
- Unique Local IPv6 Unicast地址。
- 特殊地址。
- 兼容地址。

Global unicast 地址（全局单播地址）

IPv6的global unicast地址相当于IPv4的public IP地址，它们可以被路由连接到因特网。图1-3-5所示为global unicast地址的结构图，它包含以下4个字段：

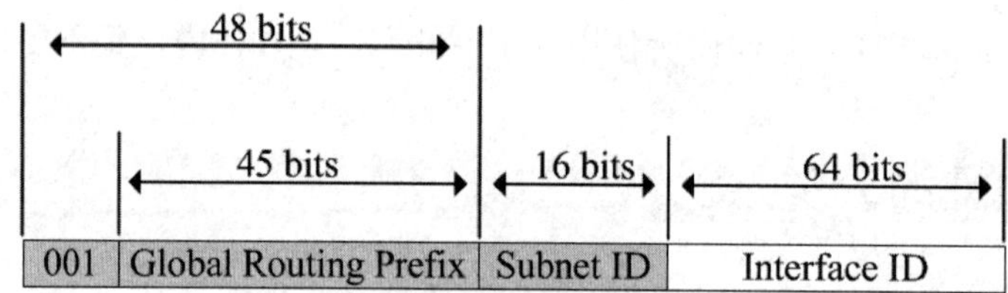

图 1-3-5

- 最左边3个位固定为001。目前指派给global unicast地址的前缀为**2000::/3**，其中最左边的2的二进制为0010，其左边的3个位就是001。
- Global Routing Prefix（全局路由前缀）是企业网络内的站点（site）的路由前缀，类似于IPv4的网络标识符（network ID）。3个固定为001的前缀加上45个位的Global Routing Prefix，一共48个位被用来分配给企业内的站点，Internet的IPv6路由器在收

到前缀符合这48个位格式的数据包时，就会将此数据包路由到拥有此前缀的站点。

- Subnet ID（子网标识符）用来区分站点内的子网，通过这个16位的Subnet ID，可以让企业在一个站点内建立最多2^{16} = 65 536个子网。
- Interface ID（接口标识符）用来表示子网内的一个网络接口（例如网卡），它相当于IPv4的主机标识符（host ID）。Interface ID可以通过以下两种方式之一来产生：
  - **根据网卡的MAC地址来产生Interface ID**：如图1-3-6中的1号箭头所示，首先将MAC地址（物理地址）转换成标准的EUI-64（Extended Unique Identifier-64）地址，然后再修改此EUI-64地址，如图1-3-6的2号箭头所示将图中的0改为1（此位在标准的IEEE 802网卡中为0），最后将修改过后的EUI-64地址当作IPv6的Interface ID。Windows Server 2003与Windows XP所自动设置的IPv6地址，默认采用此方式。

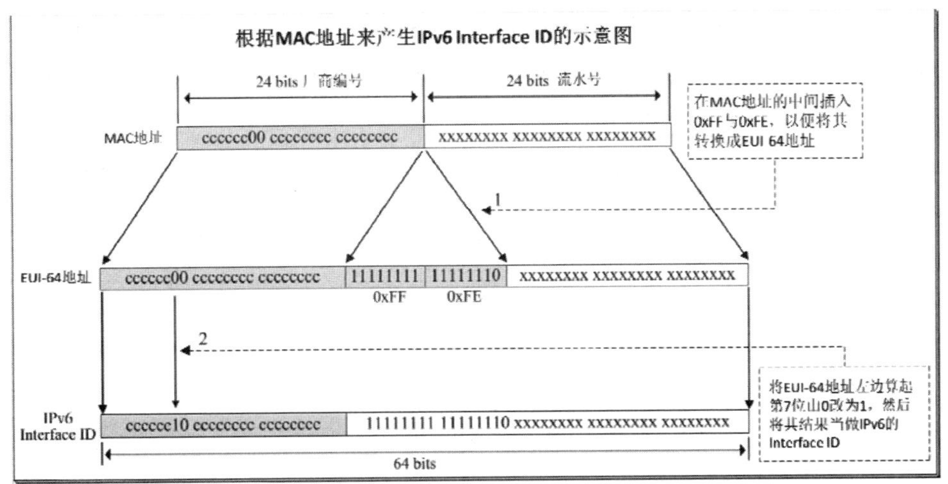

图 1-3-6

  - **随机数生成Interface ID**：Windows Server 2012（R2）、Windows Server 2008（R2）、Windows 8.1（8）、Windows 7与Windows Vista所自动设置的IPv6地址，默认采用此方式。

Link-local 地址（链接-本机地址）

拥有link-local地址的节点使用此地址来与同一**链接**（link）上的邻近节点通信。IPv6节点（例如Windows Server 2012 R2主机）会自动设置其link-local地址。

> **附注**
>
> 何谓节点（node）？任何一个可以拥有 IP 地址的设备都可称为节点，例如计算机、打印机、路由器等。一个站点（site）内包含着一个或多个子网，这些子网通过路由器等设备连接在一起。每一个子网内包含着多个节点，这些节点通过网络接口（network interface，例如网卡）连接在这个子网上，也就是说这些节点是在同一个**链接**（link）上的。

link-local地址相当于IPv4中利用Automatic Private IP Addressing机制（APIPA）获取的IP地址169.254.0.0/16，IPv6节点会自动设定其link-local 地址。link-local地址的使用范围是该节点所连接的区域链接（local link）之内，也就是利用此地址来与同一个链接内的节点通信。图1-3-7所示为link-local地址的结构图。

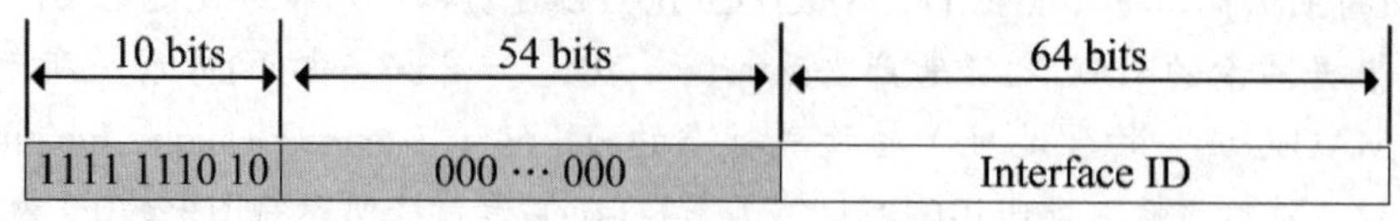

图 1-3-7

link-local地址以**FE80**开头，其前缀为**FE80::/64**。IPv6路由器在收到目的地为link-local地址的数据包时，绝对不可以将其路由到区域链接之外的其他链接。图1-3-8中右侧倒数第1个箭头所指处就是一个link-local地址，此界面是通过执行**netsh interface ipv6 show address**命令获得的。

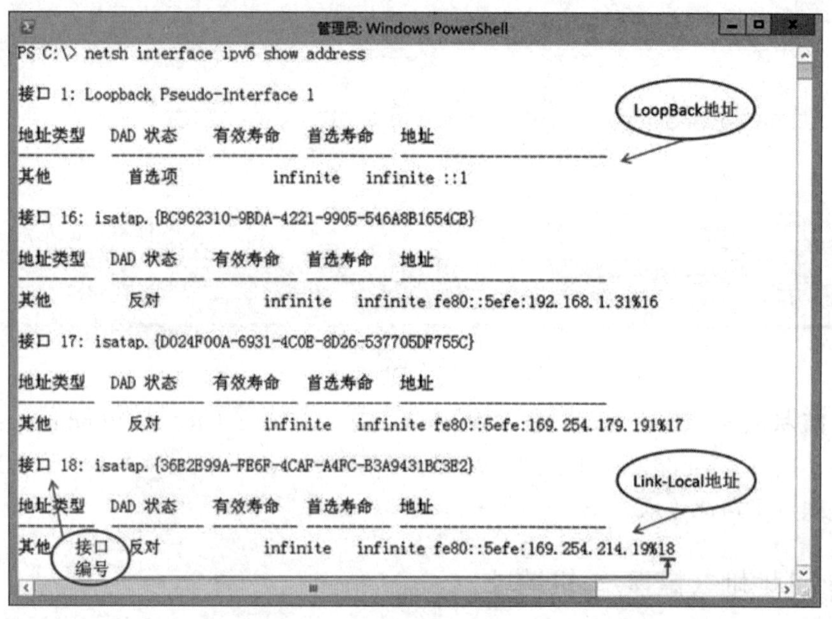

图 1-3-8

图中link-local地址（FE80::开头）结尾%后面的数字18是网络接口索引值（interface index），为何需要接口索引值呢？因为link-local地址（与site-local地址）的前缀是可以重复使用的，也就是站点内的所有链接都可以使用这个相同的前缀（因此位于不同链接内的节点，其link-local地址也可以相同），这会造成使用上的混淆。例如图1-3-9中的服务器拥有2块网卡，它们分别连接到链接1与链接2，同时链接1内有1台计算机、链接2内有2台计算机。图中IPv6地址都是link-local地址（其中链接1内的计算机1与链接2内的计算机2的link-local地址相同），此时若你要在服务器上利用ping命令来与链接2内的计算机2（或计算机3）沟通，此数

据包应该通过网卡2来发送，但是你要如何让这台服务器将数据包从这一块网卡发送出去呢？此时你可以在ping命令后面加上此块网卡的接口索引值（图中的值为12）来解决问题，例如使用以下的ping命令：

```
Ping  FE80::10DF:D9F4:DE2D:3691%18
```

它表示要通过接口索引值为18的网卡2（位于链接2）来将数据包发送出去。若将此ping命令最后的接口索引值改为1，则数据包会通过网卡1（位于链接1）来发送给计算机1。

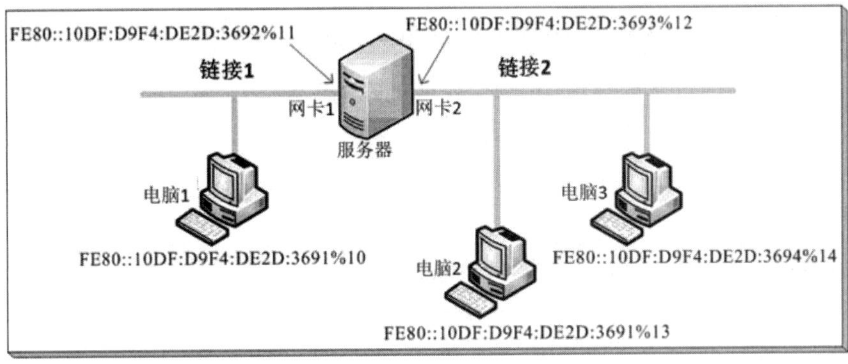

图 1-3-9

由于每一台Windows主机都会各自设置自己的接口索引值，因此同一个链接内的计算机，其接口索引值可能都不相同。其实%之后的数字应该称为zone ID（又称为scope ID）。如果是link-local地址，此zone ID就是接口索引值；如果是site-local地址，zone ID就是site ID。

同理，每一台主机也可能有多个网络接口分别连接到不同的站点（site），因此也需通过zone ID来区分（此时它被称为site ID）。若你的主机只连接到1 个站点，则其默认的site ID为1。你也可以利用**ipconfig**或**ipconfig /all**命令来得到一些IPv6的相关信息，如图1-3-10所示。

```
选定 管理员: Windows PowerShell
PS C:\> ipconfig

Windows IP 配置


以太网适配器 vEthernet (V-Domain):

   连接特定的 DNS 后缀 . . . . . . . :
   本地链接 IPv6 地址. . . . . . . . : fe80::859:8449:c4a7:111d%20
   自动配置 IPv4 地址  . . . . . . . : 169.254.17.29
   子网掩码  . . . . . . . . . . . . : 255.255.0.0
   默认网关. . . . . . . . . . . . . :

以太网适配器 以太网 4:

   媒体状态  . . . . . . . . . . . . : 媒体已断开
   连接特定的 DNS 后缀 . . . . . . . :

以太网适配器 以太网 3:

   媒体状态  . . . . . . . . . . . . : 媒体已断开
   连接特定的 DNS 后缀 . . . . . . . :

以太网适配器 以太网:

   连接特定的 DNS 后缀 . . . . . . . :
   本地链接 IPv6 地址. . . . . . . . : fe80::5e6:cab1:2516:f0f%12
   IPv4 地址 . . . . . . . . . . . . : 192.168.1.33
   子网掩码  . . . . . . . . . . . . : 255.255.255.0
   默认网关. . . . . . . . . . . . . : 192.168.1.254

隧道适配器 isatap.{39348008-1845-4DDB-873B-79E9E198B43B}:
```

图 1-3-10

site-local 地址（站点-本机地址）

site-local地址相当于IPv4中的private IP地址（10.0.0.0/8、172.16.0.0/12与192.168.0.0/16），site-local地址的使用范围在该节点所链接的站点（local site）之内，也就是用来与同一站点（包含一个或多个子网）内的节点通信。路由器绝对不可以将使用site-local地址的数据包转发到其他站点，因此一个站点内的节点无法使用site-local地址来与其他站点内的节点通信。

与IPv6节点会自动设置其link-local地址不同，site-local地址必须通过路由器、DHCPv6服务器或手动来设置。

图1-3-11所示为site-local地址的结构图。site-local地址的前缀占用10个位，其前缀为**FEC0::/10**。每一个站点可以通过占用54位的Subnet ID来划分子网。IPv6路由器在收到目的地为site-local地址的数据包时，并不会将其路由到区域站点（local site）之外的其他站点。

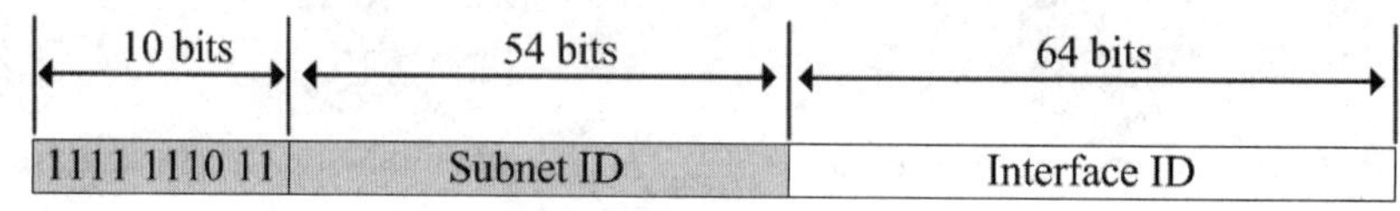

图 1-3-11

> **注意**
>
> RFC3879内不建议在新建的IPv6网络使用site-local地址，但现有IPv6环境可以继续使用site-local地址。建议改用接下来要介绍的**Unique Local IPv6 Unicast地址**来替代site-local地址。

Unique Local IPv6 Unicast 地址（唯一的本机 IPv6 地址）

由于site-local地址的前缀具备可以重复使用的特性，因此位于不同站点内的节点的Site-local地址也可能会相同。这会造成使用上的混淆，增加IT人员的管理负担，此时可以利用新的Unique Local IPv6 Unicast地址来取代site-local地址，企业内的所有节点都能使用此具备唯一性的地址。

图1-3-12所示为Unique Local IPv6 Unicast地址的结构图，其前缀为**FC00::/7**，其中的L（Local）值为1表示它是一个local地址（L值为0尚未被定义），因此将其设置为1后的Unique Local IPv6 Unicast地址前缀为**FD00::/8**。其中的Global ID用来区别企业内的每一个站点，它是占用40个位的随机值，因此请勿自行指定Global ID。Subnet ID（子网标识符）用来区分站点内的子网，通过这个16位的Subnet ID，可以让企业在一个站点内建立最多65536个子网。

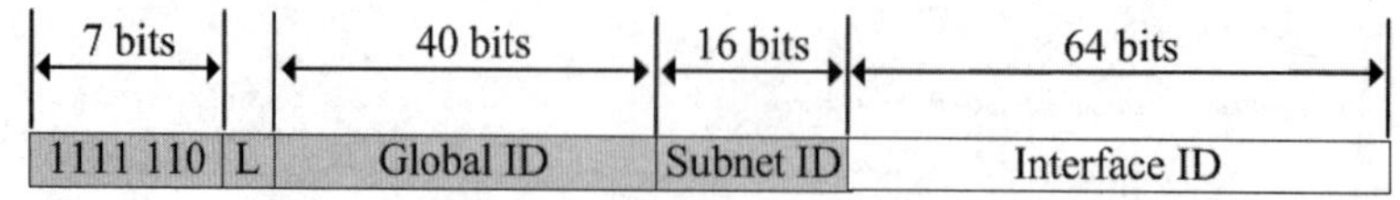

图 1-3-12

不像IPv6节点会自动设定其link-local地址，Unique Local IPv6 Unicast地址必须通过路由器、DHCPv6服务器或手动来设置。

特殊地址

以下是两个特殊的IPv6地址。

- **未指定地址（unspecified address）**：就是**0:0:0:0:0:0:0:0**或**::**，相当于IPv4的0:0:0:0，此地址并不会被用来分配给网络接口，也不会被当作数据包的发送目的地址。当节点要确认其网络接口所获得的暂时地址（tentative address）是否唯一时，其所发出的确认数据包内的源地址使用的就是**未指定地址**。
- **环回地址（loopback address）**：就是**0:0:0:0:0:0:0:1**或**::1**（参阅前面图1-3-8中的示例），相当于IPv4的127.0.0.1。可通过环回地址来执行环回测试（loopback test），以便检查网卡与驱动程序是否可以正常工作。发送到此地址的数据包并不会被发送到连结（link）上。

兼容地址与自动隧道

目前绝大多数的网络使用IPv4，而要将这些网络转移到IPv6是一个漫长与深具挑战的工作。为了让转移工作能够更顺利，IPv6提供了数个自动隧道技术（automatic tunneling technology）与兼容地址来协助从IPv4转移到IPv6。

自动隧道不需手动建立，而是由系统自动建立。如图1-3-13所示，两台同时支持IPv6与IPv4的主机如果要利用IPv6来通信，由于它们之间的网络为IPv4的架构，此网络无法传送IPv6数据包，因此可以在两台主机之间通过隧道来传送IPv6数据包，也就是将IPv6数据包封装到IPv4数据包内，然后通过IPv4网络来传送。

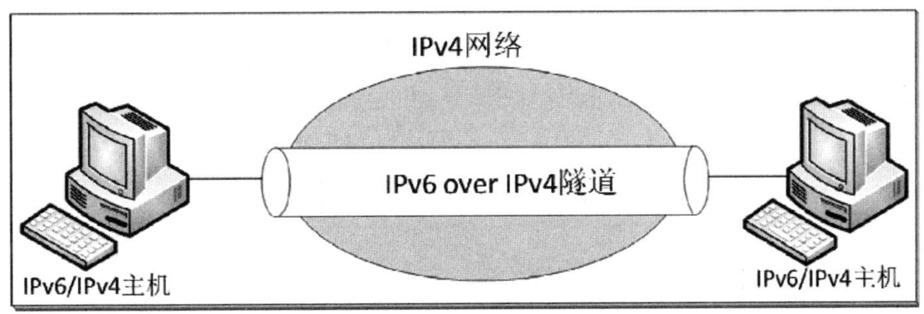

图 1-3-13

IPv6支持多个兼容地址，以便隧道两端的主机或路由器可以利用这些地址来通信。

- **ISATAP地址**：ISATAP（Intra-Site Automatic Tunnel Addressing Protocol）地址是主机-主机、主机-路由器、路由器-主机之间通过隧道沟通时所使用的IPv6地址，它让两台同时支持IPv6与IPv4的主机之间可以在IPv4局域网络上利用IPv6来通信。

ISATAP 地址的Interface ID格式为**::0:5EFE:w.x.y.z**，其中**w.x.y.z**为unicast IPv4地址（public或private）。任何一个可用在unicast地址的64位前缀，都可以当作是ISATAP 地址的前缀，例如FE80::5EFE:192.168.8.128就是一个link-local ISATAP 地址。Windows Server 2012 R2的每一个IPv4网络接口都有一个虚拟ISATAP隧道接口（tunneling pseudo-interface），而系统默认会自动为此接口设置一个link-local ISATAP 地址（参阅前面图1-3-8中的示例），拥有link-local ISATAP 地址的两台主机，可以各自利用其ISATAP地址来通过IPv4网络通信。

- **6to4地址**：6to4地址是路由器-路由器、主机-路由器、路由器-主机之间通过隧道通信时所使用的IPv6地址，它让IPv6主机或路由器可以通过IPv4 Internet来连接。6to4地址是属于global unicast地址，其前缀为**2002:wwxx:yyzz::/48**，其中的**wwxx:yyzz** 取自unicast public IPv4地址（w.x.y.z）。
- **Teredo地址**：若一台同时支持IPv6与IPv4的主机是位于IPv4的NAT之后，则当它要在IPv4 Internet上使用IPv6时，就可以使用Teredo地址，其前缀为**2001::/32**（参阅前面图1-3-8中的示例）（Windows XP与Windows Server 2003早期所使用的前缀为**3FFE:831F::/32**，需安装更新程序后才会使用标准的前缀**2001::/32**，例如Windows XP需安装Service Pack 3）。
- **IPv4-compatible地址**：两台同时支持IPv6与IPv4的主机要相互利用IPv6通信时，如果它们之间需要经过使用public地址的IPv4网络，就可以使用IPv4-compatible地址来通过自动隧道通信。

  IPv4-compatible地址的格式为**0:0:0:0:0:0: w .x.y.z**或**::w.x.y.z**，其中的**w.x.y.z**为unicast IPv4地址（public），例如，某台主机的IPv4地址为140.115.8.1，则其IPv4-compatible地址为**0:0:0:0:0:0:140.115.8.1**或**::140.115.8.1**。

2. Multicast 地址（多点广播地址）

IPv6的multicast地址与IPv4一样用来代表一组网络接口，也就是多个节点可以加入到同一multicast组内，它们都可以通过共同的multicast地址来侦听multicast请求。一个节点也可以加入多个multicast组，也就是它可以同时通过多个multicast地址来侦听multicast的流量。图1-3-14所示为multicast地址的结构图。

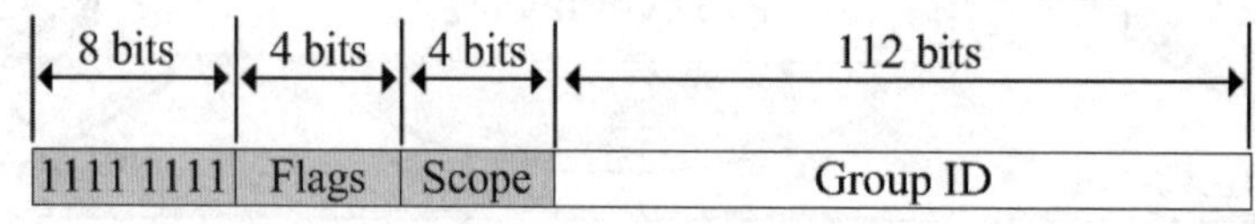

图 1-3-14

- 其最高8个位固定为11111111，也就是十六进制的FF。
- **Flags**：若被设置为0000，表示它是由IANA（Internet Assigned Numbers Authority）固定分配给well-known multicast地址的地址；若被设置为0001，表示它是尚未被IANA固定分配使用的临时multicast地址。
- **Scope**：用来表示此multicast地址可传送的范围，当路由器收到multicast地址的数据

包时，它可以根据scope来决定是否要路由此数据包。Scope最常见的值为1（表示node-local scope，其传送范围为节点自己）、2（表示link-local scope，其传送范围为区域链接）与5（表示site-local，其传送范围为区域站点），例如路由器收到一个要传送到FF02::2的数据包时，由于其传送范围为link-local，因此路由器并不会将此数据包传送到超出此区域链接（local link）以外的链接。

- **Group ID**：用来代表此组的唯一组标识符，它占用112个位。

从FF01::到FF0F::是保留的well-known multicast地址，例如：

- FF01::1（node-local scope all-nodes multicast address）。
- FF02::1（link-local scope all-nodes multicast address）。
- FF01::2（node-local scope all-routers multicast address）。
- FF02::2（link-local scope all-routers multicast address）。
- FF05::2（site-local scope all-routers multicast address）。

Solicited-node multicast 地址

在IPv4中是利用**ARP request**来执行IP地址解析工作的，由于它是MAC-level的广播数据包，因此会干扰到网段内的所有节点。在IPv6中它是通过送出**Neighbor Solicitation**信息来执行IP地址解析工作的，而且为了减少对链接内所有节点的干扰，它采用了solicited-node multicast地址（请求节点多播地址），此地址是从网络接口的unicast地址转换而来的，如图1-3-15所示，其前缀为FF02::1:FF00:0/104，最后的24个位是取自unicast地址的Interface ID的最右边24个位。

> **附注**
>
> IPv6不再使用广播地址，所有原先在IPv4中使用广播地址的方式，在IPv6中都改采用multicast地址。

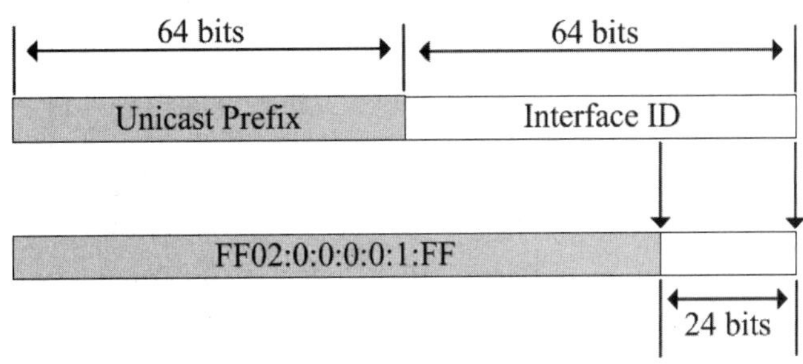

图 1-3-15

举例来说，假设某台主机的网络接口的IPv6 link-local地址为FE80::10DF:D9F4:DE2D:369B，由于其最右边24个位为2D:369B，因此其solicited-node multicast地址为FE02::1:FF2D:369B，

该主机会登记其拥有此地址，并通过此地址来侦听IP地址解析请求（解析链接层的地址，以Ethernet网络来说就是MAC地址）。

3. Anycast 地址（任播地址）

Anycast地址像multicast地址一样可以被指派给多个网络节点，但是送到anycast地址的数据包，并不是被传送到拥有此anycast地址的所有节点，而是只被传送到其中的一个节点，它是距离最近的节点（指路由距离）。

Anycast地址目前只能够用于数据包的目的地地址，而且只能够指派给路由器来使用。Anycast地址并没有自己的IPv6格式，它是使用IPv6 unicast地址，但是在指派Anycast地址给路由器来使用时，必须指明其为Anycast地址。

目前唯一有被定义的Anycast地址为**Subnet-Router anycast地址**，它是路由器必须支持的地址，传送给Subnet-Router anycast的数据包，会被传送到该子网中的一个路由器。客户端可以通过传送Subnet-Router anycast数据包来找寻路由器。

Subnet-Router anycast地址的格式如图1-3-16所示，其中**subnet prefix**取自网络接口所在的链接（link）的前缀，其长度视不同的unicast地址而有所不同，后面剩下的位都是0。

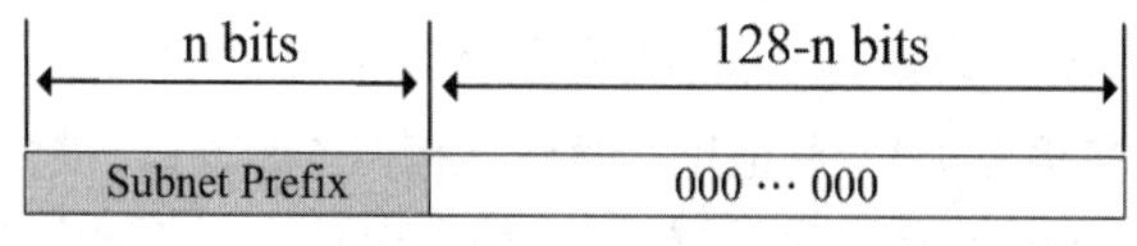

图 1-3-16

1.3.3 IPv6地址的自动设置

IPv6最好用的功能之一就是IPv6主机能够自动设置自己的IPv6地址，而不需要通过DHCPv6通信协议的帮助。

1. 自动设置 IPv6 地址的方法

IPv6主机默认会自动为每一个网络接口设置一个link-local地址，除此之外，如果IPv6主机能够找到路由器，那么还可以根据路由器的设置来获取更多的IPv6地址与选项，然后利用这些地址来连接Internet（如果是global地址）或连接同一个站点内的其他子网（如果是site-local地址或Unique Local IPv6 Unicast地址）。IPv6主机通过发出Router Solicitation信息来寻找路由器，路由器会响应Router Advertisement信息，此信息内包含以下内容。

- **一个或多个额外的前缀**：IPv6主机会根据这些额外的前缀（可能是global或local前缀）来另外建立一或多个IPv6地址。
- **Managed Address Configuration（M）标志位**：此标志位被设置为1表示要使用

DHCPv6来获取IPv6地址。

- **Other Stateful Configuration（O）标志位**：此标志位被设置为1表示要使用DHCPv6来获取其他选项，例如DNS服务器的IPv6地址。

若路由器所传回的信息内包含一个或多个前缀，则IPv6主机除了会根据这些前缀来建立一个或多个IPv6地址之外，还会根据M标志位与O标志位来决定其他IPv6地址与选项。M标志位与O标志位有着以下的排列组合。

- **M=0 & O=0**：IPv6主机仅会根据路由器所发送来的前缀来建立一个或多个IPv6地址（或手动设置），此状况被称为**无状态地址自动配置**（stateless address autoconfiguration）。此时IPv6主机需通过其他方式来设置选项，例如手动设置。
- **M=0 & O=1**：IPv6主机还会通过DHCPv6来获取其他选项。
- **M=1 & O=0**：IPv6主机还会通过DHCPv6来获取其他IPv6地址，被称为**有状态地址自动配置**（stateful address autoconfiguration）。此时IPv6主机需通过其他方式来设置选项，例如手动设置。
- **M=1 & O=1**：IPv6主机还会通过DHCPv6来获取其他IPv6地址与选项。

2. 自动设置的 IPv6 地址的状态分类

不论是IPv6主机自动设置的link-local地址，或是利用路由器传回的前缀所建立的global或local地址，还是通过DHCPv6获取的任何一个IPv6地址，这些IP地址在不同的情况下有着不同状态，如图1-3-17所示。

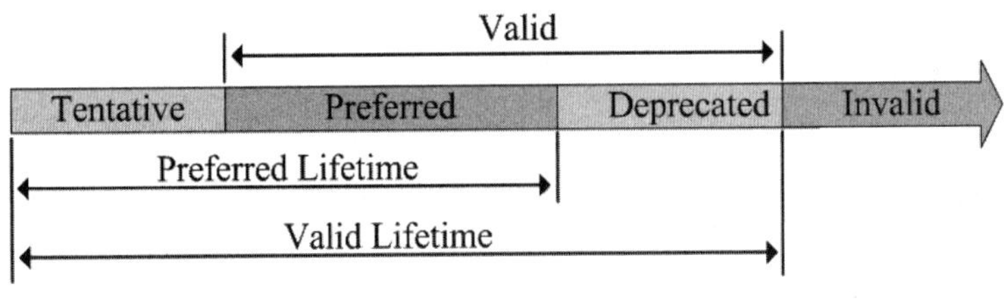

图 1-3-17

- **Tentative（临时性）**：当产生一个新的IPv6地址时，它处于tentative（临时性）状态，此时IPv6主机会通过发出Neighbor Solicitation信息来执行DAD（Duplicate Address Detection，重复地址检测）程序，以便检测此地址是否已经被重复使用，如果IPv6主机收到Neighbor Advertisement响应消息，就将此地址标识为**已经被重复使用**。
- **Preferred（首选项）**：如果确认了此IP地址的唯一性（IPv6主机未收到Neighbor Advertisement响应消息），就将此地址的状态改为Preferred，而从现在开始它就是一个有效的（valid）IPv6地址，IPv6主机可利用此地址来接收与发送数据包。
- **Deprecated（反对）**：一个状态为Preferred的IPv6地址有一定的使用期限，期限过后，其状态就会被改为Deprecated，它还是一个有效的地址，现有的连接可以继续使用Deprecated地址，不过新的连接不应该使用Deprecated地址。

- **Invalid（无效的）**：处于Deprecated状态的地址在经过一段时间后就会变成无效的（invalid）地址，此时就不可以再通过此地址来接收与发送数据包。

在图1-3-18中执行**netsh interface ipv6 show address**命令后，可以看到有几个处于不同状态的IPv6地址。

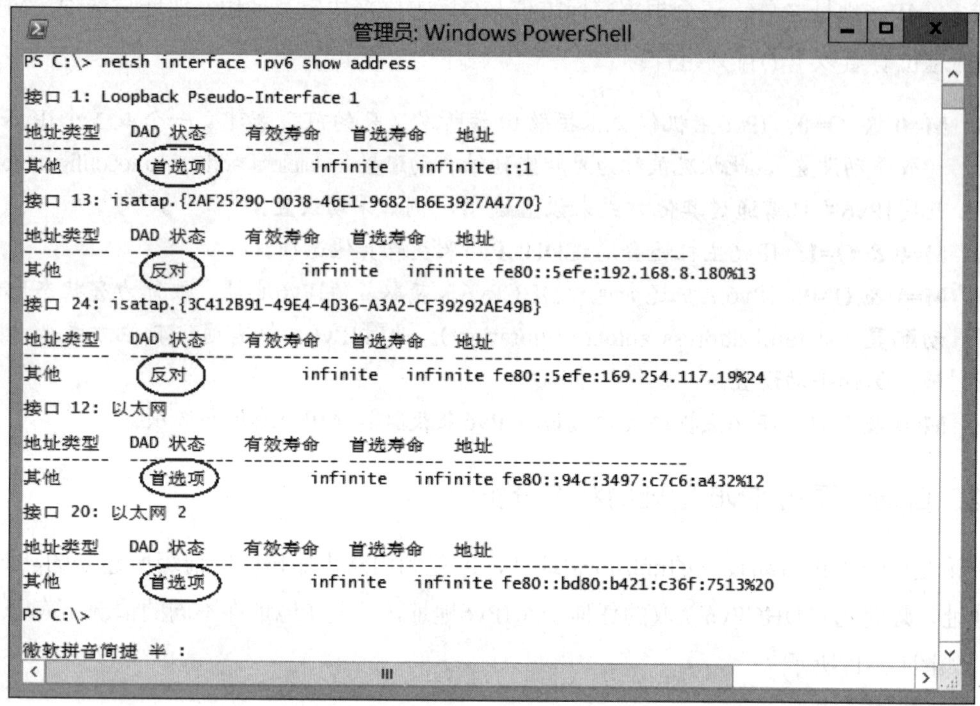

图 1-3-18

另外，图1-3-18中最左侧**地址类型**字段出现**公用**（Public）这个类型，这是因为IPv6的地址又可以被分类为**公用**、**临时**与**其他**地址。其中公用与临时地址的说明如下。

- **公用IPv6地址（public IPv6 address）**：它是一个global地址，主要用来接收传入连接（incoming connection），例如用在网站，这个地址应该要在DNS服务器内注册。公用IPv6地址的interface ID可以是EUI-64地址或利用随机数生成。
- **临时IPv6地址（temporary IPv6 address）**：此地址主要是客户端应用程序在初始连接时使用，例如网页浏览器就可以使用此地址来对外连接网站，这个地址不需要在DNS服务器内注册。临时IPv6地址的interface ID是随机数生成的，这是为了安全上的考虑。因为是随机数生成的，所以每次IPv6通信协议启动时，其IPv6地址都不一样，如此可避免用户的上网行为被追踪。

为了安全起见，Windows Server 2012（R2）、Windows Server 2008（R2）、Windows 8.1（8）、Windows 7与Windows Vista默认利用随机数来建立unicast地址的Interface ID（包含global地址），而不是用EUI-64。

你可以通过**netsh interface ipv6 show global**命令来查看当前系统是否利用随机数来产生interface ID，如图1-3-19所示为已经启用。

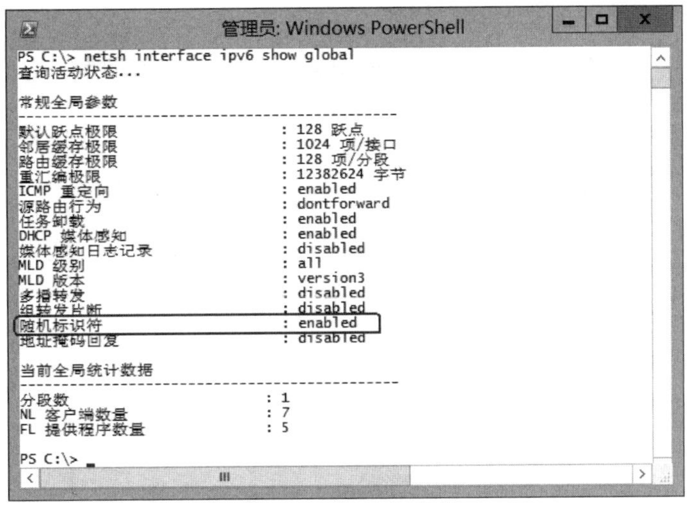

图 1-3-19

你可以通过以下命令来停用随机数生成Interface ID：

```
netsh interface ipv6 set global randomizeidentifiers=disabled
```

或是通过以下指令来启用随机数生成Interface ID：

```
netsh interface ipv6 set global randomizeidentifiers=enabled
```

1.4 Windows Server 2012 R2的管理工具

Windows Server 2012 R2可扮演很多角色，例如DNS服务器、DHCP服务器等，在你安装这些角色后，系统会自动建立用来管理这些角色的工具，可以通过以下几个途径来执行它们。

- 按Windows键（田）切换到**开始**菜单➲**管理工具**。
- 单击左下角的**服务器管理器**图标➲单击右上方的**工具**。

未扮演上述服务器角色的Windows Server 2012（R2）、Windows Server 2008（R2）等服务器可以只安装服务器管理工具，通过这些工具来管理远程服务器；Windows 8.1（8）、Windows 7等客户端计算机上也可以安装这些管理工具。

1. Windows Server 2012 R2、Windows Server 2012

Windows Server 2012 R2、Windows Server 2012可以通过**添加角色和功能**的方式来拥有服

务器管理工具：【打开**服务器管理器**➲单击**添加角色和功能**➲持续单击下一步按钮➲……➲在图1-4-1的**选择功能**界面中勾选**远程服务器管理工具**之下所需的角色或功能管理工具】，之后便可以通过前面介绍的方法来选择这些管理工具。

图 1-4-1

2．Windows Server 2008 R2、Windows Server 2008

Windows Server 2008 R2、Windows Server 2008成员服务器可以通过**添加功能**的方式来拥有服务器管理工具：【打开**服务器管理器**➲单击**功能**右侧的**添加功能**➲勾选图1-4-2中**远程服务器管理工具**之下所需的角色或功能管理工具】，安装完成后可到**管理工具**菜单来执行这些工具。

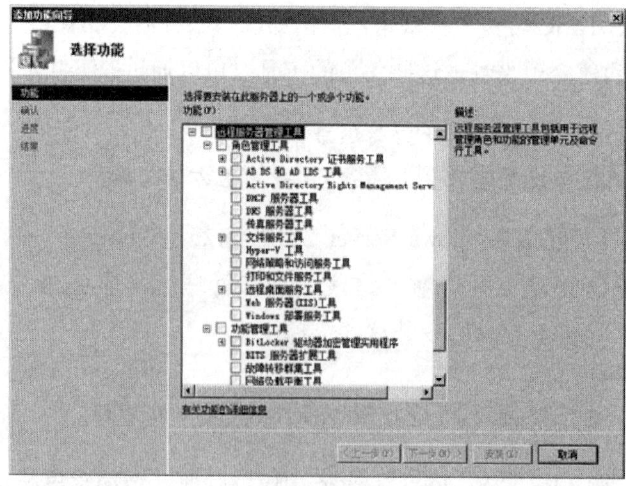

图 1-4-2

3. Windows 8.1、Windows 8

Windows 8.1计算机需要到微软网站下载与安装Remote Server Administration Tools for Windows 8.1（Windows 8.1 的远程服务器管理工具），安装完成后可通过【按Windows键（⊞）切换到**开始**菜单➲单击列表左下方的⬇图标➲管理工具】的途径来执行这些工具。

Windows 8计算机需要到微软网站下载与安装Remote Server Administration Tools for Windows 8（Windows 8的远程服务器管理工具），安装完成后可通过【按Windows键（⊞）切换到**开始**菜单➲管理工具】来选用这些工具。

4. Windows 7

Windows 7计算机需要到微软网站下载与安装Remote Server Administration Tools for Windows 7 with SP1（Windows 7 SP1的远程服务器管理工具），安装完成之后选用【开始➲控制面板➲单击最下方的**程序和功能**➲单击最上方的**打开或关闭Windows功能**➲勾选图1-4-3中**远程服务器管理工具**之下所需的角色或功能管理工具】。完成之后，就可以在【开始➲管理工具】中来执行这些工具。

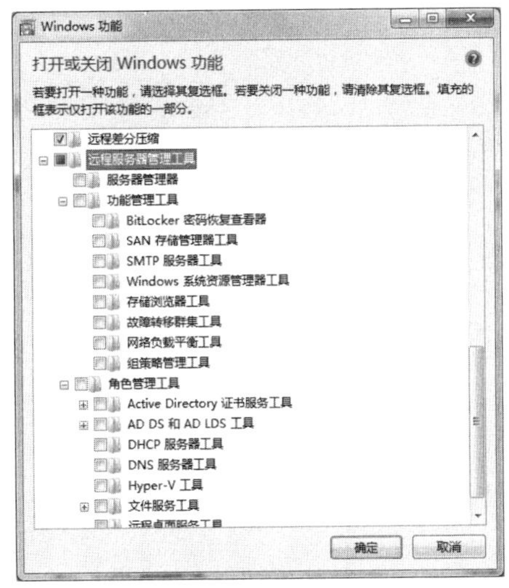

图 1-4-3

> **附注**
>
> 建议通过Windows Server 2012 R2 Hyper-V（或类似功能的软件）所提供的虚拟机器来搭建本书中所有的练习环境，如此只需要准备一台物理计算机就可以了。 Windows Server 2012 R2 Hyper-V的详细说明可参考《**Windows Server 2012 R2系统配置指南**》这本书。

第 2 章　利用 DHCP 自动分配 IP 地址

TCP/IP网络中的每一台主机都需要一个IP地址，并通过此IP地址来与网络上其他主机通信。这些主机可以通过DHCP服务器来自动获取IP地址与相关的选项设置值。

- 主机IP地址的设置
- DHCP的工作原理
- DHCP服务器的授权
- DHCP服务器的安装与测试
- IP作用域的管理
- DHCP的选项设置
- DHCP转发代理
- 超级作用域与多播作用域
- DHCP数据库的维护
- 监控DHCP服务器的运行
- IPv6地址与DHCPv6的设置
- DHCP故障转移

2.1 主机IP地址的设置

每一台主机的IP地址可以通过以下两种方法设置：

- **手动输入**：这种方法容易因为输入错误而影响到主机网络通信的能力，并且可能会因为占用其他主机的IP地址而干扰到该主机运行、加重系统管理员的负担。
- **DHCP服务器自动分配**：用户的计算机会自动向DHCP服务器请求IP地址，接收到此IP地址请求的DHCP服务器会为用户的计算机分配IP地址。它可以减轻管理负担、减少手动输入错误所造成的IP地址冲突问题。

想要使用DHCP方式来分配IP地址，整个网络内必须至少有一台启动DHCP服务的服务器，也就是需要有一台**DHCP服务器**，而客户端也需要采用自动获取IP地址的方式，这些客户端被称为**DHCP客户端**。图2-1-1所示为一个支持DHCP的网络示例，图中甲、乙网络内各有一台DHCP服务器，同时在乙网络内分别有DHCP客户端与非DHCP客户端（手动输入IP地址的客户端）。

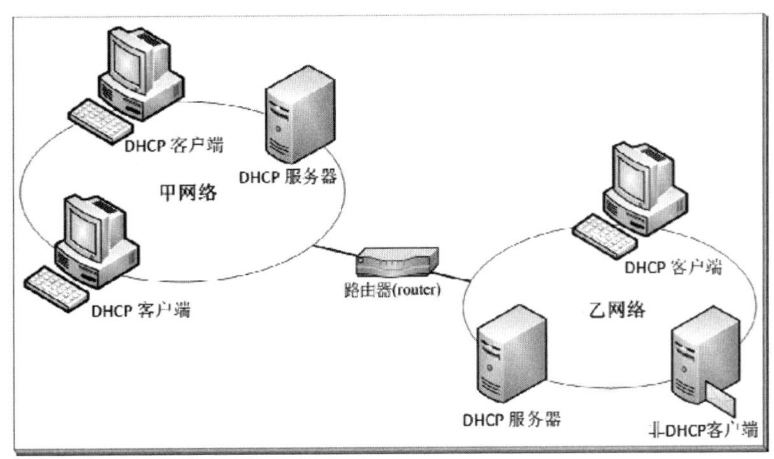

图 2-1-1

DHCP服务器只是将IP地址出租给DHCP客户端一段时间，若客户端未在租约到期前更新租约的话，则租约到期时，DHCP服务器会收回该IP地址的使用权。

我们将手动输入的IP地址称为**静态IP地址**（static IP address），而向DHCP服务器租用的IP地址称为**动态IP地址**（dynamic IP address）。

除了IP地址之外，DHCP服务器还可以为DHCP客户端提供其他相关选项设置（options），例如默认网关的IP地址、DNS服务器的IP地址等。

2.2 DHCP的工作原理

DHCP客户端计算机启动时会查找DHCP服务器，以便向它申请IP地址等设置。然而它们之间的通信方式，要看DHCP客户端是向DHCP服务器申请（租用）一个新的IP地址，还是在更新租约（要求继续使用原来的IP地址）时有所不同。

2.2.1 向DHCP服务器申请IP地址

DHCP客户端在以下几种情况之下，会向DHCP服务器申请一个新的IP地址。

- 该客户端计算机是第一次扮演DHCP客户端角色，也就是它是第一次向DHCP服务器申请IP地址。
- 该客户端原来所租用的IP地址已被DHCP服务器收回且已租给其他计算机了，因此该客户端需要重新向DHCP服务器租用一个新的IP地址。
- 该客户端自己释放原来所租用的IP地址（且此IP地址又已经被服务器出租给其他客户端），并要求重新租用IP地址。
- 客户端计算机更换了网卡。
- 客户端计算机被移动到另外一个网段。

在以上几种情况之下，DHCP客户端与DHCP服务器之间会通过以下4个数据包（packet）来相互通信（参见图2-2-1）。

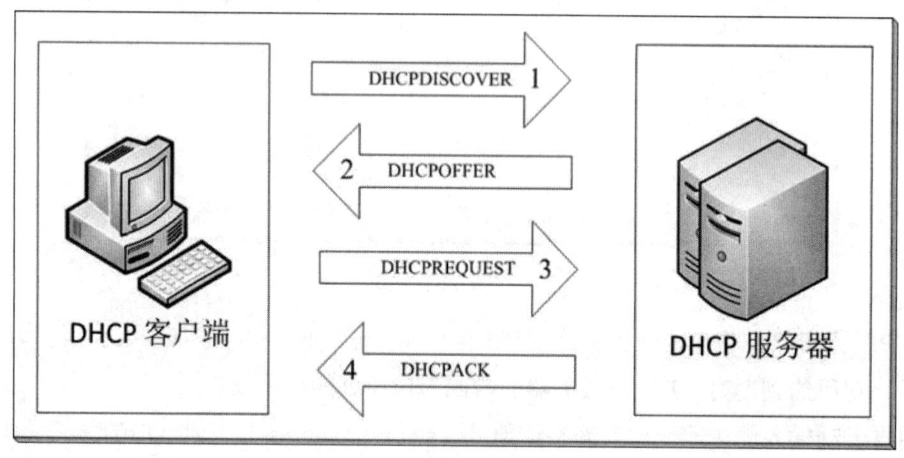

图2-2-1

- **DHCPDISCOVER**：DHCP客户端会首先发出DHCPDISCOVER广播（broadcast）消息到网络中查找一台能够提供IP地址的DHCP服务器。
- **DHCPOFFER**：当DHCP服务器收到客户端的DHCPDISCOVER消息后，它会从IP地址池中挑选一个尚未出租的IP地址，然后以广播方式发送给客户端（之所以用广播

方式，是因为此时客户端还没有IP地址）。在尚未与客户端完成租用IP地址的程序之前，此IP地址会暂时被保留，以避免重复分配给其他客户端。

如果有多台DHCP服务器，所有的DHCP服务器都会收到客户端的DHCPDISCOVER消息，并且也都响应给客户端（表示它们都可以提供IP地址给此客户端）。此时，客户端会选用第一个收到的DHCPOFFER消息。

- **DHCPREQUEST**：当客户端挑选第一个收到的DHCPOFFER消息后，它就利用广播方式响应DHCPREQUEST消息给DHCP服务器。之所以用广播方式，是因为它不但要通知所选用的DHCP服务器，也必须通知没有被选上的其他DHCP服务器，以便这些服务器将其原本欲分配给此客户端而暂时保留的IP地址，释放出来供其他客户端使用。

  客户端收到DHCPOFFER消息后，会先检查包含在DHCPOFFER数据包内的IP地址是否已经被其他计算机使用（通过发送Address Resolution Protocol request（ARP）信息来检查），若发现此地址已经被其他计算机占用，则它会发出一个DHCPDECLINE消息给DHCP服务器，表示拒绝接受此IP地址，然后重新再送出DHCPDISCOVER信息来获取另一个IP地址。

- **DHCPACK**：DHCP服务器收到客户端请求IP地址的DHCPREQUEST消息后，就会利用广播方式发送DHCPACK确认消息给客户端（之所以用广播方式，是因为此时客户端还尚未有IP地址），此消息内包含着客户端所需的相关设置，例如IP地址、子网掩码、默认网关、DNS服务器等。

DHCP客户端在收到DHCPACK消息后，就完成了请求IP地址的程序，也就可以开始利用这个IP地址来与其他计算机通信。

2.2.2 更新IP地址的租约

若DHCP客户端想要延长其IP地址使用期限，则DHCP客户端必须更新（renew）其IP地址租约。更新租约时，客户端会发送DHCPREQUEST消息给DHCP服务器（参见图2-2-2）。

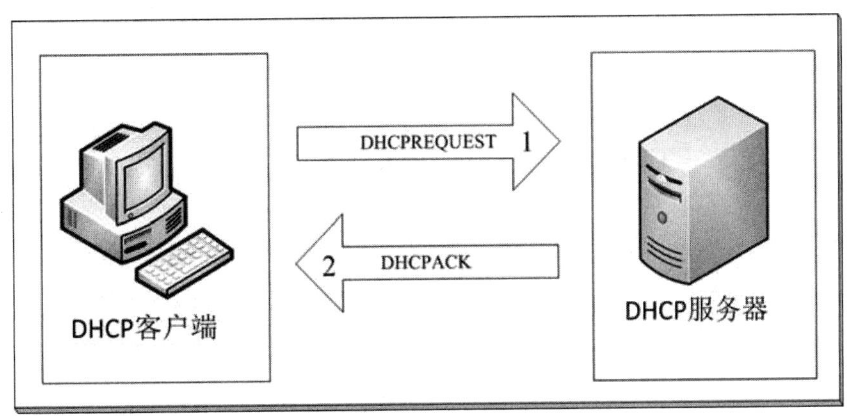

图 2-2-2

1．自动更新租约

DHCP客户端在下列情况下，会自动向DHCP服务器提出更新租约请求。

- **DHCP客户端计算机重新启动时**：每一次客户端计算机重新启动时，都会自动发送DHCPREQUEST广播消息给DHCP服务器，以便要求继续租用原来使用的IP地址。若租约无法更新成功，则客户端会尝试与默认网关通信。
  - 若通信成功且租约并未到期，则客户端仍然可以继续使用原来的IP地址，然后等待下一次更新时间到达的时候再更新。
  - 若无法与默认网关通信成功，则客户端会放弃当前的IP地址，改使用169.254.0.0/16的IP地址，然后每隔5分钟再尝试更新租约。
- **IP地址租期过一半时**：DHCP客户端也会在租约过一半时，自动发送一个DHCPREQUEST消息给出租此IP地址的DHCP服务器。
- **IP地址租期过7/8时**：若租约过一半时无法成功更新租约，则客户端仍然可以继续使用原IP地址，不过客户端会在租期过7/8（87.5%）时，再利用DHCPREQUEST广播消息向任何一台DHCP服务器更新租约。若仍然无法更新成功，则此客户端会放弃其正在使用的IP地址，然后重新向DHCP服务器申请一个新的IP地址（利用DHCPDISCOVER消息）。

只要客户端能够成功更新租约，DHCP服务器就会响应一个DHCPACK消息给它，因此客户端就可以继续使用原来的IP地址，且会重新取得一个新的租约，这个新租约的期限视当时DHCP服务器的设置而定。在更新租约时，若此IP地址已无法再给客户端使用，例如此地址已无效或已被其他计算机占用，则DHCP服务器会响应一个DHCPNAK消息给客户端。

2．手动更新租约与释放 IP 地址

客户端用户也可以利用**ipconfig /renew**命令来更新IP租约。客户端用户也可以利用**ipconfig /release**命令自行将IP地址释放，此时客户端会向DHCP服务器发送一个DHCPRELEASE消息，释放后，客户端会每隔5分钟自动再去查找DHCP服务器租用IP地址，或由客户端用户利用**ipconfig /renew**命令来租用IP地址。

2.2.3 Automatic Private IP Addressing（APIPA）

当 Windows客户端无法从DHCP服务器租用到IP地址时，它们会自动建立一个网络标识符为169.254.0.0/16的**私有IP**地址（参考图2-2-3），并使用这个IP地址来与其他计算机通信。

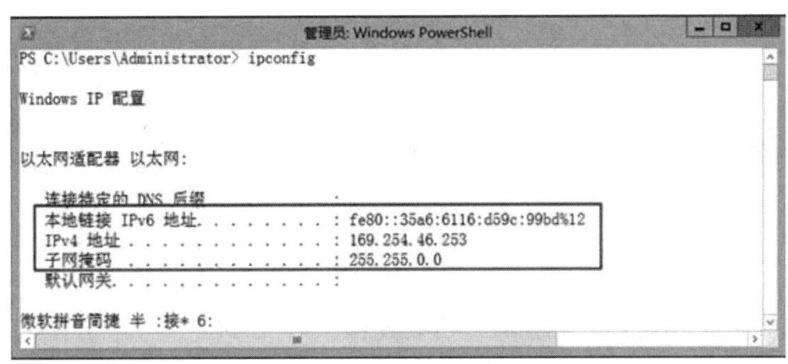

图 2-2-3

在客户端计算机开始使用这个IP地址之前，它会先发送一个广播消息给网络上其他计算机，以便检查是否有其他计算机已经使用了这个IP地址。如果没有其他计算机响应此消息，客户端计算机就将此IP地址分配给自己使用，否则就继续尝试其他IP地址。使用169.254.0.0/16地址的计算机仍然会每隔5分钟一次来查找DHCP服务器，以便向DHCP服务器租用IP地址，在还没有租到IP地址之前，客户端计算机仍然是继续使用这个**私有IP**地址。

以上机制被称为**Automatic Private IP Addressing（APIPA）**，它让客户端计算机在尚未向DHCP服务器租到IP地址之前，仍然能够有一个临时的IP地址可用，以便与同一网络内也是使用169.254.0.0/16地址的计算机通信。

附注

如果客户端的IP地址是手动设置的，但此IP地址已被其他计算机占用，那么此时该客户端也会分配一个169.254.0.0/16格式的IP地址给自己，让它可以与同样使用169.254.0.0/16的计算机通信，且若原来手动设置的IP地址已经指定默认网关，即使现在是使用169.254.0.0/16的IP地址，它还是可以通过默认网关来与同一个网段内其他使用原网络标识符的计算机通信，例如原来手动设置的IP地址为192.168.8.1，则它还是可以与IP地址为192.168.8.x的其他计算机通信。

2.3　DHCP服务器的授权

若任何用户都可以随意安装DHCP服务器，且其所出租的IP地址是随意设置的，则当DHCP客户端向DHCP服务器租用IP地址时，很可能就会由这台DHCP服务器来提供IP地址给客户端，而客户端所得到的IP地址可能无法使用，如此客户端可能就无法连接网络，同时也会造成系统管理员的管理负担。

因此，DHCP服务器安装好以后，并不是立刻就可以对DHCP客户端提供服务的，它还必须经过一个**授权**（authorized）的操作，未经过授权的DHCP服务器无法将IP地址出租给DHCP

客户端。

DHCP服务器授权的原理与注意事项

- 必须在AD DS域（Active Directory Domain Services）的环境中，DHCP服务器才可以被授权。
- 在AD DS域中的DHCP服务器都必须被授权。
- 只有Enterprise Admins组的成员才有权利执行授权操作。
- 已被授权的DHCP服务器的IP地址会被注册到域控制器的AD DS数据库。
- DHCP 服务器启动时会通过AD DS数据库来查询其IP地址是否注册在DHCP服务器授权列表内，若已注册，则其DHCP服务就可以正常启动，并对DHCP客户端提供出租IP地址的服务。
- 不是域成员的DHCP独立服务器无法被授权。此服务器的DHCP服务是否可以正常启动并对DHCP客户端提供出租IP地址的服务呢？这要看同一个子网内是否存在任何一台已被授权的DHCP服务器。此台独立服务器在启动DHCP服务时，会发送DHCPINFORM（DHCP information message）广播数据包，然后：
  - 若它收到由已被授权的DHCP服务器所返回的DHCPACK数据包，则此子网内已经有已被授权的DHCP服务器，此时它就不会启动DHCP服务。
  - 若它没有收到DHCPACK数据包，或是收到非域成员的DHCP服务器所返回的DHCPACK数据包，则此子网内没有已被授权的DHCP服务器，此时它就可以正常启动DHCP服务，出租IP地址给DHCP客户端。

> **注意**
>
> 在AD DS域环境下，建议第1台DHCP服务器最好是成员服务器或域控制器，因为若第1台是独立服务器，则一旦之后在域成员计算机上安装DHCP服务器，将其授权，且这台服务器是在同一个子网内，则原独立服务器的DHCP服务将无法再启动。

- Windows系统的DHCP服务器可以被授权，但Windows NT 4.0或更旧版本的 DHCP服务器、其他厂商所开发的DHCP服务器无法被授权。

2.4 DHCP服务器的安装与测试

我们将利用图2-4-1的环境来练习，其中DC为Windows Server 2012 R2域控制器兼DNS服务器，DHCP1为已加入域的Windows Server 2012 R2 DHCP服务器，Win8PC为Windows 8（不需要加入域）。请先将图中各计算机的操作系统安装好，设置TCP/IP属性（图中采用IPv4），

建立域（假设域名为sayms.local）并将DHCP1计算机加入域。

> **注意**
>
> 若利用Hyper-V等虚拟环境来练习，则将这些计算机所连接的虚拟网络的DHCP服务器功能停用；若利用物理计算机练习，则将网络中其他DHCP服务器关闭或停用，例如停用IP共享设备或宽带路由器内的DHCP服务器功能。这些DHCP服务器都会干扰你的实验。

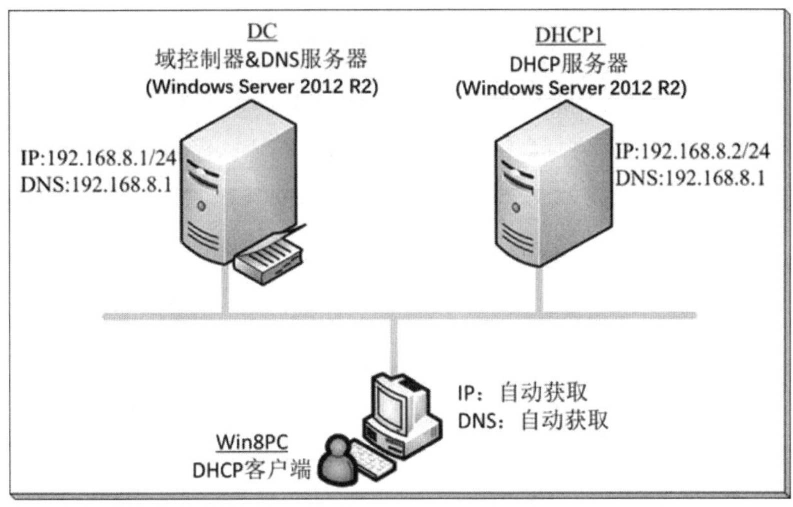

图 2-4-1

2.4.1　安装DHCP服务器角色

在安装DHCP服务器角色之前，请先完成以下的工作。

- **使用静态IP地址**：也就是手动输入IP地址、子网掩码、首选DNS服务器等，请参考图2-4-1来设置DHCP服务器的这些设置值。
- **事先规划好要出租给客户端计算机的IP地址范围（IP作用域）**：假设IP地址范围是从192.168.8.10到192.168.8.200。

我们需要通过添加**DHCP服务器**角色的方式来将DHCP服务器安装到Windows Server 2012 R2计算机，其安装步骤如下所示。

STEP 1　请到图2-4-1中的计算机DHCP1上利用域sayms\Administrator账号登录。

STEP 2　打开**服务器管理器**➲单击**仪表板**处的**添加角色和功能**➲持续单击下一步按钮，直到出现图2-4-2所示的**添加角色和功能向导**界面时勾选**DHCP服务器**➲单击新增功能按钮。

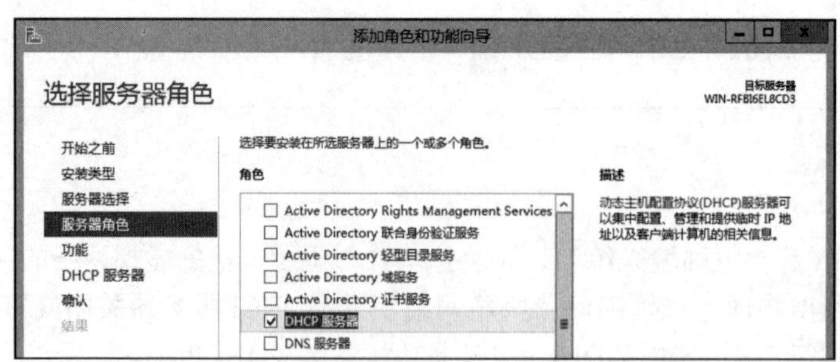

图 2-4-2

STEP 3　持续单击下一步按钮，直到出现**确认安装选项**界面时单击安装按钮。

STEP 4　完成安装后，单击图2-4-3中的**完成DHCP配置**➲单击下一步按钮（或单击**服务器管理器**界面右上方感叹号图标➲完成DHCP配置➲单击下一步按钮）。

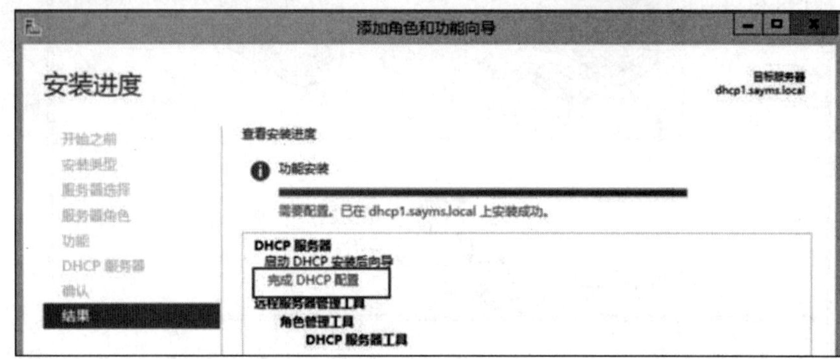

图 2-4-3

STEP 5　在图2-4-4中选择用来对这台服务器授权的用户账户，隶属于域Enterprise Admins组的成员才有权限执行授权的操作，而我们登录时使用域sayms\Administrator的身份，它就是此组的成员，故请如图所示选择后单击提交按钮。

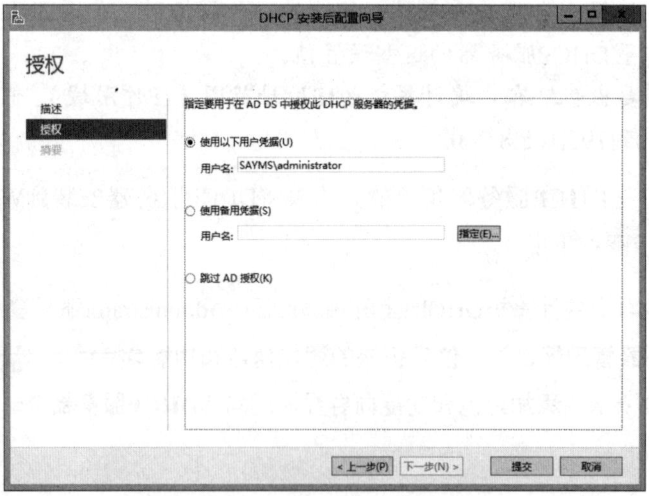

图 2-4-4

STEP 6 出现如图2-4-5所示的**摘要**界面时单击关闭按钮。

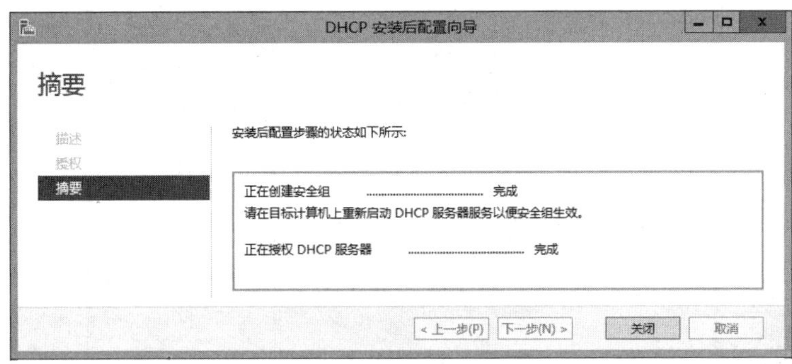

图 2-4-5

安装完成后，就可以在**服务器管理器**中通过如图2-4-6所示**工具**菜单中的DHCP管理控制台来管理DHCP服务器，或按Windows键（⊞）切换到**开始**菜单➲管理工具➲DHCP。

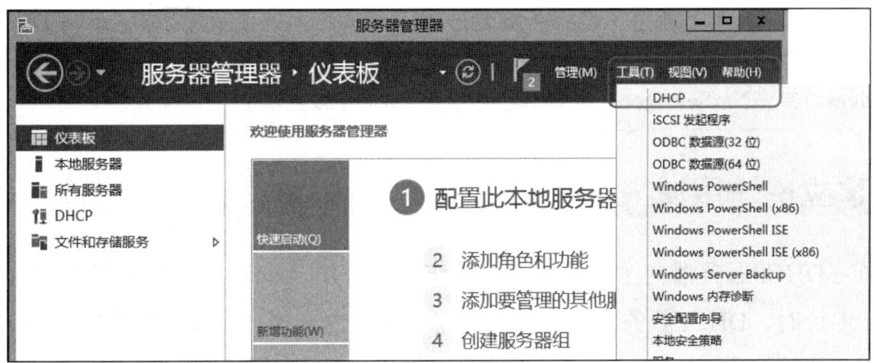

图 2-4-6

注意

通过**服务器管理器**来安装角色服务时，内建的**Windows防火墙**会自动开放与该服务有关的流量，例如此处会自动开放与DHCP有关的流量。

2.4.2 DHCP服务器的授权与解除授权

若在安装DHCP服务器时未对此DHCP服务器授权，也就是在图2-4-4中选第3个选项，此时可以在安装完成后通过【打开DHCP管理控制台➲如图2-4-7所示选中并右击该服务器➲授权】的方法来完成授权的操作。以后若要解除授权，则【选中并右击该服务器➲解除授权】。

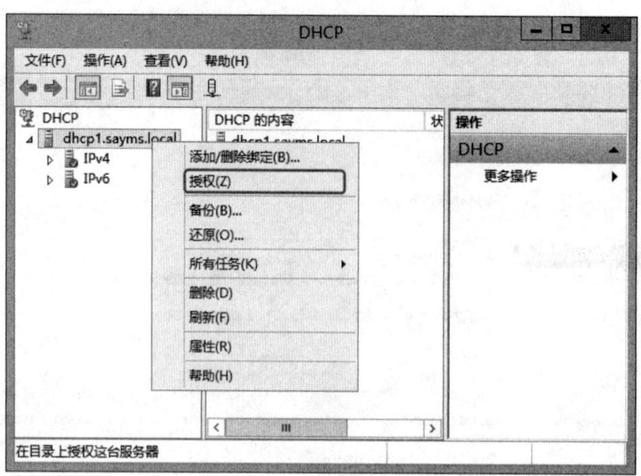

图2-4-7

> 附注
>
> 也可以到域控制器上通过【在**服务器管理器**中选择右上方**工具**菜单➲Active Directory站点和服务➲选中**Active Directory站点和服务**➲选择**查看**菜单➲显示服务节点➲展开**Services**➲单击**NetServices**】来查看已被授权的服务器列表。

2.4.3 建立IP作用域

你必须在DHCP服务器内至少建立一个IP作用域（IP scope），当DHCP客户端向DHCP服务器租用IP地址时，DHCP服务器就可以从这些作用域内选择一个尚未出租的适当的IP地址，然后将其出租给客户端。

STEP 1 如图2-4-8所示，在DHCP控制台中选中并右击**IPv4**➲新建作用域。

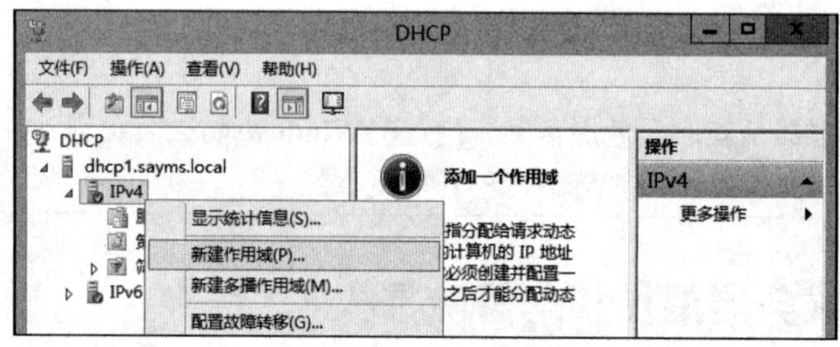

图2-4-8

STEP 2 出现**欢迎使用新建作用域向导**界面时单击下一步按钮。

STEP 3 在图2-4-9中为此作用域命名后单击下一步按钮。

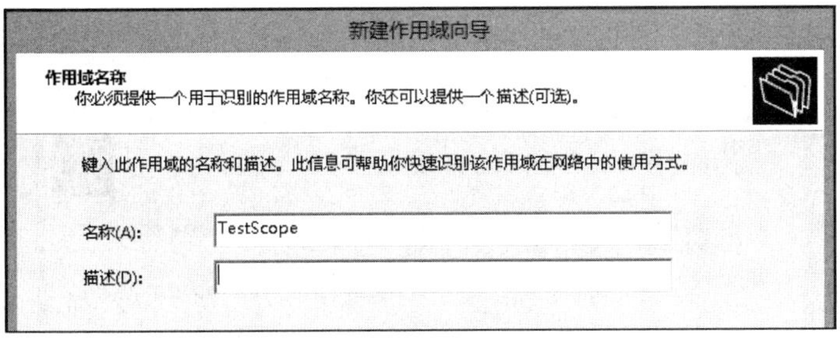

图 2-4-9

STEP 4 在图2-4-10中设置此作用域中欲出租给客户端的起始/结束IP地址、子网掩码的长度（图中24表示子网掩码的长度为24位，子网掩码为255.255.255.0），单击下一步按钮。

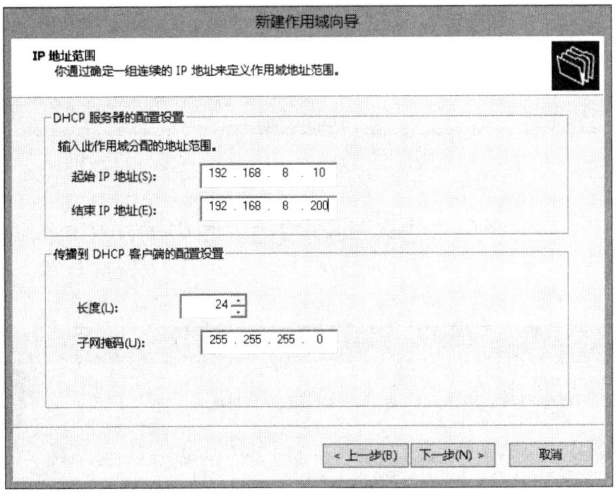

图 2-4-10

STEP 5 若上述IP作用域中有些IP地址已经通过静态方式分配给非DHCP客户端，则需要在图2-4-11中将这些IP地址排除；**子网延迟**这部分留待后面再说明。单击下一步按钮。

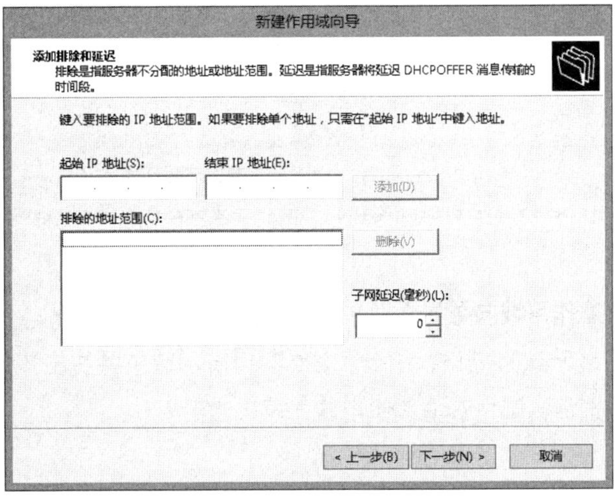

图 2-4-11

STEP 6 在图2-4-12中设置IP地址的租用期限，默认为8 天。单击下一步按钮。

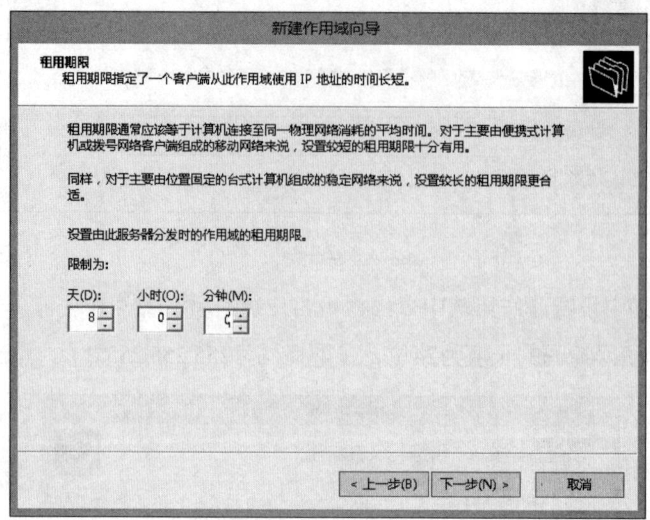

图 2-4-12

STEP 7 依照图2-4-13所示选择后单击下一步按钮。图中的DHCP选项等我们后面介绍时再来设置即可。

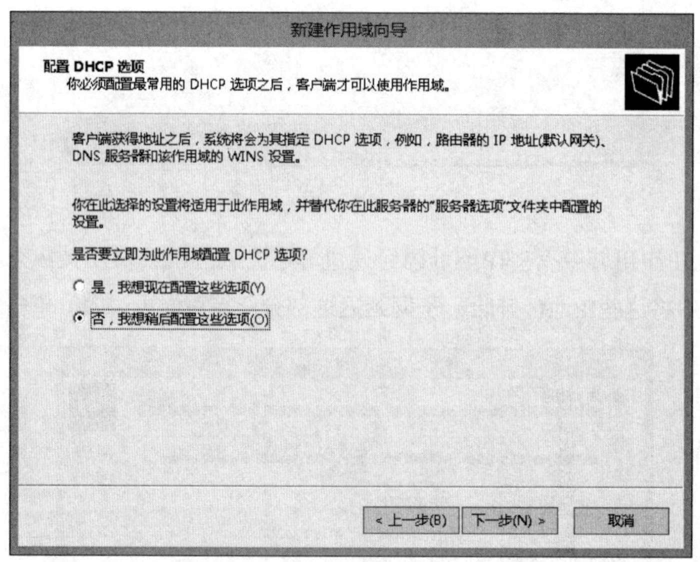

图 2-4-13

STEP 8 出现**完成新建作用域向导**界面时单击完成按钮。

STEP 9 此时该作用域默认为停用，因此如图2-4-14所示选中并右击该作用域➲激活（若**激活**为灰色无法选择，则先双击该作用域，再来激活）。

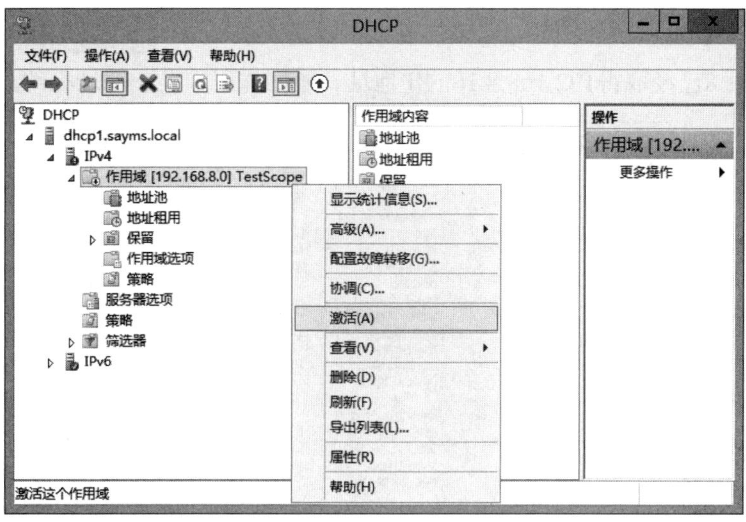

图 2-4-14

2.4.4 测试客户端是否可租用到IP地址

使用图2-4-1测试环境中的DHCP客户端Win8PC计算机来测试，首先确认该台Windows 8计算机的IP地址获取方式为自动获取：【按⊞+X键➲**控制面板**➲**网络和Internet**➲**网络和共享中心**➲单击**以太网**➲**属性**➲单击**Internet协议版本4（TCP/IPv4）**➲单击属性按钮➲弹出图2-4-15所示的界面】。

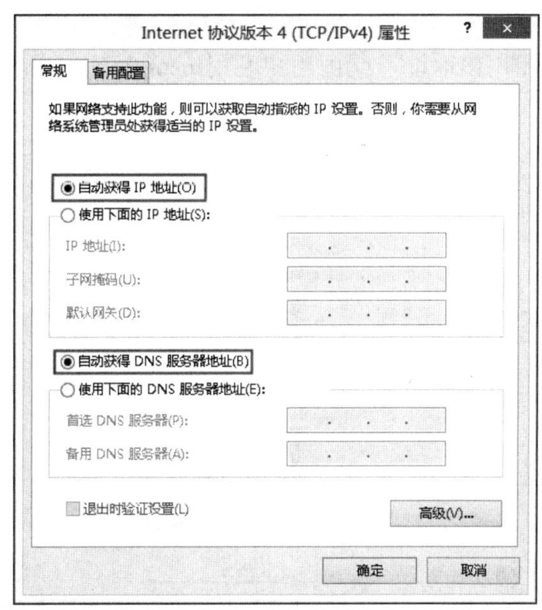

图 2-4-15

确认无误后，接着来测试此Windows 8客户端计算机是否可以正常从DHCP服务器租用到

IP地址并取得选项设置值：回到图2-4-16的**以太网状态**界面，单击详细数据按钮，由前景图可看出此Windows 8已经取得192.168.8.10的IP地址、子网掩码、此IP地址租约过期的时间。

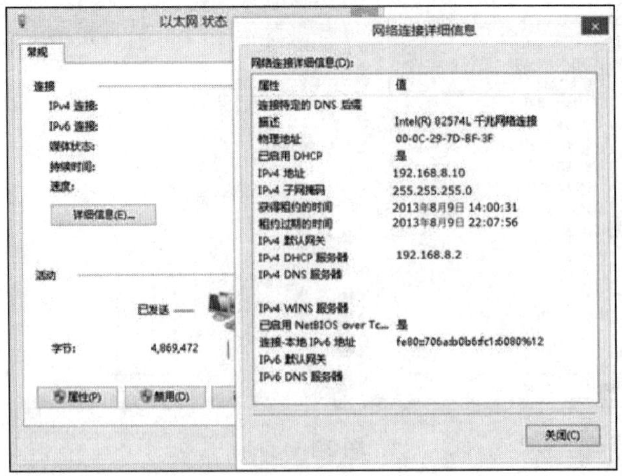

图2-4-16

DHCP客户端也可以利用**ipconfig**命令或**ipconfig /all**命令来检查是否已经租用到IP地址并取得相关的选项设置值，如图2-4-17所示为成功租用的界面。若客户端计算机因故无法向DHCP服务器租到IP地址，则会每隔5分钟一次继续尝试向DHCP服务器租用。客户端用户也可以通过单击图2-4-16中的诊断按钮或利用**ipconfig /renew**命令来向DHCP服务器租用。

DHCP客户端除了会自动更新租约外，用户也可以利用**ipconfig/renew**命令来更新IP租约。用户还可以利用**ipconfig/release**命令将IP地址释放，之后DHCP客户端会每隔5分钟自动再去查找DHCP服务器并租用IP地址，或由用户利用**ipconfig/renew**命令来向DHCP服务器租用IP地址。

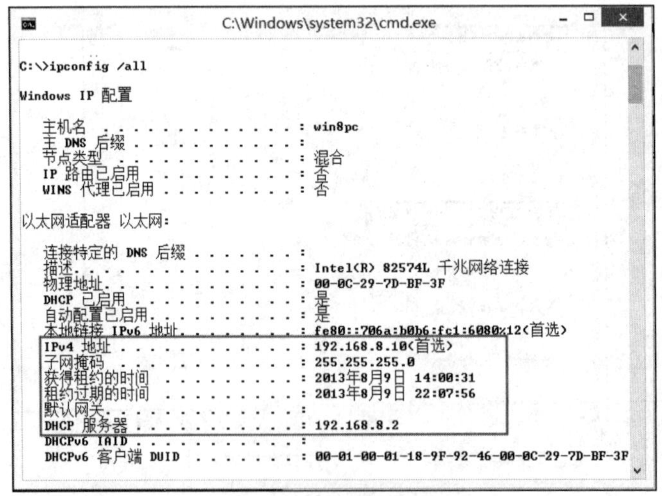

图2-4-17

2.4.5 客户端的其他设置

客户端若因故无法向DHCP服务器租到IP地址，则会每隔5分钟自动再去找DHCP服务器来租用IP地址，在未租到IP地址之前，客户端可以暂时使用其他IP地址，此IP地址可以通过图2-4-18中的**备用配置**选项卡来设置。

- **自动专用IP地址**：这是默认值，它就是Automatic Private IP Addressing（APIPA）。当客户端无法从DHCP服务器租用到IP地址时，它们会自动使用169.254.0.0/16格式的专用IP地址。
- **用户配置**：当客户端无法从DHCP服务器租用到IP地址时，它们会自动使用此处的IP地址与设置值。特别适合客户端计算机在不同网络中使用的场合，例如客户端为笔记本电脑，这台计算机在公司是向DHCP服务器租用IP地址，但当此计算机拿回家里使用时，如果家里没有 DHCP服务器，无法租用到IP地址，就会自动改用此处所设置的IP地址。

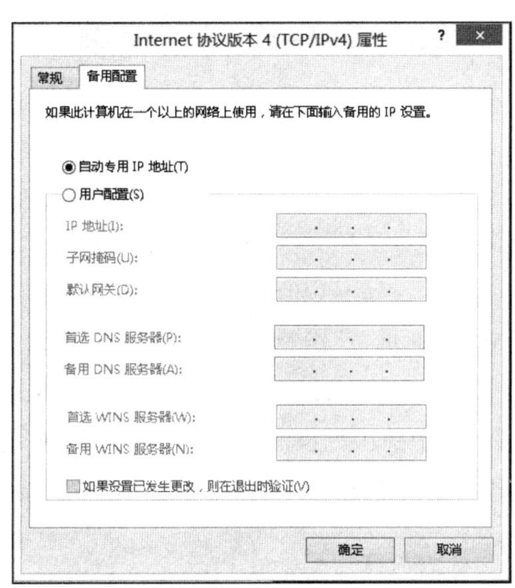

图2-4-18

2.5 IP作用域的管理

在DHCP服务器内必须至少有一个IP作用域，以便DHCP客户端向DHCP服务器租用IP地址时，DHCP服务器可以从这个作用域内选择一个适当的、尚未出租的IP地址，然后将其出租给DHCP客户端。

> 附注
>
> 本地Administrators与DHCP Administrators组成员可以管理DHCP服务器，例如新建/修改作用域、修改配置等。本机DHCP Users组内的成员也可以查看DHCP服务器内的数据库与配置，但是无权修改配置。

2.5.1 一个子网只可以建立一个IP作用域

在一台DHCP服务器内，一个子网只能够有一个作用域，例如已经有一个范围为192.168.8.10 ~ 192.168.8.200的作用域后（子网掩码为255.255.255.0），就不可以再建立相同网络标识符的作用域，例如范围为192.168.8.210 ~ 192.168.8.240的作用域（子网掩码为255.255.255.0），否则会出现图2-5-1的警告界面。

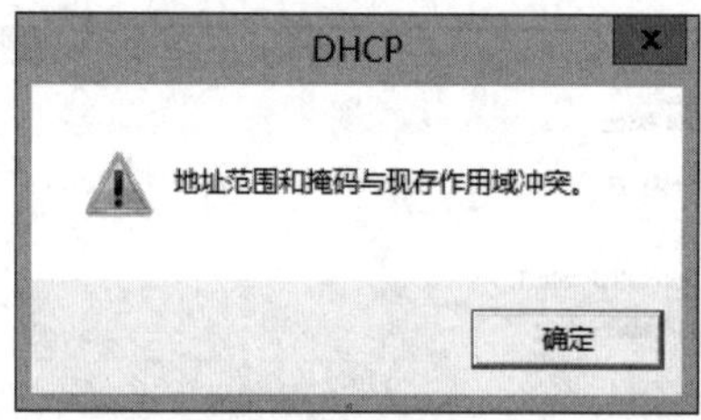

图2-5-1

如果你就是需要建立IP地址范围包含192.168.8.10~192.168.8.200与192.168.8.210~192.168.8.240的IP作用域（子网掩码为255.255.255.0），请先建立一个包含192.168.8.10 ~ 192.168.8.240的作用域，然后将其中的192.168.8.201 ~ 192.168.8.209 这一段范围排除即可：【如图2-5-2所示，选中并右击该作用域的**地址池**➲新建排除范围➲输入要排除的IP地址范围】。

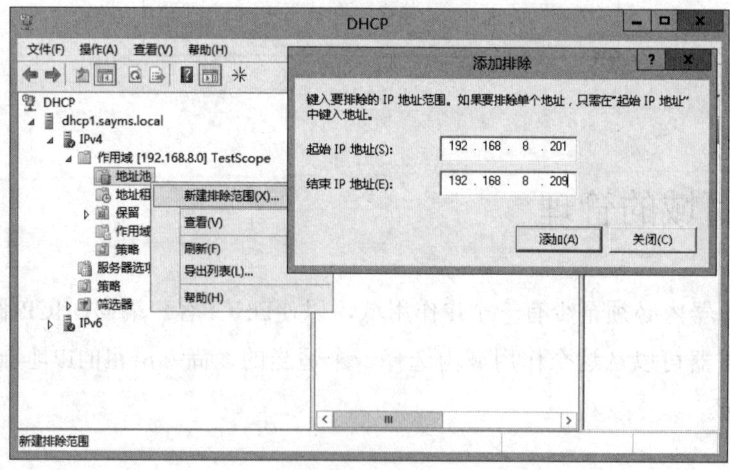

图2-5-2

DHCP服务器可事先检测要出租的地址是否已被其他计算机占用：【如图2-5-3所示，选中**IPv4**➲单击上方**属性**图标➲选择**高级**选项卡➲设置冲突检测次数】，默认为0次。它是利用ping该IP地址的方式来检测的（有可能因为**Windows防火墙**的阻挡而检测不到），但因为会影响服务器的效率，故次数不要太多（1次即可）。建议在网络上有比较旧的客户端系统并怀疑有IP地址冲突的问题时才启用此功能。

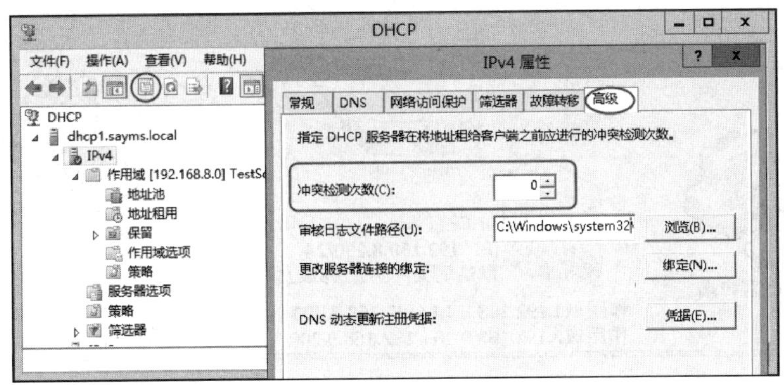

图 2-5-3

2.5.2 租期该设置多久

DHCP客户端租到IP地址后，必须在租约到期之前更新租约，以便继续使用此IP地址，否则租约到期时，DHCP服务器会将IP收回。可是DHCP服务器的租用期限该设置为多久才合适呢？以下说明可供参考。

- 如果租期设置的较短，则客户端必须在短时间内就向服务器更新租约，如此将增加网络负担。不过因为在更新租约时，客户端会从服务器取得最新的设置值，因此若租期设定得短，客户端就会较快地通过更新租约的方式来取得这些新设置值。如果IP地址不够用，则应该将租期设得短一点，因为可以让客户端已经不再使用的IP地址早一点到期，以便让服务器将这些IP地址收回，再出租给其他客户端。
- 如果租期设置的较长，虽然可以减少更新租约的频率，降低网络负担，但是相对的客户端必须等比较长的时间才会更新租约，也因此需要等比较长的时间才会取得服务器的最新设置值。
- 如果将IP地址的租期设置为**没有限制**，则以后客户端计算机从网络中删除或搬到其他网络时，该客户端所租用的IP地址并不会自动被服务器收回，必须由系统管理员手动将此IP地址从**地址租用**区内删除。

没有限制租用期的IP地址，客户端只有在重新启动时会自动更新租约并取得服务器的最新设置值。客户端用户也可以利用**ipconfig /renew**命令来手动更新租约并取得最新设置值。

2.5.3 建立多个IP作用域

可以在一台DHCP服务器内建立多个IP作用域，以便对多个子网内的DHCP客户端提供服务，如图2-5-4所示的DHCP服务器内有两个IP作用域，一个用来提供IP地址给位于左边网络的DHCP客户端，这个网络的网络标识符为192.168.8.0；另一个IP作用域用来提供IP地址给位于右边网络的DHCP客户端，其网络标识符为192.168.9.0。

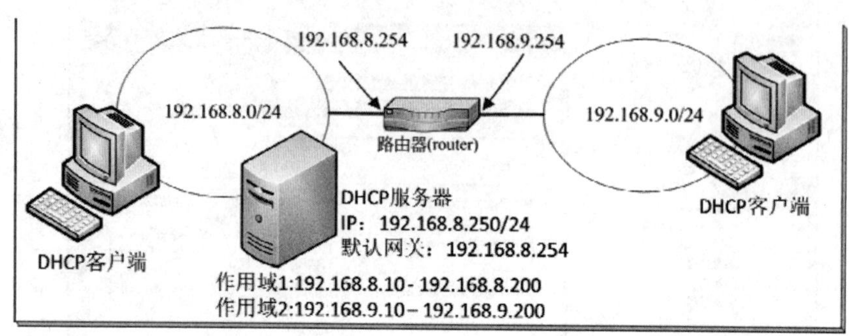

图 2-5-4

图中右边网络的客户端在向DHCP服务器租用IP地址时，DHCP服务器会选择192.168.9.0作用域的IP地址，而不是192.168.8.0作用域。由于右边客户端所发出的租用IP数据包是通过路由器来转发的，路由器会在这个数据包内的GIADDR（gateway IP address）字段中填入路由器的IP地址（192.168.9.254），因此DHCP服务器可以从这个IP地址得知DHCP客户端位于192.168.9.0的网段，并且选择192.168.9.0作用域的IP地址给客户端。

> **附注**
>
> 除了GIADDR之外，有些网络环境下路由器还需要使用DHCP option 82内的更多信息来判断应该出租什么IP地址给客户端。

图中左边网络的客户端向DHCP服务器租用IP地址时，DHCP服务器会选择192.168.8.0作用域的IP地址，而不是192.168.9.0作用域。左边客户端所发出的租用IP数据包是直接由DHCP服务器来接收的，因此数据包内的GIADDR字段中的路由器IP地址为0.0.0.0，当DHCP服务器发现此IP地址为0.0.0.0时，就知道是同一个网段（192.168.8.0）内的客户端要租用IP地址，因此它会选择192.168.8.0作用域的IP地址给客户端。

2.5.4 为客户端保留特定IP地址

你可以为特定的客户端保留特定IP地址，也就是说当这个客户端向DHCP服务器租用IP地址或更新租约时，DHCP服务器会将这个特定的IP地址出租给此客户端。保留特定IP地址的方

法为【如图2-5-5所示，选中并右击**保留**➲选择**新建保留**➲参考以下说明来设置】。

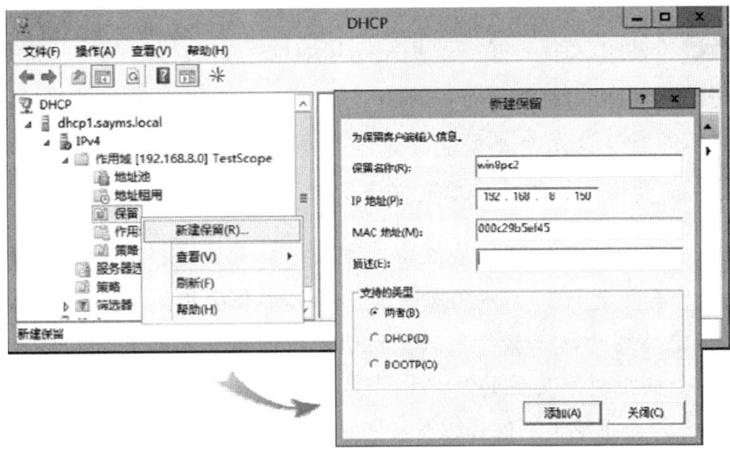

图 2-5-5

- **保留名称**：输入用来识别DHCP客户端的名称（任何名称皆可，例如可输入其计算机名称）。
- **IP地址**：输入欲保留给客户端使用的IP地址。
- **MAC地址**：输入客户端网卡的物理地址，也就是MAC（Media Access Control）地址，它是一个12位的数字与英文字母（A~F）的组合，例如图中的000c29b5ef45（或输入00-0c-29-b5-ef-45）。你可以到客户端计算机上通过（以Windows 8为例）【按⊞+X键➲**控制面板**➲选择**网络和Internet**➲选择**网络和共享中心**➲单击**以太网**➲单击**详细信息**按钮】来查看（可参考前面图2-4-16中的**物理地址**字段），或利用**ipconfig /all**命令查看（可参考图2-4-17中的**物理地址**）。
- **支持的类型**：用来设置客户端为DHCP客户端还是BOOTP客户端，或者两者均支持。BOOTP是针对早期那些没有磁盘的客户端来设计的，而DHCP则是BOOTP的改进版本。

可以利用图2-5-6中的**地址租用**界面来查看IP地址的租用情况，包含已出租的IP地址与保留地址。图中192.168.8.10是由DHCP服务器出租给客户端的IP地址，而192.168.8.150是保留地址。

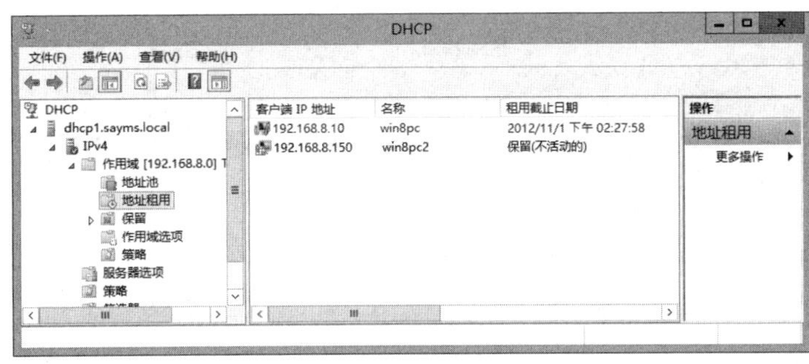

图 2-5-6

2.5.5 筛选客户端计算机

可以通过**筛选器**（见图2-5-7）允许或拒绝将IP地址出租给特定的客户端计算机，图中可通过**允许**来允许将IP地址出租给指定的客户端计算机，通过**拒绝**来拒绝将IP地址出租给指定的客户端计算机，不过默认这两个类型的筛选器都是被禁用的。若要启用**允许**或**拒绝**类别筛选器，则【选中并右击**允许**或**拒绝**类别➲选择**启用**】。启用前请先注意以下说明。

- 若仅启用**允许**类别的筛选器，则只有列于此处的客户端计算机向这台DHCP服务器租用IP地址时才会被允许，其他的客户端计算机都会被拒绝。
- 若仅启用**拒绝**类别的筛选器，则只有列于此处的客户端计算机向这台DHCP服务器租用IP地址时会被拒绝，其他的客户端计算机都会被允许。
- 若同时启用**允许**与**拒绝**类别的筛选器，则以**拒绝**类别处的设置优先，也就是DHCP服务器会出租IP地址给列于**允许**类别内的客户端计算机，只要此计算机没有被列于**拒绝**类别内。

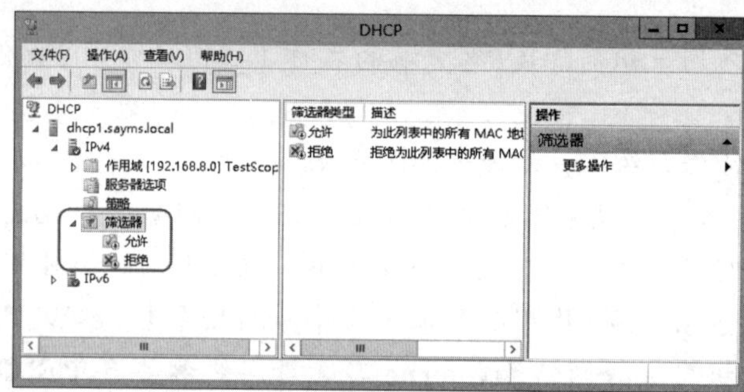

图 2-5-7

若要在**允许**或**拒绝**类别内新建筛选器（以**允许**类别为例），则【如图2-5-8所示，选中并右击**允许**类别➲选择**新建筛选器**➲输入客户端计算机的MAC地址】。注意因为图中的**允许**类别已经被启用，所以只有拥有图中MAC地址的计算机可以向此DHCP服务器租用IP地址，其他的客户端计算机都会被拒绝。图中的MAC地址可以省略连字符号（-），也可以使用通配符，例如00-0C-29-*-*-*、00-0C-29-*、000C29*。

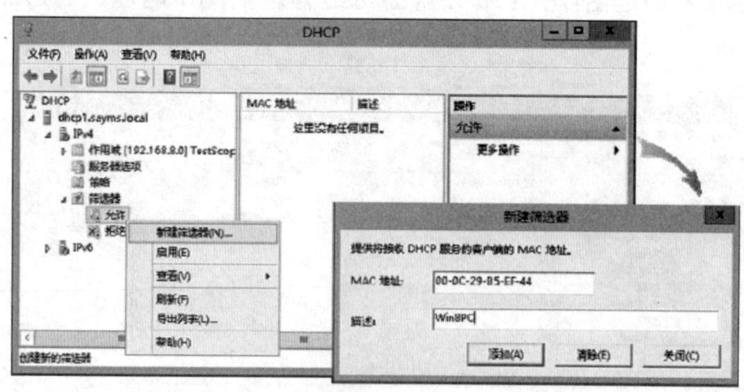

图 2-5-8

2.5.6 多台DHCP服务器的split scope高可用性

可以同时安装多台DHCP服务器来提供高可用性，在有DHCP服务器发生故障时，还可以由其他正常的DHCP服务器来继续提供服务。可以将相同的IP作用域建立在这些DHCP服务器内，各服务器的作用域内包含了适当比率的IP地址范围，但是不能有重复的IP地址，否则可能会发生不同客户端分别向不同DHCP服务器租用IP地址，却租用到相同IP地址的情况。这种在每一台服务器内都建立相同作用域的高可用性做法被称为split scope（拆分作用域）。

1．80/20 规则

若IP作用域内的IP地址数量不是很多，则建立作用域时可以采用80/20规则，如图2-5-9中在DHCP服务器 1内建立了一个范围为192.168.8.10 ~ 192.168.8.200的作用域，但是将其中192.168.8.162 ~ 192.168.8.200排除，也就是DHCP服务器1可租给客户端的IP地址占此作用域的80%，同时在DHCP服务器2内也建立一个相同IP地址范围的作用域，但是将其中192.168.8.10 ~ 192.168.8.161排除，也就是DHCP服务器2可租给客户端的IP地址只占此作用域的20%。

其中DHCP服务器2主要是作为备份服务器，也就是平常是由DHCP服务器1（主服务器）来对客户端提供服务，而当其因故暂时无法提供服务时，就改由DHCP服务器2来提供服务。我们应该将DHCP服务器1与客户端计算机放在同一个网络内，以便该服务器能够优先对客户端提供服务，而作为备份服务器的DHCP服务器2建议放到另外一个网络内。

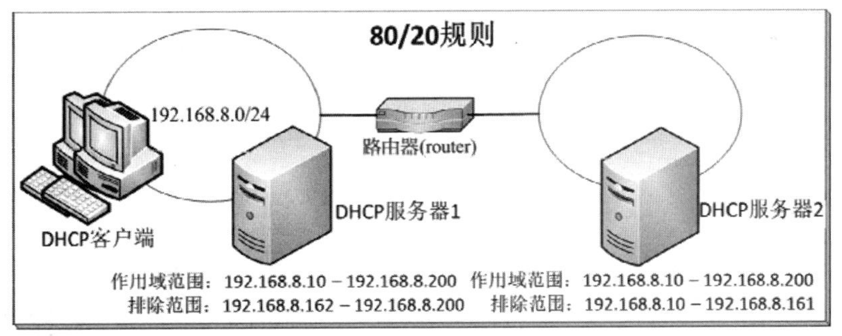

图 2-5-9

2．100/100 规则

若IP作用域内的IP地址数量足够，则建立作用域时可以采用100/100规则，例如图2-5-10中在DHCP服务器1内建立了一个范围为10.120.1.1 ~ 10.120.8.255的作用域，但是将其中的10.120.5.1 ~ 10.120.8.255排除，也就是DHCP服务器1可租给客户端的IP地址范围为10.120.1.1~10.120.4.255，假设其IP地址数量能够100%满足左边网络客户的需求，而在DHCP服务器2内也建立一个相同IP地址范围的作用域，但是将其中的10.120.1.1 ~ 10.120.4.255排除，也就是

DHCP服务器2可租给客户端的IP地址范围为10.120.5.1 ~ 10.120.8.255，假设其IP地址数量也能够100%满足左边网络客户的需求。

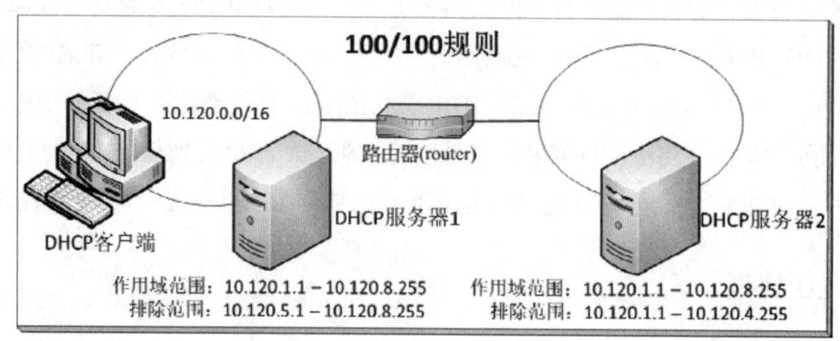

图 2-5-10

可以将两台服务器都放在客户端所在的网络，让两台服务器都对客户端提供服务；也可以将其中一台放到另一个网络，以便作为备份服务器，如图2-5-10所示，DHCP服务器1一般来说会优先对左边网络的客户端提供服务，而在它因故无法提供服务时，就改由DHCP服务器2来接手继续提供服务。

3．互相备份的 DHCP 服务器

如图2-5-11所示，左右两个网络各有一台DHCP服务器，DHCP服务器1有一个192.168.8.0的作用域1用来对左边客户端提供服务，DHCP服务器2有一个192.168.9.0的作用域1用来对右边客户端提供服务。同时DHCP服务器1还有一个192.168.9.0的作用域2，此服务器用来作为右边网络的备份服务器，DHCP服务器2还有一个192.168.8.0的作用域2，此服务器用来作为左边网络的备份服务器。

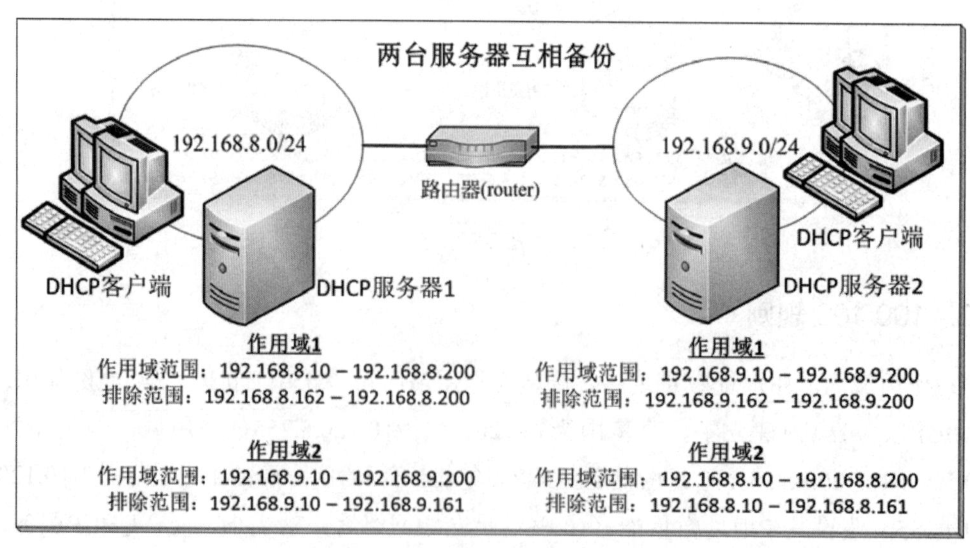

图 2-5-11

2.5.7 子网延迟配置

以图2-5-12为例，图中两台DHCP服务器位于同一个子网内，且采用80/20规则，其中DHCP服务器1是主服务器，可以出租80%的IP地址，而DHCP服务器2是备份服务器，可以出租20%的IP地址，它在主服务器（DHCP服务器1）因故暂时无法提供服务时，可以接手继续为未拥有有效IP地址的少数客户端提供服务。因此我们希望平常由主服务器（DHCP服务器1）来出租IP地址给客户端，可是如果客户端是向DHCP服务器2租用IP地址，会导致只占20%的IP地址很快就用完，此时如果DHCP服务器1因故暂时无法提供服务，DHCP服务器2也因为没有IP地址可出租，就失去了作为备份服务器的功能。

可以通过**子网延迟**功能来解决此问题，也就是当DHCP服务器2收到客户端租用IP地址的请求时，它会延迟一小段时间才响应客户端，以便让DHCP服务器1可以先出租IP地址给客户端，也就是让客户端向DHCP服务器1租用IP地址。

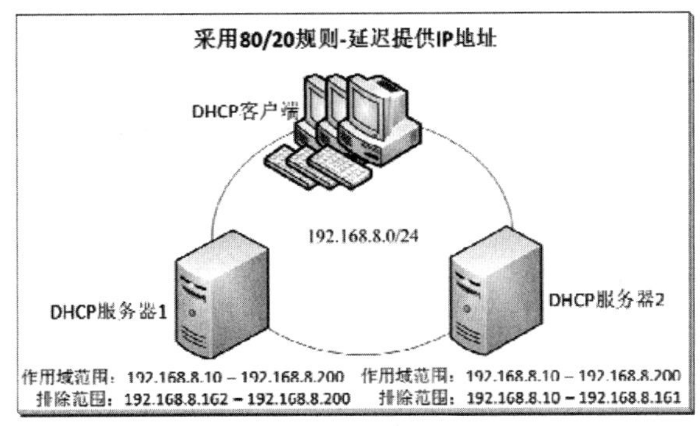

图 2-5-12

要设置让DHCP服务器2延迟响应客户端请求，请在此服务器上【打开DHCP管理控制台➲如图2-5-13所示，选中要设置的作用域➲单击上方**属性**图标➲选择**高级**选项卡➲在**子网延迟**处设置延迟时间】。

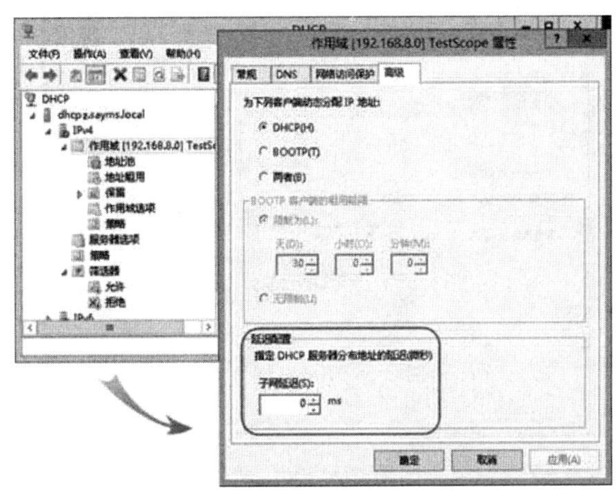

图 2-5-13

2.5.8 DHCP拆分作用域配置向导

假设已经有一台主要的DHCP服务器，且作用域已建立完成，又要另外搭建一台备份DHCP服务器，并希望采取适当比率的IP地址分配，例如80/20规则，此时可以利用**DHCP拆分作用域配置向导**来帮你自动在备份服务器建立作用域，并自动将这两台服务器的IP地址分配规则设置好。

以下演练假设主服务器的计算机名称为DHCP1，备份服务器的计算机名称为DHCP2（假设已经安装好DHCP服务器角色），且主服务器内已经建立好一个名称为**TestScope**的作用域，其IP地址范围为192.168.8.10～192.168.8.200。

STEP 1　如图2-5-14所示【选中并右击**作用域**➲**高级**➲**拆分作用域**➲单击下一步按钮】。

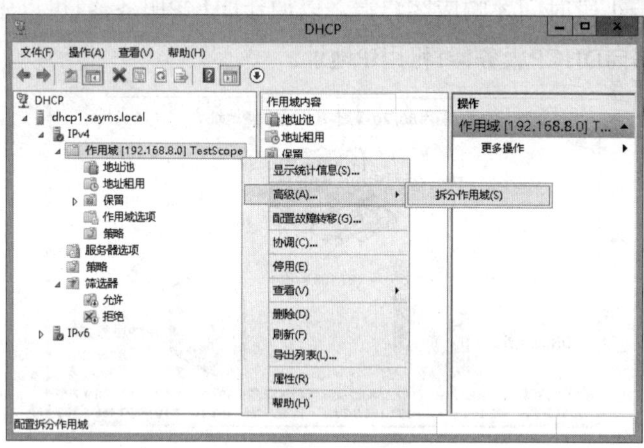

图 2-5-14

STEP 2　在图2-5-15中输入备份服务器的计算机名称DHCP2或IP地址（或通过单击添加服务器按钮来选择）后单击下一步按钮。

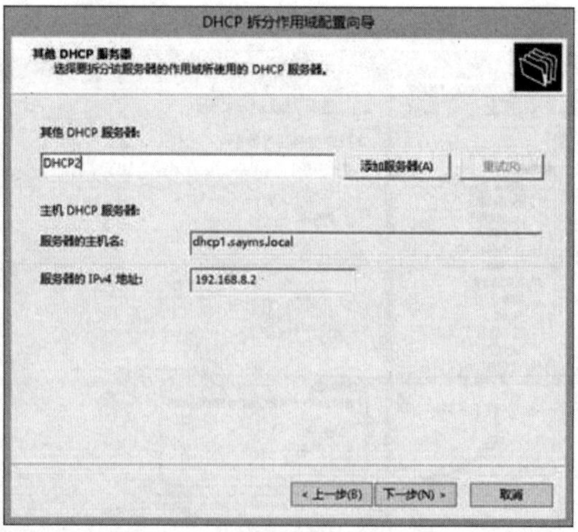

图 2-5-15

STEP 3 在图2-5-16中调整IP地址分配百分比后单击**下一步**按钮。假设百分比为80/20，它会自动在两台服务器内将IP地址范围与需要排除的IP地址设置好。

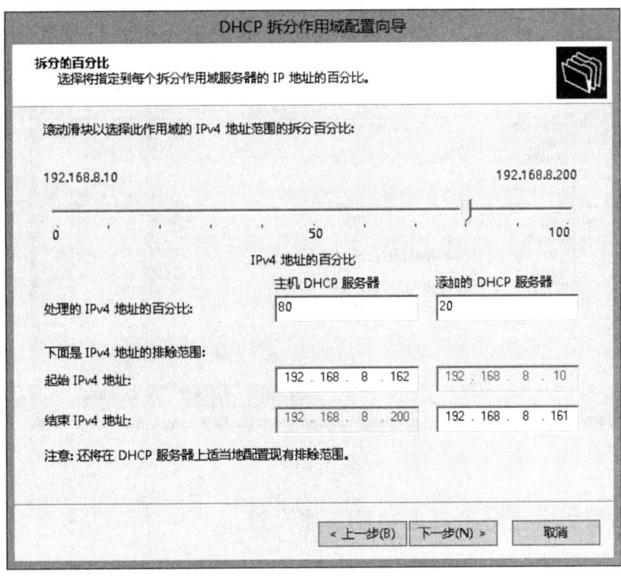

图 2-5-16

附注

出现**存储空间不足，无法处理此命令**的警告信息时，可以不理会，或是先将保留区内的保留IP地址删除后再进行操作。

STEP 4 在图2-5-17中设置两台服务器延迟响应客户端的时间，图中假设仅将备份服务器的延迟时间设置为10毫秒。

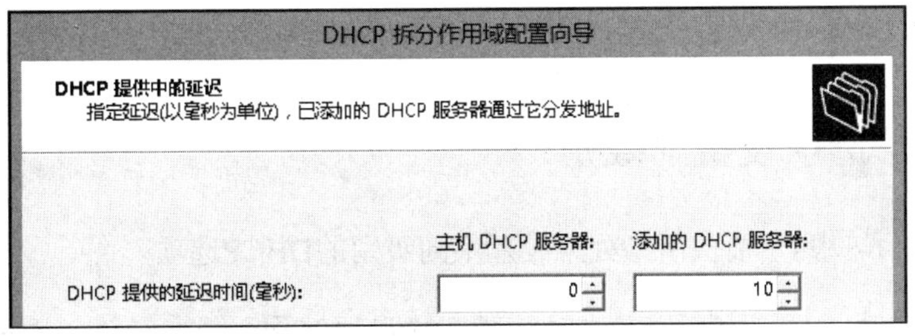

图 2-5-17

STEP 5 确认图2-5-18中的设置无误后单击**完成**按钮。

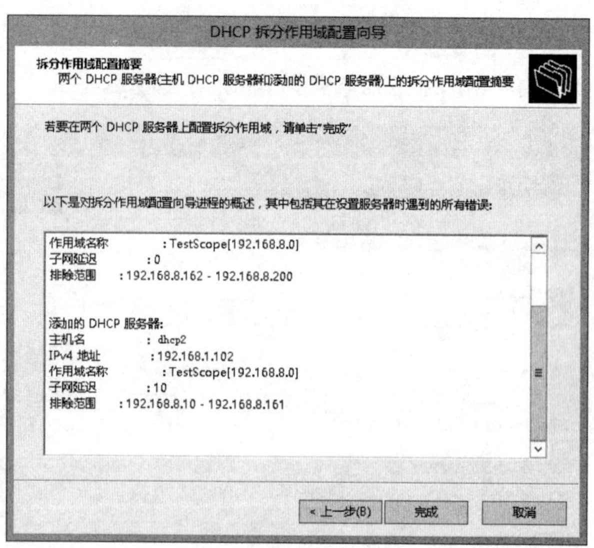

图 2-5-18

STEP 6 配置完成后请到两台服务器上检查上述设置。

2.6 DHCP的选项设置

除了分配IP地址、子网掩码给DHCP客户端外，DHCP服务器还可分配其他选项给客户端，例如默认网关（路由器）、DNS服务器、WINS服务器等。当客户端向DHCP服务器租用IP地址或更新IP租约时，可以从服务器取得这些选项设置。

DHCP服务器提供很多选项设置，其中有部分选项适用于Windows系统的DHCP客户端，在这些选项中比较常用的有默认网关、DNS服务器、DNS域名、WINS/NBNS服务器、WINS/NBT节点类型等。

2.6.1 DHCP选项设置的级别

可以通过图2-6-1中4个箭头所指处来设置不同级别的DHCP选项。

- **服务器选项**（1号箭头）：会自动被所有作用域继承，换句话说，服务器选项会被应用到此服务器内的所有作用域，因此客户端无论是从哪一个作用域租用到IP地址，都可以得到这些选项。
- **作用域选项**（2号箭头）：只适用于该作用域，只有当客户端从这个作用域租到IP地址时，才会得到这些选项。作用域选项会自动被该作用域内的所有保留区继承。
- **保留区**（3号箭头）：针对某个保留IP地址所设置的选项，只有当客户端租用到这个保留的IP地址时，才会得到这些选项。

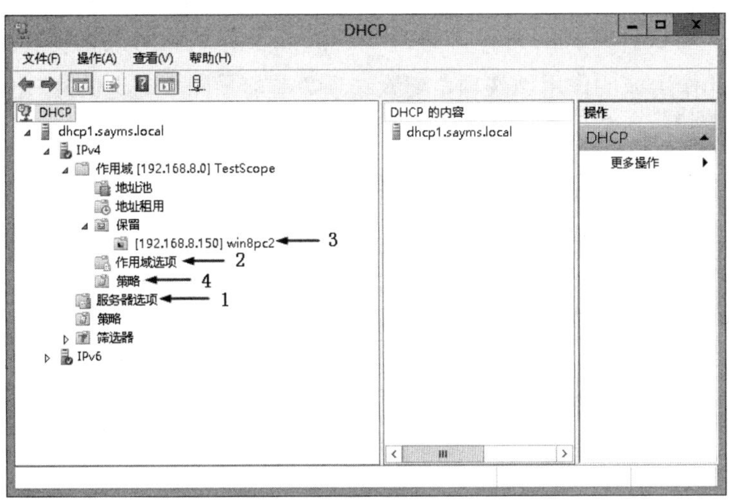

图 2-6-1

- **原则**（4号箭头）：可以通过策略来针对特定计算机设置选项（参阅2.6.2小节**通过策略来分配IP地址与选项** 的说明）。

当服务器选项、作用域选项、保留区与策略内的设置有冲突时，其优先级为【服务器选项（最低）➲作用域选项➲保留区选项➲策略（最高）】，例如服务器选项将 DNS服务器的IP地址设置为168.95.1.1，而在某作用域的作用域选项将DNS服务器的IP地址设置为192.168.8.1，此时若客户端是租到该作用域的IP地址，则其DNS服务器的IP地址将是作用域选项的192.168.8.1。

若客户端的用户自行在其计算机上做了不同的设置（例如图2-6-2中的**首选DNS服务器**），则客户端的设置比DHCP服务器内的设置优先。

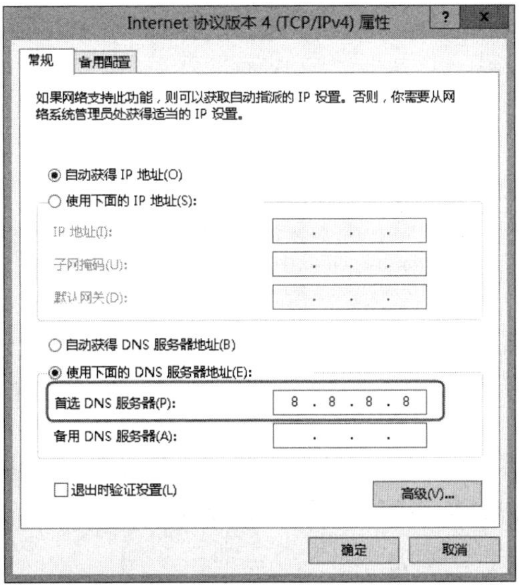

图 2-6-2

设置选项时，若要针对我们所建立的**TestScope**来设置**默认网关**选项，则【如图2-6-3所示，选中并右击此作用域的**作用域选项**➲**配置选项**➲在前景图中勾选**003路由器**➲输入路由器的IP地址后单击添加按钮】。

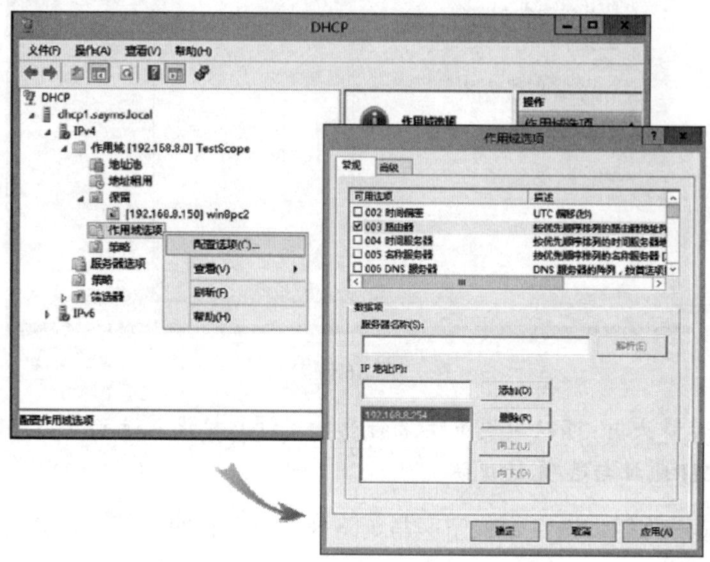

图2-6-3

完成设置后，到客户端利用**ipconfig /renew**命令更新IP租约并取得最新的选项设置，此时应该会发现客户端的默认网关已经被设置为到我们所设置的路由器的IP地址，如图2-6-4所示（也可以通过**ipconfig /all**命令来查看）。

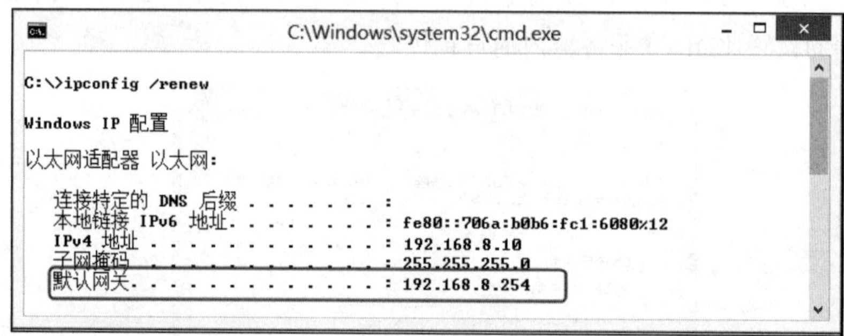

图2-6-4

2.6.2 通过策略来分配IP地址与选项

Windows Server 2012 R2 的DHCP服务器支持通过**策略**来分配不同的IP地址与选项给特定的客户端计算机，这个功能被称为**基于策略的分配**（Ploicy-based Assignment，PBA），它让你更容易来管理客户端计算机，例如：

- 在同一个网络内有桌面计算机与移动设备客户端，想要将桌面计算机的IP地址租期

设置为8天，将移动设备的IP地址租期设置为3小时。

- 假设上述网络的IP地址为192.168.8.0/24，但是你可以将桌面计算机的IP地址范围限定在192.168.8.50 ~ 192.168.8.100、将移动设备的IP地址范围限定在192.168.8.101 ~ 192.168.8.150。如果想要针对桌面计算机与移动设备客户端分别给予不同网络流量控制，那么此时通过IP地址范围来设置就容易得多。
- 若在同一个网络内有业务部与企划部客户端计算机，而你希望这两个部门的计算机各有不同的默认网关与DNS服务器选项设置，则可以通过策略来设置。

Windows Server 2012 R2 DHCP服务器可以通过DHCP客户端所发送来的信息来识别客户端，这些信息包含以下内容。

- MAC地址。
- 供应商类（后述）。
- 用户类（后述）。
- 客户端标识符（client identifier）：有些客户端的DHCP请求中包含客户端标识符。客户端标识符 = 硬件类型 + MAC，例如若客户端的硬件类型（hardware type）为01、MAC为000c29b5ef44，则客户端标识符为01000c29b5ef44。Ethernet与802.11无线网络的硬件类型为01。
- 中继代理信息（Relay Agent Information）：若DHCP客户端的请求是通过DHCP中继代理（DHCP relay agent）来转发，则可以通过代理服务器转发来的中继代理信息（例如DHCP option 82中的Circuit ID + Remote ID）来识别客户端的源网络，DHCP服务器可根据此信息来出租IP地址。

以下演练将通过MAC地址来识别客户端计算机，且仍然采用图2-4-1的环境。假设当图中客户端Win8PC来向DHCP服务器租用IP地址时，我们要分配位于192.168.8.101~192.168.8.150这段范围内的IP地址给该客户端，租约期限为5天，将其默认网关设置为192.168.8.254。

STEP 1 首先找出客户端Win8PC的MAC地址。你可以到该客户端计算机上通过执行**ipconfig /all**命令来查看MAC地址；或是直接如图2-6-5所示在DHCP服务器上来查看，由图中可知其MAC地址为000c29b5ef44。

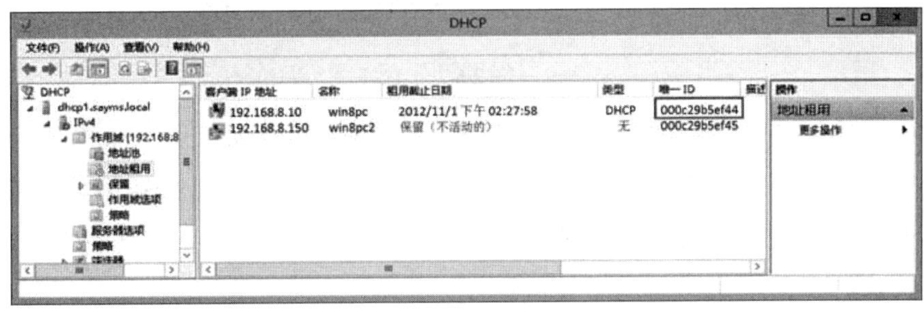

图 2-6-5

STEP 2 如图2-6-6所示，选中并右击作用域内的**策略➲新建策略**。

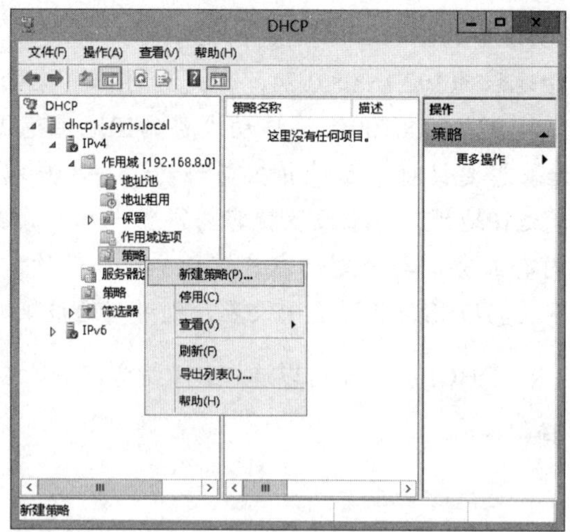

图 2-6-6

STEP 3　设置此策略的名称（假设是TestPolicy1）后单击**下一步**按钮。

STEP 4　在图2-6-7中单击**添加**按钮来设置筛选条件。

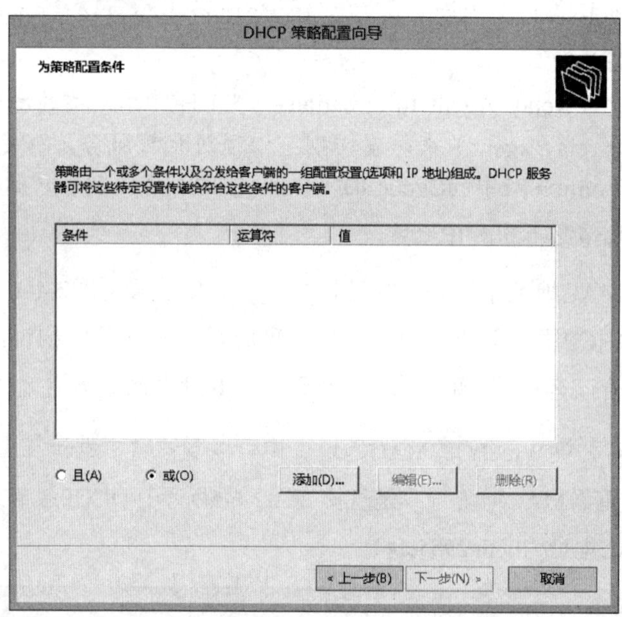

图 2-6-7

STEP 5　在图2-6-8中选择通过MAC地址来筛选，并将MAC地址设定为Win8PC客户端的MAC地址000c29b5ef44（MAC地址可使用通配符，例如**000c29***，MAC地址前6个编码为厂商代码），完成后单击**确定**按钮。

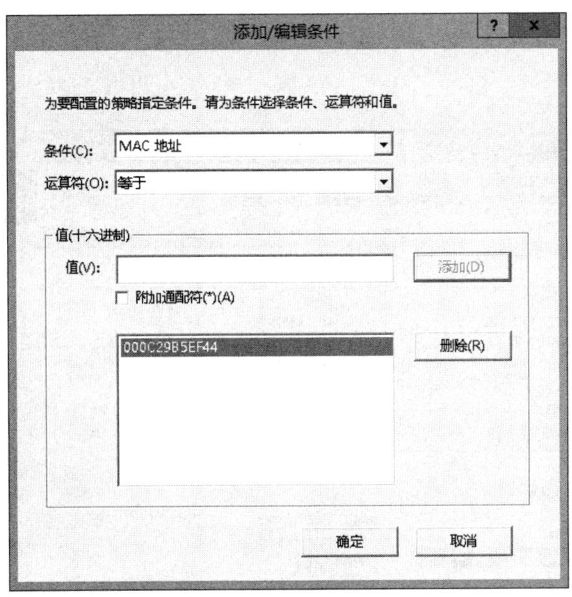

图 2-6-8

STEP 6　回到前一个界面时单击下一步按钮。

STEP 7　在图2-6-9中输入要分配给客户端的IP地址范围192.168.8.101~192.168.8.150后单击下一步按钮。所设置的IP地址范围必须位于此作用域的IP范围内（192.168.8.10~192.168.8.200）。

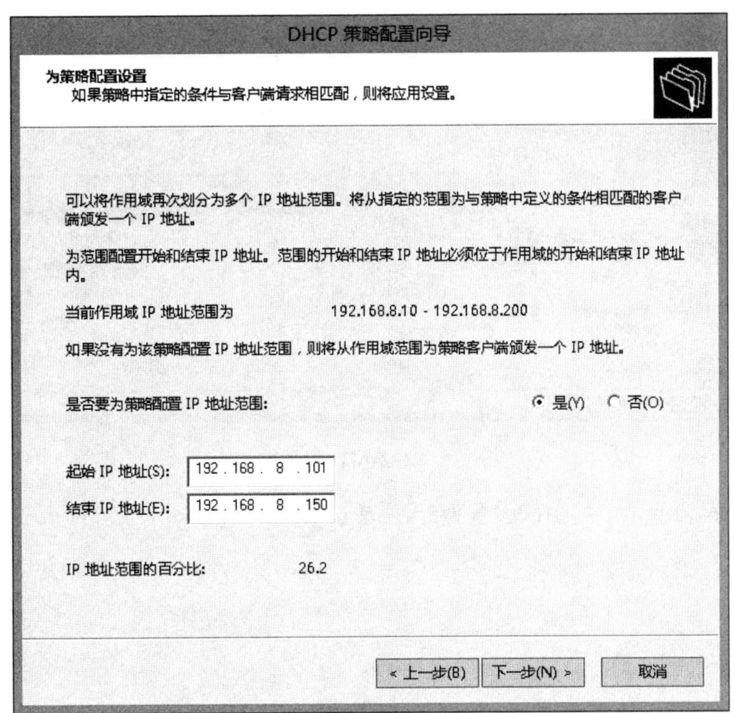

图 2-6-9

STEP 8　如图2-6-10所示，将路由器（默认网关）的IP地址设置为192.168.8.254，完成后单击下一步按钮。

图2-6-10

STEP 9　出现**摘要**界面时单击完成按钮。

STEP 10　如图2-6-11所示，选中并右击刚建立的策略➲**属性**。

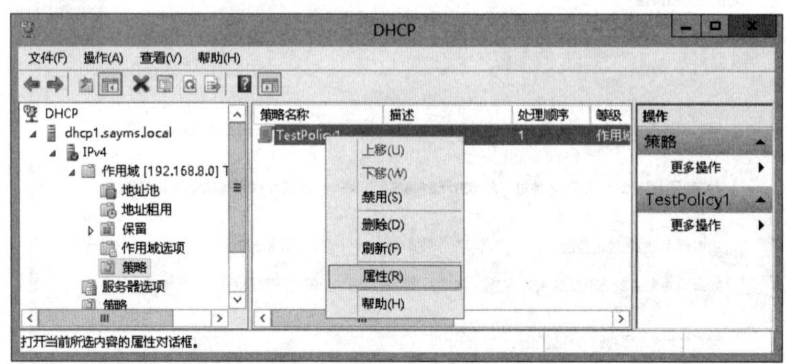

图2-6-11

STEP 11　如图2-6-12所示，将租约设置为5天后单击确定按钮。

TestPolicy1 属性
常规
条件
IP 地址范围
选项
DNS
策略名称(P):
TestPolicy1
描述(S):
为策略设置租用期限(T)
DHCP 客户端的租用期限
限制为(L):
天(D):
小时(O):
分钟(M):
5
0
0
无限制(U)
确定
取消
应用(A)

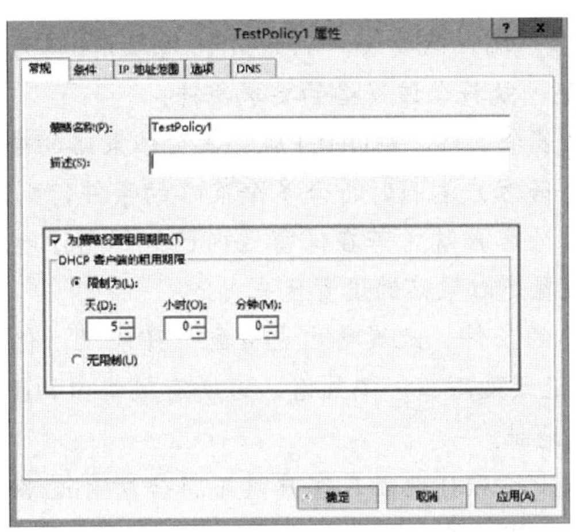

图 2-6-12

STEP 12 到客户端计算机Win8PC上执行**ipconfig /renew**命令来更新租约，然后通过执行命令**ipconfig /all**来查看其IP地址为192.168.8.101（位于我们所期望的范围内）、租约期限为5天、默认网关为192.168.8.254，如图2-6-13所示。

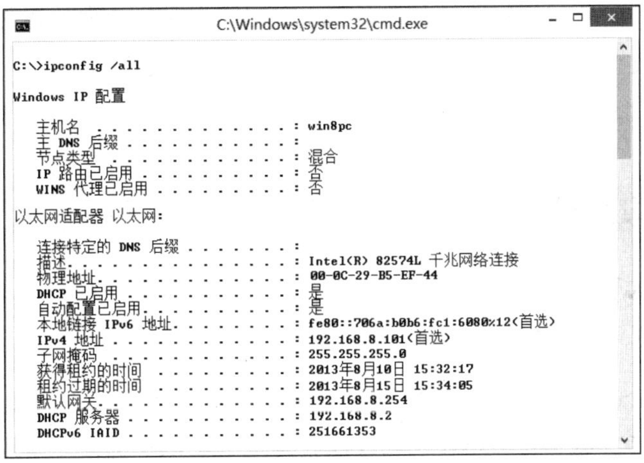

C:\Windows\system32\cmd.exe
C:\>ipconfig /all
Windows IP 配置
主机名 . . . . : win8pc
主 DNS 后缀 . . . . :
节点类型 . . . . : 混合
IP 路由已启用 . . . . : 否
WINS 代理已启用 . . . . : 否
以太网适配器 以太网:
连接特定的 DNS 后缀 . . . . :
描述. . . . . : Intel(R) 82574L 千兆网络连接
物理地址. . . . . : 00-0C-29-B5-EF-44
DHCP 已启用 . . . . : 是
自动配置已启用. . . . . : 是
本地链接 IPv6 地址. . . . . : fe80::706a:b0b6:fc1:6080%12(首选)
IPv4 地址 . . . . : 192.168.8.101(首选)
子网掩码 . . . . : 255.255.255.0
获得租约的时间 . . . . : 2013年8月10日 15:32:17
租约过期的时间 . . . . : 2013年8月15日 15:34:05
默认网关. . . . . : 192.168.8.254
DHCP 服务器 . . . . : 192.168.8.2
DHCPv6 IAID . . . . : 251661353

图 2-6-13

2.6.3 DHCP服务器处理策略的方式

DHCP服务器的策略设置具备以下特性。

- 可以针对单一作用域或服务器来建立策略。服务器的策略会被作用域继承。
- DHCP服务器是先处理作用域的策略，再处理服务器的策略。
- 作用域策略内可以仅分配IP地址、仅分配选项设置或同时分配IP地址与选项设置给客户端。服务器策略内无法分配IP地址，只可以分配选项设置。
- 一个策略内可以分配多个条件，这些条件可以是“且”或“或”的关系（参见图2-6-7）。例如，第1个条件用来筛选MAC地址为**000c29***的客户端，第2个条件用来筛选**用户**

类ID为**SALES**的客户端，只要客户端的MAC地址前6码为**000c29**，“且”（“或”）其**用户类ID**为**SALES**，就符合该策略的要求条件。

- 若在作用域内建立多个策略，则DHCP服务器会依策略的先后顺序来判断客户端是否符合策略的条件。若客户端同时符合多个策略的条件，则DHCP服务器会通过第1个策略来分配IP地址给客户端（若在保留区内已经保留IP地址给客户端，则以保留区的优先；但选项设置是以策略的设置优先）。
- 若客户端符合策略的条件，此策略内也分配了IP地址，但是IP地址已经全部用完，则DHCP服务器会继续处理下一个策略。若所有策略内的IP位置都已经用完，则客户端将无法租用到IP地址。
- 若这些策略内都没有分配IP地址或客户端不符合所有策略内所定义的条件，则客户端会从作用域来租用IP地址，但客户端所租用到的IP地址是排除策略内所设置的IP地址之外的其他IP地址。
- 以选项设置为例：若客户端符合多个策略的条件，则DHCP服务器会将这些策略内的设置汇总后分配给客户端计算机。例如，第1个策略内分配DNS服务器，第2个策略内分配默认网关，则DHCP服务器会将DNS服务器与默认网关都分配给客户端。

若策略内的选项设置有冲突，则以排列在前面的优先（先处理的优先）。例如，若第1个策略将DNS服务器设置为192.168.8.1，第2个将DNS服务器设置为8.8.8.8，则DHCP服务器会将DNS服务器192.168.8.1分配给客户端。

2.6.4 DHCP的类别选项

通过**策略**来分配不同的IP地址与选项给指定的客户端计算机时，可以通过DHCP客户端所发送来的**供应商类**、**用户类**来区分客户端计算机。

- **用户类**：可以为某些DHCP客户端计算机设置**用户类ID**，例如ID为**SALES**，当这些客户端向DHCP服务器租用IP地址时，会将这个类ID一并发送给服务器，而服务器会依据此类ID来给予这些客户端专用的选项设置。
- **供应商类**：可以根据操作系统厂商所提供的**供应商类**ID来设置选项。Windows Server 2012（R2）DHCP服务器已具备识别Windows客户端的能力，并通过以下4个内置的供应商类选项设置客户端的DHCP选项。
  - DHCP Standard Options：适用于所有的客户端。
  - Microsoft Windows 2000选项：适用于Windows 2000（含）后的客户端。
  - Microsoft Windows 98选项：适用于Windows 98/ME客户端。
  - Microsoft 选项：适用于其他的Windows客户端。

  如果要支持其他操作系统的客户端，那么先查询其**供应商类**ID，然后在DHCP服务器内添加此**供应商类**ID，并针对这些客户端来设置选项。Android系统的**供应商类**ID的前6位编码为**dhcpcd**，因此可以利用**dhcpcd***来表示所有的Android设备。

用户类别的实例练习

以下演练将通过**用户类别**ID来识别客户端计算机，且仍然采用图2-4-1的环境，假设图中客户端Win8PC的**用户类ID**为**SALES**。当Win8PC向DHCP服务器租用IP地址时，会将其**用户类ID SALES**发送给服务器，我们希望服务器根据此ID来将客户端的DNS服务器的IP地址设置为192.168.8.1。

在 DHCP 服务器中添加用户类 ID

如图2-6-14所示，选中并右击**IPv4**➲选择**定义用户类**➲如图2-6-15所示，单击添加按钮➲假设在**显示名称**处将其设定为**业务部**➲在**ASCII**处输入用户类ID **SALES**后单击确定按钮，注意大小写有差别，例如SALES与sales是不同的。

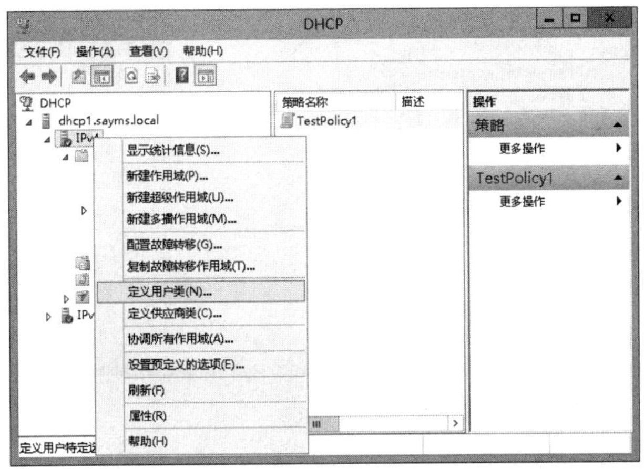

图 2-6-14

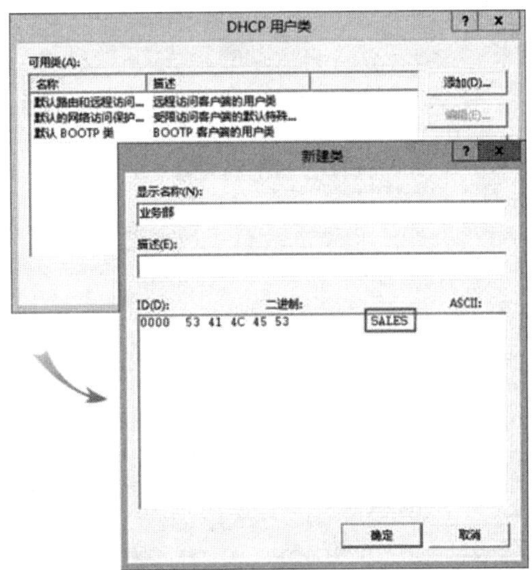

图 2-6-15

> 若要添加供应商类ID，则【选中并右击**IPv4**➲定义供应商类】。

在 DHCP 服务器内针对标识符 SALES 设置类别选项

假设客户端计算机是通过前面所建立的作用域**TestScope**来租用IP地址，我们要通过此作用域的**策略**来将DNS服务器的IP地址192.168.8.1分配给**用户类 ID**为**SALES**的客户端。

STEP 1 如图2-6-16所示，选中并右击作用域内的**策略**➲选择**新建策略**。

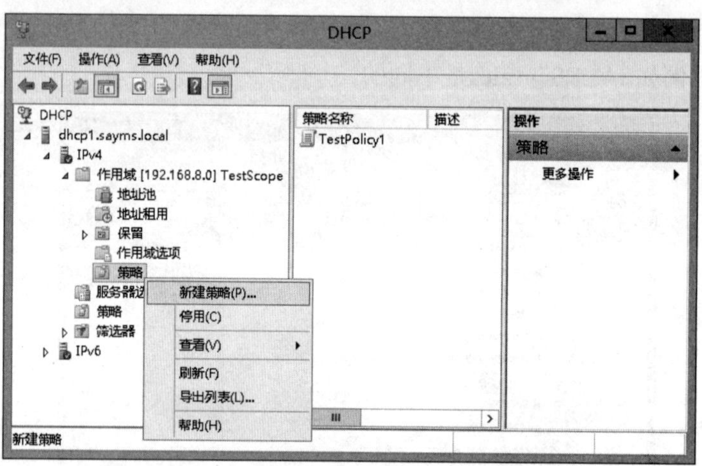

图 2-6-16

STEP 2 设置此策略的名称（假设是TestPolicy2）后单击下一步按钮。

STEP 3 在图2-6-17中单击添加按钮来设置筛选条件。

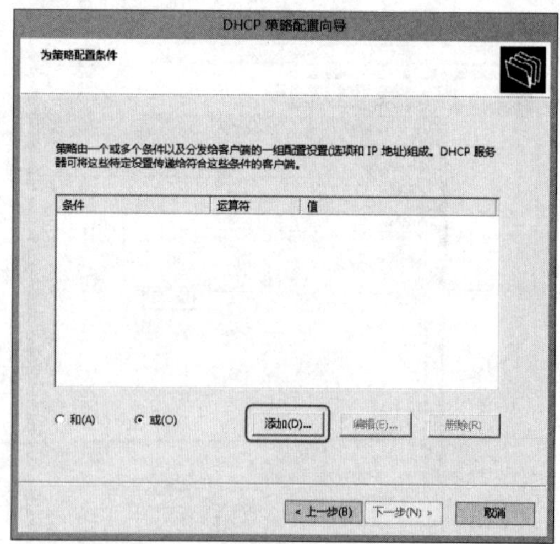

图 2-6-17

STEP 4 如图2-6-18所示，将**用户类**设置为**业务部**（其ID为**SALES**）后单击确定按钮。

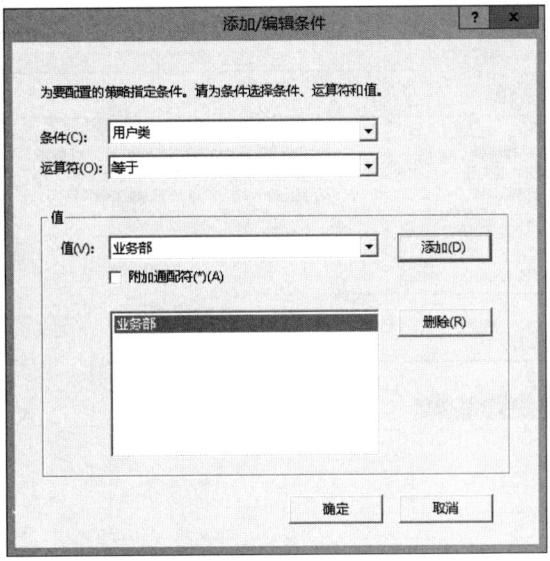

图 2-6-18

STEP 5 回到前一个界面时单击下一步按钮。

STEP 6 我们并没有要在此策略内分配IP地址，故在图2-6-19中选择**否**后单击下一步按钮。

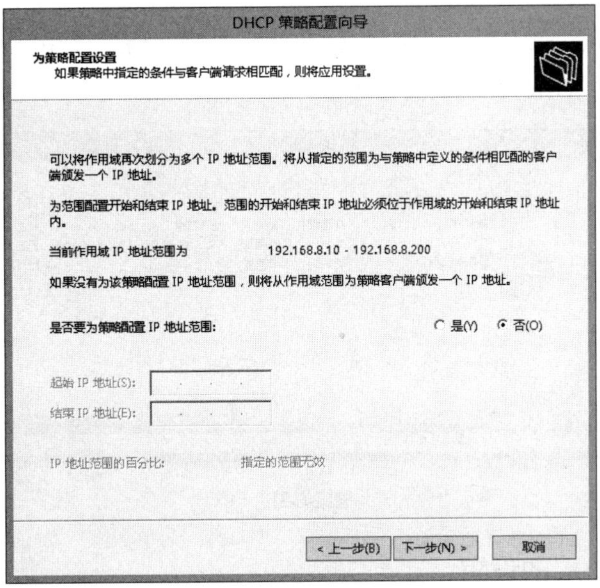

图 2-6-19

STEP 7 如图2-6-20所示，将DNS服务器的IP地址设置为192.168.8.1后单击下一步按钮。

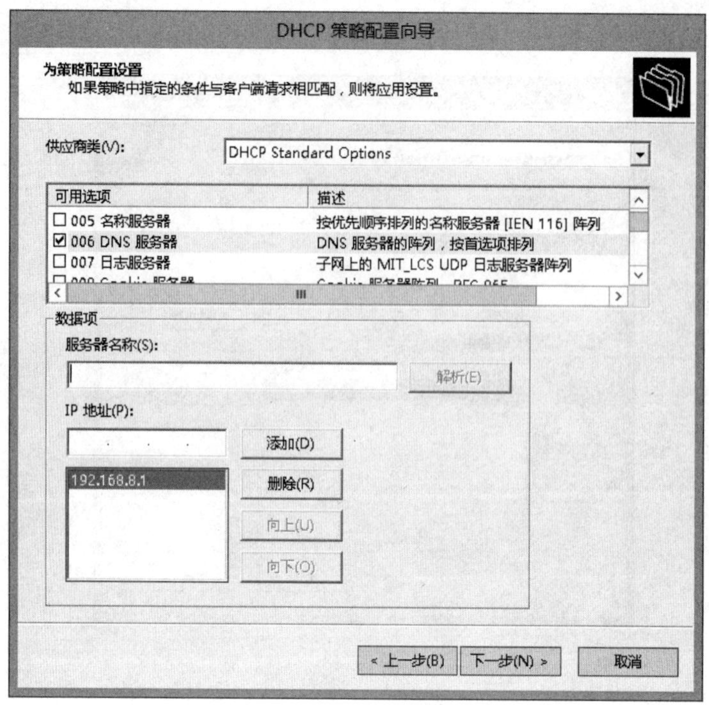

图 2-6-20

STEP 8　出现**摘要**界面时单击完成按钮。

STEP 9　如图2-6-21所示的TestPolicy2为刚才所建立的策略（图中还有之前所建立的策略TestPolicy1，DHCP服务器会将这两个策略内的设置汇总后分配给客户端计算机）。

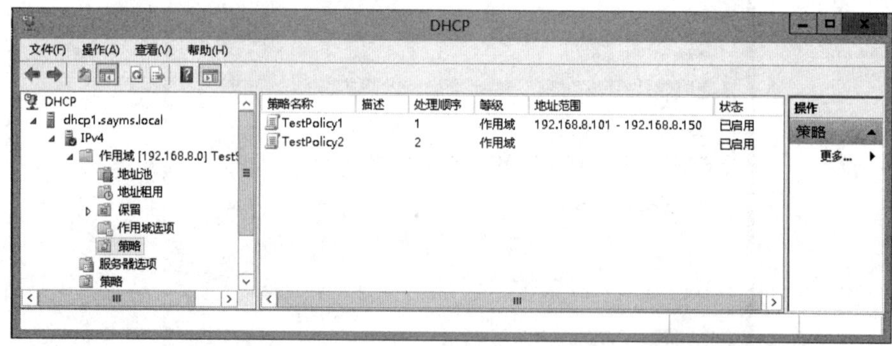

图 2-6-21

DHCP 客户端的设置

需先将DHCP客户端的**用户类ID**设置为**SALES**，假设客户端计算机为Windows 8：【请按⊞+X键➲管理员：命令提示符➲如图2-6-22所示，利用**ipconfig/setclassid**命令来设置（类别ID的字符大小写有差别）】。

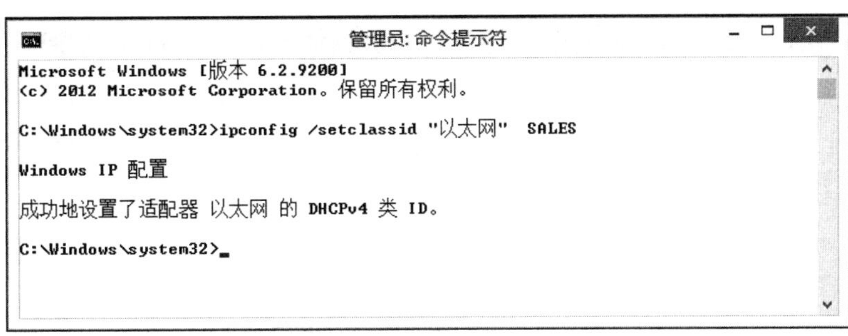

图 2-6-22

图中**以太网**是网络连接的名称，Windows 8客户端可以利用【**按⊞+X键➲控制面板➲网络和Internet➲网络和共享中心➲**如图2-6-23所示来查看】，每一个网络连接都可以设置一个**用户类ID**。

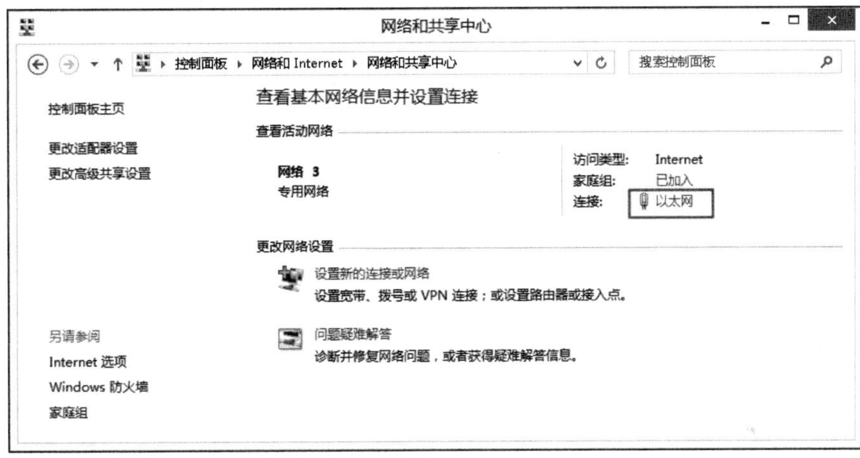

图 2-6-23

客户端设置完成后，可以利用**ipconfig /all**命令来检查，如图2-6-24所示。

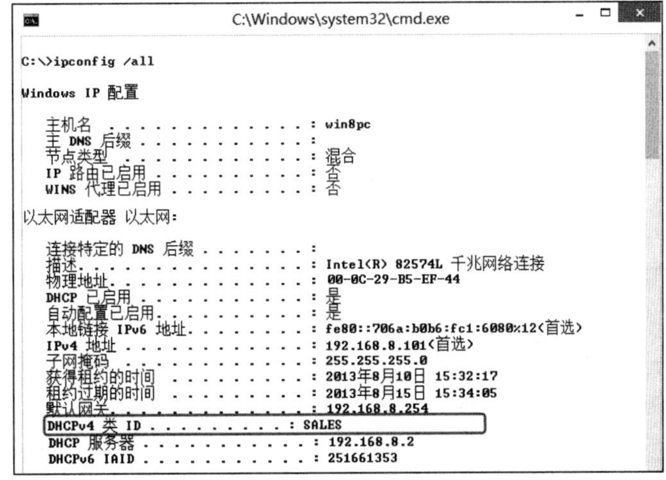

图 2-6-24

在这台用户类ID为**SALES**的客户端计算机上利用**ipconfig/renew**命令来向服务器租用IP地址或更新IP租约，此时它所得到的DNS服务器的IP地址会是我们所设置的192.168.8.1。可在客户端计算机上利用如图2-6-25所示的**ipconfig /all**命令来查看。可在客户端计算机上执行**ipconfig /setclassid "以太网"**来删除用户类ID。

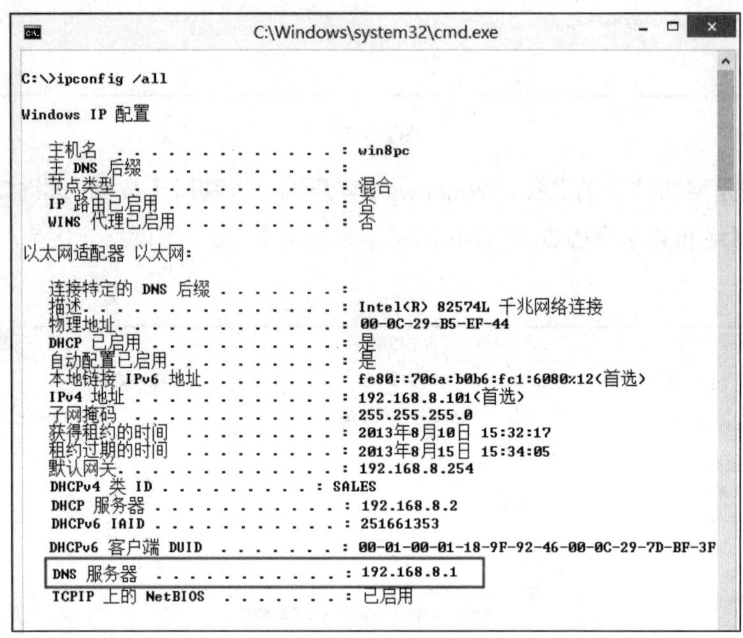

图2-6-25

2.7 DHCP中继代理

DHCP服务器与客户端分别位于不同网络时，由于DHCP消息是以广播为主，而连接这两个网络的路由器不会将此广播消息转发到另外一个网络，因而限制了DHCP的有效使用范围。此时可以采用以下方法来解决这个问题。

- 在每一个网络内都安装一台DHCP服务器，它们各自对所属网络内的客户端提供服务。
- 选用符合RFC 1542规范的路由器，此路由器可以将DHCP消息转发到不同的网络。如图2-7-1所示为左边DHCP客户端A通过路由器发送DHCP消息的步骤，图中数字就是其工作顺序：
  1. DHCP客户端A利用广播消息（DHCPDISCOVER）查找DHCP服务器。
  2. 路由器收到此消息后，将此广播消息转发到另一个网络。
  3. 另一个网络内的DHCP服务器收到此消息后，直接响应一个消息（DHCPOFFER）给路由器。

4. 路由器将此消息广播（DHCPOFFER）给DHCP客户端A。之后由客户端送出的DHCPREQUEST消息、由服务器送出的DHCPACK消息都是通过路由器来转发的。

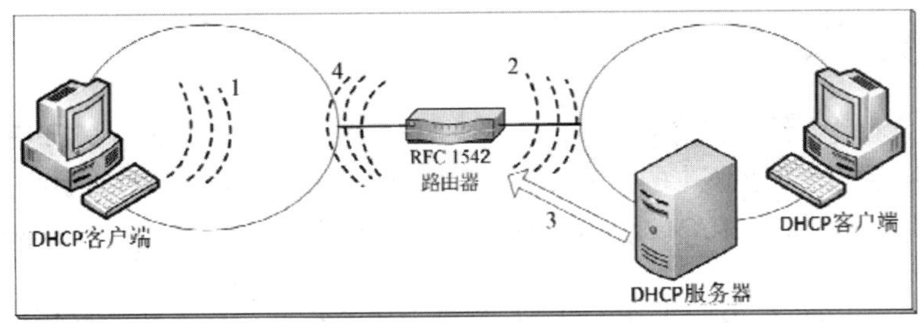

图 2-7-1

- 若路由器不符合RFC 1542规范，则可在没有DHCP服务器的网络内将一台Windows服务器设置为**DHCP中继代理**（DHCP Relay Agent）来解决问题，因为它具备将DHCP消息直接转发给DHCP服务器的功能。

图2-7-2说明DHCP客户端A通过**DHCP中继代理**工作的步骤。

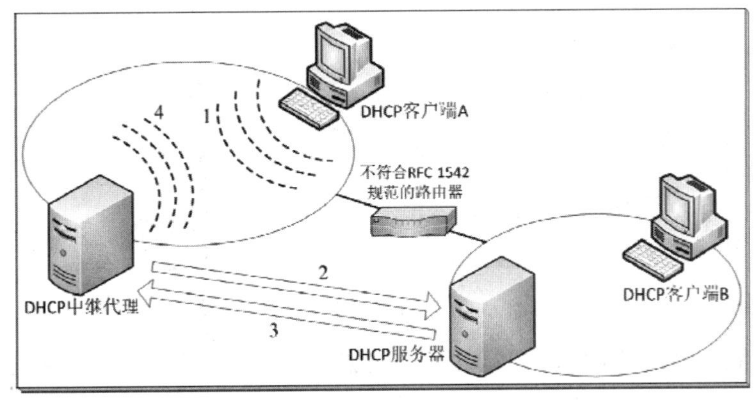

图 2-7-2

STEP 1 DHCP客户端A利用广播消息（DHCPDISCOVER）查找DHCP服务器。

STEP 2 **DHCP中继代理**收到此消息后，通过路由器将其直接转发到另一个网络内的DHCP服务器。

STEP 3 DHCP服务器通过路由器直接响应消息（DHCPOFFER）给**DHCP中继代理**。

STEP 4 **DHCP中继代理**将此消息广播（DHCPOFFER）给DHCP客户端A。之后由客户端所发出的DHCPREQUEST消息，还有由服务器发出的DHCPACK消息，也都是通过**DHCP中继代理**来转发。

设置DHCP中继代理

我们以图2-7-3为例来说明如何设置图左上方的**DHCP中继代理**，当它收到DHCP客户端的DHCP消息时，会将其转发到乙网络的DHCP服务器。

> **附注**
>
> 以下说明只着重介绍如何将Windows Server 2012 R2计算机设置为 **DHCP中继代理**，如果需要完整练习，那么图中的路由器可由Windows Server 2012 R2计算机来扮演（见第8章），然后还需要在DHCP服务器建立甲网络客户所需的IP作用域（192.168.9.0）。

我们需在此台Windows Server 2012 R2计算机上安装**远程访问**角色，然后通过其所提供的**路由和远程访问**服务来设置**DHCP中继代理**。

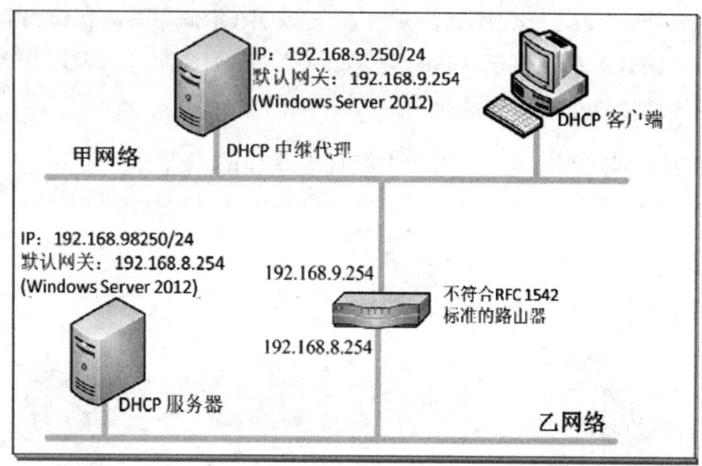

图 2-7-3

STEP 1 打开**服务器管理器**➲单击**仪表板**处的**添加角色和功能**➲持续单击下一步按钮，直到出现如图2-7-4所示的**添加角色和功能向导**界面时勾选**远程访问**。

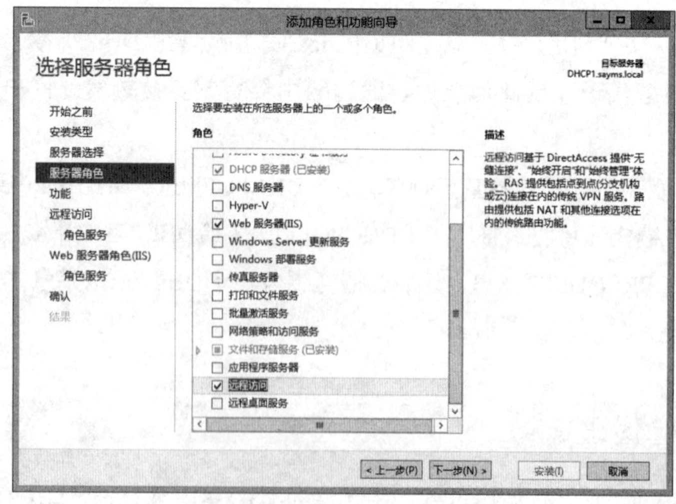

图 2-7-4

STEP 2 持续单击下一步按钮，直到出现如图2-7-5所示的**添加角色和功能向导**界面，采用默认选项后单击下一步按钮。

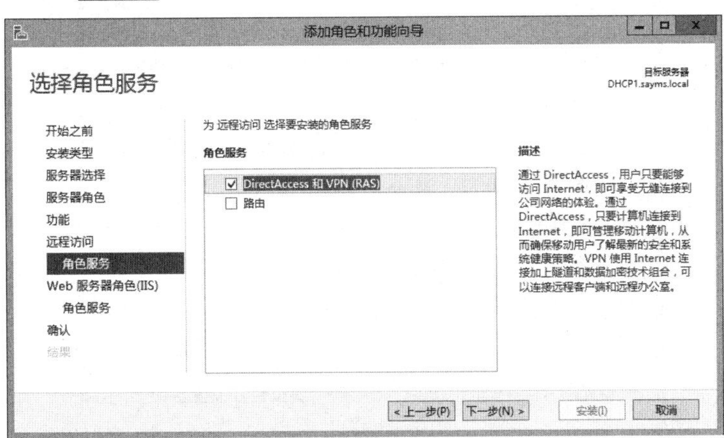

图 2-7-5

STEP 3 持续单击下一步按钮直到出现**确认安装选项**界面，单击安装按钮➲完成安装后单击关闭按钮➲重新启动计算机后登录。

STEP 4 在**服务器管理器**界面中选择右上方**工具➲路由和远程访问**➲如图2-7-6所示，选中并右击RELA AGENT（本地）➲**配置并启用路由和远程访问**➲单击下一步按钮】。

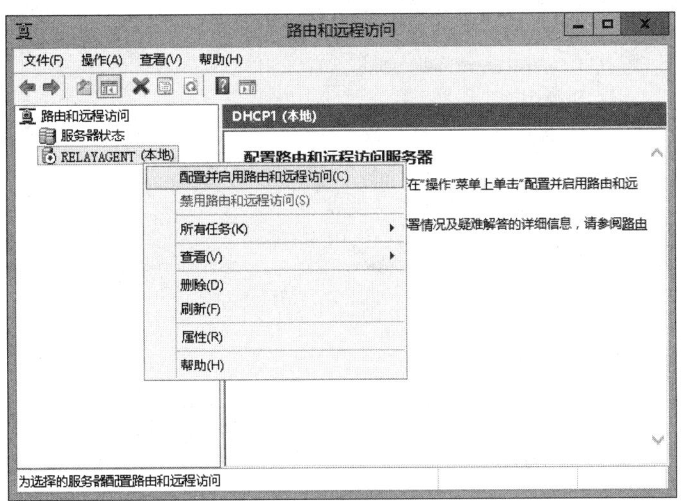

图 2-7-6

STEP 5 在图2-7-7中选择**自定义配置**后单击下一步按钮。

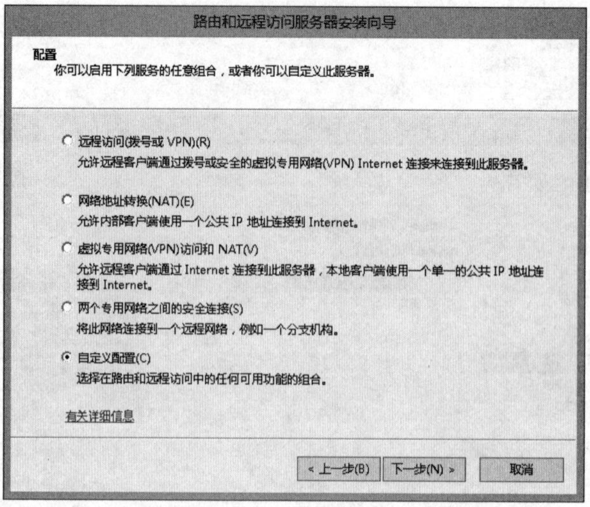

路由和远程访问服务器安装向导

配置
你可以启用下列服务的任意组合，或者你可以自定义此服务器。

○ 远程访问(拨号或 VPN)(R)
允许远程客户端通过拨号或安全的虚拟专用网络(VPN) Internet 连接来连接到此服务器。

○ 网络地址转换(NAT)(E)
允许内部客户端使用一个公共 IP 地址连接到 Internet。

○ 虚拟专用网络(VPN)访问和 NAT(V)
允许远程客户端通过 Internet 连接到此服务器，本地客户端使用一个单一的公共 IP 地址连接到 Internet。

○ 两个专用网络之间的安全连接(S)
将此网络连接到一个远程网络，例如一个分支机构。

◉ 自定义配置(C)
选择在路由和远程访问中的任何可用功能的组合。

有关详细信息

< 上一步(B) 下一步(N) > 取消

图 2-7-7

STEP 6　在图2-7-8中勾选**LAN路由**后单击下一步按钮➲单击完成按钮。

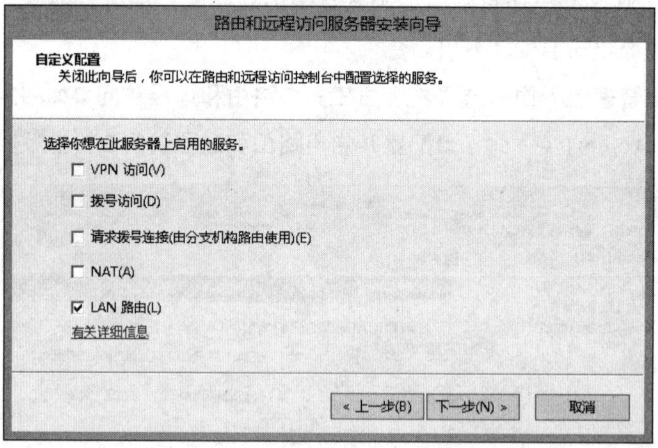

路由和远程访问服务器安装向导

自定义配置
关闭此向导后，你可以在路由和远程访问控制台中配置选择的服务。

选择你想在此服务器上启用的服务。

☐ VPN 访问(V)

☐ 拨号访问(D)

☐ 请求拨号连接(由分支机构路由使用)(E)

☐ NAT(A)

☑ LAN 路由(L)

有关详细信息

< 上一步(B) 下一步(N) > 取消

图 2-7-8

STEP 7　在图2-7-9中单击启动服务按钮。

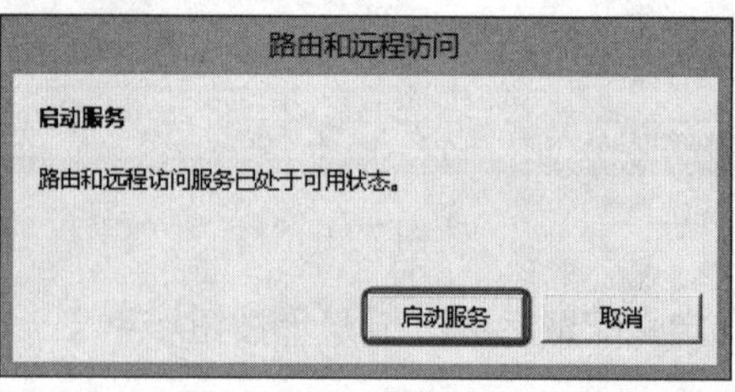

图 2-7-9

STEP 8　如图2-7-10所示，选中并右击**IPv4**之下的**常规**➲**新增路由协议**➲选择**DHCP中继代理理程序**后单击确定按钮。

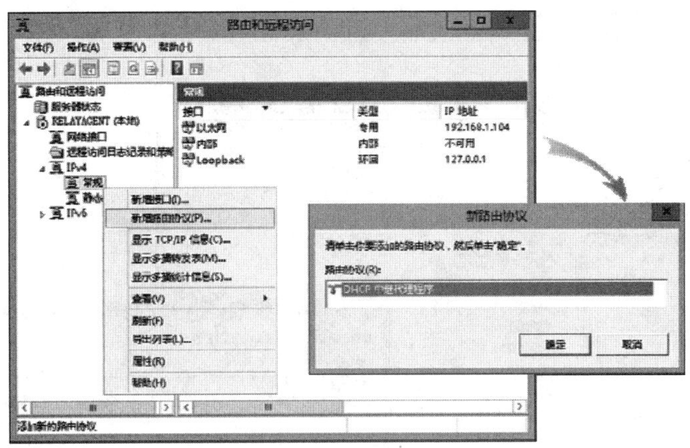

图 2-7-10

STEP 9 如图2-7-11所示，单击**DHCP中继代理**➲单击上方**属性**➲输入DHCP服务器的IP地址➲单击添加按钮➲单击确定按钮。

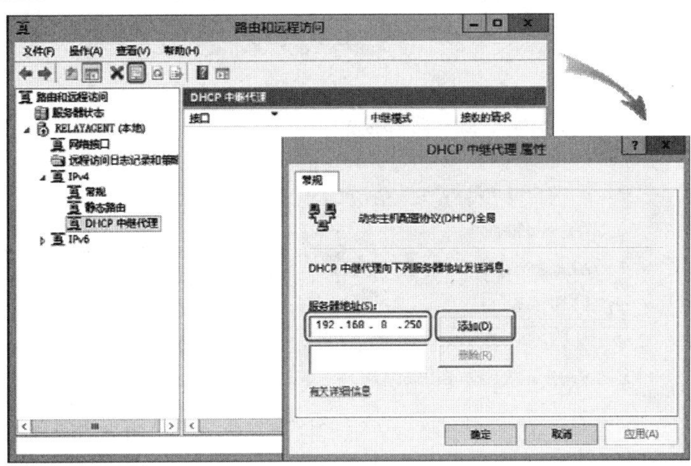

图 2-7-11

STEP 10 如图2-7-12所示，选中并右击**DHCP中继代理**➲**新增接口**➲选择**以太网**➲单击确定按钮。当**DHCP中继代理**收到通过**以太网**发送来的DHCP数据包，就会将它转发给DHCP服务器。图中所选择的**以太网**就是图2-7-3中IP地址为192.168.9.250的网络接口（通过未被选择的网络接口所发送过来的DHCP数据包，并不会被转发给DHCP服务器）。

> **附注**
>
> 一般计算机只有一个网络接口（一块网卡），也就是界面上的**以太网**，若计算机内有第2块网卡，则会有第2个区域连接（**以太网2**）可供选择，依此类推。

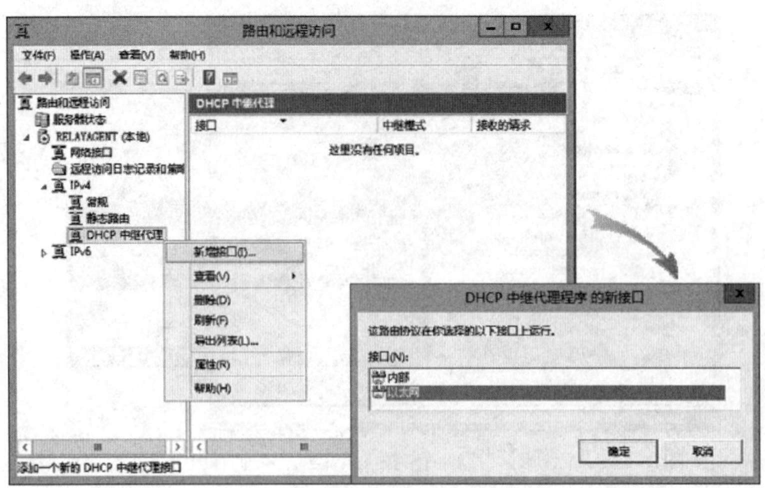

图 2-7-12

STEP 11 在图2-7-13中直接单击确定按钮即可。

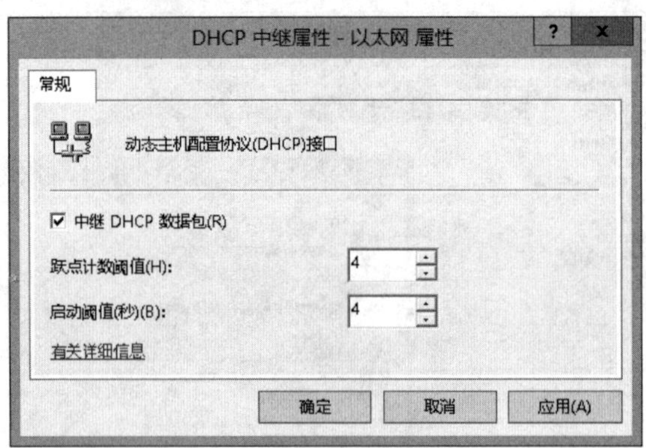

图 2-7-13

- **跃点计数阈值**：表示DHCP数据包最多能经过多少个RFC 1542路由器转发。
- **启动阈值**：在**DHCP中继代理**收到DHCP数据包后，会等此处的时间过后，再将数据包转发给远程DHCP服务器。若本地与远程网络内都有DHCP服务器，而用户希望由本地网络的DHCP服务器优先提供服务，此时可以通过此处的设置来延迟将消息发送到远程DHCP服务器，因为在这段时间内，可以让同一网络内的DHCP服务器有机会先响应客户端的请求。

STEP 12 完成设置后，只要路由器功能正常、DHCP服务器存在建立客户端所需的IP作用域，客户端就可以正常的租用到IP地址。

2.8 超级作用域与多播作用域

超级作用域可以解决一个IP作用域内的IP地址不够用的问题，而**多播作用域**则适用于一

对多的数据包发送，例如视频会议、网络广播（webcast）。

2.8.1 超级作用域

超级作用域（superscope）是由多个作用域所组合成的，它可以用来支持**multinets**的网络环境，所谓multinets就是在一个物理网络内有多个逻辑的IP网络。若一个物理网络内的计算机数量较多，导致一个网络号（network ID）所提供的IP地址不够使用，则可以采用以下两种方法之一来解决问题。

- 利用路由器将这个网络分割成多个单独的子网，每一个子网各分配一个网络号。
- 直接提供多个网络号给这个物理网络，让不同计算机可以有不同的网络号，也就是物理上这些计算机还是在同一个网络内，但是逻辑上它们却是分别隶属于不同网络，因为它们分别拥有不同的网络号，这就是**multinets**。DHCP服务器可以通过**超级作用域**来将IP地址出租给multinets内的 DHCP客户端。

以图2-8-1为例，它是尚未采用超级作用域时的状态，DHCP服务器内只有一个作用域，可出租的IP地址范围为192.168.8.10 ~192.168.8.200。

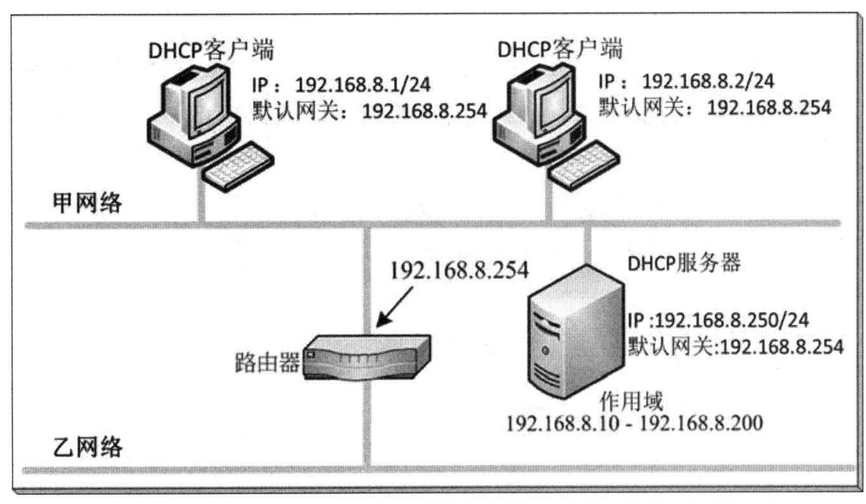

图 2-8-1

当图2-8-1中甲网络内的计算机数量越来越多，导致需要使用第2个网络号的IP地址时，就可以在DHCP服务器内建立第2个作用域，然后将第1个与第2个作用域组成一个超级作用域，如图2-8-2所示。图中DHCP客户端向 DHCP服务器租用IP地址时，服务器会从超级作用域中的任何一个常规作用域中选择一个IP地址。

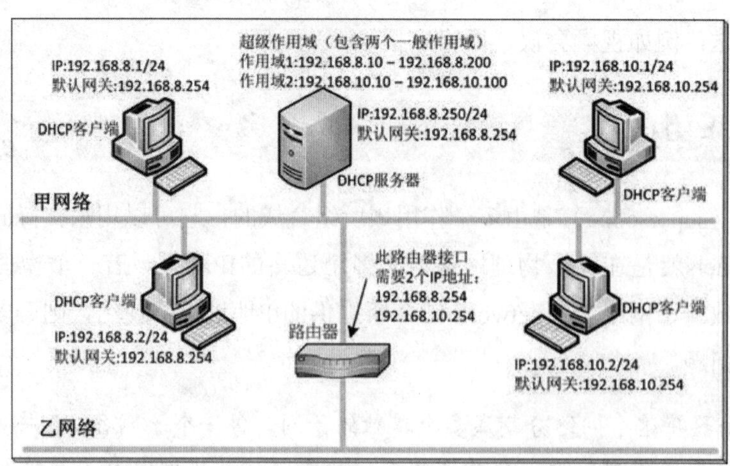

图 2-8-2

> **注意**
>
> 图2-8-2中的路由器在甲网络的接口必须设置2个IP地址，其网络号分别是192.168.8.0与192.168.10.0，它让甲网络内两个逻辑网络（192.168.8.0、192.168.10.0）内的计算机之间可以通过路由器来通信。

建立超级作用域的方法为：在DHCP控制台中选中并右击**IPv4➲新建超级作用域**，然后在图2-8-3中选择此超级作用域的成员（常规作用域）。图2-8-4所示为完成后的界面，图中超级作用域内包含着两个常规作用域。

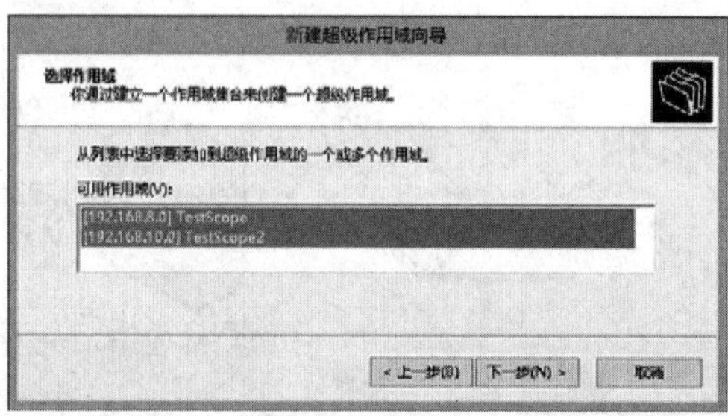

图 2-8-3

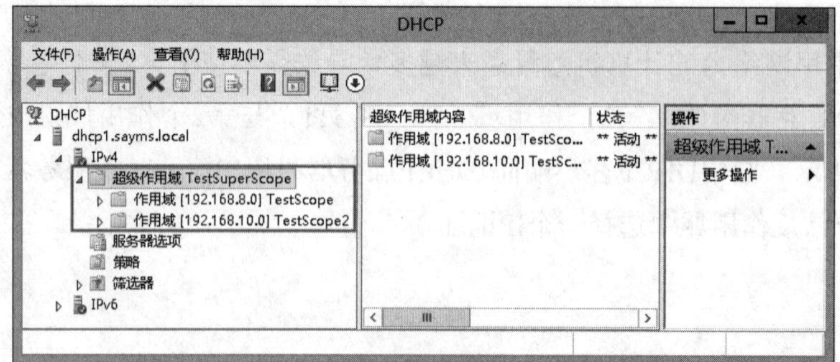

图 2-8-4

2.8.2 多播作用域

多播作用域（multicast scope）让DHCP服务器可以将多播地址（multicast address）出租给网络内的计算机。多播地址就是我们在第1章内所介绍的D类地址，其范围为224.0.0.0~239.255.255.255。

如果要搭建一台服务器，并利用它来传送影片、音乐等给网络上多台计算机，那么可以为这台服务器申请一个多播的组地址（multicast group address），并要求其他计算机也注册到此组地址之下。该服务器就可以将影片、音乐等利用多播的方式发送给这个组地址，此时登记在这个地址之下的所有计算机都会收到这些数据。利用多播方式来传送数据可以降低网络负担。

上述多播组地址可以向DHCP服务器来租用。由于多播地址的租用通过通信协议Multicast Address Dynamic Client Allocation Protocol（MADCAP），因此将出租多播地址的DHCP服务器称为**MADCAP服务器**。如图2-8-5所示，向MADCAP服务器要求租用多播地址的计算机被称为**MADCAP客户端**，也称为**多播服务器**（Multicast Server，MCS）。

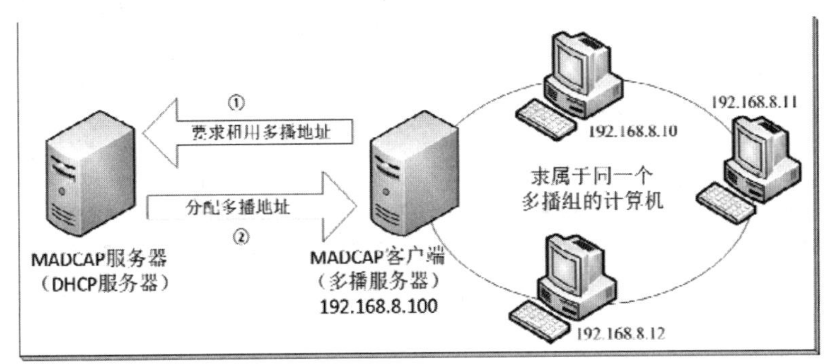

图 2-8-5

在建立多播地址的作用域时，其地址范围的选择建议采用以下两种做法。

- **管理作用域（administrative scope）**：从239.192.0.0 开始，子网掩码为255.252.0.0，共可以提供2^{18} = 2 621 444个多播组地址。此范围的地址适合公司内部使用，它的性质类似于**私有IP**（private IP）。
- **通用作用域（global scope）**：从233.0.0.0开始，子网掩码为255.255.255.0，它让每一家公司可以有255个多播组地址。此范围的地址适合在Internet上使用。

建立多播作用域的方法为【在 DHCP控制台中选中并右击**IPv4➲新建多播作用域**】，然后在图2-8-6中输入要出租的多播地址的范围。图2-8-7所示为完成后的界面。

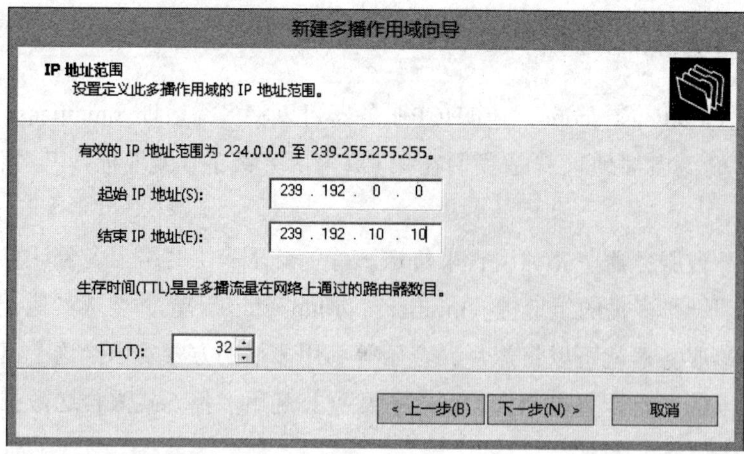

图 2-8-6

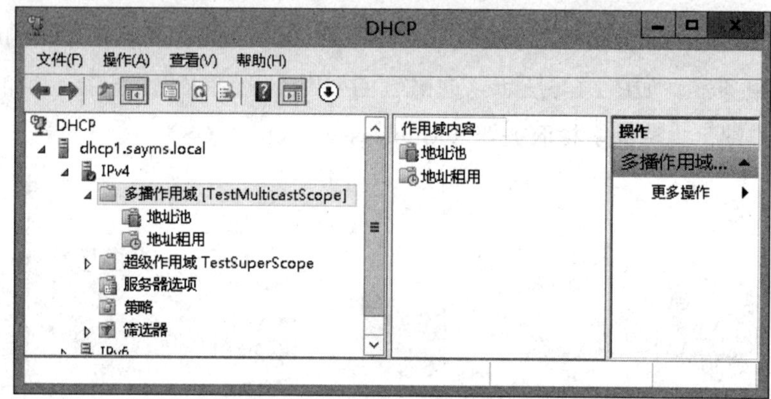

图 2-8-7

2.9 DHCP数据库的维护

DHCP服务器的数据库文件内存储着DHCP的配置数据，例如IP作用域、出租地址、保留地址与选项设置等，系统默认将数据库文件存储在%Systemroot%\System32 \dhcp文件夹内，如图2-9-1所示。其中最主要的是数据库文件dhcp.mdb，其他是辅助文件，请勿随意更改或删除这些文件，否则DHCP服务器可能无法正常工作。

可以通过【选中并右击**DHCP服务器➲属性➲数据库路径**】的方法来修改存储数据库的文件夹。

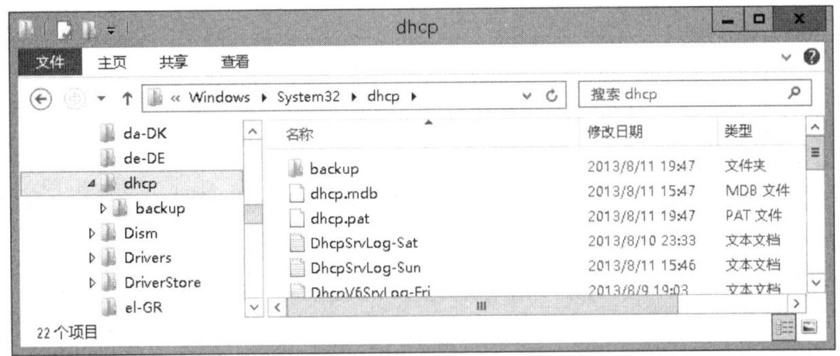

图 2-9-1

2.9.1 数据库的备份

可以将DHCP数据库备份，以便数据库有问题时利用它来修复。

- **自动备份**：DHCP服务默认会每隔60分钟自动将DHCP数据库文件备份到图2-9-1所示的dhcp\backup\new文件夹内。若要更改此间隔时间，则修改**BackupInterval**注册表（registry）设置值，它位于以下路径中：
  HKEY_LOCAL_MACHINE\SYSTEM\CurrentControlSet\Services\DHCPServer\Parameters
- **手动备份**：可以利用【选中并右击**DHCP服务器➲备份**】的方法来手动将DHCP数据库文件备份到指定文件夹内，系统默认是将其备份到%Systemroot%\System32\Dhcp\backup文件夹之下的new文件夹内。

附注

可以通过【选中并右击**DHCP服务器➲属性➲备份路径**】的方法来更改备份的默认路径。

2.9.2 数据库的还原

数据库的还原也可以有以下两种方式。

- **自动还原**：如果DHCP服务检查到数据库已损坏，那么它会自动修复数据库。它是利用存储在%Systemroot%\System32\dhcp\backup\new文件夹内的备份文件来还原。DHCP服务启动时会自动检查数据库是否损坏。
- **手动还原**：可以利用【选中并右击**DHCP服务器➲还原**】的方法来手动还原DHCP数据库。

> **附注**
>
> 即使数据库没有损坏，也可以要求DHCP服务在启动时恢复数据库（将备份的数据库文件拷贝到DHCP文件夹内），方法是先将位于以下路径的注册表值**RestoreFlag**设置为1，然后重新启动DHCP服务：
>
> **HKEY_LOCAL_MACHINE\SYSTEM\CurrentControlSet\Services \DHCPServer\Parameters**

2.9.3 作用域的协调

DHCP服务器会将作用域内的IP地址租用详细信息存储在DHCP数据库内，同时也会将摘要信息存储到注册表（registry）数据库，如果DHCP数据库与注册表数据库之间发生了不一致的现象，例如IP地址192.168.8.120已经出租给客户端A，在DHCP数据库与注册表数据库内也都记载了此租用信息，不过后来DHCP数据库因故损坏，在利用备份数据库（这是旧的数据库）来还原数据库后，虽然注册表数据库内记载着IP地址192.168.8.120已出租给客户端A，但是还原的DHCP数据库内并没有此记录，那么此时可以执行**协调**（reconcile）操作，让系统根据注册表数据库的内容来更新DHCP数据库，之后就可以在DHCP控制台看到这条租用数据。

要协调某个作用域，可以通过【如图2-9-2所示，选中右击该作用域➲**协调**➲单击验证按钮】来协调此作用域，或是通过【选中并右击**IPv4**➲**协调所有作用域**➲单击验证按钮】来协调此服务器内的所有IPv4作用域。

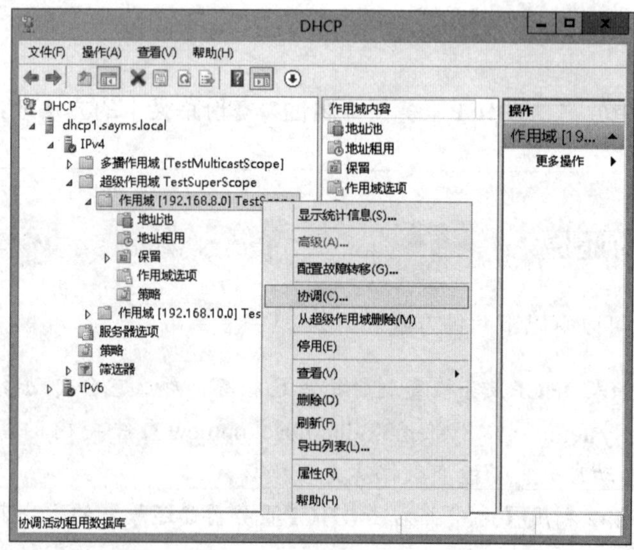

图 2-9-2

2.9.4 将DHCP数据库移动到其他服务器

要将现有的一台Windows Server 2012 R2 DHCP服务器删除，改由另外一台Windows Server 2012 R2计算机来提供DHCP服务，可以通过以下步骤来将原先存储在旧DHCP服务器内的数据库移动到新DHCP服务器。

STEP 1 请到旧DHCP服务器上通过【打开DHCP控制台➲选中并右击**DHCP服务器➲备份**】的方法来备份DHCP数据库，假设是备份到C:\DHCPBackup文件夹，其中包含着new子文件夹。

STEP 2 通过【选中并右击**DHCP服务器➲所有任务➲停止**】或执行**net stop dhcpserver**命令来将DHCP服务停止。此步骤可防止DHCP服务器继续向DHCP客户端出租IP 地址。

STEP 3 按⊞键切换到**开始**菜单➲**管理工具➲服务**➲双击**DHCP服务器**➲在**启动类型**处选择**禁用**。此步骤可避免DHCP服务器被重新启动。

STEP 4 将STEP 1所备份的数据库文件拷贝到新的 DHCP服务器内，假设是拷贝到C:\DHCPBackup文件夹，其中包含new子文件夹。

STEP 5 如果新DHCP服务器尚未安装**DHCP服务器**角色，那么可以先通过【打开**服务器管理器➲添加角色和功能**】的方法来安装。

STEP 6 在新DHCP服务器上通过【打开DHCP控制台➲选中并右击**DHCP服务器➲还原**】的方法将DHCP数据库还原，并选择从旧DHCP服务器复制来的文件，注意选择C:\DHCPBackup文件夹，而不是C:\DHCPBackup\new文件夹。

2.10 监视DHCP服务器的运行

通过收集、查看与分析DHCP服务器的相关信息，可以帮助用户了解DHCP服务器的运行情况，以便找出性能瓶颈、问题所在，作为改进的参考。

DHCP服务器的统计信息

用户可以查看整台服务器或某个作用域的统计信息。首先请启用DHCP统计信息的自动更新功能：【如图2-10-1所示，单击**IPv4**➲单击上方**属性**图标➲勾选**自动更新统计信息的时间间隔**➲设置自动更新间隔时间➲单击确定按钮】。

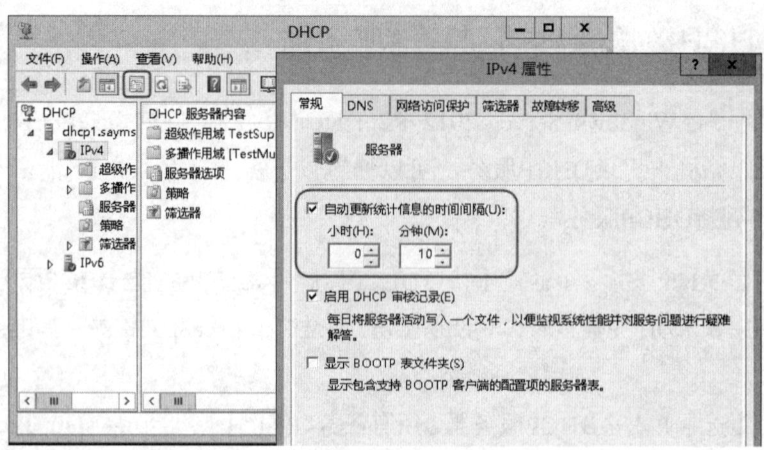

图 2-10-1

接下来若要查看整台DHCP服务器的统计信息，则【如图2-10-2所示，选中并右击**IPv4**➲显示统计信息】。

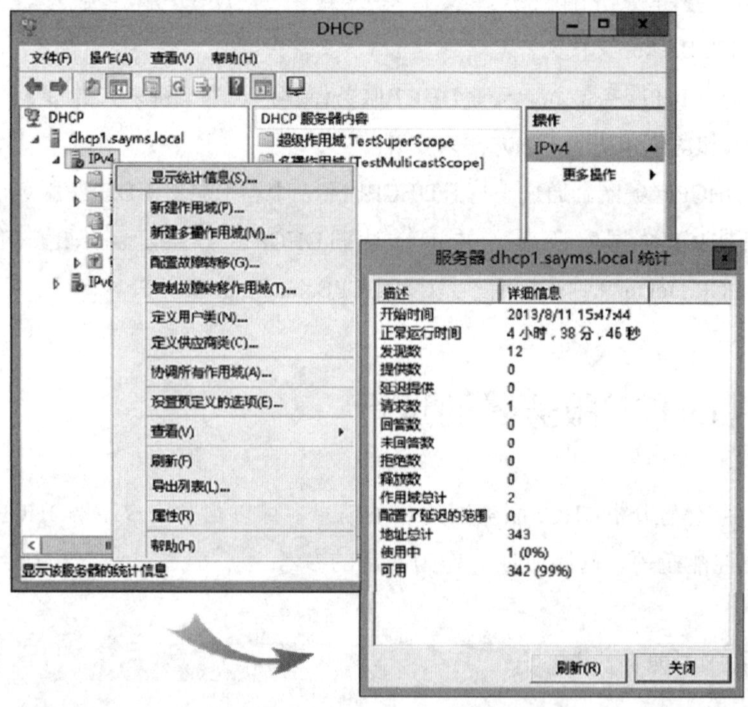

图 2-10-2

- **开始时间**：DHCP服务的启动时间。
- **正常运行时间**：DHCP服务已经持续运行的时间。
- **发现数**：已收到的DHCPDISCOVER数据包的数量。
- **提供数**：已发出的DHCPOFFER数据包的数量。
- **延迟提供**：被延迟发出的DHCPOFFER数据包的数量。

- **请求数**：已收到的DHCPREQUEST数据包的数量。
- **回答数**：已发出的DHCPACK数据包的数量。
- **未回答数**：已发出的DHCPNACK数据包的数量。
- **拒绝数**：已收到的DHCPDECLINE数据包的数量。
- **释放数**：已收到的DHCPRELEASE数据包的数量。
- **作用域总计**：DHCP服务器内现有的作用域的数量。
- **配置了延迟的范围**：DHCP服务器内设置延迟响应客户端请求的作用域的数量。
- **地址总计**：DHCP服务器可提供给客户端的IP地址总数。
- **使用中**：DHCP服务器内已出租的IP地址总数。
- **可用**：DHCP服务器内尚未出租的IP地址总数。

若要查看某个作用域的统计信息，则【如图2-10-3所示，选中并右击该作用域➲显示统计信息】。

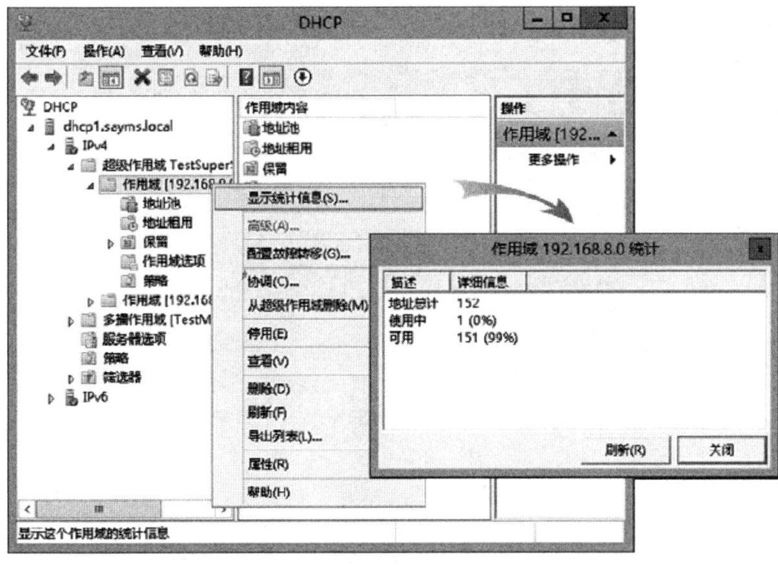

图 2-10-3

DHCP 审核日志文件

DHCP审核日志文件中记录着与DHCP服务有关的事件，例如服务的启动与停止时间、服务器是否已被授权、IP地址的分配/更新/释放/拒绝等信息。

系统默认已启用审核记录功能，若要更改设置，则【选中并右击**IPv4**➲**属性**➲勾选或取消勾选**启用 DHCP 审核记录**（可参考图 2-10-1）】。记录文件默认被存储到%Systemroot%\System32\dhcp文件夹中，其文件格式为DhcpSrvLog-*day*.log，其中*day*为星期一到星期日的英文缩写，例如星期一的文件名为DhcpSrvLog-Mon.log（参考图2-10-4背景图，记事本中显示的是此文件的内容）。

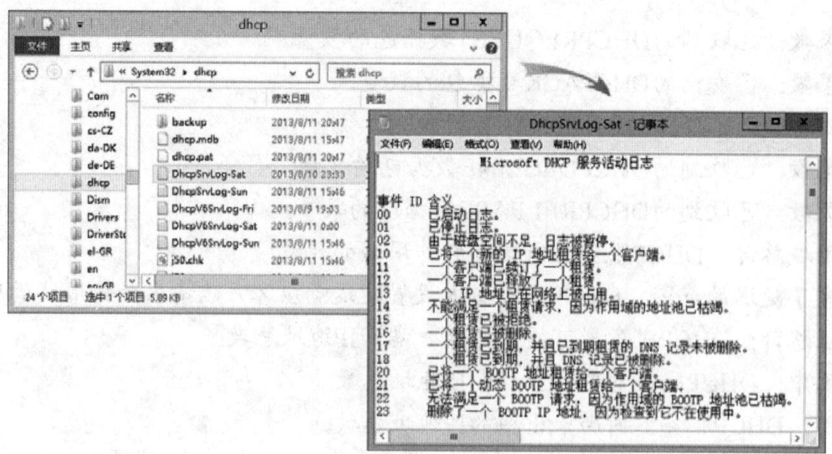

图 2-10-4

若要更改日志文件的存储位置，则【选中并右击**IPv4**➲**属性**➲如图2-10-5所示，通过**高级**选项卡处的**审核日志文件路径**来设置】。

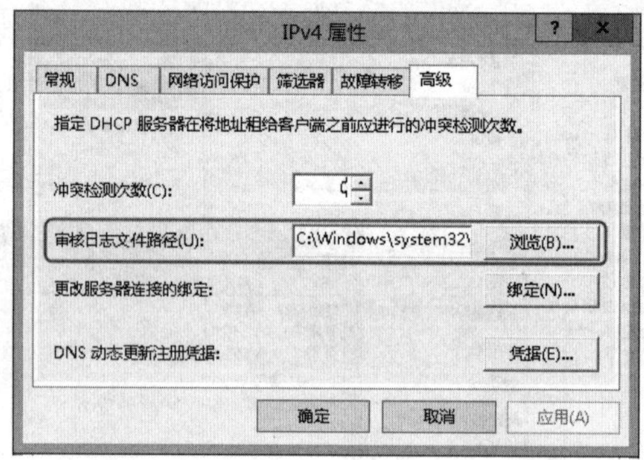

图 2-10-5

2.11　IPv6地址与DHCPv6的设置

IPv6节点会自动设置自己的IPv6地址，而且可以通过路由器的设置来获取更多IPv6地址。不同的IPv6地址有着不同的用途，例如有的IPv6地址可以用来与同一个**链接**（local link）内的节点通信，有的IPv6地址可以用来连接Internet。

下面将通过图2-11-1来着重介绍如何设置两台Windows Server 2012 R2计算机的IPv6地址与如何设置DHCPv6服务器。

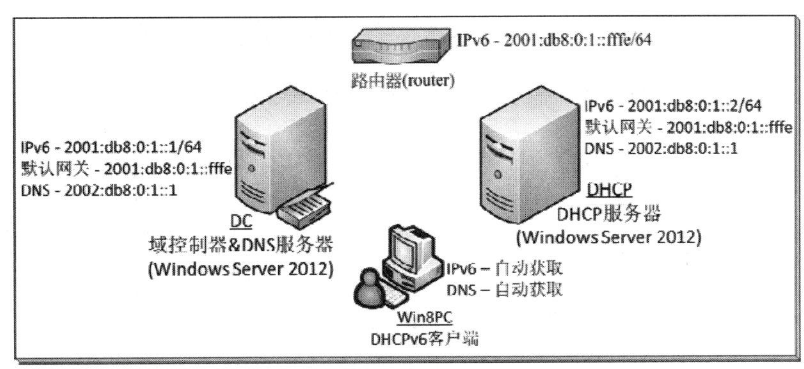

图 2-11-1

2.11.1 手动设置IPv6地址

有些节点或设备需要手动设置IPv6地址，例如服务器、路由器或使用静态IP地址的节点。例如图2-11-1左边域控制器DC（Windows Server 2012 R2）的IPv6地址的设置方法为：【按⊞+X键➲**控制面板**➲**网络和Internet**➲**网络和共享中心**➲单击**以太网**➲单击属性按钮➲单击图2-11-2中的**Internet 协议版本6（TCP/IPv6）**➲单击属性按钮➲如图2-11-3所示来设置】。

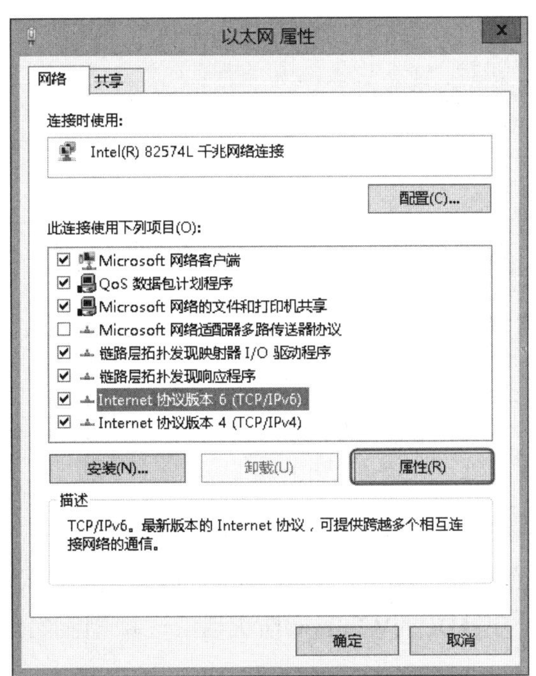

图 2-11-2

图2-11-3中将IPv6地址设置为2001:db8:0:1::1，子网前缀长度设置为64位，默认网关设置为2001:db8:0:1::fffe，首选DNS服务器指定到自己（或输入**::1**）。

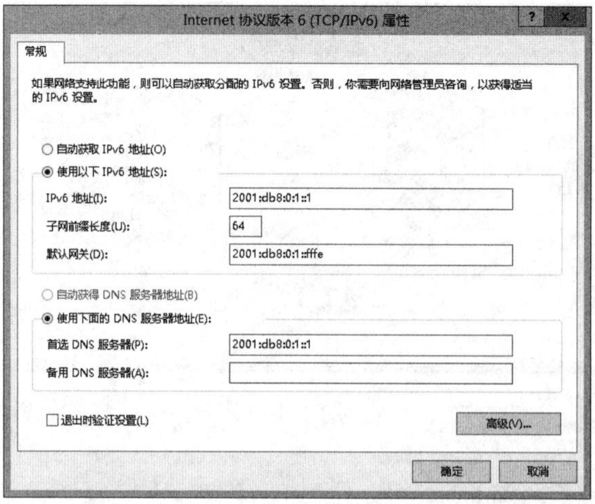

图 2-11-3

可以在**命令提示符**（或**Windows PowerShell**）窗口下利用**ipconfig /all**命令来查看这些设置值，如图2-11-4所示。从图中可看到除了我们手动设置的IPv6地址之外，还有节点自动设置的link-local地址（链接-本机IPv6地址）。

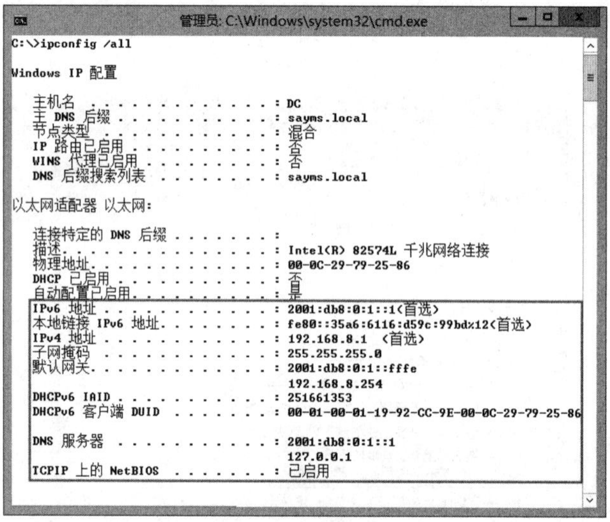

图 2-11-4

请参照图2-11-1来继续设置DHCP服务器的IPv6地址等设置值。域控制器DC与DHCP服务器的IPv6设置完成后，请到图中的DHCP服务器通过ping命令来测试是否可以利用IPv6地址来与域控制器DC通信（域控制器DC的**Windows防火墙**默认并未阻挡ICMP数据包），如图2-11-5所示为正常通信的界面。

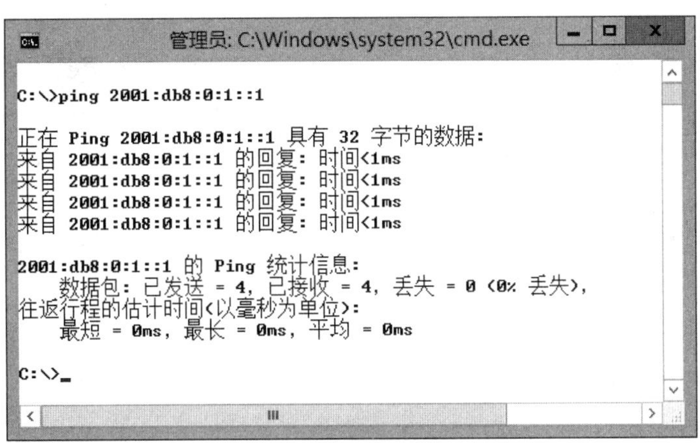

图 2-11-5

2.11.2 DHCPv6的设置

DHCPv6客户端会在网络上查找路由器，然后通过路由器所返回的设置值来决定是否要向DHCP服务器请求（租用）更多IPv6地址与选项的设置。如果需要通过DHCP服务器来租用IPv6地址，就需要在DHCP服务器内建立IPv6作用域。

新建 IPv6 作用域

STEP 1 如图2-11-6所示，选中并右击**IPv6➲新建作用域➲**单击下一步按钮】。

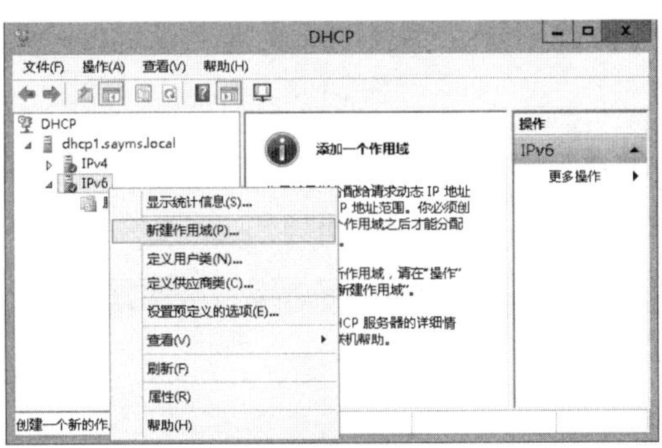

图 2-11-6

STEP 2 出现**作用域名称**界面时，请设置作用域名称后单击下一步按钮。

STEP 3 在图2-11-7中设定作用域内的IPv6地址的前缀与首选项设置值，例如图中的前缀为2001:db8:0:1::/64，表示可提供给客户端的IPv6地址的范围为2001:db8:0:1:0:0:0:0~2001:db8:0:1:ffff:ffff:ffff:ffff。若有多台DHCPv6服务器响应客户端请求，则客户端会优先挑选首选项设置值较高的服务器，首选项设置值可为0～255。

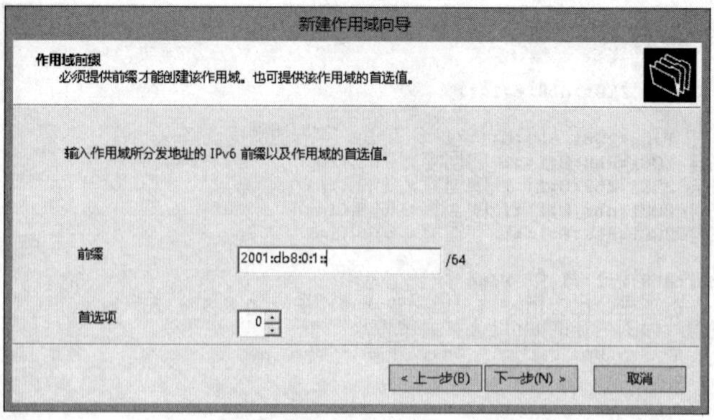

图 2-11-7

STEP 4 在图2-11-8中将作用域内已经被静态设置占用的IPv6地址排除。请输入起始与结束地址后单击添加按钮（图中为假设值），完成后单击下一步按钮。

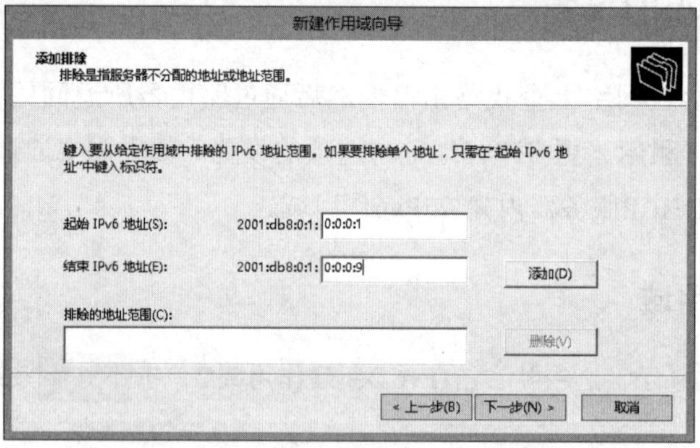

图 2-11-8

STEP 5 在图2-11-9中设置客户端租用IPv6地址的期限，它包含**首选生存时间**（Preferred Life Time）与**有效生存时间**（Valid Life Time）。

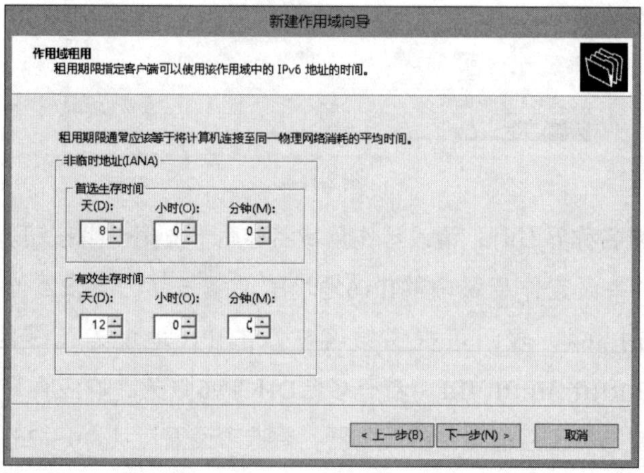

图 2-11-9

STEP 6　出现**完成新建作用域向导**界面时单击**完成**按钮，默认会立即激活此作用域。

也可以设置IPv6选项设置，例如DNS服务器的IPv6地址，但是无法设置默认网关的IPv6地址，因为DHCPv6客户端会通过路由器所返回的信息来自动设置默认网关与路由表。

2.12 DHCP故障转移

在以前的Windows Server 2008 R2内，可以通过以下2种技术来提供DHCP服务器的高可用功能。

- **Windows系统内建的故障转移群集**：将多台DHCP服务器组成一个**故障转移群集**后，这些服务器便会协同工作，来提供一个高可用性的环境。此环境下会由扮演**主动节点**（active node）角色的服务器来对客户端提供服务，如果其发生故障，就改由扮演**被动节点**（passive node）角色的服务器来继续对客户端提供服务。此种方法会有共享存储单点失败（single point of failure）的风险，因此需要在共享存储上做更多的投资，而且其配置复杂、维护比较困难。
- **拆分作用域**（split scope）：此种做法的缺点在于不好把握作用域的分配比率，可能会有主服务器故障，但是备份服务器的IP地址不够用的情况发生，需要在每台服务器内分别设定相同的选项设置。

Windows Server 2012（R2）另外增加了一个称为**DHCP故障转移**（DHCP failover）的功能，它让系统管理员更容易地实现DHCP服务器的高可用性。

- 最多支持2台DHCP服务器且仅支持IPv4作用域。
- 这2台DHCP服务器的作用域设置与租用信息是相同的，当1台DHCP服务器故障时，客户端仍然可以继续通过另一台DHCP服务器来更新租约，继续使用原来所租用的IP地址。
- 这2台DHCP服务器可以采用**负载平衡**或**热备用**模式来工作。
  - **负载平衡（load balance）**：这2台服务器会分散负担来同时对客户端提供服务，它们会相互将作用域信息复制给对方。此模式比较适用于这2台服务器位于同一个物理站点内（physical site）的场景。这2台服务器可以同时对站点内的一或多个子网来提供服务。
  - **热备用（hot standby）**：同一时间内只有一台服务器（**活动服务器**，或称为**主服务器**）对客户端提供服务，另一台**热备用服务器（**又称为**辅助服务器）**在待命状态，但它会接收由**活动服务器**复制来的作用域信息，以确保作用域信息保持在最新状态。当**活动服务器**故障时，**热备用服务器**会继续对客户端提供服务，它适合需要在远程站点来建立**热备用服务器**的场合，如图2-12-1所示，中央站点内的服务器是站台1与站台2内**活动服务器**的**热备用服务器**，其中的两个作用域分别与站点1、站点2的作用域相同。

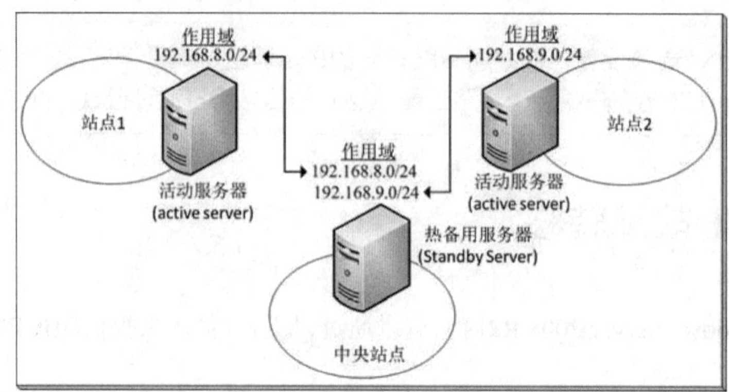

图 2-12-1

启用DHCP故障转移功能并不需要Active Directory域环境，工作组环境也可以。下面将通过图2-12-2来演练如何设置DHCP故障转移，其中DC、DHCP1与Win8PC都沿用前面所搭建的环境，我们需要另外准备一台DHCP2计算机。

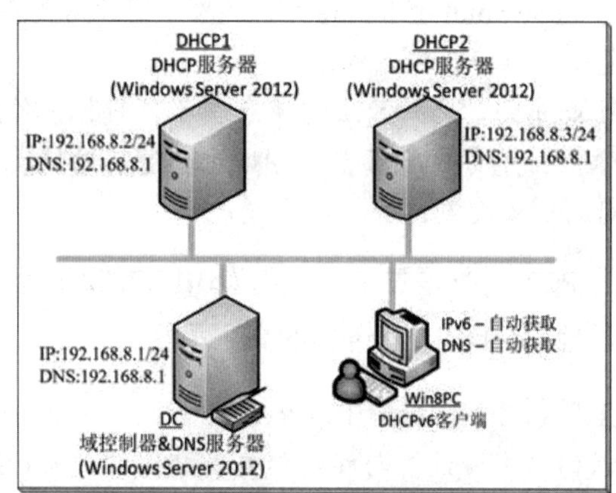

图 2-12-2

STEP 1 请确认图中的域环境（DC、DHCP1、Win8PC）都已经如图2-4-1搭建完成，确认DHCP1内已经建立了作用域（例如我们之前所建立的192.168.8.0/24作用域）。不过为了接下来能够快速验证故障转移功能，暂时将此作用域的IP地址租用时间改为1分钟。

STEP 2 请在DHCP2计算机上安装操作系统、设置好TCP/IP属性、将其加入域。

STEP 3 重新启动DHCP2后，利用域sayms\Administrator身份登录。

STEP 4 等**服务器管理器**界面自动打开➲单击**仪表板**处的**添加角色和功能**➲持续单击下一步按钮，直到出现**选择服务器角色**界面时勾选**DHCP服务器**➲单击添加功能按钮➲持续单击下一步按钮，直到出现**确认安装选项**界面时单击安装按钮。

STEP 5 单击安装完成界面中的**完成DHCP设置**（或单击**服务器管理器**界面右上方的感叹号图标➲完成DHCP设置）➲单击下一步按钮、提交按钮、关闭按钮。

STEP 6 到DHCP1计算机上利用域sayms\Administrator身份登录。

STEP 7 打开DHCP控制台➲如图2-12-3所示，选中并右击**作用域**➲**配置故障转移**➲单击下一步按钮。

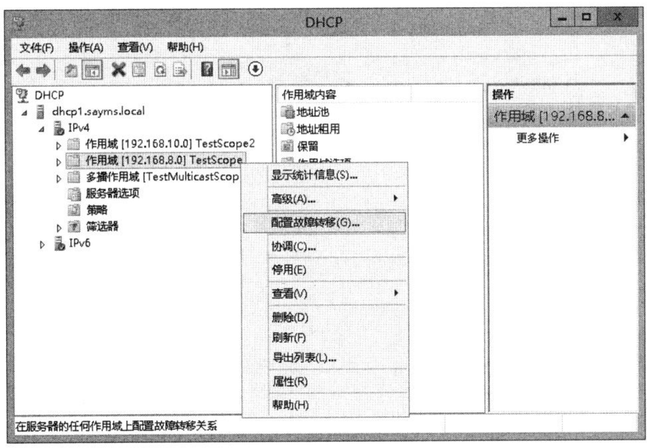

图 2-12-3

STEP 8 在图2-12-4中输入DHCP1伙伴服务器的主机名dhcp2.sayms.local（或计算机名称、IP地址）后单击下一步按钮。

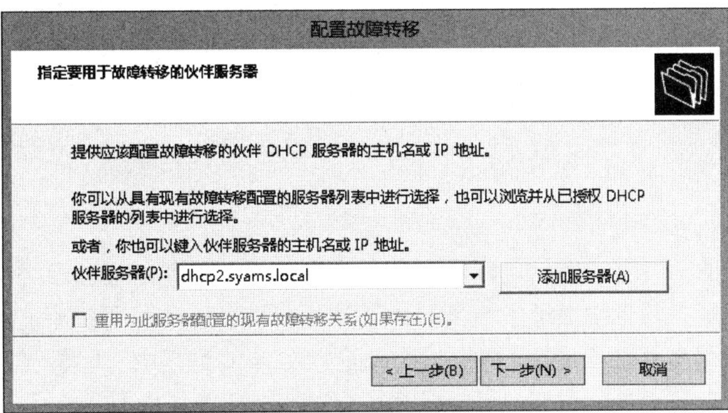

图 2-12-4

两台服务器的时间差不能大于60秒，否则无法建立**DHCP故障转移**。

STEP 9 在图2-12-5中做适当的设置后依序单击下一步按钮、完成按钮。

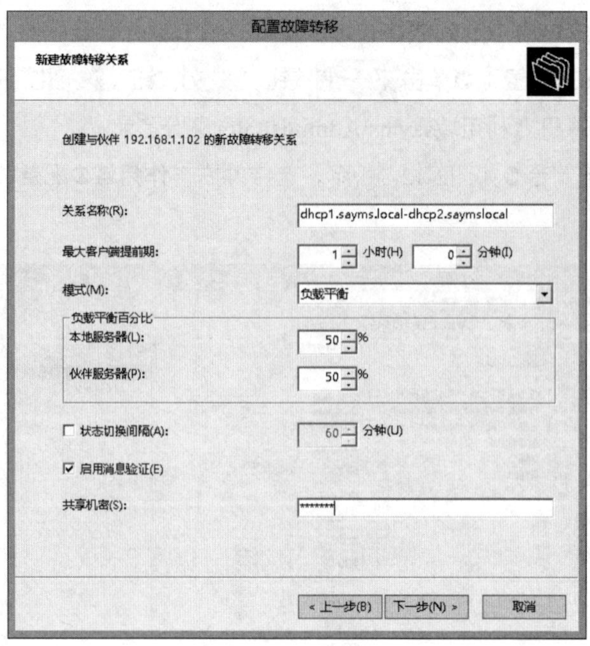

图 2-12-5

- **关系名称**：设定服务器之间的伙伴关系名称或使用默认名称。
- **模式**：可选择**负载平衡**或**热备用服务器**模式，图2-12-5中选择**负载平衡**。
- **负载平衡百分比**：如果选择**负载平衡**模式，此处就用来指定2台服务器各负责发放的IP地址的比率，图2-12-5中表示各负责50%（服务器会利用客户端的MAC与一个逻辑算法来算出哈希值，并根据此哈希值来决定将客户端请求交给其中哪一台服务器来负责）。

> 附注
>
> 开始出租IP地址一段时间后，可能会发生一台服务器的可用IP地址已经快要用完，但另外一台却还有很多可用IP地址的情况。为了让两台服务器的可用IP地址保持在适当的比率，因此**活动服务器**会每隔5分钟来检查两台服务器的可用IP地址情况，如果发生比率不当的情况，它就会自动调整，也就是将可用IP地址调拨到另外一台服务器。

- **状态切换间隔**：如果与伙伴服务器之间失去联系（例如伙伴服务器脱机、故障），就会进入**通信中断**状态，之后还会再进入**伙伴停机**（partner down）状态，但默认系统管理员必须手动将**通信中断**状态转换为**伙伴停机**状态，如果要自动转换，就勾选此选项，然后设置从**通信中断**状态转换为**伙伴停机**状态之间的等待时间。
- **最大客户端提前期**：伙伴的状态转换为**伙伴停机**状态后，需等待此处的时间到达时，此服务器才会取得完整的控制权（接管伙伴服务器尚未出租的可用IP地址），之后才会负责此作用域内所有IP地址的发放工作。它也用来设定在尚未取得完整控制权之前，新客户端租约的暂时有效期限。

- **启用消息验证**：可在此处设定服务器之间相互验证的密码。

若如图2-12-6所示选择**热备用服务器**模式，则需将伙伴服务器的角色设置为**待机**服务器或**活动**服务器（主服务器）；还需设置保留给**待机**服务器的IP地址百分比（默认为5%），在**活动服务器**故障且**待机服务器**尚未取得完整控制权之前，可以选择这些IP地址来出租给客户端。

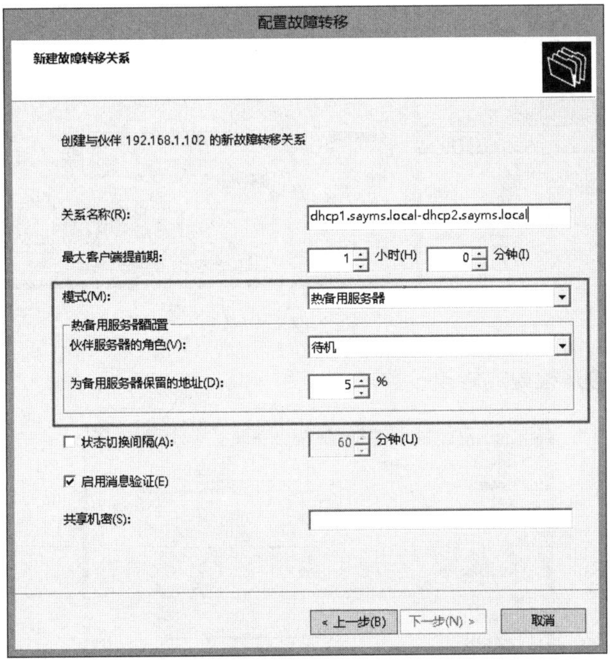

图 2-12-6

STEP 10　出现图2-12-7的界面时单击关闭按钮。

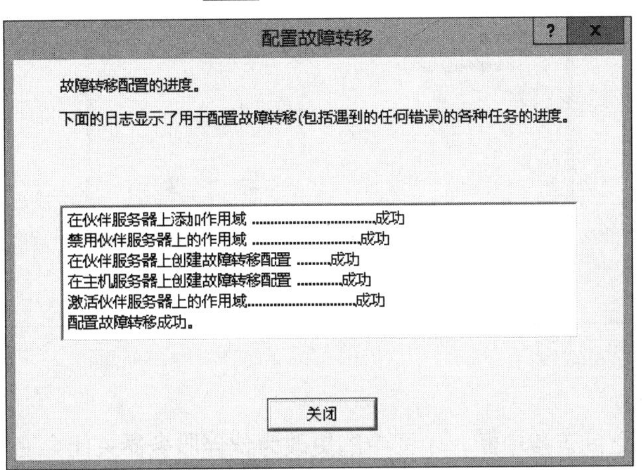

图 2-12-7

STEP 11　若要查看或修改**DHCP故障转移**设置，则【如图2-12-8所示，单击IPv4➲单击上方的**属性**图标➲**故障转移**选项卡➲选择伙伴关系名称后单击编辑按钮】。

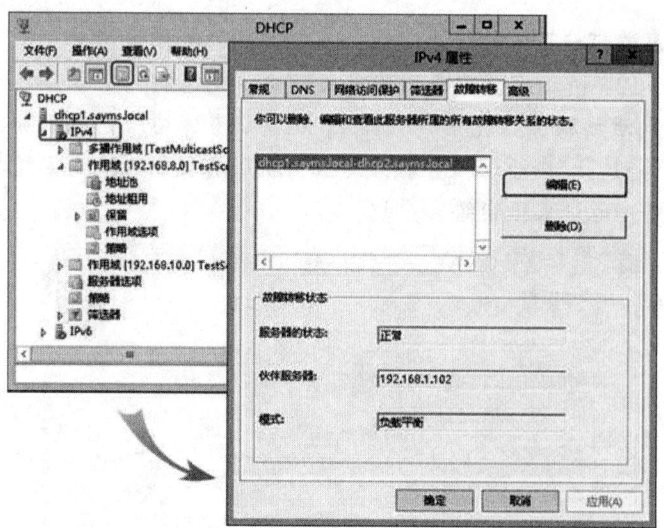

图 2-12-8

STEP 12 通过图2-12-9来检视或修改设置。

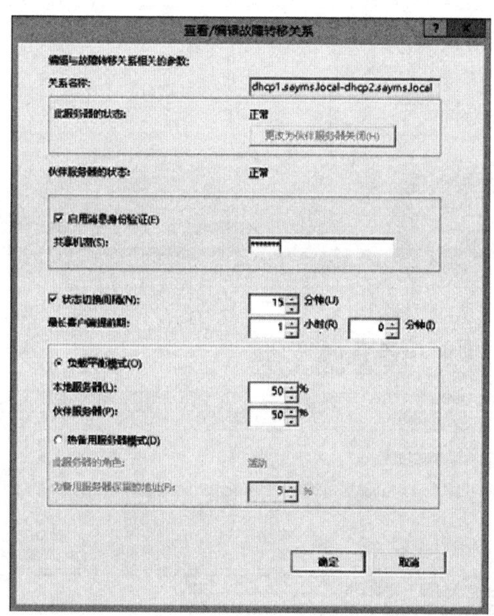

图 2-12-9

> **附注**
>
> 若与伙伴服务器之间连接中断，则图中的**更改为伙伴服务器关闭**会变为可单击，此时可以通过它来将**通信中断**状态手动转换为**伙伴停机**状态。

STEP 13 可以如图2-12-10所示，通过【选中并右击**作用域**➲**显示统计信息**】来查看两台服务器的IP地址分配与租用情况。

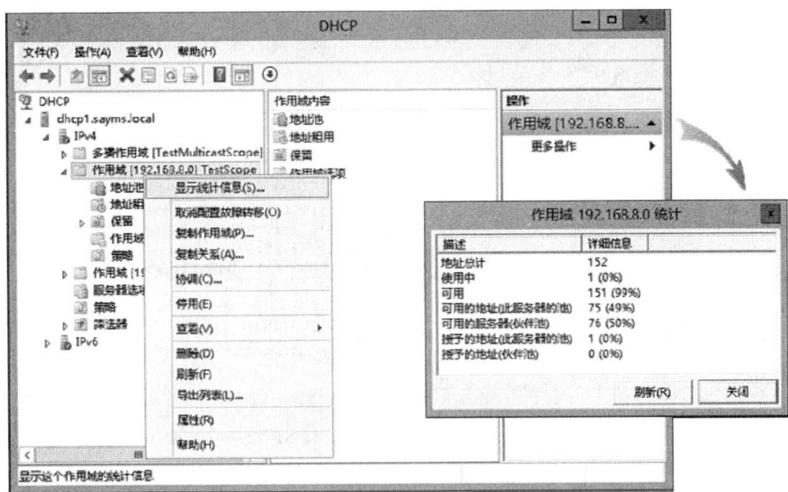

图 2-12-10

> **附注**
>
> 若要手动将作用域信息或服务器伙伴关系的设置信息复制到另一台服务器，则【选中并右击**作用域➲复制作用域**】或【选中并右击**作用域➲复制关系**】。

STEP 14 下面进行故障转移测试：请先到客户端Win8PC上执行**ipconfig /all**命令来查看它是向哪一台DHCP服务器来租用IP地址的，如图2-12-11所示，客户端的IP地址为192.168.8.10，它是向DHCP1（192.168.8.2）租用的。

```
C:\Windows\system32\cmd.exe

以太网适配器 以太网:

   连接特定的 DNS 后缀 . . . . . . . :
   描述. . . . . . . . . . . . . . . : Intel(R) 82574L 千兆网络连接
   物理地址. . . . . . . . . . . . . : 00-0C-29-7D-BF-3F
   DHCP 已启用 . . . . . . . . . . . : 是
   自动配置已启用. . . . . . . . . . : 是
   IPv6 地址 . . . . . . . . . . . . : 2001:db8:0:1:9567:4dca:9f23:d7d7(首选)
   获得租约的时间  . . . . . . . . . : 2013年8月12日 3:17:51
   租约过期的时间  . . . . . . . . . : 2013年8月24日 3:17:52
   本地链接 IPv6 地址. . . . . . . . : fe80::706a:b0b6:fc1:6080%12(首选)
   IPv4 地址 . . . . . . . . . . . . : 192.168.8.10 (首选)
   子网掩码  . . . . . . . . . . . . : 255.255.255.0
   获得租约的时间  . . . . . . . . . : 2013年8月12日 3:17:54
   租约过期的时间  . . . . . . . . . : 2013年8月12日 3:18:54
   默认网关. . . . . . . . . . . . . : 192.168.8.254
   DHCPv4 类 ID . . . . . . . . . : SALES
   DHCP 服务器 . . . . . . . . . . . : 192.168.8.2
   DHCPv6 IAID . . . . . . . . . . . : 251661353
   DHCPv6 客户端 DUID  . . . . . . . : 00-01-00-01-18-9F-92-46-00-0C-29-7D-BF-3F
```

图 2-12-11

STEP 15 将DHCP1服务器关机。由于此作用域的IP地址租用时间被我们设置为1分钟，因此请到客户端Win8PC上等超过1分钟租约到期后，再执行**ipconfig /all**命令。如图2-12-12所示，可看出已经改由另一台DHCP服务器（DHCP2，192.168.8.3）来对客户端提供服务。

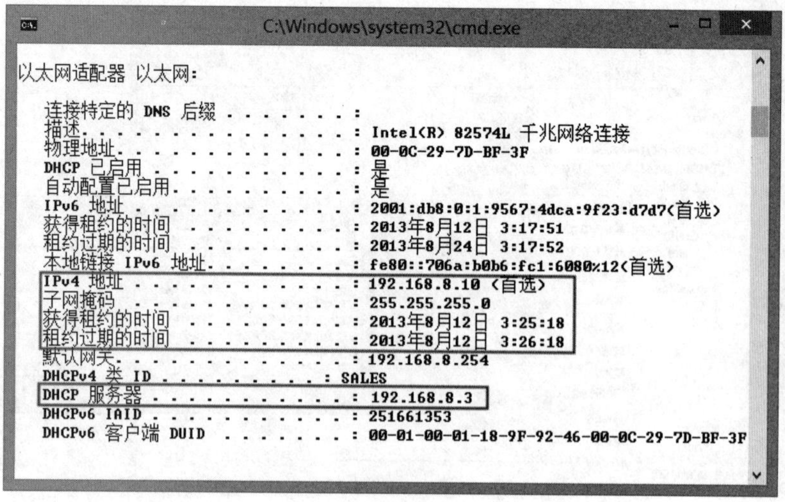

```
C:\Windows\system32\cmd.exe

以太网适配器 以太网:

   连接特定的 DNS 后缀 . . . . . . . :
   描述. . . . . . . . . . . . . . . : Intel(R) 82574L 千兆网络连接
   物理地址. . . . . . . . . . . . . : 00-0C-29-7D-BF-3F
   DHCP 已启用 . . . . . . . . . . . : 是
   自动配置已启用. . . . . . . . . . : 是
   IPv6 地址 . . . . . . . . . . . . : 2001:db8:0:1:9567:4dca:9f23:d7d7(首选)
   获得租约的时间 . . . . . . . . . : 2013年8月12日 3:17:51
   租约过期的时间 . . . . . . . . . : 2013年8月24日 3:17:52
   本地链接 IPv6 地址. . . . . . . . : fe80::706a:b0b6:fc1:6080%12(首选)
   IPv4 地址 . . . . . . . . . . . . : 192.168.8.10 (首选)
   子网掩码 . . . . . . . . . . . . : 255.255.255.0
   获得租约的时间 . . . . . . . . . : 2013年8月12日 3:25:18
   租约过期的时间 . . . . . . . . . : 2013年8月12日 3:26:18
   默认网关. . . . . . . . . . . . . : 192.168.8.254
   DHCPv4 类 ID . . . . . . . . . : SALES
   DHCP 服务器 . . . . . . . . . . . : 192.168.8.3
   DHCPv6 IAID . . . . . . . . . . . : 251661353
   DHCPv6 客户端 DUID . . . . . . . : 00-01-00-01-18-9F-92-46-00-0C-29-7D-BF-3F
```

图 2-12-12

第3章　解析DNS主机名

本章将介绍如何利用**域名系统**（Domain Name System，DNS）来解析DNS主机名（例如server1.abc.com）的IP地址。Active Directory域也与DNS紧密整合在一起，例如域成员计算机依赖DNS服务器来查找域控制器。

两台计算机之间在通信时，传统上使用NetBIOS计算机名称，例如当你通过【按⊞+R键➲输入\\Server1】来与计算机Server1通信时，此处的Server1就是NetBIOS计算机名称，通过NetBIOS计算机名称解析IP地址的常用方法为**广播**与**WINS服务器**。

- DNS概述
- DNS服务器的安装与客户端的设置
- DNS区域的建立
- DNS区域的高级设置
- 动态更新
- “单标签名称”解析
- 求助于其他DNS服务器
- 检测DNS服务器
- DNS的安全防护——DNSSEC
- 清除过期记录

3.1 DNS概述

当DNS客户端要与某台主机通信时，例如要连接网站www.sayms.com，该客户端会向DNS服务器查询www.sayms.com的IP地址，DNS服务器收到此请求后，会帮客户端查找www.sayms.com的IP地址。提出查询请求的DNS客户端被称为**resolver**，而提供数据的DNS服务器被称为**name server**（名称服务器）。

当客户端向DNS服务器提出查询IP地址的请求后，DNS服务器会先从自己的DNS数据库内查找，若数据库内没有所需数据，则会求助于其他DNS服务器。下面将详细说明这些查询的过程。

3.1.1 DNS域名空间

整个DNS架构是一个层次式树状结构，这个树状结构称为**DNS域名空间**（DNS domain namespace），如图3-1-1所示。

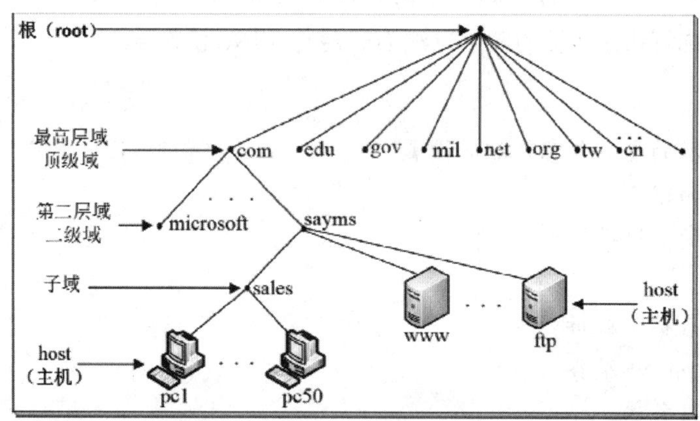

图3-1-1

图中位于树状结构最上层的是DNS域名空间的**根**（root），一般是用句点（**.**）来代表**根**，**根**内有多台 DNS服务器，分别由不同机构来负责管理。**根**之下为**最高层域**（top-level domain），每一个最高层域内都有数台DNS服务器。最高层域用来将组织分类。表 3-1-1为常见的最高层域名及其说明。

表 3-1-1

域名	说明
biz	适用于商业机构
com	适用于商业机构

（续表）

域名	说明
Edu	适用于教育、学术研究单位
gov	适用于官方政府单位
info	适用于所有的用途
mil	适用于国防军事单位
net	适用于网络服务机构
org	适用于财团法人等非营利机构
国码或区域码	例如cn（中国）、hk（香港）、tw（台湾）、us（美国）

最高层域之下为**第二层域**（second-level domain），是供公司或组织来申请与使用的，例如**microsoft.com**是Microsoft公司所申请的域名。如果要在Internet上使用域名，就必须事先申请。

公司可以在其所申请的第二层域之下再细分多层子域（subdomain），例如sayms.com之下为业务部sales建立一个子域，其域名为sales.sayms.com，此子域的域名最后需附加其父域的域名（sayms.com），也就是说域的名称空间是有连续性的。

图3-1-1右下方的主机www与ftp是sayms这家公司内部的主机，它们的完整名称分别是www.sayms.com与ftp.sayms.com，此完整名称被称为Fully Qualified Domain Name（FQDN，字符总长度不可超过256个字符），其中www.sayms.com字符串前面的www，以及ftp.sayms.com字符串前面的ftp就是这些主机的**主机名**（host name）。而pc1 ~ pc50的主机位于子域sales.sayms.com内，其FQDN分别是pc1.sales.sayms.com ~ pc50.sales.sayms.com。

以Windows Server 2012 R2计算机为例，你可以在**命令提示符**或Windows PowerShell窗口内利用**hostname**命令来查看计算机的主机名，也可以利用【打开**文件资源管理器**➲选中并右击**计算机**➲**属性**➲在图3-1-2所示的窗口来查看】，图中**完整计算机名称**Server1.sayms.com中最前面的Server1就是主机名。

图 3-1-2

3.1.2 DNS区域

DNS**区域**（zone）是域名空间树状结构的一部分，通过它来将域名空间分割为容易管理的小区域。在这个DNS区域内的主机数据被存储在DNS服务器内的**区域文件**（zone file）或Active Directory数据库内。一台DNS服务器内可以存储一个或多个区域的数据，同时一个区域的数据也可以被存储到多台DNS服务器内。在区域文件内的每一行数据被称为一项**资源记录**（resource record，RR）。

将一个DNS域划分为多个区域，可分散网络管理的工作负担，例如图3-1-3中将域sayms.com分为**区域1**（包含子域sales.sayms.com）与**区域2**（包含域sayms.com与子域mkt.sayms.com），每一个区域各有一个区域文件。区域1的区域文件（或Active Directory数据库）内存储着所包含域内所有主机（pc1~pc50）的记录，区域2的区域文件（或Active Directory数据库）内存储着所包含域内所有主机（pc51~pc100、www与ftp）的记录。这两个区域文件可以放在同一台DNS服务器内，也可以分别放在不同DNS服务器内。

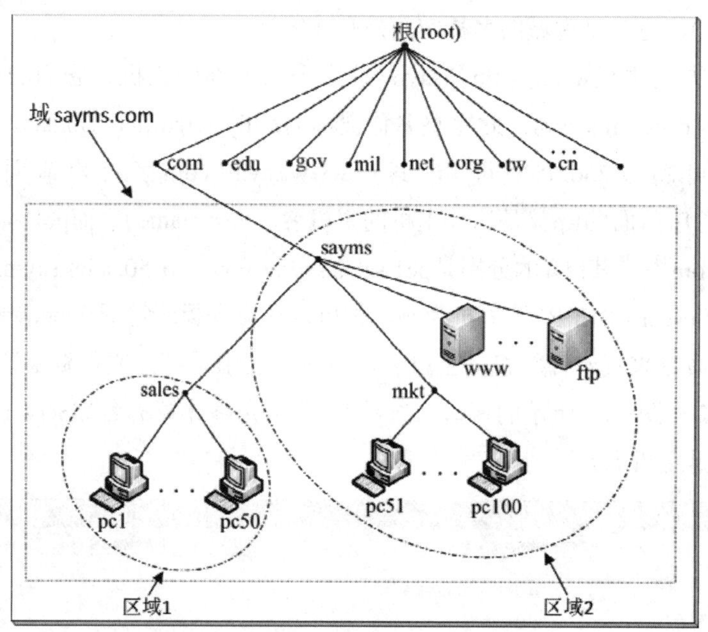

图3-1-3

注意

一个区域所涵盖的范围必须是域名空间中连续的区域，例如不可以建立一个包含sales.sayms.com与mkt.sayms.com两个子域的区域，因为它们位于不连续的名称空间内。但是可以建立一个包含sayms.com与mkt.sayms.com的区域，因为它们位于连续的名称空间（sayms.com）内。

每一个区域都是针对一个特定域来设置的，例如区域1针对sales.sayms.com，区域2针对sayms.com（包含域sayms.com与子域mkt.sayms.com），我们将此域称为该区域的**根域**（root domain），也就是说区域1的根域是sales.sayms.com，区域2的根域为sayms.com。

3.1.3 DNS服务器

DNS服务器内存储着域名空间的部分区域记录。一台DNS服务器可以存储一个或多个区域内的记录，也就是说此服务器负责管辖的范围可以包含域名空间内一个或多个区域，此时这台服务器被称为这些区域的**授权服务器**（authoritative server），例如图3-1-3中负责管辖区域2的DNS服务器，就是此区域的授权服务器，它负责将DNS客户端所要查询的记录提供给此客户端。

- **主服务器（primary server）**：当在一台DNS服务器上建立一个区域后，若可以直接在此区域内添加、删除与修改记录，这台服务器就被称为此区域的**主服务器**。这台服务器内存储着此区域的原本（master copy）数据。
- **辅助服务器（secondary server）**：当你在一台DNS服务器内建立一个区域后，如果这个区域内的所有记录都是从另外一台DNS服务器复制过来的，也就是说它存储的是这个区域内的副本记录（replica），这些记录是无法修改的，那么这台服务器被称为该区域的**辅助服务器**。
- **主服务器（master server）**：**辅助服务器**的区域记录是从另外一台DNS服务器复制过来的，此DNS服务器就被称为这台辅助服务器的**主服务器**。这台**主服务器**可能就是存储该区域原本数据的**主服务器**，也可能是存储副本数据的**辅助服务器**。将区域内的资源记录从**主服务器**复制到**辅助服务器**的操作被称为**区域传送**（zone transfer）。

你可以为一个区域设置多台辅助服务器，以便提供以下好处。

- **提供容错能力**：如果其中有DNS服务器故障，那么仍然可由另一台DNS服务器继续提供服务。
- **分担主服务器的负担**：多台DNS服务器共同来对客户端提供服务，可以分散服务器的负担。
- **加快查询的速度**：例如可以在异地分公司安装辅助服务器，让分公司的DNS客户端直接向此服务器查询，不需向总公司的主服务器查询，以加快查询速度。

3.1.4 “唯缓存”服务器

唯缓存服务器（caching-only server）是一台不负责管辖任何区域的DNS服务器，也就是说在这台DNS服务器内并没有建立任何区域，当它接收到DNS客户端的查询请求时，它会帮客户端向其他DNS服务器查询，然后将查询到的记录存储到缓存区，并将此记录提供给客户端。

唯缓存服务器内只有缓存记录，这些记录是它向其他DNS服务器询问来的。当客户端来查询记录时，如果缓存区内有所需记录，就可以快速将记录提供给客户端。

你可以在异地分公司安装一台**唯缓存服务器**，以避免执行**区域传送**所造成的网络负担，又可以让该地区的DNS客户端直接快速向此DNS服务器查询。

3.1.5 DNS的查询模式

当DNS客户端向DNS服务器查询IP地址时，或DNS服务器（此时这台DNS服务器是扮演着DNS客户端的角色）向另外一台DNS服务器查询IP地址时，它有以下两种查询模式。

- **递归查询（recursive query）**: DNS客户端送出查询请求后，若DNS服务器内没有所需记录，则此DNS服务器会代替客户端向其他DNS服务器查询。由DNS客户端所提出的查询请求一般属于递归查询。
- **迭代查询（iterative query）**: DNS服务器与DNS服务器之间的查询大部分属于迭代查询。当第1台DNS服务器向第2台DNS服务器提出查询请求后，如果第2台DNS服务器内没有所需记录，它就会提供第3台DNS服务器的IP地址给第1台DNS服务器，让第1台DNS服务器自行向第3台DNS服务器查询。我们以图3-1-4的DNS客户端向DNS服务器Server1查询www.sayms.com的IP地址为例来说明其流程（参考图中的数字）。

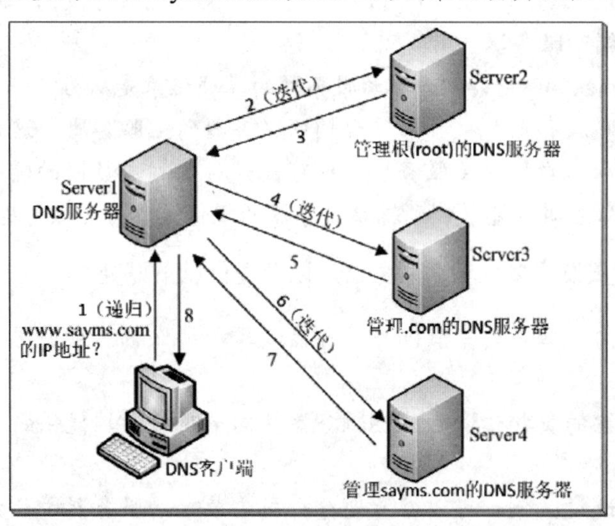

图3-1-4

1. DNS客户端向DNS服务器Server1查询www.sayms.com的IP地址（这属于递归查询）。
2. 如果Server1内没有此主机记录，Server1就会将此查询请求发送到根（root）内的DNS服务器Server2（这属于迭代查询）。
3. Server2根据主机名www.sayms.com得知此主机位于最高层域.com之下，故它会将负责管辖.com的DNS服务器Server3的IP地址发送给Server1。

4. Server1得到Server3的IP地址后，它会向Server3查询www. sayms.com的IP地址（这属于迭代查询）。
5. Server3根据主机名www.sayms.com得知此主机位于sayms.com域之内，故它会将负责管辖sayms.com的DNS服务器Server4的IP地址发送给Server1。
6. Server1得到Server4的IP地址后，它会向Server4查询www. sayms.com的IP地址（这属于迭代查询）。
7. 管辖sayms.com的DNS服务器Server4将www.sayms.com的IP地址发送给Server1。
8. Server1再将此IP地址发送给DNS客户端。

3.1.6 反向查询

反向查询（reverse lookup）利用IP地址来查询主机名，例如DNS客户端可以查询拥有IP地址192.168.8.1主机的主机名。必须在DNS服务器内建立反向查找区域，其区域名称的结尾为in-addr.arpa。例如若要针对网络号为192.168.8的网络来提供反向查询服务，则这个反向查找区域的区域名称必须是8.168.192.in-addr.arpa（网络号需要反向书写）。在建立反向查找区域时，系统会自动建立一个反向查找区域文件，其默认文件名是**区域名称.dns**，例如8.168.192.in-addr.arpa.dns。

3.1.7 动态更新

Windows Server 2012 R2的DNS服务器具备动态更新记录的功能。也就是说，如果DNS客户端的主机名、IP地址有变动，当这些变动数据发送到DNS服务器后，DNS服务器就会自动更新DNS区域内的相关记录。

3.1.8 缓存文件

缓存文件（cache file）内存储着**根**（root，参见图3-1-1）内DNS服务器的主机名与IP地址映射数据。每一台DNS服务器内的缓存文件应该是一样的，公司内的DNS服务器要向外界DNS服务器查询时，需要用到这些数据，除非公司内部的DNS服务器指定了**转发器**（forwarder）。

图3-1-4的第2个步骤中的Server1之所以知道**根**（root）内DNS服务器的主机名称与IP地址，就是从缓存文件得知的。DNS服务器的缓存文件位于%Systemroot%\System32\DNS文件夹内，其文件名为cache.dns。

3.2 DNS服务器的安装与客户端的设置

扮演DNS服务器角色的Windows Server 2012 R2计算机需使用静态IP地址。我们将通过图3-2-1来说明如何设置DNS服务器与DNS客户端，先安装好这几台计算机的操作系统，设置计算机名称、IP地址与首选DNS服务器等（图中采用IPv4）。将这几台计算机的网卡连接到同一个网络上。

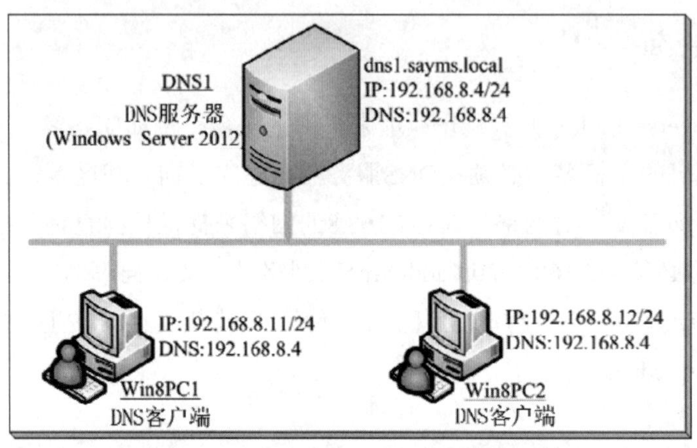

图3-2-1

> 附注
>
> 由于Active Directory域需要用到DNS服务器，因此当你将Windows Server 2012 R2计算机升级为域控制器时，如果升级向导找不到DNS服务器，它就会支持在此台域控制器上安装DNS服务器的选择。

3.2.1 DNS服务器的安装

建议先设置DNS服务器DNS1的FQDN，也就是完整计算机名称，假设其完整计算机名称的后缀为sayms.local（以下均采用虚拟的**最高层域名**.local），也就是其FQDN为dns1.sayms.local。可通过以下方法来设置后缀：【打开**服务器管理器**➲单击左侧的**本地服务器**➲单击**计算机名称**右侧的计算机名称➲单击更改按钮➲单击其他按钮➲在**此计算机的主DNS后缀**处输入后缀sayms.local➲……➲依提示重新启动计算机】。

确认此服务器的**首选DNS服务器**的IP地址已经指向自己，以便让这台计算机内其他应用程序可以通过这台DNS服务器来查询IP地址：【打开**文件资源管理器**➲选中并右击**网络**➲属性➲单击**以太网**➲单击属性按钮➲单击**Internet协议版本4（TCP/IPv4）**➲ 单击属性按钮➲确认

首选DNS服务器处的IP地址为192.168.8.4】。

我们要通过添加**DNS服务器**角色的方式来安装DNS服务器：【打开**服务器管理器**➲单击**仪表板**处的**添加角色和功能**➲持续单击下一步按钮，直到出现如图3-2-2所示的**选择服务器角色**界面时勾选**DNS服务器**➲……】。

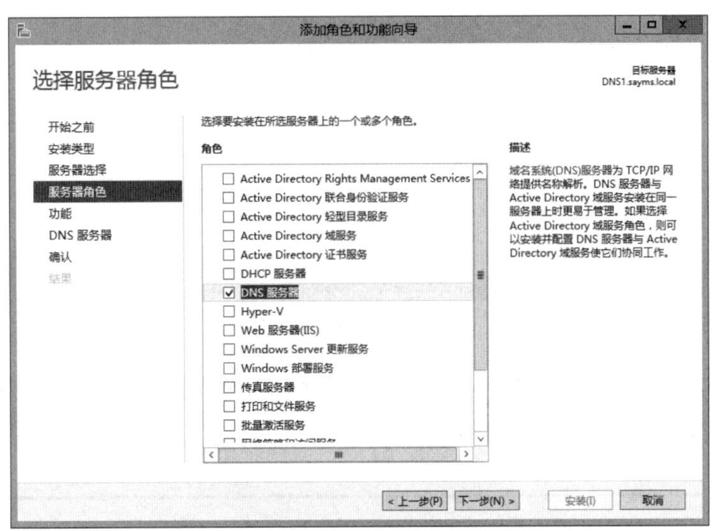

图 3-2-2

完成安装后可以通过【单击**服务器管理器**右上方的**工具**➲DNS】或【按⊞键切换到**开始**菜单➲系统管理工具➲DNS】的方法来打开DNS控制台与管理DNS服务器，通过【在DNS控制台中选中并右击DNS服务器➲所有任务】的方法来执行启动/停止/暂停/恢复DNS服务器等工作，利用【在DNS控制台中选中并右击**DNS**➲**连接到**DNS**服务器**】的方法来管理其他DNS服务器。你也可以利用**dnscmd.exe**程序来管理DNS服务器。

3.2.2 DNS客户端的设定

以Windows 8计算机来说：【按⊞+X键➲**控制面板**➲**网络和Internet**➲**网络和共享中心**➲单击**以太网**➲单击属性按钮➲单击**Internet协议版本4（TCP/IPv4）**➲ 单击属性按钮➲在图3-2-3中的**首选DNS服务器**处输入DNS服务器的IP地址】。

如果还有其他DNS服务器可提供服务，就可以在**备用DNS服务器**中输入该DNS服务器的IP地址。当DNS客户端在与**首选DNS服务器**通信时，如果没有收到响应，就会改与**备用DNS服务器**通信。若要指定两台以上DNS服务器，则【单击图3-2-3中的高级按钮➲通过**DNS**选项卡下的添加按钮来输入更多DNS服务器的IP地址】，客户端会按照顺序来与这些DNS服务器通信（一直到有服务器响应为止）。

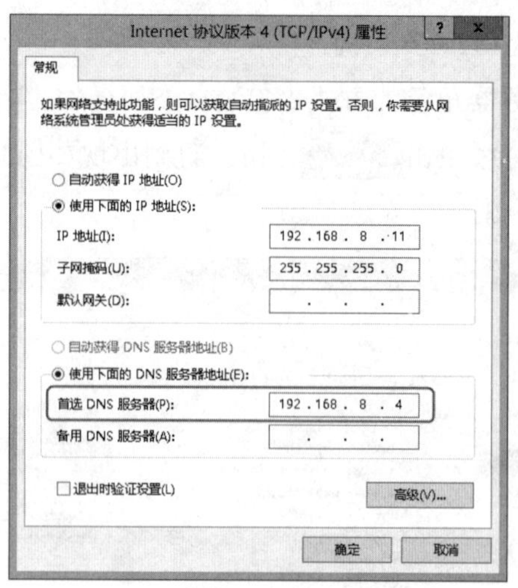

图 3-2-3

DNS服务器本身也应该采用相同步骤来指定**首选DNS服务器**（与**备用DNS服务器**）的IP地址，由于本身就是DNS服务器，因此一般会直接指定自己的IP地址。

DNS服务器会对客户端所提出的查询请求提供服务，请问如果DNS服务器本身这台计算机内的程序（例如浏览器Internet Explorer）提出查询请求，会由DNS服务器这台计算机自己来提供服务吗?

不一定！要看DNS服务器这台计算机的**首选DNS服务器**或**备用DNS服务器**的IP地址设置为什么，若IP地址指定到自己，则会由这台DNS服务器自己来提供服务；若IP地址是其他DNS服务器，则会由该DNS服务器来提供服务。

3.2.3 使用HOSTS文件

HOSTS文件被用来存储主机名与IP的映射数据。DNS客户端在查找主机的IP地址时，它会先检查自己计算机内的HOSTS文件，查看文件内是否有该主机的IP地址，找不到数据时才会向DNS服务器查询。

此文件存储在每一台计算机的%Systemroot%\system32\drivers\etc文件夹内，必须手动将主机名与IP地址映射数据输入到此文件内。图3-2-4所示为Windows 8计算机内的一个HOSTS文件示例（#符号代表其右边为注释文字），图中我们自行添加了两条记录，分别是jackiepc.sayms.local与marypc.sayms.local，此客户端以后要查询这两台主机的IP地址时，可以直接通过此文件得到它们的IP地址，不需要向DNS服务器查询。但要查询其他主机的IP地址（例如www.microsoft.com），由于这些主机记录并没有被记录在HOSTS文件内，因此必须向DNS服务器查询。

附注

Windows 8计算机默认必须以系统管理员身份来执行**记事本**（在**开始**菜单下单击左下角的向下箭头➲选中并右击**记事本**➲以系统管理员身份执行➲打开Hosts文件），才可以变更Hosts文件内容。

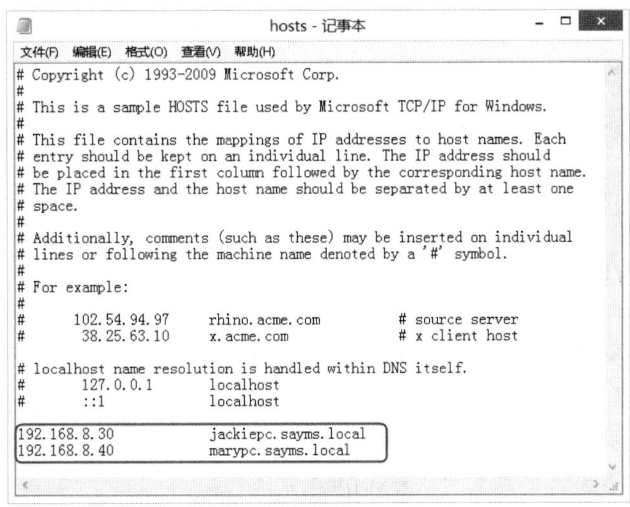

图 3-2-4

当在这台客户端计算机上利用ping 命令来查询jackiepc.sayms.local的IP地址时，就可以通过Hosts文件来得到其IP地址192.168.8.30，如图3-2-5所示。

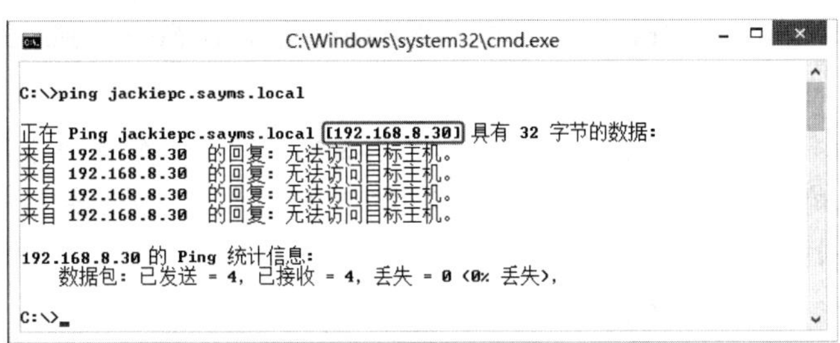

图 3-2-5

Q 客户端如何决定要采用DNS名称解析还是NetBIOS名称解析来查找对方的IP地址?

A 若客户端使用TCP/IP程序，例如浏览器、telnet程序、ping命令等，则它会采用DNS名称解析；若客户端使用NetBIOS名称来与对方通信，则会使用NetBIOS名称解析，例如客户端利用【按⊞+R键➲输入\\Server1】，此时的Server1为NetBIOS计算机名称。另外，还有一个简单的判断方法：若在名称之前加上两个连续斜线\\，则此名称就是NetBIOS计算机名称，因此会采用NetBIOS名称解析。

3.3 DNS区域的建立

Windows Server 2012 R2的DNS服务器支持各种不同类型的区域，本节将介绍以下与区域有关的主题：DNS区域的类型、建立主要区域、在主要区域内添加资源记录、建立辅助区域、建立反向查找区域与反向记录、子域与委派域、存根区域。

3.3.1 DNS区域的类型

可以在DNS服务器内建立以下三种类型的DNS区域。

- **主要区域（primary zone）**：它是用来存储此区域内的原本记录，在DNS服务器内建立主要区域后，便可以直接在此区域内添加、修改或删除记录。
  - 若DNS服务器是独立或成员服务器，则区域内的记录存储在区域文件内，文件名默认是**区域名称.dns**，例如区域名称为sayms.local，文件名默认就是sayms.local.dns。区域文件被建立在%Systemroot%\ System32\dns文件夹内，它是标准DNS格式的文本文件（text file）。
  - 若DNS服务器是域控制器，则可以将记录存储在区域文件或Active Directory数据库中。若将其存储到Active Directory数据库中，则此区域被称为**Active Directory集成区域**，此区域内的记录会通过Active Directory复制机制，自动被复制到其他也是DNS服务器的域控制器。**Active Directory集成区域**是主要区域，也就是说可以添加、删除与修改每一台域控制器的**Active Directory集成区域**内的记录。
- **辅助区域（secondary zone）**：此区域内的记录存储在**区域文件**内，不过它存储的是此区域的副本记录，此副本是利用**区域传送**方式从其**主服务器**复制过来的。辅助区域内的记录是只读的，不可以修改。如图3-3-1所示，DNS服务器B与DNS服务器C内都各有一个辅助区域，其中的记录是从DNS服务器A复制过来的，换句话说，DNS服务器A是它们的**主服务器**。

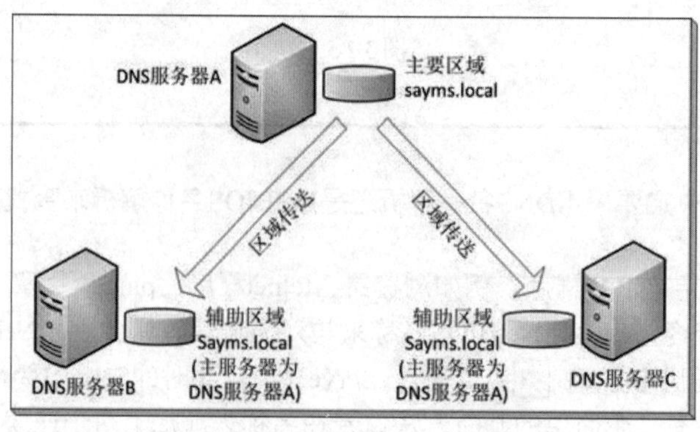

图3-3-1

- **存根区域（stub zone）**：它也存储着区域的副本记录，不过它与辅助区域不同，存根区域内只包含少数记录（例如SOA、NS与A记录），利用这些记录可以找到此区域的授权服务器。

3.3.2 建立主要区域

DNS客户端所提出的查询请求绝大部分属于正向查询，也就是从主机名来查询IP地址。下面说明如何新建一个提供正向查询服务的主要区域。

STEP 1 按Windows键切换到**开始**菜单➲管理工具➲DNS。

STEP 2 如图3-3-2所示，选中并右击**正向查找区域**➲新建区域➲单击下一步按钮。

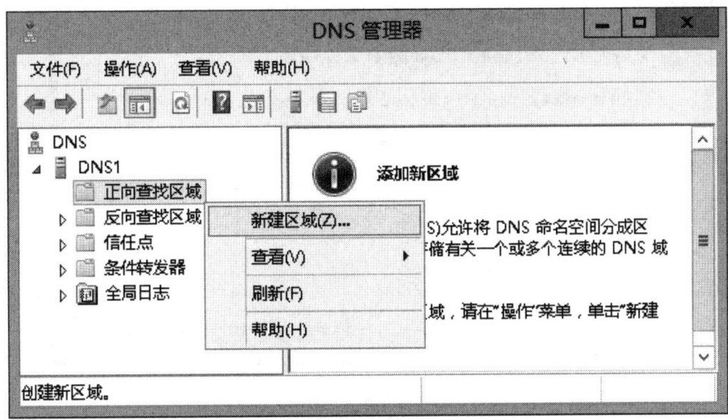

图 3-3-2

STEP 3 在图3-3-3中选择**主要区域**后单击下一步按钮。

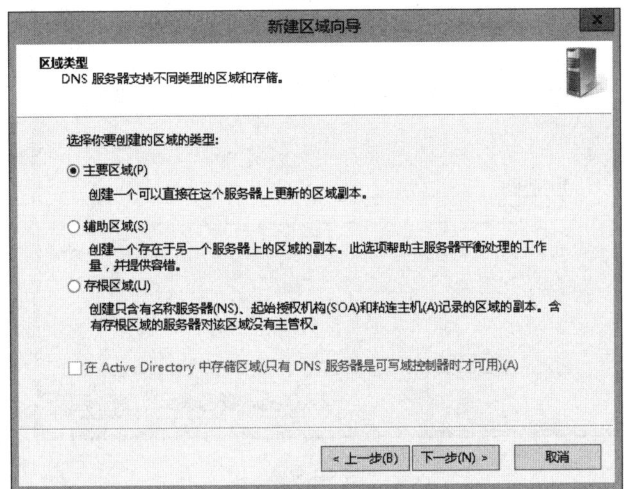

图 3-3-3

附注

区域记录会被存储到区域文件内，但若 DNS 服务器本身是域控制器，则默认会勾选图 3-3-3 中最下方的**在 Active Directory 中存储区域**（只有 DNS 服务器是可写域控制器时才可用），此时区域记录会被存储到 Active Directory 数据库，也就是说它是一个 **Active Directory 集成区域**，同时可以通过下一个界面（见图 3-3-4）来选择将其复制到其他也是 DNS 服务器的域控制器。

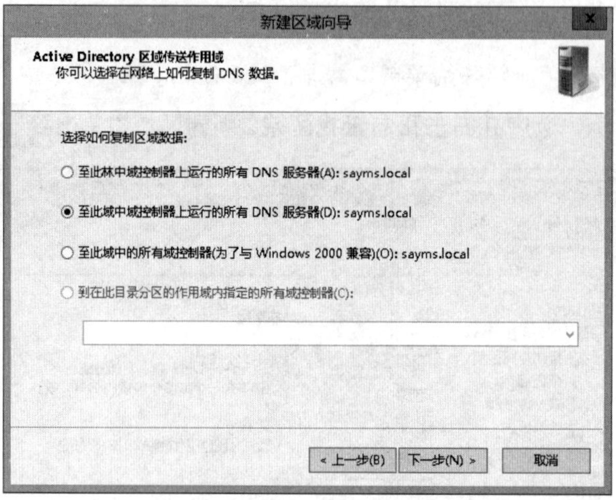

图 3-3-4

STEP 4 在图3-3-5中输入区域名称（例如sayms.local）后单击下一步按钮。

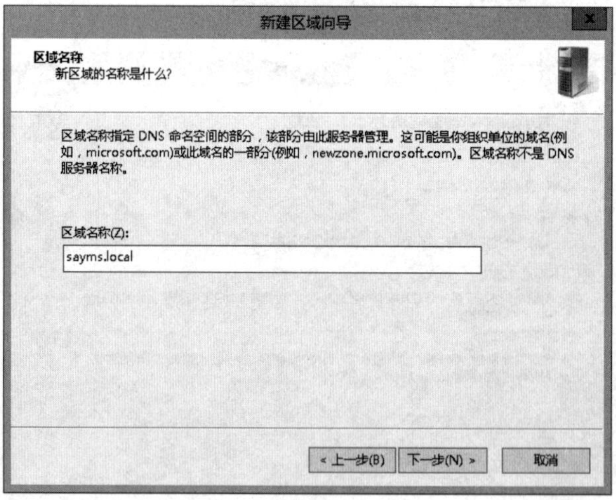

图 3-3-5

STEP 5 在图3-3-6中单击下一步按钮采用默认的区域文件名。如果要使用现有区域文件，就先将该文件拷贝到%Systemroot%\system32\dns文件夹，然后在图中选择**使用此现存文件**，并输入文件名。

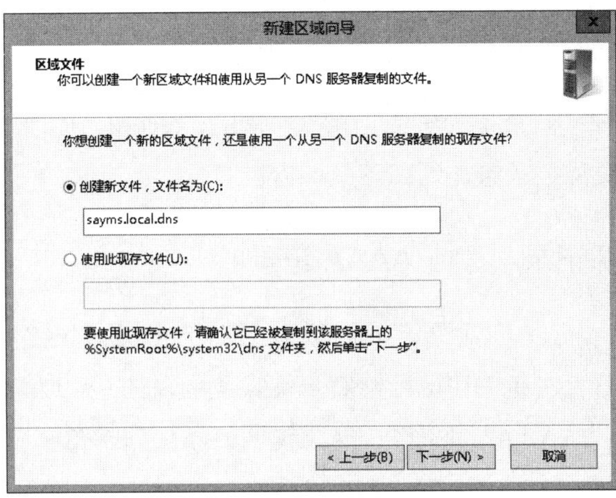

图 3-3-6

STEP 6 在图3-3-7中直接单击下一步按钮。有关**动态更新**的内容，请参见后面章节。

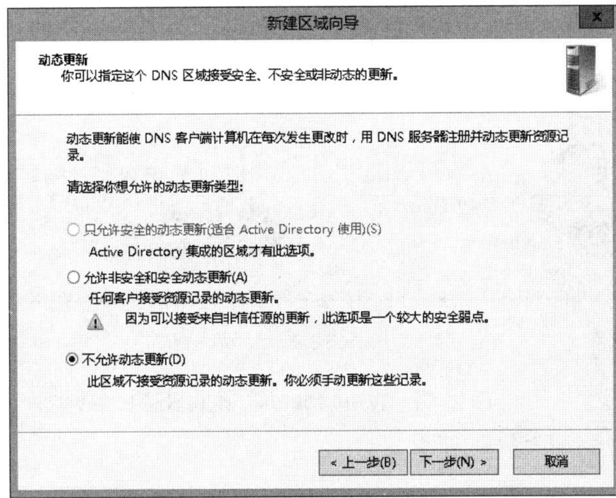

图 3-3-7

STEP 7 出现**完成新建区域向导**界面时单击完成按钮。

STEP 8 图3-3-8中的sayms.local就是我们所建立的区域。

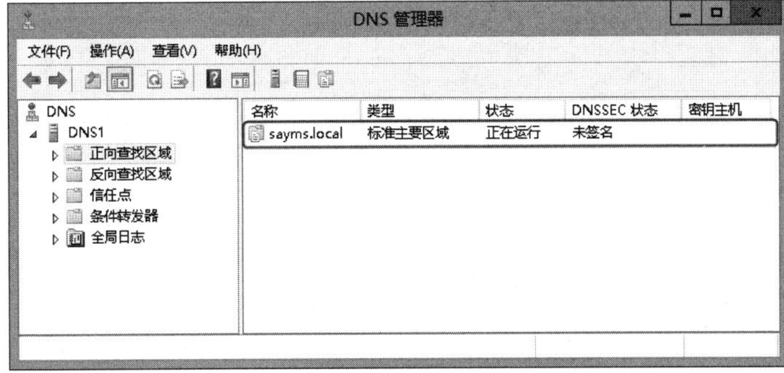

图 3-3-8

3.3.3 在主要区域内添加资源记录

DNS服务器支持各种不同类型的资源记录（resource record，RR），在此我们将练习如何将其中几种比较常用的资源记录添加到DNS区域内。

1. 添加主机资源记录（A 或 AAAA 记录）

将主机名与IP地址（也就是资源记录类型为A或AAAA的记录）添加到DNS区域后，DNS服务器就可以提供这台主机的IP地址给客户端。我们以图3-3-9为例来说明如何将主机资源记录（IPv4为A、IPv6为AAAA，下面利用A来说明）添加到DNS区域内。

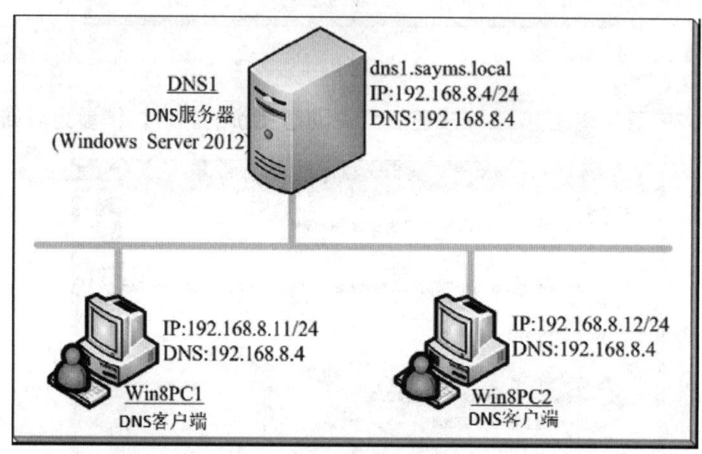

图 3-3-9

如图3-3-10所示，选中并右击区域**sayms.local**➲**新建主机（A或AAAA）**➲输入主机名win8pc1与IP地址➲单击【添加主机】按钮】。

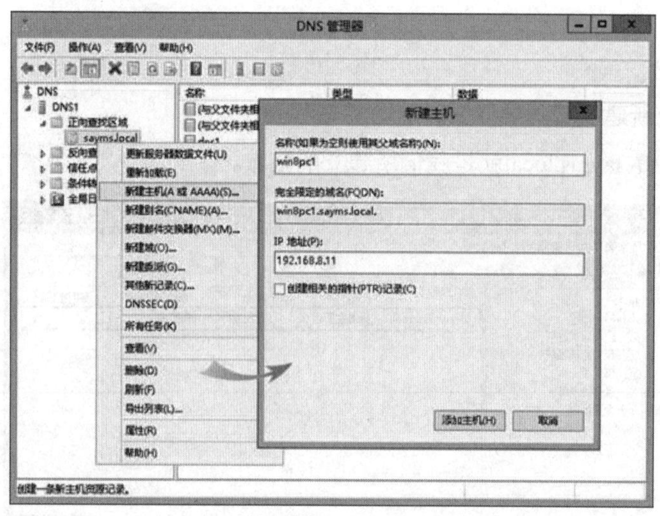

图 3-3-10

重复以上步骤，将图3-3-9中win8pc2的IP地址输入到此区域内，图3-3-11所示为完成后的界面（图中主机dns1记录是在建立此区域时系统自动添加的）。

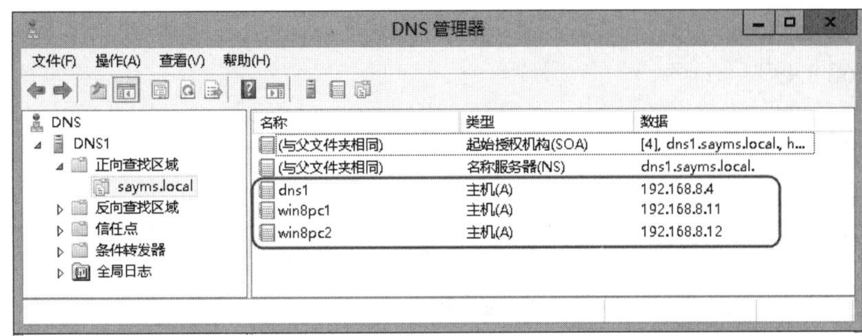

图 3-3-11

接下来使用win8pc1输入ping 命令来测试，例如图3-3-12中成功通过DNS服务器得知另外一台主机win8pc2的IP地址为192.168.8.12。

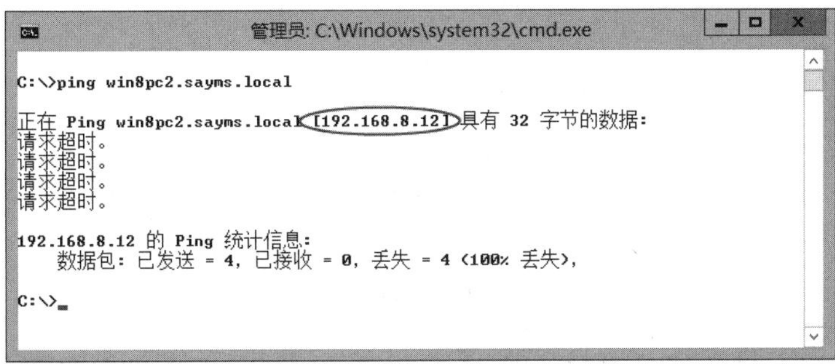

图 3-3-12

附注

若对方**Windows防火墙**没有开放或对方未开机，则此ping命令的结果界面会出现**请求超时**或**无法访问目标主机**的消息。

若DNS区域内有多条主机名相同但IP地址不同的记录，则DNS服务器具备 round-robin（轮询）功能。例如有两条名称都是www.sayms.local但IP地址分别是192.168.8.1与192.168.8.2的记录，当DNS服务器接收到查询www.sayms.local的IP地址的请求时，尽管它会将这两个IP地址都告诉查询者，不过它提供给查询者的IP地址的排列顺序有所不同。例如若提供给第1个查询者的IP地址顺序是192.168.8.1、192.168.8.2，则提供给第2个查询者的顺序会是192.168.8.2、192.168.8.1，提供给第3个查询者的顺序会是192.168.8.1、192.168.8.2……依此类推。一般来说，查询者会先使用排列在列表中的第1个IP地址，因此不同的查询者可能会分别与不同的IP地址通信。

我的网站的网址为www.sayms.local，其IP地址为192.168.8.99，客户端可以利用http://www.sayms.local/来连接我的网站，可是我希望客户端可以利用http://sayms.local/来连接网站，请问如何让域名sayms.local直接映射到网站的IP地址192.168.8.99?

可以在区域sayms.local内建立一条映射到此IP地址的主机（A）记录，如图3-3-13所示在**名称**处保留空白即可。

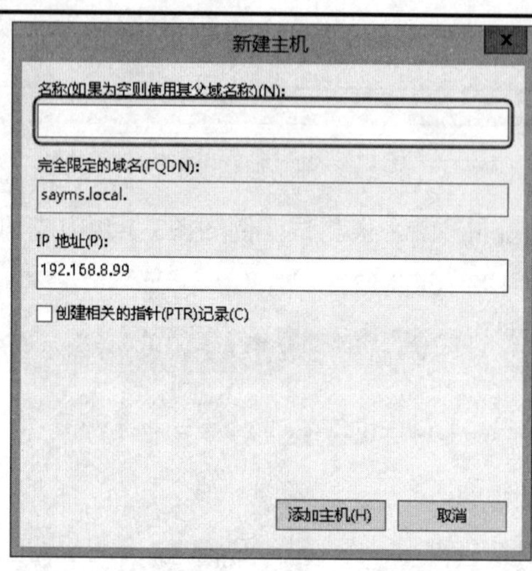

图 3-3-13

若要添加IPv6主机的IPv6地址，则【选中并右击区域**sayms.local**➲**新建主机（A或AAAA）**➲如图3-3-14所示，输入主机名与IPv6地址➲单击添加主机按钮】，图3-3-15所示为完成后的界面。

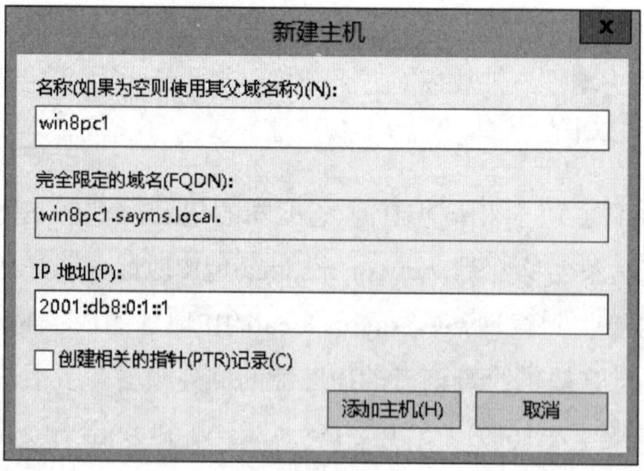

图 3-3-14

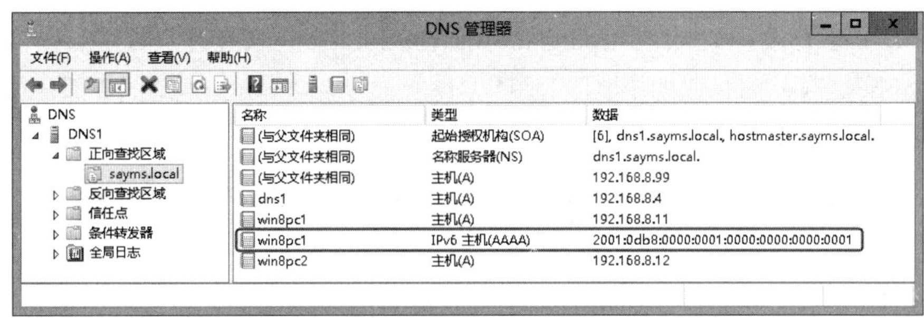

图 3-3-15

2．新建主机的别名资源记录（CNAME 记录）

如果需要为一台主机建立多个主机名，例如某台主机是DNS服务器，其主机名为dns1.sayms.local，如果它同时也是网站，而你希望另外给它一个名副其实的主机名，例如www.sayms.local，就可以利用新建别名（CNAME）资源记录来实现此目的：【如图3-3-16所示，选中并右击区域**sayms.local**➲**新建别名（CNAME）**➲输入别名www➲在**目标主机的完全合格的域名**处将此别名分配给dns1.sayms.local（请输入FQDN，或利用浏览按钮来选择dns1.sayms.local）】。

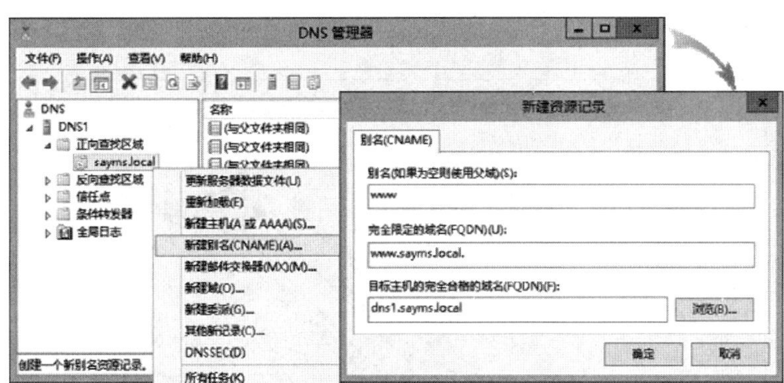

图 3-3-16

图3-3-17所示为完成后的界面，它表示www.sayms.local是dns1.sayms.local的别名。

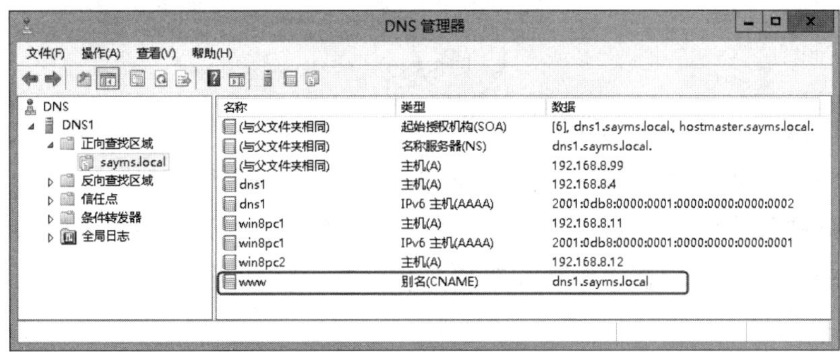

图 3-3-17

可以到DNS客户端win8pc1利用ping www.sayms.local命令来查看是否可以正常通过DNS服务器解析到www.sayms.local的IP地址，图3-3-18所示为成功得知IP地址的界面，从图中还可得知其原来的主机名为dns1.sayms.local。

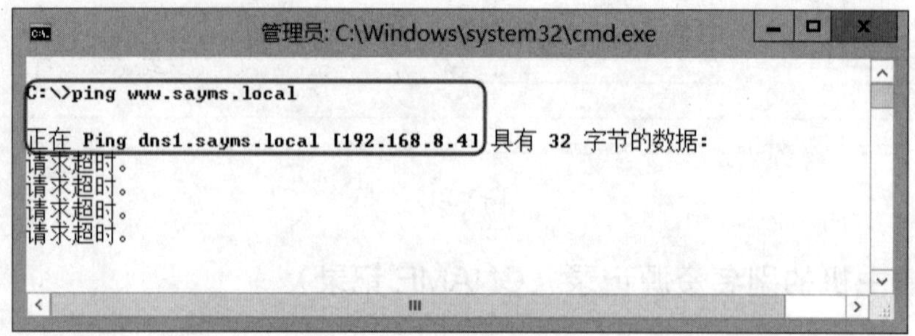

图 3-3-18

3. 新建邮件交换服务器资源记录（MX 记录）

当你将邮件发送到**邮件交换服务器**（SMTP服务器）后，此邮件交换服务器必须将邮件发送到目的地的邮件交换服务器，但是你的邮件交换服务器如何得知目的地的邮件交换服务器是哪一台呢？答案是向DNS服务器查询MX这条资源记录，因为MX记录着负责某个域邮件接收的邮件交换服务器（参见图3-3-19的流程）。

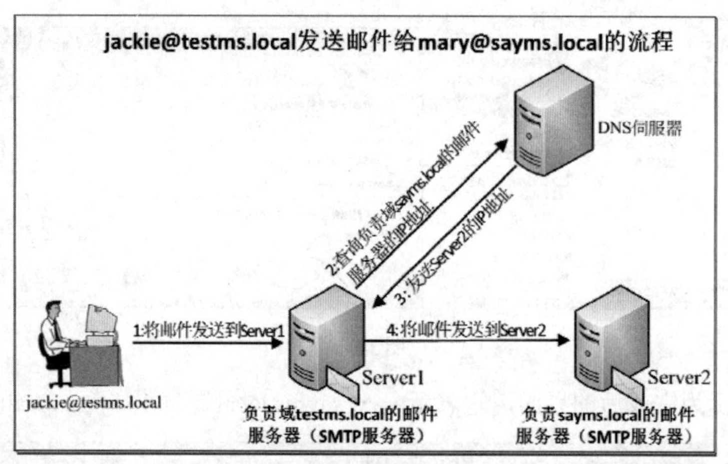

图 3-3-19

下面假设负责sayms.local的邮件交换服务器为smtp.sayms.local，其IP地址为192.168.8.30（请先建立此条A资源记录）。新建MX记录的方法为：【如图3-3-20所示，选中并右击区域**sayms.local**➲**新建邮件交换器（MX）**➲在**邮件服务器的完全绑定的域名（FQDN）**处输入或浏览到主机smtp.sayms.local➲**邮件服务器优先级**（后面详细介绍）采用默认值即可➲单击确定按钮】。

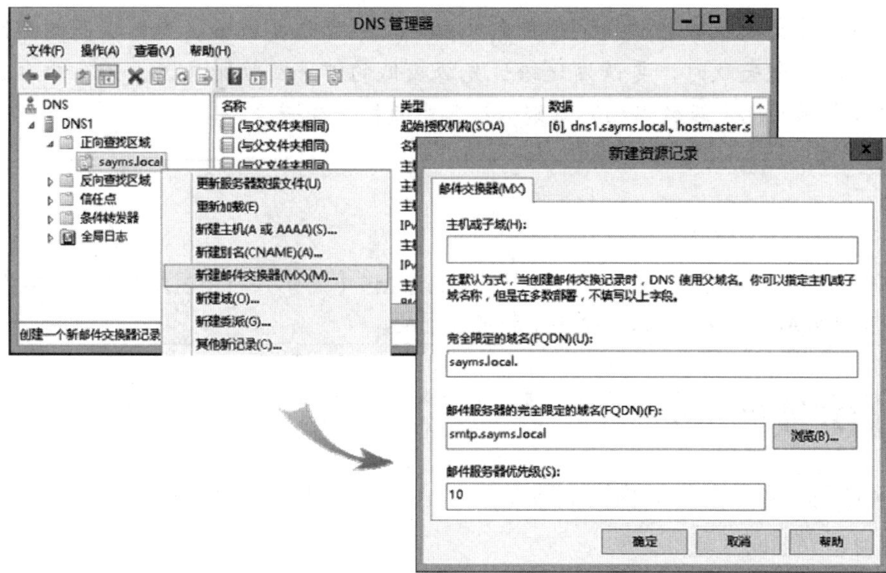

图 3-3-20

图3-3-21所示为完成后的界面，图中的“**与父文件夹相同**”表示与父域名称相同，也就是sayms.local。此条记录的意思是：负责域sayms.local邮件接收的邮件服务器是主机smtp.sayms.local，其优先级为10。

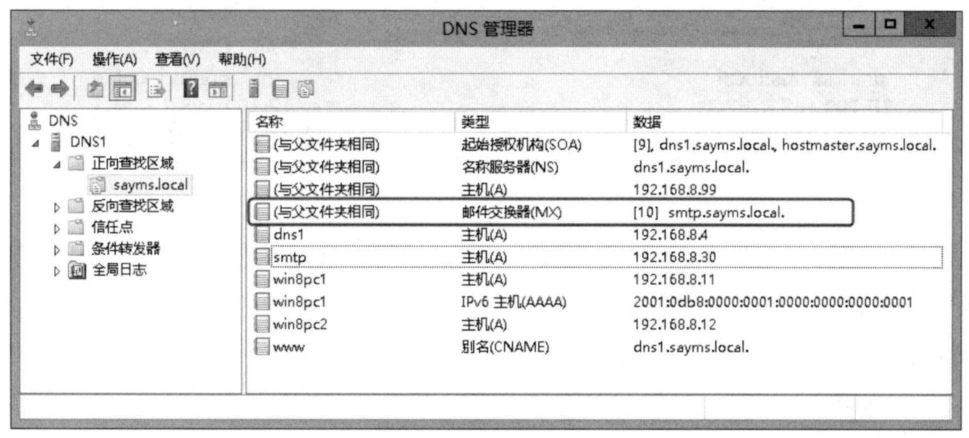

图 3-3-21

在图3-3-20中还有以下两个尚未解释的字段。

- **主机或子域**：此处不需要输入任何文字，除非要设置子域的邮件交换服务器，例如若此处输入sales，则表示在设置sayms.local之下的子域sales.sayms.local的邮件交换服务器。此子域可以事先或事后建立。也可以直接到该子域建立此条MX记录（建议采用此方法）。
- **邮件服务器优先级**：如果此域内有多台邮件交换服务器，则可以建立多条MX资源记录，并通过此处来设置其优先级，数字较低的优先级较高（0最高）。也就是说，当其他邮件交换服务器欲发送邮件到此域时，它会先发送给优先级较高的邮件交换服务器，发送失败时，再改发送给优先级较低的邮件交换服务器。若有两台或多台邮件服务器的优先级数字相同，则会从其中随机选择一台。

> 附注
>
> 若你觉得界面上所显示的记录异常，可以尝试通过【选中并右击区域➲重新加载】来从区域文件或Active Directory数据库重新加载记录。

3.3.4 建立辅助区域

辅助区域用来存储此区域内的副本记录，这些记录是只读的，不可修改。下面利用图3-3-22来练习建立辅助区域。

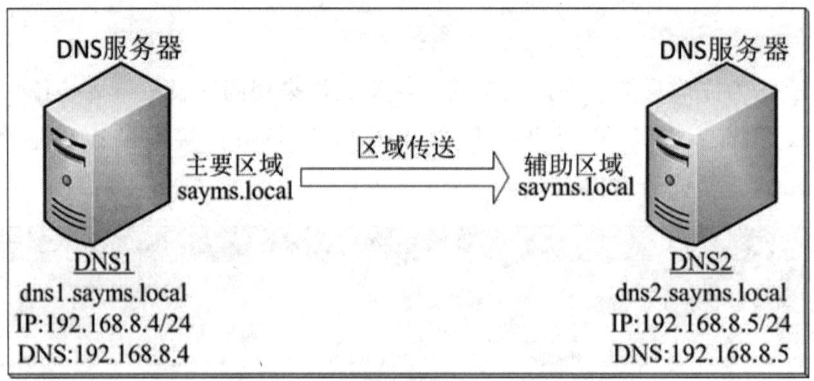

图 3-3-22

我们将在DNS2中建立一个辅助区域sayms.local，此区域内的记录是从其**主服务器**DNS1通过**区域传送**复制过来的。图中DNS1仍沿用前一节的DNS服务器，不过请先在sayms.local区域内为DNS2建立一条A资源记录（FQDN为dns2.sayms.local，IP地址为192.68.8.5），然后另外搭建第2台DNS服务器，将计算机名设置为DNS2，IP地址设置为192.168.8.5，完整计算机名称（FQDN）设置为dns2.sayms.local，然后重新启动计算机，安装DNS服务器角色。

1. 确认是否允许区域传送

若DNS1不允许将区域记录传送给DNS2，则DNS2向DNS1提出**区域传送**请求时会被拒绝。下面我们先设置让DNS1可以区域传送给DNS2。

STEP 1 到DNS1上按Windows键（⊞）切换到**开始**菜单➲**管理工具**➲**DNS**➲如图3-3-23所示，单击区域sayms.local➲单击上方的**属性**图标。

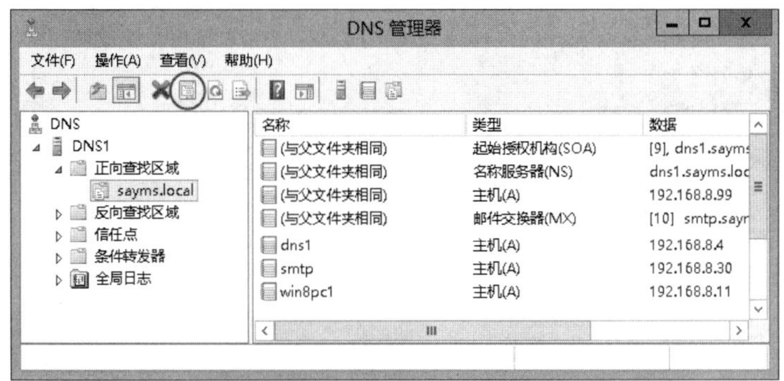

图 3-3-23

STEP 2　如图3-3-24所示，勾选**区域传送**选项卡下的**允许区域传送**➲选择**只允许到下列服务器**➲单击编辑按钮以便选择DNS2的IP地址。

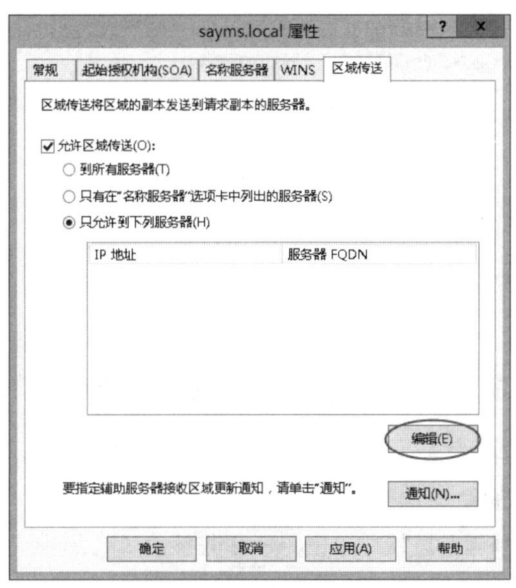

图 3-3-24

附注

也可以选择图中的**到所有服务器**，此时它将接受其他任何一台DNS服务器所提出的区域传送请求，建议不要选择此选项，否则此区域记录将轻易地被传送到其他外部DNS服务器。

STEP 3　如图3-3-25所示，输入DNS2的IP地址后按Enter键➲单击确定按钮。注意它会通过反向查询来尝试解析拥有此IP地址的DNS主机名（FQDN），然而我们目前并没有反向查找区域可供查询，故会显示无法解析的警告信息，此时可以不必理会此信息，它并不会影响到区域传送。

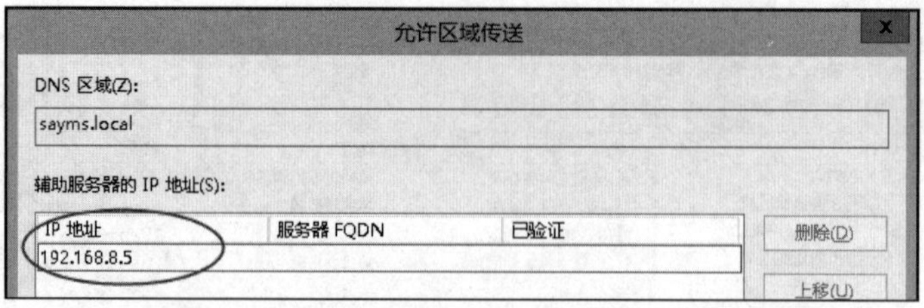

图 3-3-25

STEP 4 图3-3-26所示为完成后的界面。单击确定按钮。

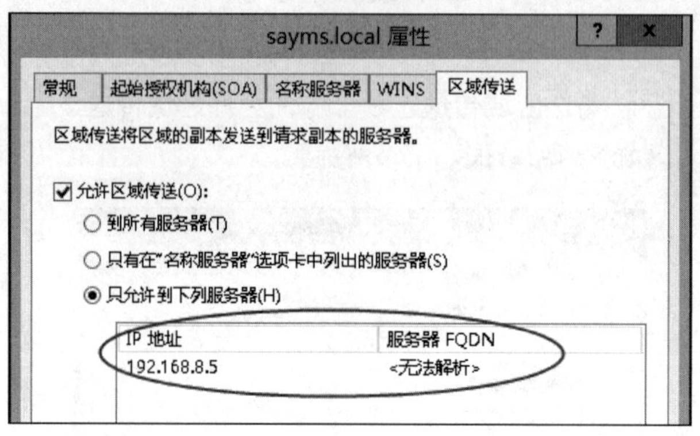

图 3-3-26

2. 建立辅助区域

我们将到DNS2上建立辅助区域，并设置让此区域从DNS1来复制区域记录。

STEP 1 到DNS2上按Windows键（⊞）切换到**开始**菜单➲**管理工具**➲**DNS**➲选中并右击**正向查找区域**➲**新建区域**➲单击下一步按钮。

STEP 2 在图3-3-27中选择**辅助区域**后单击下一步按钮。

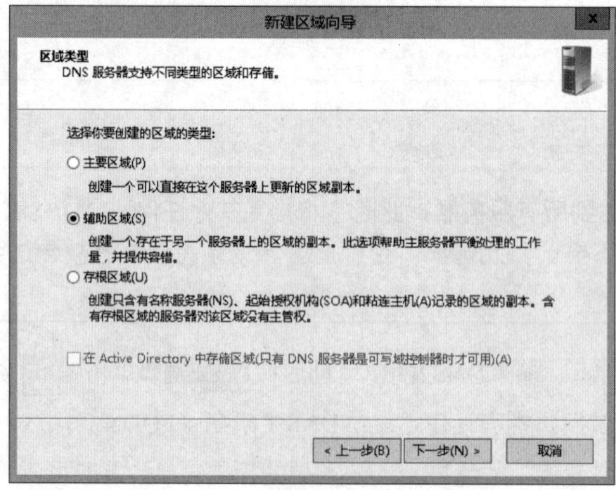

图 3-3-27

STEP 3 在图3-3-28中输入区域名称sayms.local后单击下一步按钮。

图 3-3-28

STEP 4 在图3-3-29中输入**主服务器**（DNS1）的IP地址后按Enter键，依次单击下一步按钮、完成按钮。

图 3-3-29

STEP 5 图3-3-30所示为完成后的界面，界面中sayms.local内的记录是自动由其**主服务器**DNS1复制过来的。

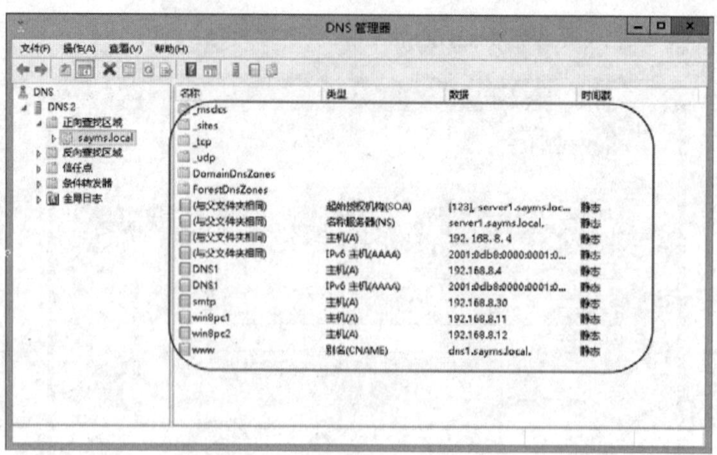

图 3-3-30

附注

若设置都正确，但却一直都看不到这些记录，则单击区域sayms.local后按F5键刷新，若仍看不到，则将DNS管理控制台关闭再重新打开。

存储辅助区域的DNS服务器默认会每隔15分钟自动请求其**主服务器**来执行**区域传送**的操作。也可以如图3-3-31所示，通过【选中并右击辅助区域➲选择**从主机转送**或**从主机转送新的区域副本**】的方式来手动请求执行**区域传送**。

- **从主服务器传输**：它会执行常规的**区域传送**操作，也就是依据SOA记录内的序号判断出在**主服务器**内有新版本记录，然后执行**区域传送**。
- **从主服务器传送区域的新副本**：不理会SOA记录的序号，重新从**主服务器**复制完整的区域记录。

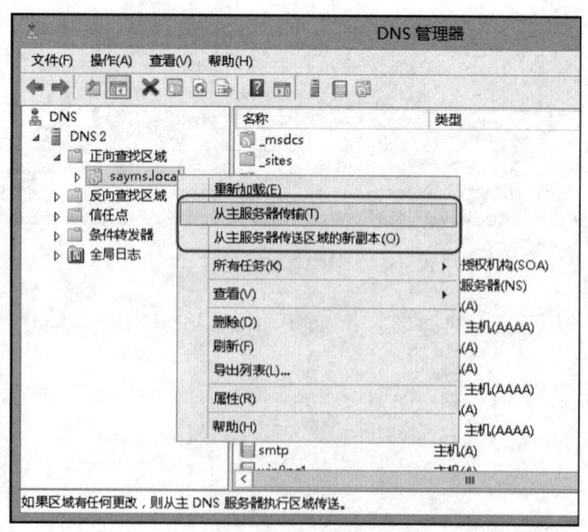

图 3-3-31

若觉得界面上所显示的记录异常，可以尝试通过【选中并右击区域➲重新加载】来从区域文件重新加载记录。

3.3.5 建立反向查找区域与反向记录

反向查找区域可以让DNS客户端利用IP地址来查询其主机名，例如DNS客户端可以查询拥有192.168.8.11 这个IP地址的主机名。虽然我们并不一定需要反向查找区域，但是在某些场合可能会用到，例如在IIS（Internet Information Server）网站内通过DNS主机名来限制某些客户端不允许连接，此时IIS网站需要利用反向查询来检查客户端的主机名。

反向查找区域的区域名称前半段是其网络号的反向书写，后半段是**in-addr.arpa**，例如若要针对网络标识符为192.168.8的IP地址来提供反向查询功能，则此反向查找区域的区域名称是8.168.192.in-addr.arpa，区域文件名默认是8.168.192.in-addr.arpa.dns。

1. 建立反向查找区域

以下步骤将说明如何来新建一个提供反向查询服务的**主要区域**，假设此区域所支持的网络标识符为192.168.8。

STEP 1 到DNS服务器DNS1上【如图3-3-32所示，选中并右击**反向查找区域➲新建区域➲**单击下一步按钮】。

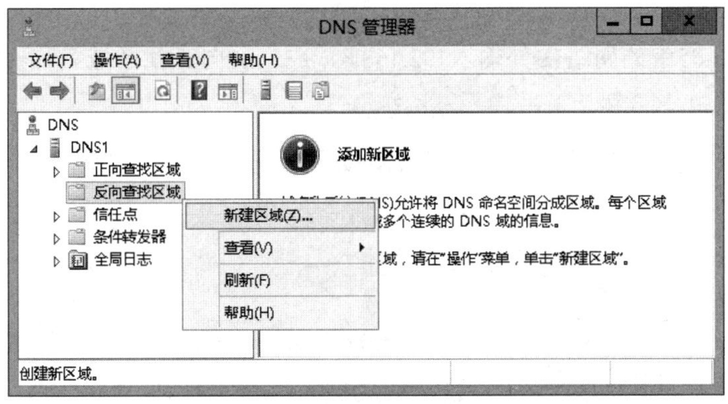

图 3-3-32

STEP 2 在图3-3-33中选择**主要区域**后单击下一步按钮。

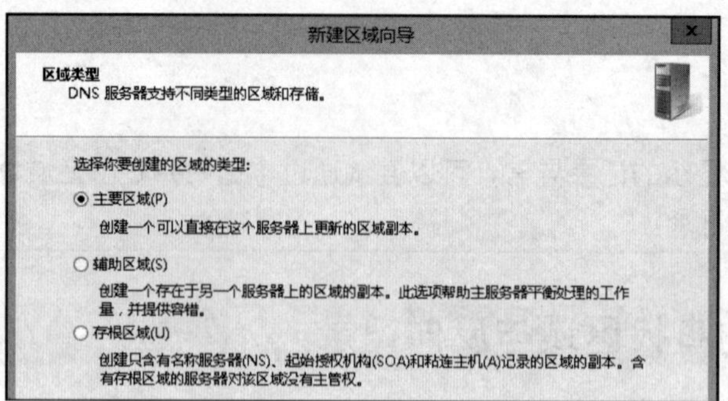

图 3-3-33

区域记录会被存储到区域文件内，但若DNS服务器本身是域控制器，则可以选择将其存储到Active Directory数据库。

STEP 3 在图3-3-34中选择**IPv4反向查找区域**后单击下一步按钮。

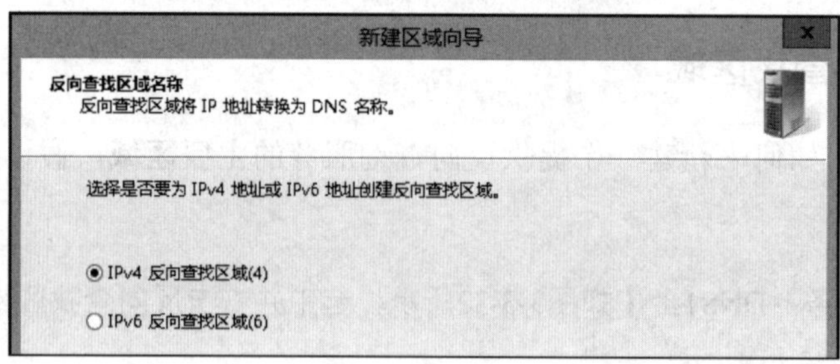

图 3-3-34

STEP 4 在图3-3-35中的**网络ID**处输入192.168.8（或在**反向查找区域名称**处输入8.168.192.in-addr.arpa），完成后单击下一步按钮。

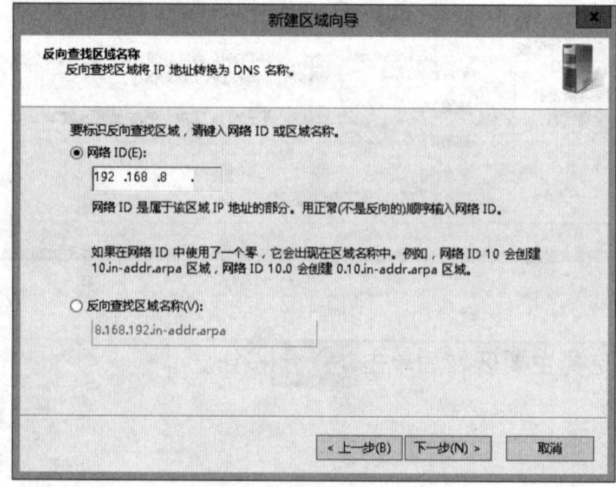

图 3-3-35

STEP 5 在图3-3-36中采用默认的区域文件名后单击下一步按钮。如果要使用现有区域文件，就先将该文件拷贝到%Systemroot%\system32\dns文件夹，然后选择**使用此现存文件**，并输入文件名。

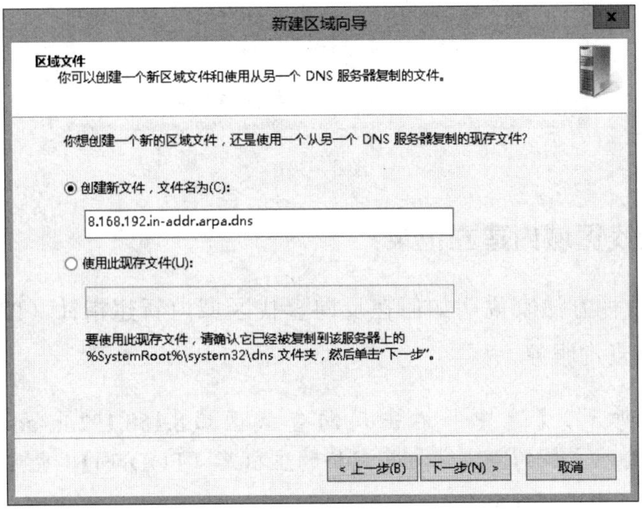

新建区域向导

区域文件
你可以创建一个新区域文件和使用从另一个 DNS 服务器复制的文件。

你想创建一个新的区域文件，还是使用一个从另一个 DNS 服务器复制的现存文件?

◉ 创建新文件，文件名为(C):

8.168.192.in-addr.arpa.dns

○ 使用此现存文件(U):

要使用此现存文件，请确认它已经被复制到该服务器上的
%SystemRoot%\system32\dns 文件夹，然后单击"下一步"。

< 上一步(B)　下一步(N) >　取消

图 3-3-36

STEP 6 在图3-3-37中直接单击下一步按钮（有关**动态更新**的内容，后面再说明），然后单击完成按钮。

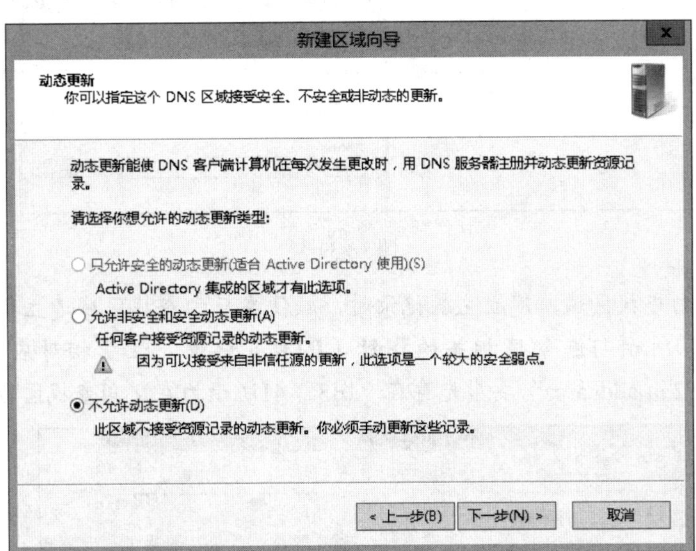

图 3-3-37

STEP 7 图3-3-38所示为完成后的界面，图中的8.168.192.in-addr.arpa就是我们所建立的反向查找区域。

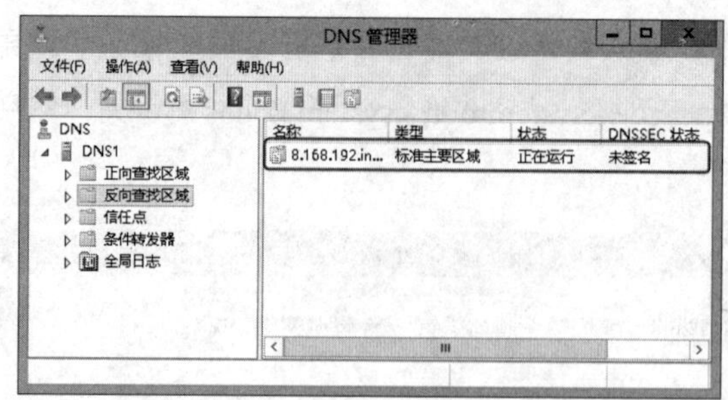

图 3-3-38

2. 在反向查找区域内建立记录

我们利用以下两种方法来说明如何在反向查找区域内新建**指针**（PTR）记录，以便为DNS客户端提供反向查询服务。

- 如图3-3-39所示，【选中并右击反向查找区域**8.168.192.in-addr.arpa**➲新建指标（PTR）➲输入主机的IP地址与其完整的主机名（FQDN）】，也可以利用浏览按钮到正向查找区域内选择主机。

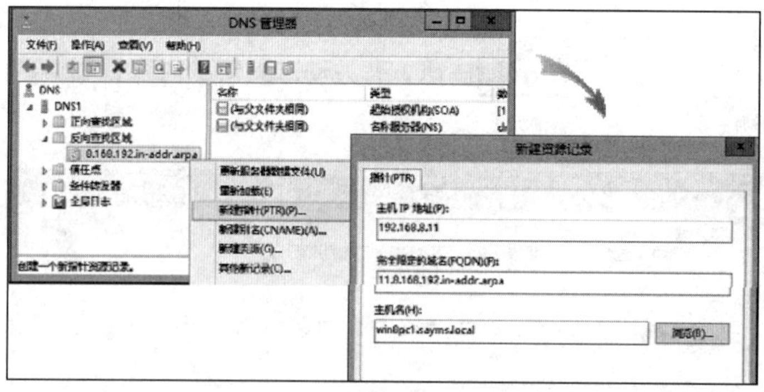

图 3-3-39

- 可以在正向查找区域内建立主机记录时，顺便在反向查找区域建立指针记录，也就是如图3-3-40所示勾选**创建相关的指针（PTR）记录**，注意相对应的反向查找区域（8.168.192.in-addr.arpa）要事先存在。图3-3-41所示为在反向查找区域内的指针记录。

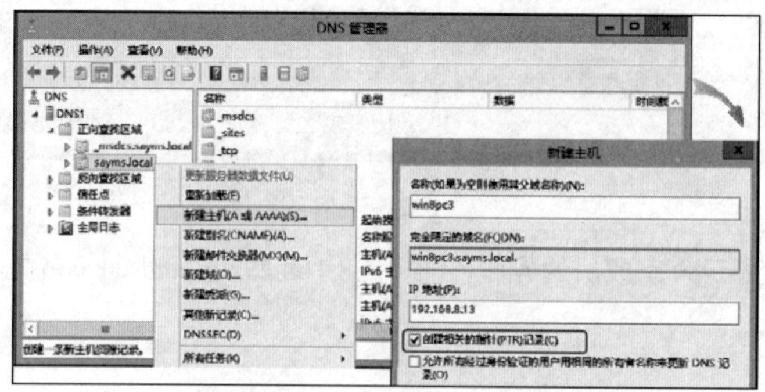

图 3-3-40

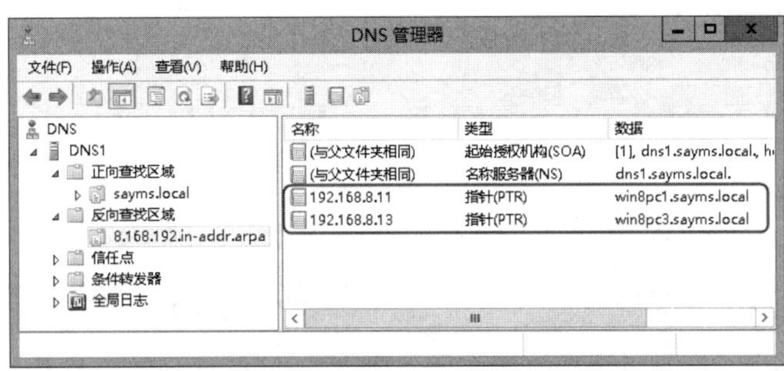

图 3-3-41

请到其中一台主机上（例如win8pc1）利用**ping -a**命令来测试，例如在图3-3-42中成功地通过DNS服务器的反向查找区域得知拥有IP地址192.168.8.13的主机为win8pc3.sayms.local。

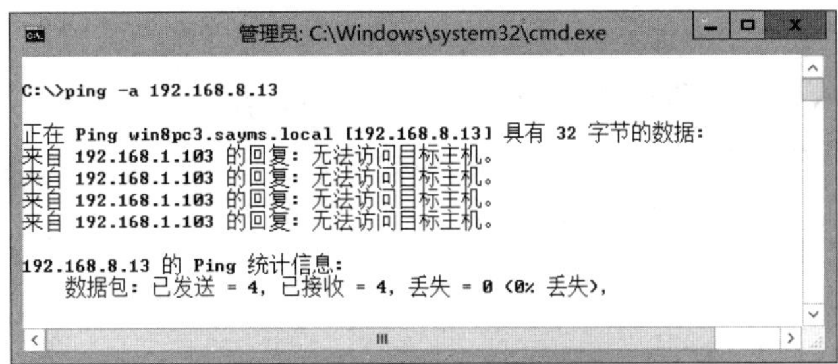

图 3-3-42

> 附注
>
> 若对方**Windows防火墙**没有开放或对方未开机，则此ping命令的结果界面会出现**请求超时**或**无法访问目标主机**的信息。

3.3.6 子域与委派域

如果DNS服务器所管辖的区域为sayms.local，而且此区域之下还有数个子域，例如sales.sayms.local、mkt.sayms.local，那么要如何将隶属于这些子域的记录建立到DNS服务器内呢？

- 可以直接在sayms.local区域之下建立子域，然后将记录输入到此子域内，这些记录还存储在这台DNS服务器内。
- 也可以将子域内的记录委派给其他DNS服务器来管理，也就是此子域内的记录存储在被委派的DNS服务器内。

1. 建立子域

下面说明如何在sayms.local区域下建立子域sales。如图3-3-43所示，选中并右击正向查找区域**sayms.local**➲**新建域**➲输入子域名称sales➲单击确定按钮。

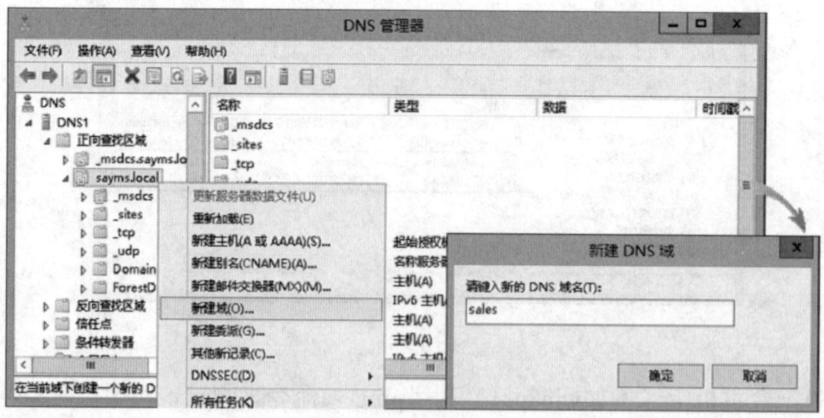

图 3-3-43

接下来就可以在此子域内输入资源记录，例如pc1、pc2等主机数据。图3-3-44所示为完成后的界面，其FQDN为pc1.sales.sayms.local、pc2.sales.sayms.local等。

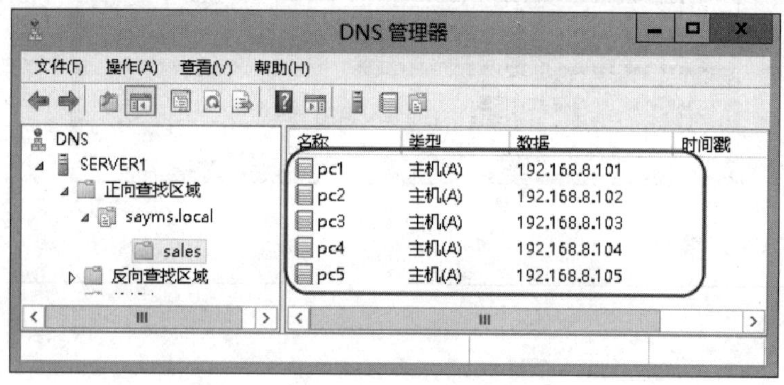

图 3-3-44

2. 建立委派域

下面假设在服务器DNS1内有一个受管辖的区域sayms.local，而我们要在此区域下新建一个子域mkt，并且要将此子域委派给另外一台服务器DNS3来管理，也就是此子域mkt.sayms.local内的记录存储在被委派的服务器DNS3内。当DNS1收到查询mkt.sayms.local的请求时，DNS1会向DNS3查询（查询模式为**迭代查询**，iterative query）。

我们利用图3-3-45来练习委派域。将在图中的DNS1建立一个委派子域mkt.sayms.local，并将此子域的查询请求转给其授权服务器DNS3来负责处理。图中DNS1仍沿用前一节的DNS服务器，然后建立另外一台DNS服务器，设置IP地址等，将计算机名称设置为DNS3，将完整计算机名称（FQDN）设置为dns3.mkt.sayms.local后重新启动计算机，安装DNS服务器角色。

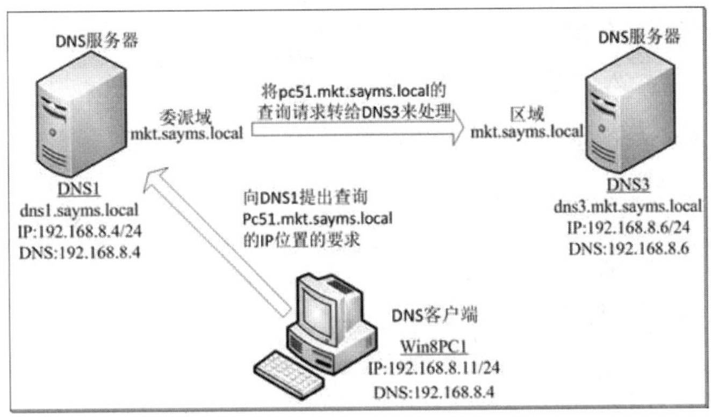

图 3-3-45

STEP 1　请先确定受委派的服务器DNS3内已经建立了正向的主要查找区域mkt.sayms.local，同时在其中添加多条用来测试的记录，如图3-3-46中的pc51、pc52等，并应包含dns3自己的主机记录。

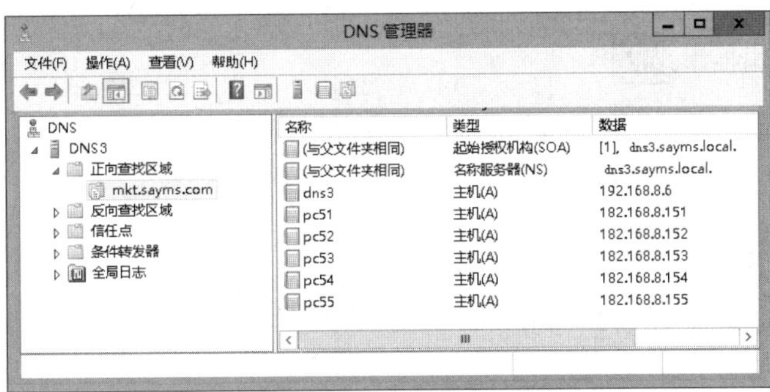

图 3-3-46

STEP 2　到DNS1上【如图3-3-47所示，选中并右击区域**sayms.local➲新建委派**】。

图 3-3-47

STEP 3　出现**欢迎使用新建委派向导**界面时单击下一步按钮。

STEP 4　在图3-3-48中输入欲委派的子域名称mkt后单击下一步按钮。

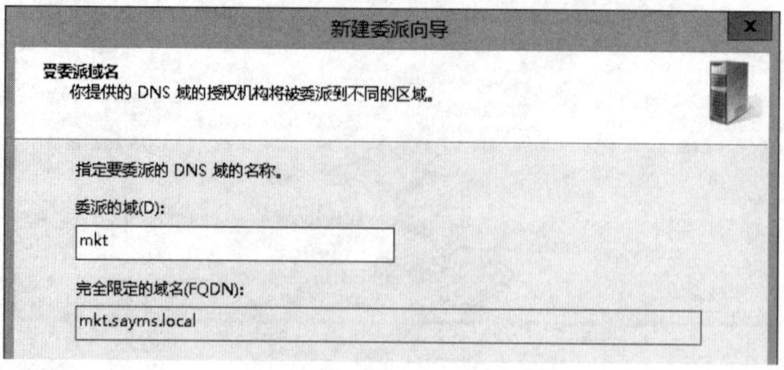

新建委派向导

要委派域名
你提供的 DNS 域的授权机构将被委派到不同的区域。

指定要委派的 DNS 域的名称。
委派的域(D):
mkt
完全限定的域名(FQDN):
mkt.sayms.local

图 3-3-48

STEP 5　在图3-3-49中单击添加按钮➲输入DNS3的主机名dns3.mkt.sayms.local➲输入其IP地址192.168.8.6后按Enter键以便验证拥有此IP地址的服务器是否为此区域的授权服务器➲单击确定按钮。注意由于目前并无法解析到dns3.mkt.sayms.local的IP地址，故输入主机名后不要单击解析按钮。

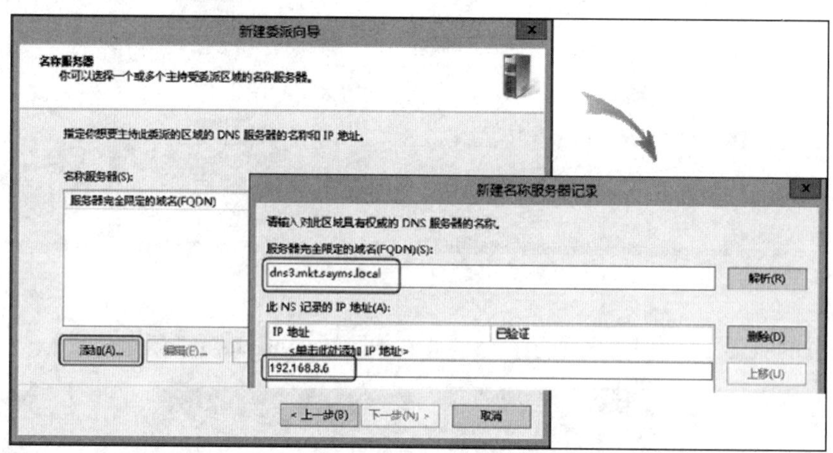

图 3-3-49

附注

由于区域mkt.sayms.local的授权服务器本身也位于此区域内（其FQDN为dns3.mkt.sayms.local），因此必须在图3-3-49中指明其IP地址，否则无法得知其IP地址。例如客户端要查询pc51.mkt.sayms.local的IP地址，此时必须向授权服务器dns3.mkt.sayms.local查询，然而需先解析dns3.mkt.sayms.local的IP地址，因此必须向mkt.sayms.local的授权服务器dns3.mkt.sayms.local查询，此时又必须解析dns3.mkt.sayms.local的IP地址……如此将一直循环不停，因而无法得知dns3.mkt.sayms.local与pc51.mkt.sayms.local的IP地址。

STEP 6　回到**名称服务器**界面时单击下一步按钮。

STEP 7　出现**完成新建委派向导**界面时单击完成按钮。

STEP 8　图3-3-50所示为完成后的界面，图中的mkt就是刚才委派的子域，其中只有一条**名称服务器（NS）**的记录，它记载着mkt.sayms.local的授权服务器是dns3.mkt.sayms.local，当DNS1收到查询mkt.sayms.local内记录的请求时，它会向dns3.mkt.sayms.local查询（**迭代查询**）。

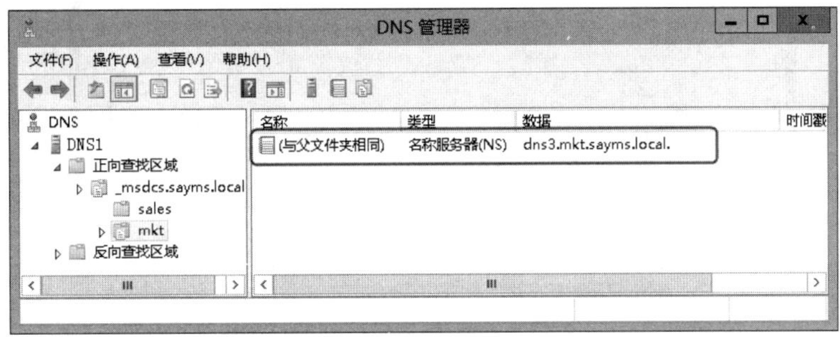

图 3-3-50

STEP 9　请到图3-3-45中的DNS客户端win8pc1利用ping pc51.mkt.sayms.local来测试，它会向DNS1查询，DNS1会转向DNS3查询，图3-3-51所示为成功得到IP地址的界面。

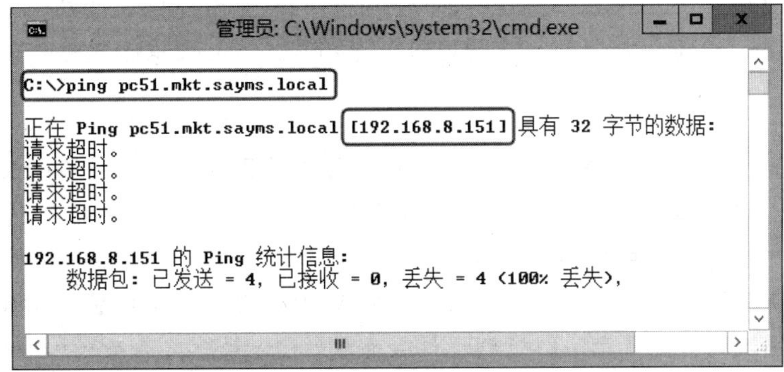

图 3-3-51

DNS1会将此条记录存储到其缓存区，如图3-3-52所示，以便之后可以从缓存区读取此条记录给提出查询请求的客户端。如果要看到图中**缓存地址映射**的缓存记录，就先【选择图上方的**查看**菜单➲**高级**】，在图中还可以看到**根**（root）内的DNS服务器。

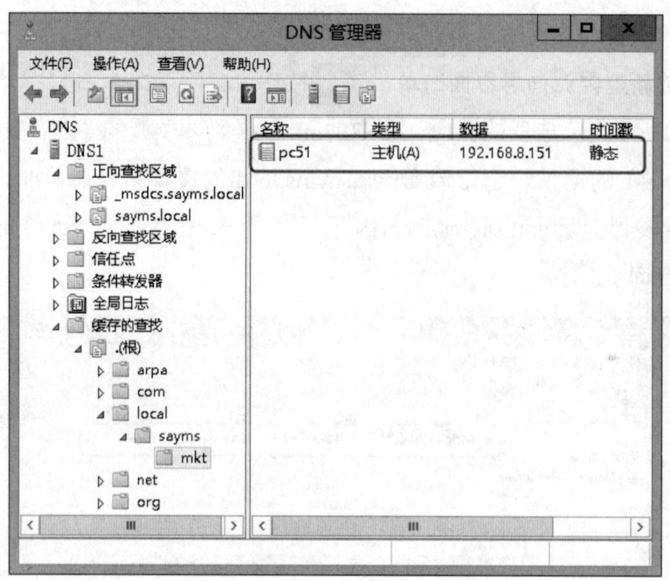

图 3-3-52

3.3.7 存根区域

存根区域（stub zone）与委派域有点类似，但是此区域内只包含SOA、NS与A（记载授权服务器的IP地址）资源记录，利用这些记录可得知此区域的授权服务器。存根区域与委派域的主要差别是：

- 存根区域内的SOA、NS与A资源记录是从其**主服务器**（此区域的授权服务器）复制过来的，当**主服务器**内的这些记录有变动时，它们会通过**区域传送**的方式复制过来。存根区域的**区域传送**只会传送SOA、NS与A记录。其中的A资源记录用来记载授权服务器的IP地址，此A资源记录需跟随NS记录一并被复制到存根区域，否则拥有存根区域的服务器无法解析到授权服务器的IP地址，这条A资源记录被称为**glue A**资源记录。
- 委派域内的NS记录是在执行委派操作时建立的，以后若此域有新授权服务器，须由系统管理员手动将此新NS记录输入到委派域内。

当有DNS客户端来查询（查询模式为**递归查询**）存根区域内的资源记录时，DNS服务器会利用区域内的 NS记录得知此区域的授权服务器，然后向授权服务器查询（查询模式为**迭代查询**）。若无法从存根区域内找到此区域的授权服务器，则DNS服务器会采用标准方式向**根**（root）查询。

我们利用图3-3-53来练习存根区域。我们将在DNS1中建立一个正向查找的存根区域sayiis.local，并将此区域的查询请求转给此区域的授权服务器DNS4来负责处理。图中的DNS1仍沿用前一节的DNS服务器，请建立另外一台DNS服务器，设置IP地址等，将计算机名称设

置为DNS4，将完整计算机名称（FQDN）设置为dns4.sayiis.local后重新启动计算机，安装DNS服务器角色。

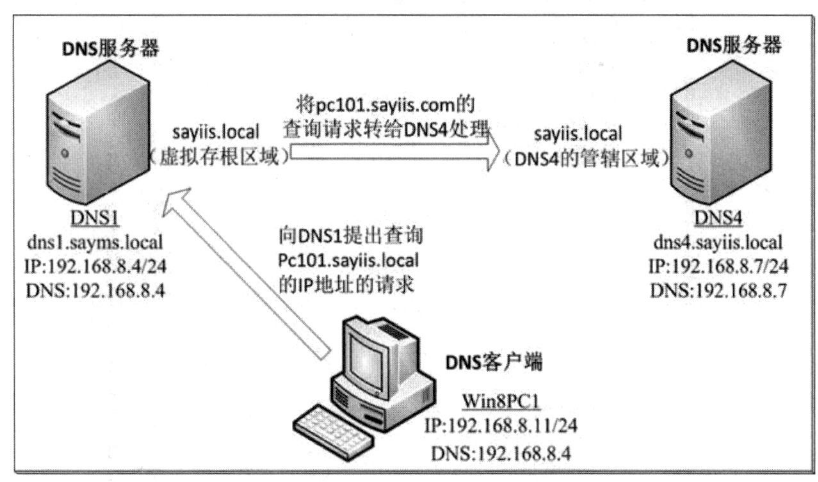

图 3-3-53

1. 确认是否允许区域传送

DNS1的存根区域内的记录是从授权服务器DNS4利用**区域传送**复制过来的，但若DNS4不允许将区域记录传送给DNS1，则DNS1向DNS4提出**区域传送**请求时会被拒绝。我们先设置让DNS4可以区域传送给DNS1。

STEP 1 请确定sayiis.local的授权服务器DNS4内已经建立了正向的主要查找区域sayiis.local，同时在其中建立数条用来测试的记录，如图3-3-54中的pc101、pc102等，并应包含dns4自己的主机记录，接着请【单击区域sayiis.local➲如图所示单击上方**属性**图标】。

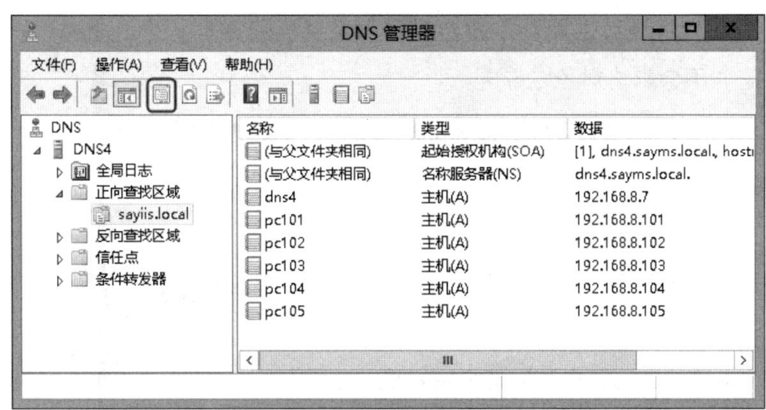

图 3-3-54

STEP 2 如图3-3-55所示，勾选**区域传送**选项卡下的**允许区域传送**➲选择**只允许到下列服务器**➲单击编辑按钮。

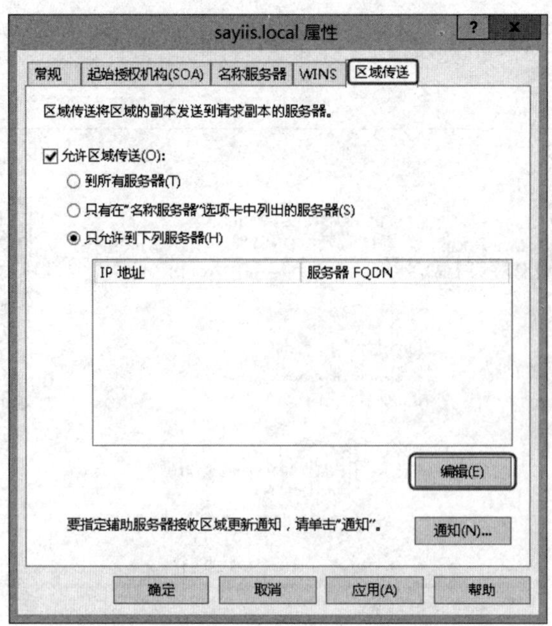

图 3-3-55

> **附注**
>
> 也可以选择图中的**到所有服务器**，此时它将接受其他任何一台DNS服务器所提出的区域传送请求，建议不要选择此选项，否则此区域记录将轻易地被传送到其他外部DNS服务器。

STEP 3 如图3-3-56所示，输入DNS1的IP地址后直接按Enter键➲单击确定按钮，注意它会通过反向查询来尝试解析拥有此IP地址的主机名（FQDN），然而服务器DNS4目前并没有反向查找区域可供查询，故会显示无法解析的警告信息，此时可以不必理会此信息，它并不会影响到区域传送。

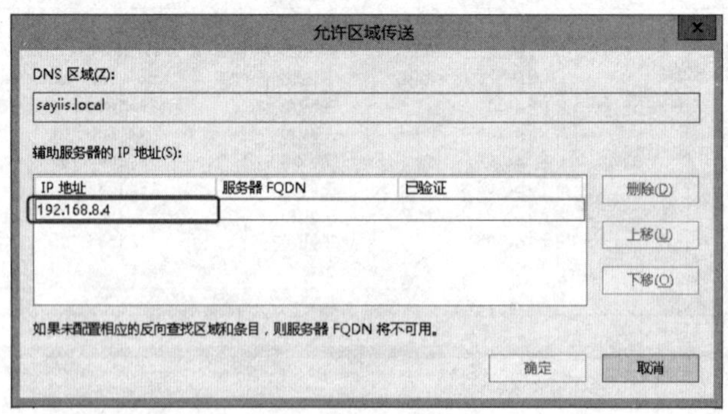

图 3-3-56

STEP 4 图3-3-57所示为完成后的界面。单击确定按钮。

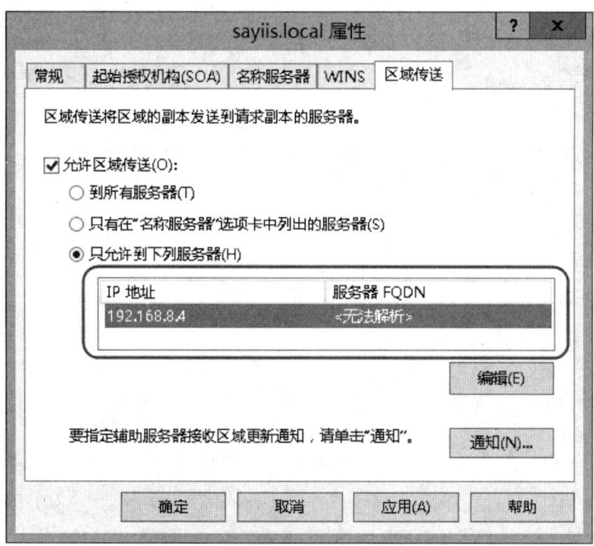

图 3-3-57

2. 建立存根区域

请到DNS1上建立存根区域sayiis.local，并让它从DNS4来复制区域记录。

STEP 1 到DNS1上按Windows键（⊞）切换到**开始**菜单➲**管理工具**➲**DNS**➲选中并右击**正向查找区域**➲新建区域。

STEP 2 出现**欢迎使用新建区域向导**界面时单击下一步按钮。

STEP 3 在图3-3-58中选择**存根区域**后单击下一步按钮。

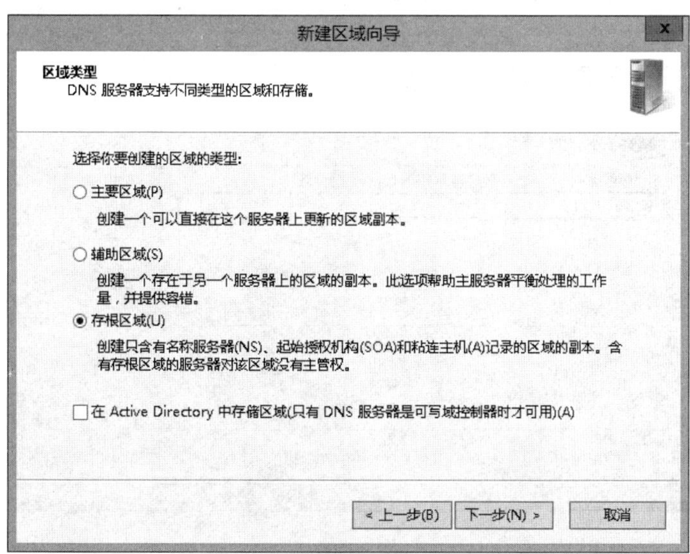

图 3-3-58

STEP 4 在图3-3-59中输入区域名称sayiis.local后单击下一步按钮。

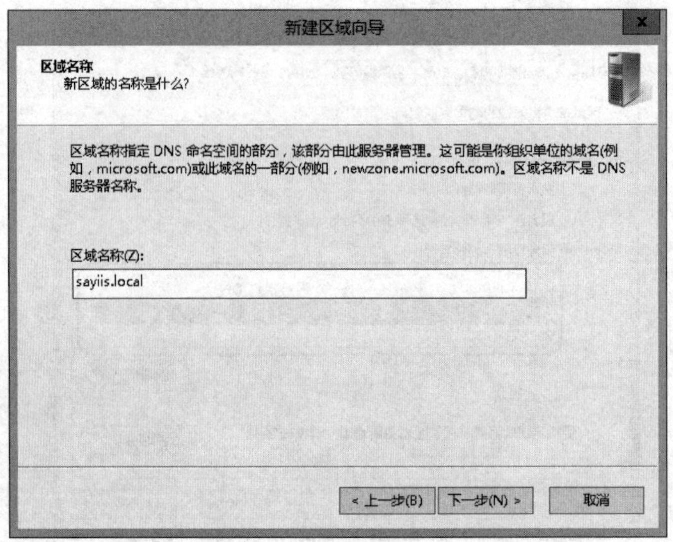

图 3-3-59

STEP 5　出现**区域文件**界面时，直接单击下一步按钮来采用默认的区域文件名。

STEP 6　在图3-3-60中输入**主服务器**DNS4的IP地址后按Enter键、单击下一步按钮。注意它会通过反向查询来尝试解析拥有此IP地址的主机名（FQDN），如果无反向查找区域可供查询或反向查询区域内并没有此记录，就会显示无法解析的警告信息，此时可以不必理会此信息，它并不会影响到区域传送。

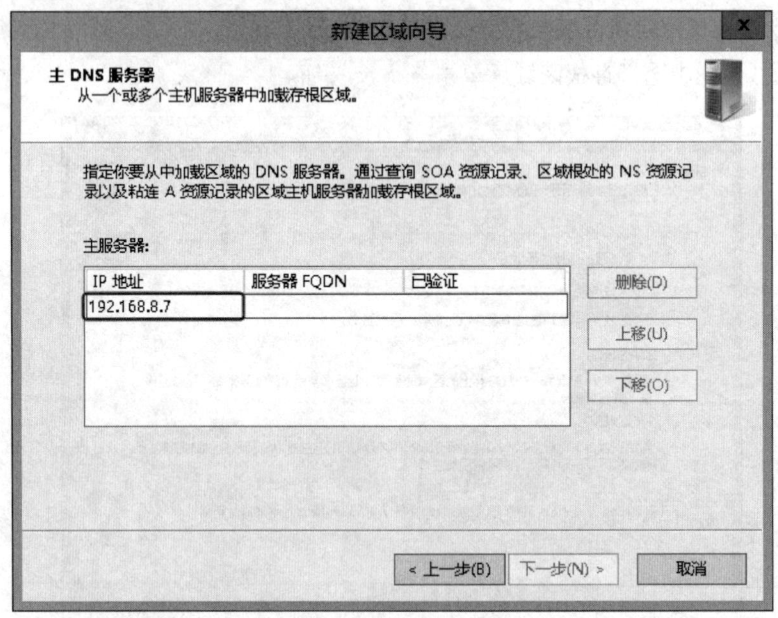

图 3-3-60

STEP 7　出现**完成新建区域向导**界面时单击完成按钮。

STEP 8　图3-3-61中的sayiis.local就是所建立的存根区域，其中的SOA、NS与记载着授权服务器

IP地址的A资源记录是自动由其**主服务器**DNS4复制过来的。

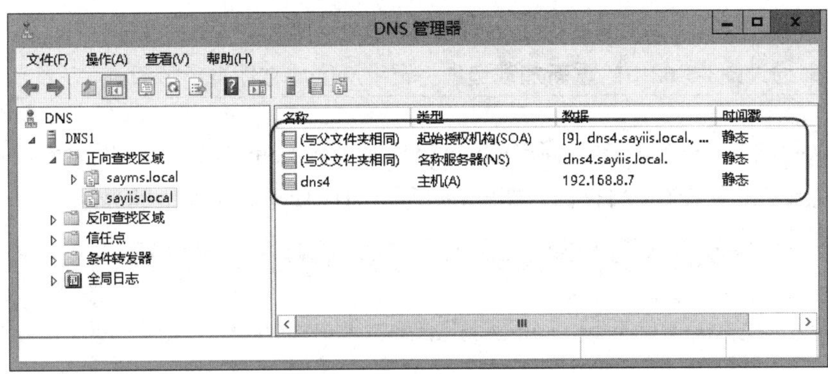

图 3-3-61

> **附注**
>
> 若确定所有设置都正确，但却一直都看不到这些记录，请单击区域sayiis.local后按F5键来刷新，若仍看不到，请将DNS管理控制台关闭再重新打开。

存储存根区域的DNS服务器默认会每隔15分钟自动请求其**主服务器**执行**区域传送**。你也可以如图3-3-62所示【选中并右击存根区域➲选择**从主服务器传输**或**从主服务器传送区域的新副本**】的方式来手动请求执行**区域传送**，不过它只会转送SOA、NS与记载着授权服务器IP地址的A资源记录。

- **从主服务器传输**：它会执行常规的**区域传送**操作，也就是依据SOA记录内的序号判断，如果在**主服务器**内有新版本记录，就会执行**区域传送**。
- **从主服务器传送区域的新副本**：不理会SOA记录的序号，重新从**主服务器**复制SOA、NS与记载着授权服务器IP地址的A资源记录。

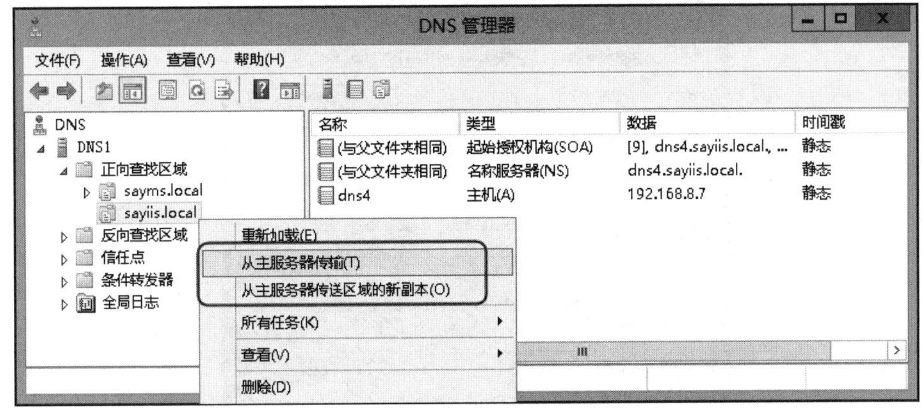

图 3-3-62

附注

可以随时通过图3-3-62中的**重新加载**选项将记录从区域文件重新加载。

现在可以到图3-3-53中的DNS客户端win8pc1利用ping　pc101.sayiis.local来测试，它会向DNS1查询，DNS1会转向DNS4查询，图3-3-63所示为成功得到IP地址的界面。

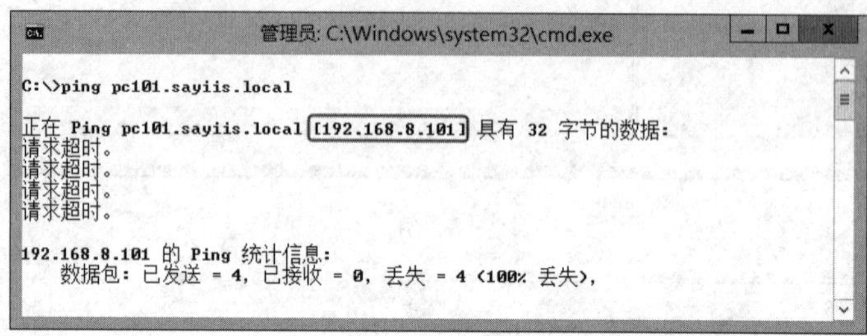

图 3-3-63

3.4 DNS区域的高级设置

可以通过【选中并右击DNS区域➲**属性**】的方法来更改该区域的高级设置。

3.4.1 更改区域类型与区域文件名

可以通过图3-4-1来更改区域的类型与区域文件名。区域类型可选择**主要区域**、**辅助区域**或**存根区域**。如果是域控制器，还可以选择**Active Directory集成区域**，并且可以通过图中**复制**字段右侧的更改按钮来将区域内的记录复制到其他扮演域控制器角色的DNS服务器。

图 3-4-1

3.4.2 SOA与区域传送

辅助区域内的记录是利用区域传送的方式从**主服务器**复制过来的，可是多久执行一次区域传送呢？这些相关的设置值存储在 SOA（start of authority）资源记录内。可以到存储主要区域的DNS服务器上【选中并右击区域➲**属性**➲通过图3-4-2中的**起始授权机构（SOA）**选项卡来修改这些设置值】。

图3-4-2

- **序列号**：主要区域内的记录有变动时，序列号就会增加，因此辅助服务器与主服务器可以根据双方的序号来判断主服务器内是否有新记录，以便通过区域传送来将新记录复制到辅助服务器。
- **主服务器**：此区域的主服务器的FQDN。
- **负责人**：此区域负责人的电子邮件邮箱，请自行设置此邮箱。由于@符号在区域文件内已有其他用途，故此处利用句点来取代hostmaster后原本应有的@符号，也就是利用hostmster.sayms.local来取代hostmster@sayms.local。
- **刷新间隔**：辅助服务器每隔此段间隔时间后，就会向主服务器询问是否有新记录，如果有新记录，就会请求区域传送。
- **重试间隔**：若区域传送失败，则在此间隔时间后再重试。
- **过期时间**：如果辅助服务器在这段时间到达时，仍然无法通过区域传送来更新辅助区域记录，就不再对DNS客户端提供此区域的查询服务。
- **最小（默认）TTL**：当DNS服务器A向DNS服务器B询问到DNS客户端所需要的记录后，它除了会将此记录提供给客户端外，还会将其存储到其缓存区（cache），以便下次能够快速地由缓存区来取得这个记录。但是这份记录只会在缓存区保留一段时间，这段时间称为TTL（Time to Live），时间过后，DNS服务器A就会将它从缓存区内清除。

TTL时间的长短是通过主要区域来设置的，也就是通过此处的**最小（默认）TTL**来设置区域内所有记录默认的TTL时间。若要单独设置某条记录的TTL值，则【在DNS控制台中选择图上方的**查看**菜单➲**高级**➲接着双击该条主机记录➲通过图3-4-3来设置】。

图 3-4-3

若要查看缓存区数据，则【在DNS控制台中选择上方的**查看**菜单➲**高级**➲通过**缓存的查找**来查看】。若要手动清除这些缓存记录，则【选中并右击**缓存的查找**➲清除缓存】的方法或参考章节3-8最后的说明。

- **此记录的TTL**：用来设置这条SOA记录的生存时间（TTL）。

3.4.3 名称服务器的设置

可以通过图3-4-4来新建、编辑或删除此区域的DNS名称服务器，图中已经有一台名称服务器。

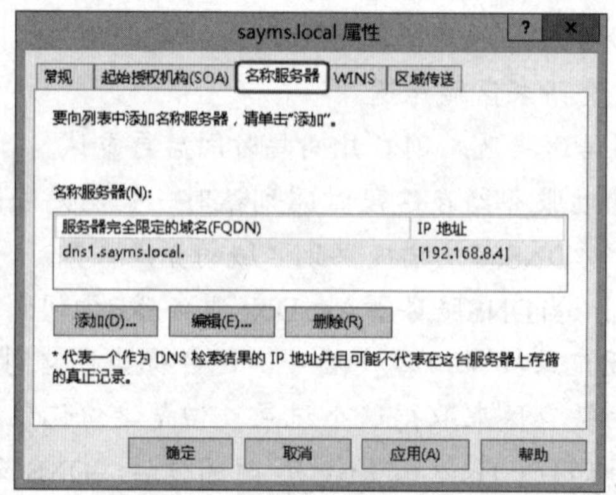

图 3-4-4

也可以通过图3-4-5看到这台名称服务器的 NS资源记录，图中“**与父文件夹相同**”表示与父域名称相同，也就是sayms.local，因此这条NS记录的意思是：sayms.local的名称服务器是dns1.sayms.local。

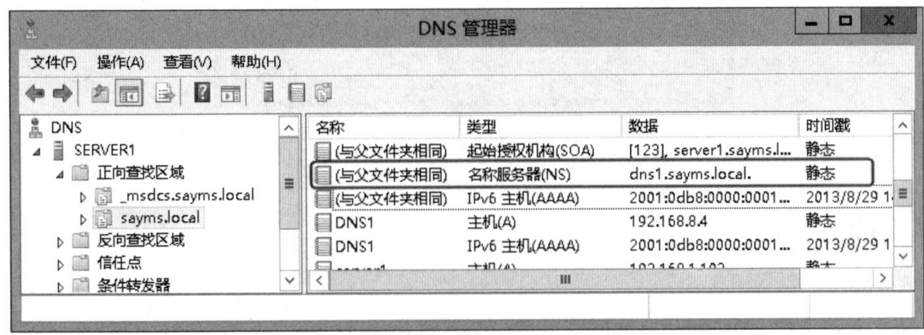

图 3-4-5

3.4.4 区域传送的相关设置

主服务器只会将区域内的记录转送到指定的辅助服务器，其他未被指定的辅助服务器所提出的区域传送请求会被拒绝，可以通过图3-4-6的界面来指定辅助服务器。图中的**只有在“名称服务器”选项卡中列出的服务器**，表示只接受**名称服务器**选项卡内的辅助服务器所提出的区域传送请求。

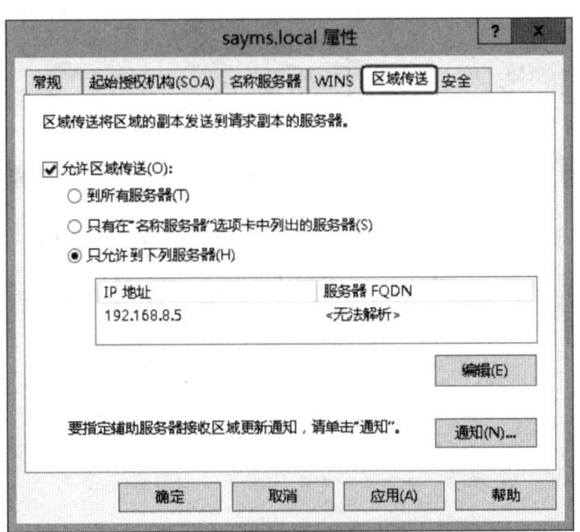

图 3-4-6

主服务器区域内的记录有变动时，也可以自动通知辅助服务器，而辅助服务器在收到通知后，就可以提出区域传送请求。在单击图3-4-6中的通知按钮后，就可以通过图3-4-7来设置要被通知的辅助服务器。

图 3-4-7

3.5 动态更新

Windows Server 2012 R2 DNS服务器具备动态更新功能，也就是说如果DNS客户端的主机名、IP地址有变动，当这些变动数据传送到DNS服务器后，DNS服务器就会自动更新DNS区域内的相关记录。DNS客户端支持动态更新功能才会主动将更新数据传送到DNS服务器，Windows 2000（含）以后的客户端系统都支持动态更新。

虽然Windows NT等较旧版客户端并不支持动态更新，但若它们是DHCP客户端，仍然可以通过DHCP服务器来动态更新。

3.5.1 启用DNS服务器的动态更新功能

必须针对DNS区域来启用动态更新功能：【选中并右击区域➲**属性**➲在图3-5-1中选择**非安全或安全**】，其中**安全**（secure only）仅**Active Directory集成区域**支持，它表示只有域成员计算机有权来动态更新，也只有被授权的用户可以更改区域或记录。

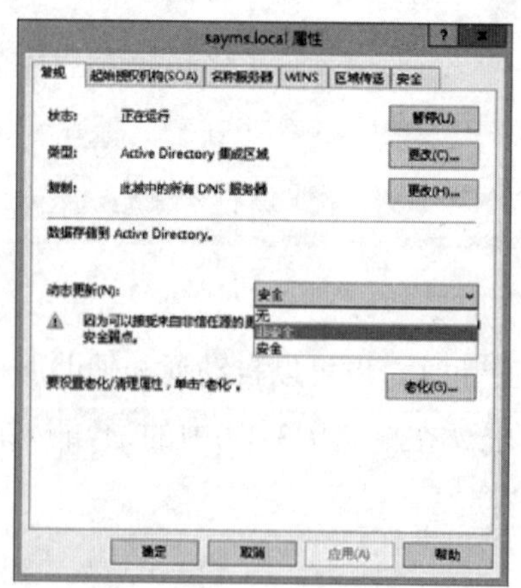

图 3-5-1

3.5.2 DNS客户端的动态更新设置

DNS客户端会在以下几种情况下向DNS服务器提出动态更新请求：

- 客户端的IP地址更改、添加或删除时。
- DHCP客户端在更新租约时，例如重新启动、执行**ipconfig /renew**。
- 在客户端执行**ipconfig /registerdns**命令。
- 成员服务器升级为域控制器时（更新与域控制器有关的记录）。

以Windows 8客户端来说，其动态更新的设定方法为：【按⊞+X键➲**控制面板**➲**网络和Internet**➲**网络和共享中心**➲单击**以太网**➲单击属性按钮➲单击**Internet协议版本（TCP/IPv4）**➲单击属性按钮➲单击高级按钮➲如图3-5-2所示通过**DNS**选项卡来设置】。

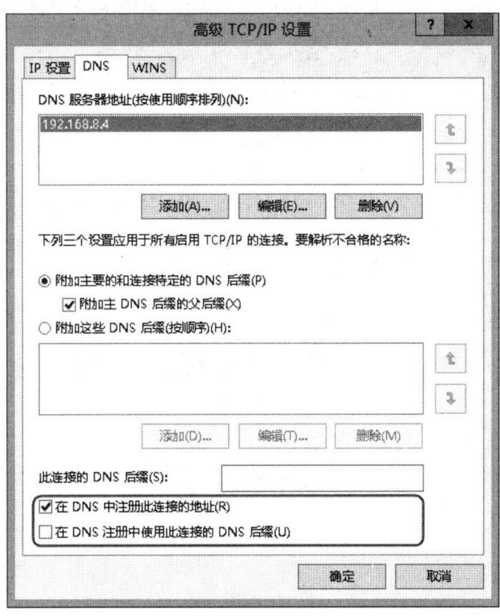

图 3-5-2

> **注意**
>
> DNS客户端会将其主机名与IP地址数据同时注册到DNS服务器的正向与反向查找区域，也就是会注册A与PTR记录。若此DNS客户端同时也是DHCP客户端，则情况有所不同。

- **在DNS中注册此连接的地址**：DNS客户端默认会将其完整计算机名称与IP地址注册到DNS服务器内，也就是图3-5-3中1号箭头的名称，此名称由2号箭头的计算机名称与3 号箭头的后缀所组成。

Windows客户端可以利用【按Windows键（⊞）切换到**开始**菜单➲单击左下角的向下箭头➲选中并右击**计算机**➲属性➲单击**更改设置**➲单击更改按钮】的方法来进入图3-5-3的界面。图中的**在域成员身份变化时，更改主DNS后缀**选项表示若这台客户端加入域，则系统会

自动将其后缀设置为域名。

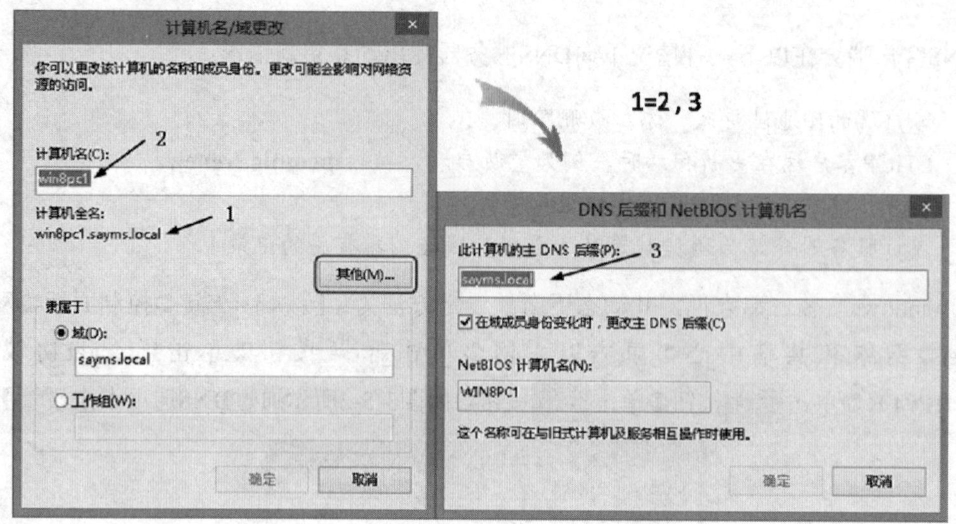

图 3-5-3

可以到DNS区域内来查看客户端是否已经自动将其主机名与IP地址注册到此区域内（先确认DNS服务器的区域已启用动态更新）。请试着先更改该客户端的IP地址，然后再查看区域内的IP地址是否也会跟着更改。

图3-5-4所示为将DNS客户端win8pc1的IP地址更改为192.168.8.14后，通过动态更新功能来更新DNS区域的结果界面。

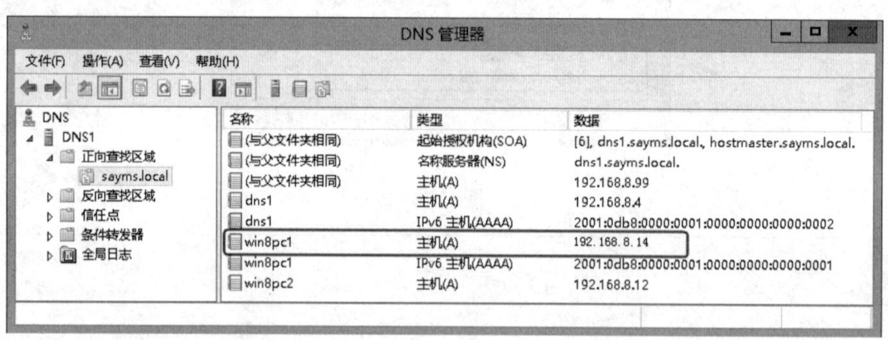

图 3-5-4

如果DNS1的sayms.local为启用动态更新的主要区域，DNS2的sayms.local为辅助区域，客户端的惯用DNS服务器为DNS2，我们知道辅助区域是只读的，不可以直接变更其内的记录，请问客户端可以向DNS2请求动态更新吗?

可以的，当DNS2接收到客户端动态更新请求时，会转给管辖主要区域的DNS1来动态更新，完成后再区域传送给DNS2。

- **在DNS注册中使用此连接的DNS后缀**：若在图3-5-5中也勾选此选项，且也在**此连接的DNS后缀**处输入另一个后缀，例如图中的say123.local，则此客户端计算机还会将计算机名称与此后缀合并为另一个FQDN，并将此FQDN注册到DNS区域say123.local内，例如图3-5-3中的计算机名称为win8pc1（2号箭头处），它所另外注册的名称为win8pc1.say123.local，如图3-5-6所示（请先在DNS服务器建立say123.local区域，并启用动态更新功能）。

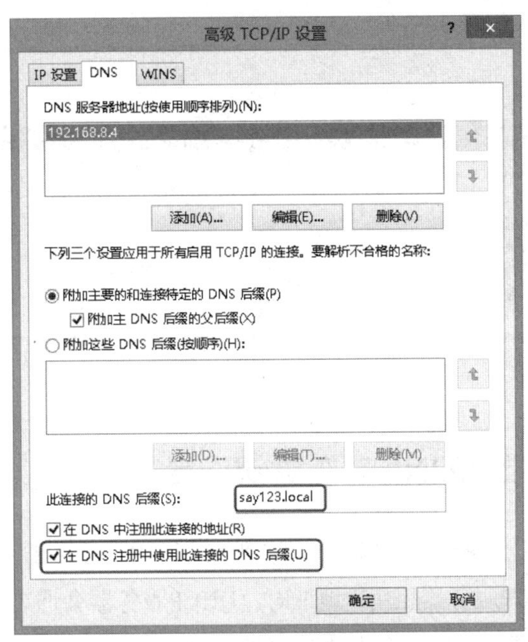

图 3-5-5

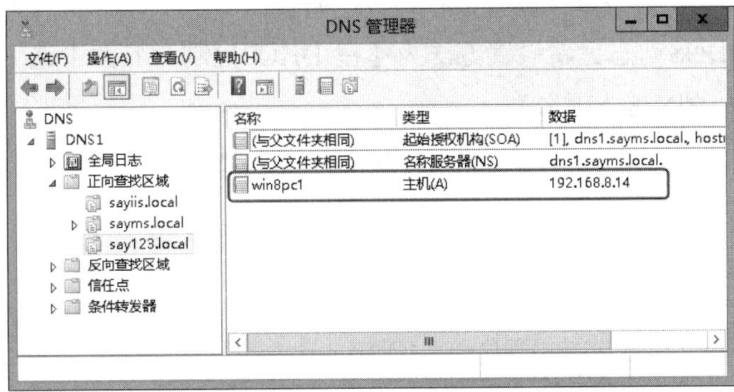

图 3-5-6

如果图3-5-5中**此连接的DNS后缀**处没有设置后缀，但客户端是DHCP客户端，则会将DHCP服务器选项设置中的域名（参见图3-5-7）当作后缀。客户端可以利用**ipconfig** 命令来查看网络连接的有效后缀，如图3-5-8所示。若图3-5-5设置了后缀，同时也通过DHCP服务器得到域名选项，则使用图3-5-5中的后缀。

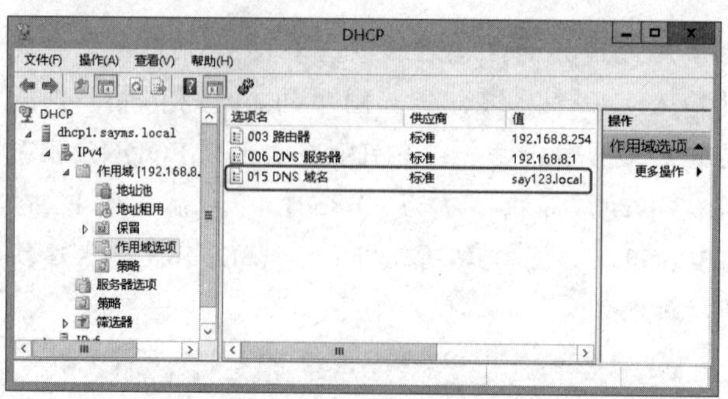

图 3-5-7

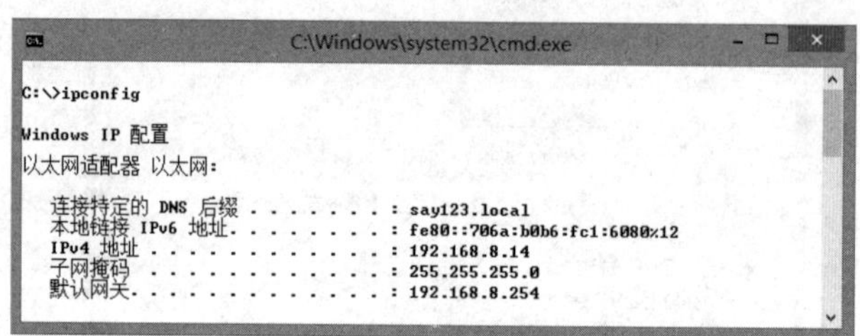

图 3-5-8

3.5.3 DHCP服务器的DNS动态更新设置

若DNS客户端本身也是DHCP客户端，则可以通过DHCP服务器来为客户端向 DNS服务器注册。当DHCP客户端向DHCP服务器租用IP地址时，DHCP服务器会通过**Client FQDN**选项（选项81）来告知客户端它会代替客户端动态更新A或PTR记录，而客户端也会通过此选项来将客户端的FQDN传给DHCP服务器，以便让服务器代替客户端动态更新此名称的A或PTR记录。

DHCP服务器的DNS动态更新设置方法为【在 DHCP控制台界面中选中并右击IP作用域➲**属性**➲单击图3-5-9中的DNS选项卡】。

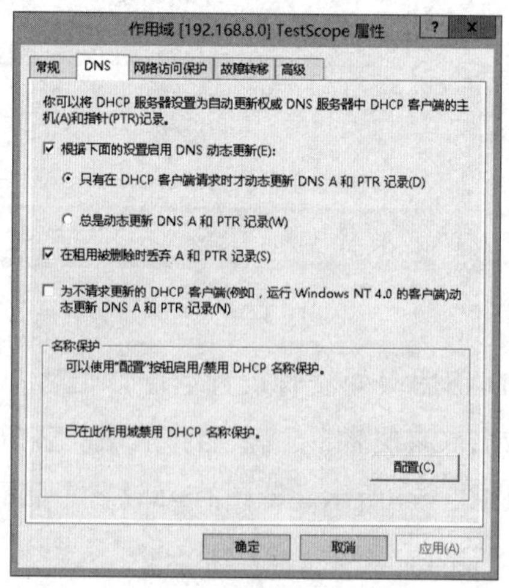

图 3-5-9

- **根据下面的设置启用DNS动态更新**：勾选此选项后，DHCP服务器才会为DHCP客户端动态更新。
  - **只有在DHCP客户端请求时才动态更新DNS A和PTR记录**：Windows DHCP客户端默认会请求DHCP服务器动态更新PTR记录，因此如果选择此选项，DHCP服务器在收到Windows DHCP客户端的请求后，就会为客户端向DNS服务器动态更新PTR记录（A记录会由DHCP客户端自行向DNS服务器注册）。
  - **总是动态更新DNS A和PTR记录**：DHCP服务器会自动为客户端同时注册A与PTR记录，并通过Client FQDN选项来告知DHCP客户端，如此客户端就不会自行注册。
- **在租用被删除时丢弃A和 PTR记录**：若勾选此选项，则当DHCP客户端租用的IP地址租约到期时，DHCP 服务器会请求DNS 服务器将DHCP客户端的A与PTR资源记录都删除。若未勾选此选项，则客户端的IP租约到期时，DHCP服务器虽然还是会请求DNS服务器将租约到期的PTR记录删除，但是A记录要看当初是由Windows DHCP客户端自行注册的，还是由DHCP服务器代为注册的来决定，也就是由当初注册者来负责请求DNS服务器将租约到期的A记录删除。
- **为不请求更新的DHCP客户端**（例如，运行Windows NT 4.0的客户端）**动态更新DNS A和PTR记录**：勾选此选项表示Windows NT 4.0、Windows 98等不支持动态更新的DHCP客户端，其A与PTR记录都由DHCP服务器代为更新。

> 附注
>
> 这些使用旧版操作系统的客户端，只能够通过DHCP服务器来更新其A与PTR记录。DHCP服务器在为这些客户端注册时所用的FQDN是什么？它是将客户端传来的DHCPREQUEST数据包内的客户端名称与DHCP服务器作用域内的域名来组成FQDN。

3.5.4 DnsUpdateProxy组

若搭建多台DHCP服务器来对客户端提供服务，并且将DNS服务器的Active Directory集成区域的动态更新设置为**安全**，则最好将这些DHCP服务器都加入到一个名称为**DnsUpdateProxy**的特殊组内，否则动态更新的功能可能会有问题。我们列举以下两个范例来说明。

场景1：例如DHCP服务器A以安全性更新的方式将某个客户端的A或PTR记录传送到DNS服务器更新后，这个客户端的A或PTR记录的拥有者就变成了DHCP服务器A，以后就只有DHCP服务器A有权利更新此条A或PTR记录，但是万一DHCP服务器A故障，改由DHCP服务器B来提供服务，此时因为DHCP服务器B不是这个A或PTR记录的拥有者，因而无法更新这条A或PTR记录。

场景2：例如DHCP服务器A替Windows NT 4.0客户端向DNS服务器更新其A与PTR记录，

之后将这台Windows NT 4.0客户端升级为具备动态更新功能的系统后（例如Windows Server 2003），该客户端却无法自行更新其已经存在DNS服务器内的A与PTR记录，因为此A与PTR旧记录的拥有者为DHCP服务器A，不是这台升级后的客户端计算机。

解决上述问题的方法就是将这些DHCP服务器都加入到DnsUpdateProxy组（位于Active Directory的Users容器内，参见图3-5-10）。由这个组内的成员所建立、更新的记录都不具备安全性，因此该组内的其他DHCP服务器都可以来更新这些记录。

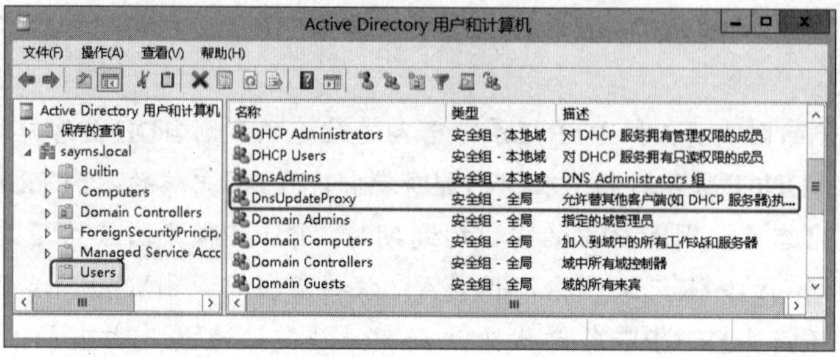

图 3-5-10

之后如果有不属于此组的客户端计算机来更新此记录，这个客户端就会变成此记录的拥有者，因此从旧系统升级的计算机，不但可以动态更新其A与PTR记录，而且在动态更新完成后就会成为此记录的拥有者。

如果想要让由DnsUpdateProxy组所动态更新的记录有安全性（若不考虑前述旧系统升级的问题），可先在Active Directory数据库内创建一个用户账户，然后设置让所有隶属于DnsUpdateProxy组的DHCP服务器都利用此用户账户来动态更新记录：【到每一台DHCP服务器上打开DHCP控制台➲选中并右击IPv4或IPv6➲属性➲单击图3-5-11中**高级**选项卡下的凭据按钮➲通过前景图来设置】，图中假设我们在Active Directory数据库内所建立的用户账户名称为DynamicUpdateuser。

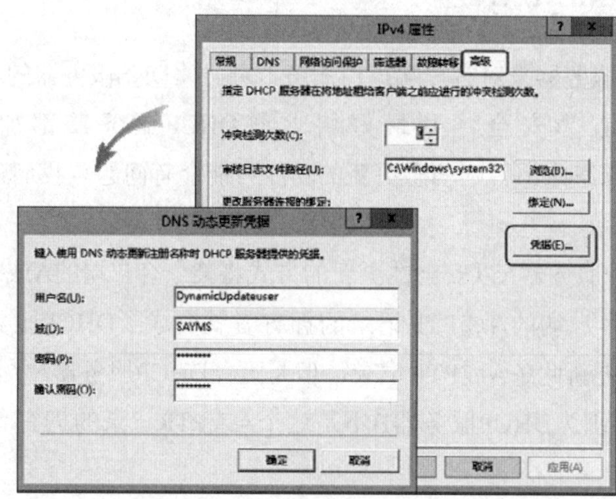

图 3-5-11

3.5.5 DHCP名称保护

在具备DHCP与DNS动态更新的网络环境中有一个被称为**名称占用**（name squatting）的常见问题，也就是当客户端要在DNS服务器内注册、更新其名称时，却发现该名称已经被其他计算机注册、占用了。

若客户端是Windows系统，则通过DNS记录的权限设置功能，就可以限制只有当初注册的客户端有权更新此记录，其他客户端无法向DNS服务器更新、占用这条记录，就可以避免上述问题的发生。

然而由“**非Windows**”DHCP客户端所注册的记录，就无法通过权限设置来保护这些记录，此时仍然可以通过**DHCP名称保护**功能与DNS服务器的**DHCID资源记录**（Dynamic Host Configuration Identifier Resource Record）来避免记录被占用的问题。当DHCP服务器将IP地址出租给“**非Windows**”DHCP客户端时，DHCP服务器除了帮该客户端向DNS服务器注册A（PTR）记录之外，还会搭配注册一条DHCID记录，此记录记载着客户端的FQDN与该客户端的唯一标识符，之后若有其他客户端通过DHCP服务器向DNS服务器注册FQDN相同的A记录时，则DHCP服务器会先通过DNS服务器内的DHCID记录来检查此A记录是否是该客户端所拥有的，如果答案是否定的，就不允许更新此记录。

若要启用DHCP服务器作用域的**DHCP名称保护**功能，则选中并右击该作用域➲**属性**➲如图3-5-12所示，单击**DNS**选项卡下的配置按钮➲勾选**启用名称保护**。

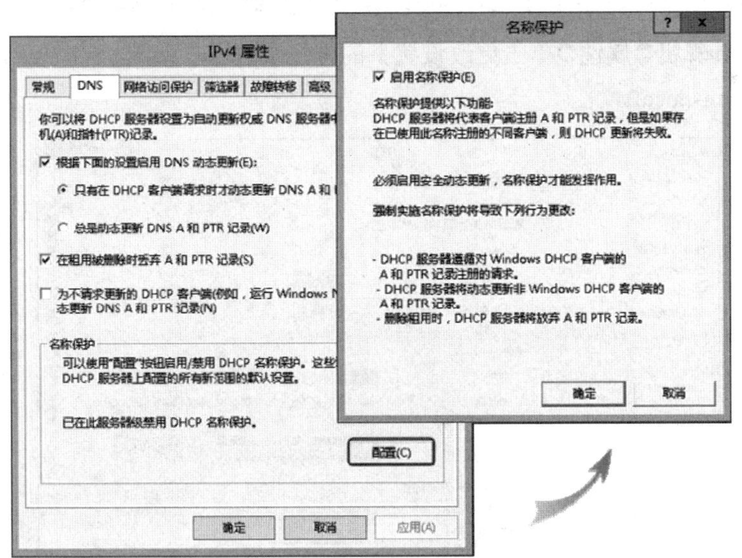

图 3-5-12

3.6 “单标签名称”解析

一般客户端用户在利用TCP/IP程序来与其他主机通信时，会使用完整域名FQDN，例如利用URL网址http://support.sayms.local/连接企业内部网站，此时该客户端会通过DNS名称解析的方法来向DNS服务器查询support.sayms.local的IP地址，并由管辖sayms.local区域的DNS服务器负责提供IP地址给客户端。

然而在某些情况下，使用DNS名称并不是很方便，尤其是较大型的企业网络，例如使用者可能需要利用以下网址来连接企业内部网站**http://support.asiapacifica.sales.sayms.local/**，这么长的字符串很容易不小心输入错误。此时我们可以利用自动附加后缀与**GlobalNames**区域（GNZ）两种方法来让用户通过比较简单的**单标签名称**（single-label name，没有后缀的名称）来连接此网站，例如**http://support/**。

3.6.1 自动附加后缀

客户端计算机会尽量尝试自动在单标签名称后面附加后缀，以便建立一个完整的名称（FQDN），然后通过此名称来解析其IP地址，而后缀设置可分为**主要后缀**、**连接特定后缀**与**自定义后缀列表**三种。

Windows 8客户端可以利用【按Windows键⊞切换到**开始**菜单➲单击左下角的向下箭头⬇➲选中并右击**计算机**➲**属性**➲单击**更改设置**】的方法来查看，如图3-6-1中win8pc1.sayms.local的**主要后缀**是sayms.local。

图3-6-1

而**连接特定后缀**与**自定义后缀列表**可通过【按⊞+X键➲**控制面板**➲**网络和Internet**➲**网络和共享中心**➲单击**以太网**➲单击属性按钮➲单击**Internet协议版本4（TCP/IPv4）**➲ 依次单

击属性、高级按钮➲如图3-6-2的**DNS**选项卡】的方法来设置。

举例来说，若前面图3-6-1的客户端（**主要后缀**是sayms.local）的设置如图3-6-2所示，则用户在此计算机上利用单标签名称连接网站，例如在浏览器输入URL网址**http://support/**时，它查询此support主机的IP地址的流程如下。

STEP 1 将主要后缀sayms.local附加到主机名support之后，也就是向DNS服务器请求解析support.sayms.local的IP地址。系统根据图3-6-2中1号箭头来采用此种方式。

STEP 2 若解析失败，改将连接特定后缀say123.local（2号箭头）附加到主机名support之后，也就是请求解析support.say123.local的IP地址。系统根据图3-6-2中1号箭头来采用此种方式。

STEP 3 若2号箭头处没有设置后缀，但客户端通过DHCP服务器选项设置来取得域名，假设此域名为say456.com，则会将此域名附加到主机名support之后，也就是请求解析support.say456.com的IP地址。

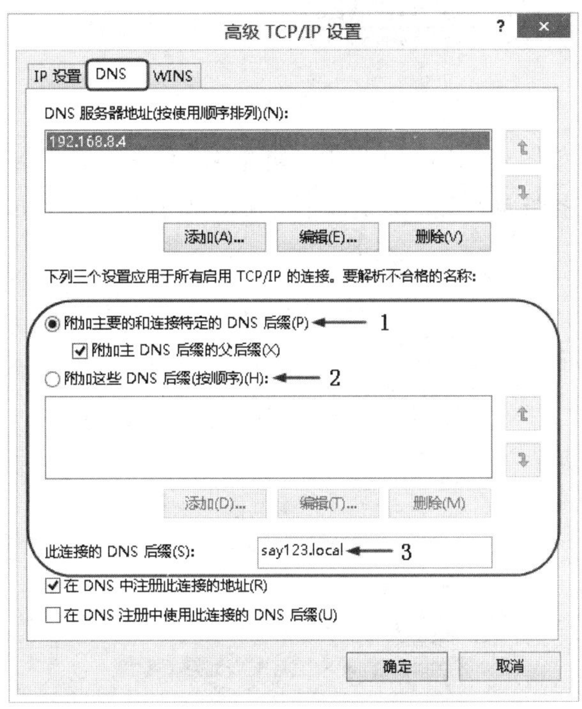

图 3-6-2

若客户端也勾选了图3-6-3中的**附加主DNS后缀的父后缀**，则它具备自动附加父后缀的功能。举例来说，假设客户端的**主要后缀**是sales.asia.sayms.local，则用户在此计算机上利用浏览器输入URL网址http://support/时，它查询此support主机IP地址的流程如下（针对主要后缀这一部分）。

STEP 1 先向DNS服务器请求解析support.sales.asia.sayms.local的IP地址。

STEP 2 若解析失败，则改将父后缀asia.sayms.local附加到主机名support之后，也就是请求解析support.asia.sayms.local的IP地址。

STEP 3 若解析失败，则再改为将更上一层的父后缀sayms.local附加到主机名称support之后，也就是请求解析support.sayms.local的IP地址。客户端会自动附加到第2层域名sayms.local为止。

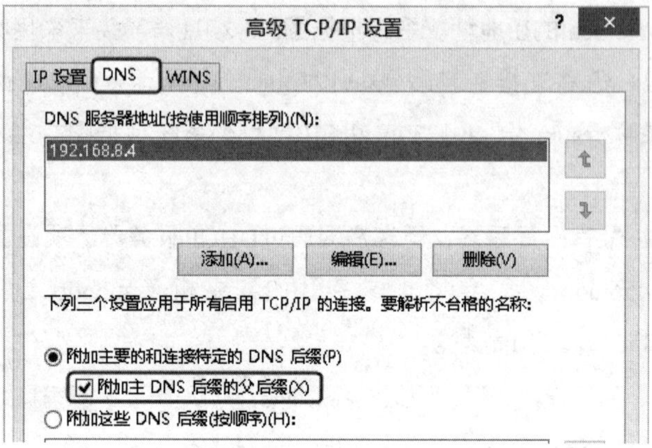

图3-6-3

若此计算机的设置如图3-6-4所示，选中了**附加这些DNS后缀**（自定义后缀列表），则它将不理会**主要后缀**与**连接特定后缀**，而是依序将列表中的后缀附加到support之后来向DNS服务器查询其IP地址。

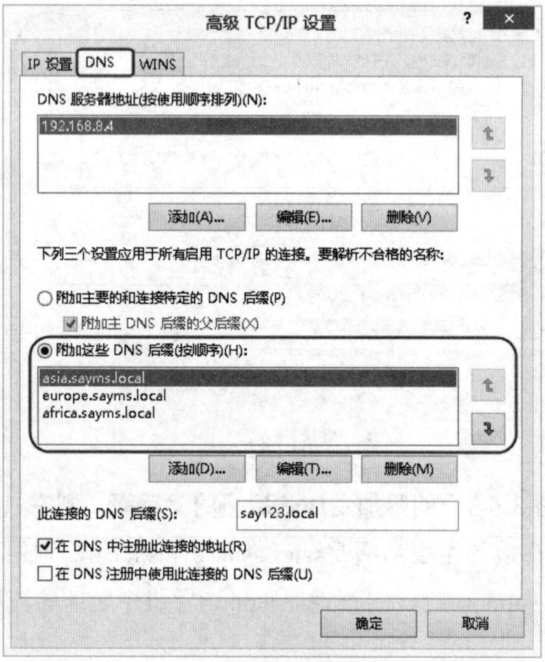

图3-6-4

STEP 1 先向DNS服务器请求解析support.asia.sayms.local的IP地址。

STEP 2 若解析失败，则改请求解析support.europe.sayms.local的IP地址。

STEP 3 若解析失败，则再改请求解析support.africa.sayms.local的IP地址。

附注

无论在列表中指定多少个后缀，系统的超时等待时间只有12秒，也就是12秒内如果无法利用这些后缀解析到IP地址，就会放弃列表中尚未尝试的后缀。

3.6.2 GlobalNames区域

虽然客户端计算机具备自动附加后缀的功能，然而所附加的后缀可能并不是该网站的后缀，例如客户端的**主要后缀**为sayms.local，若客户端用户要连接网站**support.asiapacifica.sales.sayiis.local**，则当其在浏览器内输入URL网址**http://support/**时，虽然其计算机会自动附加**主要后缀**sayms.local来查找support.sayms.local的IP地址，然而所附加的后缀并不是该网站的后缀，故仍然无法解析到该网站的IP地址，除非客户端自行将企业内部所有可能会用到的后缀都添加到**自定义后缀列表**内。

当然如果DNS区域与WINS整合，那么还是可以通过WINS服务器来解析IP地址，不过WINS是过时的技术，而且在IPv6内已经无法使用WINS（与NetBIOS）。

Windows Server 2008（R2）/Windows Server 2012（R2）的DNS提供一个特殊区域来解决此问题，这个区域的名称为**GlobalNames**，它是一个正向查找区域，此区域的功能类似于WINS，它提供单标签名称的名称解析功能，例如它可以解析单标签名称为**support**的IP地址。企业内部可以利用**GlobalNames**区域（GNZ）来取代WINS，不过此区域内的记录是静态的（需手动输入）。

下面介绍如何设定**GlobalNames**区域。对拥有多个域的企业来说，此区域最好是**Active Directory集成区域**，以便更容易管理与确保未来的扩充性（如果现在没有Active Directory域环境，那么可以利用常规正向区域来练习）。

STEP 1 通过DNS控制台建立一个名称为**GlobalNames**的正向查找区域。下面通过域控制器内的**Active Directory集成区域**来说明。建议如图3-6-5所示选择将此区域的记录复制到林中所有DNS服务器（域控制器）。此区域可以不启用动态更新。

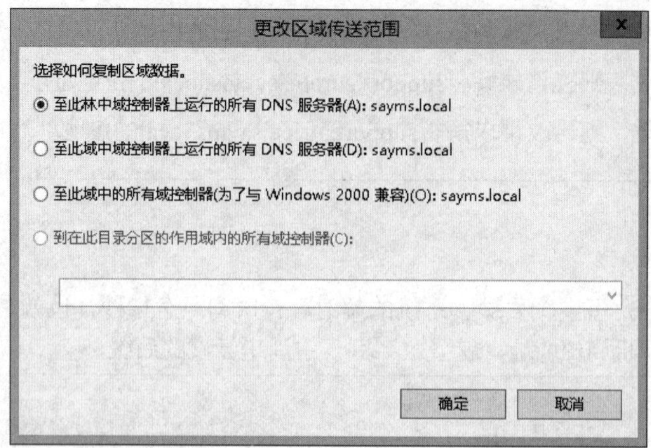

图 3-6-5

STEP 2　图3-6-6所示为完成建立**GlobalNames**区域后的界面，图中的区域为建立在域控制器的**Active Directory集成区域**。

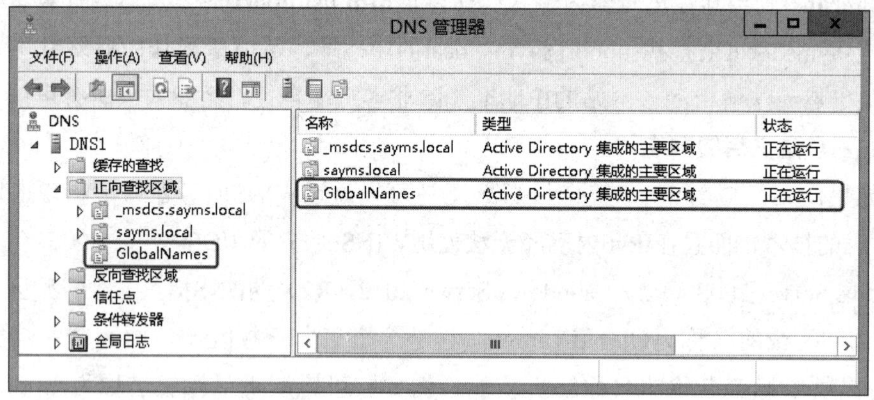

图 3-6-6

STEP 3　在此台DNS服务器上利用以下命令来启用对**GlobalNames**区域的支持：

```
dnscmd . /Config /EnableGlobalNamesSupport 1
```

命令中的句点表示本机，如果将句点改为服务器名称（DNS 主机名、NetBIOS 计算机名称或 IP 地址），就可以启用该服务器对 **GlobalNames** 区域的支持。域林中，此 **GlobalNames** 区域的所有授权 DNS 服务器（域控制器）都必须启用对 **GlobalNames** 区域的支持。

STEP 4　在**GlobalNames**区域内为主机建立别名记录（CNAME）才可以通过单标签名称来解析该主机的IP地址。如图3-6-7所示，选中并右击**GlobalNames**➲新建别名（CNAME）。

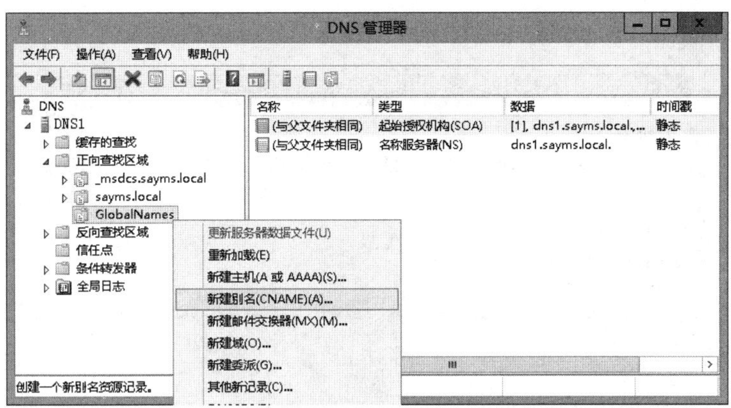

图 3-6-7

STEP 5　在图3-6-8中假设将主机win8pc1.sayms.local（请事先建立此主机记录）的别名设置为win8pc1test，也就是其单标签名称为win8pc1Test。

新建资源记录

别名(CNAME)

别名(如果为空则使用父域)(S):

win8pc1test

完全限定的域名(FQDN)(U):

win8pc1test.GlobalNames.

目标主机的完全合格的域名(FQDN)(F):

win8pc1.sayms.local　浏览(B)...

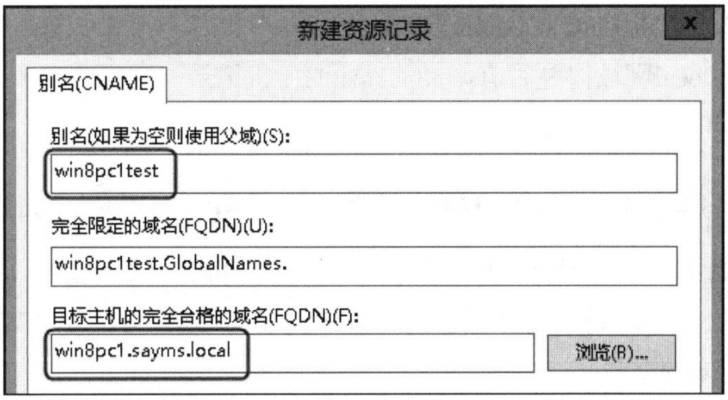

图 3-6-8

STEP 6　图3-6-9所示为新建的别名记录。

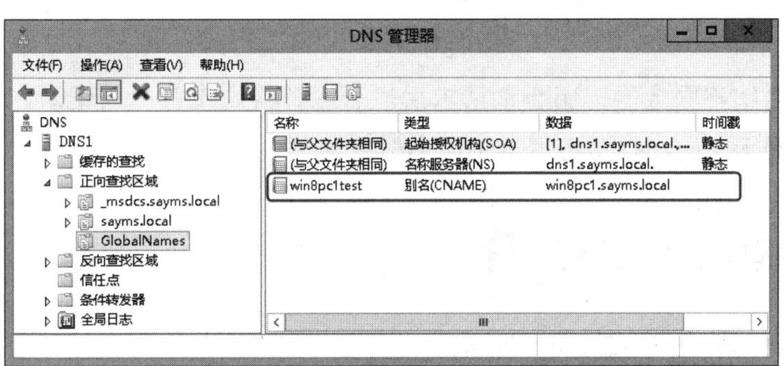

图 3-6-9

STEP 7　到会向此台DNS服务器提出查询请求的计算机上执行**ping win8pc1test**命令，如图3-6-10所示。图中因为使用TCP/IP工具程序**ping**，所以会利用DNS名称解析的方式来解析win8pc1test的IP地址，通过DNS服务器的**GlobalNames**区域便可以得知其DNS主机名为win8pc1.sayms.local与IP地址为192.168.8.11。

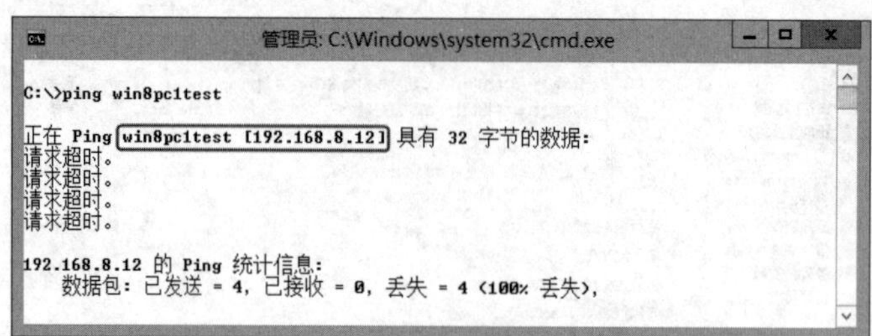

图 3-6-10

当DNS服务器收到查询请求时，默认会先通过**GlobalNames**区域（GNZ）来解析，若失败，则会改通过其他区域来解析，举例来说，当客户端要查询win8pc1Test的IP地址时，客户端会采用附加后缀的方式来提出查询请求，假设附加后缀后的名称为win8pc1test.sayms.local，然后向DNS服务器查询win8pc1test.sayms.local的IP地址，而DNS服务器收到此查询请求时，会先检查**GlobalNames**区域内是否有win8pc1test的别名记录，若没有，则会检查sayms.local区域内是否有win8pc1test的主机记录。

要改变查询顺序可执行以下命令：

```
Dnscmd . /Config /GlobalNamesQueryOrder <order>
```

order设定为0表示先查询GNZ，设定为1表示先查询其他区域。

若两种方法都失败，但是DNS区域已经与WINS整合，则它还会通过WINS服务器来解析win8pc1test名称的IP地址。

3.7 求助于其他DNS服务器

DNS客户端对DNS服务器提出查询请求后，若服务器内没有所需记录，则服务器会代替客户端向位于**根提示**内的DNS服务器查询或向**转发器**来查询。

3.7.1 “根提示”服务器

根提示内的DNS服务器就是图3-1-1**根**（root）内的DNS服务器，这些服务器的名称与IP地址等数据存储在%Systemroot%\System32\DNS\cache.dns文件内，也可以通过【在DNS控制台中选中并右击服务器➲**属性**➲如图3-7-1所示的**根提示**（root hints）选项卡】来查看这些信息。

可以在**根提示**选项卡下添加、修改与删除DNS服务器，这些更改数据会被存储到cache.dns文件内；也可以通过图中从服务器复制按钮来从其他DNS服务器复制**根提示**。

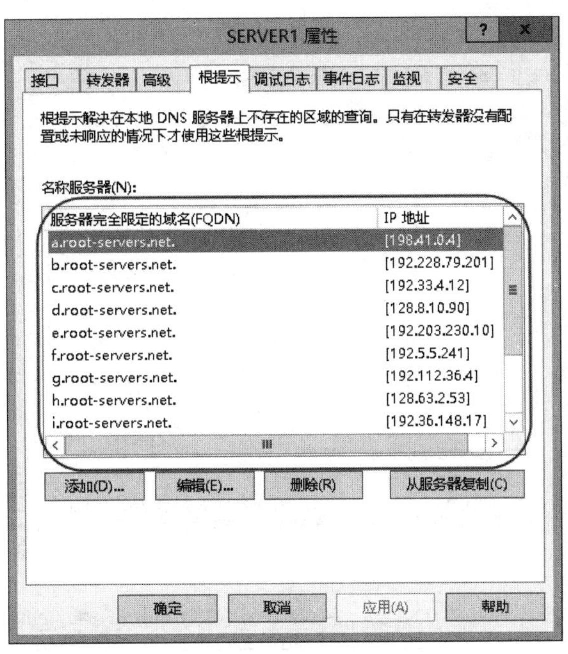

图 3-7-1

3.7.2 转发器设置

当DNS服务器收到DNS客户端的查询请求后，若欲查询的记录不在其所管辖区域内（或不在缓存区内），则此DNS服务器默认会转向**根提示**内的DNS服务器查询。然而若企业内部拥有多台DNS服务器，则可能会为了安全考虑而只允许其中一台DNS服务器可以直接与外界DNS服务器通信，并让其他DNS服务器将查询请求委托给这台DNS服务器来负责，也就是说这台DNS服务器是其他DNS服务器的**转发器**（forwarder）。

当DNS服务器将客户端的查询请求转给扮演转发器角色的另外一台DNS服务器后（属于递归查询），就等待查询的结果，并将得到的结果响应给DNS客户端。

若要指定转发器，则在DNS控制台中【选中并右击DNS服务器➲**属性**➲单击图3-7-2中**转发器**选项卡➲通过编辑按钮来设置】。图中所有要查询的记录，若不在此台DNS服务器所管辖区域内，都会被转发到IP地址为192.168.8.5的转发器。

图3-7-2最下面还勾选了**如果没有转发器可用，则请使用根提示**复选框，表示若无转发器可供使用，则此DNS服务器会自行向**根提示**内的服务器查询。若为了安全考虑，不想让此服务器直接到外界查询，则取消勾选此选项，此时这台DNS服务器被称为**仅用于转发的DNS服务器**（forward-only server）。**仅用于转发的DNS服务器**如果无法通过**转发器**查到所需记录，就会直接告诉DNS客户端找不到其所需的记录。

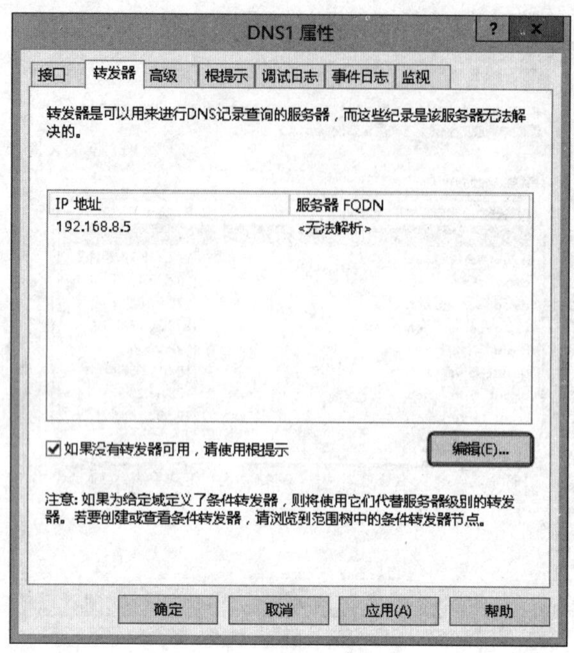

图 3-7-2

也可以设置**条件转发器**，也就是不同的域转发给不同的转发器，如图3-7-3中查询域sayabc.local的请求会被转送到转发器192.168.8.5，而查询域sayxyz.local的请求会被传送到转发器192.168.8.6。

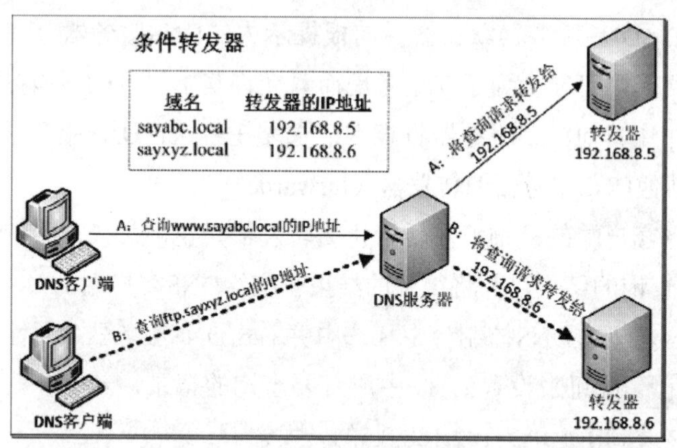

图 3-7-3

条件转发器的设置方法为：【如图3-7-4所示，选中并右击**条件转发器➲新建条件转发器➲**在前景图中输入域名与转发器的IP地址➲……】，图中的设置会将查询域sayabc.local的请求转发到IP地址为192.168.8.5的DNS服务器。

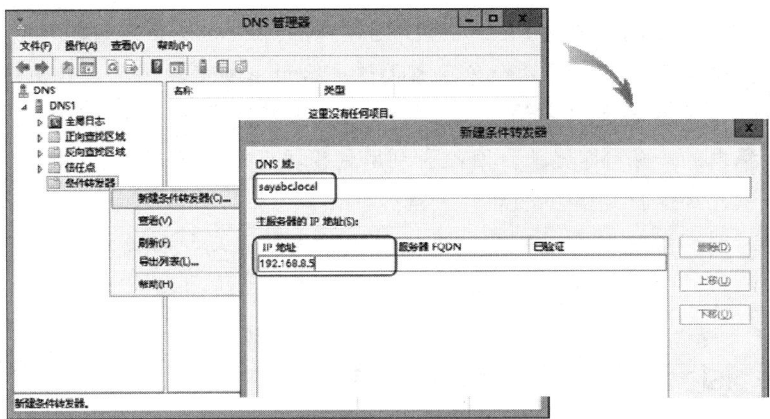

图 3-7-4

3.8 检查DNS服务器

可以利用本节所介绍的方法来检查DNS服务器是否工作正常。

3.8.1 监视DNS设置是否正常

请打开DNS控制台，然后【选中并右击DNS服务器➲**属性**➲如图3-8-1所示，单击**监视**选项卡】来自动或手动测试DNS服务器的查询功能是否正常。

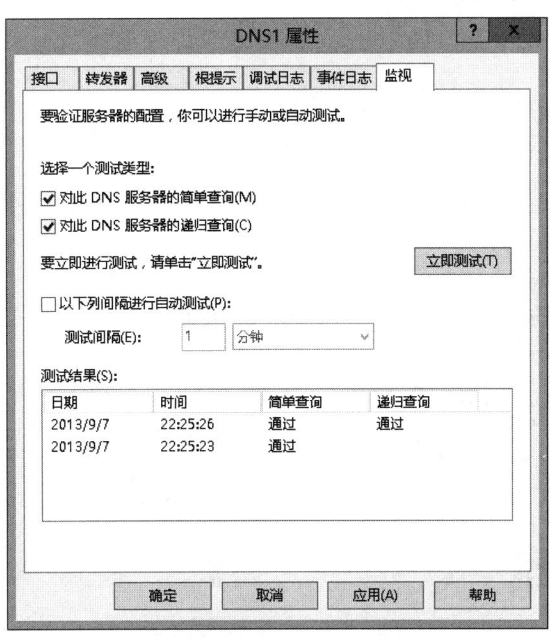

图 3-8-1

- **对此DNS服务器的简单查询**：执行DNS客户端对DNS服务器的简单查询测试，这是DNS客户端与DNS服务器两个角色都由这一台计算机来扮演的内部测试。
- **对此DNS服务器的递归查询**：它会对DNS服务器提出递归查询请求，所查询的记录是位于**根**内的一条 NS记录，因此会利用到**根提示**选项卡下的DNS服务器。请先确认此计算机已经连接到Internet后再测试。
- **以下列时间间隔进行自动测试**：每隔一段时间就自动执行简单或递归查询测试。请勾选要测试的项目后按立即测试按钮，测试结果会显示在最下方。

3.8.2　利用Nslookup命令来查看记录

除了利用DNS控制台来查看DNS服务器内的资源记录外，也可以使用**nslookup**命令。请到**命令提示符**或Windows PowerShell环境下执行**nslookup**命令，或在DNS控制台中【选中并右击DNS服务器➲启动nslookup】。

Nslookup命令会连接到**首选DNS服务器**，不过因为它会先利用反向查询方式来查询**首选DNS服务器**的主机名，因此若此DNS服务器的反向查找区域内没有自己的 PTR记录，则执行**nslookup**时会显示如图3-8-2所示的找不到主机名的**UnKnown**信息（可以不必理会它）。**Nslookup**的操作范例请参考图3-8-3（可以输入**？**来查看**nslookup**命令的语法，执行**exit**命令来离开**nslookup**）。

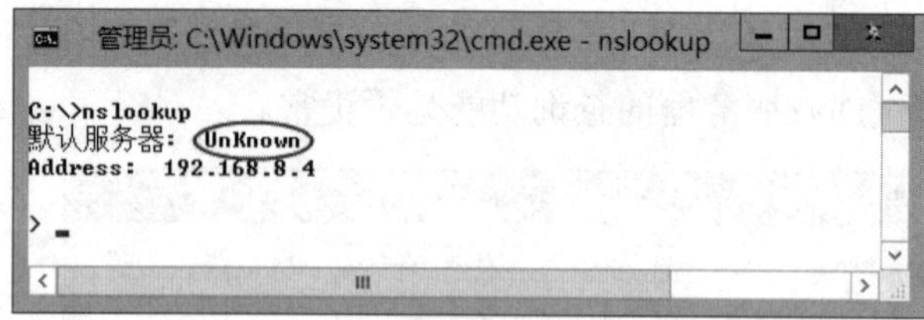

图 3-8-2

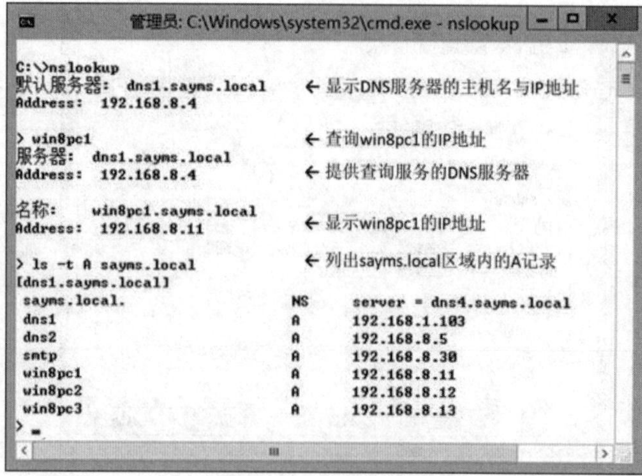

图 3-8-3

如果在查询时被拒绝（见图3-8-4），表示你的计算机并没有被赋予区域传送的权限。若欲开放此权限，请到 DNS服务器上【选中并右击区域➲**属性**➲通过图3-8-5中的**区域传送**选项卡来设置】，例如图中开放IP地址为192.168.8.5与192.168.8.11的主机可以请求区域传送（同时也让它们可以利用**nslookup**来查询sayms.local区域内的记录）。

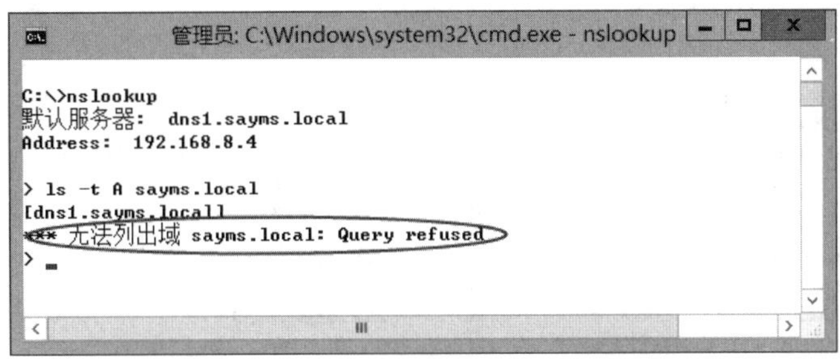

图 3-8-4

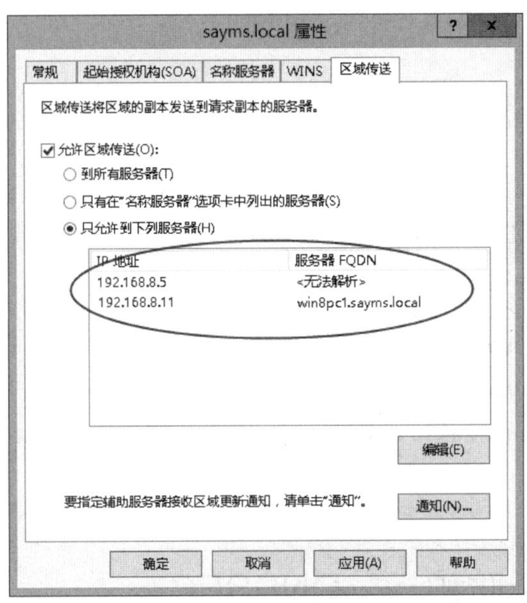

图 3-8-5

> **附注**
>
> 如果此台DNS服务器的**首选DNS服务器**被指定到127.0.0.1，要在这台计算机上来查询此区域，就将其**首选DNS服务器**改为自己的IP地址，然后开放区域传送到此IP地址，或在图3-8-5中选择**到所有服务器**。

也可以在**nslookup**提示符下选择查看其他DNS服务器。如图3-8-6所示，利用**server**命令切换到其他DNS服务器，查看该服务器内的记录（图中的服务器192.168.8.5需将区域传送的权限赋予你的计算机，否则无法查询）。

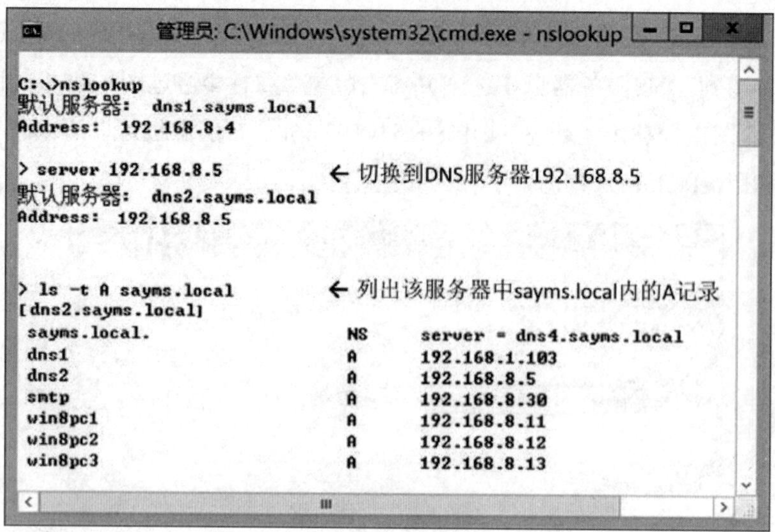

图 3-8-6

3.8.3 清除缓存

如果DNS服务器的设置与运行一切都正常，但DNS客户端还是无法解析到正确的IP地址，可能是DNS客户端或DNS服务器的缓存区内有不正确的记录，此时就可以利用以下方法来将缓存区内的数据清除（或等这些记录过期自动清除）。

- **清除DNS客户端的缓存**：到DNS客户端计算机上执行ipconfig /flushdns命令。可以利用ipconfig /displaydns来查看DNS缓存中的记录。
- **清除DNS服务器的缓存**：在DNS控制台界面中【选中并右击DNS服务器➲清除缓存】。

3.9 DNS的安全防护——DNSSEC

DNS是很早以前就发展出来的技术，它并不是一个安全的通信协议，例如图3-9-1中的DNS客户端向**非授权DNS服务器**提出查询IP地址的请求（1号箭头），此**非授权DNS服务器**再转向**授权DNS服务器**来查询IP地址（2号箭头），若**授权DNS服务器**的回应数据包（3号箭头）内的IP地址遭到篡改，而且**非授权DNS服务器**也未执行任何检查操作，则客户端可能就会被导向恶意网站。**非授权DNS服务器**会将遭篡改的假信息存储到缓存区，造成所谓的**DNS缓存中毒**（**DNS缓存毒害**，DNS cache poisoning）现象，而且恶意者也可能会将此假信息的TTL设置为很长的时间，造成**缓存中毒**现象持续数小时或数天之久，这段时间内，**非授权DNS服务器**都会响应此假信息给客户端。

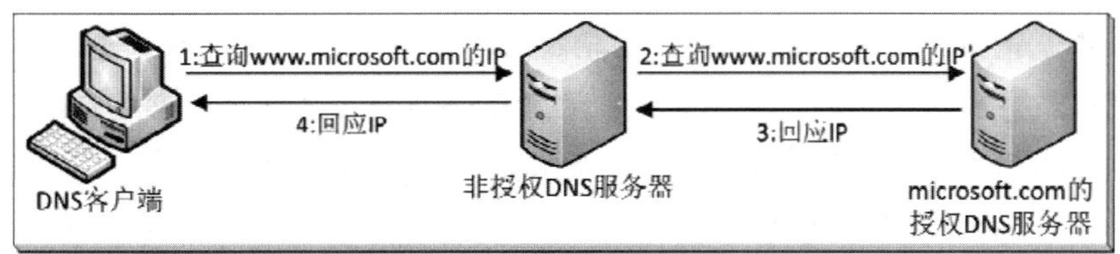

图 3-9-1

> **附注**
>
> **DNS缓存中毒**现象还包含恶意者直接将假数据植入**非授权DNS服务器**的缓存区；或架设一台恶意DNS服务器，然后故意向**非授权DNS服务器**查询此恶意DNS服务器所管辖区域内的记录，此恶意DNS服务器响应与此查询无关的假数据，但是**非授权DNS服务器**却不检查此响应，且直接将其存入缓存区。

3.9.1 DNSSEC的基本概念

DNSSEC（DNS Security）技术可以为DNS服务器之间的通信提供安全性，例如图3-9-2中的**非授权DNS服务器**可以来确认3号箭头的响应确实是由真的**授权DNS服务器**传送来的，而不是假冒的DNS服务器传送来的；而且**非授权DNS服务器**也会检查此数据包内的记录是否遭到篡改。换句话说，DNSSEC让DNS客户端所得到的IP地址等资源记录是真实无误的，而且可以避免缓存区被植入假数据。

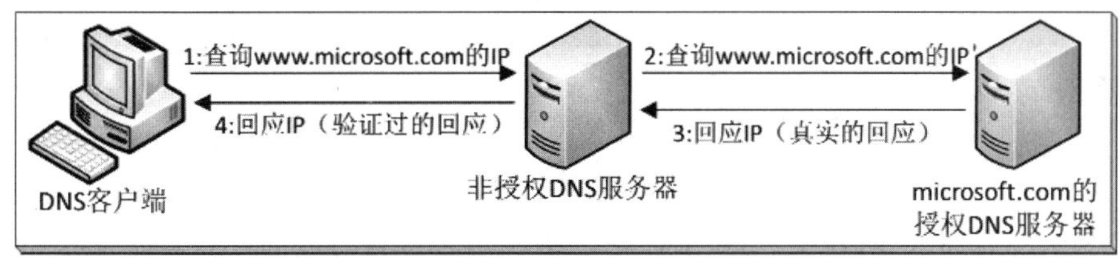

图 3-9-2

DNSSEC通过数字签名与加密密钥来验证DNS服务器的响应是否为真实的（数字签名的进一步概念可参考第5章）。要让DNS服务器具备DNSSEC安全功能，需要针对**授权DNS服务器**的区域来执行**对区域进行签名**的动作，之后便可让**非授权DNS服务器**拥有以下功能。

- **确保资源记录的完整性**：它会检查从**授权DNS服务器**传送来的资源记录是否遭到篡改。**授权DNS服务器**的区域经过签名后，系统会为区域内的每一条资源记录各新建一条RRSIG（resource record signature）记录。当**非授权DNS服务器**向**授权DNS服务器**提出查询记录的请求后，**授权DNS服务器**会将该条记录与其RRSIG记录一并传给**非授权DNS服务器**，**非授权DNS服务器**会利用**授权DNS服务器**的公钥（位于DNSKEY记录内）与RRSIG来验证该条记录是否遭到篡改。

- **确认资源记录的来源是真的授权服务器**：它会验证所收到的资源记录，是否真的是由**授权服务器**传送来的，而不是由假冒的DNS服务器传来的。其验证程序同上。
- **确认资源记录不存在的真实性**（authenticated denial of existence）：若所要查询的资源记录不存在，由于没有该条资源记录，因此也不会有相对应的RRSIG记录，此时**非授权DNS服务器**要如何来确认所要查询的资源记录是真的不存在？还是假冒的DNS服务器的欺诈行为？解决此问题的方法是使用NSEC（next secure）记录。

授权DNS服务器会将区域内的记录排序，然后为每一条记录（以下暂时将其称为**普通记录**）新建一条经过签名的NSEC记录，这些NSEC记录会将区域内的普通记录连接起来，也就是每一条NSEC记录内，除了记载所对应的普通记录之外，还记载着下一条普通记录，如图3-9-3所示（最后一条NSEC会指向第一条普通记录）。以图3-9-3为例，**非授权DNS服务器**向此**授权DNS服务器**查询cindypc记录时，由于区域内并没有此记录，因此**授权DNS服务器**除了会通知**非授权DNS服务器**没有此记录之外，还会将NESC_2记录传给**非授权DNS服务器**，**非授权DNS服务器**根据此NSEC_2记录便可知道billywin7的下一条记录为dennispc，也就是可以确认这两条记录中间没有cindypc记录。

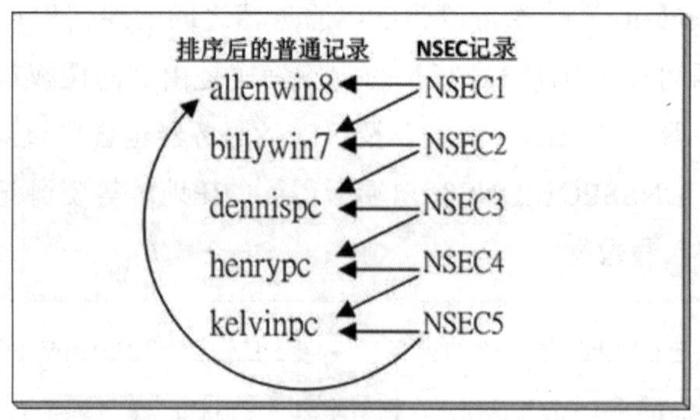

图3-9-3

由于NSEC会有**zone walking**的安全顾虑，也就是恶意者可以通过它来取得区域内的所有记录，因此后来又发展出NSEC3来解决此问题。Windows Server 2012（R2）的DNSSEC同时支持NSEC与NSEC3。

3.9.2 DNSSEC实例演练

我们将通过图3-9-4来说明如何让DNS服务器具备DNSSEC功能，其中的DNS6为区域saysec.local的授权服务器，但DNS5只是一台缓存服务器，当它收到客户端的查询请求后，会通过**转发器**来将此请求转发给DNS6。

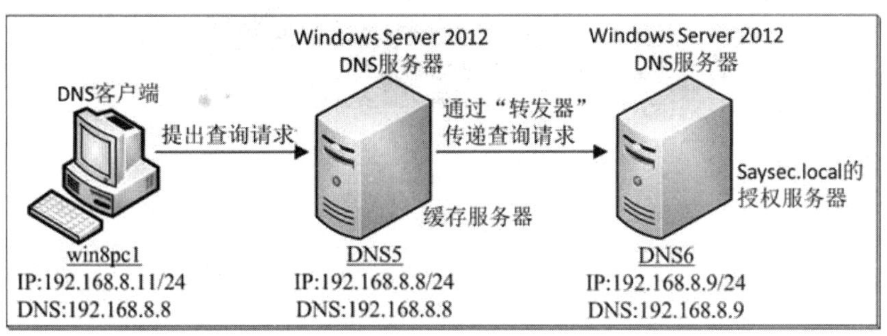

图 3-9-4

STEP 1 请先安装好图中3台计算机的操作系统，设置计算机名称、IP地址与首选DNS服务器等，将这3台计算机的网卡连接到同一个网络上。

STEP 2 暂时将DNS5的**Windows防火墙**关闭或例外开放**文件与打印机共享**，等一下我们测试时才不会被阻挡：【按Windows键（⊞）切换到**开始**菜单➲单击**控制面板**动态图标➲**系统和安全**➲**Windows 防火墙**➲……】。

STEP 3 分别在DNS5与DNS6计算机上添加DNS服务器角色：【打开**服务器管理器**➲单击**仪表板**处的**添加角色和功能**➲持续单击下一步按钮直到出现**选择服务器角色**界面时勾选**DNS服务器**➲……】。

STEP 4 到DNS6上建立正向查找主要区域saysec.local：【按⊞键切换到**开始**菜单➲**管理工具**➲**DNS**➲选中并右击**正向查找区域**➲**新建区域**➲……】。

STEP 5 接着在此区域内建立一条等一下要用来测试的主机记录：【选中并右击此区域➲新建主机➲……】，假设其名称为test，IP地址为192.168.8.10，如图3-9-5所示为完成后的界面。

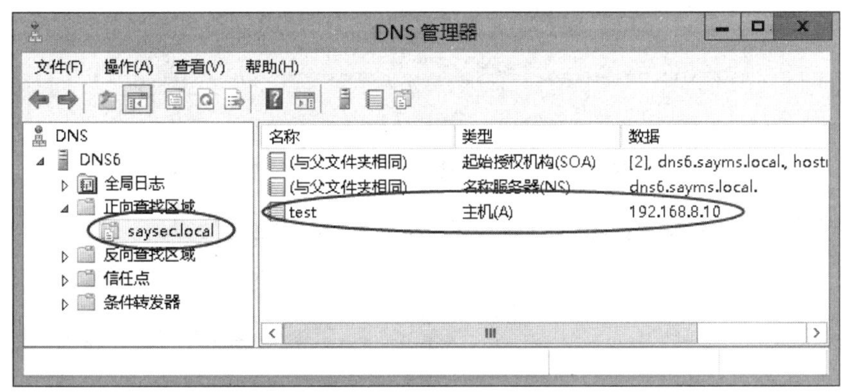

图 3-9-5

STEP 6 到DNS5上将DNS6（192.168.8.9）设定为其转发器：【按Windows键（⊞）切换到**开始**菜单➲**管理工具**➲**DNS**➲选中并右击计算机名称DNS5➲**属性**➲单击**转发器**选项卡➲通过编辑按钮来设置】，图3-9-6所示为完成后的界面。

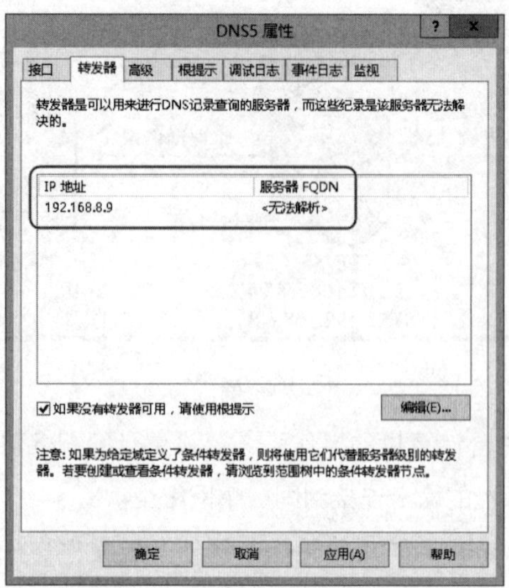

图 3-9-6

STEP 7 在DNS区域尚未被签名之前，请先到客户端计算机win8pc1来测试名称解析功能是否正常：【按Windows键（⊞）切换到**开始**菜单➲单击左下角的向下箭头⬇➲单击Windows PowerShell➲如图3-9-7所示的ping命令已经可以正常解析到test.saysec.local的IP地址】。

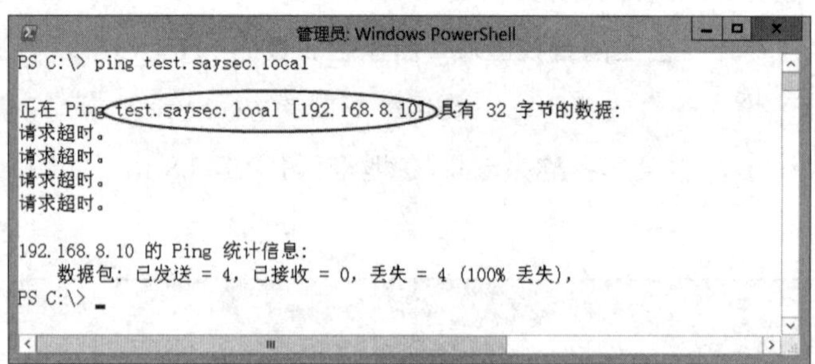

图 3-9-7

STEP 8 也可以在客户端计算机上利用以下命令来测试（参见图3-9-8）：

```
resolve-dnsname test.saysec.local -server dns5 -dnssecok
```

```
管理员: Windows PowerShell
PS C:\> resolve-dnsname test.saysec.local -server dns5 -dnssecok

Name                                  Type   TTL   Section    IPAddress
----                                  ----   ---   -------    ---------
test.saysec.local                     A      3600  Answer     192.168.8.10

Name      : .
QueryType : OPT
TTL       : 32768
Section   : Additional
Data      : {}
```

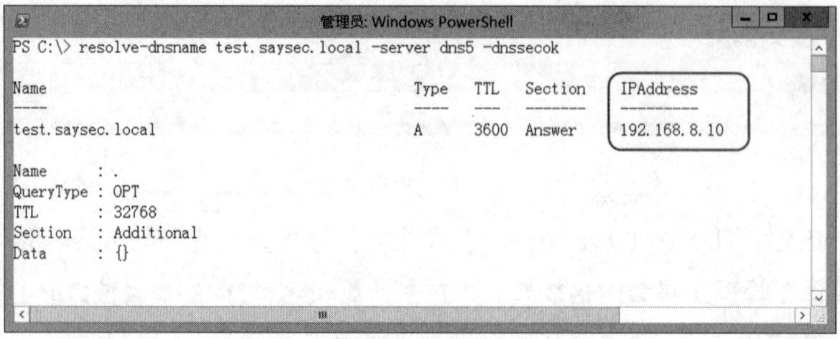

图 3-9-8

此命令向 DNS 服务器 DNS5 提出查询 test.saysec.local 的请求，DNS5 会再将其传送给 saysec.local 的授权服务器 DNS6。其中 dnssecok 表示客户端认识 DNSSEC，客户端利用此参数来通知 DNS 服务器可以将与 DNSSEC 有关的记录传过来，不过此时 saysec.local 区域尚未签名，故没有这类的记录可供传送，界面上也不会有这些记录的信息。

STEP 9　到区域saysec.local的授权服务器DNS6上对此区域签名：【如图3-9-9所示，选中并右击区域saysec.local➲**DNSSEC**➲对**区域进行签名**➲单击下一步按钮】。

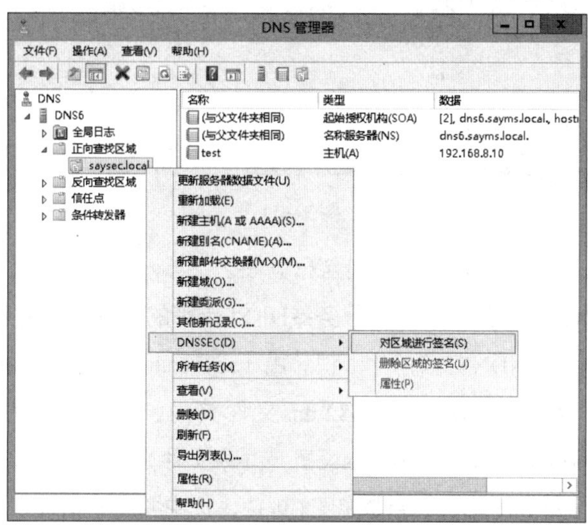

图 3-9-9

STEP 10　如图3-9-10所示选择后依次单击下一步、下一步、完成按钮。

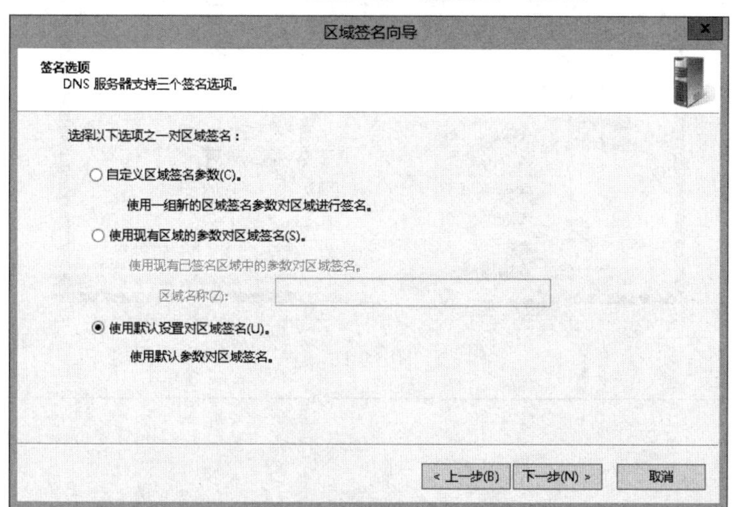

图 3-9-10

STEP 11　按F5键刷新区域saysec.local后，便可以看到如图3-9-11所示的界面。从此图中可看到添加了许多与DNSSEC有关的记录，包含RRSIG、DNSKEY与NSEC3。

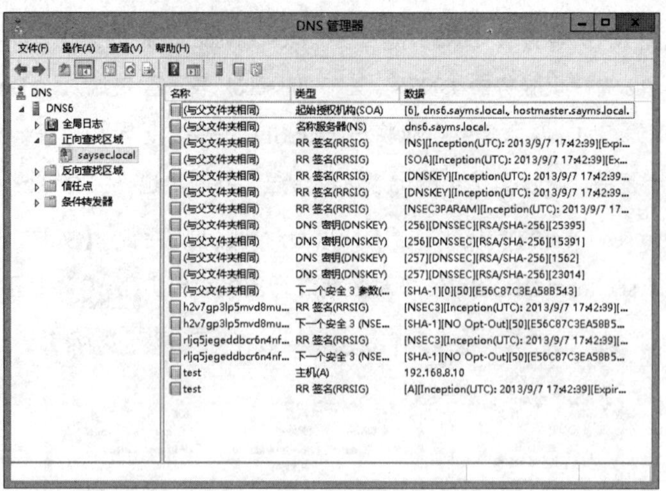

图 3-9-11

STEP 12 Trust anchor（属于DNSKEY）包含已签名区域saysec.local的公钥信息，我们需要先将它导入到DNS5内。如果从授权服务器DNS6传来的DNSKEY内容与DNS5的trust anchor内容相同，就表示DNS5信任此密钥。由于saysec.local的 trust anchor是被存储在授权服务器DNS6的C:\Windows\System32\dns文件夹内，因此请先利用**文件资源管理器**将DNS6的C:\Windows\System32\dns设置为共享文件夹，假设共享名为dns。

STEP 13 到DNS5上【打开DNS控制台➲如图3-9-12，选中并右击**信任点➲导入➲DNSKEY**】。

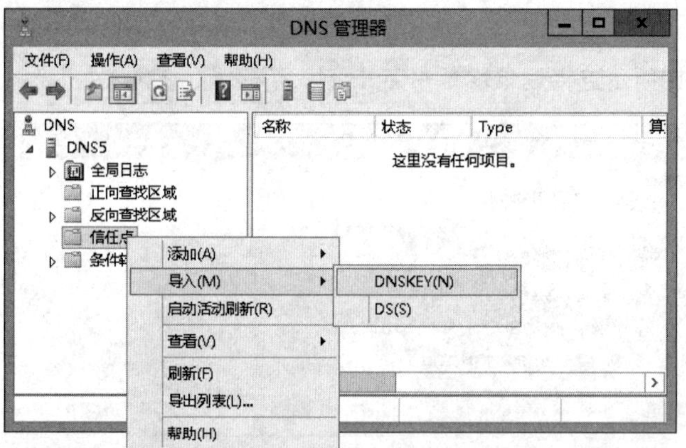

图 3-9-12

> **附注**
>
> 在DNSSEC内还有一个新的记录**DS（Delegation Signer）**，它被用来验证子区域（child zone）内的DNSKEY是否有效。

STEP 14 如图3-9-13所示，输入**\\dns6\dns\keyset-saysec.local**后单击确定按钮。

图 3-9-13

> **附注**
>
> 若授权DNS服务器也是域控制器，则可以通过以下步骤来将 trust anchor 分配到其他本身也是域控制器的DNS服务器：【选中并右击已签名的区域➲**DNSSEC**➲**属性**➲如图3-9-14所示来勾选】。

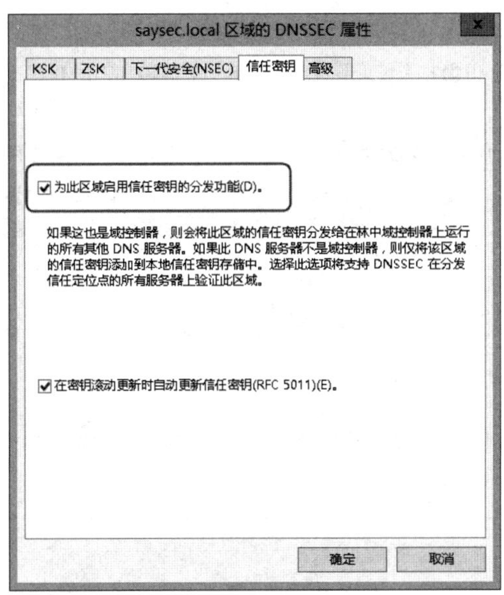

图 3-9-14

STEP 15 图3-9-15所示为完成后的界面，它共有两个DNSKEY信任点，DNS5一次只使用一个，另一个为备用。

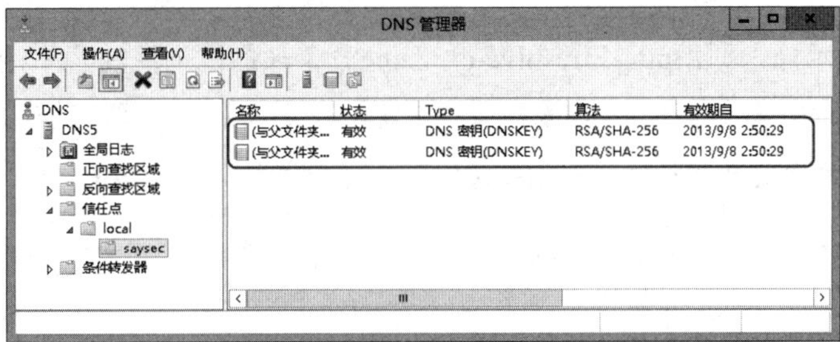

图 3-9-15

STEP 16 也可以在DNS5计算机上利用以下方法来检查：【打开Windows PowerShell➲执行以下命令（参见图3-9-16）】。

get-dnsservertrustanchor saysec.local

```
管理员: Windows PowerShell
PS C:\> Get-DnsServerTrustAnchor saysec.local

TrustAnchorName        TrustAnchorType     TrustAnchorState     TrustAnchorData
---------------        ---------------     ----------------     ---------------
saysec.local.          DNSKEY              Valid                [1562][DnsSec][RsaSha256][AwEAAaUZE2P
saysec.local.          DNSKEY              Valid                [23014][DnsSec][RsaSha256][AwEAAbI/1c

PS C:\>
```

图 3-9-16

STEP 17 也可以到其他计算机上（例如客户端计算机win8pc1）利用以下方法来检查：【打开Windows PowerShell➲执行以下命令（参见图3-9-17）】。

resolve-dnsname -name saysec.local.trustanchors -type dnskey -server dns5

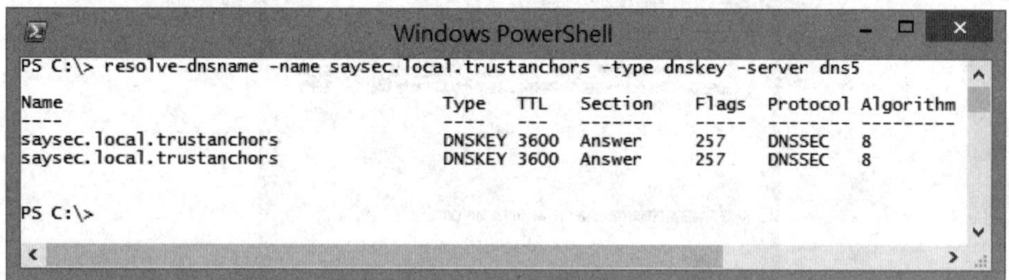
```
Windows PowerShell
PS C:\> resolve-dnsname -name saysec.local.trustanchors -type dnskey -server dns5

Name                          Type   TTL   Section    Flags  Protocol Algorithm
----                          ----   ---   -------    -----  -------- ---------
saysec.local.trustanchors     DNSKEY 3600  Answer     257    DNSSEC   8
saysec.local.trustanchors     DNSKEY 3600  Answer     257    DNSSEC   8

PS C:\>
```

图 3-9-17

附注

请确认DNS5的**Windows防火墙**关闭或例外开放**文件与打印机共享**，否则无法解析到dns5的IP地址。或者将命令中的dns5改为IP地址192.168.8.8。

STEP 18 此时到客户端计算机win8pc1上应该还是可以解析到test.saysec.local的IP地址，如图3-9-18所示分别利用ping与resolve-dnsname命令来测试（目前客户端计算机win8pc1并未请求DNS5需验证所传回的记录），由于saysec.local区域已经签名，因此resolve-dnsname命令会传回与DNSSEC有关的记录（例如图中的RRSIG）。

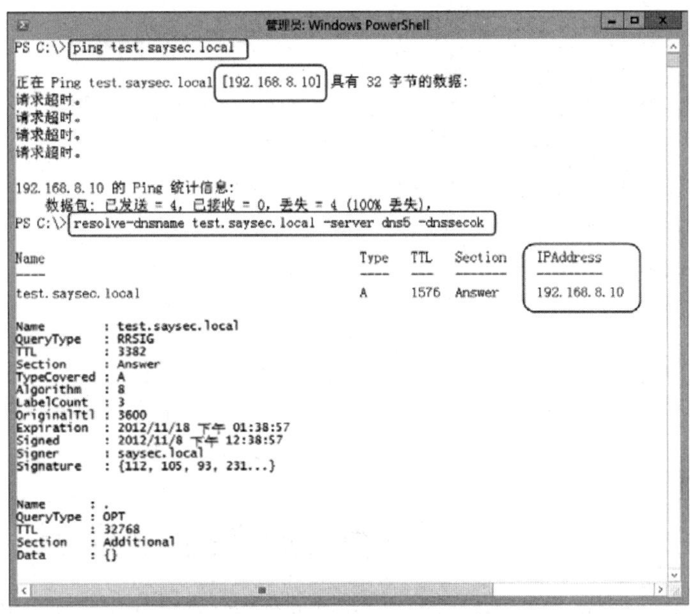

图 3-9-18

STEP 19 我们需要通过建立策略来让客户端计算机win8pc1强制请求DNS5验证从DNS6收到的记录：【在客户端win8pc1上执行**gpedit.msc**➲展开**计算机配置**➲**Windows配置**➲**名称解析策略**➲如图3-9-19所示设置后按创建按钮】，图中的后缀为saysec.local，表示请求DNS5需验证后缀为saysec.local的记录。

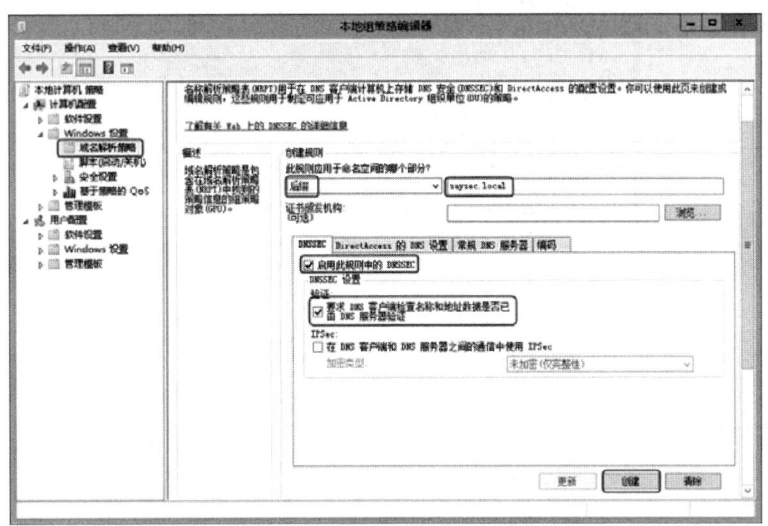

图 3-9-19

STEP 20 在图3-9-19中下拉滚动条后可看到图3-9-20界面，请单击应用按钮。刚才所建立的策略被存储在**名称解析策略表**（Name Resolution Policy Table，NRPT）内，客户端利用此表内的策略来判断是否要验证指定区域的记录。

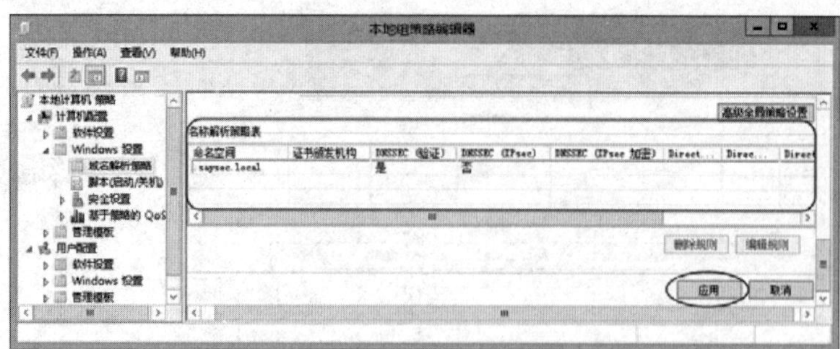

图 3-9-20

在Active Directory环境域下可通过组策略来设置客户端的名称解析策略。

STEP 21　打开Windows PowerShell➲执行**get-dnsclientnrptpolicy**命令来验证策略是否生效（让客户端计算机win8pc1强制请求DNS5验证从DNS6收到的记录）➲由图3-9-21可知策略已经生效。

图 3-9-21

如果策略一直未生效，就先执行**gpupdate /force**命令。

STEP 22　在客户端计算机win8pc1上应该还是可以解析到test.saysec.local的IP地址：如图3-9-22所示分别利用ping与resolve-dnsname命令来测试，不过这次DNS6传来的记录会经过DNS5的验证。

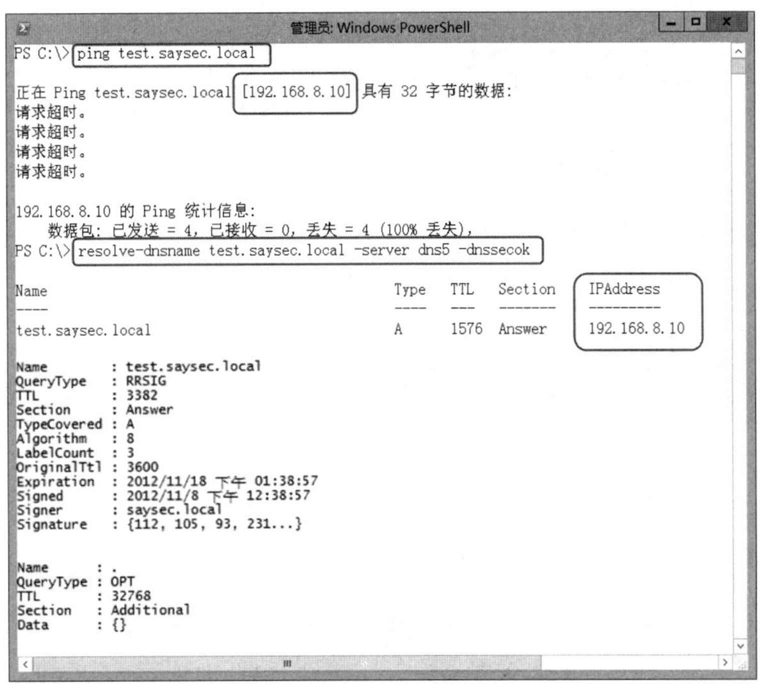
```
PS C:\> ping test.saysec.local

正在 Ping test.saysec.local [192.168.8.10] 具有 32 字节的数据:
请求超时。
请求超时。
请求超时。
请求超时。

192.168.8.10 的 Ping 统计信息:
    数据包: 已发送 = 4, 已接收 = 0, 丢失 = 4 (100% 丢失),
PS C:\> resolve-dnsname test.saysec.local -server dns5 -dnssecok

Name                                    Type   TTL   Section    IPAddress
----                                    ----   ---   -------    ---------
test.saysec.local                       A      1576  Answer     192.168.8.10

Name        : test.saysec.local
QueryType   : RRSIG
TTL         : 3382
Section     : Answer
TypeCovered : A
Algorithm   : 8
LabelCount  : 3
OriginalTtl : 3600
Expiration  : 2012/11/18 下午 01:38:57
Signed      : 2012/11/8 下午 12:38:57
Signer      : saysec.local
Signature   : {112, 105, 93, 231...}

Name      : .
QueryType : OPT
TTL       : 32768
Section   : Additional
Data      : {}
```

图 3-9-22

STEP 23 将DNS5内saysec.local的trust anchor删除，表示DNS5不信任由授权服务器DNS6传来的saysec.local的DNSKEY，也就无法验证客户端所需的记录，无法帮客户端解析IP地址。请执行以下命令后按Enter键来将DNS5内隶属于saysec.local的trust anchor删除（见图3-9-23）：

```
remove-dnsservertrustanchor -name saysec.local
```

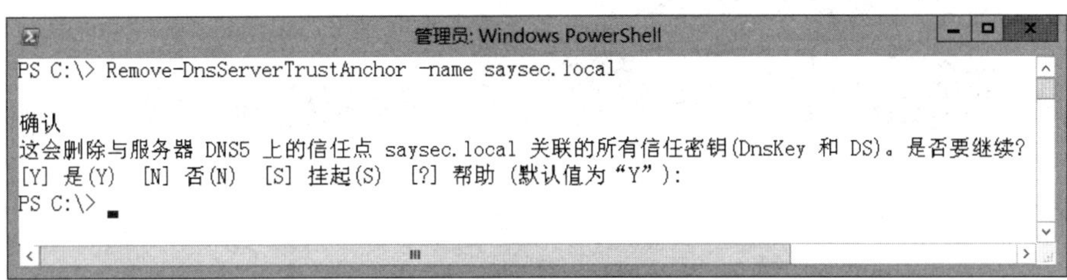
```
PS C:\> Remove-DnsServerTrustAnchor -name saysec.local

确认
这会删除与服务器 DNS5 上的信任点 saysec.local 关联的所有信任密钥(DnsKey 和 DS)。是否要继续?
[Y] 是(Y)  [N] 否(N)  [S] 挂起(S)  [?] 帮助 (默认值为“Y”):
PS C:\>
```

图 3-9-23

STEP 24 可以利用DNS5控制台来确认trust anchor已被删除，如图3-9-24所示在**信任点**处已经没有任何trust anchor（DNSKEY）。

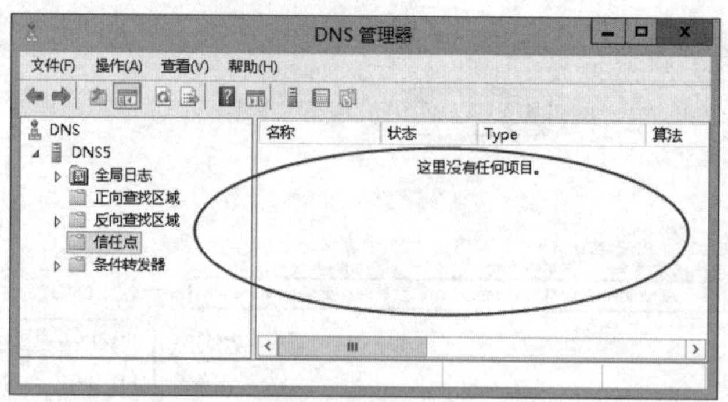

图 3-9-24

附注

除了利用命令删除之外，也可以直接通过DNS控制台来将saysec.local的两个信任点删除。

STEP 25 到客户端win8pc1上先利用**ipconfig /flushdns**来清除DNS缓存内的记录，然后分别利用ping与resolve-dnsname命令来测试，不过这次因为DNS5内没有saysec.local的trust anchor，所以无法验证由DNS6传来的记录，因此ping与resolve-dnsname命令都无法解析到IP地址，如图3-9-25所示，其中resolve-dnsname命令的响应还说明其为不安全的DNS数据包。

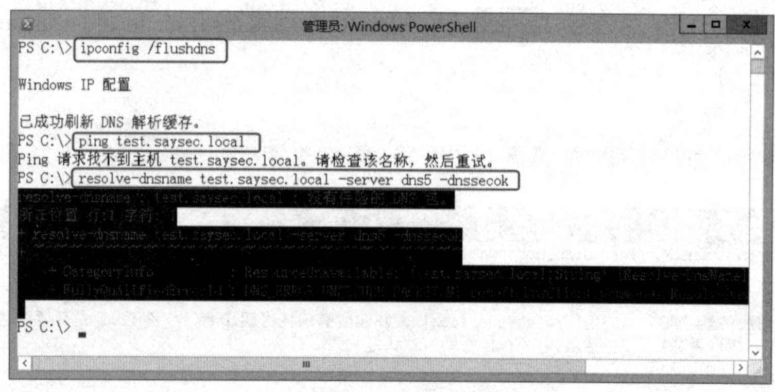

图 3-9-25

STEP 26 到DNS5上重新导入saysec.local的trust anchor：【打开DNS控制台➲如图3-9-26所示，选中并右击**信任点**➲**导入**➲**DNSKEY**➲输入**\\dns6\dns\ keyset-saysec.local**➲单击确定按钮】。

STEP 27 如图3-9-27所示，清除DNS服务器内的DNS缓存。

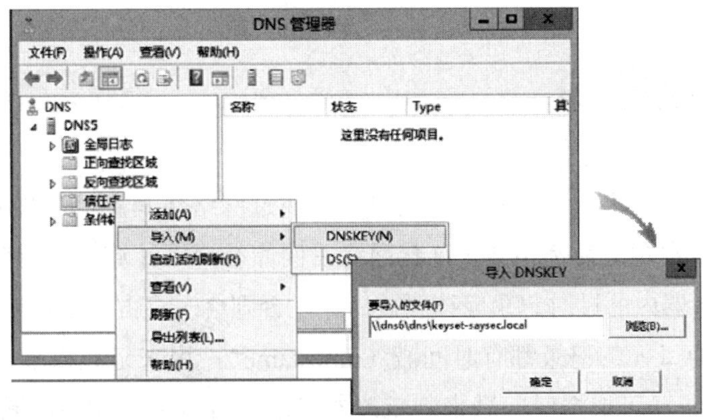

图 3-9-26

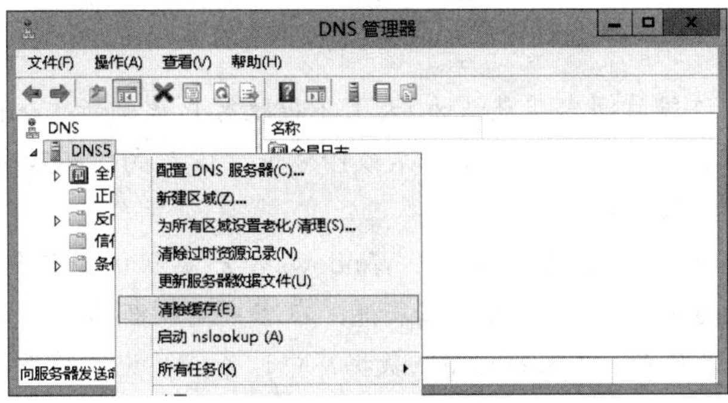

图 3-9-27

STEP 28 到客户端win8pc1上先利用**ipconfig /flushdns**来清除DNS缓存内的记录，然后分别利用ping与resolve-dnsname命令来测试，不过这次因为DNS5内又有了trust anchor（DNSKEY），所以这次由DNS6传来的记录会经过DNS5的验证，因此ping与resolve-dnsname命令都可以解析到IP地址，如图3-9-28所示。

```
管理员: Windows PowerShell
PS C:\> ping test.saysec.local

正在 Ping test.saysec.local [192.168.8.10] 具有 32 字节的数据:
请求超时。
请求超时。
请求超时。
请求超时。

192.168.8.10 的 Ping 统计信息:
    数据包: 已发送 = 4，已接收 = 0，丢失 = 4 (100% 丢失)，
PS C:\> resolve-dnsname test.saysec.local -server dns5 -dnssecok

Name                          Type   TTL   Section    IPAddress
----                          ----   ---   -------    ---------
test.saysec.local             A      1576  Answer     192.168.8.10

Name        : test.saysec.local
QueryType   : RRSIG
TTL         : 3382
Section     : Answer
TypeCovered : A
Algorithm   : 8
LabelCount  : 3
OriginalTtl : 3600
Expiration  : 2012/11/18 下午 01:38:57
Signed      : 2012/11/8 下午 12:38:57
Signer      : saysec.local
Signature   : {112, 105, 93, 231...}

Name      : .
QueryType : OPT
TTL       : 32768
Section   : Additional
Data      : {}
```

图 3-9-28

3.10 清除过期记录

DNS动态更新功能让客户端计算机启动时可以通过网络将其主机名与IP地址注册到DNS服务器内，然而若客户端之后都不会再连接网络，例如客户端计算机已经淘汰，则一段时间后，这条在DNS服务器内的过时记录应该要被清除，否则会一直占用DNS数据库的空间。

客户端所注册的每一条记录都有时间戳（timestamp），用来记载该条记录的注册或更新日期/时间，DNS服务器可根据时间戳来判断该条记录是否过期。DNS区域需要先启用**老化/清理**功能，并设置如何来决定记录是否过期：【选中并右击区域➲**属性**➲单击右下方的老化按钮➲如图3-10-1所示，勾选**清除过时资源记录**】。

- **无刷新间隔**：这段时间内（默认为7天）不接收客户端刷新（refresh）的请求。所谓**刷新**，就是客户端并没有更改主机名或IP地址，仅是向DNS服务器提出重新注册的请求（会更新记录的时间戳）。

  为何不接受客户端刷新的请求呢？Windows客户端默认会每隔24小时提出刷新请求，而以**Active Directory集成区域**来说，在客户端刷新后，即使其主机名与IP地址并未更改，也会修改Active Directory数据库中这条DNS记录的属性，这个修改过的属性会被复制到所有扮演DNS服务器角色的域控制器。

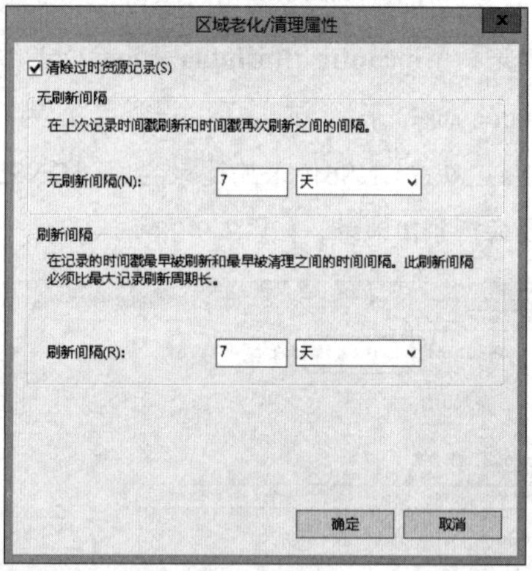

区域老化/清理属性

☑ 清除过时资源记录(S)

无刷新间隔

在上次记录时间戳刷新和时间戳再次刷新之间的间隔。

无刷新间隔(N): 7 天

刷新间隔

在记录的时间戳最早被刷新和最早被清理之间的时间间隔。此刷新间隔必须比最大记录刷新周期长。

刷新间隔(R): 7 天

确定 取消

图 3-10-1

  由于刷新仅是修改时间戳，并没有更改主机名与IP地址，但是却会启动没有必要的复制操作，增加域控制器与网络的负担，因此通过此处的**无刷新间隔**设置，可以减少无谓的复制操作。不过在这段时间内若客户端的主机名或IP地址发生更改，则其提出的更新请求DNS服务器仍然会接受。

- **刷新间隔**：在**无刷新间隔**的时间过后，就进入**刷新间隔**时段，此时DNS服务器会接受客户端的刷新请求。

如果在**无刷新间隔**与**刷新间隔**的时间都过后，客户端仍然没有刷新或更新记录，这条记录就会被视为过期，当系统在执行清除操作时，过期的记录就会被删除。

完成以上的设置后，就可以利用手动或自动方式来执行清除操作，手动清除的方法为：【如图3-10-2所示，选中并右击DNS服务器➲清除过时的资源记录】。

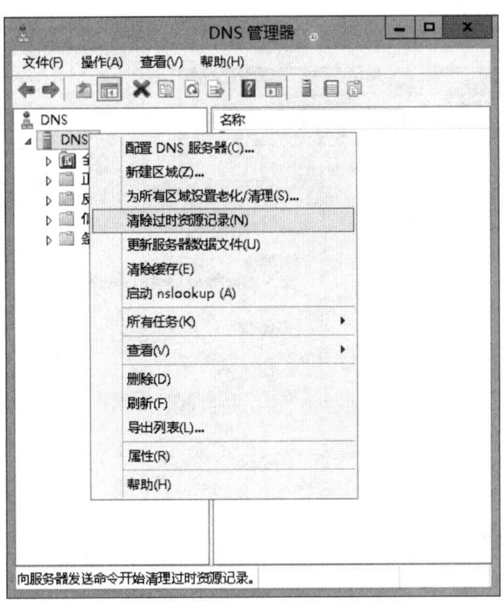

图 3-10-2

自动清除的设置为：【选中并右击DNS服务器➲**属性**➲如图3-10-3所示，勾选**高级**选项卡下的**启用过时记录自动清理**➲输入自动清除的间隔时间】。

图 3-10-3

也可以先设置好DNS服务器**老化/清理**的默认值，以后新建的区域便会自动采用此默认值，不过此默认值只对**Active Directory集成区域**有效，普通区域还是需要另外单独设置：【如图3-10-4所示，选中并右击DNS服务器➲**为所有区域设置老化/清理**➲勾选**清除过时资源记录**➲单击确定按钮➲在图3-10-5选择是否要将此设置应用到现有的**Active Directory集成区域**➲单击确定按钮】。

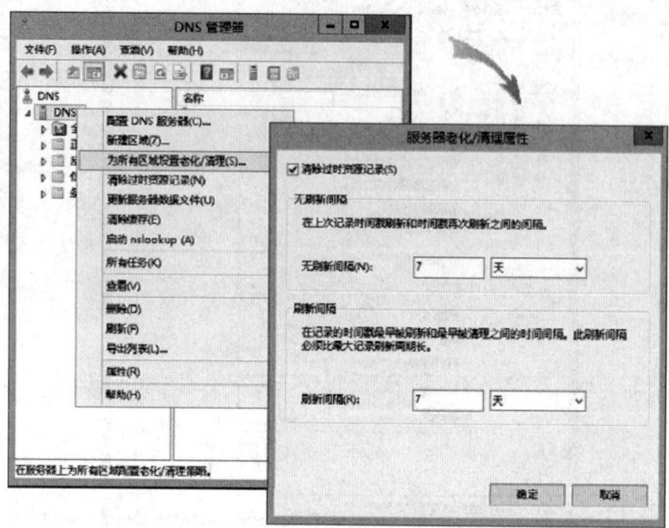

图 3-10-4

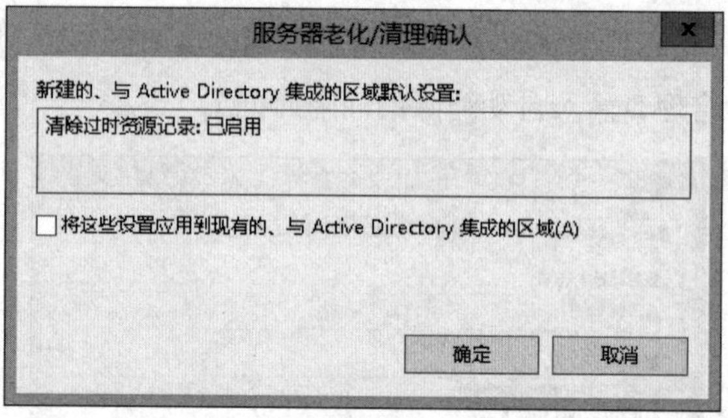

图 3-10-5

第 4 章　IIS 网站的架设

Windows Server 2012 R2的 Internet Information Services（IIS）网站的模块化设计，可以减少被攻击面并减轻管理负担，让系统管理员更容易架设安全的、具备高扩展性的网站。

- 环境设置与安装IIS
- 网站的基本设置
- 物理目录与虚拟目录
- 建立新网站
- 网站的安全性
- 远程管理IIS网站与功能委派
- 通过WebDAV管理网站上的文件
- 网站应用程序的设置
- 网站的其他设置

4.1 环境设置与安装IIS网站

若IIS网站（Web服务器）要对Internet用户提供服务，则此网站应该要有一个网址，例如www.sayms.com，不过可能需要先完成以下工作。

- **申请DNS域名**：可以向Internet服务提供商（ISP）申请DNS域名（例如sayms.com），或到Internet上查找提供DNS域名申请服务的机构。
- **注册管辖此域的DNS服务器**：需要将网站的网址（例如www.sayms.com）与IP地址输入到管辖此域（sayms.com）的DNS服务器内，以便让Internet上的计算机可通过此DNS服务器来得知网站的IP地址。此DNS服务器可以是：
  - 自行搭建的DNS服务器。不过需要让外界知道此DNS服务器的IP地址，也就是注册此DNS服务器的IP地址，可以在域名申请服务机构的网站上注册。
  - 直接使用域名申请服务机构的DNS服务器（若提供此服务）。
- **在DNS服务器内建立网站的主机记录**：如前所述需在管辖此域的DNS服务器内建立主机记录（A），其内记录着网站的网址（例如www.sayms.com）与其IP地址。

4.1.1 环境设置

我们将通过图4-1-1来解说与练习本章的内容，图中采用虚拟的最高层域名称**.local**，请先自行搭建好图中的3台计算机，然后依照以下说明来设置。

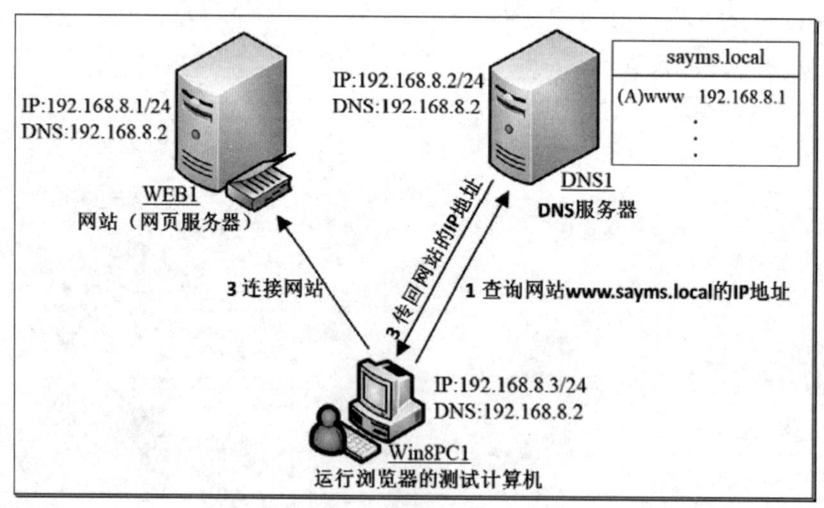

图4-1-1

> **附注**
>
> 若要简化测试环境，可以将网站与DNS服务器都配置到同一台计算机上。若要再简化，可以撤掉DNS服务器，然后直接将网站的网址与IP地址输入到测试计算机Win8PC1的Hosts文件内（参考第3章的说明）。

- **网站WEB1的设置**：假设这台计算机是Windows Server 2012 R2，请依照图4-1-1来设置计算机名称、IP地址与首选DNS服务器的IP地址（图中采用TCP/IPv4）。
- **DNS服务器DNS1的设置**：假设此计算机是Windows Server 2012 R2，请依照图4-1-1来设置计算机名称、IP地址与首选DNS服务器的IP地址，然后通过【打开**服务器管理器**➲单击**仪表板**处的**添加角色和功能**】的方法来安装DNS服务器，建立一个名称为sayms.local的正向查找区域，在此区域内建立网站的主机记录，如图4-1-2所示。

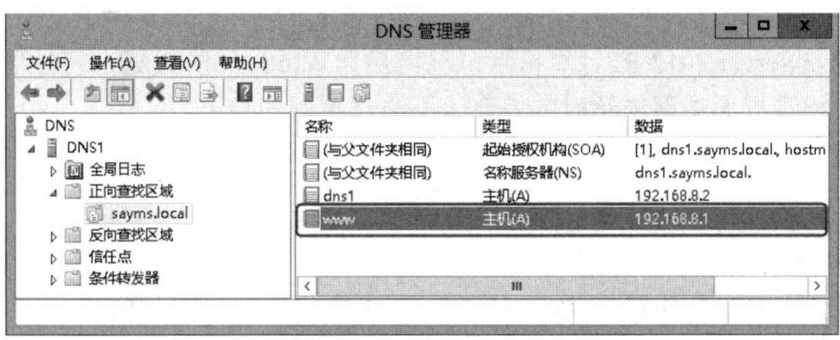

图 4-1-2

- **测试计算机Win8PC1的设置**：请依照图4-1-1来设置计算机名称、IP地址与首选DNS服务器的IP地址。为了让它能够解析到网站www.sayms.local的IP地址，故将其首选DNS服务器直接指定到DNS服务器192.168.8.2，如图4-1-3所示。

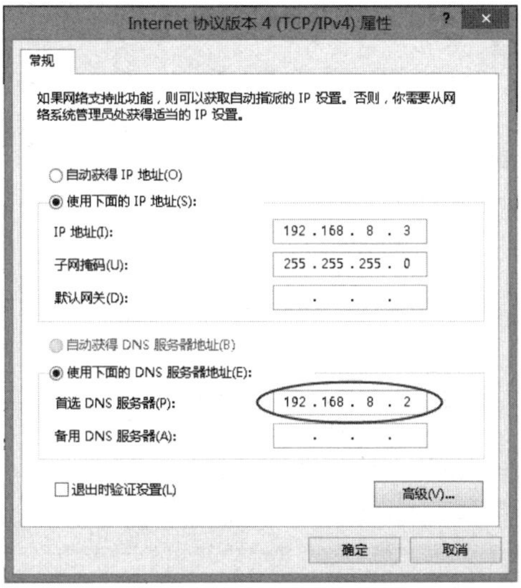

图 4-1-3

然后【按⊞+R键➲执行CMD➲如图4-1-4所示，利用ping命令来测试是否可以解析到网站www.sayms.local的IP地址】，图中为解析成功的界面。

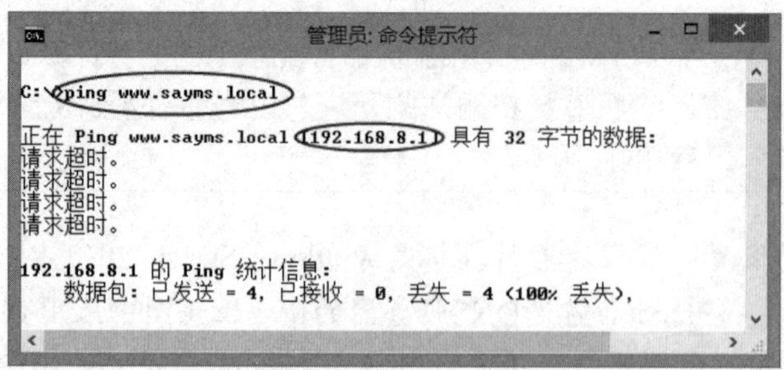

图4-1-4

因为Windows Server 2012 R2计算机默认已经启用**Windows防火墙**，它会阻挡ping命令数据包，故会出现界面中**请求超时**的信息（不必理会此信息）。

4.1.2 安装Web服务器（IIS）

我们要通过添加**Web服务器（IIS）**角色的方式来将网站安装到图4-1-1中的WEB1上：打开**服务器管理器**➲单击**仪表板**处的**添加角色和功能**➲持续单击下一步按钮，直到出现如图4-1-5所示的**选择服务器角色**界面时，勾选**Web服务器（IIS）**➲单击添加功能按钮➲持续单击下一步按钮，直到出现**确认安装选项**界面时单击安装按钮。

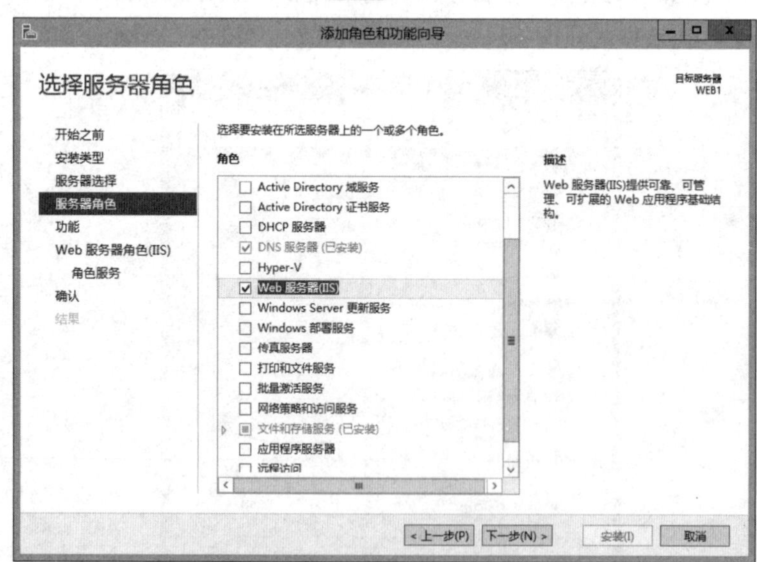

图4-1-5

也可以在**命令提示符**（或Windows PowerShell）环境下通过执行**pkgmgr.exe**命令来安装**Web服务器（IIS）**。

4.1.3 测试IIS网站是否安装成功

安装完成后，可通过【打开**服务器管理器**➲单击右上方**工具**菜单➲ Internet Information Services（IIS）管理器】或【按Windows键（⊞）切换到**开始**菜单➲**管理工具**➲**Information Services（IIS）管理器**】的方法来管理IIS网站，在单击计算机名称后会出现图4-1-6所示的对话框，可以暂时单击否按钮或取消按钮（Microsoft Web Platform将在4.8小节介绍）。

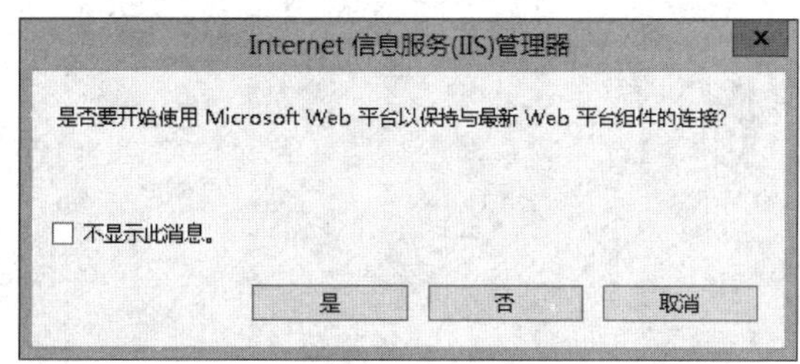

图 4-1-6

接着会出现如图4-1-7所示的**Internet信息服务（IIS）管理器**界面，其中已经有一个名称为**Default Web Site**的内置网站。

图 4-1-7

接下来测试网站是否正常工作：到图4-1-1中测试计算机Win8PC1上打开浏览器Internet Explorer（假设是桌面版IE），然后通过以下几种方式之一来连接网站。

- **利用DNS网址http://www.sayms.local/**：此时它会先通过DNS服务器来查询网站www.sayms.local的IP地址后再连接此网站。

- **利用IP地址http://192.168.8.1/**。
- **利用计算机名http://WEB1/**：它适合局域网内的计算机来连接，由于它可能需要利用NetBIOS广播方式来查找网站WEB1的IP地址，然而网站的**Windows防火墙**会阻挡此广播消息，因此请先将网站WEB1的**Windows防火墙**关闭。

如果一切正常，应该就会看到图4-1-8所示的默认网页。可以通过图4-1-7右边的**操作**窗格来停止、启动或重新启动此网站。

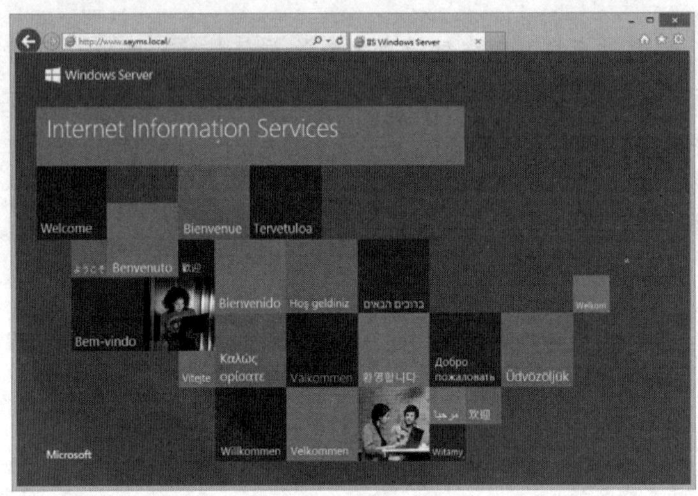

图4-1-8

4.2　网站的基本设置

可以直接利用Default Web Site来作为你的网站或另外建立一个新网站。本节将利用Default Web Site（网址为www.sayms.local）来说明网站的设置。

4.2.1　网页存储位置与默认主页

当用户利用**http://www.sayms.local/**连接Default Web Site时，此网站会自动将首页发送给用户的浏览器，而这个首页存储在网站的**主目录**（home directory）内。

1. 网页存储位置的设置

要查看网站主目录，请如图4-2-1所示单击网站Default Web Site右边**操作**窗格的**基本设置**，然后通过**编辑网站**对话框中的**物理路径**来查看，由图4-2-1可知主目录默认被设置到文件夹%SystemDrive%\inetpub\wwwroot，其中的%SystemDrive%就是安装Windows Server 2012 R2的磁盘，一般是C盘。

图 4-2-1

可以将主目录的物理路径更改到本地计算机的其他文件夹。也可以将网页存储到其他计算机的共享文件夹内，然后将主目录指定到此共享文件夹，也就是在图4-2-1**物理路径**中输入其他计算机的共享文件夹的UNC路径（或通过右边的...按钮）。

当用户浏览此网站的网页时，网站会到此共享文件夹读取网页给用户，不过网站需提供有权访问此共享文件夹的用户名与密码：【如图4-2-2所示，单击连接为按钮➲单击设置按钮➲输入该计算机的用户名与密码】，例如图中的用户名为Administrator。完成后建议通过背景图中的测试设置按钮来测试是否可以正常连接此共享文件夹。

附注

以上与主目录有关的设置也可以通过【单击Default Web Site右边**操作**窗格的**高级设置**➲**物理路径**与**物理路径凭据**】来设置。

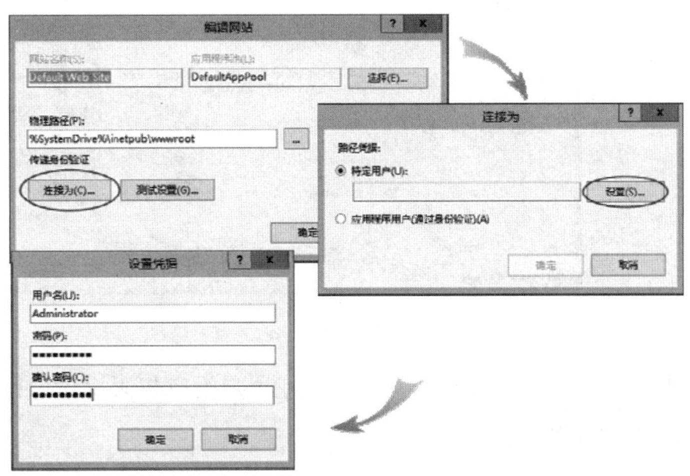

图 4-2-2

2．默认的首页文件

当用户连接Default Web Site时，此网站会自动将位于主目录内的首页传送给用户的浏览器，然而网站所读取的首页文件是什么呢？可以双击图4-2-3中的**默认文档**，然后通过前景图来设置。

图中列表内共有5个文件，网站会先读取最上面的文件（Default.htm），若主目录内没有此文件，则依序读取之后的文件。可通过右侧**操作**窗格内的**上移**、**下移**来调整读取这些文件的顺序，也可通过单击添加按钮来添加默认文档。

> 附注
>
> 图中文件名右侧**条目类型**的**继承**，表示这些设置是从计算机设置继承来的，可以通过【在**IIS管理器**中单击计算机名称WEB1➲双击**默认文件**】来更改这些默认值，以后添加的网站都会继承这些默认值。

由于Default Web Site的主目录内（%Systemdrive%\inetpub\wwwroot）目前只有一个文件名为**iisstart.htm**的网页，因此网站会直接将此网页传送给用户的浏览器。

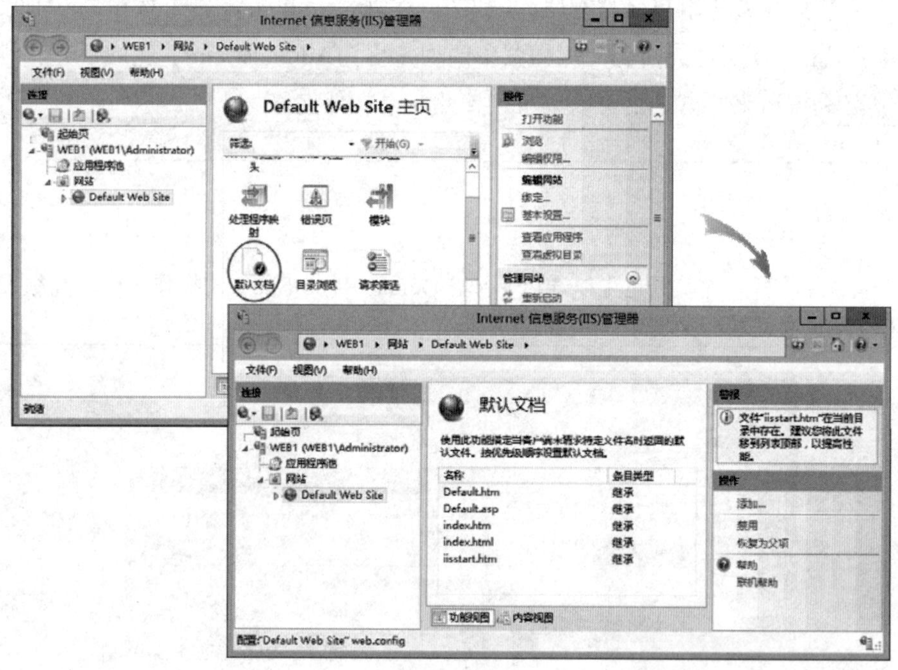

图 4-2-3

若在主目录内找不到列表中任何一个网页文件或用户没有权限来读取网页文件，则浏览器界面上会出现类似图4-2-4的信息。

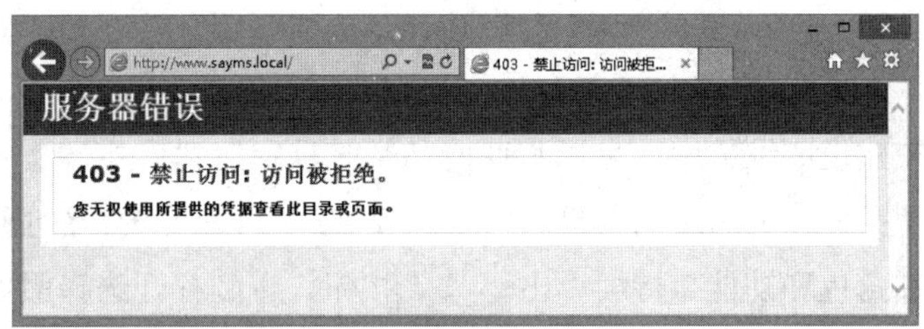

图 4-2-4

4.2.2 新建default.htm文件

为了便于练习，我们将在主目录内利用**记事本**新建一个文件名为default.htm的网页，如图4-2-5所示，此文件的内容如图4-2-6所示。建议先在**文件资源管理器**内单击上方的**查看**、勾选**扩展名**，这样在图4-2-5才看得到文件default.htm的扩展名.htm。

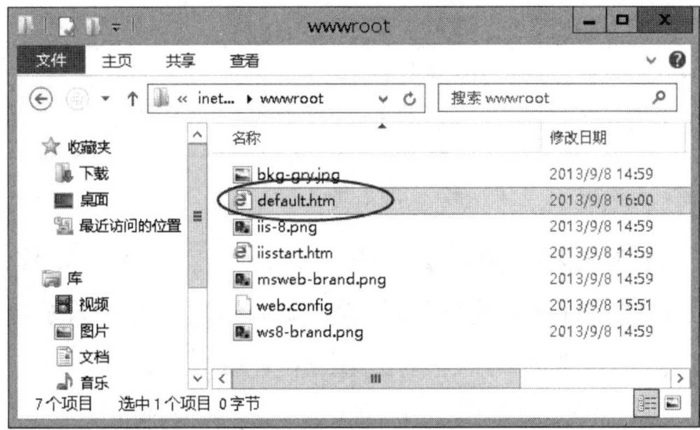

图 4-2-5

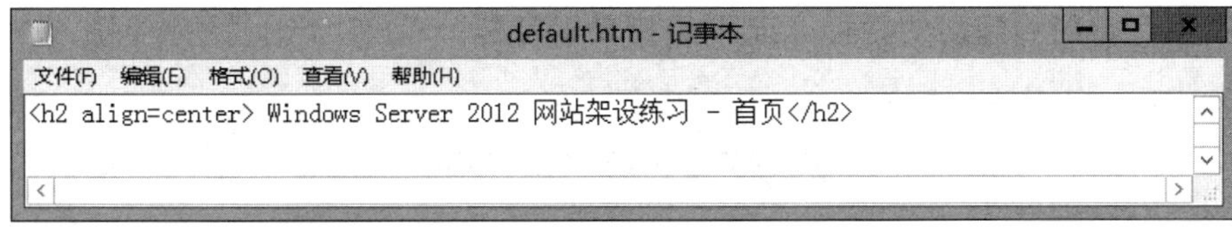

图 4-2-6

请确认图4-2-3列表中的default.htm排列在iisstart.htm的前面，完成后到测试计算机Win8PC1上连接此网站，此时所看到的内容将会如图4-2-7所示。

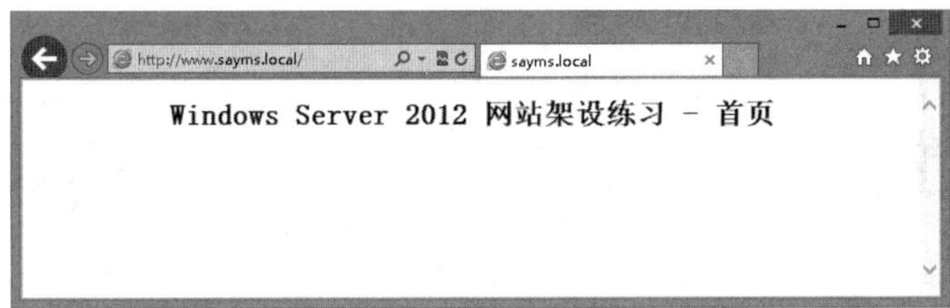

图 4-2-7

4.2.3 HTTP重定向

若网站内容正在建设或维护中，可以将此网站暂时重定向到另外一个网站，此时用户连接网站，所看到的是另外一个网站的网页。需要先安装**HTTP重定向**:【打开**服务器管理器**➲单击**仪表板**处的**添加角色和功能**➲持续单击下一步按钮，直到打开**选择服务器角色**界面➲如图4-2-8所示，展开**Web服务器（IIS）**➲勾选**HTTP重定向**➲……】。

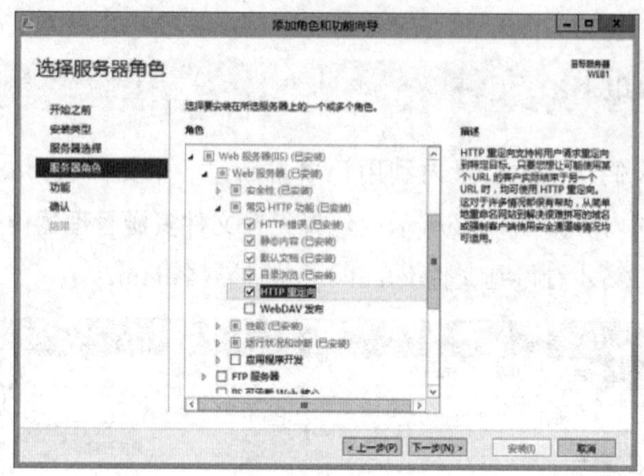

图4-2-8

接下来请重新打开**IIS管理器**，然后【如图4-2-9所示，双击Default Web Site中的**HTTP重定向**➲勾选**将请求重定向到此目标**➲输入目的地网址➲勾选**将所有请求重定向到确切的目标（而不是相对于目标）**】，图中将连接此网站（www.sayms.local）的请求重定向到www.sayiis.com。默认值是相对重定向，也就是若原网站收到http://www.sayms.local/default.htm的请求，则它会将其导向到相同的首页http://www.sayiis.com/default.htm。但若如图所示勾选**将所有请求重定向到确切的目标（而不是相对于目标）**，则它会由目的地网站来决定要显示的首页文件。

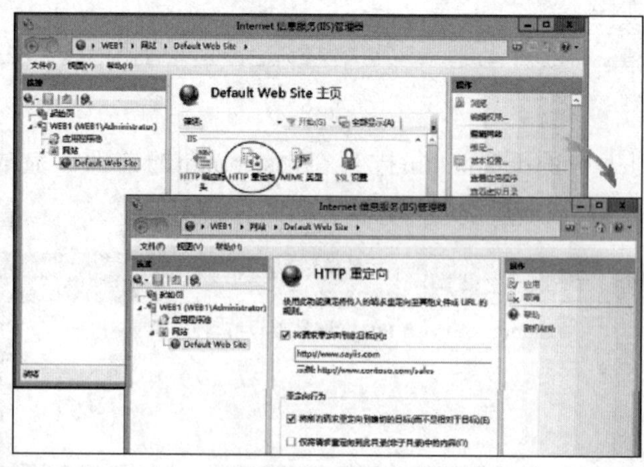

图4-2-9

4.2.4 导出设置与使用共享设置

可以将网站的设置导出到本地计算机或网络计算机内，以供日后有需要时使用：【单击图4-2-10中的计算机名称➲双击**共享的配置**➲单击图4-2-11中**导出配置**、设置导出目的地文件夹、输入加密密钥➲……】。若是将其导出到其他计算机共享文件夹，则还需要单击连接为按钮，然后输入有权限将文件写入到此文件夹的用户名与密码。

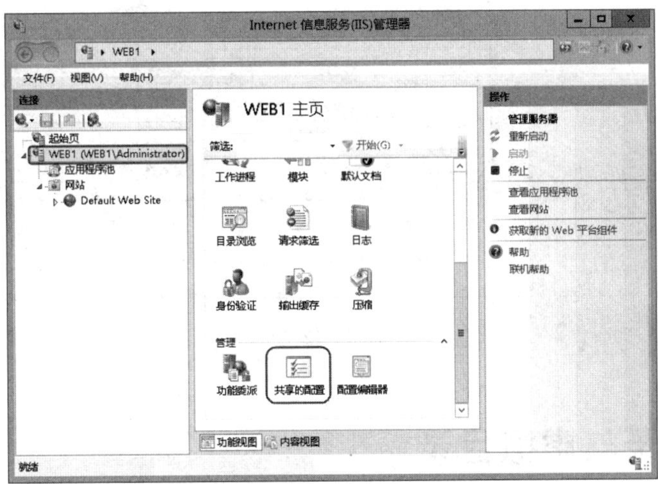

图 4-2-10

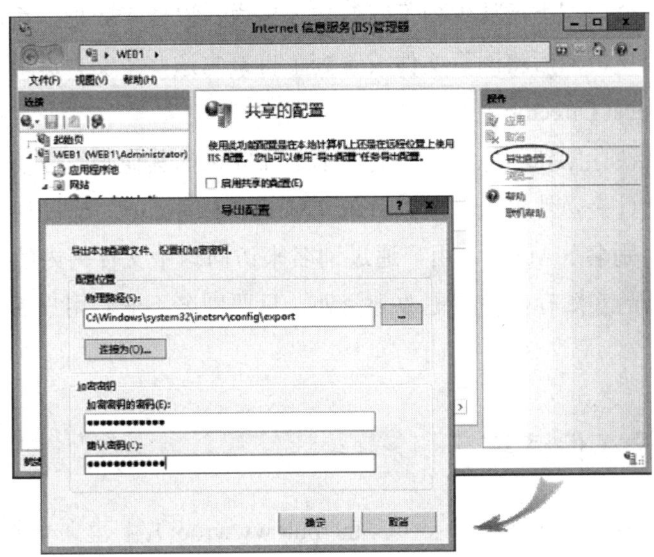

图 4-2-11

导出的设置可供以后使用，例如如果网站重新搭建，只要将之前所导出的设置重新导入，就可以恢复设置。这些设置也可以供其他的计算机来共享使用。导入设置的方法为：【如图4-2-12所示，勾选**启用共享的配置**➲输入存储配置文件的物理路径➲输入有权限访问配置文件的用户名与密码➲单击右上方的**应用**➲在**加密密钥的密码**对话框中输入当初导出时所设置

的加密密钥密码➲单击确定按钮➲取消勾选**启用共享的配置**】。

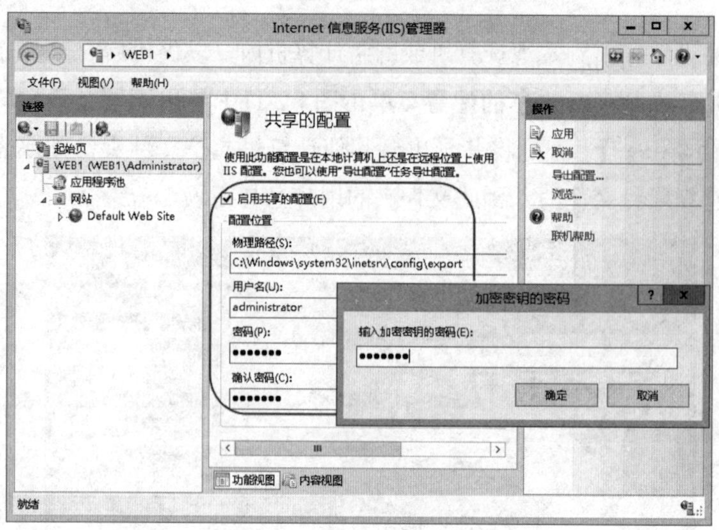

图 4-2-12

4.3 物理目录与虚拟目录

应该将网页文件分门别类后放置到不同的文件夹内，以便于管理。可以直接在网站主目录下建立多个子文件夹，然后将网页文件放置到主目录与这些子文件夹内，这些子文件夹被称为**物理目录**（Physical Directory）。

也可以将网页文件存储到其他位置，例如本地计算机的其他磁盘驱动器内的文件夹，或其他计算机的共享文件夹，然后通过**虚拟目录**（Virtual Directory）来映射这个文件夹。每一个虚拟目录都有一个**别名**（Alias），用户通过别名来访问这个文件夹内的网页。虚拟目录的好处是：不论将网页的实际存储位置更改到何处，只要别名不变，用户都可以通过相同的别名来访问网页。

4.3.1 物理目录实例演练

假设要如图4-3-1所示在网站主目录（C:\inetpub\wwwroot）下建立一个名称为telephone的文件夹，并在其中建立一个名称为default.htm的首页文件，此文件内容如图4-3-2所示。

图 4-3-1

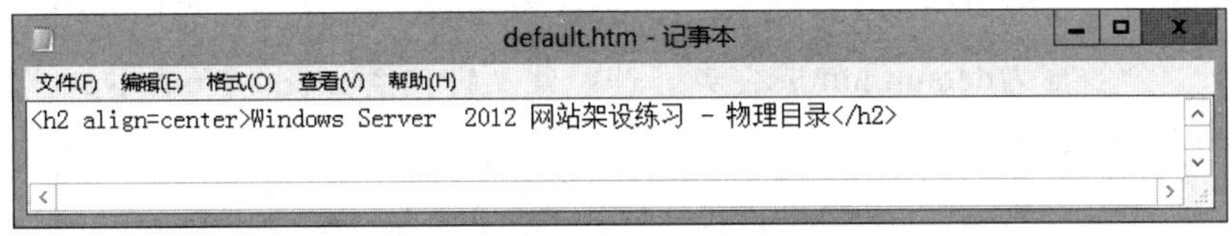

图 4-3-2

我们可以从图4-3-3的**Internet信息管理器（IIS）管理器**界面左侧看到Default Web Site网站内多了一个物理目录telephone（可能需要刷新界面），在单击下方的**内容视图**后，便可以在图中间看到此目录内的文件default.htm。

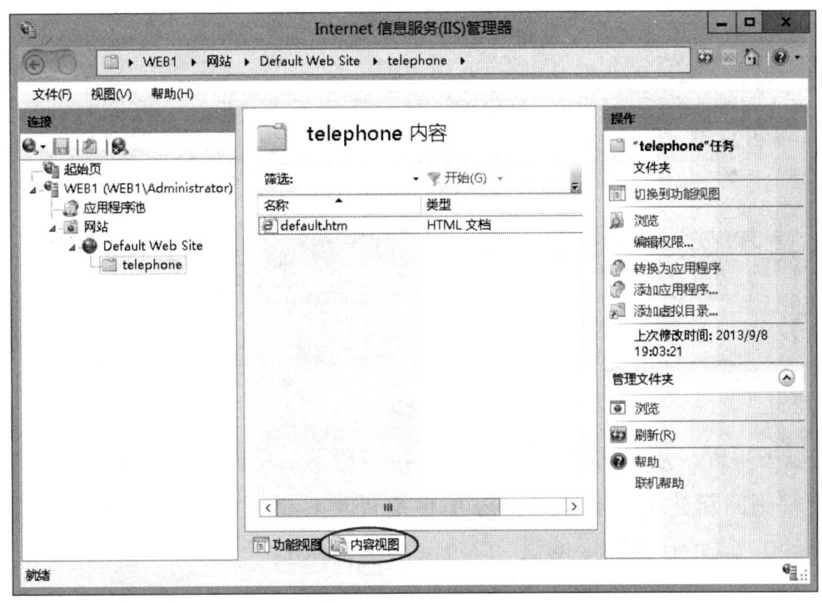

图 4-3-3

接着到测试计算机Win8PC1上运行网页浏览器Internet Explorer，然后输入**http://www.sayms.local/telephone/**来测试，此时应该会看到图4-3-4所示的界面，它是从网站主目录（C:\inetpub\wwwroot）下的telephone\default.htm读取的。

图 4-3-4

4.3.2 虚拟目录实例演练

假设要在网站的C:磁盘驱动器下建立一个名称为video的文件夹（见图4-3-5），然后在此文件夹内建立一个名称为default.htm的首页文件，此文件内容如图4-3-6所示。我们会将网站的虚拟目录映射到此文件夹。

图 4-3-5

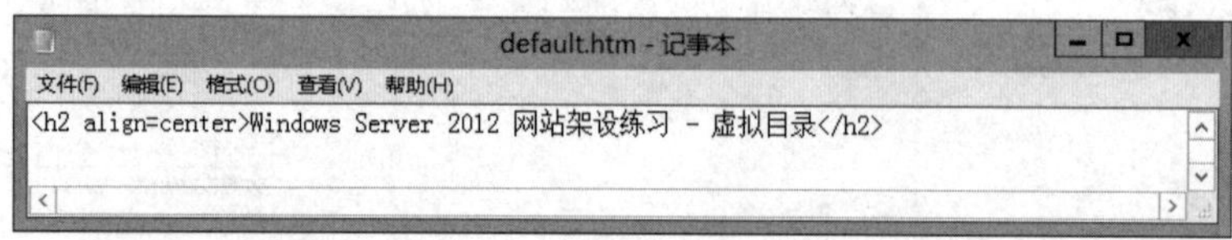

图 4-3-6

接着通过以下步骤来建立虚拟目录：【如图4-3-7所示，单击Default Web Site➲单击下方**内容视图**➲单击右侧的**新建虚拟目录**➲在**添加虚拟目录**对话框中输入别名（自行命名，例如video）➲输入或浏览到物理路径C:\video后单击确定按钮】。

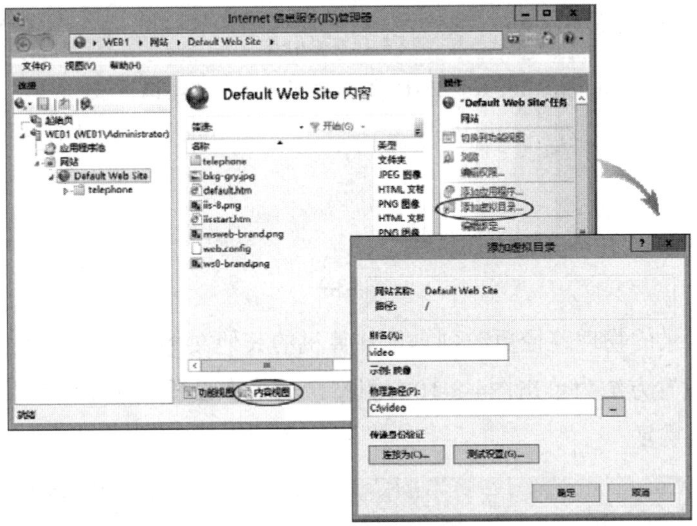

图 4-3-7

我们可以从图4-3-8中看到Default Web Site网站内多了一个虚拟目录video（可能需要刷新界面），在单击下方的**内容视图**后，便可以在图中间看到此目录内的文件default.htm。

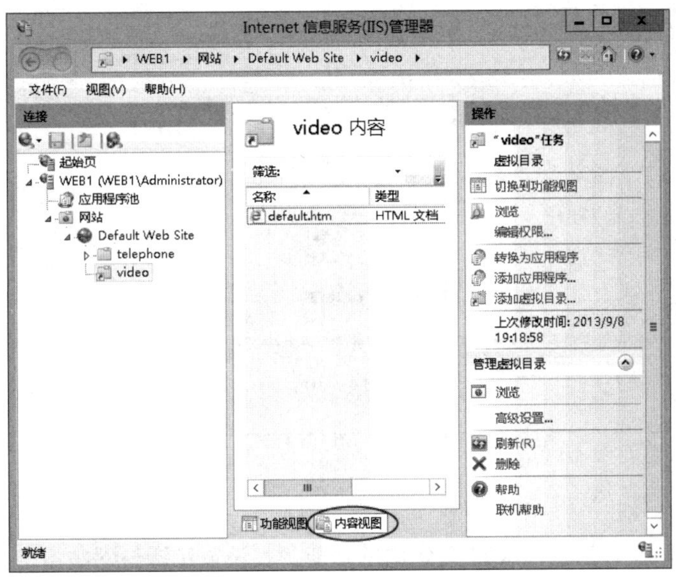

图 4-3-8

接着到测试计算机Win8PC1上运行网页浏览器Internet Explorer，然后输入**http://www.sayms.local/video/**来测试，此时应该会出现图4-3-9所示的界面，此界面的内容就是从虚拟目录的物理路径（C:\video）下的default.htm读取的。

图 4-3-9

可以将虚拟目录的物理路径更改到本地计算机的其他文件夹，或网络上其他计算机的共享文件夹内，其设置方法为单击图4-3-10右侧窗格的**基本设置**，接下来的步骤与主目录的设置相同，此处不再重复。

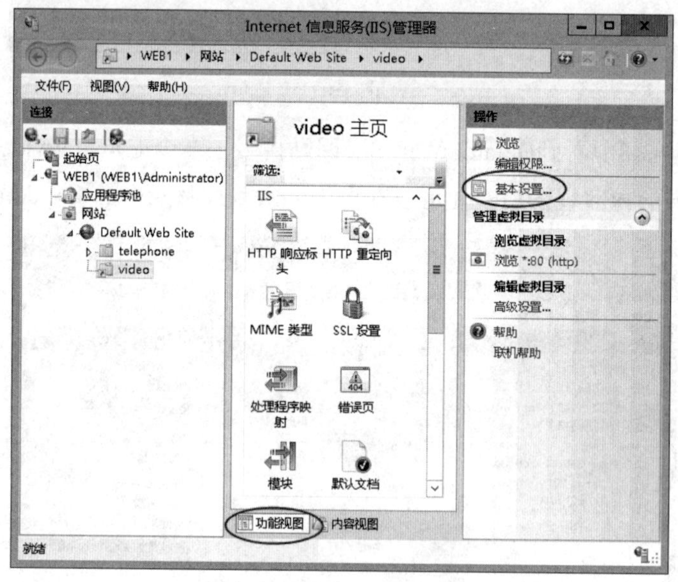

图 4-3-10

> **附注**
>
> 物理目录与虚拟目录也有**HTTP重定向**的功能，其设置步骤与网站重定向类似，请参考4.2.3小节中**HTTP重定向**的说明。

4.4 建立新网站

IIS支持在一台计算机上同时建立多个网站，例如可以在一台计算机内建立三个网站www.sayms.local、support.sayms.local与training.sayms.local。

然而为了能够正确地区分出这些网站，必须给予每一个网站唯一的标识信息。用来识别

网站的标识信息有**主机名、IP地址**与**TCP端口号**，这台计算机内所有网站的三个标识信息不能完全相同。

- **主机名**：若这台计算机只有一个IP地址，则可以采用主机名来区分这些网站，也就是每一个网站各有一个主机名，例如主机名分别为www.sayms.local、support.sayms.local与training.sayms.local。
- **IP地址**：也就是每一个网站各有一个唯一的IP地址。启用SSL（Secure Sockets Layers）安全连接功能的网站，例如对Internet用户提供服务的商业网站，适合使用此方法。
- **TCP端口号**：每一个网站分别拥有不同的TCP端口号（Port number），以便让IIS计算机利用端口号来区别这些网站。此方法比较适合对内部用户提供服务的网站或测试用的网站。

4.4.1 利用主机名来标识网站

我们将利用主机名来区别这台计算机内的两个网站，其设置如表 4-4-1所示。其中一个为内置的Default Web Site，另一个网站Support需要另外建立。

表 4-4-1

网站名称	主机名	IP地址	TCP端口	主目录
Default Web Site	www.sayms.local	192.168.8.1	80	C:\inetpub\wwwroot
Support	support.sayms.local	192.168.8.1	80	C:\inetpub\support

1. 将网站名称与 IP 地址注册到 DNS 服务器

为了让客户端能通过DNS服务器查询到www.sayms.local与support.sayms.local的IP地址，请先将这两个网址与IP地址注册到DNS服务器，到DNS服务器上通过【选中并右击sayms.local区域➲添加主机】的方法，如图4-4-1所示为完成后的界面。

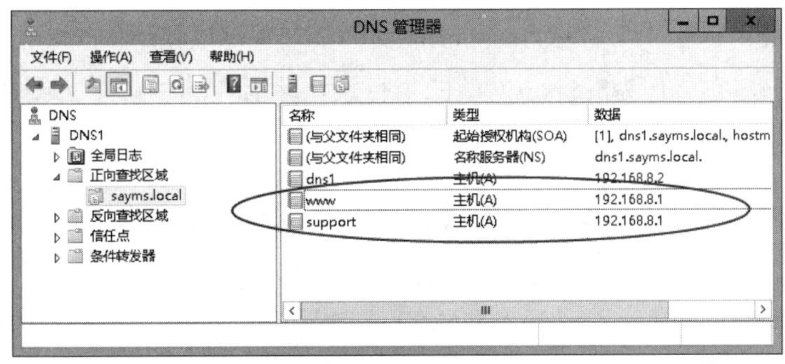

图4-4-1

2. 设置 Default Web Site 的主机名

网站Default Web Site当前并没有主机名，因此需另外新建：【如图4-4-2所示，单击Default Web Site右侧的**绑定**➲单击列表中类型为http的项目➲单击编辑按钮➲在**主机名**处输入www.sayms.local，其余字段不变➲……】，注意此主机名需要与DNS服务器中的主机记录相同。

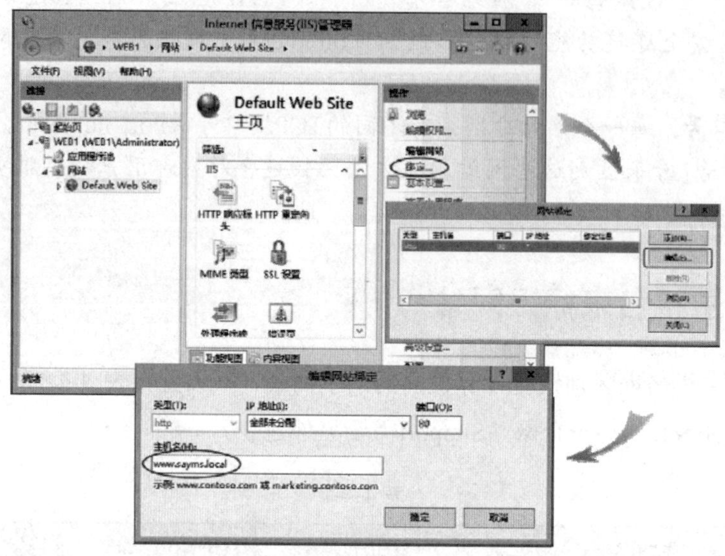

图4-4-2

> **附注**
>
> 指定主机名www.sayms.local后，客户端便需利用网址www.sayms.local来连接此网站，不能直接利用IP地址来连接，例如利用http://192.168.8.1/将无法连接此网站，除非再新建一个名称为**192.168.8.1**的主机名。

3. 建立 Support 网站的主目录与 default.htm

请在C:\inetpub下建立一个名称为support的文件夹（也可以使用位于其他地点的文件夹，例如C:\wwwroot2），它将作为Support网站的主目录，然后在其中新建文件名为default.htm的首页文件，此文件的内容如图4-4-3所示。

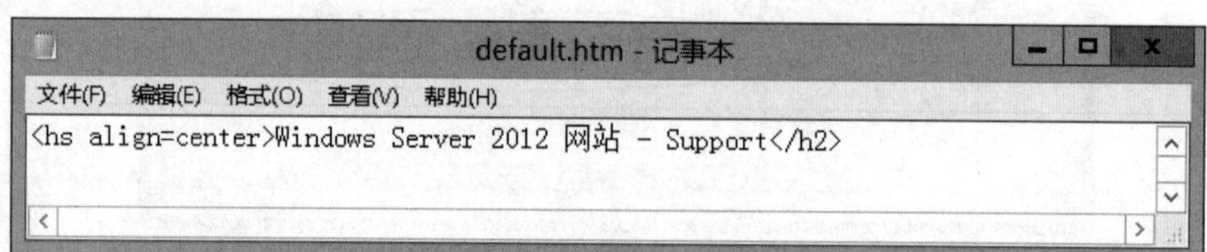

图4-4-3

4. 建立 Support 网站

建立第2个网站Support的方法为：【如图4-4-4所示，单击**站点**界面下方的**内容视图**➲单击右侧窗格的**添加网站**➲参考以下说明来设置**添加网站**对话框中的项目】。

- **网站名称**：自行设置易于识别的名称，例如图中的Support。
- **应用程序池**：每一个应用程序池都拥有一个独立环境，系统会自动为每一个新网站建立一个应用程序池（其名称与网站名称相同），然后让此新网站在这个拥有独立环境的新应用程序池内运行，让此网站运行更稳定、不受其他应用程序池内网站的影响。默认网站Default Web Site位于内置的DefaultAppPool应用程序池内。可以通过**IIS管理器**控制台内的**应用程序池**来管理应用程序池，例如更改池名称。
- **物理路径**：设置主目录的文件夹，例如图中将其指定到C:\inetpub\support。
- **绑定**：保留默认值即可，留待后面再详细说明。由于此计算机当前只有一个IP地址192.168.8.1，因此网站就是使用这个IP地址。
- **主机名**：此处请将主机名设置为support.sayms.local。

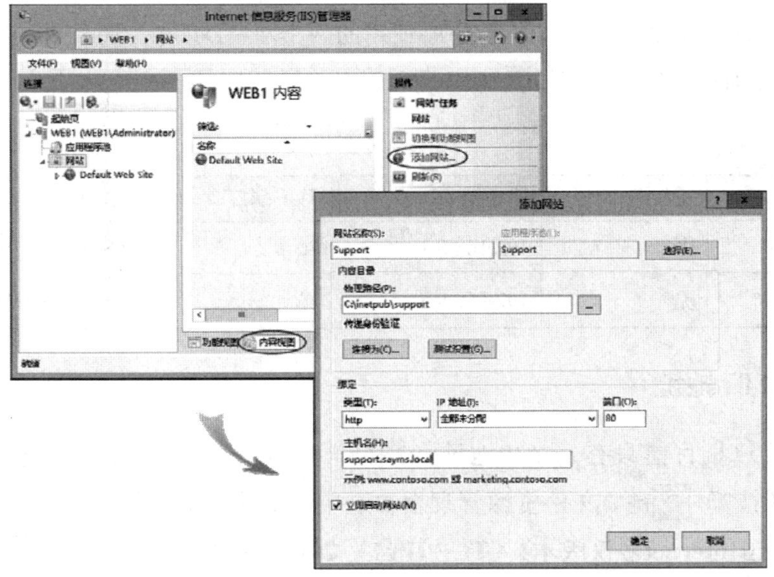

图4-4-4

5. 连接网站测试

请到测试计算机Win8PC1上启动IE浏览器，然后分别利用http://www.sayms.local/与http://support.sayms.local/来连接这两个网站，由于连接时浏览器发送到IIS计算机的数据包内除了包含IIS计算机的IP地址之外，还包含着网址（www.sayms.local或support.sayms.local），因此IIS计算机在对比此网址与网站的主机名后，便可得知所要连接的网站。图4-4-5与图4-4-6分别为连接到这两个网站的界面。

图4-4-5

图4-4-6

4.4.2 利用IP地址来标识网站

若IIS计算机有多个IP地址，则可以利用为每一个网站分配一个IP地址的方式来搭建多个网站。下面我们将直接修改前一个练习中所使用的两个网站Default Web Site与Support，每一个网站各有一个唯一的IP地址，如表4-4-2所示。

表4-4-2

网站名称	主机名	IP地址	TCP端口	主目录
Default Web Site	无	192.168.8.1	80	C:\inetpub\wwwroot
Support	无	192.168.8.5	80	C:\inetpub\support

1. 添加IP地址

这台IIS计算机目前只有一个IP地址192.168.8.1，我们要替它额外再添加一个IP地址192.168.8.5：【按⊞+X键➲**文件资源管理器**➲选中并右击**网络**➲**属性**➲单击**以太网**➲单击属性按钮➲单击**Internet协议版本4（TCP/IPv4）**➲单击属性按钮➲单击高级按钮➲单击图4-4-7中的添加按钮➲……】，此为完成新增IP地址192.168.8.5后的界面。

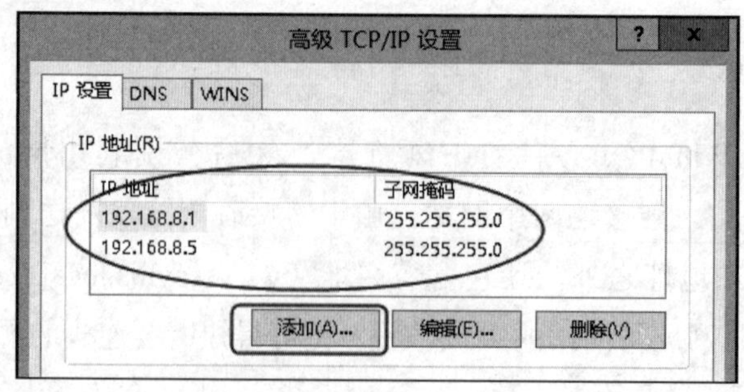

图4-4-7

2. DNS 服务器、主目录与 default.htm 的设置

DNS服务器的设置、网站主目录与Default.htm等都仍然沿用前一个练习的设置，在DNS服务器内www.sayms.local的IP地址仍为192.168.8.1，但是support.sayms.local的IP地址需改为如图4-4-8所示的192.168.8.5。

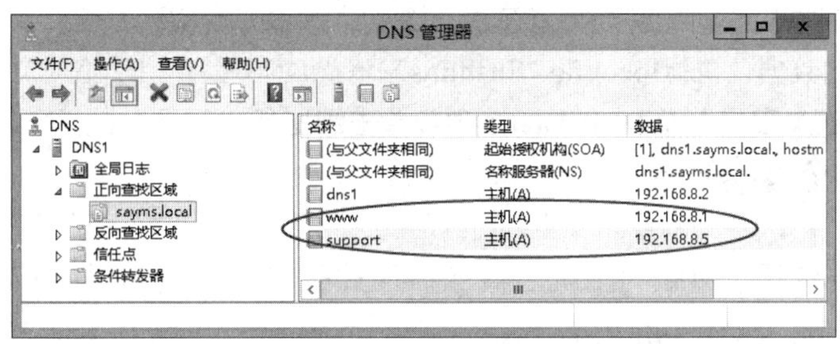

图 4-4-8

3. Default Web Site 与 Support 网站的设置

我们仍然沿用前一个练习的Default Web Site与Support网站，不过需将Default Web Site的IP地址指定到192.168.8.1，清除其主机名（此演练假设不设置主机名）：【如图4-4-9所示，单击Default Web Site右侧窗格的**绑定**➲选择列表中的http项目➲单击编辑按钮➲在**编辑网站绑定**对话框中选择IP地址192.168.8.1➲清除主机名】。接着执行相同步骤将Support网站的IP地址指定到192.168.8.5，清除主机名。

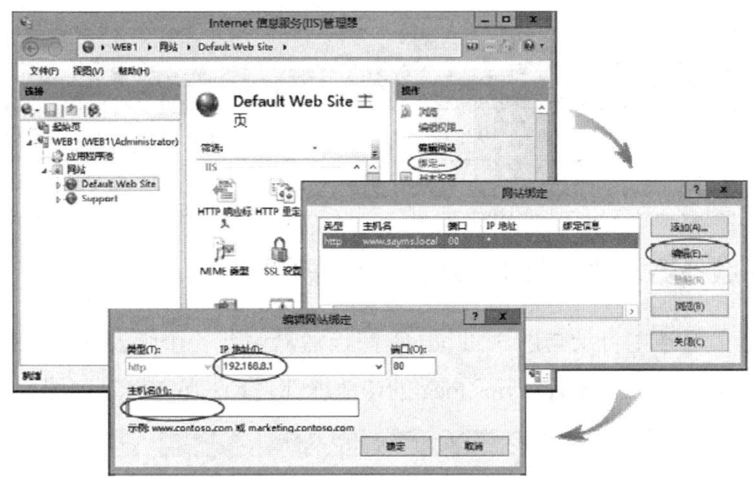

图 4-4-9

4. 连接网站测试

请到测试计算机Win8PC1上运行IE浏览器，然后分别利用http://www.sayms.local/与http://support.sayms.local/来连接这两个网站，由于这两个网址分别绑定到的IP地址为

192.168.8.1与192.168.8.5，因此应该会分别连接到Default Web Site与Support网站（请参考图4-4-5与图4-4-6的界面）。

> **注意**
>
> 由于DNS缓存与IE 临时文件内可能还有旧数据，因而干扰实验结果，因此需要先清除这两个区域内的数据：执行**ipconfig /flushdns**来清除DNS缓存；IE 临时文件清除：【打开IE➲单击Alt键➲**工具**菜单➲**Internet选项**➲单击**浏览历史记录**处的删除按钮➲单击删除按钮】，或按Ctrl+F5键要求IE直接连接网站（忽略临时文件）。

由于我们已经将两个网站的主机名清除，因此也可以直接利用IP地址来连接这两个网站，例如http://192.168.8.1/与http://192.168.8.5/。

4.4.3 利用TCP端口来标识网站

想要在IIS计算机内搭建多个网站，但是此计算机却只有一个IP地址时，除了利用主机名之外，还可以利用TCP端口来达到目的，它的做法是让每一个网站分别拥有一个唯一的TCP端口号。

下面直接修改前一个练习中所使用的两个网站Default Web Site与Support，它们的IP地址都相同，但端口号码不相同（分别是80与8888），如表 4-4-3所示。

表 4-4-3

网站名称	主机名	IP地址	TCP端口	主目录
Default Web Site	无	192.168.8.1	80	C:\inetpub\wwwroot
Support	无	192.168.8.1	8888	C:\inetpub\support

1. DNS 服务器、主目录与 default.htm 的设置

DNS服务器、网站主目录与Default.htm等都仍然沿用前一个练习的设置，不过在DNS服务器内www.sayms.local与support.sayms.local的IP地址都是192.168.8.1，如图4-4-10所示。

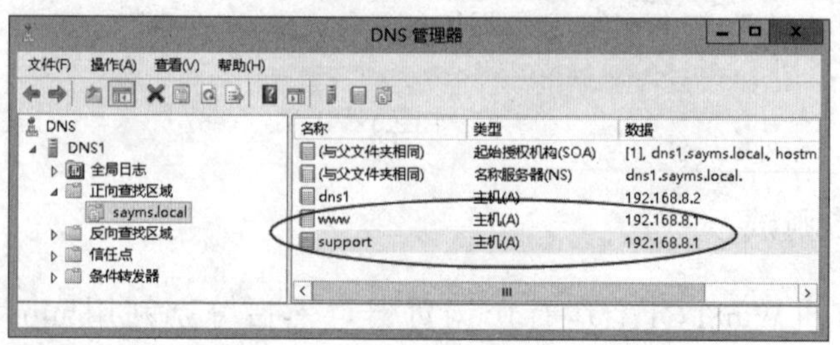

图 4-4-10

2. Default Web Site 与 Support 网站的设置

我们仍然沿用前一个练习的Default Web Site与Support网站。请确认网站Default Web Site的IP地址被指定到192.168.8.1，TCP端口号为80，主机名已清除：【如图4-4-11所示，单击Default Web Site右侧窗格的**绑定**➲选择列表中的http项目➲单击编辑按钮➲确认IP地址为192.168.8.1，端口号为80，主机名已清除】。接着执行相同的步骤来将Support网站的IP地址指定到192.168.8.1，端口号设置为8888，清除主机名。

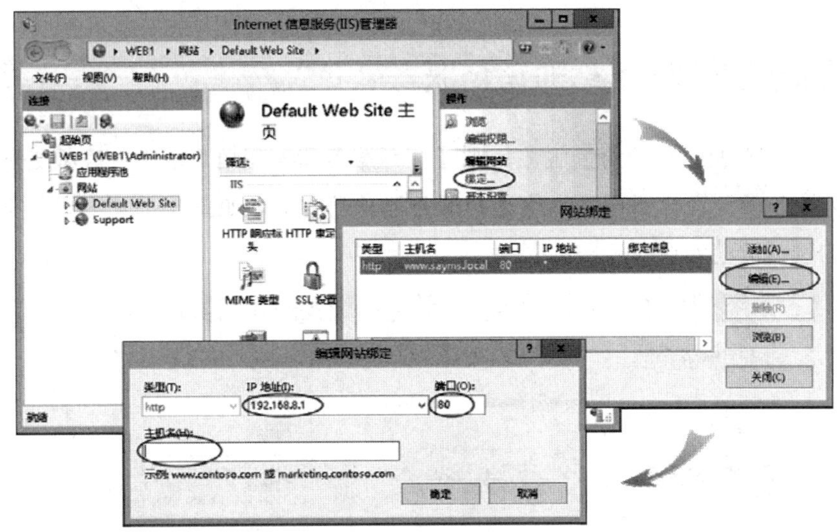

图4-4-11

3. 连接网站测试

请到测试计算机Win8PC1上利用IE浏览器与URL网址http://www.sayms.local/（或http://www.sayms.local:80/）与http://support.sayms.local:8888/（**Windows防火墙**需放端口8888）来分别连接这两个网站，虽然这两个网站的IP地址一样，但是端口分别是80与8888，应该会分别连接到Default Web Site与Support网站。

> **注意**
>
> Windows Server 2012 R2的**Windows防火墙**默认会被打开，虽然在安装**Web服务器（IIS）**角色后，它会自动开放TCP端口80，但是并没有开放端口8888，因此必须自行开放端口8888或是将**Windows防火墙**关闭，否则http://support.sayms.local:8888/的连接会被拦截。

由于我们已经将两个网站的主机名清除，因此也可以直接利用IP地址来连接这两个网站，例如http://192.168.8.1/（或http://192.168.8.1:80/）与http://192.168.8.1:8888/。

4.5 网站的安全性

Windows Server 2012 R2的IIS采用模块化设计，而且默认只会安装少数功能与角色服务，其他功能可以由系统管理员另外自行添加或删除，如此便可以减少IIS网站的被攻击面，减少系统管理员去面对不必要的安全挑战。IIS也提供了不少安全措施来强化网站的安全性。

4.5.1 添加或删除IIS网站的角色服务

若要为IIS网站添加或删除角色服务，则【打开**服务器管理器**➲单击**仪表板**处的**添加角色和功能**➲持续单击下一步按钮直到出现**选择服务器角色**界面➲如图4-5-1所示，展开**Web服务器（IIS）**➲勾选或取消勾选角色服务】。

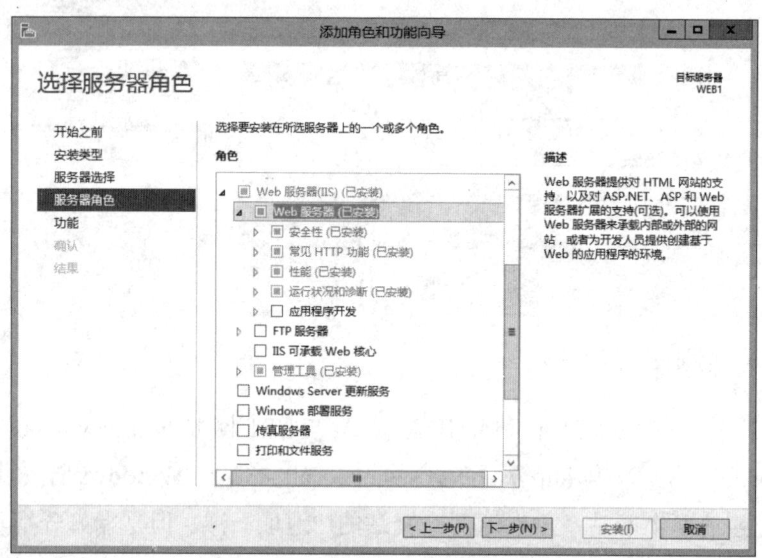

图 4-5-1

4.5.2 验证用户名与密码

IIS网站默认允许所有用户来连接，然而如果网站只针对特定用户开放，就会要求用户输入账户名与密码，而用来验证账户名与密码的方法主要有：匿名身份验证、基本身份验证、摘要式身份验证（Digest Authentication）与Windows身份验证。

系统默认只启用匿名身份验证，其他需另外通过**添加角色和功能**的方式来安装，请自行如图4-5-2所示勾选所需的验证方法，例如我们同时勾选了**基本身份验证**、**Windows身份验证**与**摘要式身份验证**（安装完成后请重新打开**IIS管理器**）。

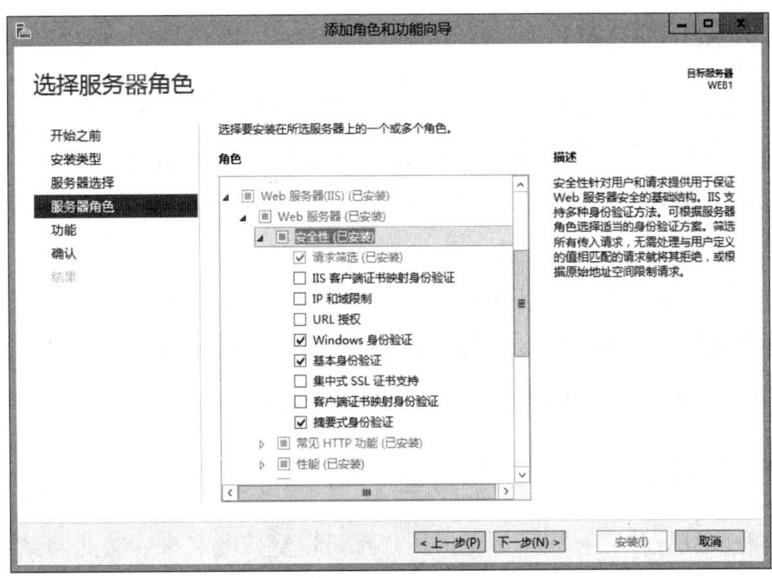

图 4-5-2

可以针对文件、文件夹或整个网站来启用验证，而我们以Default Web Site 整个网站为例来说明：【如图4-5-3所示，双击Default Web Site窗口中间的**身份验证**➲选择要启用的验证方法后单击右边的**启用**或**停用**】，图中我们暂时采用默认值，也就是只启用匿名身份验证（图中**ASP.NET模拟**供ASP. NET应用程序使用，不在我们的讨论范围内）。

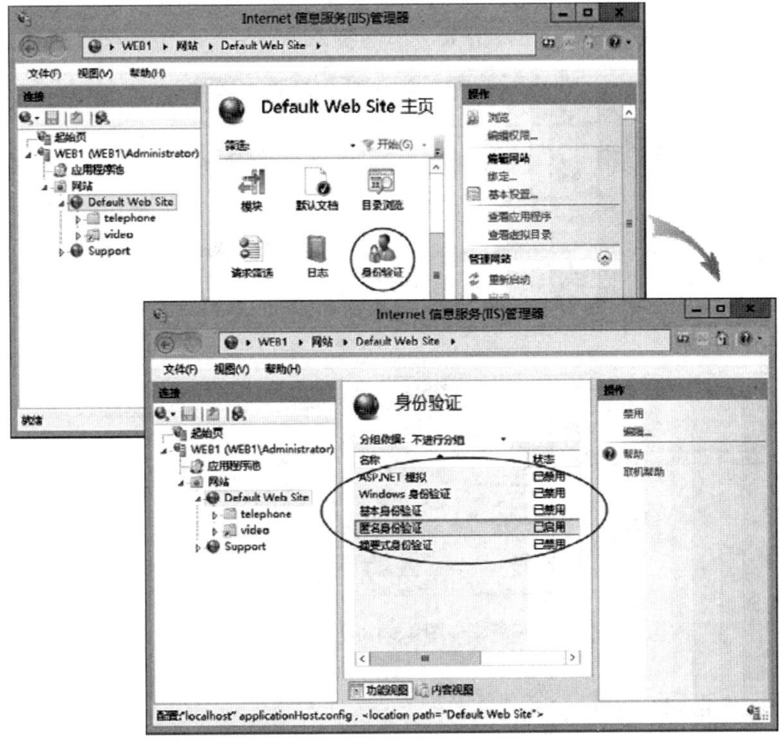

图 4-5-3

1. 验证方法的使用顺序

因为客户端浏览器先匿名来连接网站，所以此时如果网站启用匿名身份验证，浏览器就会自动连接成功，因此如果要练习其他验证方法，就暂时将匿名身份验证停用。若网站的这四种验证方式都启用，则浏览器会依照以下顺序来选用验证方法：匿名身份验证➲Windows身份验证➲摘要式身份验证➲基本身份验证。

它的工作方式是：浏览器先匿名来连接网站，如果失败，网站就会将其所支持的验证方法列表，以上述排列顺序（Windows身份验证➲摘要式身份验证➲基本身份验证）通知客户端浏览器，让浏览器依序采用上述验证方法来与网站通信。

2. 匿名身份验证

若网站启用匿名身份验证方法，则任何用户都可以直接匿名来连接此网站，不需要输入用户名与密码。所有浏览器都支持匿名身份验证。

系统内置一个名称为**IUSR**的特殊组账号，当用户匿名连接网站时，网站利用**IUSR**来代表这个用户，因此用户的权限与**IUSR**的权限相同。

可以更改代表匿名用户的账户：【先在本地安全数据库或Active Directory数据库（若是域控制器）内建立此账户➲然后单击图4-5-4中间的**匿名身份验证**➲单击右侧窗格中的**编辑**➲单击设置按钮➲输入要用来代表匿名用户的用户名（图中假设是WebUser）与密码】。若要改回**IUSR**，则在图4-5-4中的**用户名**处输入**IUSR**，不需输入密码。

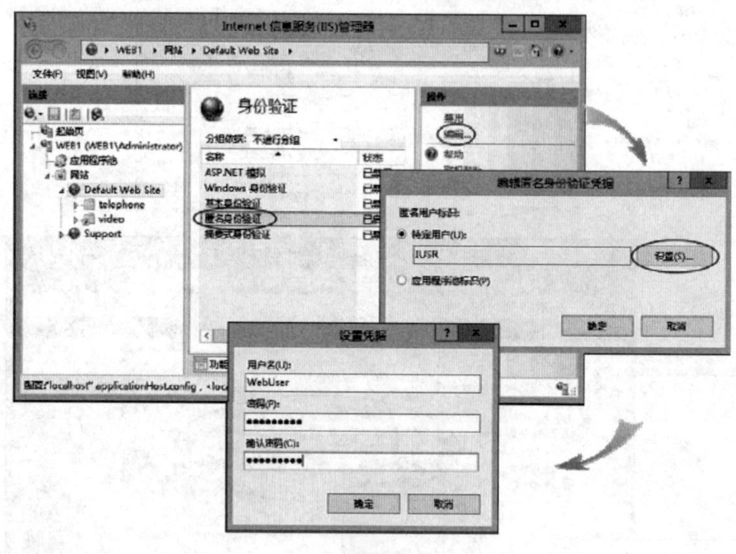

图 4-5-4

3. 基本身份验证

基本身份验证会要求用户输入用户名与密码，绝大部分浏览器都支持此方法，但用户发

送给网站的用户名与密码并没有被加密，因此容易被居心不良者拦截并获取这些数据，如果要使用基本身份验证，就应该搭配其他可确保数据传输安全的措施，例如使用SSL连接（Secure Sockets Layer，见第5章）。

为了测试基本身份验证功能，请先将匿名身份验证方法禁用，因为客户端浏览器先利用匿名身份验证来连接网站，同时也应该将其他两种验证方法禁用，因为它们的优先级都比基本身份验证高。从图4-5-5可知基本身份验证已经启用，可单击其右侧窗格中的**编辑**，然后通过**编辑基本身份验证设置**对话框来设置以下两个项目。

图 4-5-5

- **默认域**：用户连接网站时，可以使用域用户账户（例如SAYMS\Peter）或本地用户账户（WEB1\Peter），但若其所输入的用户名并没有指明是本地或域用户账户，例如直接输入Peter，则网站要如何来验证此账户与密码呢？

  若此时**默认域**指定域名，例如SAYMS，则网站会将用户账户视为此域的账户，并将用户名与密码送到此域的域控制器检查（假设网站已经加入域）。

  若**默认域**没指定域名，则有以下两种情况。

  - 若IIS计算机是成员服务器或独立服务器，则通过本地安全数据库来检查账户与密码是否正确。
  - 若IIS计算机是域控制器，则通过本域的Active Directory数据库来检查账户与密码是否正确。

- **领域**（realm）：此处的文字可供用户参考，它会被显示在登录界面上。

  当用户利用浏览器连接启用基本身份验证的网站时，需如图4-5-6所示输入有效的用户名与密码。通过界面可看出设置在图4-5-5中**领域**处的字符串**sayms公司**被显示在登录界面上。

图 4-5-6

4．摘要式身份验证

摘要式身份验证也会要求输入用户名与密码，不过它比基本身份验证更安全，因为用户名与密码会经过MD5算法来处理，然后将处理后所产生的哈希值（hash）发送到网站。拦截此哈希值的人，并无法从哈希值得知用户名与密码。需具备以下条件，才可以使用摘要式身份验证。

- 浏览器必须支持HTTP 1.1 。
- IIS计算机需为Active Directory域的成员服务器或域控制器。
- 用户需利用Active Directory域用户账户来连接，而且此账户需要与IIS计算机位于同一个域或信任的域内。

> 附注
>
> 旧版的IIS要求用户账户勾选**使用可恢复的加密来存放密码**，而IIS 7.0的**摘要式身份验证**就是IIS 6.0的**高级摘要式身份验证**，它不需要勾选此选项。

如果要使用摘要式身份验证，就需先将匿名身份验证方法停用，因为浏览器是先利用匿名身份验证来连接网站，同时也应该将Windows身份验证方法禁用，因为它的优先级比摘要式身份验证高。必须是域成员计算机才可以启用摘要式身份验证。也可以如基本身份验证一样通过单击**编辑**来设置**领域**文字。

5．Windows 身份验证

Windows身份验证也会要求输入用户名与密码，而且用户名与密码在通过网络传送之前，也会经过哈希处理（hashed），因此可以确保安全性。Windows身份验证支持以下两种验

证通信协议。

- **Kerberos v5验证**：若IIS计算机与客户端都是Active Directory域成员，则IIS网站会采用Kerberos v5验证方法。如果使用Kerberos v5，客户端就需要访问Active Directory，然而为了安全考虑，我们并不希望客户端从外部访问内部Active Directory，因此一般会通过防火墙来拦截。
- **NTLM**：若IIS计算机或客户端不是Active Directory域成员，则IIS网站会采用NTLM验证方法。由于浏览器与IIS网站之间的连接会在执行**挑战/响应**沟通时被大部分代理服务器（proxy server）中断，因此NTLM不适合用于浏览器与IIS网站之间有代理服务器的环境。

综合以上的分析可知**Windows身份验证**适用于内部客户端来连接内部网络的网站。内部客户端浏览器Internet Explorer利用Windows身份验证来连接内部网站时，会自动利用当前的用户名与密码（登录时所输入的用户名与密码）来连接网站，如果此用户没有权限连接网站，就会要求用户另外输入用户名与密码。

使用Internet Explorer的客户端可以设置是否要自动利用登录账户来连接网站。下面针对Windows 8桌面版Internet Explorer的**本地Intranet**来设置，且假设网站www.sayms.local位于**本地Intranet**。若客户端还没有将www.sayms.local视为内部网站，则在客户端计算机通过以下方法来设置：【打开桌面版Internet Explorer➲按Alt键➲**工具**菜单➲**Internet选项**➲单击**安全**选项卡下的**本地Intranet**➲单击网站按钮➲单击高级按钮➲如图4-5-7所示，输入http://www.sayms.local/后单击添加按钮➲……】。

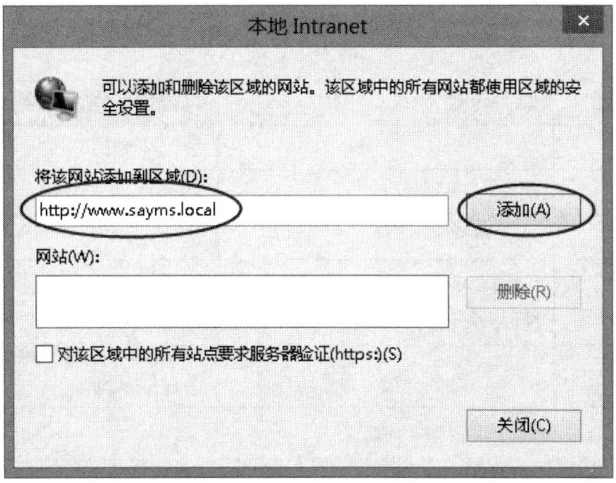

图 4-5-7

接着如图4-5-8所示：【单击**安全**选项卡下的**本地Intranet**➲单击自定义级别按钮➲在**安全设置**对话框中的**用户身份验证**处选择所需的项目】。

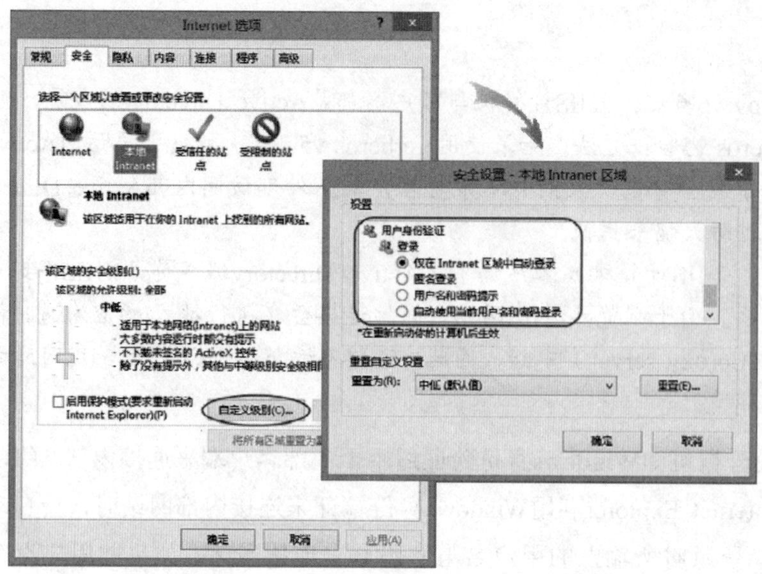

图 4-5-8

> **注意**
>
> 如果未将www.sayms.local加入**本地Intranet**，就请改为通过**Internet**区域设置。

6．各种验证方法的比较

各种验证方法的比较如表4-5-1所示。

表 4-5-1

验证方法	安全等级	如何传送密码	可否通过防火墙或代理服务器
匿名身份验证	无		是
基本身份验证	低	明文（未加密）	是
摘要式身份验证	中	哈希处理	是
Windows身份验证	高	Kerberos：Kerberos ticket。 NTLM：哈希处理	Kerberos：可通过代理服务器，但一般会被防火墙拦截 NTLM：无法通过代理服务器，但可开放其通过防火墙

4.5.3 通过IP地址来限制连接

也可以允许或拒绝某台特定计算机、某一组计算机来连接网站。例如公司内部网站可以被设置成只让内部计算机来连接，拒绝其他外界计算机来连接。需要先安装**IP和域限制**角色服务：【打开**服务器管理器**➲单击**仪表板**处的**添加角色和功能**➲持续单击下一步按钮直到出现**选择服务器角色**界面➲展开**Web服务器（IIS）**➲如图4-5-9所示，勾选**IP和域限制**➲……】。

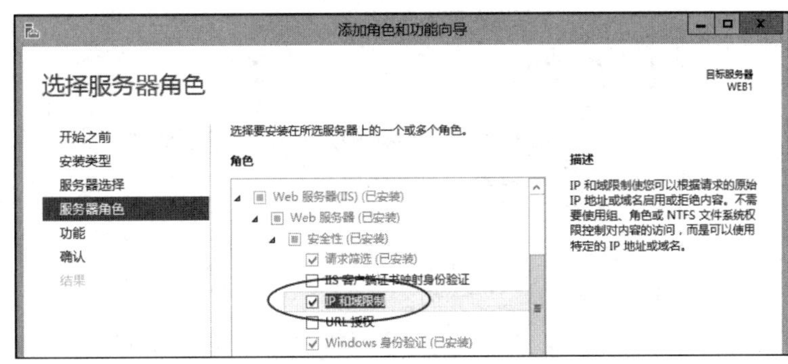

图 4-5-9

1. 拒绝 IP 地址

以Default Web Site为例，在重新启动**IIS管理器**后：【单击图4-5-10中Default Web Site窗口的**IP地址和域限制**➲通过**添加允许条目**或**添加拒绝条目**来设置】。

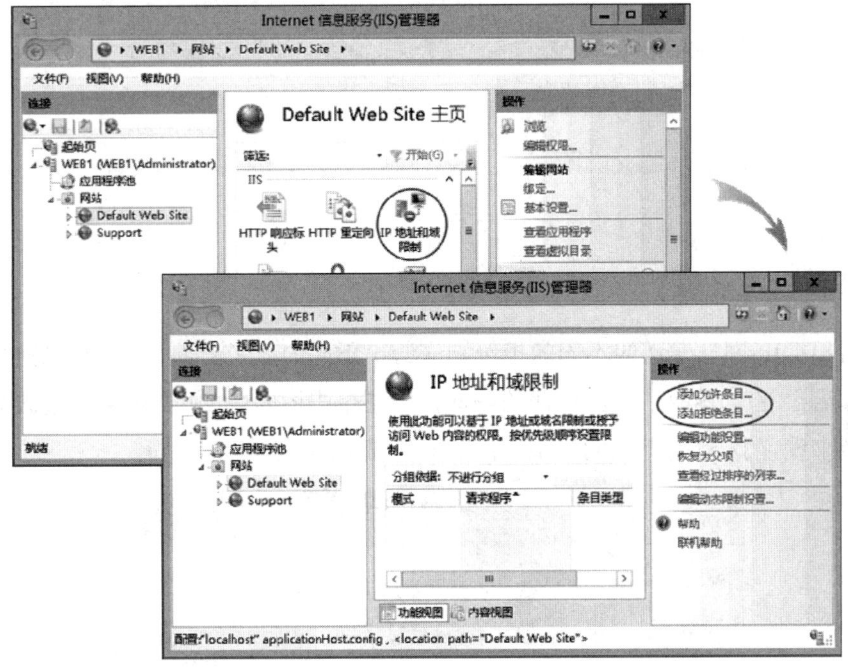

图 4-5-10

没有被指定是否可连接的客户端，系统默认允许可以连接。如果要拒绝某台客户端来连接，就单击**添加拒绝条目**，然后按照图4-5-11所示来设置，图中背景图表示拒绝IP地址为192.168.8.3的计算机来连接，前景图表示拒绝网络号为192.168.8.0的所有计算机来连接。

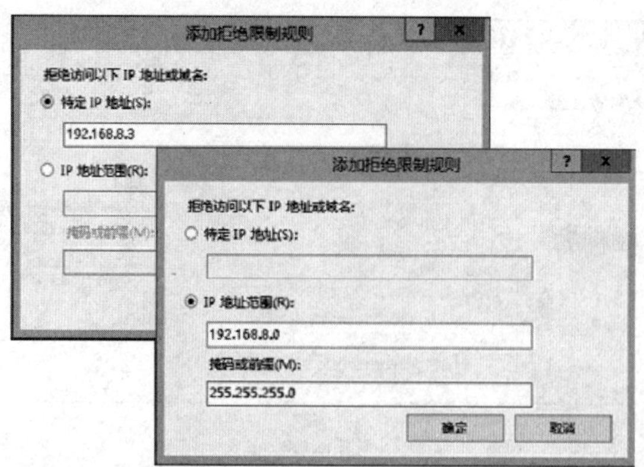

图 4-5-11

当被拒绝的客户端计算机来连接Default Web Site网站时，其屏幕上默认会显示如图4-5-12所示的被拒绝界面。

图 4-5-12

2. 更改功能设置

浏览器根据IIS网站发送的不同的拒绝响应给出不同的显示界面，图4-5-12的被拒绝界面是默认值。若要更改IIS网站给浏览器的响应，则【单击图4-5-13中的**编辑功能设置**➲通过**拒绝操作类型**来设置】。针对不同的类型，浏览器所显示的信息也不相同。

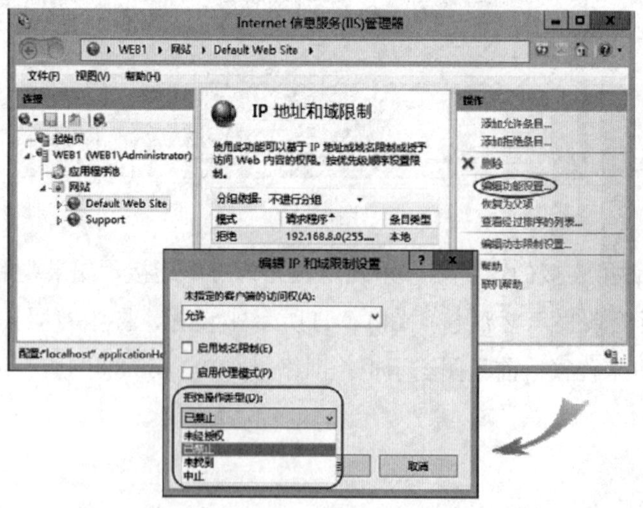

图 4-5-13

- **未经授权**：IIS发送HTTP 401的响应给浏览器。
- **已禁止**：IIS发送HTTP 403的响应给浏览器（默认值）。
- **未找到**：IIS发送HTTP 404的响应给浏览器。
- **中止**：IIS会中断此HTTP连接。

没有被明确指定是否可以连接的客户端，默认是被允许可以连接的，如果要更改此默认值，那么可以将图4-5-13中**未指定的客户端的访问权**改为**拒绝**。

在图4-5-13中还有以下2个选项。

- **启用域名限制**：启用后，在图4-5-11的**添加拒绝条目**界面中会增加可以通过**域名**来限制连接的设置，例如可以限制DNS主机名为Win8PC1.sayms.local的计算机不能连接；又例如如果要限制DNS主机名后缀为sayms.local的所有计算机来连接，就输入 ***.sayms.local**。

> **注意**
>
> 如果要练习上述设置，就在DNS服务器建立反向查找区域、建立该客户端的PTR记录（让网站通过此区域来查询客户端的主机名Win8PC1.sayms.local）。另外由于IIS网站需要针对每一个连接来检查其主机名，这会影响到网站的运行效率，因此若非必要请勿启用域名限制功能。

- **启用代理模式**：若被限制的客户端通过代理服务器来连接IIS网站，则网站所看到的IP地址将是代理服务器的IP地址，而不是客户端的IP地址，因而造成限制无效。此时可以通过**启用代理模式**来解决问题，因为IIS网站还会检查数据包内的X-Forwarded-For表头，其中记载着原始客户端的IP地址。

3. 动态 IP 限制

当通过IP地址来限制某台客户端计算机不能连接IIS网站后，所有来自此客户端计算机的HTTP连接都会被拒绝，而此处的**动态IP限制**可以根据连接行为来决定是否要拒绝客户端的连接：【单击图4-5-14中的**编辑动态限制设置**➲通过**动态IP限制设置**对话框来设置】。

- **基于并发请求数量拒绝IP地址**：如果同一个客户端同时连接的数量超过此处的设置值，就拒绝其连接。
- **基于一段时间内的请求数量拒绝IP地址**：如果同一个客户端在指定时间内的连接数量超过此处的设置值，就拒绝其连接。

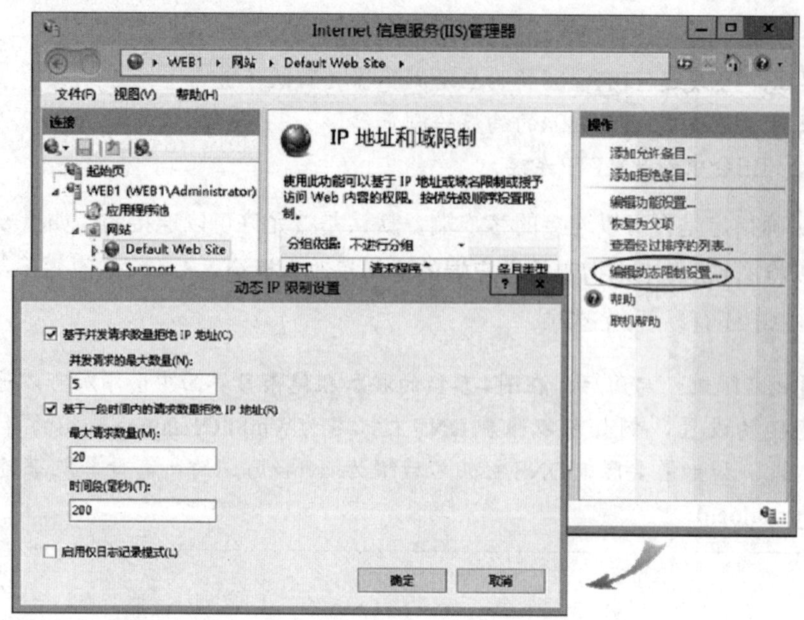

图 4-5-14

4.5.4 通过NTFS 或ReFS权限来增加网页的安全性

网页文件应该存储在NTFS或ReFS磁盘分区内，以便利用NTFS或ReFS权限来增加网页的安全性。NTFS或ReFS权限设置的方法为：【打开**文件资源管理器**➲选中并右击网页文件或文件夹➲属性➲**安全**选项卡】。其他与NTFS或ReFS有关的更多说明可参考《Windows Server 2012 R2系统配置指南》这本书。

4.6 远程管理IIS网站与功能委派

可以将IIS网站的管理工作委派给其他不具备系统管理员权限的用户来执行，而且可以针对不同功能来赋予这些用户不同的委派权限。我们将通过图4-6-1来演示，图中两台服务器都是Windows Server 2012 R2。

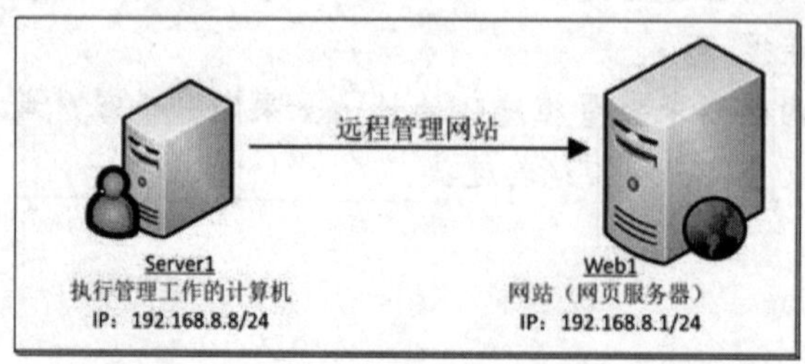

图 4-6-1

4.6.1 IISWeb服务器的设置

要让图4-6-1中的IIS计算机WEB1可以被远程管理，有些设置需要事先完成。

1. 安装“管理服务”角色服务

IIS计算机必须先安装**管理服务**角色服务：【打开**服务器管理器**➲单击**仪表板**处的**添加角色和功能**➲持续单击下一步按钮直到出现**选择服务器角色**界面➲展开**Web服务器（IIS）**➲如图4-6-2所示勾选**管理工具**下的**管理服务**➲……】。

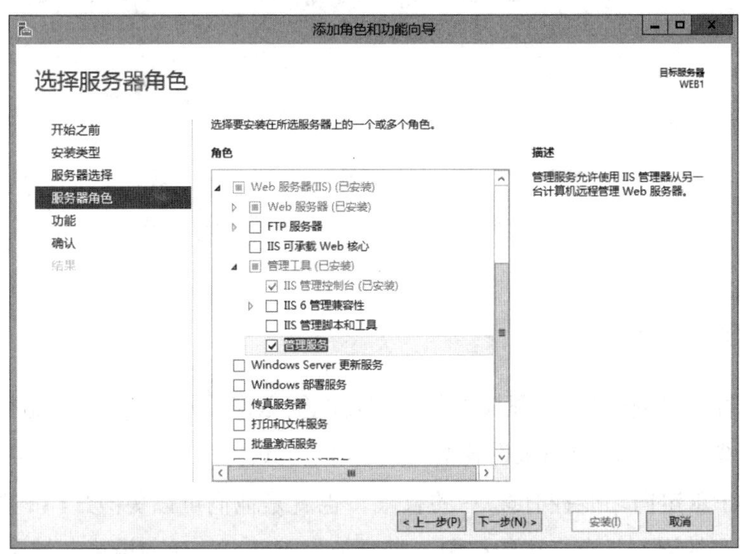

图 4-6-2

2. 创建“IIS 管理员用户”账户

我们要在IIS计算机上设置可以远程管理IIS网站的用户，他们被称为**IIS管理员**，该账户可以是本地用户或域用户账户（被称为**Windows用户**），也可以是在IIS内另外建立的**IIS管理器用户账户**（被称为**非Windows用户**）。若要建立**IIS管理器用户账户**，则如图4-6-3所示单击IIS计算机（WEB1）➲双击**IIS管理器用户**➲单击**添加用户**来设置用户名（假设为IISMGR1）与密码。

> 附注
>
> 若只是要将管理工作委派给**Windows用户**（本地用户或域用户账户），可以不需要建立**IIS管理器用户账户**。

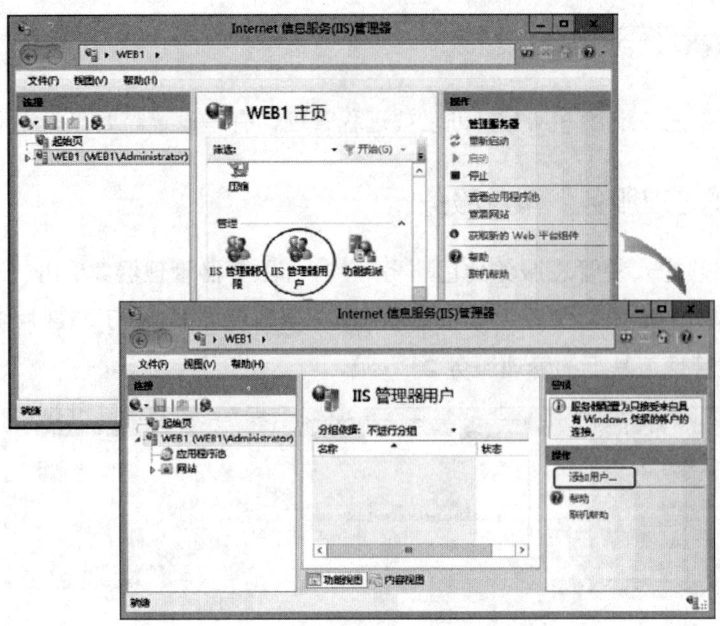

图4-6-3

3. 功能委派设置

IIS管理员对网站拥有哪些管理权限是通过**功能委派**来设置的：【双击前图4-6-3背景图中的**功能委派**图标➲通过图4-6-4图来设置】，图4-6-4中的设置为默认值，例如**IIS管理员**默认对所有网站的**HTTP重定向**功能拥有**读/写**的权限，也就是他们可以更改**HTTP重定向**的设置，但是对**IPv4地址和域限制**仅有**只读**的权限，表示他们不能更改**IPv4地址和域限制**的设置。

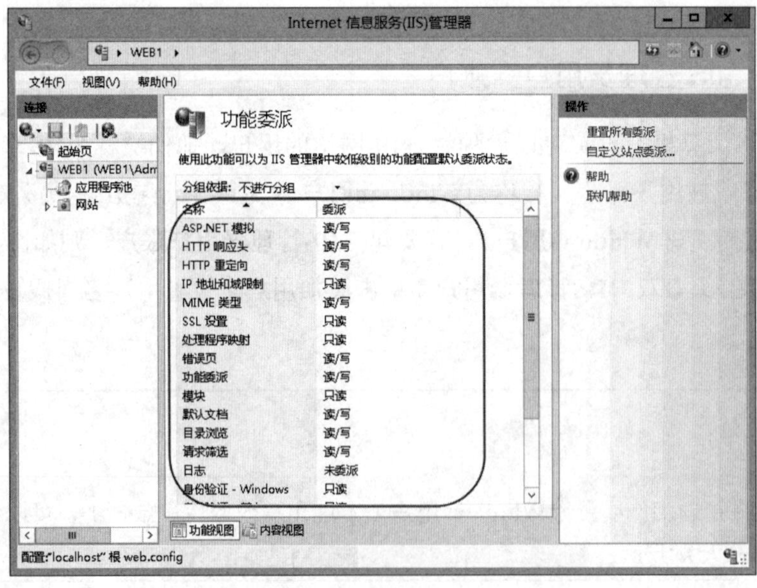

图4-6-4

也可以针对不同网站给予不同的委派设置，例如若要针对Default Web Site来设置，则【单击图4-6-4右侧**操作**窗格的**自定义站点委派**➲在图4-6-5中**站点**处选择Default Web Site➲通过图下面的部分来设置】。

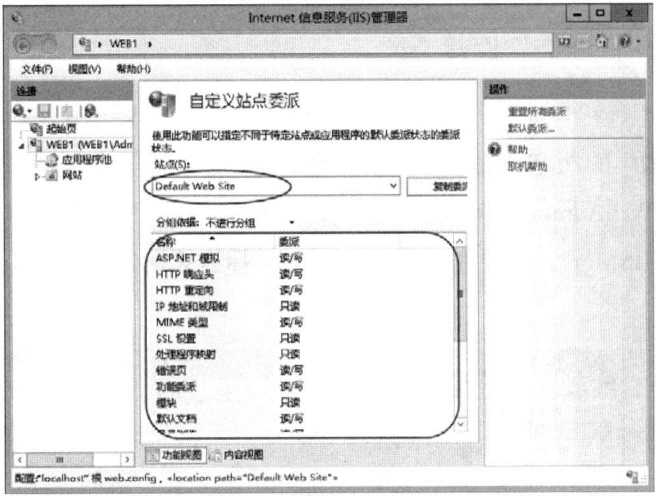

图 4-6-5

4．启用远程连接

启用远程连接后，**IIS管理员**才可以通过远程来管理IIS计算机内的网站：【如图4-6-6所示，单击IIS计算机（WEB1）➲单击**管理服务**➲在前景图中勾选**启用远程连接**➲单击**应用**按钮➲单击**启动**按钮】，由图中**标识凭据**处的**仅限于Windows凭据**可知默认只允许**Windows用户**（本地用户或域用户账户）来远程管理网站，如果要开放**IIS管理器用户账户**（非**Windows用户**）也可以来连接，那么请选择**Windows凭据或IIS管理器凭据**。

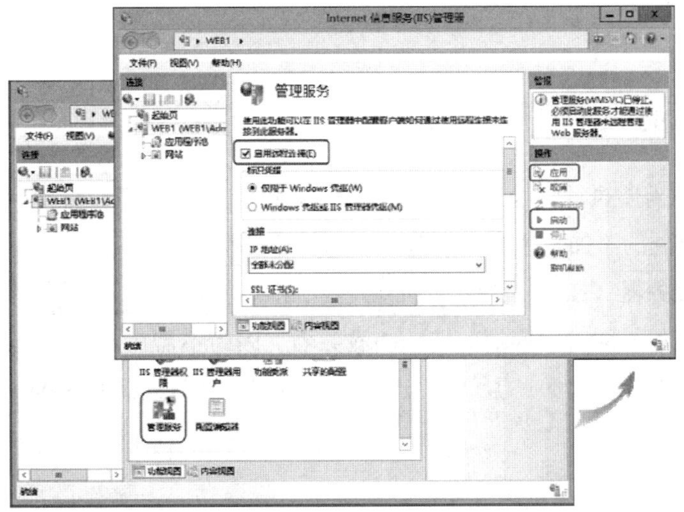

图 4-6-6

> **附注**
>
> 如果要更改设置，就需要先停止**管理服务**，待设置完成后再重新启动。

5. 允许“IIS 管理员”连接

接下来要选择可远程管理网站的用户，以Default Web Site为例：【如图4-6-7所示，双击Default Web Site界面中的**IIS管理器权限**➲单击**允许用户**➲输入或选择用户】，图中所选择的是本地或域用户账户WebAdmin（请先自行建立此账户），如果要选择我们在图4-6-3所建立的**IIS管理器用户账户**IISMgr1，就要先在图4-6-6中间的**标识凭据**处选择**Windows凭据或IIS管理器凭据**。

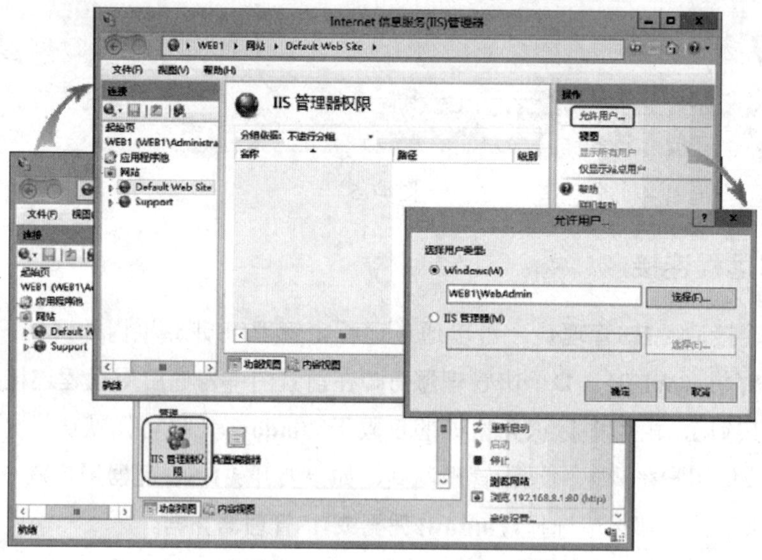

图4-6-7

4.6.2 执行管理工作的计算机的设置

请到图4-6-1中需要执行管理工作的Server1计算机上安装**IIS管理控制台**：【打开**服务器管理器**➲单击**仪表板**处的**添加角色和功能**➲持续单击下一步按钮，直到出现**选择服务器角色**界面时，勾选**Web服务器（IIS）**➲单击添加功能按钮➲持续单击下一步按钮，直到如图4-6-8所示的**选择角色服务**界面时，取消勾选**Web服务器**（因为不需在此计算搭建网站，此时仅会保留安装**IIS管理控制台**）➲……】，然后通过以下步骤来管理远程网站Default Web Site。

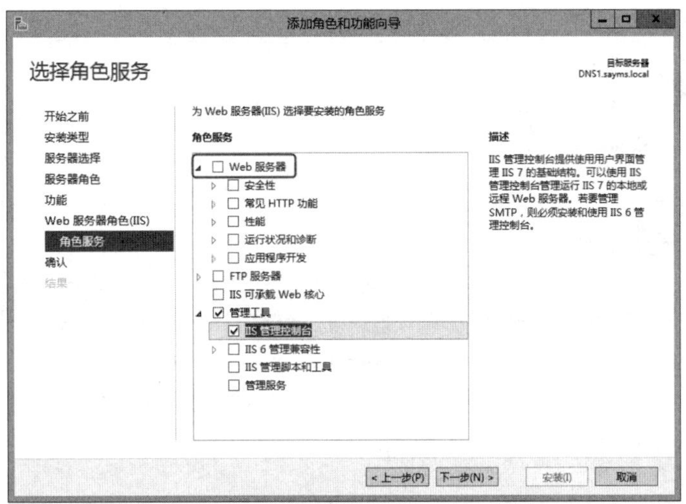

图 4-6-8

附注

Windows 8、Windows 7内的**IIS管理控制台**无法管理远程IIS网站，但是可以通过Web Platform Installer来安装可管理远程IIS网站的**IIS管理控制台**：【到微软网站下载与安装Web Platform Installer➲单击**产品**卷标➲安装IIS Manager for Remote Administration】。

STEP 1　按⊞键切换到**开始**菜单➲**管理工具**➲**Internet信息服务（IIS）管理器**。

STEP 2　如图4-6-9所示，单击**起始页**➲单击**连接至站点**➲在**连接至站点**对话框中输入要连接的服务器名称（WEB1）与站点名称（Default Web Site）➲单击下一步按钮。

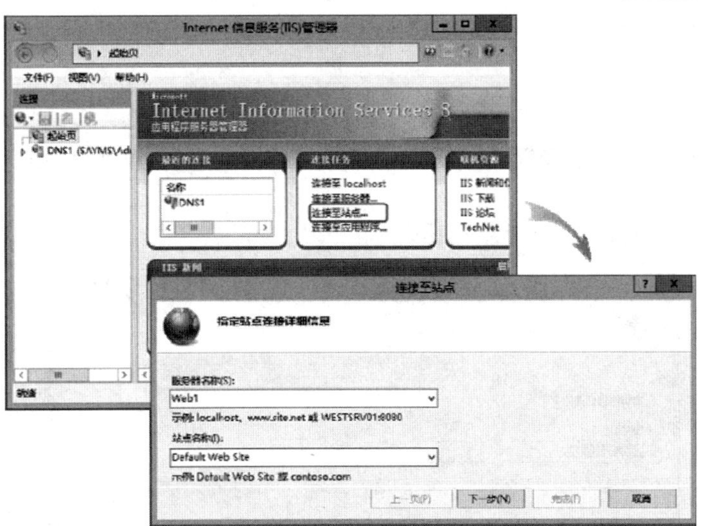

图 4-6-9

STEP 3　在图4-6-10中输入**IIS管理员**的用户名与密码后单击下一步按钮。

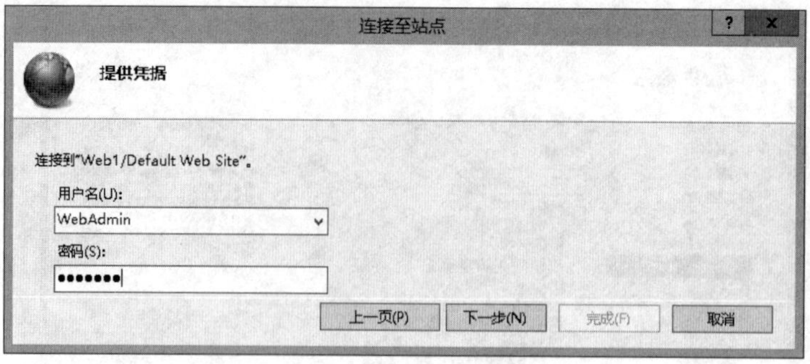

图 4-6-10

注意

服务器Web1需允许**文件和打印机共享**通过 **Windows防火墙**，否则此时会显示无法解析Web1的IP地址的警告提示。

STEP 4 出现图4-6-11时，请直接单击连接按钮。

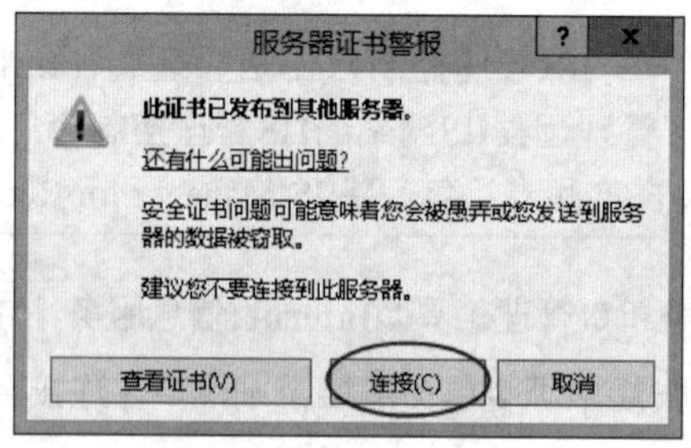

图 4-6-11

附注

此时若出现（**401**）**未经授权**警告界面，则需检查图4-6-7的设置是否完成。

STEP 5 在图4-6-12中直接单击完成按钮即可。

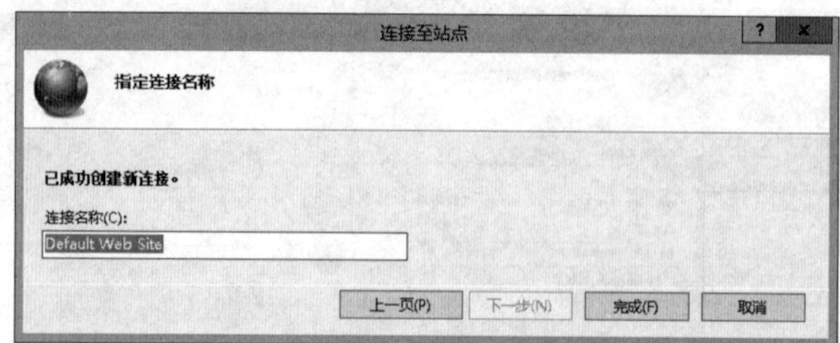

图 4-6-12

STEP 6 接下来就可以通过图4-6-13的界面来管理Default Web Site。

附注

IIS计算机是通过TCP端口号8172来监听远程管理的请求的，在你安装IIS的**管理服务**角色服务后，**Windows防火墙**就会自动开放此端口。

图 4-6-13

4.7 通过WebDAV管理网站上的文件

WebDAV（Web Distributed Authoring and Versioning）扩展了HTTP 1.1通信协议的功能，它让拥有适当权限的用户可以直接通过浏览器、网络或Microsoft Office产品来管理远程网站的WebDAV文件夹内的文件。例如若负责维护网页文件，则当你要上传网页文件到网站时，就可以采用WebDAV来取代传统的FTP（File Transfer Protocol），它比FTP更安全、更便于使用。我们将通过图4-7-1来练习WebDAV的设置，其中网站Web1为Windows Server 2012 R2。

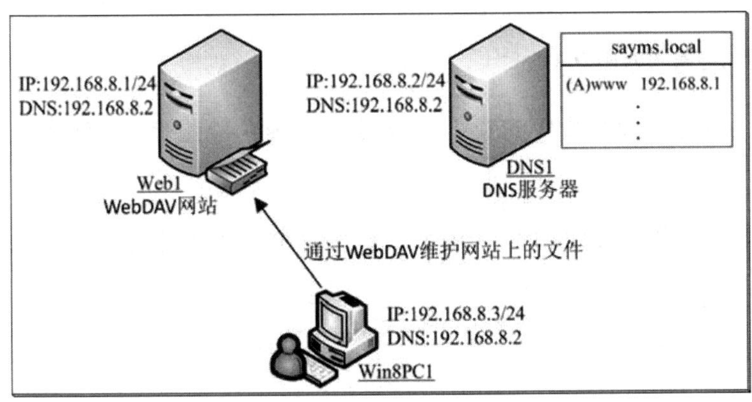

图 4-7-1

4.7.1 网站的设置

Windows Server 2012 R2的WebDAV让网页内容编辑者更容易发布网页，也为系统管理员提供更多的安全与部署选项。

1. 安装“WebDAV 发布”角色服务

我们需要安装**WebDAV发布**角色服务，为了进一步控制对网站内容的访问，请同时安装**URL授权**角色服务：【打开**服务器管理器**➲单击**仪表板**处的**添加角色和功能**➲持续单击下一步按钮直到出现**选择服务器角色**界面➲展开**Web服务器（IIS）**➲如图4-7-2所示，勾选**WebDAV发布**与**URL授权**➲……】。

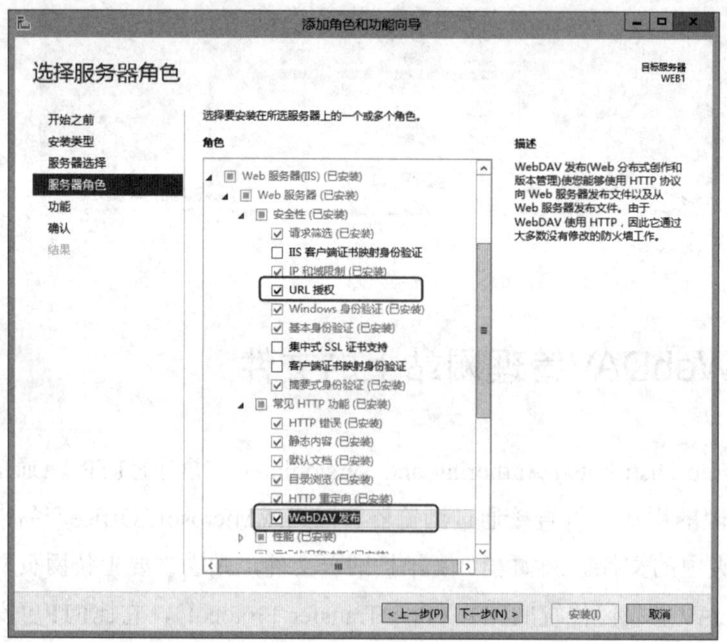

图 4-7-2

2. 启用与设置 WebDAV

接下来通过以下步骤来启用WebDAV、添加创作规则与设置验证方法（请先重新打开**IIS管理器**控制台）。

STEP 1 如图4-7-3所示，双击Default Web Site窗口中的**WebDAV 创作规则**。

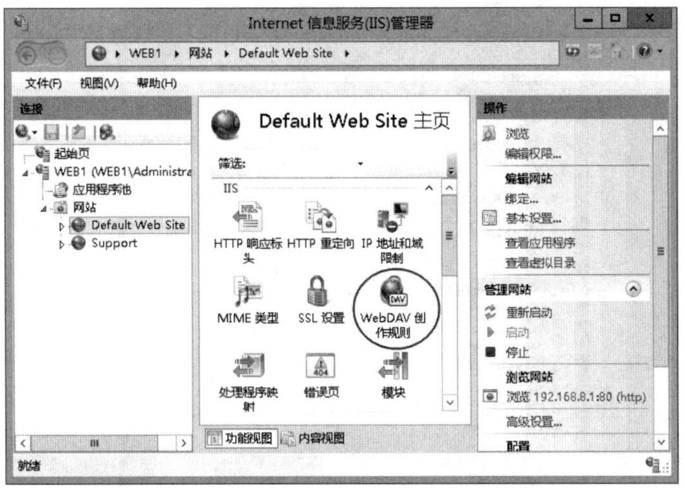

图 4-7-3

STEP 2 如图4-7-4所示，先单击**启用WebDAV**，再单击**添加创作规则**。

图 4-7-4

STEP 3 如图4-7-5所示，给予用户Administrator对所有内容拥有**读取**、**源**与**写入**的权限后单击确定按钮。其中的**源**（source）让客户端可以访问ASP.NET、PHP等程序的源代码。

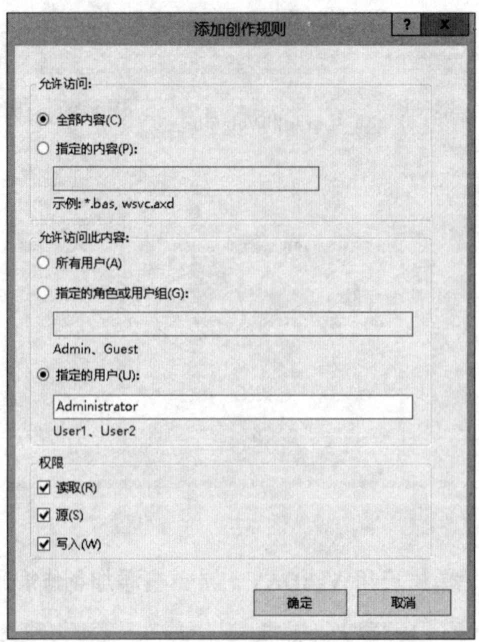

图 4-7-5

STEP 4　在图4-7-6中单击Default Web Site，双击**身份验证**。

图 4-7-6

STEP 5　确认图4-7-7中已经启用了**Windows身份验证**。

> 若改为**基本身份验证**，则客户端需要利用HTTPS来连接WebDAV网站。

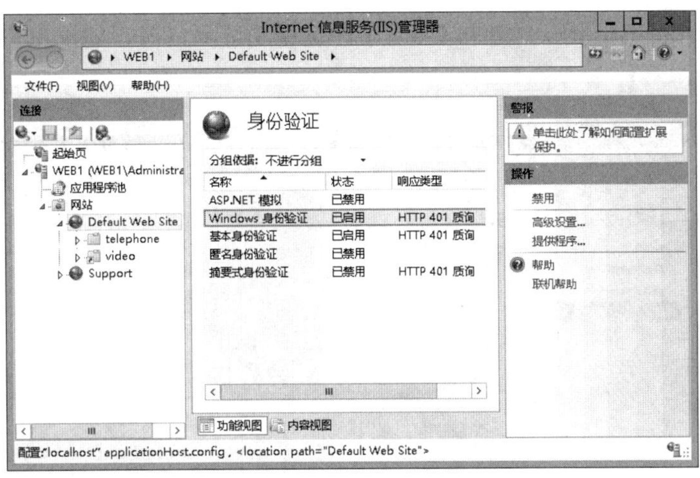

图 4-7-7

4.7.2 WebDAV客户端的WebDAV Redirector设置

WebDAV Redirector是一个搭建在WebDAV通信协议上的远程文件系统（remote file system），它让Windows客户端使用访问网络文件服务器的形式来访问WebDAVWeb服务器内的文件。

Windows 8、Windows 7、Windows Vista、Windows Server 2003（R2）与Windows XP等客户端已经内置WebDAV Redirector，但与其相对应的**WebClient**服务必须启动，以Windows 8为例，可以通过【按Windows键（⊞）切换到**开始**菜单➲单击左下角的向下箭头⬇➲选中并右击**计算机**➲**管理**➲如图4-7-8所示，单击**服务和应用程序**➲**服务**➲**WebClient**】来查看此服务的状态。Windows 8、Windows 7客户端在连接WebDAV网站时，此服务会自动被启动。

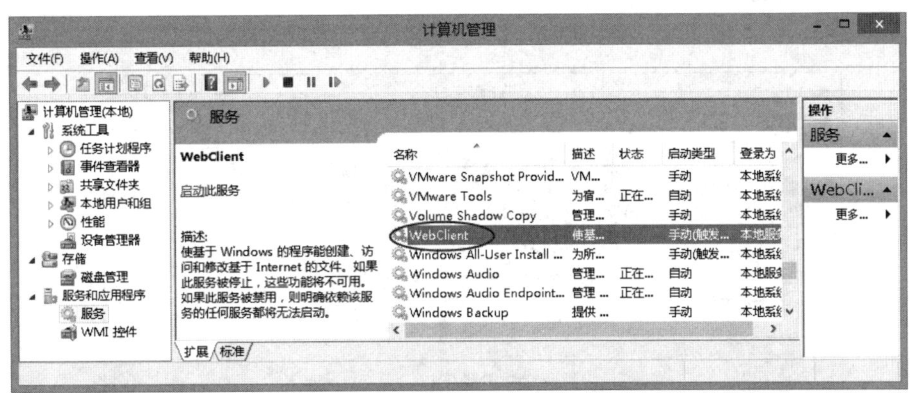

图 4-7-8

Windows Server 2012 R2（Windows Server 2012、Windows Server 2008 R2、Windows Server 2008）默认并未安装WebDAV Redirector，但是可以通过安装**桌面体验**功能来拥有WebDAV Redirector，安装方法为：【打开**服务器管理器**➲单击**仪表板**处的**添加角色和功能**➲

持续单击下一步按钮，直到出现如图4-7-9所示的**选择功能**界面时，勾选**用户界面和基础结构**之下的**桌面体验➲……】**。

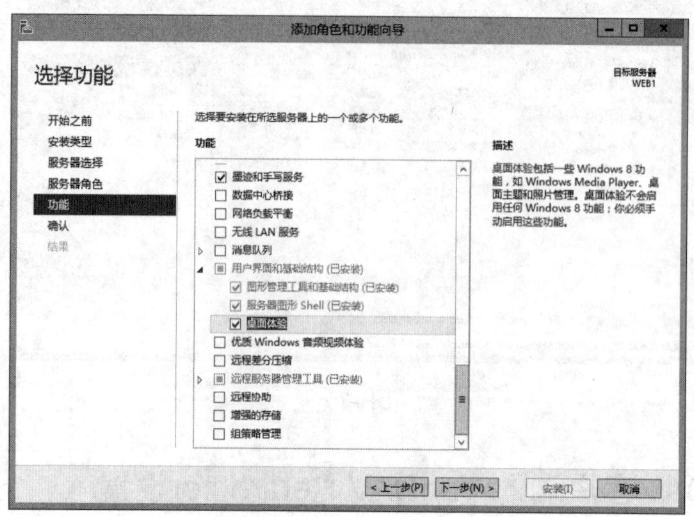

图 4-7-9

4.7.3 WebDAV客户端的连接测试

以图4-7-1中的Windows 8计算机Win8PC1为例，可以通过**映射网络驱动器**来连接WebDAV网站。

1. 映射网络驱动器

可使用【按⊞+X键➲**文件资源管理器**➲如图4-7-10所示，单击上方的**计算机**后，再单击**映射网络驱动器**】。

图 4-7-10

然后如图4-7-11所示在**驱动器**处选择一个驱动器号（例如Z:），在**文件夹**处输入URL网址http://www.sayms.local/后单击**完成**按钮。

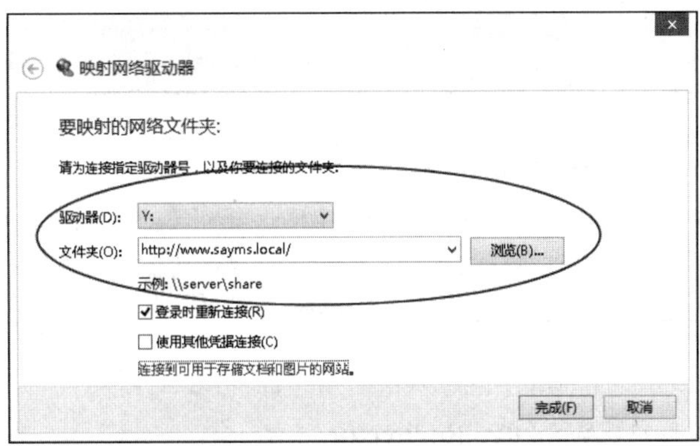

图 4-7-11

注意

如果网站所选用的验证方法为**基本身份验证**，就必须利用https://www.sayms.local/来连接此网站，有关HTTPS的说明请参考第5章。

接着在图4-7-12中输入有权限连接WebDAV网站的用户名与密码，然后就可以通过图4-7-13来访问网站内的网页文件。

图 4-7-12

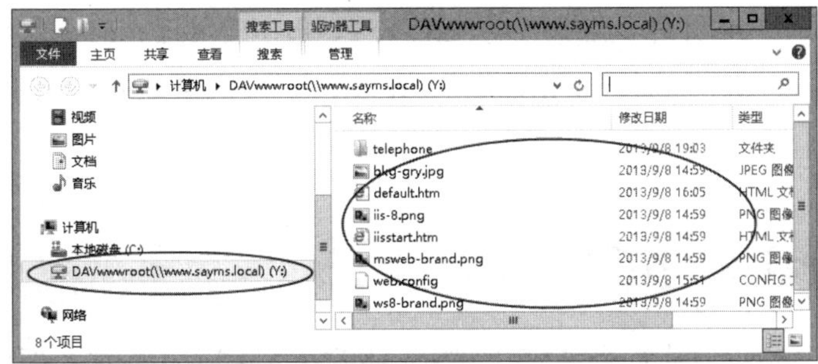

图 4-7-13

2. WebDAV 连接排错

客户端计算机连接WebDAV网站时出现如图4-7-14所示的界面，可能是以下原因之一造成的。

图 4-7-14

- 客户端计算机未安装WebDAV Redirector。
- 客户端计算机未启动WebClient服务。
- 网站未启用WebDAV。
- 网站使用的是基本身份验证，但客户端计算机未利用HTTPS来连接网站。
- 无法解析到网站的IP地址，例如客户端未指定首选DNS服务器。

若在连接WebDAV网站时出现如图4-7-15所示的提示，则可能是在网站上的创作规则（authoring rules）内并没有赋予该用户访问权限，客户端计算机被拒绝连接网站。

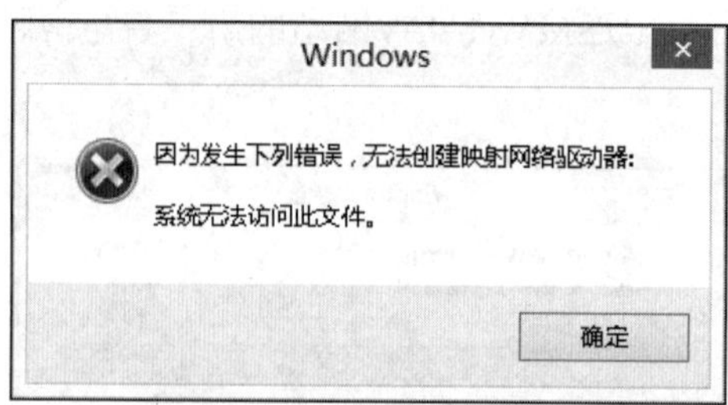

图 4-7-15

4.8 网站应用程序的设置

下面将说明如何在IIS计算机上来设置ASP.NET、PHP应用程序的执行环境，同时也会介绍如何利用Microsoft Web Platform Installer（Web PI）来快速地安装网页应用程序，例如WordPress、Joomla、Drupal。

4.8.1 ASP.NET应用程序

IISWeb服务器可以同时执行**ASP.NET 3.5**与**ASP.NET 4.5**应用程序，但要先安装所需的角色服务，不过其中的**ASP.NET 3.5**并未包含在基本操作系统映像文件（base OS image）内，

但是可以从Windows Server 2012 R2 DVD的**sources\sxs**文件夹或微软网站来获取**ASP.NET 3.5**。下面假设要通过微软网站来获取**ASP.NET 3.5**，请先确认此台IIS服务器可以上网。

假设**Web服务器（IIS）**已安装完成，此时要添加**ASP.NET 3.5**与**ASP.NET 4.5**角色服务的方法为：【打开**服务器管理器**➲单击**仪表板**处的**添加角色和功能**➲持续单击下一步按钮直到出现**选择服务器角色**界面➲如图4-8-1所示展开**Web服务器（IIS）**➲勾选**ASP.NET 3.5**与**ASP.NET 4.5**➲……】。

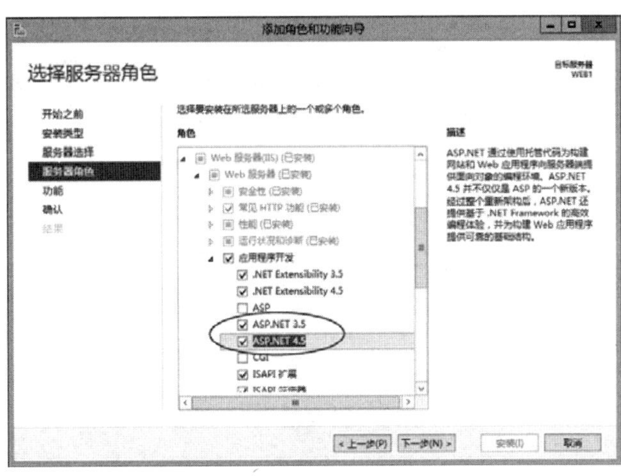

图 4-8-1

出现图4-8-2所示的界面时，是在提醒你它需要从其他来源读取**ASP.NET 3.5**的安装文件，我们假设要通过微软网站来获取**ASP.NET 3.5**，直接单击安装按钮即可。

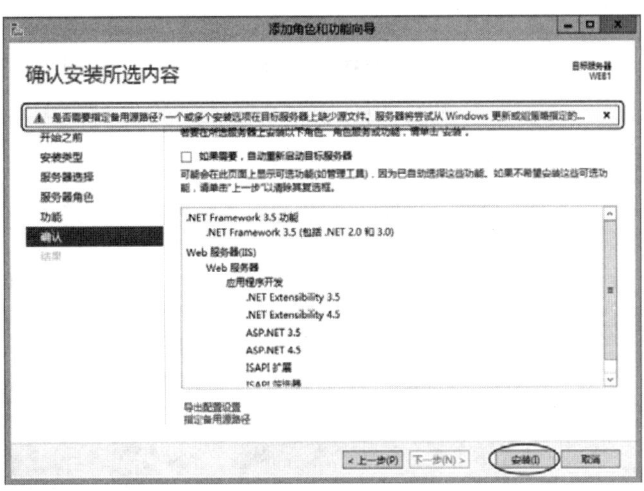

图 4-8-2

安装完成后，可以看到一些应用程序池，如图4-8-3所示。

- **.NET v2.0、.NET v2.0 Classic**：为Windows Server 2012（R2）IIS新增的应用程序池，它提供**ASP.NET 3.5**应用程序执行的环境。

- **.NET v4.5、.NET v4.5 Classic**：为Windows Server 2012（R2）IIS新增的应用程序池，它提供**ASP.NET 4.5**应用程序执行的环境。
- **Classic .NET AppPool、DefaultAppPool**：这两个是在旧版IIS内就已经存在的应用程序池。Windows Server 2012（R2）默认的环境为**ASP.NET 4.5**，而**DefaultAppPool**池默认也被设置为执行**ASP.NET 4.5**应用程序的环境。

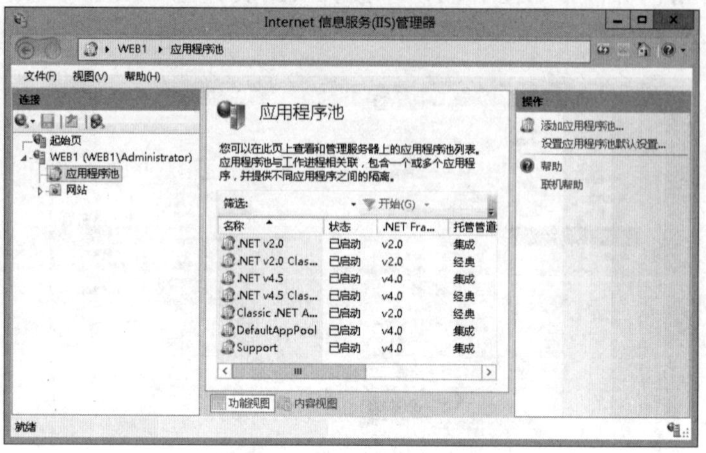

图 4-8-3

> **附注**
>
> 图中.NET Framework版本字段处所显示的v2.0就是ASP.NET 3.5、v4.0就是ASP.NET 4.5。

网站Default Web Site的应用程序池为**DefaultAppPool**，故此网站默认被设置用来执行**ASP.NET 4.5**应用程序。若要查看或更改Default Web Site的应用程序池，则【如图4-8-4所示，单击Default Web Site➲**高级设置**➲**应用程序池**】。

图 4-8-4

一般**ASP.NET**应用程序的首页文件名会是default.aspx，现在可以设计一个default.aspx的**ASP.NET 4.5**程序，然后将其放置到Default Web Site的主目录C:\inetpub\wwwroot下，因为Default Web Site是用来执行**ASP.NET 4.5**应用程序的，所以此程序将会以**ASP.NET 4.5**模式运行。建议到**默认文件**处将此文件移动到最上方，如图4-8-5所示。

图 4-8-5

也可以让Default Web Site来同时执行**ASP.NET 3.5**应用程序，例如假设在C:\Inetpubt\wwwroot\Example35文件夹内已经有ASP.NET程序文件，我们要在此文件夹建立**ASP.NET 3.5**应用程序，步骤如下。

STEP 1　如图4-8-6所示，选中并右击文件夹**Example35➲转换为应用程序**。

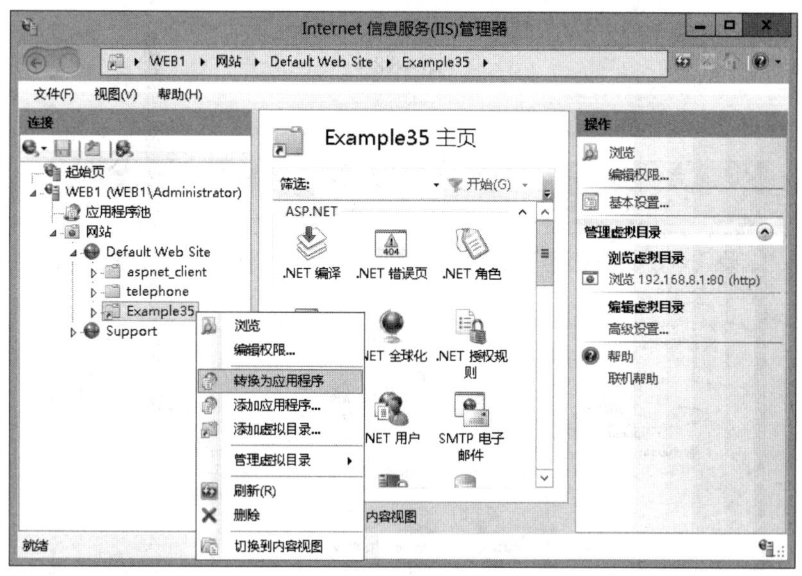

图 4-8-6

STEP 2　如图4-8-7所示，单击**应用程序池**右侧的选择按钮。

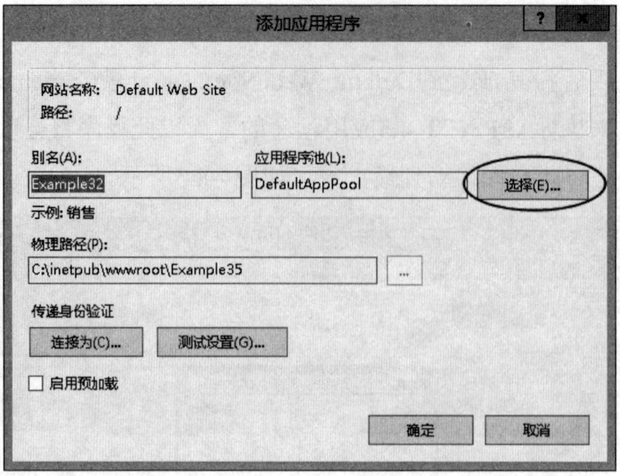

图 4-8-7

STEP 3 如图4-8-8所示，将**应用程序池**更改为**.NET v2.0**后单击确定按钮。

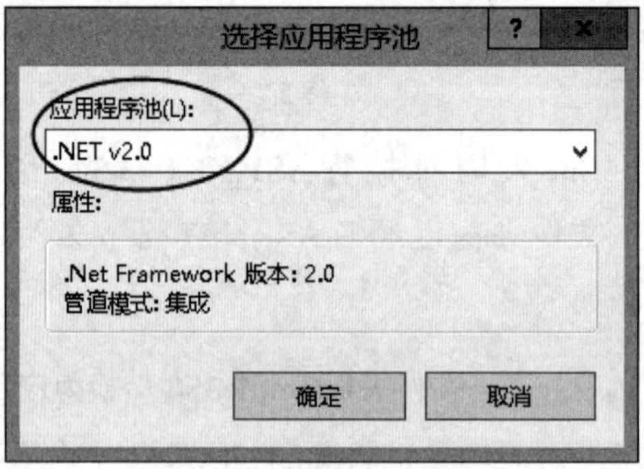

图 4-8-8

STEP 4 图4-8-9所示为完成后的界面。

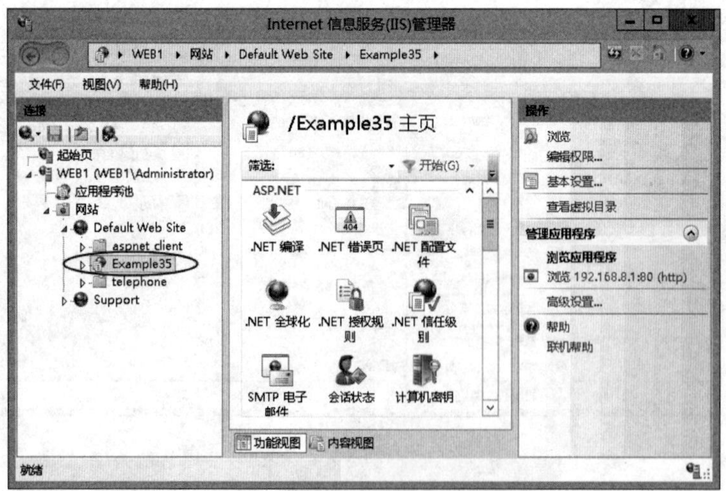

图 4-8-9

4.8.2 PHP应用程序

要让IISWeb服务器可以执行PHP应用程序，需要另外安装CGI模块，此模块包含CGI（Common Gateway Interface protocol）与FastCGI，建议使用性能较好的FastCGI来运行PHP应用程序。

1. 安装 CGI 模块

假设**Web服务器（IIS）**已经安装完成，此时增加安装CGI模块的方法为：【打开**服务器管理器**➲单击**仪表板**处的**添加角色和功能**➲持续单击下一步按钮直到出现**添加角色和功能向导**界面➲如图4-8-10所示展开**Web服务器（IIS）**➲勾选**CGI**➲……】。

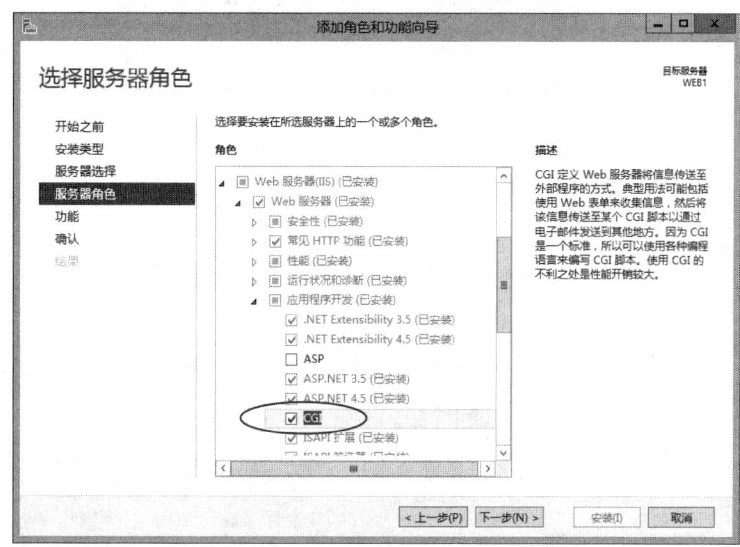

图 4-8-10

2. 下载与安装 PHP

我们可以通过Web Platform Installer（Web PI）来自动下载与安装PHP，也可以手动下载与安装PHP。PHP主程序分为Thread Safe与Non Thread Safe两种版本，其中Thread Safe环境可以让多个线程（thread）在这个相同环境内同时安全地执行，也就是线程相互之间不会破坏对方的数据，不过因为IIS与FastCGI会为每一个PHP提供一个独立的隔离环境，因此不需要使用Thread Safe环境，而且Non Thread Safe环境的运作效率较佳，故请下载Non Thread Safe版本。

PHP还提供了很多扩展程序来强化PHP的功能，其中有一个被称为WinCache（Windows Cache Extension for PHP）的扩展程序可以加快PHP应用程序的执行速度，因此也请下载此程序。

（1）通过 Web Platform Installer（Web PI）来自动下载与安装 PHP

STEP 1 确认这台IIS计算机可以上网，然后到微软网站下载最新版的Web Platform Installer（Web PI）。

STEP 2 执行所下载的Web PI➲如图4-8-11所示先选择**产品**➲选择最新版的PHP➲单击添加按钮后单击安装按钮。

图 4-8-11

STEP 3 如图4-8-12所示，除了PHP主程序外，还需要安装其他必要组件，Web PI会自动下载与安装这些组件，单击我接受按钮。

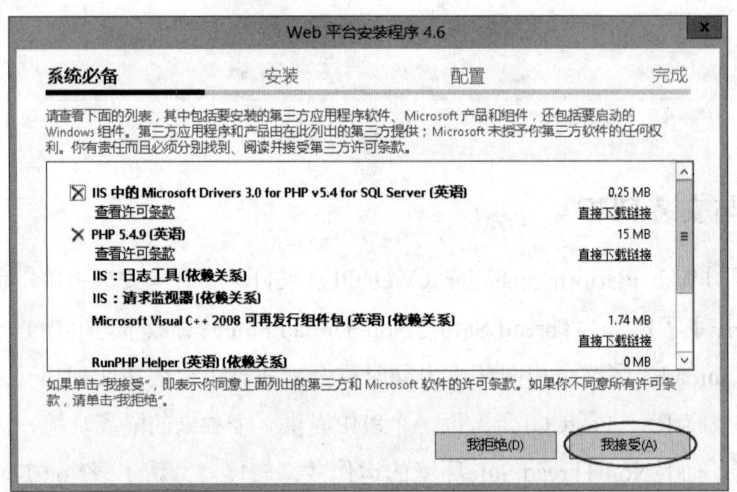

图 4-8-12

STEP 4 安装完成后单击完成按钮。

STEP 5 建议将PHP使用的首页文件index.php排列在**默认文件**的最上方：若要通过Default Web Site来执行PHP程序，则请如图4-8-13所示将index.php调整到最上方。

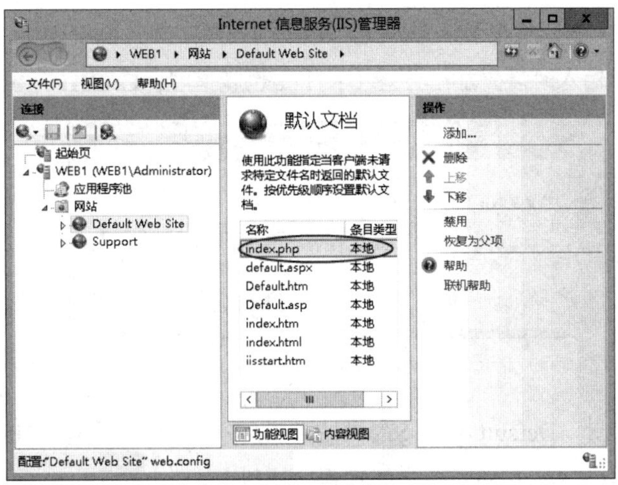

图 4-8-13

（2）手动下载与安装 PHP

STEP 1 到http://windows.php.net/download/下载最新版的PHP，请下载VC9 x86 Non Thread Safe版的.zip文件。

STEP 2 到http://www.iis.net/downloads/microsoft/下载正确版本的WinCache（Windows Cache Extension for PHP）文件。

STEP 3 将PHP的.zip文件解压缩到任意文件夹内，假设是C:\PHP。

STEP 4 将WinCache文件解压缩到上述文件夹的ext子文件夹内，例如C:\PHP\ext。

STEP 5 按⊞+X键➲**控制面板**➲**系统和安全**➲**系统**➲高级**系统设置**➲单击环境变量按钮➲如图4-8-14所示，单击**系统变量**区的**Path**后单击编辑按钮。

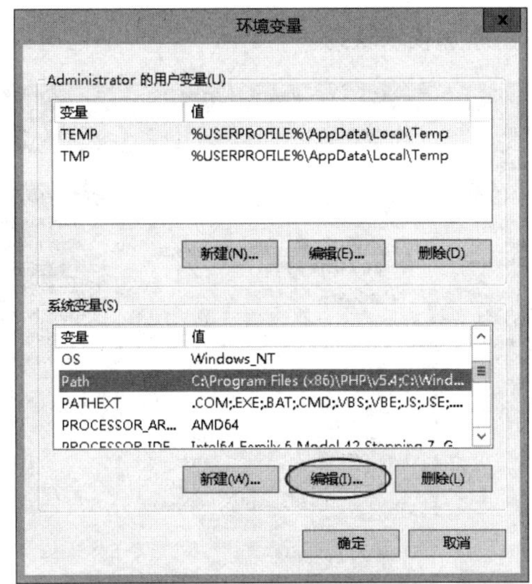

图 4-8-14

STEP 6 如图4-8-15所示，在**变量值**最后增加PHP的安装文件夹**C:\PHP**后持续单击确定按钮来结束设置。输入时需先加上分号（；）（也就是“；**C:\PHP**”）。

图 4-8-15

STEP 7 假设我们要针对Default Web Site网站来启用PHP功能：【打开**IIS管理员**➲单击Default Web Site➲如图4-8-16所示单击**处理程序映射**】。

图 4-8-16

STEP 8 如图4-8-17所示单击**添加模块映射**。

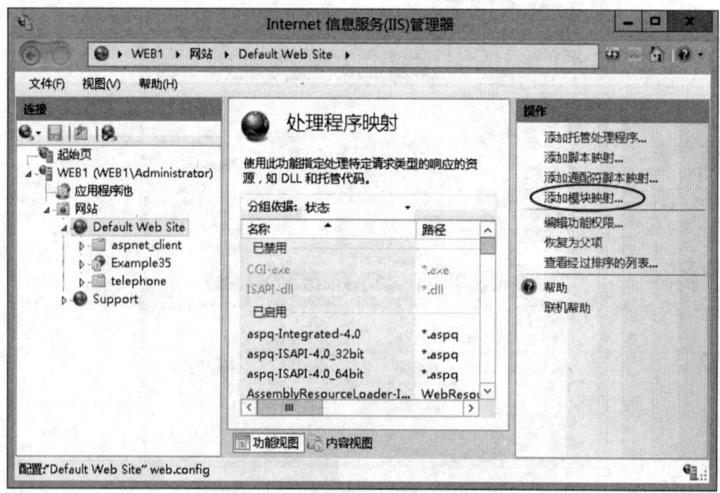

图 4-8-17

STEP 9 如图4-8-18所示，在**请求路径**处输入***.php**，在**模块**处选择**FastCgiModule**，在**可执行文件（可选）**处输入php-cgi.exe文件的完整路径**C:\PHP\php-cgi.exe**，在**名称**处自行为此模块命名，例如**FastCGI**。完成后单击确定按钮。

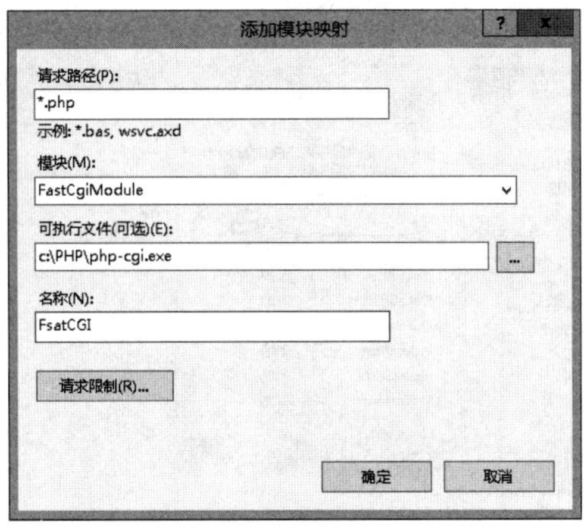

图 4-8-18

STEP 10 如图4-8-19所示单击是（Y）按钮。

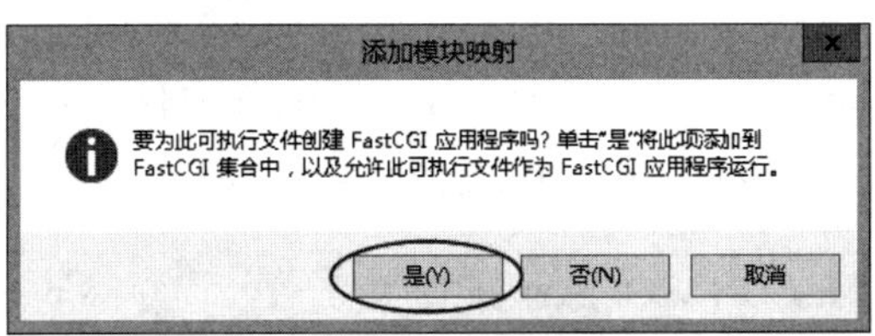

图 4-8-19

STEP 11 单击Default Web Site➲单击中间的**默认文档**➲如图4-8-20所示单击**添加**➲输入index.php（这是PHP使用的首页文件名）。

图 4-8-20

STEP 12 建议将首页文件index.php排列到**默认文档**的最上方，也就是如图4-8-21所示将index.php调整到最上方。

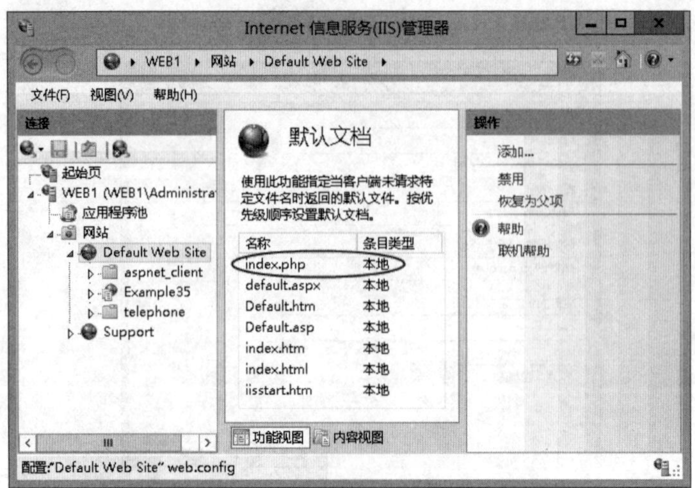

图 4-8-21

3. 测试 PHP 功能是否正常

请利用**记事本**（notepad.exe）建立一个文件，此文件内仅包含如下所示的一行命令，并将其存储到C:\Inetpub\wwwroot\index.php中（见图4-8-22）：

```
<?php echo "PHP Test for IIS Web Server";  ?>
```

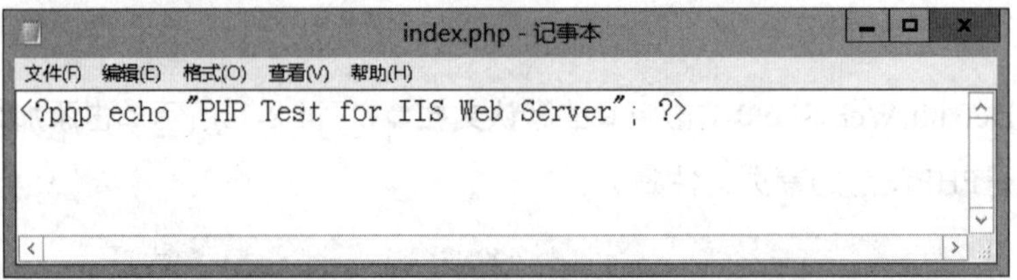

图 4-8-22

接着打开Internet Explorer，输入**http://localhost/index.php**或**http://localhost/**，此时将看到如图4-8-23所示的界面（localhost就是127.0.0.1，若网站被绑定到特定IP地址，则改通过该IP地址来连接，否则无法连接）。

图 4-8-23

4.8.3 快速安装应用程序

IIS的功能越来越强，其网页应用程序的设置步骤也相对变复杂了，因此经常困扰着想要利用IIS来建设网页应用程序的用户，例如若想要在Windows Server 2012 R2上利用IIS与WordPress来建立博客/内容管理系统，用户常常会搞不清楚到底需要安装哪一些组件，这些组件的版本是什么，以及安装完成后要如何设置。

现在通过Microsoft Web Platform Installer（Web PI）就可以大幅降低搭建这些应用程序（例如WordPress、Joomla、Drupal等）的难度，因为它会自动帮用户来安装必要组件，例如在Windows Server 2012 R2计算机上，通过Web PI只需选择要安装WordPress，它就会自动安装所有其他的必要组件，例如Web服务器（IIS）、Microsoft Visual C++ 2008 Redistributable Package、CGI、PHP与MySQL等。之后也可以通过它来更新这些组件。

下面通过在Windows Server 2012 R2构建WordPress应用程序为例来说明，并且假设这台计算机尚未安装Web服务器（IIS）。

STEP 1 确认这台计算机可以上网，然后到微软网站下载最新版的Web Platform Installer（Web PI）。

STEP 2 执行所下载的Web PI➲如图4-8-24所示先选择**应用程序**➲单击WordPress Taiwan（可利用右上角查找栏）➲单击添加按钮后单击安装按钮。

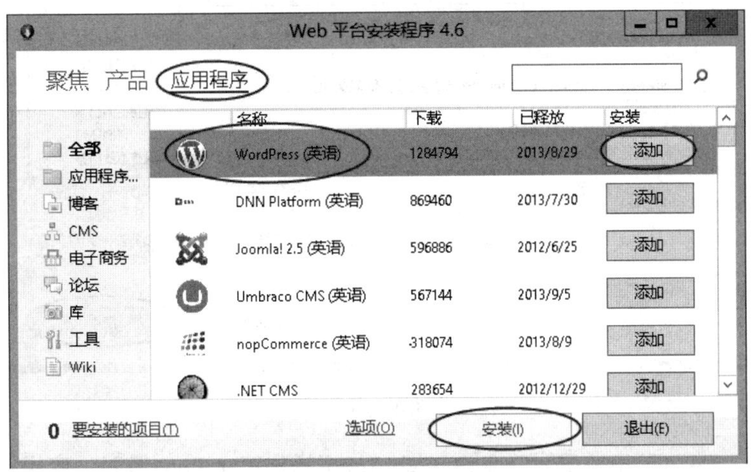

图 4-8-24

STEP 3 由于Web PI会自动安装WordPress所需的数据库MySQL，因此需要如图4-8-25所示设置数据库管理员root的密码。完成后单击继续按钮。

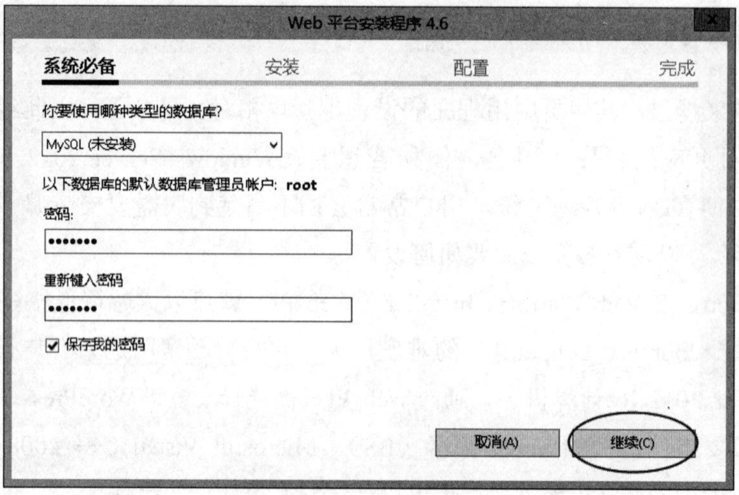

图 4-8-25

STEP 4 如图4-8-26所示，还需要安装其他必要组件（包含IIS及其相关组件），Web PI会自动下载与安装这些组件，单击**我接受**按钮。

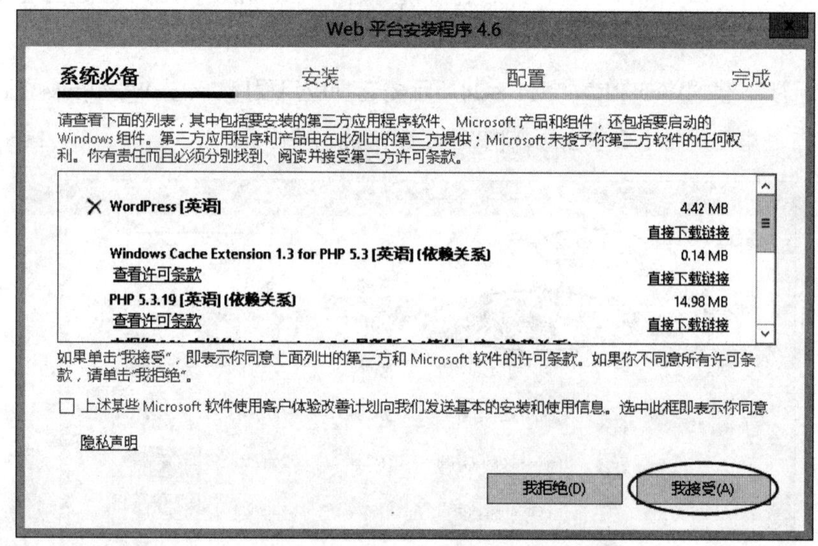

图 4-8-26

STEP 5 假设在图4-8-27中要使用Default Web Site来搭建WordPress博客，应用程序名称假设是SaymsBlog，其他字段暂时采用默认值即可，单击**继续**按钮。

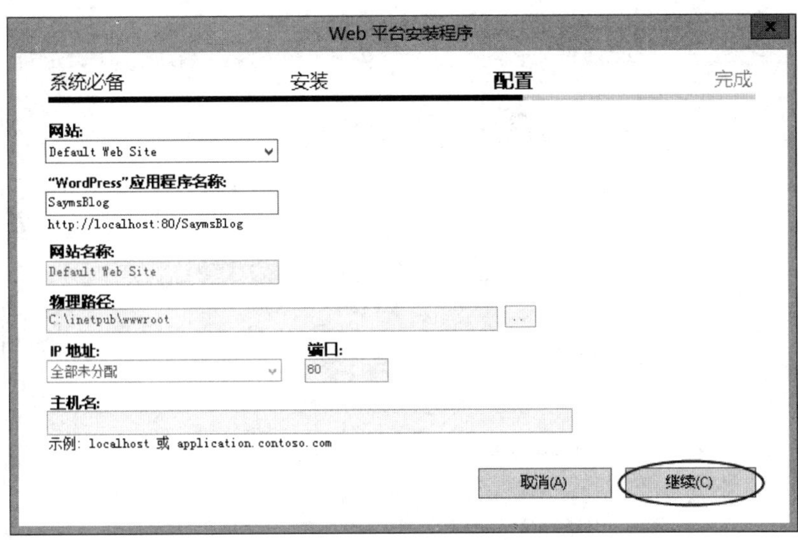

图 4-8-27

STEP 6 下一个界面直接单击继续按钮即可。

STEP 7 在图4-8-28中通过单击**复制到剪贴板**来将数据库密码等数据复制到剪贴板（向下滚动可看到**数据库名称**、**数据库用户名称**与**数据库密码**等数据，记得要备份这些数据），之后单击完成按钮。

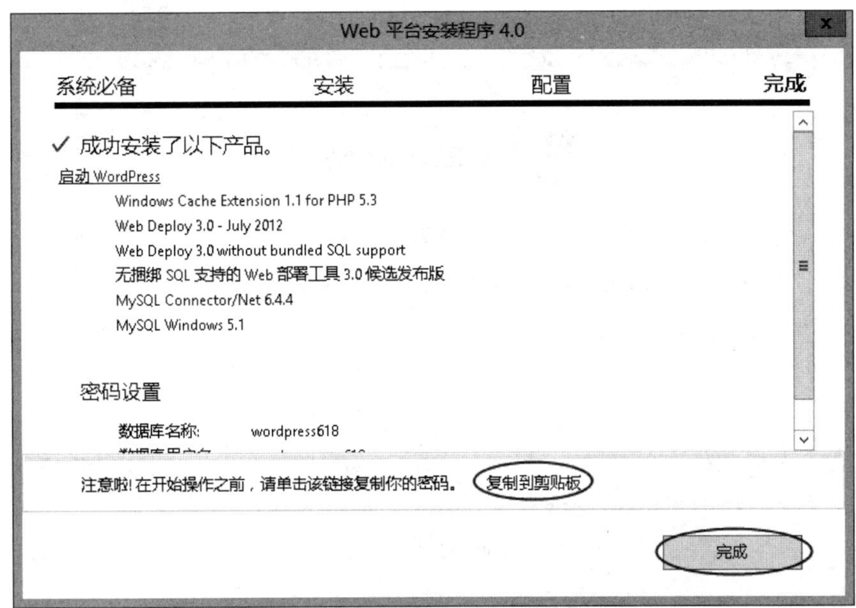

图 4-8-28

STEP 8 之后便会出现如图4-8-29的界面：请为此博客设置标题、博客管理员的账户与密码、电子邮件地址等数据后单击最下方的Install WordPress按钮。

图 4-8-29

STEP 9　出现图4-8-30界面时单击Log In按钮。

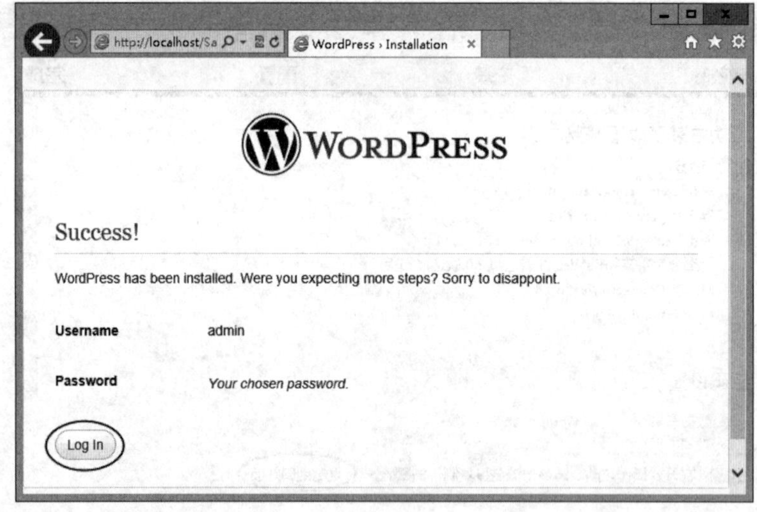

图 4-8-30

STEP 10　在图4-8-31中输入博客管理员的账户与密码后单击Log In按钮。

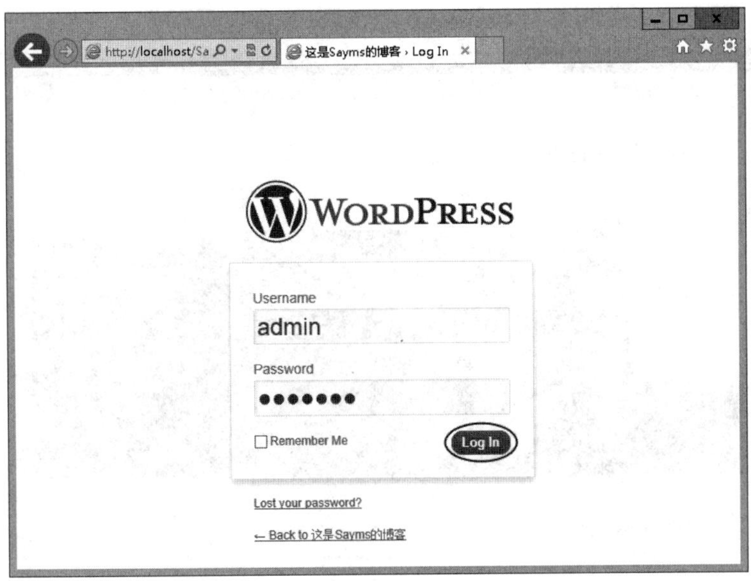

图 4-8-31

STEP 11 如图4-8-32所示会自动进入此博客的管理界面（其网址为http://localhost/SaymsBlog/wp-admin）。

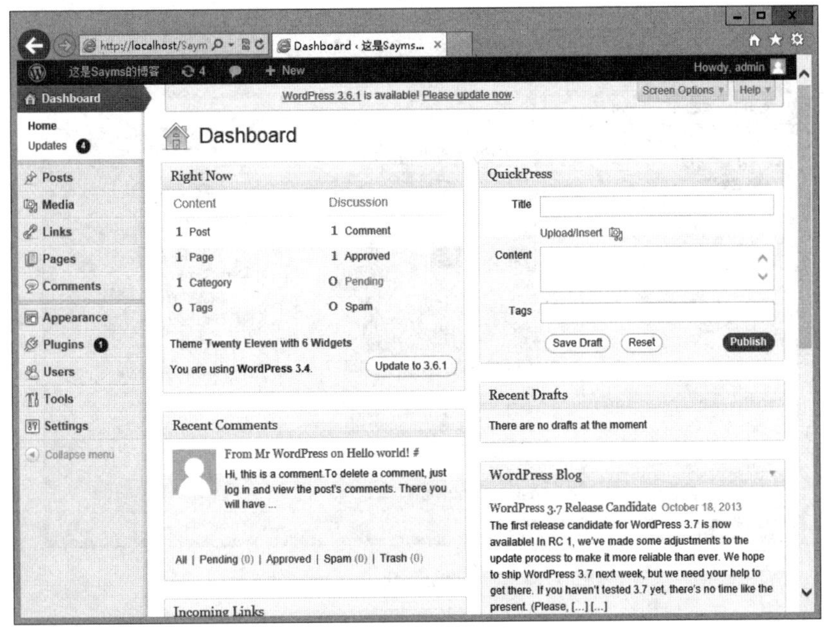

图 4-8-32

STEP 12 可以如图4-8-33所示利用http://localhost/saymsblog来连接到此博客。

图 4-8-33

STEP 13 从图4-8-34的**IIS管理器**界面可看出在Default Web Site下多了一个应用程序SaymsBlog。

图 4-8-34

4.9 网站的其他设置

下面针对网站其他比较重要的设置做必要性的说明，例如：启用连接日志、性能设置、自定义错误信息与SMTP电子邮件设置等。

4.9.1 启用连接日志

可以通过双击图4-9-1中Default Web Site的**日志**将连接信息记录到指定文件内，这些信息包含谁连接此网站、访问了哪一些网页等。可以选择适当的记录文件格式，并设置存储记录文件的位置，默认在%Systemdrive%\inetpub\logs\ LogFiles文件夹内。

> **附注**
>
> 图中是针对Default Web Site来设置的，也可以针对整个IIS服务器来设置，其设置方法为：【单击IIS计算机名称➲双击**日志**】。

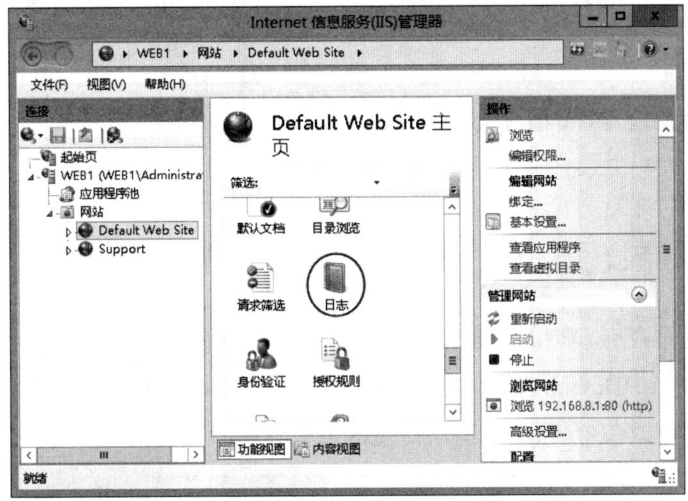

图 4-9-1

4.9.2 性能设置

可以单击图4-9-2中Default Web Site的**操作**窗格中的**限制**，然后通过**限制带宽使用**来调整此网站可占用的网络带宽（每秒最多可以收送多少字节）。另外系统默认自动将闲置超过120秒的连接中断。也可通过图下方的**限制连接数**来设置同时最多可以有多少个连接，以便维持网站运行效率的质量。

图 4-9-2

4.9.3 自定义错误页

错误页用于显示在客户端的浏览器界面上，以便让用户了解连接网站发生错误的原因。可以通过单击图4-9-3中Default Web Site的**错误页**来查看IIS默认的信息设置。也可以更改错误信息内容，例如要更改图中“403”错误信息，可以直接编辑该信息文件。

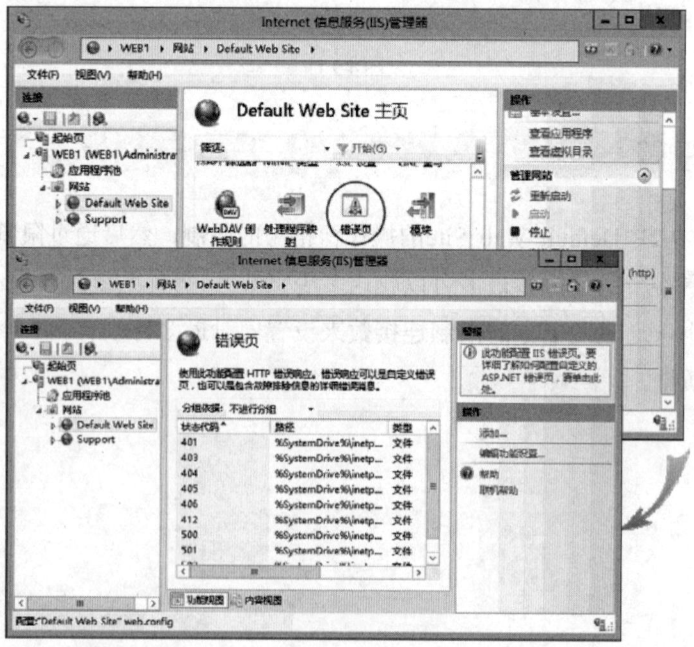

图 4-9-3

4.9.4 SMTP电子邮件设置

若IISWeb服务器内的ASP.NET应用程序需要通过System.NET.Mail API来传送电子邮件，则需要事先设置SMTP相关设置值，以Default Web Site为例：单击图4-9-4中的**SMTP电子邮件**，然后通过弹出的对话框来设置。

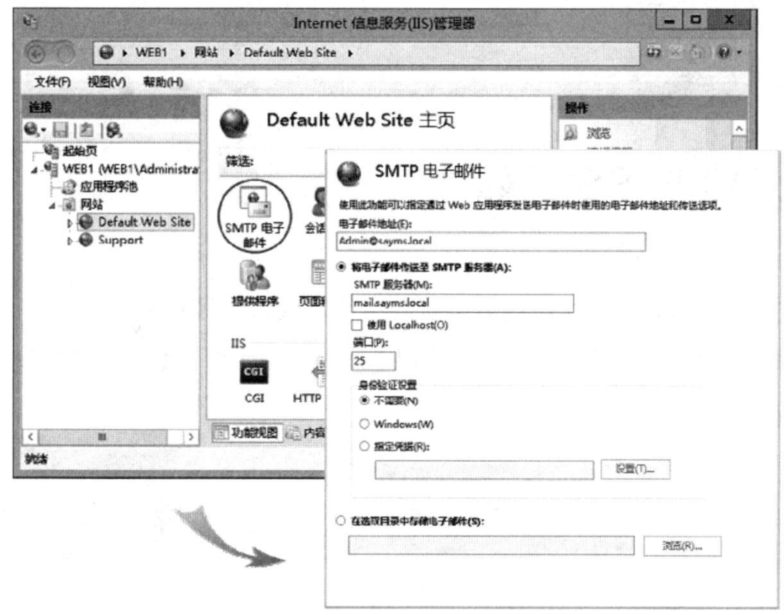

图4-9-4

- **电子邮件地址**：在此处输入代表发件人的电子邮件地址。
- 将电子邮件传送至SMTP服务器。
  - **SMTP服务器**：将邮件发送到此处所指定的SMTP服务器。如果IISWeb服务器本身就是SMTP服务器，就勾选**使用localhost**。SMTP服务器的标准端口号为25，若所使用的SMTP服务器端口号不是25，则通过**端口**来输入端口号。
  - **身份验证设置**：如果SMTP服务器不需要验证用户名与密码，就选择**不需要**。如果SMTP服务器要求必须提供用户名与密码，就选择**Windows**或**指定凭据**。若选择**Windows**，则表示要利用执行ASP.NET应用程序的身份来连接SMTP服务器；若选择**指定凭据**，则请通过按设置按钮来另外指定用户名与密码。
- **在选取目录中存储电子邮件**：设置让System.NET.Mail API将邮件暂时存储到指定的文件夹内（pickup directory，收信目录），以便之后通过ASP.NET应用程序来读取与传送，或由系统管理员来读取与传送。

第5章 PKI与SSL网站

当在网络上传输数据时，这些数据可能会在传输过程中被截获、篡改，而PKI（Public Key Infrastructure，公钥基础架构）可以确保电子邮件、电子商务交易、文件传输等各类数据传输的安全性。

- PKI概述
- 证书颁发机构（CA）概述与根CA的安装
- SSL网站证书实例演练
- 从属CA的安装
- 证书的管理

5.1 PKI概述

用户通过网络将数据传递给接收者时，可以利用PKI提供的以下三种功能来确保数据传输的安全性。

- 对传输的数据加密（encryption）。
- 接收者计算机会验证所收到的数据是否是发件人本人发送的（authentication）。
- 接收者计算机还会确认数据的完整性（integrity），也就是检查数据在传输过程中是否被篡改。

PKI根据Public Key Cryptography（公钥加密系统）来提供上述功能，而用户需要拥有下面的一组密钥来支持这些功能。

- **公钥**：用户的公钥（public key）可以公开给其他用户。
- **私钥**：用户的私钥（private key）是该用户私有的，且存储在用户的计算机内，只有用户自己能够访问。

用户需要通过向**证书颁发机构**（Certification Authority，CA）申请证书（certificate）的方法来拥有与使用这一组密钥。

5.1.1 公钥加密

数据被加密后，必须经过解密才能读取数据的内容。PKI使用**公钥加密**（Public Key Encryption）来对数据加密与解密。发件人利用收件人的公钥对数据加密，而收件人利用自己的私钥将数据解密，图5-1-1所示为用户George发送一封经过加密的电子邮件给用户Mary的流程。

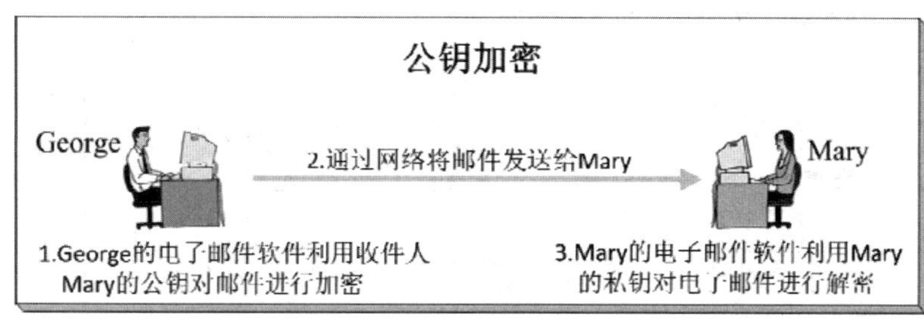

图 5-1-1

图中George必须先获取Mary的公钥，才能利用此密钥来对电子邮件加密，因为Mary的私钥只存储在她的计算机内，所以只有她的计算机可以将此邮件解密，因此她可以正常读取此邮件。其他用户即使拦截这封邮件也无法读取邮件内容，因为他们没有Mary的私钥，无法将其解密。

> **附注**
>
> **公钥加密**使用公钥来加密、私钥来解密，此方法又称为**非对称式**（asymmetric）加密。另一种加密法是**单密钥加密**（secret key encryption），又称为**对称式**（symmetric）加密，其加密、解密都使用同一个密钥。

5.1.2 公钥验证

发件人可以利用**公钥验证**（Public Key Authentication）来对待发送的数据“数字签名”（数字签名、数字签署、digital signature），而收件人计算机在收到数据后，便能够通过此数字签名来验证数据是否确实是由发件人本人发出的，同时还会检查数据在传送的过程中是否被篡改。

发件人利用自己的私钥对数据签名，而收件人计算机会利用发件人的公开密钥来验证此数据。图5-1-2所示为用户George发送一封经过签名的电子邮件给用户Mary的流程。

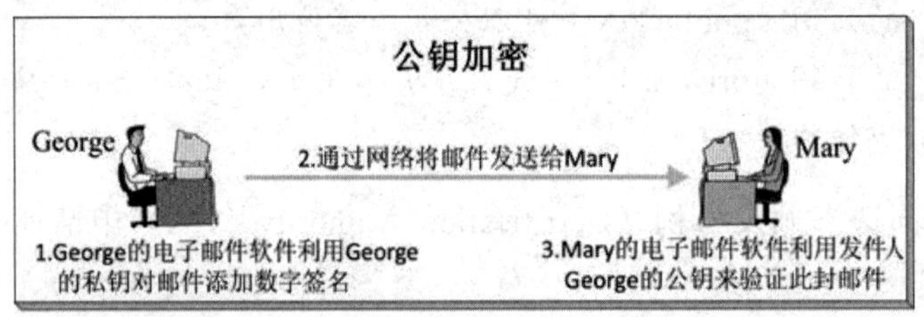

图 5-1-2

由于图中的邮件经过George的私钥签名，而公钥与私钥是一对的，因此收件人Mary必须先取得发件人George的公钥后，才可以利用此密钥来验证这封邮件是否由George本人发送过来的，并检查这封邮件是否被篡改。

数字签名是如何产生的？又是如何用来验证身份的呢？请参考图5-1-3的流程。

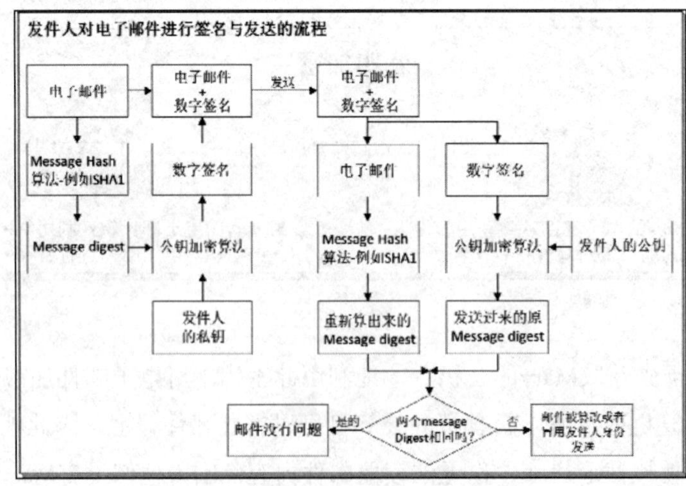

图 5-1-3

下面简要解释图中的流程。

STEP 1 发件人的电子邮件经过**消息哈希算法**（message hash algorithm）的运算处理后，产生一个message digest，它是一个**数字指纹**（digital fingerprint）。

STEP 2 发件人的电子邮件软件利用发件人的私钥将此message digest加密，所使用的加密方法为**公钥加密算法**（public key encryption algorithm），加密后的结果被称为**数字签名**（digital signature）。

STEP 3 发件人的电子邮件软件将原电子邮件与数字签名一并发送给收件人。

STEP 4 收件人的电子邮件软件会将收到的电子邮件与数字签名分开处理：

- 电子邮件重新经过**消息哈希算法**的运算处理后，产生一个新的message digest。
- 数字签名经过**公钥加密算法**的解密处理后，可得到发件人发送来的原message digest。

STEP 5 新message digest与原message digest应该相同，否则表示这封电子邮件被篡改或是由假冒身份者发来的。

5.1.3 SSL网站安全连接

SSL（Secure Sockets Layer）是一个以PKI为基础的安全性通信协议，如果要让网站拥有SSL安全连接功能，就需要为网站向**证书颁发机构**（CA）申请SSL证书（**Web服务器**证书），证书内包含了公钥、证书有效期限、颁发此证书的CA、CA的数字签名等信息。

在网站拥有SSL证书之后，浏览器与网站之间就可以通过SSL安全连接来通信，也就是将URL路径中的**http**改为**https**，例如若网站为www.sayms.local，则浏览器利用**https://www.sayms.local/**来连接网站。

我们以图5-1-4来说明浏览器与网站之间如何建立SSL安全连接。建立SSL安全连接时，会建立一个双方都同意的**会话密钥**（session key），并利用此密钥来将双方所传送的数据加密、解密并确认数据是否被篡改。

STEP 1 客户端浏览器利用https://www.sayms.local/来连接网站时，客户端会先发出Client Hello信息给网站服务器。

STEP 2 网站服务器会向客户端响应Server Hello信息，此信息内包含网站的证书信息（包含公钥）。

STEP 3 客户端浏览器与网站双方开始协商SSL连接的安全级别，例如选择40或128位加密密钥。位数越多，越难破解，数据越安全，但网站性能就越差。

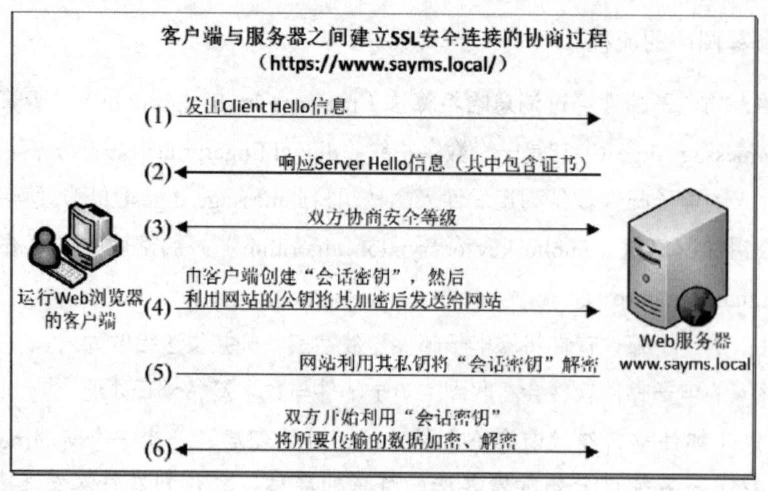

图 5-1-4

STEP 4 浏览器根据双方同意的安全级别来建立会话密钥，利用网站的公钥对会话密钥加密，将加密过后的会话密钥发送给网站。

STEP 5 网站利用它自己的私钥来将会话密钥解密。

STEP 6 之后浏览器与网站相互之间传输的所有数据都会利用这个会话密钥对其加密与解密。

5.1.4 服务器名称指示（SNI）

一台IIS计算机内若同时搭建多个网站，且这些网站都要使用SSL安全连接功能，则可能会有以下的问题发生：例如图5-1-5中Web服务器中有两个网站，它们各有一个SSL证书，这两个证书都被绑定到相同的IP地址（192.168.8.1）与TCP端口（443，这是SSL标准端口号）。当客户端利用https://www.sayms.local/连接第一个SSL网站www.sayms.local时，客户端发出Client Hello信息后，由于此信息内只有服务器的IP地址与端口号，因此网站服务器无法从此信息来判断客户端要连接网站一还是网站二，也就无法来决定Server Hello信息内要挑选网站一还是网站二的证书给客户端。

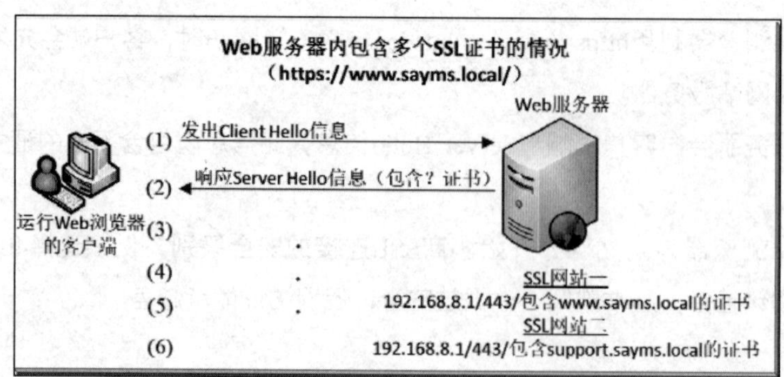

图 5-1-5

由于一般SSL网站都会使用标准的端口443，因此要解决此问题的方法之一是让每一个网站都绑定到专用的IP地址，也就是利用IP地址来区分网站，这意味着如果服务器内要搭建许多SSL网站，就需要使用很多IP地址。

> Q 我们在第4章曾经介绍过可以通过主机名来区分网站，为何此处不通过主机名来区分这两个SSL网站?
>
> A 主机名是在http数据包内，然而客户端是在完成图5-1-5中6个步骤的协商之后，才会发出经过SSL加密的http数据包（https），在此之前网站服务器并无法得知主机名。

如果客户端所发出Client Hello的信息内包含网站的主机名，而且网站服务器也能够通过此名称来得知客户端所要连接的网站，网站服务器就可以抓取此网站的证书后通过Server Hello信息发送给客户端，问题不就解决了吗？是的！这就是Server Name Indication（SNI，服务器名称指示）所提供的功能，它让一台服务器内可以搭建多个SSL网站，这些网站使用一个相同的IP地址、相同的端口号，但主机名不同。客户端与服务器都需支持SNI，目前服务器端仅IIS 8（含）以后的版本支持SNI（Windows Server 2012 R2 IIS为IIS 8.5)；现在大部分客户端浏览器也都支持SNI，不过Windows XP内的Internet Explorer不支持SNI，不论Internet Explorer是哪个版本。

5.2 证书颁发机构（CA）概述与根CA的安装

无论是电子邮件保护还是SSL网站安全连接，都需要申请证书（certification)，这样才可以使用公钥与私钥来执行数据加密与身份验证的工作。证书就像汽车驾驶执照一样，必须拥有汽车驾驶执照（证书）才能开车（使用密钥)。负责颁发证书的机构被称为**证书颁发机构**（Certification Authority，CA)。

用户或网站的公钥与私钥是如何产生的呢？在申请证书时，需要输入姓名、地址与电子邮件地址等数据，这些数据会被传送到一个称为CSP（cryptographic service provider）的程序，此程序已经被安装在申请者的计算机内或此计算机可以访问的设备内。CSP会自动建立一对密钥：一个公钥与一个私钥。CSP会将私钥存储到申请者计算机的注册表（registry）中，然后将证书申请数据与公钥一并发送到CA。CA检查这些数据无误后，会利用CA自己的私钥对待颁发的证书进行签名，然后颁发此证书。申请者收到证书后，将证书安装到他的计算机。

证书内包含了证书的颁发对象（用户或计算机)、证书有效期限、颁发此证书的CA与CA

的数字签名（类似于汽车驾驶执照上的颁发机关盖章），还有申请者的姓名、地址、电子邮件地址、公钥等数据。

用户计算机如果安装了读卡器，就可以利用智能卡来登录，不过也需要通过类似程序来申请证书，CSP会将私钥存储到智能卡内。

5.2.1 CA的信任

在PKI架构下，当用户利用某CA颁发的证书来发送一封经过签名的电子邮件时，收件人的计算机应该信任（trust）由此CA颁发的证书，否则收件人的计算机会将此电子邮件视为有问题的邮件。

又例如客户端利用浏览器连接SSL网站时，客户端计算机也必须信任颁发SSL证书给此网站的CA，否则客户端浏览器会显示警告信息。

系统默认已经自动信任一些知名商业CA，而Windows 8计算机可通过【打开桌面版Internet Explorer➲单击Alt键➲**工具**菜单➲**Internet选项**➲**属性**选项卡➲单击证书按钮➲选择如图5-2-1所示的**受信任的根证书颁发机构**选项卡】来查看其已信任的CA。

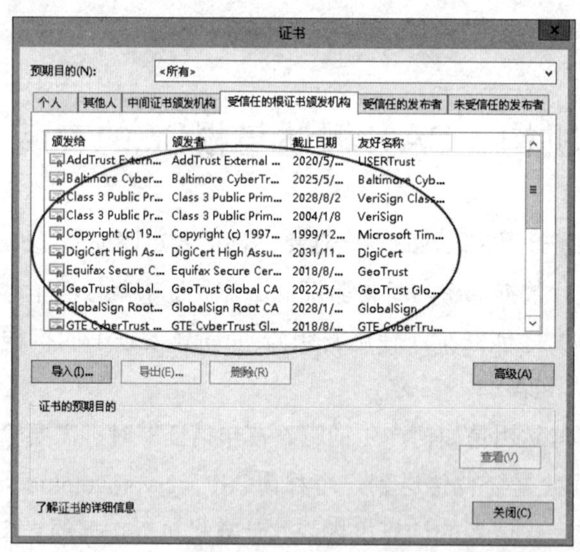

图5-2-1

可以向上述商业CA来申请证书，例如VeriSign，但若贵公司只是希望在各分公司、事业合作伙伴、供货商与客户之间能够安全的通过Internet传输数据，则可以不需要向上述商业CA申请证书，因为可以利用Windows Server 2012 R2的**Active Directory证书服务**（Active Directory Certificate Services。虽名称为Active Directory Certificate Services，但可以不需要域

环境）来自行搭建CA，然后利用此CA来给员工、客户与供货商等颁发证书，并让他们的计算机信任此CA。

5.2.2 AD CS的CA种类

若通过Windows Server 2012 R2的**Active Directory证书服务**（AD CS）来提供CA服务，则可以选择将此CA设置为以下角色之一。

- **企业根CA（enterprise root CA）**：它需要Active Directory域，你可以将企业根CA安装到域控制器或成员服务器。它颁发证书的对象仅限域用户，当域用户来申请证书时，企业根CA会从Active Directory得知该用户的账户信息，并据此决定该用户是否有权限来申请所需的证书。

  企业根CA主要是用来为从属CA颁发证书的，尽管企业根CA还可以颁发保护电子邮件安全、网站SSL安全连接等证书，不过应该将颁发这些证书的工作交给从属CA来负责。
- **企业从属CA（enterprise subordinate CA）**：企业从属CA也需要Active Directory域，企业从属CA适合用来颁发保护电子邮件安全、网站SSL安全连接等证书。企业从属CA必须向其父CA（例如企业根CA）取得证书之后，才会正常工作。企业从属CA也可以颁发证书给下一层的从属CA。
- **独立根CA（standalone root CA）**：独立根CA类似于企业根CA，但不需要Active Directory域，扮演独立根CA角色的计算机可以是独立服务器、成员服务器或域控制器。无论是否为域用户，都可以向独立根CA申请证书。
- **独立从属CA（standalone subordinate CA）**：独立从属CA类似于企业从属CA，但不需要Active Directory域，扮演独立从属CA角色的计算机可以是独立服务器、成员服务器或域控制器。无论是否为域用户，都可以向独立从属CA申请证书。

5.2.3 安装AD CS与搭建根CA

我们利用图5-2-2来说明如何将独立根CA安装到图中的Windows Server 2012 R2计算机CA1，并利用图中的Windows 8计算机Win8PC1来说明如何信任CA。

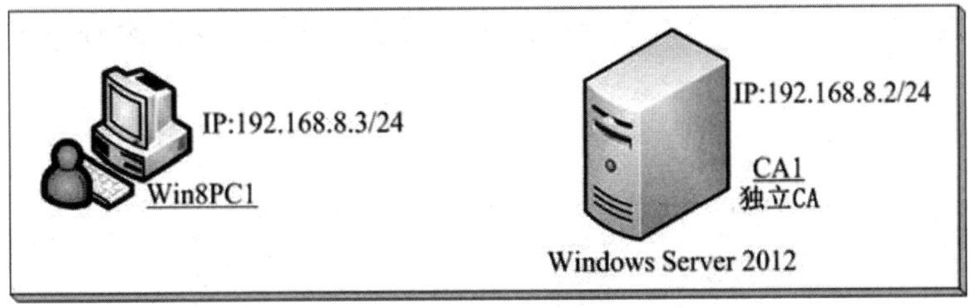

图 5-2-2

STEP 1 请利用本机Administrators组成员的身份登录图中的CA1（如果要安装企业根CA，那么请利用域Enterprise Admins组成员的身份登录）。

STEP 2 打开**服务器管理器**➲单击**仪表板**处的**添加角色和功能**➲持续单击下一步按钮，直到出现如图5-2-3所示的**选择服务器角色**界面时勾选**Active Directory证书服务**➲单击添加功能按钮】。

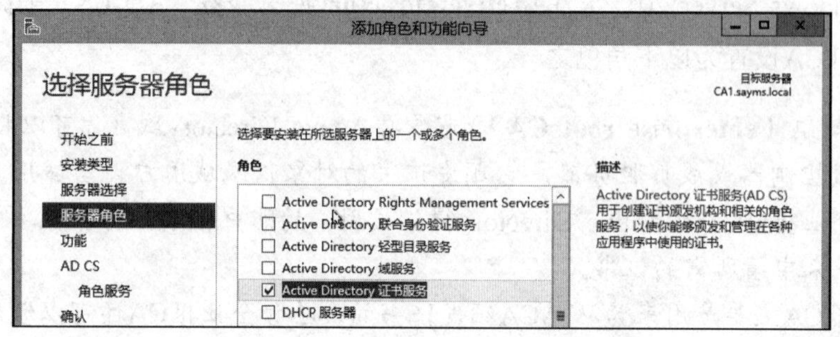

图 5-2-3

STEP 3 持续单击下一步按钮，直到出现图5-2-4的界面时勾选**证书颁发机构Web注册**复选框，单击安装按钮，它会顺便安装IIS网站，以便让用户利用浏览器来申请证书。

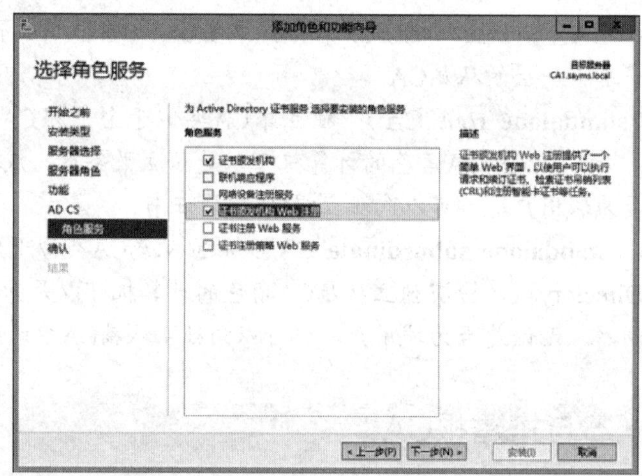

图 5-2-4

STEP 4 持续单击下一步按钮，直到**确认安装选项**界面时单击安装按钮。

STEP 5 如图5-2-5所示，单击完成安装界面中的**配置目标服务器上的Active Directory证书服务**。

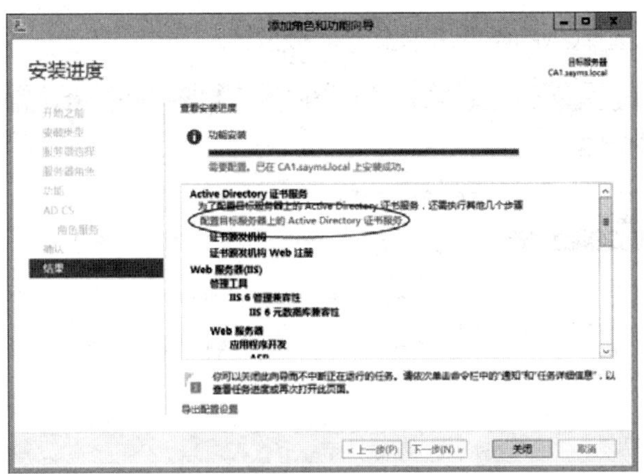

图 5-2-5

STEP 6　在图5-2-6中直接单击**下一步**按钮。

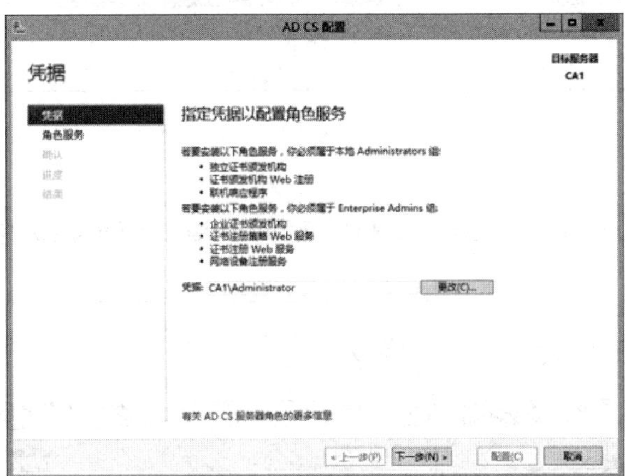

图 5-2-6

STEP 7　如图5-2-7所示，勾选**证书颁发机构**和**证书颁发机构Web注册**复选框后单击**下一步**按钮。

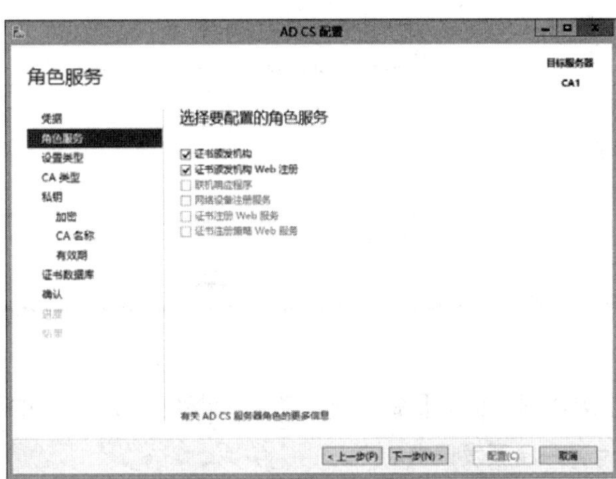

图 5-2-7

STEP 8 在图5-2-8中选择CA的类型后单击**下一步**按钮。

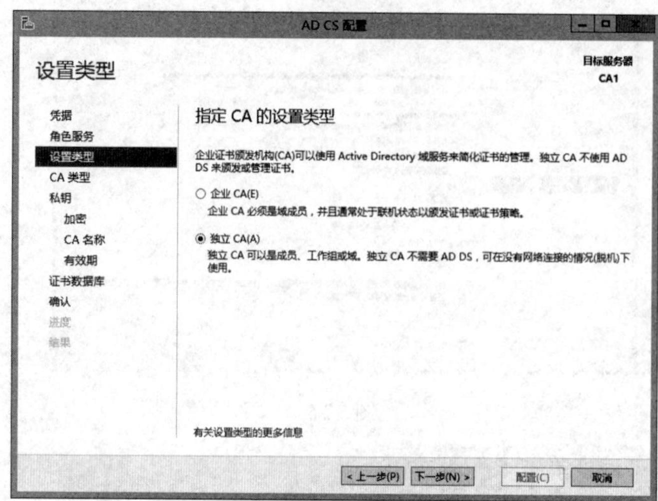

图 5-2-8

如果此计算机是独立服务器或者不是利用域Enterprise Admins成员身份登录，就无法选择**企业**CA。

STEP 9 在图5-2-9中选择**根CA**后单击**下一步**按钮。

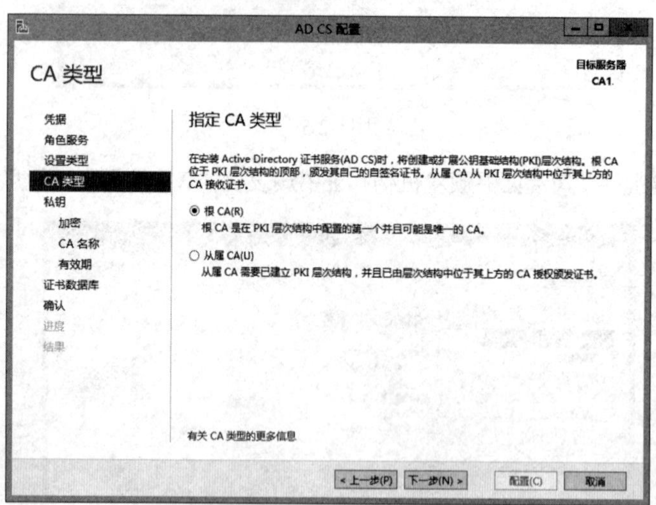

图 5-2-9

STEP 10 在图5-2-10中选择**创建新的私钥**后单击**下一步**按钮。此为CA的私钥，CA必须拥有私钥后才可以为客户端颁发证书。

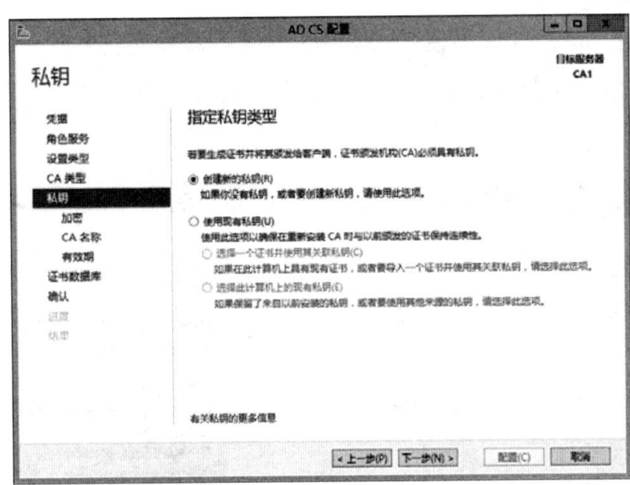

图 5-2-10

> **附注**
>
> 若是在重新安装CA（之前已经在这台计算机安装过），则可以选择使用前一次安装时所创建的私钥。

STEP 11 出现**指定加密选项**界面时直接单击下一步按钮来采用默认的私钥建立方法即可。

STEP 12 出现**CA名称**界面时为此CA设置名称（假设是Sayms Standalone Root）后单击下一步按钮。

STEP 13 在**有效期间**界面中单击下一步按钮。CA的有效期限默认为5年。

STEP 14 在**CA数据库**界面中单击下一步按钮采用默认值即可。

STEP 15 在**确认**界面中单击配置按钮，出现**结果**界面时单击关闭按钮。

安装完成后可通过【按Windows键（⊞）切换到**开始**菜单➲**管理工具**➲**证书颁发机构**】或【在**服务器管理器**中单击右上方的**工具**➲**证书颁发机构**】来管理CA，如图5-2-11所示为独立根CA的管理界面。

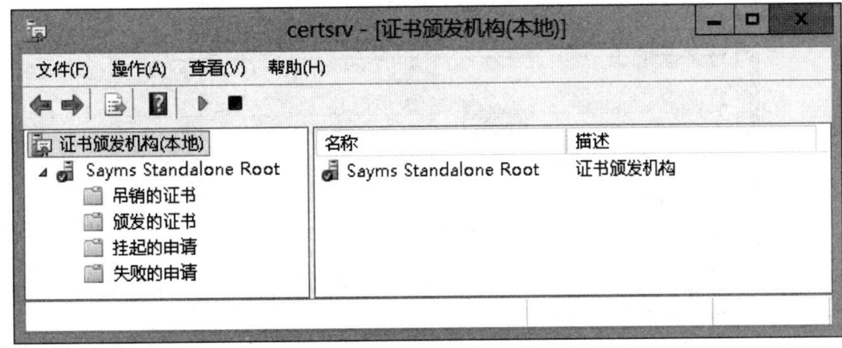

图 5-2-11

若是企业CA，则它是根据**证书模板**（见图5-2-12）来颁发证书的，例如图中右侧的**用户**模板内同时提供了可以用来将文件加密的证书、保护电子邮件安全的证书与验证客户端身份的证书。

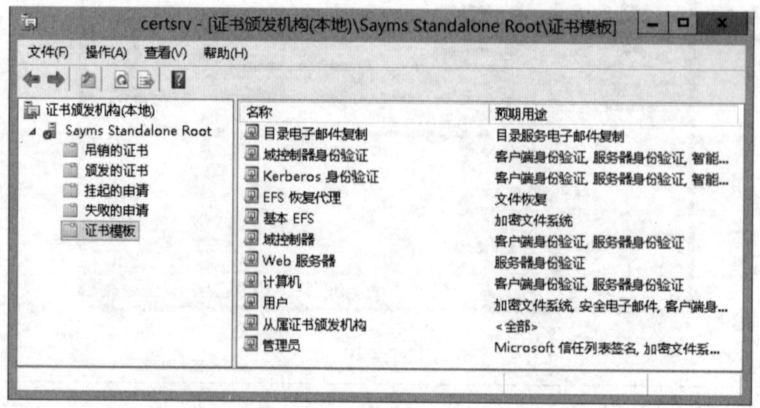

图 5-2-12

1. 如何信任企业 CA

Active Directory域会自动通过组策略来让域内的所有计算机信任企业CA（也就是自动将企业CA的证书安装到客户端计算机），例如图5-2-13是在域内一台Windows 8计算机上通过【打开桌面版Internet Explorer➲**工具**菜单➲**Internet选项**➲**属性**选项卡➲单击证书按钮➲**受信任的根证书颁发机构**选项卡】界面可见，此计算机自动信任企业根CA（Sayms Enterprise Root）。

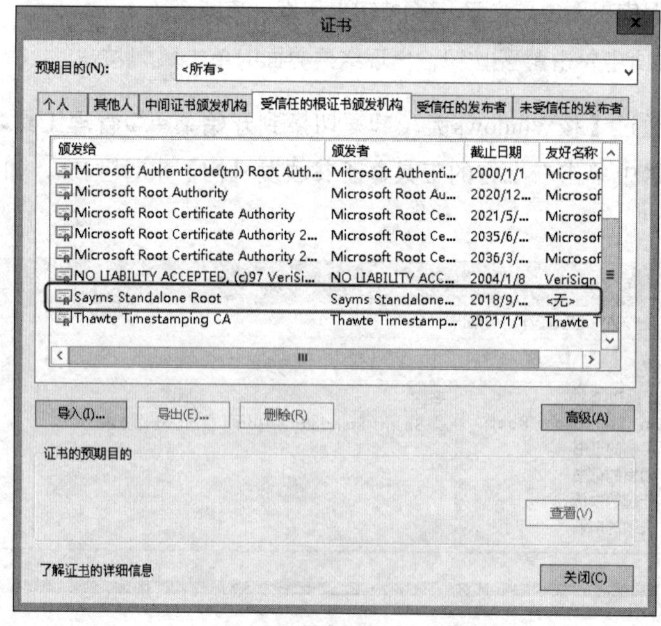

图 5-2-13

2. 如何手动信任企业或独立 CA

未加入域的计算机并未信任企业CA，还有无论是否为域成员计算机，它们默认也都未信任独立CA，但是我们可以在这些计算机上执行手动信任企业或独立CA的程序。以下步骤是让图5-2-2中的Windows 8计算机Win8PC1信任图中的独立根CA。

STEP 1 请到Win8PC1上打开桌面版Internet Explorer，并输入以下的URL路径：

http://192.168.8.2/certsrv

其中 192.168.8.2 为图 5-2-2 中独立 CA 的 IP 地址，此处也可改为 CA 的 DNS 主机名或 NetBIOS 计算机名称。

> **附注**
>
> 若客户端为Windows Server 2012（R2）计算机，则先将其**IE增强的安全配置**关闭，否则系统会阻挡其连接CA网站：【打开**服务器管理器**➲单击**本地服务器**➲单击**IE增强的安全配置**右侧的设置值➲选择**管理员**处的**关闭**】。

STEP 2 在图5-2-14中单击**下载CA证书、证书链接或CRL**。

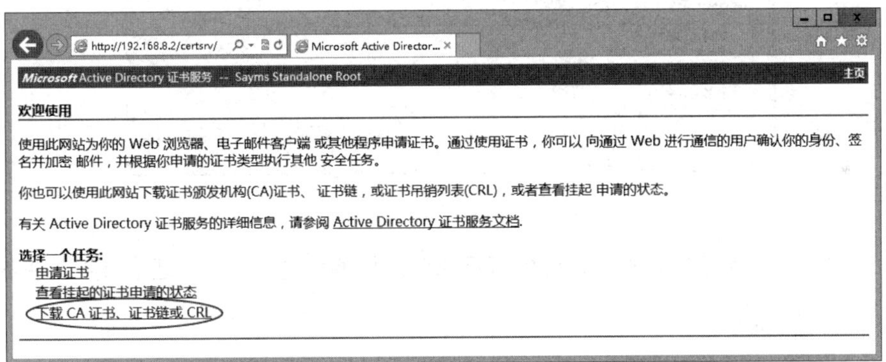

图 5-2-14

STEP 3 在图5-2-15中单击**下载CA证书链**（或单击**下载CA证书**），然后在前景图中单击保存按钮将其保存，默认文件名为certnew.p7b。

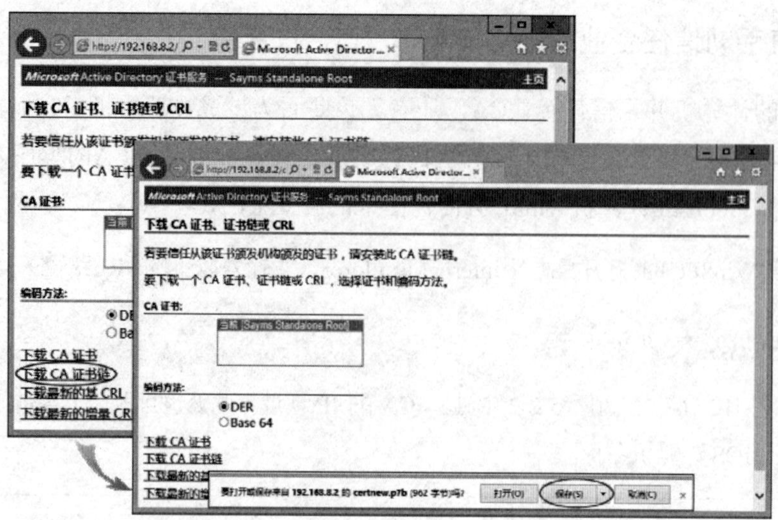

图 5-2-15

STEP 4 按⊞+R键➲输入**mmc**后按Enter键➲**文件**菜单➲**添加/删除嵌入式管理单元**➲从列表中选择**证书**后单击添加按钮➲在图5-2-16中选择**计算机账户**后依序单击下一步、完成、确定按钮。

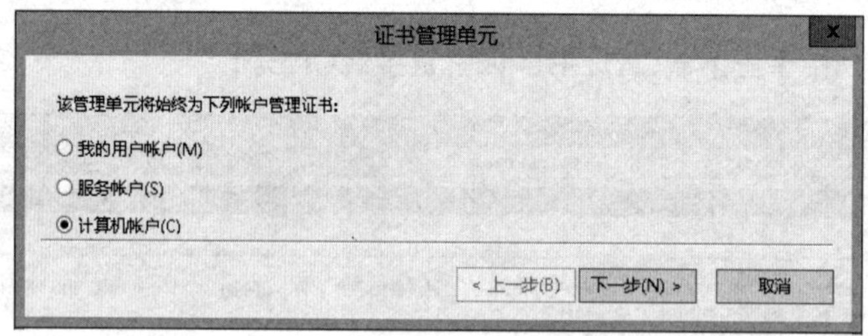

图 5-2-16

STEP 5 如图5-2-17所示展开到**受信任的根证书颁发机构**➲选中并右击**证书**➲**所有任务**➲**导入**➲单击下一步按钮。

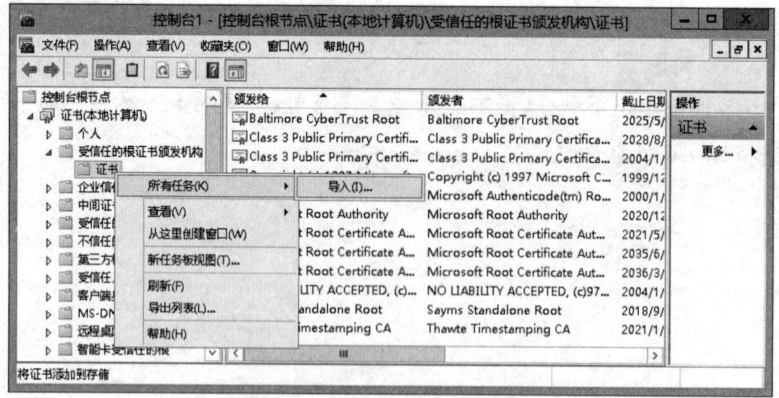

图 5-2-17

STEP 6　在图5-2-18中选择前面所下载的CA证书链文件后单击下一步按钮。

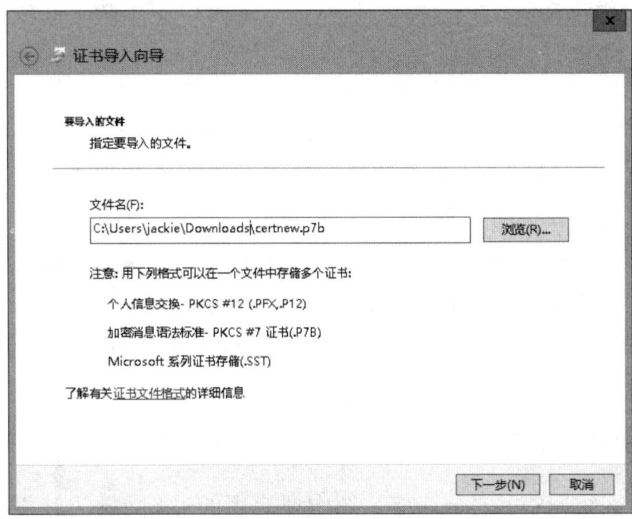

图 5-2-18

STEP 7　接下来依序单击下一步、完成、确定按钮。图5-2-19所示为完成后的界面。

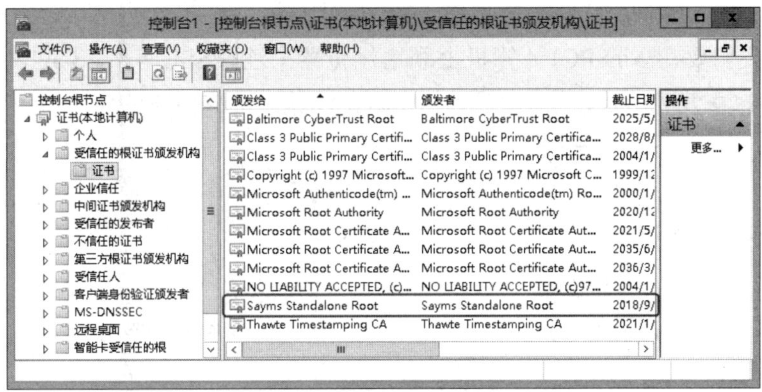

图 5-2-19

附注

可以通过组策略来让域内所有计算机自动信任独立CA，详情请参考《Windows Server 2012 R2 Active Directory配置指南》这本书。

5.3　SSL网站证书实例演练

我们必须为网站申请SSL证书，这样网站才会具备SSL安全连接的能力。若网站要对Internet用户提供服务，则向商业CA申请证书，例如VeriSign；若网站只是对内部员工、企业合作伙伴来提供服务，则可自行利用**Active Directory证书服务**（AD CS）来搭建CA，并向此CA申请证书即可。我们将利用AD CS来搭建CA，并通过以下步骤来演练SSL网站的设置。

STEP 1 在网站计算机上建立证书申请文件。

STEP 2 利用浏览器将证书申请文件发送给CA，然后下载证书文件。

- **企业CA**：由于企业CA会自动颁发证书，因此在将证书申请文件发送给CA时，就可以直接下载证书文件。
- **独立CA**：独立CA默认并不会自动颁发证书，因此必须等CA管理员手动颁发证书后，再利用浏览器来连接CA与下载证书文件。

STEP 3 将SSL证书安装到IIS计算机，并将其绑定（binding）到网站，该网站便拥有SSL安全连接的能力。

STEP 4 测试客户端浏览器与网站之间SSL的安全连接功能是否正常。

我们利用图5-3-1来练习SSL安全连接，图中要启用的SSL网站为计算机WEB1内的Default Web Site，其网址为www.sayms.local，先在此计算机安装好**Web服务器（IIS）**角色。CA1为独立根CA，其名称为Sayms Standalone CA，此台计算机兼扮演DNS服务器，请安装好DNS服务器角色，并在其内建立正向查找区域sayms.local、建立主机记录www（IP地址为192.168.8.1）。我们要在Win8PC1计算机上利用浏览器来连接SSL网站。CA1与Win8PC1计算机可直接使用图5-2-2的计算机，但需另外指定首选DNS服务器IP地址192.168.8.2。

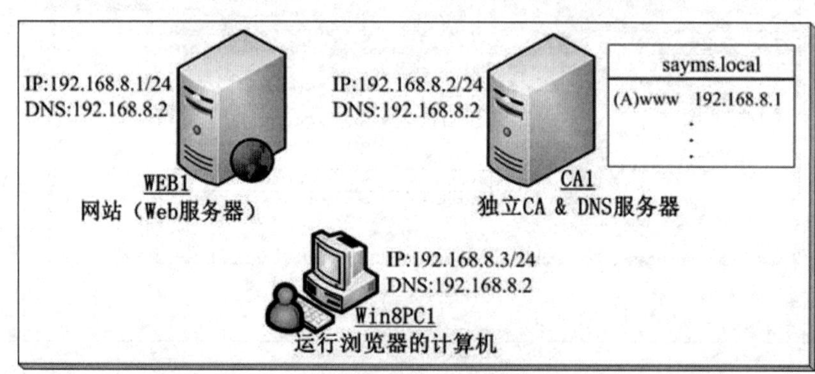

图5-3-1

5.3.1 让网站与浏览器计算机信任CA

网站WEB1与执行浏览器的计算机Win8PC1都应该信任颁发SSL证书的CA，否则浏览器在利用https（SSL）连接网站时会显示警告信息。若是企业CA，而且网站与浏览器计算机都是域成员，则它们都会自动信任此企业CA，然而图中的CA为独立CA，且WEB1与Win8PC1都没有加入域，故需要在这两台计算机上手动执行信任CA的操作（参考5.2.3小节中**如何手动信任企业或独立CA**的说明）。

5.3.2 在网站上建立证书申请文件

到扮演网站www.sayms.local角色的计算机WEB1上执行以下步骤：

STEP 1 按⊞键切换到**开始**菜单➲**管理工具**➲**Internet信息服务（IIS）管理器**。

STEP 2 如图5-3-2所示单击WEB1➲**服务器证书**➲**创建证书申请**。

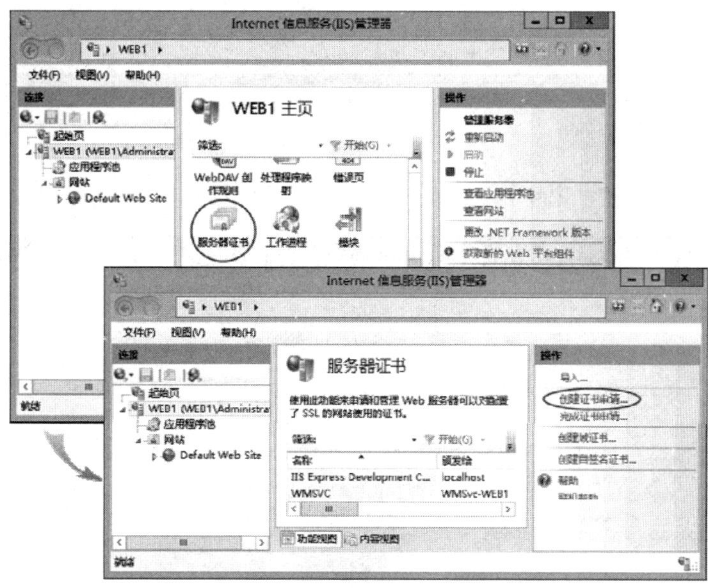

图 5-3-2

STEP 3 在图5-3-3中输入网站的相关数据后单击下一步按钮。注意因为在**通用名称**处的网址被设置为www.sayms.local，所以客户端需使用此网址来连接网站。

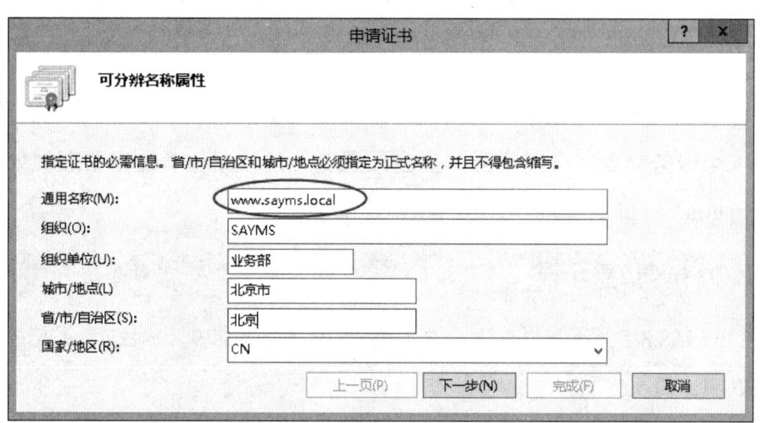

图 5-3-3

STEP 4 在图5-3-4中直接单击下一步按钮即可。图中的**位长**用来指定网站公钥的位长度，位长度越长，安全性越高，但效率越低。

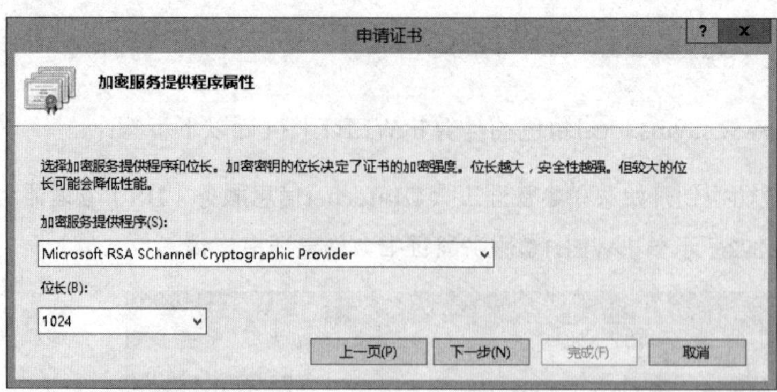

图 5-3-4

STEP 5　在图5-3-5中设定证书申请文件的文件名与存储位置后单击**完成**按钮。

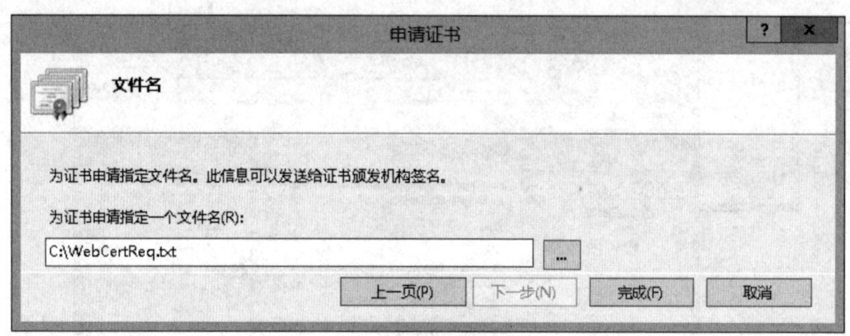

图 5-3-5

5.3.3　申请证书与下载证书

继续在扮演网站角色的计算机WEB1上执行以下步骤（以下是针对独立根CA，但会附带说明企业根CA的步骤）：

STEP 1　先将**IE增强的安全配置**关闭，否则系统会阻挡其连接CA网站：【打开**服务器管理员**➲单击**本地服务器**➲单击**IE增强的安全配置**右侧的设置值➲选择**管理员**处的**关闭**】。

STEP 2　打开Internet Explorer并输入以下的URL路径：

http://192.168.8.2/certsrv

其中 192.168.8.2 为图 5-3-1 中独立 CA 的 IP 地址，此处也可改为 CA 的 DNS 主机名或 NetBIOS 计算机名称。

STEP 3　在图5-3-6中选择**申请证书**、**高级证书申请**。

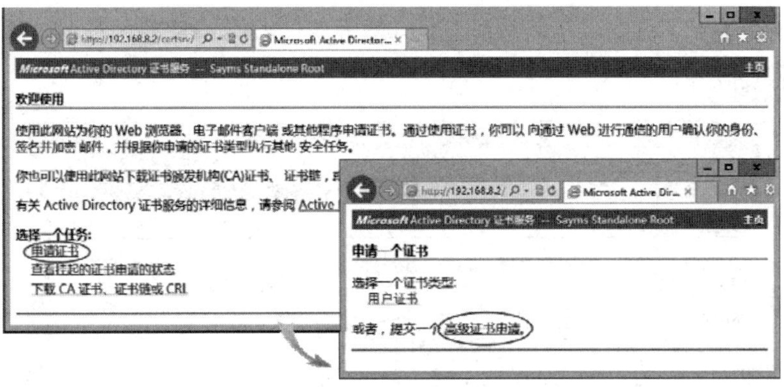

图 5-3-6

附注

若是向企业CA申请证书，则系统会先要求输入用户名与密码，此时请输入域系统管理员账户（例如sayms\administrator）与密码。

STEP 4 依照图5-3-7所示来选择。

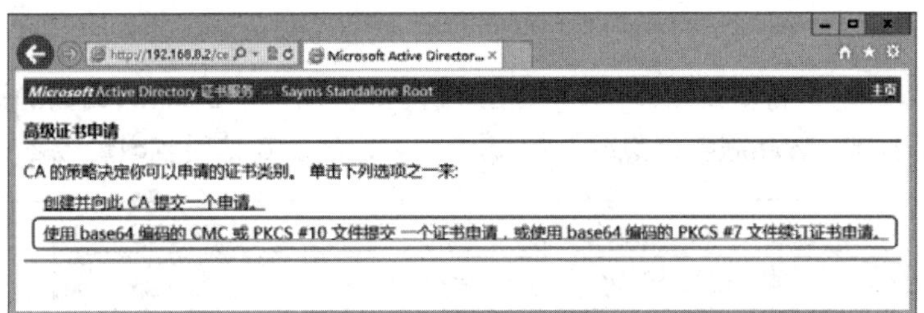

图 5-3-7

STEP 5 在继续下一个步骤之前，请先利用**记事本**打开前面的证书申请文件C:\WebCertReq.txt，然后如图5-3-8所示复制整个文件的内容。

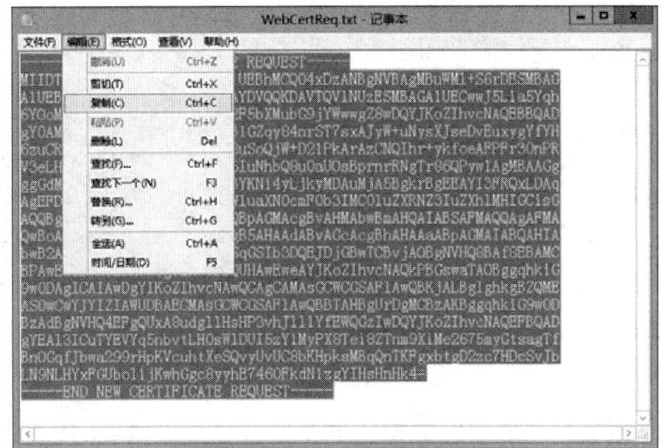

图 5-3-8

STEP 6 请将所复制下来的内容粘贴到图5-3-9界面中的**Base-64编码的证书申请**处，完成后单击提交按钮。

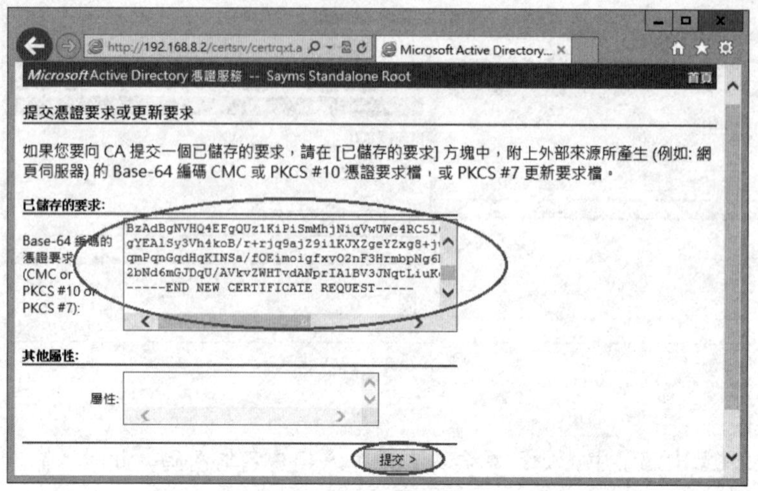

图 5-3-9

若是企业CA，则【将复制下来的内容粘贴到图5-3-10中的**Base-64编码的证书申请**处➲在**证书模板**处选择**Web服务器**➲单击提交按钮】，然后直接跳到STEP 10。

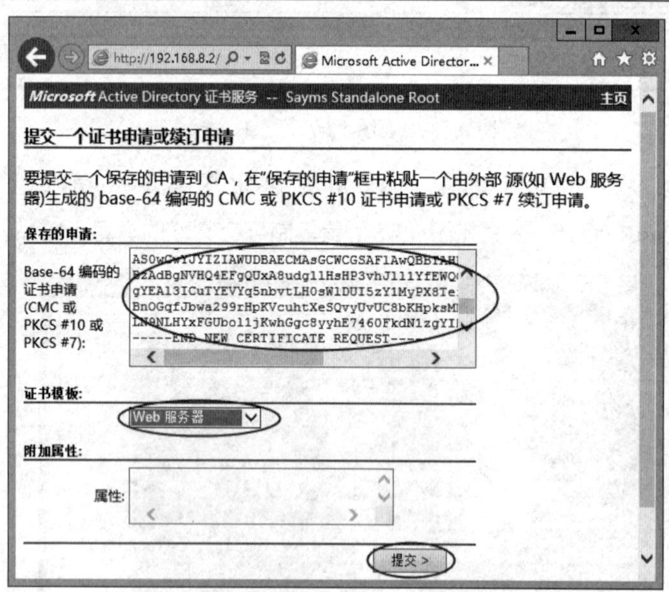

图 5-3-10

STEP 7 因为独立CA默认并不会自动颁发证书，所以请依照图5-3-11的要求，等CA系统管理员颁发此证书后再来连接CA与下载证书。

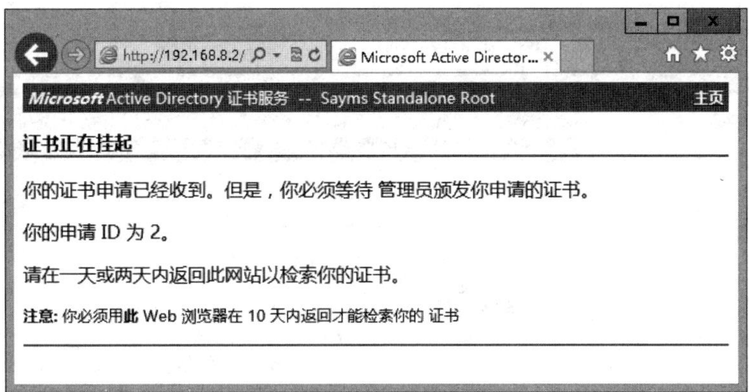

图 5-3-11

STEP 8 到CA计算机上按Windows键（⊞）切换到**开始**菜单➲**管理工具**➲**证书颁发机构**➲展开到**挂起的请求**➲选中并右击图5-3-12中的证书请求➲**所有任务**➲**颁发**。

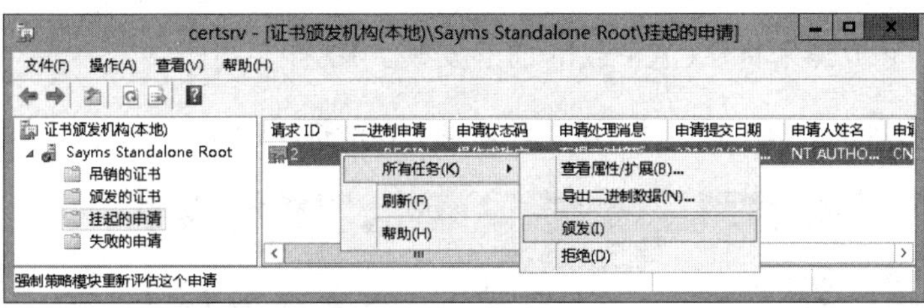

图 5-3-12

STEP 9 回到网站计算机上：【打开网页浏览器➲连接到CA网页（例如http://192.168.8.2/certsrv）➲如图5-3-13所示来选择】。

图 5-3-13

STEP 10 在图5-3-14中选择**下载证书**，单击保存按钮将证书保存起来，默认的文件名为certnew.cer。

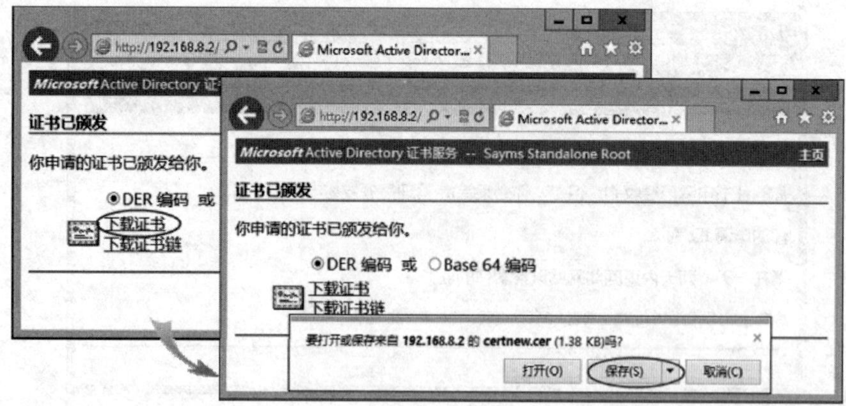

图 5-3-14

5.3.4 安装证书

我们要利用以下步骤来将从CA下载的证书安装到IIS计算机上。

STEP 1 如图5-3-15所示单击WEB1➲**服务器证书**➲**完成证书申请**。

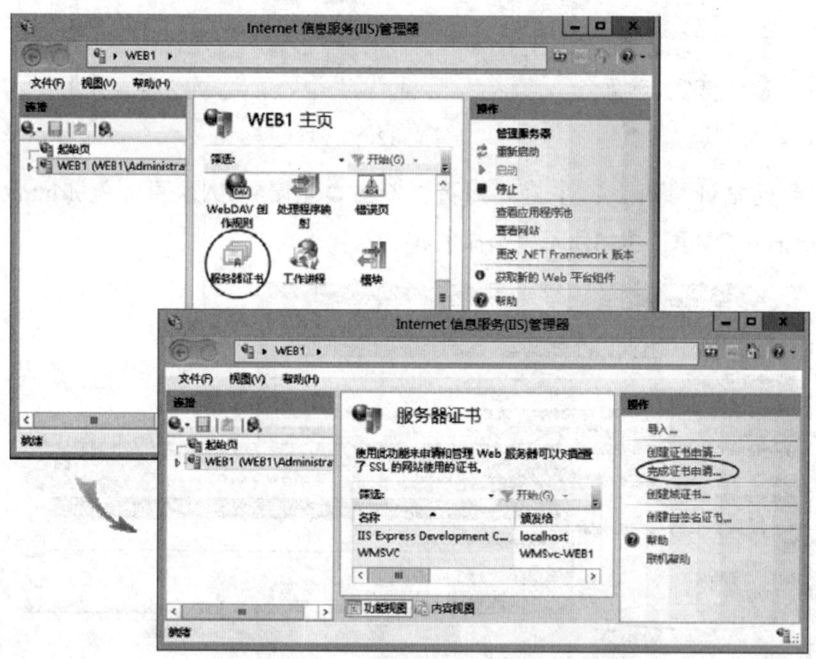

图 5-3-15

STEP 2 在图5-3-16中选择前面所下载的证书文件，为其设置好记的名称（例如**Default Web Site的证书**），将证书存储到**个人**证书存储区域，单击确定按钮。

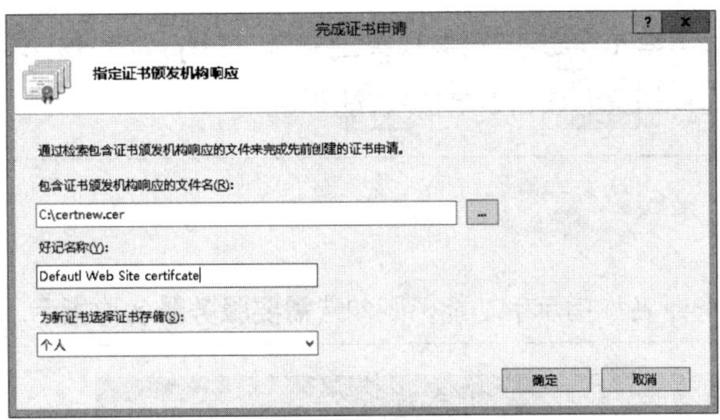

图 5-3-16

附注

若要在此IIS计算机内搭建多个SSL网站，且它们使用的IP地址与端口都相同（使用SNI功能），则选择将它们的证书安装到**Web Hosting**证书存储区域。

STEP 3 图5-3-17所示为完成后的界面。

图 5-3-17

STEP 4 接下来需要将https通信协议绑定（binding）到Default Web Site：请如图5-3-18所示单击Default Web Site右侧的**绑定**。

图 5-3-18

STEP 5 如图5-3-19所示单击添加按钮➲在**类型**处选择**https**➲在**SSL证书**处选择**Default Web Site的证书**后单击确定按钮➲单击关闭按钮。

附注

若要启用SNI（服务器名称指示）功能，则勾选**需要服务器名称指示**，然后输入主机名。

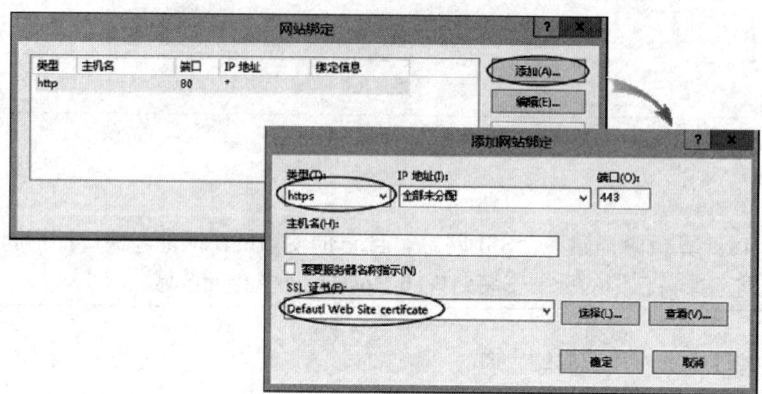

图 5-3-19

STEP 6 图5-3-20所示为完成后的界面。

图 5-3-20

5.3.5 建立网站的测试网页

为了测试SSL网站是否正常，我们将在网站主目录下（假设是C:\inetpub\wwwroot）利用**记事本**（notepad）新建文件名为default.htm的首页文件，如图5-3-21所示。建议先在**文件资源管理器**内【单击**查看**菜单➲勾选**扩展名**】，如此在建立文件时才不容易弄错扩展名，同时在图5-3-21中可看到文件default.htm的扩展名.htm。

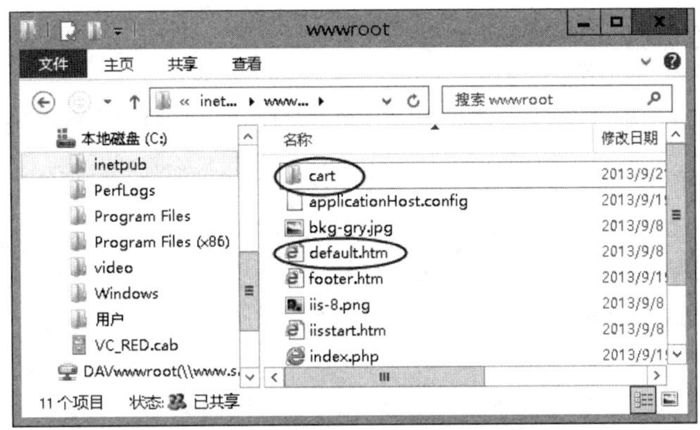

图 5-3-21

通常并不需要整个网站的所有网页都采用SSL安全连接，例如购物网站只有在客户连接到需要输入信用卡号等机密数据的网页时才需要SSL安全连接，因此我们在连接网站首页时采用http连接即可，但是在连接其中的文件夹cart时就会采用https。此default.htm首页的内容如图5-3-22所示，其中 SSL安全连接的链接（link）为**https://www.sayms.local/cart/**。

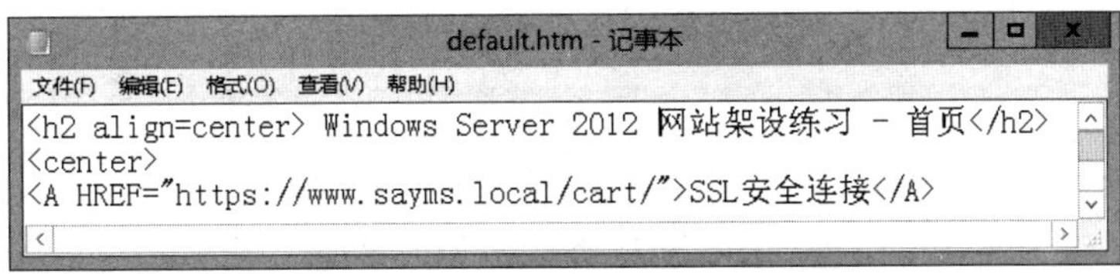

图 5-3-22

接着如图5-3-23所示在主目录下建立一个子文件夹cart，然后在其中也建立一个default.htm的首页文件，其内容如图5-3-24所示，在用户单击图5-3-22中的**SSL安全连接**后，就会以 SSL的方式来打开此网页。

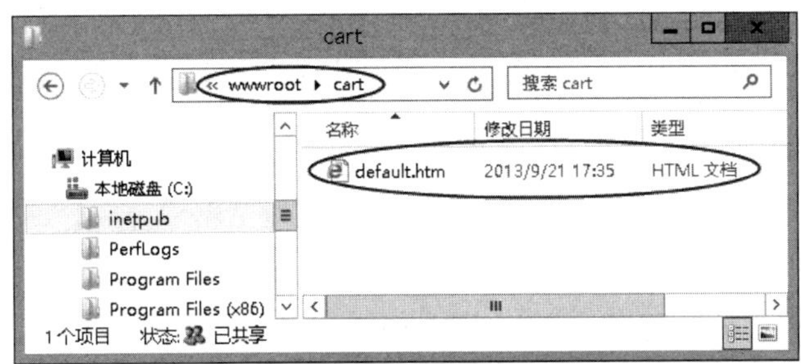

图 5-3-23

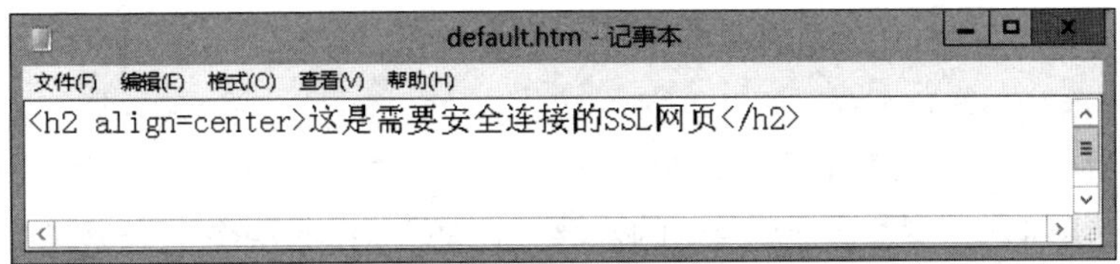

图 5-3-24

5.3.6 SSL连接测试

我们将利用图5-3-1中Win8PC1计算机尝试与SSL网站建立SSL安全连接：打开桌面版Internet Explorer，然后利用**http://www.sayms.local/**来连接网站，此时应该会看到图5-3-25所示的界面。

图 5-3-25

接着单击图5-3-25中最下方的**SSL安全连接**这个超链接（link），此时它会连接到**https://www.sayms.local/cart/**内的默认网页default.htm，也就是会出现图5-3-26所示界面，图上方的锁图标表示浏览器与网站之间为SSL安全连接。

图 5-3-26

若在单击**SSL安全连接**后出现如图5-3-27所示的警告界面，表示这台Win8PC1计算机并未信任颁发SSL证书的 CA，此时仍然可以单击下方的**继续浏览此网站（不建议）**来打开网页或先去执行信任的操作后再来测试。

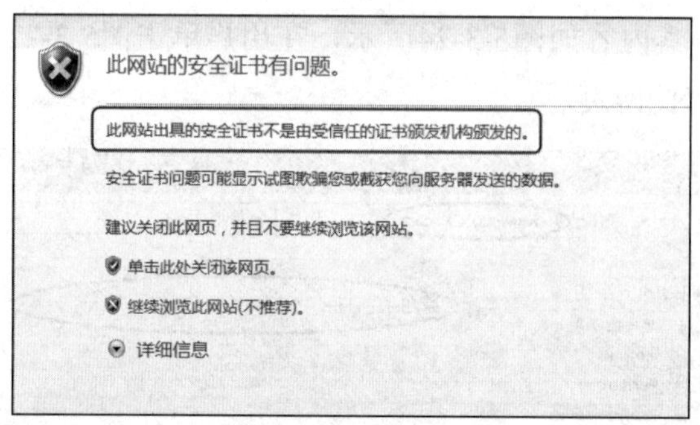

图 5-3-27

注意

如果确定所有的配置都正确，但是在这台Windows 8计算机的浏览器界面上却没有出现应该有的结果时，那么请将Internet临时文件删除后再试：【单击Alt键➲选择**工具**菜单➲**Internet选项**➲单击**浏览历史记录**处的删除按钮➲确认**Internet缓存与网站文件**已勾选后单击删除按钮】，或是按Ctrl+F5键来要求它不要读取临时文件，而是直接连接网站。

若网站的证书有效期限已过或尚未生效，则连接网站时会出现如图5-3-28所示的警告界面，此时仍然可以单击下方的**继续浏览此网站（不建议）**来打开网页。

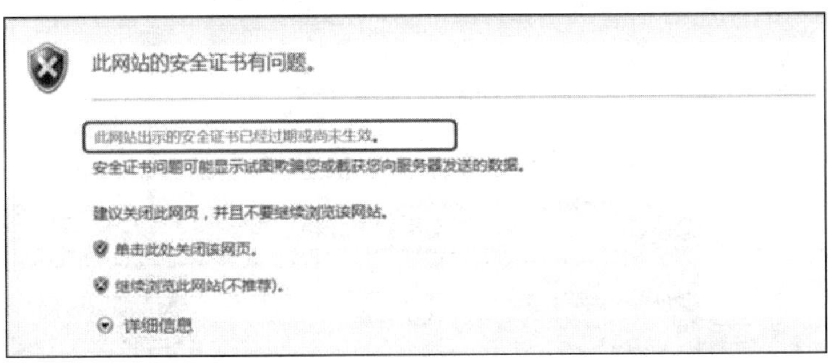

图 5-3-28

若利用https连接网站时的网址名称与当初为网站申请证书时所输入的名称不同（见前面图5-3-3中**通用名称**处的www.sayms.local），则在连接网站时会出现图5-3-29的警告界面。例如申请证书时所使用的名称为www.sayms.local，但是在图5-3-29中的URL路径却是**https://192.168.8.1/cart**，而不是**https://www.sayms.local/cart**。 此时仍然可以单击下方的**继续浏览此网站（不建议）**来打开网页。

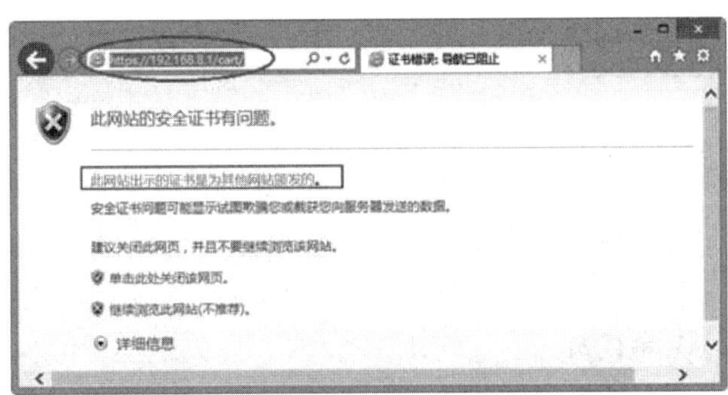

图 5-3-29

系统默认并未强制客户端利用https的SSL方式来连接网站，因此也可以通过http方式来连接。若要强制，可以针对整个网站、单一文件夹或单一文件来设置，以文件夹cart来说，其设置方法为：【如图5-3-30所示单击文件夹**cart**➲**SSL设置**➲勾选**需要SSL**后单击应用按钮】。

若要针对单一文件设置，则【先单击文件所在的文件夹➲单击中间下方的**内容视图**➲单击中间要设置的文件（例如default.htm）➲单击右侧的**切换到功能视图**➲通过中间的**SSL设置**来配置】。

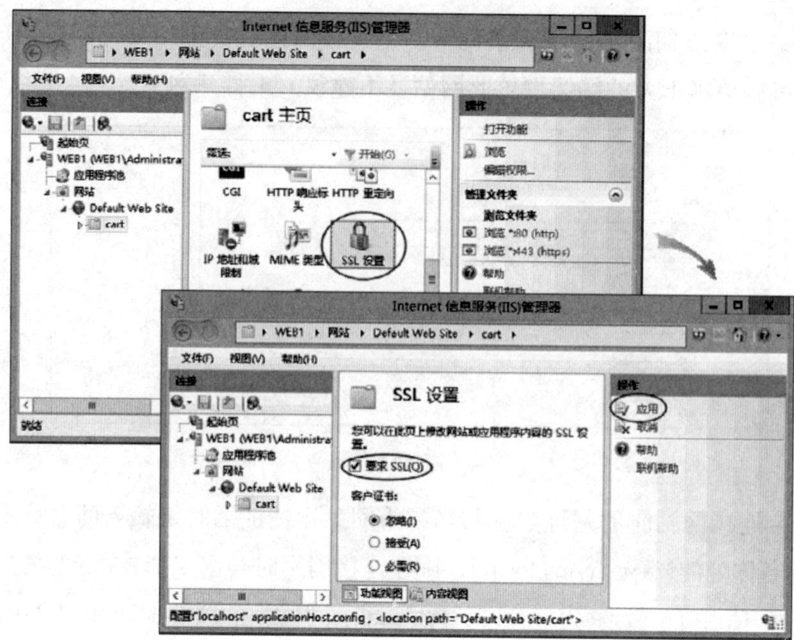

图 5-3-30

5.4 从属CA的安装

尽管根CA可以颁发保护电子邮件安全、网站SSL安全连接等证书，不过企业内部应该将这些证书的颁发工作交给从属CA来执行。

5.4.1 搭建企业从属CA

请通过添加**Active Directory证书服务**（AD CS）角色的方式来将企业从属CA安装到Windows Server 2012 R2计算机，其步骤大致与企业根CA相同，不过它需向其父CA（例如企业根CA）取得证书后才会正常工作，故安装过程中会出现图5-4-1所示的界面，此时可通过单击**选择**按钮来选择父CA，以便向此父CA申请证书。图中假设父CA是企业根CA（Sayms Enterprise Root），请确认此CA计算机已经启动。

图中也可以通过计算机名称来查找父CA或选择**将证书申请保存到目标计算机上的文件**（此方法留待安装独立从属CA时再说明）。

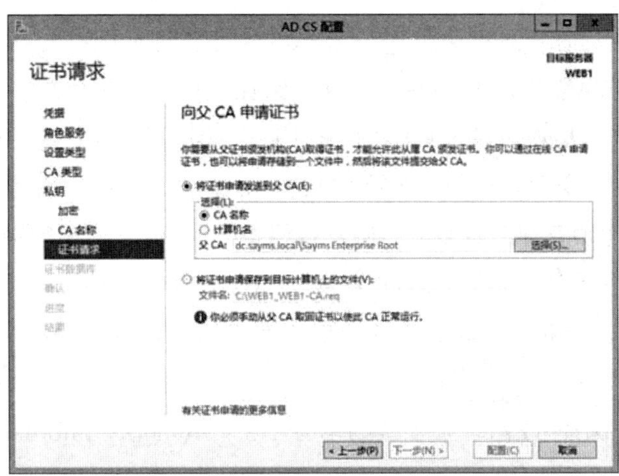

图 5-4-1

Active Directory域会通过组策略来让域成员计算机自动信任由企业从属CA所颁发的证书，因此域成员计算机在应用策略后，便可以通过【打开桌面版Internet Explorer➲单击Alt键➲**工具**菜单➲**Internet选项**➲**内容**选项卡➲单击证书按钮➲图5-4-2的**中间证书颁发机构**选项卡】来查看其所自动信任的企业从属CA。

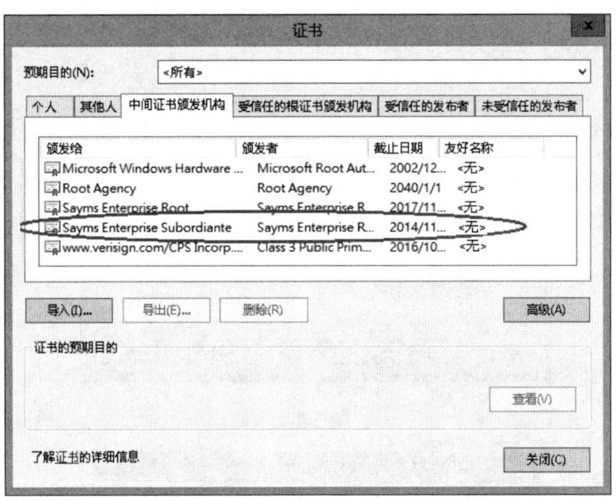

图 5-4-2

5.4.2 搭建独立从属CA

从属CA需向其父CA（例如企业或独立根CA）取得证书，而且在启动CA服务时需从其父CA取得**证书吊销列表**（CRL），否则从属CA无法启动。

父CA是通过指定**CRL分发点**（CRL Distribution Point，CDP）来告知从属CA或应用程序从何处下载**证书吊销列表**（CRL），而父CA一般可以通过以下几种路径来指定**CRL分发点**：**LDAP路径**、**FILE路径**、**HTTP路径**。

LDAP适合域成员计算机之间来使用，若非域成员之间或两者之中有一个不是域成员，则适合采用HTTP（父CA需搭建IIS网站）或FILE路径（共享文件夹）。

以下练习假设独立从属CA的父CA是企业根CA，且采用HTTP路径来从企业根CA下载CRL，因此我们需要到企业根CA选择利用HTTP路径来指定**CRL分发点**：【按Windows键（⊞）切换到**开始**菜单➲**管理工具**➲**证书颁发机构**➲选中并右击**CA**➲**属性**➲如图5-4-3所示选择**扩展**选项卡➲在**选取扩展**处选择**CRL分发点（CDP）**➲单击**http**开头的项目➲勾选图下方两个选项➲如图5-4-4所示继续在**选取扩展**处选择**授权信息访问（AIA）**➲单击**http**开头的项目➲勾选图下方的选项➲单击确定按钮➲单击是（Y）按钮来重新启动AD CS服务】，如此从属CA便可以通过图中的HTTP网址来下载CRL与AIA（Authority Information Access，包含何处可以找到CA的最新证书信息）。

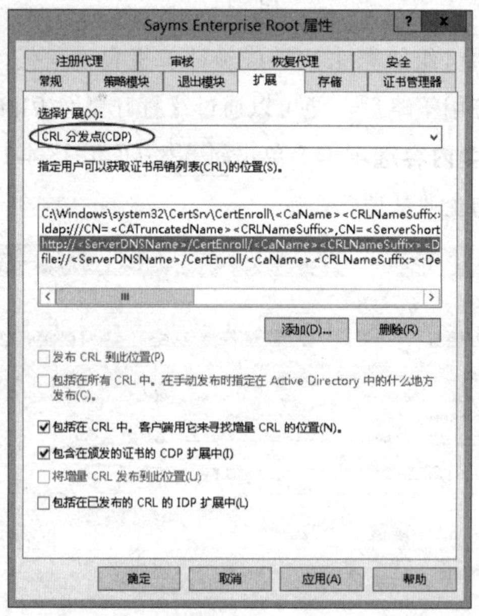

图5-4-3

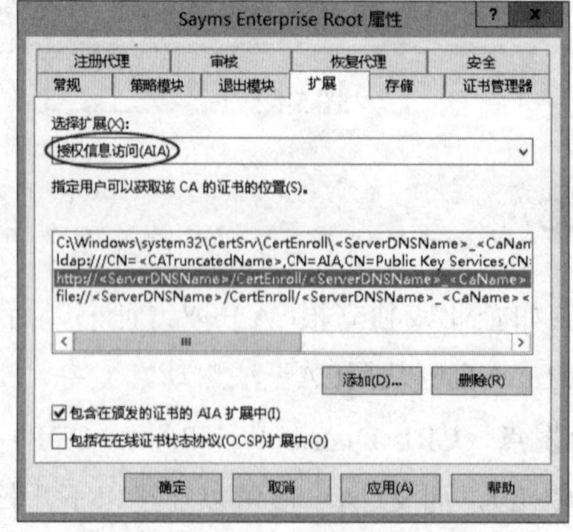

图5-4-4

接下来执行PKIVIEW.MSC（此工具仅适用于企业CA），然后确认图5-4-5中3个http路径是否都存在。

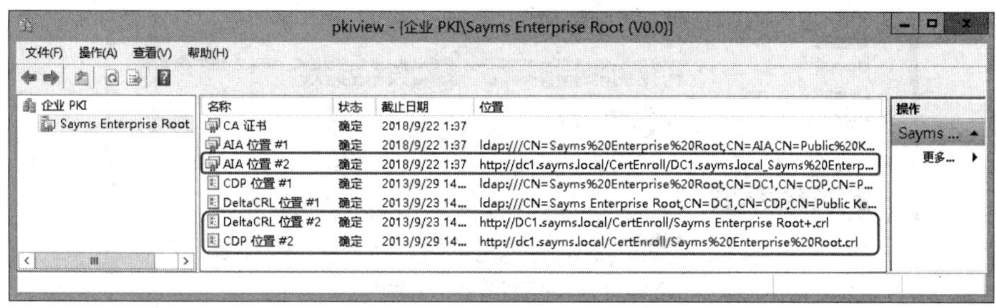

图 5-4-5

若图中http路径的**CDP位置**或**DeltaCRL位置**有缺失，则【打开**证书颁发机构**控制台➲如图5-4-6所示，选中并右击**已撤销的证书**➲**所有任务**➲**发布**➲选择**新的CRL**➲单击确定按钮➲再次确认图5-4-5中3个http路径是否都存在】。

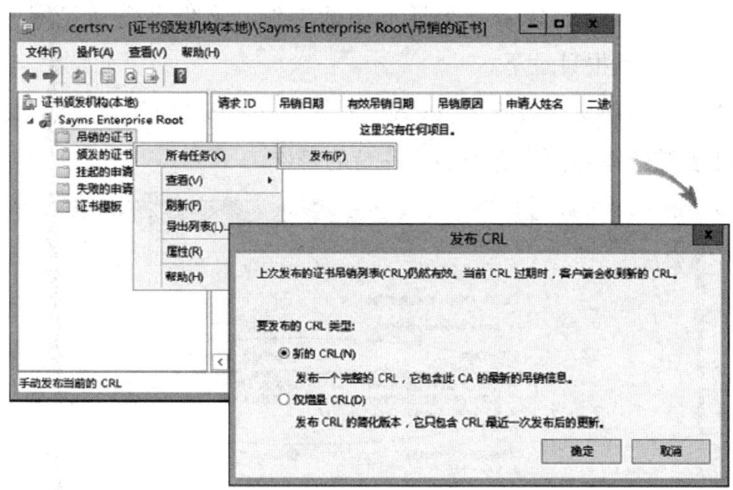

图 5-4-6

确认3个http路径都存在后再继续下面的步骤。也可以更改设置让从属CA不需要下载与检查CRL（后面详细介绍）。

我们需要通过添加**Active Directory证书服务**（AD CS）角色的方式来将独立从属CA安装到Windows Server 2012 R2计算机，其安装步骤大致与独立根CA相同，不过独立从属CA需向其父CA（例如企业根CA）取得证书后，才会正常工作，因此在安装AD CS过程中会出现图5-4-7的界面。

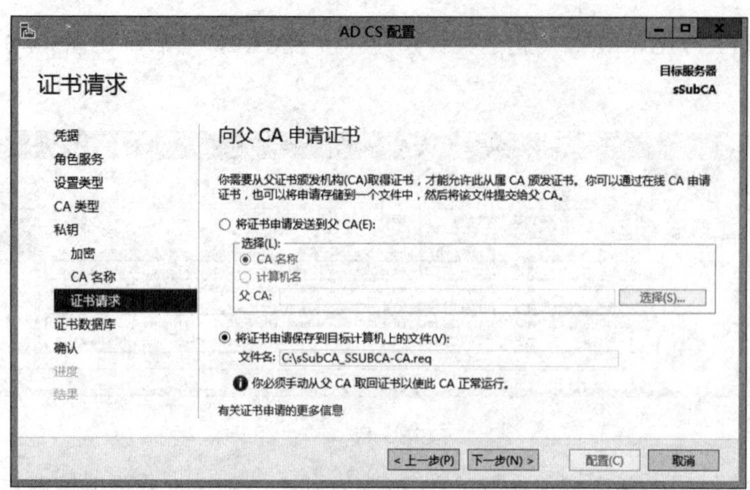

图 5-4-7

可以在图中选择**将证书申请发送到父CA**或**将证书申请保存到目标计算机上的文件**，我们选择后者来练习，此时它会建立一个证书申请文件，文件名默认是**服务器名称_CA名称.req**，并假设将其存放到根目录下。

由于还需要将证书申请文件发送给父CA、取得证书与安装证书后，从属CA才算搭建完成，故在图5-4-8中**安装结果**界面会有安装不完整的警告。

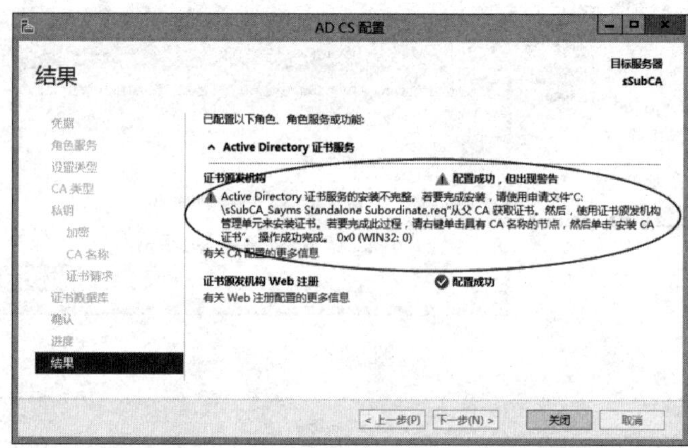

图 5-4-8

接下来将向其父CA（假设为企业CA）申请证书、下载证书与安装证书。

STEP 1 先将**IE增强的安全配置**关闭，否则系统会阻挡其连接CA网站：【打开**服务器管理员**➲单击**本地服务器**➲单击**IE增强的安全配置**右侧的设置值➲选择**管理员**处的**关闭**】。

STEP 2 假设父CA的IP地址为192.168.8.11。请打开Internet Explorer，连接**http://192.168.8.11/certsrv/**、如图5-4-9所示输入域系统管理员账户与密码后单击确定按钮（若父CA是独立CA，则直接跳到下一个步骤）。

图 5-4-9

STEP 3 在图5-4-10中选择**申请证书**、**高级证书申请**。

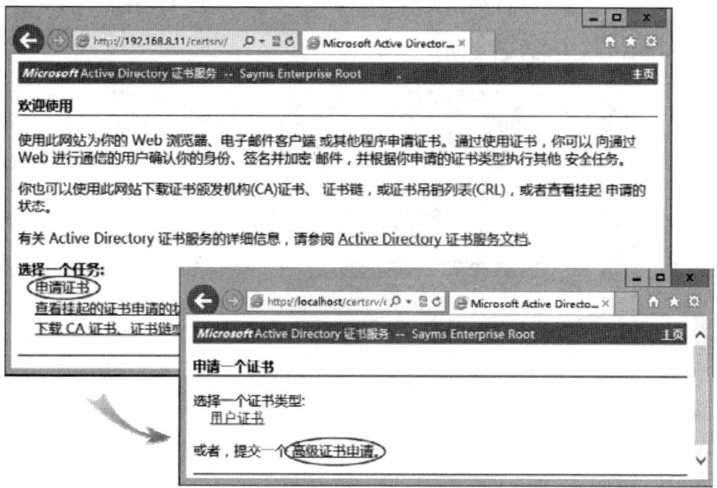

图 5-4-10

STEP 4 请依照图5-4-11所示来选择。

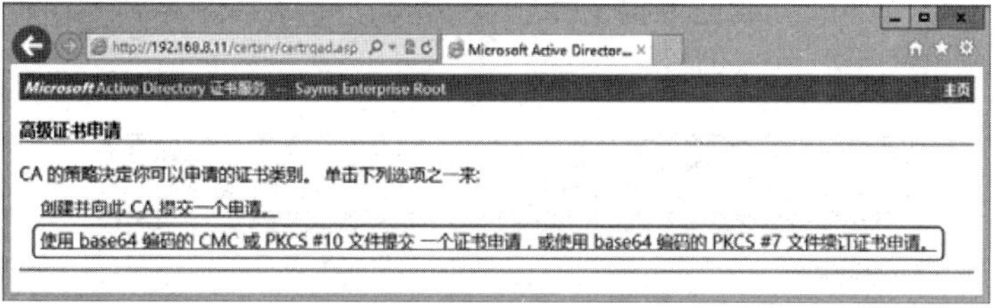

图 5-4-11

STEP 5 继续下一个步骤前，请先利用**记事本**打开前面所建立的证书申请文件（假设是C:\sSubCA_Sayms Standalone Subordinate.req），然后如图5-4-12所示复制整个文件的内容。

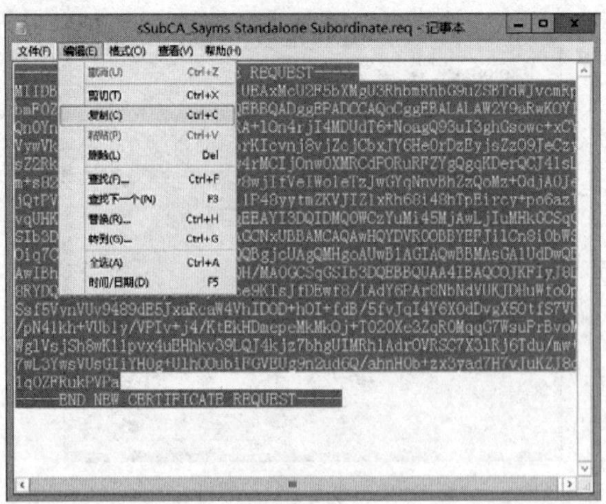

图 5-4-12

STEP 6　将前一个步骤所复制的内容粘贴到图5-4-13中**保存的申请**处，在**证书模板**处选择**从属证书颁发机构**，单击提交按钮。

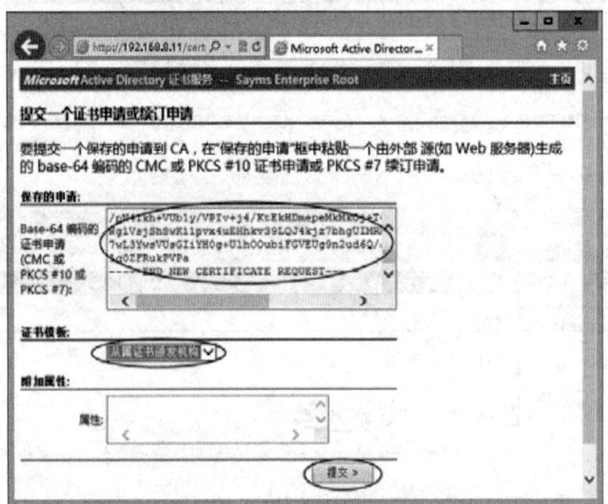

图 5-4-13

STEP 7　在图5-4-14中单击**下载证书链**，单击保存按钮将证书保存到本地，默认的文件名为certnew.p7b。

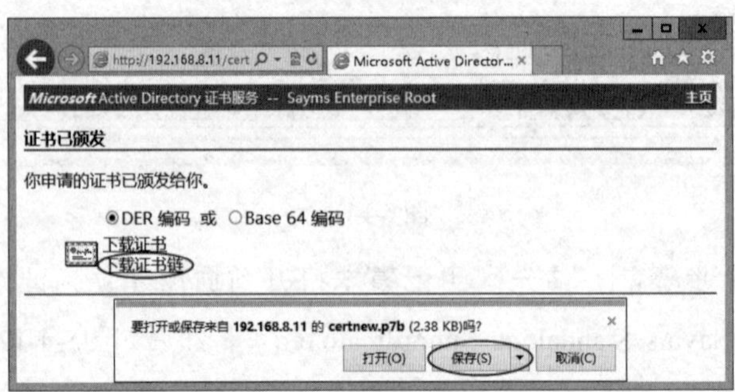

图 5-4-14

STEP 8 通过以下步骤来安装所下载的证书：【按⊞键切换到**开始**菜单➲**管理工具**➲**证书颁发机构**➲如图5-4-15所示选中并右击**CA**➲**所有任务**➲**安装CA证书**➲选择所下载的CA证书文件（假设是C:\Users\Administrator\Downloads\ certnew.p7b）后单击打开按钮】（之后若出现图5-4-16所示的界面，则单击确定按钮来信任父CA（安装CA证书））。

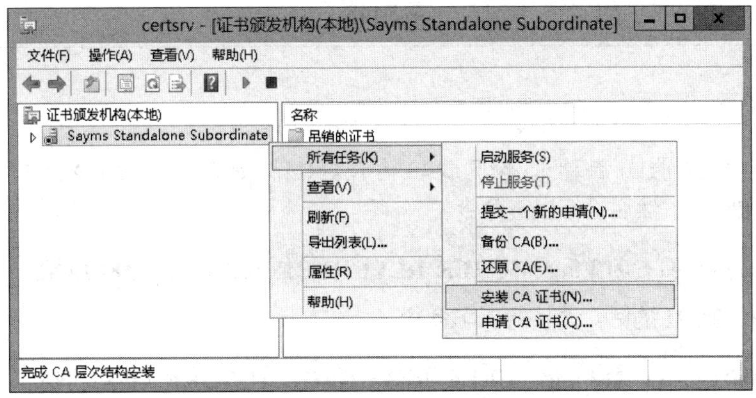

图 5-4-15

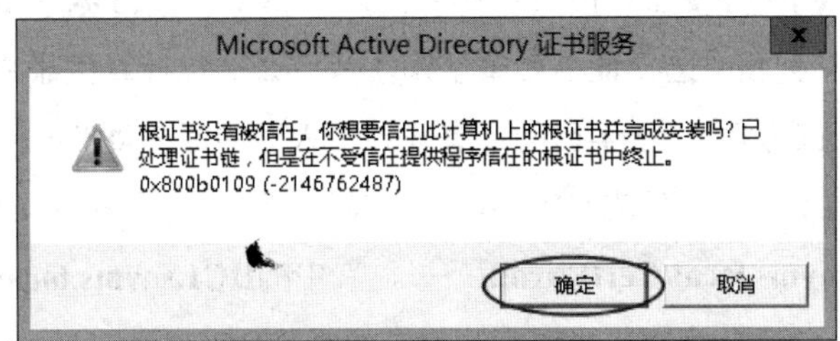

图 5-4-16

STEP 9 如图5-4-17所示通过【选中并右击**CA**➲**所有任务**➲**启动服务**】的方法来启动此独立从属CA。

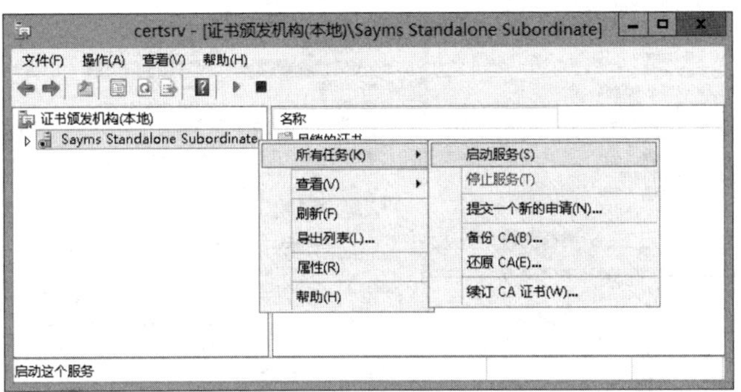

图 5-4-17

STEP 10 如果出现图5-4-18警告界面，就继续以下步骤。出现此界面是因为从属CA无法从其父CA的**CRL分发点**下载**证书吊销列表** 。

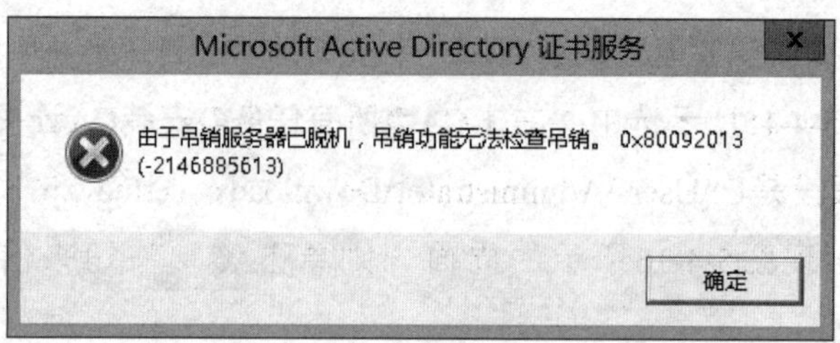

图 5-4-18

若要让从属CA服务启动时不下载与检查CRL，则在此从属CA上打开**Windows PowerShell**窗口，然后执行以下命令：

```
certutil -setreg ca\CRLFlags +CRLF_REVCHECK_IGNORE_OFFLINE
```

若要恢复检查CRL的话，请执行以下命令：

```
certutil -setreg ca\CRLFlags -CRLF_REVCHECK_IGNORE_OFFLINE
```

STEP 11　找出父CA的**CRL分发点**：按⊞+R键➲输入**MMC**后按Enter键➲**文件**菜单➲**添加/删除管理单元**➲从列表中选择**证书**后单击添加按钮➲选择**计算机账户**后依序单击下一步、完成、确定按钮➲如图5-4-19所示展开到**个人**下的**证书**➲双击独立从属CA的证书➲单击**详细信息**选项卡下的**CRL分发点**➲从最下方可看出**CRL分发点**的网址为**http://DC1.sayms.local/CertEnroll/……**，其中的**DC1.sayms.local**是父CA的主机名（从前面的图5-4-5中的http路径也可看出其主机名为**DC1.sayms.local**）。

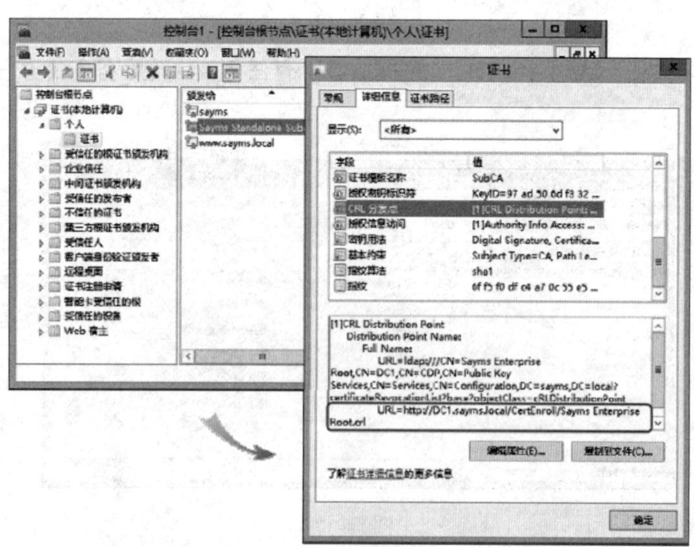

图 5-4-19

STEP 12　若下载**证书吊销列表**（CRL）失败的原因是无法解析父CA主机名dc.sayms.local的IP地

址，则在DNS服务器建立dc.sayms.local的主机记录或将其直接输入到这台独立从属CA的hosts文件内。此处我们采用hosts文件，并假设父CA的IP地址为192.168.8.11，因此请利用**记事本**打开%Systemroot%\System32\drivers\etc\hosts文件，然后如图5-4-20所示将dc1.sayms.local与192.168.8.11映射数据输入到此文件内，保存后再如图5-4-17所示重新启动从属CA服务即可（可能需要先利用**ipconfig /flushdns**命令清除DNS缓存）。

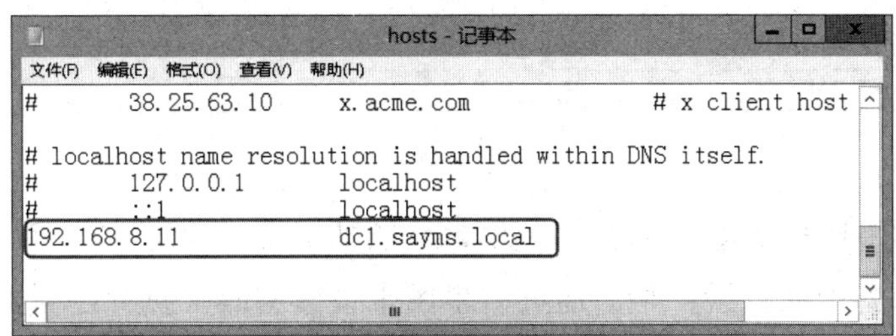

图 5-4-20

5.5 证书的管理

本节将介绍CA的备份与还原、CA的证书管理与客户端的证书管理等工作。

5.5.1 CA的备份与还原

由于CA数据库与相关数据包含在**系统状态**（system state）内，因此可以通过Windows Server Backup来备份系统状态的方式对CA数据进行备份。也可以利用以下方法来备份与还原CA数据库。

> **附注**
>
> 若要使用Windows Server Backup，则【通过**服务器管理器**的**添加角色和功能**来安装Windows Server Backup功能➲按⊞键切换到**开始**菜单➲**管理工具**➲**Windows Server Backup**】。

1. 备份 CA

请在扮演CA角色的服务器上：【按⊞键切换到**开始**菜单➲**管理工具**➲**证书颁发机构**➲如图5-5-1所示，选中并右击**CA**➲**所有任务**➲**备份CA**】的方法来备份CA。

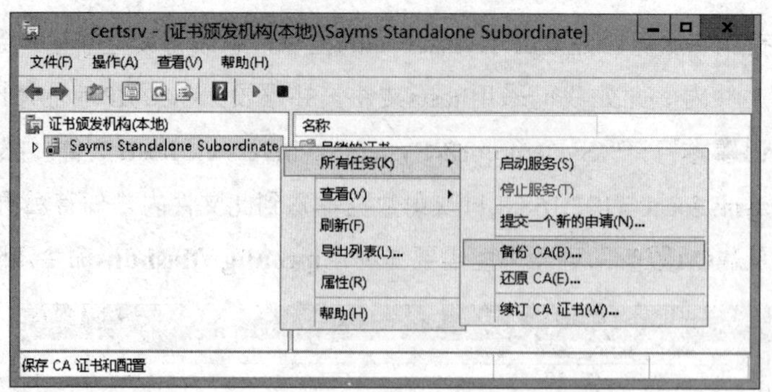

图 5-5-1

然后在图5-5-2中选择要备份的项目，例如CA的私钥及CA的证书、证书数据库与日志文件，并设置要存储备份的目录，最后通过前景图来设置密码（执行还原操作时需输入此密码）。

图 5-5-2

2. 还原 CA

要还原CA数据库时：【选中并右击**CA**➲**所有任务**➲**还原CA**➲单击确定按钮将**Active Directory证书服务**停止】，然后在图5-5-3中勾选要还原的项目，输入或浏览存储备份的目录，输入在备份时所设置的密码，完成后单击是（Y）按钮来重新启动**Active Directory证书服务**。

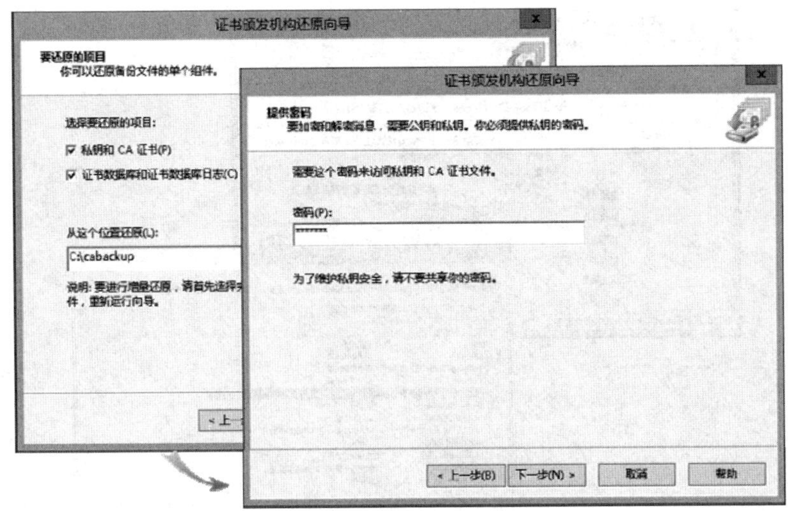

图 5-5-3

5.5.2 管理证书模板

企业CA根据**证书模板**来颁发证书，如图5-5-4所示为企业CA已经开放可供申请的证书模板，每一个模板内包含着多种不同的用途，例如其中的**用户**模板提供文件加密（EFS）、电子邮件保护、客户端身份验证等用途。

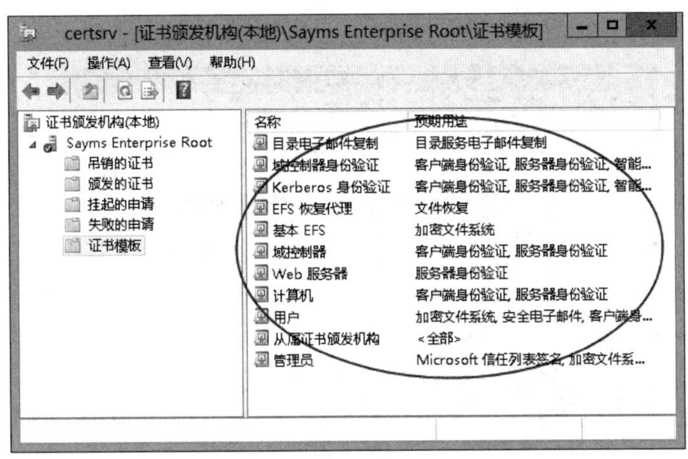

图 5-5-4

企业CA还提供了许多其他证书模板，不过必须先将其启用后，用户才可以来申请，启用方法为：【选中并右击图5-5-5中的**证书模板**➲**新建**➲**要颁发的证书模板**➲选择新的模板（例如**IPSec**）后单击确定按钮】。

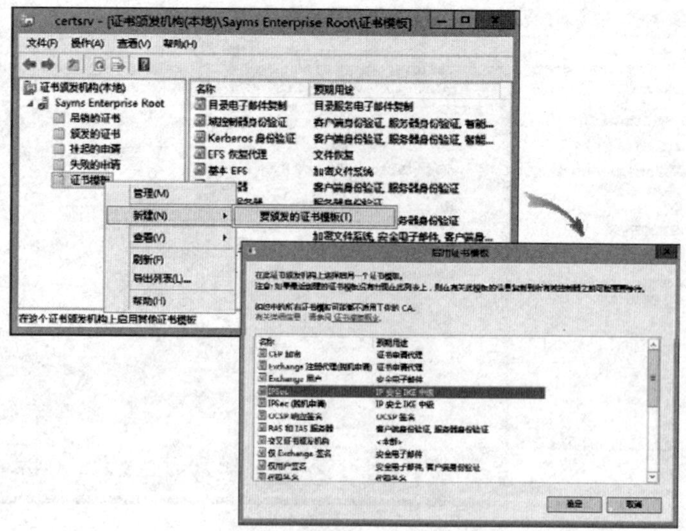

图 5-5-5

可以更改内建模板的内容，但是有的模板内容无法更改，例如**用户**模板。若想要一个拥有不同设置的用户模板，例如有效期限比较长，则可以先复制现有的**用户**模板，然后更改此新模板的有效期限，最后启用此模板，域用户就可以来申请此新模板的证书。更改现有证书模板或建立新证书模板的方法为：在**证书颁发机构**控制台中【选中并右击**证书模板**➲**管理**➲在图5-5-6中选中并右击所选证书模板➲选择**复制模板**来建立新模板或选择**属性**来更改此模板内的设置】。

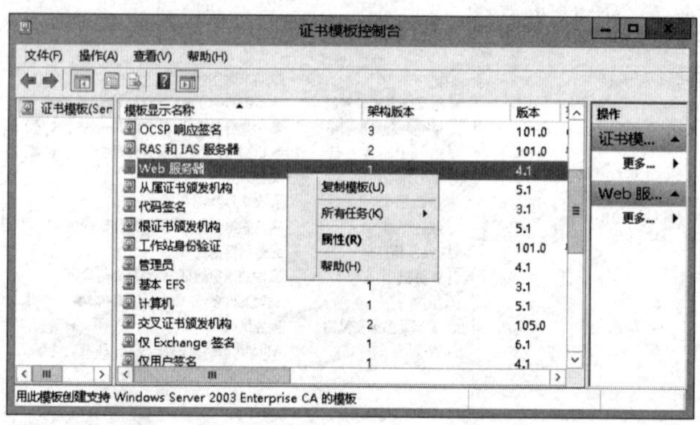

图 5-5-6

5.5.3 自动或手动颁发证书

用户向企业CA申请证书时需提供域用户名与密码，企业CA会通过Active Directory来查询用户的身份，并据此决定用户是否有权申请此证书，然后自动将核准的证书颁发给用户。

然而独立CA不要求提供用户名与密码，且独立CA默认并不会自动颁发用户所申请的证书，而是需由系统管理员来手动颁发此证书。手动颁发或拒绝的步骤为：【打开**证书颁发机**

构控制台➲单击**搁置的请求**➲选中并右击选取的证书➲**所有任务**➲**颁发（或拒绝）】**。

若要更改自动或手动颁发设置，则【选中并右击**CA**➲**属性**➲在图5-5-7的背景图中单击**策略模块**选项卡➲单击属性按钮➲在前景图中选择颁发的模式】，图中将其改为自动颁发。

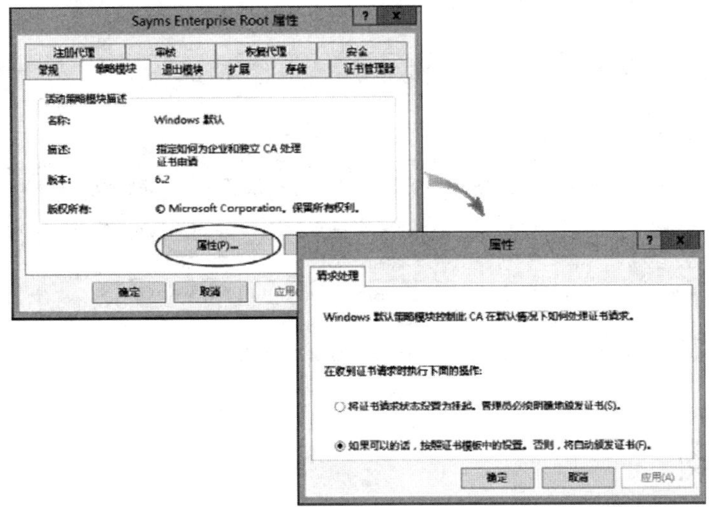

图 5-5-7

5.5.4 吊销证书与CRL

虽然用户所申请的证书有一定的有效期限，例如**电子邮件保护证书**为1年，但是可能会因为其他因素而提前将尚未到期的证书撤销，例如员工离职。

1. 吊销证书

吊销证书的方法为（见图5-5-8）：【选中**已颁发的证书**➲选中并右击欲撤销的证书➲**所有任务**➲**吊销证书**➲选择证书被撤销的理由➲单击是（Y）按钮】。

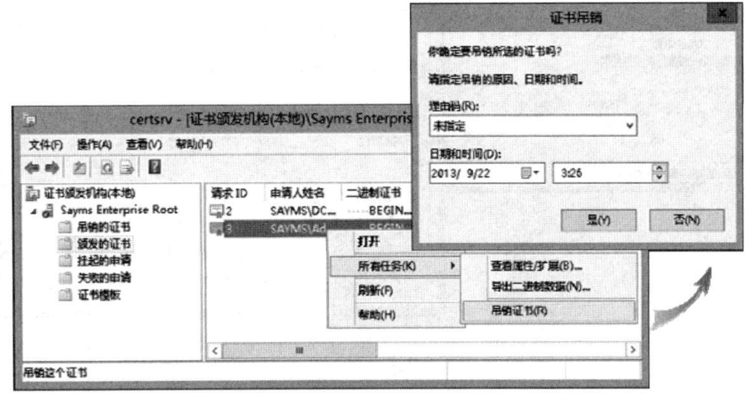

图 5-5-8

已吊销的证书会被放入**证书吊销列表**（certificate revocation list，CRL）内。可以在**吊销的证书**文件夹内看到这些证书，之后若要解除吊销（只有证书吊销理由为**证书保留**的证书才可以解除吊销）：如图5-5-9所示选择**已吊销的证书➲**选中并右击该证书➲**所有任务➲解除吊销证书**。

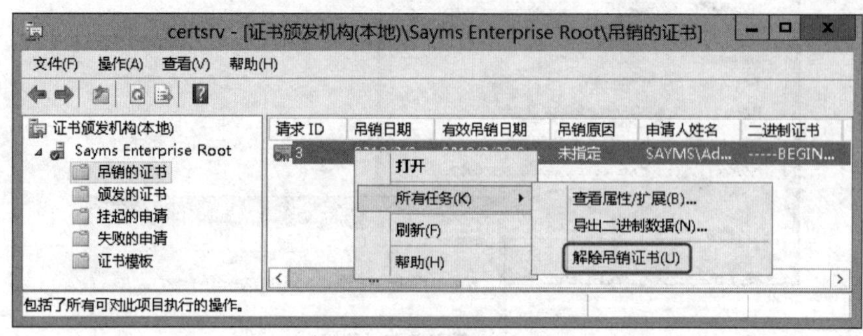

图 5-5-9

2. 发布 CRL

网络中的计算机要如何得知哪些证书已经被吊销了呢？它们只要下载**证书吊销列表**（CRL）就可以知道了，不过必须先将CA的 CRL 发布出来，可以采用以下两种方式发布CRL。

- **自动发布**：CA默认会每隔1周发布一次CRL。可以通过【如图5-5-10所示，选中并右击**吊销的证书➲属性**】的方法来更改此间隔时间，图中还有一个**增量 CRL**，它是用来存储自从上一次发布CRL后，新增加的吊销证书，网络计算机在下载过完整 CRL 后，之后只需下载增量 CRL即可，以节省下载时间。

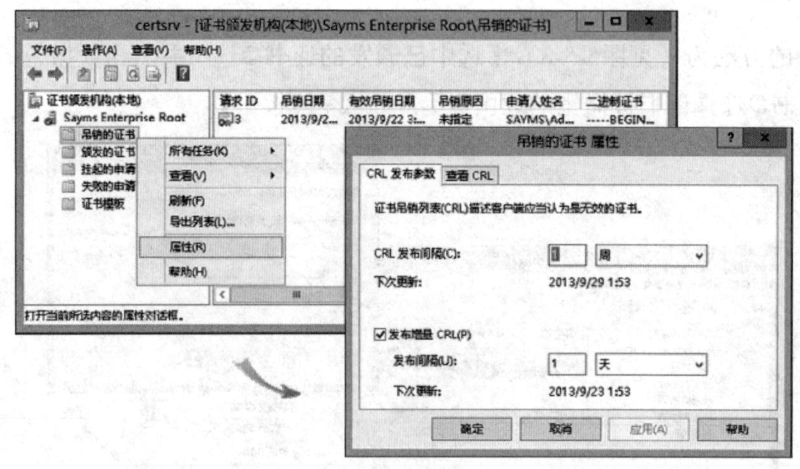

图 5-5-10

- **手动发布**：CA系统管理员可以如图5-5-11所示【选中并右击**吊销的证书➲所有任务➲发布**➲选择发布新的CRL或只发布增量 CRL】。

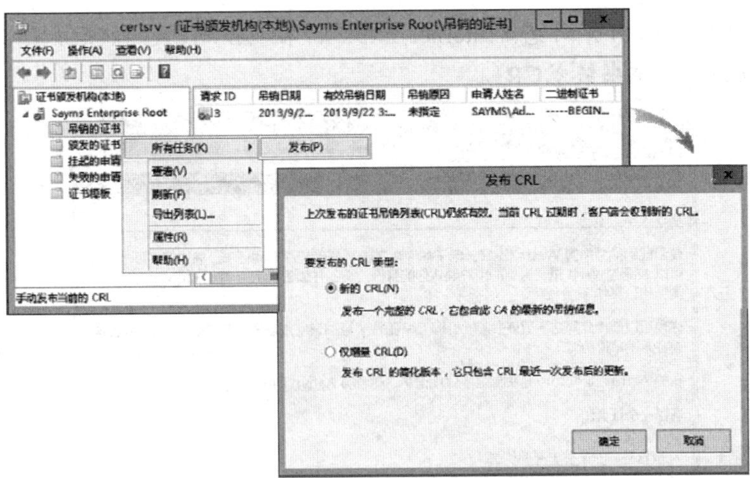

图 5-5-11

3. 下载 CRL

网络中的计算机可以自动或手动从**CRL分发点**下载CRL。

- **自动下载**：以Windows 8的桌面版浏览器Internet Explorer为例，可以通过【单击Alt键➲工具菜单➲**Internet选项**➲图5-5-12中的**高级**选项卡】来设置自动下载CRL。

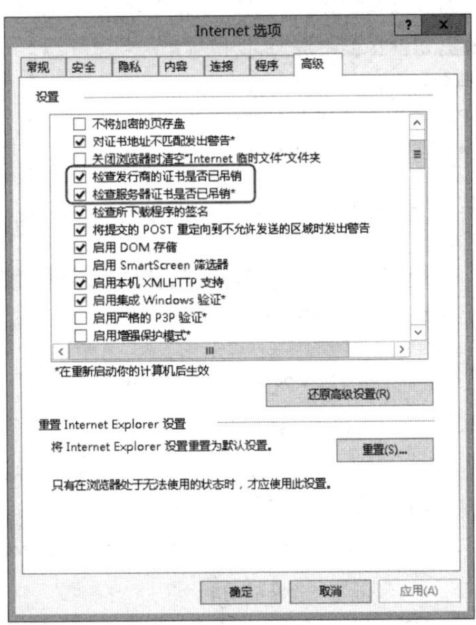

图 5-5-12

> **附注**
>
> 由于所申请的证书内包含着**CRL分发点**的信息，因此浏览器可以通过此**CRL分发点**来下载CRL。可参考5.4.2小节 STEP 11 的说明来查看CRL分发点位于何处。

- **手动下载**：利用网页浏览器Internet Explorer来连接到CA，然后如图5-5-13所示选择**下载CA证书、证书链或CRL**。

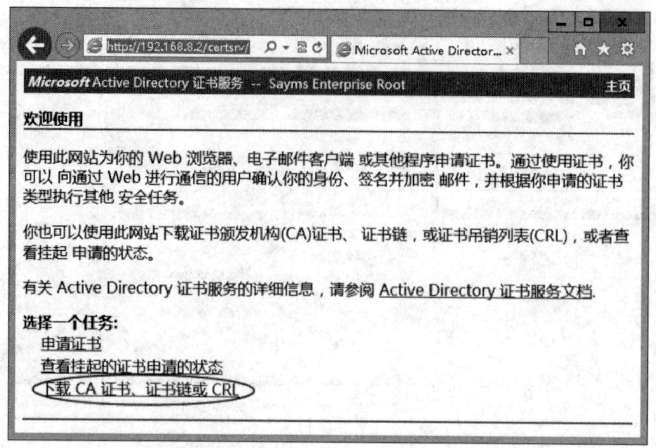

图 5-5-13

接着在图5-5-14中【单击下载最新的基CRL或下载最新的增量 CRL➲单击打开按钮】，它就会安装CRL（或增量 CRL）。也可以在图中单击保存按钮将其保存到本地计算机，然后通过【在**文件资源管理器**内选中并右击该文件➲**安装CRL**】的方法来安装。

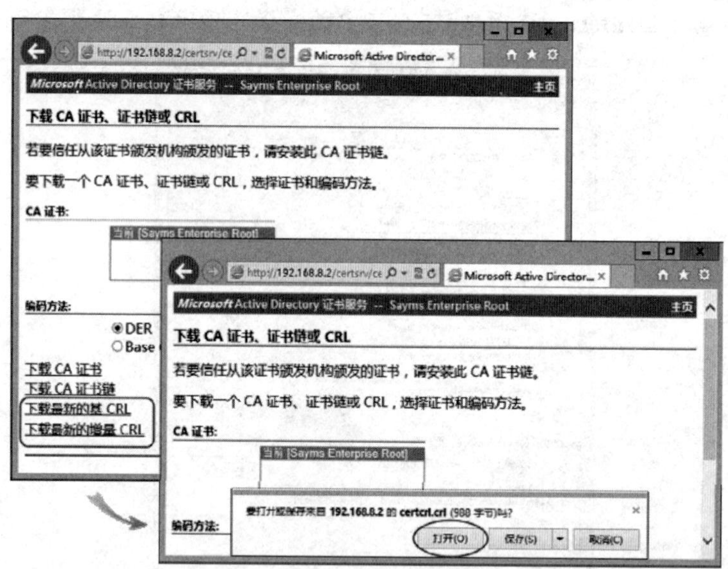

图 5-5-14

附注

CA将所发布的CRL文件存储到其%Systemroot%\System32\Certsrv\ CertEnroll共享文件夹内（共享名为CertEnroll），用户也可通过UNC路径来连接到此共享文件夹，然后【选中并右击此CRL或增量 CRL文件➲**安装CRL**】。

5.5.5 导出与导入网站的证书

我们应该将所申请的证书导出存盘备份，之后如果系统重装，就可以将所备份的证书导入到新系统内。导出保存的内容可包含证书、私钥与证书路径，不同扩展名的文件所存储的数据有所不同（请参考表 5-5-1）。

表 5-5-1

文件名	.PFX	.P12	.P7B	.CER
证书	✓	✓	✓	✓
私钥	✓	✓	✗	✗
证书路径	✓	✗	✓	✗

表中的**证书**内包含公钥，**证书路径**类似图5-5-15所示的信息，图中表示该证书（发给Default Web Site的证书）是向中继证书颁发机构Sayms Standalone Subordinate申请的，而这个中继证书颁发机构位于根证书授权机构Sayms Enterprise Root下。

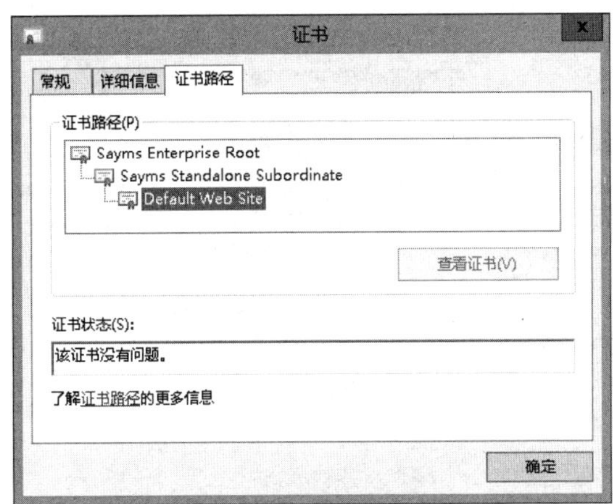

图 5-5-15

我们可以通过以下两种方法来导出、导入IIS网站的证书。

- **利用IIS管理器**：在图5-5-16中单击计算机➲双击**服务器证书**➲单击网站的证书（例如Default Web Site的证书）➲导出➲设置文件名与密码】，其文件扩展名为.pfx。可以通过前景图最上方的**导入**来导入证书。
- **利用证书管理控制台**：按⊞+R键➲输入**MMC**后按Enter键➲单击**文件**菜单➲添加/删除管理单元➲从列表中选择**证书**后单击添加按钮➲选择**计算机账户**➲……】来建立**证书**控制台，然后如图5-5-17所示【展开**证书（本机计算机）**➲个人➲证书➲选中并右击所选证书➲**所有任务**➲**导出**】。若要导入证书，则【选中并右击图中左侧的**证书**➲**所有任务**➲**导入**】。

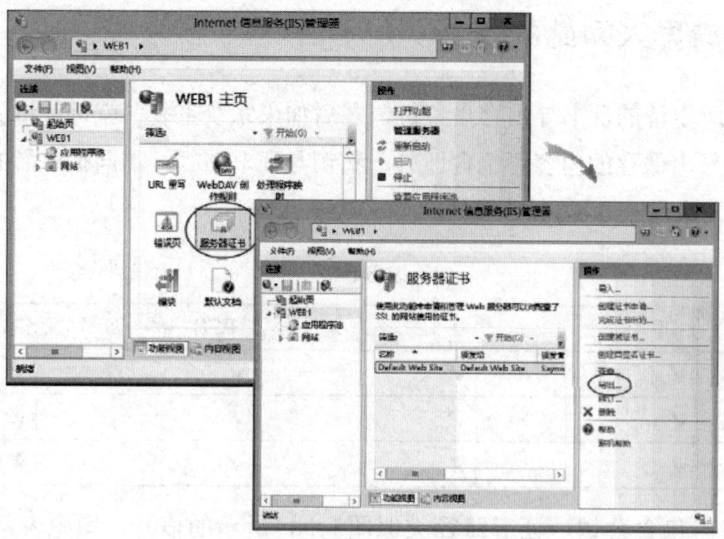

图 5-5-16

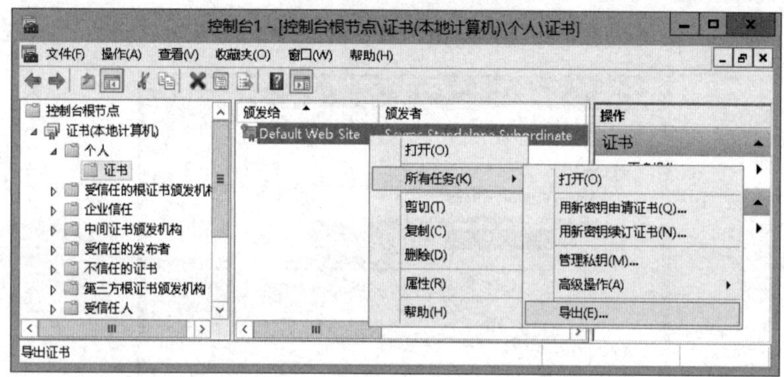

图 5-5-17

5.5.6 续订证书

每一台CA自己的证书与CA所发出的证书都有一定的有效期限（请参考表 5-5-2），证书到期前必须续订证书，否则此证书将失效。

表 5-5-2

证书种类	有效期限
根CA	在安装时设置，默认为5年
从属CA	默认最多为5年
其他证书	不一定，但大部分是1年

根CA的证书是自己发给自己的，而从属CA的证书是向父CA（例如根CA）申请的。当根CA在颁发证书给从属CA时，此证书的有效期限绝对不会超过根CA本身的有效期限。例如根CA的有效期限为5年，假设其颁发给从属CA的证书有效期限为2年，则在前3年内向根CA

申请从属CA证书，此证书的有效期限为2年。但是3年后就不同了，举例来说，3.5年后，根CA颁发的从属CA证书的有效期限只有1.5年，因为根CA自己的证书只剩下1.5年的有效期限。由此可知，如果CA本身的有效期限所剩不多，那它所发出的证书有效期限也就会很短，因此应该尽早续订CA的证书。

可以通过**证书颁发机构**控制台来续订CA的证书，如图5-5-18所示。

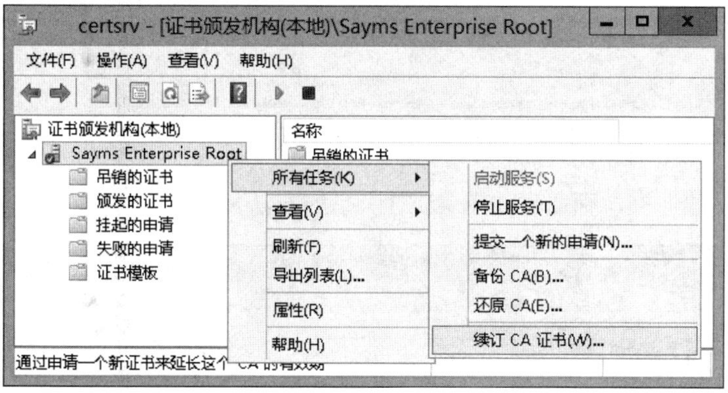

图 5-5-18

然后在图5-5-19中选择是否要重新建立一组新的密钥（公钥与私钥）。

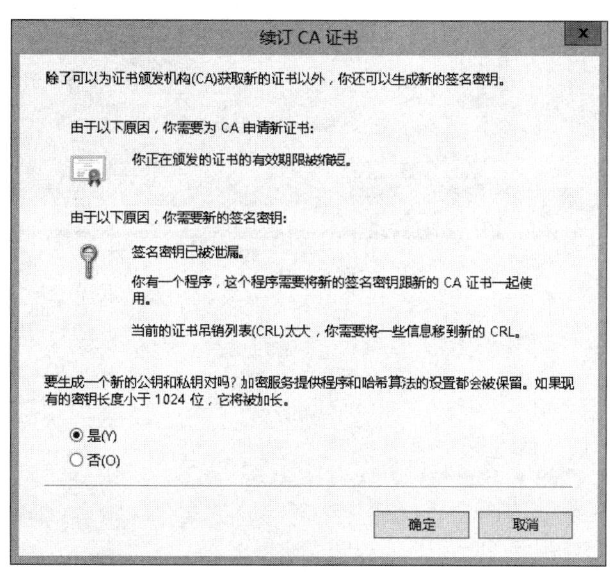

图 5-5-19

若续订从属CA证书，则接下来会出现图5-5-20的界面，此时若这个CA是企业从属CA，则可以将续订请求通过网络直接发送给父CA；若独立从属CA，则请单击取消按钮，不过需将图下半段所叙述的文件发送给父CA（方法请参考5.4.2小节 **搭建独立从属CA**），然后下载证书文件、安装证书。

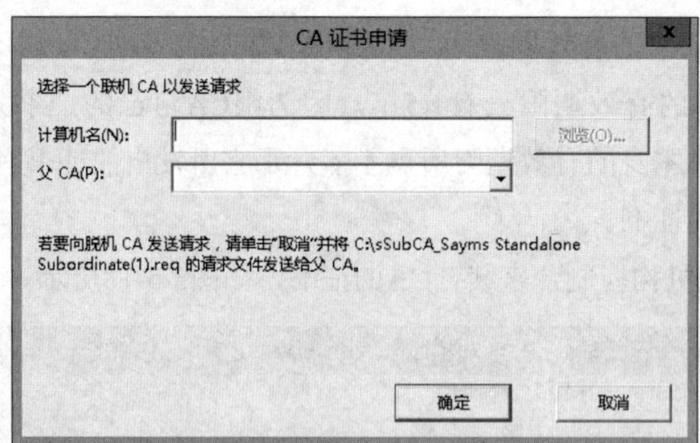

图 5-5-20

若要续订网站的证书，则通过如图5-5-21所示的方法。

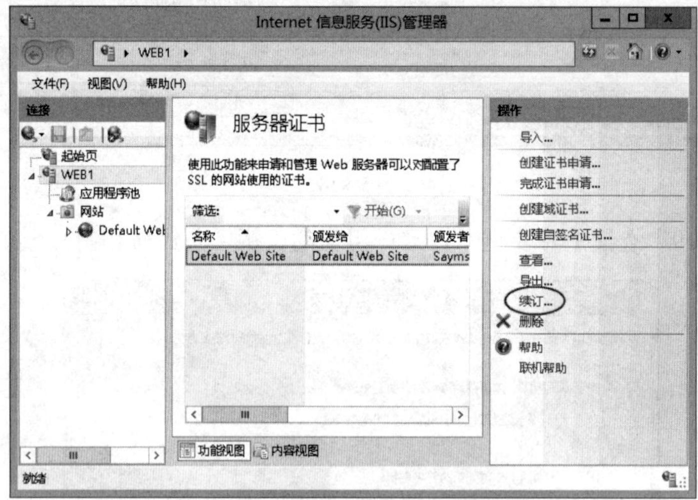

图 5-5-21

第 6 章　Web Farm 与网络负载均衡（NLB）

通过将多台IISWeb服务器组成Web Farm的方式可以提供一个具备容错与负载均衡的高可用性网站。本章将详细分析Web Farm与Windows网络负载均衡（Windows Network Load Balancing，Windows NLB或WNLB）。

- Web Farm与网络负载均衡概述
- Windows系统的网络负载均衡概述
- IISWeb服务器的Web Farm实例演练
- Windows NLB群集的高级管理

6.1 Web Farm与网络负载均衡概述

将企业内部多台IIS Web服务器组成Web Farm后，这些服务器将同时对用户提供一个不间断的、可靠的网站服务。当Web Farm接收到不同用户的网站连接请求时，这些请求会被分散的发送给Web Farm中不同的Web服务器来处理，从而提高网页访问效率。若Web Farm中有Web服务器因故无法对用户提供服务，则此时会由其他仍然正常工作的服务器来继续对用户提供服务，因此Web Farm具备容错功能。

6.1.1 Web Farm的架构

图6-1-1所示为常规的Web Farm架构的范例，图中为了避免单点故障而影响到Web Farm的正常运行，因此每一个节点（例如防火墙、负载均衡设备、IISWeb服务器与数据库服务器等）都不止一台，以便提供冗余容错、负载均衡功能。

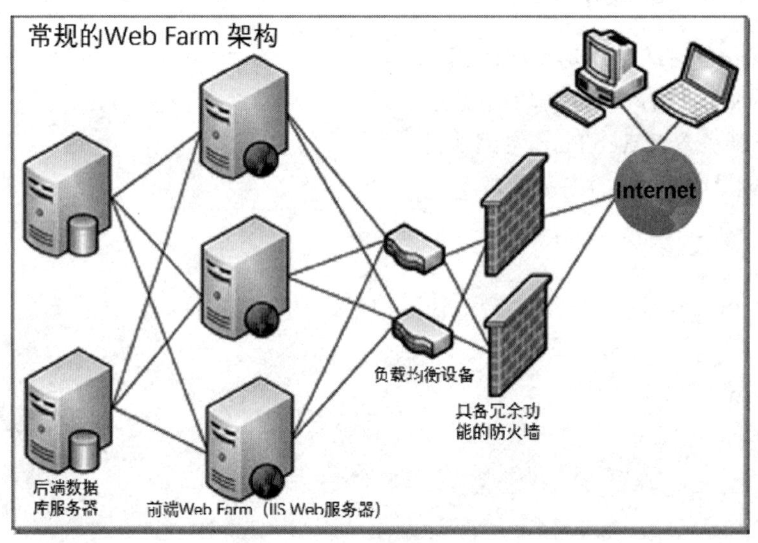

图6-1-1

- **防火墙**：可确保内部计算机与服务器的安全。
- **负载均衡设备**：可将连接网站的请求分散到Web Farm中不同的Web服务器。
- **前端Web Farm（IISWeb服务器）**：将多台IISWeb服务器组成Web Farm来对用户提供网页访问服务。
- **后端数据库服务器**：用来存储网站的配置、网页或其他数据。

Windows Server 2012 R2已经包含网络负载均衡功能（Windows NLB），因此可以如图6-1-2所示取消负载均衡设备，改在前端Web Farm启用Windows NLB，并利用它来提供负载均

衡与冗余容错功能。

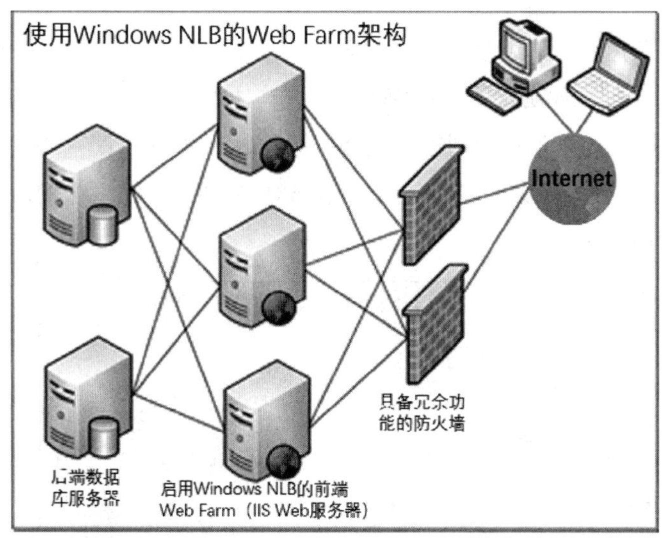

图 6-1-2

还有，因为Microsoft Forefront Threat Management Gateway（TMG）或 Microsoft ISA Server等防火墙可以通过发布规则来支持Web Farm，因此可以如图6-1-3所示来搭建Web Farm环境。

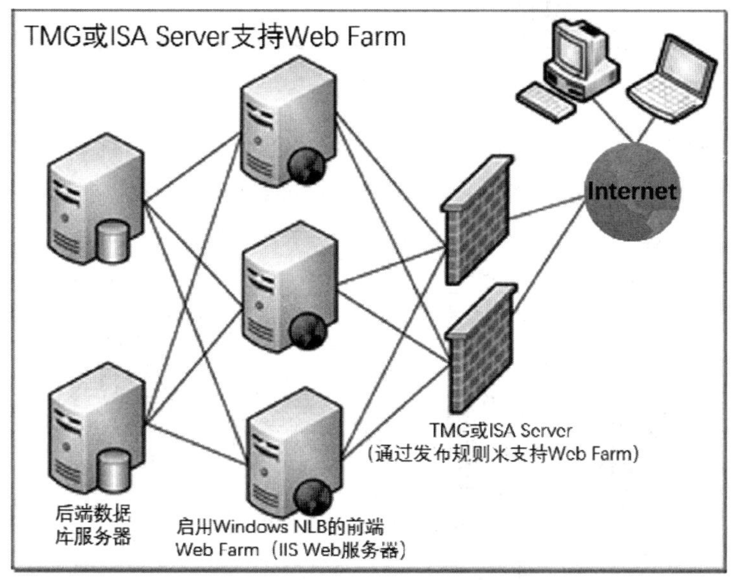

图 6-1-3

图中TMG或ISA Server接收到外部连接内部网站请求时，会根据发布规则的设置来将此请求转发给Web Farm中的一台Web服务器处理。TMG或ISA Server也具备自动检测Web服务器是否停止服务的功能，因此它只会将请求传递给仍然正常运行的Web服务器。

6.1.2 网页内容的存储位置

可以如图6-1-4所示将网页存储在每一台Web服务器的本地磁盘内（图中将防火墙与负载均衡设备各简化为一台），必须让每一台Web服务器内所存储的网页内容都相同，尽管可以利用手动复制的方式将网页文件复制到每一台Web服务器，不过建议采用DFS（分布式文件系统）来自动复制，此时只要更新其中一台Web服务器的网页文件，它们就会通过**DFS复制**功能自动复制到其他Web服务器。

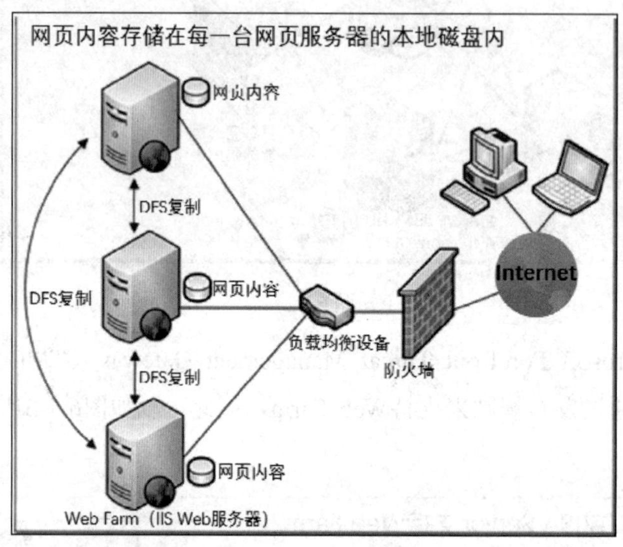

图6-1-4

也可以如图6-1-5所示将网页存储到SAN（Storage Area Network）或NAS（Network Attached Storage）等存储设备中，并利用它们来提供网页内容的冗余容错功能。

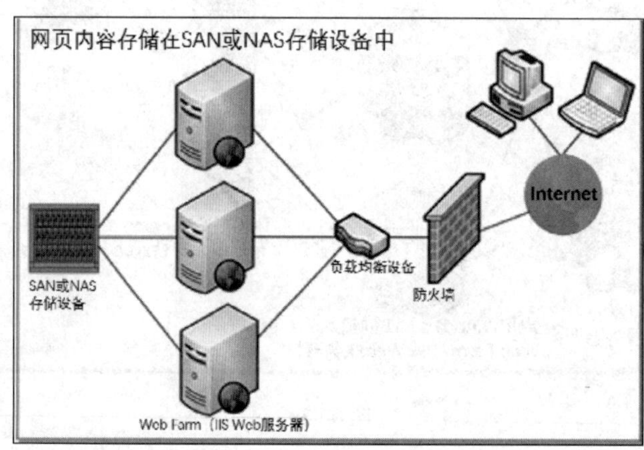

图6-1-5

也可以如图6-1-6所示将网页存储到文件服务器内，为了提供冗余容错功能，应该搭建多台文件服务器，同时还必须确保所有服务器内的网页内容都相同，可以利用**DFS复制**功能来

自动让每一台文件服务器内所存储的网页内容都相同。

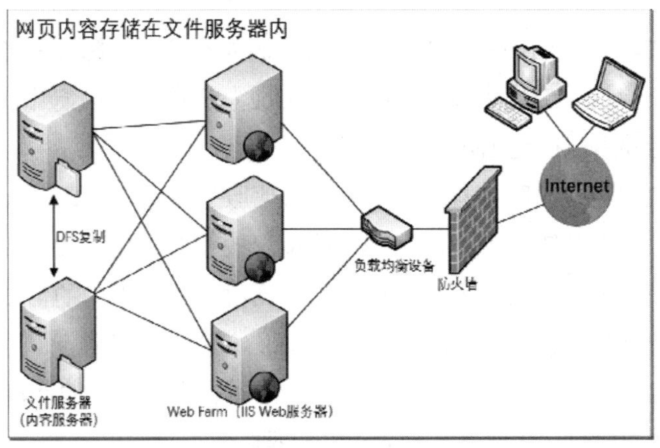

图 6-1-6

6.2 Windows系统的网络负载均衡概述

由于Windows Server 2012 R2系统已经包含网络负载均衡功能（Windows NLB），因此我们可以直接采用Windows NLB来搭建Web Farm环境。例如图6-2-1中Web Farm内每一台Web服务器的网卡各有一个**固定IP地址**，这些服务器对外的流量是通过固定IP地址发出的。而在建立了NLB群集（NLB cluster）、启用网卡的Windows NLB、将Web服务器加入NLB群集后，它们还会共享一个相同的**群集IP地址**（又称为**虚拟IP地址**），并通过此群集IP地址来接收外部来的连接请求，NLB群集接收到这些请求后，会将它们分散的交给群集中的Web服务器来处理，因此可以达到负载均衡的目的，提高运行效率。

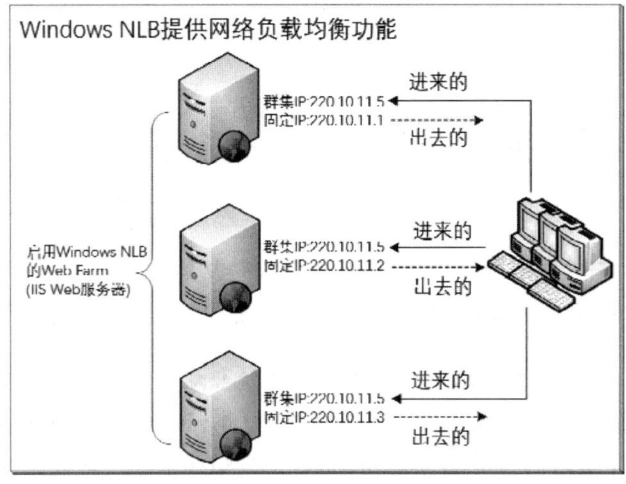

图 6-2-1

6.2.1 Windows NLB的冗余容错功能

若Windows NLB群集内的服务器成员有变动，例如服务器故障、服务器脱离群集或增加新服务器，则NLB会启动一个称为**收敛**（convergence）的程序，以便让NLB群集内的所有服务器拥有一致的状态并重新分配工作负载。

举例来说，NLB群集中的服务器会随时监听其他服务器的“**心跳**（heartbeat）”情况，以便检测是否有其他服务器故障，若有，检测到此情况的服务器便会启动**收敛**程序。在**收敛**程序执行当中，现有正常的服务器仍然会继续服务，同时正在处理中的请求也不会受到影响，当完成**收敛**程序后，所有连接Web Farm网站的请求会重新分配给剩下仍正常的Web服务器来负责。例如图6-2-2中最上方的服务器故障后，接下来所有由外部来的连接Web Farm网站的请求会重新分配给其他两台仍然正常工作的Web服务器来负责。

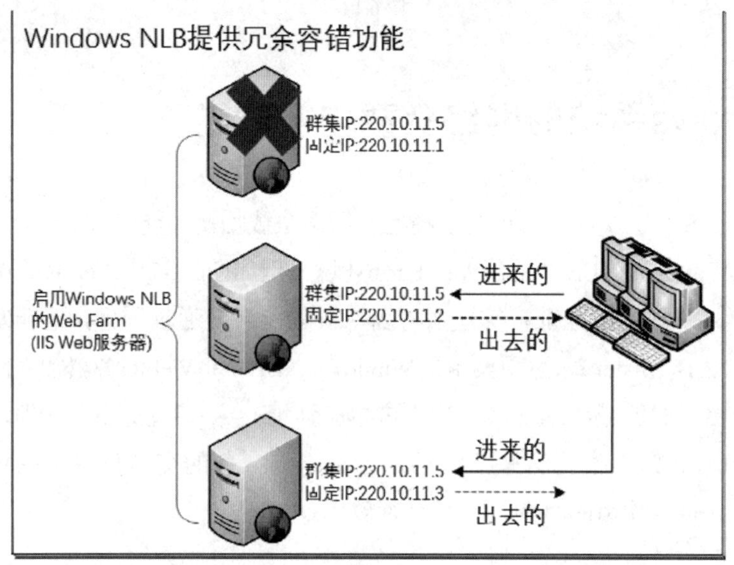

图6-2-2

6.2.2 Windows NLB的相关性

相关性（affinity）用来定义来源主机与NLB群集成员之间的关系。举例来说，如果群集中有3台Web服务器，当外部主机（源主机）要连接Web Farm时，此请求由Web Farm中的哪一台服务器来负责处理呢？它是根据Windows NLB所提供的以下3种相关性来决定的。

- **无（None）**：此时NLB是根据源主机的**IP地址与端口**，来将请求分配给其中一台服务器处理。群集中每一台服务器都有一个**主机ID**（host ID），而NLB根据源主机的IP地址与端口所算出来的哈希值（hash）会与**主机ID**有着关联性，因此NLB群集会根据哈希值将此请求提交给拥有相对**主机ID**的服务器来负责。

因为是同时参照源主机的IP地址与端口，因此同一台外部主机所提出的多个连接Web Farm请求（源主机的IP地址相同、TCP端口不同）可能会分别由不同的Web服务器来负责。

- **单一（Single）**：此时NLB仅根据源主机的IP地址将请求分配给其中一台Web服务器处理，因此同一台外部主机所提出的所有连接Web Farm请求都会由同一台服务器负责。
- **网络（Network）**：根据源主机的C类网络地址将请求分配给其中一台Web服务器处理。也就是IP地址中最高3个字节相同的所有外部主机所提出的连接Web Farm请求都会由同一台Web服务器负责，例如IP地址为201.11.22.1~201.11.22.254（它们的最高3个字节都是201.11.22）的外部主机的请求都会由同一台Web服务器来负责。

虽然Windows NLB默认通过相关性来将客户端的请求分配给其中一台服务器负责，但我们可以另外通过**端口规则**（port rule）来改变相关性，例如可以在端口规则内将特定流量指定由优先级较高的单一台服务器负责处理（此时该流量将不再具备负载均衡功能）。系统默认的端口规则包含所有流量（所有端口），且会依照所设置的相关性来将客户端的请求分配给某台服务器负责，也就是默认所有流量都具备着网络负载均衡与冗余容错功能。

6.2.3 Windows NLB的操作模式

Windows NLB的操作模式分为**单播模式**与**多播模式**两种。

1. 单播模式（unicast mode）

此种模式下，NLB群集内每一台Web服务器的网卡的MAC地址（物理地址）都会被替换成一个相同的**群集MAC地址**，它们通过此群集MAC地址来接收外部传来的连接Web Farm的请求。发送到此群集MAC地址的请求会被发送到群集中的每一台Web服务器。不过采用单播模式会遇到一些问题，下面列出这些问题与解决方案。

第 2 层交换机的每一个 port 所注册的 MAC 地址须唯一

如图6-2-3所示，两台服务器连接到第2层交换机（Layer 2 Switch）的两个端口上，这两台服务器的MAC地址都被改为相同的群集MAC地址02-BF-11-22-33-44，当这两台服务器的数据包发送到交换机时，交换机应该将它们的MAC地址注册到所连接的端口上，然而这两个数据包内的MAC地址都是相同的，为02-BF-11-22-33-44，而交换机的每一个端口所注册的MAC地址必须是唯一的，也就是不允许两个port注册相同的MAC地址。

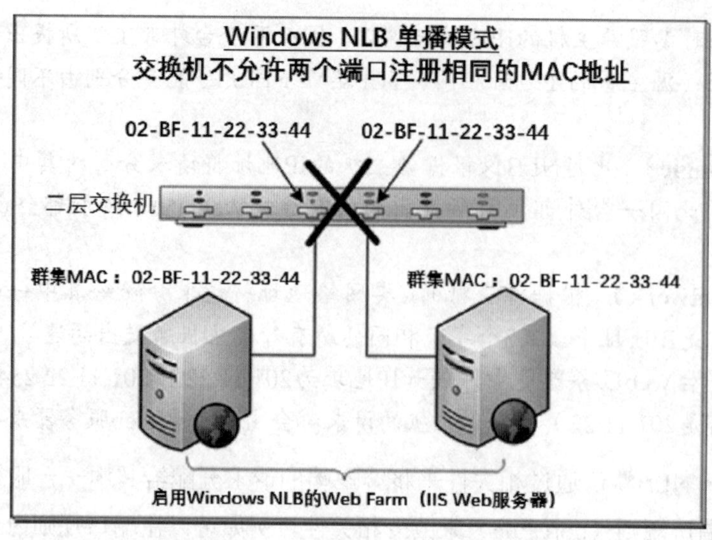

图6-2-3

Windows NLB可通过**MaskSourceMAC**功能来解决这个问题，它会根据每一台服务器的**主机ID**（host ID）来更改外发数据包的Ethernet header中的源MAC地址，也就是将群集MAC地址中最高第2组字符改为**主机ID**，然后将此修改过的MAC地址当作是源MAC地址。

例如图6-2-4中的群集MAC地址为02-BF-11-22-33-44，而第1台服务器的**主机ID**为01，其外发数据包中的源MAC地址会被改为02-**01**-11-22-33-44，因此当交换机收到此数据包后，其相对应的端口所注册的MAC地址是02-**01**-11-22-33-44；同理第2台服务器所注册的MAC地址为02-**02**-11-22-33-44，如此就不会有两个端口注册相同MAC地址的问题。

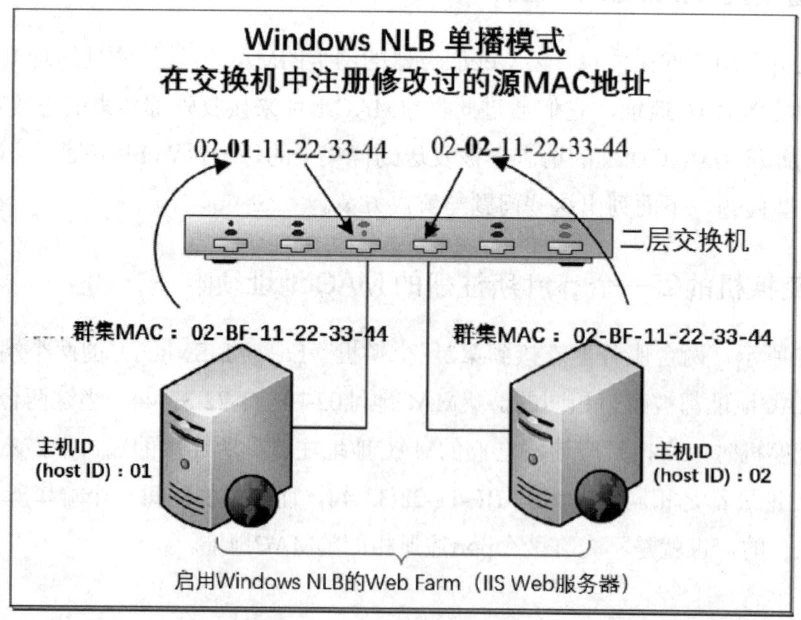

图6-2-4

Switch Floodin 的问题

NLB单播模式还有另外一个称为**Switch Flooding**（交换机洪泛）的问题。以图6-2-5所示为例，虽然交换机每一个端口所注册的MAC地址是唯一的，但当路由器接收到要送往群集IP地址220.10.11.5的数据包时，它会通过ARP通信协议来查询220.10.11.5的MAC地址，不过它从**ARP响应**（ARP reply）数据包所获得MAC地址是群集MAC地址02-BF-11-22-33-44，因此它会将此数据包发送到MAC地址02-BF-11-22-33-44，然而交换机内并没有任何一个端口注册此MAC地址，因此当交换机收到此数据包时，便会将它送到所有端口，也就出现了Switch Flooding的问题（可参阅后面**注意**的说明）。

NLB单播模式的Switch Flooding也可以算是正常现象，因为它让送到此群集的数据包能够被送到群集中的每一台服务器（这也是我们所期望的），不过如果在此交换机上还连接着不隶属于此群集的计算机，Switch Flooding就会对这些计算机造成额外的网络负载，甚至会因为其他计算机也收到专属于此群集的数据包而产生安全上的顾虑。

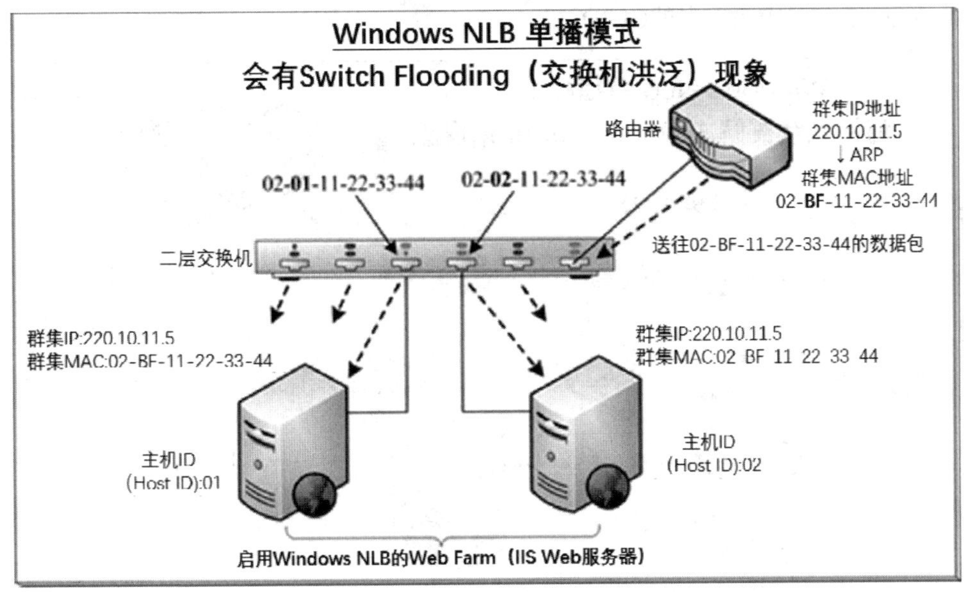

图 6-2-5

> **注意**
>
> 有一种Switch Flooding的网络攻击行为，它会发送大量的Ethernet数据包给交换机，以便占据交换机内存储MAC与端口映射表的有限存储空间，使得其中正确的MAC数据会被踢出内存，造成之后所收到的数据包会被广播到所有端口，如此将使得交换机变成与传统集线器（hub）一样，失去改善网络性能的特性，而且具有机密性的数据包被广播到所有端口，也会让意图不良者有机会窃取到数据包内的机密数据。

若有其他计算机与NLB群集连接在同一个交换机，则解决Switch Flooding的方法可如图6-2-6所示将NLB群集内所有服务器连接到传统集线器（hub），然后再将集线器连接到交换机中的一个端口，同时停用前面所介绍的**MaskSourceMAC**功能，这样只有这个端口会注册群集MAC地址，因此当路由器将目的地为群集MAC地址的数据包发送到交换机后，交换机只会通过这个端口将它送给集线器，不会干扰连接在其他端口的计算机，集线器收到此数据包后就会将数据包发送给群集中的所有服务器（集线器会将所收到的数据包从所有端口送出）。

> **注意**
>
> 停用**MaskSourceMAC**功能的方法为：执行注册表编辑器REGEDIT.EXE，然后将位于以下路径的**MaskSourceMAC**注册表值改为0（数据类型为REG_DWORD）：
>
> **HKEY_LOCAL_MACHINE\SYSTEM\CurrentControlSet\Services\WLBS\Parameters\Interface*Adapter-GUID***

其中**Adapter-GUID**为网卡的GUID。

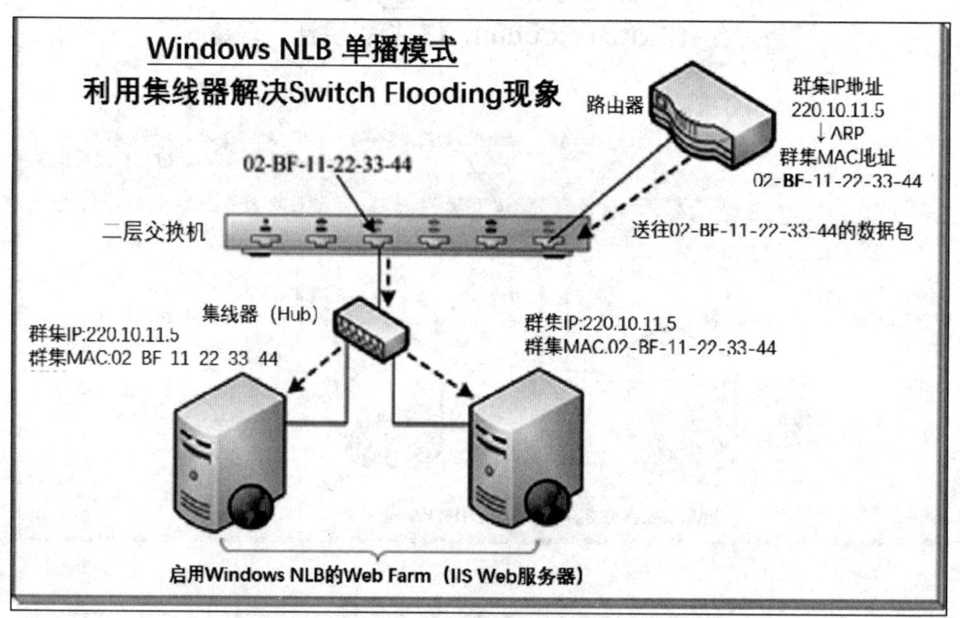

图 6-2-6

> **注意**
>
> 也可以通过交换机的VLAN（虚拟局域网）技术来解决Switch Flooding问题，也就是将NLB群集内所有服务器所连接的端口设置在同一个VLAN，以便让NLB群集的流量局限在此VLAN内传输，不会传送到交换机中不属于此VLAN的端口。

群集服务器之间无法相互通信的问题

如果将网页内容直接放在Web服务器内，并利用**DFS复制**功能来让服务器之间的网页内容一致，那么采用NLB单播模式还有另外一个的问题：除了与NLB有关的流量之外（例如heartbeat），群集服务器之间无法相互通信。因此群集服务器之间将无法通过**DFS复制**功能来让网页内容一致。

以图6-2-7为例，当左边服务器要与右边固定IP地址为220.10.11.2的服务器通信时，它会通过**ARP请求**（ARP Request）数据包来询问其MAC地址，而右边服务器所回复的MAC地址是群集MAC地址02-BF-11-22-33-44，然而这个MAC地址也是左边服务器自己的MAC地址，如此将使得它无法与右边服务器通信。

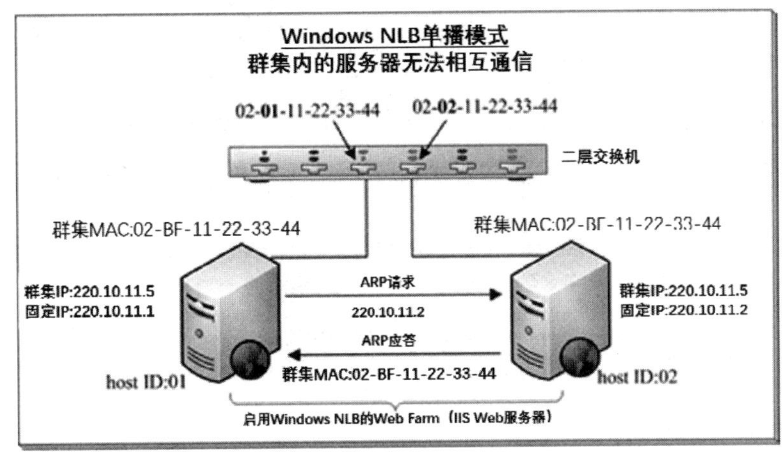

图 6-2-7

解决群集服务器之间无法相互通信的方法为：如图6-2-8所示，在每一台服务器各另外安装一块网卡，此网卡不要启用Windows NLB，因此每一台服务器内的这块网卡都使用原来的MAC地址，服务器之间可以通过这块网卡来相互通信。

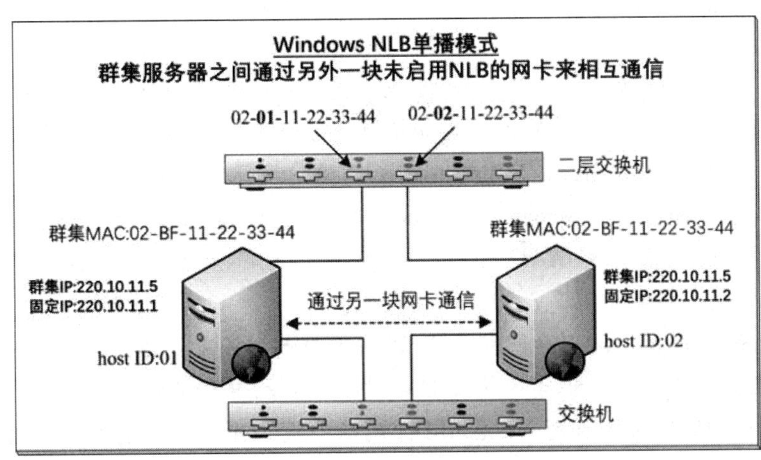

图 6-2-8

2. 多播模式（multicast mode）

多播的数据包会同时被传送给多台计算机，这些计算机都隶属于同一个**多播组**，它们拥有一个共同的**多播MAC地址**。多播模式具备以下特性。

- NLB群集内每一台服务器的网卡仍然会保留原来的唯一MAC地址（参见图6-2-9），因此群集成员之间可以正常通信，而且在交换机内每一个port所注册的MAC地址就是每台服务器的唯一MAC地址。

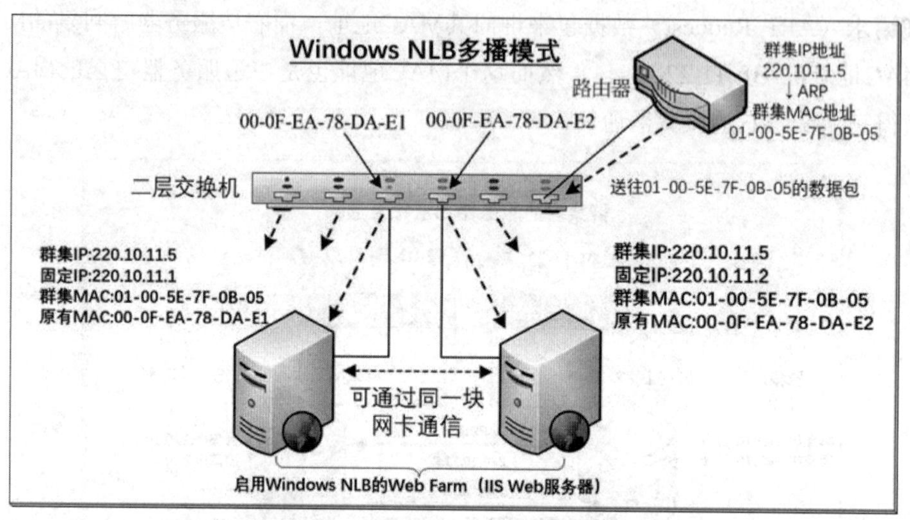

图6-2-9

- NLB群集内每一台服务器还会有一个共享的**群集MAC地址**，它是一个**多点传送MAC地址**，群集内所有服务器都隶属于同一个**多播组**，并通过这个**多播（群集）MAC地址**来监听外部的请求。

不过多播模式会有以下的缺点。

- **路由器可能不支持**：以图6-2-9右上角的路由器为例，当路由器接收到要送往群集IP地址220.10.11.5的数据包时，它会通过ARP通信协议来查询220.10.11.5的MAC地址，而它从**ARP响应**数据包所获得MAC地址是**多播（群集）MAC地址**01-00-5E-7F-0B-05，然而路由器欲解析的是**“单点”**传播地址220.10.11.5，可是所解析到的却是**“多点”传送MAC地址**，有的路由器并不接受这样的结果。

  解决此问题的方法之一是在路由器内建立静态的ARP映射，以便将群集IP地址220.10.11.5映射到**多播MAC地址**。但若路由器也不支持建立这种类型的静态数据，则可能需要更换路由器或改采用单播模式。
- **仍然会有Switch Flooding问题**：以图6-2-9为例，虽然交换机每一个端口所注册的MAC地址是唯一的，但当路由器接收到要送往群集IP地址220.10.11.5的数据包时，它通过ARP通信协议来查询220.10.11.5的MAC地址时，所获得的是**多播MAC地址**01-00-5E-7F-0B-05，因此它会将此数据包发送到MAC地址01-00-5E-7F-0B-05，然而交

换机内并没有任何一个端口注册此MAC地址，因此当交换机收到此数据包时便会将它送到所有端口，也因此发生了Switch Flooding现象。

我们在单播模式处已经介绍过如何解决Switch Flooding的问题，在多播模式下，还可以通过支持**IGMP snooping**（Internet Group membership protocol 窥探）的交换机来解决Switch Flooding的问题，因为这类型的交换机会检测路由器与NLB群集服务器之间的IGMP数据包（加入组、脱离组的数据包），如此便可以得知哪一些端口所连接的服务器隶属于此多播组，以后当交换机收到要送到此多播组的数据包时，便只会将它送往部分端口，而这些端口所连接的服务器都隶属于这个多播组。

若IISWeb服务器只有一块网卡，则选用多播模式。若Web服务器拥有多块网卡或网络设备（例如第2层交换机与路由器）不支持多播模式，则可以采用单播模式。

6.2.4 IIS的共享设置

Web Farm内所有Web服务器的设置应该要同步，而在Windows Server 2012 R2的IIS内通过**共享设置**功能，来让你将Web服务器的配置文件存储到远程计算机的共享文件夹内，然后让所有Web服务器都使用相同的配置文件，这些配置文件包含以下内容。

- **ApplicationHost.config**：IIS的主要配置文件，它存储着IIS服务器内所有站点、应用程序、虚拟目录、应用程序池等设置与服务器的通用默认值。
- **Administration.config**：存储着委派管理的设置。IIS采用模块化设计，Administration.config内也存储着这些模块的相关数据。
- **ConfigEncKey.key**：在IIS内搭建ASP.NET环境时，有些数据会被ASP.NET加密，例如ViewState、Form Authentication Tickets（窗体验证凭证）等，此时需要让Web Farm内每一台服务器使用相同的计算机密钥（machine key），否则当其中一台服务器利用专有密钥对数据加密后，其他使用不同密钥的服务器就无法将其解密。这些共享密钥被存储在ConfigEncKey.key文件内。

6.3 IISWeb服务器的Web Farm实例演练

我们将利用图6-3-1来说明如何建立一个由IISWeb服务器所组成的Web Farm，假设其网址为www.sayms.local。我们将直接在图中两台IISWeb服务器上启用Windows NLB，而NLB操作模式采用多播模式。

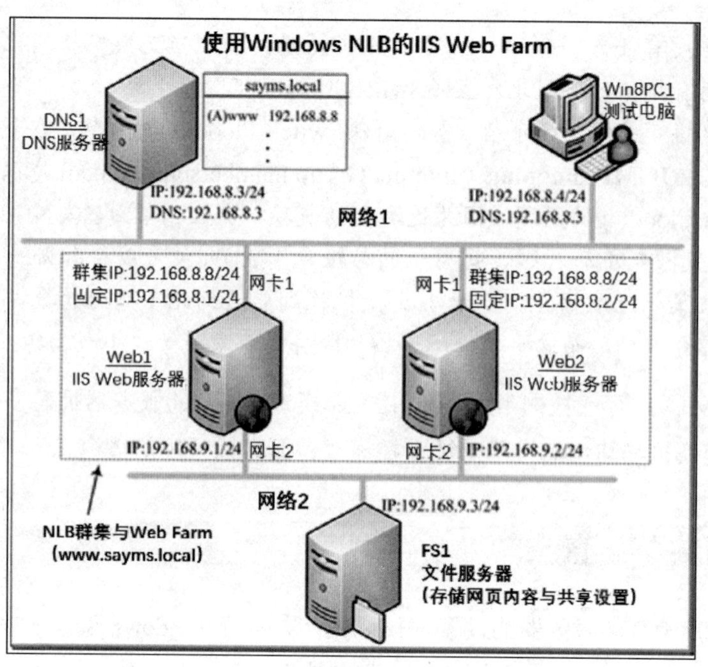

图 6-3-1

注意

某些虚拟化软件的虚拟机内若使用单播模式，NLB可能无法正常工作，此时请选择多播模式或使用微软的Hyper-V。

6.3.1 Web Farm的软硬件需求

要建立图6-3-1中Web Farm，其软硬件配备需符合以下所述的要求（建议利用Hyper-V虚拟环境来练习，可参考《Windows Server 2012 R2系统配置指南》。

- **IISWeb服务器Web1与Web2**：这两台组成Web Farm的服务器都是Windows Server 2012 R2 Enterprise，且安装**Web服务器（IIS）**角色，同时我们要建立一个Windows NLB群集，并将这两台服务器加入到此群集。这两台服务器各有两块网卡，一块连接**网络1**、一块连接**网络2**，其中只有**网卡1**会启用Windows NLB，因此**网卡1**除了原有的固定IP地址（192.168.8.1、192.168.8.2）外，它们还有一个共同的群集IP地址（192.168.8.8），并通过这个群集IP地址来接收由测试计算机Win8PC1送来的连接请求（http://www.sayms.local/）。
- **文件服务器FS1**：这台Windows Server 2012 R2服务器用来存储Web服务器的网页内容，也就是两台Web服务器的主目录都在这台文件服务器的相同文件夹中。两台Web服务器也应该使用相同的设置，这些共享设置也被存储在这台文件服务器内。

> **附注**
>
> 由于我们的重点在Web Farm的设置，因此将测试环境简化为仅架设一台文件服务器，故网页内容与共享设置并没有容错功能，你可以自行搭建多台文件服务器，然后利用**DFS复制**来同步网页内容与共享设置，以便提供容错功能，也可利用SAN（FC SAN或iSCSI SAN）存储设备来存储网页内容与共享设置。关于DFS、iSCSI SAN的说明可参阅《Windows Server 2012 R2系统配置指南》这本书。

- **DNS服务器DNS1**：我们利用这台Windows Server 2012 R2 服务器来解析Web Farm网址www.sayms.local的IP地址。
- **测试计算机Win8PC1**：我们将在这台Windows 8计算机上利用网址http://www.sayms.local/来测试是否可以正常连接Web Farm网站。若要简化测试环境，可以省略此计算机，直接改在DNS1上测试。

6.3.2　准备网络环境与计算机

我们将按部就班地说明如何搭建图6-3-1中的Web Farm环境，请按照以下步骤来练习，以减少出错的几率。

- 将DNS1与Win8PC1的网卡连接到网络1，Web1与Web2的网卡1连接到网络1、网卡2连接到网络2，FS1的网卡连接到网络2。如果使用Windows Server 2012 R2的Hyper-V虚拟环境，那么请自行建立两个虚拟交换机（虚拟网络）来代表网络1与网络2。
- 在图中5台计算机上安装操作系统：除了计算机Win8PC1安装Windows 8之外，其他计算机都安装Windows Server 2012 R2 Enterprise，并将它们的计算机名称分别改为DNS1、Win8PC1、Web1、Web2与FS1。
  若使用虚拟机，并且图中4台服务器是从现有虚拟机复制，则在这4台服务器上执行Sysprep.exe程序来更改其SID（记得勾选**通用**）。
- 建议更改两台Web服务器的2块网卡名称，以便于识别，例如图6-3-2表示它们分别是连接到网络1与网络2的网卡：【按⊞+X键➲文件资源管理器➲选中并右击**网络**➲**属性**➲单击**变更适配器设置**➲分别选中并右击2个网络连接➲**重命名**】。

图 6-3-2

- 依照实例演练图（图6-3-1）来设置5台计算机的网卡IP地址、子网掩码、首选DNS服务器（暂时不要设置群集IP地址，等建立NLB群集时再设置，否则IP地址会冲突）：【打开**控制面板**➲**网络和Internet**➲**网络和共享中心**➲单击**以太网**（或**网络1**、**网络2**）➲单击属性按钮➲Internet协议版本4（TCP/IPv4）】，本范例采用IPv4。
- 暂时关闭这5台计算机的**Windows防火墙**（否则下一步测试会被阻挡）：【打开**控制面板**➲**系统和安全性**➲**Windows防火墙**➲查看此计算机已连接的网络位置➲单击**启用或关闭Windows防火墙**➲将计算机所在网络位置的**Windows防火墙**关闭】。
- 强烈建议执行以下步骤来测试同一个子网内的计算机之间是否可以正常通信，以减少后面除错的难度。
  - 到DNS1上分别利用ping 192.168.8.1、ping 192.168.8.2与ping 192.168.8.4来测试是否可以跟Web1、Web2与Win8PC1通信。
  - 到Win8PC1上分别利用ping 192.168.8.1、ping 192.168.8.2与ping 192.168.8.3来测试是否可以跟Web1、Web2与DNS1通信。
  - 到Web1上分别利用ping 192.168.8.2（或ping 192.168.9.2）、ping 192.168.8.3、ping 192.168.8.4与192.168.9.3来测试是否可以跟Web2、DNS1、Win8PC1与FS1通信。
  - 到Web2上分别利用ping 192.168.8.1（或ping 192.168.9.1）、ping 192.168.8.3、ping 192.168.8.4与192.168.9.3来测试是否可以跟Web1、DNS1、Win8PC1与FS1通信。
  - 到FS1上分别利用ping 192.168.9.1与ping 192.168.9.2来测试是否可以跟Web1与Web2通信。
- 可重新启用这5台计算机的**Windows防火墙**。

6.3.3 DNS服务器的设置

DNS服务器DNS1用来解析Web Farm网址www.sayms.local的IP地址。请在这台计算机上通过【打开**服务器管理器**➲单击**仪表板**处的**添加角色和功能**】的方法来安装DNS服务器。

安装完成后：【按⊞键切换到**开始**菜单➲**管理工具**➲**DNS**➲选中并右击**正向查找区域**➲**新建区域**】来建立一个名称为sayms.local的主要区域，并在这个区域内添加一条Web Farm网址的主机记录，如图6-3-3所示，图中假设网址为www.sayms.local，注意其IP地址是群集IP地址192.168.8.8。

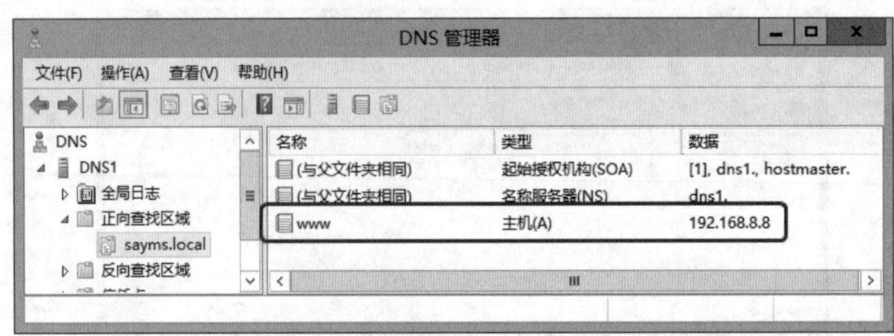

图6-3-3

然后到测试计算机Win8PC1上测试是否可以解析到www.sayms.local的IP地址，例如图6-3-4所示为成功解析到群集IP地址192.168.8.8的界面。

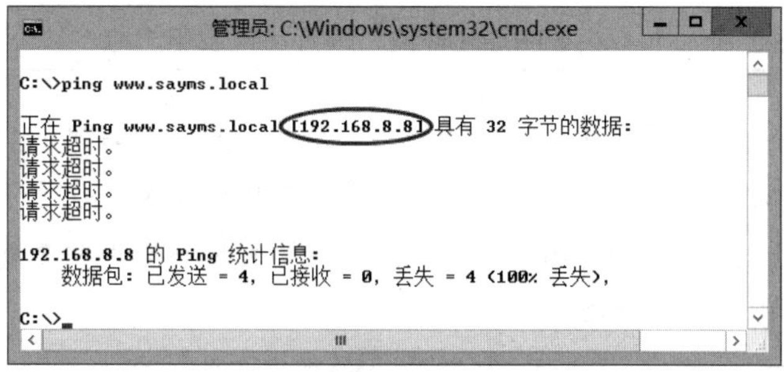

图 6-3-4

附注

虽然成功解析到Web Farm网站的群集IP地址，但是我们还没有建立群集，也还没有设置群集IP地址，故会出现类似图中请求超时的信息。即使群集与群集IP地址都建立好了，还是可能出现类似无法连接的信息，因为Windows Server 2012 R2计算机默认已经启用**Windows防火墙**，它会阻挡ping命令的数据包。

6.3.4 文件服务器的设置

这台Windows Server 2012 R2文件服务器用来存储Web服务器的共享配置与共享网页内容。请先在这台服务器的本机安全数据库建立一个用户账户，以便于两台Web服务器可以利用这个账户来连接文件服务器：【按⊞键切换到**开始**菜单➲**管理工具**➲**计算机管理**➲展开**本机用户和组**➲选中并右击**用户**➲新用户➲如图6-3-5所示输入用户名（假设是WebUser）、密码等数据，取消勾选**用户下次登录时须更改密码**，改勾选**密码永不过期**➲单击创建按钮】。

新用户
用户名(U): WebUser
全名(F):
描述(D):
密码(P): •••••••
确认密码(C): •••••••
☐ 用户下次登录时须更改密码(M)
☐ 用户不能更改密码(S)
☑ 密码永不过期(W)
☐ 帐户已禁用(B)

图 6-3-5

若此文件服务器已经加入Active Directory域，则可利用域用户账户。

请在此台文件服务器内建立用来存储Web服务器共享配置与共享网页的文件夹，假设为C:\WebFiles，并将其设置为共享文件夹，假设共享名为WebFiles，然后开放**读取/写入**权限给之前建立的用户WebUser，如图6-3-6所示（若出现**网络发现与文件共享窗口**，请单击**是，启用公用网络的网络发现与文件共享**）。

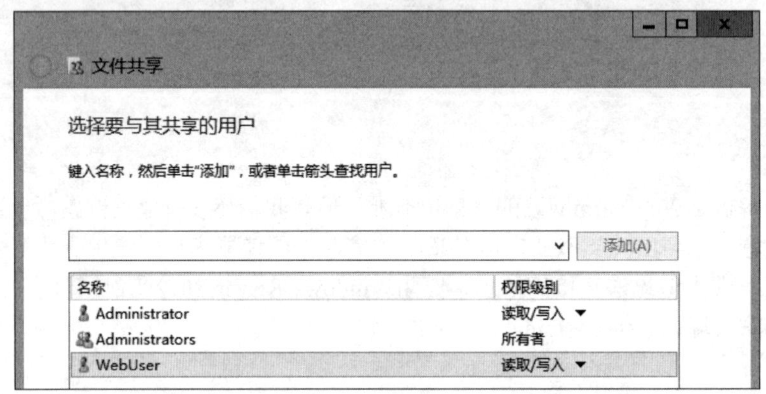

图6-3-6

接着在此文件夹内建立两个子文件夹，一个用来存储共享配置，一个用来存储共享网页（网站的主目录），假设文件夹名称分别是Configurations与Contents，图6-3-7所示为完成后的界面。

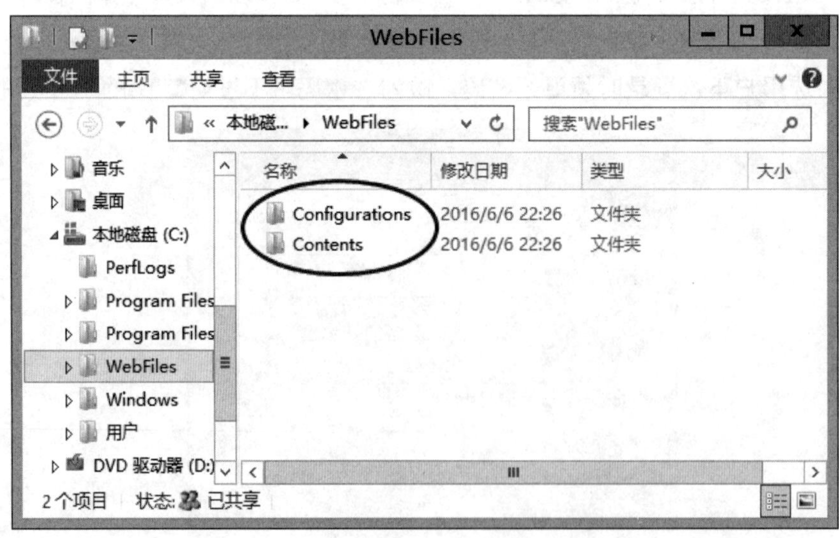

图6-3-7

6.3.5 Web服务器Web1的设置

我们将在Web1上安装**Web服务器（IIS）**角色，同时假设网页为针对ASP.NET所编写的程序，因此还需要安装**ASP.NET**角色服务（假设选择**ASP.NET 4.5**）：【打开**服务器管理器**➲单击**仪表板**处的**添加角色和功能**➲持续单击下一步按钮，直到出现**选择服务器角色**界面时勾选**Web服务器（IIS）**➲单击添加功能按钮➲持续单击下一步按钮，直到出现图6-3-8**选择角色服务**界面时展开**应用程序开发**➲勾选**ASP.NET 4.5**➲……】。完成安装后，我们使用内建的Default Web Site来作为本演练环境的网站。

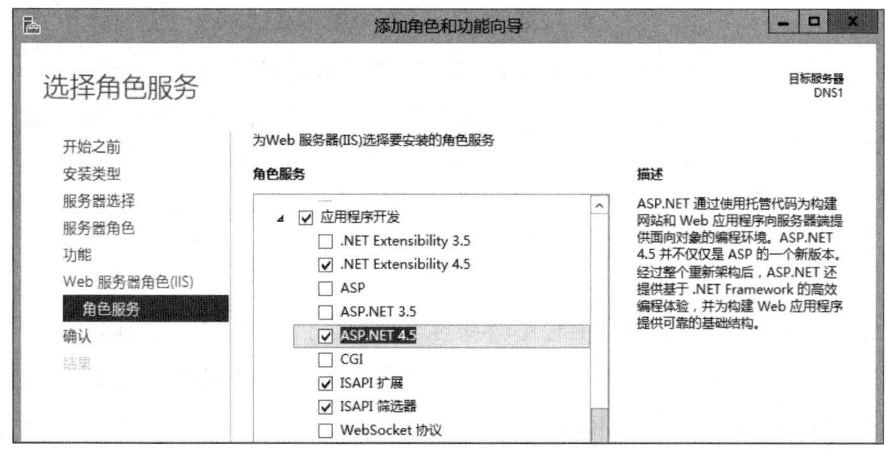

图 6-3-8

接下来建立一个用来测试用的首页，假设其文件名为default.aspx，内容如图6-3-9所示，先将此文件放到网站默认的主目录%SystemDrive%\inetpub \wwwroot下，其中的%SystemDrive%一般是C:。

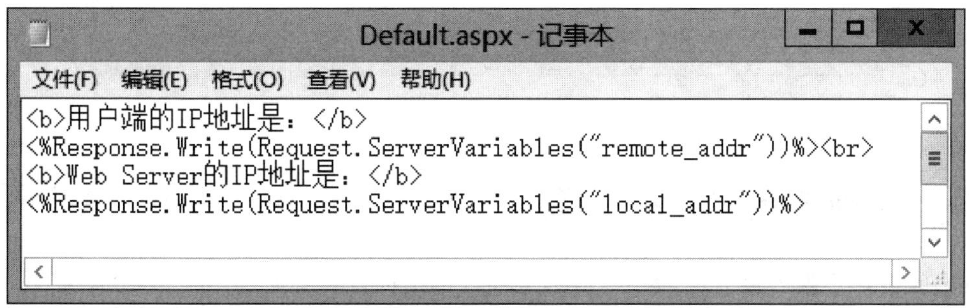

图 6-3-9

建议更改网站读取默认文件的优先级，以便让网站优先读取default.aspx，其设置方法为：【如图6-3-10所示单击Default Web Site➲单击中间的**默认文档**➲选中Default.aspx➲通过单击右侧**操作**窗格的**上移**，将default.aspx调整到列表的最上方】，它可以提高首页访问效率，避免网站浪费时间去尝试读取其他文件。

图 6-3-10

接着请到测试计算机Win8PC1上利用浏览器来测试是否可以正常连接网站并看到默认的网页，如图6-3-11所示为连接成功的界面，图中我们直接利用Web1的固定IP地址192.168.8.1来连接Web1，因为我们还没有启用Windows NLB，所以还无法使用群集IP地址来连接网站。

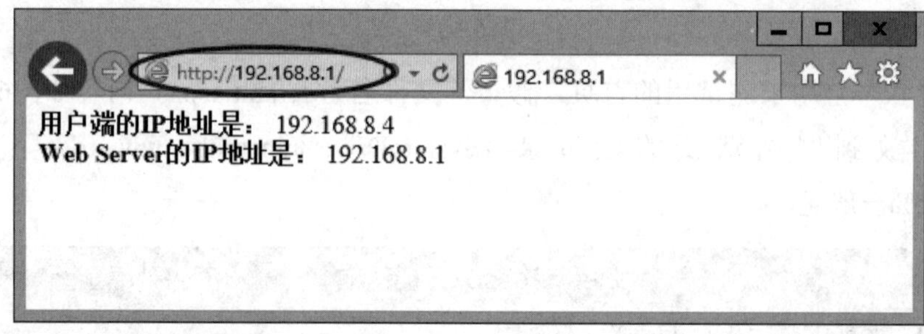

图 6-3-11

6.3.6 Web服务器Web2的设置

Web2的设定步骤大致上与Web1相同，下面仅列出摘要。

- 在Web2上安装**Web服务器（IIS）**角色与ASP.NET 4.5角色服务。
- “**不需要**”建立default.aspx，也“**不需要**”将default.aspx复制到主目录。
- 直接到测试计算机Win8PC1上利用http://192.168.8.2/来测试Web2网站是否正常工作，由于Web2并没有另外建立Default.aspx首页，故在Win8PC1上测试时，所看到的是如图6-3-12所示的默认首页。

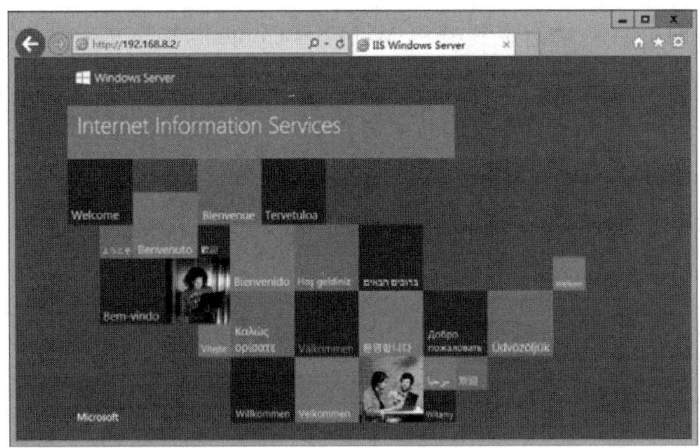

图 6-3-12

附注

若所搭建的Web Farm是SSL网站，则请在Web1完成SSL证书申请与安装步骤，将SSL证书导出，到Web2上通过**Internet Information Services（IIS）管理器**来将此证书导入到Web2的网站。

6.3.7 共享网页与共享配置

接下来我们要让两个网站来使用存储在文件服务器FS1内的共享网页与共享配置。

1. Web1 共享网页的设置

我们将Web1的网页当作两个网站的共享网页，因此请先将Web1主目录C:\inetpub\wwroot内的测试首页default.aspx通过网络复制到文件服务器FS1的共享文件夹\\FS1\WebFiles\Contents内：【按⊞+R键➲输入\\FS1\WebFiles \Contents 后单击确定按钮➲如图6-3-13所示将Default.aspx复制到此共享文件夹内】。

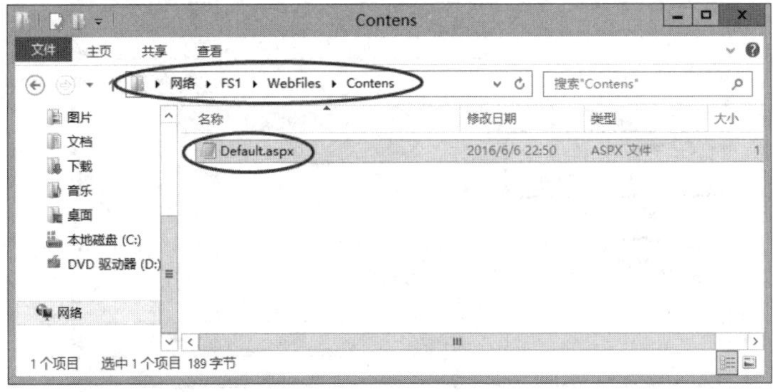

图 6-3-13

接下来要将Web1的主目录指定到\\FS1\WebFiles\Contents共享文件夹，并且利用建立在文件服务器FS1内的本机用户账户WebUser来连接此共享文件夹，不过在Web1上也必须建立一个相同名称与密码的用户账户（请取消勾选**用户必下次登录时须更改密码**，改勾选**密码永不过期**），且必须将其加入到**IIS_IUSRS**组内，如图6-3-14所示。

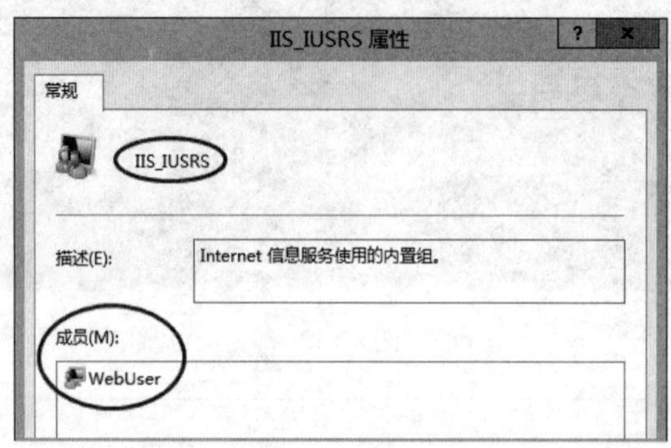

图 6-3-14

将Web1主目录指定到\\FS1\WebFiles\Contents共享文件夹的步骤如下。

STEP 1　如图6-3-15所示单击Default Web Site右侧的**基本设置**。

图 6-3-15

STEP 2　如图6-3-16所示在**物理路径**处输入\\FS1\WebFiles\Contents，单击连接为按钮。

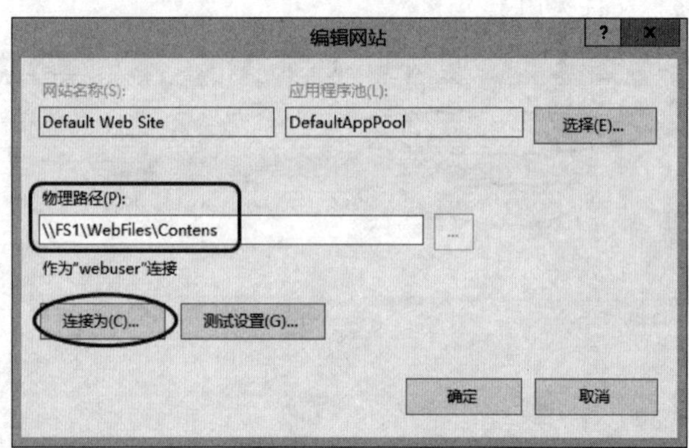

图 6-3-16

STEP 3 如图6-3-17所示，设置用来连接共享文件夹的账户WebUser后单击确定（请通过单击设置按钮来输入用户名称WebUser与密码）。

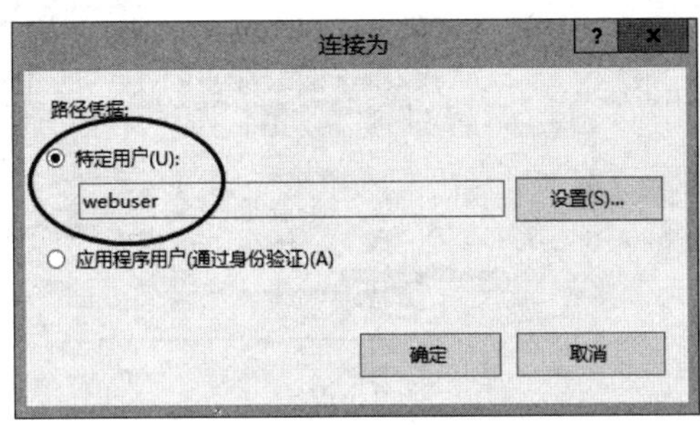

图 6-3-17

STEP 4 单击图6-3-18中的测试设置按钮，以便测试是否可以正常连接上述共享文件夹，如**测试连接**对话框所示为正常连接的界面。依序单击关闭、确定按钮。

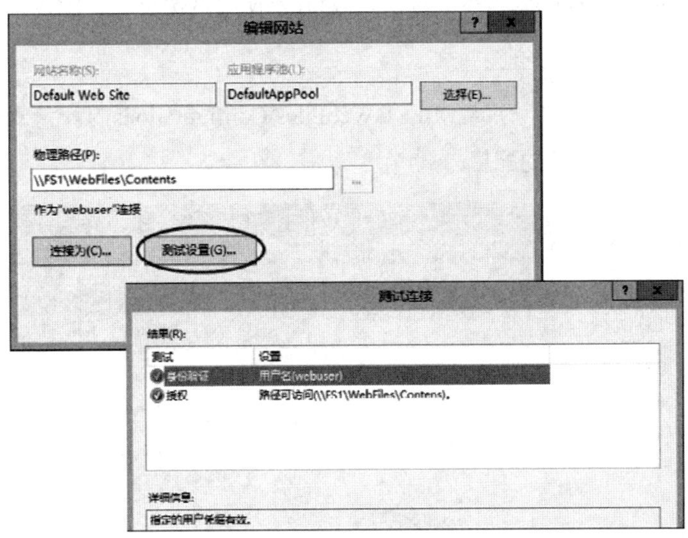

图 6-3-18

完成后，请到测试计算机Win8PC1上利用http://192.168.8.1/来测试（建议先将浏览器的缓存清除），此时应该还可以正常看到default.aspx的网页。

附注

若网站因故不正常工作或安全设置有变动，则可能需要针对网站所在的应用程序池执行**回收**（recycle）操作，以便让网站恢复正常或取得最新的安全设置值。举例来说，Default Web Site的应用程序池为**DefaultAppPool**，若要针对此池来执行**回收**操作，则如图6-3-19所示单击**DefaultAppPool**右侧的**回收**。

图 6-3-19

2. Web1 的共享配置

我们将以Web1的设置来当作两个Web服务器的共享配置，因此请先将Web1的设置与密钥导出到\\FS1\WebFiles\Configurations，然后再指定Web1来使用这份位于\\FS1\WebFiles\Configurations的设置。

STEP 1 将Web1的配置导出、存储到\\FS1\WebFiles\Configurations内。请双击图6-3-20服务器WEB1界面中的**共享的配置**。

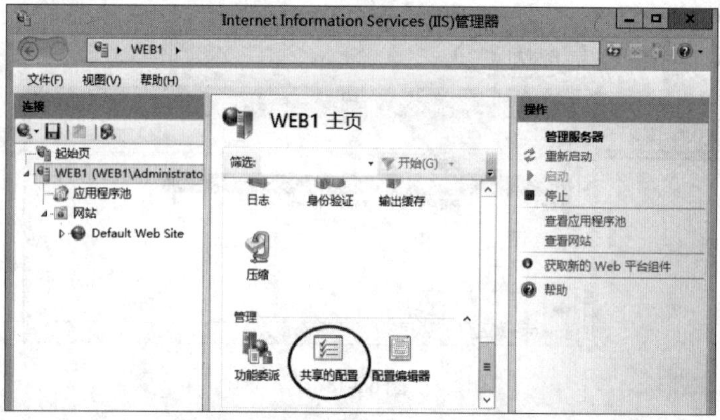

图 6-3-20

STEP 2 单击图6-3-21中右侧的**导出配置**。

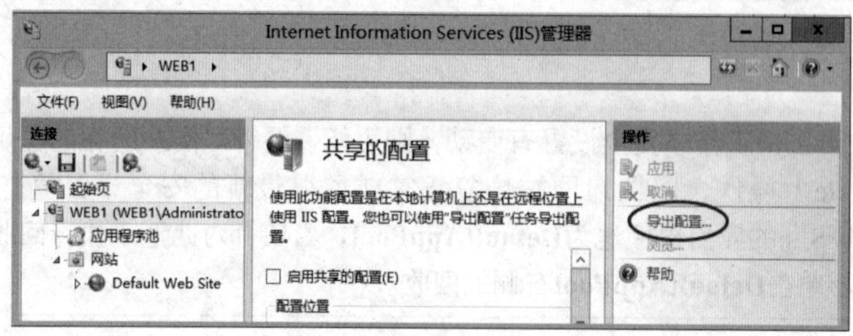

图 6-3-21

STEP 3　在图6-3-22**导出配置**对话框的**物理路径**中输入用来存储共享配置的共享文件夹**\\FS1\WebFiles\Configurations**➲单击**连接身份**➲输入有权利连接此共享文件夹的用户名（WebUser）与密码➲单击确定按钮。

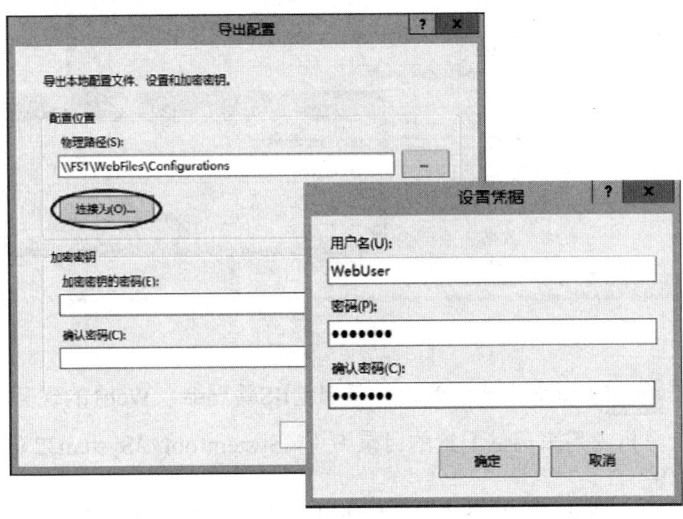

图 6-3-22

STEP 4　在图6-3-23中设置用来保护加密密钥的密码➲单击确定按钮➲再单击确定按钮。密码必须至少8个字符，且需包含数字、特殊符号、英文大小写字母。

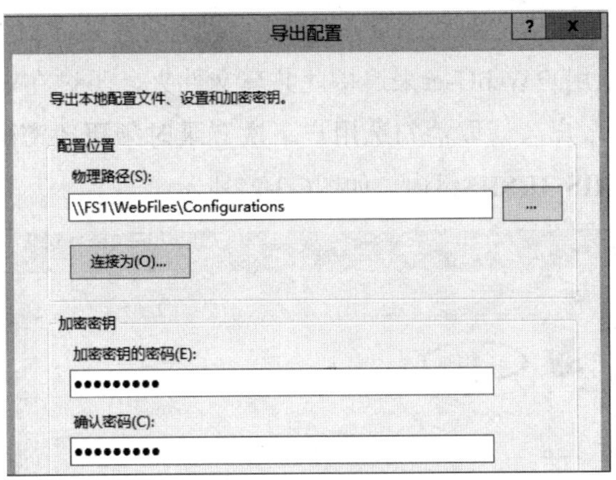

图 6-3-23

STEP 5　启用Web1的共享配置功能：【在图6-3-24中勾选**启用共享的配置**➲在**物理路径**中输入存储共享配置的路径**\\FS1\WebFiles\Configurations**➲输入有权限连接此共享文件夹的用户名称（WebUser）与密码➲单击**应用**➲在**加密密钥的密码**对话框中输入保护加密密钥的密码➲单击确定按钮】。

图 6-3-24

STEP 6 持续单击**确定**按钮来完成设置，重新启动IIS管理器。Web1的现有加密密钥会被备份到本地计算机内用来存储配置的目录中（%Systemroot%\System32 \inetsrv\config）。

完成后，请到测试计算机Win8PC1上利用http://192.168.8.1/来测试（建议先将浏览器的缓存清除），此时应该还可以正常看到default.aspx的网页。

3. Web2 共享网页的设置

我们要将Web2的主目录指定到文件服务器FS1的共享文件夹\\FS1\WebFiles\ Contents，并利用建立在FS1内的本地用户WebUser来连接此共享文件夹，不过在Web2上也必须建立一个相同名称与密码的用户账户（请取消勾选**用户下次登录时须更改密码**，改勾选**密码永不过期**），且必须将其加入到**IIS_IUSRS**组内，如图6-3-25所示。

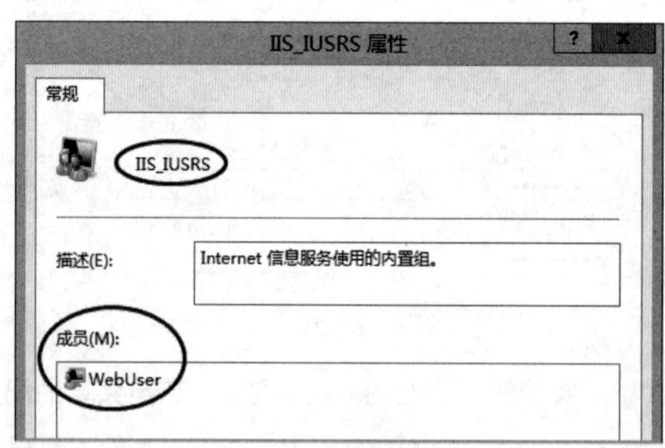

图 6-3-25

将Web2的主目录指定到\\FS1\WebFiles\Contents共享文件夹的步骤与Web1完全相同，此处不再重复，仅以图6-3-26与图6-3-27来说明。

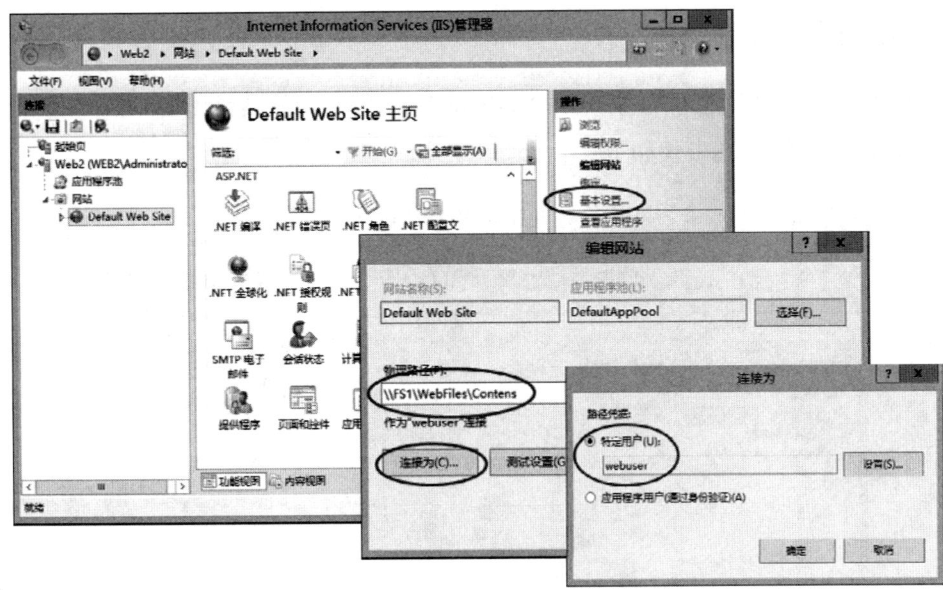

图 6-3-26

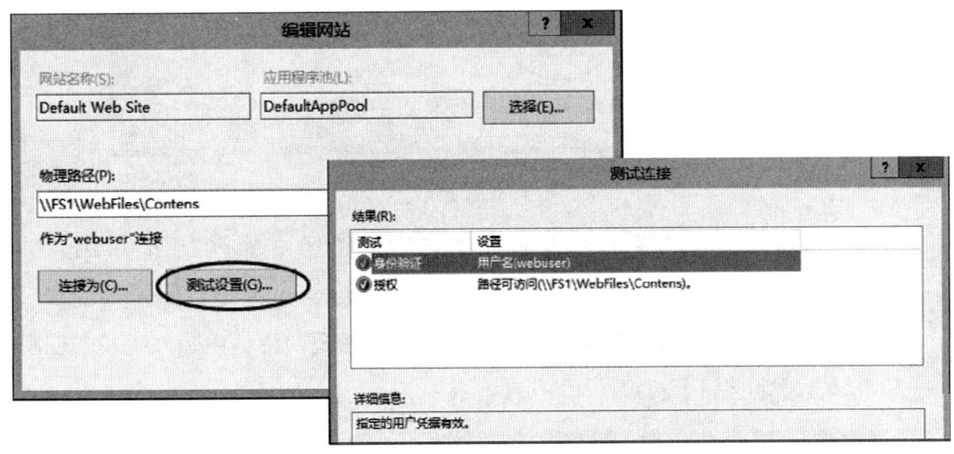

图 6-3-27

完成后，请到测试计算机Win8PC1上利用http://192.168.8.2/来测试（建议先将浏览器的缓存清除），此时应该还可以正常看到default.aspx的网页，如图6-3-28所示。建议更改Web2默认文件的优先级（将default.aspx移动到最上面），以便提高首页访问效率，避免浪费时间去尝试读取其他文件。

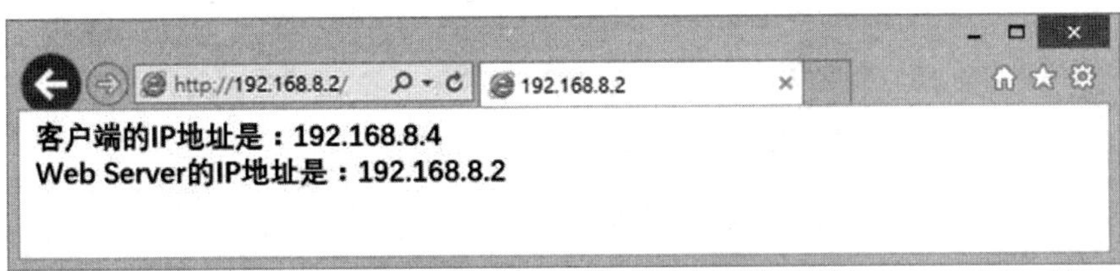

图 6-3-28

4. Web2 的共享配置

我们要让Web2来使用位于\\FS1\WebFiles\Configurations内的共享配置（这些设置是之前从Web1导出到此处的），其步骤如下。

STEP 1　请双击图6-3-29服务器WEB2界面中的**共享的配置**。

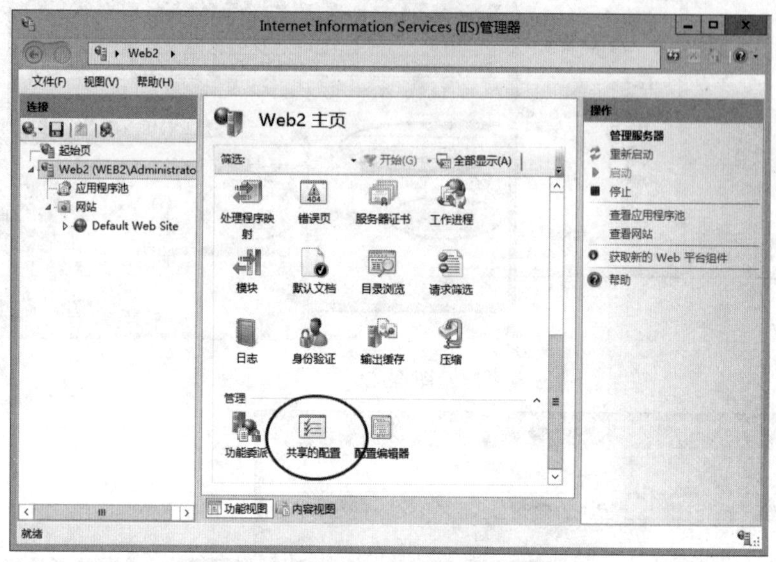

图 6-3-29

STEP 2　在图6-3-30中【勾选**启用共享设定**➲在**实体路径**中输入存储共享设定的路径**\\FS1\WebFiles\Configurations**➲输入有权利连接此共享文件夹的用户名称（WebUser）与密码➲单击**套用**➲在**加密密钥的密码**对话框中输入保护加密密钥的密码➲单击确定按钮】。

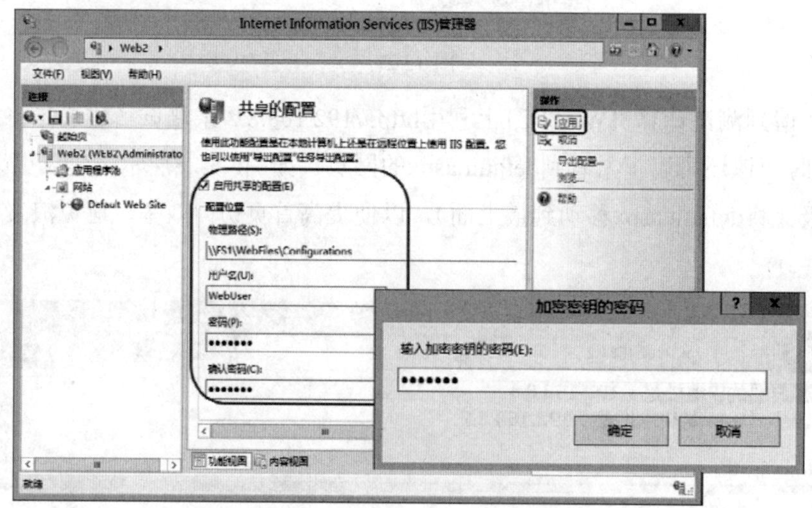

图 6-3-30

STEP 3 持续单击确定按钮来完成设置，重新启动IIS管理器。Web2的现有加密密钥会被备份到本地计算机内用来存储配置的目录中（%Systemroot%\System32\ inetsrv\config）。

完成后，请到测试计算机Win8PC1上利用http://192.168.8.2/来测试（建议先将浏览器的缓存清除），此时应该还是可以正常看到default.aspx的网页。

5. 建立 Windows NLB 群集

由于我们要在图6-3-31中Web1与Web2两台Web服务器上启用**Windows 网络负载均衡**（Windows NLB），因此需分别在这两台服务器上安装**网络负载均衡**功能。

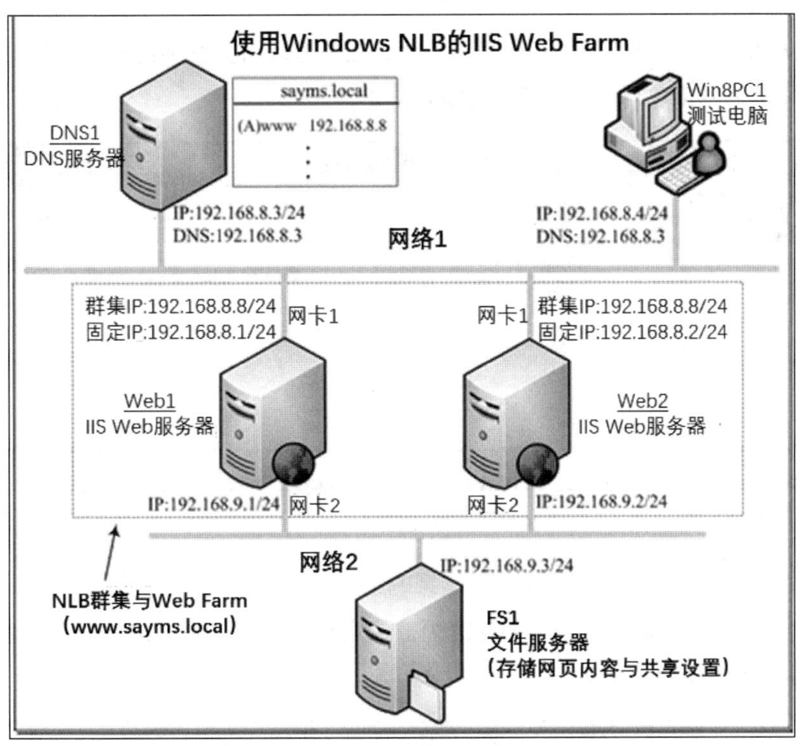

图 6-3-31

建立Windows NLB群集的步骤如下。

STEP 1 请分别到Web1与Web2上安装**网络负载均衡**功能：【打开**服务器管理器**➲单击**仪表板**处的**添加角色和功能**➲持续单击下一步按钮，直到出现如图6-3-32所示的**选择功能**界面时勾选**网络负载平衡**➲……】。

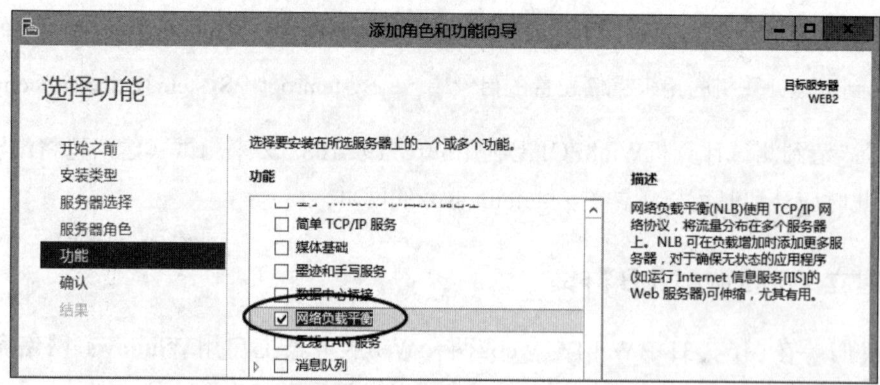

图 6-3-32

STEP 2 到Web1上按⊞键切换到**开始**菜单➲**管理工具**➲**网络负载平衡管理器**➲如图6-3-33所示选中并右击**网络负载平衡群集**➲**新建群集**。

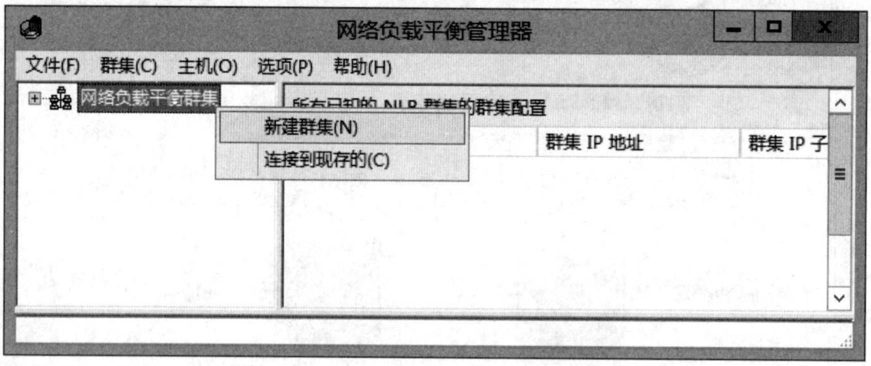

图 6-3-33

STEP 3 在图6-3-34的**主机**处输入要加入群集的第1台服务器的计算机名称Web1后单击**连接**按钮，然后从界面下方来选择Web1内欲启用NLB的网卡后单击**下一步**按钮。图中我们选择连接在网络1的网卡。

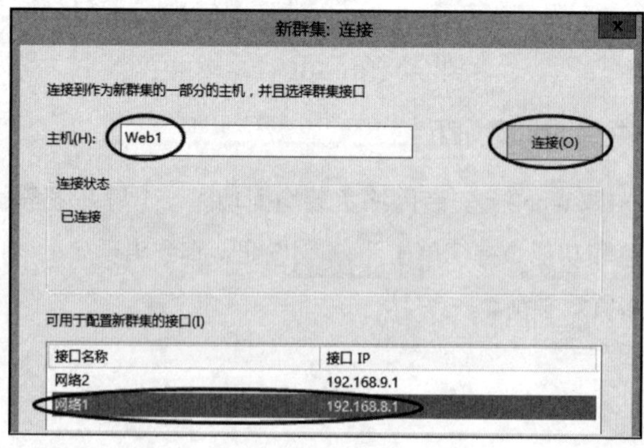

图 6-3-34

STEP 4　在图6-3-35中直接单击下一步按钮即可。图中的**优先级（单一主机标识符）**就是Web1的host ID（每一台服务器的host ID必须是唯一的），若群集接收到的数据包未定义在**端口规则**中，它会将此数据包交给优先级较高（host ID数字较小）的服务器来处理。也可以在此界面为此网卡添加多个固定IP地址。

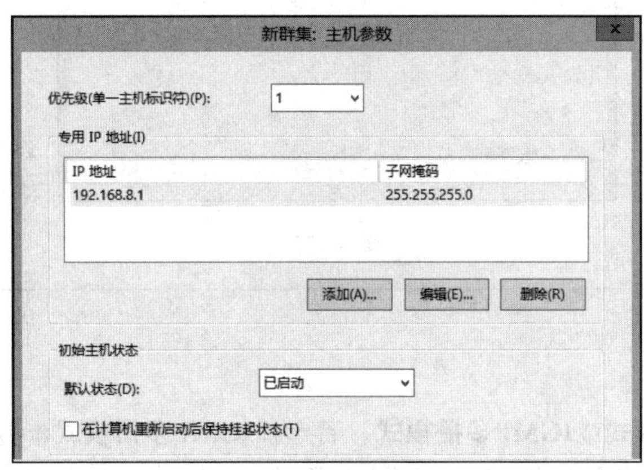

图 6-3-35

STEP 5　在图6-3-36单击添加按钮，设置群集IP地址（例如192.168.8.8）与子网掩码（255.255.255.0）后单击确定按钮。

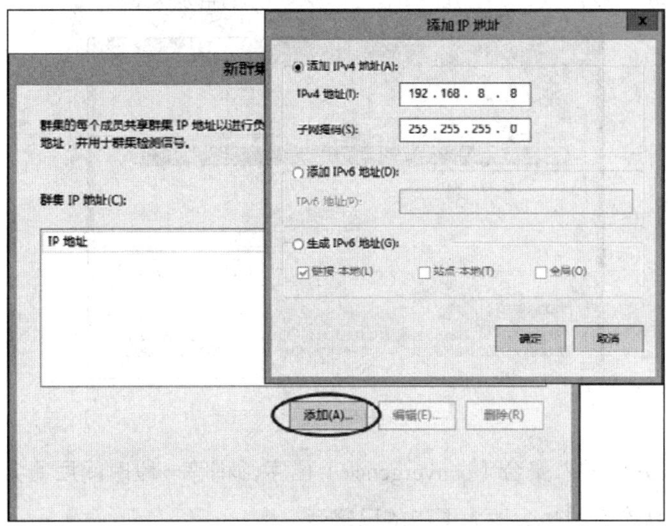

图 6-3-36

STEP 6　回到**新群集：群集IP地址**界面时单击下一步按钮（也可以在此处添加多个群集IP地址）。

STEP 7　在图6-3-37的**群集操作模式**处选择**多播**模式后单击下一步按钮。

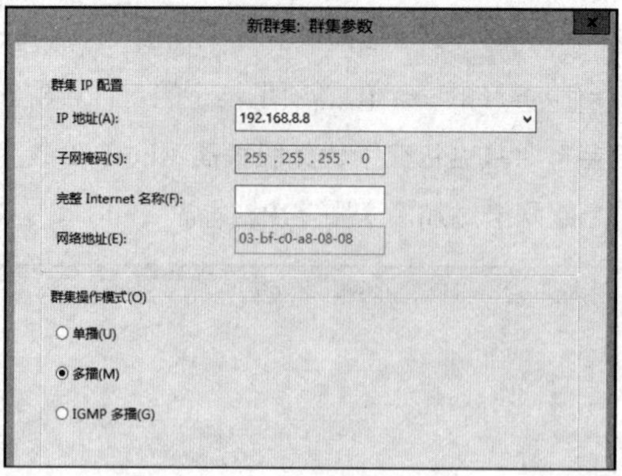

新群集：群集参数
群集 IP 配置
IP 地址(A):
192.168.8.8
子网掩码(S):
255 . 255 . 255 . 0
完整 Internet 名称(F):
网络地址(E):
03-bf-c0-a8-08-08
群集操作模式(O)
单播(U)
多播(M)
IGMP 多播(G)

图 6-3-37

> **附注**
>
> 也可以选择**单播模式**或**IGMP多播模式**，若选择**IGMP多播模式**，群集中的每台服务器会定期发出**IGMP加入组**的信息，支持**IGMP Snooping**的交换机收到此信息后，就可得知这些隶属于相同多播组的群集服务器连接在哪一些端口上，如此发送给群集的数据包只会被送到这些端口。

STEP 8 在图6-3-38中直接单击完成按钮来采用默认的端口规则。

新群集：端口规则
定义的端口规则(D):
群集 IP 地址
开始
结束
协议
模式
优...
加载
相关性
超时
全部
0
655...
两者
多重
--
--
单一
暂缺
添加(A)...
编辑(E)...
删除(R)
端口规则描述
到达端口 0 至 65535 的定向到任何群集 IP 地址的 TCP 和 UDP 通信在该群集的多个成员中按每个成员的负荷量平衡。客户端 IP 地址被用来分配客户端到指定的群集主机的连接。

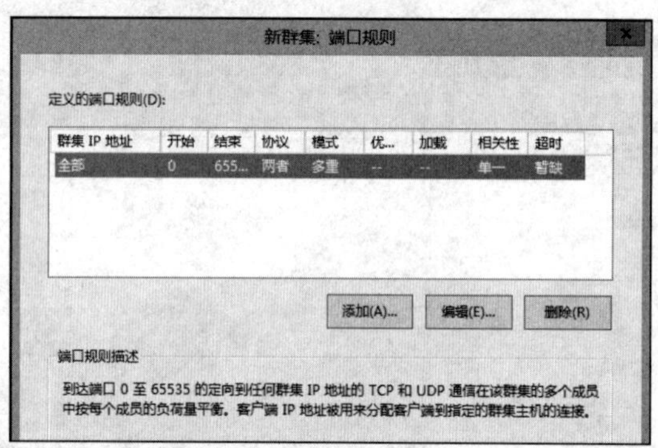

图 6-3-38

STEP 9 设置完成后会进入**聚合**（convergence）程序，稍等一段时间后便会完成此程序，而图6-3-39中**状态**字段也会改为图中的**已聚合**。

网络负载平衡管理器
文件(F) 群集(C) 主机(O) 选项(P) 帮助(H)
网络负载平衡群集
(192.168.8.8)
WEB1(网络1)
在群集 (192.168.8.8) 的主机配置信息
主机(接口)
状态
专用 IP 地址
专用 IP 子网掩码
WEB1(网络1)
已聚合
192.168.8.1
255.255.255.0

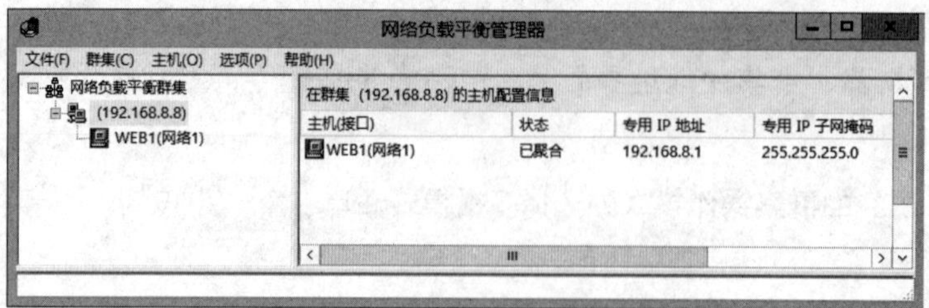

图 6-3-39

STEP 10 接下来将Web2加入到NLB群集：【如图6-3-40所示选中并右击群集IP地址192.168.8.8➲添加主机到群集➲在**主机**处输入Web2后单击 连接 按钮➲从界面下方选择Web2内欲启用NLB的网卡后单击 下一步 按钮（图中我们选择连接在网络1的网卡）】。

> **附注**
>
> 请先将Web2的**Windows防火墙**关闭或例外开放**文件和打印机共享**，否则会被**Windows防火墙**的阻挡而无法解析到Web2的IP地址。若不想更改**Windows防火墙**设置，则直接输入Web2的IP地址。

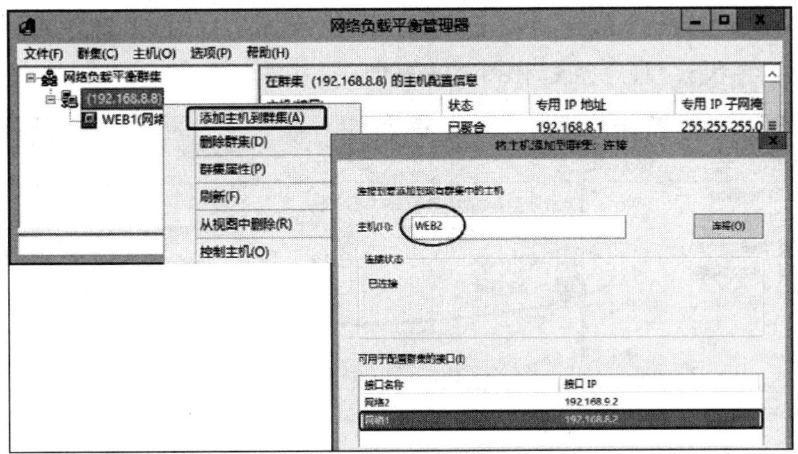

图 6-3-40

STEP 11 在图6-3-41中直接单击 下一步 按钮即可，其**优先级（单一主机标识符）**为2，也就是host ID为2。

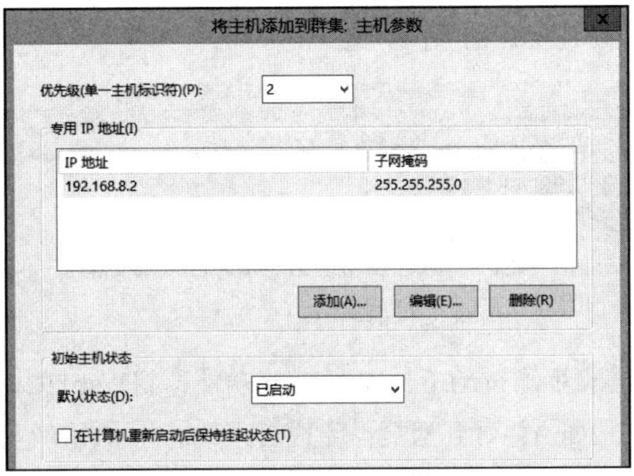

图 6-3-41

STEP 12 在图6-3-42中直接单击 完成 按钮。

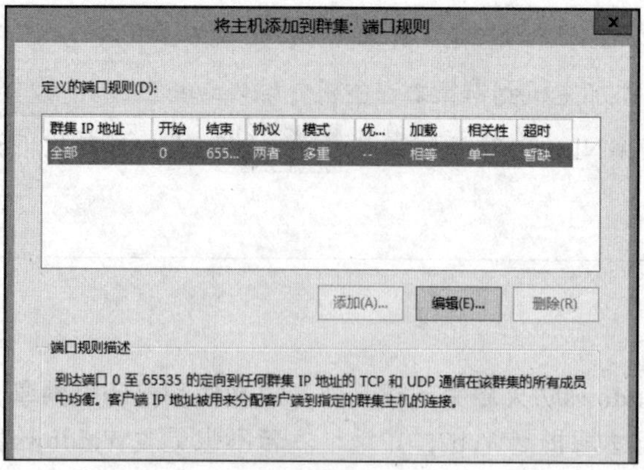

图 6-3-42

STEP 13 设定完成后会进入**聚合**（convergence）程序，稍等一段时间后便会完成此程序，而图6-3-43中**状态**字段也会改为图中的**已聚合**。

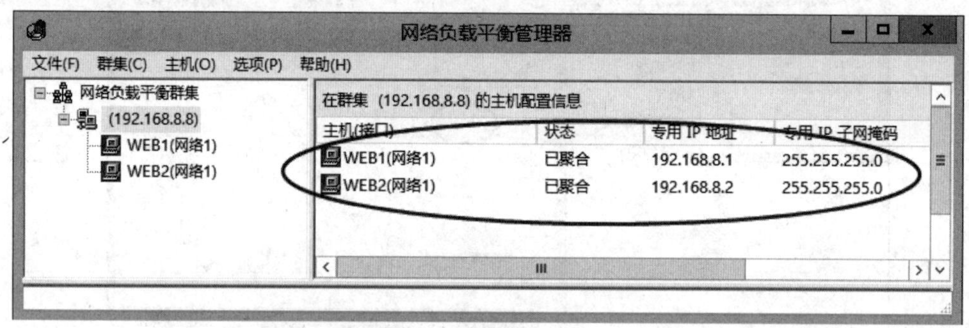

图 6-3-43

完成以上设置后，接下来请到测试计算机Win8PC1上利用浏览器测试是否可以连接到Web Farm网站，这一次我们将如图6-3-44所示通过网址www.sayms.local来连接，此网址在DNS服务器内所记录的IP地址为群集的IP地址192.168.8.8，故此次通过NLB群集来连接Web Farm，图6-3-44所示为成功连接后的界面。

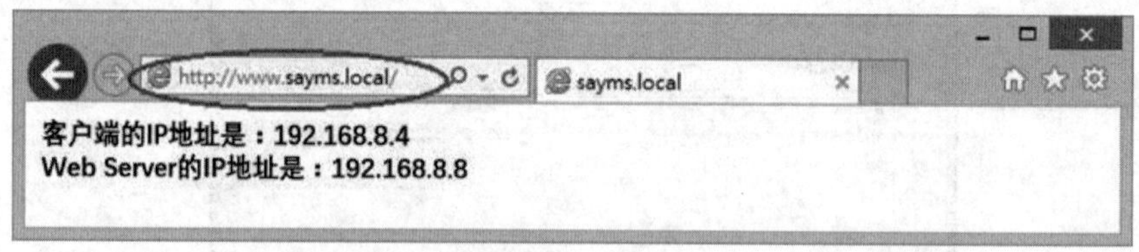

图 6-3-44

可以利用以下方式进一步测试NLB与Web Farm功能：将Web1关机，保持Web2开机，然后测试是否可以连接Web Farm并看到网页；完成后，改为将Web2关机，保持Web1开机，然后测试是否可以连接Web Farm并看到网页。为了避免Internet Explorer缓存干扰验证实验结果，因此每次测试前请先删除缓存或直接按Ctrl + F5键。

6.4　Windows NLB群集的高级管理

如果要更改群集配置，例如添加主机到群集、删除群集，请如图6-4-1所示选中并右击群集，然后通过图中的选项来设置。

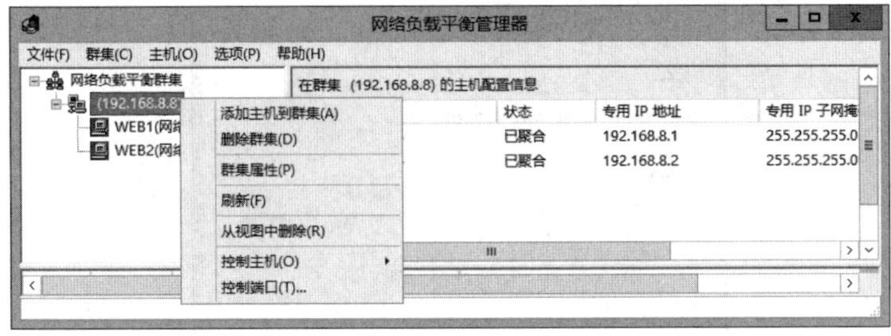

图 6-4-1

也可以针对单一服务器来更改其配置，其设置方法为如图6-4-2所示选中并右击服务器，然后通过图中的选项来设置。图中的**删除主机**会将该服务器从群集中删除，并停用其**网络负载均衡**功能。

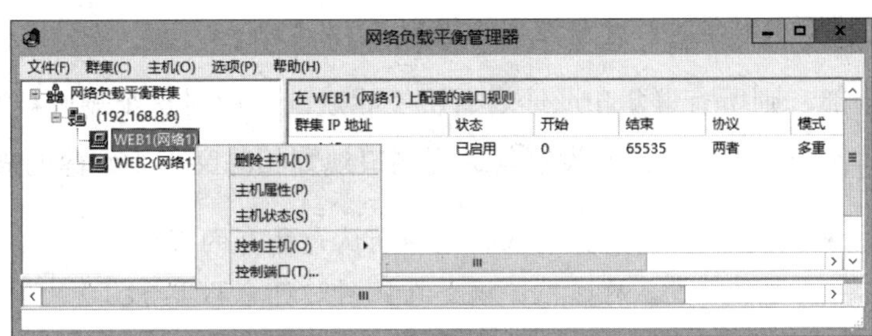

图 6-4-2

如果在图6-4-1中选择**群集属性**，就可以更改群集IP地址、群集参数与端口规则，如图6-4-3所示为端口规则的界面。

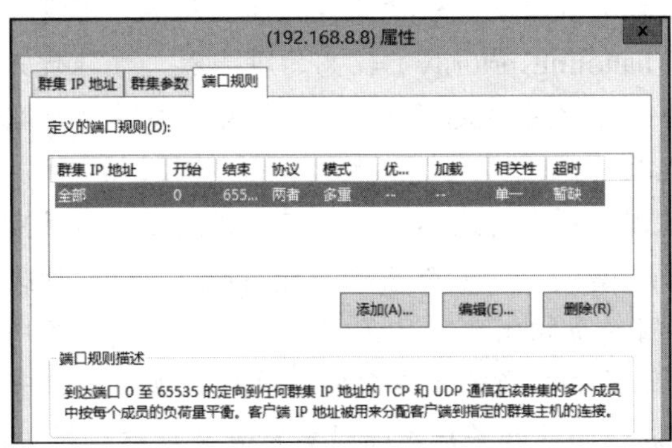

图 6-4-3

此处我们针对端口规则来做进一步的说明。请选择图中唯一的端口规则后单击**编辑**按钮，此时会出现如图6-4-4所示的界面。

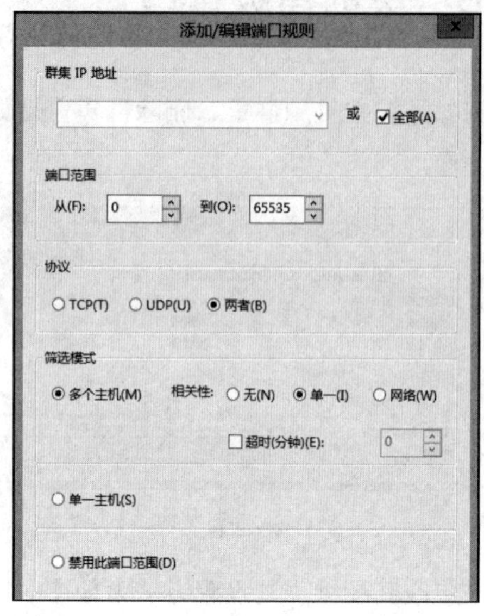

图6-4-4

- **群集IP地址**：通过此处来选择适用此端口规则的群集IP地址，也就是只有通过此IP地址来连接NLB群集时，才会应用此规则。

若此处勾选**全部**，则所有群集IP地址均适用于此规则，此时这个规则被称为**通用端口规则**。若自行添加其他端口规则，而其设置与**通用端口规则**相冲突，则新建的规则优先。

- **端口范围**：此端口规则所涵盖的端口范围默认是所有的端口。
- **协议**：此端口规则所覆盖的通信协议，默认同时包含TCP与UDP。
- 筛选模式。
  - **多个主机与相关性**：群集内所有服务器都会处理进入群集的网络流量，也就是共同来提供网络负载均衡与冗余容错功能，并依照相关性的设置来将请求交给群集内的某台服务器负责。
  - **单一主机**：表示与此规则有关的流量都将交给单一服务器来处理，这台服务器是处理优先级（handling priority）较高的服务器，处理优先级默认是根据host ID来设置的（数字越小优先级越高）。可以更改服务器的处理优先级值（参考图6-4-5中的**处理优先级**）。
  - **禁用此端口范围**：所有与此端口规则有关的流量都将被NLB群集阻挡。

  若图6-4-4中的**筛选模式**为“**多个主机与相关性**”，则针对此规则所覆盖的端口，群集中每一台服务器的负担比率默认是相同的，若要更改单一服务器的负担比率，则【选中并右击该服务器➲**主机属性**➲**端口规则**选项卡➲选中端口规则➲单击**编辑**按钮➲在图6-4-5中取消勾选**相等**后再通过**负荷量**来调整相对比率】。举例来说，若群集中有3台服务器，且其**负荷量**值分别被设置为50、100、150，则其负担比率为1:2:3。

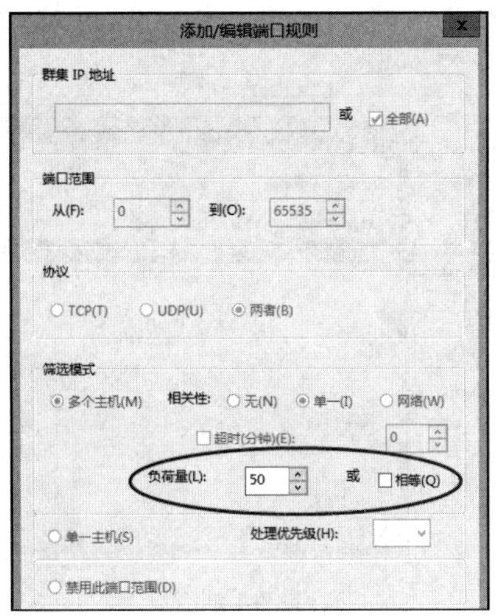

图 6-4-5

可以通过【如图6-4-6所示右击服务器➲**控制主机**】的方法来启动（开始）、停止、排出停止、挂起与继续该台服务器的服务。其中的**停止**会让此服务器停止处理所有的网络流量请求，包含正在处理中的要求；而**排出停止**（drainstop）仅会停止处理新的网络流量请求，但是当前正在处理中的请求并不会被停止。

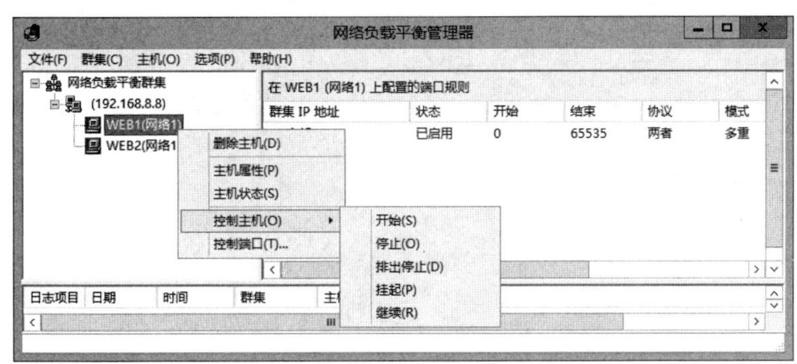

图 6-4-6

可以通过【如图6-4-7所示，选中并右击服务器➲**控制端口**➲选择端口规则】的方法来启用、禁用或排出该端口规则。其中的**禁用**表示此服务器不再处理与此端口规则有关的网络流量，包含正在处理中的请求；而**排出**（drain）仅会停止处理新的网络流量请求，但是当前正在处理中的请求并不会被停止。

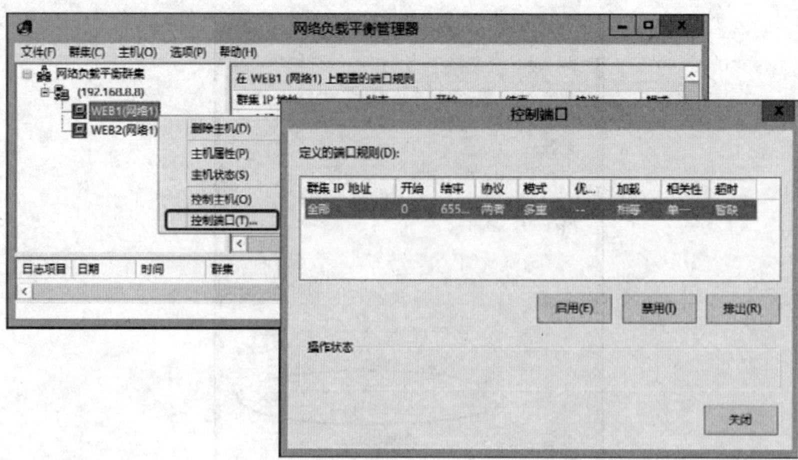

图 6-4-7

也可以利用**NLB.EXE**程序来执行上述的管理工作。

第 7 章　FTP 服务器的搭建

FTP（File Transfer Protocol）是一个用来在两台计算机之间传输文件的通信协议。这两台计算机中，一台是FTP服务器，另一台是FTP客户端。FTP客户端可以从FTP服务器下载文件，也可以将文件上传到FTP服务器。

- 安装FTP服务器
- FTP站点的基本设置
- 物理目录与虚拟目录
- FTP站点的用户隔离设置
- 具备安全连接功能的FTP over SSL
- 防火墙的FTP设置
- 虚拟主机名

7.1 安装FTP服务器

Windows Server 2012 R2内建的FTP服务器支持以下高级功能。

- 与IIS充分集成，因此可以通过IIS的管理接口来管理FTP服务器。而且可以将FTP服务器集成到现有站点内，也就是一个站点内同时包含着网站与FTP服务器。
- 支持最新的Internet标准，例如支持FTP over SSL（FTPS）、IPv6与UTF8。
- 支持虚拟主机名（virtual host name）。
- 功能更强的用户隔离功能。
- 功能更强的日志功能，让你更容易掌控FTP服务器的运行情况。

7.1.1 测试环境的建立

我们将通过图7-1-1来解说与练习本章内容。图中采用虚拟的最高层域名**.local**，请先自行搭建好图中的3台计算机，然后依照以下说明来设置。

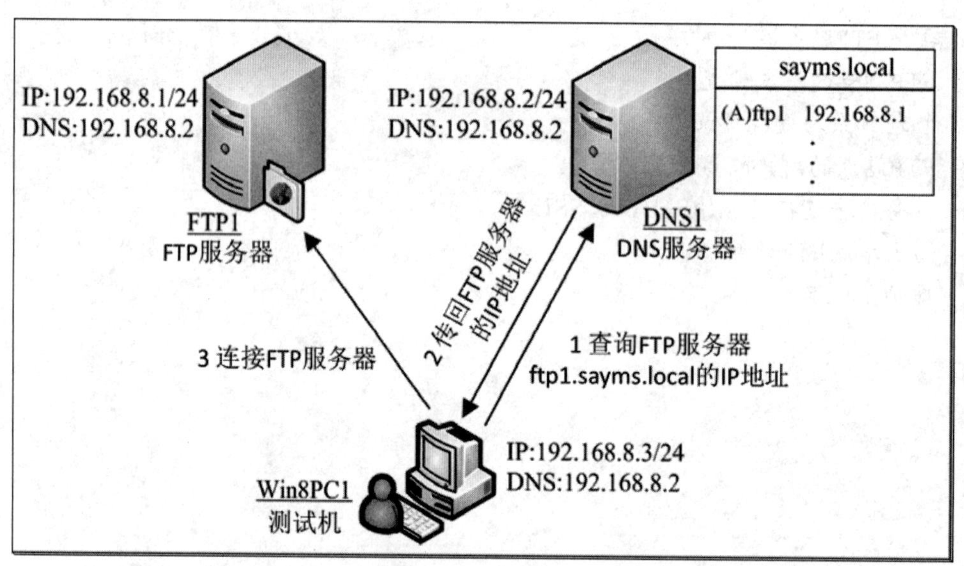

图 7-1-1

> **附注**
>
> 若要简化测试环境，则可以将FTP与DNS服务器都安装到同一台计算机。若要再简化，则可以撤销DNS服务器，然后直接将FTP服务器的网址与IP地址输入到测试计算机Win8PC1的Hosts文件内。

- **FTP服务器FTP1的设置**：它是Windows Server 2012 R2，请依照图7-1-1来设置其IP地址与首选DNS服务器的IP地址（图中采用TCP/IPv4）。
- **DNS服务器DNS1的设置**：它是Windows Server 2012 R2，请依照图7-1-1来设置其IP地址、首选DNS服务器的IP地址，然后通过【打开**服务器管理器**➲单击**仪表板**处的**添加角色和功能**】的方法安装好DNS服务器，并在其中建立一个名称为sayms.local的正向查找区域，然后在此区域内建立FTP服务器的主机记录，如图7-1-2中的ftp1.sayms.local的IP地址为192.168.8.1。

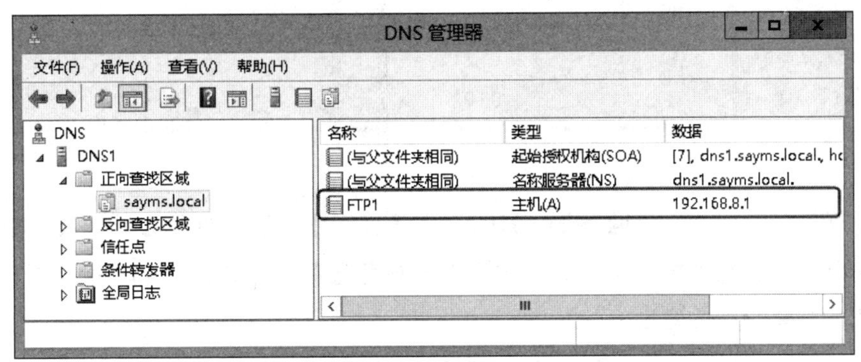

图 7-1-2

- **测试计算机Win8PC1的设置**：请依照图7-1-1来设定其IP地址、首选DNS服务器的IP地址。图中为了让此计算机能够解析到FTP服务器ftp1.sayms.local的IP地址，因此其首选DNS服务器被指定为DNS服务器192.168.8.2。

  请在此计算机上【单击⊞+X键➲命令提示符➲如图7-1-3所示利用ping命令来测试是否可以解析到ftp1.sayms.local的IP地址】，图中为成功解析到IP地址的界面。

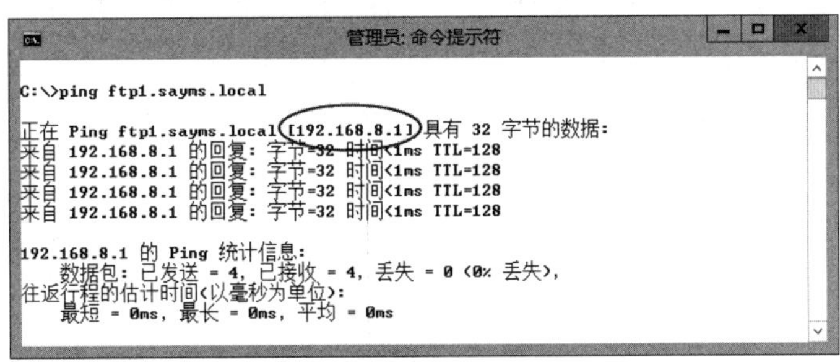

图 7-1-3

7.1.2 安装FTP服务与建立FTP站点

若此计算机尚未安装**Web服务器（IIS）**，则【打开**服务器管理器**➲单击**仪表板**处的**添加角色和功能**➲持续单击下一步按钮，直到出现**选择服务器角色**界面时勾选**网页服务器（IIS）**➲单击添加功能按钮➲持续单击下一步按钮，直到出现如图7-1-4所示**选择角色服务**界面时勾选**FTP服务器**➲……】。

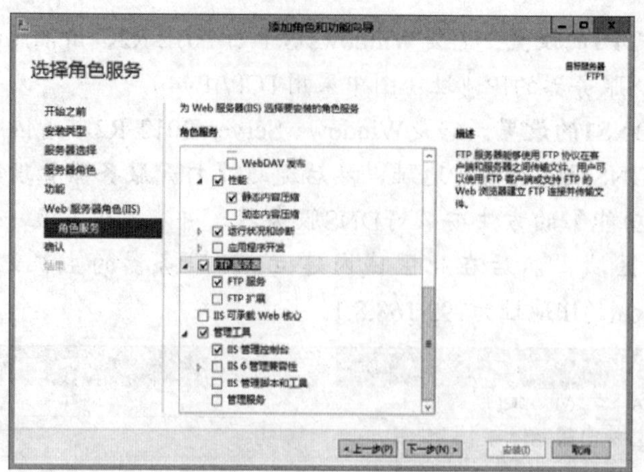

图 7-1-4

若此计算机已经安装**Web服务器（IIS）**，则【打开**服务器管理器**➲单击**仪表板**处的**添加角色和功能**➲持续单击下一步按钮直到出现**选择角色服务**界面➲如图7-1-5所示展开**Web服务器（IIS）**➲勾选**FTP服务器**➲……】。

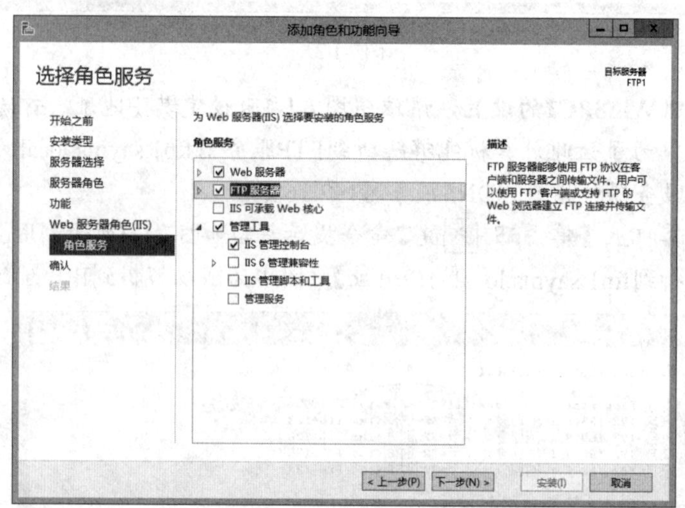

图 7-1-5

1. 建立新的 FTP 站点

我们即将建立第1个FTP站点，而这个站点需要一个用来存储文件的文件夹，也就是需要一个**主目录**（home directory），此处我们利用内建的C:\intepub\ftproot文件夹来作为此站点的主目录，请随意拷贝几个文件到此文件夹内，以供测试时使用，如图7-1-6所示。

此文件夹默认赋予Users组**读取和执行**的权限。

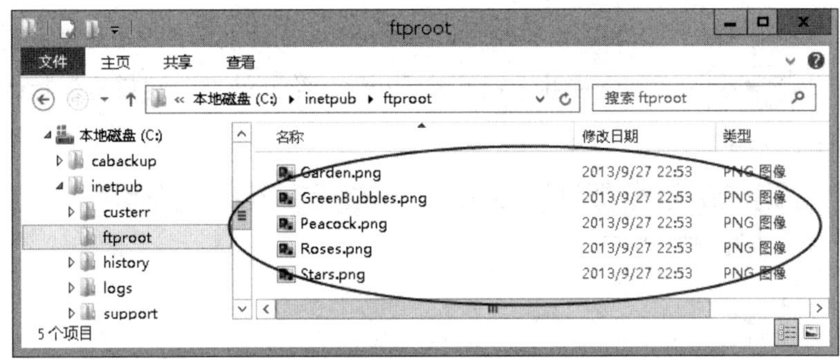

图 7-1-6

建立FTP站点的步骤如下。

STEP 1　单击⊞键切换到**开始**菜单➲**管理工具**➲Internet信息服务（IIS）管理器。

STEP 2　如图7-1-7所示单击**站点**右侧的**添加FTP站点**。

图 7-1-7

STEP 3　在图7-1-8中为此站点取一个好记的名称，输入或浏览到代表主目录的文件夹（C:\inteput\ftproot）后单击**下一步**按钮。

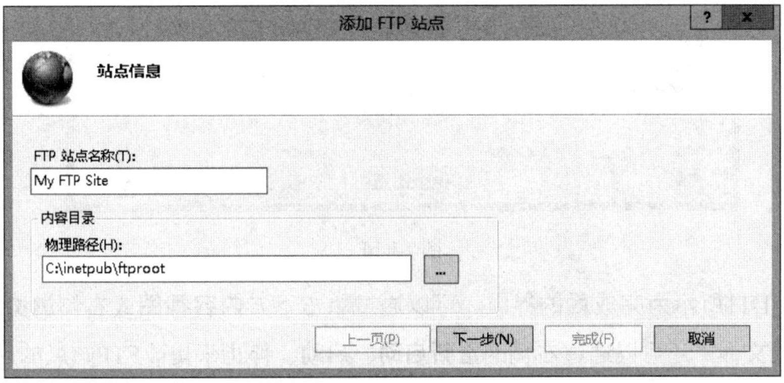

图 7-1-8

STEP 4 在图7-1-9中将最下方SSL选项改为选择**无SSL**（因为此时FTP站点尚未拥有SSL证书）后单击下一步按钮。图中并未指派特定IP地址给此站点，端口号为默认的21，让FTP站点自动启动。

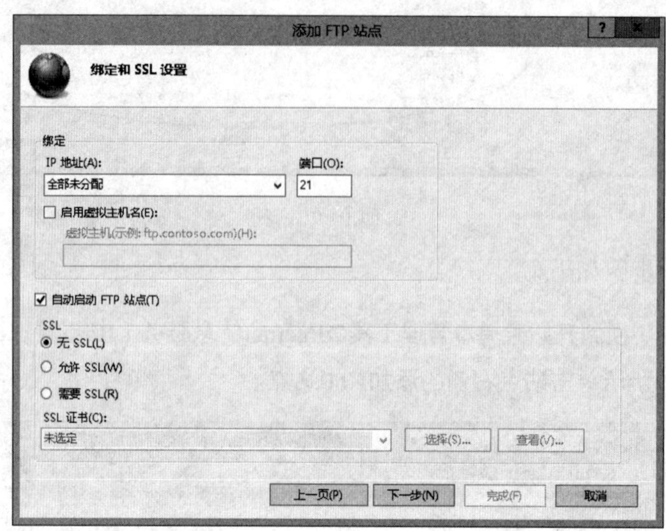

图 7-1-9

STEP 5 在图7-1-10中同时选择**匿名**与**基本**身份验证方式，开放**所有用户**拥有**读取**权限后单击完成按钮。

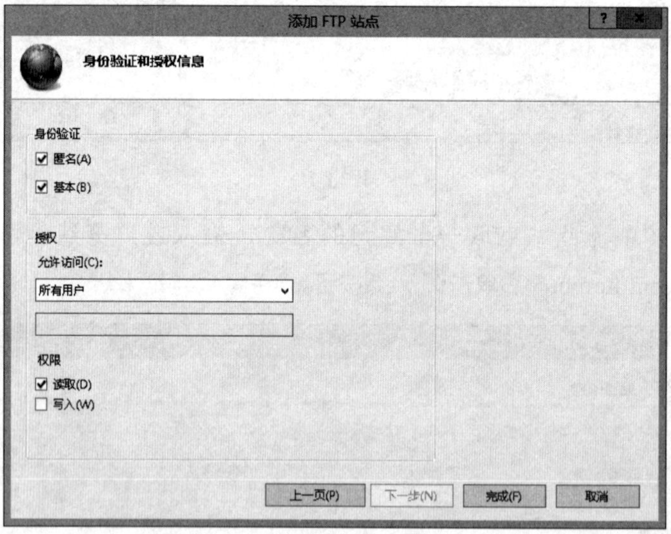

图 7-1-10

STEP 6 图7-1-11所示为完成后的界面。可以通过单击下方**内容视图**或右侧**浏览**来查看主目录内的文件；还可以通过右侧的**重新启动**、**启动**、**停止**来更改FTP站点的启动状态。

图 7-1-11

2. 建立集成到网站的 FTP 站点

也可以建立一个集成到网站的FTP站点，这个FTP站点的主目录就是网站的主目录，此时可以通过同一个站点来同时管理网站与FTP站点。例如若要建立一个被集成到网站Default Web Site的FTP站点，其方法为单击图7-1-12 **Internet信息服务（IIS）管理器**对话框中**Default Web Site**右侧的**添加 FTP发布**，接下来大致上都跟之前建立My FTP Site站点的步骤相同，不过并不需要指定FTP站点的主目录，因为它与**Default Web Site**相同（一般是C:\inetpub\wwwroot），还有因为之前我们已经建立了My FTP Site站点（端口号为21），因此图7-1-12中的IP地址、端口号（Port）与虚拟主机名（Virtual Host Name）等3个设定值至少要有一个与My FTP Site不同，否则此新FTP站点无法被启动，故在图7-1-12中我们将其端口号由默认的21改为21222。

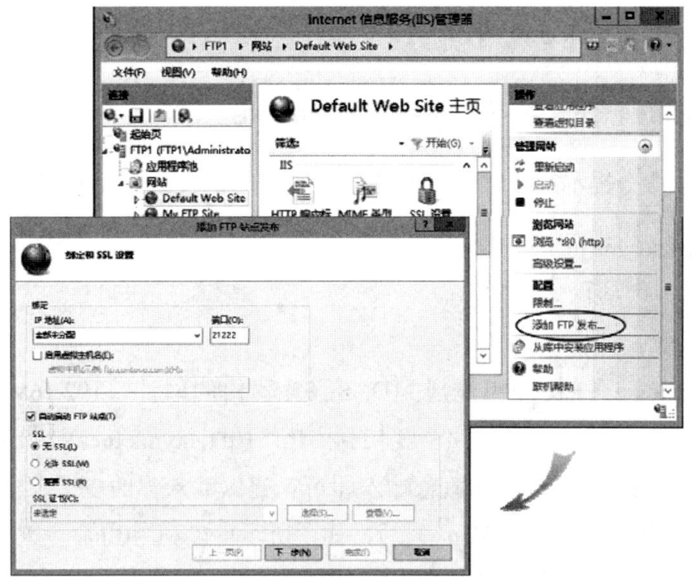

图 7-1-12

图7-1-13背景图为集成完成后的界面，由图中可看出我们可以通过**Default Web Site**来同时管理FTP站点与IIS网站。在单击右侧的**绑定**后，可从前景图看到它同时绑定到端口80（网站）与21222（FTP服务器）。

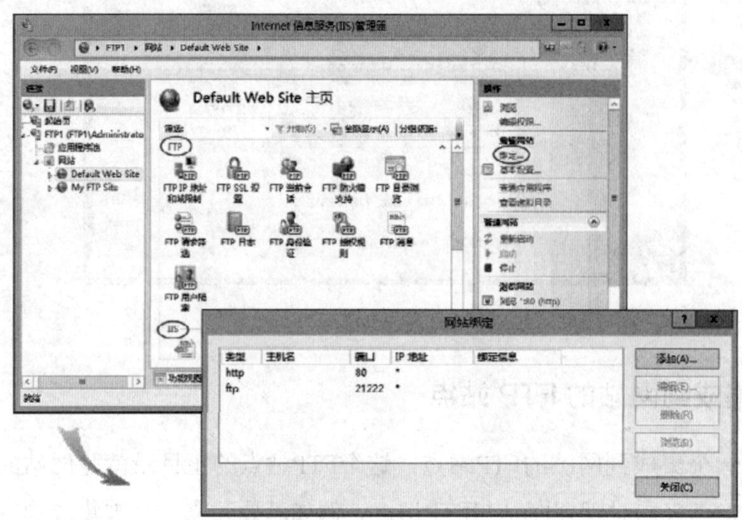

图 7-1-13

7.1.3 测试FTP站点是否搭建成功

FTP服务器安装完成后，系统会自动在**Windows防火墙**内开放FTP的流量（如果无法连接此FTP服务器，就暂时将**Windows防火墙**关闭。我们即将到测试计算机Win8PC1上来连接FTP站点My FTP Site，可以利用以下所介绍的三种工具来连接FTP站点（也可以利用FileZilla、CuteFTP或SmartFTP等软件来连接FTP站点）。

1. 利用内建的 FTP 客户端连接程序 ftp.exe

单击⊞+X键➲命令提示符，然后通过以下三种方式中的一个来连接FTP站点。

- 执行ftp ftp1.sayms.local。
- 执行ftp 192.168.8.1。
- 执行ftp ftp1。

其中ftp1.sayms.local是FTP站点注册到DNS服务器内的网址，192.168.8.1是其IP地址，ftp1是其NetBIOS计算机名称。图7-1-14中我们利用**ftp ftp1.sayms.local**连接FTP站点，在用户处输入匿名账户**anonymous**，密码处随意输入即可（建议输入你的电子邮件账号）或直接按Enter键。进入ftp提示字符的环境（**ftp>**）后，如图所示可以利用**dir**命令来查看FTP主目录内的文件，这些文件是我们之前随意从其他地方复制过来的。

也可以利用FTP服务器的本地用户账户或Active Directory用户账户（若FTP服务器加入Active Directory域）来连接FTP站点。

在ftp提示字符下可以利用？命令来查看可供使用的命令。若要中断与FTP站点的连接，则利用**bye**或**quit**命令。

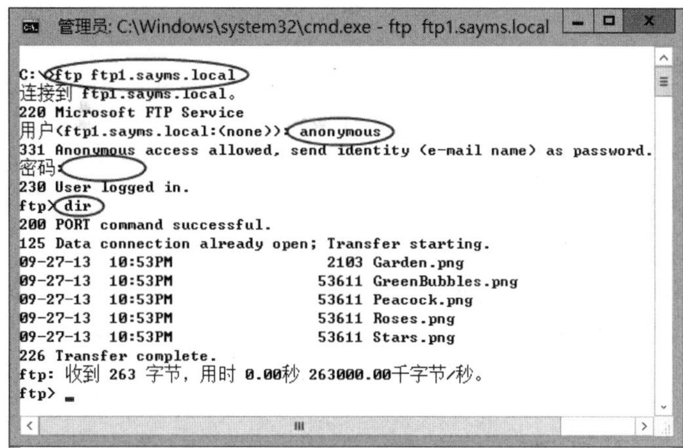

图 7-1-14

2. 利用文件资源管理器

可以通过**文件资源管理器**来连接FTP站点，连接时可以利用网址、IP地址或计算机名称，例如【单击⊞+X键➲**文件资源管理器**➲在图7-1-15中输入**ftp://ftp1.sayms.local**】，它会自动利用匿名来连接FTP站点。从图中可看到位于FTP站点主目录内的文件。

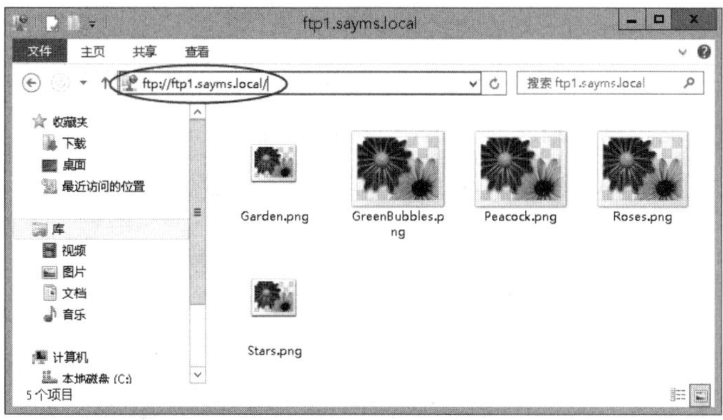

图 7-1-15

3. 利用浏览器 Internet Explorer

也可以通过Internet Explorer来连接FTP站点，连接时可以利用网址、IP地址或计算机名称，例如图7-1-16中利用网址**ftp://ftp1.sayms.local/**来连接FTP站点，而且它自动匿名连接FTP站点。

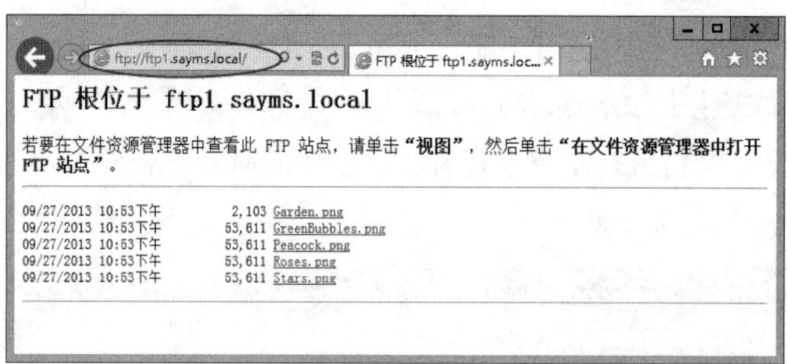

图 7-1-16

也可以在图7-1-16中通过【单击Alt键➲**查看**菜单➲在文件资源管理器中打开FTP站点】改用**文件资源管理器**来查看FTP站点内的文件。

7.2 FTP站点的基本设置

本节将介绍以下主题：主目录与目录列表形式、站点绑定、站点信息、验证配置、授权设置、查看目前连接的用户、通过IP地址与域名来限制连接等。

7.2.1 文件存储位置

用户利用**ftp://ftp1.sayms.local/**来连接FTP站点时，将被重定向到FTP站点的**主目录**，也就是其所看到的是在主目录内的文件。若要查看主目录，则【如图7-2-1所示单击**My FTP Site**右侧的**基本设置**➲通过**编辑网站**对话框中的**物理路径**】。

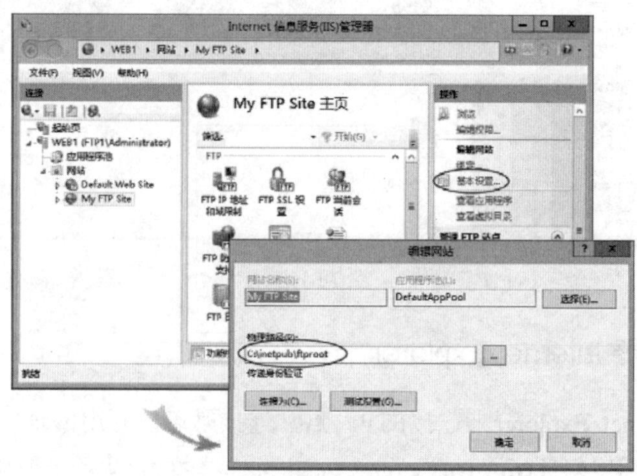

图 7-2-1

可以将主目录的物理路径更改为本地计算机的其他文件夹。也可以将它设置到网络上其他计算机的共享文件夹内，不过FTP站点必须提供有权限访问此共享文件夹的用户名与密码：【如图7-2-2所示在**物理路径**处输入网络共享文件夹➲单击连接为按钮➲单击设置按钮➲输入网络计算机内的用户名称与密码】，完成后建议通过**编辑网站**对话框中的测试设置按钮来测试是否可以正常连接此共享文件夹。

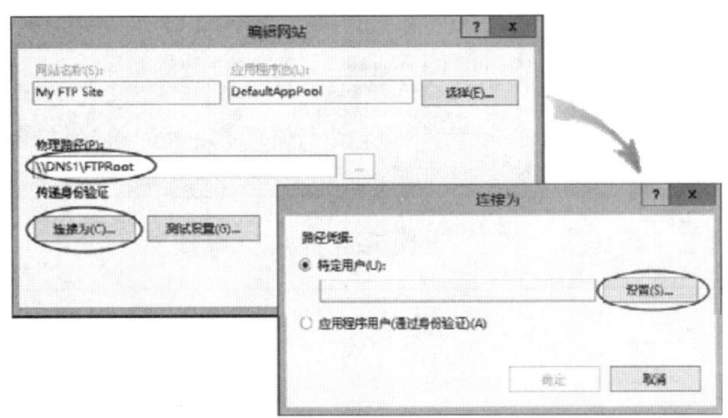

图 7-2-2

也可以通过【单击My FTP Site右侧的**高级设置**➲**物理路径**】来设置主目录。

7.2.2 FTP站点的绑定设置

一台计算机内可以建立多个FTP站点，不过为了区分出这些站点，需给予每一个站点唯一的识别信息，用来标识站点的识别信息有**虚拟主机名**、**IP地址**与**TCP端口号**，这台计算机内所有FTP站点的这3个识别信息不能完全相同。若要更改这3个设置值，则【如图7-2-3所示单击FTP站点右侧的**绑定**➲单击编辑按钮➲通过**编辑网站绑定**对话框来设置】，FTP站点默认的端口号为21。

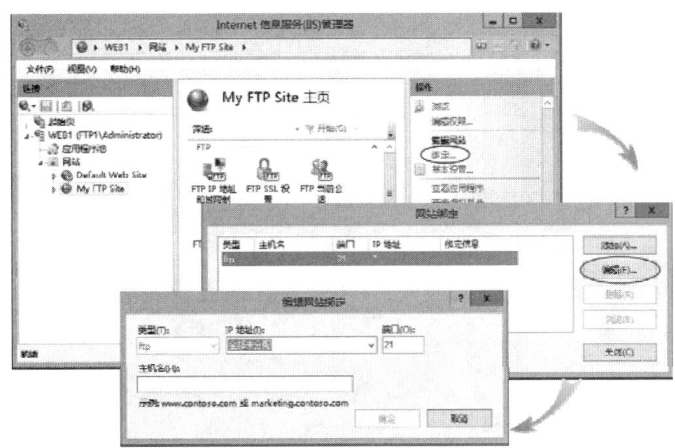

图 7-2-3

可以更改默认端口号，但用户连接此站点时必须自行输入端口号，例如若将端口号改为2121，则用户可以如图7-2-4所示先执行ftp.exe程序，然后在**ftp>**提示符下执行**open ftp1.sayms.local 2121**命令。

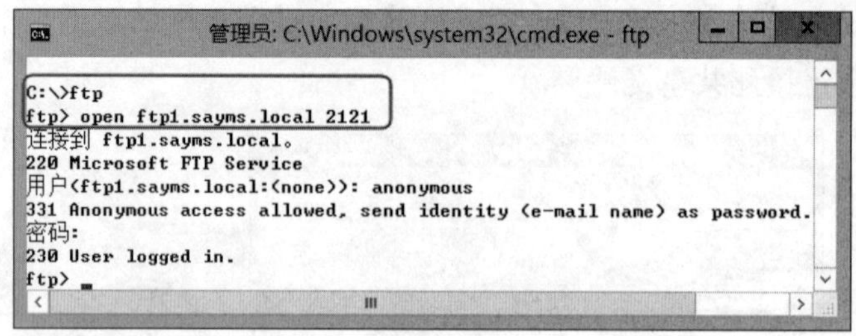

图 7-2-4

可能需暂时将**Windows防火墙**关闭。

若是利用Internet Explorer（或文件资源管理器）来连接FTP站点，则请如图7-2-5所示输入**ftp://ftp1.sayms.local:2121/**。完成练习后，请将端口号恢复为21。

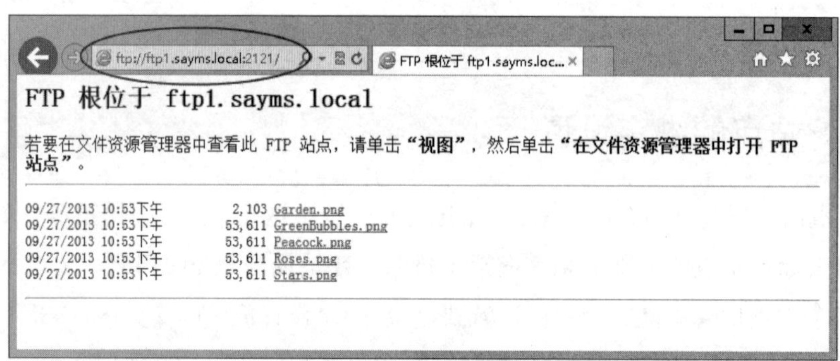

图 7-2-5

若要连接之前我们所建立的另外一个FTP站点（与Default Web Site集成的站点端口号为21222），则连接方法也是一样，但是需将端口号改为21222。

7.2.3 FTP站点的消息设置

以**My FTP Site**为例，我们可以通过图7-2-6来为此站点设置显示消息，用户连接此FTP站点时就会看到这些消息。

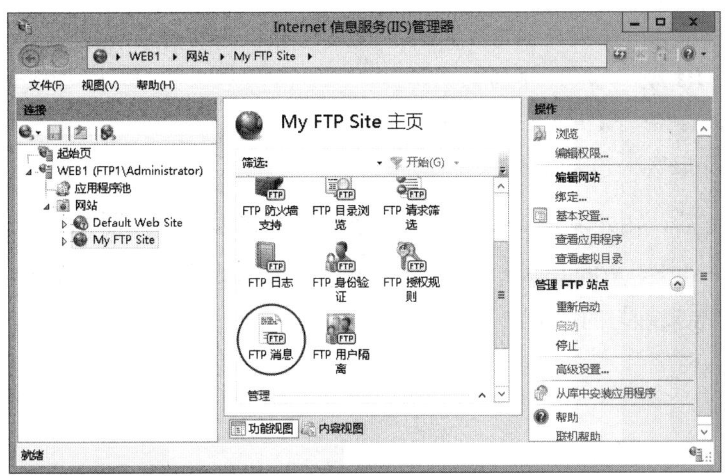

图 7-2-6

在单击图7-2-6中的**FTP消息**后，便可以通过图7-2-7来设置消息正文，完成后单击右侧的**应用**。

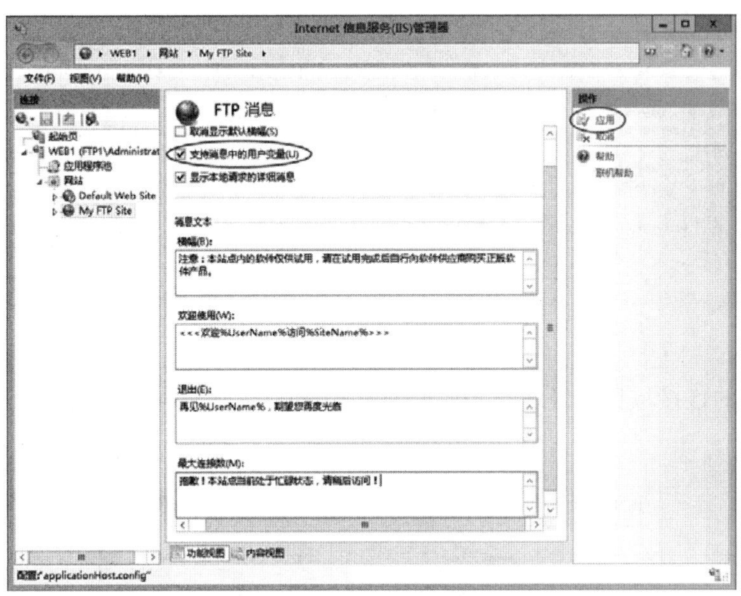

图 7-2-7

- **横幅**：用户连接FTP站点时会先看到此处的文字。
- **欢迎使用**：用户登录到FTP站点后会看到此处的欢迎词。
- **退出**：用户注销时会看到此处的欢送词。
- **最大连接数**：若FTP站点有连接数量限制，而且当前连接的数量已经达到限制值，则用户来连接FTP站点时将看到此处所设置的消息。

图中勾选了**支持消息中的用户变量**，让我们可以在消息中使用以下的变量。

- **%BytesReceived%**：此次连接中，从服务器发送给客户端的字节数。

- **%BytesSent%**：此次连接中，从客户端发送给服务器的字节数。
- **%SessionID%**：此次连接的标识符。
- **%SiteName%**：FTP站点的名称。
- **%UserName%**：用户名称。

完成以上设置后，用户利用ftp.exe程序来连接时，将看到类似图7-2-8所示的界面（由于写作本书时Windows 8、Windows 8.1客户端的ftp.exe无法正常显示中文字符，因此图中是利用Windows 7客户端来练习的）。

> **附注**
>
> 利用Internet Explorer来连接此FTP站点并不会看到以上消息；如果利用Filezilla、CuteFTP或SmartFTP等软件来连接此FTP站点，就可以看到这些消息。

```
管理员: C:\Windows\system32\cmd.exe

C:\>ftp ftp1.sayms.local
连接到 ftp1.sayms.local。
220-Microsoft FTP Service
220 注意：本站点内的软件仅供试用，请在试用完成后自行向软件供应商购买正版软件产品
。
用户(ftp1.sayms.local:(none)): anonymous
331 Anonymous access allowed, send identity (e-mail name) as password.
密码:
230-<<<欢迎anonymous访问My FTP Site>>>
230 User logged in.
ftp> bye
221 再见anonymous，期望您再度光临

C:\>
```

图 7-2-8

若FTP站点的连接数目已经达到最大数目，则此时用户来连接此FTP站点时将看到如图7-2-9所示的界面。

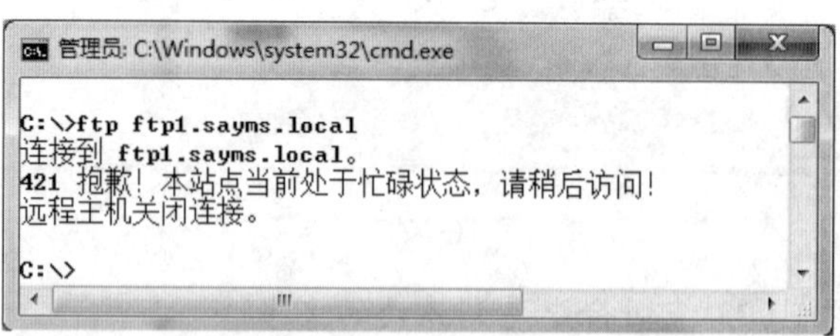

图 7-2-9

> **附注**
>
> 如果利用Internet Explorer来连接此FTP站点，就不会看到以上消息，而是会出现要求输入用户名与密码的界面。

如果要看到图7-2-9所示的界面，先将连接到FTP站点的最大连接数量限制为1，然后打开两个**命令提示符**窗口来连接FTP站点，就可以看到此界面。限制连接数量的设置方法为：【单击**My FTP Site**右侧的**高级设置**➲展开**连接**➲将**最大连接数**设置为1】。练习完后，将此数值改回原设置值或适当值。

在图7-2-7中间区域上方还有以下2个选项。

- **取消显示默认横幅**：也就是不显示图7-2-10中的**Microsoft FTP Service**文字。

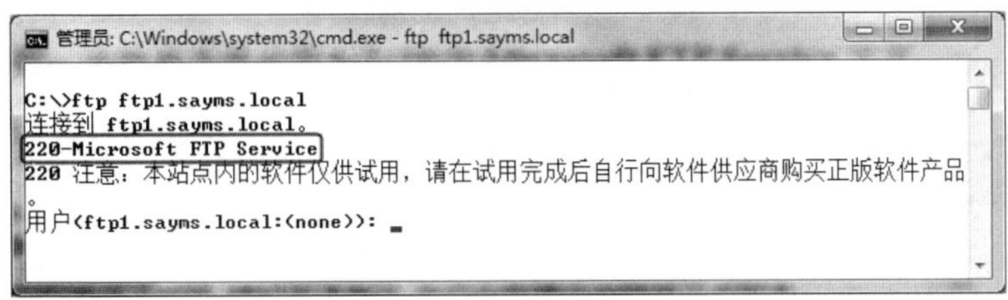

图 7-2-10

- **显示本地请求的详细消息**：设置从本地计算机（FTP站点自己这台计算机）来连接FTP站点有误时是否要显示详细的错误信息。举例来说，假设FTP站点的主目录因故无法访问，从本机连接FTP站点时，就会有如图7-2-11所示的详细信息。如果从其他计算机来连接FTP站点，就不会看到这些信息。

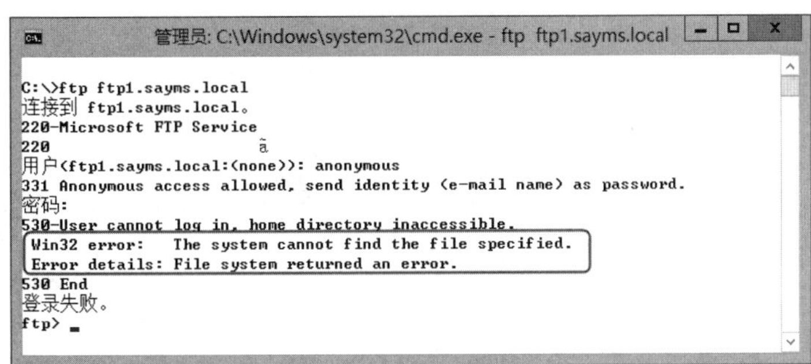

图 7-2-11

7.2.4 验证用户名与权限设置

可以如图7-2-12所示单击**My FTP Site**中间的**FTP验证**，以便来设定如何验证用户的身份，图中选择的是**匿名身份验证**与**基本身份验证**，它们是在新建此FTP站点时就已经使用的方法（参见图7-1-10），且它们的说明都与网站相同，因此请参考第4章的说明，此处不再重复。

之前建立FTP站点时已经设置了所有用户对FTP站点的访问权限为**读取**（参见图7-1-10），若要更改此权限，则【如图7-2-13所示，单击**My FTP Site**中间的**FTP授权规则**➲选择中间的授权规则➲单击右侧的**编辑**】。

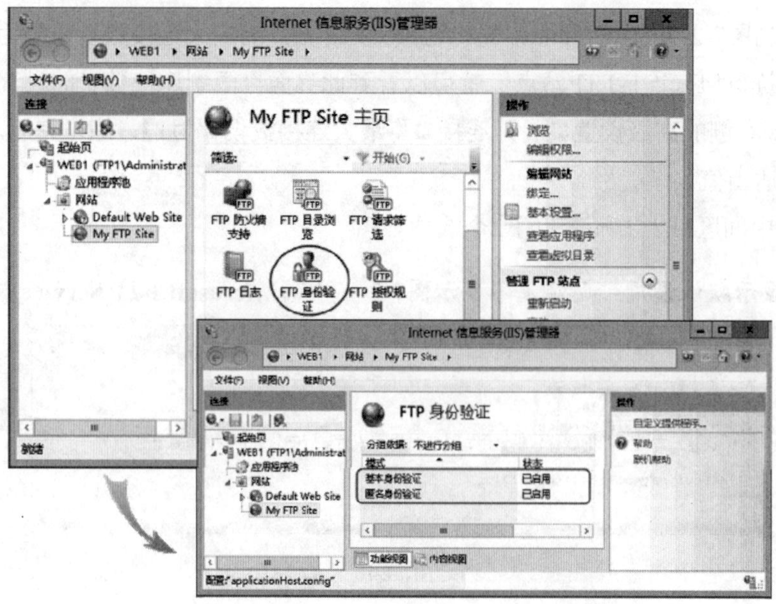

图 7-2-12

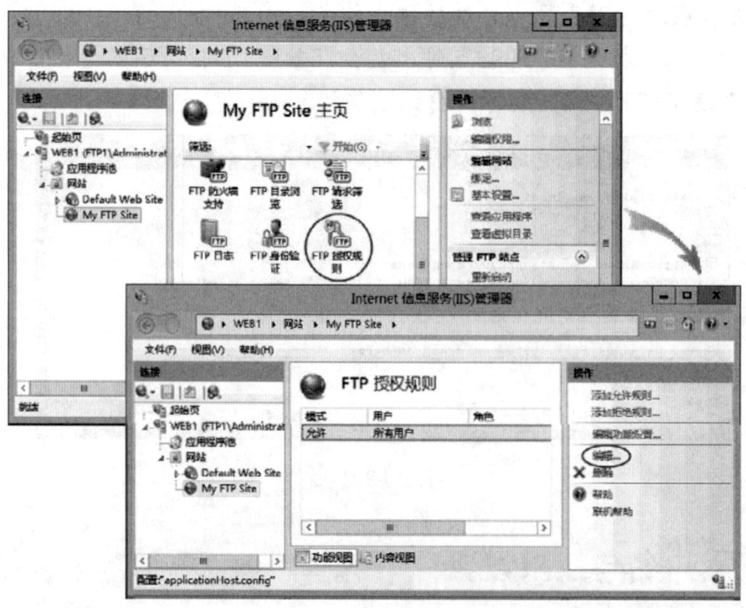

图 7-2-13

7.2.5 查看当前连接的用户

可以如图7-2-14所示单击**My FTP Site**中间的**FTP当前会话**➲通过前景图来查看当前连接到 FTP站点的用户。若要将某个连接强制中断，则只要选中该连接后，再单击右侧的**断开会话**即可。

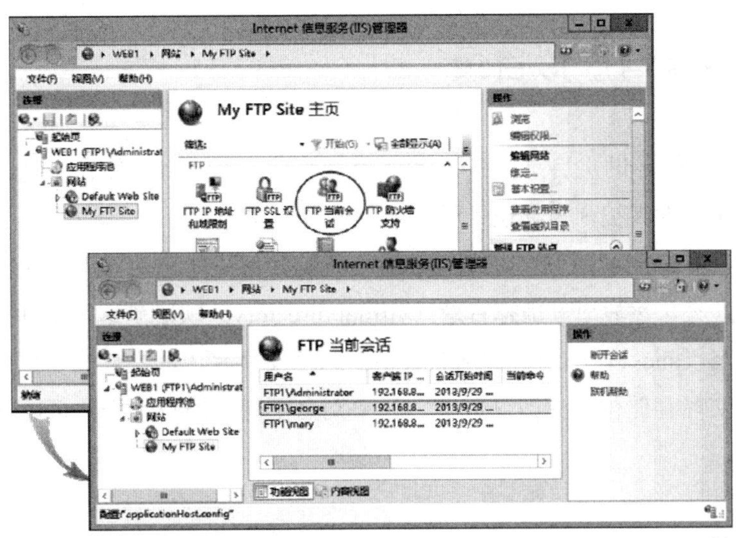

图 7-2-14

附注

一个已没有任何操作的连接默认会在120秒后被自动中断，若要更改此默认值，则【单击**My FTP Site**右侧的**高级设置**➲展开**连接**➲**连接超时**】。

7.2.6 通过IP地址来限制连接

可以让FTP站点允许或拒绝某台特定计算机、某一组计算机来连接FTP站点，其设置方法为:【如图7-2-15所示单击**My FTP Site**中间的**FTP IP地址和域限制**➲通过前景图来设置】，其设置原理与网站类似（见第4章的说明）。

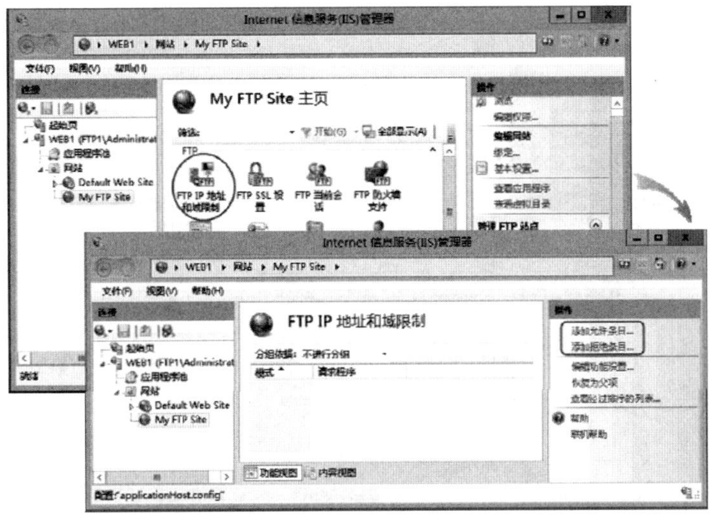

图 7-2-15

7.3 物理目录与虚拟目录

可能需要在FTP站点的主目录下建立多个子文件夹，然后将文件存储到主目录与这些子文件夹内，这些子文件夹被称为**物理目录**。

也可以将文件存储到其他位置，例如本地计算机其他磁盘驱动器内的文件夹，或是其他计算机的共享文件夹，然后通过**虚拟目录**（virtual directory）映射到这个文件夹。每一个虚拟目录都有一个**别名**（alias），用户通过别名来访问这个文件夹内的文件。虚拟目录的好处是：不论你将文件的实际存储位置更改到何处，只要别名不变，用户都仍然可以通过相同的别名来访问到文件。

7.3.1 物理目录实例演练

假设如图7-3-1所示在主目录下（C:\inetpub\ftproot）建立一个名称为**Tools**的子文件夹，然后拷贝一些文件到此文件夹内以便测试，之后我们便可以如图7-3-2所示单击**My FTP Site**➲单击**Tools**➲单击**内容视图**来看到这些文件。

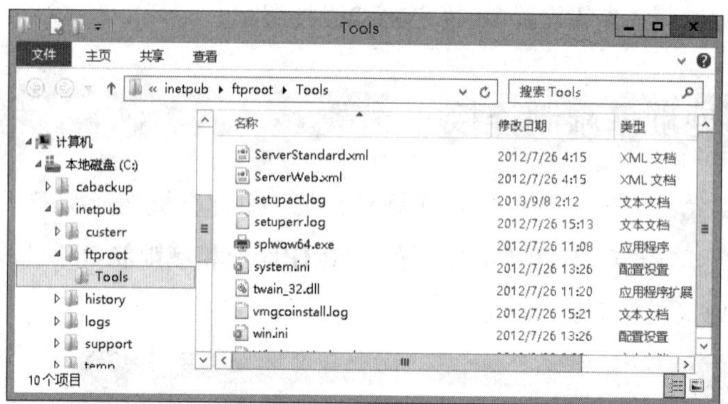

图 7-3-1

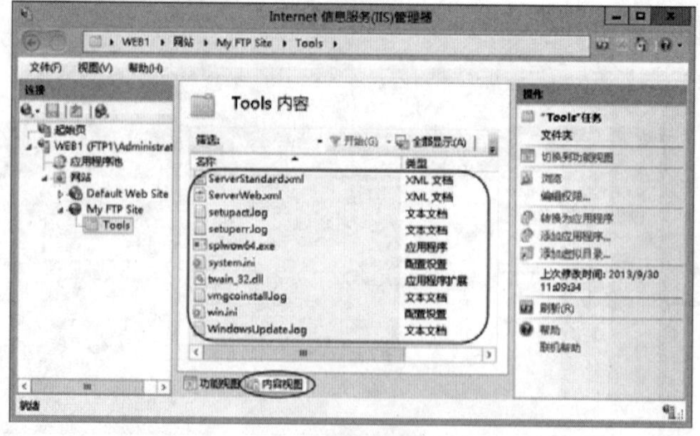

图 7-3-2

用户利用Internet Explorer连接到FTP站点后将看到如图7-3-3所示的界面。

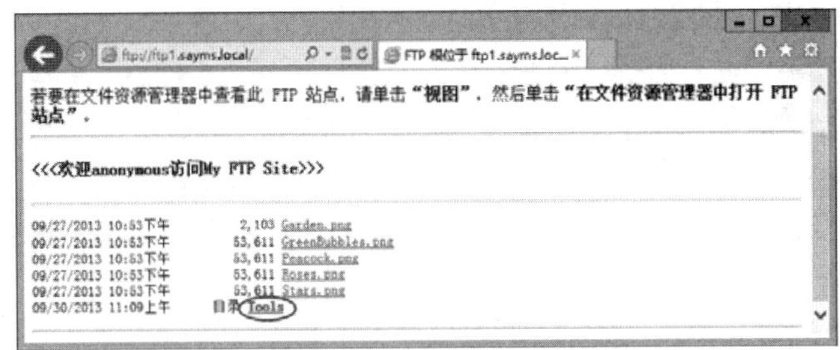

图 7-3-3

7.3.2　虚拟目录实例演练

我们将如图7-3-4所示在FTP站点的C:\建立一个名称为**Books**的文件夹，然后复制一些文件到此文件夹内以便测试，此文件夹将被设置为FTP站点的虚拟目录。

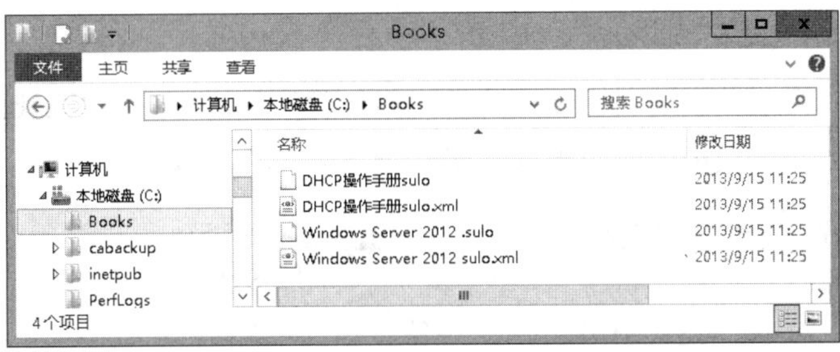

图 7-3-4

接下来通过以下步骤来建立虚拟目录：【如图7-3-5所示选中并右击**My FTP Site**➲**添加虚拟目录**➲在**添加虚拟目录**对话框中输入别名（例如**Books**）➲输入或浏览到物理路径C:**Books**➲单击确定按钮】。

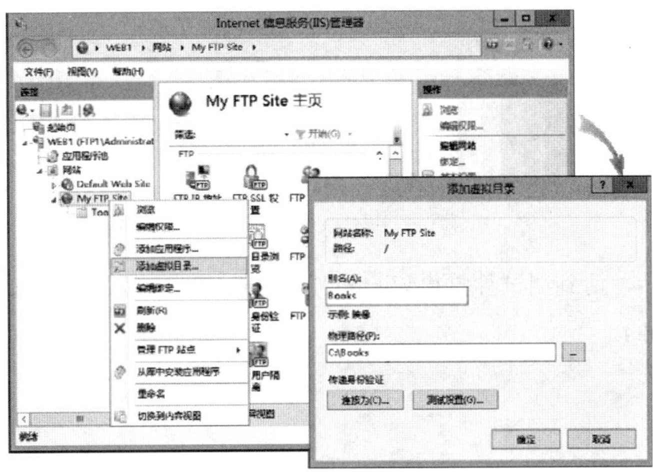

图 7-3-5

我们可以从图7-3-6的界面中看到**My FTP Site**下多了一个虚拟目录**Books**，在单击下方的**内容视图**后，便可以在图中间看到其中的文件。

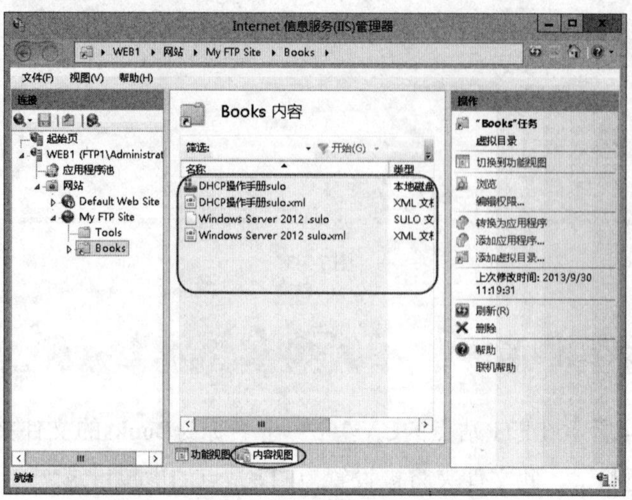

图 7-3-6

若要让客户端看得到此虚拟目录，则【单击**My FTP Site**下方的**功能视图**➲如图7-3-7所示单击**FTP 目录浏览**➲在前景图中勾选**虚拟目录**后单击应用按钮】。

图 7-3-7

完成以上设置后，请到测试计算机Win8PC1上连接FTP站点，此时应该可以如图7-3-8所示看到虚拟目录**Books**。

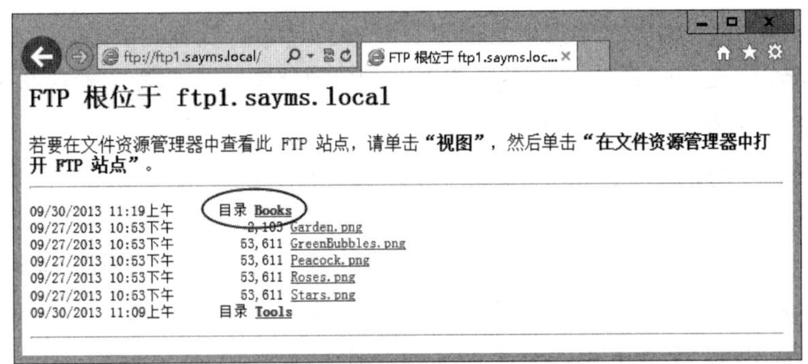

图 7-3-8

可以通过单击图7-3-9中虚拟目录**Books**右侧的**基本设置**来更改虚拟目录的物理路径，这些相关说明都与网站相同，请自行参考第4章的说明。

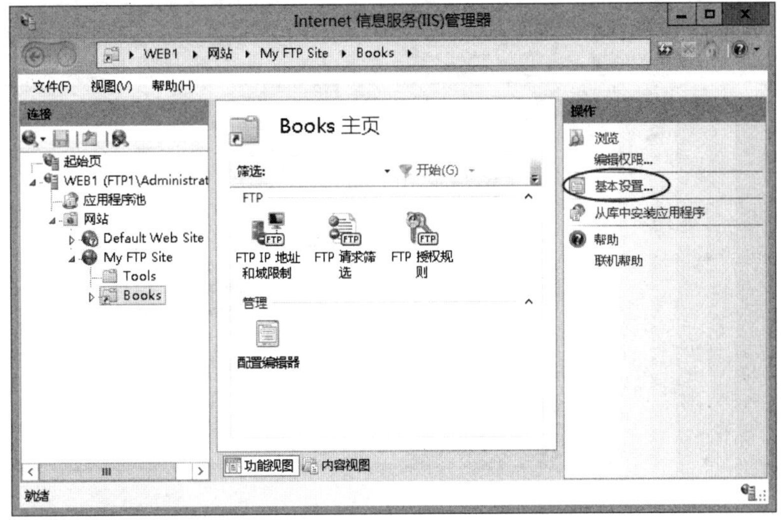

图 7-3-9

7.4 FTP站点的用户隔离设定

当用户连接FTP站点时，不论他们是利用匿名账户，还是利用一般账户来登录，默认都将被重定向到FTP站点的主目录。不过可以利用**FTP用户隔离**功能，来让用户拥有其专属主目录，此时用户登录FTP站点后，会被重定向到其专属主目录，而且可以被限制在其专属主目录内，也就是无法切换到其他用户主目录，因此无法查看或修改其他用户主目录内的文件。

FTP用户隔离的设定方法为：【如图7-4-1所示单击**My FTP Site**中间的**FTP 用户隔离**➲通过前景图来设定】。

- 不要隔离用户。在以下目录中启动用户会话，它不会隔离用户。
  - **FTP根目录**：所有用户都会被重定向到FTP站点的主目录（默认值）。
  - **用户名目录**：用户拥有自己的主目录，不过并不隔离用户，也就是只要拥有适当的权限，用户便可以切换到其他用户的主目录，因而可能可以查看、修改其中的文件。

  它所采用的方法是在FTP站点主目录内建立目录名称与用户账户名称相同的物理或虚拟目录，用户连接到FTP站点后，便会被重定向到目录名（物理目录的文件夹名称或虚拟目录的别名）与用户账户名称相同的目录。

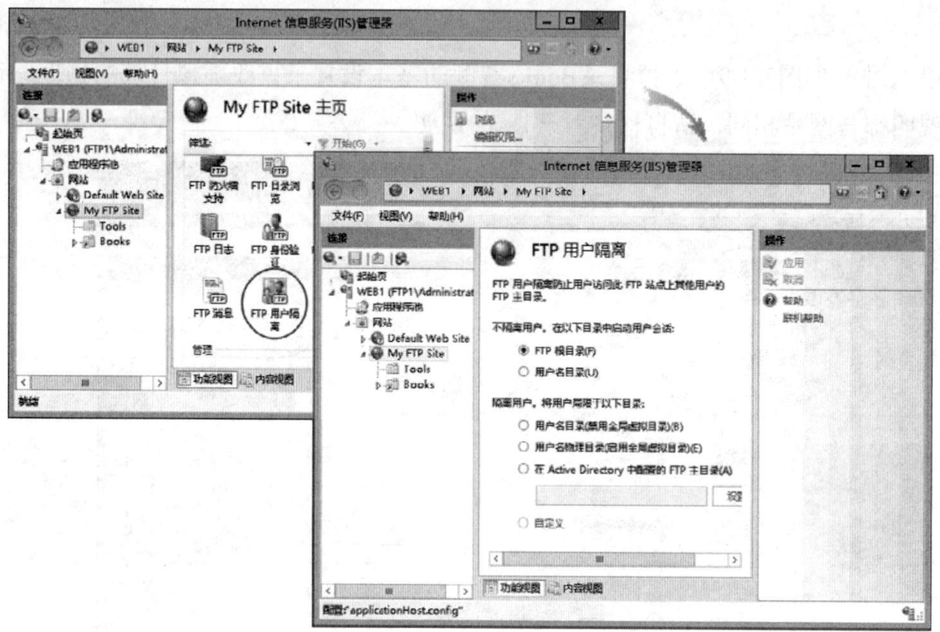

图 7-4-1

- **隔离用户**。将用户局限于以下目录，它会隔离用户，用户拥有其专属主目录，而且会被限制在其专属主目录内，因此无法查看或修改其他用户的主目录内的文件。
  - **用户名目录（禁用全局虚拟目录）**：它所采用的方法是在FTP站点内建立目录名称与用户账户名称相同的物理或虚拟目录，用户连接到FTP站点后，便会被重定向到目录名称（别名）与用户账户名称相同的目录。用户无法访问FTP站点内的全局虚拟目录。
  - **用户名物理目录（启用全局虚拟目录）**：它所采用的方法是在FTP站点内建立目录名称与用户账户名称相同的物理目录，用户连接到FTP站点后，便会被重定向到目录名称与用户账户名称相同的目录。用户可以访问FTP站点内的全局虚拟目录。
  - **Active Directory中配置的FTP主目录**：用户必须利用域用户账户来连接FTP站点。你需要在域用户的账户内指定其专属主目录。

7.4.1 不隔离用户，但是用户有自己的主目录

用户拥有自己的主目录，但并不隔离用户，因此只要用户拥有适当的权限（例如NTFS权限），他便可以切换到其他用户的主目录，查看或修改其中的文件。要让FTP站点启用此模式，请如图7-4-2所示在图中间选择**用户名目录**后单击**应用**。

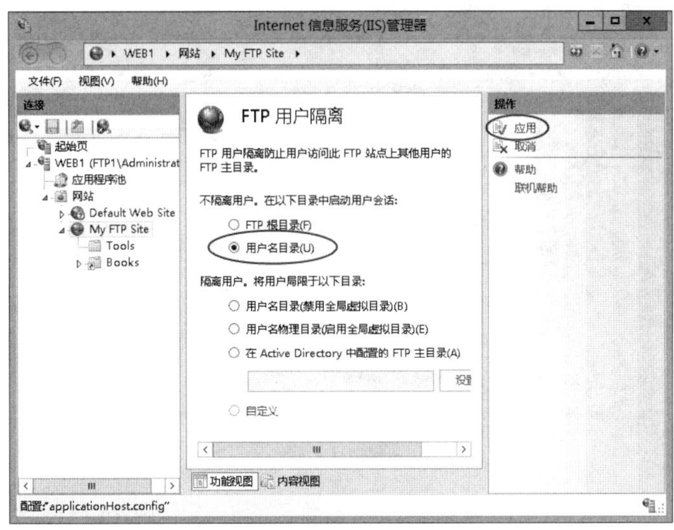

图 7-4-2

接下来需要建立目录名（别名）与用户账户名相同的物理或虚拟目录，此处我们采用物理目录。假设要让用户George与Mary登录时被重定向到自己的主目录（请先建立这两个本地用户账户），请如图7-4-3所示在**My FTP Site**的主目录C:\inetpub\ftproot下建立名称为george与mary两个子文件夹，并建议在这两个文件夹内分别放置一些文件，以便于测试。用户George与Mary登录FTP站点时会分别被重定向到C:\inetpub\ftproot\george与C:\inetpub\ftproot\mary文件夹。图中还建立了一个子文件夹**default**，利用匿名身份连接FTP站点的用户（或未拥有自己的主目录的用户）会被重定向到此文件夹。

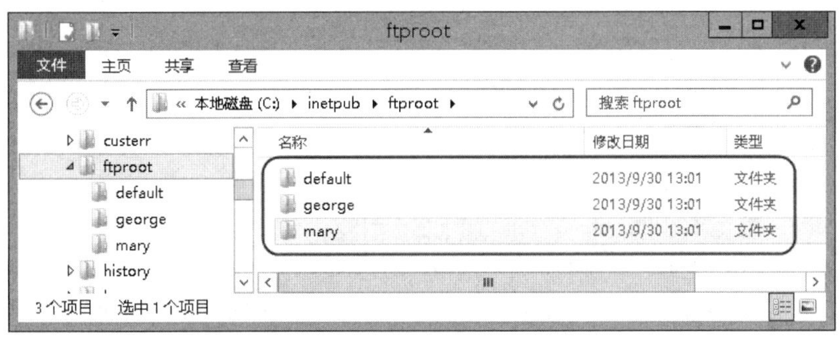

图 7-4-3

附注

用户对其主目录的默认权限为**读取**，若要更改，则【单击图7-4-4中的目录（例如george）➲单击中间**FTP 授权规则**】。可能还需要更改该目录所对应文件夹的NTFS权限（可通过**文件资源管理器**来更改或直接通过图7-4-4右侧的**编辑权限**）。

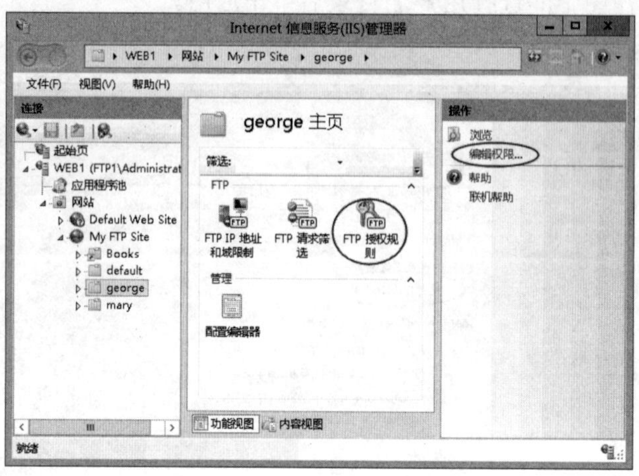

图 7-4-4

完成上述设置后，为了便于验证结果，我们将到客户端利用**ftp.exe**命令来测试。例如图7-4-5中以用户George的身份登录，然后利用dir命令可看到其主目录（C:\inetpub\ftproot\george）内的文件。可是因为并不隔离用户，故我们可以利用**cd ..\mary**命令来切换到mary的主目录。

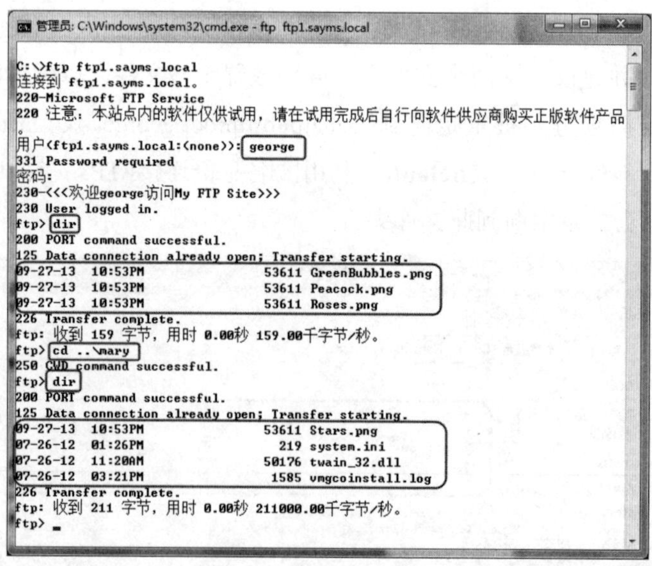

图 7-4-5

> **注意**
>
> 1. 若使用**文件资源管理器**来连接FTP站点，则利用以下方式来连接ftp://george@ftp1.sayms.local/，然后输入george的用户名与密码；或使用ftp://george:密码@ftp1.sayms.local/，其中密码为george的密码。
> 2. 若要使用Internet Explorer来连接FTP站点，其方法与**文件资源管理器**相同，但利用IE 7.0（含）以后的版本连接FTP站点时，无法被重定向到用户自己的主目录，只会被重定向到FTP站点的主目录。
> 3. Windows 8的ftp.exe在中文字符的支持上不完善（例如目录名称为中文，利用CD命令无法切换到此目录），故本范例中的目录名称都采用英文。

7.4.2 隔离用户、有专属主目录，但无法访问全局虚拟目录

用户拥有自己的专属主目录，而且会隔离用户，也就是用户登录后会被重定向到其专属主目录内，而且被限制在此主目录内，无法切换到其他用户的主目录，因此无法查看或修改其他用户主目录内的文件。用户也无法访问FTP站点内的全局虚拟目录。

我们需要建立目录名称与用户名称相同的物理或虚拟目录，此处采用物理目录。你需要在FTP站点主目录下建立以下的文件夹结构。

- **LocalUser\用户名称**：LocalUser文件夹是本地用户专属的文件夹，**用户名称**是本地用户账户名称。请在LocalUser文件夹下为每一位需要登录FTP站点的本地用户各建立一个专属子文件夹，文件夹名称需与用户账户名称相同。用户登录FTP站点时会被重定向到与其账户名称同名的文件夹。
- **LocalUser\Public**：用户利用匿名账户（anonymous）登录FTP站点时，会被重定向到Public文件夹。
- **域名\用户名**：若用户利用Active Directory域用户账户来登录FTP站点，则请为该域建立一个专属文件夹，此文件夹名称需与NetBIOS域名相同；然后在此文件夹下为每一位需要登录FTP站点的域用户各建立一个专属的子文件夹，此文件夹名称需与用户账户名称相同。域用户登录FTP站点时，会被重定向到与其账户名称同名的文件夹。

举例来说，若FTP站点的主目录位于C:\inetpub\ftproot，要让匿名账户（anonymous）、本地用户George与Mary、域SAYMS用户Jackie与Alice等来登录FTP站点，且要让他们都有专属主目录，则在FTP站点主目录下的文件夹结构将如表 7-4-1所示。

表 7-4-1

用户	文件夹
匿名用户	C:\inetpub\ftproot\LocalUser\Public
本地用户George	C:\inetpub\ftproot\LocalUser\George

（续表）

用户	文件夹
本地用户Mary	C:\inetpub\ftproot\LocalUser\Mary
域SAYMS用户Jackie	C:\inetpub\ftproot\SAYMS\Jackie
域SAYMS用户Alice	C:\inetpub\ftproot\SAYMS\Alice

要让FTP站点启用这种模式，请如图7-4-6所示选择**用户名目录（禁用全局虚拟目录）**后单击**应用**。

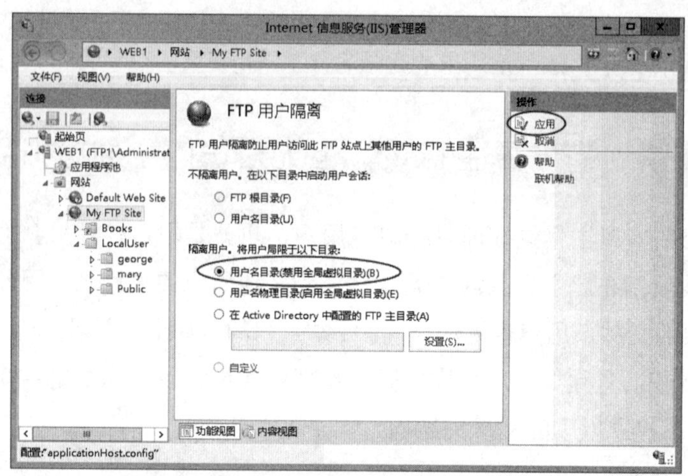

图7-4-6

假设我们要让本地用户George与Mary登录时被重定向到自己的主目录，而匿名用户被重定向到public文件夹，则请如图7-4-7所示在**My FTP Site**的主目录C:\inetpub\ftproot下建立名称为LocalUser的文件夹，然后在其下分别建立george、mary与public子文件夹，并建议在这三个文件夹内分别放置一些文件，以便于测试时使用。

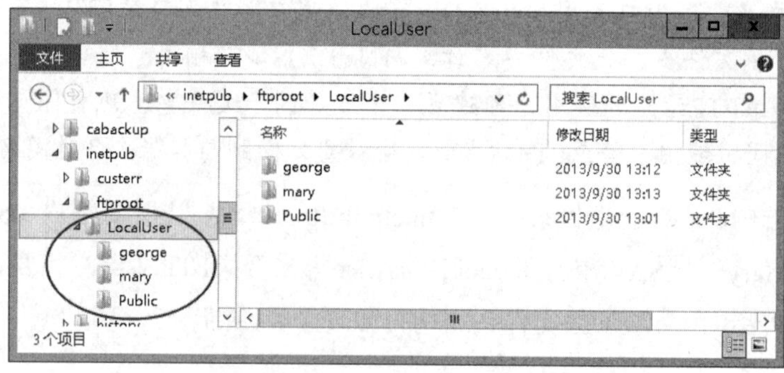

图7-4-7

用户George、Mary与匿名用户登录FTP站点时，会分别被重定向到C:\inetpub\ftproot\LocalUser\george、C:\inetpub\ftproot\LocalUser\mary与C:\inetpub\ftproot\LocalUser\public文件夹（未拥有专属主目录的用户无法成功连接FTP站点，只能使用匿名用户）。

完成上述设置后，请到客户端利用**ftp.exe**命令或**文件资源管理器**来测试。例如图7-4-8中以用户George的身份登录，然后利用dir命令可看到其主目录（C:\inetpub\ftproot\LocalUser\george）内的文件。同时因为会隔离用户，因此无法利用图中的**cd ..\mary**命令来切换到mary的主目录。

> **注意**
>
> 用户对其主目录的权限、利用**文件资源管理器**或Internet Explorer来连接FTP站点的注意事项都与7.4.1小节相同，请自行参考。

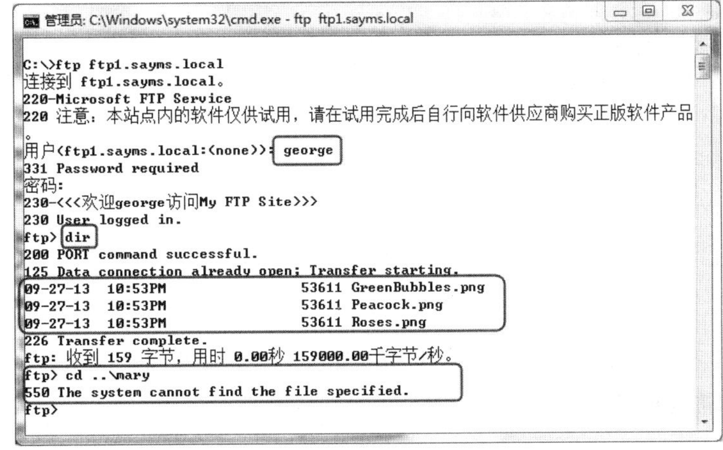

图 7-4-8

用户无法访问此种模式的FTP站点下的全局虚拟目录，但是可以访问其专属主目录下的虚拟目录，例如用户George可以访问图7-4-9中自己主目录下的虚拟目录**DataBase**，但是无法访问My FTP Site站点下的虚拟目录（全局虚拟目录）**Books**。

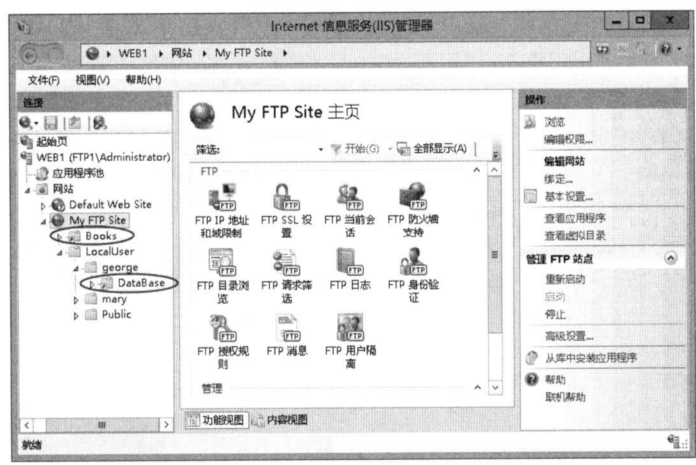

图 7-4-9

若要测试是否可以访问虚拟目录，则可如图7-4-10所示利用ftp.exe命令来连接FTP站点，图中利用用户George身份登录、执行dir命令后，可以看到George专属主目录内的虚拟目录**DataBase**，但是看不到FTP站点下的全局虚拟目录**Books**。

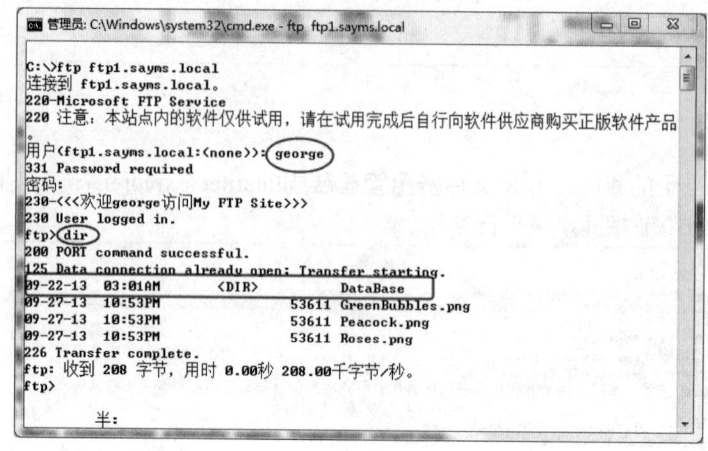

图 7-4-10

若未看到虚拟目录DataBase，则检查是否已经启用“显示虚拟目录功能”（是否已勾选图7-3-7中的**虚拟目录**）。

7.4.3 隔离用户、有专属主目录，可以访问全局虚拟目录

其启用方法为选择图7-4-11中间的**用户名物理目录（启用全局虚拟目录）**后单击**应用**。它与7.4.2小节的**用户名目录（停用全局虚拟目录）**几乎完全相同，不过此处的FTP站点具备以下特性。

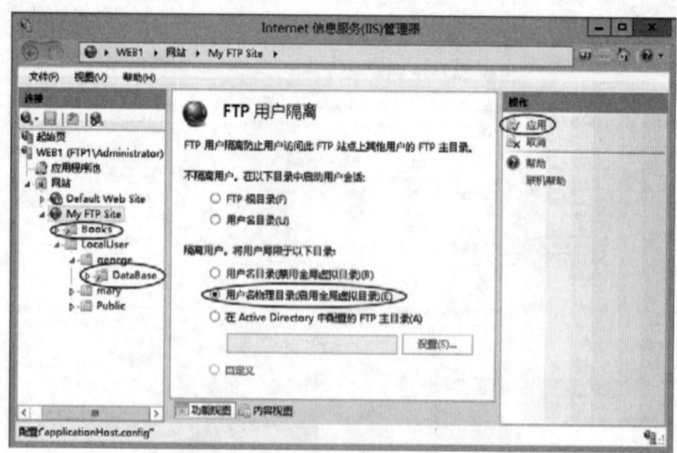

图 7-4-11

- 用户专属的主目录必须是物理目录，不可以是虚拟目录。
- 用户可以访问FTP站点内的全局虚拟目录，例如图7-4-11中左侧的虚拟目录**Books**，但是无法访问用户专属主目录内的虚拟目录，例如图中左侧的虚拟目录**DataBase**。

如图7-4-12所示通过ftp.exe命令来连接FTP站点，然后利用用户George身份登录、执行dir命令后，可以看到FTP站点下的全局虚拟目录**Books**，但是看不到用户专属主目录内的虚拟目录**DataBase**，同时也无法利用**cd DataBase**命令切换到此虚拟目录。

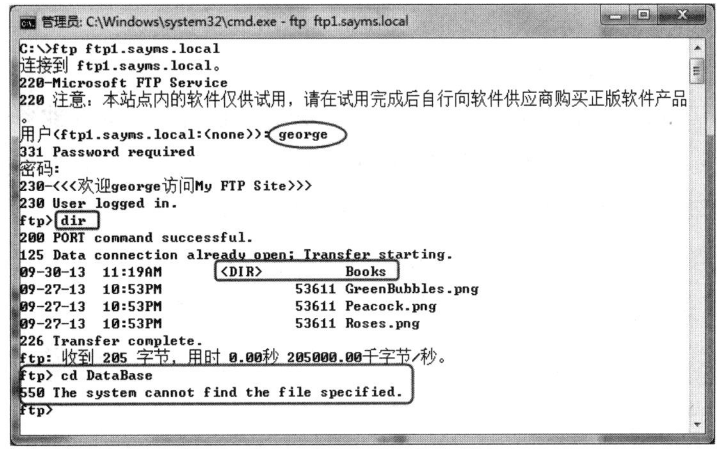

图 7-4-12

7.4.4　通过Active Directory来隔离用户

此模式只适合Active Directory域用户。用户拥有专属主目录，而且会隔离用户，也就是用户登录后会被重定向到其专属主目录内，且被限制在此主目录、无法切换到其他用户的主目录，因此无法查看或修改其他用户主目录内的文件。下面将通过图7-4-13来说明图中的DC1为域控制器兼DNS服务器、FTP1为FTP服务器（成员服务器）、Win8PC1为测试计算机。

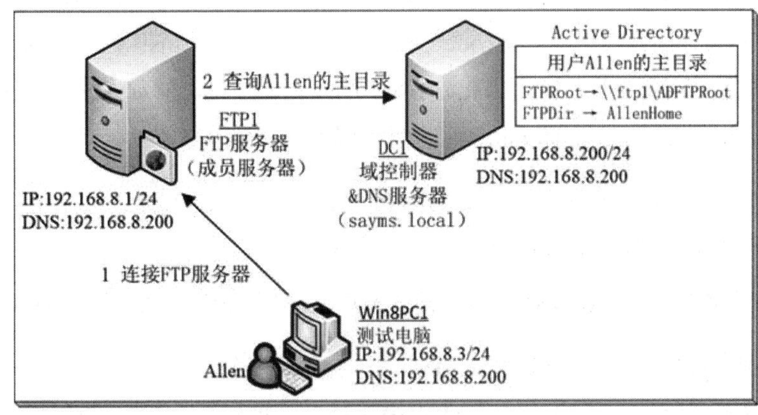

图 7-4-13

用户主目录的实际文件夹是利用域用户账户来设置的，域用户连接FTP站点时FTP站点会到Active Directory数据库来读取用户的主目录存储地点（文件夹），以便将用户重定向到此文件夹。

1. 建立域用户的主目录

你必须为每一位需要连接到FTP站点的域用户分别建立一个专属的用户主目录，下面我们利用域用户Allen来练习，并且将其主目录指定到服务器FTP1的共享文件夹\\ftp1\ADFTPRoot内的子文件夹AllenHome。

请先在Active Directory数据库建立用户账户Allen，假设将其建立在**业务部**组织单位内。接着如图7-4-14所示在服务器FTP1中建立文件夹ADFTPRoot，并将其设置为共享文件夹，开放适当的共享权限（例如**读取/写入**）给Allen，然后在此文件夹下建立一个子文件夹AllenHome，此文件夹\\ftp1\ADFTPRoot\AllenHome将作为用户Allen的主目录，为了方便验证练习的结果，图中复制了一些文件到此文件夹内。

图 7-4-14

2. 在 Active Directory 数据库中设置用户的主目录

在Active Directory数据库的用户账户内有两个属性用来支持**通过Active Directory隔离用户**的FTP站点，它们分别是msIIS-FTPRoot与msIIS-FTPDir，其中msIIS-FTPRoot用来设置主目录的UNC网络路径，msIIS-FTPDir用来指定UNC下的子文件夹，例如若要将用户Allen的主目录指定到\\ftp1\ADFTPRoot\AllenHome，则这两个属性的设定值为：

- msIIS-FTPRoot需被设置为\\ftp1\ADFTPRoot。
- msIIS-FTPDir需被设置为AllenHome。

请到域控制器DC1上利用**ADSI编辑器**来设置用户账户的msIIS-FTPRoot与msIIS-FTPDir属性。

STEP 1 单击⊞+R键➲输入**ADSIEDIT.MSC**后单击确定按钮。

STEP 2 如图7-4-15所示，选中并右击**ADSI编辑器**➲**连接到**➲在**连接设置**对话框中直接单击确定按钮。

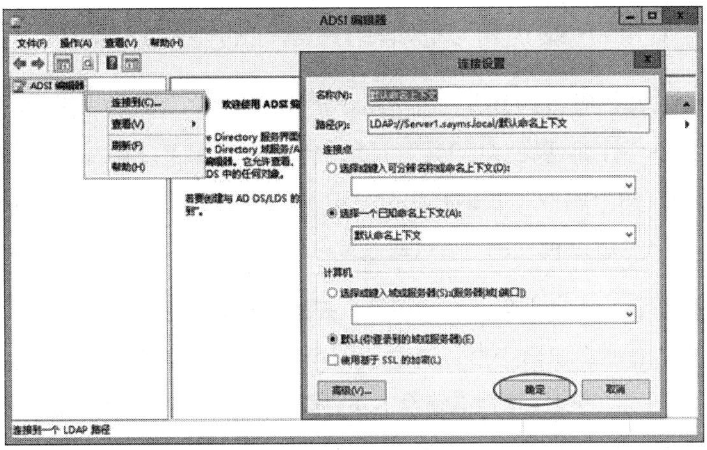

图 7-4-15

STEP 3 在图7-4-16中展开到用户账户所在的**业务部**组织单位➲选中并右击用户Allen➲属性。

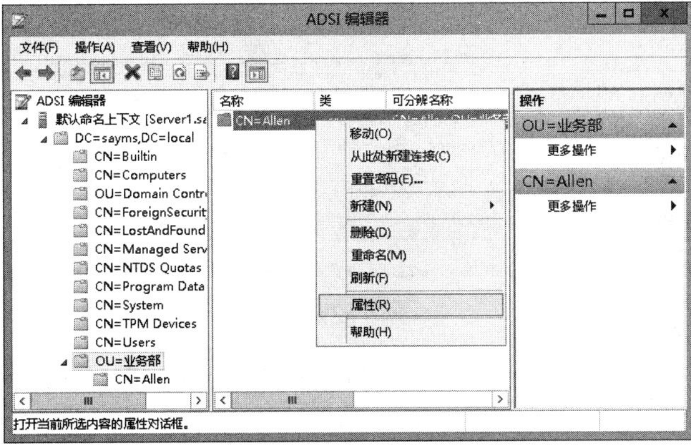

图 7-4-16

STEP 4 在图7-4-17中将msIIS-FTPRoot与msIIS-FTPDir这两个属性分别改为图中的\\ftp1\ADFTPRoot与AllenHome后单击确定按钮。

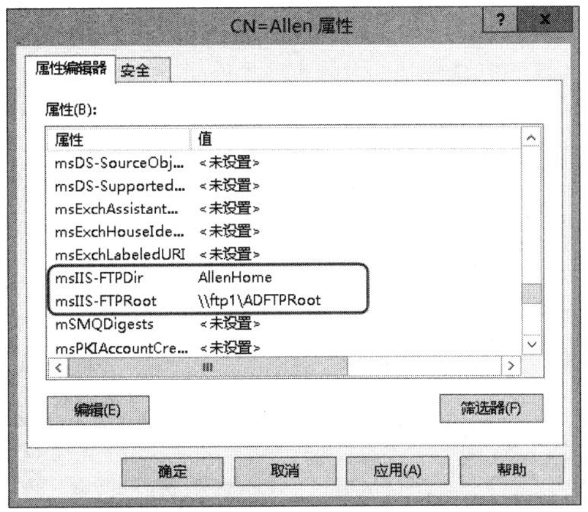

图 7-4-17

3. 建立一个让FTP站点可以读取用户属性的域用户账户

域用户登录到FTP站点时，FTP站点需从Active Directory数据库来读取该登录用户的msIIS-FTPRoot与msIIS-FTPDir属性，以便得知其主目录的位置。不过FTP站点需提供有效的用户账户与密码，才可以读取这两个属性。我们将另外建立一个域用户账户，并开放让此账户有权限读取用户的这两个属性，然后设置让FTP站点通过此账户来读取登录用户的这两个属性。

STEP 1 请在域控制器上通过【单击⊞键切换到**开始**菜单➲**管理工具**➲Active Directory用户和计算机】来建立一个用户账户，例如图7-4-18中我们在Users容器内建立了用户FTPUser。建立账户时请取消勾选**用户必须在下次登录时修改密码**，改为勾选**密码永不过期**。

图 7-4-18

STEP 2 由于要登录FTP站点的用户Allen的用户账户位于**业务部**组织单位内，因此我们需要开放让FTPUser可以来读取**业务部**组织单位内用户的msIIS-FTPRoot与msIIS-FTPDir属性：如图7-4-19所示选中并右击**业务部**➲**委派控制**。

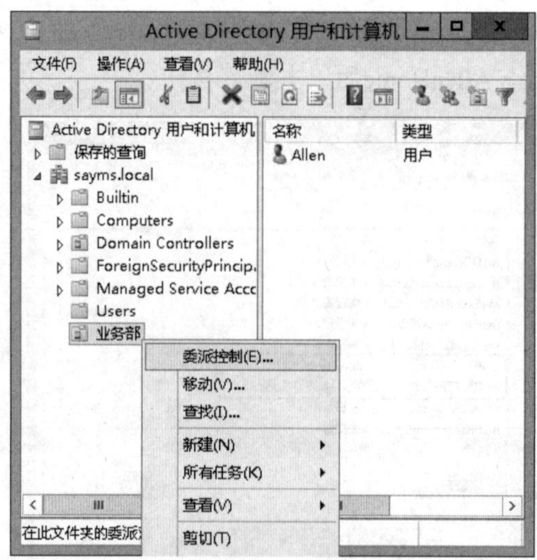

图 7-4-19

STEP 3 出现**欢迎使用委派控制向导**界面时单击下一步按钮。

STEP 4 在图7-4-20中单击添加按钮，选择用户账户FTPUser后单击下一步按钮。

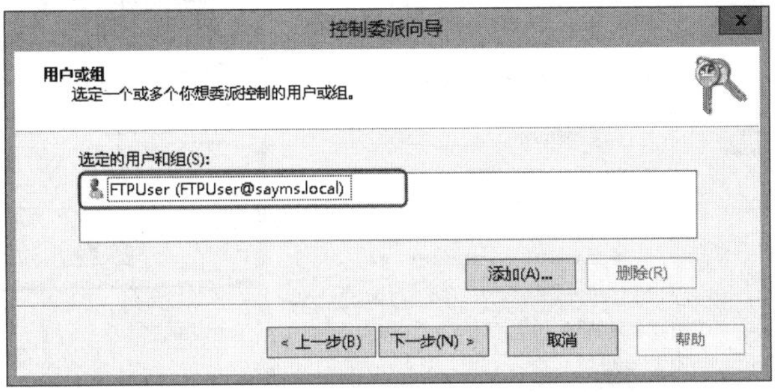

图 7-4-20

STEP 5 在图7-4-21中勾选**读取所有用户信息**后单击下一步按钮。

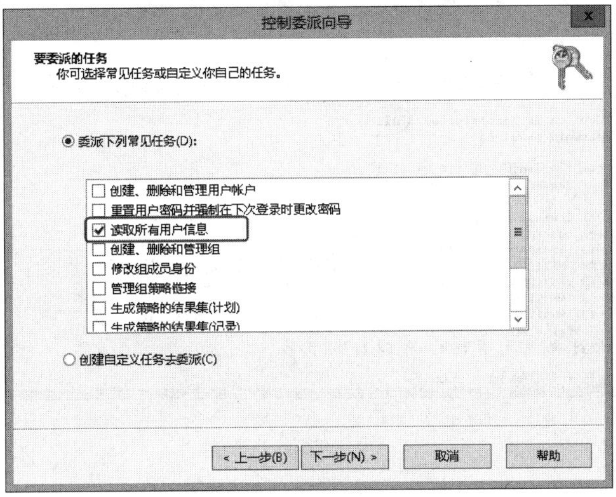

图 7-4-21

STEP 6 出现**完成委派控制向导**界面时单击完成按钮。

4. FTP 站点的设置与连接 FTP 站点的测试

我们需要让FTP站点利用域用户FTPUser来读取域用户Allen的msIIS-FTPRoot与msIIS-FTPDir属性：【如图7-4-22所示选择中间的**在Active Directory中配置的FTP主目录**➲单击设置按钮➲在**设置凭据**对话框中输入SAYMS\FTPUser与其密码➲单击确定按钮➲单击右侧的**应用**】。

完成后请如图7-4-23所示利用用户Allen或Sayms\Allen来连接这个**通过Active Directory隔离用户**的 FTP站点，图中我们利用**dir**命令所看到的文件是位于\\ftp1\ ADFTPRoot\AllenHome的文件，因此可知Allen确实是连接到其主目录。

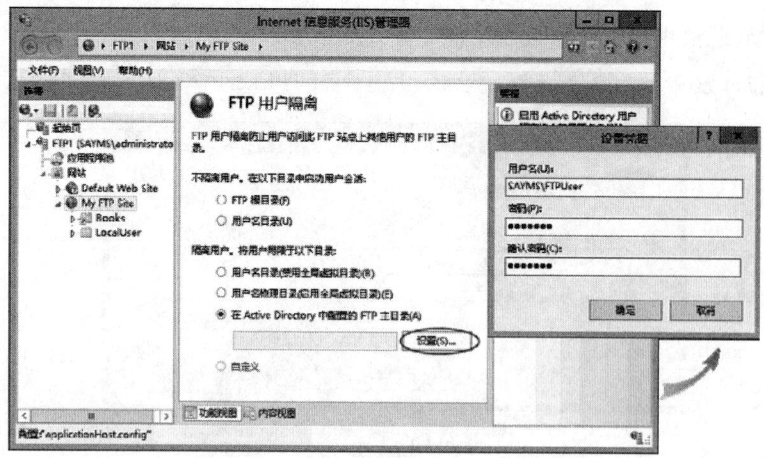

图 7-4-22

```
C:\>ftp ftp1.sayms.local
连接到 ftp1.sayms.local。
220-Microsoft FTP Service
220 注意：本站点内的软件仅供试用，请在试用完成后自行向软件供应商购买正版软件产品
。
用户(ftp1.sayms.local:(none)): Allen
331 Password required
密码:
230-<<<欢迎Allen访问My FTP Site>>>
230 User logged in.
ftp> dir
200 PORT command successful.
125 Data connection already open; Transfer starting.
09-30-13  11:19AM       <DIR>          Books
09-30-13  05:11PM                    0 Active Directory技术参考.txt
09-30-13  05:12PM                    0 Hyper-V技术参考.txt
09-30-13  05:11PM                    0 Windows技术参考.txt
09-30-13  05:11PM                    0 Windows服务器技术参考.txt
226 Transfer complete.
ftp: 收到 301 字节，用时 0.01秒 50.17千字节/秒。
ftp>
微软拼音 - 新体验 2010 半 ：
```

图 7-4-23

7.5 具备安全连接功能的FTP over SSL

Windows Server 2012 R2的FTP服务支持FTP over SSL（FTPS），它让FTP客户端可以利用SSL安全连接来与FTP服务器通信，不过必须为FTP服务器申请SSL安全连接证书与安装证书，这些概念与步骤都跟网站的SSL类似，在此我们仅列出其重要步骤（有需要时可参考5.3小节的内容）。

- **建立证书申请文件**：单击⊞键切换到**开始菜单**➲**管理工具**➲**Internet信息服务（IIS）管理器**➲单击服务器名称➲双击中间的**服务器证书**➲单击右侧的**创建证书申请**。
- **申请与下载证书**：在浏览器内输入**http://CA的IP或网址/certsrv/**，以便将证书申请文件的内容发送到CA，待证书申请被核准后下载证书文件。
- **安装证书**：打开**Internet信息服务（IIS）管理器**➲单击服务器名称➲双击中间的**服务器证书**➲单击右侧的**完成证书申请**。安装证书时请选择刚才所下载的凭证，并为此

证书设置一个好记的名称（例如My FTP SSL）。完成后不需要做绑定操作。

- **使用证书**：如图7-5-1所示单击**My FTP Site**中间的**FTP SSL设置**➲在前景图的**SSL证书**处选择前一个步骤所安装的SSL证书（My FTP SSL）➲单击应用按钮。

图7-5-1中最下方的 **将128位加密用于 SSL连接**表示要求客户端必须采用128位加密方式。另外图中的**允许SSL连接**表示允许客户端利用SSL来连接，**需要SSL连接**表示客户端必须利用SSL方式来连接。

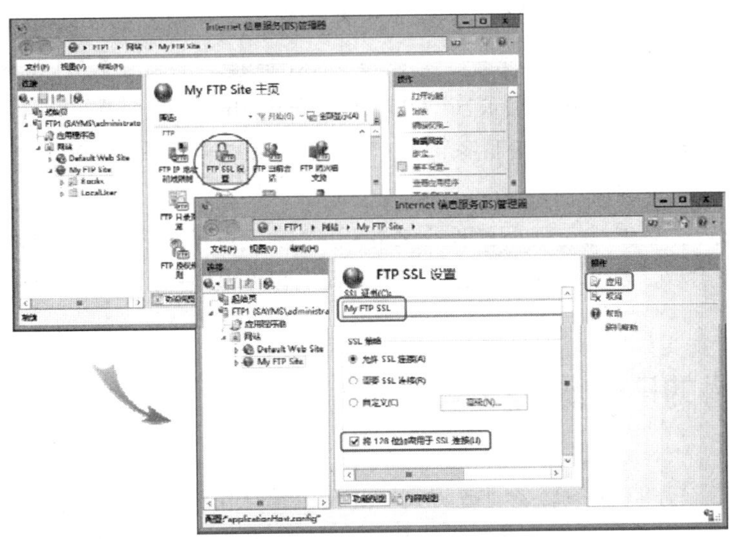

图 7-5-1

也可以单击**自定义**处的高级按钮，然后通过图7-5-2来进一步分别针对**控制通道**与**数据通道**做不同的设置，其中的**允许**表示允许使用SSL、**要求**表示必须使用SSL、**拒绝**表示拒绝SSL连接，而**控制通道**中的**只有凭据才需要**表示只有在发送用户名与密码时才使用SSL加密。通道说明请参考7.6节的内容。

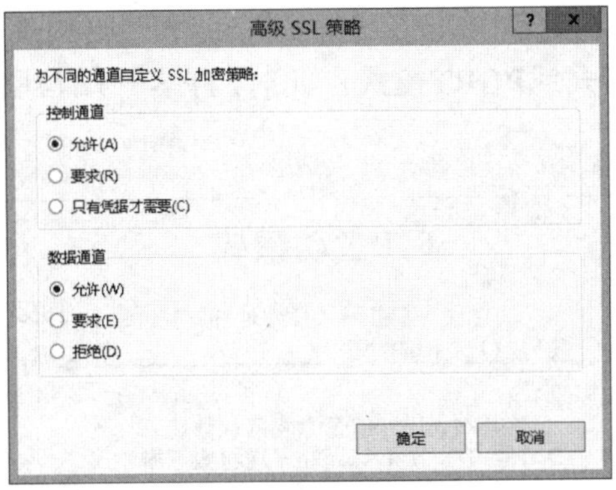

高级 SSL 策略

为不同的通道自定义 SSL 加密策略:

控制通道
- ◉ 允许(A)
- ○ 要求(R)
- ○ 只有凭据才需要(C)

数据通道
- ◉ 允许(W)
- ○ 要求(E)
- ○ 拒绝(D)

确定　取消

图 7-5-2

完成以上设置后，客户端便可以利用SSL安全连接方式来连接SSL FTP服务器，不过客户端的FTP软件必须支持SSL（FTPS），而Windows系统内建的ftp.exe、Internet Explorer与**文件**

资源管理器等目前都不支持FTPS，因此客户端需采用其他厂商的软件，例如FileZilla、CuteFTP或SmartFTP等。

FTPS的工作分为以下两种模式。

- **Explicit SSL**：如果将FTP服务器控制通道的端口号设置为21，它就是以**Explicit SSL**的模式在工作。

  在此模式下，客户端通过控制通道（端口21）连接服务器后，若希望在接下来的连接中使用SSL，则由客户端发送命令给服务器，来“明确的（explicitly）”要求与服务器使用SSL连接。至于服务器是否接受SSL连接，要看图7-5-1或图7-5-2的设置来决定。Windows Server 2012 R2的 FTPS默认是Explicit SSL模式。
- **Implicit SSL**：如果将FTP服务器的控制信道端口号设置为990，它就是以**Implicit SSL**的模式在工作。

  在此模式下，客户端与服务器必须使用SSL连接。当客户端通过控制通道（端口990）连接服务器后，客户端就立刻会与服务器进行SSL的协商，以便使用SSL连接。

7.6 防火墙的FTP设置

如果FTP客户端与FTP服务器之间被防火墙隔离，那么由于客户端与服务器之间需要通过两个连接来建立两个通道（channel），因此增加了防火墙设置的复杂程度。其中一个通道是用来传输命令的**控制通道**（control channel），另一个是用来传输数据的**数据通道**（data channel）。**控制通道**在服务器端所使用的端口为21，而**数据信道**则视FTP的工作模式而定。FTP的工作模式分为**主动模式**（Active Mode）与**被动模式**（Passive Mode）。

7.6.1 FTP主动模式

主动模式又称为**标准模式**或**PORT模式**，此时FTP客户端与服务器之间的通信过程如下所示（以图7-6-1为例）。

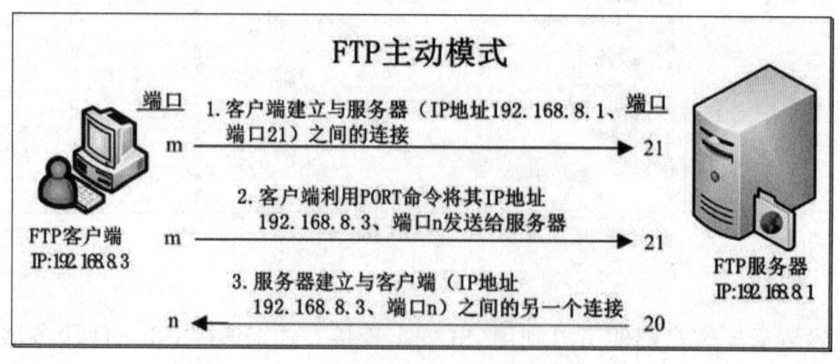

图7-6-1

STEP 1 客户端建立与服务器之间的**控制通道**连接：建立连接时，服务器端的IP地址为192.168.8.1、端口号为标准的21；客户端的IP地址为192.168.8.3、端口号为动态产生（假设为m）。

STEP 2 客户端要下载（或上传）文件时，会通过**控制通道**来发送PORT命令给服务器，此命令包含客户端的IP地址与另外一个端口号（假设为n）。客户端利用此命令通知服务器通过此IP地址与端口号来发送文件给客户端。

STEP 3 服务器建立与客户端之间的**数据通道**连接：建立连接时客户端的IP地址为192.168.8.3、端口号为n；服务器的IP地址为192.168.8.1、端口号为标准的20。

> 附注
>
> 主动模式FTP over SSL（FTPS）的Explicit SSL的**控制通道**端口号为21、**数据通道**端口号为20；Implicit SSL的**控制通道**端口号为990、**数据通道**端口号为989。

客户端与服务器之间被防火墙隔离——主动模式

在主动模式下，若FTP客户端与FTP服务器之间被防火墙隔离，则：

- 客户端在建立图7-6-1中1号箭头的**控制通道**连接时，必然会被防火墙阻挡，除非在防火墙开放端口号21，其开放方向是客户端往服务器。
- 同理服务器在建立图中3号箭头的**数据通道**连接时，也必须在防火墙开放端口号n，其开放方向是服务器往客户端。然而此端口n是动态产生的，它不是固定的端口号，因此难以在防火墙针对这个不固定的端口来开放，此时可以利用以下方法来解决这个问题。
  - 在客户端改用被动模式来连接服务器（后述）。
  - 采用功能较强的防火墙，例如Microsoft ISA Server或Microsoft Forefront Threat Management Gateway，它会监视客户端的PORT命令，以便得知客户端的IP地址与端口号，然后自动开放此IP地址与端口。

> 附注
>
> 图中若服务器为Windows Server 2012 R2，则在安装FTP 服务器角色服务时，它会自动在**Windows防火墙**内开放FTP的流量，因此图中1号、2号箭头的连接不会被服务器的**Windows防火墙**阻挡。
>
> 1．客户端的**Windows防火墙**也不会阻挡3号箭头的连接，因为它会扫描2号箭头的PORT命令，取得其内的端口n后，自动开放此端口。
>
> 2．Windows系统内建的FTP客户端程序ftp.exe默认采用主动模式，但可以在连接到FTP服务器后，通过**literal pasv**命令切换到被动模式。Internet Explorer（与**文件资源管理器**）默认采用被动模式，但是可以通过【单击Alt键➲**工具**菜单➲**Internet选项**➲**高级**选项卡➲取消勾选**使用被动式FTP（与防火墙及DSL调制解调器兼容**】来将其变更为主动模式。

7.6.2 FTP被动模式

被动模式又称为**PASV模式**，此时FTP客户端与服务器之间的通信过程如下所示（以图7-6-2为例）。

STEP 1 客户端建立与服务器之间的**控制通道**连接：此时服务器的IP地址为192.168.8.1、端口号为标准的21；客户端的IP地址为192.168.8.3、端口号为动态产生（假设为m）。

STEP 2 客户端通过**控制通道**发送PASV命令给服务器，表示要利用被动模式来与服务器通信。

STEP 3 服务器将用来接听客户端要求的IP地址与端口号（假设为x），通过**控制通道**发送给客户端，此端口号为动态产生。

STEP 4 客户端建立与服务器之间的**数据通道**连接：此时服务器的IP地址为192.168.8.1、端口号为x；客户端的IP地址为192.168.8.3、端口号为动态产生（假设为n）。

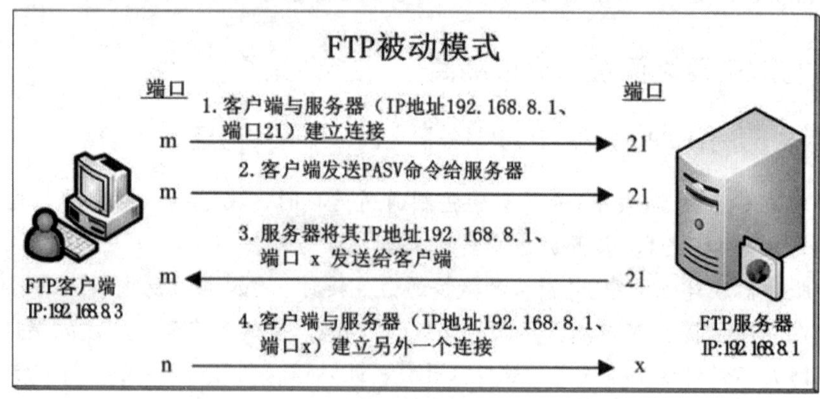

图 7-6-2

> **附注**
>
> 被动模式FTP over SSL（FTPS）的Explicit SSL的**控制通道**端口号为21、**数据通道**端口号为随机值；Implicit SSL的**控制通道**端口号为990、**数据通道**端口号为随机值。

1. 客户端与服务器之间被防火墙隔离——被动模式

在被动模式下，若FTP客户端与FTP服务器之间被防火墙隔离，则：

- 客户端在建立图7-6-2中1号箭头的**控制通道**连接时，必然会被防火墙阻挡，除非在防火墙开放端口号21，其开放方向是客户端往服务器。
- 同理客户端在建立图中4号箭头的**数据通道**连接时，也必然会被防火墙阻挡，除非在防火墙开放端口号x，其开放方向是客户端往服务器。然而此端口x是动态产生的，系统默认的动态端口范围在49152~65535之间。在防火墙开放这么大一段范围的端

口，并不是安全的做法，此时可以利用以下方法来解决此问题。

- 采用功能较强的防火墙，例如Microsoft ISA Server或Microsoft Forefront Threat Management Gateway，它会监视客户端与服务器之间利用PASV命令沟通的数据包（图7-6-2中2与3号箭头），以便得知服务器欲使用的IP地址与端口号，然后自动开放此IP地址与端口。
- 将FTP服务器所使用的端口号固定在一小段范围内，然后在防火墙开放这一段范围的端口即可：【如图7-6-3所示单击FTP服务器的计算机名称➲单击**FTP防火墙支持**➲在前景图**数据通道端口范围**处设置端口号范围（例如图中的50000~50100）➲单击**应用**】（需重新启动计算机）。若在**数据通道端口范围**处输入**0~0**，表示采用默认的动态端口范围，也就49152～65535。

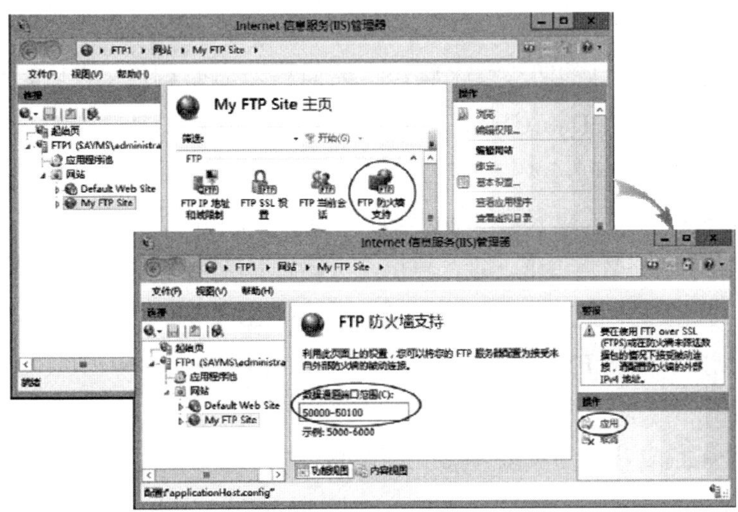

图 7-6-3

> **附注**
>
> 若FTP服务器为Windows Server 2012 R2，则其**Windows防火墙**会自动开放FTP的流量，因此图7-6-2中1号、2号与4箭头的连接都不会被服务器的**Windows防火墙**阻挡。

2. FTP 服务器位于 NAT 之后

若FTP服务器位于NAT（Network Address Translation，例如IP共享设备或以NAT模式工作的防火墙）设备之后，例如图7-6-4中的FTP服务器位于防火墙（NAT模式）之后，此时由于图中FTP服务器所使用的IP地址是私有IP（private IP），因此3号箭头中FTP服务器的响应数据包内为私有IP地址192.168.8.1，这将使得客户端无法与服务器建立4号箭头的**数据通道**连接，因为外部客户端无法连接仅限内部网络使用的私有P地址。

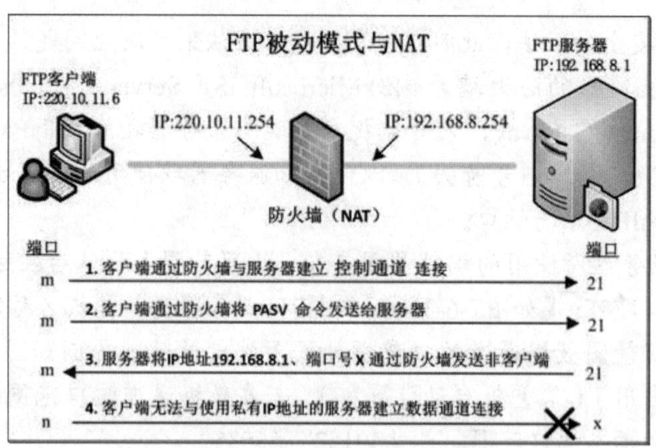

图 7-6-4

此时可以采用功能较强的防火墙来解决上述问题，例如具备NAT功能的Microsoft ISA Server或Microsoft Forefront Threat Management Gateway，它会监视客户端与服务器之间利用PASV命令通信的数据包（图7-6-4中2与3号箭头），并将3号箭头中FTP服务器响应数据包中的私有IP地址192.168.8.1替换成防火墙外部IP地址（图中的220.10.11.254），因此4号箭头中客户端便会要求与防火墙建立**数据通道**连接，再由防火墙将其转到内部FTP服务器。

若防火墙不具备上述功能，则Windows Server 2012 R2的 FTP服务器还可以使用另外一种方法来解决此问题：事先在FTP服务器内指定防火墙的外部IP地址（220.10.11.254），之后在FTP服务器要将图中3号箭头的数据包通过防火墙发送给客户端之前，自行先将数据包内的服务器IP地址192.168.8.1替换成防火墙外部IP地址220.10.11.254。在FTP服务器指定防火墙外部IP地址220.10.11.254的方法为：如图7-6-5所示单击**My FTP Site**中的**FTP防火墙支持**➲在前景图**防火墙的外部IP地址**中输入防火墙外部网卡的IP地址220.10.11.254➲单击右侧的**应用**。

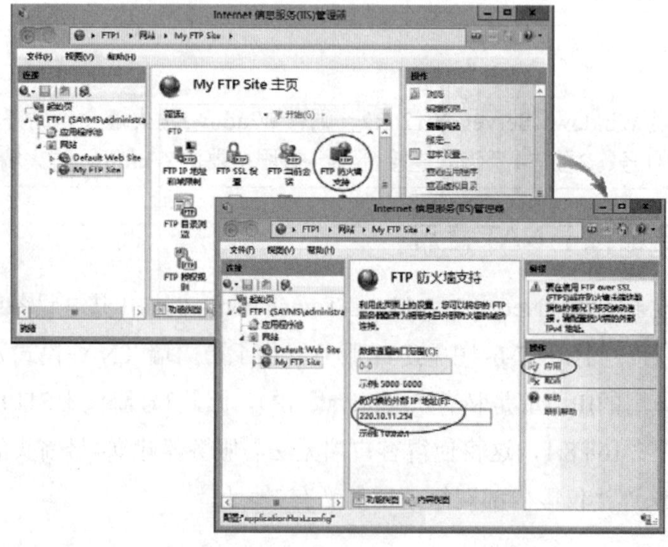

图 7-6-5

3. 查看 FTP 客户端被动模式连接

假设我们如图7-6-3所示将FTP服务器的**数据通道端口范围**设置为50000~50100，想要查看FTP客户端与FTP服务器之间的沟通过程，可以利用FileZilla、CuteFTP或SmartFTP等软件的协助。如图7-6-6所示为利用CuteFTP连接FTP服务器的过程，由图中可看到**PASV**命令与所使用的**数据通道**端口为50000。图中**Entering Passive Mode（192,168,8,1,195,80）**中的数字表示服务器的IP地址为192.168.8.1、端口为195×256 + 80 = 50000。

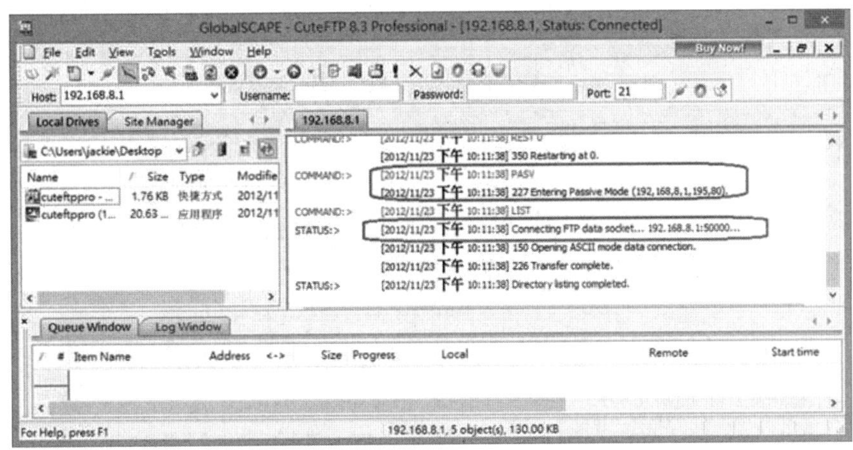

图 7-6-6

7.7 虚拟主机名

可以在一台计算机内建立多个FTP站点，不过为了区分出这些FTP站点，需给予每一个站点唯一的识别信息。用来标识站点的识别信息有**虚拟主机名**、**IP地址**与**TCP端口号**，这台计算机内所有FTP站点的这三个识别信息不能完全相同。

其中虚拟主机名（virtual host name）主要的使用场合是：这台计算机只有一个IP地址，但却要在其中搭建多个FTP站点。此处我们并不介绍如何来搭建多个FTP站点，只说明如何设置FTP站点的虚拟主机名与客户端要如何连接拥有虚拟主机名的FTP站点。

举例来说，若要将My FTP Site的虚拟主机名设置为ftp1.sayms.local，则【请如图7-7-1所示单击**My FTP Site**右侧的**绑定**➲单击要更改的绑定后单击编辑按钮➲在**主机名**处输入ftp1.sayms.local➲依次单击确定、关闭按钮】。

完成后，客户端要连接这个拥有虚拟主机名的FTP站点时，须如图7-7-2所示在登录账户前加上主机名 ftp1.sayms.local 与“¦”符号，例如 **ftp1.sayms.local¦Anonymous** 或 **ftp1.sayms.local¦George**。

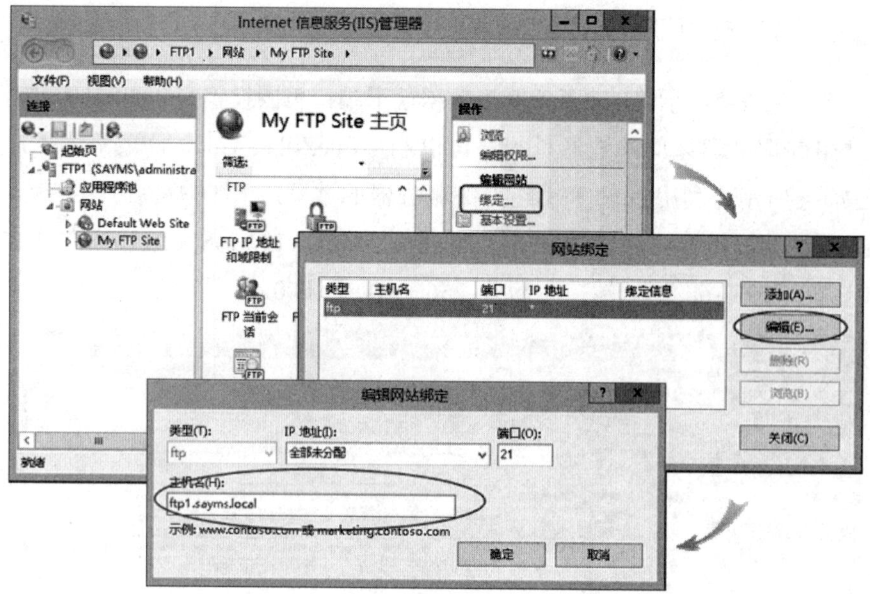

图 7-7-1

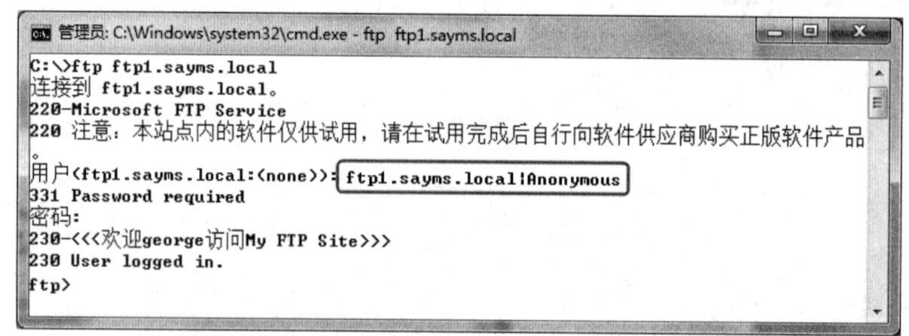

图 7-7-2

若连接时未输入虚拟主机名，则无法连接此FTP站点，同时会出现类似图7-7-3所示的警告信息。

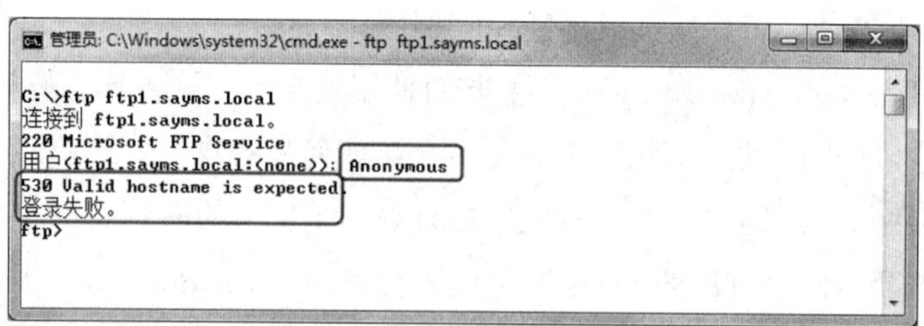

图 7-7-3

若要使用**文件资源管理器**或Internet Explorer来连接此FTP站点，例如利用anonymous账户来连接，则输入**ftp://ftp1.sayms.local|anonymous@ftp1.sayms.local/**。

第 8 章　路由器与网桥的配置

不同网络之间通过路由器（router）或网桥（bridge）连接后，便可以让分别位于不同网络内的计算机通过路由器或网桥来通信。

- 路由器的原理
- 设置Windows Server 2012 R2路由器
- 筛选进出路由器的数据包
- 动态路由RIP
- 网桥的设置

8.1 路由器的原理

不同网络之间的计算机可以通过路由器来通信，用户可以利用硬件路由器来连接不同的网络，也可以让Windows Server 2012 R2计算机来扮演路由器的角色。

以图8-1-1为例，图中甲乙丙三个网络利用两个Windows Server 2012 R2路由器来连接，当甲网络内的计算机1要与丙网络内的计算机6通信时，计算机1会将数据包（packet）发送到路由器1，路由器1会将其转发给路由器2，最后再由路由器2将其发送给丙网络内的计算机6。

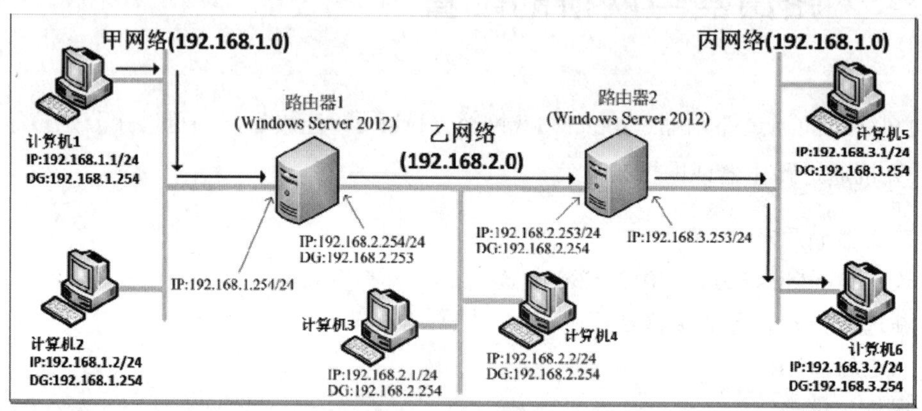

图 8-1-1

然而当计算机1要发送数据包给计算机6时，它是如何知道要通过路由器1来转发呢？路由器1又如何知道要将它转发给路由器2呢？答案是**路由表**（routing table）。一般计算机与路由器内的路由表提供了数据包发送的路由信息，以便让它们能够正确的将数据包发送到目的地。

> **附注**
>
> 建议利用虚拟环境来搭建图8-1-1的测试环境，以便验证本章所描述的理论。至少需要搭建图中的计算机1、路由器1、计算机3、路由器2及计算机6。在各计算机的IP地址设置完成后，暂时关闭这些计算机的**Windows防火墙**，然后利用ping命令来测试同一个网络内的计算机是否可以正常通信，等路由器功能启用后，再来测试不同网络内的计算机是否可以正常通信。

8.1.1 一般主机的路由表

以图8-1-1为例，计算机1内的路由表可能如图8-1-2所示（Windows Server 2012 R2、Windows 8中文版所显示的路由表字段并未对齐，不易阅读，此图为作者修饰过的图），图中的路由表内包含多条路由信息，我们先稍微解释每个字段的定义，接着再详细解释其中几条

路由数据的意义，最后再举例来解说。可以到计算机1打开**命令提示符**窗口（或**Windows PowerShell**），然后执行**route print -4**来得到图8-1-2的界面。

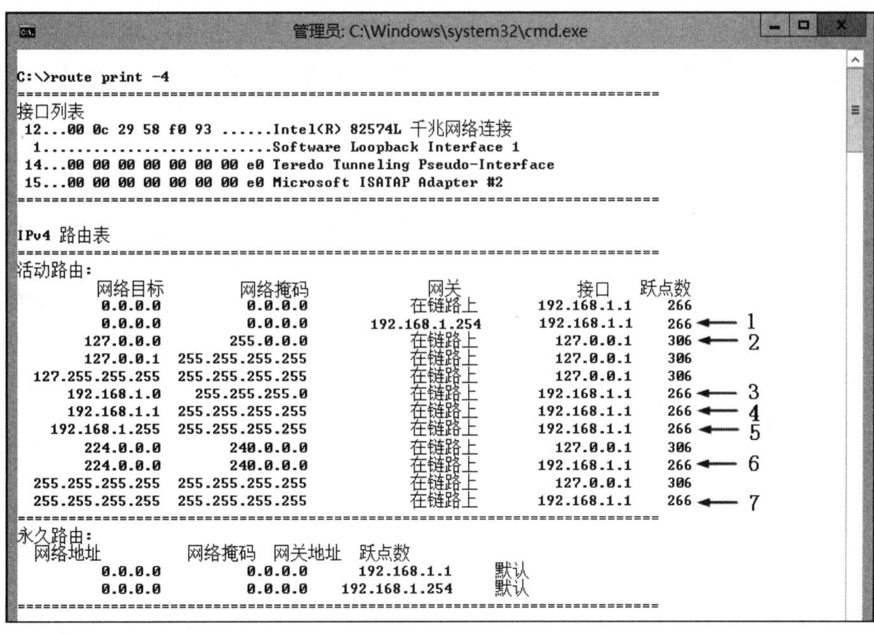

```
管理员: C:\Windows\system32\cmd.exe
C:\>route print -4
===========================================================================
接口列表
 12...00 0c 29 58 f0 93 ......Intel(R) 82574L 千兆网络连接
  1...........................Software Loopback Interface 1
 14...00 00 00 00 00 00 00 e0 Teredo Tunneling Pseudo-Interface
 15...00 00 00 00 00 00 00 e0 Microsoft ISATAP Adapter #2
===========================================================================

IPv4 路由表
===========================================================================
活动路由:
       网络目标        网络掩码          网关       接口   跃点数
          0.0.0.0          0.0.0.0            在链路上     192.168.1.1    266
          0.0.0.0          0.0.0.0      192.168.1.254     192.168.1.1    266
        127.0.0.0        255.0.0.0            在链路上       127.0.0.1    306
        127.0.0.1  255.255.255.255            在链路上       127.0.0.1    306
  127.255.255.255  255.255.255.255            在链路上       127.0.0.1    306
      192.168.1.0    255.255.255.0            在链路上     192.168.1.1    266
      192.168.1.1  255.255.255.255            在链路上     192.168.1.1    266
    192.168.1.255  255.255.255.255            在链路上     192.168.1.1    266
        224.0.0.0        240.0.0.0            在链路上       127.0.0.1    306
        224.0.0.0        240.0.0.0            在链路上     192.168.1.1    266
  255.255.255.255  255.255.255.255            在链路上       127.0.0.1    306
  255.255.255.255  255.255.255.255            在链路上     192.168.1.1    266
===========================================================================
永久路由:
  网络地址          网络掩码  网关地址  跃点数
          0.0.0.0          0.0.0.0      192.168.1.1     默认
          0.0.0.0          0.0.0.0    192.168.1.254     默认
===========================================================================
```


图 8-1-2

- **网络目标**：它可以是一个网络号、一个IP地址、一个广播地址或多播地址。
- **网络掩码**：也就是子网掩码（subnet mask）。
- **网关**：若目的地计算机的IP地址与图中某路由的**网络掩码**执行逻辑AND运算后的结果等于该路由的**网络目标**，就会将数据包发送给该路径**网关**处的IP地址。
- 如果**网关**处显示**在链路上**（on-link），计算机1就可以直接与目标计算机通信（例如目标计算机与计算机1在同一个网络），不需要通过路由器来转发。

> **附注**
>
> 在Windows Server 2003等旧版系统中并不会出现**在链路上**的字样，而是计算机1自己的IP地址，此时上面那一段说明可改为：如果**网关**处的IP地址等于计算机1自己的IP地址，计算机1就可以直接与目的地计算机通信（例如目的地计算机与计算机1在同一个网络），不需要通过路由器来转发。

- **接口**：表示数据包会从计算机1内拥有此IP 地址的接口发出。
- **跃点数**：表示通过此路由来发送数据包的成本，它可能代表发送速度的快慢、数据包从来源到目的地需要经过多少个路由器（hop）、此路径的稳定性等。
- **永久路由**：表示此处的路由并不会因为关机而消失，它被存储在注册表（registry）数据库中，每次系统重新启动时，都会自动设置此路由。

下面解释图8-1-2中几条路由信息的意义（请与图8-1-1对照）。

- **1号箭头**：这是**默认路由**（default route）。当计算机1要发送数据包时，如果在路由表内找不到其他可用来发送此数据包的路由，该数据包就会通过**默认路由**来发送，也就是说数据包会从IP地址为192.168.1.1的**接口发出**，然后送给IP地址为192.168.1.254（路由器1的IP地址）的**网关**。

网络目标	网络掩码	网关	接口	跃点数
0.0.0.0	0.0.0.0	192.168.1.254	192.168.1.1	266

- **2号箭头**：这是**环回网络路由**（loopback network route）。当计算机1要发送数据包给IP形式是127.x.y.z的地址时，此数据包会从IP地址为127.0.0.1的**接口**送给目的地，不需要通过路由器来转发（从**网关**处为**在链路上**可知）。IP地址127.x.y.z是计算机内部使用的IP地址，通过127.x.y.z地址让计算机可以发送数据包给自己，一般使用127.0.0.1。

网络目标	网络掩码	网关	接口	跃点数
127.0.0.0	255.0.0.0	在链路上	127.0.0.1	306

- **3号箭头**：这是**直连网络路由**（directly-attached network route）。所谓**直连网络**就是指计算机1所在的网络，也就是网络号为192.168.1.0的网络。此路由表示当计算机1要发送数据包给192.168.1.0这个网络内的计算机时，该数据包会从IP地址为192.168.1.1的**接口**发出。而在**网关**处为**在链路上**，表示该数据包将直接发送给目的地，不需要通过路由器来转发。

网络目标	网络掩码	网关	接口	跃点数
192.168.1.0	255.255.255.0	在链路上	192.168.1.1	266

- **4号箭头**：这是**主机路由**（host route）。当计算机1要发送数据包到192.168.1.1（计算机1自己）时，该数据包会从IP地址为192.168.1.1的**接口**发出，然后发送给自己，不需要通过路由器来转发（从**网关**处为**在链路上**可知）。

网络目标	网络掩码	网关	接口	跃点数
192.168.1.1	255.255.255.255	在链路上	192.168.1.1	266

- **5号箭头**：这条路由是**子网广播路由**（subnet broadcast route）。表示当计算机1要发送数据包给192.168.1.255时（也就是要广播给192.168.1.0这个网络内的所有计算机），该数据包会通过IP地址为192.168.1.1的**接口**发出。而在**网关**处为**在链路上**，表示该数据包将直接发送给目的地，不需要通过路由器。

网络目标	网络掩码	网关	接口	跃点数
192.168.1.255	255.255.255.255	在链路上	192.168.1.1	266

- **6号箭头**：这是**多播路由**（multicast route）。表示计算机1要发送**多播**的数据包时，该数据包会通过IP地址为192.168.1.1的**接口**发出。而在**网关**处为**在链路上**，表示该数据包将直接发送给目的地，不需要通过路由器。

网络目标	网络掩码	网关	接口	跃点数
224.0.0.0	240.0.0.0	在链路上	192.168.1.1	266

- **7号箭头**：这是**有限广播路由**（limited broadcast route）。表示当计算机1要发送广播数据包到255.255.255.255（**有限广播地址**）时，该数据包会通过IP地址为192.168.1.1的**接口**发出。而在**网关**处为**在链路上**，表示该数据包将直接发送给目的地（255.255.255.255），不需要通过路由器。

网络目标	网络掩码	网关	接口	跃点数
255.255.255.255	255.255.255.255	在链路上	192.168.1.1	266

> **附注**
>
> 当要发送数据包给255.255.255.255（**有限广播地址**）时，此数据包将被发送给同一个物理网络内网络号相同的所有计算机。

了解路由表的内容后，接着利用几个实例来解释计算机1如何通过路由表来选择发送数据包的路由（参考图8-1-3）。

- **发送给同一个网络内的计算机2，其IP地址为192.168.1.2**：计算机1会将计算机2的 IP 地址 192.168.1.2 与路由表内的每一条路由的**网络掩码**执行逻辑 AND 运算，结果发现192.168.1.2与3号箭头的**网络掩码** 255.255.255.0执行逻辑AND运算时，其结果与**网络目标**处的192.168.1.0相符合，因此会通过3号箭头的路由来发送数据包，也就是该数据包会从IP地址为192.168.1.1的**接口**发出，而在**网关**处为**在链路上**，表示该数据包将直接发送给目的地（192.168.1.2），不需要通过路由器。

> **Q** 当计算机2的 IP地址192.168.1.2与1号箭头的**网络掩码**0.0.0.0执行逻辑AND运算后，其结果也与1号箭头的**网络目标**的0.0.0.0相符合，那为何计算机1不选择1号箭头的路由来发送数据包呢?
>
> **A** 当同时有多个路由可用来发送数据包时，计算机1会选择**网络掩码**中位值为1（2进位）的数目最多的路由，1号箭头的**网络掩码**为0.0.0.0，转换成2进位后，其位值为1的数目是0个，而3号箭头的**网络掩码**为255.255.255.0，它有24个位是1，故计算机1会选择3号箭头的路由来发送数据包。

- **发送给丙网络内的计算机6，其IP地址为192.168.3.2**：计算机1会将计算机6的IP地址

192.168.3.2与路由表内的每一条路由的**网络掩码**执行逻辑 AND 运算，结果发现192.168.3.2与1号箭头的**网络掩码** 0.0.0.0执行逻辑AND运算时，其结果与**网络目标**处的0.0.0.0相符合，因此会通过1号箭头的路由来发送数据包。也就是该数据包会从IP地址为192.168.1.1的**接口**发出，然后发送到IP地址为192.168.1.254的**网关**，它就是路由器1的IP地址，再由路由器1根据其中的路由表来决定如何将数据包发送到计算机6。

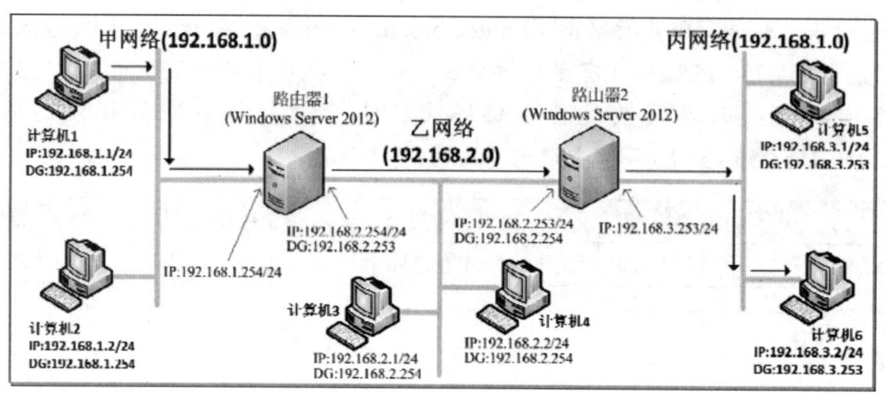

图 8-1-3

- **发送广播数据包给192.168.1.255**：也就是将数据包广播给网络号为192.168.1.0的所有计算机。经过将192.168.1.255与路由表内的每一条路由的**网络掩码**执行逻辑AND运算后，发现运算结果与5号箭头的**网络目标** 192.168.1.255相符合，因此会通过5号箭头的路由来发送数据包，也就是该数据包会从IP地址为192.168.1.1的**接口**发出，而在**网关**字段处为**在链路上**，表示数据包将直接发送给目的地（192.168.1.255），不需要通过路由器。

例如以图中的计算机3来说，以下是其选择发送路由的3个范例的简要说明。

- **若要发送给甲网络内的计算机**：会发送给其默认网关，也就是路由器1（IP地址192.168.2.254），再由路由器1将其发送给甲网络内的计算机。
- **若要发送给乙网络内的计算机**：直接发送给目的地计算机，不需要通过路由器。
- **若要发送给丙网络内的计算机**：会发送给其默认网关，也就是路由器1（IP地址192.168.2.254），再由路由器1将其发送给路由器1的默认网关，也就是路由器2（IP地址192.168.2.253），最后再由路由器2发送给丙网络内的计算机。

8.1.2 路由器的路由表

以图8-1-4为例，图中除了路由器1与2之外，甲乙两个网络另外还通过路由器3连接在一起。其中路由器1内的路由表如图8-1-5所示，由于它与一般主机的路由表类似，故在此我们只针对**跃点数**（metric）做说明。

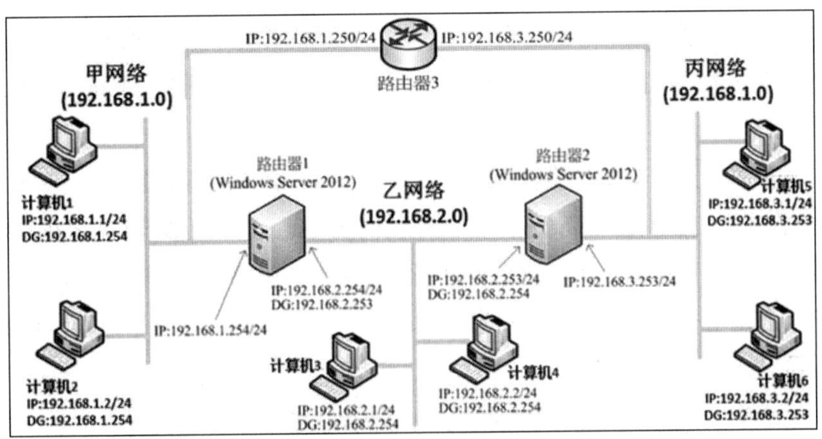

图 8-1-4

图中路由器1的两块网卡都各自设置了默认网关（一般应该只有一块网卡需指定默认网关，此处为了解释方便起见，故在两块网卡都指定默认网关），分别是192.168.2.253与192.168.1.250，因此在图8-1-5中的箭头1与箭头2可以看到两条**默认路由**。如果路由器1要通过**默认路由**来发送数据包（例如将数据包发送到丙网络），那么请问路由器要选择哪一个路由呢？也就是要将数据包传给路由器2还是路由器3呢？前面介绍过它会选择**网络掩码**中（2进位）位值为1的数目最多的路由，可是这两个**默认路由**的**网络掩码**一样都是0.0.0.0，路由器1要如何选择呢？此时需由图8-1-5中最右边的**跃点数**（metric）字段值来决定。

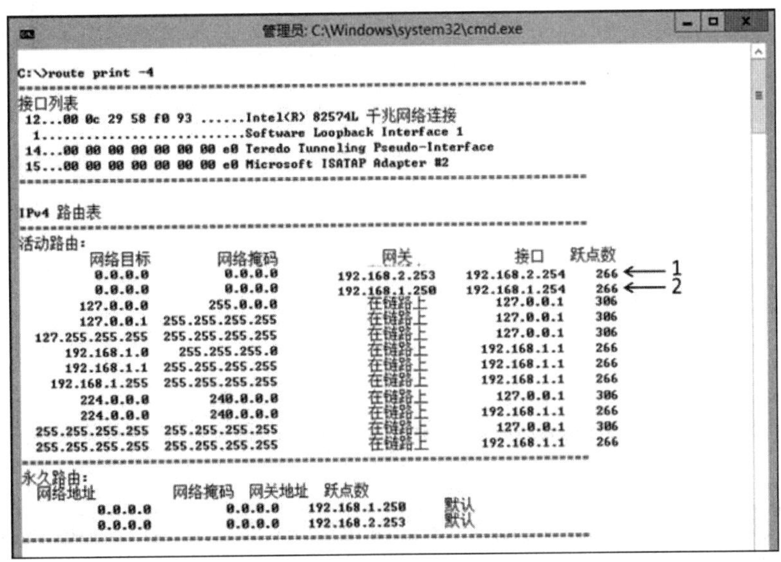

图 8-1-5

跃点数值用来表示通过此路由发送数据包的成本，它可能代表发送速度的快慢、发送途中需要经过多少个路由器、此路由的稳定性等，可以根据这些因素来自行设置此路由的**跃点数**值，**跃点数**值越低表示此路由越佳。

路由器会先选择**跃点数**值最低的路由来发送，若**跃点数**值相同，例如图8-1-5中两个**默认路由**的**跃点数**值都是由系统自动设定的266，则系统会选择**链接顺序**（binding order）在前面的网络接口。

可以通过【按⊞+X键➲**文件资源管理器**➲选中并右击**网络**➲**属性**➲单击**更改适配器设置**➲按Alt键➲如图8-1-6所示选择**高级**菜单➲**高级设置**➲通过**高级设置**对话框来查看连接顺序】，图中乙网络排在甲网络前面，因此路由器1会通过乙网络将数据包发出，也就是选择图8-1-5中1号箭头的路由来将其发送给路由器2（192.168.2.253）。可以通过图8-1-6右侧的上下箭头来调整连接顺序。

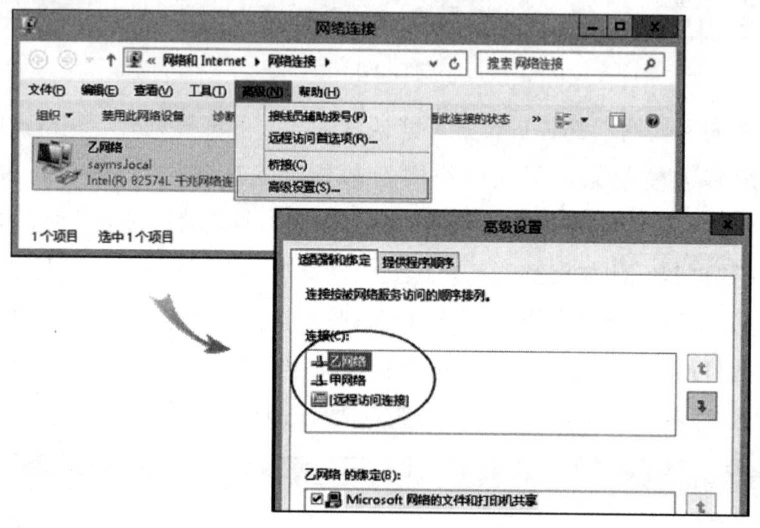

图 8-1-6

Windows系统会自动检测网关是否正常，因此若因故无法通过排在列表前面的乙网络的网关（也就是图8-1-5中1号箭头的192.168.2.253）来发送数据包，系统会自动改为使用排在后面的甲网络的网关（也就是图8-1-5中2号箭头的192.168.1.250）。

> 附注
>
> 系统是通过注册表参数 **DeadGWDetectDefault** 来决定是否要自动检测网关正常与否，此参数位于以下注册表路径：
>
> **HKEY_LOCAL_MACHINE\SYSTEM\CurrentControlSet\Services\Tcpip\Parameters**
>
> 参数类型为REG_DWORD，数值为1表示要检测，0表示不检测。

Windows系统具备自动计算**跃点数**的功能，而在Windows Server 2012（R2）、Windows Server 2008（R2）、Windows 8、Windows 7与Windows Vista内通过以下方式来自动计算每一个路由的**跃点数**：

路由跃点数 = 接口跃点数 + 网关跃点数

接口跃点数是以网络接口的速度来计算的，例如100 Mbps网卡的默认**接口跃点数**为20、1 Gbps 网卡为10、10 Gbps网卡为5。**网关跃点数**默认为256。因此若在1 Gbps网卡上指定默认网关，则在路由表中**默认路由**的跃点数为10 + 256 = 266。

> **附注**
>
> 可以如图8-1-7所示利用netsh interface ip show address命令来查看网络接口的网关跃点数与接口跃点数。

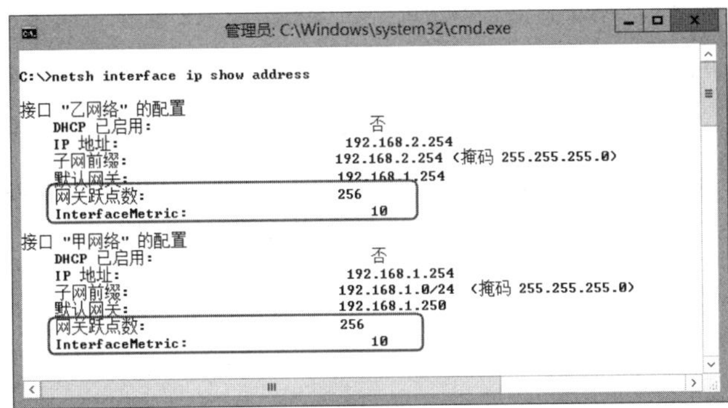

图 8-1-7

若要更改**界面跃点数**或**网关跃点数**的默认值：【按⊞+X键➲**文件资源管理器**➲选中并右击**网络**➲**属性**➲单击**更改适配器设置**➲选中并右击**网络连接**➲**属性**➲单击**Internet协议版本4（TCP/IPv4）**➲单击属性按钮➲单击高级按钮➲然后通过图8-1-8中**默认网关**与**自动跃点数**来设置】。

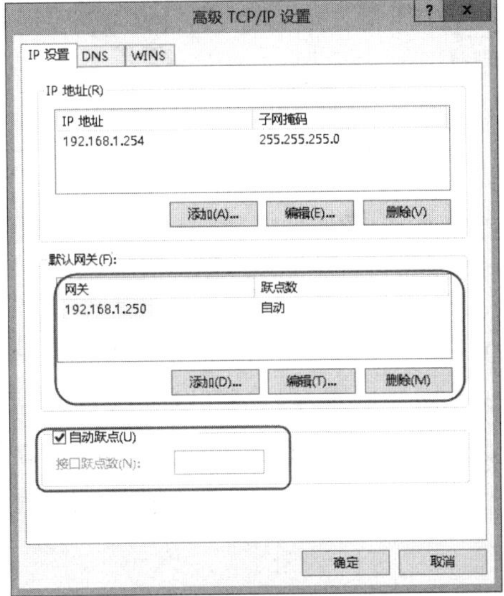

图 8-1-8

附注

Windows Server 2003等旧版系统的设置有所不同：**网关跃点数**就是**路由跃点数**，而**网关跃点数**默认会自动继承**接口跃点数**，不过也可以自行设置每一个网关的**网关跃点数**（不继承**界面跃点数**）。100 Mbps网卡的默认**接口跃点数值**为20，而1 Gbps网卡为10。

8.2 设置Windows Server 2012 R2路由器

我们将通过图8-2-1来说明如何将Windows Server 2012 R2服务器设置为路由器（图中的路由器1）。请依照图中的指示将路由器1、计算机1与计算机2的IP地址、默认网关等设置好，并利用ping命令来确认计算机1与路由器1、路由器1与计算机2相互之间都可以正常通信，不过暂时将这3台计算机的**Windows防火墙**关闭或启用**输入规则**中的**文件和打印机共享（回显请求 – ICMPv4-In）**，否则它会阻止ping命令所发送的数据包。

附注

由于我们还没有启用路由器1的路由功能，因此计算机1与计算机2之间目前还无法通过路由器来通信。

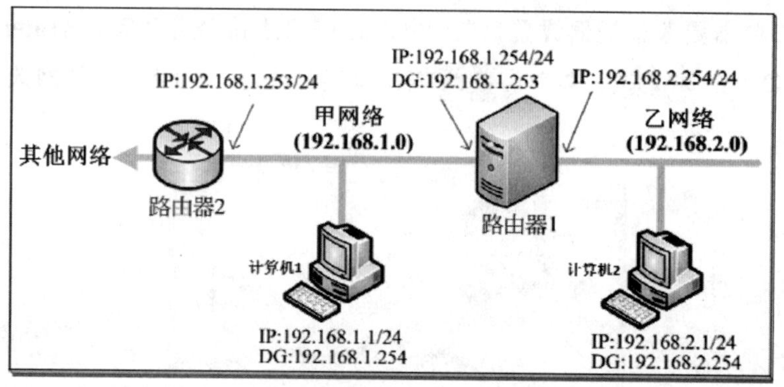

图 8-2-1

图中扮演路由器1角色的Windows Server 2012 R2计算机内安装了2块网卡，这两块网卡所对应的连接名称默认分别是**以太网**与**以太网2**，建议将其改成比较有意义的名称，如图8-2-2所示的两个连接分别代表连接到甲网络与乙网络：【按⊞+X键➲**文件资源管理器**➲选中并右击**网络**➲**内容**➲单击**更改适配器设置**➲分别选中并右击**以太网**与**以太网2**➲**重命名**】。

图 8-2-2

8.2.1 启用Windows Server 2012 R2路由器

请到即将扮演路由器1角色的Windows Server 2012 R2计算机上执行以下操作。

STEP 1 打开**服务器管理器**➲单击**仪表板**处的**添加角色和功能**➲持续单击下一步按钮，直到出现如图8-2-3所示的**选择服务器角色**界面时勾选**远程访问**。

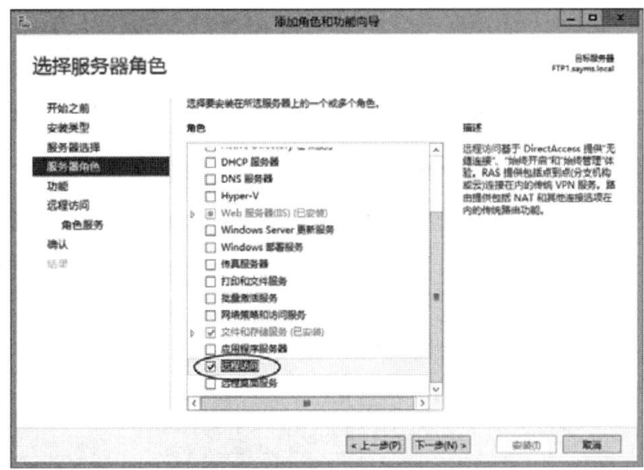

图 8-2-3

STEP 2 持续单击下一步按钮，直到出现如图8-2-4所示的**选择角色服务**界面时勾选**路由**➲单击添加功能按钮。

图 8-2-4

STEP 3　持续单击下一步按钮，直到出现**确认安装选项**界面时单击安装按钮。

STEP 4　完成安装后单击关闭按钮，然后重新启动计算机，以系统管理员身份登录。

STEP 5　按⊞键切换到**开始**菜单➲**管理工具**➲**路由和远程访问**➲如图8-2-5所示选中并右击本机计算机➲配置并启用路由和远程访问。

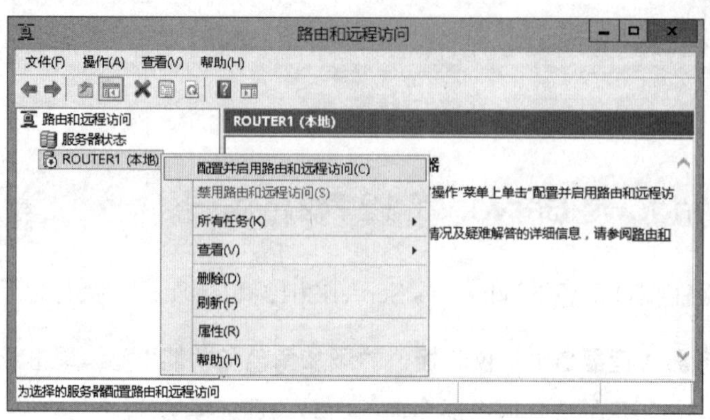

图 8-2-5

STEP 6　在**欢迎使用路由和远程访问服务器安装**向导界面中单击下一步。

STEP 7　选择图8-2-6中**自定义配置**➲单击下一步按钮➲勾选**LAN路由**➲单击下一步按钮。

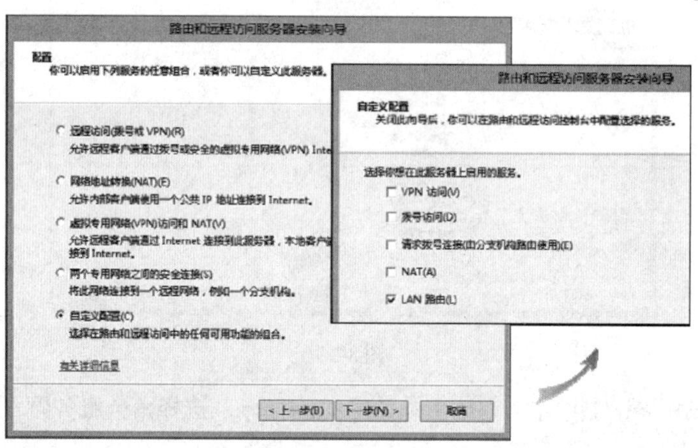

图 8-2-6

STEP 8　出现**完成路由和远程访问服务器安装向导**界面时单击完成按钮（此时出现**无法启动路由和远程访问**警告界面，不必理会，直接单击确定按钮）。

STEP 9　出现**启动服务**界面时单击启动服务按钮。

STEP 10　若要确认此计算机已经具备路由器功能，则【如图8-2-7所示单击本地计算机➲单击上方**属性**图标➲确认前景图中已勾选**IPv4路由器**】。

完成配置后，图8-2-1中位于甲网络的计算机1就可以与位于乙网络的计算机2正常通信，可利用ping命令来测试，不过请先将计算机2的**Windows防火墙**关闭。

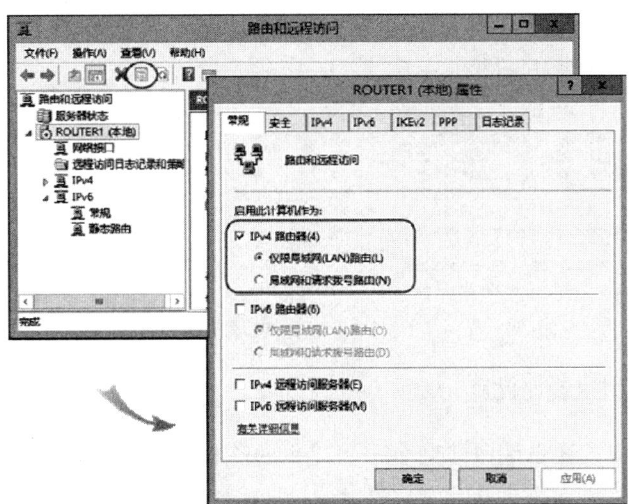

图 8-2-7

附注

若要禁用**路由和远程访问服务**，则【选中并右击图8-2-7中背景图的**ROUTER1（本地）**➲禁用**路由和远程访问**】。

8.2.2 查看路由表

Windows Server 2012 R2路由器配置完成后，可以利用前面介绍过的**route print -4**（或**route print**）命令或通过图8-2-8所示的方法来查看路由表。

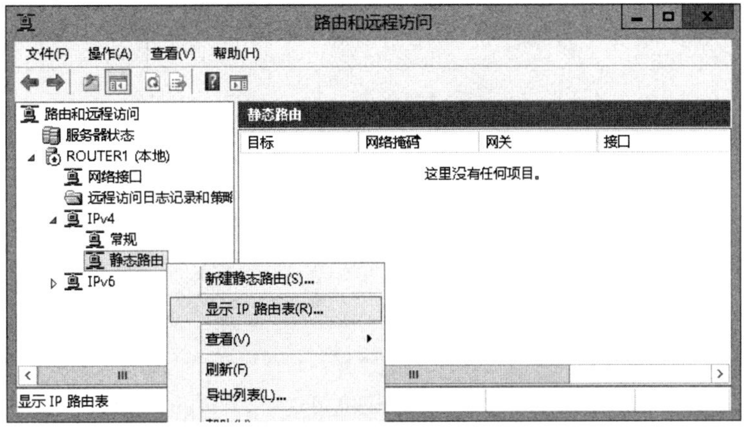

图 8-2-8

图8-2-9所示为图8-2-1中路由器1的默认路由表内容，由图中可看出与路由器直接连接的两个网络，也就是192.168.1.0（甲网络）与192.168.2.0（乙网络），其路由已经被自动建立在路由表内。

ROUTER1 - IP 路由表

目标	网络掩码	网关	接口	跃点数	协议
0.0.0.0	0.0.0.0	192.168.1.253	甲网络	266	网络管理
127.0.0.0	255.0.0.0	127.0.0.1	Loopback	51	本地
127.0.0.1	255.255.255.255	127.0.0.1	Loopback	306	本地
192.168.1.0	255.255.255.0	0.0.0.0	甲网络	266	本地
192.168.1.254	255.255.255.255	0.0.0.0	甲网络	266	本地
192.168.1.255	255.255.255.255	0.0.0.0	甲网络	266	本地
192.168.2.0	255.255.255.0	0.0.0.0	乙网络	266	本地
192.168.2.254	255.255.255.255	0.0.0.0	乙网络	266	本地
192.168.2.255	255.255.255.255	0.0.0.0	乙网络	266	本地
224.0.0.0	240.0.0.0	0.0.0.0	甲网络	266	本地
255.255.255.255	255.255.255.255	0.0.0.0	甲网络	266	本地

图 8-2-9

图中**协议**字段是用来说明此路由是如何产生的。

- 若是通过**路由及远程访问**控制台手动建立的路由，则此处为**静态**（Static）。
- 若是利用其他方式手动建立的，例如利用**route add**命令建立的或是在网络连接（例如**以太网**）的TCP/IP中设置的，则此处为**网络管理**（Network Management）。
- 若是利用**RIP通信协议**从其他路由器学习得来，则此处为**RIP**。
- 以上情况之外，此处是**本地**（Local）。

8.2.3 添加静态路由

我们将通过图8-2-10来说明如何添加静态路由。以图中的路由器1来说，当它接收到数据包时，会根据数据包的目的地来决定发送方法。

- **数据包的目的地为甲网络内的计算机**：此时它会通过IP地址为192.168.1.254的网卡将数据包直接发送给目的地计算机。
- **数据包的目的地为乙网络内的计算机**：此时它会通过IP地址为192.168.2.254的网卡将数据包直接发送给目的地计算机。

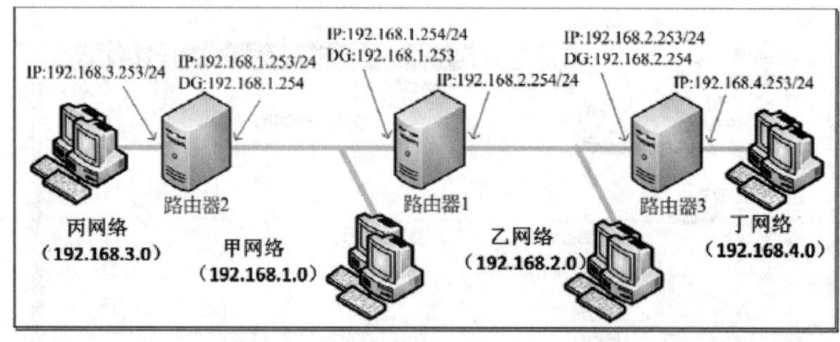

图 8-2-10

- **数据包的目的地为丙网络内的计算机**：由于对路由器1来说，丙网络为另外一个网段（非直接连接的网络），因此路由器1会将其发送给默认网关来转发，也就是会通过IP地址为192.168.1.254的网卡来将其发送给路由器2的IP地址192.168.1.253，再由路由器2将此数据包转发给目的地计算机。

- **数据包的目的地为丁网络内的计算机**：由于对路由器1来说，丁网络为另外一个网段（非直接连接的网络），因此路由器1会将其发送给默认网关来转发，也就是会通过IP地址为192.168.1.254的网卡来将其发送给路由器2的IP地址192.168.1.253，然而对路由器2来说，丁网络也是另外一个网段，因此路由器2会将此数据包发送给其默认网关192.168.1.254，也就是路由器1，路由器1又会将其发送给路由器2……一直这样循环，如此数据包将无法被发送到目标计算机。

可以通过在路由器1添加静态路由的方式来解决上述第4点的问题，这个静态路由是要让路由器1将目标为丁网络的数据包发送给路由器3来转发。可以通过**路由和远程访问**控制台或**route add**命令来添加静态路由。

1. 通过“路由和远程访问”控制台

如图8-2-11所示【展开**IPv4**➲选中并右击**静态路由**➲**新建静态路由**➲通过**IPv4静态路由**对话框来设置新路由】，图中范例表示发送给192.168.4.0网络（丁网络）的数据包，将通过连接**乙网络**的网络接口（也就是IP地址为192.168.2.254的网卡）发出，且会转发给IP地址为192.168.2.253的网关（路由器3），而此路由的**网关跃点数值**为256。

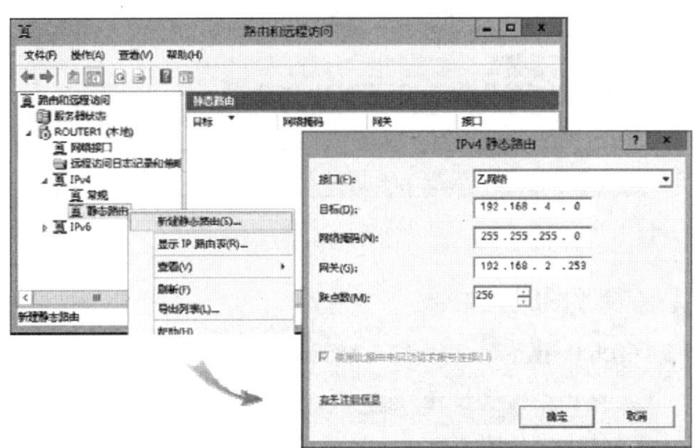

图 8-2-11

图8-2-12所示为其路由表，其中**目的地**为192.168.4.0的路由就是刚才所建立的路由，其跃点数为**网关跃点数** + **界面跃点数**= 256 + 10（1 Gbps网络的默认值）= 266。

ROUTER1 - IP 路由表

目标	网络掩码	网关	接口	跃点数	协议
0.0.0.0	0.0.0.0	192.168.1.253	甲网络	266	网络管理
127.0.0.0	255.0.0.0	127.0.0.1	Loopback	51	本地
127.0.0.1	255.255.255.255	127.0.0.1	Loopback	306	本地
192.168.1.0	255.255.255.0	0.0.0.0	甲网络	266	本地
192.168.1.254	255.255.255.255	0.0.0.0	甲网络	266	本地
192.168.1.255	255.255.255.255	0.0.0.0	甲网络	266	本地
192.168.2.0	255.255.255.0	0.0.0.0	乙网络	266	本地
192.168.2.254	255.255.255.255	0.0.0.0	乙网络	266	本地
192.168.2.255	255.255.255.255	0.0.0.0	乙网络	266	本地
192.168.4.0	255.255.255.0	192.168.2.253	乙网络	266	静态(非请求拨号)
224.0.0.0	240.0.0.0	0.0.0.0	甲网络	266	本地
255.255.255.255	255.255.255.255	0.0.0.0	甲网络	266	本地

图 8-2-12

> **附注**
>
> 建议在每个网络内各安装一台计算机，设置好IP地址与默认网关，然后利用ping命令来测试这些计算机之间是否可以正常通信，以便验证所有路由器的路由功都能正常运作。

2. 利用 route add 命令

也可以利用**route add**命令来添加静态路由。假设在图8-2-10右侧还有一个网络号为192.168.5.0的网络，而我们要在路由器1内添加一条192.168.5.0的静态路由，也就是当路由器1要发送数据包到此网络时，它会通过**乙网络**的网络接口（IP地址为192.168.2.254的网卡）发出，并且会转发给IP地址为192.168.2.253的网关（路由器3），假设此路由的**网关跃点数**为256。

请在路由器1上打开**命令提示符**或**Windows PowerShell**窗口，然后利用**route print**命令来查看IP地址为192.168.2.254的网络接口（网卡）代号，假设代号为如图8-2-13所示的16（可通过右侧的网卡名称或MAC地址来比对得知）。

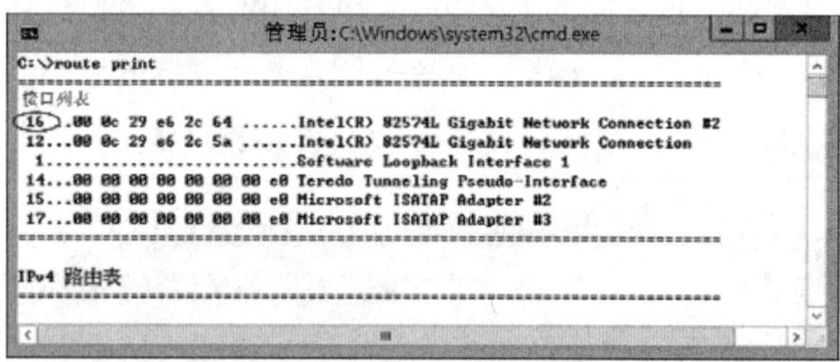

图 8-2-13

接着执行以下命令（参考图8-2-14）：

```
route –p add 192.168.5.0 mask 255.255.255.0 192.168.2.253 metric 256 if 16
```

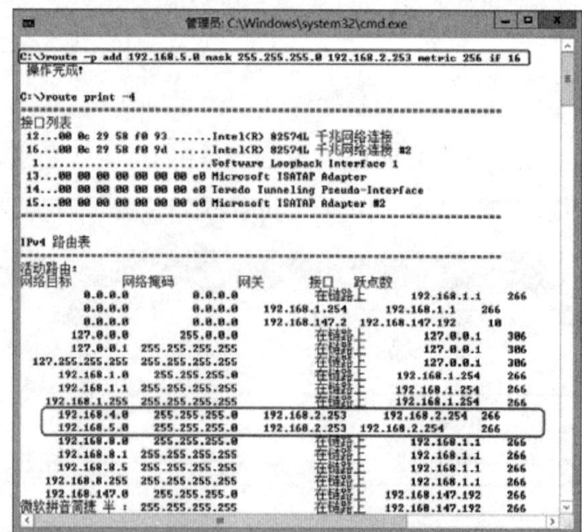

图 8-2-14

其中参数**-p**表示永久路由，它会被存储在注册表数据库内，下一次重新启动此路由依然存在。图中的192.168.4.0与192.168.5.0就是我们分别利用两种方法所建立的路由。图8-2-15所示为在**路由和远程访问**控制台中所看到的界面。

ROUTER1 - IP 路由表

目标	网络掩码	网关	接口	跃点数	协议
0.0.0.0	0.0.0.0	0.0.0.0	乙网络	266	网络管理
127.0.0.0	255.0.0.0	127.0.0.1	Loopback	51	本地
127.0.0.1	255.255.255.255	127.0.0.1	Loopback	306	本地
192.168.1.0	255.255.255.0	0.0.0.0	乙网络	266	本地
192.168.1.1	255.255.255.255	0.0.0.0	乙网络	266	本地
192.168.1.255	255.255.255.255	0.0.0.0	乙网络	266	本地
192.168.4.0	255.255.255.0	192.168.2.253	乙网络	266	静态 (非请求拨号)
192.168.5.0	255.255.255.0	192.168.2.253	乙网络	266	网络管理
192.168.8.0	255.255.255.0	0.0.0.0	乙网络	266	本地
192.168.8.1	255.255.255.255	0.0.0.0	乙网络	266	本地
192.168.8.5	255.255.255.255	0.0.0.0	乙网络	266	本地
192.168.8.255	255.255.255.255	0.0.0.0	乙网络	266	本地

图 8-2-15

可以通过**route delete**命令来删除路由，例如要删除路由192.168.5.0，可以执行**route delete 192.168.5.0**。

8.3 筛选进出路由器的数据包

Windows Server 2012 R2路由器支持数据包筛选功能，让我们可以通过**筛选规则**来决定哪一类型的数据包被允许通过路由器来发送，以便提高网络的安全性。路由器的每一个网络接口都可以被设置来筛选数据包，例如：

- 以图8-3-1为例，可以通过**入站筛选器**让路由器不接受由甲网络内的计算机所送来的ICMP数据包，因此甲网络内的计算机无法利用**ping**命令来与乙、丙两个网络内的计算机通信。

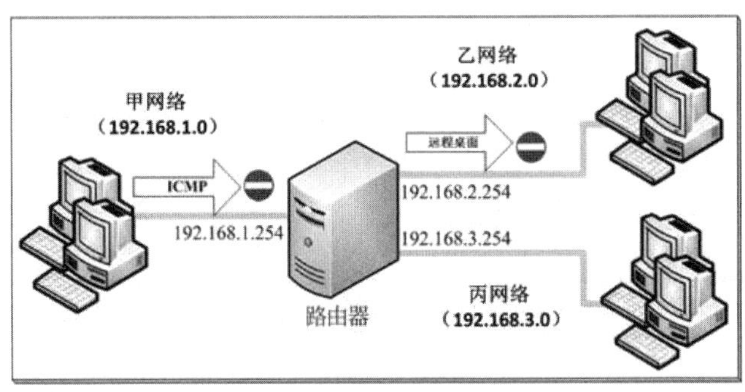

图 8-3-1

- 又例如可通过**出站筛选器**让路由器不将**远程桌面**的数据包送到乙网络，因此甲、丙两个网络内的计算机无法利用**远程桌面**来与乙网络内的计算机通信。

8.3.1 入站筛选器的设置

我们以图8-3-1中的路由器为例来说明如何设置**入站筛选器**，以便拒绝接受从甲网络来的ICMP数据包，不论此数据包的目的地为乙或丙网络内的计算机：【如图8-3-2所示展开**IPv4**➲**常规**➲选择网络接口**甲网络**➲单击上方的**属性**图标➲单击前景图中的入站筛选器按钮】。

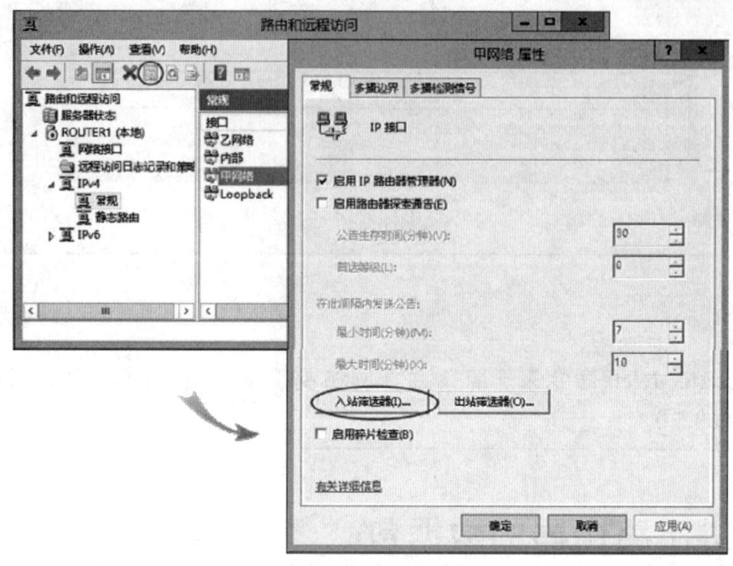

图 8-3-2

接着如图8-3-3所示单击新建按钮，通过**添加IP筛选器**对话框来设置。图中设置从甲网络（来源网络，192.168.1.0/24）传进来的ICMP数据包，无论其目的地为何，都一律拒绝接受。图中只限制**ICMP Echo Request**数据包，其类型（type）为8、 代码（code）为0，故甲网络内的计算机将无法利用ping命令来与乙、丙两个网络内的计算机通信。

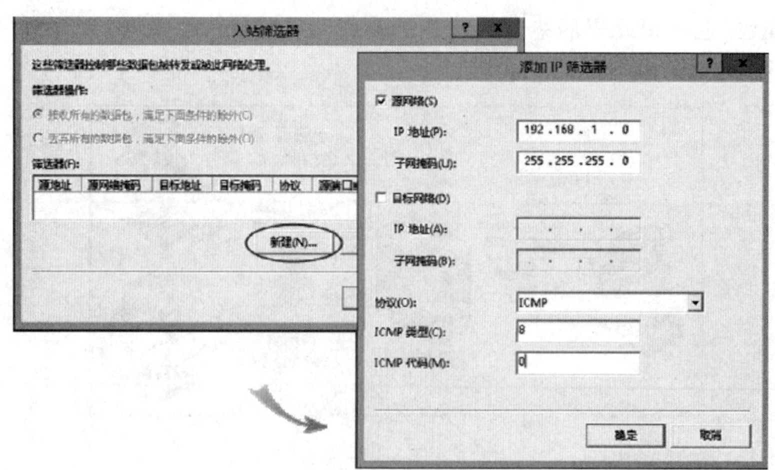

图 8-3-3

8.3.2 出站筛选器的设置

我们通过图8-3-1中的路由器为例来说明如何设定**出站筛选器**，以便拒绝将与远程桌面有关的数据包发送到乙网络，因此甲、丙两个网络内的计算机将无法利用**远程桌面连接**来与乙网络内的计算机通信：【如图8-3-4所示展开**IPv4**➲**常规**➲选择网络接口**乙网络**➲单击上方的**属性**图标➲单击**甲网络属性**对话框中的出站筛选器按钮】。

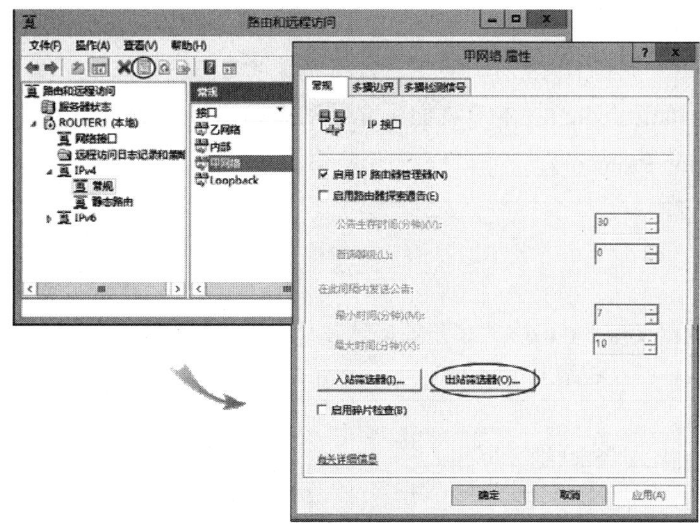

图 8-3-4

接着如图8-3-5单击新建按钮，通过**添加IP筛选器**对话框来设置。图中设置了无论从哪一个网络所发送来的**远程桌面**数据包（TCP端口号码为3389）一律拒绝将其发送到目的地网络192.168.2.0/24（乙网络）。

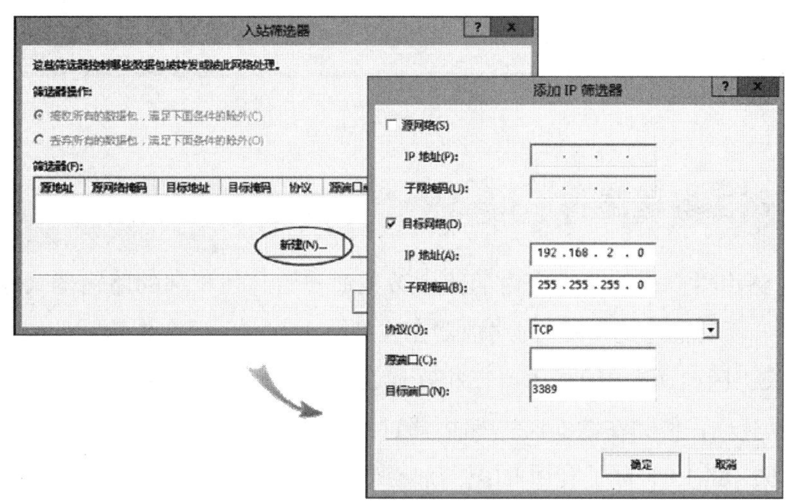

图 8-3-5

8.4 动态路由RIP

路由器会自动在路由表内建立与路由器直接连接的网络路由，例如在图8-4-1中路由器1自动在路由表内建立了往甲网络（192.168.1.0）与乙网络（192.168.2.0）的路由，而路由器2自动建立了往乙网络（192.168.2.0）与丙网络（192.168.3.0）的路由。然而非与路由器直接连接的网络路由需要另外建立，例如丙网络并没有直接连接到路由器1，因此需要手动在路由器1内建立往丙网络的网络路由，然而手动建立会增加管理路由器的负担。这些手动建立的路由被称为**静态路由**（static route），本节我们将介绍**动态路由**（dynamic route）通信协议：RIP（Routing Information Protocol）。

图中路由表内**网关**处的**0.0.0.0**，表示此网络直接与路由器连接，也就是利用**route print**来查看路由表中的**在链路上**（on-link）。

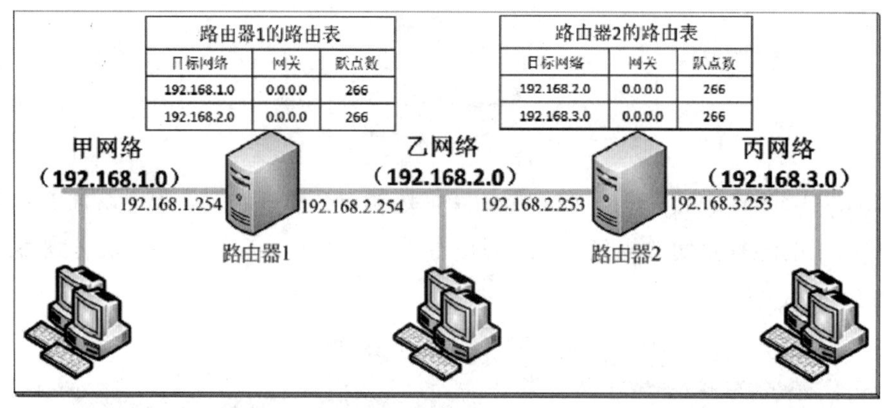

图8-4-1

8.4.1 RIP路由器概述

支持RIP的路由器会将其路由表内的路由数据通告给其他相邻的路由器（连接在同一个网络的路由器），而其他也支持RIP的路由器在收到路由数据后便会依据这些路由数据自动修正自己的路由表。因此所有RIP路由器在相互通告后都可以自动建立正确的路由表，不需要系统管理员手动建立，例如在图8-4-2中路由器1往丙网络的路由（192.168.3.0）、路由器2往甲网络的路由（192.168.1.0）都是利用RIP相互交换学习得来的。

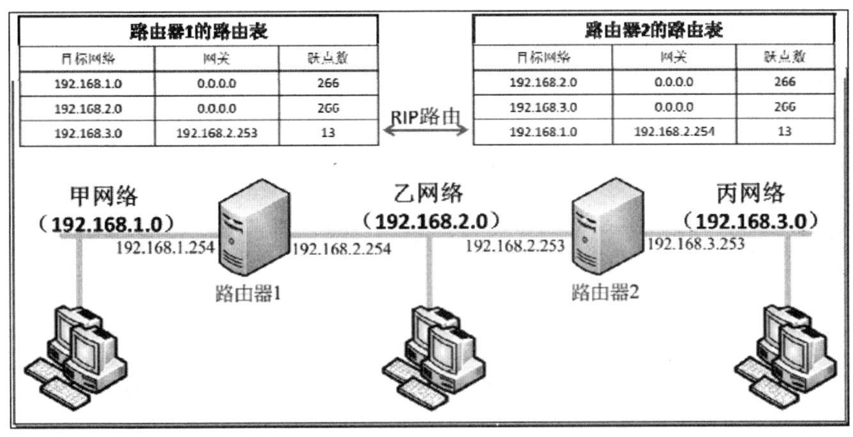

图 8-4-2

1. RIP 路由跃点数值

RIP路由器的**路由跃点数**（metric）是利用以下方式来计算的：

RIP路由跃点数 = 接口跃点数 + RIP跃点数

接口跃点数是以网络接口的速度来计算的，例如100 Mbps网卡的默认**接口跃点数**为20，而1 Gbps网卡为10、10 Gbps网卡为5。

RIP跃点数是以数据包发送过程中所经过的路由器数量（hop count）来计算的，也就是每经过一个RIP路由器，此路由器就会将**RIP跃点数**加1。

另外Windows Server 2012 R2的RIP动态路由器在将路由表内的路由通告给相邻的其他路由器时，会将所有非通过RIP学习来的路由的**RIP跃点数**固定为2，包含直接连接的网络路由与静态路由。因此其他相邻路由器收到的这些路由时，其**RIP跃点数**都是2。

经过以上的分析后，如果图8-4-2中乙网络的速度为1 Gbps，那么路由器1的RIP路由192.168.3.0**RIP路由跃点数**的计算方式如下：

RIP路由跃点数 = 接口跃点数 + RIP跃点数 = 10 +（2+1）= 13

其中**RIP跃点数**的2是路由器2所通告的跃点数，而1代表路由器1自己（参见图8-4-7的说明）。

2. RIP 的缺点

RIP的配置非常容易，不过它只适合中小型的网络，无法扩展到较大型的网络，因为它有一些缺点，例如：

- RIP路由器所发送的数据包最多只可以经过15个路由器。
- 每一个RIP路由器定期的路由通告行为会影响网络效率，尤其是较大型网络。这个通告行为采用广播（broadcast）或多播（multicast）的方式。

- 当某个路由器的路由有异动时（例如某个网络断线），虽然它会通告相邻的其他路由器，再由这些路由器来通告给它们相邻的路由器，但若网络太大时，这些新路由数据可能很久才会通知到所有其他远程路由器，则可能会造成路由回路（routing loop：数据包在路由器之间循环发送）的情况，导致无法正常在网络内发送数据。

8.4.2 启用RIP路由器

我们将通过**新增路由协议**的方式来将普通的Windows Server 2012 R2路由器改为RIP路由器。以图8-4-2来说，我们需要分别将图中的路由器1与路由器2设置为RIP路由器，它们将通过乙网络来交换路由信息。

STEP 1 请到图8-4-2中的路由器1来执行以下的步骤：【如图8-4-3所示选中并右击**IPv4**下的**常规**➲**新增路由协议**➲选择**用于Internet协议的RIP 版本 2** ➲单击确定按钮】。

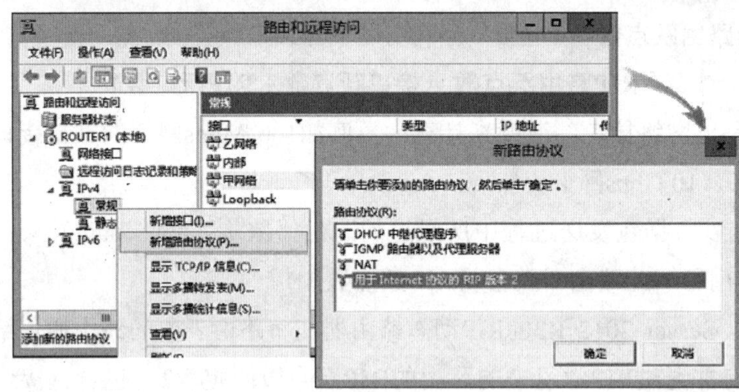

图8-4-3

STEP 2 如图8-4-4所示选中并右击**RIP**➲**新增接口**➲选择网络接口➲单击确定按钮。只有被选择的网络接口才可以利用RIP来与其他路由器交换路由数据，图中选择了连接乙网络的网络接口。

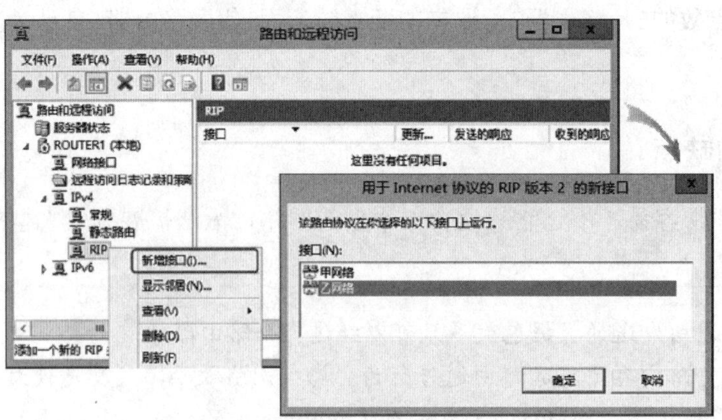

图8-4-4

STEP 3 出现图8-4-5时单击确定按钮即可（后面再来解释界面中的选项）。

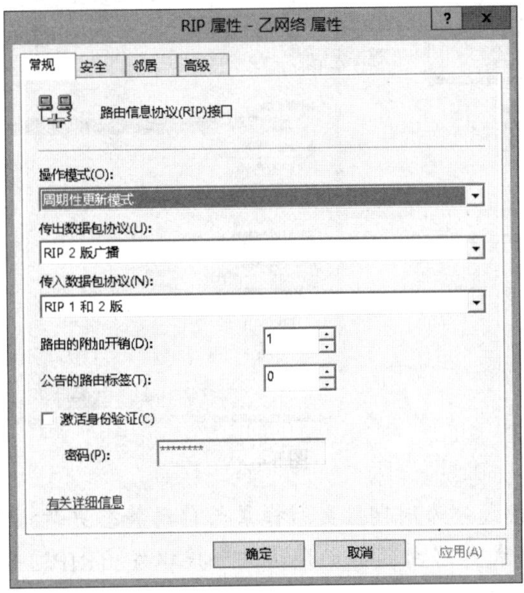

图 8-4-5

STEP 4 请到路由器2上重复相同的步骤来将其设置为RIP路由器。

STEP 5 稍等一下，等两台路由器开始通告路由信息后，就可以来查看路由表内的数据，如图8-4-6所示为路由器1的路由表，其中目的地为192.168.3.0的路由是通过RIP的方式得来的，其跃点数值为13。

ROUTER1 - IP 路由表

目标	网络掩码	网关	接口	跃点数	协议
0.0.0.0	0.0.0.0	192.168.1.253	甲网络	266	网络管理
127.0.0.0	255.0.0.0	127.0.0.1	Loopback	51	本地
127.0.0.1	255.255.255.255	127.0.0.1	Loopback	306	本地
192.168.1.0	255.255.255.0	0.0.0.0	甲网络	266	本地
192.168.1.254	255.255.255.255	0.0.0.0	甲网络	266	本地
192.168.1.255	255.255.255.255	0.0.0.0	甲网络	266	本地
192.168.2.0	255.255.255.0	0.0.0.0	乙网络	266	本地
192.168.2.254	255.255.255.255	0.0.0.0	乙网络	266	本地
192.168.2.255	255.255.255.255	0.0.0.0	乙网络	266	本地
192.168.3.0	255.255.255.0	192.168.2.253	乙网络	13	RIP
224.0.0.0	240.0.0.0	0.0.0.0	甲网络	266	本地
255.255.255.255	255.255.255.255	0.0.0.0	甲网络	266	本地

图 8-4-6

8.4.3 RIP路由接口的设置

RIP路由器要如何来与其他RIP路由器通信呢？可以针对每一个网络接口来做不同的设置，例如要设置乙网络接口的RIP属性：【如图8-4-7所示选择**乙网络**➲单击上方的**属性**图标➲通过**乙网络属性**对话框来设置】。

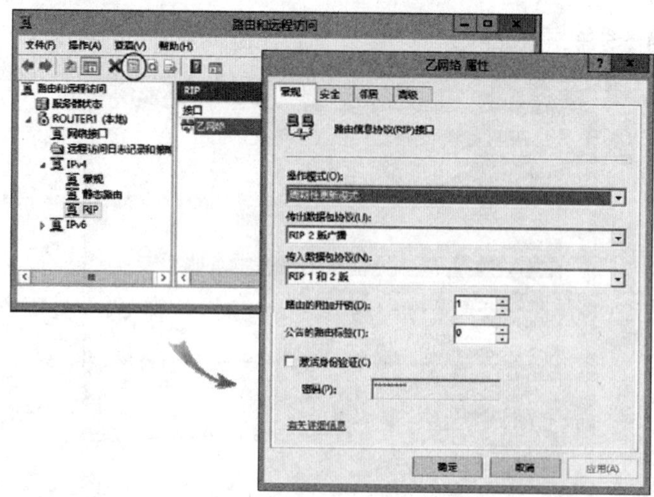

图8-4-7

- 操作模式：操作模式分为周期性更新模式与自动静态更新模式两种。
  - **周期性更新模式**：路由器会定期从这个接口发出RIP通告信息，以便将路由数据发送给其他相邻的路由器；从其他路由器所学习来的路由会因为路由器停止或重新启动而被从路由表中清除。
  - **自动静态更新模式**：路由器并不会主动发出RIP通告信息，而是在其他路由器提出更新路由数据的请求时才会发出RIP通告信息；从其他路由器所学习来的路由并不会因路由器停止或重新启动而被从路由表中清除，除非是被手动删除。
- **传出数据包协议**：用来选择发出RIP通告信息时所采用的通信协议。
  - **RIP1版广播**：以广播方式送出RIP通告信息。
  - **RIP2版广播**：以广播方式送出RIP通告信息。如果网络内有的路由器支持**RIP1版广播**，有的支持**RIP2版广播**，就选择此选项。
  - **RIP2版多播**：以多播的方式发出RIP通告信息。必须是所有相邻的路由器都使用**RIP版本2**的情况下才可以选择此选项，因为只支持**RIP版本1**的路由器无法处理**RIP版本2多播**信息。
  - **静态RIP**（Silent RIP）：它不会通过这个网络接口发出RIP通告信息。
- **传入数据包协议。**
  - **RIP 1和2版**：同时接受RIP 版本1与版本2的通告信息。
  - **只是RIP 1版**：只接受RIP 版本1的通告信息。
  - **只是RIP 2版**：只接受RIP 版本2的通告信息。
  - **忽略传入数据包**：忽略所有由其他路由器传来的 RIP通告信息。
- **路由的附加开销**：它就是**RIP跃点数的“增量值”**，其默认值1，也就是RIP路由器收到其他路由器传来的路由信息时，会自动将其**RIP跃点数**增加1。可以通过此处来修改此增量值，例如若同时有两个网络接口可以将数据包发送到目标网络，且这两个网络的速度是相同的，而你希望路由器能够优先通过你所指定的网络接口来发送，此时只要将另外一个网络接口的**路由的附加开销**的数值增加即可。

- **公告的路由标签**：它会将所有通过这个接口发出的路由都加上一个标记号码，以便于系统管理员追踪、管理，此功能仅适用于**RIP版本2**，一般来说并不需要启用此功能。
- **激活身份验证**：**RIP 版本2**支持验证计算机身份的功能。若勾选此选项，则所有与这台RIP路由器相邻的其他RIP路由器都必须要在此处设置相同的密码（1到16个字符），它们才会相互接受对方送来的RIP通告信息。此处的密码有大小写分别，不过在发送密码时是以明文方式来传输的，并没有加密。

8.4.4　RIP路由筛选

可以针对每一个RIP网络接口来设置**路由筛选器**，以便决定要将哪一些路由通告给其他的 RIP路由器，或是要接受其他RIP路由器所送来的哪些路由：单击图8-4-8中的安全选项卡，然后通过**操作**处的**供传入路由**来筛选由其他RIP路由器所发送来的路由，或通过**供传出路由**来筛选要通告给其他RIP路由器的路由。

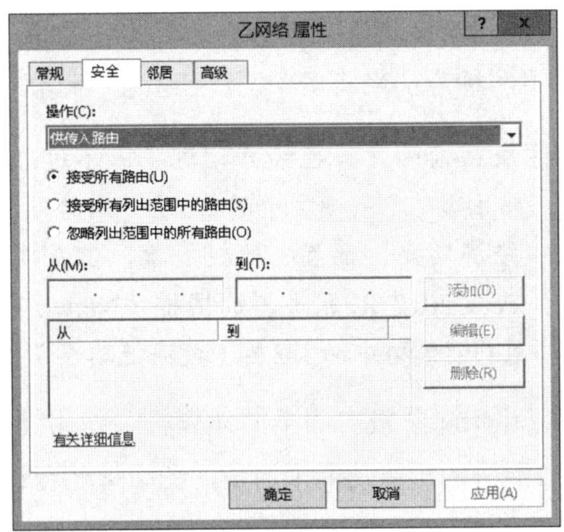

图 8-4-8

8.4.5　与相邻路由器的交互设置

RIP路由器默认会利用**广播**或**多播**的方式将路由数据通告给相邻的RIP路由器。你可以修改这个默认值，让RIP路由器以**单播**（unicast）的方式直接将RIP通告信息发送给指定的RIP路由器，这个功能特别适用于 RIP网络接口连接到不支持广播消息的网络，例如Frame Relay、X.25、ATM，也就是RIP路由器必须将RIP路由通告消息以单播的方式通过这些网络发送给指定的RIP路由器。

其设置方法为单击图8-4-9中的邻居选项卡。图中我们将其修改成直接将路由通告给IP 地址为192.168.2.200与192.68.2.202这两个路由器。由图中可看出可以选择同时使用广播、多播与邻居列表3种方式。

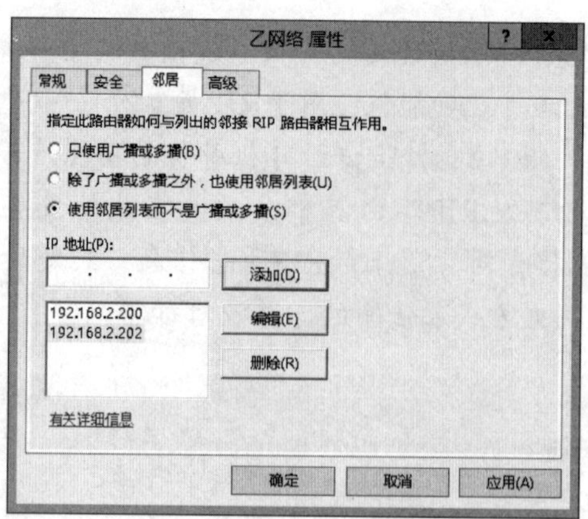

图 8-4-9

8.5 网桥的设置

一般来说，可以选用以下两种方法来将多个网段连接在一起。

- **利用IP路由器**：此方法在前面几节已经介绍过了，不过配置比较麻烦、费用也比较高，但是功能较强。路由器在OSI模型中的第3层（网络层）工作。
- **利用网桥**：此方法较经济实惠，配置也比较简单，但是功能较差。可以选购硬件网桥或通过Windows Server 2012 R2服务器的**网桥**（Network Bridge）功能来将此服务器配置为网桥。网桥在OSI模型中的第2层（数据链路层）工作。

例如图8-5-1中甲乙两个Ethernet网络内的桌面计算机、使用无线网卡的笔记本电脑之间通过Windows Server 2012 R2网桥的桥接功能来通信，图中每一台计算机的IP地址的网络号都是192.168.1.0。

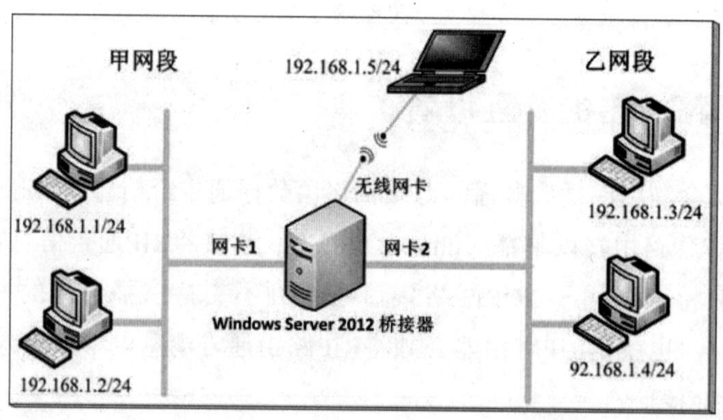

图 8-5-1

将Windows Server 2012 R2配置为网桥的方法为：【按⊞+X键➲**文件资源管理器**➲选中并右击**网络**➲属性➲单击**更改适配器设置**➲按住Ctrl键不放➲选中要被包含在网桥内的所有网络

接口（例如图8-5-2中的甲网络、乙网络）➲如图所示选中并右击其中一个网络接口➲**桥接**】。

图 8-5-2

附注

不能将**Internet连接共享**（Internet Connection Sharing，ICS，见第9章）的对外网络接口包含在网桥内。

图8-5-3所示为完成后的界面，请到图8-5-1甲网络内的任何一台计算机上利用ping命令来测试是否可以与乙网络内的计算机通信（先将**Windows防火墙**关闭）。

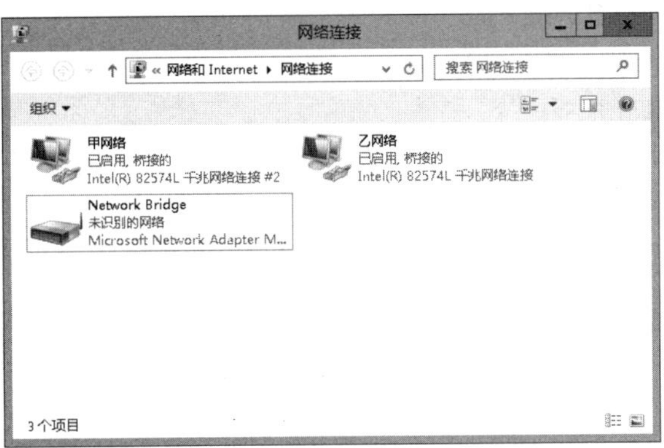

图 8-5-3

这台扮演网桥的计算机的IP地址是设置在图8-5-3中的**Network Bridge**，默认为自动取得IP地址，但不论**Network Bridge**的IP地址为何，都不会影响到其桥接功能。除了桥接功能之外，若要让其他计算机也可以来访问这台网桥内其他资源（例如文件），则**Network Bridge**需拥有一个可以与其他计算机通信的IP地址。若要手动设置其IP地址，则【选中并右击图中的**Network Bridge**➲**属性**➲单击**Internet通信协议版本4（TCP/IPv4）**➲单击属性按钮➲……】，之后其他计算机便可以通过这个IP地址来与这台扮演**Network Bridge**角色的计算机通信。

第9章　网络地址转换（NAT）

Windows Server 2012 R2的**网络地址转换**（Network Address Translation，NAT）让位于内部网络的多台计算机只需要共享一个public IP地址，就可以同时连接因特网、浏览网页与收发电子邮件。

- NAT的特色与原理
- NAT服务器架设实例演练
- DHCP分配器与DNS中继代理
- 开放因特网用户来连接内部服务器
- 因特网连接共享（ICS）

9.1 NAT的特色与原理

一般公司网络内的用户的计算机会使用私有IP地址，私有IP地址不必向IP地址发放机构申请，而且私有IP地址数量众多，不怕不够用，然而私有IP地址仅限于内部网络使用，不能暴露到因特网上，因此要让使用私有IP地址的计算机可以连接因特网，便需使用具备NAT（Network Address Translation，**网络地址转换**）功能的设备，例如防火墙、IP共享设备或宽带路由器等。

Windows Server 2012 R2可以被配置为NAT服务器，它拥有以下特点。

- 支持内部多个局域网络内使用私有IP地址的计算机，可以同时通过NAT服务器连接因特网，而且只需要使用一个public IP地址。
- 支持DHCP功能来自动分配IP地址给内部网络的计算机。
- 支持**DNS中继代理**功能来替内部局域网络的计算机查询外部主机IP地址。
- 支持TCP/UDP端口映射功能，让因特网用户可以访问位于内部网络的服务器，例如网站、电子邮件服务器等。
- NAT服务器的外部网络接口可以使用多个public IP地址，然后搭配地址映射功能，让因特网的应用程序可以通过NAT服务器来与内部网络的应用程序通信。

9.1.1 NAT的网络架构实例图

Windows Server 2012 R2 NAT服务器至少要有两个网络接口，一个用来连接因特网，一个用来连接内部网络。下面列举几种常见的NAT架构。

- 通过路由器连接因特网的NAT架构。

  如图9-1-1所示的NAT服务器至少需要两块网卡，一块连接内部网络，一块连接路由器，并通过路由器来连接因特网，其中的外网卡应该要手动输入IP地址、默认网关与DNS服务器等。

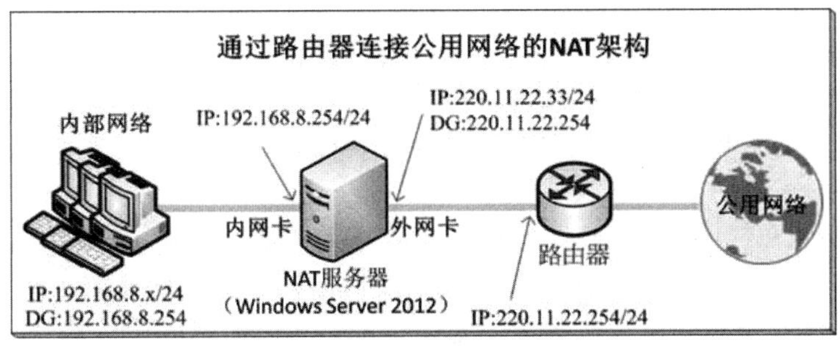

图 9-1-1

- 通过固接式xDSL连接因特网的NAT架构。

  如图9-1-2所示的NAT服务器至少需要两块网卡，一块连接内部网络，一块连接xDSL（例如ADSL、VDSL）调制解调器，并通过xDSL调制解调器连接因特网，其中外网卡请输入由ISP（因特网服务提供商，例如HiNet）分配的IP地址、默认网关与DNS服务器等。

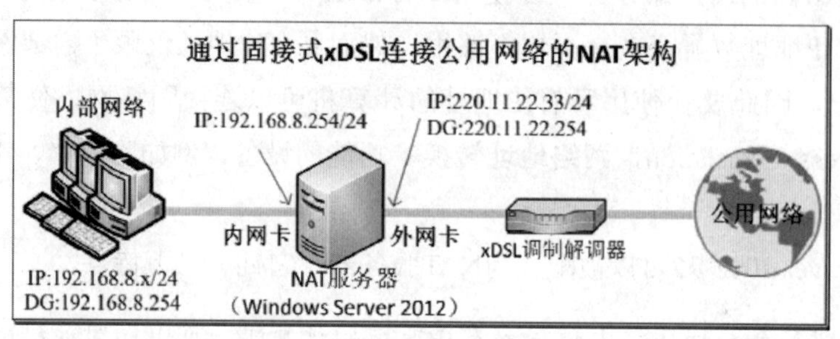

图 9-1-2

- 通过非固接式xDSL连接因特网的NAT架构。

  如图9-1-3所示的NAT服务器至少需要两块网卡，一块连接内部网络，一块连接xDSL调制解调器，并通过xDSL调制解调器连接因特网。你需要在NAT服务器上建立**PPPoE请求拨号**连接，此连接通过外网卡来发送数据。通过此连接拨号到ISP成功后，ISP会自动分配IP地址、默认网关与DNS服务器等设置给此PPPoE请求拨号连接。

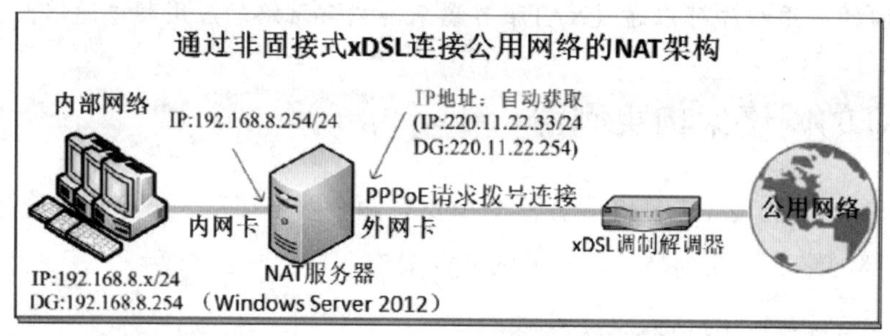

图 9-1-3

> 附注
>
> 只有一块网卡也可以扮演NAT服务器角色，其PPPoE请求拨号连接是建立在这块网卡上的，也就是说NAT服务器对内沟通的网卡接口与对外沟通的PPPoE接口，实际上都是通过同一块网卡传输数据，也因此安全性与效率比较差，故不建议采用这种架构。

- 通过电缆调制解调器（cable modem）连接因特网的NAT架构。

  如图9-1-4所示的NAT服务器至少需要两块网卡，一块连接内部网络，一块连接电缆调制解调器。当通过电缆调制解调器成功连上ISP后，ISP会自动分配IP地址、默认网关与DNS服务器等给NAT服务器的外网卡。

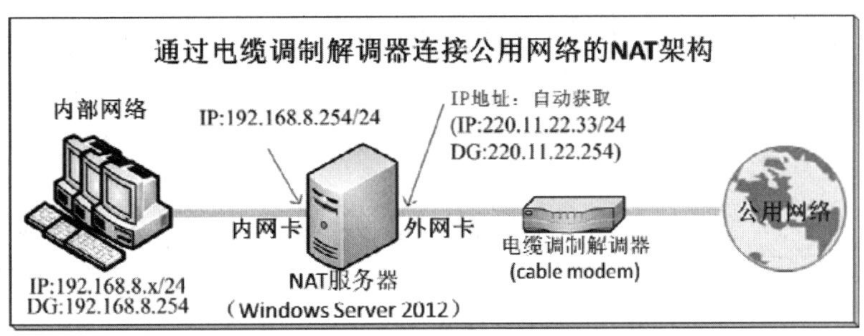

图 9-1-4

> 附注
>
> NAT服务器也可以利用一般调制解调器与电话网络来连接ISP、因特网，不过因为它的速度太慢（56 Kbps），故很少有人使用。

9.1.2　NAT的IP地址

NAT服务器的每一个网络接口（PPPoE指定拨号连接或网卡的以太网络）都必须有一个IP地址，且不同接口的IP地址有着不同的设置。

- 若是连接到因特网的公用网络接口，则其IP地址必须是public IP地址。
  若是通过路由器或固接式xDSL连接因特网，则此IP地址由ISP事先分配，此时你需要自行将此IP地址输入到网卡的TCP/IP设置处；若是通过非固接式xDSL或电缆调制解调器连接因特网，则IP地址由ISP动态分配，不需要手动设置。
- 若是连接内部网络的专用网接口，则其IP地址可使用private IP地址。
  Private IP地址可使用的范围如表 9-1-1所示。我们在前面几个示例图中所采用的private IP地址的网络标识符为192.168.8.0、子网掩码为255.255.255.0。

表9-1-1

网络ID	默认子网掩码	Private IP地址范围
10.0.0.0	255.0.0.0	10.0.0.1 – 10.255.255.254
172.16.0.0	255.240.0.0	172.16.0.1 - 172.31.255.254
192.168.0.0	255.255.0.0	192.168.0.1 - 192.168.255.254

9.1.3　NAT的工作原理

支持TCP或UDP通信协议的服务都有一或多个用来代表此服务的端口号（port number），表 9-1-2中列出了一些最常用的服务器服务与端口号。而客户端应用程序（例如网页浏览器）的端口号是由系统动态产生的，例如当用户在浏览器Internet Explorer内输入类似

http://www.microsoft.com/的URL路径上网时，系统就会为Internet Explorer建立端口号。

如果你已经上网，就可以利用**netstat –n**命令来查看浏览器与网站所使用的端口号。

表9-1-2

服务名称	TCP端口号
HTTP	80
HTTPS	443
FTP控制通道	21
FTP数据通道	20
SMTP	25
POP3	110
NNTP	119

在介绍NAT原理之前，我们先简单说明一般浏览网页的过程。两台计算机内支持TCP或UDP的应用程序是通过IP地址与端口号来相互通信的，例如图9-1-5中右方的服务器A兼具网站（80）、FTP站台（21）与邮件服务器（25、110）的角色，如果计算机A的用户利用浏览器来连接图中的网站，则计算机A与服务器A之间的互动如下所示（假设浏览器的端口号为2222）：

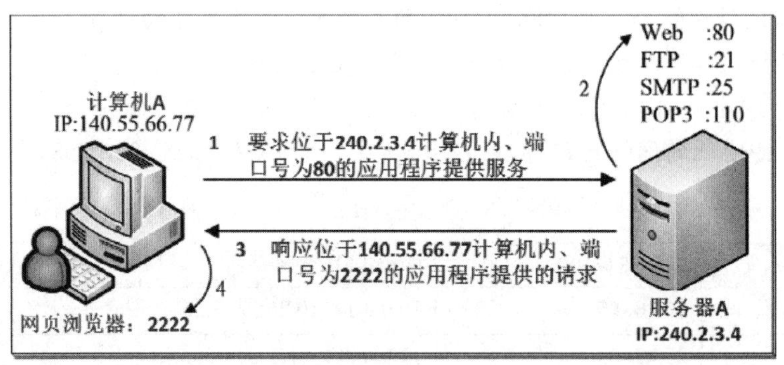

图 9-1-5

- 由端口号为2222的浏览器提出浏览网页的请求后，计算机A会将此请求发送给IP地址为240.2.3.4的服务器A，并指定要交给支持端口号为80的程序（网站）。
- 服务器A收到此请求后，会由支持端口号为80的程序（网站）来负责处理此请求。
- 服务器A的网站将网页发送给IP地址为140.55.66.77的计算机A，并指定要交给支持端口号为2222的程序（浏览器）。
- 计算机A收到网页后，会由支持端口号2222的浏览器来负责显示网页。

NAT（Network Address Translation）工作的基本程序就是执行IP地址与端口号的转换工作。NAT服务器至少要有两个网络接口，其中连接因特网的网络接口需要使用public IP地址，而连接内部网络的网络接口采用private IP地址即可，例如图9-1-6中NAT服务器的外网卡与内网卡的IP地址分别是public IP 220.11.22.33与private IP 192.168.8.254。

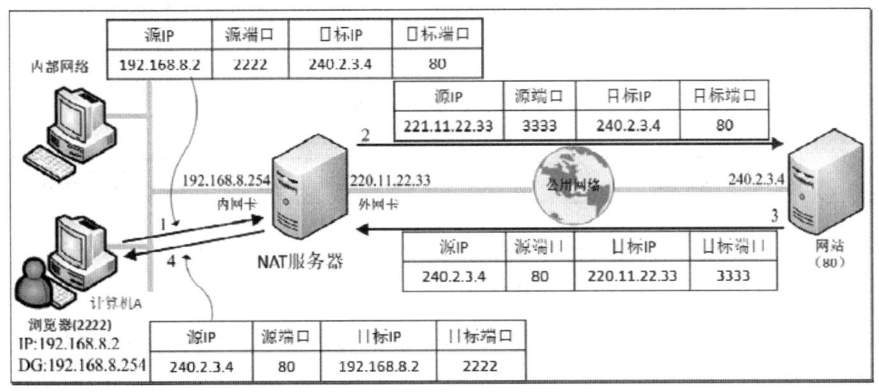

图 9-1-6

我们以图中内部网络的计算机A的用户要通过NAT服务器连接外部网站为例，来说明NAT的工作过程。假设计算机A的浏览器端口号为2222，网站的端口号为默认的80。

STEP 1 计算机A将上网数据包发送给NAT服务器。此数据包header内的源IP地址为192.168.8.2、端口为2222，目标IP地址为240.2.3.4、端口号为80。

源IP地址	源端口	目标IP地址	目标端口
192.168.8.2	2222	240.2.3.4	80

STEP 2 NAT服务器收到数据包后，会将数据包header内的源IP地址与端口号替换成NAT服务器外网卡的IP地址与端口号，IP地址就是public IP 220.11.22.33，端口号是动态产生的，假设是3333。NAT服务器不会改变此数据包的目标IP地址与端口号。

源IP地址	源端口	目标IP地址	目标端口
220.11.22.33	3333	240.2.3.4	80

同时NAT服务器会建立一个如下所示的映射表，以便之后依照映射表将从网站得到的网页内容回传给计算机A（此对照表被称为**NAT Table**）。

源IP地址	源端口	变更后的源IP地址	变更后的源端口
192.168.8.2	2222	220.11.22.33	3333

STEP 3 网站收到浏览网页的数据包后，会根据数据包内的来源IP地址与端口号将网页发送给NAT服务器，此网页数据包中的来源IP地址为240.2.3.4、端口号为80，目的IP地址为

220.11.22.33、端口号为3333。

源IP地址	源端口	目标IP地址	目标端口
240.2.3.4	80	220.11.22.33	3333

STEP 4　NAT服务器收到网页数据包后，会根据对照表（NAT Table）将数据包中的目的IP地址修改为192.168.8.2、端口号修改为2222，但是不会修改来源IP地址与端口号，然后将网页数据包发送给计算机A的浏览器来处理。

源IP地址	源端口	目标IP地址	目标端口
240.2.3.4	80	192.168.8.2	2222

NAT服务器通过IP地址与端口的转换，让位于内部网络的计算机只需要使用private IP地址就可以上网。由以上分析可知：NAT服务器会隐藏内部计算机的IP地址，外界计算机只能够接触到NAT服务器外网卡的public IP地址，无法直接与内部使用private IP地址的计算机通信，因此还可以增加内部计算机的安全性。

9.2　NAT服务器架设实例演练

下面将列举两个范例来说明如何设置NAT服务器与客户端计算机。

9.2.1　路由器、固接式xDSL或电缆调制解调器环境的NAT设置

我们以图9-2-1的路由器、固接式xDSL或电缆调制解调器为例，来说明如何设置图中的NAT服务器，此服务器为Windows Server 2012 R2计算机。

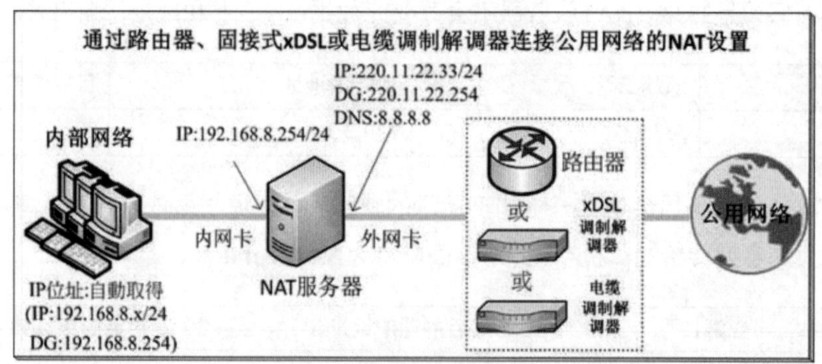

图 9-2-1

附注

只要NAT服务器可以上网，不论NAT服务器的外网卡是连接到路由器还是其他NAT设备，都可以让连接在内网卡的内部网络用户通过这台NAT服务器上网。

图中NAT服务器内安装了两块网卡，一块连接路由器、xDSL调制解调器或电缆调制解调器，一块连接内部网络，其对应的网络连接名称默认是**以太网**与**以太网2**，建议将其变更为易于识别的名称，例如在图9-2-2中分别将其改名为**内网卡**与**外网卡**，改名的方法为【按⊞+X键➲文件资源管理器➲选中并右击**网络**➲**属性**➲单击**更改适配器设置**➲选中并右击所选网络连接➲**重命名**】。

图 9-2-2

STEP 1 打开**服务器管理器**➲单击**仪表板**处的**添加角色和功能**➲持续单击下一步按钮，直到出现如图9-2-3所示的**添加角色和功能向导**界面时勾选**远程访问**➲单击添加功能按钮。

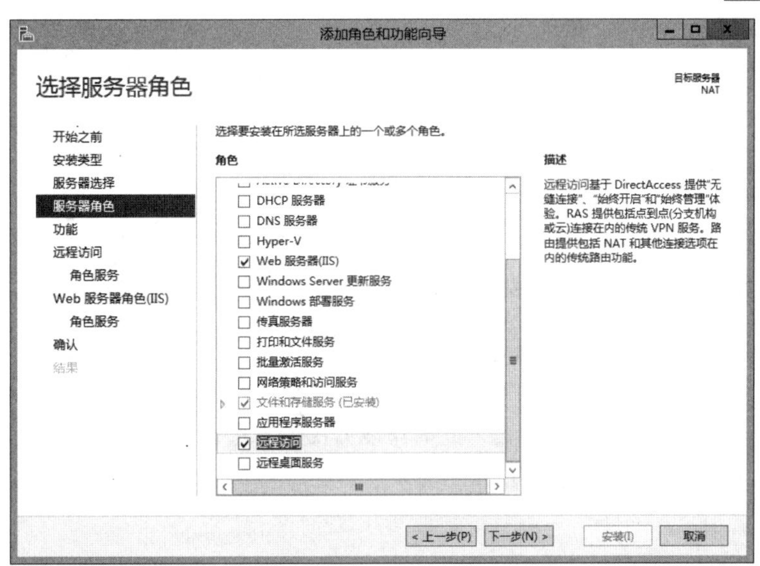

图 9-2-3

STEP 2 持续单击下一步按钮，直到出现如图9-2-4所示的**选择角色服务**界面时勾选**路由**。

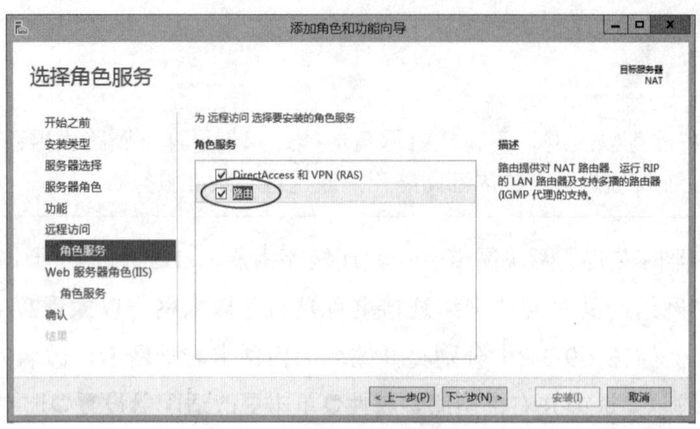

图 9-2-4

STEP 3　持续单击下一步按钮，直到出现**确认安装选项**界面时单击安装按钮。

STEP 4　完成安装后单击关闭按钮，然后重新启动计算机，以系统管理员身份登录。

STEP 5　按⊞键切换到**开始**菜单➲**路由和远程访问**➲如图9-2-5所示，选中并右击本地计算机➲配置和启用路由和远程访问。

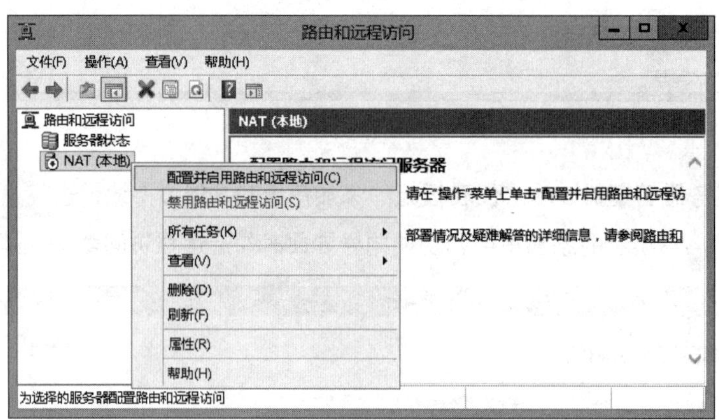

图 9-2-5

STEP 6　在**欢迎使用路由和远程访问服务器安装**向导界面中单击下一步按钮。

STEP 7　选中图9-2-6中的**网络地址转换（NAT）**后单击下一步按钮➲选择用来连接因特网的网络接口（外网卡）后单击下一步按钮。

STEP 8　若安装向导检测不到内部网络（**内网卡**所连接的网络）中提供的DHCP与DNS服务，就会出现图9-2-7所示的界面，此时可以如图所示选择让这台NAT服务器来提供DHCP与DNS服务，单击下一步按钮，内部网络客户的IP地址设置为自动获取即可。

图 9-2-6

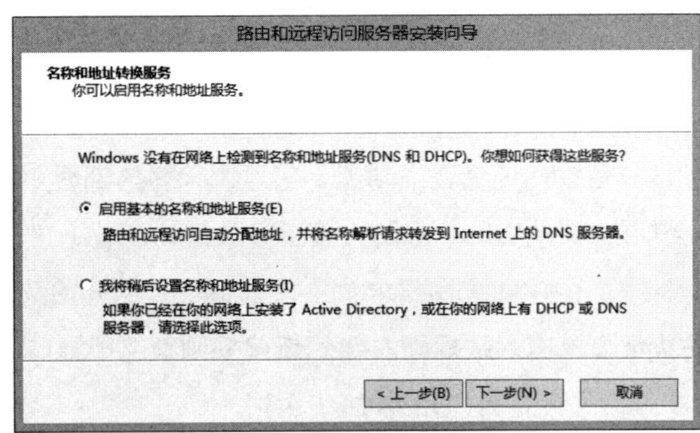

图 9-2-7

STEP 9 由图9-2-8可看出NAT服务器会分配网络号为192.168.8.0的IP地址给内部网络的客户端，它是依据图9-2-1内网卡的IP地址（192.168.8.254）来决定此网络号的，可以事后修改此设置。

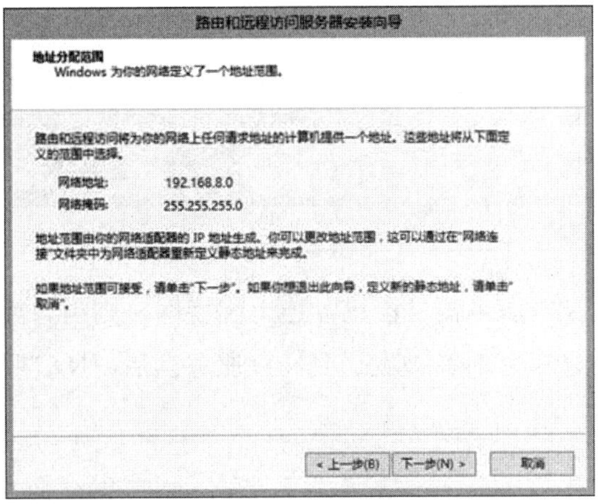

图 9-2-8

STEP 10　出现**完成路由和远程访问服务器安装向导**界面时单击完成按钮（此时出现与防火墙有关的警告信息，直接单击确定按钮即可）。

STEP 11　图9-2-9所示为完成后的界面。可以双击画面右边的内网卡、外网卡来更改内外网卡的设置。

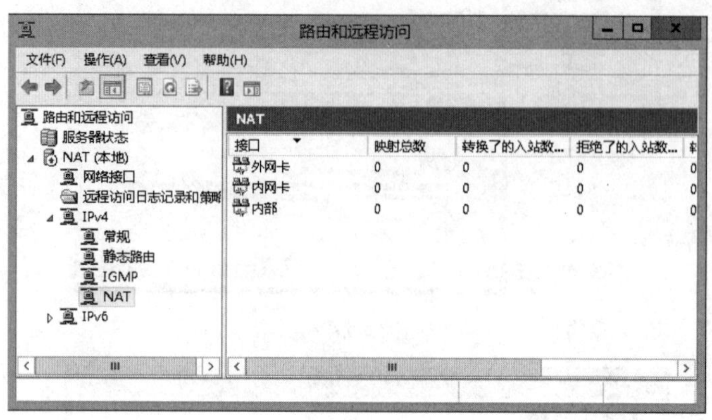

图 9-2-9

STEP 12　虽然NAT服务器具备DNS中继代理功能，它可以代替内部客户端来查询DNS主机名，不过需要在NAT服务器的**Windows防火墙**上开放DNS流量（端口号为UDP 53），以便允许接受客户端提交的DNS查询请求：【按⊞键切换到**开始**菜单➲**管理工具**➲**高级安全Windows防火墙**➲单击**入站规则**右侧的**新建规则**➲选择**端口**后单击下一步按钮➲如图9-2-10所示将端口号设置为UDP 53➲……】。

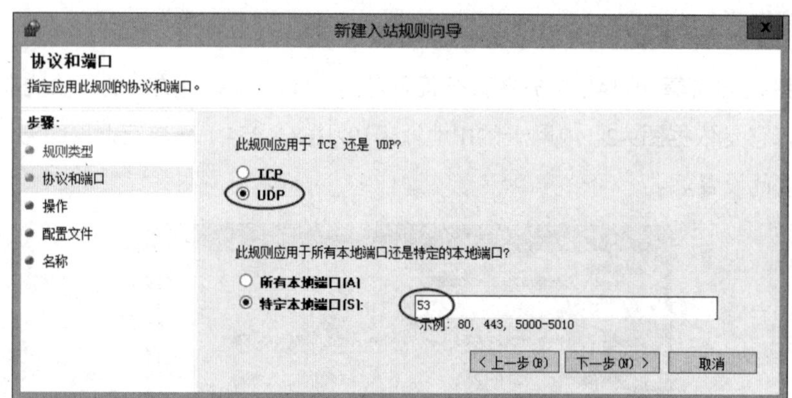

图 9-2-10

完成以上设置后，若NAT服务器目前已经连上因特网，则当内部网络客户的连接因特网请求（例如上网、收发电子邮件等）被发送到NAT服务器后，NAT服务器就会代替客户端来连接因特网。

> **附注**
>
> 要重新启用或停止**路由和远程访问**服务，可在**路由及远程访问**控制台下通过选中并右击本机计算机的方法实现。

9.2.2　非固接式xDSL环境的NAT设置

我们以图9-2-11的非固接式xDSL为例来说明如何设置图中的NAT服务器，此服务器为Windows Server 2012 R2计算机。

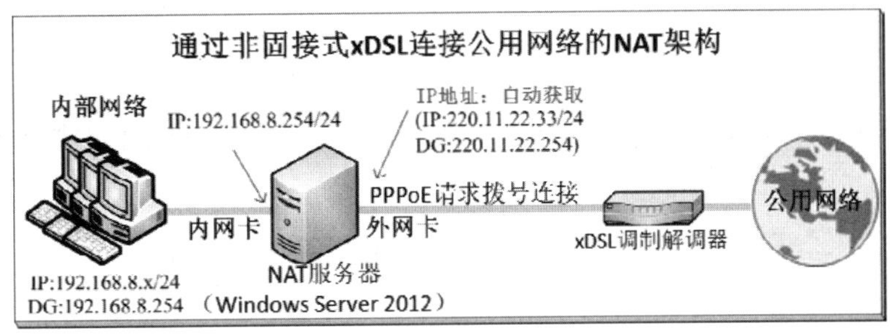

图 9-2-11

图中NAT服务器内安装了两块网卡，一块连接xDSL调制解调器，一块连接内部网络，其相对应的网络连接名称默认是**以太网络**与**以太网络2**，建议将其修改为易于识别的名称，例如在图9-2-12中我们分别将其改名为**内网卡**与**外网卡**，改名的方法为【按⊞+X键➲文件资源管理器➲选中并右击**网络**➲**属性**➲单击**更改适配器设置**➲选中并右击所选网络连接➲**重命名**】。

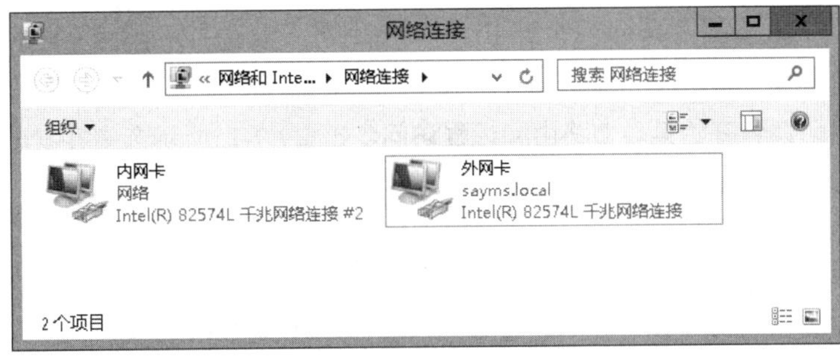

图 9-2-12

STEP 1　打开**服务器管理器**➲单击**仪表板**处的**添加角色和功能**➲持续单击下一步按钮，直到出现如图9-2-13所示的**添加角色和功能向导**界面时勾选**远程访问**➲单击添加功能按钮。

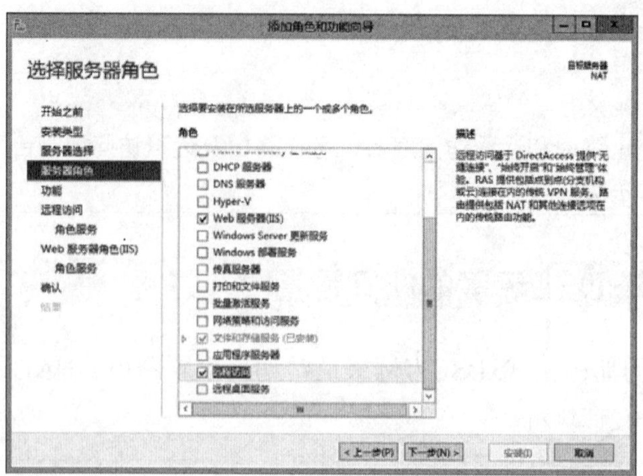

图 9-2-13

STEP 2 持续单击下一步按钮，直到出现如图9-2-14所示的**添加角色和功能向导**界面时勾选**路由**。

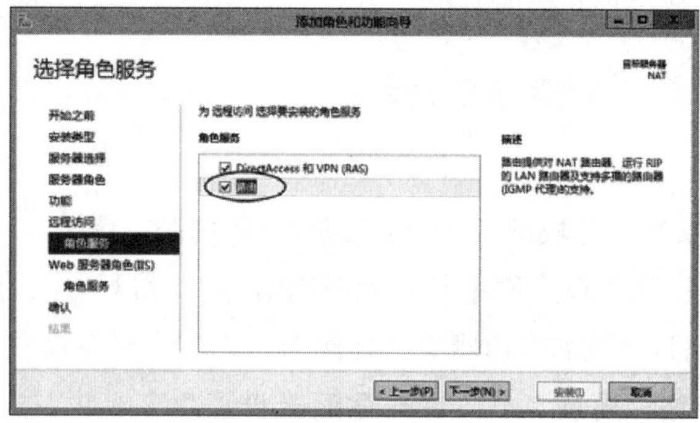

图 9-2-14

STEP 3 持续单击下一步按钮，直到出现**确认安装选项**界面时单击安装按钮。

STEP 4 完成安装后单击关闭按钮，重新启动计算机，以系统管理员身份登录。

STEP 5 按⊞键切换到**开始菜单**➲**路由和远程访问**➲如图9-2-15所示选中并右击本地计算机➲**配置并启用路由和远程访问**。

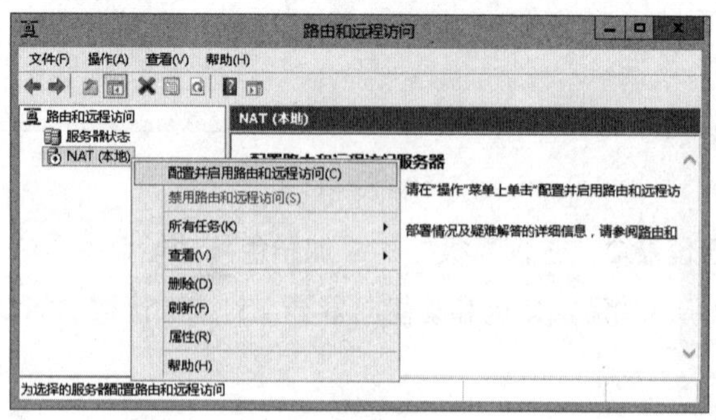

图 9-2-15

STEP 6 在**欢迎使用路由和远程访问服务器安装**向导界面中单击下一步按钮。

STEP 7 选中图9-2-16中的**网络地址转换（NAT）**后单击下一步按钮➲选中创建一个新的到Internet的请求拨号接口后单击下一步按钮。

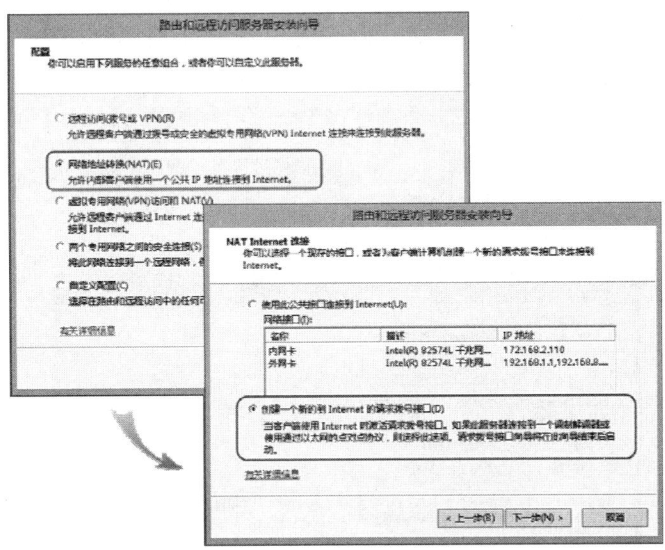

图 9-2-16

STEP 8 在图9-2-17中选择被允许通过NAT服务器来连接因特网的内部网络后单击下一步按钮。图中选择连接在NAT服务器**内网卡**的网络。

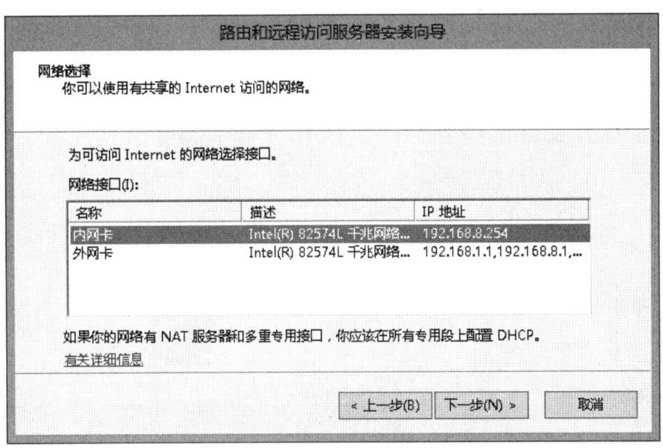

图 9-2-17

STEP 9 如果安装向导检测不到内部网络（**内网卡**所连接的网络）中提供的DHCP与DNS服务，就会出现图9-2-18的界面，此时可以如图所示选择让这台NAT服务器来提供DHCP与DNS服务，单击下一步按钮，内部网络客户的IP地址设置为自动获取即可。

STEP 10 由图9-2-19可看出NAT服务器会分配网络号为192.168.8.0的IP地址给内部网络的客户端，它是依据图9-2-11内网卡的IP地址（192.168.8.254）来决定此网络号的，你可以事后修改此设置。

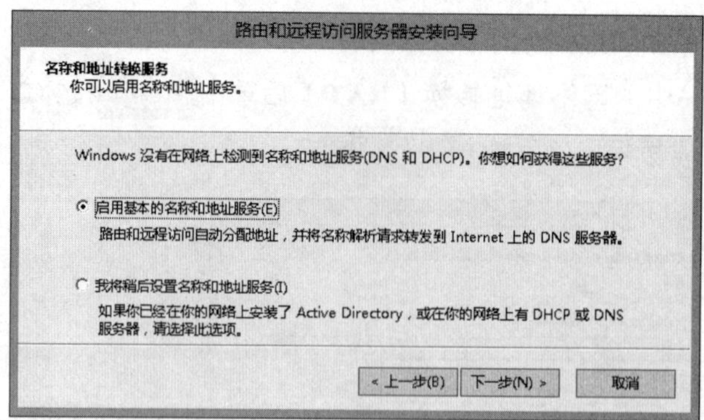

图 9-2-18

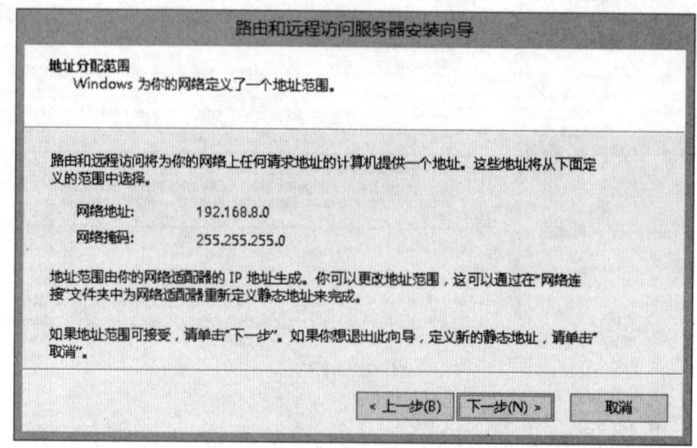

图 9-2-19

STEP 11 出现“**准备就绪，可以应用选择**”界面时单击下一步按钮（若此时出现与防火墙有关的警告信息，则直接单击确定按钮即可）。

STEP 12 出现**欢迎使用请求拨号接口向导**界面时单击下一步按钮。

STEP 13 在图9-2-20中为此指定拨号接口设置名称，例如Hinet，然后选择“使用以太网上的PPP（PPPoE）连接”。

图 9-2-20

STEP 14 在图9-2-21中单击下一步按钮。**服务名称**保留空白或依照ISP（因特网服务供应商）的

要求来设置，请勿随意设置，否则可能无法连接。

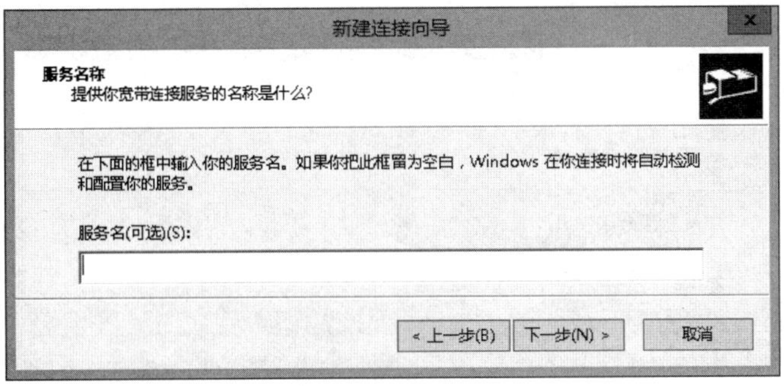

图 9-2-21

STEP 15　若ISP不支持密码加密功能，则在图9-2-22中增加勾选**如果这是唯一连接的方式的话，就发送纯文本密码**后单击下一步按钮。

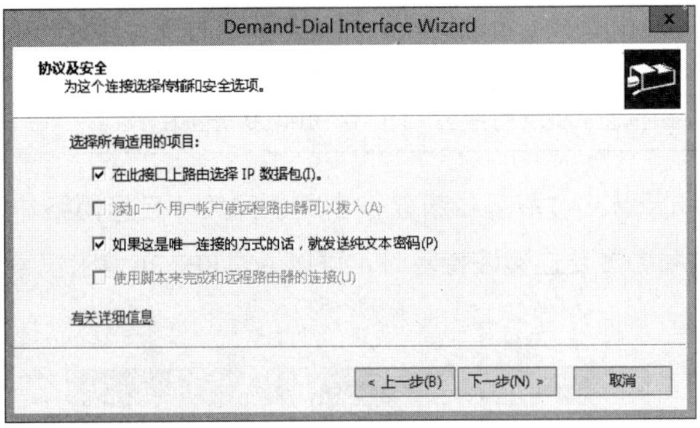

图 9-2-22

STEP 16　在图9-2-23中输入用来连接到ISP的用户名与密码后单击下一步按钮。

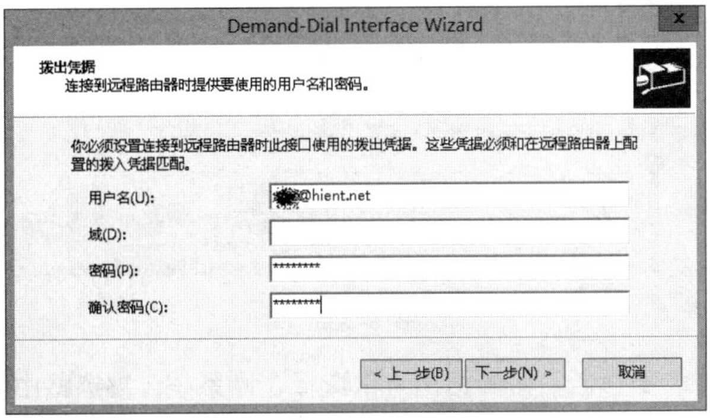

图 9-2-23

STEP 17　出现**完成请求拨号接口向导**界面时单击完成按钮。

STEP 18　出现**完成路由和远程访问服务器安装向导**界面时单击完成按钮。

STEP 19　如图9-2-24所示展开到**IPv4**➲选中并右击**静态路由**➲**新建静态路由**。

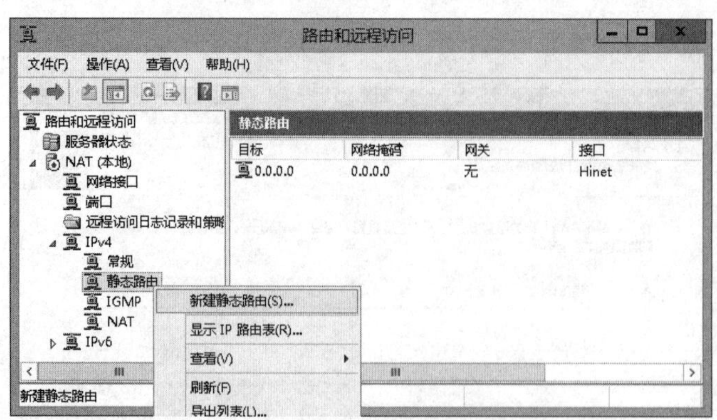

图 9-2-24

> 附注
>
> 虽然图右边的静态路由表看似已经自动针对PPPOE指定拨号Hinet建立了路由（**目标网络**处可能会显示为:: 或0.0.0.0），但是该路由却无法让NAT服务器与内部网络的计算机连接因特网，故我们需要另外自行建立目的地为0.0.0.0的路由。

STEP 20 如图9-2-25所示替NAT服务器新建一个默认网关（**目标网络**与**网络掩码**为0.0.0.0），以便让NAT服务器要连接因特网时，可以通过PPPOE请求拨号接口Hinet来连接ISP与因特网。

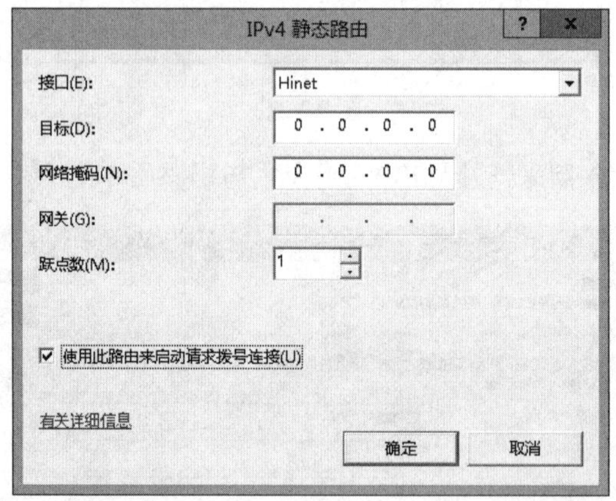

图 9-2-25

在第 8 章中介绍过若有多条路由可供选择，则系统会挑选**路由跃点数**较低的路由。若NAT 服务器的网卡已经定义**默认网关**，则以 1 Gbps 网络来说，其默认的**路由跃点数**为266。在图 9-2-25 中我们将 PPPoE 请求拨号的**跃点数**（它是**网关跃点数**）改为 1，PPPoE 的**接口跃点数**默认为 50，故此 PPPoE 请求拨号的**路由跃点数**为**接口跃点数**+**网关跃点数**= 51，它比网卡的**路由跃点数** 266 低，故当 NAT 服务器接收到内部计算机的上网请求时，会挑选请求拨号接口 Hinet 来自动连接因特网。

若 NAT 服务器的网卡已经定义**默认网关**，请不要将图 9-2-25 中的**跃点数**（**网关跃点数**）设置的太高，以免此请求拨号接口 Hinet 的**路由跃点数**超过网卡的**路由跃点数**，造成 NAT 服务器不会通过 PPPoE 请求拨号自动连接因特网的后果。

STEP 21　图9-2-26所示为完成后的画面。

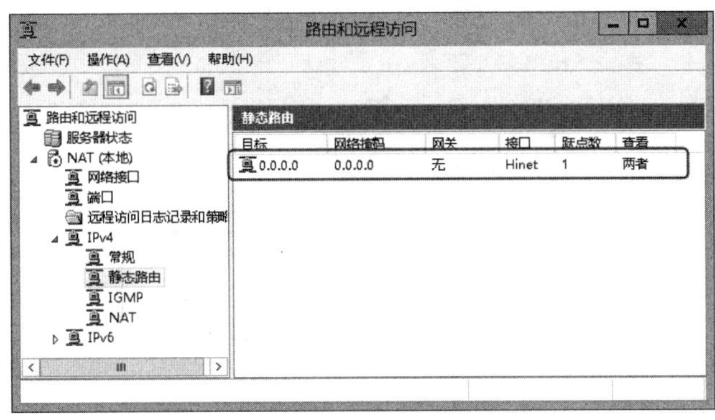

图 9-2-26

STEP 22　虽然NAT服务器具备DNS中继代理功能，它可以代替内部客户端来查询DNS主机名，不过需要在NAT服务器的**Windows防火墙**上开放DNS流量（端口号为UDP 53），以便允许接受客户端发来的DNS查询请求：【按⊞键切换到**开始**菜单➲**管理工具**➲**高级安全Windows防火墙**➲单击**入站规则**右方的**新建规则**➲选择**端口**后单击下一步按钮➲如图9-2-27所示将端口号设置为UDP 53➲……】。

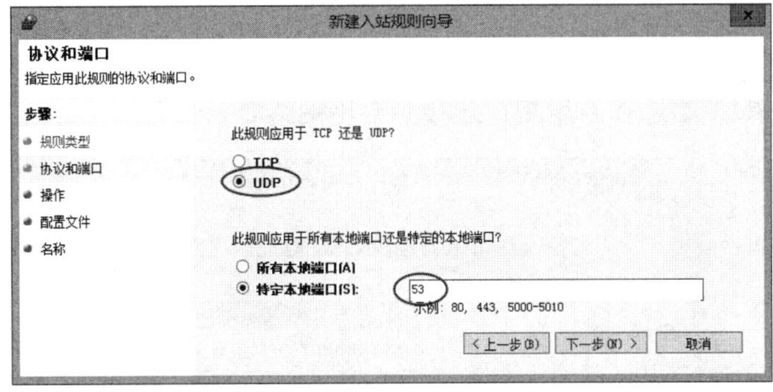

图 9-2-27

完成设置后，当内部客户端用户的连接因特网请求（例如上网、收发电子邮件等）被发送到NAT服务器后，NAT服务器就会自动通过PPPoE请求拨号来连接ISP与因特网。

9.2.3　内部网络包含多个子网

若内部网络包含多个子网，则请确认各个子网的上网请求会被发送到NAT服务器，例如图9-2-28中内部网络包含**子网1**、**子网2**与**子网3**，请确认当**路由器2**收到**子网3发送**来的上网请求时，它会将此请求发送给**路由器1**（必要时可能需在路由表内手动建立路由），再由**路由器1**发送给NAT服务器，否则**子网3**内的计算机无法通过NAT服务器上网。

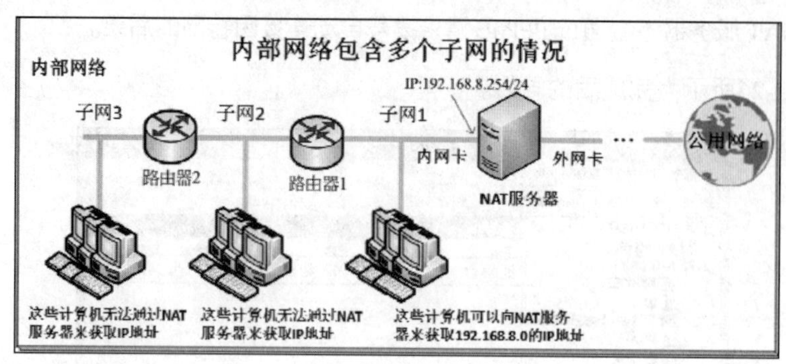

图 9-2-28

还有因为NAT服务器只会将IP地址分配给一个子网，例如图9-2-28它只会分配192.168.8.0的IP地址给**子网1**内的计算机，无法分配IP地址给**子网2**与**子网3**内的计算机，因此这两个子网内的计算机的IP地址需手动设置或另外通过其他DHCP服务器来分配。

9.2.4 新增NAT网络接口

如果NAT服务器拥有多个网络接口（例如多块网卡），这些网络接口分别连接到不同的网络，其中连接因特网的接口被称为**公用接口**，连接内部网络的接口被称为**专用接口**。系统默认仅开放一个内部网络的计算机可以通过NAT服务器来连接因特网，若要开放其他内部网络，则【如图9-2-29所示展开到**IPv4**➲选中并右击**NAT**➲新增接口➲选择连接该网络的专用网接口（假设是**内网卡2**）➲选择**专用接口连接到专用网络**➲……】。

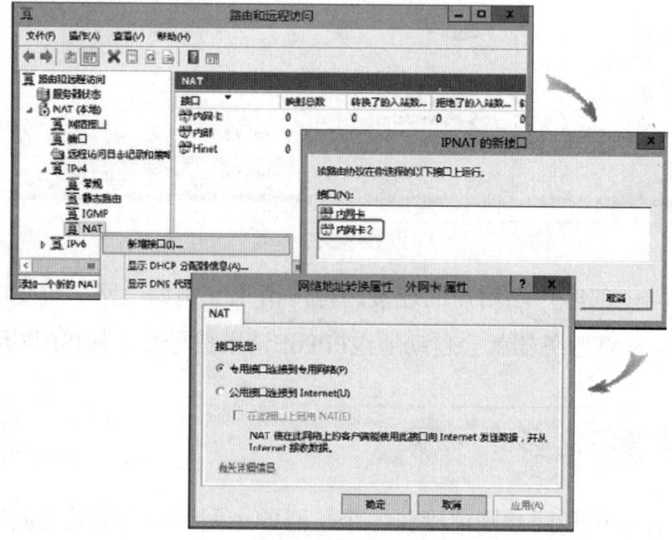

图 9-2-29

若NAT服务器有多个**专用网接口**，例如图9-2-30的内部网络有3个**专用网接口**，由于NAT服务器只会指派IP地址给其中一个网络，因此只有一个网络内的计算机可以向NAT服务器自动索取IP地址，其他网络内的计算机的IP地址需手动设置或另外通过其他DHCP服务器来分配。

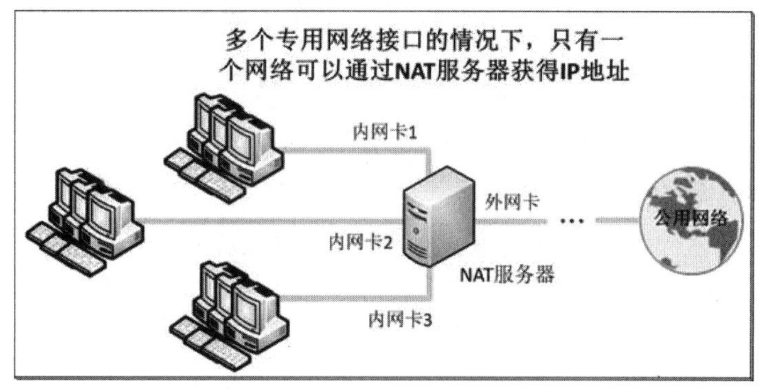

图 9-2-30

9.2.5 内部网络的客户端设置

内部网络客户（可参见图9-2-11）的IP地址设置必须正确，才能够通过NAT服务器来连接因特网，以Windows 8为例，其设定方法为：【按⊞+X键➲**控制面板**➲**网络和Internet**➲**网络和共享中心**➲单击**以太网**➲单击属性按钮➲单击**Internet协议版本4（TCP/IPv4）**➲单击属性按钮】，然后选择以下选项。

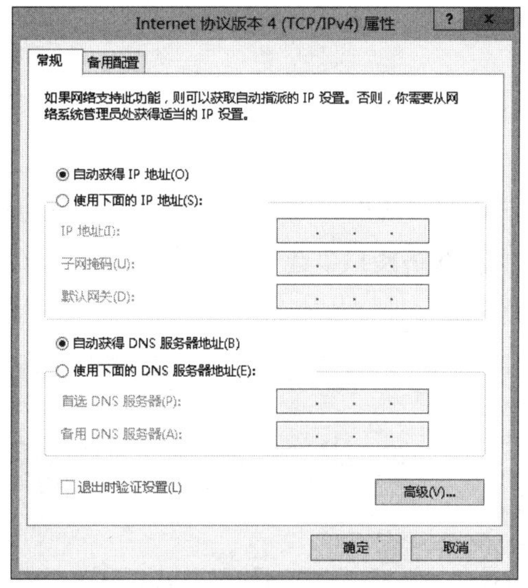

图 9-2-31

- **自动获得IP地址**：如图9-2-31所示，此时客户端会自动向NAT服务器或其他DHCP服务器来索取IP地址、默认网关与DNS服务器等设置。如果是向NAT服务器索取IP地址，由于NAT服务器只会发放与内网卡相同的网络ID的IP地址，那么这些客户端需位于此网卡所连接的网络内。

- **使用下面的IP地址**：如图9-2-32所示，图中客户端IP地址的网络ID与NAT服务器内网卡的IP地址相同，默认网关为NAT服务器内网卡的IP地址，首选DNS服务器可以被指定到NAT服务器内网卡的IP地址（因它具备DNS中继代理功能）或其他DNS服务器的IP地址（例如8.8.8.8）。

如果内部网络包含多个子网或NAT服务器拥有多个专用网接口，由于NAT服务器只会分配IP地址给一个网段，因此其他网络内的计算机的IP地址需手动设置或另外通过其他DHCP服务器来分配。

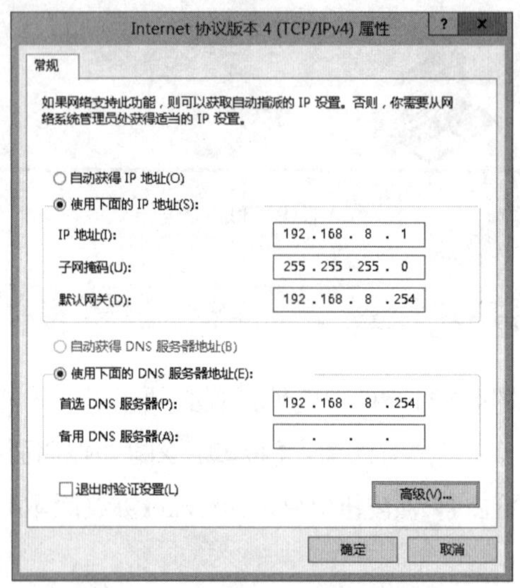

图 9-2-32

9.2.6 连接错误排除

如果PPPoE指定拨号无法成功连接ISP，那么请利用手动拨号的方式来寻找可能的原因，其方法为【如图9-2-33所示单击**网络接口**➲选中并右击PPPoE请求拨号接口➲**连接**】（也可以通过图中的**设定凭据**选项来修改账户与密码）。

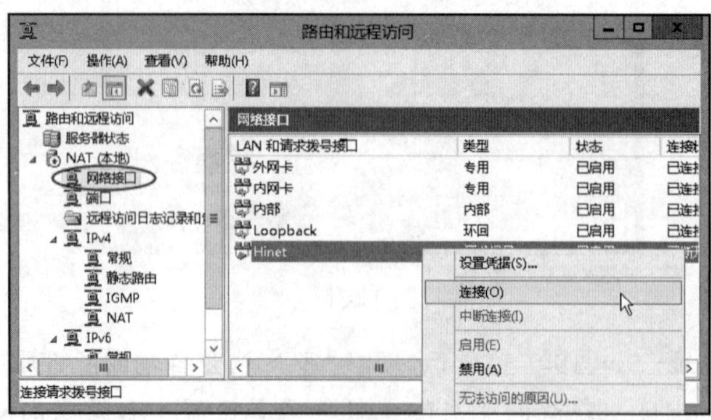

图 9-2-33

- 若出现类似图9-2-34的界面：可能是ISP端不支持密码加密功能，此时请【选中并右击PPPoE请求拨号接口（Hinet）➲**属性**➲如图9-2-35所示来选择】。

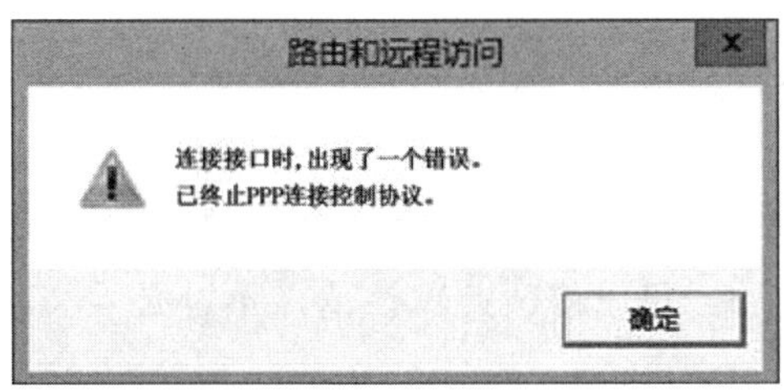

图 9-2-34

图 9-2-35

- PPPoE请求拨号连接ISP成功，但是NAT服务器与客户端却无法连接因特网：请检查图9-2-26中是否有另外自行创建正确的静态路由。

9.3 DHCP分配器与DNS中继代理

Windows Server 2012 R2 NAT服务器还具备着以下的两个功能。

- **DHCP分配器**：用来给内部网络的客户端计算机分配IP地址。
- **DNS中继代理**：可代替内部计算机向DNS服务器查询DNS主机的IP地址。

9.3.1 DHCP分配器

DHCP分配器（DHCP Allocator）扮演着类似DHCP服务器的角色，用来给内部网络的客户端分配IP地址。若要修改DHCP分配器设置，则【如图9-3-1所示展开到**IPv4**➲单击**NAT**➲单击上方的**属性**图标➲单击NAT属性界面中的**地址分配**选项卡】。

在架设NAT服务器时，如果系统检测到内部网络上有DHCP服务器，它就不会自动启动DHCP分配器。

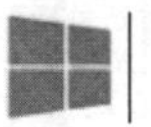

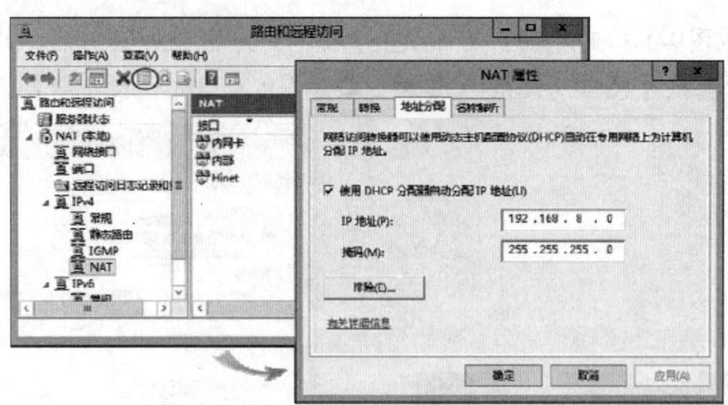

图 9-3-1

图中DHCP分配器分配给客户端的IP地址的网络标识符为192.168.8.0，这个默认值是根据NAT服务器内网卡的IP地址（192.168.8.254）产生的。可以修改此默认值，不过必须与NAT服务器内网卡IP地址一致，也就是网络ID需相同。

若内部网络内某些计算机的IP地址是手工输入的，且这些IP地址位于上述IP地址范围内，则请通过界面中的排除选项来将这些IP地址排除，以免这些IP地址被发放给其他客户端计算机。

若内部网络包含多个子网或NAT服务器拥有多个专用网接口，且NAT服务器的DHCP分配器只能够分配一个网段的IP地址，则其他网络内的计算机的IP地址需手动设置或另外通过其他DHCP服务器来分配。

9.3.2 DNS中继代理

当内部计算机需要查询主机的IP地址时，它们可以将查询请求发送到NAT服务器，然后由NAT服务器的**DNS中继代理**（DNS proxy）来替它们查询IP地址。可以通过图9-3-2中的**名称解析**选项卡来启动或修改DNS中继代理的设置，图中勾选**使用域名系统（DNS）的客户端**，表示要启用DNS中继代理的功能，以后只要客户端要查询主机的IP地址（这些主机可能位于因特网或内部网络），NAT服务器都可以代替客户端来向DNS服务器查询。

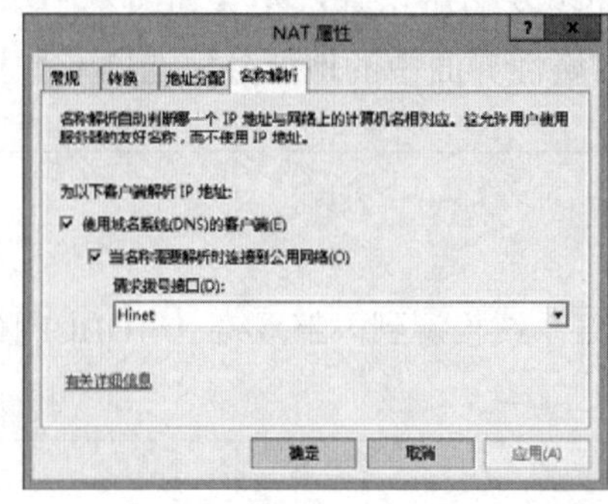

图 9-3-2

NAT服务器会向哪一台DNS服务器来查询呢？它会向其TCP/IP配置处的**首选DNS服务器（备用DNS服务器）**来查询。若此DNS服务器位于因特网，而且NAT服务器通过**PPPoE请求拨号**来连接因特网，则请勾选图9-3-2中**当名称需要解析时连接到公用网络**，以便让NAT服务器可以自动利用PPPoE请求拨号（例如图中Hinet）来连接因特网。

9.4 开放因特网用户来连接内部服务器

NAT服务器让内部用户可以连接因特网，不过因为内部计算机使用private IP地址，这种IP地址不可以暴露在因特网上，外部用户只能够接触到NAT服务器的外网卡的public IP地址，因此如果要让外部用户能够连接内部服务器（例如内部网站），就需要通过NAT服务器来转发。

9.4.1 端口映射

通过TCP/UDP端口映射功能（port mapping）可以让因特网用户来连接内部使用private IP的服务器。以图9-4-1为例来说明，内部网站的IP地址为192.168.8.1、端口号为默认的80，SMTP服务器的IP地址为192.168.8.2、端口号为默认的25。若要让外部用户可以来访问此网站与SMTP服务器，则对外宣称网站与SMTP服务器的IP地址是NAT服务器的外网卡的IP地址220.11.22.33，也就是将此IP地址（与其网址）注册到DNS服务器内。

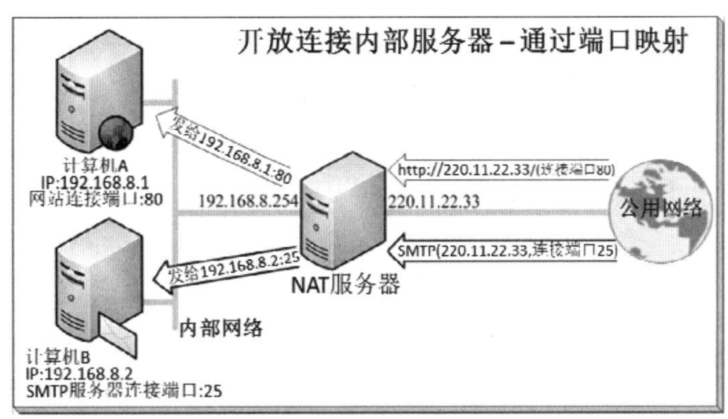

图 9-4-1

- 当因特网用户通过类似**http://220.11.22.33/**路径来连接网站时，NAT服务器会将此要求转发到内部计算机A的网站，网站将所需网页传送给NAT服务器，再由NAT服务器将其发送给因特网用户。
- 当因特网用户通过IP地址 **220.11.22.33**来连接SMTP服务器时，NAT服务器会将此要求转发到内部计算机B的SMTP服务器。

以图9-4-1为例，将从因特网来的Web访问请求转发到内部计算机A的设置方法为：【如图

9-4-2所示展开到**IPv4**➲单击**NAT**➲选中并右击**外网卡**➲**属性**】。

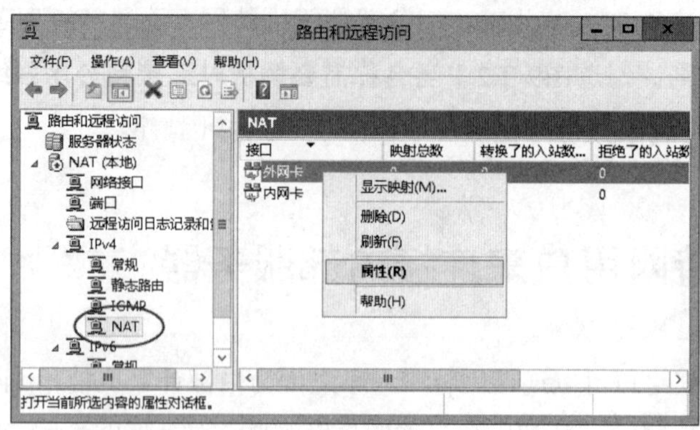

图 9-4-2

然后【在图9-4-3中单击**服务和端口**选项卡➲勾选**Web服务器（HTTP）**➲在编辑服务界面的**专用地址**处输入内部网站的IP地址192.168.8.1➲……】，图中**公用地址**（public address）处默认为**在此接口**，它代表NAT服务器外网卡的IP地址，以图9-4-1为例，它就是220.11.22.33。图中完整的意思为：从因特网发送给IP地址220.11.22.33（**公用地址**）、端口号80（**传入端口**）的TCP数据包（**通信协议**），NAT服务器会将其转发给IP地址为192.168.8.1（**专用地址**）、端口号为80（**传出端口**）的服务来负责。

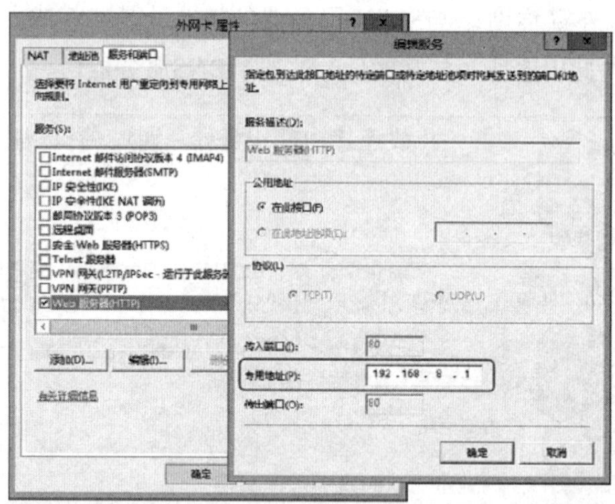

图 9-4-3

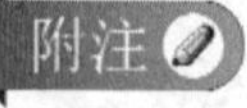

无法修改图中默认服务的标准传入与传出端口号，如果传入或传出的端口非标准号，则请通过网卡属性界面的添加选项来自行建立新服务。

如果NAT服务器的外网卡拥有多个public IP地址，则还可以从**在此地址池项**来选择其他的public IP地址（后述）。

9.4.2 地址映射

前一小节的端口映射功能，可以让从因特网送到NAT服务器外网卡（IP地址220.11.22.33）的不同类型的请求转交给不同的计算机来处理，例如将HTTP请求转发给计算机A、将SMTP要求转发给计算机B。

如果NAT服务器外网卡拥有多个IP地址，则可以利用**地址映射**（address mapping）方式来保留特定IP地址给内部特定的计算机，例如图9-4-4中NAT服务器外网卡拥有两个public IP地址（220.11.22.33与220.11.22.34），此时我们可以将第1个IP地址220.11.22.33保留给计算机A、将第2个IP地址220.11.22.34保留给计算机B，因此所有送到第1个IP地址220.11.22.33的流量都会转发给计算机A、所有送到第2个IP地址220.11.22.34的流量都会转发给计算机B。

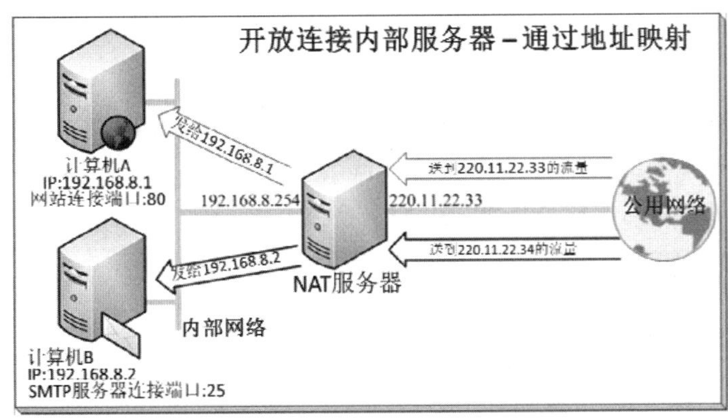

图9-4-4

同时所有从计算机A发出的外送流量会通过第1个IP地址220.11.22.33发出、从计算机B发出的外送流量会通过第2个IP地址220.11.22.34发出。

1. 地址池的设置

NAT服务器需要多个public IP地址才可以享有地址映射的功能。假设NAT服务器外网卡除了原有的IP地址220.11.22.33之外，还需要另一个IP地址220.11.22.34。请完成以下两项工作。

- **在外网卡的TCP/IP设置处添加第2个IP地址**：【按⊞+X键➲**文件资源管理器**➲选中并右击**网络**➲**属性**➲单击**更改适配器设置**➲选中并右击代表外网卡的连接➲**属性**➲单击**Internet通信协议版本4（TCP/IPv4）**➲单击属性➲单击高级➲单击**IP设置**处的添加➲……】，图9-4-5所示为完成后的画面。

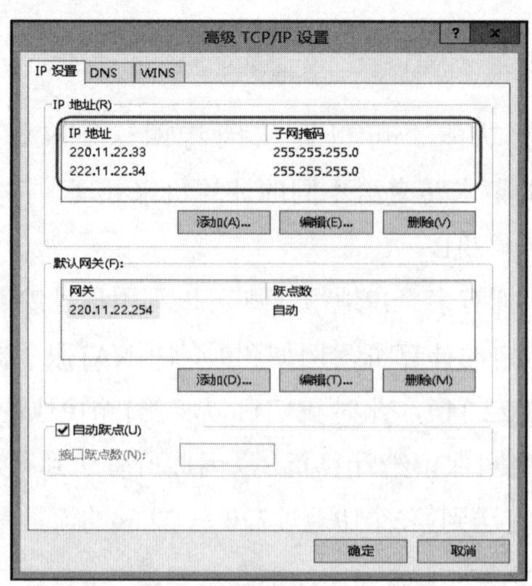

图9-4-5

- **建立地址池**:【打开**路由和远程访问**控制台➲展开到**IPv4**➲单击**NAT**➲选中并右击**外网卡**➲**属性**➲如图9-4-6所示单击**地址池**选项卡下的添加按钮➲输入NAT服务器外网卡的IP地址范围与子网掩码➲……】。

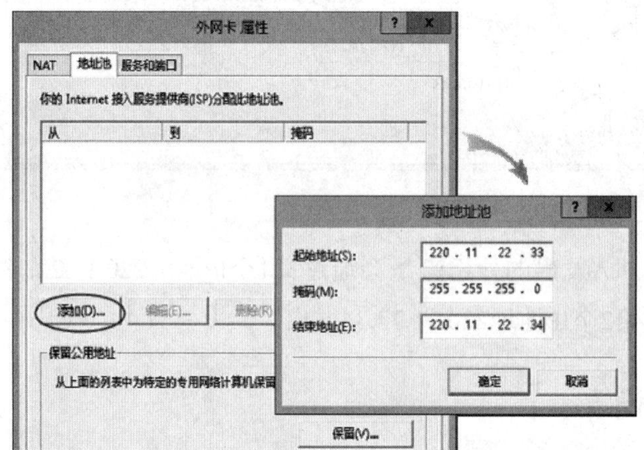

图9-4-6

2．地址映射的设置

请单击图9-4-6外网卡属性右下方的保留按钮，然后如图9-4-7所示来设置，图中我们将地址池中的public IP地址220.11.22.33保留给内部使用private IP地址 192.168.8.1的计算机A（参考图9-4-4）。

完成以上设置后，所有由计算机A（192.168.8.1）发出的外发流量都会从NAT服务器的IP地址220.11.22.33发出；同时因为我们还勾选了**允许将会话传入到此地址**，因此所有从因特网传送给NAT服务器IP地址220.11.22.33的封包，都会被NAT服务器转送给内部网络IP地址为192.168.8.1的计算机A。

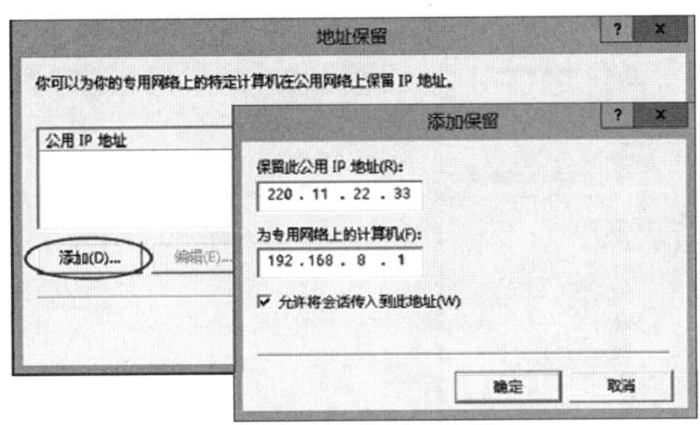

图 9-4-7

9.5　因特网连接共享（ICS）

因特网连接共享（Internet Connection Sharing，ICS）是一个功能比较简单的NAT，它一样可以让内部网络多台计算机同时通过ICS计算机来连接因特网，只需要使用一个public IP地址，可以通过路由器/电缆调制解调器/固接式或非固接式xDSL等来连接因特网。不过ICS在使用上比较缺乏弹性，例如：

- 只支持一个专用网接口，也就是只有该接口所连接的网络内的计算机可以通过ICS来连接因特网。
- DHCP分配器只会分配网络ID为192.168.137.0/24的IP地址（Windows Server 2003等旧系统的DHCP分配器为192.168.0.0/24）。
- 无法将DHCP分配器停用，也无法修改其设置，因此如果内部网络已经有DHCP服务器在提供服务，那么请小心设置或将其停用，以免DHCP分配器与DHCP服务器所分配的IP地址相冲突。
- 只支持一个public IP地址，因此无**地址映射**功能。

因为ICS与**路由和远程访问**服务不可以同时启用，因此若**路由和远程访问**服务已经启用，请先将其停用：【打开**路由和远程访问**控制台➲选中并右击本地计算机➲停用**路由和远程访问**】。

启用ICS的步骤为：【按⊞+X键➲**文件资源管理器**➲选中并右击**网络**➲**属性**➲单击**更改网络适配器设置**➲如图9-5-1所示选中并右击连接因特网的连接（例如外网卡或xDSL连接）➲**属性**➲勾选**共享**选项卡下的**允许其他网络用户通过此计算机的Internet连接来连接**➲单击确定按钮】。

附注

若ICS计算机拥有两个（含）以上专用网接口，则图9-5-1中的外网卡属性界面会要求你从中选择一个专用网接口，只有从这个接口来的请求可以通过ICS计算机连接因特网。

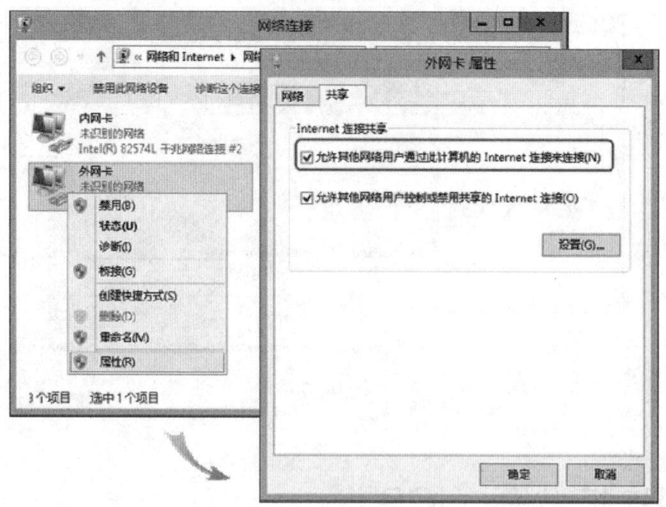

图 9-5-1

之后将出现图9-5-2所示的对话框，表示一旦启用ICS，系统会将内部专用网接口（例如内网卡）的IP地址改为192.168.137.1/24，因此该网络接口所连接网络内的计算机的IP地址网络ID也必须是192.168.137.0/24，否则无法通过ICS计算机来连接因特网。

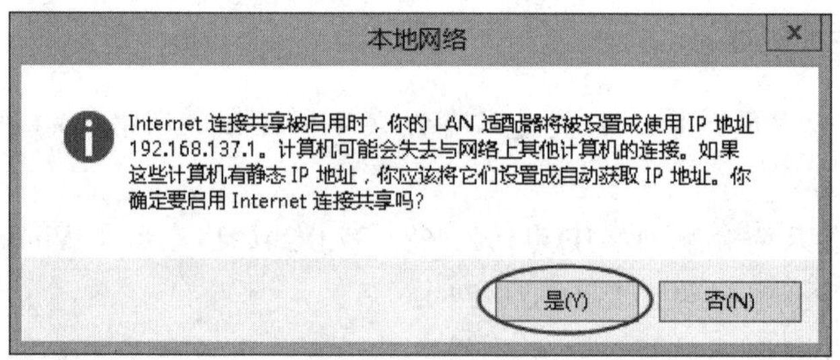

图 9-5-2

ICS客户端的TCP/IP设置方法与NAT客户端相同。一般来说，客户端的IP地址设定成自动获取即可，此时它们会自动向ICS计算机来索取IP地址、默认网关与首选DNS服务器等设置。它们所取得的IP地址将是192.168.137.x的格式，而默认网关与首选DNS服务器都是ICS计算机内网卡的IP地址192.168.137.1。

如果希望客户端使用非192.168.137.x格式的IP地址，则ICS计算机的内网卡与客户端计算机的IP地址都必须自行手动输入（网络ID必须相同），同时客户端的默认网关必须指定为ICS计算机内网卡的IP地址，首选DNS服务器可以指定到ICS内网卡的IP地址或任何一台DNS服务器（例如8.8.8.8）。

如果专用网接口所连接的网络内，包含着多个子网段，则请确认各个子网的上网要求会被发送到ICS计算机，也就是各子网的上网数据包能够通过路由器发送到ICS计算机（必要时可能需在路由器的路由表内手动建立路由）。

第10章　虚拟专用网（VPN）

虚拟专用网（Virtual Private Network，VPN）可以让远程用户通过Internet来安全地访问公司内部网络的资源。

- 虚拟专用网（VPN）概述
- PPTP VPN实例演练
- L2TP VPN实例演练——预先共享密钥
- L2TP VPN实例演练——计算机凭证
- SSTP VPN实例演练
- IKEv2 VPN实例演练——用户验证
- IKEv2 VPN实例演练——计算机验证
- 站点对站点PPTP VPN实例演练
- 站点对站点L2TP VPN——预先共享密钥
- 站点对站点L2TP VPN——计算机凭证
- 利用浏览器申请计算机凭证
- 网络策略

10.1 虚拟专用网（VPN）概述

VPN让分布于不同地点的网络之间可以通过Internet来建立安全的专用通道，远程用户也可以通过Internet来与公司内部网络建立VPN，让用户能够安全地访问公司网络内的资源。

10.1.1 VPN的部署场合

一般来说，可以部署以下两种方式的VPN.

- **远程访问VPN连接（remote access VPN connection）**：如图10-1-1所示，图中公司内部网络的VPN服务器已经接到Internet，VPN客户端在远程利用无线网络、局域网络等方式也连上Internet后，就可以通过Internet与公司VPN服务器建立VPN，并通过VPN来与内部计算机安全地通信。VPN客户端就好像位于内部网络，例如可以与Microsoft Exchange服务器通信，可以利用计算机名称来与内部计算机通信等。

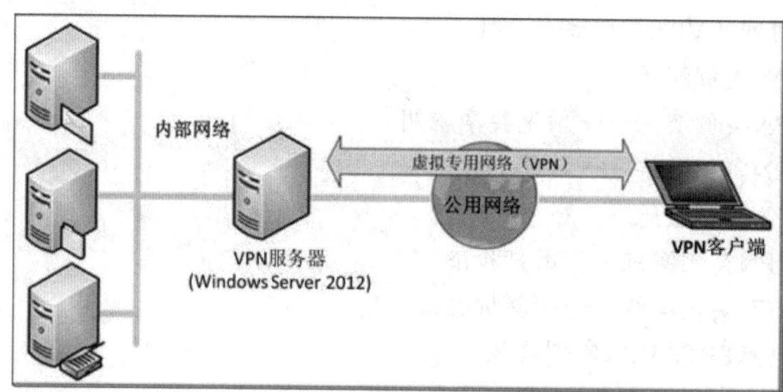

图10-1-1

- **站点对站点VPN连接（site-to-site VPN connection）**：如图10-1-2所示，它又被称为**路由器对路由器VPN连接**（router-to-router VPN connection），图中两个局域网络的VPN服务器都连接到Internet，并且通过Internet建立VPN，它让两个网络内的计算机相互之间可以通过VPN来安全地通信。两地的计算机就好像位于同一个地点，例如可以与另一方的Microsoft Exchange服务器通信，可以利用计算机名称来与另一方的计算机通信等。

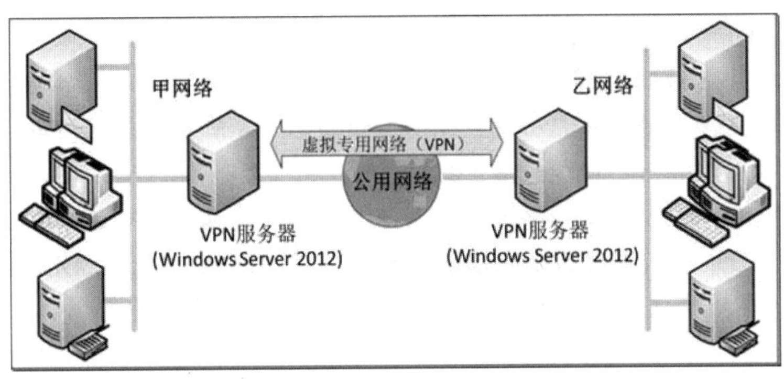

图 10-1-2

10.1.2 远程访问协议

远程访问协议（remote access protocol）让分别位于不同位置的客户端与服务器之间、服务器与服务器之间能够相互通信。Windows Server 2012 R2 R2所支持的远程访问协议为PPP（Point-to-Point Protocol，点对点协议）。

PPP被设计用在拨号式或固接式的点对点连接中传送数据，例如分别位于不同位置、采用TCP/IP通信协议的两台计算机之间相互通信的IP数据包（IP datagram）可以被封装到PPP数据包（PPP frame）内来传输。PPP是目前最被广泛使用的远程访问协议，而且其安全措施好、扩展性较强，能够符合目前与未来的需求。

大部分ISP（Internet服务供应商）都会提供让客户利用PPP来连接到Internet的服务，例如xDSL拨号上网所使用的就是PPPoE（PPP over Ethernet）。

10.1.3 验证协议

VPN客户端连接到远程VPN服务器时（或VPN服务器连接到另外一台VPN服务器），必须验证用户身份（用户名与密码）。身份验证成功后，用户就可以通过VPN服务器来访问有权访问的资源。Windows Server 2012 R2支持以下验证协议。

- **PAP**（Password Authentication Protocol）：从客户端发送到VPN服务器的密码是以**明文**（clear text）的形式来传输的，也就是没有经过加密，因此如果传输过程中被拦截，密码就会外泄，比较不安全。
- **CHAP**（Challenge Handshake Authentication Protocol）：它采用**挑战-应答**（challenge-response）的方式来验证用户身份，且不会在网络上直接传输用户的密码，因此比PAP安全。所谓的**挑战-应答**是指客户端用户连接到VPN服务器时：
  - 服务器会发送一个**挑战信息**（challenge message）给客户端计算机。
  - 客户端根据**挑战信息**的内容与用户密码计算出一个哈希值（hash），并将哈希值发送给VPN服务器。客户端计算机利用标准的MD-5算法（Message-Digest

algorithm 5）来计算哈希值。

- VPN服务器收到哈希值后，会到用户账户数据库读取用户的密码，然后根据它来计算出一个新哈希值，如果此新哈希值与客户端所发送来的相同，就允许客户端用户来连接，否则就拒绝其连接。

采用CHAP验证方法，用户存储在账户数据库内的密码需以**可逆**（reversible）的方式来存储，否则VPN服务器无法读取用户的密码，例如在Active Directory数据库内的用户账户需选择**使用可逆加密存储密码**后，再重新设置密码。

> 注意
>
> PAP与CHAP在验证用户身份时并不提供用户修改密码的功能，故用户在登录时密码使用期限过期将无法登录，建议在用户账户的属性中选择**密码不过期**。

- **MS-CHAP v2**（Microsoft Challenge Handshake Authentication Protocol Version 2）：它也采用**挑战-应答**的方式来验证用户的身份，但用户存储在账户数据库内的密码不需要以**可逆**的方式来存储，而且它不但可以让VPN服务器来验证客户端用户的身份，还可以让客户端来验证VPN服务器的计算机身份，也就是可以确认所连接的是正确的VPN服务器，换句话说，MS-CHAP v2具备相互验证功能（mutual authentication）。

  MS-CHAP v2支持用户修改密码的功能，因此如果用户在登录时密码使用期限过期，仍然可以修改密码并正常登录。

> 附注
>
> Windows Server 2012 R2、Windows Server 2012、Windows Server 2008（R2）、Windows 8、Windows 7、与Windows Vista已经不支持MS-CHAP v1。

- **EAP**（Extensible Authentication Protocol）：它允许自定义验证方法，而在Windows Server 2012 R2内所支持的EAP-TLS利用证书来验证身份。如果用户利用智能卡（smart card）来验证身份，就需要使用EAP-TLS。EAP-TLS具备双向验证的功能。VPN服务器必须是Active Directory域成员才支持EAP-TLS。除此之外，相关厂商还可以自行开发EAP验证方法，例如可以利用视网膜、指纹来验证用户身份。

  Windows Server 2012 R2还支持PEAP协议（Protected Extensible Authentication Protocol），客户端连接802.1X无线基站、802.1X交换器、VPN服务器与远程桌面网关等访问服务器时，可使用PEAP验证方法。

10.1.4 VPN协议

当VPN客户端与VPN服务器、VPN服务器与VPN服务器之间通过Internet建立VPN连接

后，双方之间所传输的数据会被VPN协议加密，因此即使数据在Internet传输过程中被拦截，如果没有解密密钥，就无法读取数据的内容，因此可以确保数据传输的安全性。

Windows Server 2012 R2 支持PPTP、L2TP（L2TP/IPsec）、SSTP（SSL）与IKEv2（VPN Reconnect）等VPN协议。表 10-1-1列出了这4种通信协议的主要差异。

附注

表 10-1-1中的2003代表Windows Server 2003、2008代表Windows Server 2008、2012代表Windows Server 2012 R2。

表 10-1-1

VPN协议	支持的Windows操作系统	部署方式	行动能力	加密方法
PPTP	XP、Vista、Win7、Win8	远程访问	无	RC4
	2003（R2）、2008（R2）、2012、2012 R2	远程访问、站点对站点		
L2TP	XP、Vista、Win7、Win8	远程访问	无	DES、3DES、AES
	2003（R2）、2008（R2）、2012、2012 R2	远程访问、站点对站点		
SSTP	Vista SP1、2008（R2）、Win7、Win8、2012、2012 R2	远程访问	无	RC4、AES
IKEv2	Win7、Win8、2008 R2	远程访问	有	3DES、AES
	2012、2012 R2	远程访问、站点对站点		

1. PPTP 协议

PPTP（Point-to-Point Tunneling Protocol）是最容易被用来构建VPN的通信协议，它验证用户身份的方法默认使用MS-CHAP v2，不过也可以选择安全性更好的EAP-TLS证书验证方法。身份验证完成后，双方所传输的数据可以利用MPPE（Microsoft Point-to-Point Encryption）加密法来加密，不过仅支持128位的RC4加密算法（从Windows Vista开始已经不支持40与56位）。

如果使用 MS-CHAP v2验证方法，用户的密码建议复杂一点，以降低密码被破解的几率。

PPTP的数据包结构如图10-1-3所示，其中PPP frame内的PPP payload（承载数据）内包含着要通过VPN通道发送的IP数据包（IP datagram），此PPP frame被GRE（Generic Routing Encapsulation）封装成IP datagram后，会通过IP网络（例如Internet）来发送。图中IP header内包含着VPN客户端与VPN服务器的IP地址。

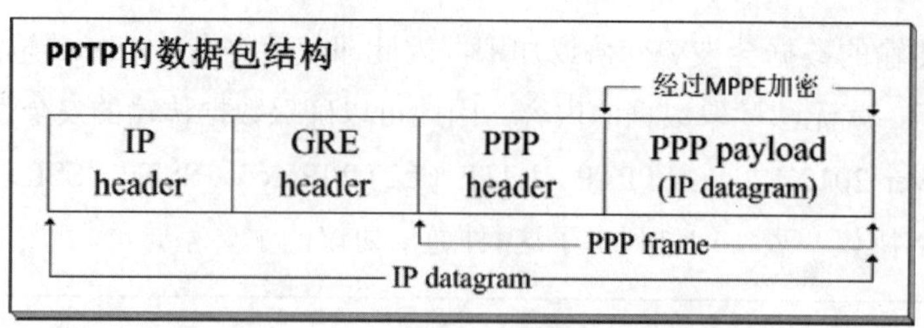

图 10-1-3

2. L2TP 协议

除了验证用户身份之外，L2TP（Layer Two Tunneling Protocol）还需要验证计算机身份，它使用IPsec的**预共享密钥**（preshared key）或**计算机证书**（computer certificate）两种计算机身份验证方法，建议采用安全性较高的计算机证书方法，而预共享密钥方法应仅在测试时使用。身份验证完成后，双方所传输的数据利用IPsec ESP的3DES或AES加密方法（Windows Vista之前的版本支持的是DES与3DES。）。

若采用计算机证书验证方法，则L2TP VPN的客户端计算机与VPN服务器都需要安装计算机证书，此证书可为（使用目的）**服务器身份验证**证书或**客户端身份验证**证书。L2TP的数据包结构如图10-1-4所示，经过IPsec加密后的数据包结构如图10-1-5所示。

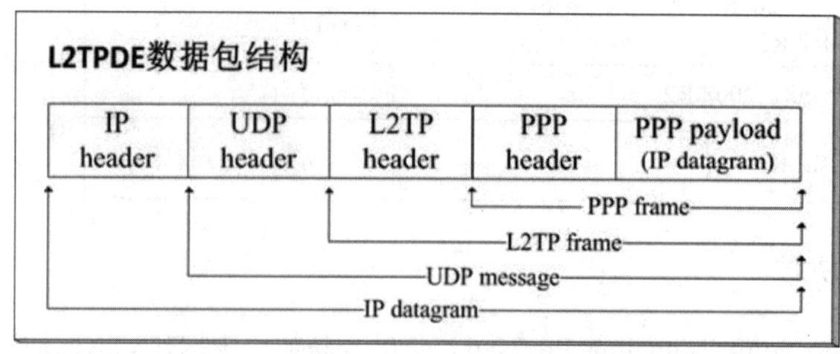

图 10-1-4

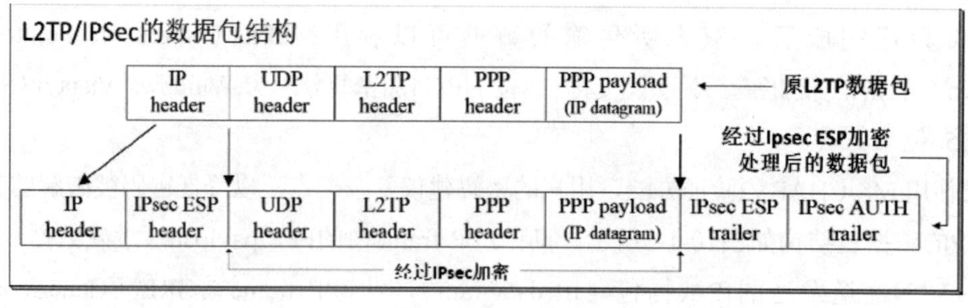

图 10-1-5

3. SSTP 协议

SSTP（Secure Socket Tunneling Protocol）也是安全性较高的通信协议，SSTP通道采用

HTTPS通信协议（HTTP over SSL），因此可以通过SSL安全措施来确保传输的安全性。PPTP与L2TP通信协议所使用的端口比较复杂，会增加防火墙设置的难度，而HTTPS仅使用端口443，故只要在防火墙开放443即可，HTTPS也是企业普遍采用的通信协议。SSTP的数据包结构如图10-1-6所示。

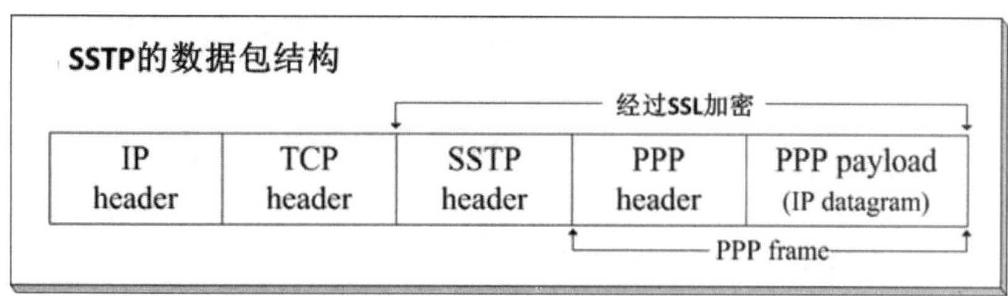

图 10-1-6

可以将Windows Server 2012 R2/Windows Server 2008（R2）设置为SSTP VPN服务器，而SSTP VPN客户端需为Windows Server 2012 R2、Windows Server 2008（R2）、Windows 8、Windows 7或Windows Vista Service Pack 1。仅支持远程访问SSTP VPN，不支持站点对站点SSTP VPN。SSTP VPN服务器需安装**服务器身份验证**证书。SSTP数据的加密方法是RC4或AES。

4. IKEv2 协议

IKEv2采用**IPsec信道模式**（UDP端口号码500）的通信协议，通过IKEv2 MOBIKE（Mobillity and Multihoming Protocol）协议所支持的功能，让移动用户更方便地通过VPN连接企业内部网络（L2TP使用IKEv1）。

前面介绍的3种VPN协议，PPTP、L2TP与SSTP都有一个缺点，那就是如果网络因故断开，用户就会完全失去其VPN通道，在网络重新连接后，用户必须重新建立VPN通道。然而IKEv2 VPN允许网络中断后，在一段指定的时间内，VPN通道仍然保留着不会消失（进入休眠状态），一旦网络重新连接后，这个VPN通道就会自动恢复工作，用户不需要重新连接、不需要重新输入账户与密码，应用程序可以好像没有被中断一样继续工作。

例如用户在车上使用笔记本电脑通过电信厂商3G无线网络（WWAN，Wireless WAN）上网，利用IKEv2（VPN Reconnect）连接公司VPN服务器，执行应用程序来与内部服务器通信，当他到达客户办公室后，即使将3G无线网络断开，其VPN并不会被中断，如果此时用户改用高速Wi-Fi无线网络（WLAN）上网，原来的VPN通道就会自动继续工作、应用程序继续与内部服务器通信。

又例如当用户在客户的办公室之间游走时，可能会因为无线信号微弱而中断与Wi-Fi无线基站（AP）的连接，因而改为通过另外一个Wi-Fi无线基站上网，同样的其VPN通道也会自动恢复工作。

IKEv2客户端可以采用用户验证或计算机验证的方式来连接VPN服务器。若采用用户验证的方式，则仅VPN服务器需安装计算机证书。若采用计算机验证的方式，则VPN客户端与服务器都需安装计算机证书。IKEv2 VPN服务器的计算机证书应包含**服务器身份验证**与**IP安全性IKE中级**证书（仅包含**服务器身份验证**亦可，若VPN服务器内有多个包含**服务器身份验证**的计算机证书，则它会挑选同时包含**服务器身份验证**与**IP安全性IKE中级**的计算机证书），而客户端的计算机证书为**客户端身份验证**证书。

若是站点对站点IKEv2 VPN，则它还支持采用**预共享密钥**（preshared key）的计算机验证方法。若使用计算机证书，则两台VPN服务器应安装同时包含**客户端身份验证**、**服务器身份验证**与**IP安全性IKE中级**证书的计算机证书。

可以将Windows Server 2012 R2与Windows Server 2008 R2设置为IKEv2 VPN服务器，但仅Windows Server 2012 R2 支持站点对站点IKEv2 VPN。IKEv2的数据加密方法是3DES或AES。

10.2 PPTP VPN实例演练

我们将利用图10-2-1来说明如何构建PPTP VPN的环境，图中采用Active Directory域，且假设域名为sayms.local，域控制器由图中的DC1所扮演，它同时也是支持Active Directory的DNS服务器；VPN服务器由图中的VPNS1所扮演，它是隶属于域的成员服务器；图中的VPN客户端VPNC1并没有加入域，我们将利用它来测试是否可以与VPN服务器建立VPN连接，并通过此VPN连接来与内部计算机通信。为了简化测试环境，图中将VPN客户端与VPN服务器的外网卡直接连接在同一个网络上，利用此网络来模拟因特网的环境。

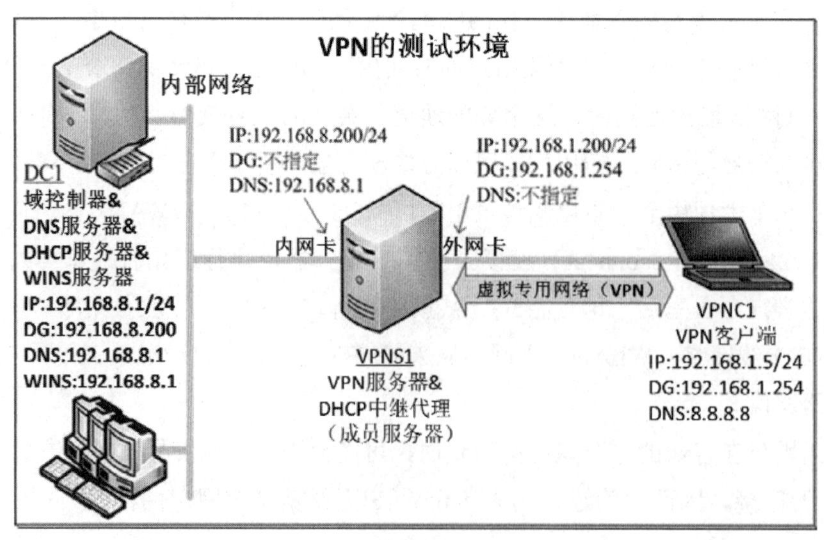

图 10-2-1

10.2.1 准备好测试环境中的计算机

假设图10-2-1中的DC1与VPNS1都是Windows Server 2012 R2 Enterprise、VPNC1是Windows 8，请先将每一台计算机的操作系统安装完成，IP地址（图中采用IPv4）等都已按照图所示设置完成。

图中的VPNS1有两块网卡（请分别将其改名为**内网卡**与**外网卡**），为了将其加入域，我们将内网卡的**首选DNS服务器**指定到兼具DNS服务器角色的DC1。假设此网络是可以上网的环境，且外部网络的默认网关为192.168.1.254。

为了确认每一台计算机的IP地址等设置都正确，请暂时关闭3台计算机的**Windows防火墙**，然后利用ping命令来确认DC1与VPNS1相互之间、VPNS1与VPNC1相互之间可以正常通信，请务必执行此操作，以减少之后排错的难度。确认完成后再重新启动**Windows防火墙**。

10.2.2 域控制器的安装与设置

为了减少测试环境的计算机数量，让图10-2-1中计算机DC1来同时扮演以下角色。

- **域控制器**：其Active Directory数据库内存储着域用户账户，VPN客户端的用户将利用域用户账户来连接VPN服务器。
- **DNS服务器**：用来支持Active Directory，还有对内部客户端与VPN客户端提供DNS名称解析服务。
- **DHCP服务器**：用来给VPN客户端分配IP地址与DHCP选项设置。
- **WINS服务器**：让VPN客户端可利用NetBIOS名称来与内部计算机通信。

请到计算机DC1上通过【打开**服务器管理器**➲单击**仪表板**处的**添加角色和功能**➲持续单击下一步按钮，直到出现**选择服务器角色**界面时勾选**Active Directory域服务**➲……➲在最后完成安装的界面中选择**将此服务器升级为域控制器**➲……】的方法来将此计算机升级为域控制器与建立Active Directory域，假设域名为sayms.local，完成后重新启动DC1，以系统管理员身份登录。

请继续在DC1上安装DHCP服务器角色与WINS服务器功能。

- **DHCP服务器的安装**：我们要通过DHCP服务器来给VPN客户端分配IP地址，以便让客户端可以通过此IP地址来与内部计算机通信，不过因为由VPN服务器通过内网卡（IP地址为192.168.8.1）来向DHCP服务器租用IP地址（再由VPN服务器将IP地址指派给VPN客户端使用），所以DHCP服务器出租给VPN服务器的IP地址的网络ID需与VPN服务器内网卡的IP地址相同，故需要在DHCP服务器内建立网络ID为192.168.8.0的作用域。
  请通过【打开**服务器管理器**➲单击**仪表板**处的**添加角色和功能**】来安装DHCP服务器，完成安装后单击最后**安装进度**界面中的**完成DHCP设置**来执行授权操作（或单击**服务器管理器**右上方的惊叹号➲完成DHCP设置）。

接着通过【按⊞键切换到**开始**菜单➲**DHCP**】来建立一个IP作用域，假设作用域范围为192.168.8.50到192.168.8.150；同时需要设置DHCP选项，包含父域名称为sayms.local、DNS服务器IP地址为192.168.8.1、WINS服务器IP地址为192.168.8.1。图10-2-2所示为完成后的界面。

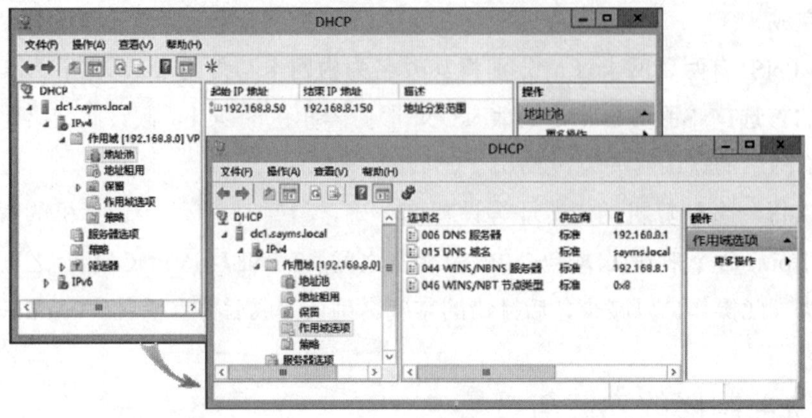

图 10-2-2

> 附注
>
> 如果利用虚拟环境（例如Hyper-V）来搭建测试环境，那么请确认代表内部网络的虚拟网络的DHCP功能已停用，以避免与我们搭建的DHCP服务器相互冲突。

- **WINS服务器的安装**：请通过【打开**服务器管理器**➲单击**仪表板**处的**添加角色和功能**】来安装WINS服务器功能。

10.2.3 架设PPTP VPN服务器

Windows Server 2012 R2通过**路由和远程访问服务**（RRAS）来提供VPN服务器的功能，在**路由和远程访问服务**启动时，它会先向DHCP服务器租用10个IP地址，之后当VPN客户端连上VPN服务器时，VPN服务器便会从这些IP地址中选择一个给VPN客户端使用。若这10个IP地址用完，则**路由和远程访问服务**会继续向DHCP服务器再租用10个IP地址。

> 附注
>
> 等**远程访问**角色安装完成后，便可以在此服务器上修改以下注册表值来修改每次租用IP地址的数量：
>
> **HKEY_LOCAL_MACHINE\SYSTEM\CurrentControlSet\Services\RemoteAccess\Parameters\IP\InitialAddressPoolSize**
>
> 若未发现此注册表值，则自行新建（数据类型为**REG_DWORD**）。

不过当**路由和远程访问服务**向DHCP服务器租用IP地址时，并无法取得DHCP选项设置，除非VPN服务器这台计算机本身也扮演**DHCP中继代理**的角色。

VPN客户端的用户在连接VPN服务器时，可以使用VPN服务器的本地用户账户或Active Directory用户账户来连接。

- **若使用VPN服务器的本地用户账户**：则直接由VPN服务器通过其本地安全数据库来验证用户（检查用户名与密码是否正确）。
- **若使用Active Directory用户账户**：若VPN服务器已经加入域，则VPN服务器会通过域控制器的Active Directory数据库来验证用户；若VPN服务器未加入域，则需要通过RADIUS机制来验证用户（请参考第11章）。本演练采用将VPN加入域的方式，故不需要RADIUS。

STEP 1 将VPNS1加入域：【打开**服务器管理器**➲**本地服务器**➲单击**工作组**处的WORKGROUP➲单击更改按钮➲选择**域**➲输入域名sayms.local后单击确定按钮➲输入域用户administrator与密码后单击确定按钮➲……】。完成后重新启动VPNS1。

STEP 2 在VPNS1上利用**域Administrator**身份登录➲在**服务器管理器**界面中单击**仪表板**处的**添加角色和功能**➲持续单击下一步按钮，直到出现如图10-2-3所示的**选择服务器角色**界面时勾选**远程访问**➲单击添加功能按钮。

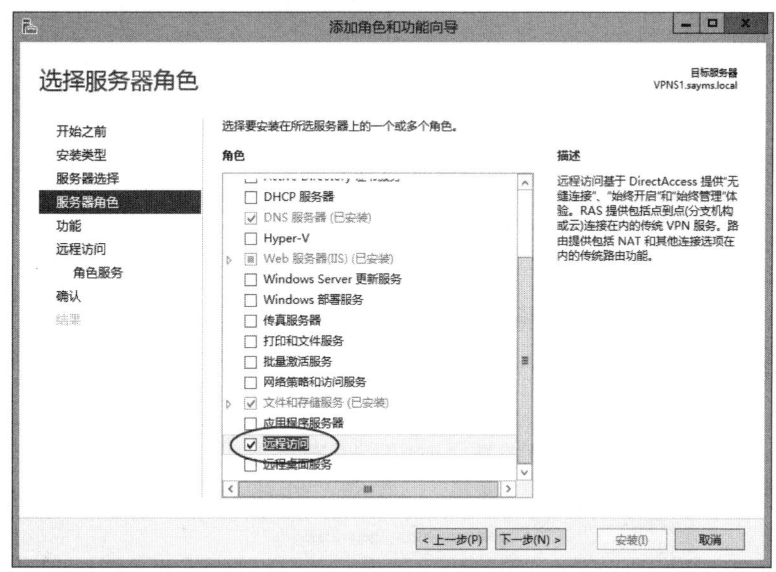

图 10-2-3

STEP 3 持续单击下一步按钮，直到出现如图10-2-4所示的界面时，确认图中有勾选**DirectAccess和VPN（RAS）**。

STEP 4 持续单击下一步按钮，直到出现**确认安装选项**界面时单击安装按钮。

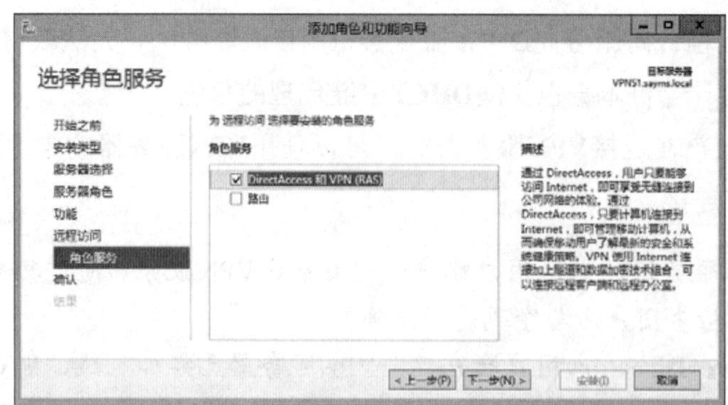

图 10-2-4

STEP 5　完成安装后单击关闭按钮，重新启动计算机，以域Administrator身份登录。

STEP 6　按⊞键切换到**开始**菜单➲**路由和远程访问**➲如图10-2-5所示选中并右击本地计算机➲**配置和启用路由和远程访问**。

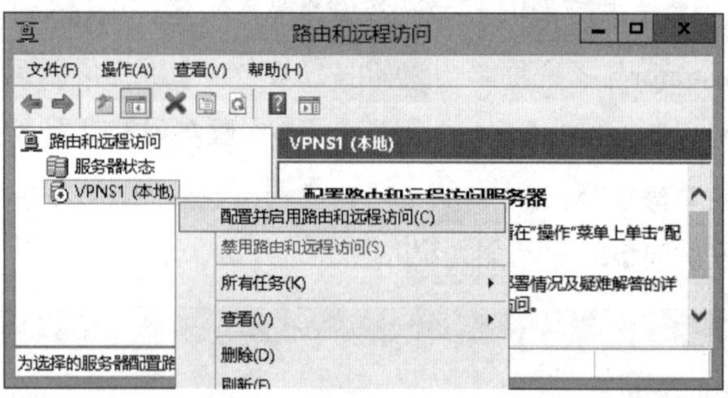

图 10-2-5

STEP 7　在**欢迎使用路由和远程访问服务器安装向导**界面中单击下一步按钮。

STEP 8　如图10-2-6所示选择**远程访问（拨号或VPN）**➲单击下一步按钮➲勾选**VPN**➲单击下一步按钮。

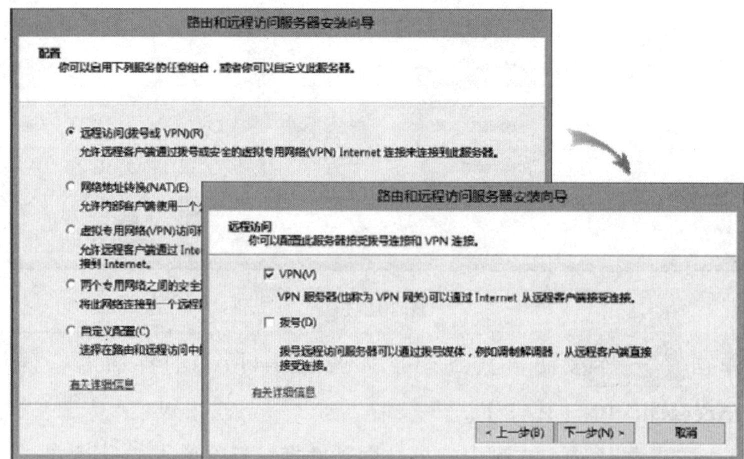

图 10-2-6

附注

若同时也要让内部客户端可以通过VPN服务器上网，则可以选择**虚拟专用网（VPN）访问和NAT**。

STEP 9　在图10-2-7中选择用来连接Internet的网络接口（图10-2-1中的**外网卡**）后单击下一步按钮。默认会勾选图中最下方选项，它会通过**静态数据包筛选器**来让此网络接口只接受与VPN有关的数据包，其他类型的数据包会被阻止。若此计算机还要扮演NAT服务器等其他角色，则取消勾选此选项。

注意

可在配置完成后通过外网卡网络接口的**入站筛选器**与**出站筛选器**来修改设置，例如如果要利用ping命令来测试是否可以与VPN服务器通信，就需要在**入站**与**出站筛选器**开放ICMP流量（**Windows防火墙**也需开放）。

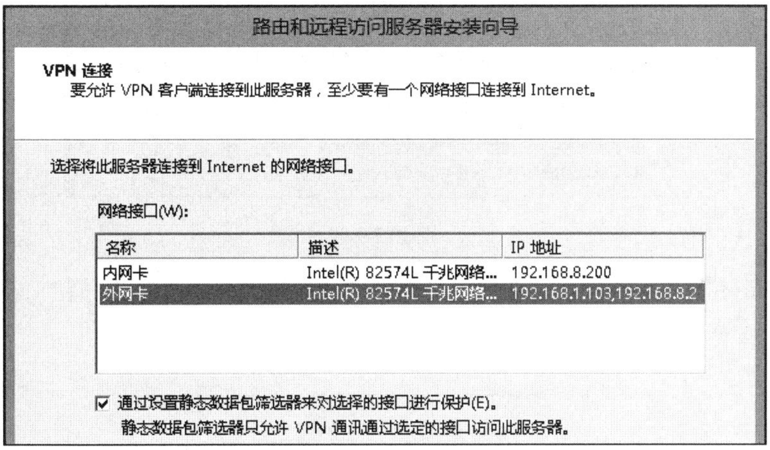

路由和远程访问服务器安装向导

VPN 连接

要允许 VPN 客户端连接到此服务器，至少要有一个网络接口连接到 Internet。

选择将此服务器连接到 Internet 的网络接口。

网络接口(W):

名称	描述	IP 地址
内网卡	Intel(R) 82574L 千兆网络...	192.168.8.200
外网卡	Intel(R) 82574L 千兆网络...	192.168.1.103,192.168.8.2

☑ 通过设置静态数据包筛选器来对选择的接口进行保护(E)。

静态数据包筛选器只允许 VPN 通讯通过选定的接口访问此服务器。

图 10-2-7

STEP 10　在图10-2-8中选择为VPN客户端分配IP地址的方式。

- **自动**：VPN服务器会先向DHCP服务器租用IP地址，然后将其指派给客户端，本范例选择此选项（若VPN服务器无法从DHCP服务器租到IP地址，则VPN客户端将取得169.254.x.x的IP地址，但是无法通过此IP地址来与内部计算机通信）。
- **来自一个指定的地址范围**：此时单击下一步按钮后，需手动设置一个IP地址范围，VPN服务器会从此范围内挑选IP地址分配给VPN客户端。

路由和远程访问服务器安装向导

IP 地址分配

你可以选择对远程客户端分配 IP 地址的方法。

你想如何对远程客户端分配 IP 地址?

自动(A)

如果你使用一个 DHCP 服务器分配地址，请确认它配置正确。如果没有使用 DHCP 服务器，此服务器将生成地址。

来自一个指定的地址范围(F)

图 10-2-8

STEP 11 在图10-2-9中直接单击下一步按钮即可。因为本范例的VPN服务器隶属于域，它可以直接通过域控制器的Active Directory来验证用户名与密码，所以不需要使用RADIUS验证。

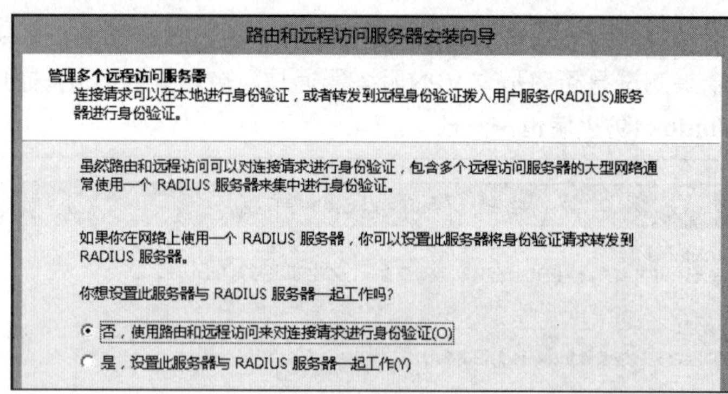

图 10-2-9

STEP 12 出现**正在完成路由和远程访问服务器安装向导**界面时单击完成按钮（若此时出现与防火墙有关的警告信息，则直接单击确定按钮即可）。

> **注意**
>
> 采用Active Directory验证的VPN服务器，其计算机账户需加入到Active Directory的**RAS and IAS Servers**组，而且会在此时自动被加入，不过此时必须利用域Administrator身份登录，否则会跳出加入失败的警告界面（可在VPN服务器架设完成后，自行到域控制器上利用**Active Directory用户和计算机**或**Active Directory管理中心**控制台手动将VPN服务器的计算机账户加入到此组）。

STEP 13 由于安装程序会顺便将VPN服务器设置为**DHCP中继代理**，故会出现图10-2-10所示界面来提醒你在VPN服务器配置完成后，还需要在**DHCP中继代理**处指定DHCP服务器的IP地址，以便将索取DHCP选项设置的请求发送给此DHCP服务器。请直接单击确定按钮。

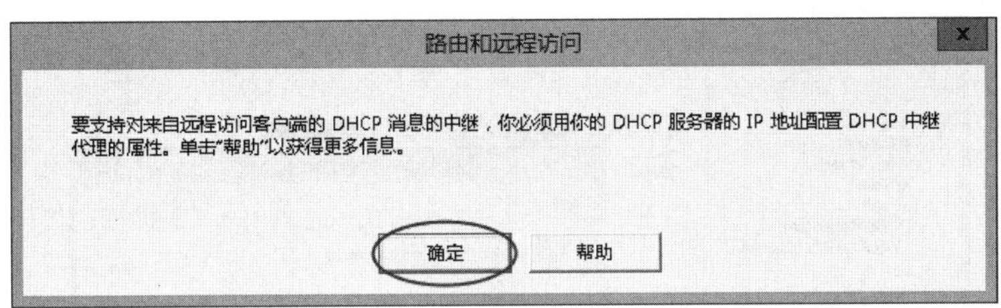

图 10-2-10

STEP 14 需要在**DHCP中继代理**开放接受从VPN服务器来的索取选项请求，但是因为VPN服务器与**DHCP中继代理**为同一台计算机，因此需要开放从这台计算机自己“内部”来的请求。若在图10-2-11路由和远程访问控制台界面的右方**接口**字段已出现**内部**，则直接跳到STEP 16，否则请【如图10-2-11所示选中并右击**DHCP中继代理**➲**新增接口**➲单击**内部**后单击确定按钮】。

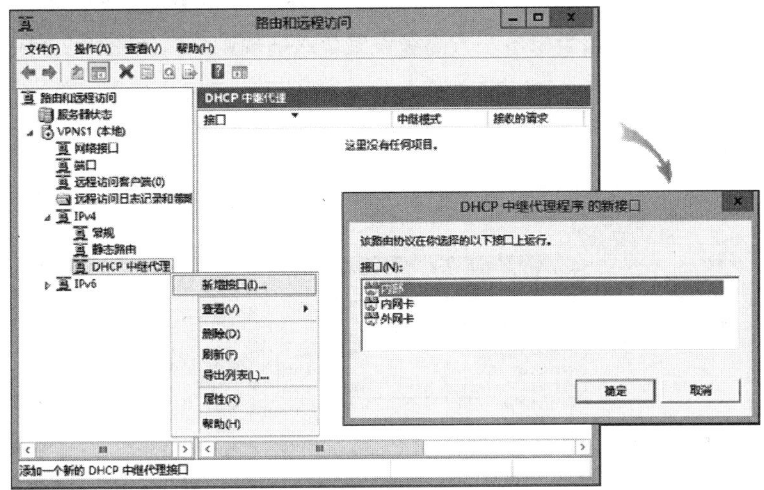

图 10-2-11

STEP 15 在图10-2-12中直接单击确定按钮。

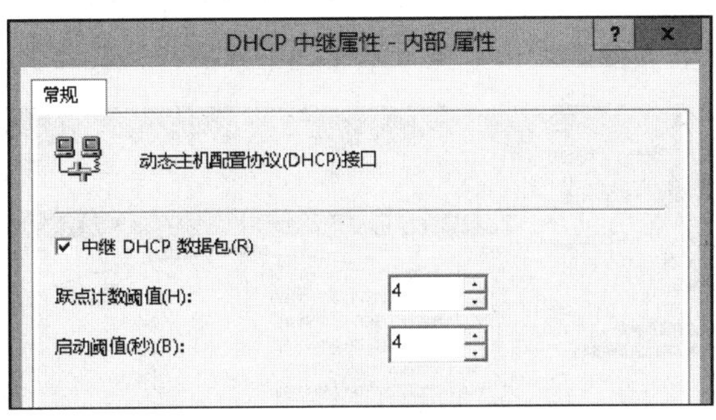

图 10-2-12

STEP 16 继续单击**DHCP中继代理**➲如图10-2-13所示单击上方的**属性**图标➲输入DHCP服务器的IP地址192.168.8.1➲依次单击添加、确定按钮。

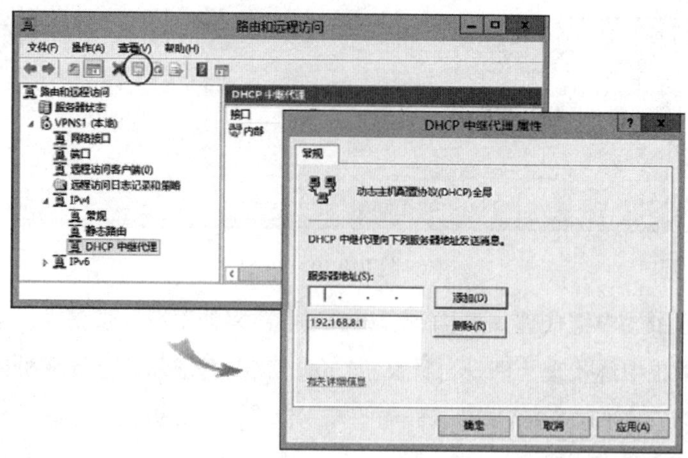

图 10-2-13

STEP 17 检查**Windows防火墙**是否已开放PPTP VPN流量：【按⊞+X键➲**控制面板**➲**系统和安全**➲**Windows防火墙**➲单击左方**高级设置**➲**入站规则**➲确认图10-2-14中**路由和远程访问（PPTP-In）**与**路由和远程访问（GEP-In）**规则已经启用】，若尚未启用，则单击右方的**启用规则**。

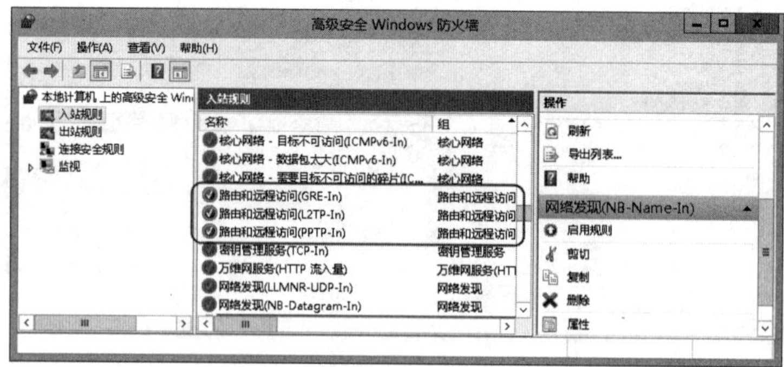

图 10-2-14

Windows Server 2012 R2 VPN服务器会自动建立PPTP、L2TP、SSTP与IKEv2各128个 VPN端口，如图10-2-15所示。若要修改端口数量，则【选中并右击图10-2-15中的**端口**➲**属性**】。

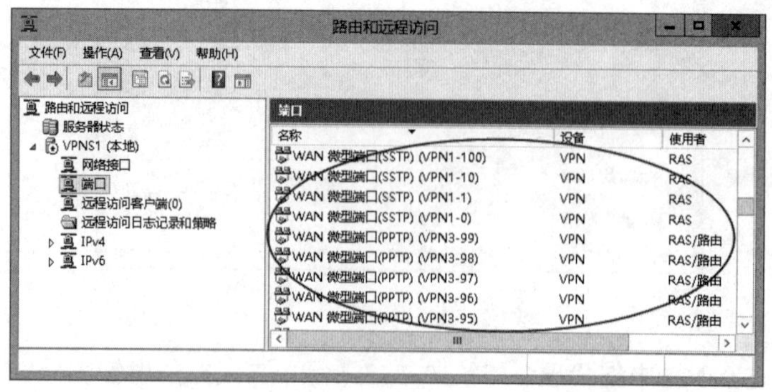

图 10-2-15

10.2.4 赋予用户远程访问的权利

系统默认所有用户都没有权利连接VPN服务器，下面我们将利用域用户Administrator来连接VPN服务器，因此请到域控制器DC1上通过以下步骤来赋予权利：【按⊞键切换到**开始**菜单➲**Active Directory用户和计算机**➲展开域**sayms.local**➲单击**Users**容器➲双击用户**Administrator**➲如图10-2-16所示选择**拨入**选项卡下的**允许访问**后单击确定按钮】。

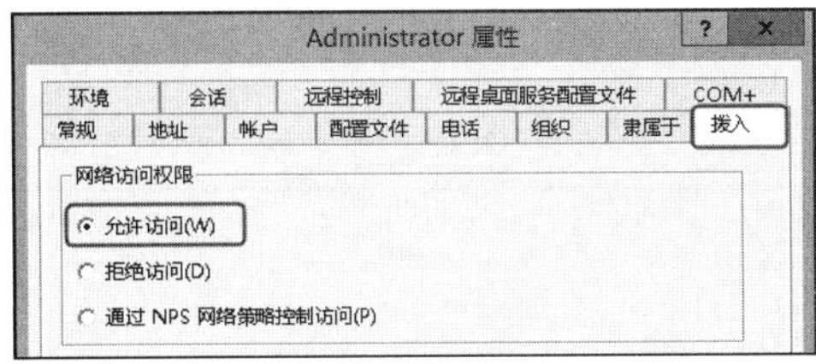

图 10-2-16

> **附注**
>
> 若要开放让用户利用VPN服务器的本地用户账户来连接，则【到VPN服务器上按⊞键切换到**开始**菜单➲**系统管理工具**➲**计算机管理**➲**系统工具**➲**本地用户和组**】。

10.2.5 PPTP VPN客户端的设置

VPN客户端与VPN服务器都必须已经连上因特网，然后在VPN客户端建立与VPN服务器之间的VPN连接，不过本实验环境中采用模拟的因特网，也就是如图10-2-1所示直接将VPN客户端与VPN服务器连接在一个网段上。

STEP 1 到VPN客户端（假设是Windows 8）上按⊞+X键➲**控制面板**➲**网络和Internet**➲**网络和共享中心**➲如图10-2-17所示单击**设置新的连接或网络**➲单击**连接到工作区**➲单击下一步按钮。

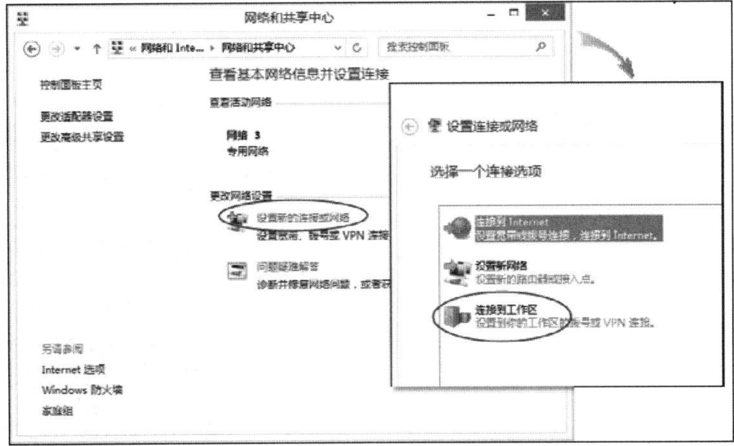

图 10-2-17

STEP 2　在图10-2-18中单击**使用我的Internet连接（VPN）**。

图 10-2-18

若VPN客户端目前无法连接Internet，则系统会问你是否要设置因特网连接，此时请选择**我稍后再设置Internet连接**。

STEP 3　在图10-2-19中的**Internet地址**处输入VPN服务器外网卡的IP地址192.168.1.200、**目标名称**假设使用默认值。单击创建按钮。

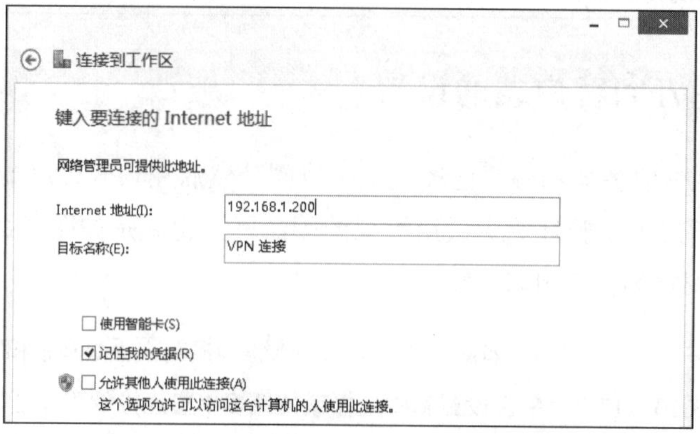

连接到工作区

键入要连接的 Internet 地址

网络管理员可提供此地址。

Internet 地址(I): 192.168.1.200

目标名称(E): VPN 连接

☐ 使用智能卡(S)

☑ 记住我的凭据(R)

☐ 允许其他人使用此连接(A)

这个选项允许可以访问这台计算机的人使用此连接。

图 10-2-19

STEP 4　单击图10-2-20右方的**VPN连接**，单击连接（C）按钮。

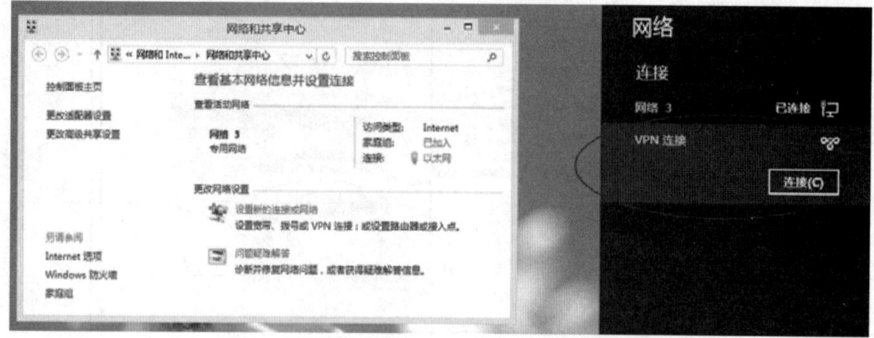

图 10-2-20

STEP 5 如图10-2-21所示输入连接VPN服务器的用户账户与密码后单击确定按钮。

图 10-2-21

STEP 6 VPN客户端预设会自动挑选VPN通信协议来连接VPN服务器（挑选顺序为IKEv2、SSTP、PPTP、L2TP），但目前只能使用PPTP（L2TP、SSTP与IKEv2还需其他设定），如图10-2-22所示为连接成功后的界面。

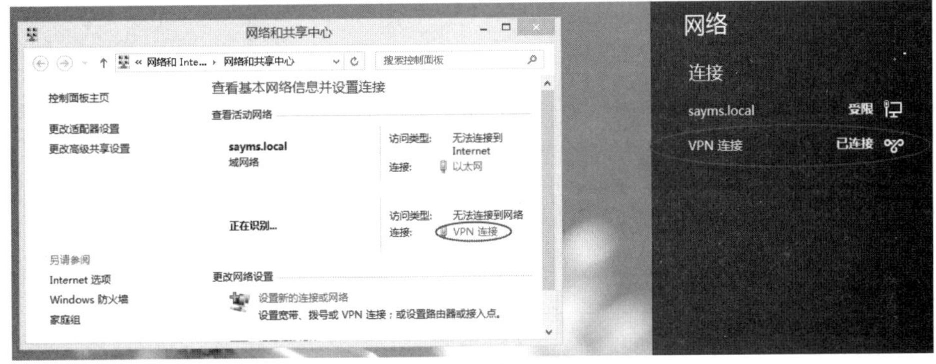

图 10-2-22

附注

若VPN服务器的**Windows防火墙**未启用**路由和远程访问（PPTP-In）**与**路由和远程访问（GEP-In）**规则的话，此时会出现连接错误警告界面。

STEP 7 双击图10-2-22左侧的**VPN连接**，单击图10-2-23中的详细信息按钮便可以通过网络连接详细信息界面来查看此VPN连接的信息，例如VPN客户端IP地址，还有DNS服务器与WINS服务器等DHCP选项设置。

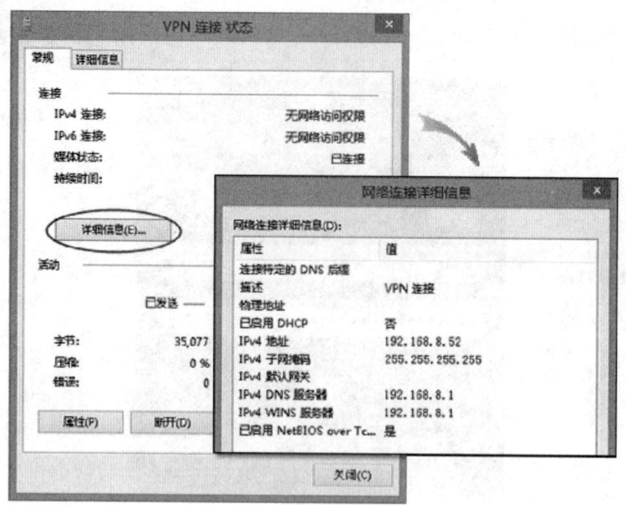

图 10-2-23

STEP 8　单击图10-2-23中VPN连接状态界面的**详细信息**选项卡后，便可以从图10-2-24得知此连接所使用的通信协议、加密方法、此VPN通道中客户端与服务器的IP地址等信息。

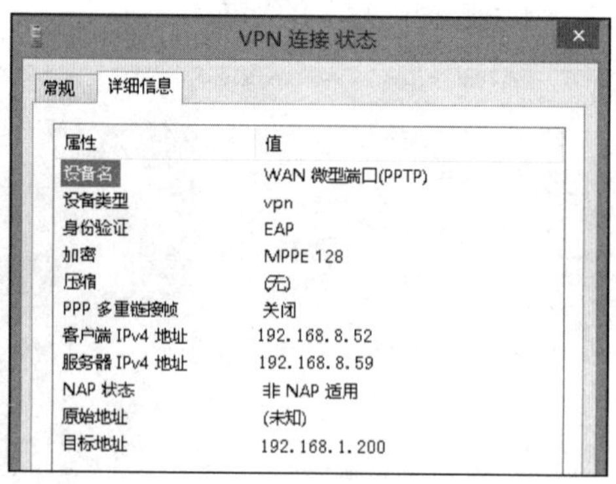

图 10-2-24

STEP 9　也可以单击图10-2-22左上方的**更改此连接的设置**，然后如图10-2-25所示选中并右击VPN连接的方法来管理此VPN连接。

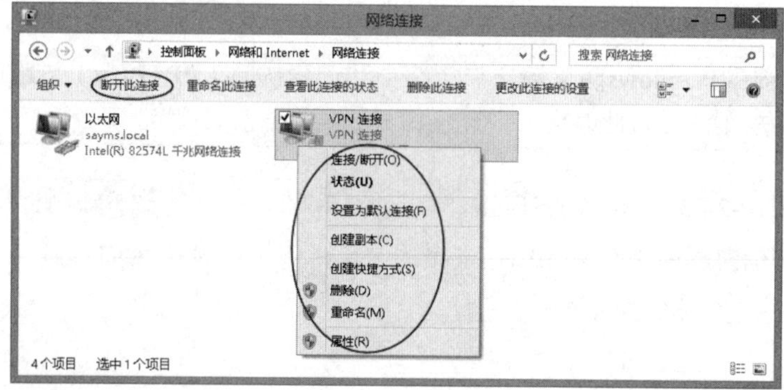

图 10-2-25

STEP 10 在选择图10-2-25中的**连接/断开**后，便可以通过【选中并右击图10-2-26右侧的**VPN连接**➲从弹出的快捷菜单中进一步管理此VPN连接】，例如若要修改连接VPN服务器的用户账户，则先选择图中的**清除缓存的凭据**，之后重新连接VPN服务器时便可重新输入用户账户与密码。

图 10-2-26

STEP 11 若要自行选择VPN协议，则【如图10-2-27所示选中并右击**VPN连接**➲**属性**➲单击**安全**选项卡➲通过**VPN类型**处来选择（目前仅能使用**PPTP**）】，其他字段保留默认值即可。

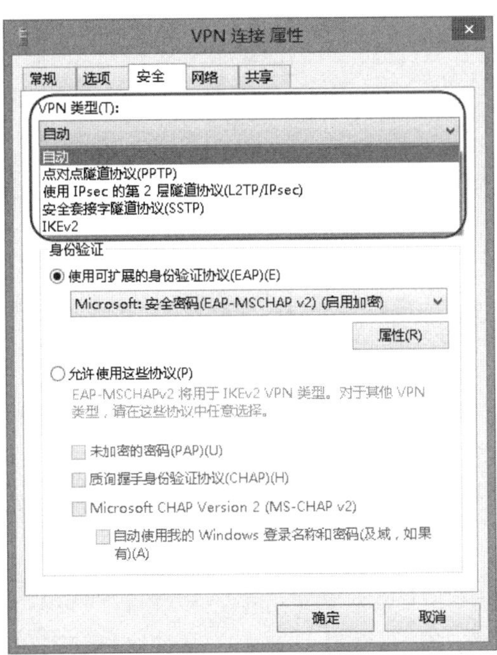

图 10-2-27

STEP 12 接下来测试是否可以与内部计算机通信（以DC1为例）：【按⊞+R键➲如图10-2-28所示输入**DC1**后单击**确定**按钮】。

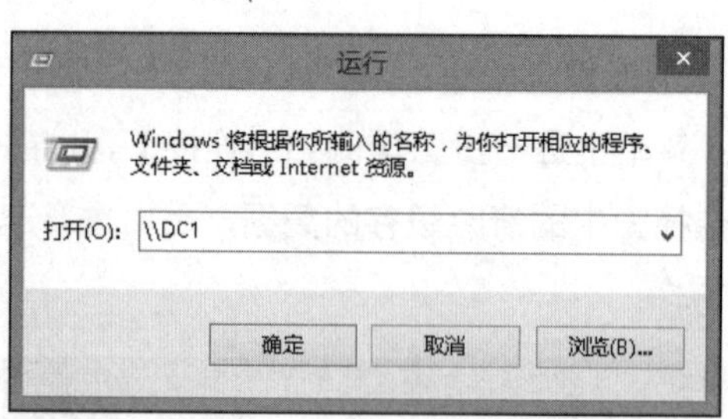

图 10-2-28

STEP 13 从图10-2-29中可看到内部计算机DC1所共享出来的资源，表示VPN客户端已经与内部计算机通信成功（也可以利用ping 192.168.8.1来测试）。

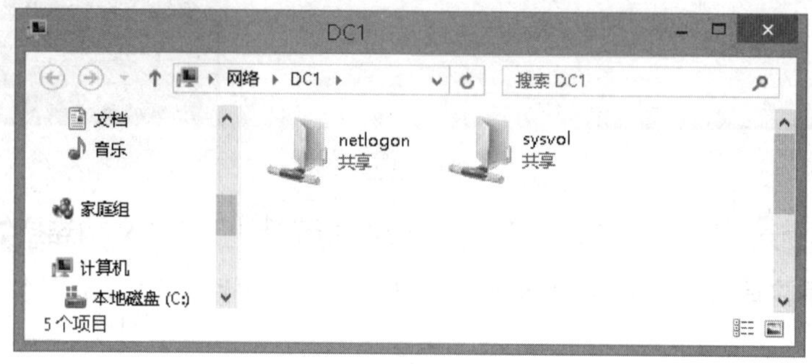

图 10-2-29

> 附注
>
> 内部网络的计算机必须在**Windows防火墙**开放**文件与打印机共享**，否则上述通信过程会被**Windows防火墙**阻挡，域控制器DC1默认已经开放。

10.2.6 NetBIOS计算机名称解析

当VPN客户端利用NetBIOS计算机名称来与内部计算机通信时，例如我们前面演示的\\DC1，由于客户端的**节点类型**（node type）为**交互式**（hybrid），因此可以通过WINS服务器（IP地址为192.168.8.1）来解析内部计算机的NetBIOS计算机名称，也就是得知其IP地址，若失败，则改用广播方式。

如果实验环境中没有架设WINS服务器，那么VPN客户端是否可以利用广播方式来解析到内部NetBIOS计算机名称的IP地址呢？只要VPN服务器将其开放即可！【如图10-2-30所示单击**VPNS1（本地）**➲单击上方的**属性**图标➲勾选**IPv4**选项卡下的**启用广播名称解析**（默认已启用）】。不过广播方式仅适用于单一网络，也就是VPN客户端与内部计算机的IP地址的网络ID必须相同，而我们的实验环境中，内部计算机的网络ID为192.168.8.0，同时VPN客户端通过DHCP服务器所获得的IP地址的网络ID也是192.168.8.0，故VPN客户端可以通过广播方式

来解析到内部NetBIOS计算机名称的IP地址，不需要WINS服务器。

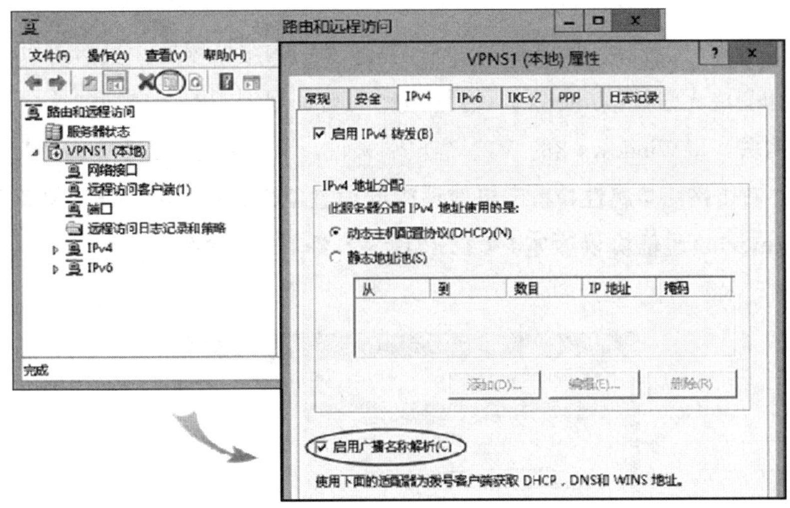

图 10-2-30

如果我们不是设置让VPN客户端从DHCP服务器来取得IP地址，而是在VPN服务器内指定静态IP地址范围，也就是选用这个范围内的IP地址给VPN客户端，则VPN客户端可能无法解析内部计算机的NetBIOS计算机名称，例如图10-2-31中静态地址范围为192.168.3.1~192.168.3.254，因此VPN客户端所获得的IP地址的网络ID为192.168.3.0，它与内部计算机的192.168.8.0分属于两个不同的网络，故无法利用广播方式来解析到内部NetBIOS计算机名称的IP地址，除非将图中的静态地址池范围的网络ID设置为192.168.8.0。

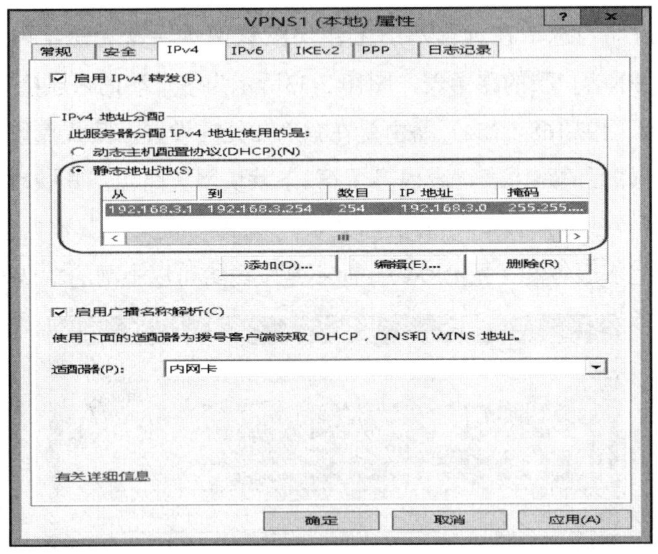

图 10-2-31

10.2.7 VPN客户端为何无法上网——Part 1

VPN客户端原本可以连接Internet，可是一旦连上VPN服务器后，虽然可以访问内部网络的资源，但是却变成无法连接Internet，这是为什么呢？因为VPN客户端默认会选择**在远程网络上使用默认网关**，以Windows 8的 VPN客户端来说，其设置位于：【按⊞+X键➲**文件资源管理器**➲选中并右击**网络**➲**属性**➲单击**更改适配器设置**➲选中并右击**VPN连接**➲**属性**➲单击**网络**选项卡下的**Internet通信协议版本4（TCP/IPv4）**➲单击属性按钮➲单击高级按钮➲如图10-2-32所示】。

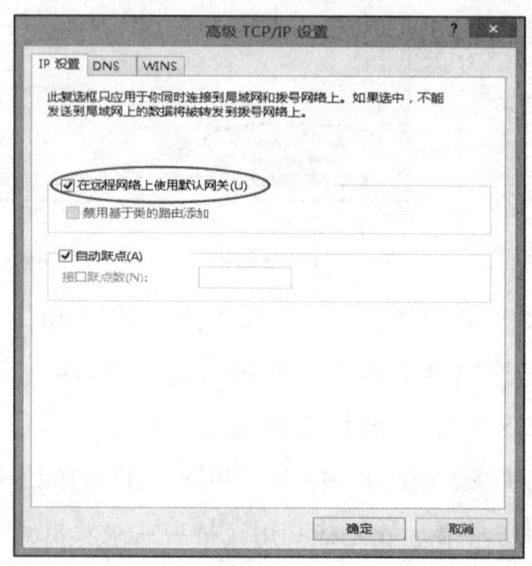

图 10-2-32

为什么VPN客户端勾选了**在远程网络上使用默认网关**后就无法上网呢？我们利用**route print -4**命令来查看VPN客户端的路由表，图10-2-33所示为客户端尚未连接VPN服务器时的路由表，其中默认网关的（192.168.1.254）路由是在TCP/IP处的设置，其跃点数为266；而图10-2-34所示为连接VPN服务器后的路由表，表内多了第2条默认网关路由，其跃点数为11，而原来第1个默认网关路由的跃点数变为4491，因此当VPN客户端要上网时，其数据包会通过跃点数较小的第2条路由发送给VPN服务器（见第8章），而不是发送给可以上网的默认网关192.168.1.254。

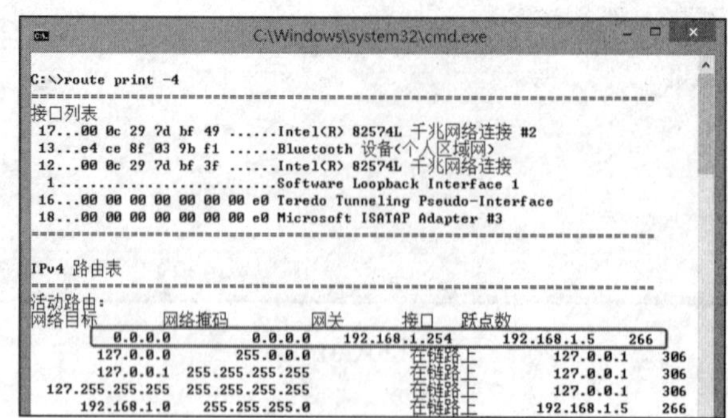

```
C:\Windows\system32\cmd.exe

C:\>route print -4
===========================================================================
接口列表
 17...00 0c 29 7d bf 49 ......Intel(R) 82574L 千兆网络连接 #2
 13...e4 ce 8f 03 9b f1 ......Bluetooth 设备(个人区域网)
 12...00 0c 29 7d bf 3f ......Intel(R) 82574L 千兆网络连接
  1...........................Software Loopback Interface 1
 16...00 00 00 00 00 00 00 e0 Teredo Tunneling Pseudo-Interface
 18...00 00 00 00 00 00 00 e0 Microsoft ISATAP Adapter #3
===========================================================================

IPv4 路由表
===========================================================================
活动路由:
网络目标        网络掩码          网关       接口   跃点数
          0.0.0.0          0.0.0.0    192.168.1.254      192.168.1.5    266
        127.0.0.0        255.0.0.0            在链路上         127.0.0.1    306
        127.0.0.1  255.255.255.255            在链路上         127.0.0.1    306
  127.255.255.255  255.255.255.255            在链路上         127.0.0.1    306
      192.168.1.0    255.255.255.0            在链路上       192.168.1.5    266
```

图 10-2-33

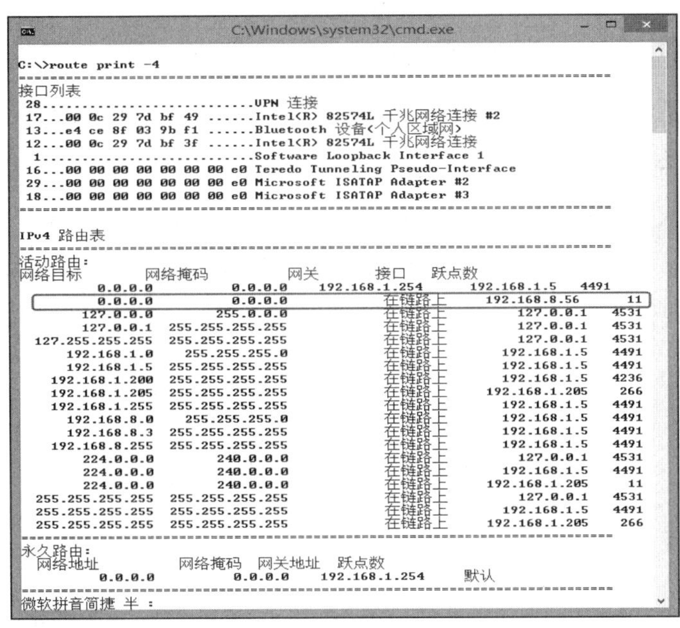

图 10-2-34

上述限制也是大部分系统管理员所期望的，因为若VPN客户端取消勾选**在远程网络上使用默认网关**，则在连上VPN服务器后，其路由表将会类似图10-2-35所示，图中除了原来的默认网关之外，还有一个目的地是内部网络的路由（192.168.8.0），因此VPN客户端所有发往内部网络的数据包，将会通过此路由发送到VPN服务器，而上网的数据包会通过默认网关（192.168.1.254）来发送，也就是说VPN客户端能够同时访问内部网络与因特网，如此这台VPN客户端计算机可能会成为黑客攻击内部网络的跳板，造成安全上的威胁。

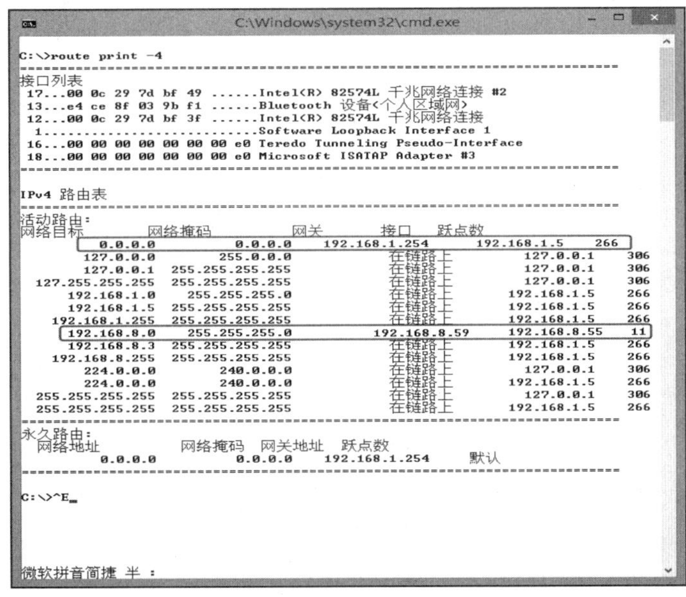

图 10-2-35

10.2.8 VPN客户端为何无法上网——Part 2

若如图10-2-36所示在VPN服务器内指定静态IP地址范围，而且其网络ID与内部网络不同，例如图中网络标识符为192.168.3.0，内部网络的网络ID为192.168.8.0，此时VPN客户端连上VPN服务器后，仍然是只能够与内部网络的计算机通信，不能够上网。其原因分析如下。

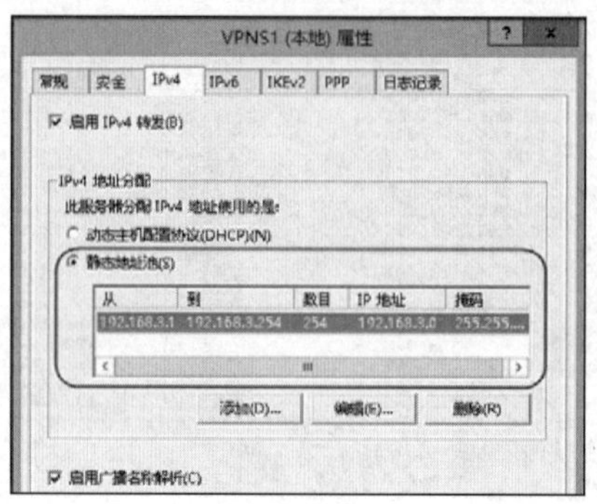

图 10-2-36

假设VPN客户端仍然勾选了**在远程网络上使用默认网关**，则其连上VPN服务器后所获得的IP地址是192.168.3.0的格式，且其路由表会如图10-2-37所示，其中并没有一个发往内部网络（192.168.8.0）的专用路由，因此发往内部网络的数据包将通过默认网关，不过图中除了跃点数为4491的原有第1条默认网关路由（192.168.1.254）之外，又多了一个跃点数为11的第2个默认网关路由，因此当VPN客户端要连接内部计算机时，其数据包会通过跃点数较小的第2条路由发给VPN服务器，再由VPN服务器发送到内部计算机，故可正常与内部计算机通信。

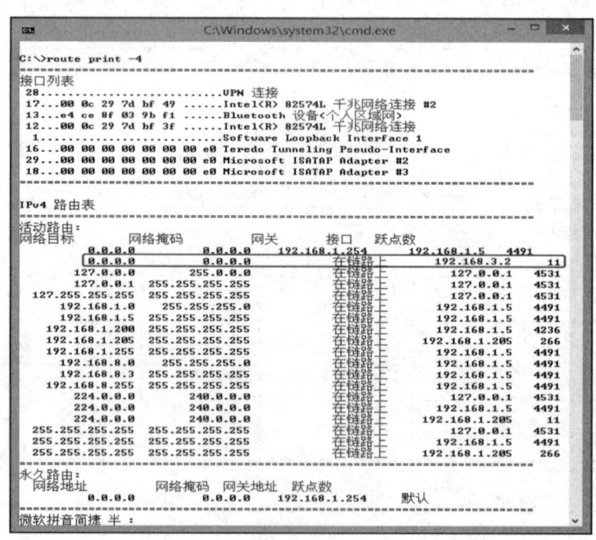

图 10-2-37

然而VPN客户端的上网数据包也会通过跃点数较小的第2条路由发给VPN服务器，而不是发给可上网的默认网关192.168.1.254，因此VPN客户端无法上网。

若VPN客户端取消勾选**在远程网络上使用默认网关**，则VPN连接成功后，其路由表将会类似图10-2-38所示，其中除了原来的默认网关路由（192.168.1.254）之外，并没有一条发往内部网络（192.168.8.0）的专用路由，因此VPN客户端虽然可以通过默认网关192.168.1.254上网，但是要与内部计算机通信的数据包也会被送往此默认网关，而不是VPN服务器，也因此无法被发到内部网络，因而无法与内部主机通信。

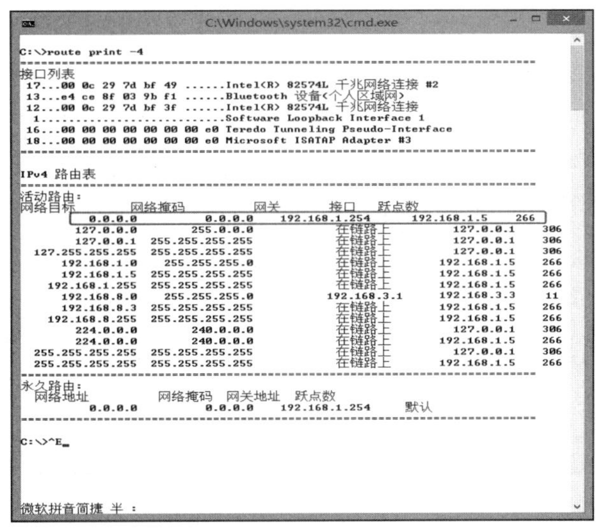

图 10-2-38

此时若要暂时让VPN客户端能够与内部计算机通信，可以自行在VPN客户端上建立一个发往内部网络（192.168.8.0）的专用路由：先找出此VPN连接中VPN服务器的IP地址，如图10-2-39中VPN服务器的IP地址为192.168.3.1（它是静态IP地址范围中的第1个IP地址），然后在VPN客户端【按⊞+X键➲命令提示符（系统管理员）➲执行以下命令（可参考图10-2-40）】：

```
route add 192.168.8.0 mask 255.255.255.0 192.168.3.1
```

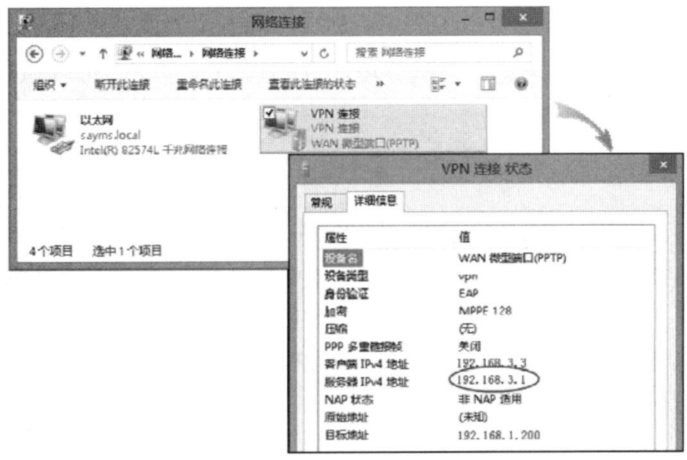

图 10-2-39

完成后，此VPN客户端就可以通过这条路由（图10-2-40中框起来的部分）来连接内部计算机，也可以通过默认网关上网。如前所述若为了安全考虑而不希望VPN客户端同时上网与连接内部网络，请让VPN客户端采用默认值，也就是勾选**在远程网络上使用默认网关**。

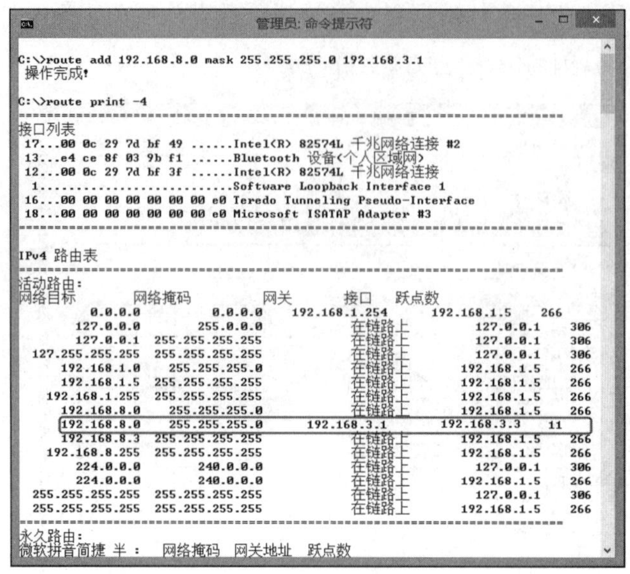

图 10-2-40

如果利用虚拟环境，那么建议利用快照功能将这些计算机现在的环境存储起来，以便供接下来的演练使用。

10.3 L2TP VPN实例演练——预共享密钥

此处采用**预共享密钥**（preshared key）来验证身份的L2TP VPN的环境建置方法与前面PPTP VPN相同，因此我们将直接采用10.2小节 **PPTP VPN实例演练**的环境，若还没有建立此环境，则先参考该章节的内容来建立测试环境，并确认VPN客户端可以通过PPTP VPN连接VPN服务器。

另外，我们还需要在VPN客户端与服务器两端都设置相同的**预共享密钥**。

- **VPN服务器**：如图10-3-1所示【单击**VPNS1（本地）**➲单击上方的**属性**图标➲选择**安全**选项卡➲勾选**允许L2TP/IKEv2连接使用自定义IPsec策略**➲在**预共享密钥**处输入密钥字符串（假设为1234567）➲……】，此字符串需要与VPN客户端的设置相同。接着通过【选中并右击**VPNS1（本地）**➲**所有任务**➲**重新启动**】的方法来重新启动**路由和远程访问**服务。

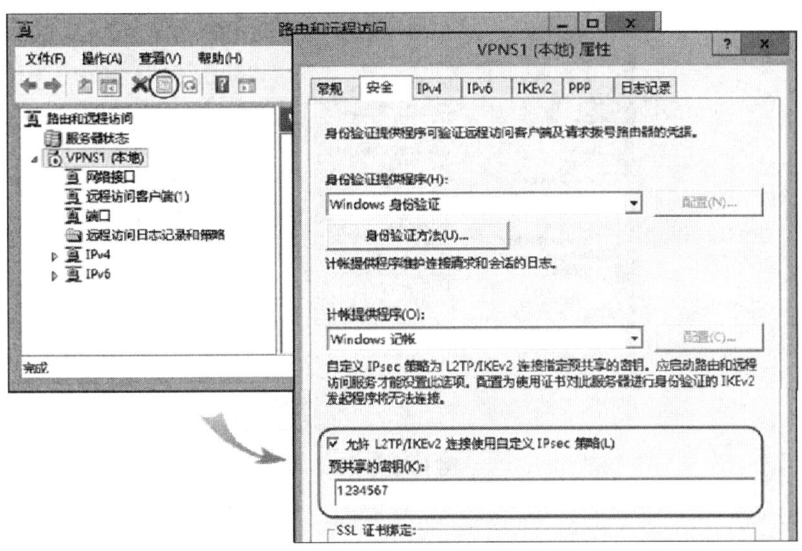

图 10-3-1

- **VPN客户端**：以Windows 8为例，请【按⊞+X键➲**文件资源管理器**➲选中并右击**网络**➲**属性**➲单击**更改网络适配器设置**➲选中并右击**VPN连接**➲**属性**➲如图10-3-2所示单击**安全**选项卡➲在**VPN类型**处选择L2TP/IPsec➲单击高级设置按钮➲如**高级属性**对话框所示输入与VPN服务器端相同的密钥字符串（1234567）➲……】。

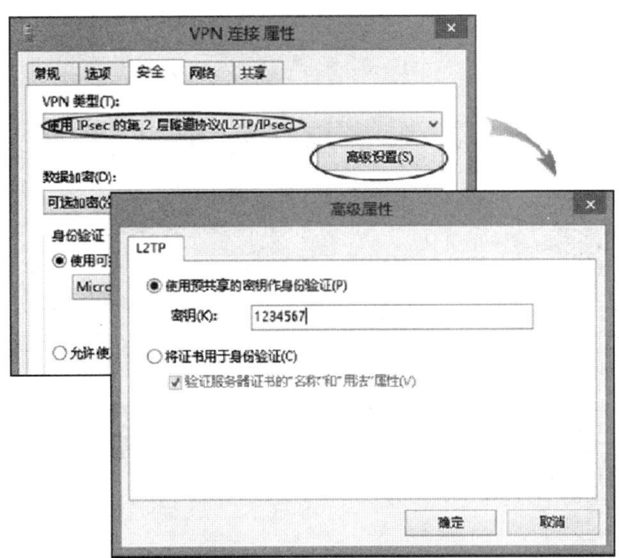

图 10-3-2

接着请确认VPN服务器的**Windows防火墙**已经启用**路由及远程访问（L2TP-In）**规则，之后VPN客户端就可以通过此VPN连接来与VPN服务器建立采用**预共享密钥**的L2TP VPN，图10-3-3所示为连接成功后的界面。

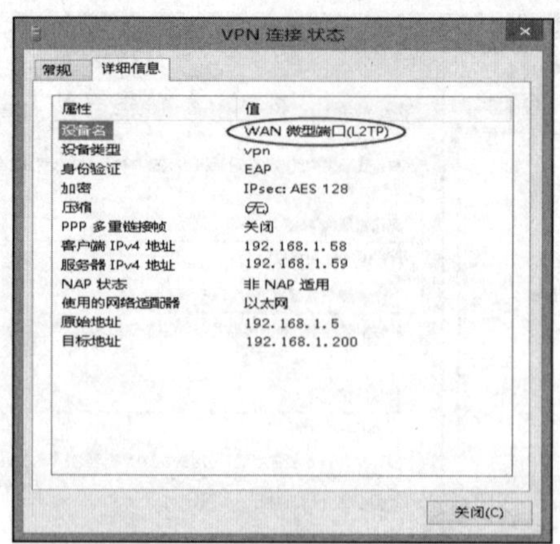

图 10-3-3

10.4 L2TP VPN实例演练——计算机证书

我们将利用图10-4-1的环境来演练**使用计算机证书的L2TP VPN**，因为它的环境与10.2小节**PPTP VPN实例演练**相同，因此我们将直接采用该小节的环境，不过因为VPN服务器与VPN客户端都需要向CA（证书颁发机构）申请与安装计算机证书，因此我们在图中DC1计算机上另外安装了企业根CA，同时也安装了IIS网站，以便可以利用浏览器来向此企业根CA申请计算机证书。

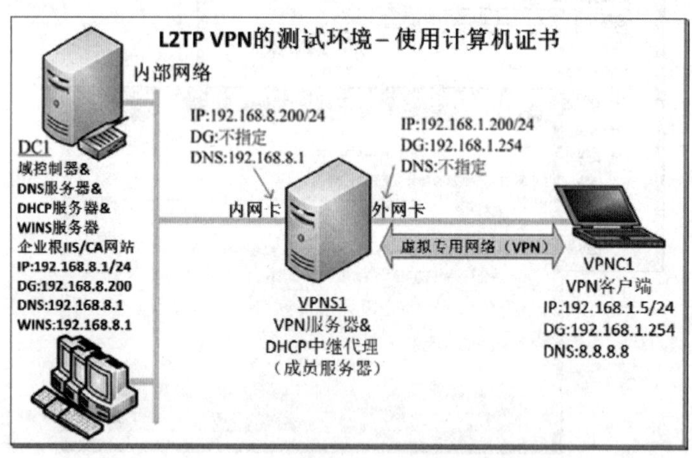

图 10-4-1

10.4.1 建立初始测试环境

若还未建立PPTP VPN环境，则先依照10.2小节 **PPTP VPN实例演练**的说明来建立环境，并确认VPN客户端可以通过PPTP VPN连接VPN服务器。

10.4.2 安装企业根CA

我们需要通过新建**Active Directory证书服务**（AD CS）角色的方式来将企业根CA安装到DC1计算机上：【打开**服务器管理器**➲单击**仪表板**处的**添加角色和功能**➲持续单击下一步按钮，直到出现**选择服务器角色**界面时勾选**Active Directory证书服务**➲单击添加功能按钮➲持续单击下一步按钮，直到出现**选择角色服务**界面时增加勾选**证书颁发机构Web注册**（若要利用浏览器来申请凭证）➲单击添加功能按钮➲持续单击下一步按钮，直到出现**确认安装选项**界面时单击安装按钮➲完成安装后单击**安装进度**界面中的**配置目标服务器上的Active Directory证书服务**（或单击**服务器管理器**右上方的惊叹号）➲单击下一步按钮➲在**角色服务**界面勾选**证书颁发机构**与**证书颁发机构Web注册**➲……】，假设此企业根CA的名称为Sayms Enterprise Root。

10.4.3 L2TP VPN服务器的设置

我们将到VPN服务器VPNS1上执行信任CA的操作并为此服务器申请计算机证书。

1．信任 CA

VPN服务器必须信任由CA所发放的证书，也就是说CA的证书必须被安装到VPN服务器，不过因为我们所架设的是企业根CA，而域成员会自动信任企业CA，因此隶属于域的VPN服务器VPNS1已经信任此CA。可以在VPN服务器上通过【打开Internet Explorer➲按Alt键➲**工具**菜单➲**Internet选项**➲**内容**选项卡➲单击证书按钮➲**受信任的跟证书颁发机构**选项卡】的方法，来确认VPN服务器已经信任我们所架设的企业根CA，如图10-4-2所示。

图 10-4-2

> 附注
>
> 若还没有看到上述企业根CA证书，则执行**gpupdate /force**命令来立即应用组策略。若是独立CA，则参考5.2小节的说明来手动执行信任CA的步骤。

2. 替 L2TP VPN 服务器申请计算机证书

由于我们的VPN服务器隶属于域，因此可以通过**证书**管理控制台来向企业CA申请计算机证书。L2TP VPN服务器所需要的计算机证书为**服务器身份验证**证书（Server Authentication Certificate），而企业根CA的“**计算机**”证书模板内包含**服务器身份验证**证书，故我们可以通过申请“**计算机**”证书来拥有**服务器身份验证**证书。

STEP 1 按⊞+R键➲输入**MMC**后按Enter键➲**文件**菜单➲**添加/删除管理单元**➲从列表中选择**证书**后单击添加按钮➲在图10-4-3中选择**计算机账户**后单击下一步按钮➲依序单击完成、确定按钮。

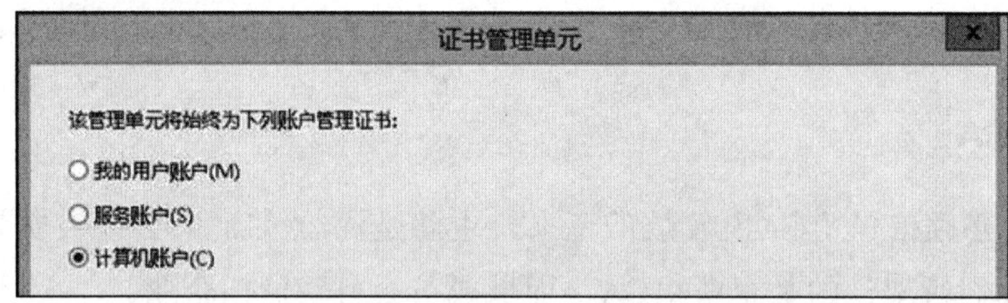

图 10-4-3

> 附注
>
> 计算机证书必须被安装到计算机证书存储区域才有效，故必须选择**计算机账户**。

STEP 2 如图10-4-4所示展开**证书（本地计算机）**➲选中并右击**个人**➲**所有任务**➲**申请新证书**。

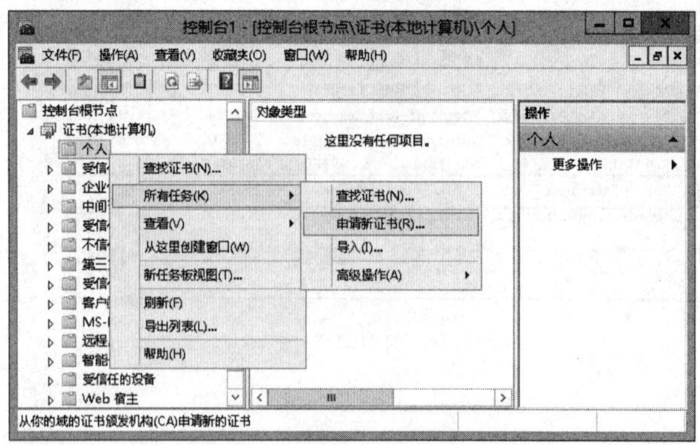

图 10-4-4

STEP 3　持续单击下一步按钮，直到出现如图10-4-5所示的**请求证书**界面时单击**计算机**证书右方的**详细信息**图标。

证书注册
请求证书
你可以请求下列类型的证书。选择要请求的证书，然后单击"注册"。
Active Directory 注册策略
计算机
状态: 可用
详细信息

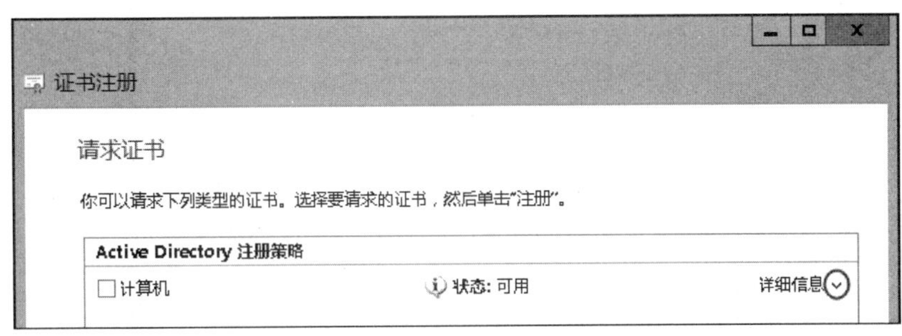

图 10-4-5

STEP 4　单击图10-4-6中的属性按钮。

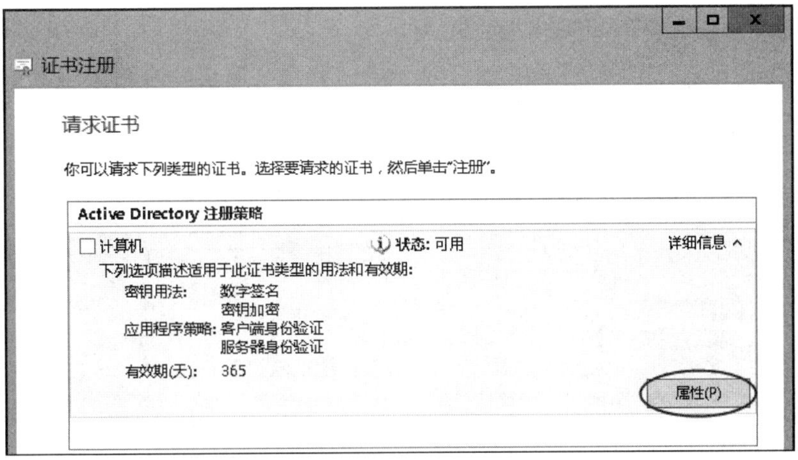

证书注册
请求证书
你可以请求下列类型的证书。选择要请求的证书，然后单击"注册"。
Active Directory 注册策略
计算机
状态: 可用
详细信息
下列选项描述适用于此证书类型的用法和有效期:
密钥用法: 数字签名
密钥加密
应用程序策略: 客户端身份验证
服务器身份验证
有效期(天): 365
属性(P)

图 10-4-6

STEP 5　单击图10-4-7中**私钥**选项卡➲单击**密钥选项**右方的**详细数据**图标➲勾选**使私钥可以导出**➲单击确定按钮。

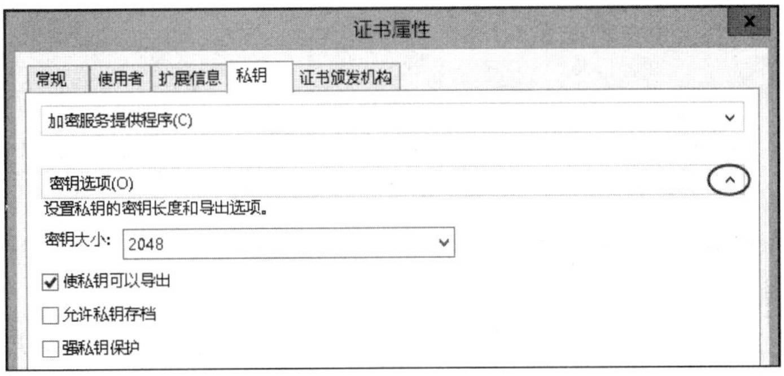

证书属性
常规
使用者
扩展信息
私钥
证书颁发机构
加密服务提供程序(C)
密钥选项(O)
设置私钥的密钥长度和导出选项。
密钥大小:
2048
使私钥可以导出
允许私钥存档
强私钥保护

图 10-4-7

STEP 6　在图10-4-8中勾选**计算机**后单击注册按钮。

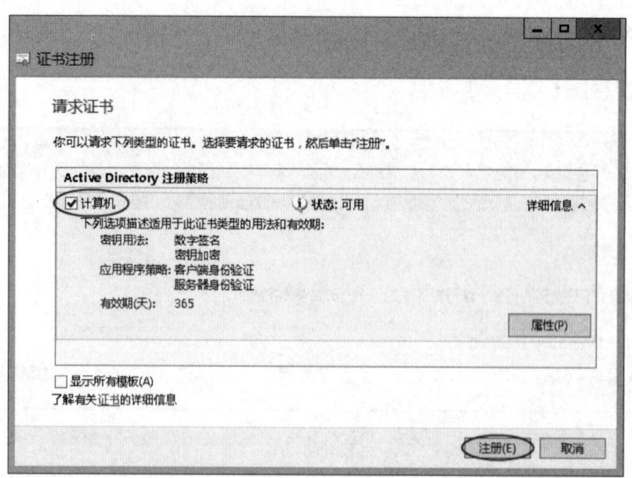

图 10-4-8

STEP 7 在**证书安装结果**界面中单击完成按钮。

STEP 8 图10-4-9所示为完成后的界面，图中的证书具备**服务器身份验证**功能，且发放给VPNS1.sayms.local（VPN服务器的FQDN）。

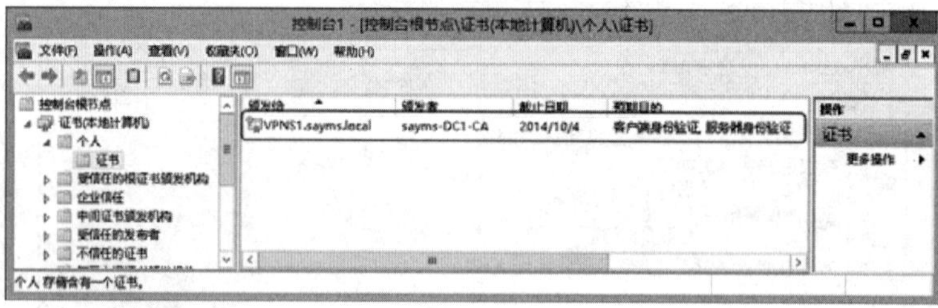

图 10-4-9

STEP 9 重新启动**路由和远程访问服务**：【按Windows键⊞切换到**开始**菜单➲**路由和远程访问**（若出现**启用DirectAccess向导**界面，则依次单击取消、确定按钮）➲选中并右击**VPNS1（本地）**➲**所有任务**➲**重新启动**】。

如果要利用浏览器来向企业或独立CA申请计算机证书，那么请参考10.11小节。

10.4.4 L2TP VPN客户端的设置

VPN客户端同样需要申请证书，不过以我们的实验环境来说（图10-4-1），VPN客户端位于外部网络，它目前并无法连接到内部的企业根CA，因此它要如何来向企业根CA申请证书、安装证书与执行信任CA的操作（安装CA的证书）呢？此时可以采用以下几种方法之一。

- 直接将CA的证书与VPN服务器的计算机证书文件复制到VPN客户端导入。
  请到VPN服务器上通过**证书**管理控制台，从计算机证书存储区域将VPN服务器的计算机证书（图10-4-10背景图）与CA的证书（图10-4-10前景图）导出存档（选中并右击证书➲**所有任务**➲**导出**），其扩展名分别是.pfx与.cer，其中VPN服务器的计算机证书需将私钥一并导出（但之前在图10-4-7中需勾选**使私钥可以导出**），然后复制到VPN客户端上利用**证书**管理控制台将它们分别导入到计算机证书存储区域的**个人**与**受信任的跟证书颁发机构**文件夹（如果需要详细步骤，那么请参考第10.11.3小节**将证书迁移到计算机证书存储区域**的内容）。

图 10-4-10

- VPN客户端利用PPTP VPN连上VPN服务器，它就可以通过PPTP VPN来连接内部企业根CA网站。
- 在VPN服务器上启用NAT，然后通过端口映射将HTTP流量转发到内部企业根CA网站（NAT的说明见第9章），VPN客户端就可以通过NAT来连接内部企业根CA网站。
- 将VPN客户端暂时移动到内部网络（需修改IP设置），它就可以来连接内部企业根CA网站，待完成信任CA、申请与安装计算机证书等工作后再将VPN客户端移动到外部网络。
  以目前的实验环境来说，我们选择最方便的第1种方法，完成此步骤后直接跳到10.4.5小节**测试L2TP VPN连接**。

如果要尝试选择其他方法，那么请参考以下说明。由于VPN客户端并没有加入域，故不会自动信任企业根CA，因此需要另外手动信任CA。而且也因为VPN客户端并未加入域，所以需要利用浏览器来连接CA网站与申请证书，无法使用**证书**管理控制台，还有在Windows 8利用浏览器IE向CA网站申请计算机证书时需要利用以下两种方式之一。

- 利用https方式来连接CA网站，但需要将CA网站加入到**受信任的站点**。
- 利用http方式来连接CA网站，但请暂时将Internet Explorer的**本地Internet**的安全性级别降为**低**，同时将CA网站加入到**本地Internet**。

其中第1种方法的CA网站必须申请与安装SSL证书，比较麻烦，故下面采用第2种方法。

由于利用浏览器向CA申请证书的方法在前面的章节已经介绍过多次了，故在此仅列出简要步骤。请到VPN客户端（Windows 8）计算机上执行以下操作。

- 假设VPN客户端已经可以连接企业CA（无论是先利用PPTP VPN、利用NAT或直接将VPN客户端移动到内部网络）。
- 信任CA：运行Internet Explorer（IE）、利用**http://192.168.8.1/certsrv/**来连接CA，输入域Administrator的密码，接下来的步骤请参考5.2小节的内容。
- 将浏览器IE的**本地Intranet**的安全级别降为**低**，同时将CA网站加入到**本地Intranet**：【启动Internet Explorer➲单击Alt键➲**工具**菜单➲Internet选项➲**安全**选项卡➲单击**本地Intranet**➲将安全级别降为**低**➲单击右上方站点按钮➲单击高级按钮➲将CA网站http://192.168.8.1/加入此区域➲……】。
- 在浏览器IE利用**http://192.168.8.1/certsrv/**来向CA申请包含**服务器身份验证**的证书：【申请证书➲高级证书申请➲创建并向此CA提交一个申请➲单击两次是（Y）按钮➲如图10-4-11所示在**证书模板**处选择**管理员**➲勾选**标记密钥为可导出**➲单击提交按钮➲单击两次是（Y）按钮➲单击**安装此证书**】。

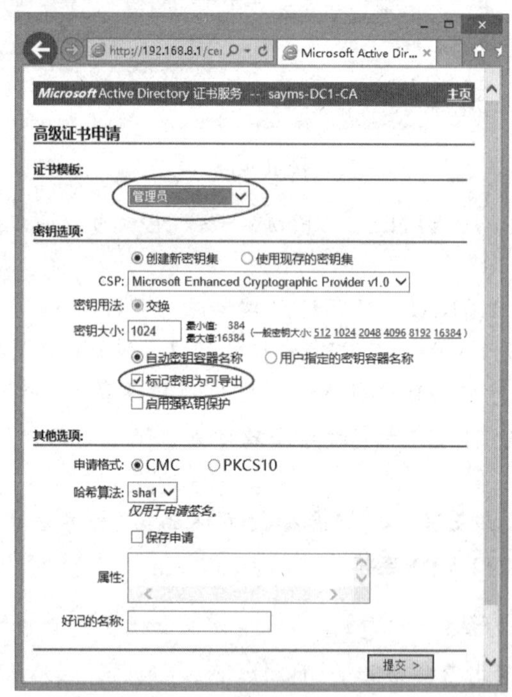

图 10-4-11

> **注意**
>
> 我们需将所申请的证书存储到**本地计算机证书存储区域**，然而刚才所申请的证书被存储到**用户证书存储区域**，我们需将此证书从**用户证书存储区域**导出，再将其导入到**本地计算机证书存储区域**。

- 按⊞+R键➲输入**MMC**后按Enter键➲**文件**菜单➲添加/删除管理单元➲从**可用的管理单元**列表中选择**证书**后单击添加按钮➲确认**我的用户账户**被选中后单击完成按钮➲重新从**可用的管理单元**列表中选择**证书**后单击添加按钮➲改选**计算机账户**后依序单击下一步、完成与确定按钮。
- 通过【如图10-4-12所示展开**证书 – 当前用户**➲**个人**➲**证书**➲选中并右击之前安装的证书➲**所有任务**➲**导出**➲单击下一步按钮➲单击**是，导出私钥**后单击两次下一步按钮➲设定密码➲……】的方法将证书导出存档（.pfx）。

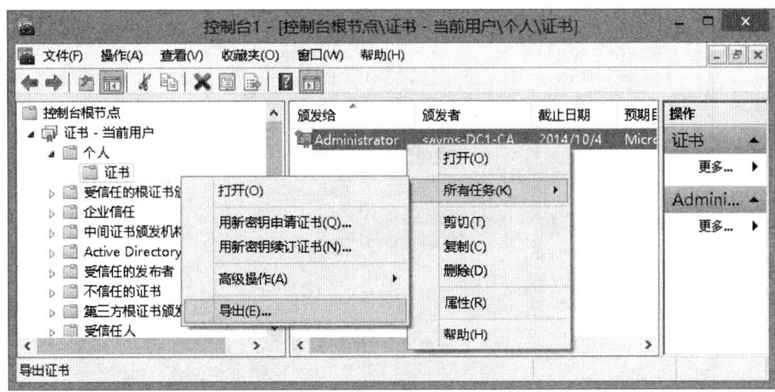

图 10-4-12

- 通过如图10-4-13所示【打开**证书（本地计算机）**➲选中并右击**个人**➲**所有任务**➲**导入**➲……】的方法将前一个步骤的证书文件导入。

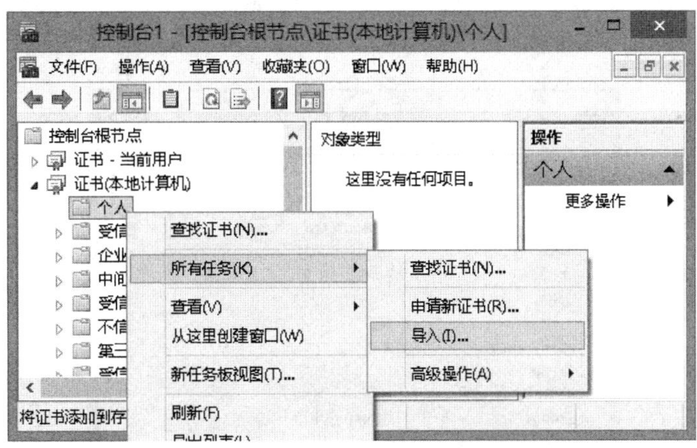

图 10-4-13

- 将Internet Explorer的**本地Intranet**的安全性等级恢复为**中低**级别。

10.4.5 测试L2TP VPN连接

L2TP VPN客户端的VPN连接设置与PPTP VPN客户端类似，因此我们沿用前面的PPTP VPN连接，只要做小幅度的修改即可（Windows 8）：按⊞+X键➲**文件资源管理器**➲选中并右击**网络**➲**属性**➲单击**更改适配器设置**➲选中并右击VPN连接➲**属性**➲如图10-4-14所示单击**安全**选项卡➲在**VPN类型**处选择L2TP VPN➲单击高级设置按钮➲在高级属性中选择**将证书用于身份验证**➲单击确定按钮。

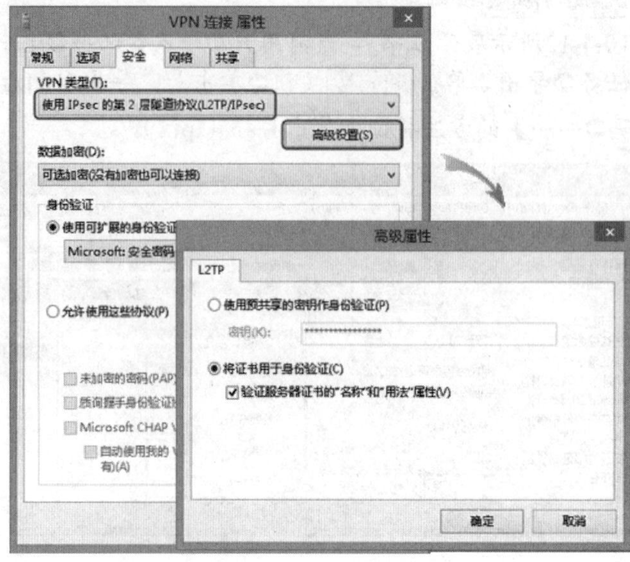

图 10-4-14

接着请确认VPN服务器的**Windows防火墙**已经启用**路由及远程访问（L2TP-In）**规则，之后VPN客户端就可以通过此VPN连接来与VPN服务器建立采用计算机证书的L2TP VPN，图10-4-15所示为连接成功后的界面。

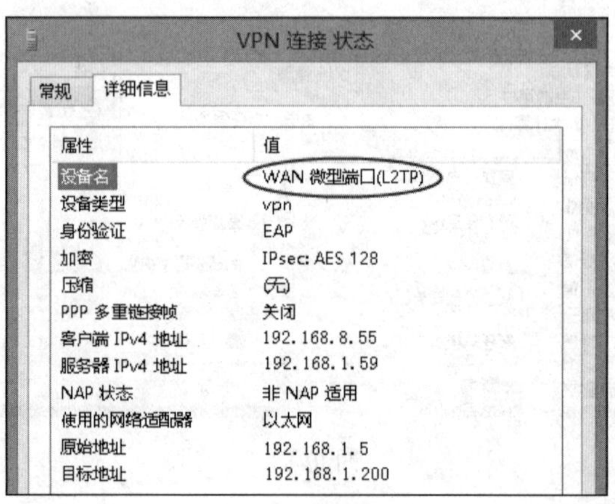

图 10-4-15

附注

若要进一步验证VPN服务器的计算机证书，则可以在VPN客户端利用**证书**控制台将此证书删除或将CA的证书删除，此时重新利用VPN连接时会失败。

10.5 SSTP VPN实例演练

我们将利用图10-5-1的环境来演练SSTP VPN，因为它的初始环境与10.2小节 **PPTP VPN实例演练**类似，因此我们将直接采用该小节的环境，不过完成该环境建立后，还需要执行以下两个修改工作。

- 因为SSTP VPN服务器需要向CA（证书颁发机构单位）申请与安装计算机证书，因此我们在图10-5-1中的计算机DC1上另外安装了企业根CA，同时也安装了IIS网站。SSTP VPN客户端不需要计算机证书。
- VPN客户端在建立SSTP VPN之前，需要从CA下载**证书吊销列表**（CRL），否则SSTP VPN连接会失败。我们将采用HTTP通信协议来从CA下载**证书吊销列表**，然而此时VPN客户端并无法连接到内部企业根CA网站，解决此问题的方法之一是在VPN服务器启用NAT，然后通过NAT的端口映射功能将HTTP流量转发到内部企业根CA网站，VPN客户端就可以通过NAT从企业根CA网站下载**证书吊销列表**。

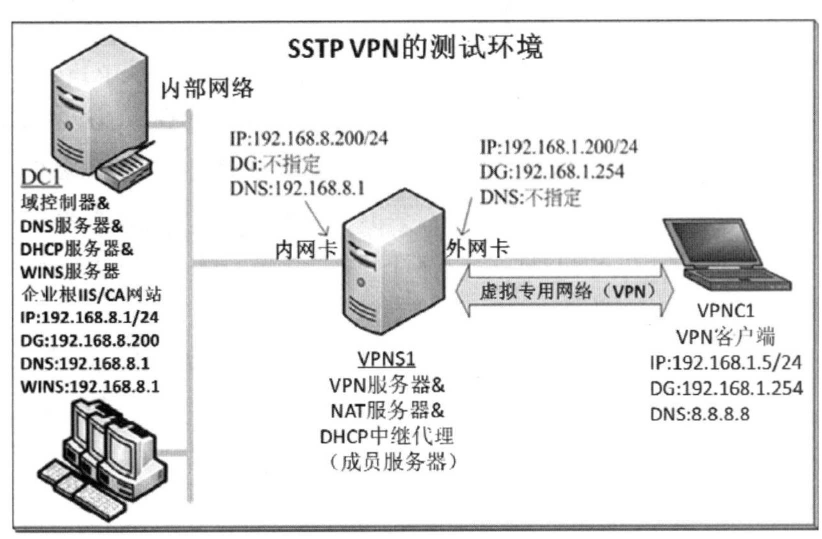

图 10-5-1

10.5.1 建立初始测试环境

若还未建立PPTP VPN，则依照10.2小节 **PPTP VPN实例演练**的说明来完成环境的搭建，并确认VPN客户端可以通过PPTP VPN连接VPN服务器。

10.5.2 安装企业根CA

我们需要通过添加**Active Directory证书服务**（AD CS）角色的方式来将企业根CA安装到

计算机DC1上：【打开**服务器管理器**➲单击**仪表板**处的**添加角色和功能**➲持续单击下一步按钮，直到出现**选择服务器角色**界面时勾选**Active Directory证书服务**➲单击添加功能按钮➲持续单击下一步按钮，直到出现**选择角色服务**界面时增加勾选**证书颁发机构Web注册**（若要利用浏览器来申请证书）➲单击添加功能按钮➲持续单击下一步按钮，直到出现**确认安装选项**界面时单击安装按钮➲完成安装后单击**安装进度**界面中的**配置目标服务器上的Active Directory证书服务**（或单击**服务器管理器**右上方的惊叹号）➲单击下一步按钮➲在**角色服务**界面勾选**证书颁发机构**与**证书颁发机构Web注册**➲……】，假设此企业根CA的名称为Sayms Enterprise Root。

VPN客户端在建立SSTP VPN之前，需从CA下载CRL（证书吊销列表），否则VPN连接会失败。CA通过**CRL分发点**来告知客户端从何处下载CRL，而CA一般可通过以下路径来指定**CRL分发点：LDAP路径、FILE路径、HTTP路径**。

LDAP适合域成员计算机之间来使用，若非域成员之间或两者中有一个不是域成员，则适合采用HTTP（CA需架设IIS网站）或FILE路径（共享文件夹）。

下面我们采用HTTP路径来从企业CA下载CRL，因此需要在此企业根CA选择利用HTTP路径来指定**CRL分发点**：【按⊞键切换到**开始**菜单➲**证书颁发机构**➲选中并右击CA名称➲**属性**➲如图10-5-2所示选择**扩展**选项卡➲在**选择扩展**处选择**CRL分发点（CDP）**➲单击http开头的项目➲勾选图中两个选项➲继续如图10-5-3所示在**选取延伸**处选择**授权信息访问（AIA）**➲单击http开头的项目➲勾选图中的选项➲单击确定按钮➲单击是（Y）按钮来重新启动AD CS服务】，如此VPN客户端便可以通过图中的HTTP网址来下载CRL与AIA（包含何处可以找到CA最新证书的信息）。

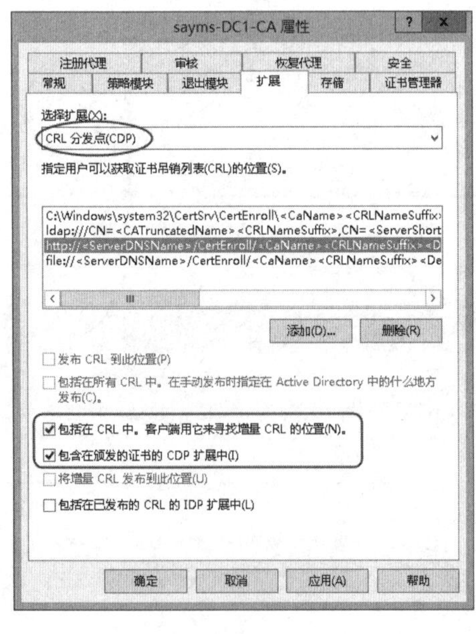

图 10-5-2

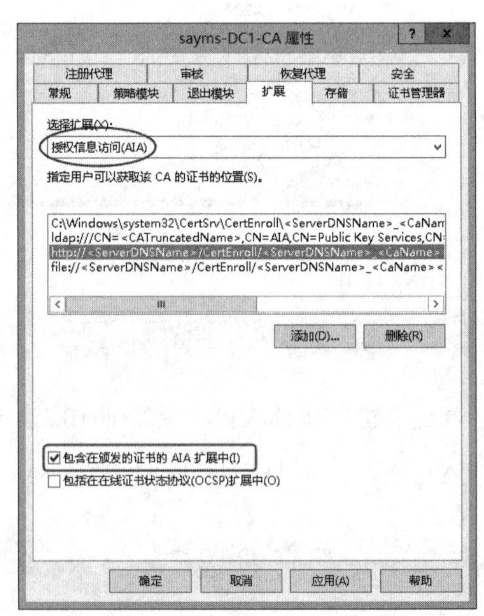

图 10-5-3

接下来执行PKIVIEW.MSC（此工具仅适用于企业CA），然后确认图10-5-4中的3个http路径是否都存在。

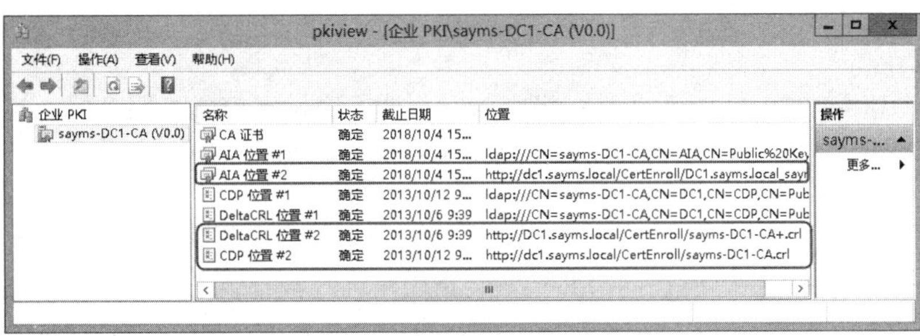

图 10-5-4

若图中http路径的**CDP位置**或**DeltaCRL位置**有欠缺，则【按⊞键切换到**开始**菜单➲**证书颁发机构**➲如图10-5-5所示选中并右击**吊销的证书**➲**所有任务**➲**发布**➲选择**新的CRL**➲单击确定按钮➲再次确认图10-5-4中的3个http路径是否都存在】。

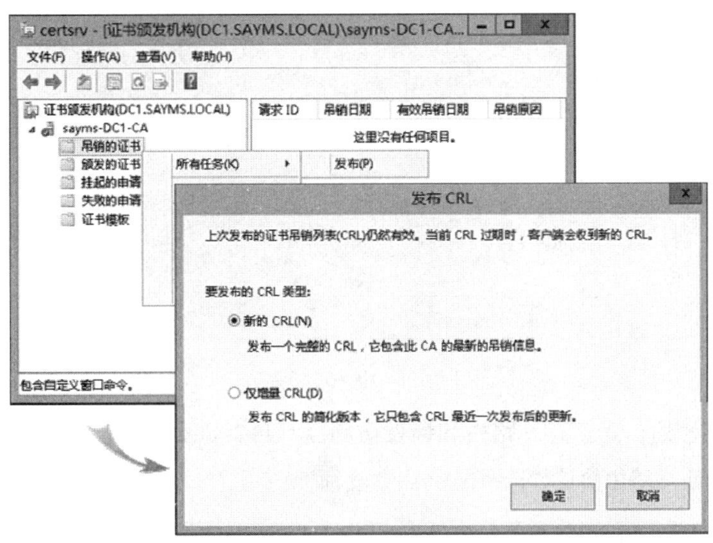

图 10-5-5

10.5.3 SSTP VPN服务器的设置

我们要到VPN服务器VPNS1上来启用NAT功能、执行信任CA的操作，并为VPN服务器申请计算机证书。

1. 启用 VPN 服务器的 NAT 功能

为了让VPN客户端可以从企业根CA网站下载CRL（证书吊销列表），我们要将VPN服务器设置为NAT服务器，然后通过NAT的端口映射功能将VPN客户端的HTTP（端口号码80）流量转发到内部企业根CA网站。

也可以在建立PPTP VPN环境时，将VPN服务器同时设置为NAT服务器，也就是在图10-2-6背景图中选择第3个选项**虚拟专用网（VPN）访问和NAT**，但是需要先安装**路由**角色服务（在图10-2-4中并未安装）。

STEP 1 由于当初在安装**远程访问**时并未安装**路由**角色服务（参见图10-2-4），故需要另外增加安装：【打开**服务器管理器**➲单击**仪表板**处的**添加角色和功能**➲持续单击下一步按钮直到出现**选择服务器角色**界面➲如图10-5-6展开**远程访问**、勾选**路由**➲……】。

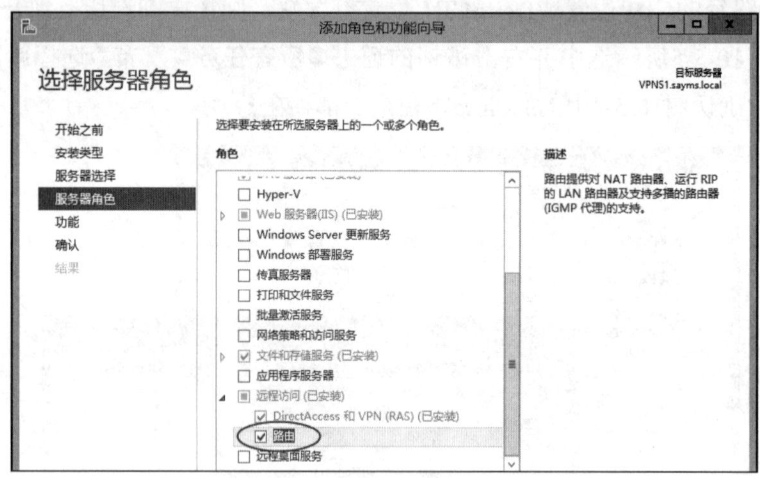

图 10-5-6

STEP 2 完成安装后，重新打开**路由和远程访问**控制台➲如图10-5-7所示选中并右击**IPv4**下的**常规**➲**新增路由协议**➲选择**NAT**后单击确定按钮。

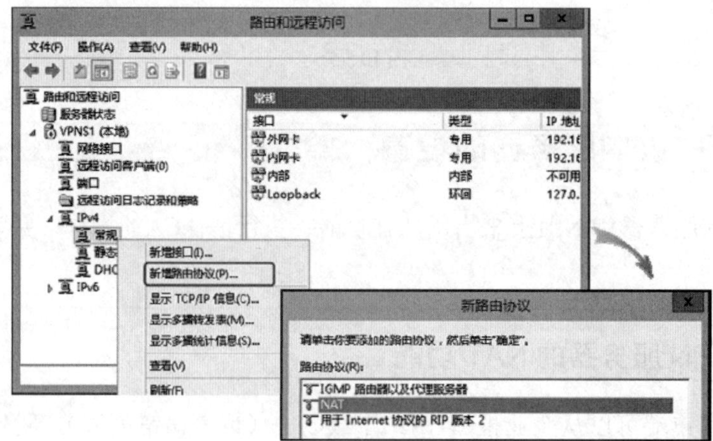

图 10-5-7

STEP 3　如图10-5-8所示，选中并右击**IPv4**下的**NAT**➲**新增接口**➲选择**内网卡**后单击确定按钮➲选择**专用接口连接到专用网络**后单击确定按钮。

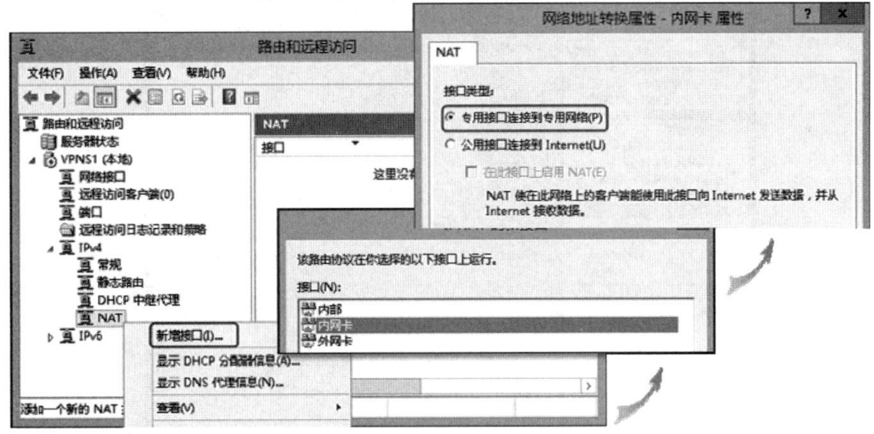

图 10-5-8

STEP 4　如图10-5-9所示继续选中并右击**NAT**➲**新增接口**➲选择**外网卡**后单击确定按钮➲选择**公用接口连接到Internet**➲勾选**在此接口上启用NAT**后单击应用按钮。

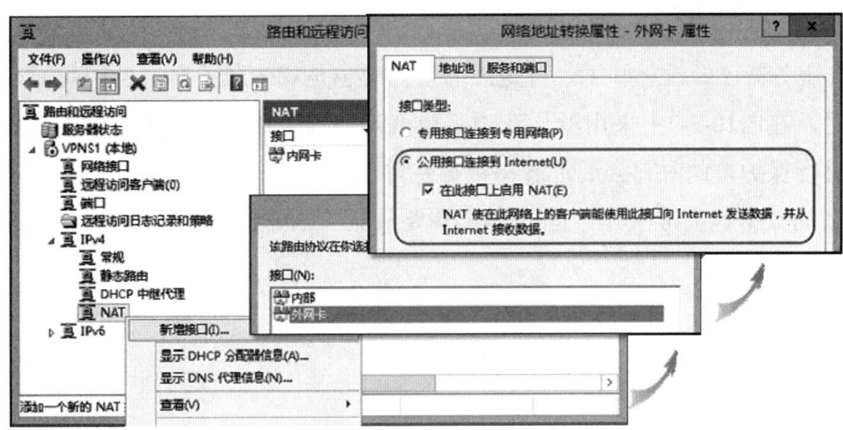

图 10-5-9

STEP 5　在图10-5-10中单击**服务和端口**选项卡➲勾选**Web服务器（HTTP）**➲在**编辑服务**对话框中输入内部企业CA网站的IP地址192.168.8.1后单击两次确定按钮。

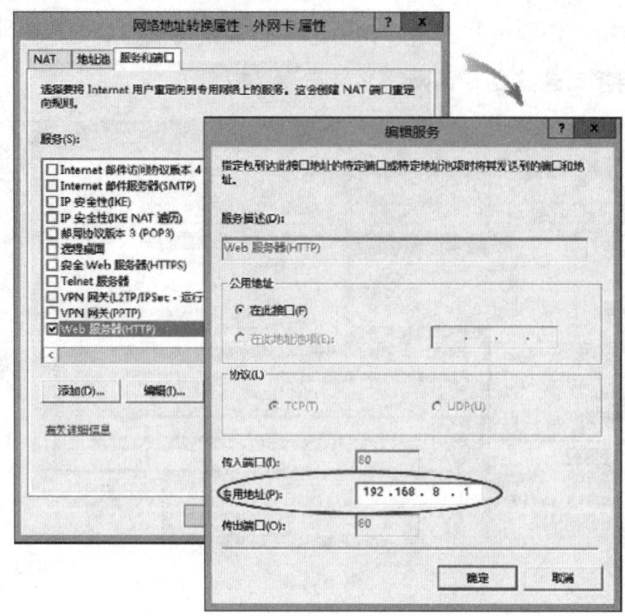

图 10-5-10

2. 开放所需的流量

虽然NAT服务器已经设置好了，可是因为它同时也是VPN服务器，当初我们在架设PPTP VPN服务器时，在图10-2-7中采用默认选项，也就是勾选了**通过设置静态数据包筛选器来对选择的接口进行保护**，此时它会通过**静态数据包筛选器**来让外网卡只接受与VPN有关的数据包，其他类型的数据包会被阻止，因此客户端要从企业CA网站的**CRL分发点**来下载CRL的HTTP流量也会被阻止。

> 附注
>
> 若在安装VPN服务器时选择同时安装VPN服务器与NAT服务器（参见图10-2-6背景图第3个选项**虚拟专用网（VPN）访问和NAT**），则它默认会开放所有流量，因此以下步骤可免。

我们将解除对HTTP流量的阻止，且假设要开放所有的流量，也就是将外网卡的**入站筛选器**与**出站筛选器**内现有的筛选规则全部删除。

STEP 1 如图10-5-11所示展开到**IPv4**之下的**常规**➲单击**外网卡**➲单击上方的**属性**图标。

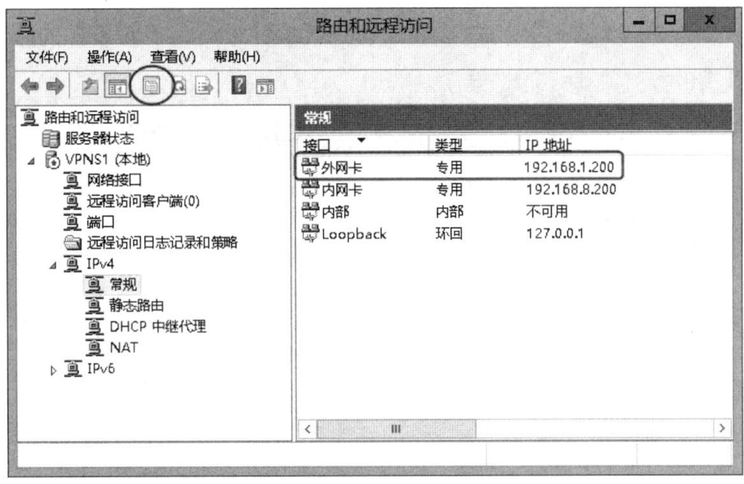

图 10-5-11

STEP 2　如图10-5-12所示单击入站筛选器，接着将筛选器设置改为**入站筛选器**对话框所示，也就是先改为选择上方的**接收所有的数据包（满足下面条件的除外）**，然后删除所有现有的筛选规则（筛选器）。

附注

若只要开放HTTP流量，则在单击入站筛选器按钮后单击新建按钮，然后在**通信协议**处选**TCP**、**目的地端口**输入80，其他选项采用默认值。

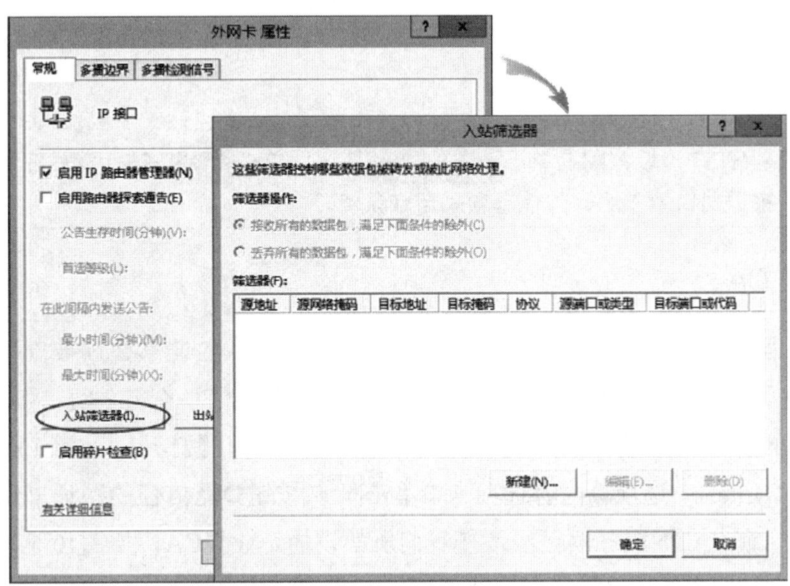

图 10-5-12

STEP 3　如图10-5-13所示单击出站筛选器按钮，接着将筛选器设置改为如**出站筛选器**对话框所示，也就是先改为选择上方的**接收所有的数据包（满足下面条件的除外）**，然后删除所有现有的筛选规则（筛选器）。

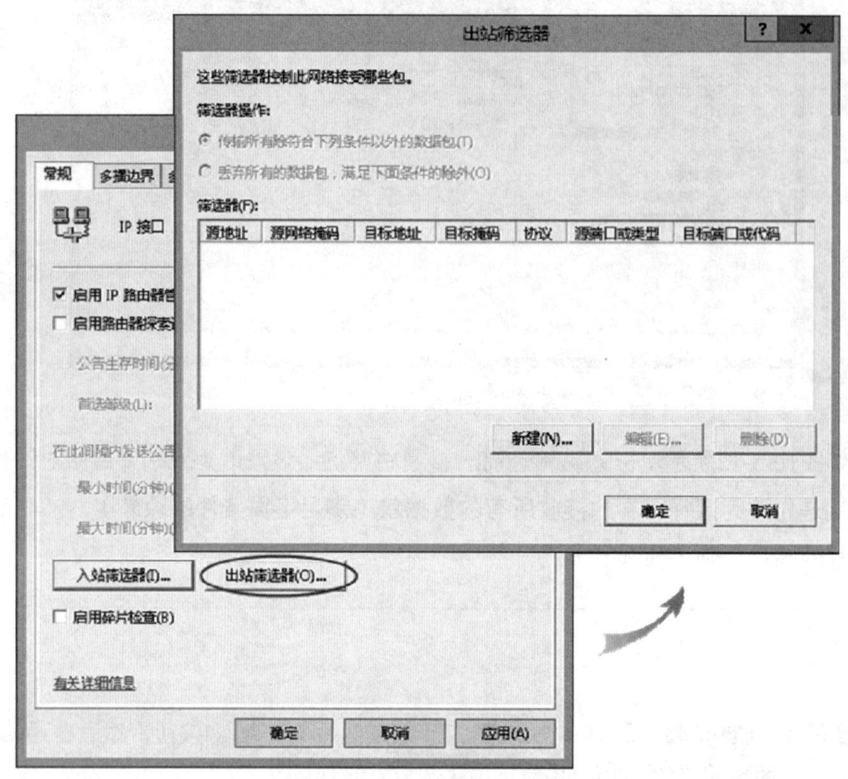

图 10-5-13

附注

若只要开放HTTP流量，则在单击出站筛选器按钮后单击新建按钮，然后在**通信协议**处选**TCP**、**来源端口**输入80，其他选项采用默认值。

3. 信任 CA

VPN服务器必须信任由CA所发放的证书，也就是说CA的证书必须被安装到VPN服务器，不过因为我们所搭建的是企业根CA，而域成员会自动信任企业CA，因此隶属于域的VPN服务器VPNS1已经信任此CA。可以在VPN服务器上通过【打开Internet Explorer➲按Alt键➲**工具**菜单➲**Internet选项**➲**内容**选项卡➲单击证书按钮➲**受信任的跟证书颁发机构**选项卡】的方法，来确认VPN服务器已经信任我们所架设的企业根CA，如图10-5-14所示。也可以通过**证书**管理控制台的**计算机证书存储区域**来查看，如图10-5-15所示。

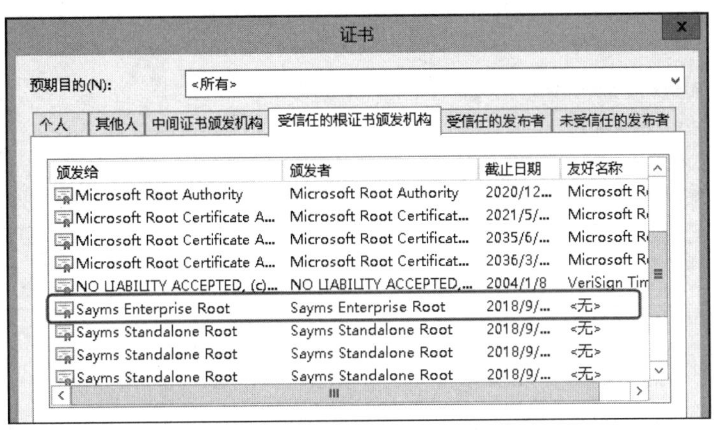

图 10-5-14

附注

若还没有看到上述企业根CA证书，则执行**gpupdate /force**命令来立即应用组策略。若是独立CA，则参考5.2小节的说明来手动执行信任CA的步骤。

图 10-5-15

4. 替 SSTP VPN 服务器申请计算机证书

由于我们的VPN服务器隶属于域，因此可以通过**证书**管理控制台来向企业CA申请计算机证书。SSTP VPN服务器所需要的计算机证书为**服务器身份验证**证书（Server Authentication Certificate），而企业根CA的“**计算机**”证书模板内包含**服务器身份验证**证书，故我们可以通过申请“**计算机**”证书来拥有**服务器身份验证证书**。

STEP 1 按⊞+R键➲输入**MMC**后按Enter键➲**文件**菜单➲**添加/删除管理单元**➲从列表中选择**证书**后单击添加按钮➲在图10-5-16中选择**计算机账户**后单击下一步按钮➲依序单击完成、确定按钮。

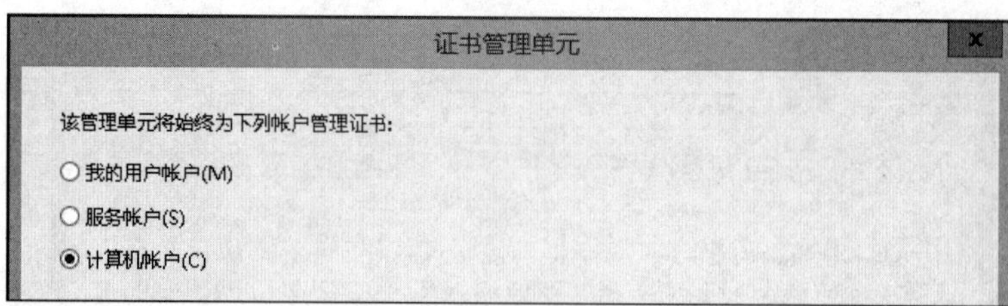

图 10-5-16

附注

计算机证书必须被安装到计算机证书存储区域才有效，故必须选择**计算机账户**。

STEP 2 如图10-5-17所示打开**证书（本地计算机）**➲选中并右击**个人**➲**所有任务**➲**申请新证书**。

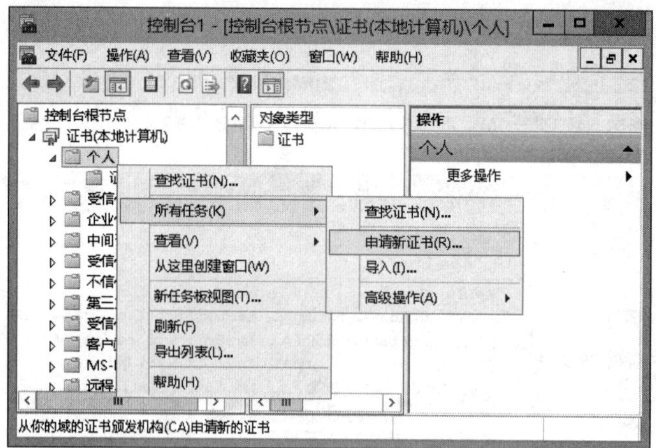

图 10-5-17

STEP 3 持续单击下一步按钮，出现图10-5-18所示的**申请证书**界面时勾选**计算机**，单击注册按钮。

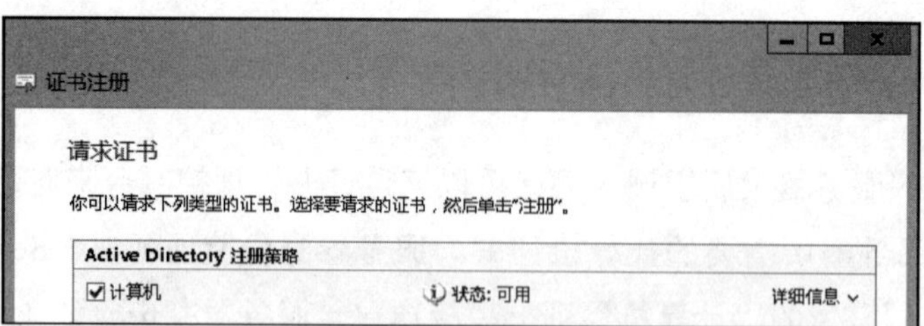

图 10-5-18

若需要导出私钥，则通过单击右方**详细信息**图标来设置。

STEP 4 在**证书安装结果**界面中单击完成按钮。

STEP 5 图10-5-19所示为完成后的界面，图中的证书具备**服务器身份验证**功能，且颁发给VPNS1.sayms.local（VPN服务器的FQDN），VPN客户端在连接SSTP VPN服务器时必须通过此名称来连接，不可以直接利用IP地址或其他名称，否则连接会失败。

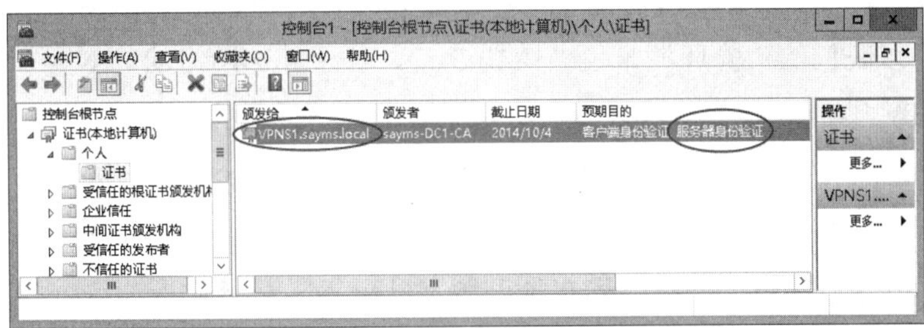

图 10-5-19

STEP 6 打开**路由和远程访问**控制台（若出现**启用DirectAccess向导**界面，则依次单击取消、确定按钮）➲选中并右击**VPNS1（本地）**➲**属性**➲如图10-5-20所示单击**安全**选项卡➲在**证书**处选择刚才所安装的证书➲单击确定按钮➲单击是（Y）按钮来重新启动**路由和远程访问服务**。

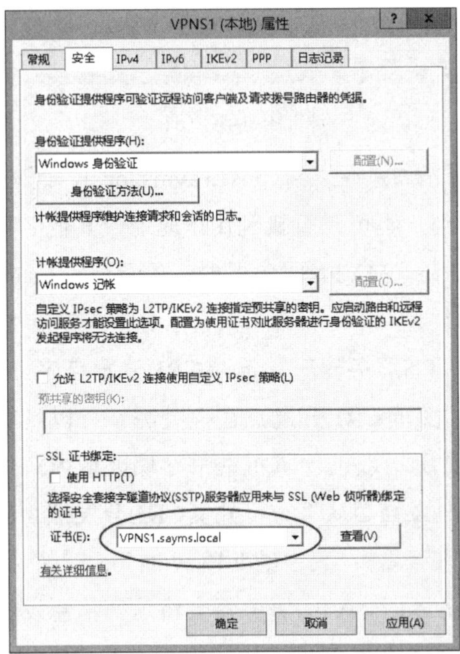

图 10-5-20

若要利用浏览器来向企业或独立CA申请计算机证书，则参考10.11小节的内容。

10.5.4 SSTP VPN客户端的设置

SSTP VPN客户端可以是Windows Server 2012 R2、Windows Server 2008（R2）、Windows 8、Windows 7或Windows Vista Service Pack 1，下面通过Windows 8来说明。

SSTP VPN客户端不需要申请与安装计算机证书，但是需要信任由CA所发放的证书（安装CA的证书），以我们的实验环境来说（图10-5-1），位于外部网络的VPN客户端要如何来执行信任CA的步骤呢？前面已经介绍过几种方法了，此处将采用的方法为：在VPN服务器上通过**证书**管理控制台，将已经安装在VPN服务器计算机证书存储区域的CA证书（图10-5-21）导出存档，其扩展名为.cer，然后将证书文件拿到VPN客户端上，利用**证书**管理控制台将其导入到计算机证书存储区域内的**受信任的根证书颁发机构**文件夹。

图 10-5-21

由于SSTP VPN的计算机证书是颁发给vpns1.sayms.local，而VPN客户端在连接SSTP VPN服务器时需通过此名称来连接，不可以直接利用IP地址或其他名称，否则连接会失败。VPN客户端通过vpns1.sayms.local来连接VPN服务器时，需将vpns1.sayms.local解析到VPN服务器外网卡的IP地址192.168.1.200。

还有VPN客户端在连接VPN服务器时，需从**CRL分发点**来下载**证书吊销列表**（CRL），否则SSTP VPN连接会失败，然而**CRL分发点**在何处呢？可以到VPN服务器上通过**证书**管理控制台来查看：【如图10-5-22所示双击计算机证书存储区域内VPN服务器的证书➲**详细信息**选项卡➲在**字段**处选择**CRL分发点**➲从下方可知其**CRL分发点**为**http://dc1.sayms.local/……**】（或通过图10-5-4中http路径来查看），其中的dc1.sayms.local为企业根CA网站的DNS主机名。当VPN客户端连接到VPN服务器时，VPN服务器会将这些信息发送给VPN客户端，VPN客户端便可以通过此网址来连接**CRL分发点**（它位于内部企业根CA网站），然而它需要通过NAT来传输，也就是说VPN客户端需将网址dc1.sayms.local解析到VPN服务器外网卡的IP地址192.168.1.200，而不是企业根CA的IP地址192.168.8.1。

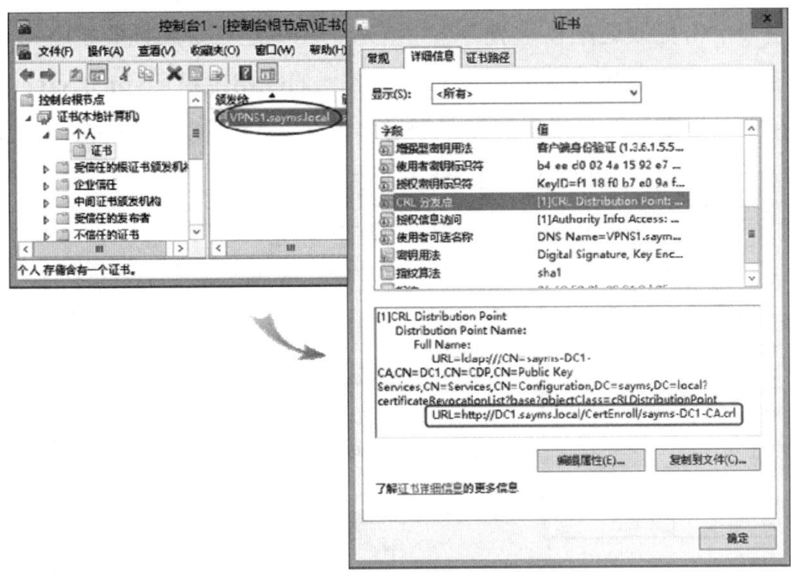

图 10-5-22

由以上分析可知VPN客户端需将vpns1.sayms.local与dc1.sayms.local都解析到VPN服务器外网卡的IP地址192.168.1.200。我们应通过DNS服务器来解析这两个名称的IP地址，但为了简化实验，此处直接将这两个主机名与IP地址的对应数据输入到VPN客户端的hosts文件内。Windows 8客户端需系统管理员才有权利修改hosts文件：【按⊞键切换到**开始**菜单➲对着空白处右击➲单击**所有应用**➲选中并右击**记事本**➲以管理员身份运行】，然后打开%Systemroot%\System32\Drivers\etc\hosts文件，%Systemroot%一般是C:\Windows。接着在此文件的最后增加上述两个主机名与IP地址的对应数据，如图10-5-23所示，然后保存、利用ping命令来测试是否可以正确地解析这两名称的IP地址。

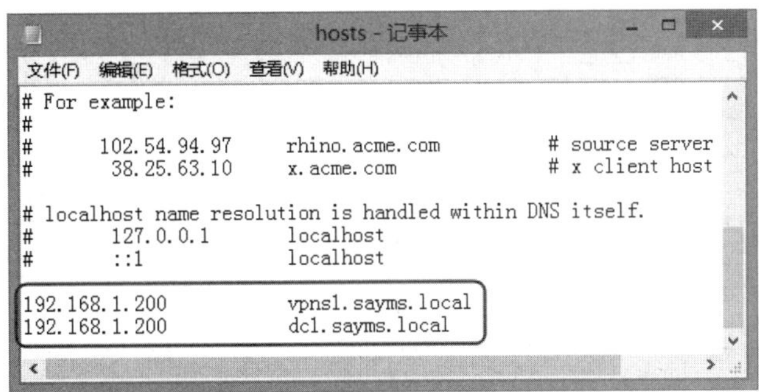

图 10-5-23

10.5.5 测试SSTP VPN连接

SSTP VPN客户端的VPN连接设置与PPTP VPN客户端类似，因此我们沿用前面的PPTP VPN连接，只要做小幅度的修改即可（Windows 8）：【按⊞+X键➲**文件资源管理器**➲选中并右击**网络**➲**属性**➲单击**更改适配器设置**➲选中并右击VPN连接➲**属性**➲如图10-5-24所示将**常规**选项卡下的**目的地主机名或IP地址**改为VPN服务器的DNS主机名**vpns1.sayms.local** ➲单击**安全**选项卡➲在**VPN类型**处选择**安全套接字隧道协议（SSTP）**➲单击确定按钮】。

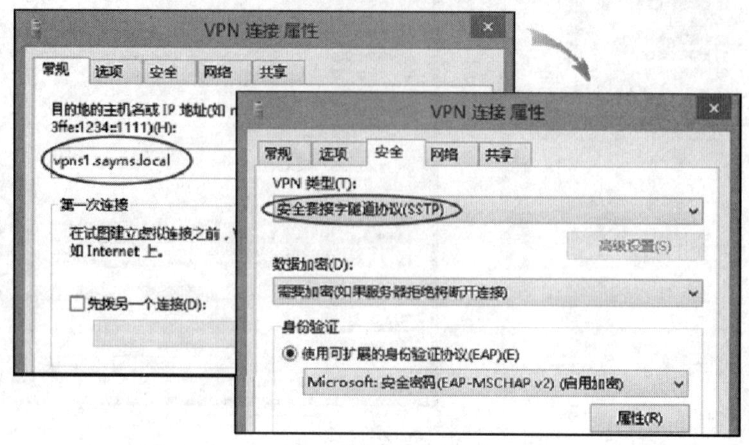

图 10-5-24

VPN服务器VPNS1的**Windows防火墙**需开放HTTP与HTTPS的入站流量，且已经开放了，因此VPN客户端就可以通过此VPN连接来与VPN服务器建立SSTP VPN，图10-5-25所示为连接成功后的连接状态。

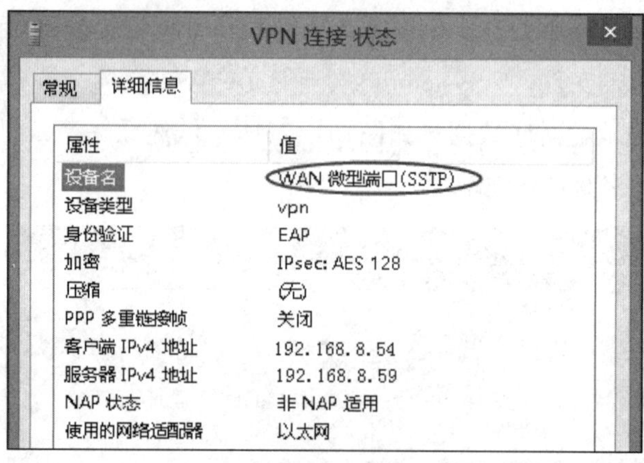

图 10-5-25

附注

由于我们是通过hosts文件来将dc1.sayms.local解析到192.168.1.200，故此时将无法利用dc1.sayms.local来与域控制器DC1通信，因为dc1.sayms.local的IP地址为192.168.8.1。

若VPN连接的VPN主机名（vpns1.sayms.local）设置错误，则SSTP VPN连接会失败，而且会出现如图10-5-26所示的界面。

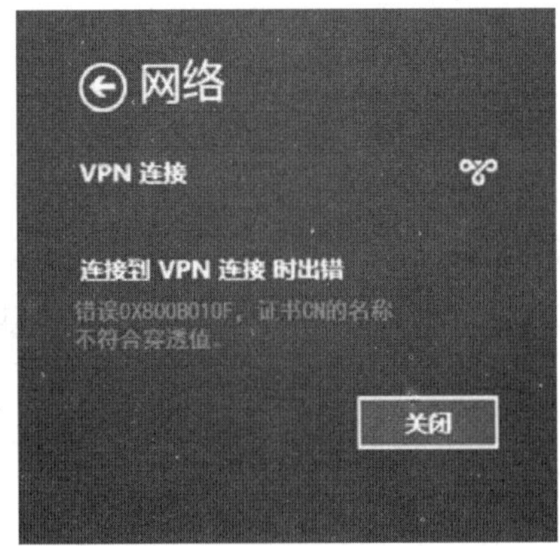

图 10-5-26

若VPN客户端无法下载**证书吊销列表**（CRL），则SSTP VPN连接也会失败，而且会出现如图10-5-27所示的界面。

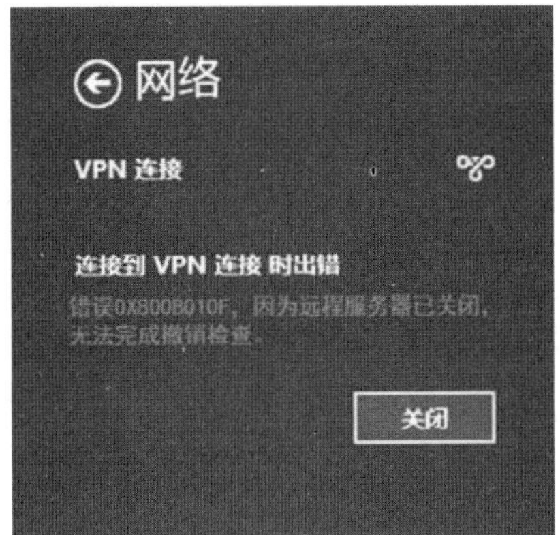

图 10-5-27

若VPN客户端并未安装CA的证书（未信任CA），则SSTP VPN连接也会失败，而且会出现如图10-5-28所示的界面。

图 10-5-28

10.6 IKEv2 VPN实例演练——用户验证

我们将利用图10-6-1的环境来演练IKEv2 VPN，因为它的初始环境与10.2小节 **PPTP VPN实例演练**类似，因此我们将直接采用该小节的环境，不过完成该环境建立后，还需要另外执行以下工作。

- IKEv2 VPN服务器需要向CA（证书颁发机构）申请与安装计算机证书，因此我们在图10-6-1中计算机DC1上另外安装了企业根CA与IIS网站。IKEv2 VPN客户端不需要下载**证书吊销列表**（CRL），且采用用户验证时，客户端不需要申请与安装证书。
- IKEv2 VPN服务器的计算机证书应包含**服务器身份验证**与**IP安全性IKE中级**证书（也可以仅包含**服务器身份验证**证书），然而在企业根CA内默认并没有任何一个证书模板同时包含这两个证书，因此我们需要自行建立新的证书模板。

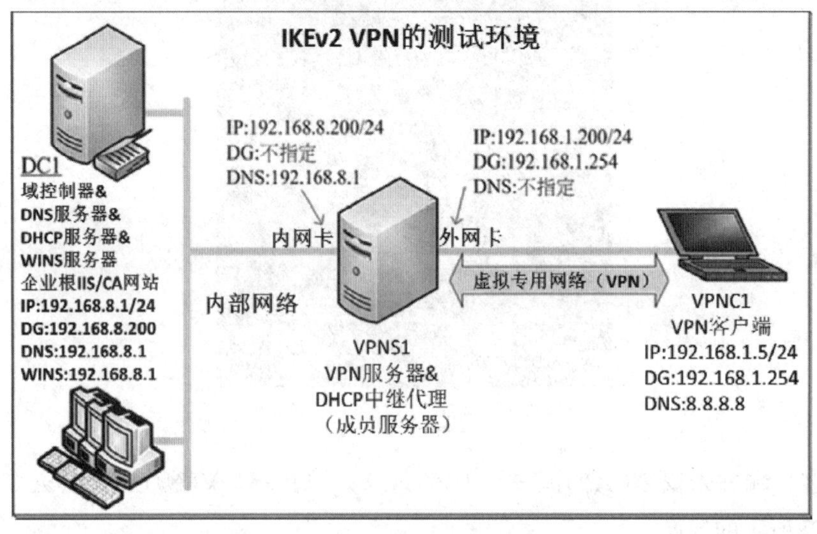

图 10-6-1

10.6.1 建立初始测试环境

若还未建立PPTP VPN，则依照10.2小节 **PPTP VPN实例演练**的说明来完成环境的搭建，并确认VPN客户端可以通过PPTP VPN连接VPN服务器。

10.6.2 安装企业根CA

我们需要通过添加**Active Directory证书服务**（AD CS）角色的方式来将企业根CA安装到DC1计算机上：【打开**服务器管理器**➲单击**仪表板**处的**添加角色和功能**➲持续单击下一步按

钮，直到出现**选取服务器角色**界面时勾选**Active Directory证书服务**➲单击添加功能按钮➲持续单击下一步按钮，直到出现**选择角色服务**界面时增加勾选**证书颁发机构Web注册**➲单击添加功能按钮➲持续单击下一步按钮，直到出现**确认安装选项**界面时单击安装按钮➲完成安装后单击**安装进度**界面中的**设置目标服务器上的Active Directory证书服务**（或单击**服务器管理器**右上方的惊叹号）➲单击下一步按钮➲在**角色服务**界面勾选**证书颁发机构**与**证书颁发机构Web注册**➲……】，假设此企业根CA的名称为Sayms Enterprise Root。

我们还需要在企业根CA建立一个同时包含**服务器身份验证**与**IP安全性IKE中级**证书的证书模板，然后发行此模板，IKEv2 VPN服务器便可来申请此证书。

STEP 1 按⊞键切换到**开始**菜单➲**证书颁发机构**➲如图10-6-2所示，选中并右击**证书模板**➲**管理**。

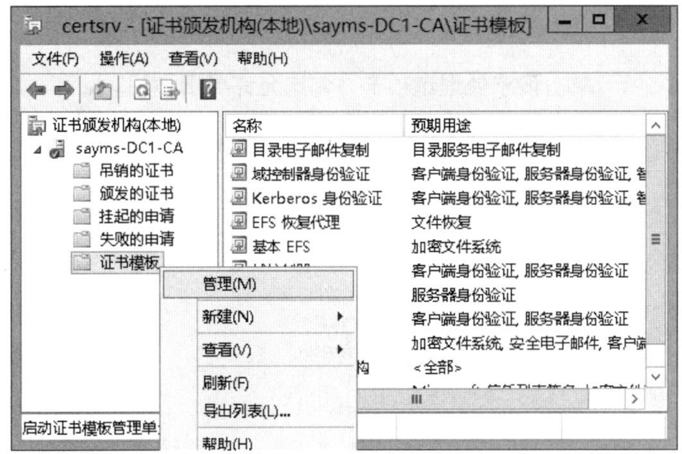

图 10-6-2

STEP 2 我们将从现有模板中选择**IPsec**模板来复制一个新模板，然后将其修改成符合我们需求的内容：【如图10-6-3所示，选中并右击**IPsec**➲**复制模板**】。

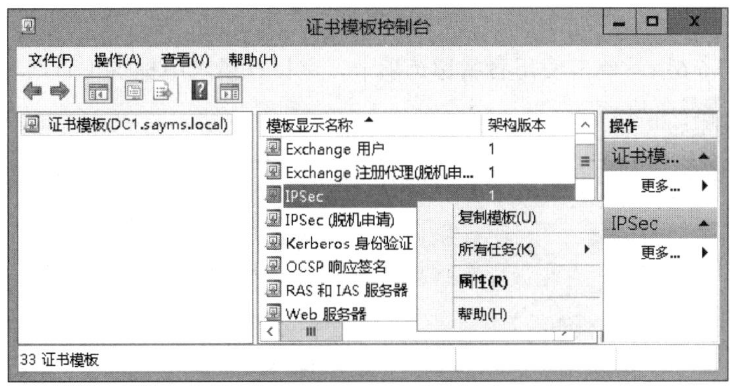

图 10-6-3

STEP 3 单击图10-6-4中的**常规**选项卡，将**模板显示名称**改为易于辨识的名称（例如IKEv2 VPN）。

图 10-6-4

STEP 4 如图10-6-5所示单击**请求处理**选项卡，勾选**允许导出私钥**。

图 10-6-5

STEP 5 如图10-6-6所示单击**使用者名称**选项卡，选择**在请求中提供**（若出现警告界面，则直接单击确定按钮）。

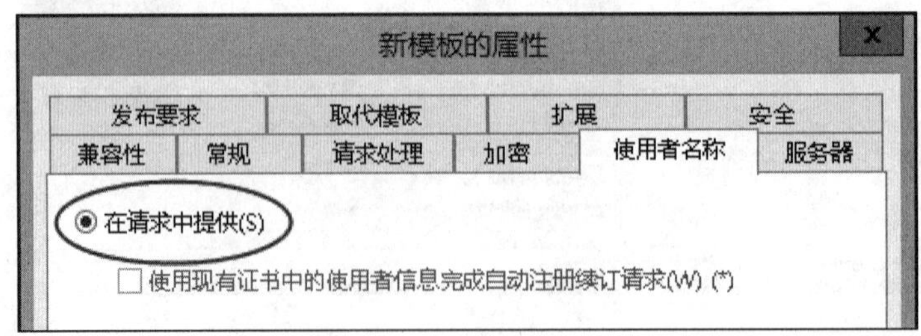

图 10-6-6

STEP 6 如图10-6-7所示单击**扩展**选项卡➲选择**应用程序策略**➲单击编辑按钮。

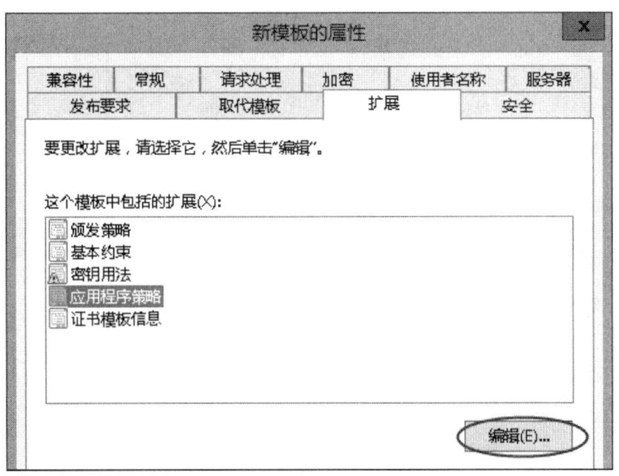

图 10-6-7

STEP 7 在图10-6-8中除了原有的**IP安全性IKE中级**之外，还需要添加**服务器身份验证**：【单击添加按钮➲选择**服务器身份验证**后单击两次确定按钮】。

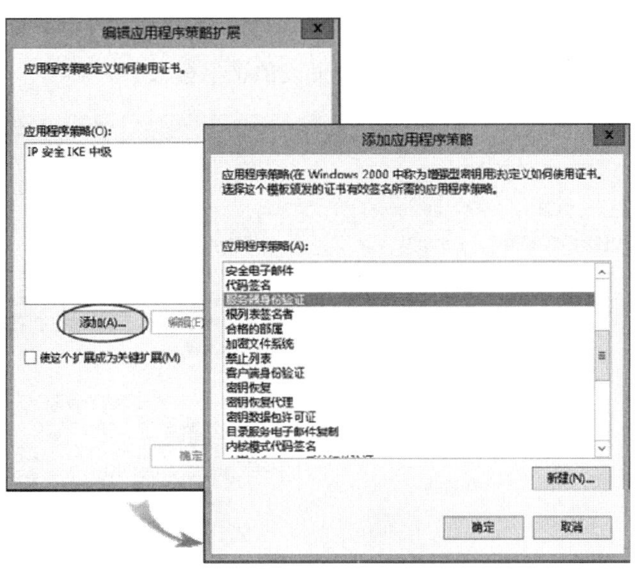

图 10-6-8

STEP 8 如图10-6-9所示【选择**密钥用法**➲单击编辑按钮➲确认编辑密钥用户扩展界面中的**数字签名**已勾选后关闭此界面】。

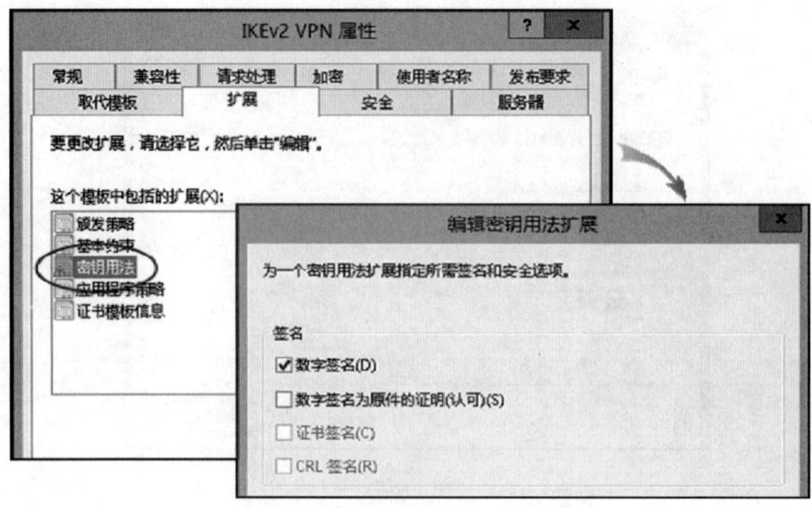

图 10-6-9

STEP 9 单击确定按钮来保存模板，关闭**证书模板**控制台窗口。

STEP 10 颁发此的证书模板**IKEv2 VPN**，以便让VPN服务器可以来申请此证书：【如图10-6-10所示选中并右击**证书模板➲新建➲要颁发的证书模板**】。

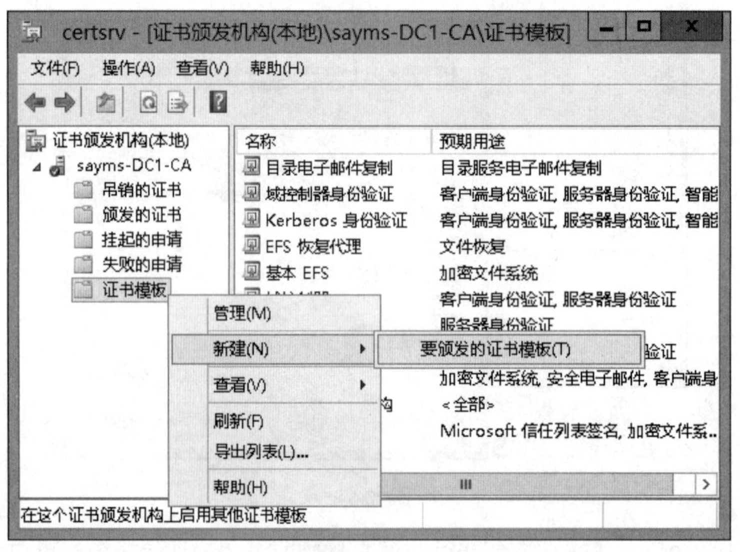

图 10-6-10

STEP 11 在图10-6-11中选择**IKEv2 VPN**后单击确定按钮。

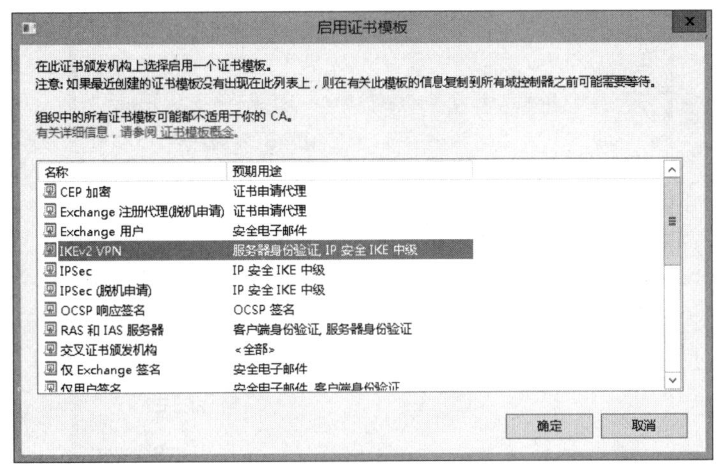

图 10-6-11

STEP 12 图10-6-12所示为完成后的界面，其中**IKEv2 VPN**包含我们所需要的**服务器身份验证**与**IP安全性IKE中级**证书。

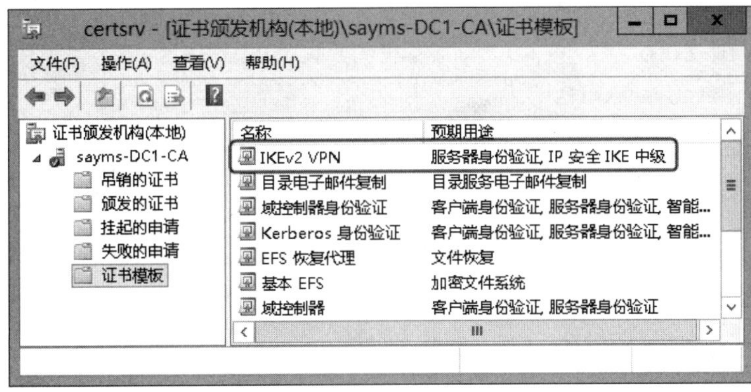

图 10-6-12

10.6.2 IKEv2 VPN服务器的设置

我们要到VPN服务器上执行信任CA的操作并为VPN服务器申请计算机证书。

1. 信任 CA

VPN服务器必须信任由CA所颁发的证书，也就是说CA的证书必须被安装到VPN服务器，不过因为我们所架设的是企业根CA，而域成员会自动信任企业CA，因此隶属于域的VPN服务器VPNS1已经信任此CA。可以在VPN服务器上通过【打开Internet Explorer➲按Alt键➲**工具**菜单➲**Internet选项**➲**内容**选项卡➲单击证书按钮➲**受信任的根证书颁发机构**选项卡】的方法，来确认VPN服务器已经信任我们所架设的企业根CA，如图10-6-13所示。也可以通过**证书**管理控制台的**计算机证书存储区域**来查看，如图10-6-14所示。

图 10-6-13

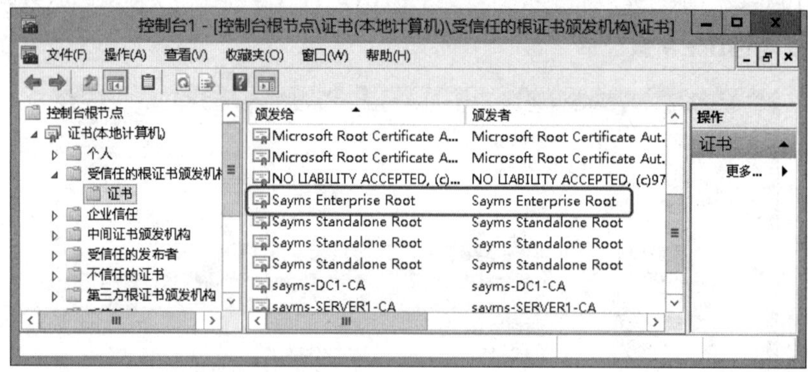

图 10-6-14

> **附注**
>
> 若还没有看到上述企业根CA证书，则执行**gpupdate /force**命令来立即应用组策略。若是独立CA，则参考5.2小节的说明来手动执行信任CA的操作。

2. 为 IKEv2 VPN 服务器申请计算机证书

由于我们的VPN服务器隶属于域，因此可以通过**证书**管理控制台来向企业CA申请计算机证书。IKEv2 VPN服务器需要安装**服务器身份验证**与**IP安全性IKE中级**计算机证书，而它们已经包含在之前我们所建立的证书模板**IKEv2 VPN**内，因此我们将向企业根CA来申请**IKEv2 VPN**证书模板。

STEP 1 按⊞+R键➲输入**MMC**后单击Enter按钮➲单击**文件**菜单➲**添加/删除管理单元**➲从列表中选择**证书**后单击添加按钮➲在图10-6-15中选择**计算机账户**后单击下一步按钮➲依序单击完成、确定按钮。

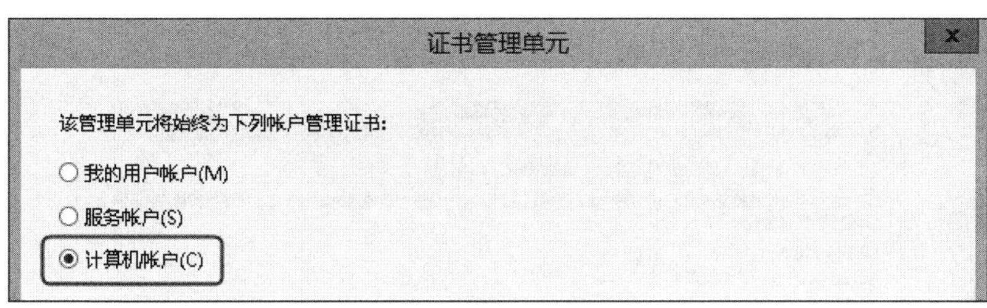

图 10-6-15

> **附注**
>
> 计算机证书必须被安装到计算机证书存储区域才有效，故必须选择**计算机账户**。

STEP 2　如图10-6-16所示展开**证书（本地计算机）**➲选中并右击**个人**➲**所有任务**➲**申请新证书**。

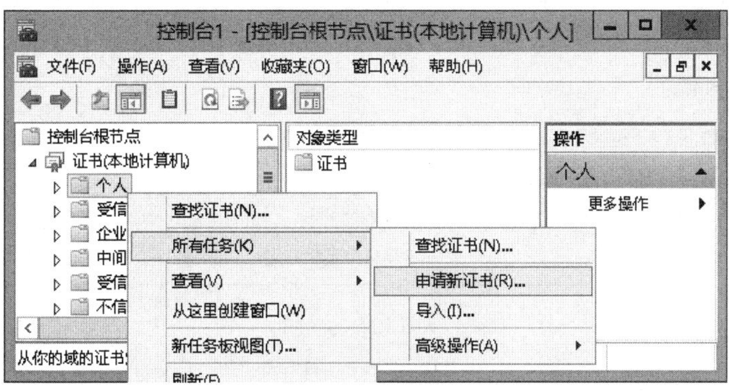

图 10-6-16

STEP 3　持续单击下一步按钮，直到出现如图10-6-17所示的**请求证书**界面时单击**注册此证书需要详细信息。单击这里以配置设置。**

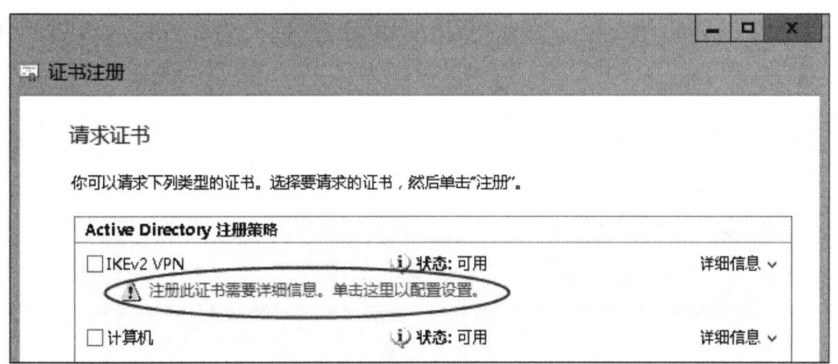

图 10-6-17

STEP 4　如图10-6-18所示在**使用者名称**的**类型**处选择**公用名**、在**值**处输入VPN服务器的主机名vpns1.sayms.local后依次单击添加、确定按钮。VPN客户端连接VPN服务器时需利用此处所设置的名称vpns1.sayms.local来连接。

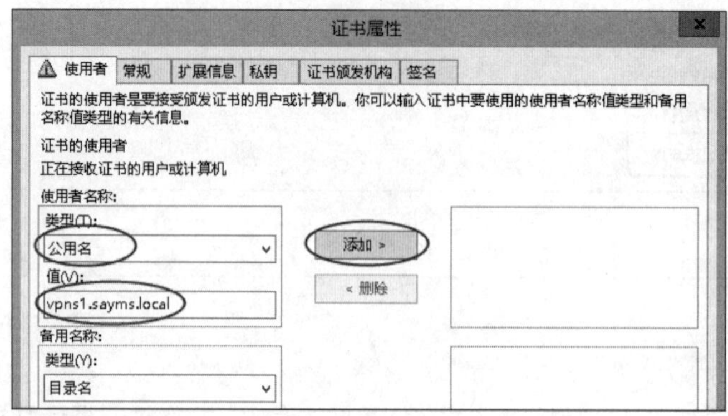

图 10-6-18

STEP 5 在图10-6-19中勾选**IKEv2 VPN**后单击注册按钮。

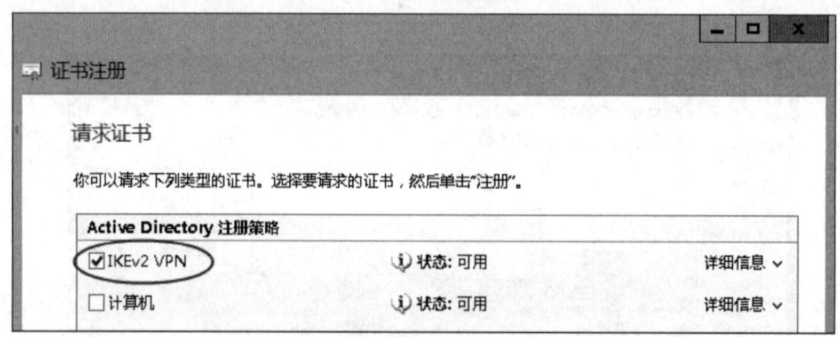

图 10-6-19

STEP 6 在**证书安装结果**界面中单击完成按钮。

STEP 7 图10-6-20所示为完成后的界面，图中的证书颁发给vpns1.sayms.local，它就是VPN服务器的FQDN，VPN客户端在连接IKEv2 VPN服务器时需通过此名称来连接，不可以利用IP地址或其他名称，否则连接会失败。

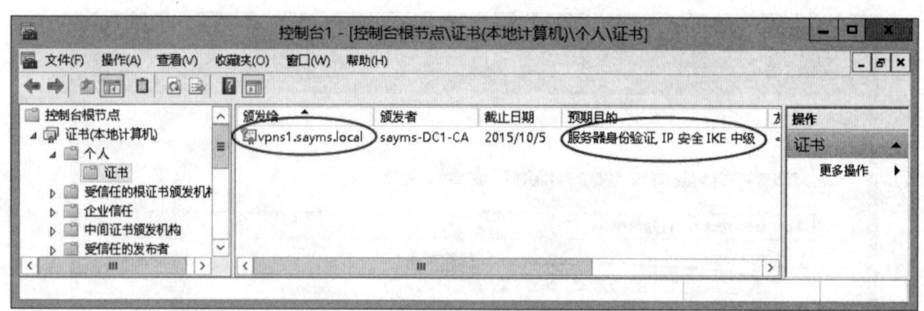

图 10-6-20

STEP 8 重新启动**路由和远程访问服务**：【按Windows键（⊞）切换到**开始**菜单➲**路由和远程访问**（若出现**启用DirectAccess向导**界面，则依序单击取消、确定按钮）➲选中并右击**VPNS1（本地）**➲**所有任务**➲**重新启动**】。

附注

若要利用浏览器来向企业或独立CA申请计算机证书，则参考10.11小节的内容。

10.6.4 IKEv2 VPN客户端的设置

IKEv2 VPN客户端可以是Windows Server 2012 R2、Windows Server 2008 R2、Windows 8、Windows 7，下面通过Windows 8来说明。

IKEv2 VPN客户端不需要申请与安装计算机证书，但需要信任由CA所颁发的证书（安装CA的证书），以我们的实验环境来说（图10-6-1），位于外部网络的VPN客户端要如何来执行信任CA的操作呢？前面已经介绍过几种方法了，此处将采用的方法为：在VPN服务器上通过**证书**管理控制台，将已经安装在VPN服务器计算机证书存储区域的CA证书（图10-6-21）导出存档，其扩展名为.cer，然后将文件拿到VPN客户端上，利用**证书**管理控制台将其导入到计算机证书存储区域内的**受信任的根证书颁发机构**文件夹。

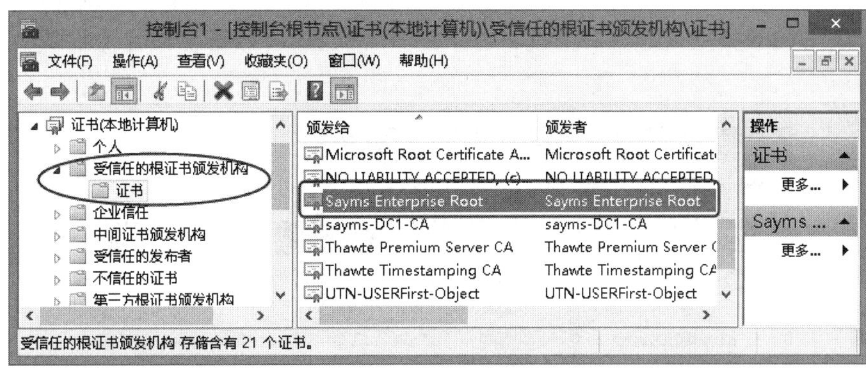

图 10-6-21

由于IKEv2 VPN证书颁发给vpns1.sayms.local，而VPN客户端在连接IKEv2 VPN服务器时必须通过此名称来连接，因此我们需要让VPN客户端可以将vpns1.sayms.local解析到VPN服务器外网卡的IP地址192.168.1.200。注意不可以直接利用IP地址或其他名称来连接IKEv2 VPN服务器，否则连接会失败。

我们应该通过DNS服务器来解析这个主机名的IP地址，不过为了简化实验，此处直接将vpns1.sayms.local与IP地址对应数据输入到VPN客户端的hosts文件内。Windows 8客户端系统管理员才有权利修改hosts文件：【按⊞键切换到**开始**菜单➲右击空白处➲单击**所有应用**➲选中并右击**记事本**➲以管理员身份执行】，然后打开%Systemroot%\System32\Drivers\etc\hosts文件，%Systemroot%一般是C:\Windows。接着在此文件的最后增加主机名vpns1.sayms.local与IP地址的对应数据，如图10-6-22所示，然后保存、利用ping命令来测试是否可以正确的解析vpns1.sayms.local的IP地址。

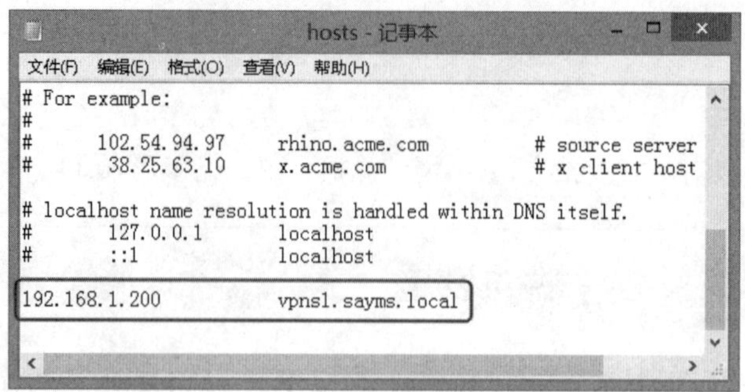

图 10-6-22

10.6.5 测试IKEv2 VPN连接

IKEv2 VPN客户端的VPN连接设置与PPTP VPN客户端类似，因此我们沿用前面的PPTP VPN连接，只要做小幅度的修改即可（Windows 8为例）：【按⊞+X键➲**文件资源管理器**➲选中并右击**网络**➲**属性**➲单击**更改适配器设置**➲选中并右击**VPN连接**➲**属性**➲如图10-6-23所示将**常规**选项卡下的**目的地主机名或IP地址**改为VPN服务器的主机名**vpns1.sayms.local** ➲单击**安全**选项卡➲在**VPN类型**处选择**IKEv2**➲选择EAP-MSCHAP v2身份验证协议➲单击确定按钮】。

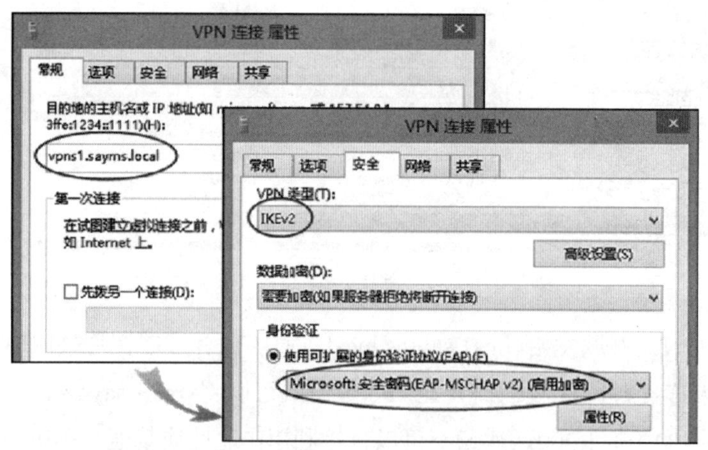

图 10-6-23

完成后，VPN客户端就可以通过此VPN连接来与VPN服务器建立IKEv2 VPN，图10-6-24所示为连接成功后的连接状态。

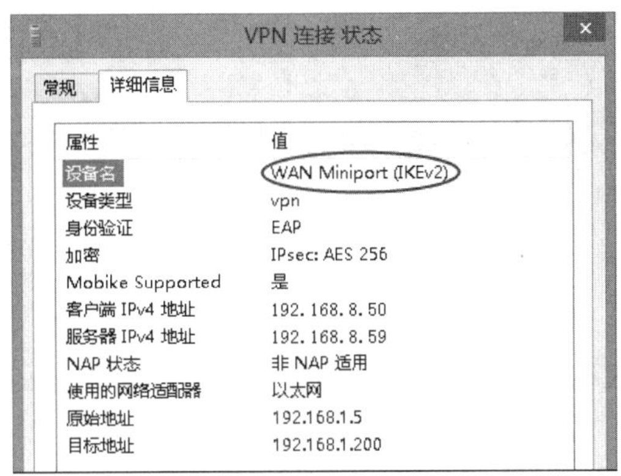

图 10-6-24

可以进一步来验证IKEv2 VPN的移动功能。

STEP 1 执行ping –t 192.168.8.1命令来与内部计算机通信，此时应该会通信成功，如图10-6-25所示。

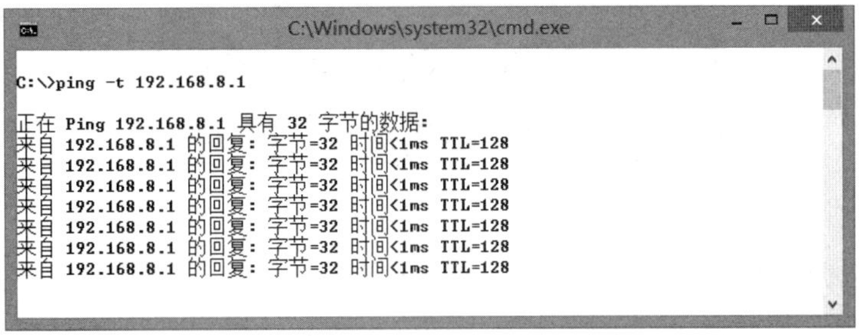

```
C:\Windows\system32\cmd.exe

C:\>ping -t 192.168.8.1

正在 Ping 192.168.8.1 具有 32 字节的数据:
来自 192.168.8.1 的回复: 字节=32 时间<1ms TTL=128
来自 192.168.8.1 的回复: 字节=32 时间<1ms TTL=128
来自 192.168.8.1 的回复: 字节=32 时间<1ms TTL=128
来自 192.168.8.1 的回复: 字节=32 时间<1ms TTL=128
来自 192.168.8.1 的回复: 字节=32 时间<1ms TTL=128
来自 192.168.8.1 的回复: 字节=32 时间<1ms TTL=128
来自 192.168.8.1 的回复: 字节=32 时间<1ms TTL=128
```

图 10-6-25

STEP 2 如图10-6-26所示选中并右击代表物理连接的**以太网➲禁用**，此时VPN客户端与内部计算机将无法通信，因此ping命令无法得到对方的响应，如图10-6-27所示，但是VPN连接仍然会被保留着，不会中断。

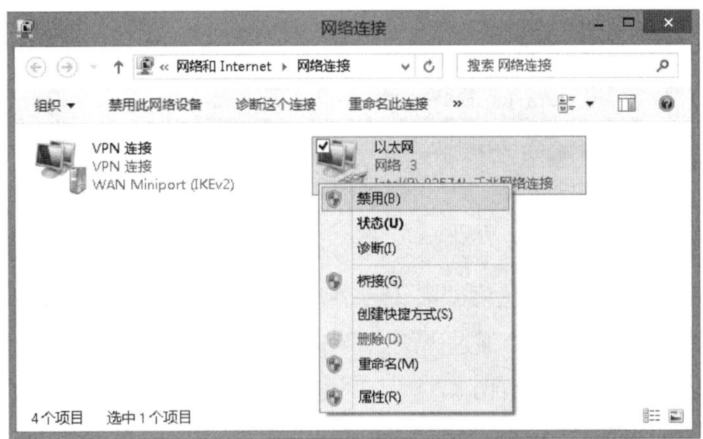

图 10-6-26

```
C:\Windows\system32\cmd.exe
来自 192.168.8.1 的回复: 字节=32 时间<1ms TTL=128
来自 192.168.8.1 的回复: 字节=32 时间<1ms TTL=128
来自 192.168.8.1 的回复: 字节=32 时间<1ms TTL=128
来自 192.168.8.1 的回复: 字节=32 时间<1ms TTL=128
请求超时。
请求超时。
请求超时。
请求超时。
```

图 10-6-27

STEP 3 在【选中并右击VPN连接➲连接/断开】后，可从图10-6-28中看出此VPN连接正在休止中。

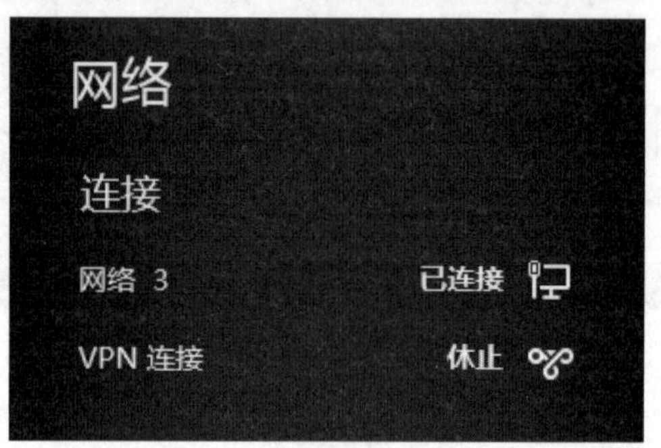

图 10-6-28

STEP 4 重新启动**以太网络**，此时VPN连接会自动恢复（不需要重新连接VPN）， 因此VPN客户端与内部计算机之间又可以正常通信，如图10-6-29所示。

```
C:\Windows\system32\cmd.exe
来自 192.168.8.1 的回复: 字节=32 时间<1ms TTL=128
来自 192.168.8.1 的回复: 字节=32 时间<1ms TTL=128
来自 192.168.8.1 的回复: 字节=32 时间<1ms TTL=128
来自 192.168.8.1 的回复: 字节=32 时间<1ms TTL=128
请求超时。
请求超时。
请求超时。
请求超时。
来自 192.168.8.1 的回复: 字节=32 时间<1ms TTL=128
来自 192.168.8.1 的回复: 字节=32 时间<1ms TTL=128
来自 192.168.8.1 的回复: 字节=32 时间<1ms TTL=128
```

图 10-6-29

客户端的IKEv2 VPN连接进入休止状态后，若物理连接未在30分钟内重新连接，则VPN连接就会被中断，若要修改此默认值，则【选中并右击VPN连接➲**属性**➲如图10-6-30所示单击**安全**选项卡下的高级设置按钮➲通过高级属性来设置】。

若VPN连接的VPN主机名（图10-6-23中VPN连接属性图）设置错误或VPN客户端并未安装CA的证书（未信任CA），则IKEv2 VPN连接会失败，且会出现类似图10-6-31所示错误代码为13801的界面。

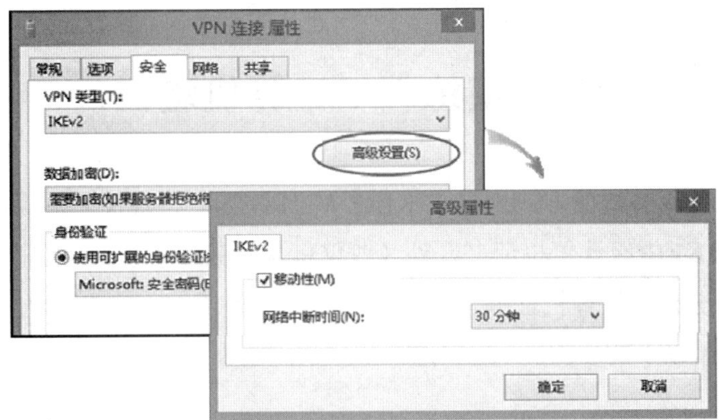

图 10-6-30

图 10-6-31

若IKEv2 VPN服务器未安装正确的计算机证书或未信任CA（安装CA的证书），则IKEv2 VPN连接也会失败，且会出现类似图10-6-32所示错误代码为13806的界面。

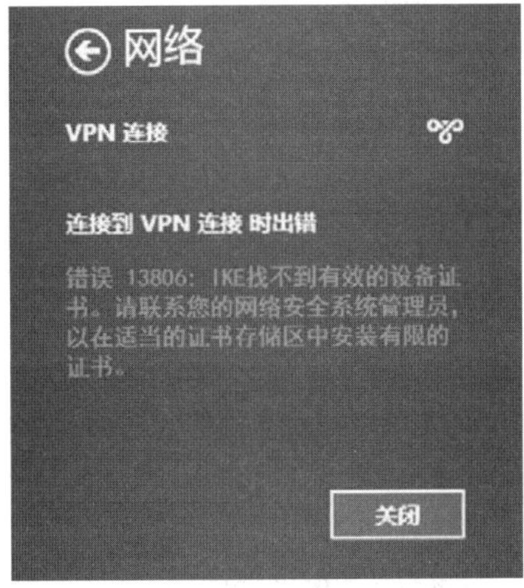

图 10-6-32

10.7 IKEv2 VPN实例演练——计算机验证

若要采用计算机证书验证方式来建立IKEv2 VPN，则除了VPN服务器需要安装**服务器身份验证**与**IP安全性IKE中级**计算机证书之外（或仅包含**服务器身份验证**证书亦可），客户端也需要安装**客户端身份验证**计算机证书。以下演练将继续使用前一个章节的演练环境，请先完成该演练后，再继续以下的步骤。

10.7.1 IKEv2 VPN服务器的设置

VPN服务器需信任CA（安装CA证书）、申请与安装计算机证书，这些步骤已经在前一个章节完成了，但是要采用计算机证书来验证计算机身份，还需【打开**路由和远程访问**控制台（若出现**启用DirectAccess向导**界面，则依序单击取消、确定按钮）➲选中并右击**VPNS1（本地）**➲**属性**➲如图10-7-1所示单击**安全**选项卡下的**身份验证方法**➲勾选**允许进行用于IKEv2的计算机证书身份验证**➲单击两次确定按钮➲单击否（N）按钮➲单击是（Y）按钮来重新启动**路由和远程访问服务**】。

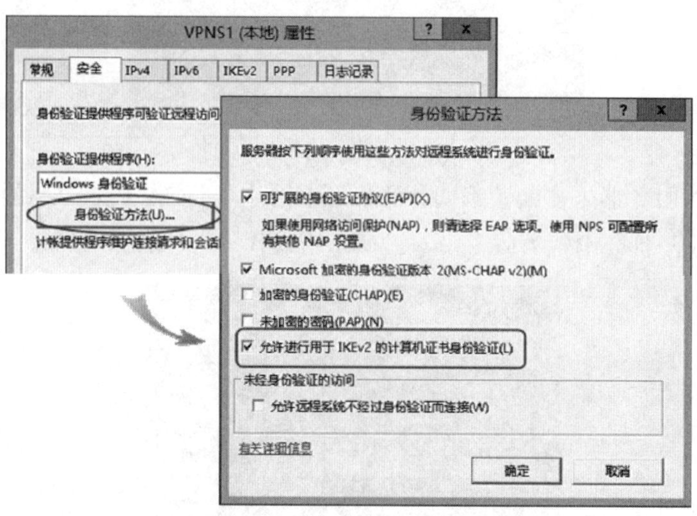

图 10-7-1

10.7.2 IKEv2 VPN客户端的设置

VPN客户端需信任CA（安装CA证书）、申请与安装计算机证书，但信任CA的步骤已经在前一个章节完成了，因此下面将仅为VPN客户端来申请与安装证书（**客户端身份验证**证书）。本范例中的VPN客户端并未加入域，故无法利用**证书**控制台来申请证书，因此下面将

使用浏览器Internet Explorer（IE）。由于客户端为Windows 8，因此利用浏览器IE向CA网站申请计算机证书时需要利用以下两种方式之一。

- 利用https方式来连接CA网站，但需将CA网站加入到**信任的网站**。
- 利用http方式来连接CA网站，但请暂时将浏览器IE的**本地Intranet站点**的安全级别降为**低**，同时将CA网站加入到**本地Intranet站点**。

下面采用第2种方法。由于利用浏览器IE向CA申请证书的方法在前面已经介绍过多次，故在此仅列出简要步骤。请到VPN客户端上执行以下操作。

- 请在VPN客户端上利用前一节所介绍的IKEv2用户验证方式（或PPTP）来连接VPN服务器，以便可以连接到位于内部网络的企业CA。
- 将浏览器IE的**本地Intranet**的安全性级别降为**低**，同时将CA网站加入到**本地Intranet**:【打开Internet Explorer➲按Alt键➲**工具**菜单➲**Internet选项**➲**安全**选项卡➲单击**本地Intranet**➲将安全级别降为**低**➲单击右上方站点按钮➲单击高级按钮➲将CA网站http://192.168.8.1/加入此区域➲……】。
- 在浏览器IE利用**http://192.168.8.1/certsrv/**来向CA申请包含**客户端身份验证**的证书:【输入域Administrator的密码➲申请证书➲高级证书申请➲创建并向此CA提交一个申请➲单击两次是（Y）钮➲如图10-7-2所示在**证书模板**处选择**用户**或**系统管理员**（这两个模板内都包含**客户端身份验证**证书）➲勾选**标记密钥为可导出**➲单击提交按钮➲单击两次是（Y）➲单击**安装此证书**】。

> **注意**
>
> 我们需要将所申请的证书存储到**本地计算机证书存储区域**，然而刚才所申请的证书被存储到**用户证书存储**，我们需将此证书从**用户证书存储**导出，再将其导入到**本地计算机证书存储区域**。

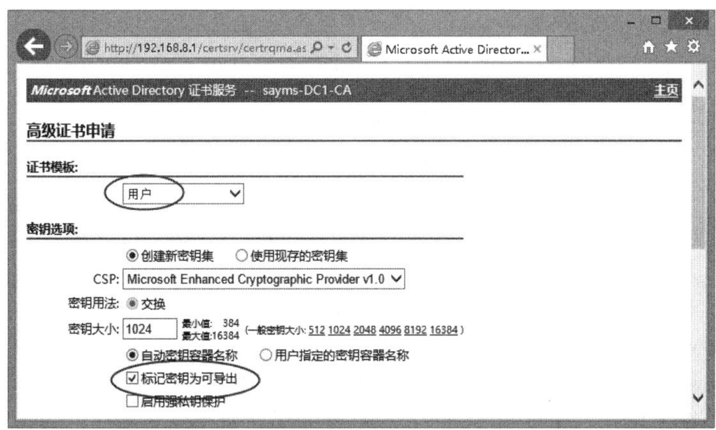

图 10-7-2

- 按⊞+R键➲输入**MMC**后按Enter键➲选择**文件**菜单➲**添加/删除管理单元**➲从**可用的管理单元**列表中选择**证书**后单击添加按钮➲确认**我的用户账户**被选中后单击完成按钮➲重新从**可用的管理单元**列表中选择**证书**后单击添加按钮➲改选**计算机账户**后依次单击下一步、完成与确定按钮。
- 通过【如图10-7-3所示展开**证书 – 当前用户**➲**个人**➲**证书**➲选并右击中之前安装的证书➲**所有任务**➲**导出**➲单击下一步按钮➲选择是，导出私钥后单击两次下一步按钮➲设定密码➲……】的方法将证书导出存档（.pfx）。

图 10-7-3

- 通过如图10-7-4所示【展开**证书（本地计算机）**➲选中并右击**个人**➲**所有任务**➲**导入**➲……】的方法将前一个步骤的证书文件导入。

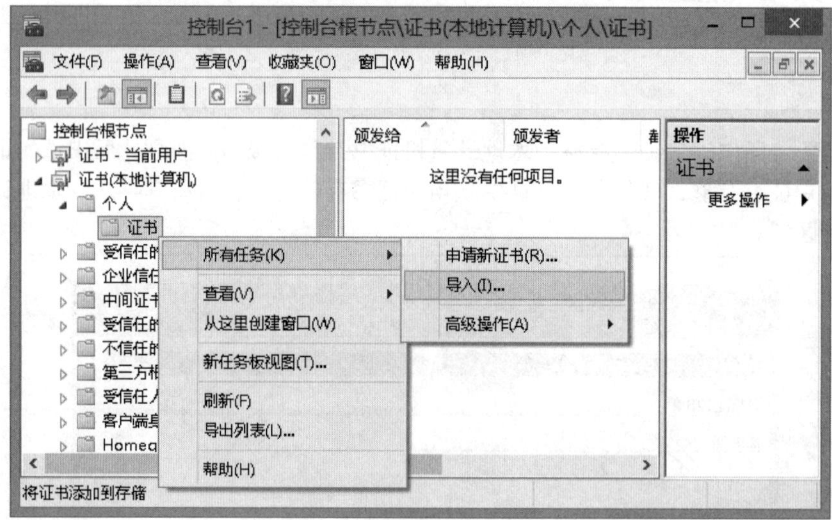

图 10-7-4

- 将Internet Explorer的**本地Intranet**的安全性等级恢复为**中低**。
- 到VPN客户端将验证方式改为计算机证书：【选中并右击VPN连接➲**属性**➲如图10-7-5所示将**安全**选项卡下的验证方式改为**使用计算机证书**】。

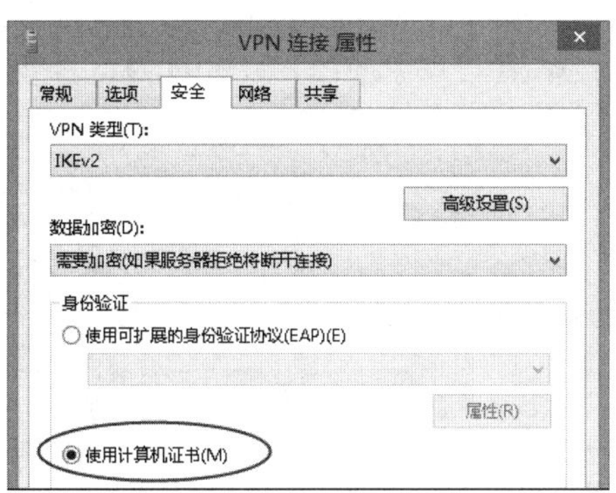

图 10-7-5

完成后，VPN客户端就可以通过此VPN连接来与VPN服务器建立IKEv2 VPN，由于采用计算机证书验证方式，因此用户不需输入用户账户与密码，如图10-7-6所示为连接成功后的状态。

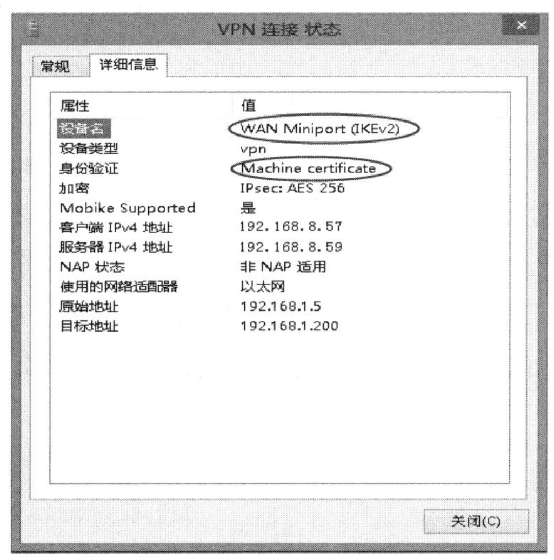

图 10-7-6

10.8 站点对站点PPTP VPN实例演练

我们将利用图10-8-1来说明如何建立**站点对站点VPN**，假设图中两台VPN服务器都是Windows Server 2012 R2独立服务器，它们各有两块网卡：内网卡与外网卡。为了简化测试环境，图中两台VPN服务器并不是通过因特网来连接，而是将外网卡直接连接在同一个网段上，假设它们的默认网关为192.168.1.254（若此两台VPN服务器无法上网，则默认网关可相互指定到对方外网卡的IP地址）。两台VPN服务器的内网卡分别用来连接其内部的A网络与B网络。

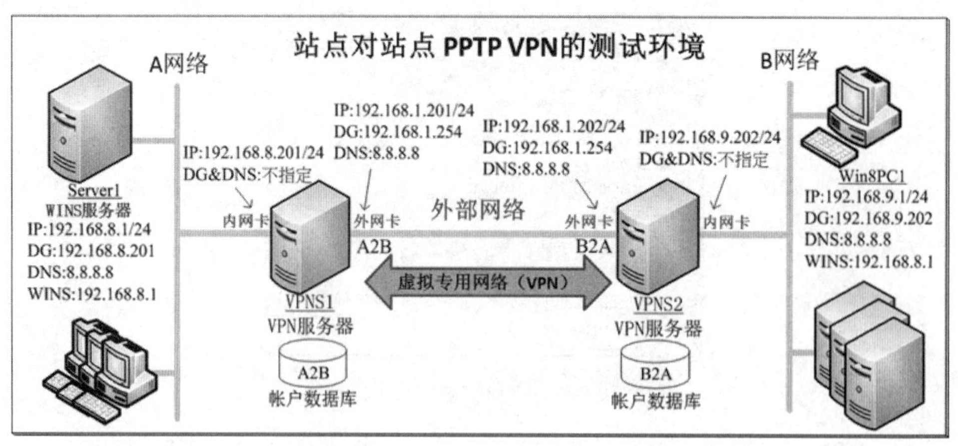

图 10-8-1

图中A网络内的Server1为Windows Server 2012 R2，它用来提供NetBIOS名称解析的WINS服务器，而B网络的Win8PC1为Windows 8，我们将利用它们来测试两个网络之间是否可以通过VPN来通信。

请先将每一台计算机的操作系统安装完成，IP地址（图中采用IPv4）等依照图示设置完成。同时为了确认网络连接与每一台计算机的IP地址等设置都正确，因此请暂时关闭图中4台计算机的**Windows防火墙**，然后利用ping命令来确认Server1与VPNS1相互之间、VPNS1与VPNS2相互之间、VPNS2与Win8PC1相互之间可以正常通信，请务必执行此操作，以减少之后排错的难度。确认完成后再重新开启**Windows防火墙**。请到Server1上通过【打开**服务器管理器**➲单击**仪表板**处的**添加角色和功能**➲】的方法来安装WINS服务器功能。

10.8.1 请求拨号

我们将在图中的VPN服务器VPNS1建立**请求拨号接口**（demand-dial interface）A2B，如果VPNS1与VPNS2之间尚未建立VPN连接，则当A网络内的客户端需要与B网络内的客户端通信时，此通信数据包传送到VPNS1时，VPNS1就会自动通过请求拨号接口A2B来与VPNS2建立VPN连接，并通过此VPN连接将数据包发送给VPNS2，再由VPNS2发送给B网络内的客户端。同理当B网络内的客户端需要与A网络内的客户端通信时，VPNS2也会自动通过请求拨号接口B2A来与VPNS1建立VPN连接（若双方之间的VPN尚未连接）。

VPN服务器通过请求拨号连接对方时，必须提供有效的用户名与密码，而这个用户名必须与对方的请求拨号接口的名称相同，例如：

- VPNS1拨接VPNS2时所使用的用户账户是B2A，它就是在VPNS2端所建立的请求拨号接口的名称B2A。
- VPNS2拨接VPNS1时所使用的用户账户是A2B，它就是在VPNS1端所建立的请求拨号接口的名称A2B。

- 此账户可以是VPN服务器的本地用户账户或Active Directory用户账户：
- **若是VPN服务器的本地用户账户**：则直接由VPN服务器通过本地用户账户数据库来验证用户身份（用户名称与密码）。
- **若使用Active Directory用户账户**：若VPN服务器已经加入域的话，则VPN服务器会通过域控制器的Active Directory数据库来验证用户身份；若VPN服务器未加入域，则需要通过RADIUS机制来验证用户身份。有关RADIUS的说明请参考第12章。
- 本范例中并未搭建域环境，故我们使用VPN服务器的本地用户账户。

10.8.2 A网络VPN服务器的设置

STEP 1 在VPNS1上利用**Administrator**身份登录➲在**服务器管理器**界面中单击**仪表板**处的**添加角色和功能**➲持续单击下一步按钮，直到出现如图10-8-2所示的**添加角色和功能向导**界面时勾选**远程访问**➲单击添加功能按钮。

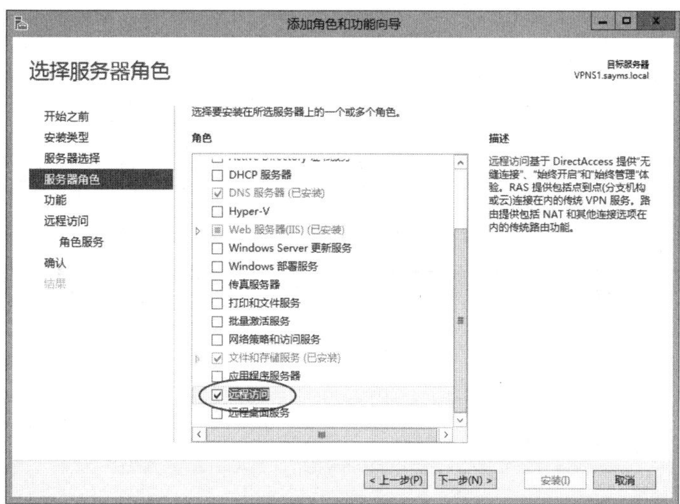

图 10-8-2

STEP 2 持续单击下一步按钮，直到出现如图10-8-3所示的**添加角色和功能向导**界面时增加勾选**路由**。

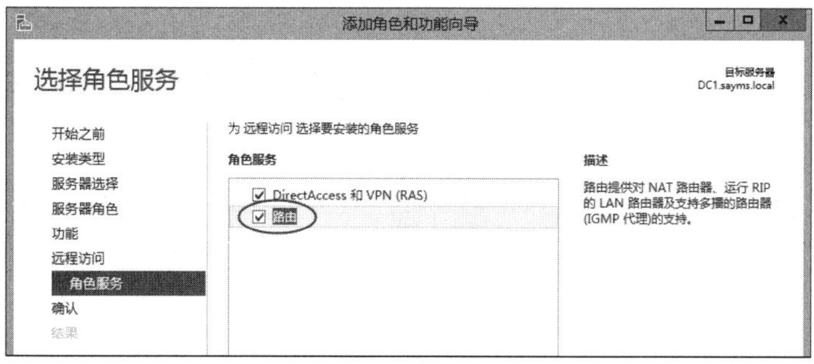

图 10-8-3

STEP 3　持续单击下一步按钮，直到出现**确认安装选项**界面时单击安装按钮。

STEP 4　完成安装后单击关闭按钮，重新启动计算机，以Administrator身份登录。

STEP 5　按⊞键切换到**开始**菜单➲**路由和远程访问**➲如图10-8-4所示选中并右击本地计算机➲**配置并启用路由和远程访问**。

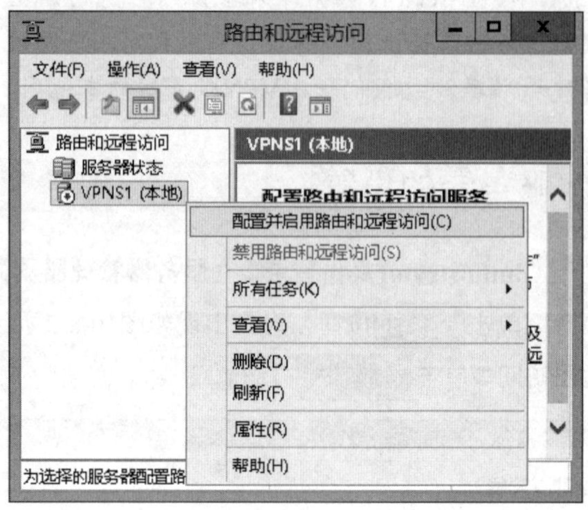

图 10-8-4

STEP 6　在**欢迎使用路由和远程访问服务器安装**向导界面中单击下一步按钮。

STEP 7　在图10-8-5中选择**两个专用网络之间的安全连接**后单击下一步按钮。

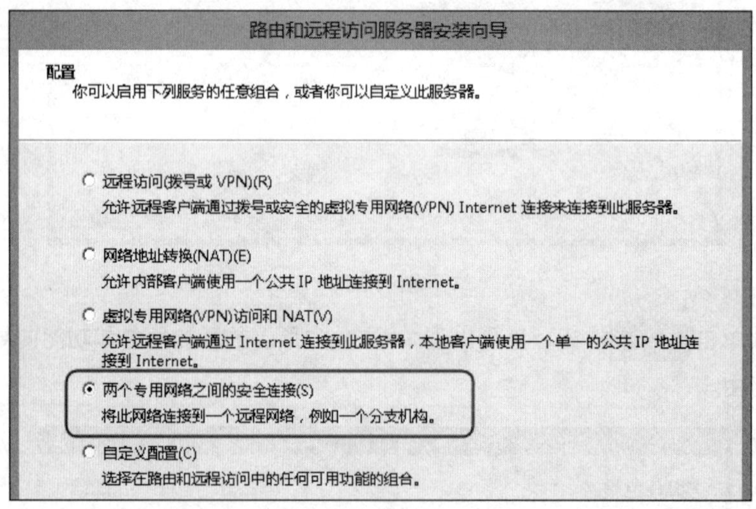

图 10-8-5

STEP 8　选择图10-8-6中否（O）后单击下一步按钮（稍后再设定请求拨号连接）。

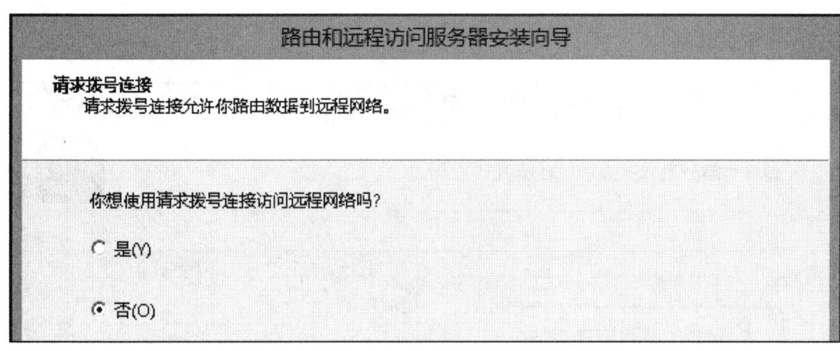

图 10-8-6

STEP 9　出现**完成路由和远程访问服务器安装向导**界面时单击完成按钮（若此时出现**无法启动路由和远程访问**警告界面，则不必理会，直接单击确定按钮）。

STEP 10　如图10-8-7所示选中并右击**网络接口➲新建请求拨号接口**。

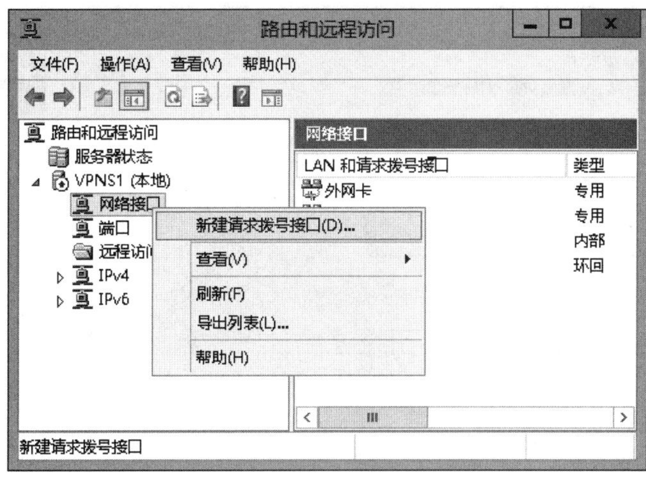

图 10-8-7

STEP 11　出现**欢迎使用请求拨号接口向导**界面时单击下一步按钮。

STEP 12　在图10-8-8中设置请求拨号接口名称（例如**A2B**）后单击下一步按钮。

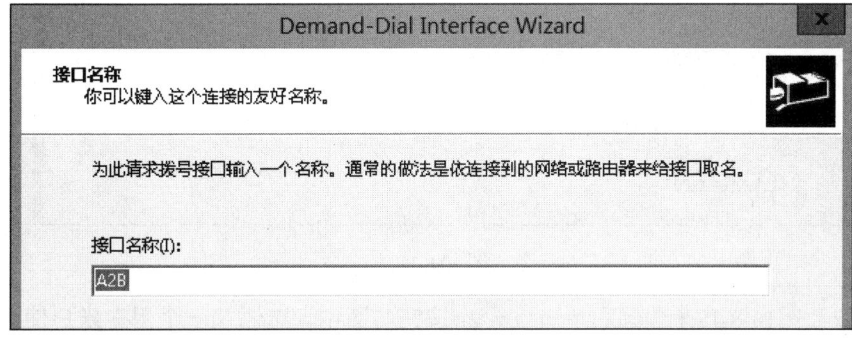

图 10-8-8

STEP 13 在图10-8-9中选择使用虚拟专用网络连接（VPN）后单击下一步按钮。

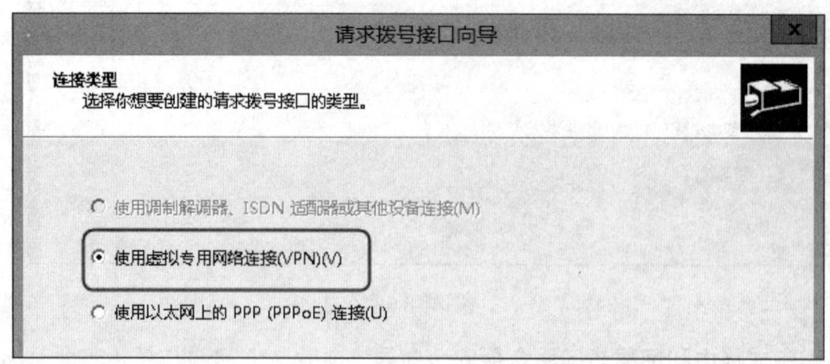

图 10-8-9

STEP 14 在图10-8-10中选择点对点隧道协议（PPTP）后单击下一步按钮。

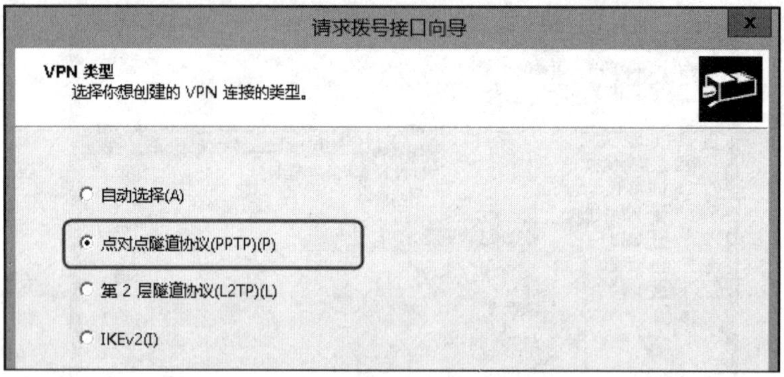

请求拨号接口向导
VPN 类型
选择你想创建的 VPN 连接的类型。
自动选择(A)
点对点隧道协议(PPTP)(P)
第 2 层隧道协议(L2TP)(L)
IKEv2(I)

图 10-8-10

STEP 15 在图10-8-11中输入目的地（VPNS2外网卡）的IP地址192.168.1.202后单击下一步按钮。

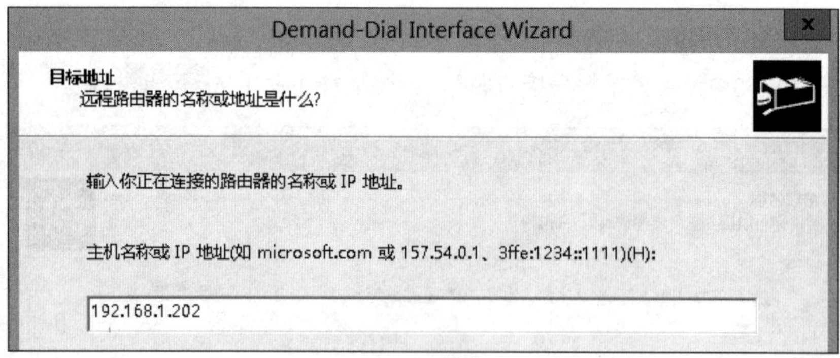

图 10-8-11

STEP 16 依照图10-8-12来勾选后单击下一步按钮。图中勾选**添加一个用户账户使远程路由可以拨入**，是为了让系统自动在VPNS1建立一个用户账户（账户名称就是请求拨号接口的名称**A2B**），以便远程的VPNS2可以利用此账户来连接VPNS1。

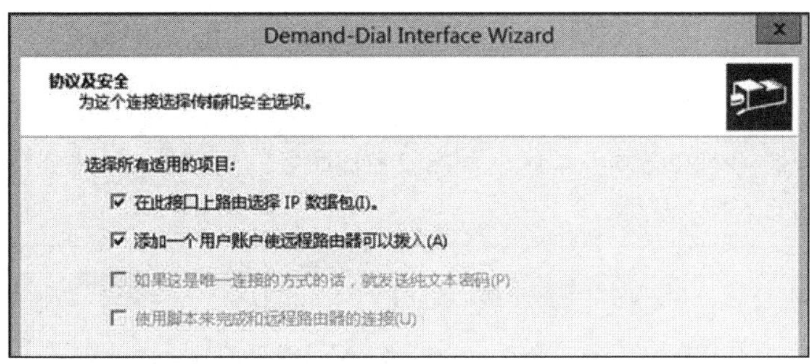

图 10-8-12

STEP 17 我们需要在VPNS1建立一个静态路由，以便当VPNS1收到发往B网络的数据包时能够通过此请求拨号接口来连接到VPNS2：【在图10-8-13中单击添加按钮➲输入B网络的网络标识符192.168.9.0、子网掩码为255.255.255.0，计量值输入1即可➲完成后依次单击确定、下一步按钮】。

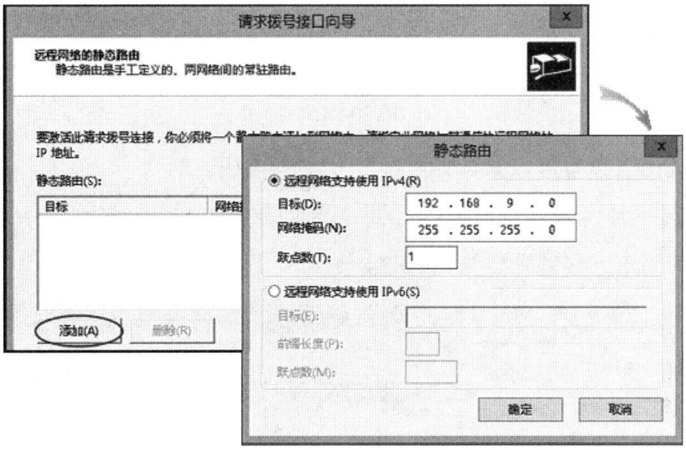

图 10-8-13

STEP 18 在VPNS1内将自动添加一个用户账户，并被赋予拨入的权限，以便让远程VPNS2利用此账户来连接，由图10-8-14中的**用户名称**可知此账户的名称就是VPNS1的请求拨号接口名称**A2B**（见图10-8-8）。请在图中设置此账户的密码后单击下一步按钮。

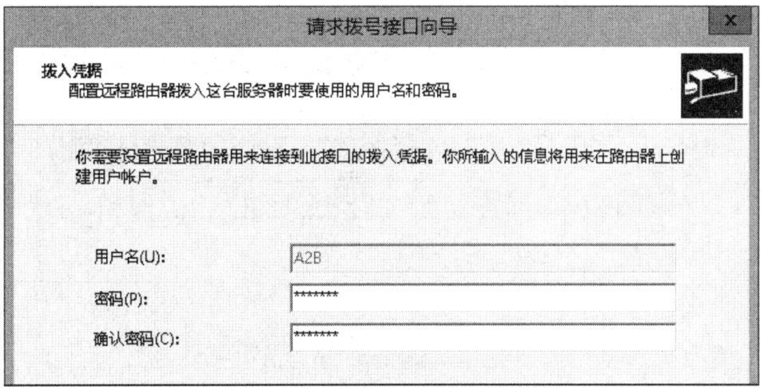

图 10-8-14

注意

远程VPN服务器VPNS2必须使用这个以接口名称命名的用户名A2B来连接VPNS1，若改用其他用户名，连接会失败。

STEP 19 在图10-8-15输入VPNS1用来连接到远程VPNS2的用户名与密码，假设此账户是VPNS2的本机用户账户B2A（我们等一下会在VPNS2建立此账户），域字段保持空白即可。

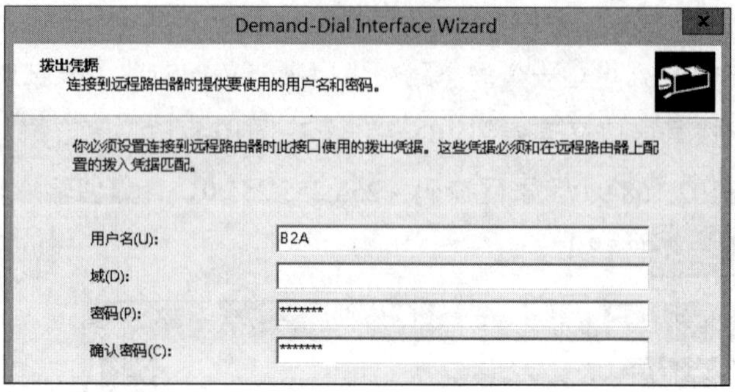

Demand-Dial Interface Wizard

拨出凭据
连接到远程路由器时提供要使用的用户名和密码。

你必须设置连接到远程路由器时此接口使用的拨出凭据。这些凭据必须和在远程路由器上配置的拨入凭据匹配。

用户名(U): B2A
域(D):
密码(P): *******
确认密码(C): *******

图 10-8-15

STEP 20 出现**完成请求拨号接口向导**界面时单击完成按钮。

STEP 21 图10-8-16所示为设置完成后的界面，界面右方的A2B就是我们所建立的请求拨号接口，目前尚未连接到远程的VPNS2。

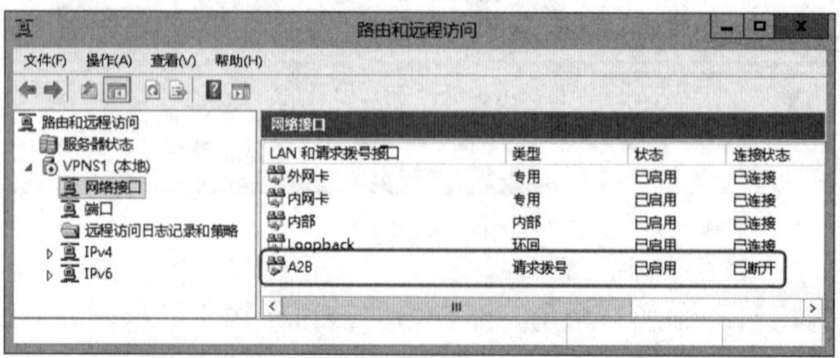

图 10-8-16

STEP 22 图10-8-17所示为新建的静态路由。

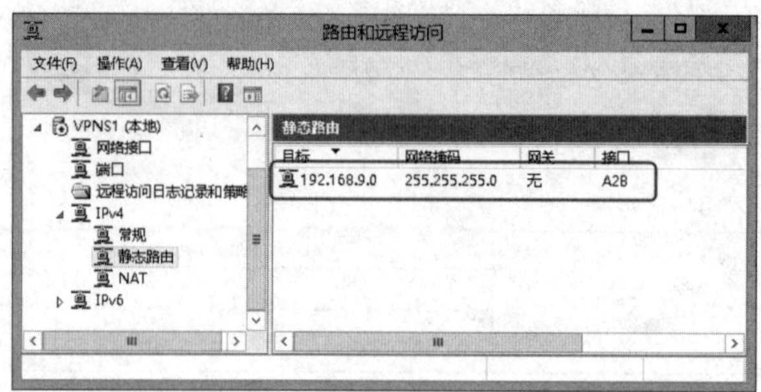

图 10-8-17

STEP 23 检查**Windows防火墙**是否已经开放与PPTP VPN有关：【按⊞+X➲**控制面板**➲**系统和安全**➲**Windows防火墙**➲单击左侧的**高级设置**➲**入站规则**➲确认**路由和远程访问（PPTP-In）**与**路由和远程访问（GEP-In）**规则已经启用】，若尚未启用，则单击右侧的**启用规则**。

若要修改请求拨号设置，则通过【选中并右击请求拨号接口A2B➲**属性**】的方法：可以修改目的地的主机名或IP地址、闲置多久自动将请求拨号连接断开（默认为5分钟）、选择VPN协议等。

10.8.3 B网络VPN服务器的设置

B网络VPN服务器VPNS2的设置方式与VPNS1相同，请直接参考VPNS1的设置步骤，不过有几个步骤的设置要稍加修改。

- **接口名称**：如图10-8-18所示我们将接口名称设置为B2A。

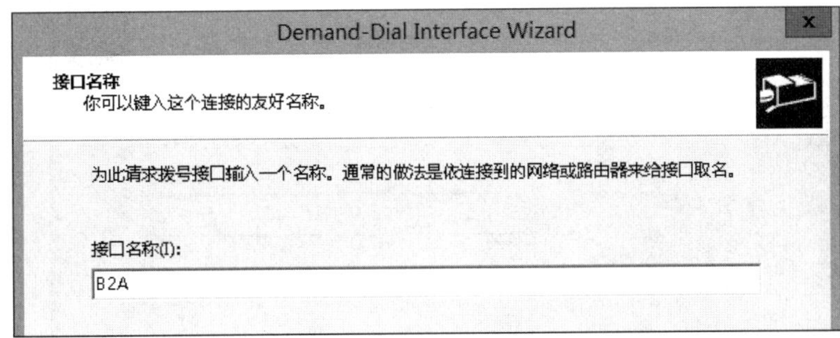

图 10-8-18

- **目标地址**：如图10-8-19所示其目标地址为VPNS1的外网卡IP地址192.168.1.201。

图 10-8-19

- **静态路由**：如图10-8-20所示其静态路由的目标为A网络的网络ID 192.168.8.0、子网掩码为255.255.255.0，跃点数设置为1即可。

静态路由
远程网络支持使用 IPv4(R)
目标(D):
192 . 168 . 8 . 0
网络掩码(N):
255 . 255 . 255 . 0
跃点数(T):
1
远程网络支持使用 IPv6(S)
目标(E):
前缀长度(P):
跃点数(M):
确定
取消

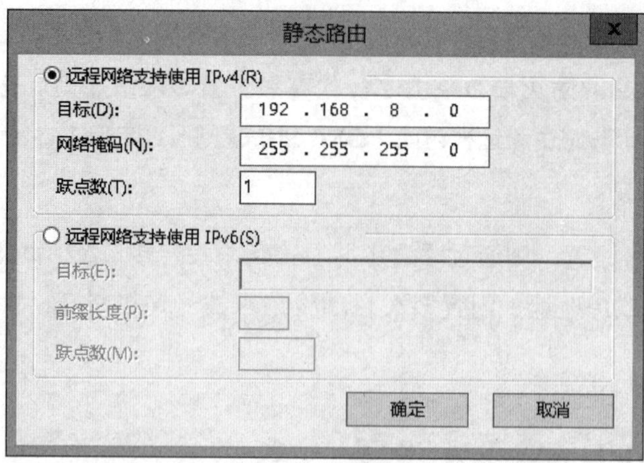

图 10-8-20

- **拨入凭据**：如图10-8-21所示在VPNS2内将自动添加的用户账户名称（为请求拨号接口的名称B2A），远程VPNS1需利用此账户来连接。

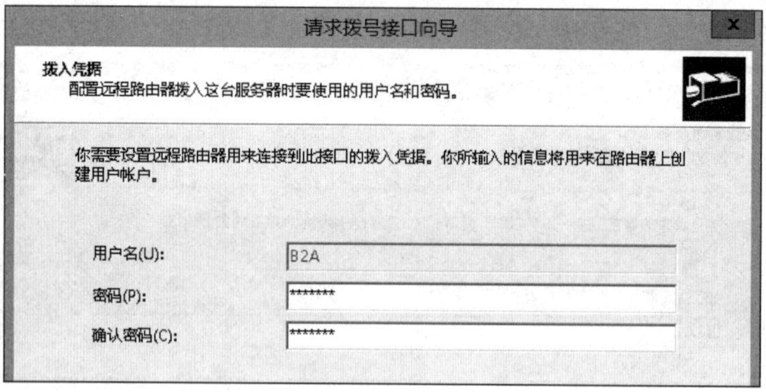

请求拨号接口向导
拨入凭据
配置远程路由器拨入这台服务器时要使用的用户名和密码。
你需要设置远程路由器用来连接到此接口的拨入凭据。你所输入的信息将用来在路由器上创建用户帐户。
用户名(U):
B2A
密码(P):
****
确认密码(C):
****

图 10-8-21

- **拨出凭据**：如图10-8-22所示VPNS2将通过用户账户A2B来连接VPNS1。

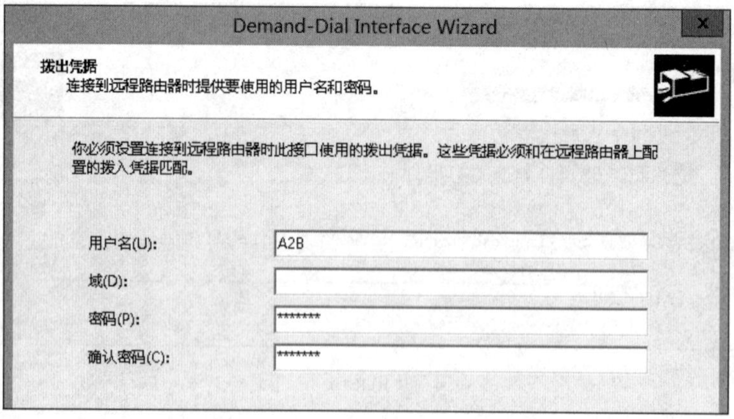

Demand-Dial Interface Wizard
拨出凭据
连接到远程路由器时提供要使用的用户名和密码。
你必须设置连接到远程路由器时此接口使用的拨出凭据。这些凭据必须和在远程路由器上配置的拨入凭据匹配。
用户名(U):
A2B
域(D):
密码(P):
****
确认密码(C):
****

图 10-8-22

10.8.4 测试请求拨号功能是否正常

当A网络内的计算机需要与B网络内的计算机（192.168.9.0）通信时，其数据包发送到VPN服务器VPNS1后，VPNS1根据路由表内的静态路由（192.168.9.0）得知此数据包需要利用请求拨号接口**A2B**来发送，因此VPNS1会自动通过此请求拨号接口来与VPNS2建立VPN连接，然后通过此VPN连接将数据包发送给VPNS2，再由VPNS2将数据包发送给B网络内的计算机；同理VPNS2收到由B网络内的计算机要发送到A网络的数据包时，其工作方式也相同。

我们将在A网络内的Server1上利用**ping**命令来与B网络内的Win8PC1通信，以便测试请求拨号的VPN连接是否正常。为了便于查看实验的结果，请暂时关闭Win8PC1的**Windows防火墙**，然后在Server1上输入**ping –t 192.168.9.1**命令（参考图10-8-23）。

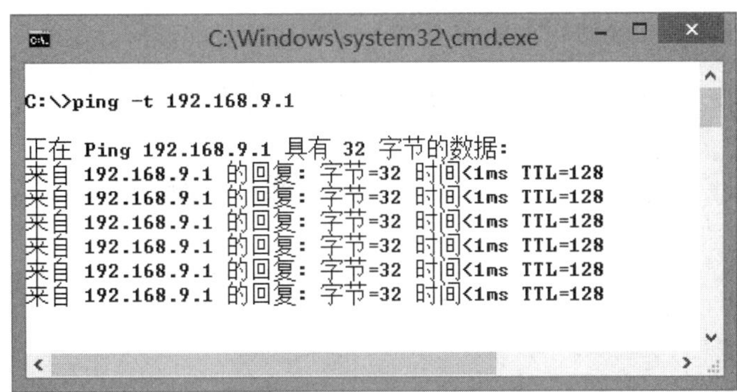

图 10-8-23

其中的192.168.9.1为Win8PC1的IP地址，由于连接需花费一点时间，因此刚开始可能无法通信成功而出现**请求超时**的警告，然而再隔一小段时间后就会通了。在图10-8-24中也可以看到请求拨号已经接通了。

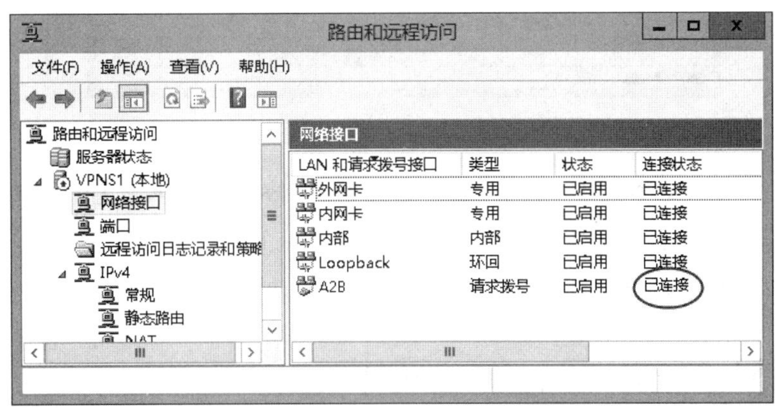

图 10-8-24

若要手动中断此VPN请求拨号连接，则【如图10-8-25所示选中并右击请求拨号接口**A2B**➲**中断连接**】。

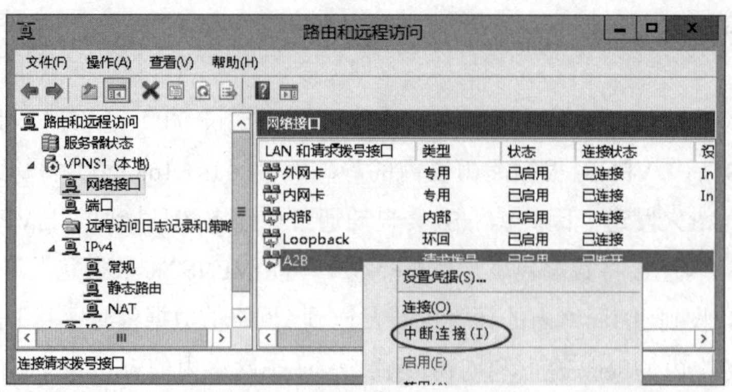

图 10-8-25

若VPN连接无法成功，则【请如图10-8-26所示选中并右击请求拨号界面**A2B⊃连接**】来重新手动连接，并从所显示的错误信息来判断无法连接的可能原因。

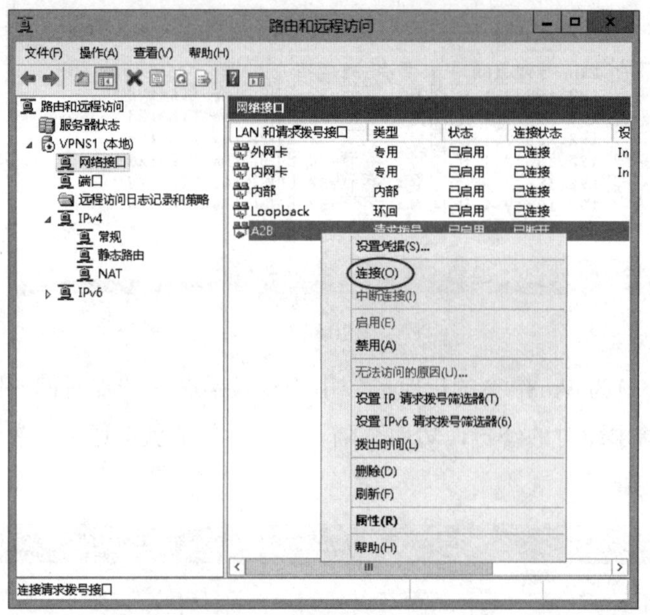

图 10-8-26

也可以暂时中断此VPN连接，然后反过来到B网络的Win8PC1来与A网络的Server1执行通信测试，也就是执行**ping –t 192.168.8.1**命令（先将Server1的**Windows 防火墙**关闭），以便测试从VPNS2请求拨号到VPNS1的VPN连接是否正常。

10.8.5　设置请求拨号筛选器与拨出时间

可以通过图10-8-26中的**设置IP请求拨号筛选器**选项来设置是否要执行请求拨号的操作，例如VPN服务器可以被设置为如果它收到要发到远程网络的数据包为ICMP数据包时，就拒绝通过请求拨号来连接远程VPN服务器。

也可以通过图10-8-26中的**拨出时间**选项来限制请求拨号的时段，例如限制星期一到五早上8点到下午6点之间才允许请求拨号连接，在这段时间内VPN服务器才会通过请求拨号来连接远程VPN服务器。

10.9 站点对站点L2TP VPN——预共享密钥

我们将利用图10-9-1来说明如何构建采用**预共享密钥**验证的站点对站点L2TP VPN（或IKEv2 VPN）。由于采用**预共享密钥**的验证方式，其安全性较差，因此建议只在测试环境中使用，不建议使用在生产环境中。

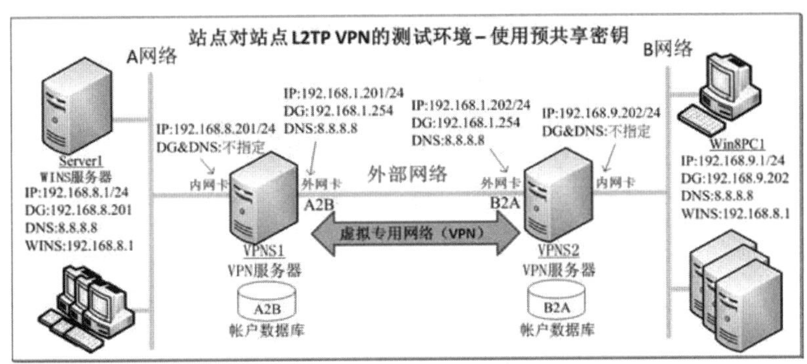

图 10-9-1

10.9.1 建立初始测试环境

采用**预共享密钥**的站点对站点L2TP或IKEv2 VPN的环境构建方法与10.8小节**站点对站点PPTP VPN实例演练**类似，因此我们将直接采用该小节的环境。若你还未建立站点对站点PPTP VPN环境，则先依照该小节的说明来完成环境搭建，并测试站点对站点PPTP VPN是否正常。

除此之外还需要另外在两台VPN服务器设置相同的**预共享密钥**。VPN服务器VPNS1与VPNS2之间的请求拨号连接可以由VPNS1来发起连接到VPNS2，也可以由VPNS2来发起连接到VPNS1。

10.9.2 由VPNS1通过请求拨号来发起连接到VPNS2

若要由A网络的VPNS1通过请求拨号来发起连接到VPNS2，则**预共享密钥**的设置如下所示。

- **VPN服务器VPNS1的设置**：请如图10-9-2所示选择请求拨号接口**A2B**后单击上方的**属性**图标。

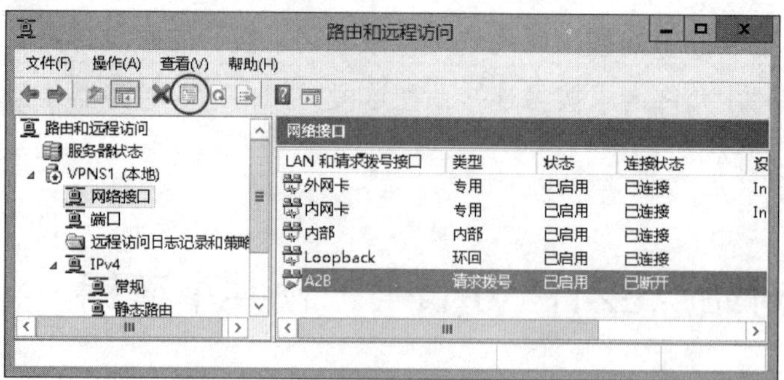

图 10-9-2

- 若是L2TP VPN：在图10-9-3中单击**安全**选项卡➲在**VPN类型**处选择L2TP/IPsec➲单击 高级设置 按钮➲设置使用预共享的密钥做身份验证（例如1234567）➲……

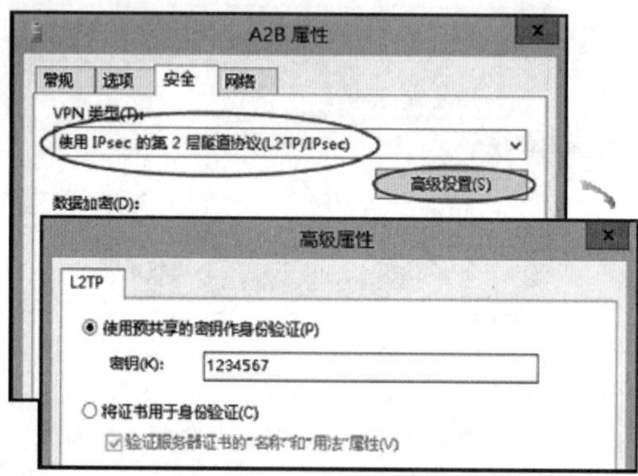

图 10-9-3

- 若是IKEv2 VPN：在图10-9-4中单击**安全**选项卡➲在**VPN类型**处选择IKEv2➲如图所示设置共享密钥（例如1234567）➲单击 确定 按钮。

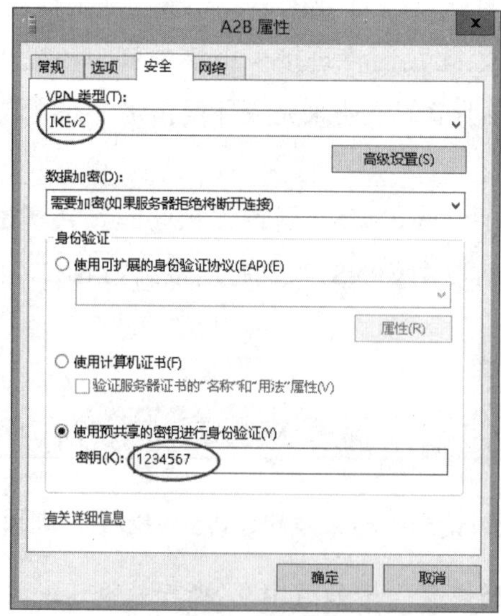

图 10-9-4

- **VPN服务器VPNS2的设置**：请如图10-9-5所示【单击**VPNS2（本地）**➲单击上方的**属性**图标➲选择**安全**选项卡➲勾选**允许为L2TP/IKEV2连接使用自定义IPsec策略**➲在**预共享的密钥**处输入密钥字符串➲……】，此字符串需与VPNS1所设置的相同（假设为1234567）。接着重新启动**路由和远程访问**服务：【选中并右击**VPNS2（本地）**➲所有任务➲重新启动】。

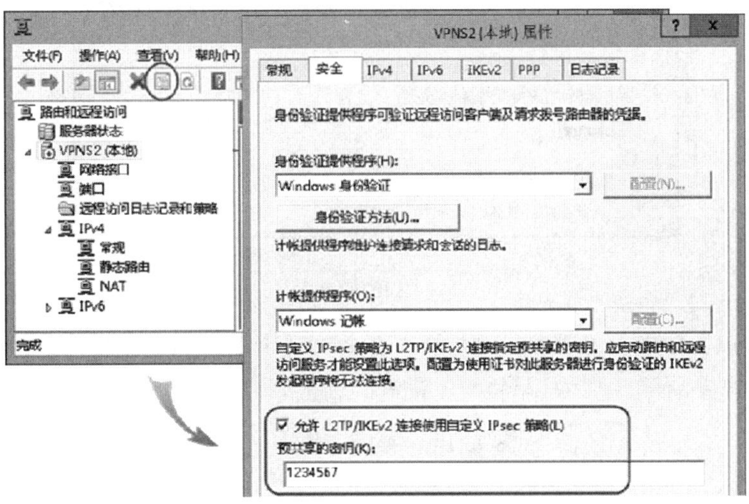

图 10-9-5

10.9.3 由VPNS2通过请求拨号来发起连接到VPNS1

若要由B网络的VPNS2通过请求拨号来发起连接到VPNS1，则**预共享密钥**的设置如下所示。

- **VPN服务器VPNS2的设置**：如图10-9-6所示选择请求拨号接口B2A后单击上方的**属性**图标。

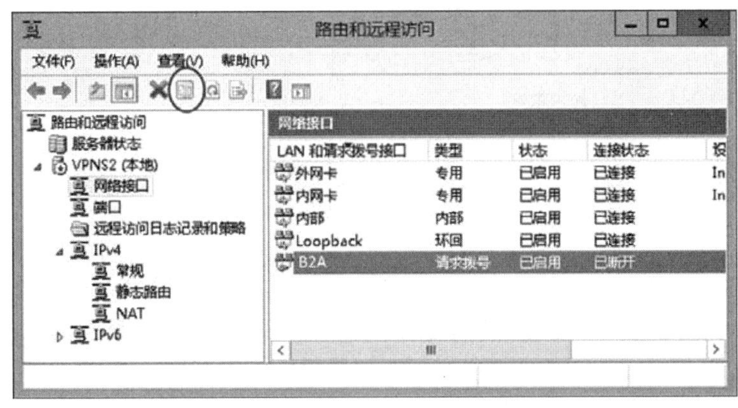

图 10-9-6

- 若是L2TP VPN：在图10-9-7中单击**安全**选项卡➲在**VPN类型**处选择L2TP/IPsec➲单击 高级设置 按钮➲设置共享密钥（例如1234567）➲……

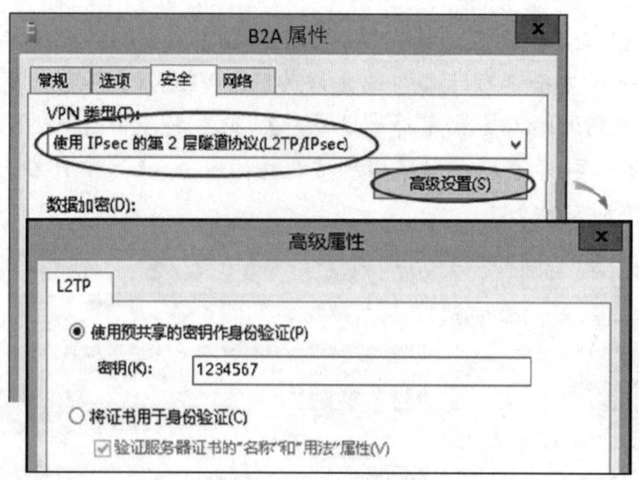

图 10-9-7

- 若是IKEv2 VPN：在图10-9-8中单击**安全**选项卡➲在**VPN类型**处选择IKEv2➲如图所示设置共享密钥（例如1234567）➲单击**确定**按钮。

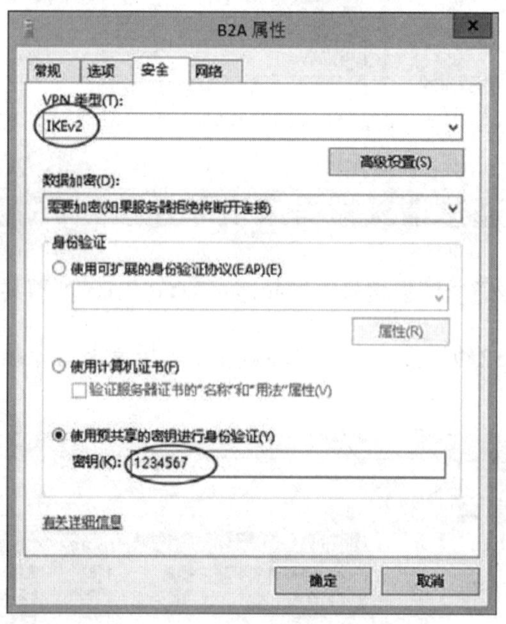

图 10-9-8

- **VPN服务器VPNS1的设置**：请如图10-9-9所示【单击**VPNS1（本地）**➲单击上方的**属性**图标➲选择**安全**选项卡➲勾选**允许L2TP/IKEv2连接使用自定义IPsec策略**➲在**预共享的密钥**处输入密钥➲……】，此密钥需要与VPNS2的设置相同（假设为1234567）。接着重新启动**路由和远程访问**服务：【选中并右击**VPNS1（本地）**➲所有任务➲重新启动】。

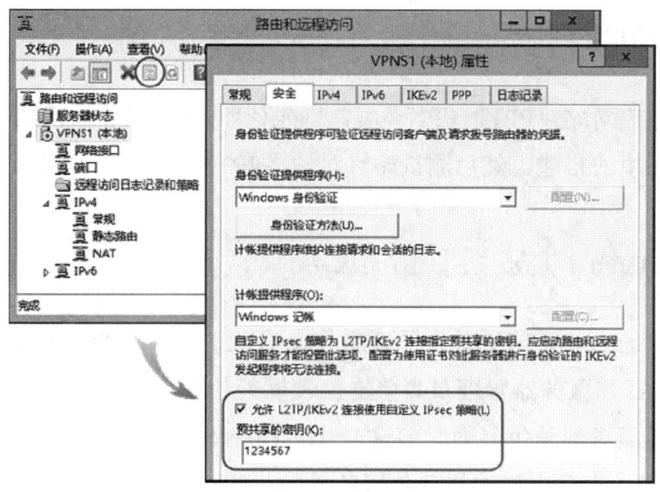

图 10-9-9

接着请确认VPNS1与VPNS2的**Windows防火墙**已经启用**路由和远程访问（L2TP-In）**规则，完成后（可能需要稍待一下），VPNS1与VPNS2就可以建立采用**预共享密钥**验证方式的站点对站点L2TP或IKEv2 VPN连接。测试方法请参考10.8小节**站点对站点PPTP VPN实例演练**的说明。

10.10 站点对站点L2TP VPN——计算机证书

我们将利用图10-10-1来说明如何构建采用计算机证书验证的站点对站点L2TP VPN。因为它的环境与10.8小节**站点对站点PPTP VPN实例演练**类似，因此我们将直接采用该小节的环境，不过因为两台VPN服务器都需要向CA（证书颁发机构）申请与安装计算机证书，因此我们在图10-10-1中的计算机Server1上另外安装了独立根CA与IIS网站，以便可以利用浏览器来向独立根CA申请证书。

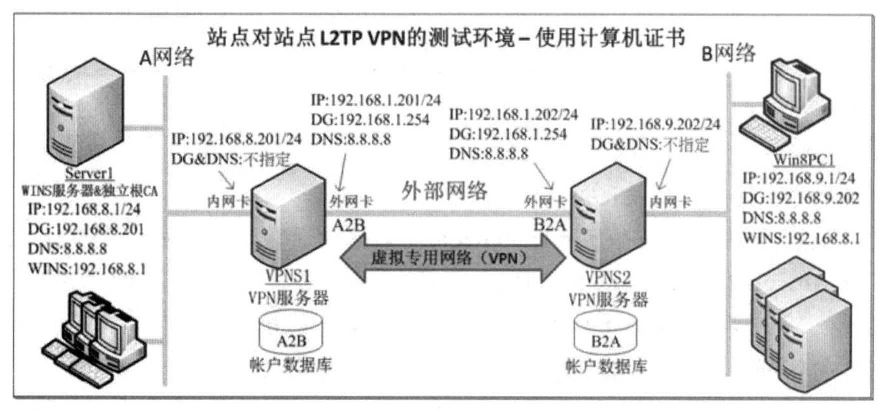

图 10-10-1

10.10.1 建立初始测试环境

若你还未建立站点对站点PPTP VPN环境，则先依照10.8小节**站点对站点PPTP VPN实例演练**的说明来完成环境的搭建，然后测试站点对站点PPTP VPN是否可以成功连接。

10.10.2 在Server1上安装独立根CA

我们需要通过添加**Active Directory凭证服务**（AD CS）角色的方式来将独立根CA安装到计算机Server1上：【打开**服务器管理员**➲单击**仪表板**处的**添加角色和功能**➲持续单击下一步按钮，直到出现**选择服务器角色**界面时勾选**Active Directory证书服务**➲单击添加功能按钮➲持续单击下一步按钮，直到出现**选择角色服务**界面时增加勾选**证书颁发机构Web注册**➲单击添加功能按钮➲持续单击下一步按钮，直到出现**确认安装选项**界面时单击安装按钮➲完成安装后单击**安装进度**界面中的**设置目标服务器上的Active Directory证书服务**（或单击**服务器管理器**右上方惊叹号）➲单击下一步按钮➲在**角色服务**界面勾选**证书颁发机构**与**证书颁发机构Web注册**➲……】，假设此独立根CA的名称为Sayms Standalone Root。

10.10.3 VPN服务器VPNS1的设置

请到VPN服务器VPNS1上执行以下操作。

- **信任CA**：我们架设的是独立根CA，因此VPNS1并不会自动信任此CA，需手动执行信任CA的步骤：利用**http://192.168.8.1/certsrv/**的方法来下载CA的证书、利用**证书**管理控制台来安装CA的证书（详见5.2小节的内容）。

> 附注
>
> 接下来的**申请计算机证书、安装证书**与**将证书从用户证书存储迁移到计算机证书存储区域**这3部分，我们都仅列出其简要、但已足够清楚的说明，如果需要更详细的步骤，请分别参考10.11.2小节 **利用浏览器申请计算机证书** 与10.11.3小节 **将证书迁移到计算机证书存储区域** 的说明。

- 申请计算机证书、安装证书。
  - 请暂时将浏览器IE的**本地Intranet**的安全性级别降为**低**，同时将CA网站加入到**本地Intranet**：【打开Internet Explorer➲按Alt键➲工具菜单➲**Internet选项**➲**安全**选项卡➲单击**本地Intranet**➲将安全级别降为**低**➲单击右上方站点按钮➲单击高级按钮➲将CA网站http://192.168.8.1/加入此区域➲……】。
  - 利用**http://192.168.8.1/certsrv/**来向独立根CA申请证书：【申请证书➲高级证书申

请➲创建并向此CA提交一个申请➲单击两次是（Y）按钮➲在**姓名**处输入易于辨识的名称➲在**需要的证书类型**处选择**服务器身份验证证书**（或**客户端身份验证**证书）➲勾选**标记密钥为可导出**➲单击提交按钮】（若为企业CA，则在**证书模板**处选择**管理员**，并且可直接下载与安装证书，因此可跳过以下两个步骤）。

- 到CA计算机（Server1）上按Windows键田切换到**开始菜单**➲**证书颁发机构**➲**搁置的请求**➲选中并右击证书请求➲**所有任务**➲**颁发**。
- 到VPNS1下载与安装凭证：【在IE内输入**http://192.168.8.1/certsrv/**➲查看搁置的证书请求➲单击**服务器身份验证证书**（或**客户端身份验证证书**）➲单击两次是（Y）➲安装这个证书】，它会被安装到用户证书存储。

➘ 将**本地Intranet**的安全性级别恢复为默认的**中低**。

- 将证书从用户证书存储迁移到计算机证书存储区域。
- 按田+R键➲输入MMC后按Enter键➲选择**文件**菜单➲**添加/删除管理单元**➲从列表中选择证书后单击添加按钮➲确认我的用户账户被选中后单击完成按钮➲重新从列表中选择证书后单击添加按钮➲选择计算机账户后依序单击下一步、完成与确定按钮】。
- 通过【展开证书 – 目前用户➲**个人**➲**证书**➲选中并右击之前安装的证书➲**所有任务**➲**导出**➲单击下一步按钮➲选择**是，导出私钥**后单击两次下一步按钮➲设置密码➲……】的方法将证书导出存档（.pfx）。
- 通过【展开证书（本地计算机）➲选中并右击个人➲**所有任务**➲导入➲……】的方法将前一个步骤的证书文件（.pfx）导入。
- 重新启动路由和远程访问服务。

10.10.4 VPN服务器VPNS2的设置

VPNS2同样需要执行信任CA与申请证书的操作，不过以我们的实验环境来说（图10-10-1），独立根CA位于VPNS1之后的A网络内，故VPNS2目前无法连接到独立根CA，因此它要如何来执行信任CA（安装CA的证书）的操作与向独立根CA申请证书呢？前面已经介绍过几种方法了，此处将采用的方法为：由于在VPNS1上已经有这两个文件存在，故可以直接将它们拿到VPNS2上，然后利用**证书**管理控制台将它们分别导入到计算机证书存储区域的**个人**与**受信任的根证书颁发机构**文件夹。若在VPNS1上没有这两个文件，则先在VPNS1服务器上通过**证书**管理控制台将计算机证书存储区域内VPNS1的证书与CA的证书导出存档（其扩展名分别是.pfx与.cer），注意导出VPNS1的证书时，必须将私钥一并导出（但是之前在VPNS1执行**将证书从用户证书存储迁移到计算机证书存储区域**时，其中将证书导入计算机证书存储区域这个步骤的**私钥保护**界面中需勾选**将此密钥设置为可导出……**）。

10.10.5 测试采用计算机证书的站点对站点L2TP VPN

VPN服务器VPNS1与VPNS2之间的请求拨号连接，可以由VPNS1来发起连接到VPNS2，也可以由VPNS2来发起连接到VPNS1。

1. 由 VPNS1 通过请求拨号来发起连接到 VPNS2

若是要由VPNS1通过请求拨号来发起连接到VPNS2，则其设置如下所示。

- **VPN服务器VPNS1的设置**：如图10-10-2所示选择请求拨号接口A2B后单击上方的**属性**图标，然后【在图10-10-3中单击**安全**选项卡➲在**VPN类型**处选择L2TP/IPsec➲单击高级设置按钮➲在高级属性界面中选择**将证书用于身份验证**➲……】。

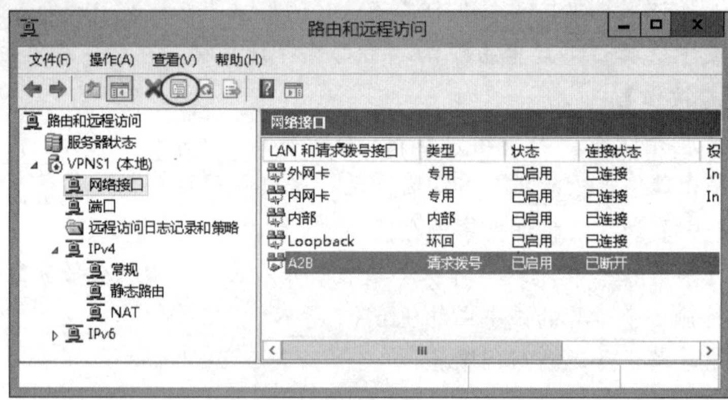

图 10-10-2

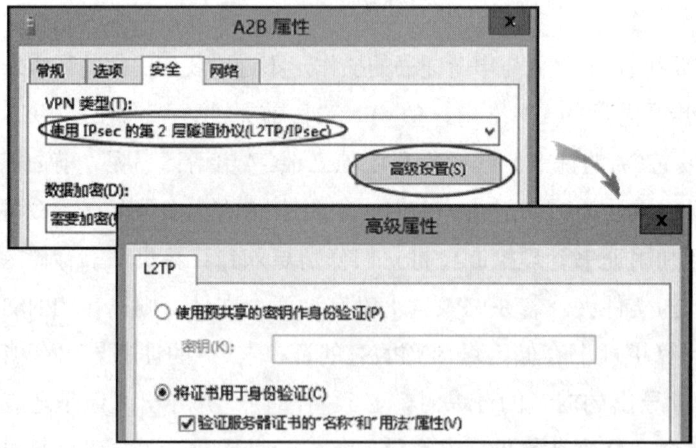

图 10-10-3

- **VPN服务器VPNS2的设置**：只需要在证书安装完成后重新启动**路由和远程访问**服务即可。

2. 由 VPNS2 通过请求拨号来发起连接到 VPNS1

若要由VPNS2通过请求拨号来发起连接到VPNS1，则其设置如下所示。

- **VPN服务器VPNS2的设置**：如图10-10-4所示选择请求拨号接口B2A后单击上方的**属性**图标，然后【在图10-10-5中单击**安全**选项卡➲在**VPN类型**处选择L2TP/IPsec➲单击高级设置按钮➲在高级属性界面中选择**将证书用于身份验证**➲……】。

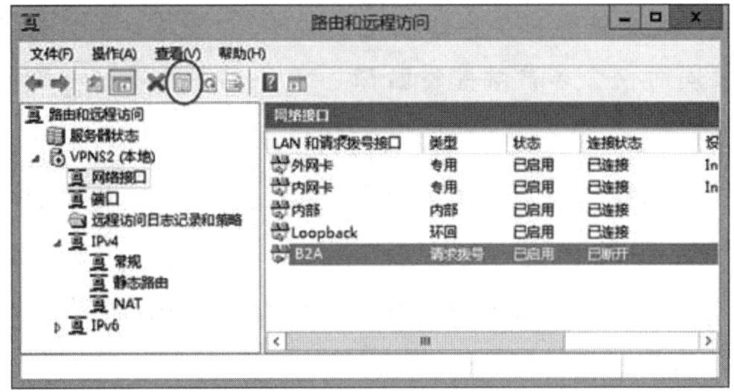

图 10-10-4

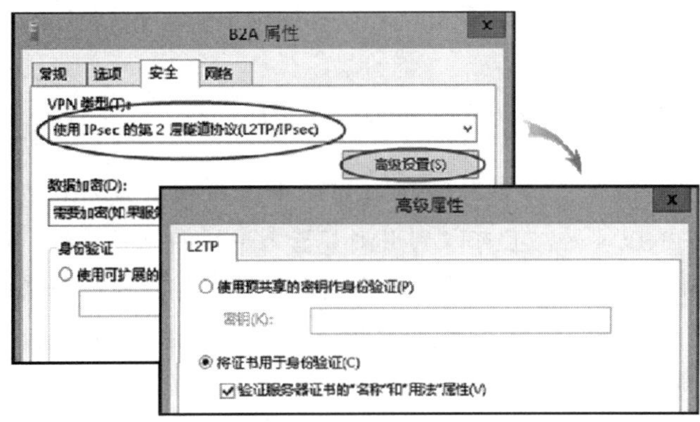

图 10-10-5

- **VPN服务器VPNS1的设置**：只需要在证书安装完成后重新启动**路由和远程访问**服务即可。

接着请确认VPNS1与VPNS2的**Windows防火墙**已经启用**路由和远程访问（L2TP-In）**规则，完成后（可能需要稍等一下），VPNS1与VPNS2就可以建立采用计算机证书验证方式的站点对站点L2TP VPN连接。测试方法请参考10.8小节**站点对站点PPTP VPN实例演练**的说明。

10.11 利用浏览器申请计算机证书

我们可以利用浏览器来向企业或独立CA申请证书，域成员计算机还可利用**证书**管理控制台来向企业CA申请证书（这部分前面几节中介绍过了）。

10.11.1 VPN服务器所需的计算机证书

L2TP、SSTP与IKEv2 VPN服务器都需要计算机证书，但有所不同。

- L2TP VPN服务器：需安装**服务器身份验证**证书或**客户端身份验证**证书。
- SSTP VPN服务器：需安装**服务器身份验证**证书。
- IKEv2 VPN服务器：需安装同时包含**服务器身份验证**与**IP安全性IKE中级**证书的计算机证书（或仅安装**服务器身份验证**证书亦可），若是站点对站点VPN，则两台服务器都需要安装同时包含**客户端身份验证**、**服务器身份验证**与**IP安全性IKE中级**证书的计算机证书。

域成员计算机利用**证书**管理控制台来向企业CA申请证书时，可以通过申请**计算机**证书模板来拥有**服务器身份验证**证书。

IKEv2 VPN服务器同时需要**服务器身份验证**与**IP安全性IKE中级**证书（如果是站点对站点VPN，那么还需增加**客户端身份验证**），然而在企业CA内默认并没有任何一个证书模板同时包含这两个计算机证书，因此需要自行建立新证书模板，例如我们在**安装企业根CA** 所建立的**IKEv2 VPN**证书模板，域成员计算机就可以利用**证书**管理控制台来向企业CA申请**IKEv2 VPN**证书。

如果要利用浏览器来向CA申请证书，情况有所不同。

- **企业CA**：在企业CA已经发行的证书模板中，默认并没有包含**服务器身份验证**证书，适用于VPN服务器，且可以利用浏览器来申请的证书模板，但是L2TP VPN服务器可以申请**系统管理员**模板，因为其内包含着**客户端身份验证**证书。
  建议另外建立一个包含**服务器身份验证**证书的新证书模板，以便让L2TP与SSTP VPN服务器都可以来申请此证书。建议这个新证书模板同时也包含**IP安全性IKE中级**证书（例如之前我们所建立的**IKEv2 VPN**），此时IKEv2 VPN服务器也可以来申请此证书模板。
- **独立CA**：独立CA内已经有**服务器身份验证**证书可供申请。

10.11.2 利用浏览器申请计算机证书

前面几个章节大都是利用**证书**管理控制台来向企业CA申请证书，此处将介绍如何利用IE浏览器来申请证书。我们以向企业CA申请证书为主来说明。

STEP 1 暂时将IE浏览器的**本地Intranet**的安全级别降为**低**（否则CA网站需拥有SSL证书，且向CA网站申请凭证时需采用https）：打开Internet Explorer➲按Alt键➲**工具**菜单➲**Internet选项**➲如图10-11-1所示单击**安全**选项卡下的**本地Intranet**➲将安全等级降为**低**。

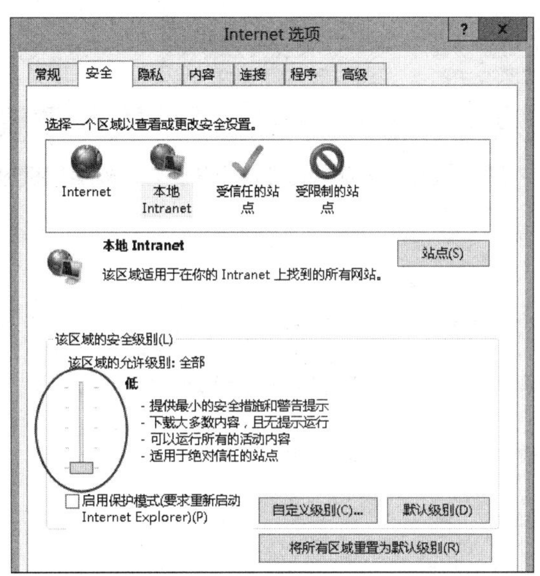

图 10-11-1

STEP 2 将CA网站加入到**本地Intranet**：【继续单击图10-11-1右边的站点按钮➲单击图10-11-2中的高级按钮➲在前景图中将http://192.168.8.1/加入此区域后单击关闭按钮，再单击两次确定按钮】，其中假设CA的IP地址是192.168.8.1。

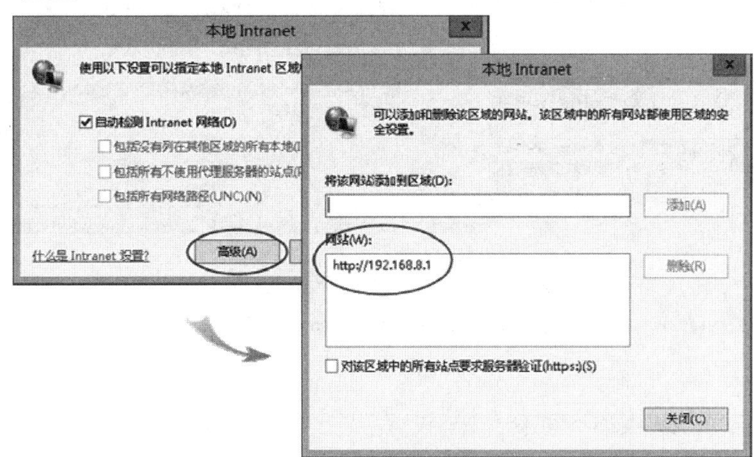

图 10-11-2

STEP 3 在Internet Explorer内输入网址 **http://192.168.8.1/certsrv/**。

STEP 4 若是企业CA，则可能会要求输入账户与密码，此时请输入域Sayms的Adminstrator与密码后单击确定按钮（会先自动利用登录VPN服务器的账户与密码来连接企业CA，若成功，则不会要求输入账户与密码）。

STEP 5 在图10-11-3中选择**申请证书**、**高级证书申请**、**创建并向此CA提交一个申请**。

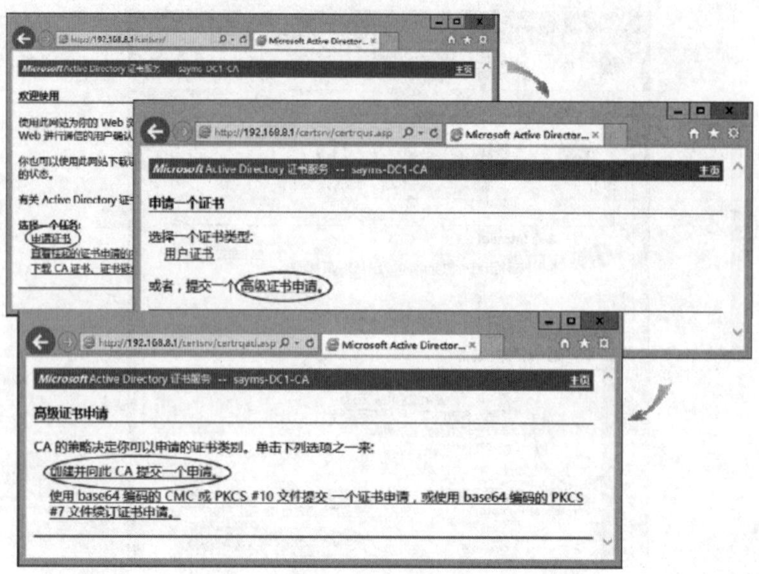

图 10-11-3

STEP 6 在图10-11-4中的两个对话框都单击**是（Y）**按钮。

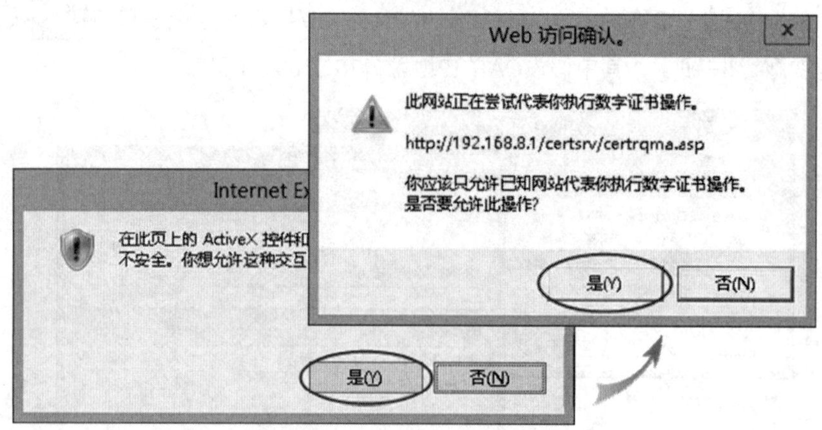

图 10-11-4

STEP 7 接下来视CA种类的不同来选择与设置。

- **企业CA**：若是L2TP VPN服务器，可如图10-11-5所示选择**管理员**证书模板，勾选**标记密钥为可导出**后单击**提交**按钮。

  若有另外建立同时适合L2TP、SSTP与IKEv2服务器的证书，例如我们之前所建立的**IKEv2 VPN**，则可以如 图10-11-6所示来选择**IKEv2 VPN**证书模板，**姓名**处输入VPN服务器的DNS主机名，勾选**标记密钥为可导出**后单击**提交**按钮。

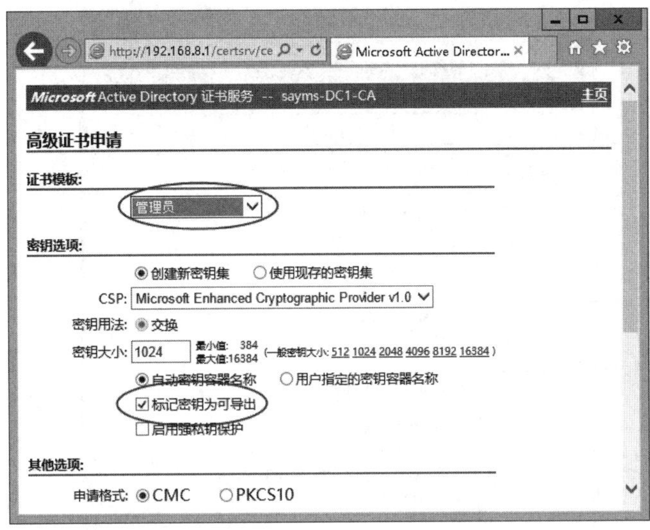

图 10-11-5

图 10-11-6

- **独立CA**：如图10-11-7所示在**姓名**处输入VPN服务器的DNS主机名，选择**服务器身份验证证书**（或**客户端身份验证证书**），勾选**标记密钥为可导出**后单击提交按钮。

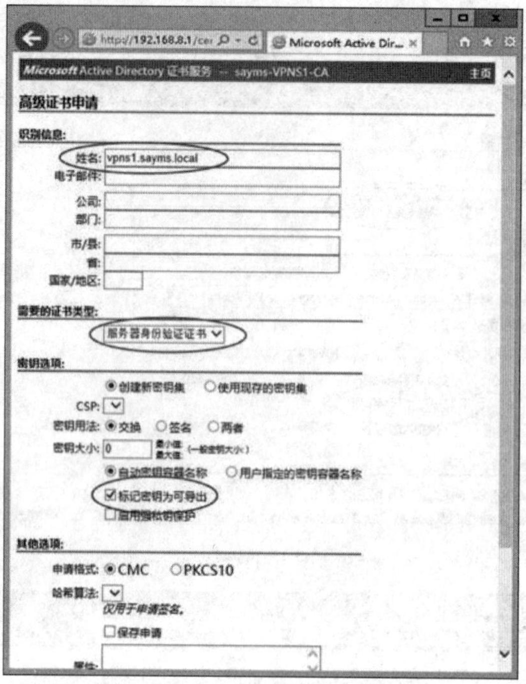

图 10-11-7

STEP 8　在图10-11-8中的两个界面中都单击**是（Y）**按钮。

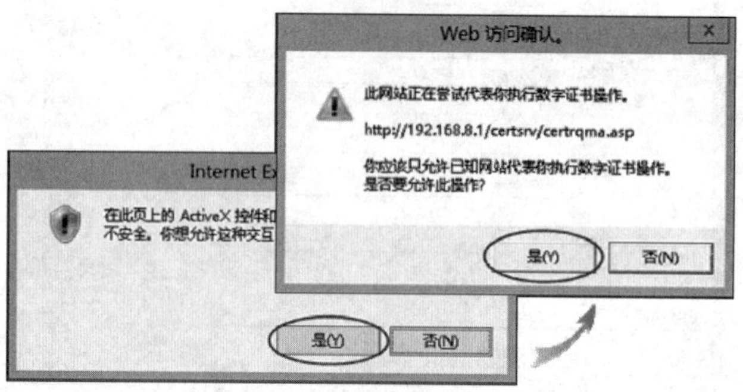

图 10-11-8

STEP 9　在图10-11-9中单击**安装此证书**。

图 10-11-9

STEP 10　将**本地Intranet**的安全级别恢复为默认的**中低**。

10.11.3 将证书迁移到计算机证书存储区域

我们所申请的证书会被自动安装到VPN服务器的用户证书存储区域，然而此证书必须被安装到计算机证书存储区域才有效，因此我们将通过以下步骤来将证书迁移到计算机证书存储区域。

STEP 1 按⊞+R键➲输入**MMC**后按Enter键➲选择**文件**菜单➲**添加/删除管理单元**➲从**可用的管理单元**列表中选择**证书**后单击添加按钮➲在图10-11-10中选择**我的用户账户**后单击完成按钮。

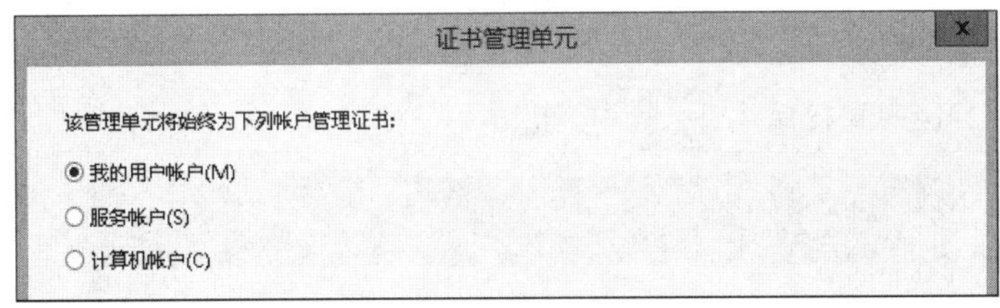

图 10-11-10

STEP 2 继续从**可用的管理单元**列表中选择**证书**后单击添加按钮➲在图10-11-11中选择**计算机账户**后依次单击下一步、完成、确定按钮。

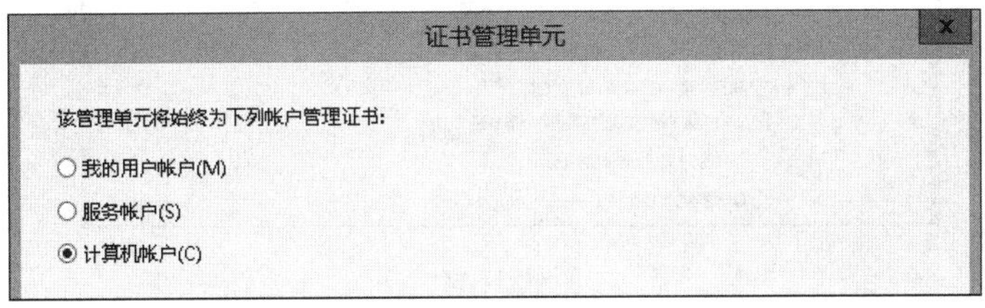

图 10-11-11

STEP 3 如图10-11-12所示【展开**证书 – 当前用户**➲**个人**➲**证书**➲选中并右击要导出的证书➲**所有任务**➲**导出**】。

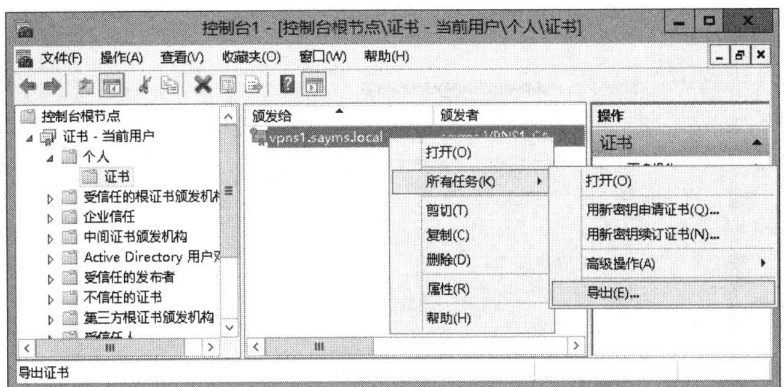

图 10-11-12

STEP 4 出现**欢迎使用证书导出向导**界面时单击下一步按钮。

STEP 5 在图10-11-13中选择**是，导出私钥**后单击下一步按钮。

证书导出向导
导出私钥
你可以选择将私钥和证书一起导出。
私钥受密码保护。如果要将私钥跟证书一起导出，你必须在后面一页上键入密码。
你想将私钥跟证书一起导出吗?
是，导出私钥(Y)
不，不要导出私钥(O)

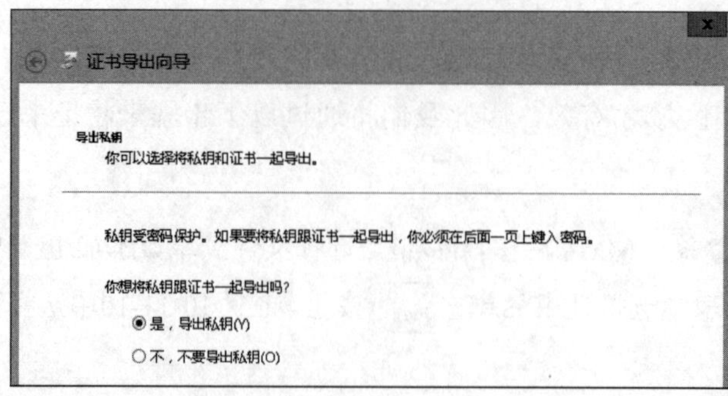

图 10-11-13

STEP 6 在图10-11-14中直接单击下一步按钮。

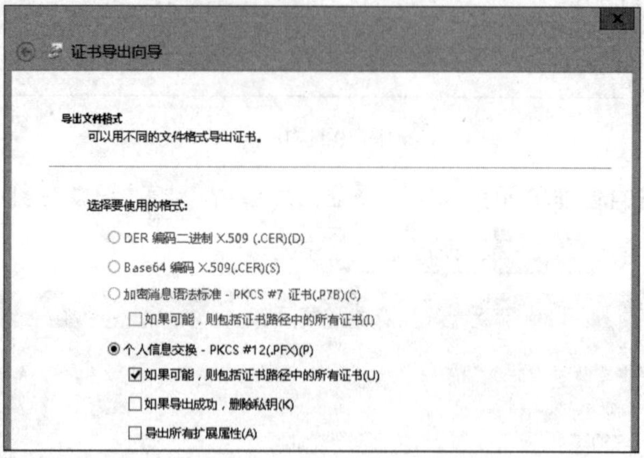

证书导出向导
导出文件格式
可以用不同的文件格式导出证书。
选择要使用的格式:
DER 编码二进制 X.509 (.CER)(D)
Base64 编码 X.509(.CER)(S)
加密消息语法标准 - PKCS #7 证书(.P7B)(C)
如果可能，则包括证书路径中的所有证书(I)
个人信息交换 - PKCS #12(.PFX)(P)
如果可能，则包括证书路径中的所有证书(U)
如果导出成功，删除私钥(K)
导出所有扩展属性(A)

图 10-11-14

STEP 7 在图10-11-15中设置密码，等一下将其导入到计算机证书存储区域时必须输入此处所设置的密码。

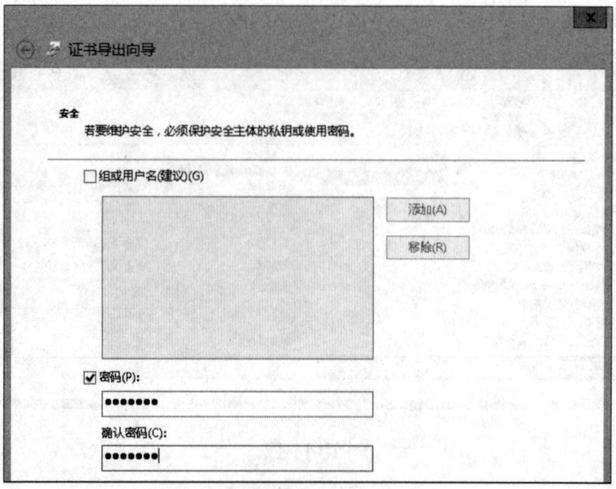

证书导出向导
安全
若要维护安全，必须保护安全主体的私钥或使用密码。
组或用户名(建议)(G)
添加(A)
移除(R)
密码(P):
确认密码(C):

图 10-11-15

STEP 8 在图10-11-16中设置要导出存档的文件名与路径后单击**下一步**按钮。图中我们将其设置为C:\VPNCert，其扩展名预设为.pfx。

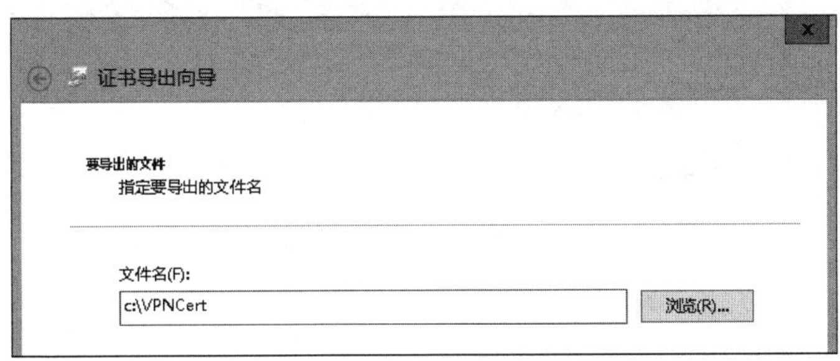

图 10-11-16

STEP 9 出现**完成证书导出向导**界面时依次单击**完成**、**确定**按钮。

STEP 10 接下来要将证书导入到计算机证书存储区域。请如图10-11-17所示【展开**证书（本地计算机）**➲选中并右击**个人**➲**所有任务**➲**导入**】。

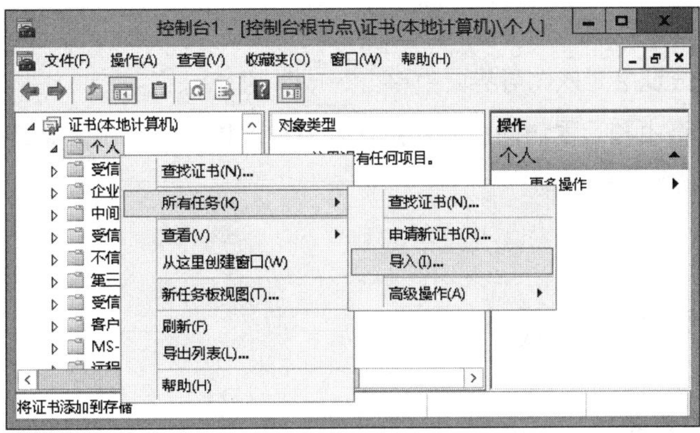

图 10-11-17

STEP 11 出现**欢迎使用证书导入向导**界面时单击**下一步**按钮。

STEP 12 在图10-11-18中选择刚才导出的文件后单击**下一步**按钮。

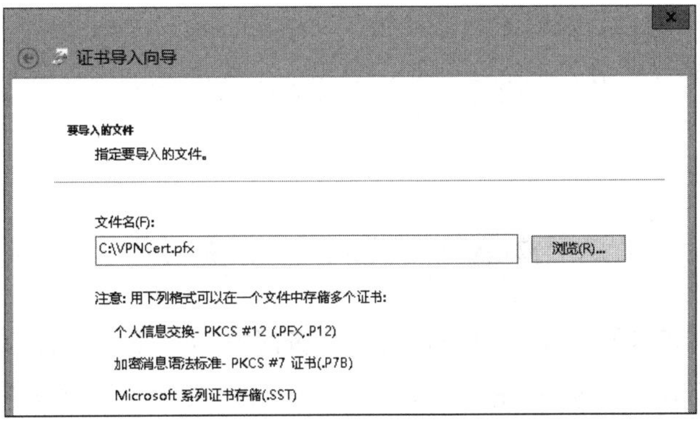

证书导入向导

要导入的文件

指定要导入的文件。

文件名(F):

C:\VPNCert.pfx

浏览(R)...

注意: 用下列格式可以在一个文件中存储多个证书:

个人信息交换- PKCS #12 (.PFX,.P12)

加密消息语法标准- PKCS #7 证书(.P7B)

Microsoft 系列证书存储(.SST)

图 10-11-18

STEP 13　在图10-11-19中输入之前导出证书时所设置的密码后单击下一步按钮。

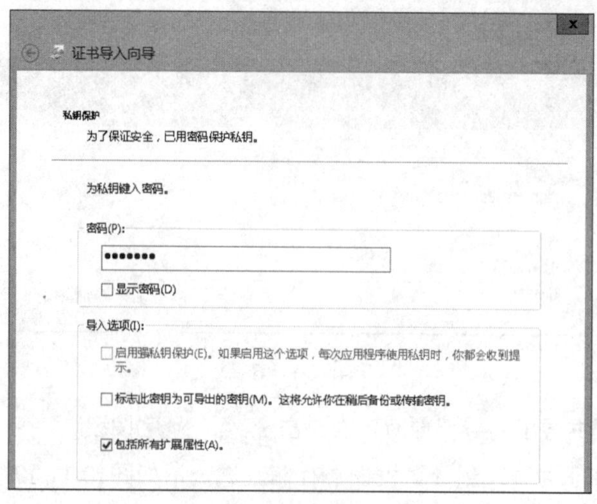

图 10-11-19

STEP 14　在**证书存储**界面中直接单击下一步按钮。

STEP 15　在**正在完成证书导入向导**界面中单击完成、确定按钮。

STEP 16　重新启动**路由和远程访问**服务：打开**路由和远程访问**控制台➲选中并右击VPN服务器➲**所有任务**➲**重新启动**。

10.12　网络策略

我们可以通过**网络策略**（network policy）来决定用户是否有权利连接远程访问服务器（例如VPN服务器）。网络策略具有许多功能，例如它可以：

- 限制用户被允许连接的时间。
- 限制只有属于某个组的用户才可以连接远程访问服务器。
- 限制用户必须通过指定的方式来连接，例如VPN。
- 限制用户必须使用指定的验证协议、数据加密方法。

在Windows Server 2003内将**网络策略**称为**远程访问策略**。

我们可以如图10-12-1所示【选中并右击**远程访问日志与策略**➲**启动NPS**➲通过网络策略服务器界面的**网络策略**（Network Policy Server，NPS）来查看与设置网络策略】。图中已经有两个内置的网络策略，排列在越上面的策略优先级越高。用户连接到远程访问服务器时，

远程访问服务器会将此连接要求转发给网络策略服务器来检查，网络策略服务器会先从最上面的策略开始比对用户是否符合该策略内所定义的条件，若符合，则会以此策略的设置来决定用户是否可以连接远程访问服务器。若不符合，则会依序比对第2个策略、第3个策略……只要有一个策略符合，之后的策略就不会再比对，若没有任何一个策略符合，用户会被拒绝连接远程访问服务器。

一般来说，用户会符合图中第1个策略**到Microsoft路由和远程访问服务器的连接**的条件，因此将以第1个策略为依据，而此策略默认拒绝所有用户来连接。

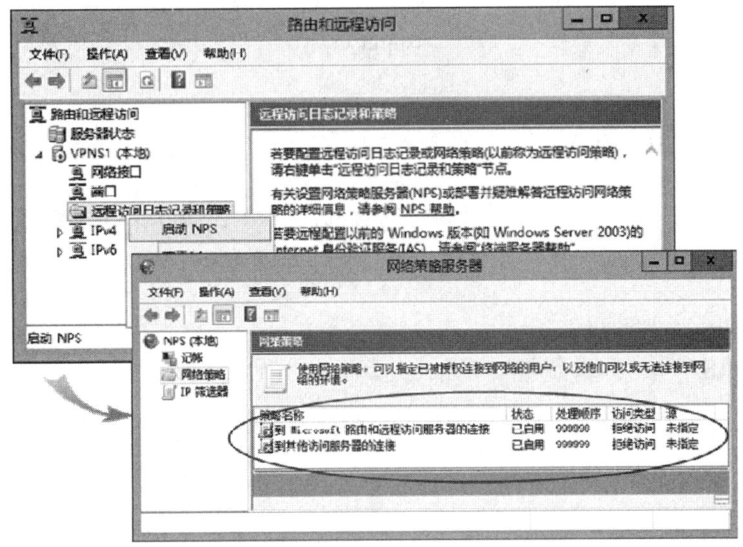

图 10-12-1

然而用户是否可以连接远程访问服务器，并不是只以网络策略来决定，其判断流程有一点复杂（参见最后面的流程图），不过以第1个策略的设置来说，它是以用户在本地用户账户数据库或Active Directory数据库内的拨入权限来决定的（参见图10-12-2）。

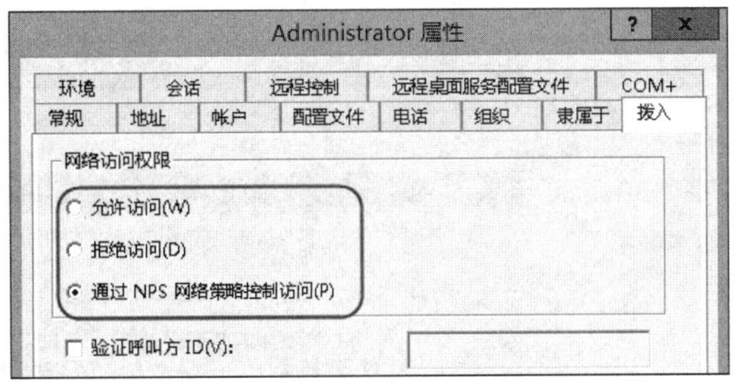

图 10-12-2

其中**通过NPS网络策略控制访问**表示需由策略（例如第1个策略）的设置来决定，然而在双击此策略后，可发现其中的默认值为**拒绝访问**（如图10-12-3所示），因此用户无法连接远程访问服务器。

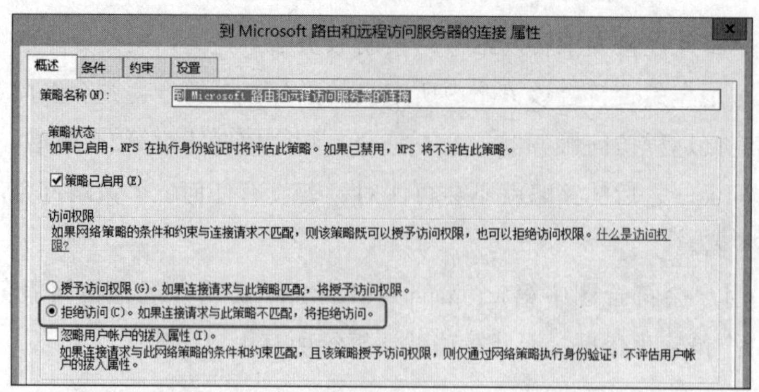

图 10-12-3

10.12.1 新建网络策略

若要进一步控制用户连接，则可以修改内置的两个网络策略或自行新建网络策略。下面练习如何新建一个网络策略，并在此策略内设置以下两个条件。

- 利用VPN来连接的用户。
- 隶属于域SAYMS内**业务部**组（请先建立此组）的用户。

同时符合这两个条件的用户，就会受到此策略的限制，我们会在这个策略内设置以下两个限制。

- 只允许在星期一到星期五早上6:00到下午10:00之间来连接。
- 仅限使用MS-CHAP v2验证方法。

同时在此策略内设置只接受VPN客户端以加密方式来传输数据。只要符合上述要求的用户就会被赋予连接VPN服务器的权利。

STEP 1 如图10-12-4所示选中并右击**网络策略➲新建**。

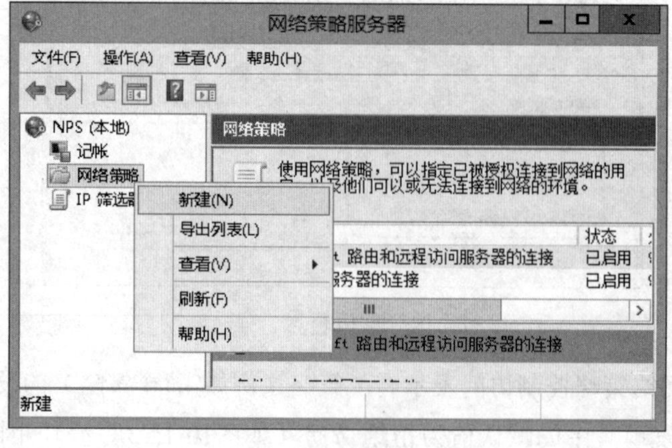

图 10-12-4

STEP 2 在图10-12-5中为此策略设置一个名称，然后在**网络访问服务器的类型**处选择**远程访问服务器（VPN-拨号）**后单击下一步按钮，表示此策略适用于从VPN服务器所发来的连接请求，若想要让此策略适用于所有服务器类型，则此处可选择**未指定**。

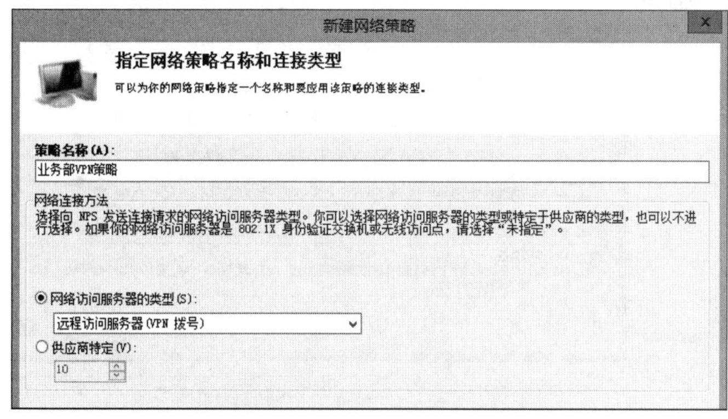

图 10-12-5

STEP 3 如图10-12-6所示在背景图的**指定条件**界面中单击添加按钮➲单击**用户组**➲单击添加按钮。

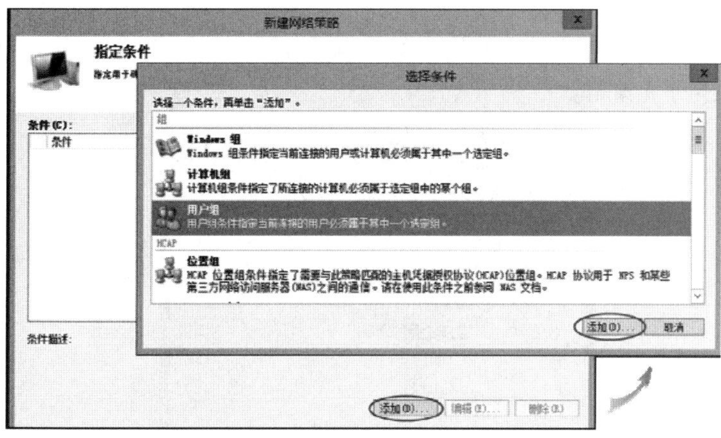

图 10-12-6

STEP 4 通过图10-12-7中的添加组来选择域SAYMS内的**业务部**，完成后单击确定按钮。

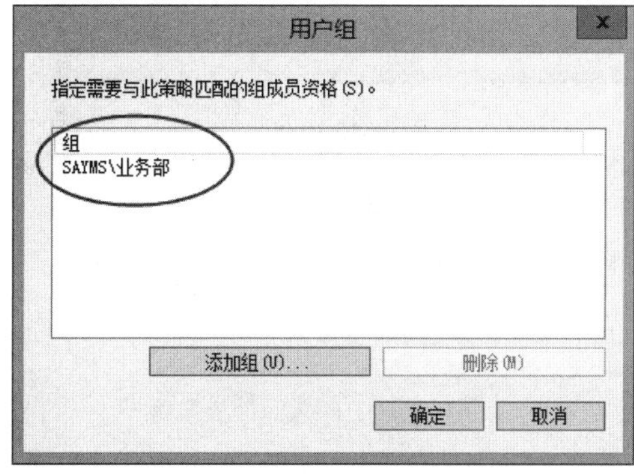

图 10-12-7

STEP 5 如图10-12-8所示【继续在背景的**指定条件**界面中单击添加按钮➲单击**NAS端口类型**➲单击新增按钮】。

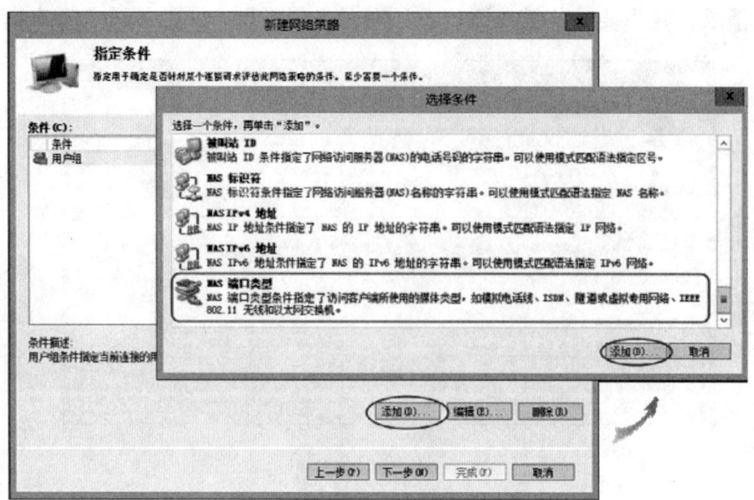

图 10-12-8

STEP 6 在图10-12-9中勾选**虚拟（VPN）**后单击确定按钮，它表示只有利用VPN来连接的用户才适用于此策略。

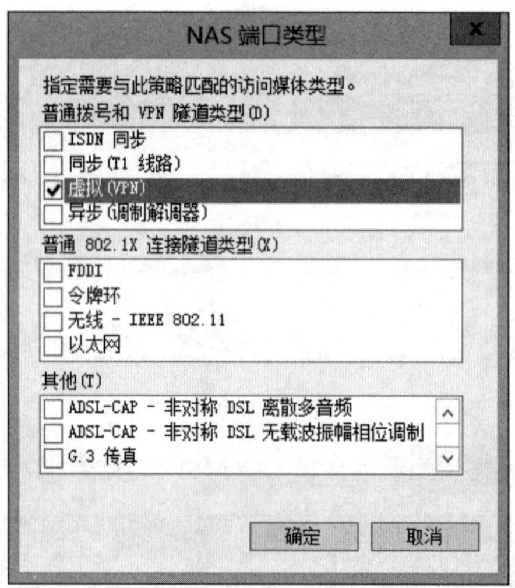

图 10-12-9

STEP 7 回到**指定条件**界面时单击下一步按钮。

STEP 8 在图10-12-10中选择**已授予访问权限**后单击下一步按钮。

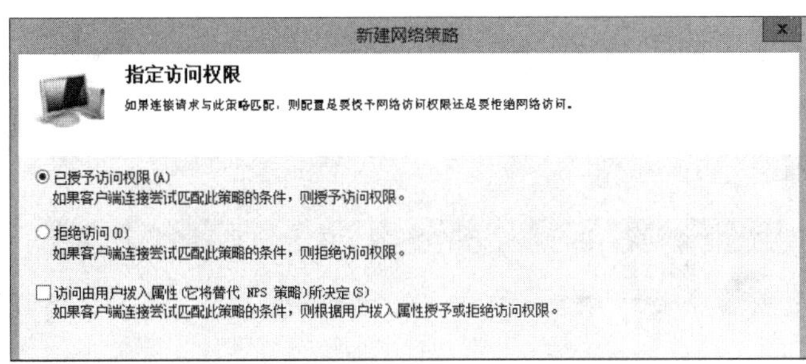

图 10-12-10

STEP 9　在图10-12-11中确认仅勾选**MS-CHAP-v2**后单击下一步按钮。

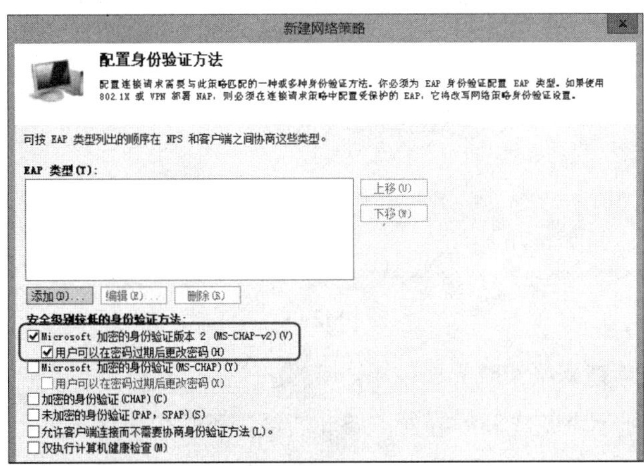

图 10-12-11

STEP 10　如图10-12-12所示单击**日期和时间限制**➲勾选**只允许在这些日期和时间访问**➲单击编辑按钮➲选择时段➲单击确定按钮。

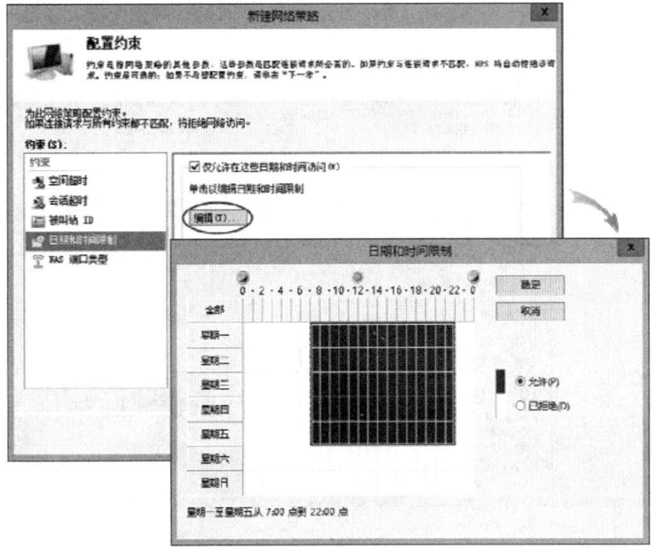

图 10-12-12

STEP 11 回到**配置约束**界面时单击下一步按钮。

STEP 12 如图10-12-13所示单击**加密**➲取消勾选**无加密**并确认已勾选所有其他加密方法➲单击下一步按钮。

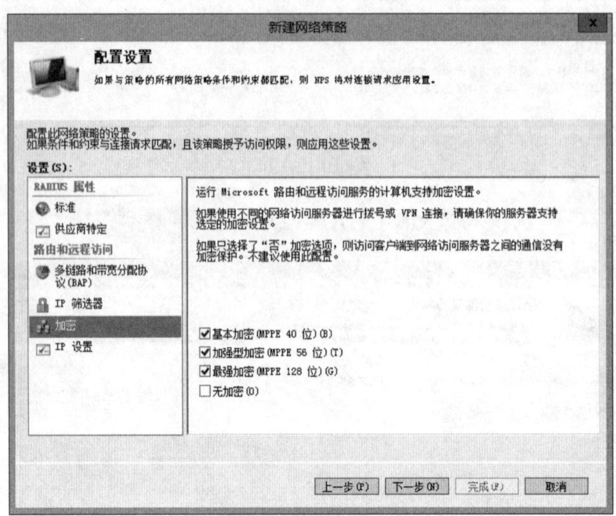

图 10-12-13

STEP 13 在**正在完成新建网络策略**界面中单击完成按钮。

STEP 14 图10-12-14所示为完成后的界面。若此新原则不是位于清单最上方，则【对着此原则右击➲**上移**】来将其搬移到最上方，以便让该原则拥有最高的优先处理顺序。若要修改原则设定，则【对着此原则右击➲**内容**】。

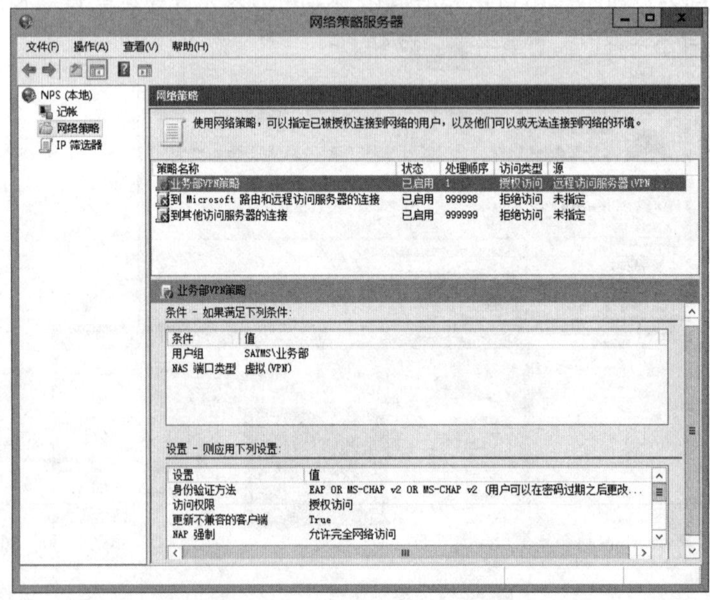

图 10-12-14

10.12.2 是否接受连接的详细流程

用户是否被允许连接远程访问服务器，同时由用户账户内容与网络策略的设定来决定，其详细的判断流程如图10-12-15所示。

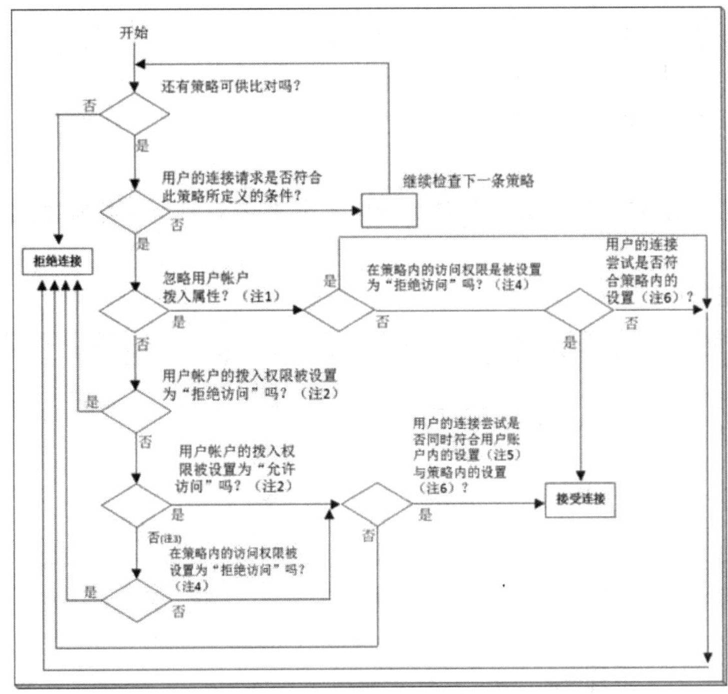

图 10-12-15

注1：见图10-12-16中的**忽略用户账户的拨入属性**。

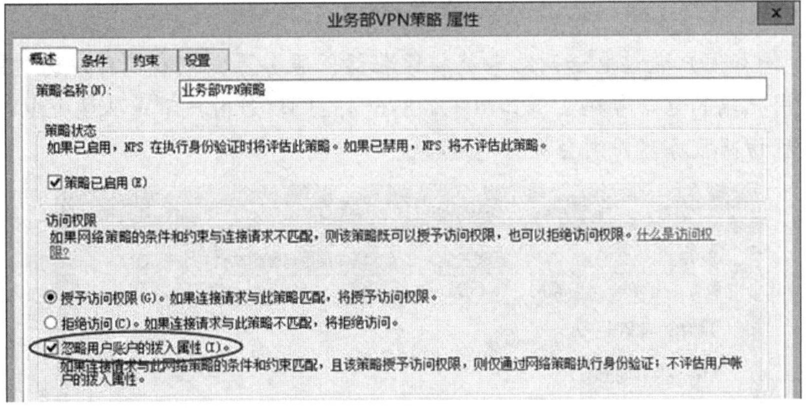

图 10-12-16

注2：见图10-12-17中的**网络访问权限**。

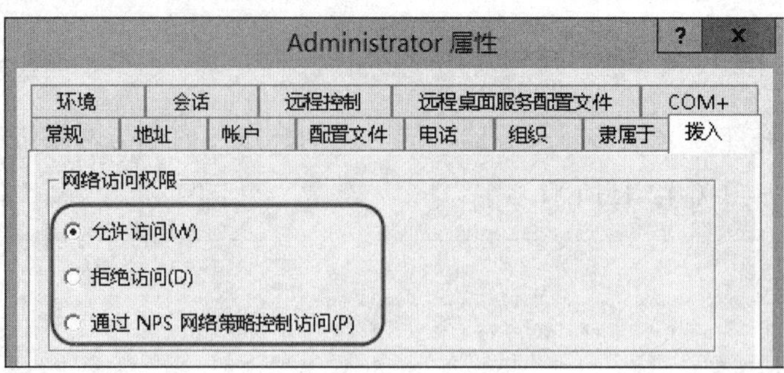

图 10-12-17

注3：图10-12-17，图中若非**拒绝访问**，也非**允许访问**，则是**通过NPS网络策略控制访问**。

注4：见图10-12-18。

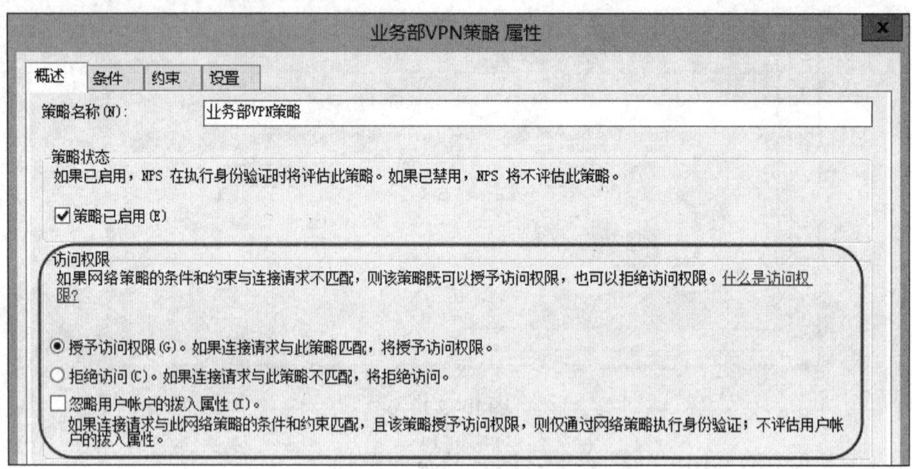

图 10-12-18

注5：例如用户通过电话网络来连接远程访问服务器，则我们可以通过图10-12-19来限定用户端的电话号码（例如图中的87654321），若用户不是从这个电话号码来拨号到远程访问服务器，则会被拒绝连接。

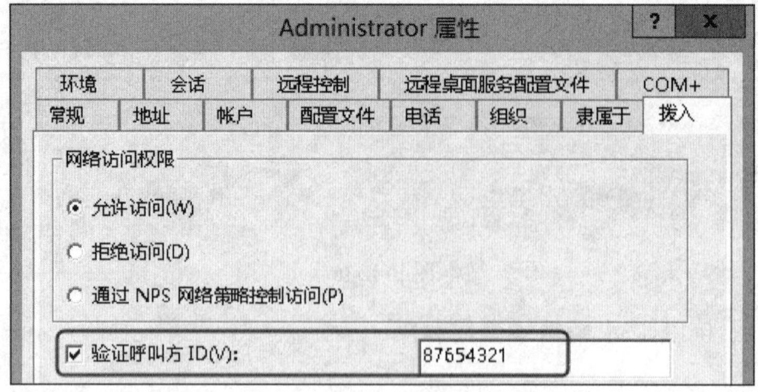

图 10-12-19

注6：若在网络策略内针对用户的连接设置了某些限制（见图10-12-20），例如限制用户被允许连接的时间、限制用户只能够通过指定的端口类型（例如VPN）来连接等，则被限制的用户将无法连接，例如若限制用户只能够在星期一到星期五早上6:00到晚上10:00来连接，则不是在这个时段来连接的用户会被拒绝。

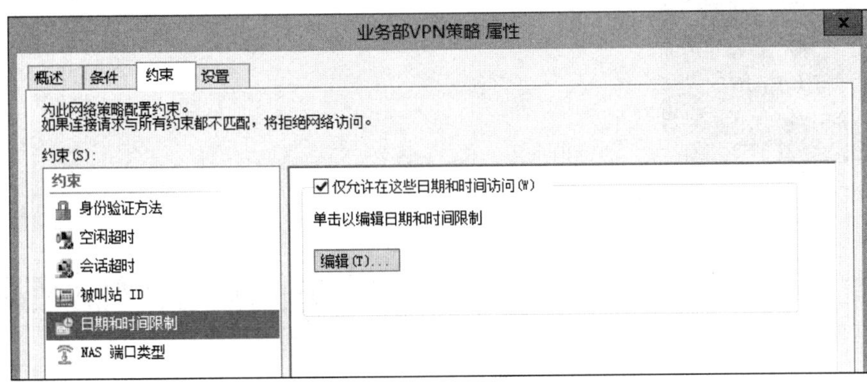

图 10-12-20

第 11 章　通过 DirectAccess 直接访问内部网络资源

DirectAccess让用户可以不需通过设置较为复杂的虚拟专用网（VPN）就可以轻松地连接公司内部网络、访问内部网络的资源。

- DirectAccess概述
- DirectAccess实例演练1——内部网络仅有IPv4主机
- DirectAccess实例演练2——客户端位于NAT之后
- DirectAccess实例演练3——内部网络有IPv4与IPv6主机

11.1 DirectAccess概述

传统上，出门在外的用户要访问公司内部网络资源（例如访问文件服务器内的文件、连接Microsoft Exchange服务器来访问邮件等），大都是通过**虚拟专用网**（VPN），然而对用户来说，虚拟专用网的使用较为复杂，很不方便。

从Windows Server 2008 R2开始，Microsoft提供了一个称为DirectAccess的技术，让用户的计算机在外只要能够连上因特网，不需要再执行其他额外操作，便能够自动与内部网络建立起双向沟通管道，让用户可以很容易地访问内部网络资源，系统管理员也可以来管理这些在外部的计算机。

不过对系统管理员来说，Windows Server 2008 R2 的DirectAccess设置相当复杂，不容易构建，因此Microsoft在Windows Server 2012 R2内对其做了一些改良并增加了一些功能，让系统管理员更容易搭建DirectAccess的环境。

DirectAccess的工作原理

如图11-1-1所示为DirectAccess基本架构，图中当DirectAccess客户端在连接DirectAccess服务器时会与服务器建立两个双向的IPsec通道。

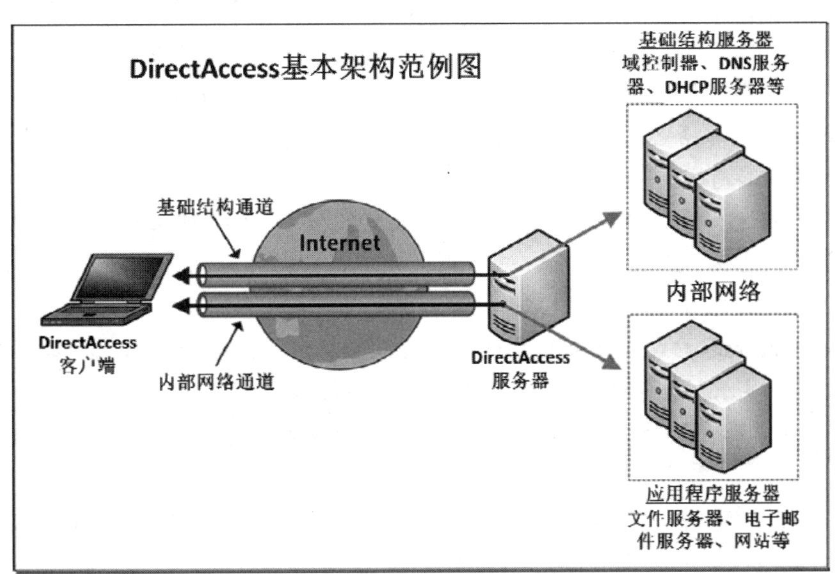

图 11-1-1

- **基础结构通道**：客户端通过此通道来连接域控制器、DNS服务器等基础结构服务器（infrastructure Server）。

- **内部网络通道**：客户端通过此通道来连接内部网络的资源服务器，例如文件服务器、网站与其他应用程序服务器等。

当客户端的网络位置发生变化时，它会自动检测其所连接的网络，如果所连接的是Internet，客户端就会采用DirectAccess方式来连接DirectAccess服务器。

Windows Server 2012 R2 的DirectAccess具备以下的功能与特色。

- **DirectAccess与RRAS（路由和远程访问服务）的管理工具集成在一起**：因此可以通过一个管理界面来同时管理DirectAccess服务器与VPN服务器等远程访问服务器。
- **DirectAccess需使用IPv6**：图 11-1-1 中位于因特网的客户端使用IPv6来连接DirectAccess服务器，然后通过此服务器来连接内部网络的IPv6或IPv4主机。若客户端与服务器之间为IPv4网络，则可以使用6to4或Teredo通道技术来将IPv6流量封装到IPv4数据包内，然后通过IPv4网络将其发送给DirectAccess服务器。
  - 若客户端的IPv4地址为public IP地址，则会使用6to4。
  - 若客户端的IPv4地址为private IP地址，则会使用Teredo。

  若因为防火墙的阻挡，导致使用6to4或Teredo无法连接到DirectAccess服务器，则客户端会尝试改用IP-HTTPS，它会将IPv6流量封装到IPv4的SSL数据包内，然后通过IPv4网络来将其发送给DirectAccess服务器。
- **DirectAccess服务器的网络接口要求**：一般来说，DirectAccess服务器需要两个网络接口，一个用来连接内部网络，另一个用来连接因特网。其中用来连接因特网的接口需要使用两个连续的public IP地址（以便扮演**Teredo服务器**角色），例如140.115.8.3、140.115.8.4。若DirectAccess服务器位于NAT设备之后，则DirectAccess服务器只需要一个网络接口，而且可以不需要使用public IP地址。
- 客户端与服务器之间采用IPsec来验证双方身份，此时使用计算机证书验证方式且DirectAccess服务器有两个网络接口，就会建立如前所述的两个通道（**基础结构通道与内部网络通道**）。

  若通过**快速入门向导**来设置DirectAccess服务器，则只会建立一个IPsec通道。此时双方会被设置为使用Kerberos验证方式（含计算机身份验证与用户身份验证），而且会在DirectAccess服务器启用**Kerberos Proxy**。
- **DirectAccess客户端可连接内部IPv6与IPv4主机**：当DirectAccess客户端以IPv6方式将连接内部主机的要求发送到DirectAccess服务器后：
  - 若此内部主机为IPv6主机，则DirectAccess服务器会以IPv6方式来连接内部IPv6主机。
  - 若此内部主机为IPv4主机，则DirectAccess服务器会以IPv4方式来连接内部IPv4主机（相关说明可参考下一个项目）。
- **内置NAT64与DNS64来支持访问IPv4主机的资源**：以IPv6方式来连接内部主机的DirectAccess客户端要如何来连接仅支持IPv4主机呢？这需要通过NAT64/DNS64的协助（其流程请参见图11-1-2的范例）。

- NAT64可将IPv6数据包转换为IPv4数据包，将IPv4数据包转换为IPv6数据包。
- DNS64可将IPv4 A记录转换为IPv6 AAAA记录。

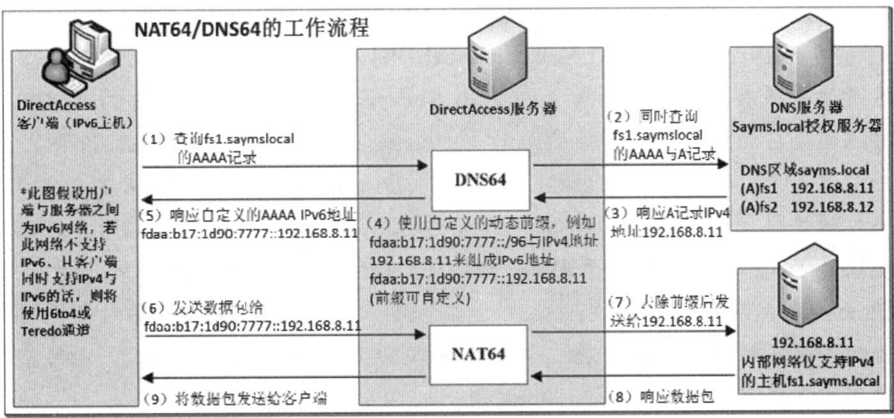

图 11-1-2

图中步骤（2）会同时查询主机fs1.sayms.local的AAAA与A记录，若DNS服务器存在响应AAAA IPv6地址，则主机fs1.sayms.local支持IPv6，DNS64会直接响应此IPv6地址给客户端，此时客户端与这台IPv6主机通信时并不需要NAT64的转换处理。

- **名称解析策略列表（NRPT）**：DirectAccess客户端为何会将查询内部主机IP地址的请求发送给DirectAccess服务器呢？这与客户端的**名称解析策略列表**（Name Resolution Policy Table，NRPT）有关，参见图11-1-3的DirectAccess客户端计算机。在设置DirectAccess服务器时，便会决定这个NRPT列表的策略内容（可事后修改），然后通过域组策略来将这些设置应用到客户端计算机。

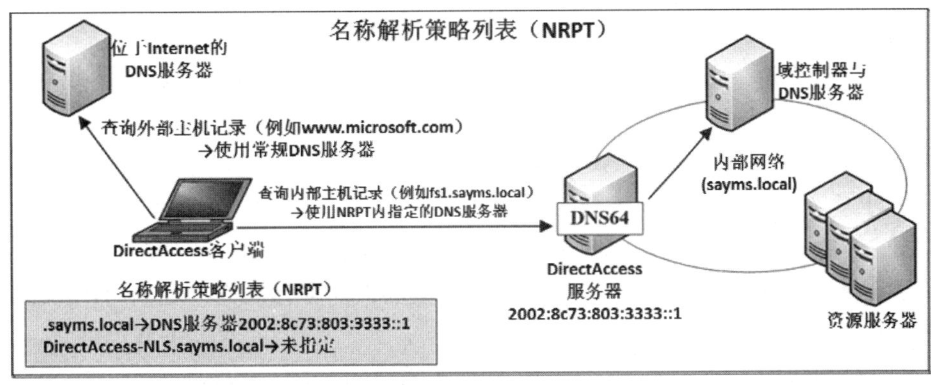

图 11-1-3

- 列表中记录着当DirectAccess客户端要查询后缀为**.sayms.local**的主机时（例如fs1.sayms.local），它会向IPv6地址为2002:8c73:803:3333::1的DNS服务器查询，此服务器就是扮演DNS64角色的DirectAccess服务器。
- 若DirectAccess客户端要查询的主机名或其后缀未在列表中，例如

www.microsoft.com，则会向常规DNS服务器查询，此DNS服务器可能是通过DHCP服务器来设置的或是网络接口的TCP/IP处的**首选DNS服务器**。

■ 若客户端要查询的主机名或其后缀已经在列表中，但却未指定DNS服务器，例如图中的**DirectAccess-NLS.sayms.local**，则客户端也会向常规DNS服务器查询。

- **网络位置服务器（Network Location Server，NLS）**：当客户端的网络位置有变化时，它会自动监测其所连接的网络（由Network Location Awareness服务负责），若客户端"不是"连接到内部网络，则会使用DirectAccess方式。你需要在内部网络搭建一台**网络位置服务器**来协助客户端监测网络。若客户端可以通过https连接到**网络位置服务器**，则客户端位于内部网络，否则就表示其位于因特网，此时就会采用DirectAccess方式来连接DirectAccess服务器。必须确保客户端在内部网络可以利用https连接到**网络位置服务器**，否则客户端会误认为其在因特网，因而可能无法访问内部网络资源。

  图11-1-3中假设**网络位置服务器**是由DirectAccess服务器兼任，你也可以使用另外一台服务器来扮演**网络位置服务器**。图中位于因特网的客户端为何可以连接到DirectAccess服务器，但是却无法连接到由DirectAccess服务器所扮演的**网络位置服务器**呢？这是因为此范例的**网络位置服务器**的FQDN为DirectAccess-NLS.sayms.local，虽然客户端的NRPT中有此FQDN，但是并未指定DNS服务器，因此它会通过一般DNS服务器来查询其IP地址，然而通过此DNS服务器并无法解析到DirectAccess-NLS.sayms.local的IP地址（应该确保客户端在因特网无法解析到其IP地址），故无法连接到**网络位置服务器**，因此客户端会正确地认为其在因特网，故会采用我们所期望的DirectAccess连接方式。

- **与NAP集成**：客户端连接到DirectAccess服务器后，可以通过**网络访问保护**（NAP）来检查客户端的安全设置是否符合要求，DirectAccess服务器可以拒绝不符合要求的客户端来访问内部网络的资源。
- **支持负载平衡**：DirectAccess可通过**Windows网络负载平衡**来提供一个高可用性的运行环境。
- **支持多个域**：DriectAccess服务器允许不同域的客户端来连接。
- **支持多个站点**：可以在多个站台（site）来构建DirectAccess服务器，此时DirectAccess客户端可以自动选择最近的DirectAccess服务器来连接，或设置让客户端连接特定的DirectAccess服务器，或让客户端用户自行选择欲连接的DirectAccess服务器。
- **支持强制通道（force tunneling）**：也就是强迫DirectAccess客户端访问因特网资源的流量，都必须先通过通道发送给DirectAccess服务器，再通过DirectAccess来发送到因特网。
- **DirectAccess客户端的要求**：客户端需为Windows 8 Enterprise、Windows 7 Enterprise或 Windows 7 Ultimate，且必须加入域。其他客户端可通过传统的VPN方式来访问内部网络资源。

11.2 DirectAccess实例演练1——内部网络仅包含IPv4主机

我们将利用图11-2-1来说明如何搭建DirectAccess的测试环境，图中需要一个Active Directory域，假设域名为sayms.local。

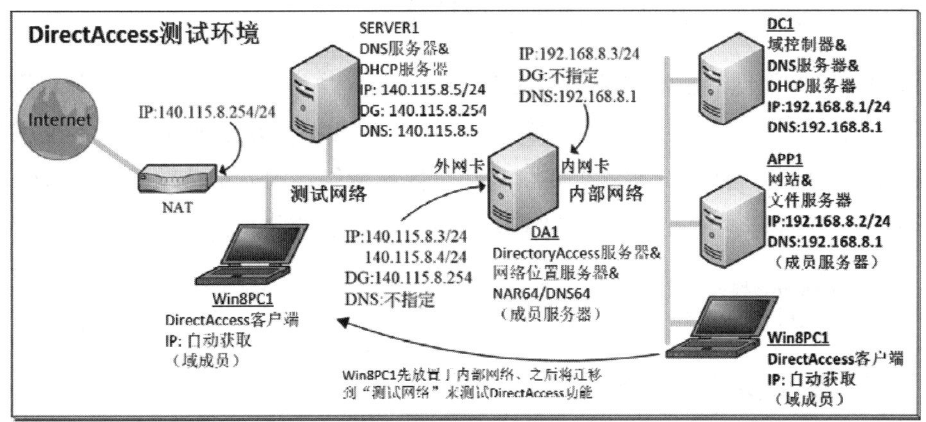

图 11-2-1

- 域控制器由图中的DC1所扮演，它也是支持Active Directory的DNS服务器，并对内部客户端来提供DNS名称解析服务。它同时也是DHCP服务器，用来分配以下信息给内部客户端：IP地址、DNS服务器与默认网关。
- APP1是提供网页与文件资源的服务器，它是域成员服务器。
- Win8PC1是加入域的DirectAccess客户端，这台计算机将先放置到**内部网络**，之后会被迁移到外部的**测试网络**，以便来测试是否可以连接到DirectAccess服务器，访问位于内部网络的APP1内的资源。
- DirectAccess服务器由图中的DA1所扮演，它是域成员服务器。
- SERVER1用来模拟因特网的DHCP服务器与DNS服务器。其中DHCP服务器用来分配以下信息给**测试网络**内的客户端Win8PC1：IP地址、DNS服务器与默认网关。DNS服务器用来对客户端Win8PC1提供名称解析服务。

11.2.1 准备好测试环境中的网络环境

DirectAccess客户端Win8PC1必须能够连接因特网，其DirectAccess功能才会正常，由于我们要在图11-2-1中的**测试网络**来测试DirectAccess，因此需要图中的**测试网络**可以连接到因特网。

又因为DirectAccess服务器用来连接图11-2-1中因特网（**测试网络**）的网络接口（外网卡）需要两个连续的public IP地址，因此在图11-2-1中我们借用了两个public IP地址140.115.8.3、140.115.8.4，但因为是借用别人的，这两个IP地址不可以暴露到因特网上，因此利用图左边的NAT来隐藏这些public IP地址。

若利用虚拟环境来建置测试环境，则可参考以下分别针对Microsoft Hyper-V、VMware Workstation与ORACLE VirtualBox的说明来配置上述网络环境（包含NAT）。假设此台提供虚拟环境的主机为Windows 8 Professional。

1. 利用 Microsoft Hyper-V 搭建网络环境

请利用**Hyper-V管理器**新建一个类型为**专用**的虚拟交换机，假设将其命名为**内部网络虚拟交换机**，如图11-2-2右方所示（旧版Hyper-V使用的名词是**虚拟网络**，而不是**虚拟交换机**），此虚拟交换机所连接的网络就是要拿来当作**内部网络**，因此请将DirectAccess服务器的内网卡、DC1、APP1与Win8PC1的网络接口都连接到此虚拟交换机。

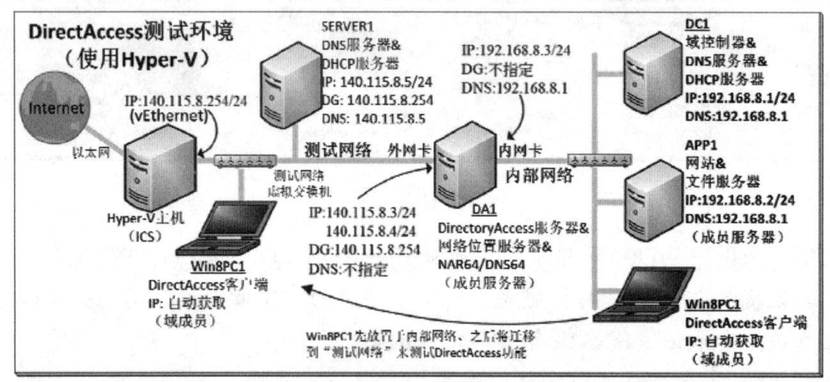

图 11-2-2

我们利用Hyper-V主机的**因特网连接共享**（Internet Connection Sharing，ICS）来提供NAT功能（参见图11-2-2左方的**Hyper-V主机**）。请先新建一个类型为**内部**的虚拟交换机（假设将其命名为**测试网络虚拟交换机**），然后启用图11-2-3中代表实体网络接口的**以太网络**的ICS（启用步骤请参考9.5小节），它默认会让连接到**测试网络虚拟交换机**的计算机可以通过此**以太网**来上网。

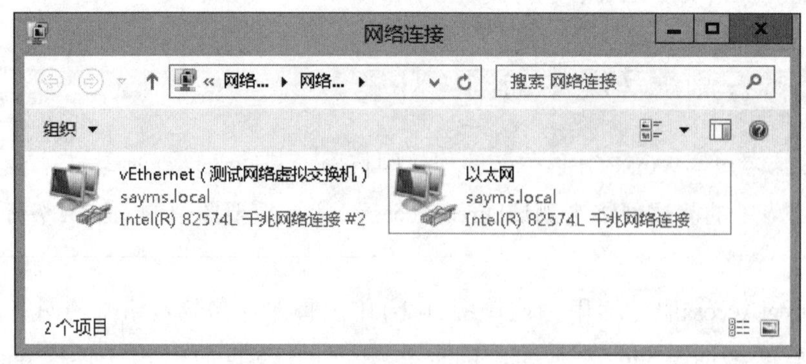

图 11-2-3

此**测试网络虚拟交换机**所连接的网络要拿来当作图11-2-2中的**测试网络**，因此需将DirectAccess服务器的外网卡连接到此虚拟交换机，SERVER1的网络接口也要连接到此虚拟交换机。

不过因为图11-2-2中需通过SERVER1的DHCP服务器来分配IP地址与相关选项设置给客户端Win8PC1，因此需将ICS的**DHCP配置器**停用，以免干扰到SERVER1的DHCP服务器。虽然系统并未提供停用**DHCP配置器**的选项，但只要图11-2-3中**vEthernet（测试网络虚拟交换机）**的IP地址不是位于**DHCP配置器**所分配的IP范围（192.168.137.0/24）内，系统就会自动停用**DHCP配置器**，因此在我们将**vEthernet（测试网络虚拟交换机）**的IP地址设置为140.115.8.254/24后，它就会自动停用**DHCP配置器**。

2. 利用 VMware Workstation 搭建网络环境

可以从VMnet2~VMnet7或VMnet9选择一个虚拟网络来当作**内部网络**，例如图11-2-4中选择VMnet2，因此请将DirectAccess服务器的内网卡、DC1、APP1与Win8PC1的网络接口都连接到此网络。

另外我们将直接使用VMware内置的NAT功能，因此图中选择具备NAT功能的虚拟网络VMnet8 来当作**测试网络**，它让**测试网络**内的计算机既可以连接到因特网，又可以隐藏**测试网络**内的public IP地址。

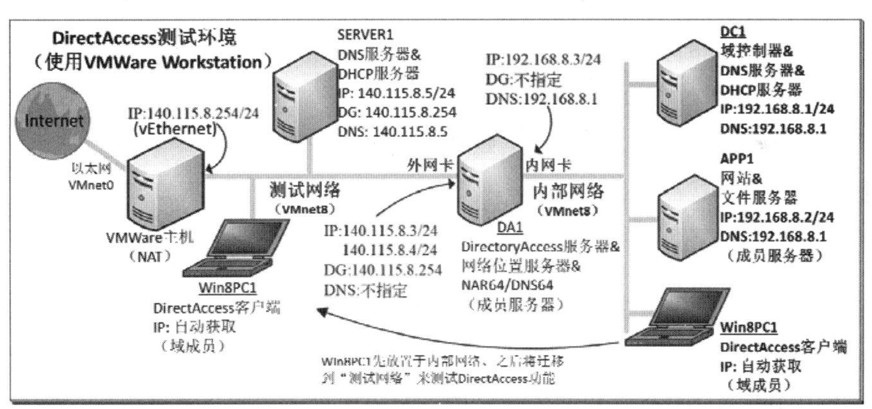

图 11-2-4

不过因为图11-2-4中需通过SERVER1的DHCP服务器来分配IP地址与相关选项设置给客户端Win8PC1，因此需将虚拟网络VMnet8（NAT）内置的DHCP服务停用，以免干扰到SERVER1的DHCP服务器：【打开VMware Workstation控制台➲**Edit**菜单➲Virtual Network Editor➲单击图11-2-5中的VMnet8➲取消勾选图中的Use local DHCP service to distribute IP address to VMs➲将Subnet IP设置为140.115.8.0、Subnet mask设置为255.255.255.0】。

接着单击图11-2-5右方的NAT Settings按钮，然后如图11-2-6所示将Gateway IP设置为140.115.8.254（请对照图11-2-4中**VMware 主机**的IP地址）后单击两次OK按钮。

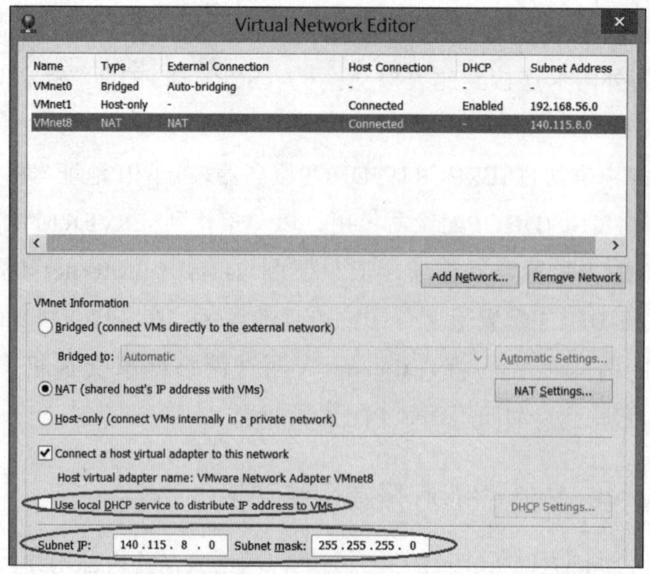

图 11-2-5

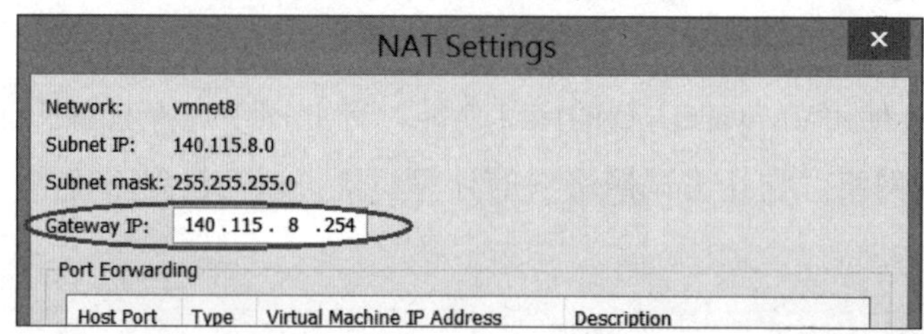

图 11-2-6

3．利用 ORACLE VirtualBox 搭建网络环境

我们将利用VirtualBox主机的**因特网连接共享**（Internet Connection Sharing，ICS）来提供NAT功能。如图11-2-7所示除了原有可以连接因特网的**以太网**之外，VirtualBox会在主机自动建立一个附加（连接）到**仅限主机**适配器的**VirtualBox Host-Only Network**，我们将启用图11-2-7中代表实体网络接口的**以太网**的ICS（步骤请参考9.5小节），它默认会让连接到**VirtualBox Host-Only Network**（仅限主机）的计算机可以通过此**以太网络**来上网。

图 11-2-7

此**VirtualBox Host-Only Network**所连接的网络要拿来当作图11-2-8中的**测试网络**，因此需将DirectAccess服务器的外网卡附加（连接）到此**仅限主机**适配器，SERVER1的网络接口也要附加到此**仅限主机**适配器。

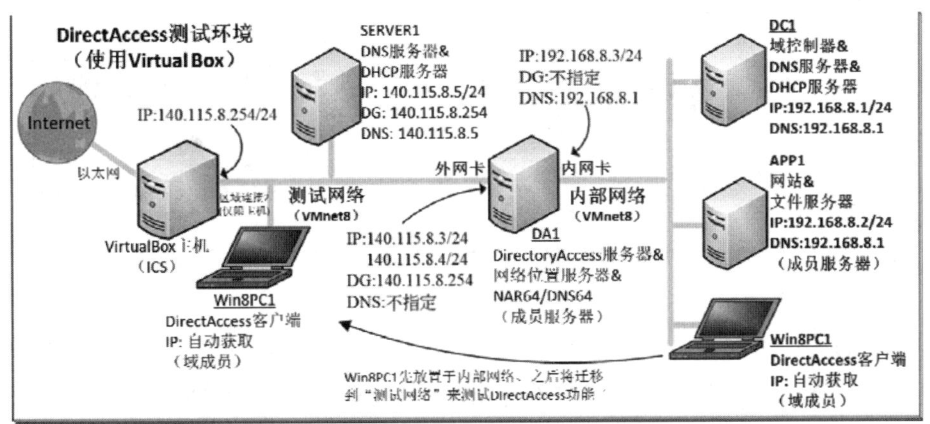

图 11-2-8

图11-2-8中DirectAccess服务器的内网卡（假设选择VirtualBox的**适配卡2**）请附加到**内部网络**，此网络的网络名称可命名为**内部网络**。DC1、APP1与Win8PC1的网卡都请附加到此网络。

不过因为图11-2-8中需通过SERVER1的DHCP服务器来指派IP地址与相关选项设置给客户端Win8PC1，因此需将ICS的**DHCP配置器**停用，以免干扰到SERVER1的DHCP服务器。虽然系统并未提供停用**DHCP配置器**的选项，但只要图11-2-7中**VirtualBox Host-Only Network**的IP地址不是位于**DHCP配置器**所指派的IP范围（192.168.137.0/24）内，系统就会自动停用**DHCP配置器**，因此在我们将**VirtualBox Host-Only Network**的IP地址设置为140.115.8.254/24后，它就会自动停用**DHCP配置器**。

11.2.2 准备好测试环境中的计算机

假设图11-2-9中的DC1、APP1、DA1与SERVER1都是Windows Server 2012 R2 Enterprise，而Win8PC1是Windows 8 Enterprise，请先将每一台计算机的操作系统安装完成（若是使用复制的虚拟机或硬盘，则记得执行Sysprep.exe并且需勾选**通用**），计算机名称与IP地址等都依照图所示设置完成，注意DA1的外网卡有两个IP地址。

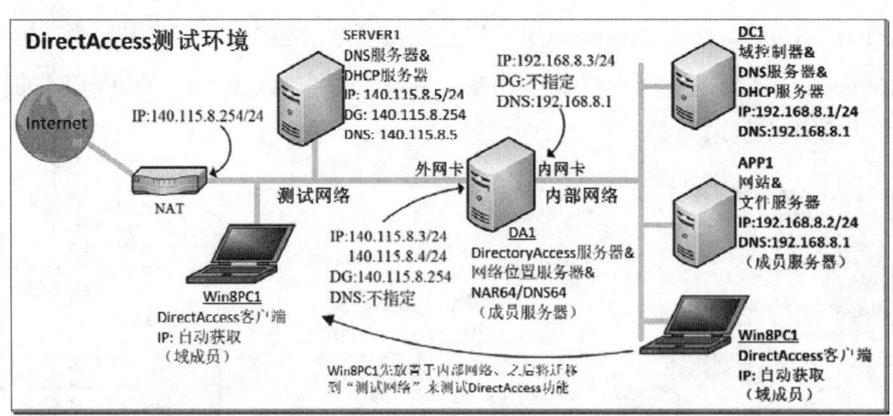

图 11-2-9

图中的DA1有两块网卡，建议如图11-2-10所示将其网络连接分别改名为**内部网络**与**测试网络**，为了将其加入域，将其内网卡的**首选DNS服务器**指定到兼具DNS服务器角色的DC1。图中**测试网络**必须是可以上网的环境，假设NAT用来连接**测试网络**的网络接口的IP地址为140.115.8.254。

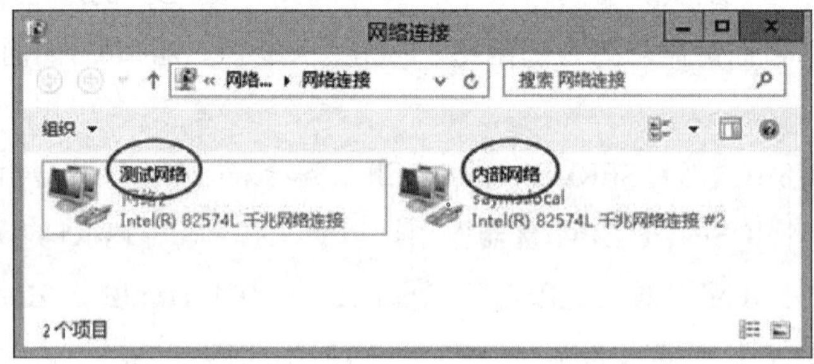

图 11-2-10

为了确认每一台计算机的IP地址等设置都正确，请暂时关闭这些计算机的**Windows防火墙**，然后利用ping命令来确认DA1、DC1与APP1相互之间可以正常沟通，同时也请确认DA1、SERVER1与扮演NAT角色的主机相互之间可以正常沟通。请务必执行此动作，以减少之后排错的难度。确认完成后再重新启动**Windows防火墙**。

11.2.3　域控制器的安装与设置

我们需要到图11-2-9中的DC1计算机上安装域控制器、建立域、安装DNS服务器与DHCP服务器角色。

安装域控制器、建立域与DNS服务器的方法为：【打开**服务器管理器**➲单击**仪表板**处的**添加角色和功能**➲持续单击 下一步 按钮，直到出现**选择服务器角色**界面时勾选**Active Directory域服务**➲……➲在最后完成安装的界面中单击**将此服务器升级为域控制器**➲……】，假设域名为sayms.local，完成后重新启动DC1，以系统管理员身份登录。

继续在DC1上安装DHCP服务器角色：【打开**服务器管理器**➲单击**仪表板**处的**添加角色和功能**➲持续单击下一步按钮，直到出现**选择服务器角色**界面时勾选**DHCP服务器**➲单击添加功能按钮➲持续单击下一步按钮，直到出现**确认安装选项**界面时单击安装按钮➲完成安装后单击最后**安装进度**界面中的**完成DHCP设置**来执行授权操作（或单击**服务器管理**右上方的惊叹号➲完成DHCP设置）】。

接着通过【按⊞键切换到**开始**菜单➲DHCP】的方法来建立一个IPv4地址作用域，假设作用域名为**内部网络**，作用域范围为192.168.8.50到192.168.8.150；同时设置DHCP选项，包含父域名称为sayms.local，DNS服务器IP地址为192.168.8.1。其他步骤采默认值即可。图11-2-11所示为完成后的界面。

> 附注
>
> 若利用虚拟环境来搭建测试环境，则请确认代表**内部网络**的虚拟网络的DHCP功能未启用，以避免与我们架设的DHCP服务器相冲突。

图 11-2-11

11.2.4　资源服务器APP1的设置

图11-2-9中计算机APP1用来提供网页与文件资源的服务器，我们要到此计算机上安装**Web服务器（IIS）**，建立一个供测试用的共享文件夹。

请到图中APP1上将其加入域：【打开**服务器管理器**➲单击**本地服务器**➲单击**工作组**处的WORKGROUP➲单击更改按钮➲单击**隶属于**处的**域**➲输入sayms.local后单击确定按钮➲输入Administrator账户与密码后单击确定按钮】，完成后依照提示重新启动计算机，利用域系统管理员（sayms\administrator）的身份登录。

我们要在APP1计算机上安装**Web服务器（IIS）**角色：【打开**服务器管理器**➲单击**仪表板**

处的**添加角色和功能**➲持续单击下一步按钮，直到出现**选择服务器角色**界面时勾选**Web服务器（IIS）**➲单击添加功能按钮➲持续单击下一步按钮，直到出现**确认安装选项**界面时单击安装按钮➲完成安装后单击关闭按钮】。

接着在C:\添加一个用来测试用的共享文件夹，例如图11-2-12中我们建立了一个名称为TestFolder的文件夹，然后【选中并右击TestFolder➲**共享**➲**特定用户**➲单击共享按钮】将其设置为共享文件夹，并在此文件夹内任意新建一个文本文件：【选中并右击该文件夹右方空白处➲**新建**➲文本文件】，图中的文件为file1。

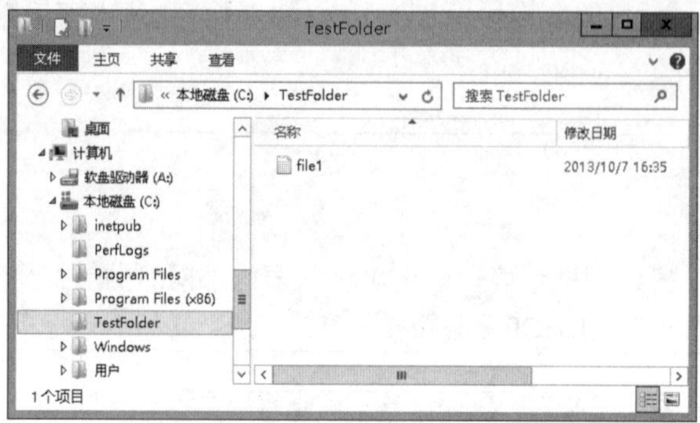

图 11-2-12

11.2.5 DirectAccess客户端Win8PC1的设置

首先检查这台Win8PC1计算机是否已经从扮演DHCP服务器角色的DC1取得IP地址与选项设置：【按⊞+X键➲**文件资源管理器**➲选中并右击**网络**➲**属性**➲单击**以太网**➲单击详细信息按钮➲如图11-2-13所示为已经成功从DHCP服务器取得的设置】。

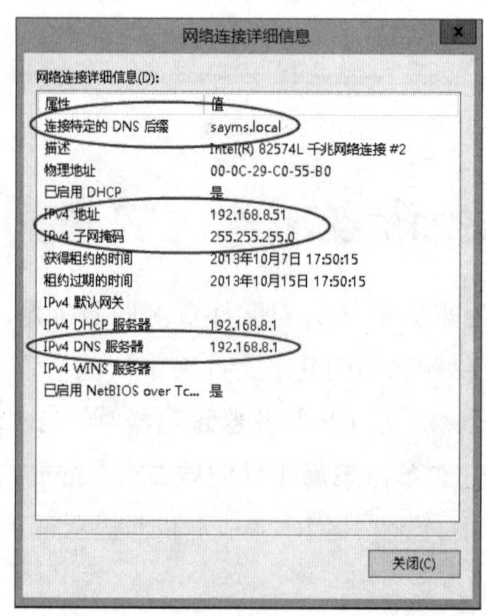

图 11-2-13

若Win8PC1尚未取得这些设置，则重新启动Win8PC1计算机，或是停用、再重新启用**以太网**连接。

接下来将此客户端计算机加入域：【按⊞键切换到**开始**菜单➲鼠标在空白处右击➲单击**所有应用**➲选中并右击**计算机**➲单击**属性**➲单击**更改设置**➲单击更改按钮➲单击**隶属于**处的**域**➲输入sayms.local后单击确定按钮➲输入Administrator账户与密码后单击确定按钮】，完成后依据提示重新启动计算机，利用域系统管理员（sayms\administrator）的身份登录。

接下来测试是否可以连接到扮演文件服务器角色的APP1的共享文件夹：【按⊞+R键➲输入\\APP1\TestFolder后单击确定按钮】，此时应该会如图11-2-14所示看到此共享文件夹内的文件file1。

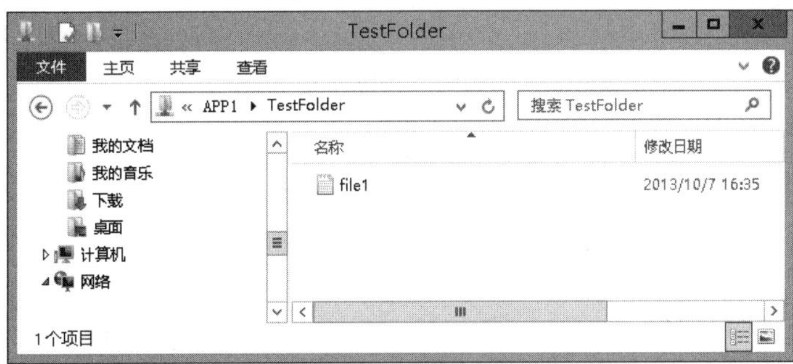

图 11-2-14

再来测试是否可以连接到同时扮演网站角色的APP1内的网页：【打开网页浏览器Internet Explorer➲输入网址**http://app1.sayms.local/**】，此时应该可以看到如图11-2-15所示的界面。

图 11-2-15

11.2.6 在DC1针对DirectAccess客户端建立安全组

我们将在域控制器DC1的Active Directory数据库内建立一个安全组，然后将客户端Win8PC1加入此组内，之后在服务器DA1上启用DirectAccess服务器功能时，会将

DirectAccess相关的设置通过组策略应用到此组。

请到域控制器DC1通过【按⊞键切换到**开始**菜单➲**Active Directory用户和计算机**➲展开域sayms.local➲选中并右击Users➲**新建**➲**组**】的方法，来新建一个安全组，假设组名为DirectAccessClients。

接着将客户端计算机Win8PC1加入此组：【双击DirectAccesssClients➲单击**成员**选项卡下的添加按钮➲单击图11-2-16背景图中的对象类型按钮➲勾选**计算机**后单击确定按钮➲在**输入对象名称来选取**处输入Win8PC1后单击两次确定按钮】。

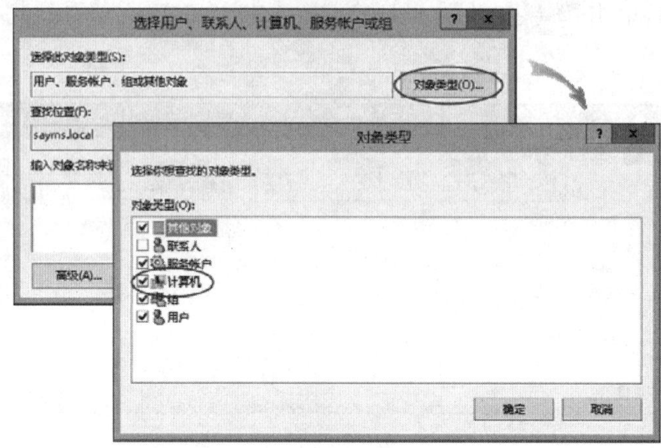

图11-2-16

11.2.7 将DirectAccess服务器加入域

到图11-2-17中的DA1上将其加入域：【打开**服务器管理器**➲单击**本地服务器**➲单击**工作组**处的WORKGROUP➲单击更改按钮➲单击**隶属于**处的**域**➲输入sayms.local后单击确定按钮➲输入Administrator账户与密码后单击确定按钮】，完成后依照提示重新启动计算机，利用域系统管理员（sayms\administrator）的身份登录。

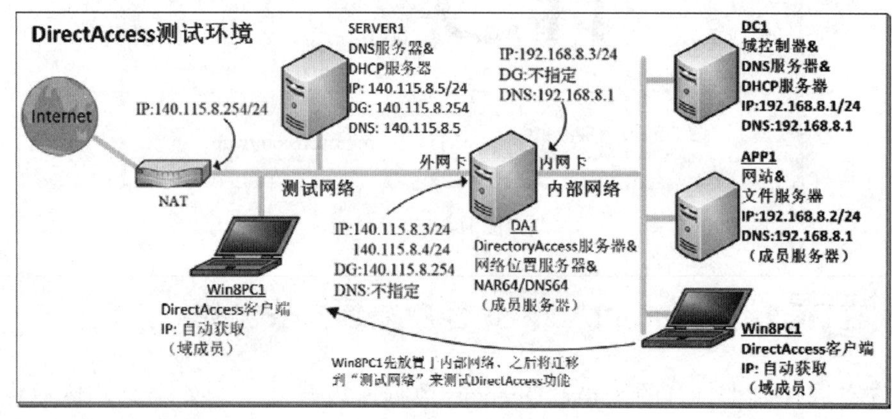

图11-2-17

11.2.8 DNS与DHCP服务器SERVER1的设置

在图11-2-17中的SERVER1用来模拟因特网的DHCP服务器与DNS服务器。其中DHCP服务器用来分配IP地址、DNS服务器与默认网关等给**测试网络**内的客户端Win8PC1。DNS服务器用来对客户端Win8PC1提供名称解析服务。

请到图中SERVER1上先安装DNS服务器角色：【打开服务器管理器➲单击**仪表板**处的**添加角色和功能**➲持续单击下一步按钮，直到出现**选择服务器角色**界面时勾选**DNS服务器**➲单击添加功能按钮➲持续单击下一步按钮，直到出现**确认安装选项**界面时单击安装按钮➲完成安装后单击关闭按钮】。

假设我们要让DirectAccess客户端在因特网（图11-2-17中的**测试网络**）上利用主机名da1.sayda.com来连接DirectAccess服务器，因此当客户端Win8PC1位于**测试网络**时，需将da1.sayda.com解析到DirectAccess服务器外网卡的IP地址140.115.8.3，我们要让扮演DNS服务器角色的SERVER1来提供这个名称解析服务，因此请在SERVER1上建立一个名称为sayda.com的主要区域：【按 ⊞键切换到**开始**菜单➲DNS➲选中并右击**正向查找区域**➲**新建区域**➲……】，然后通过【选中并右击sayda.com区域➲**新建主机**】的方法来新建一条da1主机的A记录，其IP地址为140.115.8.3。如图11-2-18所示为完成后的界面。

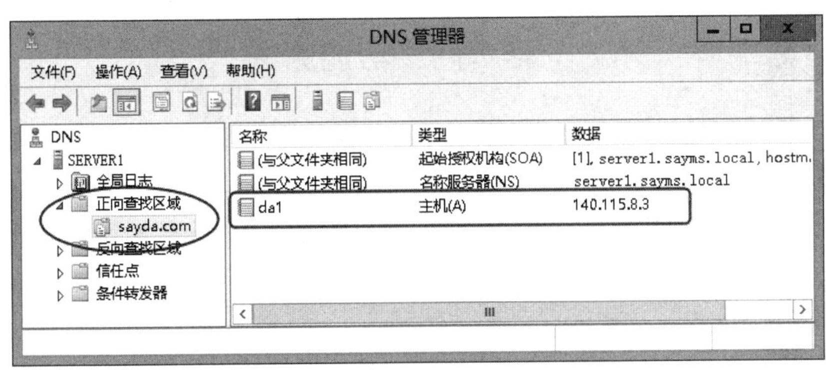

图 11-2-18

接着继续在SERVER1上安装DHCP服务器角色：【打开服务器管理器➲单击**仪表板**处的**添加角色和功能**➲持续单击下一步按钮，直到出现**选择服务器角色**界面时勾选**DHCP服务器**➲单击添加功能➲持续单击下一步按钮，直到出现**确认安装选项**界面时单击安装按钮➲完成安装后单击最后**安装进度**界面中的**完成DHCP设置**来执行授权操作（或单击**服务器管理器**右上方的惊叹号➲完成DHCP设置）】。

接着通过【按⊞键切换到**开始**菜单➲DHCP】的方法来建立一个IPv4地址作用域，假设作用域名为**测试网络**、作用域范围为140.115.8.50到140.115.8.150、子网掩码为255.255.255.0；同时设置DHCP选项，包含**路由器（默认网关）**的IP地址为140.115.8.254（NAT的IP地址），DNS服务器IP地址为140.115.8.5。其他步骤采用默认值即可。图11-2-19所示为完成后的界面。

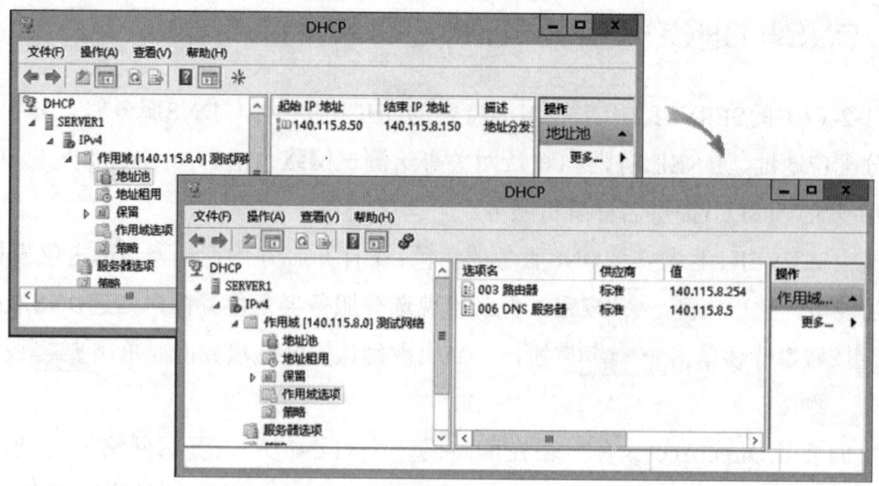

图 11-2-19

若利用虚拟环境来搭建测试环境，则请确认代表**测试网络**的虚拟网络的DHCP功能未启用，以避免与我们架设的DHCP服务器相冲突。

11.2.9 客户端Win8PC1的基本网络功能测试

在开始启用DirectAccess功能之前，我们先测试客户端Win8PC1分别在**内部网络**与**测试网络**内的基本网络功能是否正常。

本测试环境并未让**内部网络**可以连接因特网，因此目前在**内部网络**的Win8PC1无法上网，可以试着将鼠标指针移到桌面界面右下角的网络图标，它会显示**无Internet访问**的提示；当然也可以利用ping命令来测试，例如执行ping 8.8.8.8命令时，无法得到对方的响应。

接着请将Win8PC1计算机迁移到**测试网络**内，等一小段时间后，Win8PC1应该会从DHCP服务器（SERVER1）取得IP地址与DNS服务器等选项设置值，界面右方也会出现**网络**的提示信息（可单击此界面中的**是，打开共享并连接到设备**），将鼠标指针移到桌面界面右下角的**网络**图标处，它会显示**Internet访问**提示，表示可以上网了（可以通过连接Yahoo、Microsoft或Google网站来验证）。

由于客户端Win8PC1之后需通过主机名da1.sayda.com来连接DirectAccess服务器，因此我们要在Win8PC1上测试是否可以通过**测试网络**的DNS服务器（SERVER1）来解析da1.sayda.com的IP地址：请执行**ping da1.sayda.com**来测试，如图11-2-20所示为成功解析到da1.sayda.com的IP地址140.115.8.3的界面（由于DirectAccess服务器DA1的**Windows防火墙**会阻挡ping命令，故界面中会出现**请求超时**的信息）。

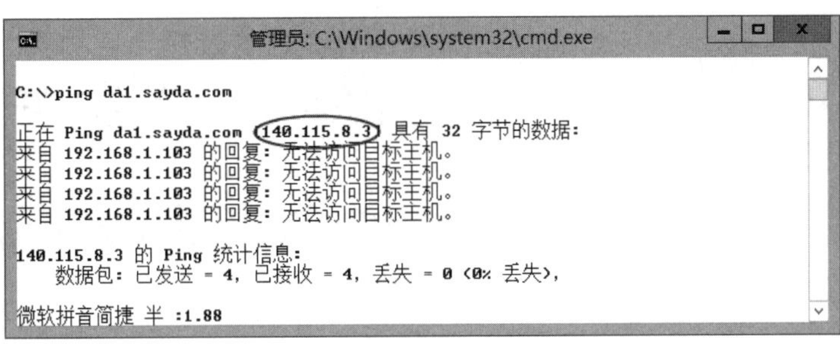

图 11-2-20

当然此时因为服务器DA1的DirectAccess服务器功能尚未启用，故此时客户端Win8PC1无法通过DA1来访问内部网络的资源，因此利用**APP1\TestFolder**与**http://app1.sayms.local/**（必要时请先清除浏览器的缓存数据）都应该无法连接成功。完成以上测试后，请将客户端计算机Win8PC1移动回**内部网络**。

11.2.10　在DirectAccess服务器DA1安装与设置"远程访问"

我们要到图11-2-17中的DA1上安装**远程访问**角色，然后通过**快速入门向导**来将其设置为DirectAccess服务器。

STEP 1　到DA1计算机上，以域系统管理员身份（sayms\administrator）登录。

STEP 2　打开服务器管理器➲单击**仪表板**处的**添加角色和功能**➲持续单击下一步按钮，直到出现如图11-2-21所示的**添加角色和功能向导**界面时勾选**远程访问**➲单击添加功能按钮。

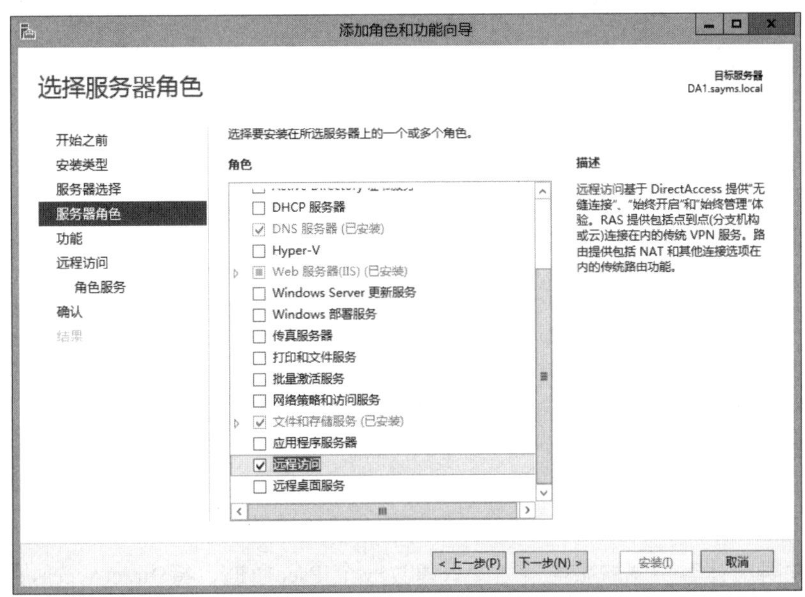

图 11-2-21

STEP 3 持续单击下一步按钮，直到出现如图11-2-22的**选择角色服务**界面时确认勾选**DirectAccess和VPN（RAS）**，单击下一步按钮➲单击安装按钮➲完成安装后单击关闭按钮➲重新启动计算机。

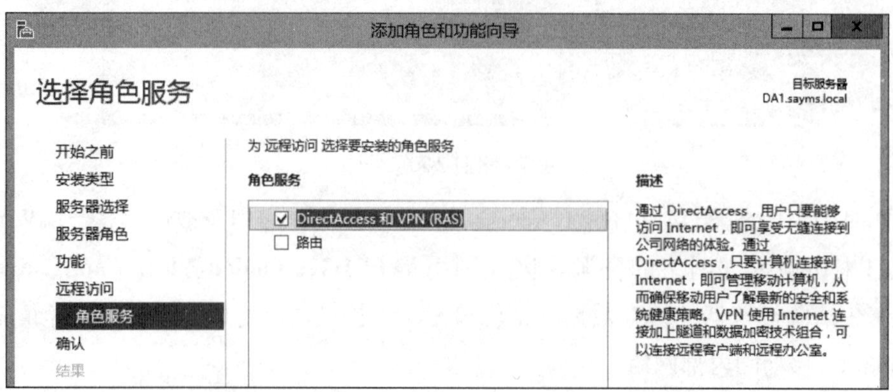

图 11-2-22

STEP 4 以域系统管理员身份（sayms\administrator）登录。

STEP 5 按Windows键⊞切换到**开始**菜单（➲**管理工具**）➲**远程访问管理**➲单击图11-2-23中的**运行开始向导**。

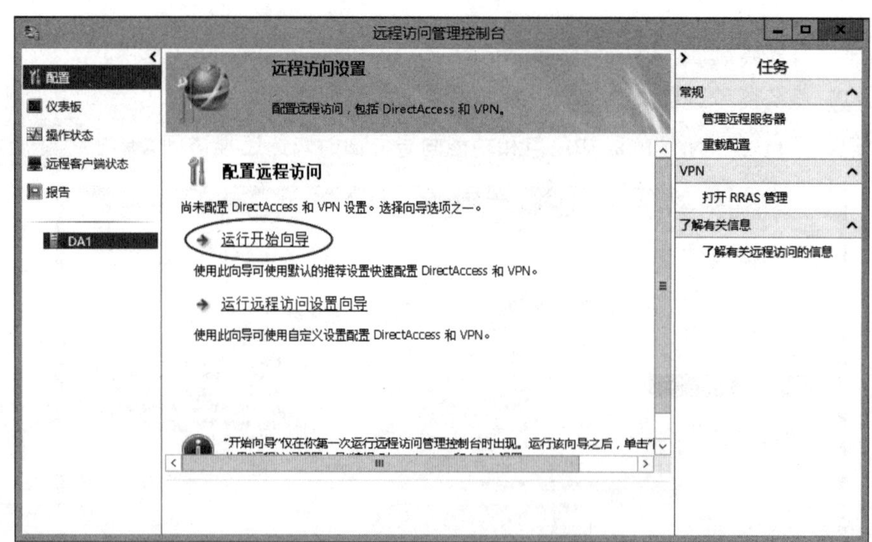

图 11-2-23

附注

此**运行向导**会让客户端与服务器之间只建立一个IPsec通道，将DirectAccess服务器DA1设置为Kerberos Proxy，双方之间在IPsec通道中使用Kerberos验证，DA1使用自签名证书来接收客户端的https流量。

STEP 6 单击图11-2-24中的**仅部署DirectAccess**。

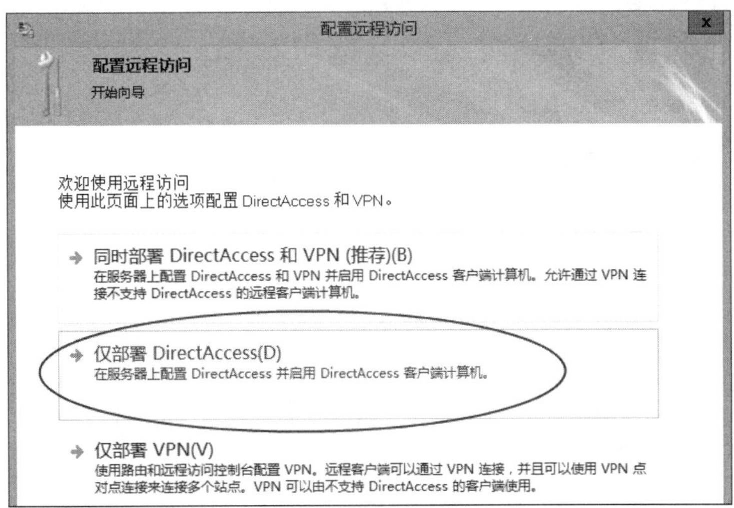

图 11-2-24

STEP 7 确认在图11-2-25中选择**边缘**，然后在下方输入DirectAccess客户端用来连接DirectAccess服务器DA1的主机名后单击下一步按钮（图中将此名称设置为da1.sayda.com，它需与图11-2-18 中所设置的主机名相同）。若DirectAccess服务器位于NAT之后，则选择第2或第3个选项。

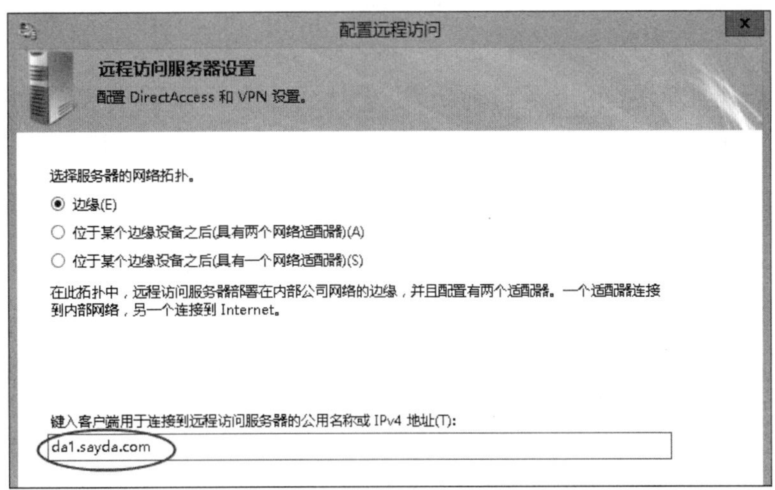

图 11-2-25

STEP 8 由于此向导默认会通过组策略对象（GPO）来将设置应用到便携式计算机，但测试用计算机Win8PC1并不是这类型的计算机，故需要改为应用到之前我们所建立的安全组DirectAccessClients：请在出现图11-2-26时单击图中的**此处**。

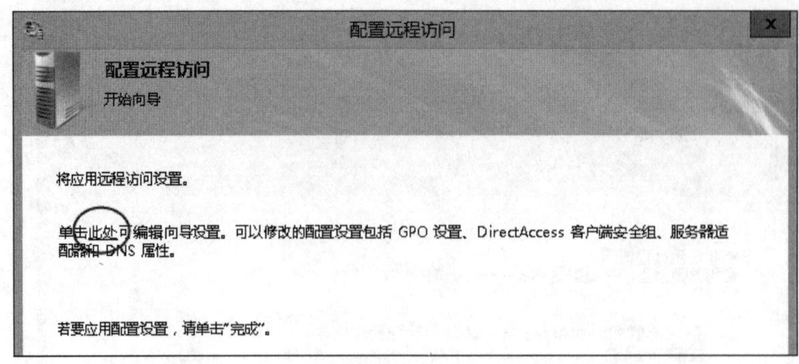

图 11-2-26

STEP 9 在图11-2-27的**远程访问审阅**界面中单击**远程客户端**旁的**更改**。

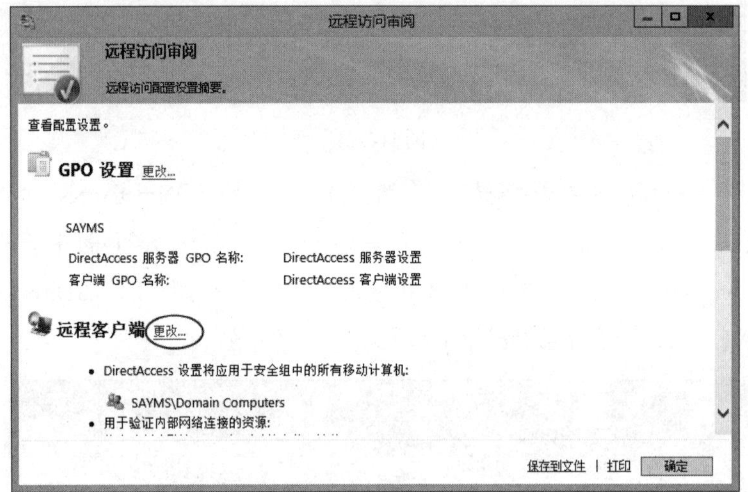

图 11-2-27

STEP 10 如图11-2-28所示为其默认值，请将图中的Domain Computers删除，添加安全组DirectAccessClients，取消勾选**仅为移动计算机启用DirectAccess**，图11-2-29所示为完成后的界面。单击下一步按钮。

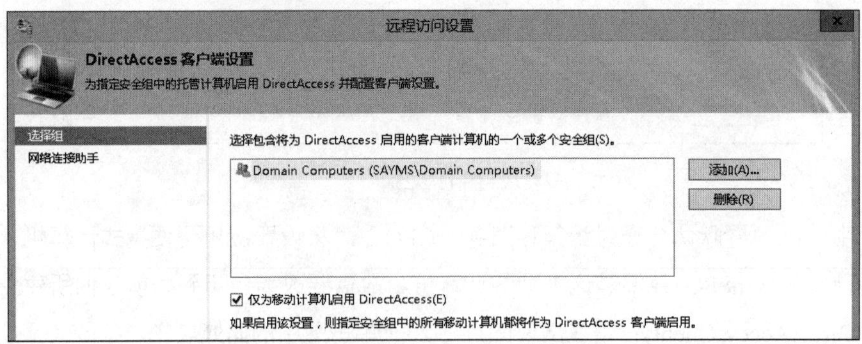

图 11-2-28

远程访问设置

DirectAccess 客户端设置

为指定安全组中的托管计算机启用 DirectAccess 并配置客户端设置。

选择组

网络连接助手

选择包含将为 DirectAccess 启用的客户端计算机的一个或多个安全组(S)。

DirectAccessClients (SAYMS\DirectAccessClients)

添加(A)...

删除(R)

仅为移动计算机启用 DirectAccess(E)

如果启用该设置，则指定安全组中的所有移动计算机都将作为 DirectAccess 客户端启用。

图 11-2-29

STEP 11 出现图11-2-30所示的界面时单击**完成**按钮。

远程访问设置

DirectAccess 客户端设置

为指定安全组中的托管计算机启用 DirectAccess 并配置客户端设置。

选择组

网络连接助手

网络连接助手(NCA)在 DirectAccess 客户端计算机上运行，用于提供 DirectAccess 连接信息、诊断和更新支持。

验证内部网络连接的资源(R):

	资源	类型
*		

支持人员电子邮件地址(H):

DirectAccess 连接名称(D): 工作区连接

允许 DirectAccess 客户端使用本地名称解析(A)

图 11-2-30

STEP 12 回到**远程访问审阅**界面时依次单击**确定**、**完成**按钮。

STEP 13 出现如图11-2-31所示的应用成功界面时单击**关闭**按钮。

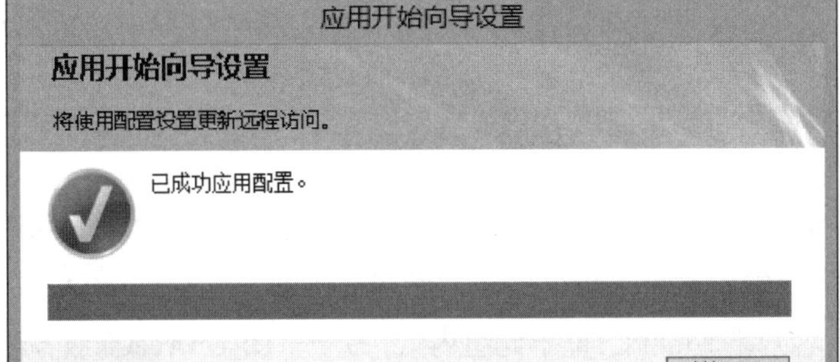

图 11-2-31

STEP 14 若要变更设置，可通过图11-2-32中4个步骤中的**编辑**按钮。

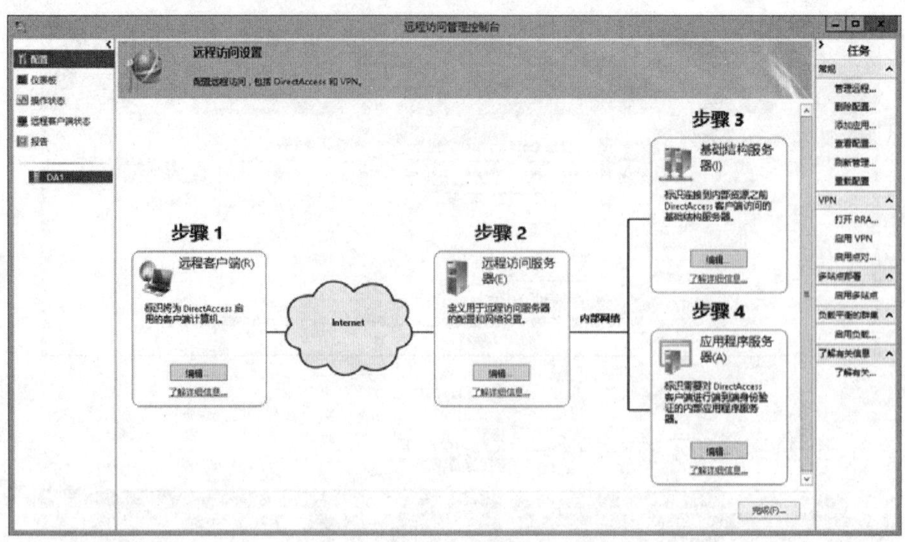

图 11-2-32

STEP 15 稍后，单击图11-2-33左方的**操作状态**，确认图中的所有项目的状态都是绿色的**工作**。可以通过右边的**刷新**来查看最新的状态。

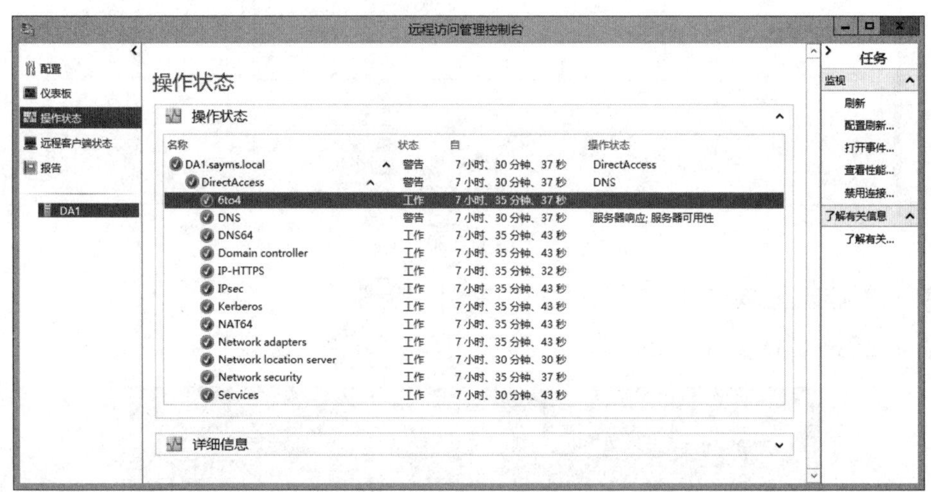

图 11-2-33

前述设置向导会在Active Directory内建立两个组策略对象（GPO），如图11-2-34所示，其中的**DirectAccess客户端设置**用来应用到我们所建立的客户端组DirectAccessClients（见图右下方的**安全筛选**，客户端Win8PC1位于此组内），另一个**DirectAccess服务器设置**用来应用到DirectAccess服务器DA1。

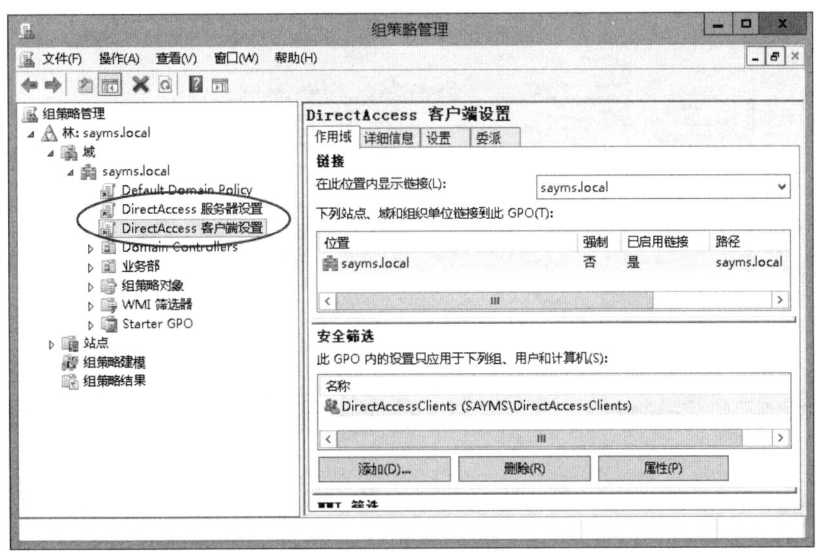

图 11-2-34

接着【按⊞+R键➲输入**wf.msc**后单击确定按钮➲如图11-2-35所示可以看到**域配置文件**与**公用配置文件**都是**作用中**】。注意若**Windows防火墙**被停用，或**域配置文件**与**公用配置文件**之一被停用，则DirectAccess功能无法正常运作。

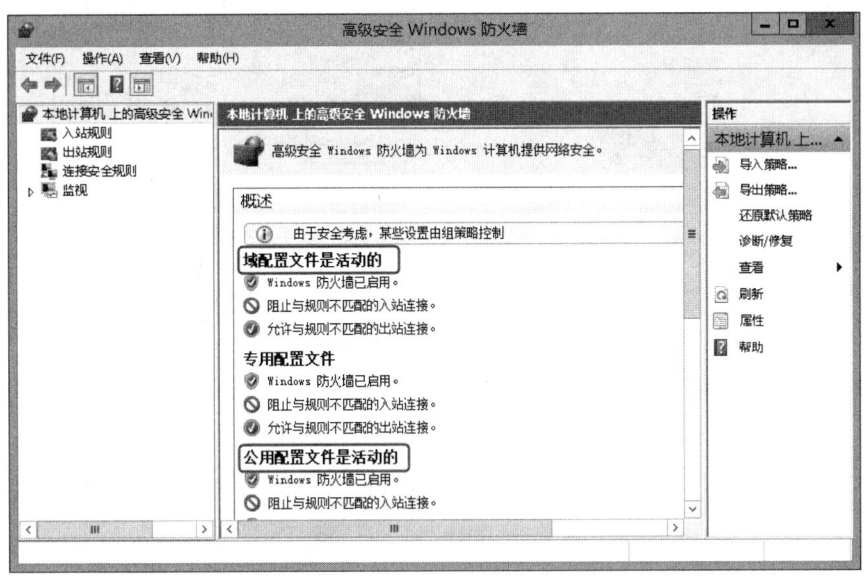

图 11-2-35

此向导让客户端与服务器之间仅建立一个IPsec通道，而在继续单击图中的**连接安全规则**后，如图11-2-36所示可以看到针对此通道所建立的连接安全规则**DirectAccess策略-DaServerToCorpSimplified**。

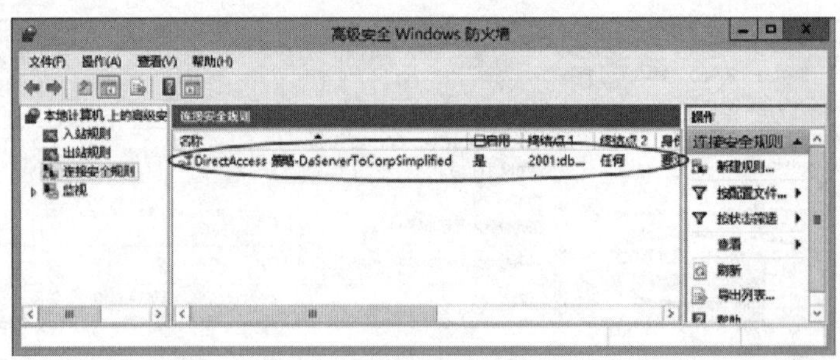

图 11-2-36

11.2.11 将客户端Win8PC1移动到内部网络来应用组策略设置

等一下我们会将客户端Win8PC1移动到因特网（例如图11-2-37中的**测试网络**），此时其所获得的IP地址会是public IP，因此客户端会采用6to4来连接DirectAccess服务器，然而目前使用6to4还有点小问题，导致无法连接成功，而且也并不会如预期的自动改用IP-HTTPS，因此连接会失败。

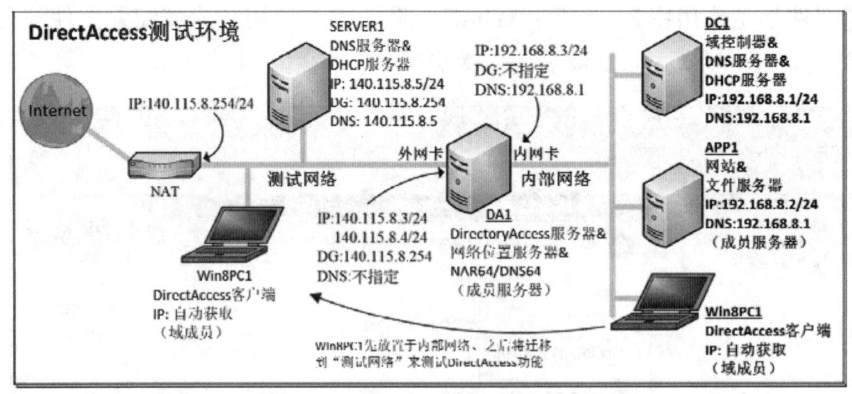

图 11-2-37

为了让客户端能够直接使用IP-HTTPS来连接DirectAccess服务器，故我们通过以下步骤来停用客户端的6to4：【按⊞键切换到**开始**菜单➲在空白处右击➲单击**所有应用**➲单击Windows PowerShell➲如图11-2-38所示执行以下命令：**netsh interface 6to4 set state disabled**】。

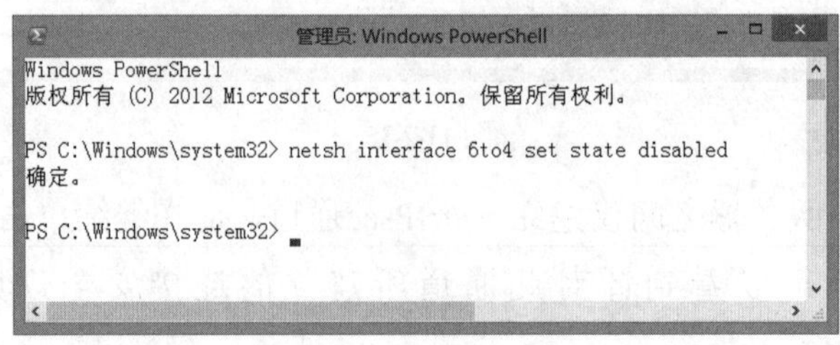

图 11-2-38

建议通过图11-2-34中的GPO **DirectAccess客户端设置**来将6to4的停用设置应用到所有

DirectAccess客户端，其设置是位于：【**计算机配置➲策略➲管理模板➲网络➲TCPIP设置➲IPv6转换技术**➲双击**设置6to4状态**➲选择**已启用**➲在**从以下状态中选择**选项中选择**已禁用状态**】。

即使6to4的功能都正常，然而目前电信厂商一般并未开放6to4的流量（通信协议号码为41），因此DirectAccess客户端可能还是无法通过6to4来连接DirectAccess服务器。

接下来通过以下步骤来检查客户端Win8PC1的DirectAccess设置。

STEP 1 将客户端Win8PC1移动到内部网络，然后如图11-2-39所示执行**gpupdate /force**命令来快速应用组策略（若还未应用）。

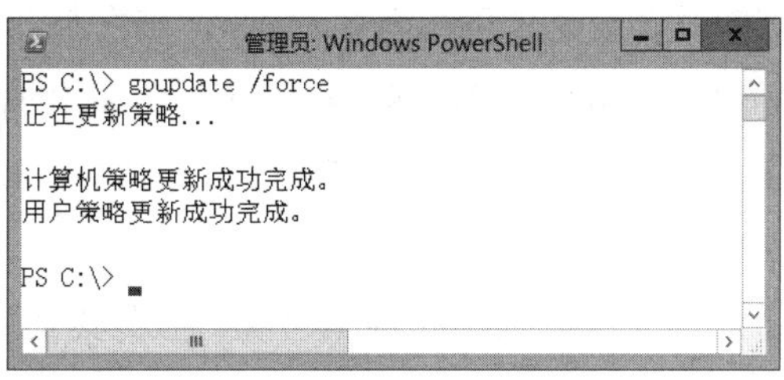

图 11-2-39

STEP 2 在客户端Win8PC1来检视被应用到客户端的NRPT规则：【按⊞键切换到**开始**菜单➲选中空白处右击➲单击**所有应用程序**➲单击Windows PowerShell➲如图11-2-40所示执行**netsh namespace show policy**（或**Get-DnsClientNrptPolicy**）】，表中有两个规则。

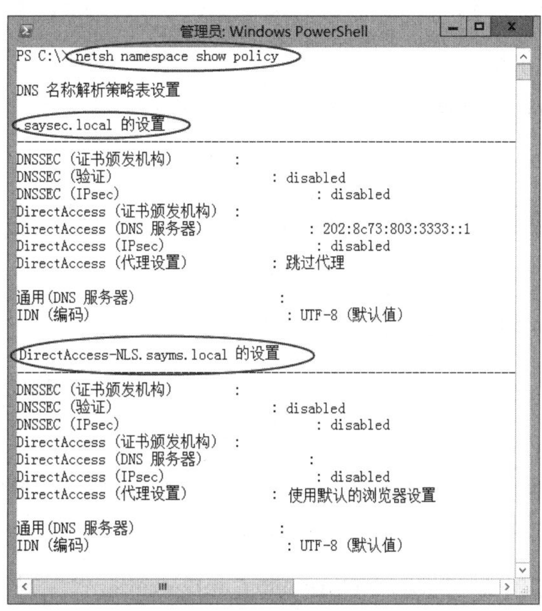

图 11-2-40

- **.sayms.local规则**：表示当DirectAccess客户端在因特网上（图11-2-37中的**测试网络**）要查询后缀为.sayms.local的主机的IP地址时，会向IPv6地址为2002:8c73:803:3333::1的DNS服务器查询，此服务器就是扮演DNS64角色的DirectAccess服务器（可以通过【单击图11-2-32中**步骤2**（远程访问服务器）的编辑按钮➲单击**网络适配器**】来查看此IPv6地址）。
- **DirectAccess-NLS.sayms.local规则**：它是**网络位置服务器**的主机名，由于此规则的DNS服务器字段处为空白，故客户端在因特网上要查询DirectAccess-NLS.sayms.local的IP地址时，会向常规DNS服务器来查询，此DNS服务器是通过DHCP服务器SERVER1的选项来指定的（参见图11-2-19前景图中的**006 DNS服务器**，其IP地址为140.115.8.5，也就是SERVER1）。

客户端只有在内部网络才查询得到DirectAccess-NLS.sayms.local的IP地址（向扮演DNS服务器角色的DC1查询，请到DC1查看是否确实有此记录），进而与其沟通。当客户端在因特网时，是向DNS服务器SERVER1查询DirectAccess-NLS.sayms.local的IP地址，但SERVER1内并没有此记录，即使再向外部的DNS服务器查询也查不到，因此客户端就无法与**网络位置服务器**通信，客户端便据以判断它位于因特网。

若DirectAccess客户端在因特网上要查询的主机名或其后缀未列在列表中，例如www.microsoft.com，则它也会向常规DNS服务器来查询，也就是通过DHCP服务器SERVER1指定的DNS服务器（140.115.8.5）。

若要在DirectAccess服务器上查看或修改以上两个规则，则【单击图11-2-32中**步骤3**（基础结构服务器）的编辑按钮➲单击**DNS**】。

STEP 3 客户端Win8PC1必须“不是”位于内部网络，以上NRPT规则对客户端才有效，但Win8PC1目前是在内部网络，故这些规则并没有作用。可以通过如图11-2-41所示的**netsh namespace show effectivepolicy**命令来查看目前有效的规则，图中并未显示之前的两个规则（这是正确的）。

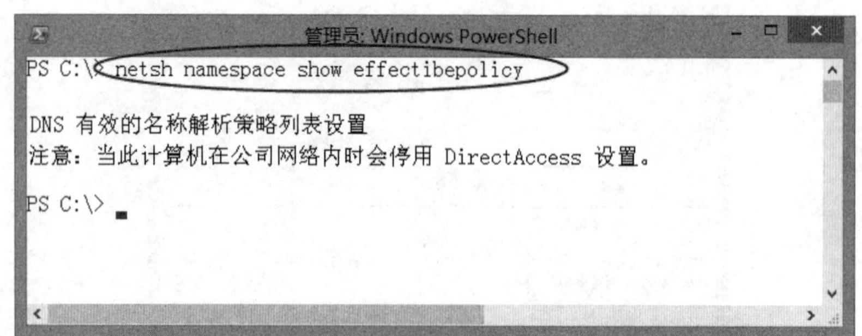

图11-2-41

STEP 4 可以通过图11-2-42中的**Get-NCSIPolicyConfiguration**命令来查看**网络连接状态指示器**（Network Connectivity Status Indicator，NCSI）的相关设置，客户端是通过图中最后

一行的URL **https://DirectAccess-NLS. sayms.local:443/insideoutside**来连接**网络位置服务器**，由于使用https，因此DirectAccess服务器需要证书（目前使用自签名证书）。若客户端可以通过此URL来连接**网络位置服务器**，则客户端位于内部网络。

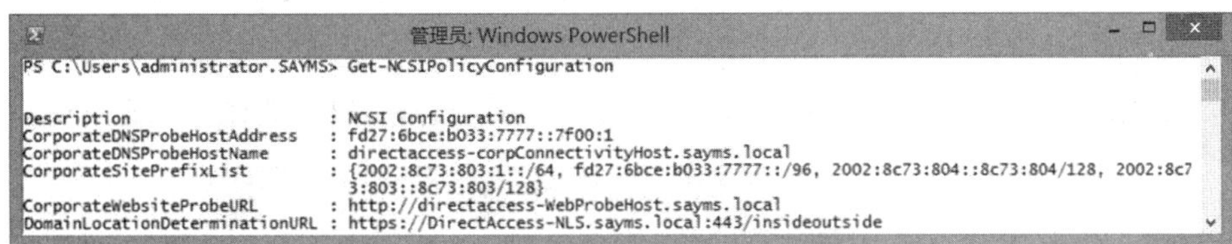

图 11-2-42

STEP 5 请执行如图11-2-43所示的**Get-DAConnectionStatus**命令来验证客户端目前是处于内部网络，图中的ConnectLocally表示客户端在内部网络。

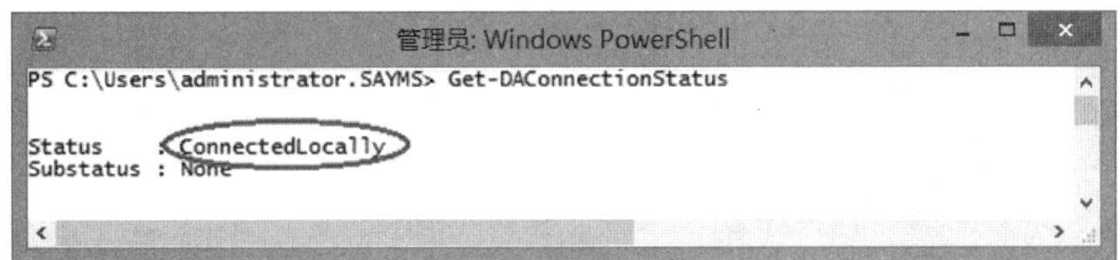

图 11-2-43

若客户端的Network Connectivity Assistant服务未启动的话，则执行上述命令会有错误提示。若需要手动启动此服务的话：【按⊞键切换到**开始**菜单➲选中空白处右键单击➲单击**所有应用**➲选中**计算机**右键单击➲管理➲单击**服务和应用程序**➲服务】。

11.2.12 将客户端Win8PC1移动到因特网来测试DirectAccess

请先执行**netsh interface 6to4 show state**命令来查看其6to4是否如我们所希望的在停用状态，如图11-2-44所示的**disabled**表示停用。

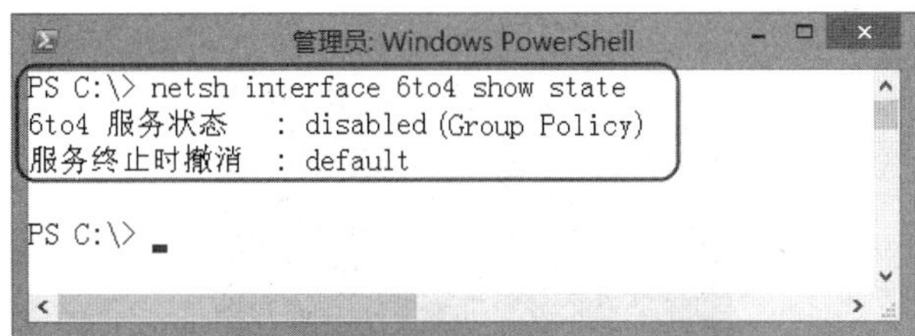

图 11-2-44

当我们将客户端计算机Win8PC1移动到因特网（图11-2-37中的**测试网络**）后，等一小段时间后，Win8PC1应该会从DHCP服务器（SERVER1）取得IP地址与DNS服务器等选项设置值，此

时将鼠标指针移到桌面界面右下角的**网络**图标，它会显示**Internet访问**信息，表示可以上网了。

STEP 1　由于客户端无法通过**测试网络**中的DNS服务器SERVER1解析到**网络位置服务器** DirectAccess-NLS.sayms.local的IP地址，因此无法连接到**网络位置服务器**，此时客户端会认为其位于因特网，故NRPT内的规则便有效，可以通过如图11-2-45所示的**netsh namespace show effectivepolicy**命令来查看，图中显示NRPT内的两个有效规则。

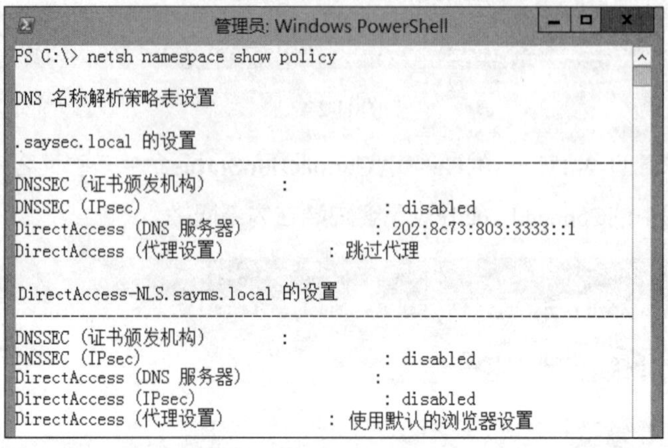

图 11-2-45

STEP 2　通过执行**Get-DAConnectionStatus**命令来查看连接状态，如图11-2-46所示的ConnectRemotely（可能需等一小段时间）表示客户端位于因特网，而且可以通过DirectAccess服务器访问内部网络。

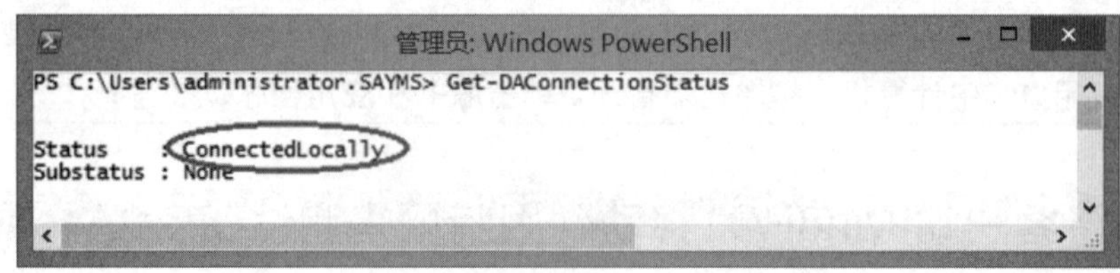

图 11-2-46

STEP 3　在单击桌面界面右下角的**网络**图标后，它会显示如图11-2-47所示的界面，表示客户端已经连接到内部网络。

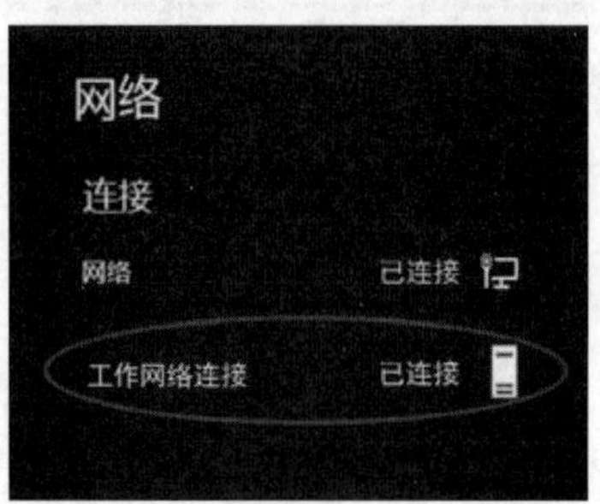

图 11-2-47

STEP 4　在执行如图11-2-48所示的**ping app1.sayms.local**命令后，会得到图中的IPv6地址响应，此IPv6地址就是我们在图11-1-2中**步骤（4）**中所叙述，是由DirectAccess服务器的DNS64自行利用**动态前缀**+**服务器APP1的IPv4地址**所组合成的。

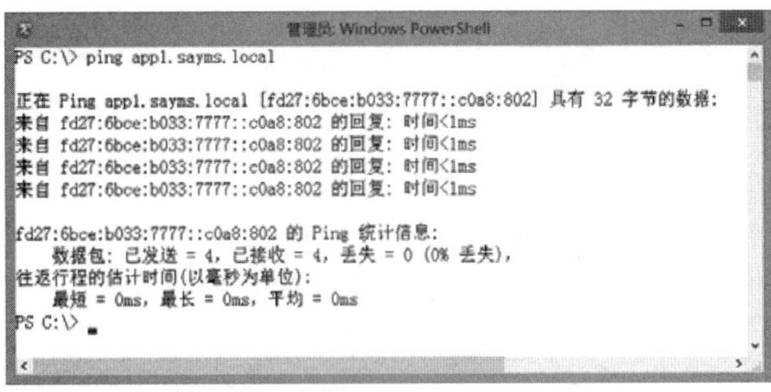

图 11-2-48

STEP 5　接下来测试是否可以连接到内部网络扮演文件服务器角色的APP1的共享文件夹：【按⊞+R键➲输入**\\APP1\TestFolder**后单击确定按钮】，此时应该会如图11-2-49所示看到此共享文件夹内的文件file1。

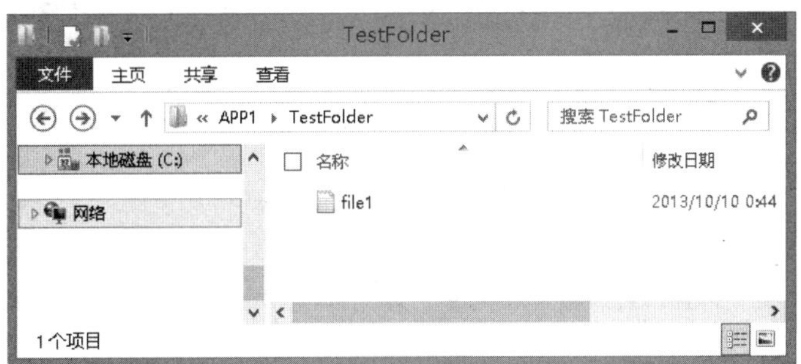

图 11-2-49

STEP 6　再来测试是否可以连接到同时扮演网站角色的APP1内的网页：【打开Internet Explorer➲输入网址**http://app1.sayms.local/**】，此时应该可以看到如图11-2-50所示的界面。

图 11-2-50

STEP 7 利用**Get-NetIPAddress**命令来查看客户端IPv6地址信息（如图11-2-51所示）。图中**iphttpsinterface**的状态为使用中（active），且拥有一个有效的IPv6地址，客户端利用此地址来连接DirectAccess服务器。

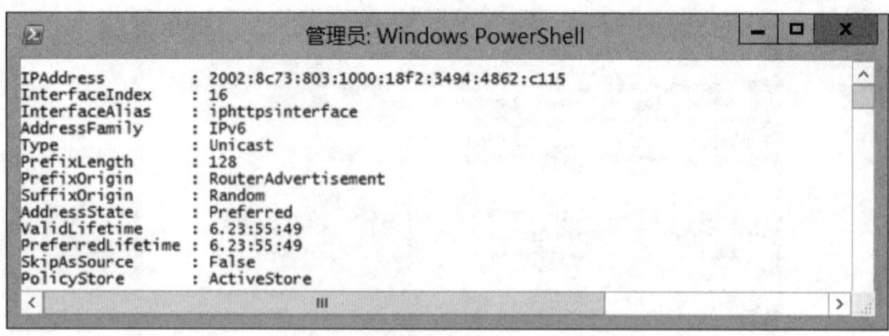

图 11-2-51

STEP 8 利用如图11-2-52所示的**Get-NetIPHTTPSConfiguration**命令，可得知客户端被设置为利用https://da1.sayda.com:443/IPHTTPS来连接DirectAccess服务器。

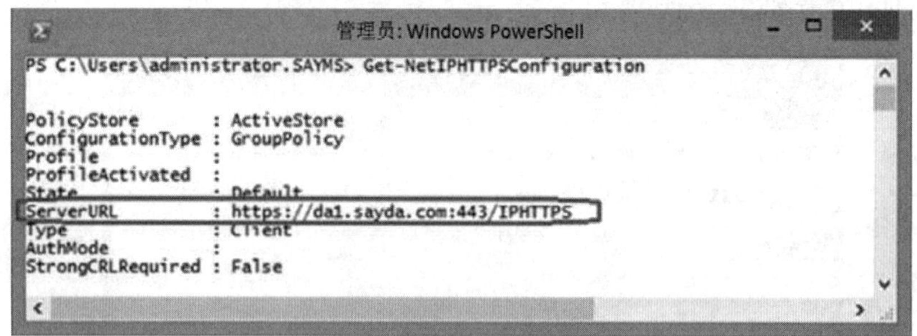

图 11-2-52

STEP 9 DirectAccess客户端与服务器之间利用IPsec来验证计算机与用户，可以通过以下方法来查看其所建立的IPsec SA（见附录C）：【按⊞+R键➲输入**wf.msc**后单击确定按钮➲**监视**➲**安全性关联**➲如图11-2-53所示为**主要模式SA**】，图中的计算机验证与用户验证方法都是使用Kerberos。

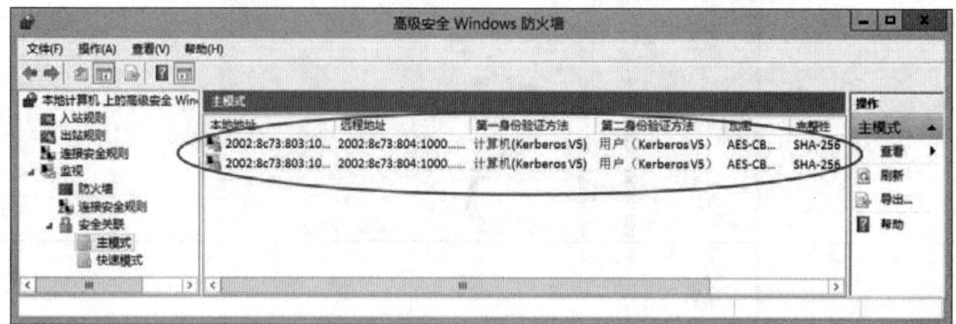

图 11-2-53

STEP 10 到DirectAccess服务器上利用以下方法来查看DirectAccess客户端的连接状态：【按⊞键切换到**开始**菜单（➲**系统管理工具**）➲**远程访问管理**➲单击**远程客户端状态**➲如图11-2-54所示可知客户端使用IP-HTTPS来连接DirectAccess服务器】，在双击图中的客户端连接后，可以看到该客户端的更多信息，如图11-2-55所示。

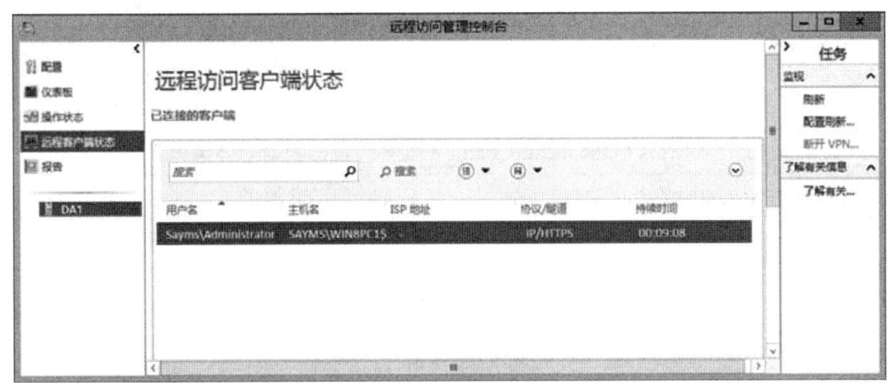

图 11-2-54

图 11-2-55

STEP 11 本演练环境还需要供下一个演练来使用，故暂时不要破坏它，建议利用虚拟软件的快照功能（snapshot）将这些虚拟机状态存储起来。

若在DirectAccess客户端执行Get-DAConnectionStatus命令时发生问题，则稍待再重新执行此命令，若还是有问题，则可参考表 11-2-1来尝试解决问题。

表 11-2-1

Get-DAConnectionStatus出现以下信息	可能原因与可尝试的解决方法
Status:ActionableErrorSubstatus:InternetConnectivityDown	客户端无法上网。请检查 **测试网络** 是否可上网、客户端的TCP/IP组态是否正确、SERVER1的DHCP服务器所指派的IP地址与选项是否正确
Status:Error Substatus:NameResolutionFailure	DirectAccess服务器的**Windows防火墙**是否有开启、**网域配置文件**与**公用配置文件**是否都是**作用中**
Status:ErrorSubstatus:RemoteNetworkAuthenticationFailure	将客户端的网卡停用再重新启用
Network Connectivity Assistant服务未启动	手动启动此服务

附註

若客户端发生NRPT损毁状况，例如客户端实际上是在内部网络，此时其NRPT内的规则应该无效，但是执行**netsh namespace show effectivepolicy**命令时，却如前面的图11-2-45所示显示了两个有效的规则，导致客户端无法与内部网络的计算机（例如域控制器dc1.sayms.local）沟通。此时可利用以下方法来解决：执行REGEDIT.EXE，删除位于以下路径的子机码**DnsPolicyConfig**：

HKEY_LOCAL_MACHINE\SOFTWARE\Policies\Microsoft\Windows NT\DNSClient

接着执行net stop dnscache、执行net start dnscache、执行gpupdate /force。

11.3 DirectAccess实例演练2——客户端位于NAT之后

前一章节所介绍的DirectAccess客户端所使用的是public IP地址，然而客户端在大部分的情况下使用private IP，例如公司员工拜访客户时，其所获得的IP地址一般都是private IP；又例如员工在家里使用IP分享器，其所获得的也会是private IP地址。

本节将介绍客户端使用private IP的情况，也就是客户端计算机位于NAT之后。我们将通过图11-3-1来演练，此图是直接沿用上一节的测试环境图，但是图中多了一个**客户网络**与一台扮演NAT角色的计算机NAT1。

请根据所使用的虚拟软件（Hyper-V、VMware Workstation或VirtualBox）来配置图中的**客户网络**。图中计算机NAT1将使用Windows 8计算机，并通过其**因特网连接共享**（Internet Connection Sharing，ICS）来提供NAT功能，它拥有两片网卡，其中外网卡用来连接**测试网络**，其IP地址采用自动取得即可，它会向扮演DHCP服务器角色的SERVER1来索取IP地址；另外一片内网卡用来连接**客户网络**，其IP地址也不需手动设置（因为启用ICS功能后，系统会自动设置其IP地址）。建议将这两片卡的连接名称分别改为如图11-3-2所示的**客户网络**与**测试网络**。

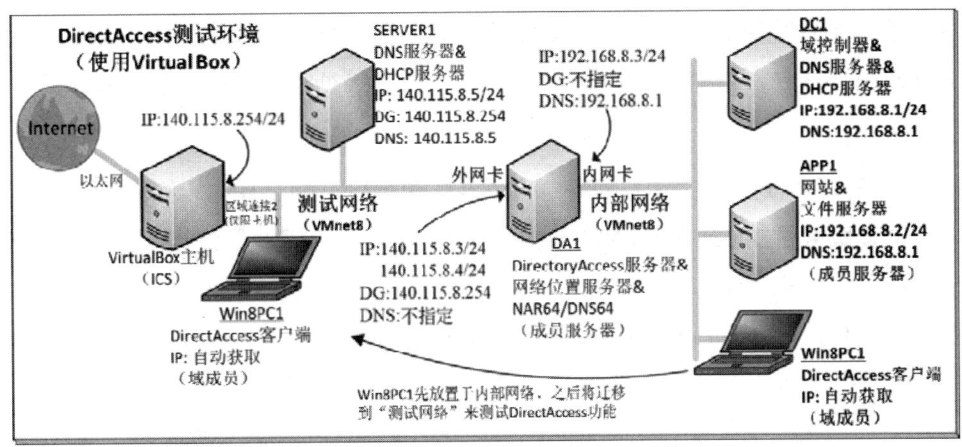

图 11-3-1

图 11-3-2

启用这台Windows 8的ICS步骤为：【按⊞+X键➲**控制台**➲**网络和因特网**➲**网络和共享中心**➲单击**变更适配卡设置**➲……➲如图11-3-3所示选中并右击**测试网络**➲**内容**➲如前景图所示勾选后单击确定按钮】，此时系统会自动将其连接**客户网络**的连接的IP地址设置为192.168.137.1/24。

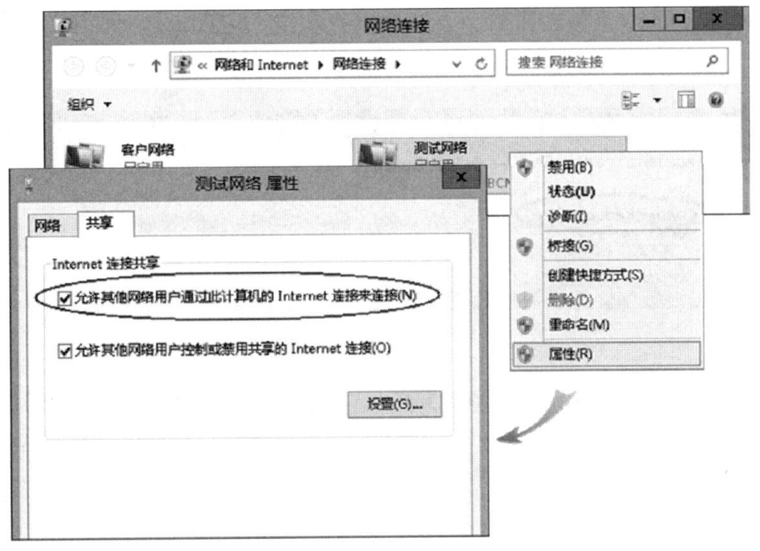

图 11-3-3

在完成前一个章节的实例演练后，我们将通过以下步骤来演练位于NAT后面的客户端如何通过DirectAccess服务器访问内部网络的资源。请先将客户端计算机Win8PC1搬移到**客户网络**。

STEP 1 由于客户端无法通过**客户网络**中的DNS服务器（NAT1的**DNS转接代理**）解析到**网络位置服务器**DirectAccess-NLS.sayms.local的IP地址，因此无法连接到**网络位置服务器**，此时客户端会认为其“不是”位于内部网络，故NRPT规则有效，可以通过如图11-3-4所示的**netsh namespace show effectivepolicy**命令来查看，图中显示NRPT内的两个有效规则。

```
管理员: Windows PowerShell
Windows PowerShell
版权所有 (C) 2012 Microsoft Corporation。保留所有权利。

PS C:\Users\administrator.SAYMS> netsh namespace show effectivepolicy

DNS 有效名称解析策略表设置

.Sayms.local 的配置
--------------------------------------------------------------------
DirectAccess (证书颁发机构) :
DirectAccess (IPsec)            : diasbled
DirectAccess (DNS服务器)        : 2002:8c73:803:3333::1
DirectAccess (Proxy配置)        : 旁路Proxy

DirectAccess-NLS.Sayms.local的配置
--------------------------------------------------------------------
DirectAccess (证书颁发机构) :
DirectAccess (IPsec)            : diasbled
DirectAccess (DNS服务器)        :
DirectAccess (Proxy配置)        : 使用默认的浏览器设置

微软拼音简捷 半 :
```

图 11-3-4

STEP 2 通过执行**Get-DAConnectionStatus**命令来查看连接状态，如图11-3-5所示的ConnectRemotely（可能需等一小段时间）表示客户端位于外部网络（**客户网络**），而且可以通过DirectAccess服务器访问内部网络。

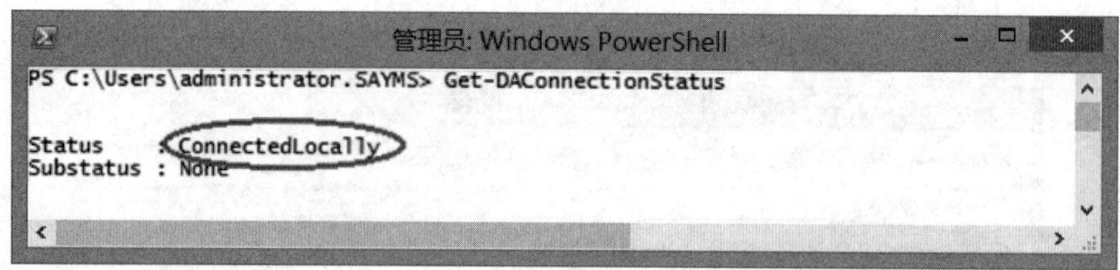

图 11-3-5

STEP 3 在单击桌面界面右下角的**网络**图标后，它会显示如图11-3-6所示的界面，表示客户端已经连接到内部网络。

网络
连接
网络
已连接
工作网络连接
已连接

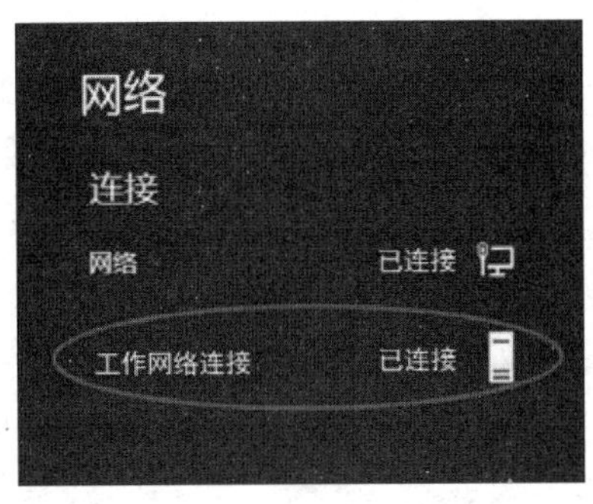

图 11-3-6

STEP 4 在执行如图11-3-7所示的**ping app1.sayms.local**命令后，会得到图中的IPv6地址响应，此IPv6地址就是我们在图11-1-2中**步骤（4）**中所述，是由DirectAccess服务器的DNS64自行利用**动态前缀＋服务器APP1的IPv4地址**所组合成的。

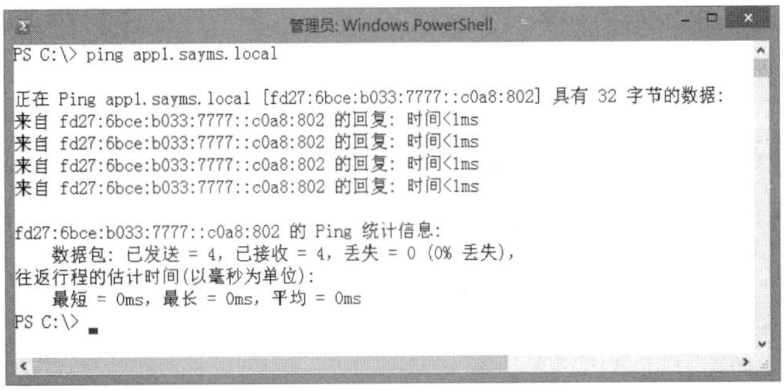

管理员: Windows PowerShell
PS C:\> ping app1.sayms.local
正在 Ping app1.sayms.local [fd27:6bce:b033:7777::c0a8:802] 具有 32 字节的数据:
来自 fd27:6bce:b033:7777::c0a8:802 的回复: 时间<1ms
来自 fd27:6bce:b033:7777::c0a8:802 的回复: 时间<1ms
来自 fd27:6bce:b033:7777::c0a8:802 的回复: 时间<1ms
来自 fd27:6bce:b033:7777::c0a8:802 的回复: 时间<1ms
fd27:6bce:b033:7777::c0a8:802 的 Ping 统计信息:
数据包: 已发送 = 4，已接收 = 4，丢失 = 0 (0% 丢失)，
往返行程的估计时间(以毫秒为单位):
最短 = 0ms，最长 = 0ms，平均 = 0ms
PS C:\>

图 11-3-7

STEP 5 接下来测试是否可以连接到内部网络扮演文件服务器角色的APP1的共享文件夹：【按⊞+R键➲输入**\\APP1\TestFolder**后单击确定按钮】，此时应该会如图11-3-8所示看到此共享文件夹内的文件file1。

TestFolder
文件
主页
共享
查看
APP1
TestFolder
搜索 TestFolder
本地磁盘 (C:)
网络
名称
修改日期
file1
2013/10/10 0:44
1个项目

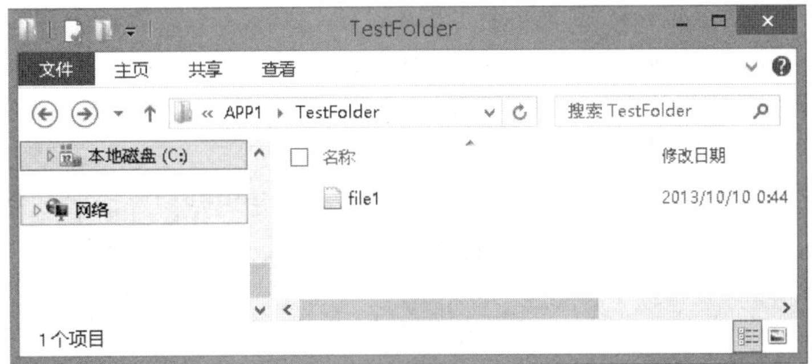

图 11-3-8

STEP 6 再来测试是否可以连接到同时扮演网站角色的APP1内的网页：【开启Internet Explorer➲输入网址**http://app1.sayms.local/**】，此时应该可以看到如图11-3-9所示的界面。

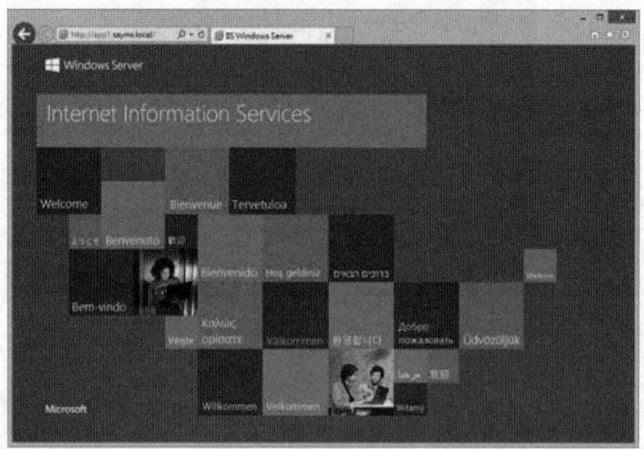

图 11-3-9

STEP 7 利用**Get-NetIPAddress**命令来查看客户端的IPv6地址信息，如图11-3-10所示。图中**iphttpsinterface**的状态为使用中（active），且拥有一个有效的IPv6地址，客户端利用此地址来连接DirectAccess服务器。

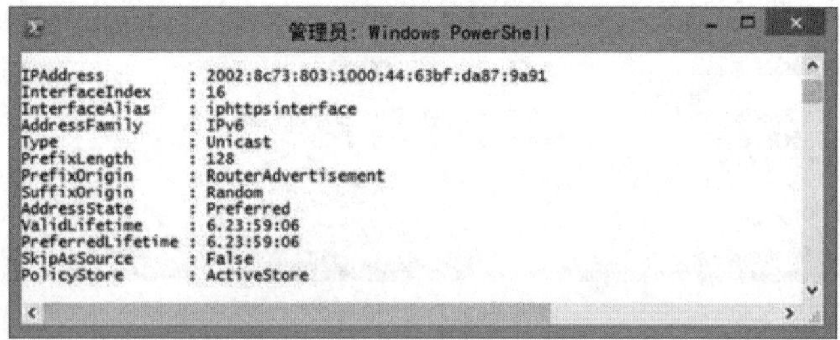

图 11-3-10

> **注意**
>
> 虽然目前客户端使用private IP地址（192.167.137.0/24），应该要使用Teredo才对，但是若要让客户端使用Teredo，则还需要其他设置（下一章节再来练习），故客户端的Teredo连接会失败而改用IP-HTTPS。

STEP 8 利用如图11-3-11所示的**Get-NetIPHTTPSConfiguration**命令可得知客户端被设置为利用**https://da1.sayda.com:443/IPHTTPS**来连接DirectAccess服务器。

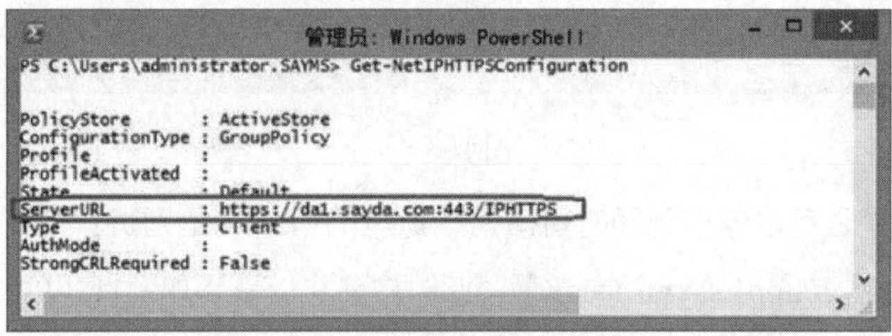

图 11-3-11

STEP 9　DirectAccess客户端与服务器之间利用IPsec来验证计算机与用户，可以通过以下方法来查看其所建立的IPsec SA（见附录C）：【按⊞+R键➲输入**wf.msc**后单击确定按钮➲**监视**➲**安全关联**➲如图11-3-12所示为**主模式**】，图中的计算机验证与用户验证方法都使用Kerberos。

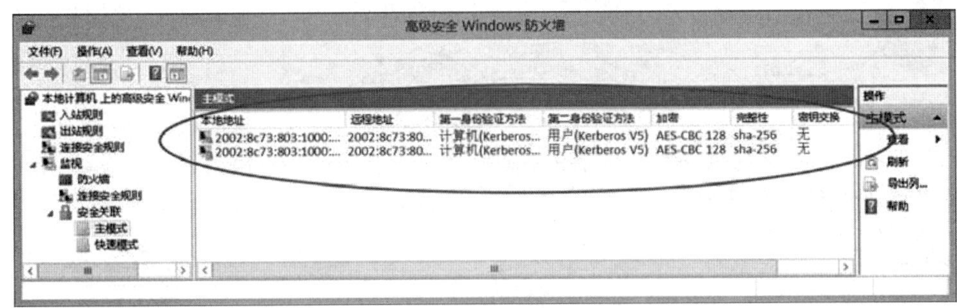

图 11-3-12

STEP 10　到DirectAccess服务器上利用以下方法来查看DirectAccess客户端的连接状态：【按⊞键切换到**开始**菜单（➲**系统管理工具**）➲**远程访问管理**➲**远程客户端状态**➲如图11-3-13所示可知客户端使用IP-HTTPS来连接DirectAccess服务器】，在双击图中的客户端连接后，可以看到该客户端的更多信息。

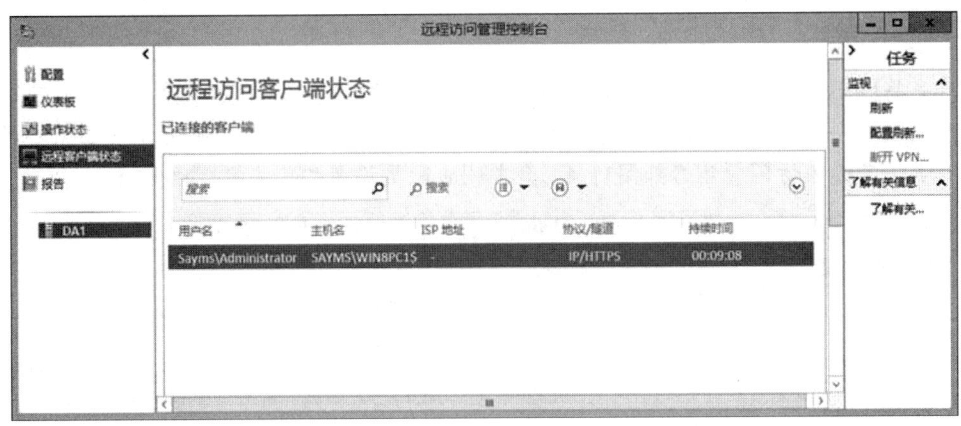

图 11-3-13

STEP 11　本演练环境还需要供下一个演练来使用，故暂时不要破坏它，建议利用虚拟软件的快照功能（snapshot）将这些虚拟机状态存储起来。

11.4　DirectAccess实例演练3——内部网络包含IPv4与IPv6主机

本节介绍内部网络同时包含IPv4与IPv6主机的场合。我们将通过图11-4-1来演练如何让DirectAccess客户端通过DirectAccess服务器来同时访问内部网络IPv4与IPv6主机的资源。其中客户端在因特网（**测试网络**）将使用IP-HTTPS、在**客户网络**（扮演NAT角色的计算机NAT1之后）将使用Teredo来连接DirectAccess服务器。

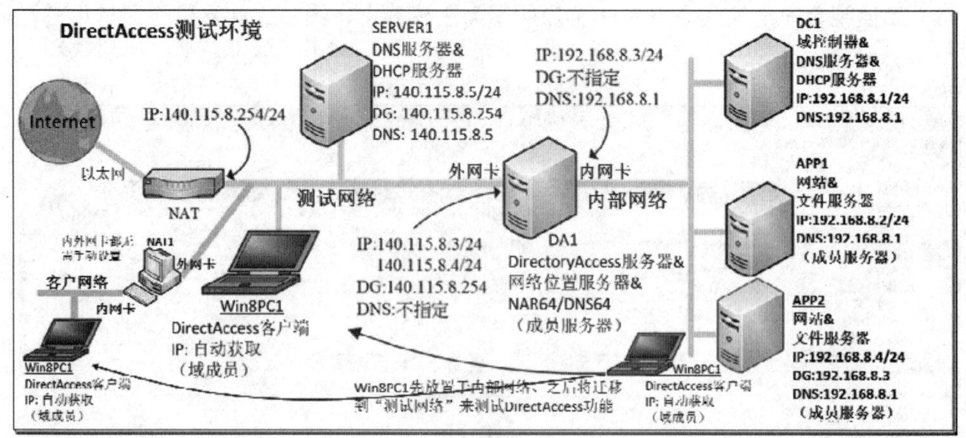

图11-4-1

11.4.1 准备好测试环境中的计算机

图11-4-1中的演练图沿用了前一章节的环境，故此处假设已经完成前一章节的演练。下面说明如何修改前一节演练环境的设置，以便符合本节的需求。

- 先将DirectAccess客户端Win8PC1移动回**内部网络**。
- 删除前一章节的DirectAccess服务器设置：【按⊞键切换到**开始**菜单（➲**系统管理工具**）➲**远程访问管理**➲如图11-4-2单击**删除配置设置**➲单击确定按钮】。

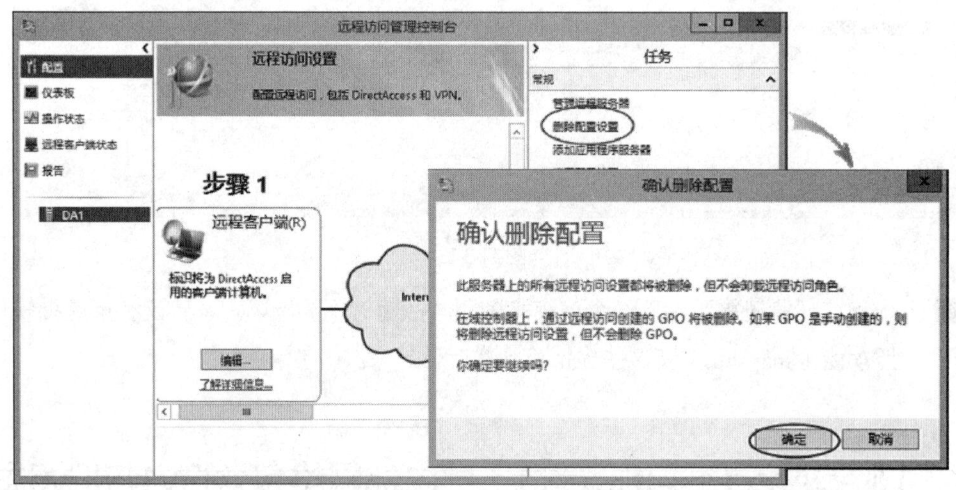

图11-4-2

- 参考图11-4-1来增加设置IPv6与IPv4属性。
  - 设置DA1内网卡IPv6地址、首选DNS服务器指定到DC1的IPv6地址。

- 设置DC1的IPv6地址、默认网关指定到DA1内网卡IPv6地址，首选DNS服务器指定到DC1的IPv6地址，IPv4默认网关指定到DA1内网卡IPv4地址。
- 设置APP1的IPv6地址、默认网关指定到DA1内网卡IPv6地址，首选DNS服务器指定到DC1的IPv6地址，IPv4默认网关指定到DA1内网卡IPv4地址。

> 附注
>
> 设置IPv6的方法为：【按⊞+X键➲**控制面板**➲**网络和Internet**➲**网络和共享中心**➲单击**以太网**（DA1为**内部网络**）➲单击属性按钮➲Internet通信协议版本 6（TCP/IPv6）】。

- 新建用来扮演IPv4主机角色的APP2计算机：先在此计算机内安装Windows Server 2003，然后依照图11-4-1所示设置其IPv4地址【**开始**➲**控制面板**➲**网络连接**➲**区域连接**➲单击属性按钮➲因特网通信协议（TCP/IP）】。接着将其计算机名称设置为APP2、加入域：【开始➲选中并右击**计算机**➲**属性**➲**计算机名称**➲单击更改按钮➲将计算机名称设置为APP2➲单击**隶属于**处的**域**➲输入sayms.local后单击确定按钮➲输入Administrator账户与密码后单击确定按钮】，完成后依提示重新启动计算机，利用系统管理员（administrator）身份登录。

前一个章节DirectAccess服务器的https所使用的是自签名证书，然而在本节我们将改采向证书颁发机构单位（CA）来申请证书；另外前一个章节的IPsec通道使用Kerberos验证，本节将增加使用计算机证书验证，此证书也需要向CA申请。本范例的CA将由图11-4-1中的域控制器DC1来扮演；还有**网络位置服务器**也不再由DirectAccess服务器兼任，而是改由服务器APP1来扮演。

11.4.2 域控制器DC1的设置

除了前一章节的设置之外，DC1还需要增加以下的设置。

- 安装证书颁发机构（CA）角色。
- 在DNS服务器内添加**网络位置服务器**的主机记录。
- 通过组策略来开放ICMPv4与ICMPv6 **回显请求**流量。
- 变更 **Web服务器** 证书模板设置。
- 通过组策略来让内部计算机自动安装IPsec所需的证书。

1. 安装证书颁发机构（CA）角色

我们要让图11-4-1中的域控制器DC1来兼任证书颁发机构（CA）角色，且假设要将其设置为企业根CA：【打开服务器管理器➲单击**仪表板**处的**添加角色和功能**➲持续单击下一步按钮，直到出现**选择服务器角色**界面时勾选**Active Directory证书服务**➲单击添加功能按钮➲持续单击下一步按钮，直到出现**确认安装选项**界面时单击安装按钮➲完成安装后，单击**安装进度**界面中的**设置目标服务器上的Active Directory证书服务**➲单击下一步按钮➲勾选**证书颁发机构**➲持续单击下一步按钮，直到出现**指定CA的名称**界面时设置CA的名称（假设为Sayms Enterprise Root）➲……】。

2. 在 DNS 服务器内添加“网络位置服务器”的主机纪录

为了让DirectAccess客户端在内部网络时可以解析到**网络位置服务器**APP1的IP地址，以便与**网络位置服务器**沟通，并据以判断客户端位于内部网络，因此我们要在扮演DNS服务器角色的DC1内添加**网络位置服务器**的主机记录：【按⊞键切换到**开始**菜单➲**DNS**➲展开到**正向查找区域**➲选中并右击sayms.local➲**添加主机**➲……】，假设将其主机名设置为nls、IP地址为APP1的IP地址192.168.8.2。如图11-4-3所示为完成后的界面。

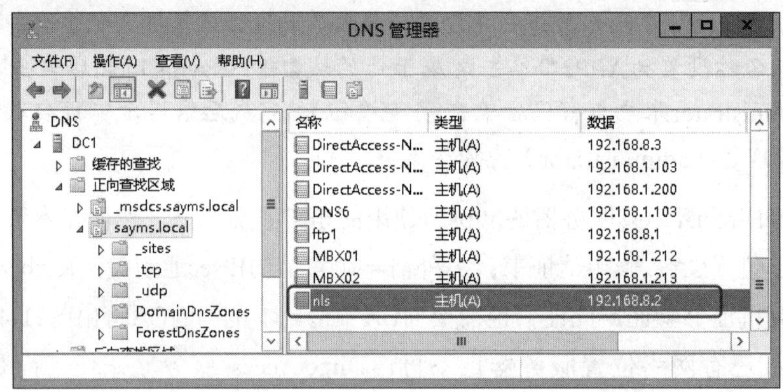

图 11-4-3

3. 通过组策略来开放 ICMPv4 与 ICMPv6 **回显请求**流量

位于NAT之后的DirectAccess客户端可以使用Teredo或IP-HTTPS来连接DirectAccess服务器。若使用Teredo，则客户端会先连接到Teredo服务器（由DirectAccess服务器所扮演），再根据Teredo服务器的响应来决定要连接的Teredo Relay（也是由DirectAccess服务器所扮演），最后客户端会与Teredo Relay建立Teredo信道，并通过此信道来与内部主机通信。

使用Teredo的客户端为了确认可以连接到目的地主机，该客户端会使用ICMPv6来与目的地主机通信，因此客户端所要通信的所有内部主机的**Windows防火墙**都需开放ICMPv6流量。若客户端通过DNS64/NAT64机制来访问内部IPv4主机资源，则这些主机的**Windows防火墙**也都需开放ICMPv4的流量。由于客户端的这些流量发送到DirectAccess服务器来传送，因此DirectAccess服务器的**Windows防火墙**也需开放ICMPv4与ICMPv6流量。

> **附注**
>
> DirectAccess客户端若使用Teredo，则使用UDP端口号码3544来连接DirectAccess服务器，因此若DirectAccess客户端与服务器之间被防火墙隔开，则防火墙需开放UDP 3544，开放方向为客户端到服务器。

我们将通过组策略来让内部所有主机都开放ICMPv4与ICMPv6的入站流量。下面假设通过域的Default Domain Policy GPO来设置。

STEP 1 按⊞键切换到**开始**菜单➲**组策略管理**➲展开到域sayms.local➲选中并右击Default Domain Policy➲**编辑**。

STEP 2 展开**计算机配置**➲**策略**➲**Windows设置**➲**安全设置**➲**高级安全Windows防火墙**➲**高级安全Windows防火墙-LDAP://CN=……**➲如图11-4-4所示选中并右击**入站规则**➲**新建规则**。

图 11-4-4

STEP 3 如图11-4-5所示，选择**自定义**后单击下一步按钮。

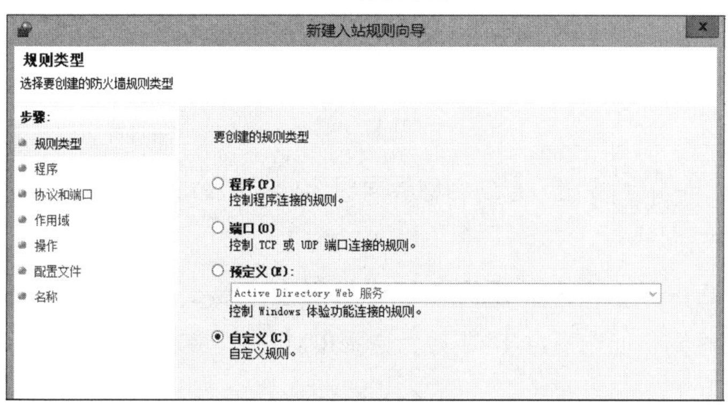

图 11-4-5

STEP 4　在**程序**界面中单击下一步按钮。

STEP 5　如图11-4-6所示在**协议类型**处选择**ICMPv4**后单击自定义按钮。

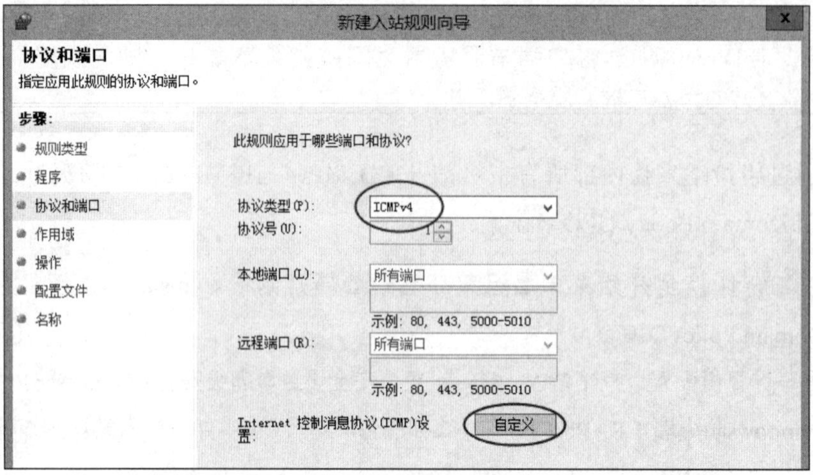

图 11-4-6

STEP 6　如图11-4-7所示勾选**特定ICMP类型**下的**回显请求**后单击确定按钮。

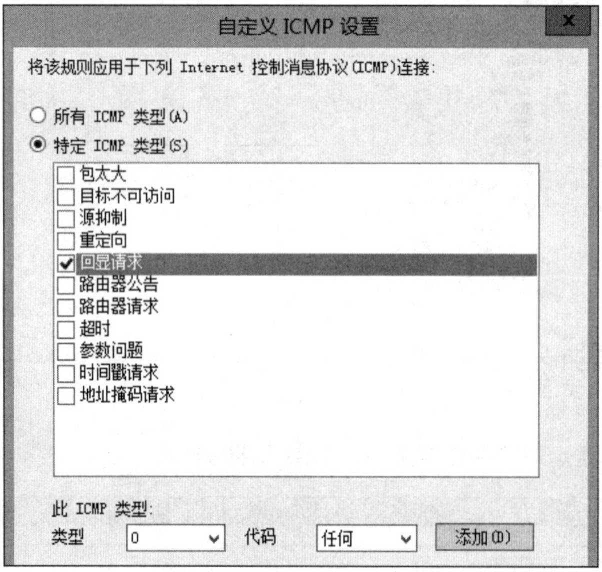

图 11-4-7

STEP 7　持续单击下一步按钮，直到**名称**界面时为此规则命名（例如**ICMPv4输入流量**）后单击完成按钮。

STEP 8　继续【选中并右击**入站规则**➲**新建规则**】来建立开放ICMPv6的规则，其步骤与ICMPv4相同，但在图11-4-8中改为选择ICMPv6，最后假设将此规则命名为**ICMPv6输入流量**。

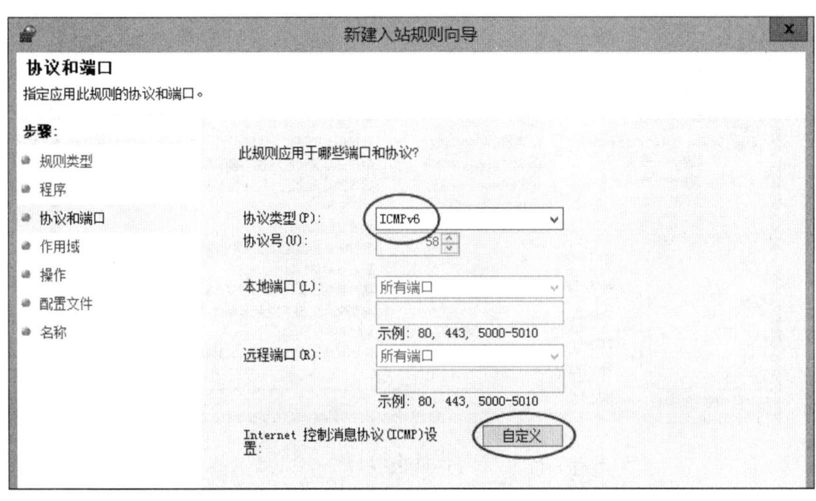

图 11-4-8

STEP 9　如图11-4-9所示为完成后的界面。

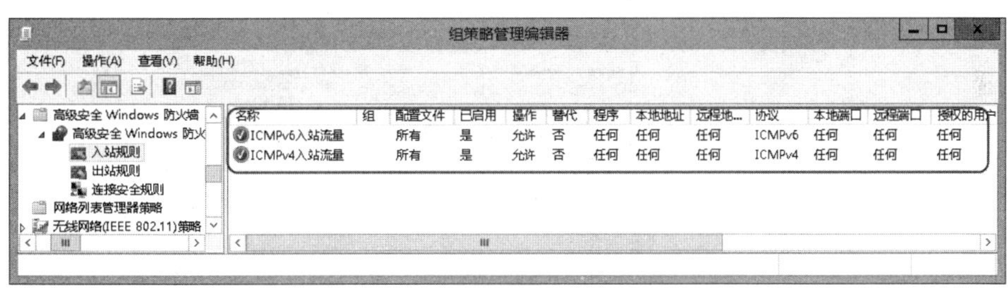

图 11-4-9

4. 更改“Web 服务器”证书模板设置

DirectAccess客户端需要利用https来连接DirectAccess服务器，例如本范例的客户端通过**https://da1.sayda.com:443/IPHTTPS**来连接DirectAccess服务器（可参考图11-2-52），因此DirectAccess服务器DA1需要一个主体名称为da1.sayda.com的**服务器身份验证**证书。

DirectAccess客户端也需要利用https来连接扮演**网络位置服务器**角色的APP1，等一下我们会设置让客户端通过**https://nls.sayms.local/**来连接**网络位置服务器**APP1，因此服务器APP1需要一个主体名称为nls.sayms.local的**服务器身份验证**证书。

等一下我们会替这两台服务器向企业CA申请**服务器身份验证**证书，而且要可以自行指定主体名称。我们可以通过企业CA的**Web服务器**证书模板来申请**服务器身份验证**证书，不过需要修改此模板的设置。

STEP 1　按⊞键切换到**开始**菜单➲**证书颁发机构**➲如图11-4-10所示选中并右击**证书模板**➲**管理**。

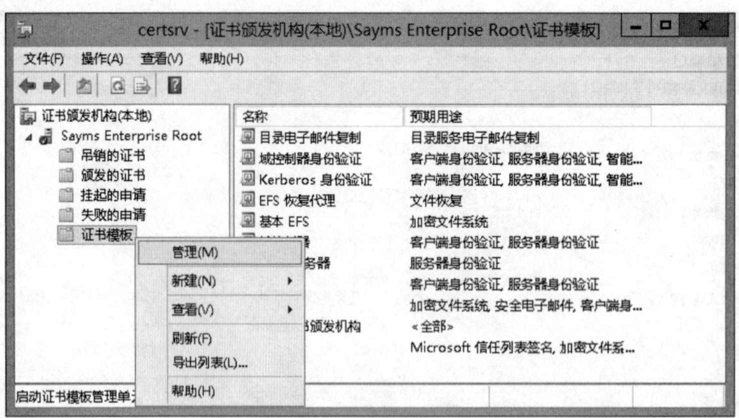

图 11-4-10

STEP 2 双击图11-4-11中的**Web服务器**模板。

图 11-4-11

STEP 3 在图11-4-12中**安全**选项卡下，通过添加按钮来让组Domain Computers拥有**读取**与**注册**权限（此图为完成设置后的界面）后单击确定按钮。

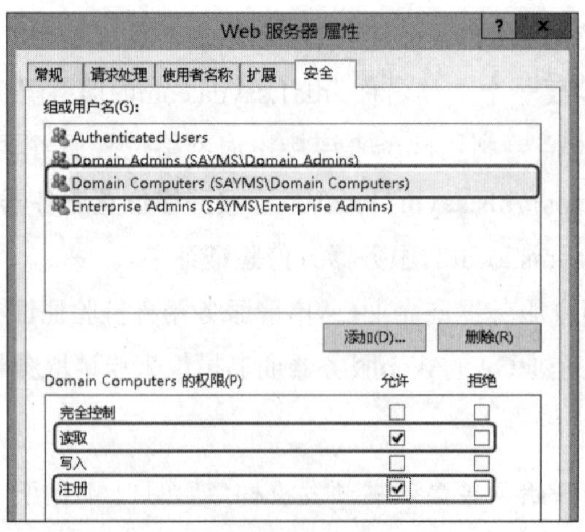

图 11-4-12

STEP 4 关闭**证书模板控制台**与**证书颁发机构控制台**窗口。

5. 通过组策略来让内部计算机自动安装 IPsec 所需的证书

若DirectAccess客户端与服务器双方使用IPsec计算机证书方式来验证身份，则双方都需要**客户端身份验证**证书，下面将通过组策略来让内部所有计算机都自动拥有**客户端身份验证**证书。我们可以通过企业CA的**工作站身份验证**模板来发放**客户端身份验证**证书，不过需修改此模板的设置。

STEP 1 按⊞键切换到**开始**菜单➲**证书颁发机构**➲展开Sayms Enterprise Root➲选中并右击**证书模板**➲**管理**。

STEP 2 双击图11-4-13中的**工作站身份验证**模板。

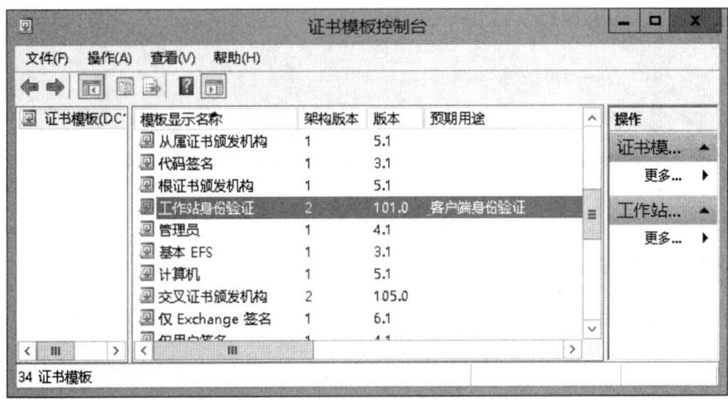

图 11-4-13

STEP 3 如图11-4-14所示勾选**在Active Directory中发布证书**。

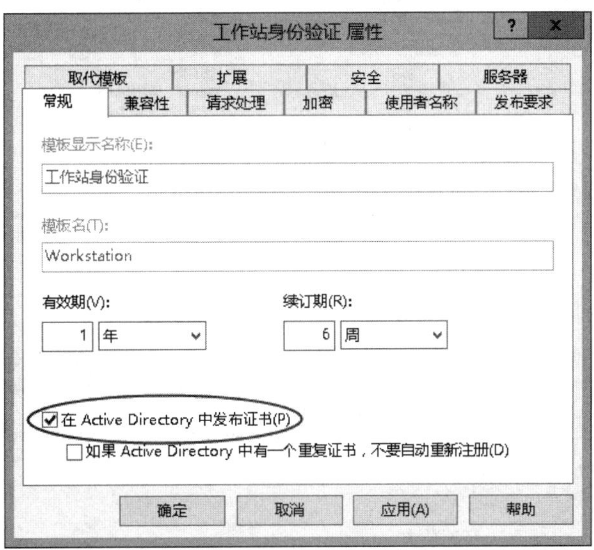

图 11-4-14

STEP 4 如图11-4-15所示单击**安全**选项卡➲单击Domain Computers➲勾选**自动注册**处的**允许**，完成后单击确定按钮。

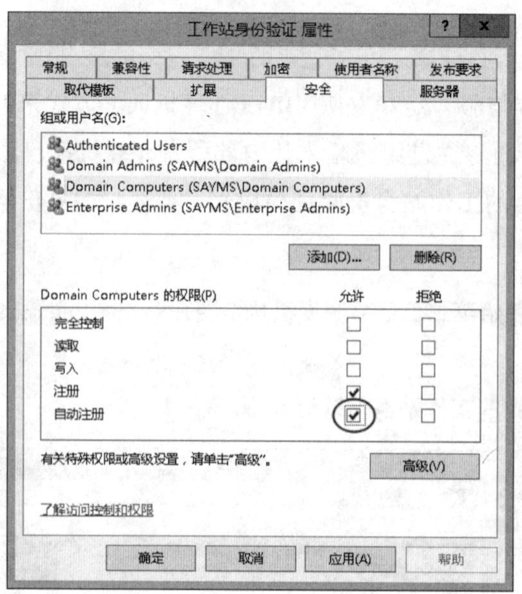

图 11-4-15

STEP 5 关闭**证书模板控制台**窗口。

STEP 6 如图11-4-16所示选中并右击**证书模板➲新建➲要颁发的证书模板**。

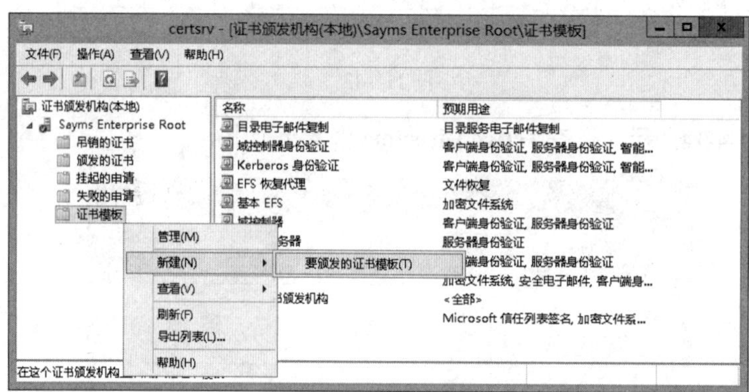

图 11-4-16

STEP 7 在图11-4-17中选择**工作站身份验证**模板后单击确定按钮。

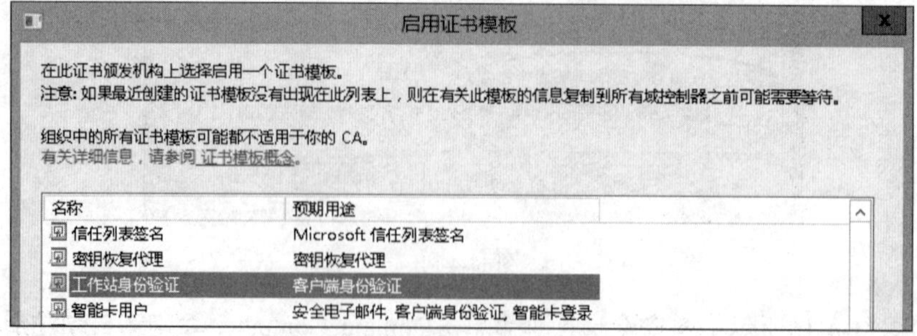

图 11-4-17

STEP 8　关闭**证书颁发机构控制台**窗口。

STEP 9　按⊞键切换到**开始**菜单➲**组策略管理**➲展开到域sayms.local➲选中并右击Default Domain Policy➲**编辑**。

STEP 10　展开**计算机配置**➲**策略**➲**Windows设置**➲**安全性设置**➲**公钥策略**➲如图11-4-18所示双击**证书服务客户端 - 自动注册**。

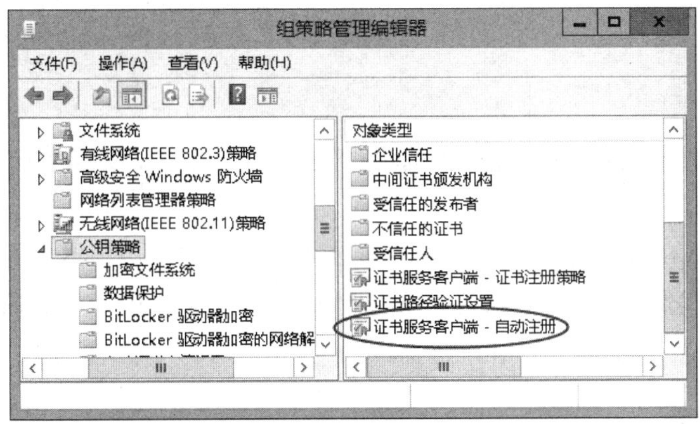

图 11-4-18

STEP 11　如图11-4-19所示设置后单击确定按钮。

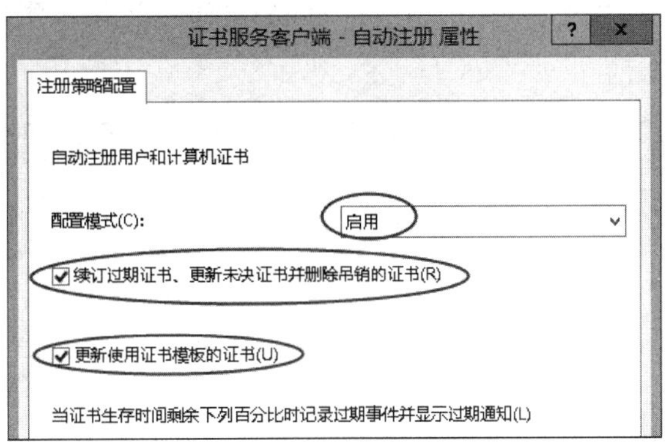

图 11-4-19

STEP 12　关闭**组策略管理编辑器**窗口。

STEP 13　若要让DirectAccess服务器DA1与客户端Win8PC1快速应用上述策略设置来安装**客户端身份验证**证书，则可在这两台计算机上执行**gpupdate /force**。

STEP 14　分别到DirectAccess服务器与客户端Win8PC1上通过以下方法来检查是否已经自动安装**客户端身份验证**证书：【按⊞+R键➲输入**MMC**后单击确定按钮➲**文件**菜单➲**添加/删除管理单元**➲选择**证书**后单击添加按钮➲选择**计算机账户**后依序单击下一步、完成、确定按钮➲展开**证书（本地计算机）**➲检查个人处是否有**使用目的**为**客户端身份验证**的证书】，图11-4-20所示为服务器DA1界面。

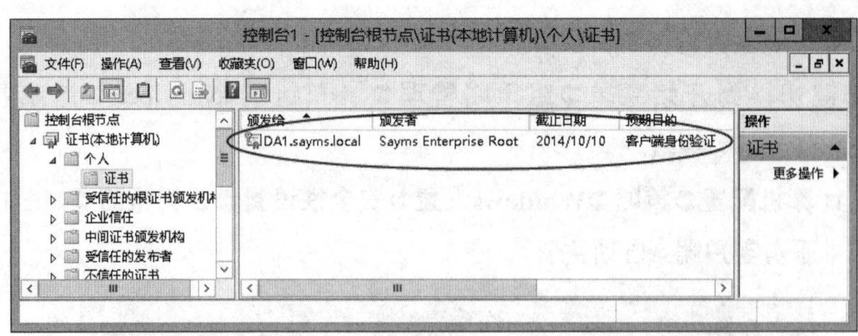

图 11-4-20

11.4.3　资源服务器APP1的设置

由于DirectAccess客户端需要通过https来连接扮演**网络位置服务器**角色的服务器APP1，因此APP1需要**服务器身份验证**证书。下面我们要在服务器APP1上安装**服务器身份验证**证书，然后将证书绑定（binding）到IIS网站。

1．安装服务器身份验证证书

STEP 1　按⊞+R键➲输入**MMC**后单击确定按钮➲选择**文件**菜单➲**添加/删除管理单元**➲从列表中选择**证书**后单击添加按钮➲在图11-4-21中选择**计算机账户**后依次单击下一步、完成、确定按钮。

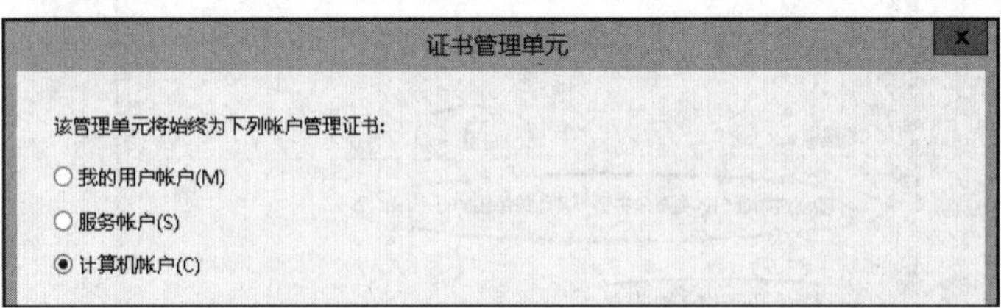

图 11-4-21

STEP 2　如图11-4-22所示展开**证书（本地计算机）**➲选中并右击**个人**➲**所有任务**➲**申请新证书**。

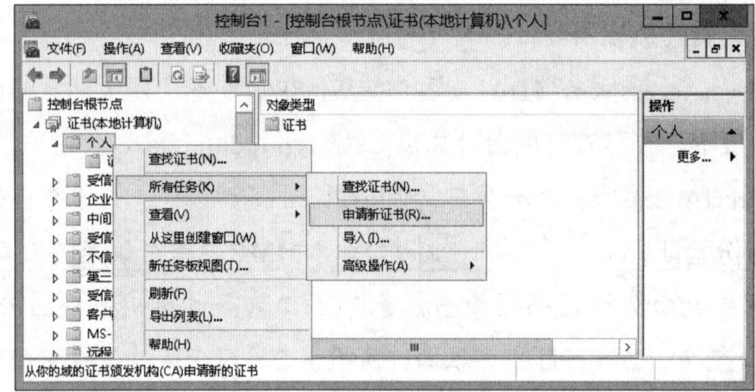

图 11-4-22

STEP 3　持续单击**下一步**按钮，直到出现如图11-4-23所示的**请求证书**界面时单击图中框起来的部分。

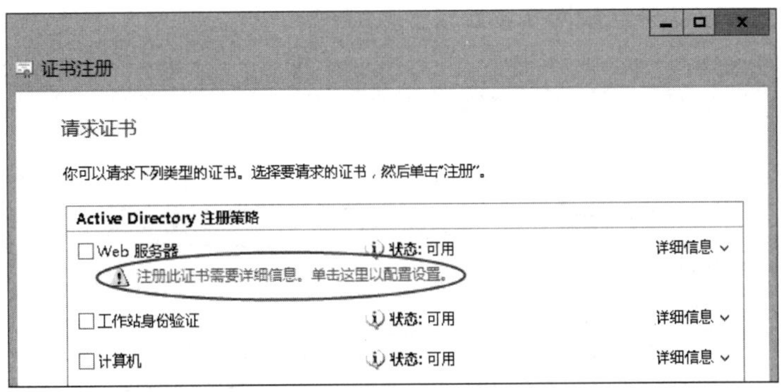

图 11-4-23

STEP 4　如图11-4-24所示在**使用者名称**的**类型**处选择**公用名**，在**值**处输入**nls.sayms.local**后依次单击**添加**、**确定**按钮。

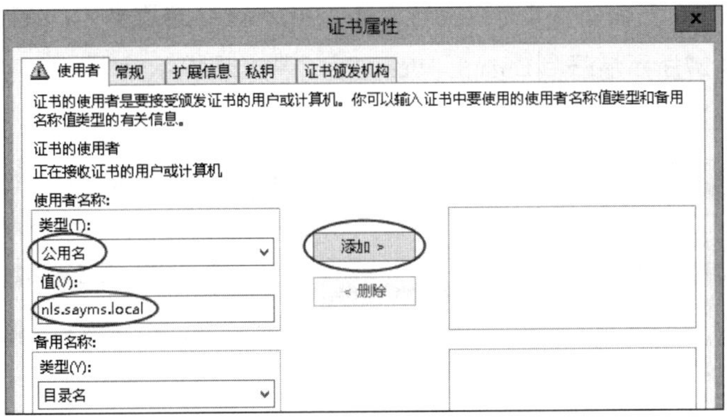

图 11-4-24

STEP 5　回到图11-4-25所示的界面时，勾选**Web服务器**（包含**服务器身份验证**证书）后单击**注册**按钮。

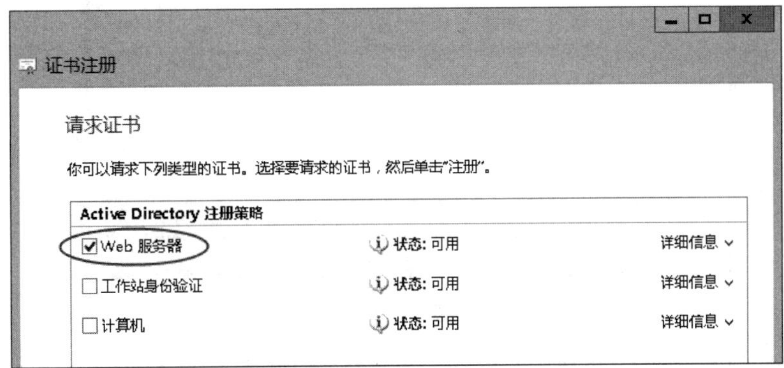

图 11-4-25

STEP 6 在**证书安装结果**界面中单击完成按钮。

STEP 7 图11-4-26所示为完成后的界面，图中的证书发放给nls.sayms.local，DirectAccess客户端会通过此名称来连接**网络位置服务器**APP1。

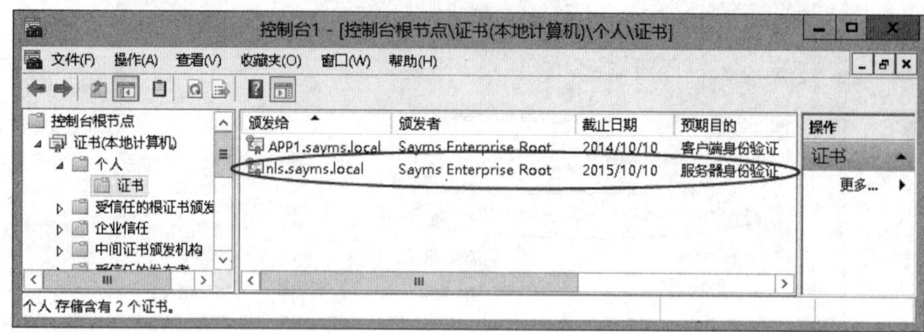

图 11-4-26

2. 将证书绑定到 IIS 网站

STEP 1 按⊞键切换到**开始**菜单➲**系统管理工具**➲**Internet 信息服务（IIS管理器）**。

STEP 2 如图11-4-27所示展开到Default Web Site（若出现提示信息，则直接单击否（N）按钮）➲单击右方的**绑定**。

图 11-4-27

STEP 3 如图11-4-28所示单击添加按钮。

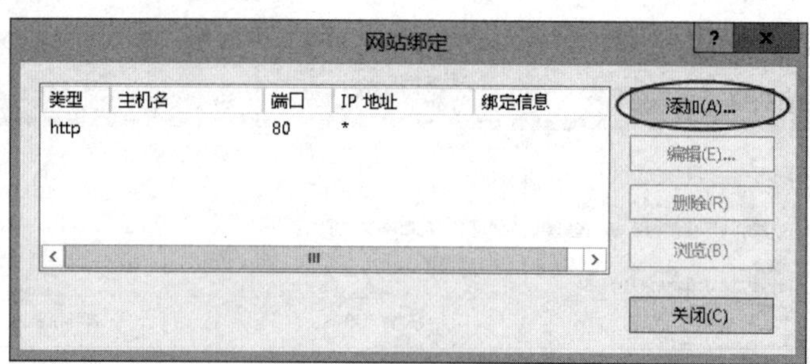

图 11-4-28

STEP 4 如图11-4-29所示在**类型**处选择**https**➲在**SSL证书**处选择**nls.sayms.local**后单击确定按钮➲单击关闭按钮。

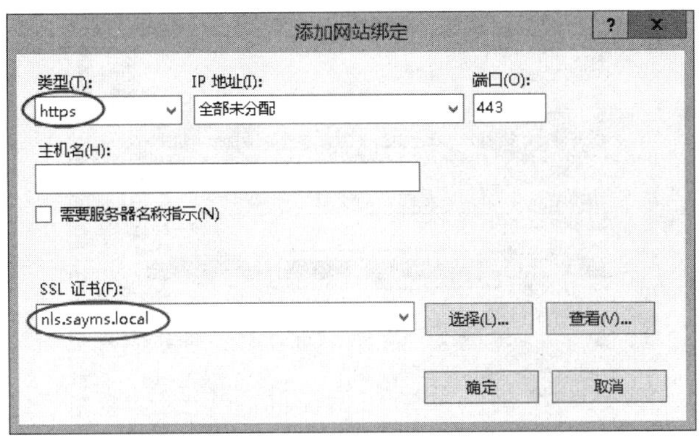

图 11-4-29

11.4.4 IPv4资源服务器APP2的设置

图11-4-30中计算机APP2是一台仅支持IPv4的服务器，用来提供网页与文件资源，DirectAccess客户端通过DirectAccess服务器的DNS64/NAT64来连接与访问此服务器内的资源。我们要到此台Windows Server 2003计算机上安装IIS网站、建立一个供测试用的共享文件夹。

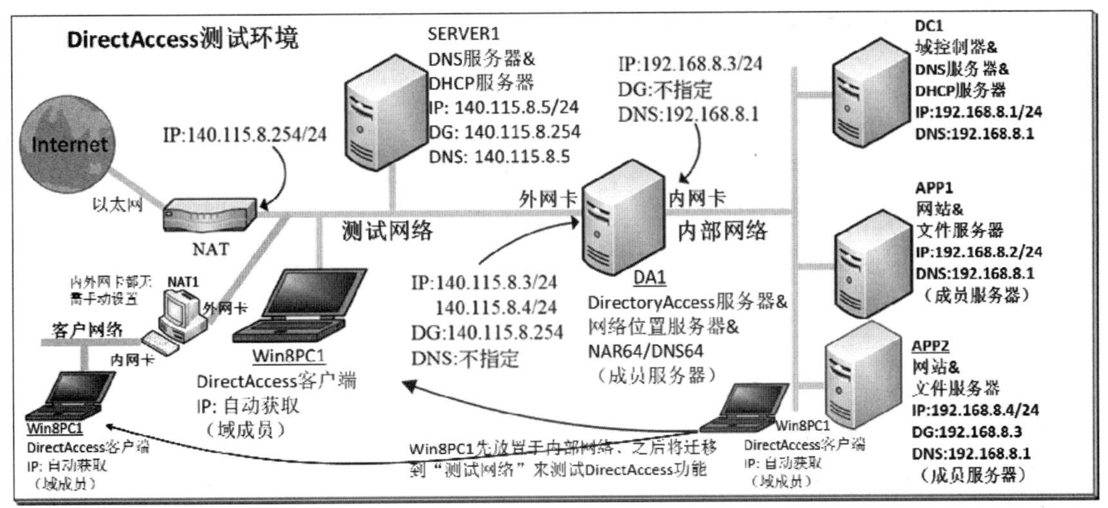

图 11-4-30

在计算机APP2上安装IIS网站：【**开始➲控制面板➲添加或删除程序➲添加/删除Windows组件➲**如图11-4-31所示勾选**应用程序服务器**后依次单击下一步、完成按钮】。

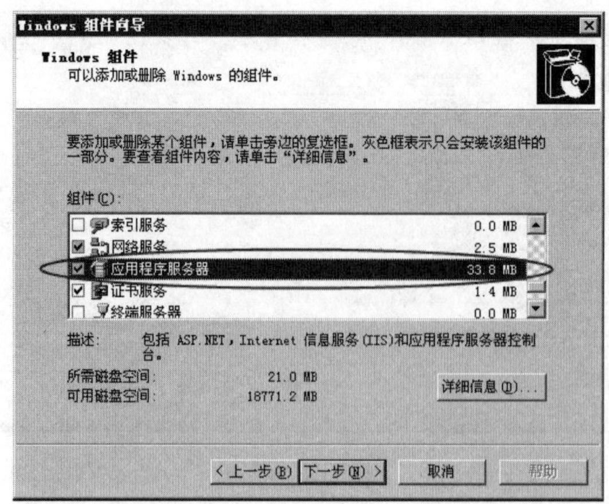

图 11-4-31

接着在C:\新建一个测试用的共享文件夹，例如图11-4-32中建立了一个名称为TestFolder2的文件夹，然后：【选中并右击TestFolder2➲**共享和安全**➲**共享此文件夹**➲单击确定按钮】将其设置为共享文件夹，并在此文件夹内随意添加一个文本文件：【选中并右击该文件夹右方空白处➲**新建**➲**文本文件**】，图11-4-32中的文件为file2.txt。

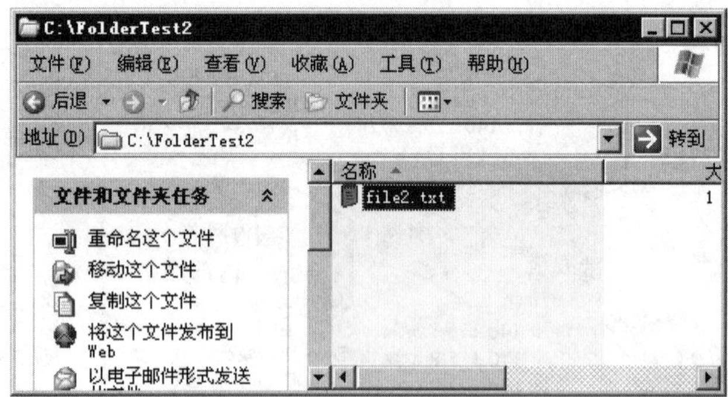

图 11-4-32

接下来到位于**内部网络**的客户端Win8PC1上来测试是否可连接到扮演文件服务器角色的APP2的共享文件夹：【按⊞+R键➲输入\\APP2\TestFolder2后单击确定按钮】，此时应该会如图11-4-33所示看到此共享文件夹内的文件file2。

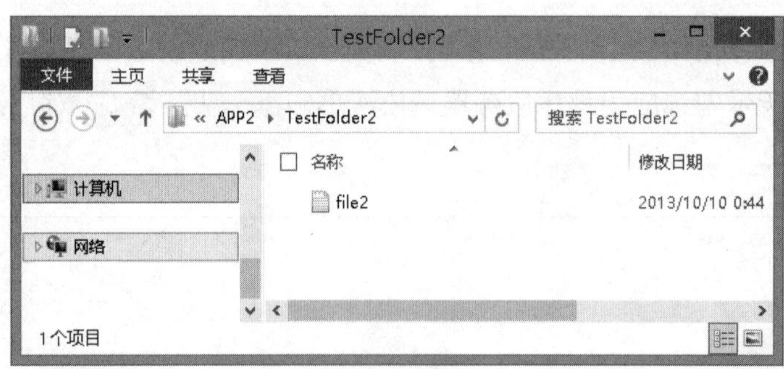

图 11-4-33

再来测试是否可以连接到同时也扮演网站角色的APP2内的网页：【打开Internet Explorer➲输入网址http://app2.sayms.local/】，此时应该可以看到如图11-4-34所示的界面。

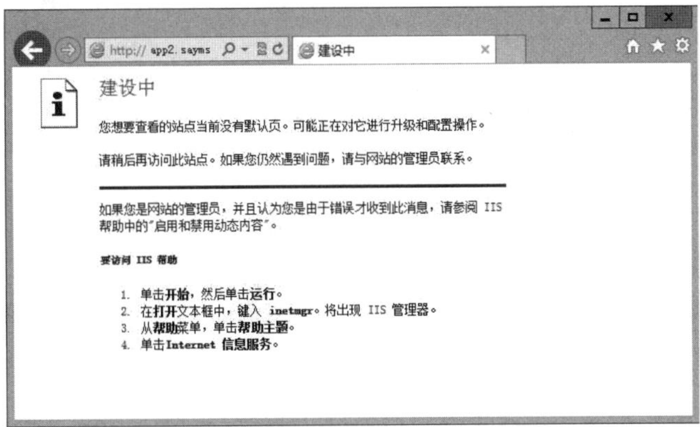

图 11-4-34

11.4.5 DirectAccess服务器DA1的设置

我们要在此台DirectAccess服务器DA1上完成以下两项工作。

- **安装"服务器身份验证"证书**：DirectAccess客户端需要利用HTTPS来连接DirectAccess服务器，故我们需要在DirectAccess服务器安装**服务器身份验证**证书。
- **将此服务器设置为DirectAccess服务器**：此服务器需要先安装**远程访问**角色，不过我们在前几个章节内已经安装过了，故此处仅需将其设置为DirectAccess服务器即可。

1. 安装"服务器身份验证"证书

STEP 1 按⊞+R键➲输入**MMC**后单击确定按钮➲选择**文件**菜单➲**添加/删除管理单元**➲从列表中选择**证书**后单击添加按钮➲在图11-4-35中选择**计算机账户**后依序单击下一步、完成、确定按钮。

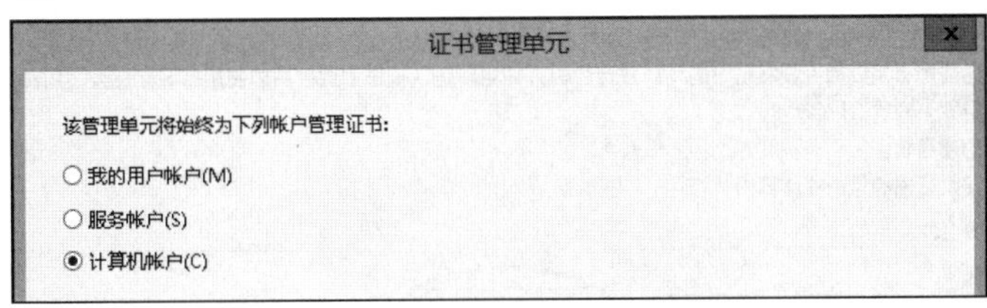

图 11-4-35

STEP 2 如图11-4-36所示展开**证书（本地计算机）**➲选中并右击**个人**➲**所有任务**➲**申请新证书**。

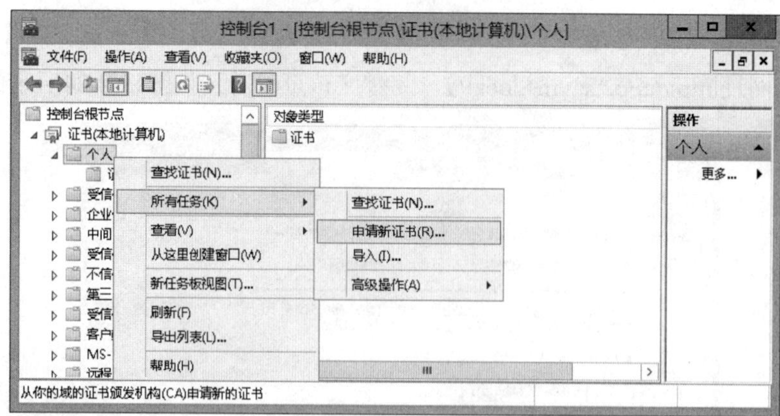

图 11-4-36

STEP 3　持续单击下一步按钮，直到出现如图11-4-37所示的**请求证书**界面时单击图中框起来的部分。

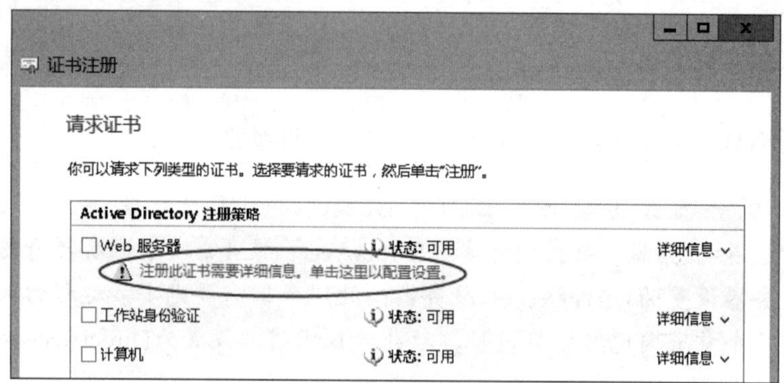

图 11-4-37

STEP 4　如图11-4-38所示在**使用者名称**的**类型**处选择**公用名**、在**值**处输入da1.sayda.com后依次单击添加、确定按钮。

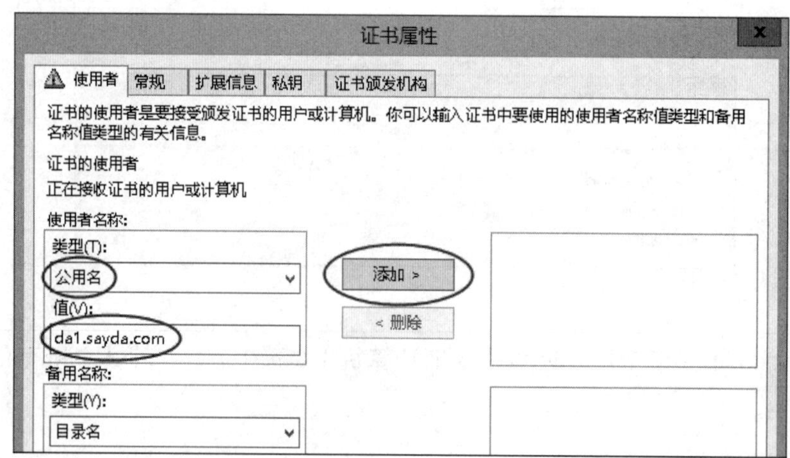

图 11-4-38

STEP 5 在图11-4-39中勾选**Web服务器**（包含**服务器身份验证**证书）后单击注册按钮。

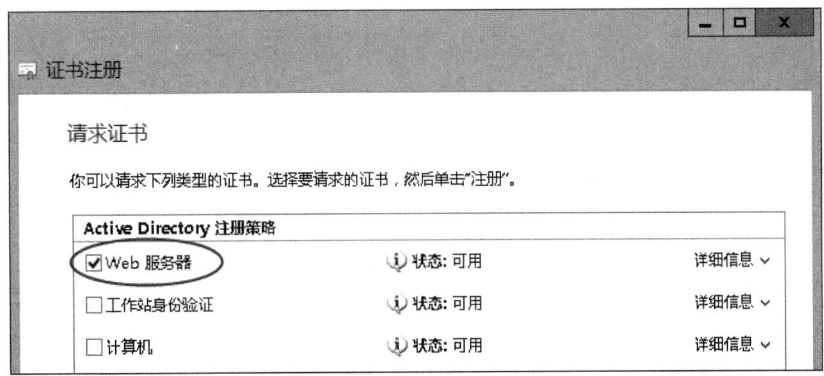

图 11-4-39

STEP 6 在**证书安装结果**界面中单击完成按钮。

STEP 7 图11-4-40所示为完成后的界面，图中的证书发放给da1.sayda.com，DirectAccess客户端会通过此名称来连接DirectAccess服务器DA1。

图 11-4-40

2. 将此服务器设置为 DirectAccess 服务器

由于此服务器已经安装了**远程访问**角色，因此我们将直接通过**远程访问管理**控制台来将其设置为DirectAccess服务器。

STEP 1 到DA1计算机上利用域系统管理员身份（sayms\administrator）登录。

STEP 2 按⊞键切换到**开始**菜单（➲**系统管理工具**）➲**远程访问管理**➲单击图11-4-41中的**运行远程访问设置向导**。

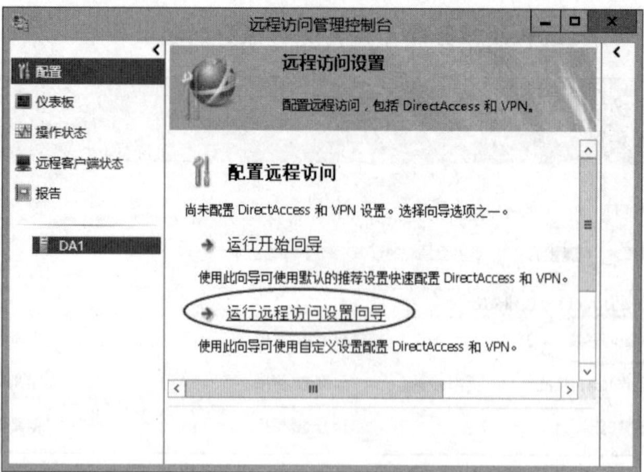

图 11-4-41

STEP 3 单击图11-4-42中的**仅部署DirectAccess**。

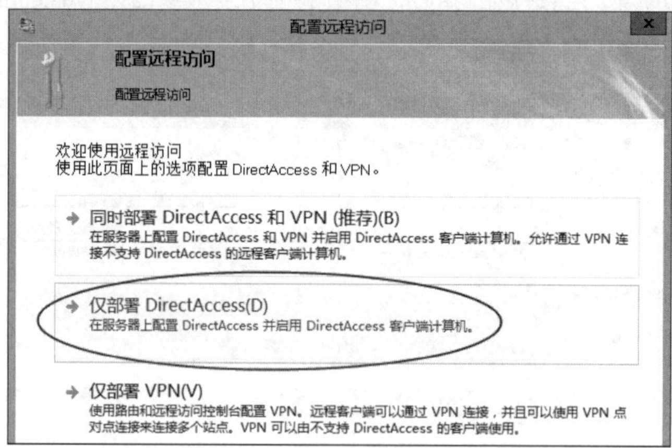

图 11-4-42

STEP 4 单击图11-4-43**步骤1**（远程客户端）中的配置按钮。

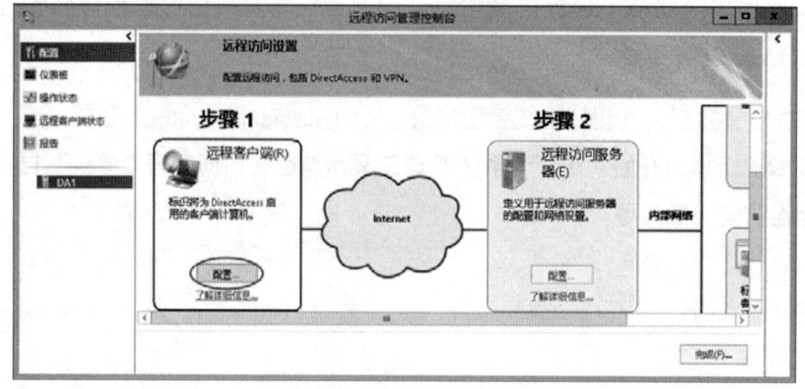

图 11-4-43

STEP 5 如图11-4-44所示来选择后单击下一步按钮。

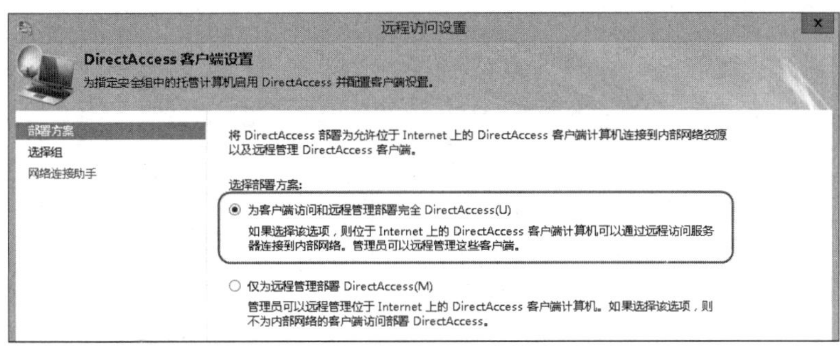

图 11-4-44

STEP 6　如图11-4-45所示设置后单击下一步按钮。图中通过单击添加按钮选择组DirectAccessClients，表示要将DirectAccess的相关设置通过组策略来应用到此组内的客户端（目前此组内仅包含客户端Win8PC1）。

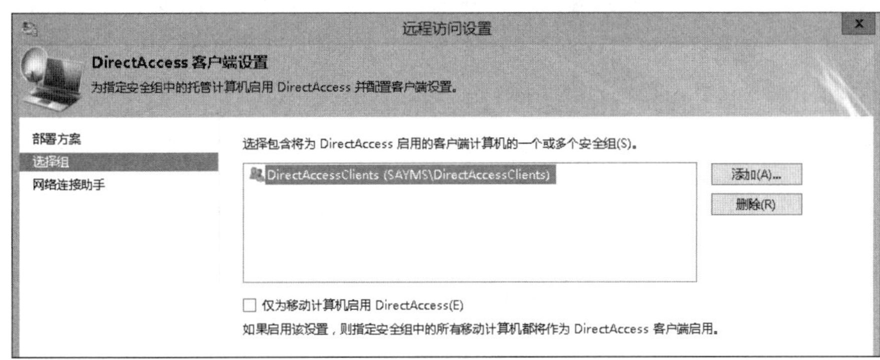

图 11-4-45

STEP 7　在图11-4-46中为此DirectAccess连接命名（假设是**内部网络直接连接**）后单击完成按钮。

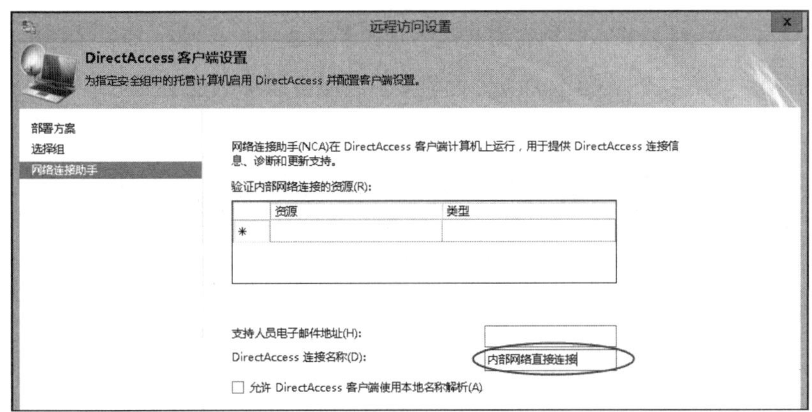

图 11-4-46

STEP 8　单击图11-4-47**步骤2**（远程访问服务器）中的配置按钮。

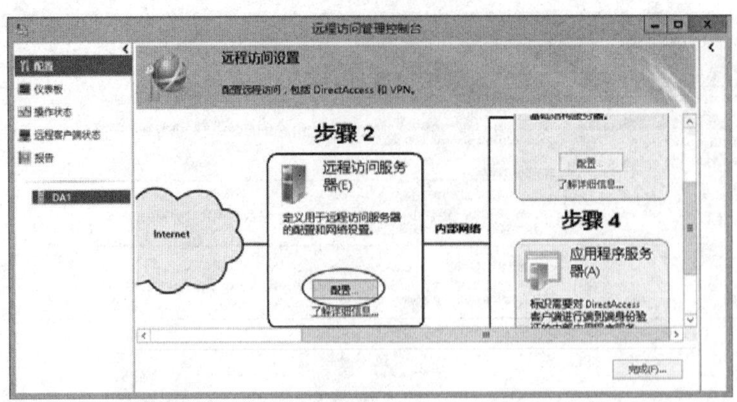

图 11-4-47

STEP 9 确认图11-4-48中选择**边缘**，在下方输入DirectAccess客户端用来连接DirectAccess服务器DA1的名称后单击下一步按钮。图中将此名称设置为da1.sayda.com，它需与图11-2-18中所设置的主机名相同，也需与我们替DirectAccess服务器DA1所申请的**服务器身份验证**证书的主体名称相同（参见图11-4-38）。

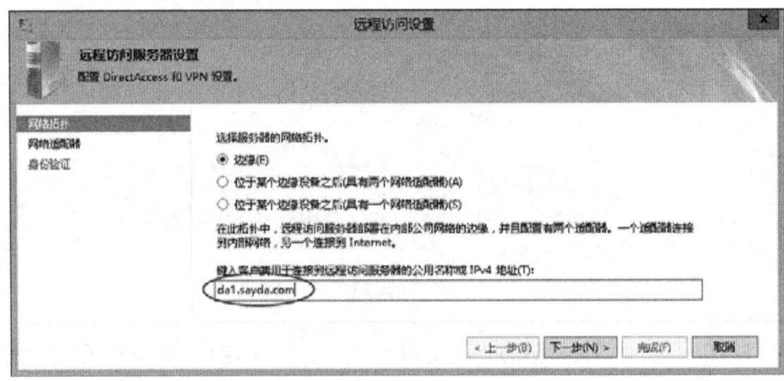

图 11-4-48

STEP 10 等向导自动在图11-4-49中的**测试网络**与**内部网络**的接口填上相关数据，并确认它自动替DA1的IP-HTTPS连接选择我们之前安装的**服务器身份验证**证书（CN=da1.sayda.com）后单击下一步按钮。

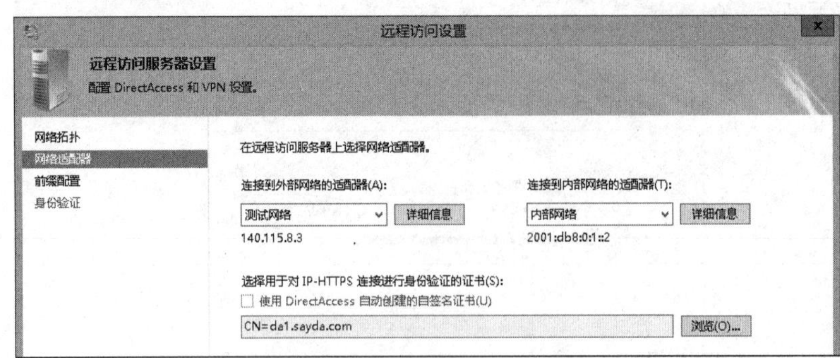

图 11-4-49

STEP 11　出现图11-4-50所示的界面时单击下一步按钮。

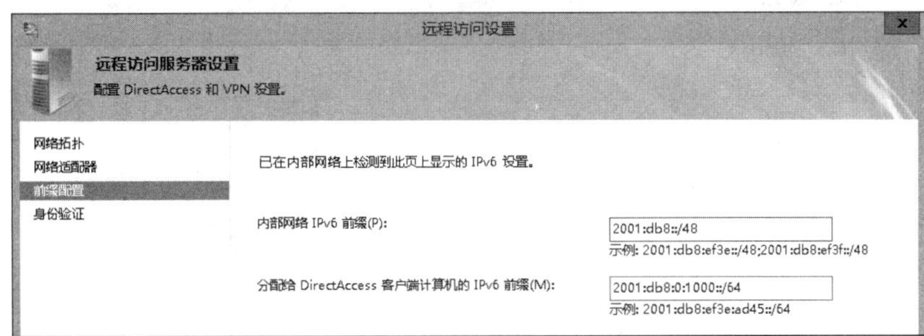

图 11-4-50

STEP 12　在图11-4-51中勾选**使用计算机证书**后单击浏览按钮。

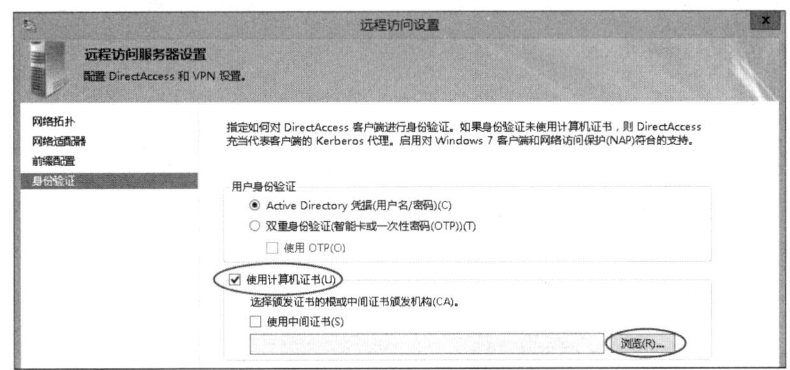

图 11-4-51

STEP 13　在图11-4-52中选择发放证书的CA后单击确定按钮。

图 11-4-52

STEP 14　回到**身份验证**界面时单击完成按钮。

STEP 15　单击图11-4-53**步骤3**（基础结构服务器）中的设置按钮。

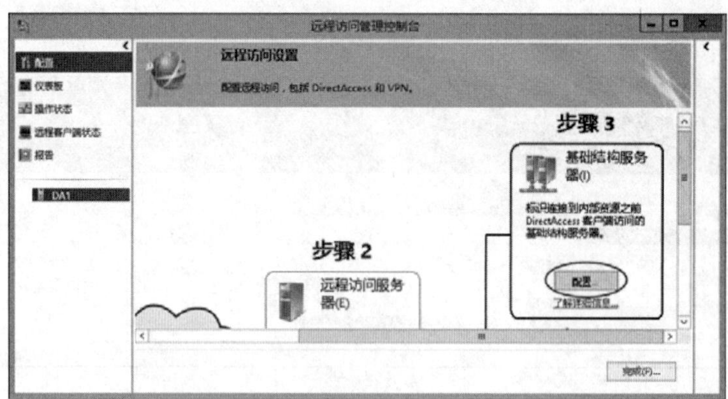

图 11-4-53

STEP 16 如图 11-4-54 所示输入客户端用来连接**网络位置服务器**的 URL，也就是 **https://nls.sayms.local/**，然后单击验证按钮来验证此URL是否正确。完成验证后单击下一步按钮。

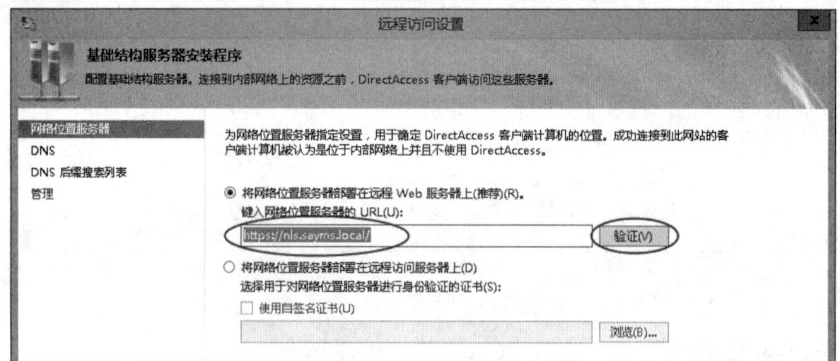

图 11-4-54

STEP 17 出现图11-4-55所示的界面时直接单击下一步按钮。此界面上的设置值是用来决定客户端的NRPT内的策略。

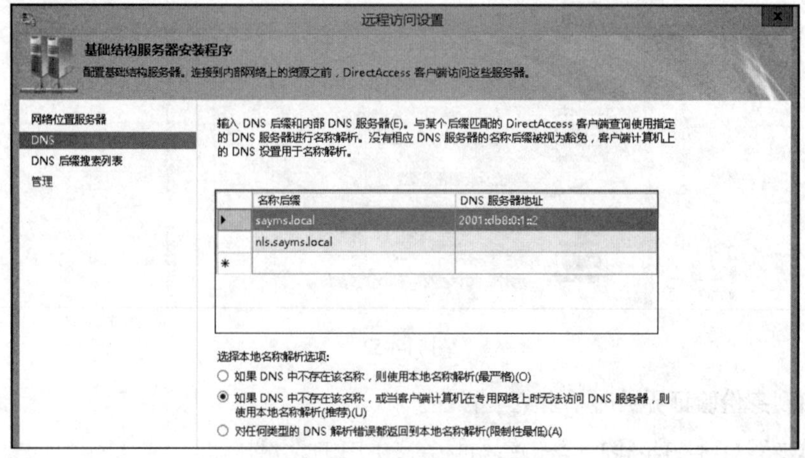

图 11-4-55

STEP 18 继续单击下一步按钮，在最后的**管理**界面单击完成按钮。

STEP 19 在图11-4-56所示的界面中单击完成按钮。

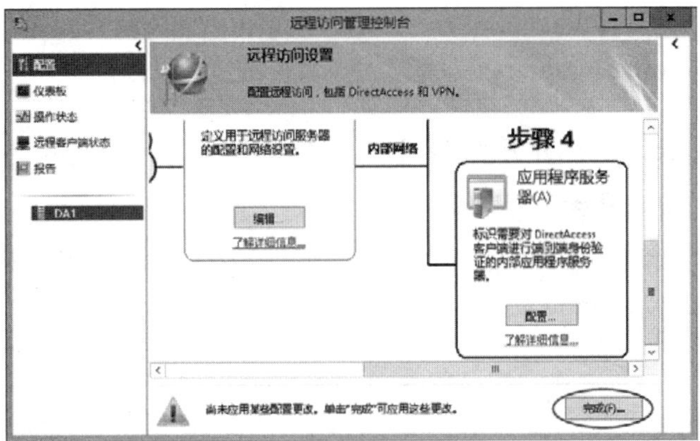

图 11-4-56

STEP 20 出现图11-4-57所示的**远程访问审阅**界面时单击应用按钮。

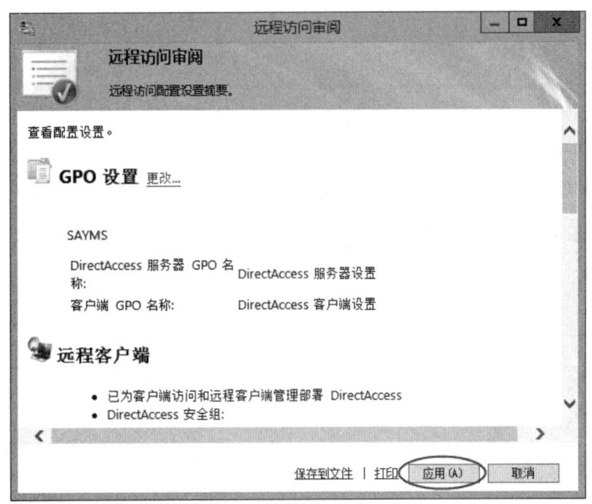

图 11-4-57

STEP 21 完成应用后单击关闭按钮（若出现与Teredo有关的ICMP警告，则不必理会，因为我们已经将内部主机的**Windows防火墙**的ICMP流量开放了）。

STEP 22 单击左下方的**Windows PowerShell**图标，然后执行以下命令（参见图11-4-58）：

```
netsh interface ipv6 add route 2001:db8:1::/48 publish=yes interface="内部网络"
```

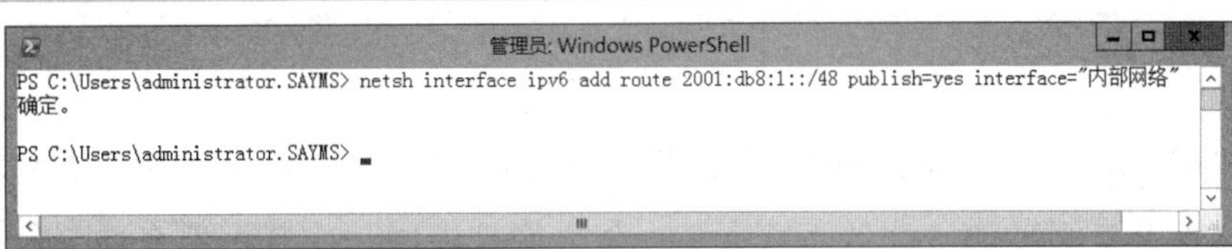

图 11-4-58

> **附注**
>
> 在写这本书时使用的是Windows Server 2012 R2版本，若未执行上述命令，则在下一个步骤的图中的**Network adapters**处可能会显示黄色的惊叹号警告。

STEP 23 稍后，单击图11-4-59左方的**操作状态**，确认图中的所有项目的状态都是绿色的**工作**。可以通过右边的**刷新**来查看最新的状态。

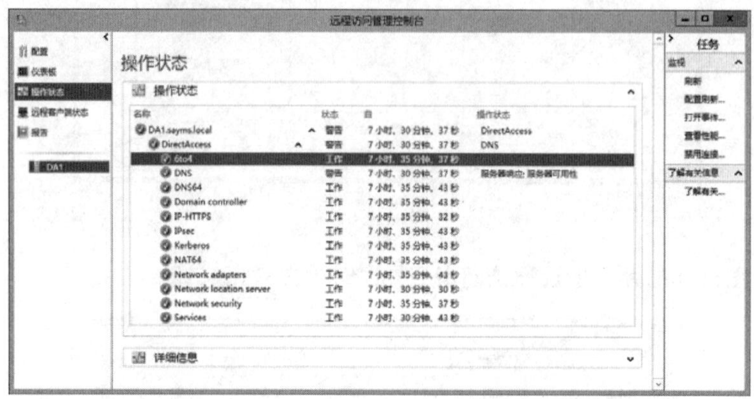

图 11-4-59

设置向导会在Active Directory内建立两个组策略对象（GPO），如图11-4-60所示，其中的**DirectAccess客户端设置**用来应用到我们所建立的客户端组DirectAccessClients（见图右下方的**安全筛选**。客户端Win8PC1位于此组内），另一个**DirectAccess服务器设置**用来应用到DirectAccess服务器DA1。

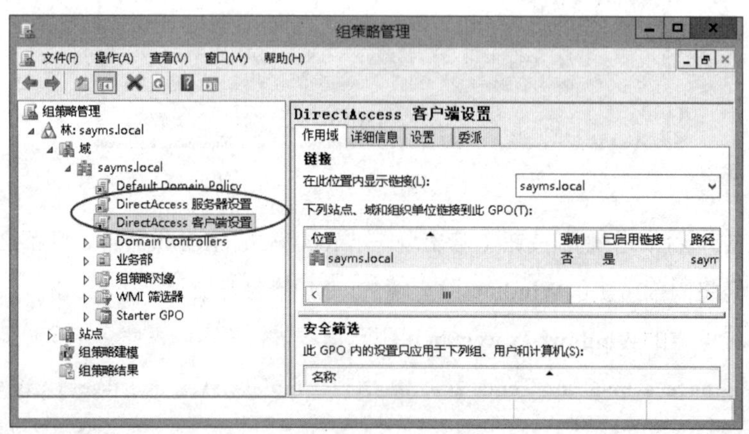

图 11-4-60

接着【按⊞+R键➲输入**wf.msc**后单击确定按钮】，如图11-4-61所示可以看到**域配置文件**与**公用配置文件**都是**活动的**。注意若**Windows防火墙**被停用，或**域配置文件**与**公用配置文件**之一被停用，则DirectAccess功能将无法正常工作。

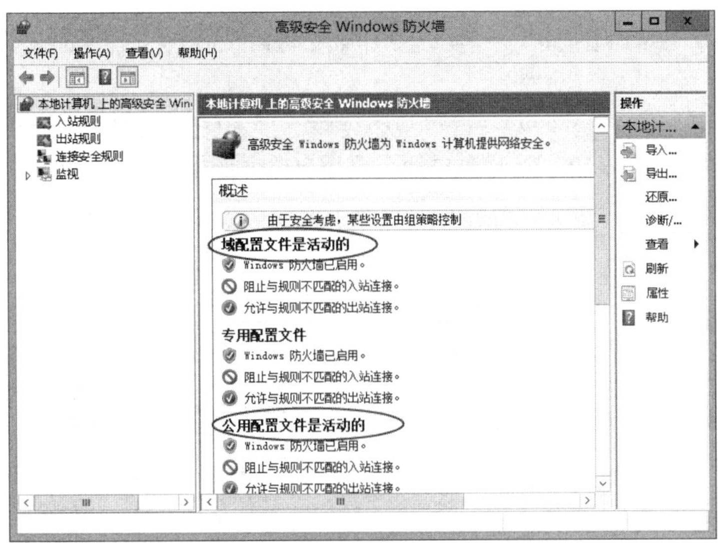

图 11-4-61

继续单击图中的**连接安全规则**后，如图11-4-62所示可以看到两个规则，其中的**DirectAccess 策略-DaServerToCorp**用在建立**内部网络通道**，而**DirectAccess 策略-DaServerToInfra**用在建立**基础结构通道**。

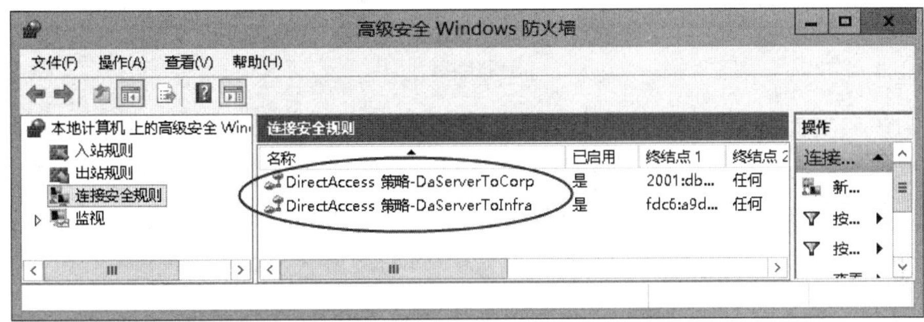

图 11-4-62

也可以打开**Windows PowerShell**窗口，然后执行**Get-NetTeredoState**命令（或**netsh interface teredo show state**命令）来查看Teredo的状态（参见图11-4-63），图中可看出Teredo是处于online状态。

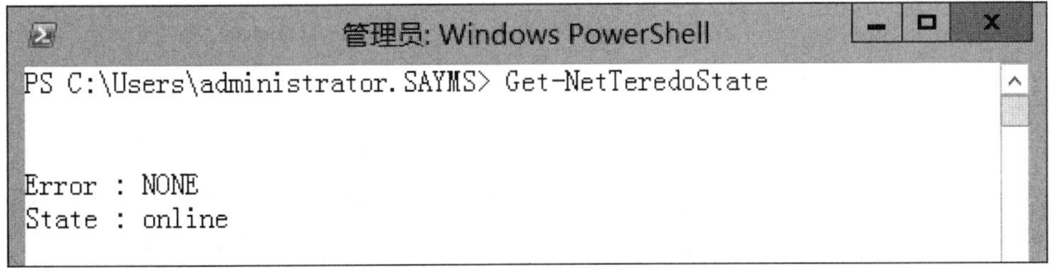

图 11-4-63

11.4.6 将客户端Win8PC1移动到内部网络来应用组策略设置

等一下我们会将客户端Win8PC1移动到因特网（例如图11-4-64中的**测试网络**），此时其所获得的IP地址会是public IP，因此客户端会采用6to4来连接DirectAccess服务器，然而目前使用6to4还有点小问题，导致无法连接成功，而且也并不会如预期的自动改用IP-HTTPS，因此连接会失败。

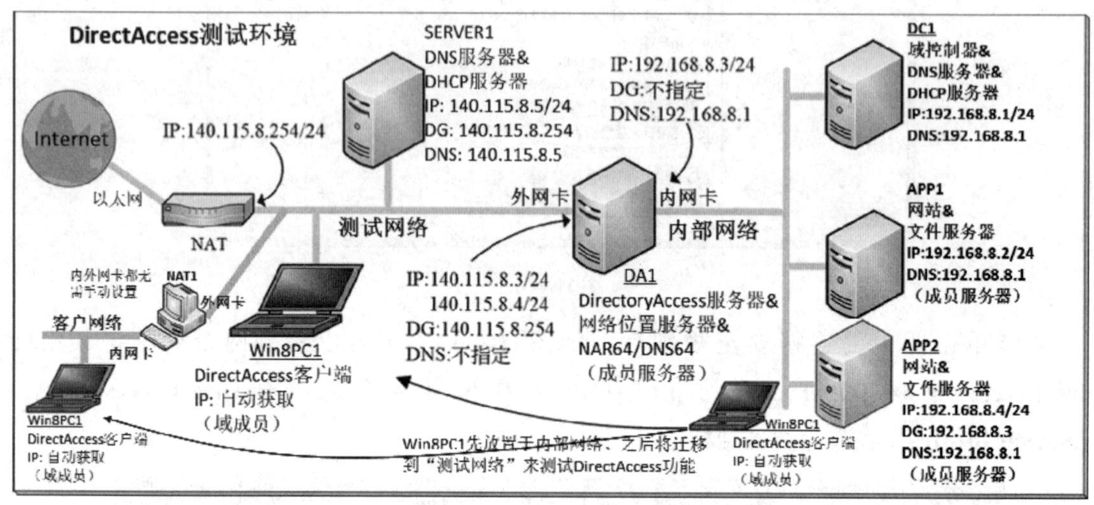

图 11-4-64

为了让客户端能够直接使用IP-HTTPS来连接DirectAccess服务器，故我们通过以下步骤来停用客户端的6to4：【到客户端Win8PC1上按⊞键切换到**开始**菜单➲选中并右击空白处➲单击**所有应用**➲单击Windows PowerShell➲如图11-4-65所示执行**netsh interface 6to4 set state disabled**】。

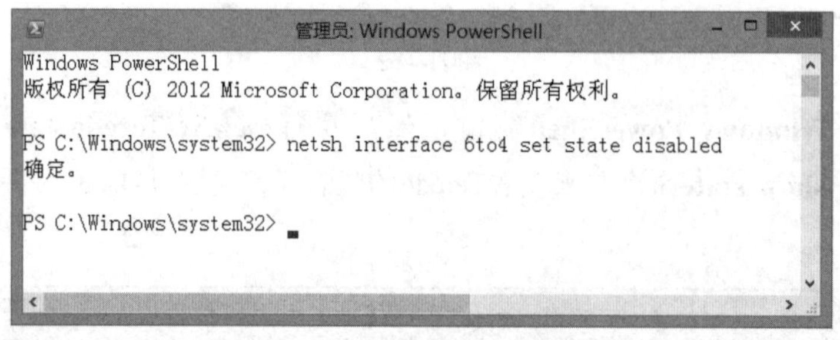

图 11-4-65

建议通过前面图11-4-60中的GPO“**DirectAccess客户端设置**”来将6to4的停用设置应用到所有DirectAccess客户端，其设置是位于：【**计算机配置**➲**策略**➲**系统管理模板**➲**网络**➲**TCPIP设置值**➲IPv6转换技术➲双击**设置6to4状态**➲选择**已启用**➲在**从以下状态中选择**选项中选择**已禁用状态**】。

> **附注**
>
> 即使6to4的功能都正常，由于目前电信厂商一般并未开放6to4的流量（协议号码为41），因此DirectAccess客户端可能还是无法通过6to4来连接DirectAccess服务器。

客户端Win8PC1将直接沿用前一章节的设置。请通过以下步骤来检查客户端Win8PC1的DirectAccess设置。

STEP 1 将客户端Win8PC1移动到内部网络，然后如图11-4-66所示执行**gpupdate /force**命令来快速应用组策略（若还未应用）。

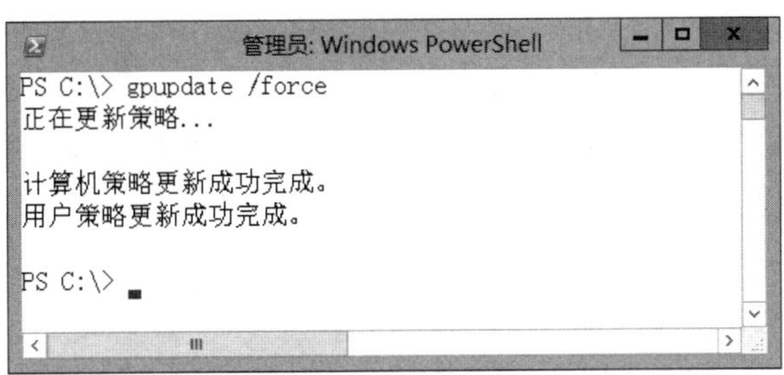

图 11-4-66

STEP 2 在客户端Win8PC1查看被应用到客户端的NRPT规则：【按⊞键切换到**开始**菜单➲选中并右击空白处➲单击**所有应用**➲单击Windows PowerShell➲如图11-4-67所示执行**netsh namespace show policy**（或**Get-DnsClientNrptPolicy**）】，表中有如下两个规则。

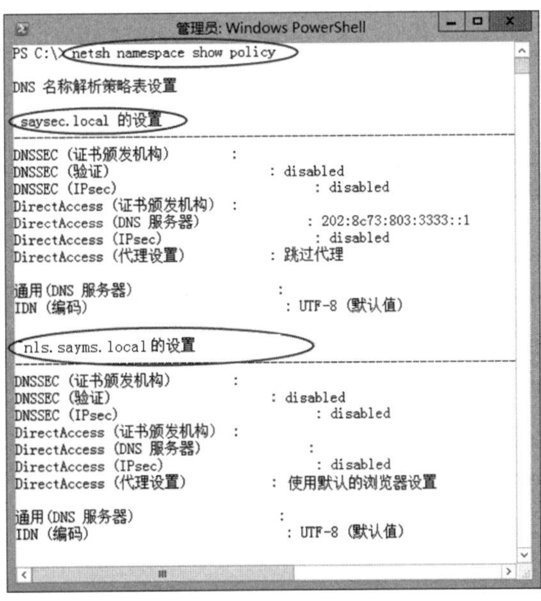

图 11-4-67

- **.sayms.local规则**：表示当DirectAccess客户端在因特网上（图11-4-64中的**测试网络**）要查询后缀为.sayms.local的主机的IP地址时，会向IPv6地址为2001:db8:1::3的DNS服务器查询，此服务器就是DirectAccess服务器。
- **nls.sayms.local规则**：它是**网络位置服务器**的FQDN，由于此规则的DNS服务器字段处为空白，故客户端在因特网上要查询nls.sayms.local的IP地址时，会向常规DNS服务器来查询，此DNS服务器是通过DHCP服务器SERVER1的选项来指定的（参见图11-2-19前景图中的**006 DNS服务器**，其IP地址为140.115.8.5，也就是SERVER1）。

  客户端只有在内部网络才查询得到nls.sayms.local的IP地址（向扮演DNS服务器角色的DC1查询，请到DC1查看是否确实有此记录），进而与其通信。当客户端在因特网（**测试网络**）时，是向DNS服务器SERVER1查询nls.sayms.local的IP地址，但SERVER1内并没有此记录，即使再向外查询也查不到，因此客户端就无法与**网络位置服务器**通信，客户端便据以判断其位于因特网上。

若DirectAccess客户端在因特网上要查询的主机名或其后缀未列在表格中，例如www.microsoft.com，则它也会向一般DNS服务器查询，也就是通过DHCP服务器SERVER1指定的DNS服务器（140.115.8.5）。

STEP 3 客户端Win8PC1必须“不是”位于内部网络，以上NRPT规则对客户端才有效，但客户端Win8PC1目前在内部网络，故这些规则目前并没有作用。可以通过如图11-4-68所示的**netsh namespace show effectivepolicy**命令来查看目前有效的规则，图中并未显示之前的两个规则（这是正确的）。

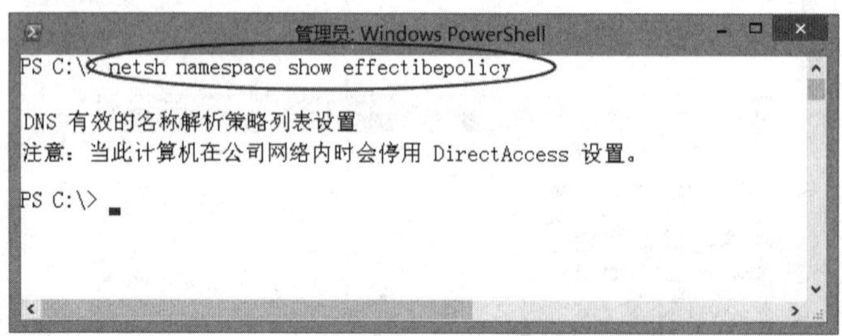

图11-4-68

STEP 4 可以通过图11-4-69中**Get-NCSIPolicyConfiguration**命令来查看**网络连接状态指示器**（Network Connectivity Status Indicator，NCSI）的相关设置，客户端通过图中最后一行的 **https://nls. sayms.local/**来连接**网络位置服务器**，由于使用https，因此**网络位置服务器**APP1需要证书（我们在前面已经申请过证书了）。客户端只要可以通过此URL来连接**网络位置服务器**，便表示客户端位于内部网络。

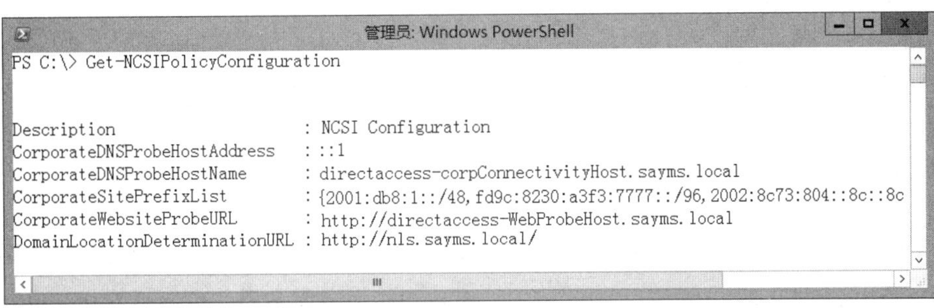

图 11-4-69

STEP 5 执行如图11-4-70所示的**Get-DAConnectionStatus**命令来验证客户端目前处于内部网络，图中的ConnectLocally表示客户端在内部网络。

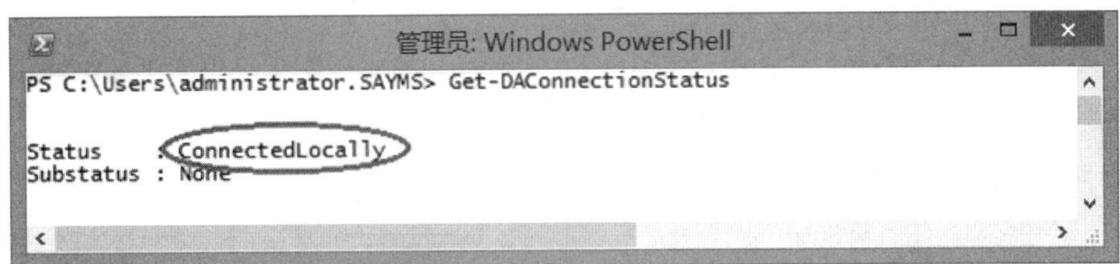

图 11-4-70

附注

1．若客户端的Network Connectivity Assistant服务未启动，则执行上述命令会有错误提示。若需手动启动此服务，则【按⊞键切换到**开始**菜单➲选中并右击空白处➲单击**所有应用**➲选中并右击**计算机**➲**管理**➲单击**服务和应用程序**➲**服务**】。

2．若发生客户端**Windows防火墙**被停用的情况，则手动将其启用，否则会影响到DirectAccess功能。

11.4.7 将客户端Win8PC1移动到因特网来测试DirectAccess

请先执行**netsh interface 6to4 show state**命令来查看其6to4是否如我们所希望的在停用状态。如图11-4-71所示的disabled表示为停用。

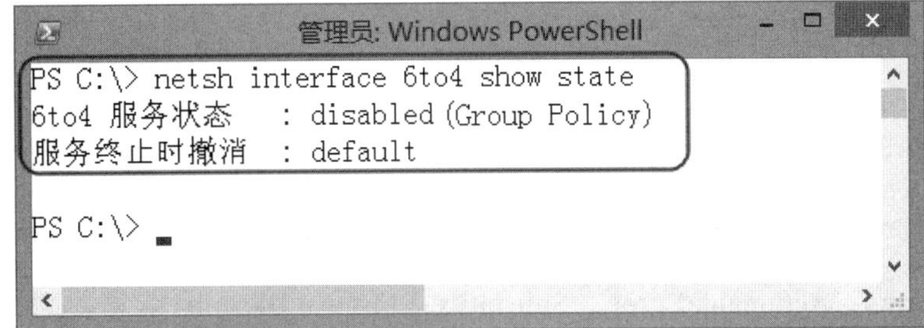

图 11-4-71

当我们将客户端计算机Win8PC1移动到因特网（图11-4-64中的**测试网络**）后，等一小段时间后，Win8PC1应该会从DHCP服务器（SERVER1）取得IP地址与DNS服务器等选项设置值，此时将鼠标指针移到桌面界面右下角的**网络**图标，它会显示**Internet访问**信息，表示可以上网。

STEP 1 由于客户端无法通过**测试网络**中的DNS服务器SERVER1解析到**网络位置服务器**nls.sayms.local的IP地址，因此无法连接到**网络位置服务器**，此时客户端会认为其位于因特网，故NRPT内的规则有效，可以通过如图11-4-72所示的**netsh namespace show effectivepolicy**命令来查看，图中显示NRPT内的两个有效规则。

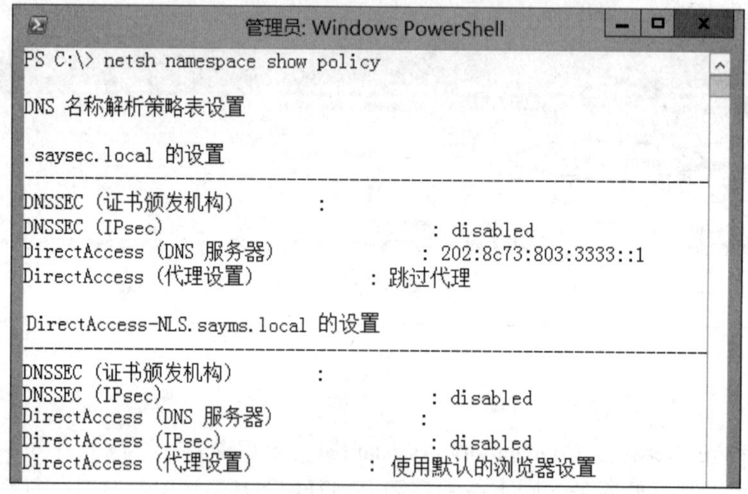

图 11-4-72

STEP 2 通过执行**Get-DAConnectionStatus**命令来查看连接状态，如图11-4-73所示的ConnectRemotely（可能需等一小段时间）表示客户端位于因特网，而且可以通过DirectAccess服务器访问内部网络。

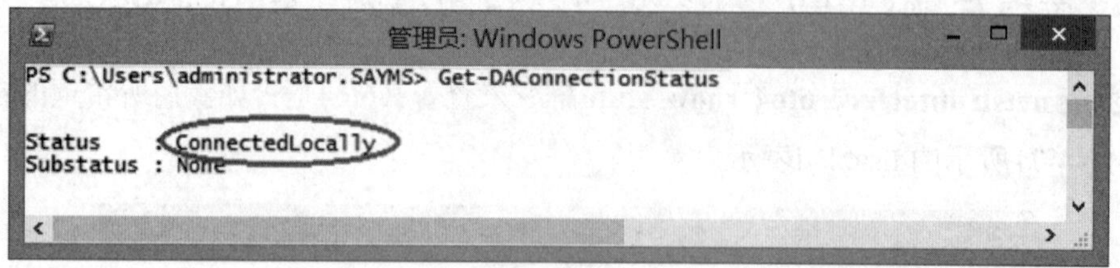

图 11-4-73

若出现**Status**：**ActionableError**、**Substatus**：**FirewallDisabled**信息，则将客户端的**Windows防火墙**打开，并建议重新启动客户端计算机。

STEP 3 在单击桌面界面右下角的**网络**图标后，它会显示如图11-4-74所示的界面，表示客户端已经连接到内部网络。

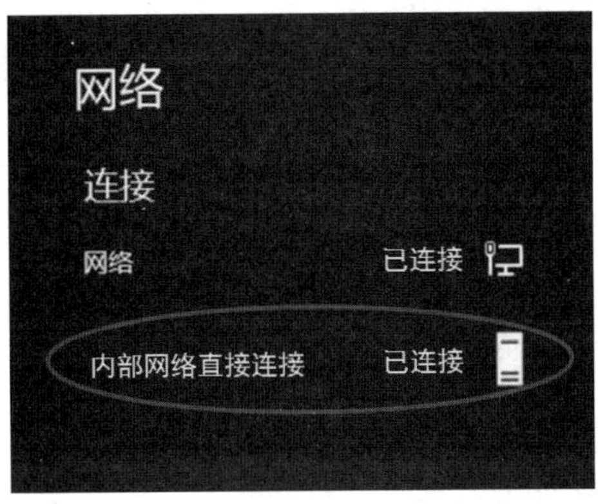

图 11-4-74

STEP 4 执行如图11-4-75所示的**ping app1.sayms.local**命令后，会得到图中的响应，其中的IPv6地址2001:db8:1::2就是IPv6主机APP1的IPv6地址。

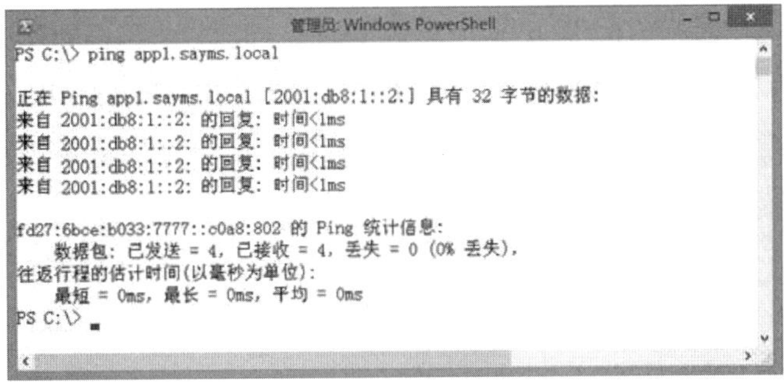

图 11-4-75

STEP 5 接下来测试是否可以连接到内部网络扮演文件服务器角色的IPv6主机APP1的共享文件夹：【按⊞+R键➲输入\\APP1\TestFolder后单击确定按钮】，此时应该会如图11-4-76所示看到此共享文件夹内的文件file1。

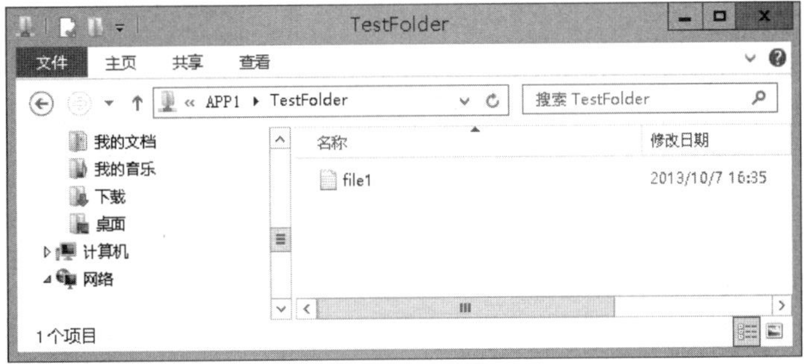

图 11-4-76

STEP 6 再来测试是否可以连接到同时扮演网站角色的IPv6主机APP1的网页：【启动Internet

Explorer➲输入网址**http://app1.sayms.local/**】，此时应该可以看到如图11-4-77所示的界面。

图 11-4-77

STEP 7 在执行如图11-4-78所示的**ping app2.sayms.local**命令后，会得到图中的IPv6地址响应，此IPv6地址就是我们在图11-1-2中**步骤（4）**中所述，是由DirectAccess服务器的DNS64自行利用**动态前缀**+**服务器APP2（IPv4主机）的IPv4地址**所组合成的。

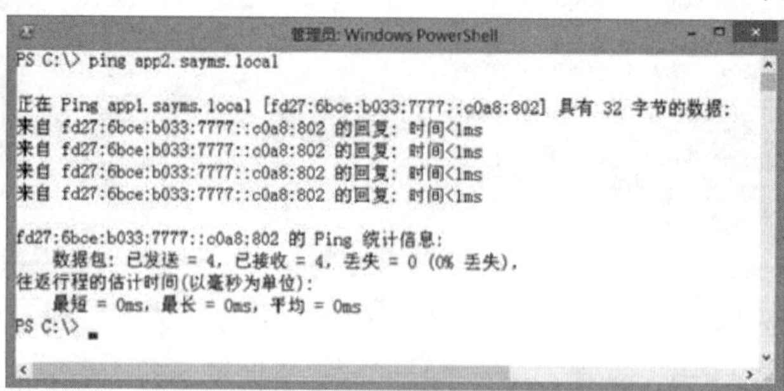

图 11-4-78

STEP 8 接下来测试是否可以连接到内部网络扮演文件服务器角色的IPv4主机APP2的共享文件夹：【按⊞+R键➲输入**\\APP2\TestFolder2**后单击确定按钮】，此时应该会如图11-4-79所示看到此共享文件夹内的文件file2。

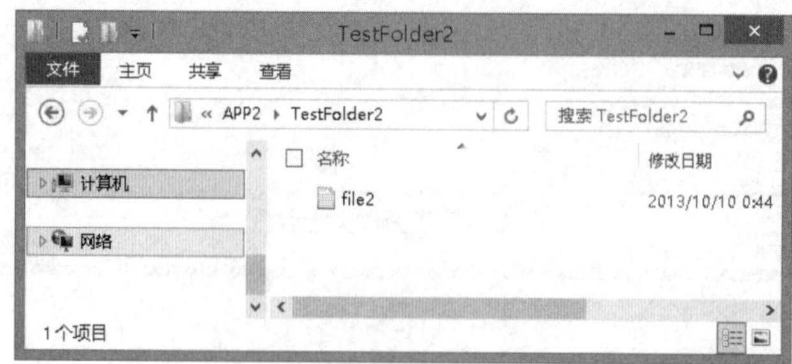

图 11-4-79

STEP 9　再来测试是否可以连接到同时扮演网站角色的IPv4主机APP2内的网页：【启动Internet Explorer➲输入网址**http://app2.sayms.local/**】，此时应该可以看到如图11-4-80所示的界面。

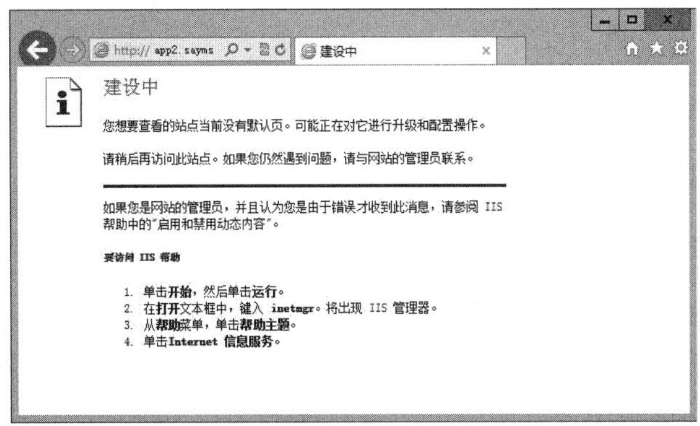

图 11-4-80

STEP 10　利用**Get-NetIPAddress**命令来查看客户端IPv6地址信息，如图11-4-81所示。图中**iphttpsinterface**的状态为使用中（active），且拥有一个有效的IPv6地址，客户端利用此IPv6地址来连接DirectAccess服务器。

图 11-4-81

STEP 11　利用如图11-4-82所示的**Get-NetIPHTTPSConfiguration**命令可得知客户端被设置为利用**https://da1.sayda.com:443/IPHTTPS**来连接DirectAccess服务器。

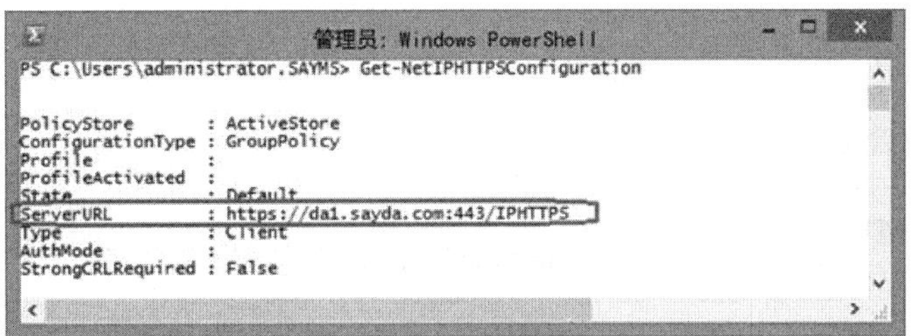

图 11-4-82

STEP 12　利用如图11-4-83所示的**netsh interface teredo show state**命令来得知客户端的Teredo设置，由图中可看出其Teredo服务器被设置为da1.sayda.com，目前的状态为qualified。

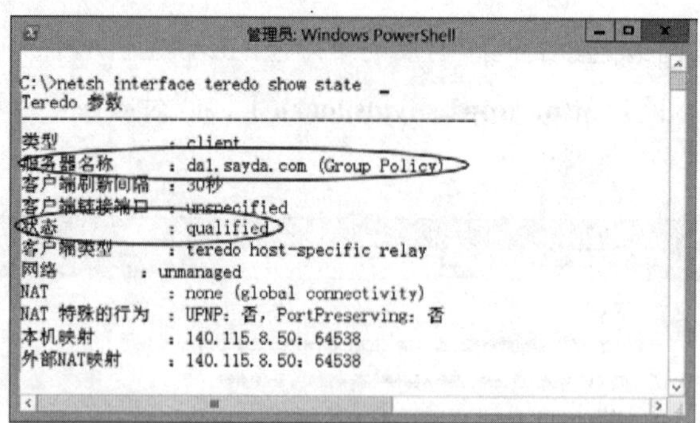

图 11-4-83

STEP 13 DirectAccess客户端与服务器之间利用IPsec来验证计算机与用户，可通过以下方法来查看其所建立的IPsec SA（见附录C）：【按⊞+R键➲输入**wf.msc**后单击确定按钮➲**监视**➲**安全关联**➲如图11-4-84所示**主模式**】，图中同时采用了**计算机证书/用户Kerberos（基础结构通道）**与**计算机Kerberos/用户Kerberos（内部网络通道）**验证方法。

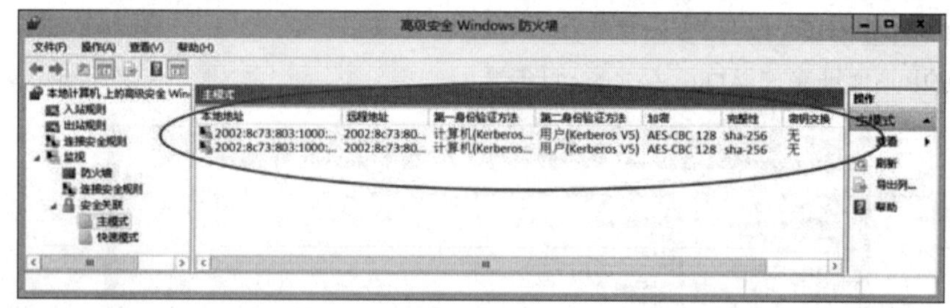

图 11-4-84

STEP 14 到DirectAccess服务器上利用以下方法来查看DirectAccess客户端的连接状态：【按⊞键切换到**开始**菜单（➲**管理工具**）➲**远程访问管理**➲**远程客户端状态**➲如图11-4-85所示可知客户端使用IP-HTTPS来连接DirectAccess服务器】，在双击图中的客户端连接后，可以看到该客户端的更多信息。

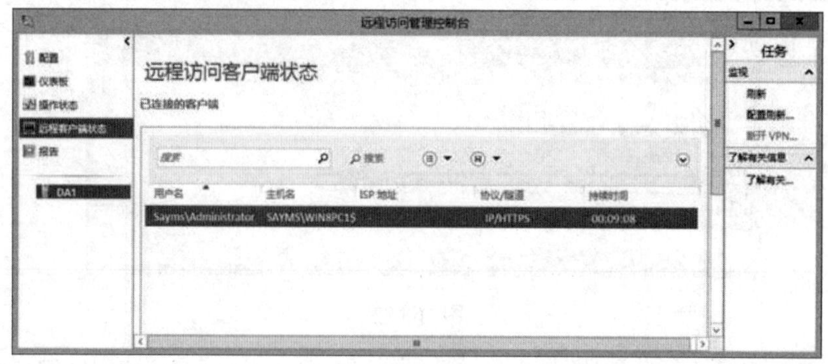

图 11-4-85

11.4.8 将客户端Win8PC1移动到客户网络来测试DirectAccess

当客户端位于**客户网络**时，由于使用私有IP地址192.168.137.0/24，因此客户端会先使用Teredo来连接DirectAccess服务器，此时因为与Teredo有关的环境设置都已经完成了，故客户端可以通过Teredo连接成功。

当我们将客户端计算机Win8PC1移动到**客户网络**后，等一小段时间后，Win8PC1应该会从扮演NAT（ICS）角色的NAT1获得私有IP地址192.168.137.0/24与DNS服务器等选项设置值，此时将鼠标指针移到桌面界面右下角的**网络**图标，它会显示**Internet访问**信息，表示可以上网。

STEP 1 由于客户端无法通过**客户网络**中的DNS服务器（NAT1的**DNS中继代理**）解析到**网络位置服务器**nls.sayms.local的IP地址，因此无法连接到**网络位置服务器**，此时客户端会认为其“不是”位于内部网络，故NRPT规则有效，可以通过如图11-4-86所示的**netsh namespace show effectivepolicy**命令来查看，图中显示NRPT内的两个有效规则。

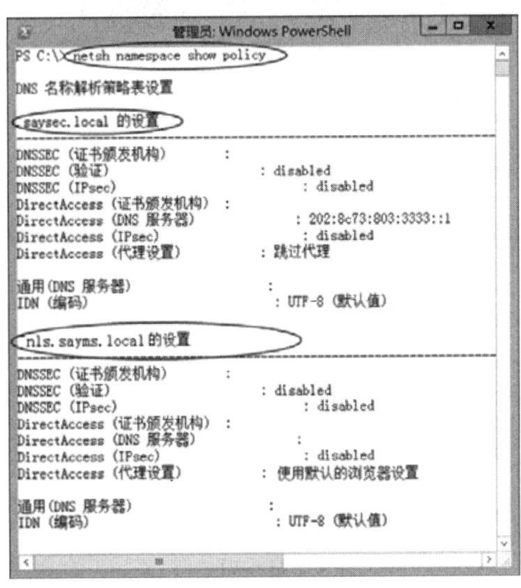

图 11-4-86

STEP 2 通过执行**Get-DAConnectionStatus**命令来查看连接状态，如图11-4-87所示的ConnectRemotely（可能需等一小段时间）表示客户端位于外部网络（**客户网络**），而且可以通过DirectAccess服务器访问内部网络。

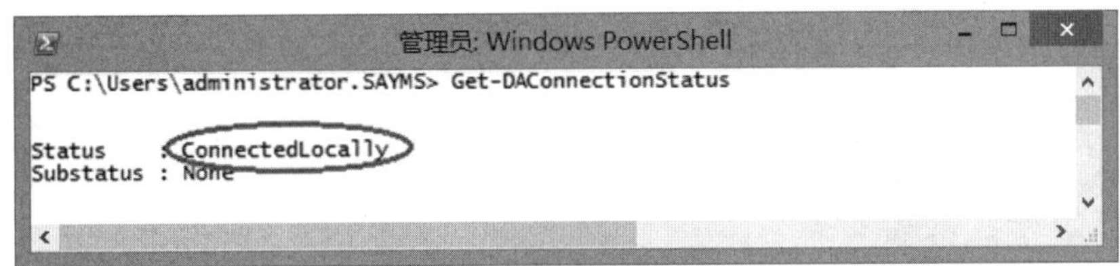

图 11-4-87

若出现**Status：ActionableError**、**Substatus：FirewallDisabled**信息，则将客户端的**Windows防火墙**打开，并建议重新启动客户端计算机。

STEP 3 在单击桌面界面右下角的**网络**图标后，它会显示如图11-4-88所示的界面，表示客户端已经连接到内部网络。

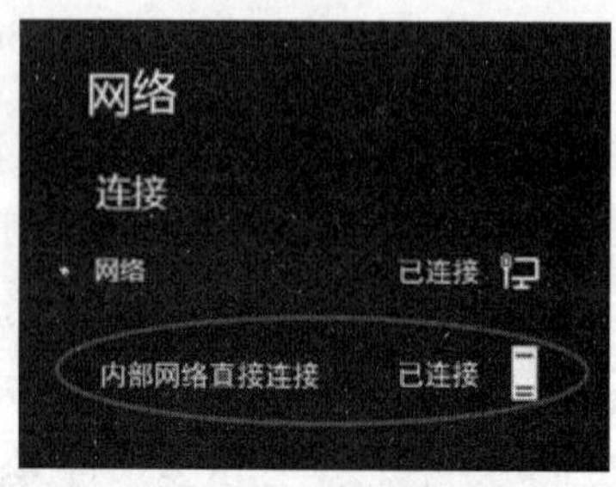

图 11-4-88

STEP 4 执行如图11-4-89所示的**ping app1.sayms.local**命令后，会得到图中的响应，其中的IPv6地址2001:db8:1::2就是IPv6主机APP1的IPv6地址。

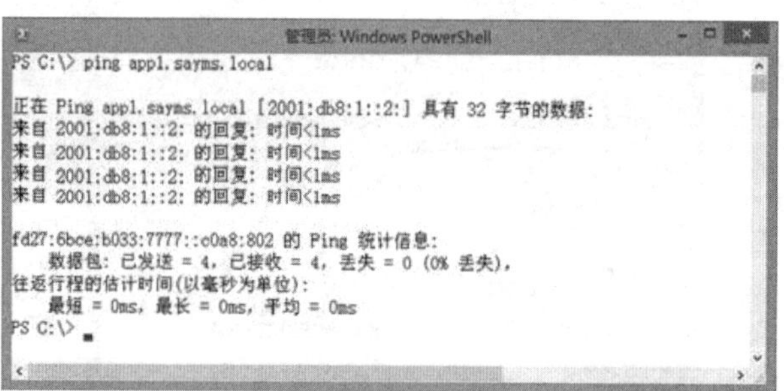

图 11-4-89

STEP 5 接下来测试是否可以连接到内部网络扮演文件服务器角色的IPv6主机APP1的共享文件夹：【按⊞+R键➲输入**\\APP1\TestFolder**后单击确定按钮】，此时应该会如图11-4-90所示看到此共享文件夹内的文件file1。

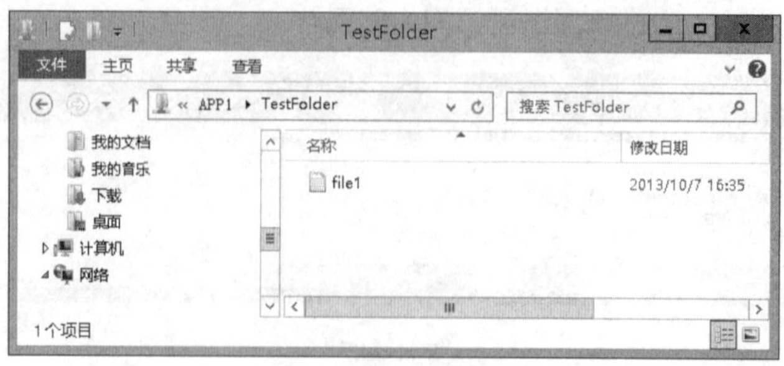

图 11-4-90

STEP 6 再来测试是否可以连接到同时扮演网站角色的IPv6主机APP1内的网页：【启动Internet Explorer➲输入网址**http://app1.sayms.local/**】，此时应该可以看到如图11-4-91所示的界面。

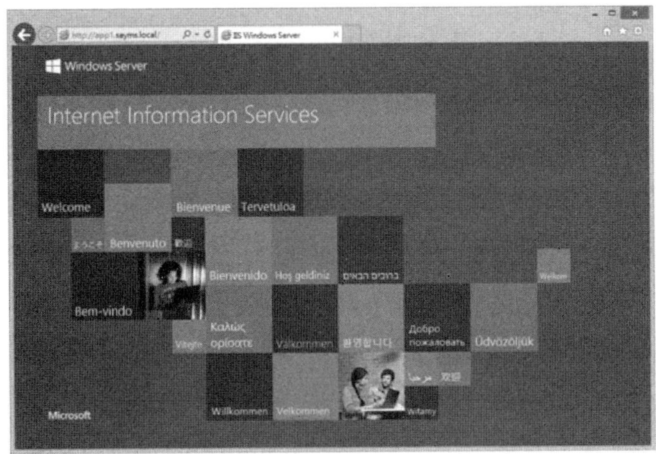

图 11-4-91

STEP 7 在执行如图11-4-92所示的**ping app2.sayms.local**命令后，会得到图中的IPv6地址响应，此IPv6地址就是我们在图11-1-2中**步骤（4）**中所述，是由DirectAccess服务器的DNS64自行利用 **动态前缀＋服务器APP2（IPv4主机）的IPv4地址**所组合成的。

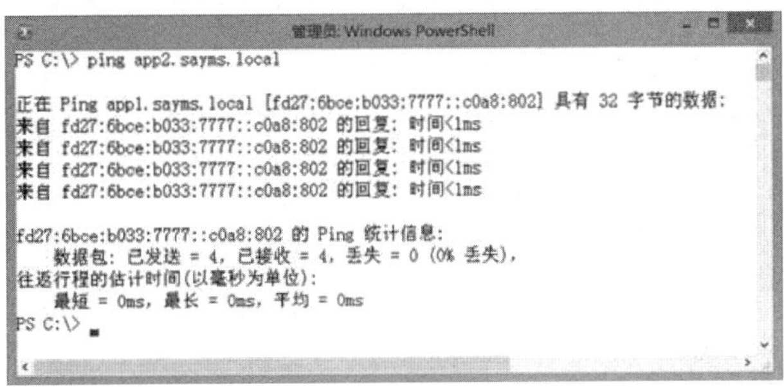

图 11-4-92

STEP 8 接下来测试是否可以连接到内部网络扮演文件服务器角色的IPv4主机APP2的共享文件夹：【按⊞+R键➲输入**\\APP2\TestFolder2**后单击确定按钮】，此时应该会如图11-4-93所示看到此共享文件夹内的文件file2。

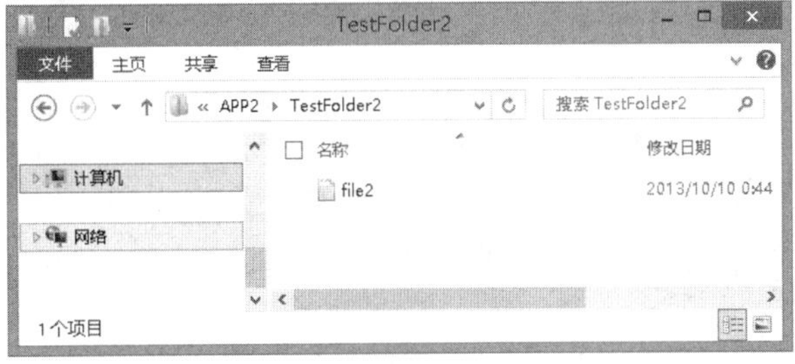

图 11-4-93

STEP 9 再来测试是否可以连接到同时扮演网站角色的IPv4主机APP2内的网页：【启动Internet Explorer➲输入网址**http://app2.sayms.local/**】，此时应该可以看到如图11-4-94所示的界面。

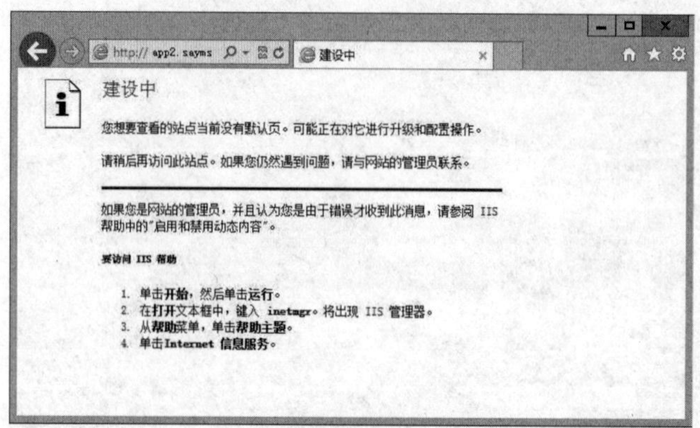

图 11-4-94

STEP 10 利用**Get-NetIPAddress**命令来查看客户端的IPv6地址信息。

STEP 11 利用如图11-4-95所示的**netsh interface teredo show state**命令可得知客户端的Teredo设置，由图中可看出其Teredo服务器被设置为da1.sayda.com、目前的状态为qualified。

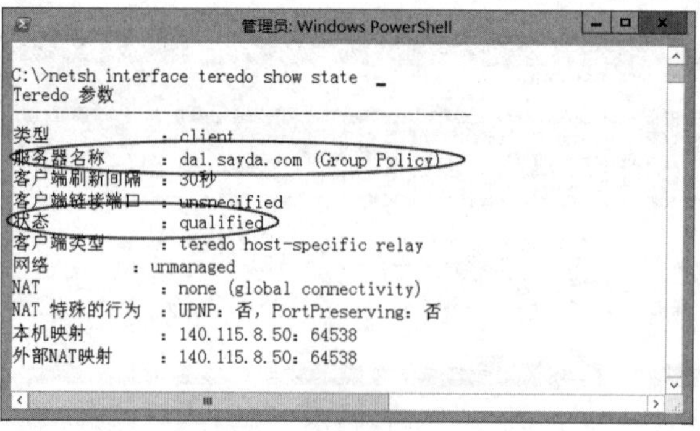

图 11-4-95

STEP 12 利用**ipconfig /all**命令来查看客户端的Teredo设置，如图11-4-96所示。图中可看出客户端的IPv6地址为2001:0:8c73:803:2805:f59:738c:f7cc。

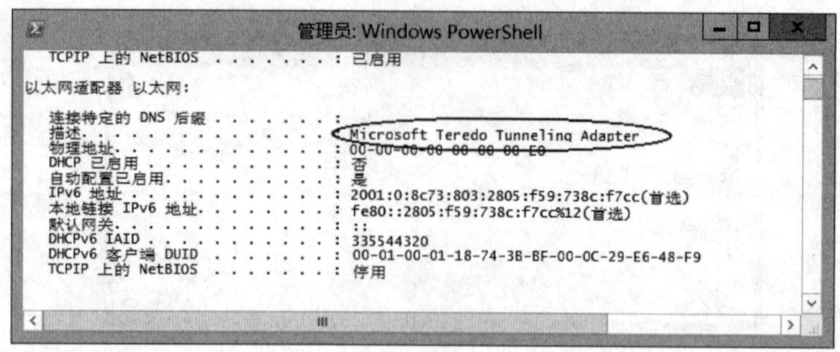

图 11-4-96

STEP 13　DirectAccess客户端与服务器之间利用IPsec来验证计算机与用户，可以通过以下方法来查看其所建立的IPsec SA（见附录C）：【按⊞+R键➲输入**wf.msc**后单击确定按钮➲**监视**➲**安全性关联**➲如图11-4-97所示为**主要模式SA**】，图中同时采用了**计算机证书/用户Kerberos**（**基础结构信道**）与**计算机Kerberos/用户Kerberos**（**内部网络信道**）验证方法。

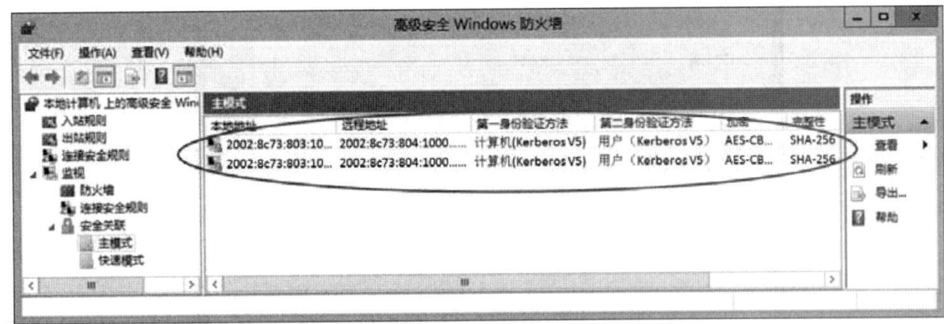

图 11-4-97

STEP 14　到DirectAccess服务器上利用以下方法来查看DirectAccess客户端的连接状态：【按⊞键切换到**开始**菜单（➲**系统管理工具**）➲**远程访问管理**➲**远程客户端状态**➲如图11-4-98所示可知客户端使用Teredo来连接DirectAccess服务器】，在双击图中的客户端连接后，可以看到该客户端的更多信息，如图11-4-99所示。

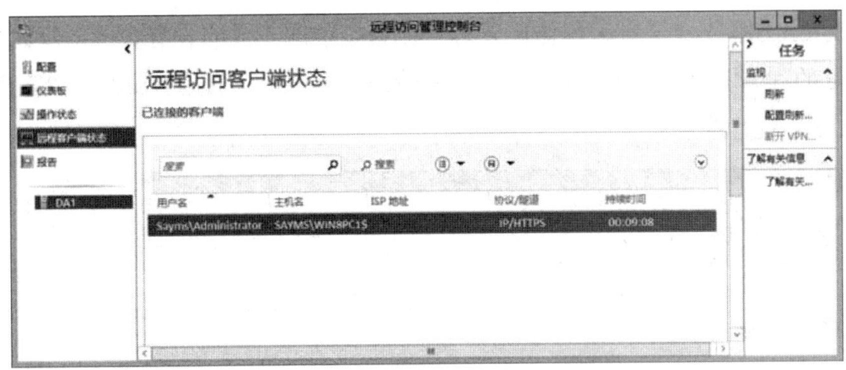

图 11-4-98

附註

若将客户端从**测试网络**搬移到**客户网络**，则可能图11-4-98与图11-4-99中还是显示之前的IP-HTTPS通信协议，而不是Teredo，此时建议先将客户端搬移回**内部网络**，待图11-4-98中客户端的连接信息自动消失后，再将客户端搬移到**客户网络**，这时候就会看到正确的Teredo信息。

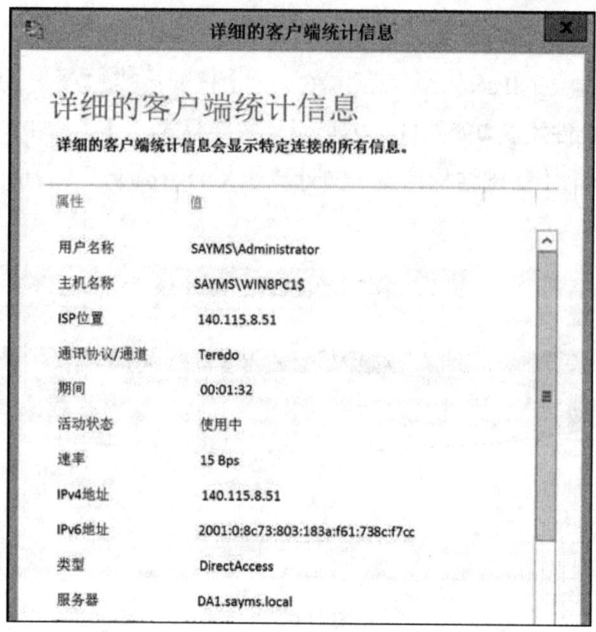

图 11-4-99

11.4.9 启用对Windows 7客户端的支持

若要让Windows Server 2012 R2 DirectAccess服务器支持Windows 7 DirectAccess客户端，则【在DirectAccess服务器开启**远程访问管理**控制台➲单击左方的**设置**➲单击**步骤2**（远程访问服务器）处的编辑按钮➲如图11-4-100所示在**验证**界面中勾选**启用Windows 7客户端计算机通过DirectAccess进行连接**】。

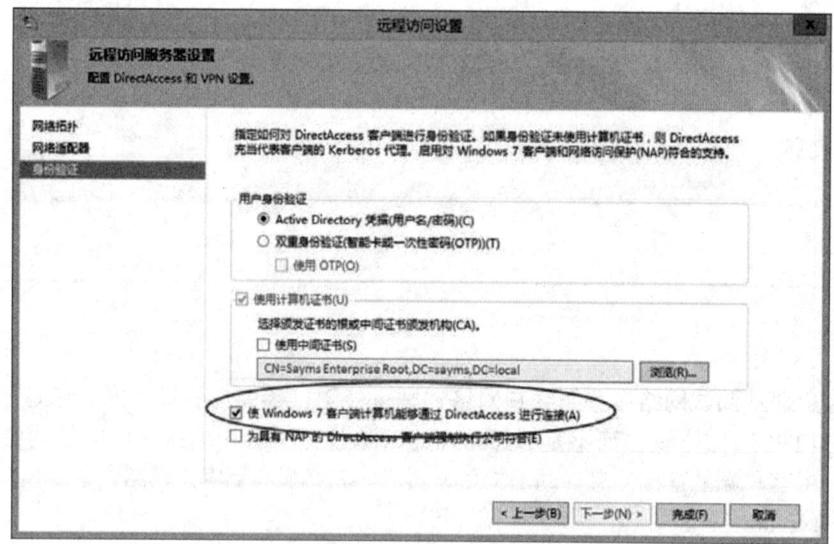

图 11-4-100

此客户端必须是Windows 7 Enterprise或Windows 7 Ultimate。不过有些查询DirectAccess状态的命令在Windows 7的Windows PowerShell内并未提供，例如Get-DAConnectionStatus、Get-NetIPAddress、Get-NetIPHTTPSConfiguration。若要查看客户端位于内部网络或外部网络（因特网），则可改用如图11-4-101所示的**netsh dnsclient show state**命令，此范例图显示客户端位于外部网络。

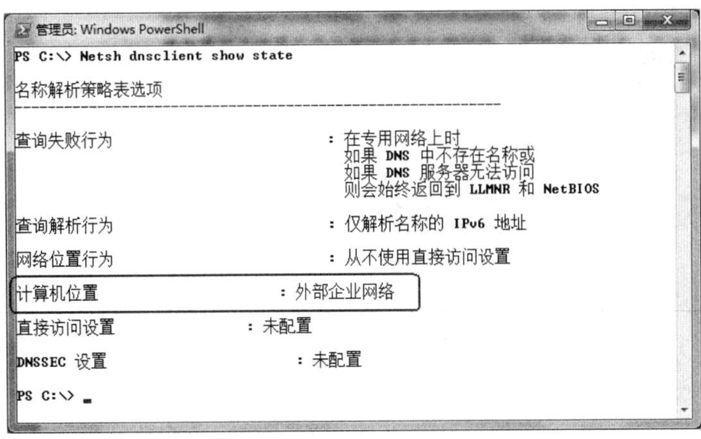

图 11-4-101

若要查询客户端的IP-HTTPS设置，则可以利用如图11-4-102所示的**netsh interface httpstunnel show interfaces**命令，从此范例图可得知客户端被设置为利用**https://da1.sayda.com:443/IPHTTPS**来连接DirectAccess服务器。

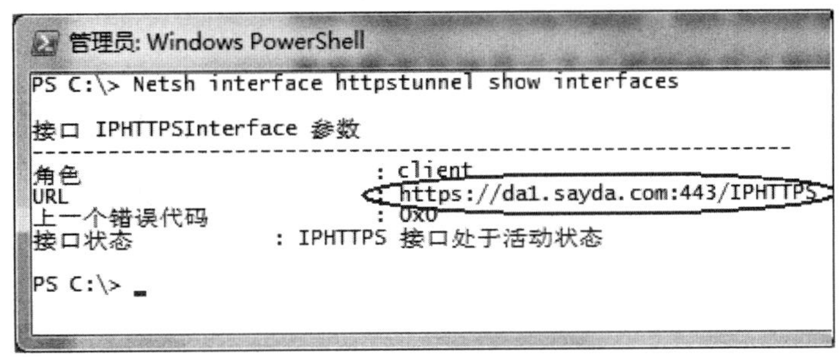

图 11-4-102

第 12 章　RADIUS 服务器的搭建

若网络内有多台远程访问服务器或VPN服务器，则可以将这些服务器的验证用户身份的工作转给**RADIUS服务器**或**RADIUS代理服务器**来集中进行。

- RADIUS概述
- 安装网络策略服务器（NPS）
- RADIUS服务器与客户端的设置
- RADIUS代理服务器的设置

12.1 RADIUS概述

RADIUS（Remote Authentication Dial-In User Service）是一种**客户端/服务器**（client/server）的通信协议，它让RADIUS客户端可以将验证用户身份（authentication）、授权（authorization）与记账（accounting）等工作转给RADIUS服务器来执行；或转给RADIUS代理服务器（proxy server），然后再由它转给RADIUS服务器来执行。

Windows Server 2012 R2通过**网络策略服务器**（Network Policy Server，NPS）来提供RADIUS服务器与RADIUS代理服务器的服务。

12.1.1 RADIUS服务器

网络策略服务器（NPS）可以让Windows Server 2012 R2计算机来扮演RADIUS服务器的角色，而其RADIUS客户端可以是常规的远程访问服务器（利用调制解调器连接客户端）、VPN服务器或无线访问接入点（Access Point，AP）等访问服务器（access server），如图12-1-1所示。

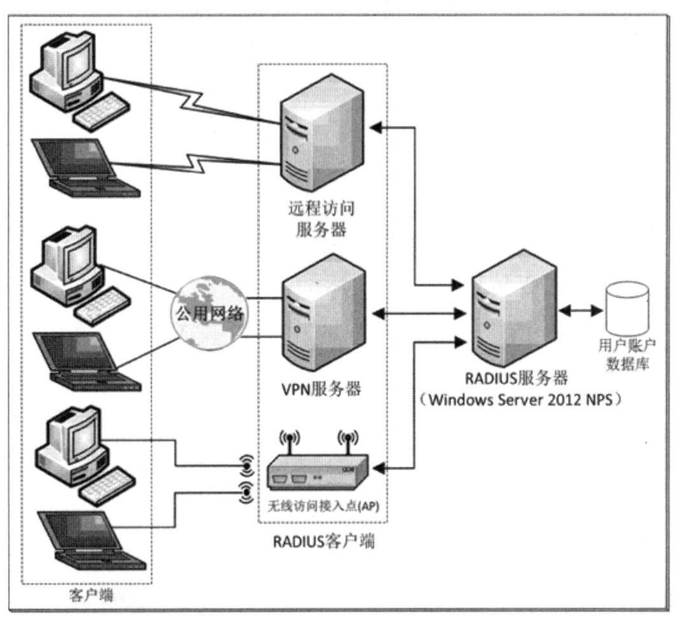

图 12-1-1

图中RADIUS服务器由Windows Server 2012 R2的NPS来提供RADIUS的服务，它可以替RADIUS客户端来执行验证用户身份、授权与记账等工作。其工作流程如下。

- 远程访问服务器、VPN服务器或无线访问接入点等访问服务器接收来自客户端的连接请求。

- 访问服务器转而请求RADIUS服务器来执行验证、授权与记账的工作。
- RADIUS服务器检查用户名与密码是否正确（authentication），并且通过用户账户属性（**拨入**选项卡）与网络策略的设置来决定用户是否被允许来连接（authorization）。
- 若用户被允许来连接，则RADIUS服务器会通知访问服务器，再由访问服务器让客户端来连接。同时访问服务器也会通知RADIUS服务器将此次的连接请求记录起来。

我们可以开放让用户利用RADIUS服务器的本机用户账户或Active Directory用户账户来连接访问服务器，也就是说RADIUS服务器在检查用户身份与账户属性时，可以从以下两个用户账户数据库之一来得到这些数据。

- RADIUS服务器的本地安全数据库。
- 域的Active Directory数据库，此时RADIUS服务器需为域成员，而用户账户可以是所属域的账户或有双向信任关系的其他域的账户。

若未将验证、授权与记账的工作转给RADIUS服务器，则每一台远程访问服务器或VPN服务器必须自己执行这些工作，因此每一台远程访问服务器或VPN服务器都需要有自己的网络策略，如此将增加维护这些数据的负担。

在将这些工作转给RADIUS服务器负责后，系统管理员就只需要维护位于RADIUS服务器内的网络策略即可，也就是在远程访问服务器或VPN服务器内都不需要另外建立网络策略。

12.1.2 RADIUS代理服务器

RADIUS代理服务器（proxy server）可以将由RADIUS客户端（远程访问服务器、VPN服务器或无线访问接入点等访问服务器）所送来的验证身份、授权与记账等请求转发给其他RADIUS服务器来执行，如图12-1-2所示。

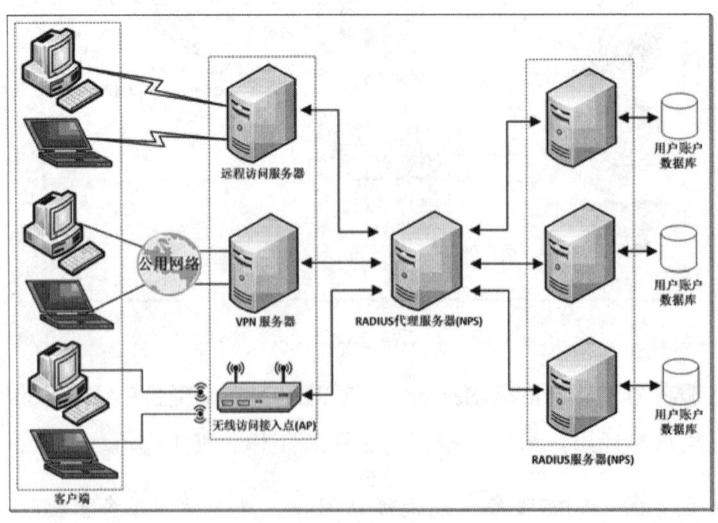

图 12-1-2

举例来说，以下两种场合可能需要利用到RADIUS代理服务器。

- 以图12-1-1来说，如果用户账户并不是RADIUS服务器的本地账户，也不是RADIUS服务器所属域的Active Directory账户，也不是有双向信任关系的其他域的Active Directory账户，例如用户账户位于未建立信任关系的域内、只有单向信任关系的域内或其他域树内，则RADIUS服务器将无法读取到用户账户的数据，因而无法验证用户身份，也无法检查用户是否有权利来连接。

  此时可以通过图12-1-2的RADIUS代理服务器来将验证、授权与记账工作，转发给可以读取用户账户数据的RADIUS服务器来执行，这些RADIUS服务器可能分别隶属于不同的域、不同的域树，甚至是其他非微软系统的RADIUS服务器。
- 分散RADIUS服务器的负载：若有大量的客户端连接请求，则可以通过RADIUS代理服务器将这些连接请求转发到不同的RADIUS服务器，以便加快处理的效率。

当Windows Server 2012 R2 NPS被当作RADIUS代理服务器来使用时，它与RADIUS客户端、RADIUS服务器之间的交互如下（参考图12-1-2）。

STEP 1 远程访问服务器、VPN服务器或无线访问接入点等访问服务器接收来自客户端的连接请求。

STEP 2 访问服务器会转而请求RADIUS代理服务器来执行验证、授权与记账的工作。

STEP 3 RADIUS代理服务器会再转而请求RADIUS服务器来执行验证、授权与记账的工作。

STEP 4 RADIUS服务器会验证用户的身份并决定是否允许用户来连接。

STEP 5 若用户被允许来连接，则RADIUS服务器会通知RADIUS代理服务器，然后再由RADIUS代理服务器通知访问服务器，再由访问服务器让客户端来连接。同时访问服务器也会通知RADIUS代理服务器将这次的连接请求记录起来。

12.2 安装网络策略服务器（NPS）

我们将利用图12-2-1来说明如何安装RADIUS服务器，图中的RADIUS1为Windows Server 2012 R2 RADIUS服务器，而且是域成员服务器，独立服务器VPNS1为VPN服务器，它同时也是RADIUS客户端。VPN客户端VPNC1利用域用户账户连接VPN服务器时，由于VPN服务器为独立服务器，无法直接将域用户账户与密码送到域控制器来检查，故此处通过RADIUS机制将用户账户与密码送到RADIUS服务器，再由域成员RADIUS服务器送给域控制器DC1来检查。本章将着重介绍RADIUS这部分内容。

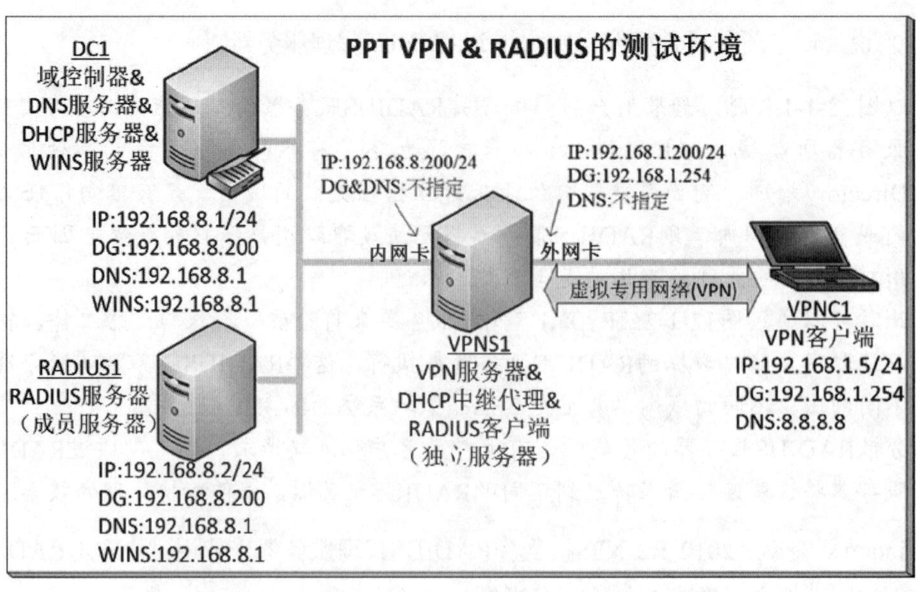

图 12-2-1

12.2.1 安装网络策略服务器（NPS）

我们需要通过安装**网络策略服务器**（Network Policy Server，NPS）角色的方式来建立RADIUS服务器或RADIUS代理服务器。

STEP 1 到RADIUS1上利用域Administrator身份登录：【打开**服务器管理器**➲单击**仪表板**处的**添加角色和功能**➲持续单击下一步按钮，直到如图12-2-2所示的**选择服务器角色**界面时勾选**网络策略和访问服务**➲单击添加功能按钮。

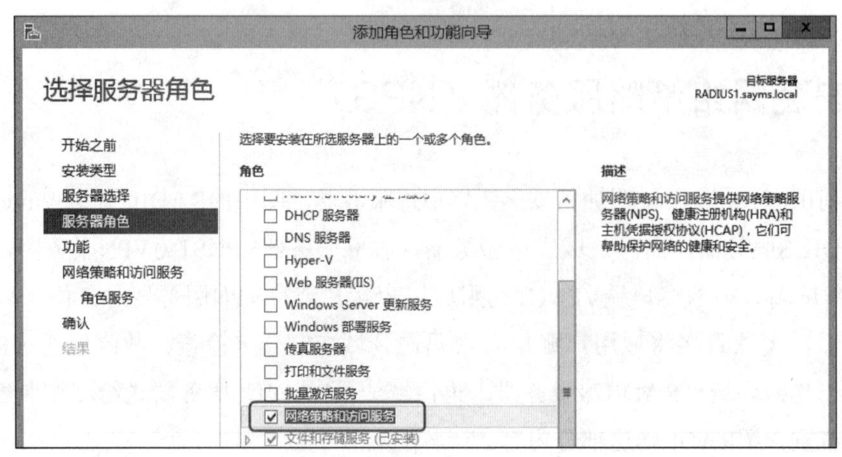

图 12-2-2

STEP 2 持续单击下一步按钮，直到出现图12-2-3的**选择角色服务**界面时，确认已经勾选**网络策略服务器**后依次单击下一步、安装按钮。完成安装后单击关闭按钮。

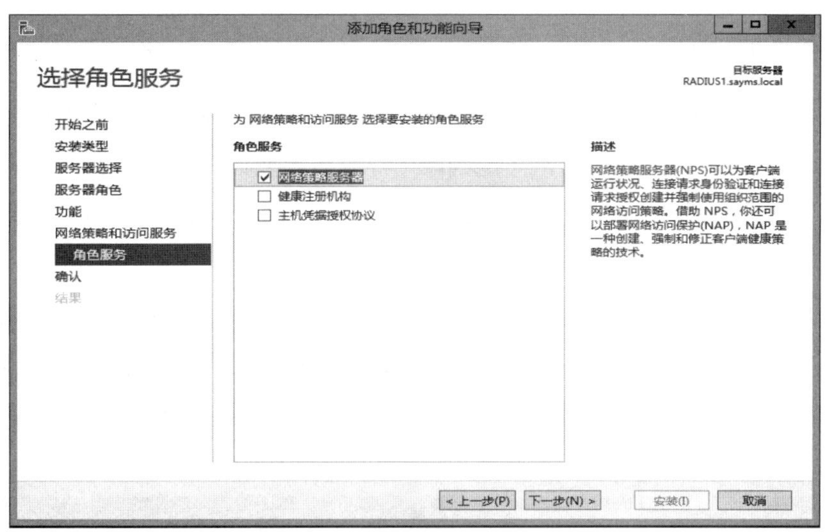

图 12-2-3

完成安装后可以通过【按⊞键切换到**开始**菜单➲管理工具➲**网络策略服务器**】的方法来管理NPS，如图12-2-4所示。也可以通过【选中并右击**NPS（本地）**➲**停止NPS服务**或**启动NPS服务**】的方法来停止或启动NPS。

附注

若要管理其他RADIUS服务器，则【按⊞键切换到**开始**菜单➲**运行**➲输入**MMC**后单击确定按钮➲选择**文件**菜单➲**添加/删除管理单元**➲从列表中选择**网络策略服务器**➲**添加**➲选择**另一台计算机**，输入计算机名称或IP地址……】。

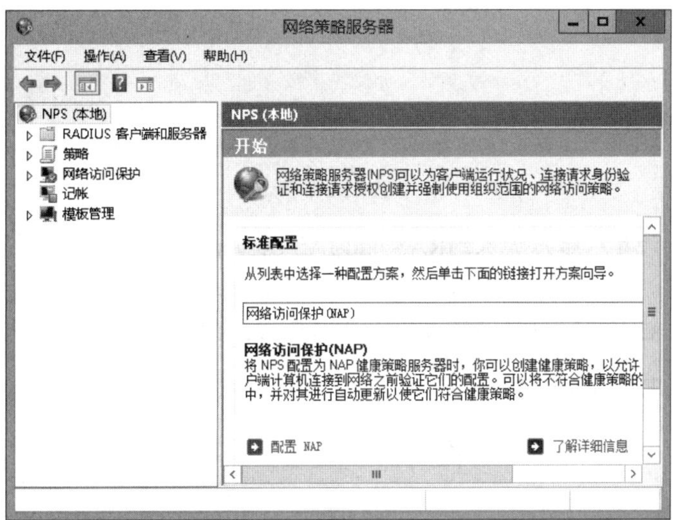

图 12-2-4

12.2.2 登录网络策略服务器

若NPS（网络策略服务器）隶属于Active Directory域，则当域用户进行连接时，NPS需向域控制器查询用户账户的拨入属性，才能判断用户是否被允许来连接，不过必须事先将NPS注册到Active Directory数据库。请到NPS这台计算机上利用域系统管理员的身份登录，然后利用以下方法之一来登录NPS。

- 利用**网络策略服务器**控制台：按⊞键切换到**开始菜单**➲**网络策略服务器**➲如图12-2-5所示选中并右击**NPS（本地）**➲在Active Directory中注册服务器➲单击确定按钮。

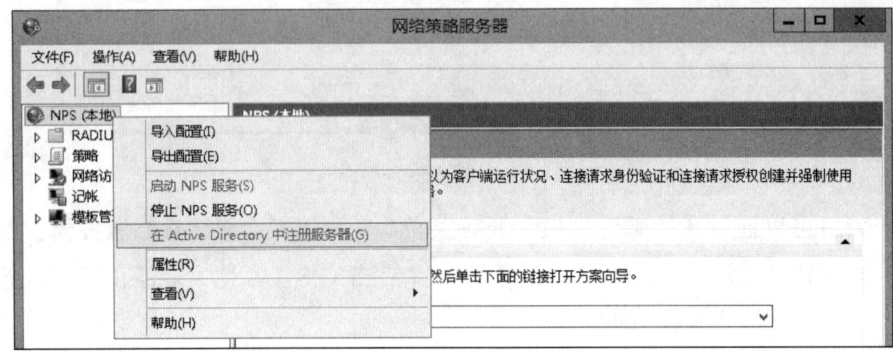

图 12-2-5

- 单击左下方的**Windows PowerShell**图标➲如图12-2-6所示执行netsh ras add registeredserver命令。

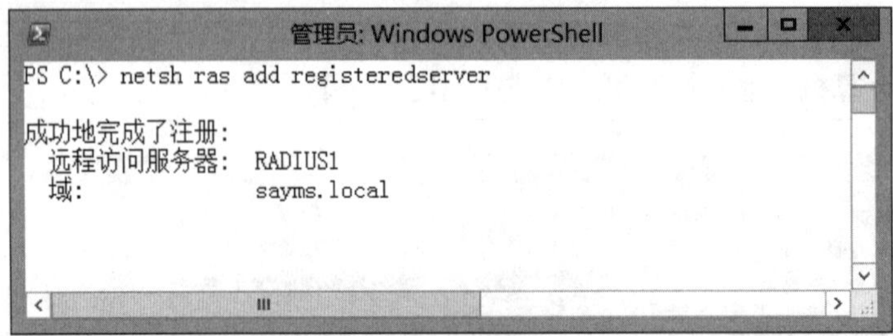
```
PS C:\> netsh ras add registeredserver

成功地完成了注册:
  远程访问服务器:   RADIUS1
  域:               sayms.local
```

图 12-2-6

- 直接将NPS计算机账户加入到RAS and IAS Servers组：到域控制器上利用域系统管理员身份登录，打开Active Directory用户和计算机或Active Directory管理中心，将NPS计算机（RADISU1）加入到RAS and IAS Servers组（位于Users容器）内。

以上方法都可以将NPS注册到NPS所隶属的域。若要让NPS读取其他域用户账户的拨入属性，则需将NPS注册到其他域的Active Directory数据库，也就是将NPS加入到其他域的**RAS and IAS Servers**组内。

12.3 RADIUS服务器与客户端的设置

不论NPS是扮演RADIUS服务器还是RADIUS代理服务器的角色，都必须指定其RADIUS客户端，它们只接受这些指定的RADIUS客户端所送来的连接请求。下面针对图12-3-1来说明如何设置 RADIUS服务器与RADIUS客户端，图中RADIUS客户端由VPN服务器VPNS1所扮演，而RADIUS服务器由域成员服务器RADIUS1来扮演。

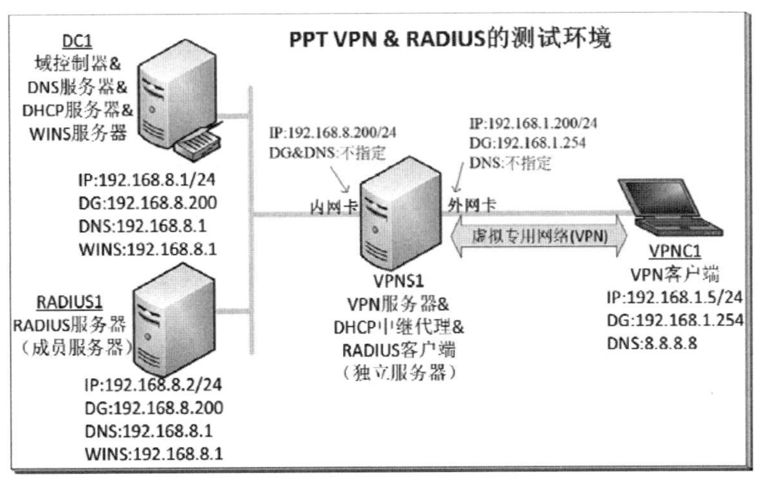

图 12-3-1

12.3.1 RADIUS服务器的设置

NPS安装完成后，系统默认将它设定为RADIUS服务器，以下步骤用来指定其RADIUS客户端。

STEP 1 到NPS上按⊞键切换到**开始**菜单➲**网络策略服务器**➲如图12-3-2所示选中并右击**RADIUS客户端**➲**新建**。

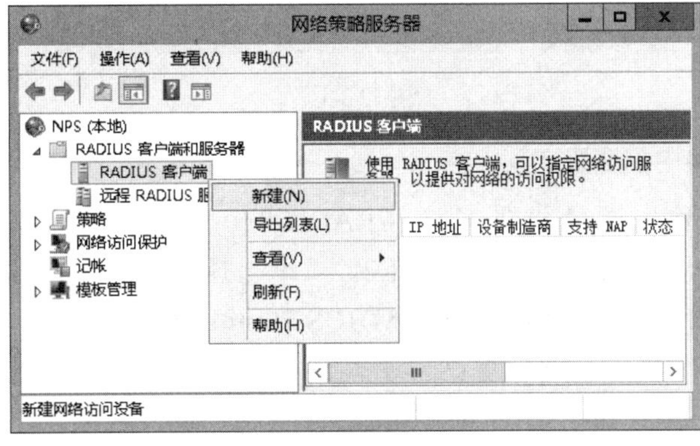

图 12-3-2

STEP 2 在图12-3-3中先确认已勾选**启用此RADIUS客户端**，接着输入以下内容。

- **友好名称**：为此RADIUS客户端设置一个名称。
- **地址（IP或DNS）**：输入RADIUS客户端的IP地址或主机名。若输入NetBIOS计算机名称或DNS主机名，则单击验证按钮来确认可以解析到此名称的IP地址。

> 注意
>
> 若输入NetBIOS计算机名称，则由于解析IP地址的流量会被RADIUS客户端的**Windows防火墙**阻挡，因此会无法解析到RADIUS客户端的IP地址，除非将RADIUS客户端的**Windows防火墙**关闭或例外开放**文件与打印机共享**。

- **共享机密**：可以选择手动（如图12-3-3所示）或生成建立密码，且需要在RADIUS客户端也设置相同密码，只有双方密码相同时，RADIUS服务器才会接受该客户端送来的验证、授权与记账请求。密码大小写有别。

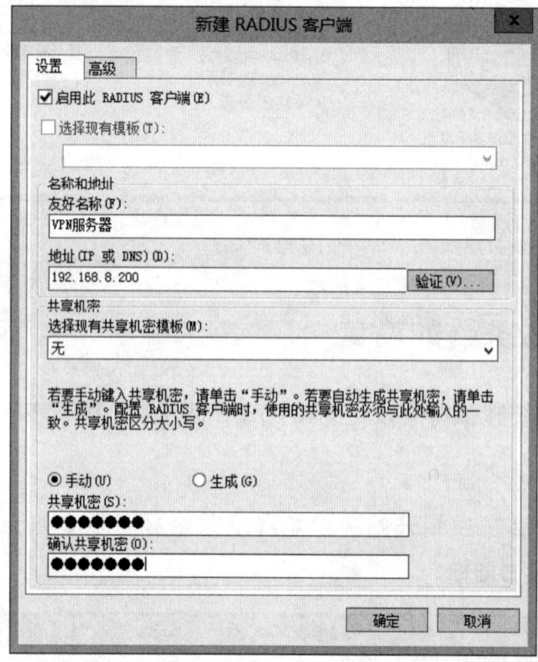

图 12-3-3

STEP 3 单击图12-3-4中的**高级**选项卡。

- **供应商名称**：选择提供客户端RADIUS功能的厂商，由于我们的客户端为Microsoft Windows Server 2012 R2，故请选择**Microsoft**。若列表中找不到厂商或不确定厂商，则可选择标准的**RADIUS Standard**。

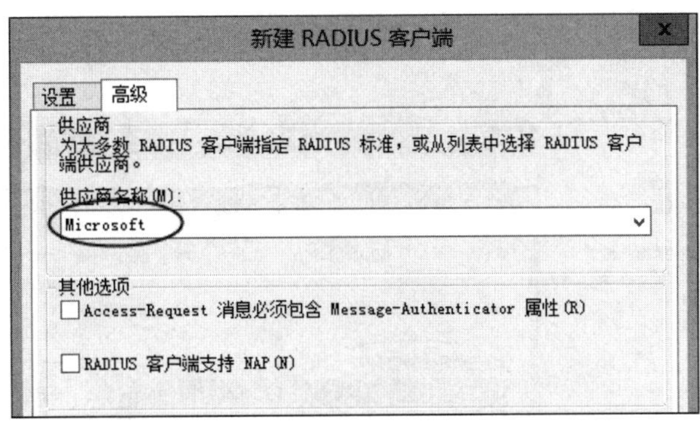

图 12-3-4

- **Access-Request消息必须包括Message-Authenticator属性**：若双方所采用的验证方法是PAP、CHAP、MS-CHAP、MS-CHAP v2，则可以要求对方发送**消息验证者属性**以提高安全性（可找出假冒来源IP地址的RADIUS客户端）。若验证方法采用EAP，则它会自动启用此功能，不需要在此另外设置。

STEP 4 图12-3-5所示为完成后的界面。

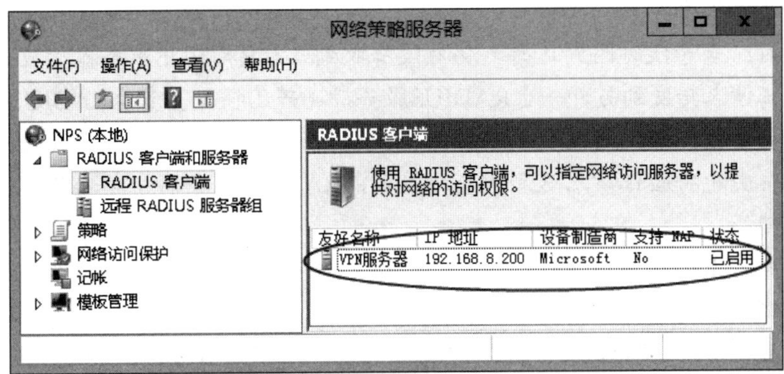

图 12-3-5

12.3.2 RADIUS客户端的设置

所谓的RADIUS客户端是指访问服务器，例如远程访问服务器、VPN服务器或无线访问接入点等，一般的客户端计算机并不是RADIUS客户端。

必须在扮演RADIUS客户端角色的服务器上（例如VPN服务器）设置将其客户端（例如VPN客户端）所传来的连接请求转发给RADIUS服务器。

STEP 1 到RADIUS客户端上（远程访问或VPN服务器）按⊞键切换到**开始**菜单➲**路由和远程访问**➲单击图12-3-6中**VPNS1（本地）**➲单击上方**属性**图标➲在**安全**选项卡下的**身份验证提供程序**处选择**RADIUS身份验证**➲单击配置按钮。

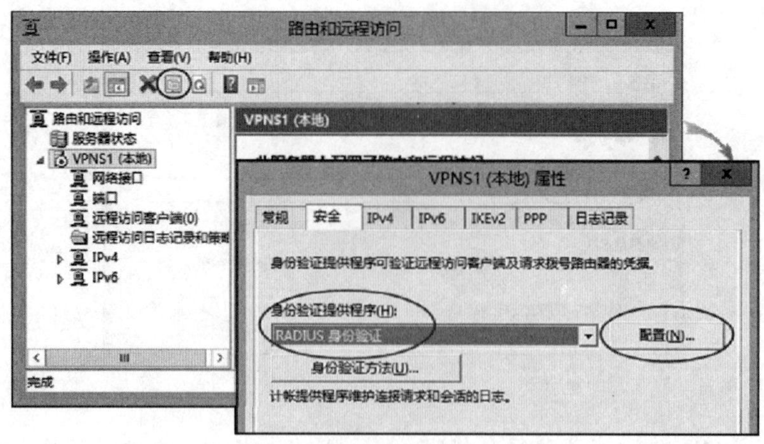

图 12-3-6

STEP 2 如图12-3-7所示单击添加按钮后通过**添加RADIUS服务器**界面来设置。

- **服务器名称**：请输入RADIUS服务器的主机名或IP地址。
- **共享机密**：通过更改按钮来设置与RADIUS服务器端相同的密码（见图12-3-3中的**共享机密**）。
- **超时**：若等候时间到达时，仍然没有收到此台RADIUS服务器响应，则会自动将验证请求转发到另外一台RADIUS服务器（若已经配置多台RADIUS服务器）。
- **初始分数**：若同时设置了多台RADIUS服务器，则此处用来设置它们的优先级，系统会先将验证请求送到优先级较高的RADIUS服务器。初始分数值越大，优先级越高。
- **端口**：RADIUS服务器的端口号码，目前标准端口号码是1812（早期使用1645）。
- **一直使用消息验证器**：若RADIUS服务器要求发送**Message-Authenticator属性**，则请勾选此选项。若采用EAP验证方法，则它会自动启用此功能，不需要另外勾选。

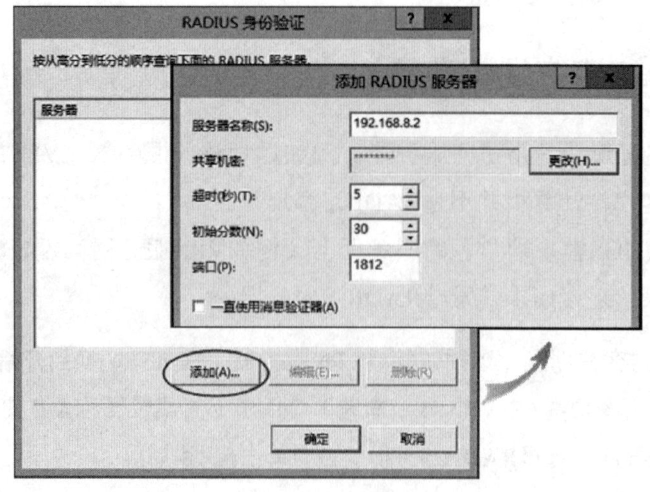

图 12-3-7

也可以如图12-3-8所示将记账（accounting）的工作转给RADIUS服务器来执行，也就是让RADIUS服务器来记录每一个连接的情况，例如每一个被接受的连接、被拒绝的连接等验证记录，还有登录/注销等用来记账的记录等。RADIUS记账的设置方法与前面的RADIUS验证设置类似，不过其端口号码是1813（早期使用1646）。

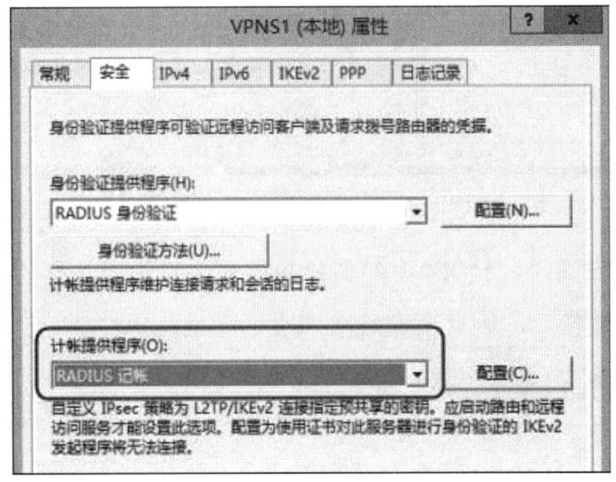

图 12-3-8

12.4 RADIUS代理服务器的设置

当远程访问服务器、VPN服务器或无线访问接入点等RADIUS客户端将用户的连接请求转发给NPS时，NPS是要扮演RADIUS服务器角色来自行验证此连接请求，还是要扮演RADIUS代理服务器角色来将验证工作发送给另外一台 RADIUS服务器执行呢？它是通过**连接请求策略**（connection request policies）来决定的。NPS安装完成后，系统默认将它设置为RADIUS服务器。

12.4.1 连接请求策略

连接请求策略与**网络策略**有点类似，它也定义了一些条件，只要用户的连接请求满足所定义的条件，就会依**连接请求策略**的设置来决定是要让NPS自行验证此连接请求（此时NPS是 RADIUS服务器），还是要将其转发给另外一台RADIUS服务器（此时NPS是 RADIUS 代理服务器）。NPS已经有一个内置的**连接请求策略**，如图12-4-1所示。

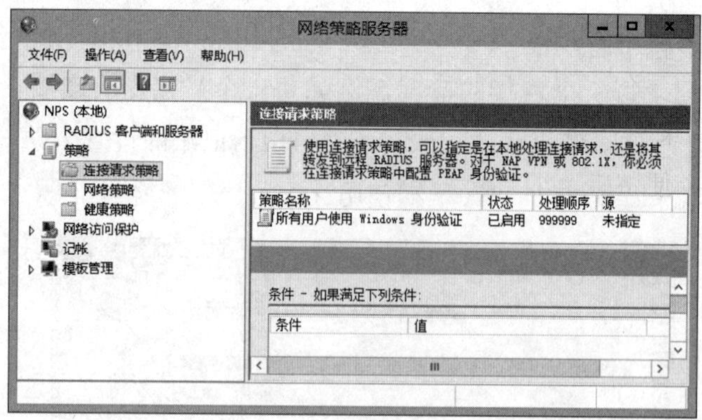

图 12-4-1

在双击此策略后，可通过图12-4-2中的**条件**选项卡来看出此策略的条件是“一个星期的7天内任何一个时段内的连接”，因此所有连接请求皆满足此条件。

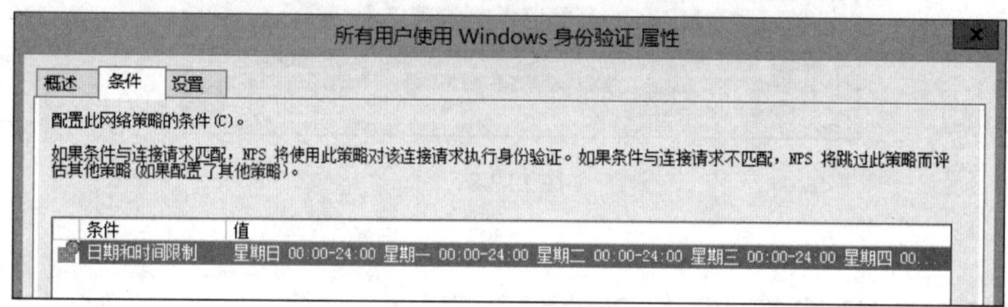

图 12-4-2

在单击图12-4-3**设置**选项卡的**身份验证**后，可看到以下的几个选项。

- **在此服务器上对请求进行身份验证**：表示直接通过这台NPS来验证用户的连接请求，也就是将此服务器当作RADIUS服务器来使用。这是默认值。
- **将请求转发到以下远程 RADIUS 服务器组进行身份验证**：也就是要让这台NPS来扮演RADIUS代理服务器的角色，它会将验证请求转发到所选择的RADIUS服务器组中的RADIUS服务器。必须先建立RADIUS服务器组后才可以选择此选项（见下一节）。
- **不验证凭据就接受用户**：表示它既不验证用户身份，也不检查是否允许连接，而是一律允许用户的连接请求。

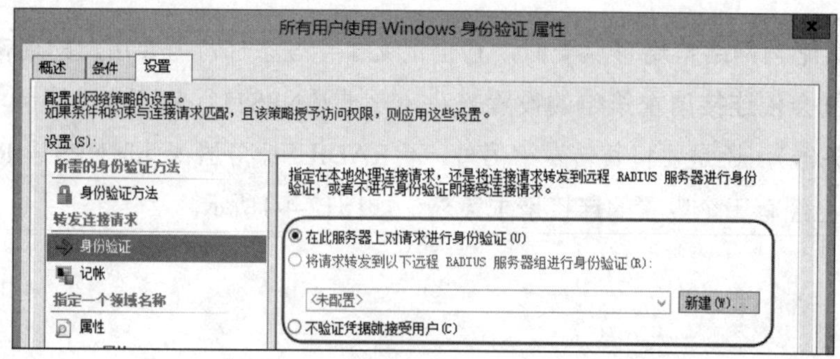

图 12-4-3

12.4.2 建立远程RADIUS服务器组

若要在**连接请求策略**内设置让NPS扮演RADIUS代理服务器角色，则需事先建立远程RADIUS服务器组，以便将验证请求转发给组中的RADIUS服务器。建立远程RADIUS服务器组的步骤如下。

STEP 1 如图12-4-4所示【选中并右击**远程RADIUS服务器组➲新建**】。

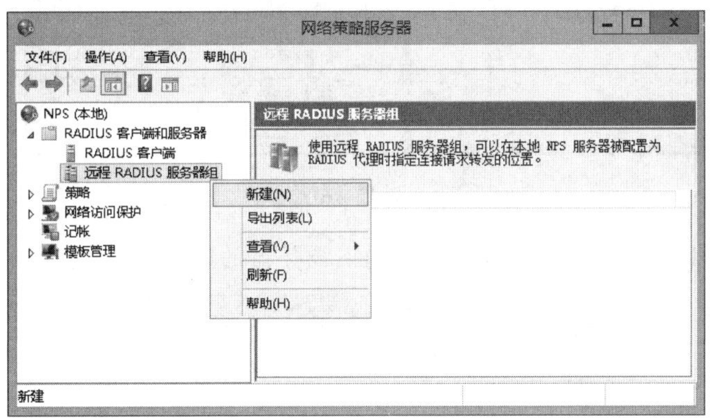

图 12-4-4

STEP 2 在图12-4-5中输入组名（例如Group1）后单击添加按钮，输入要加入组的RADIUS服务器的主机名或IP地址后单击确定按钮。若输入主机名，则先单击验证按钮来查看是否可解析其IP地址。

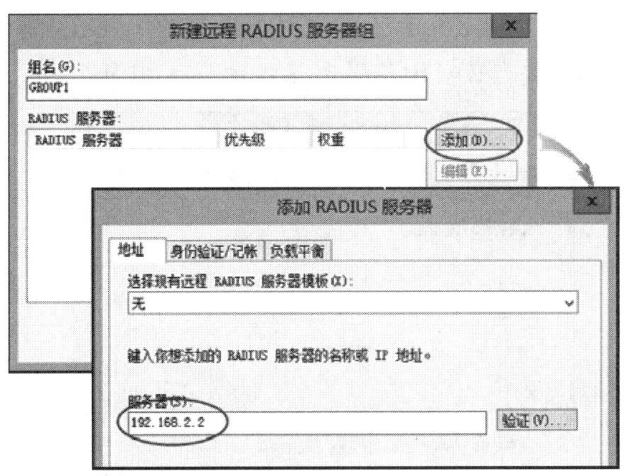

图 12-4-5

STEP 3 可以继续单击添加按钮来将其他RADIUS服务器加入到此组。

12.4.3 修改RADIUS服务器组的设置

若要修改RADIUS服务器群组内某台RADIUS服务器的设定：【如图12-4-6所示双击

RADIUS服务器群组（例如Group1）➲双击要修改的RADIUS服务器（例如192.168.2.2）】，之后就可以修改此服务器的以下设置值。

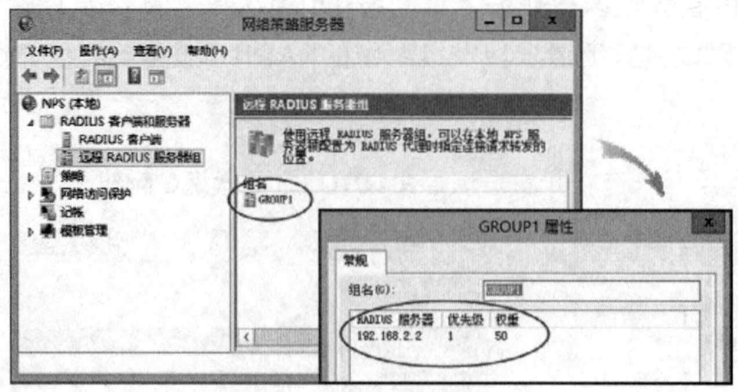

图 12-4-6

➘ **地址**：如图12-4-7所示可更改此RADIUS服务器的IP地址。

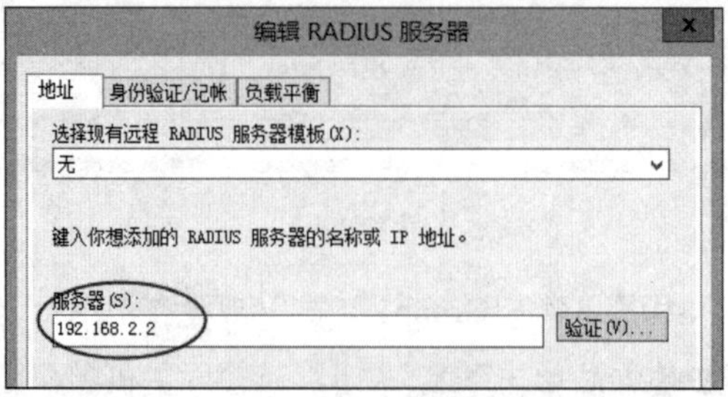

图 12-4-7

➘ **身份验证/记账**：如图12-4-8所示可更改用来连接此RADIUS服务器的端口号码与共享机密，注意此设置需要与RADIUS服务器端的设置相同。

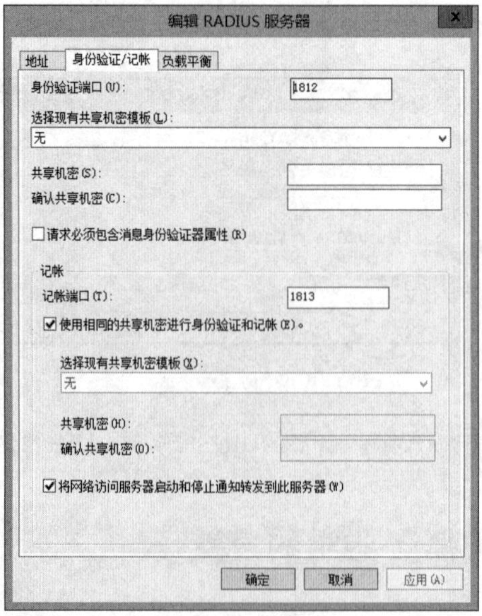

图 12-4-8

- **负载平衡**：如图12-4-9所示，每一台RADIUS服务器都有其优先级，RADIUS代理服务器将连接请求转发给优先级较高的RADIUS服务器的频率会比优先级较低的RADIUS服务器更频繁。优先级的数字为1表示优先级最高。若优先级相同，则以权重（weight）来决定，权重越高，频率越高。

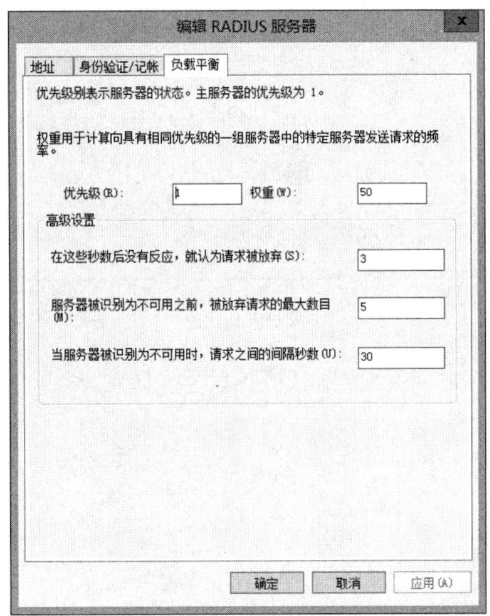

图 12-4-9